책 구입 시 드리는 혜택

❶ 전 과목 필기 · 실기 이론 동영상 강의 평생 제공
❷ 필기 최근 기출문제 동영상 강의 평생 제공
❸ 실기 최근 기출문제 동영상 강의 평생 제공
❹ 우수회원 인증 후 2015년 ~ 2017년 3개년
　추가 기출문제(해설 포함) 제공

2025 개정 12판

평생무료 평생 무료 동영상과 함께하는 ▶ YouTube D-m

위험물산업기사
필기 ➕ 실기

평생무료

 강석민　 정진홍　공저

이론 및 최근 기출문제 동영상 강의 평생 제공 / 전 과목 이론 상세 해설
최근 기출문제 수록 및 완벽 해설 / 빠른 합격을 위한 상세한 이론 구성
문제 해설을 이해하기 쉽도록 자세히 설명 / 저자 1대1 질의응답 카페 운영

무료 동영상 강의

▶ YouTube 정진홍
D-m 정진홍위험물세상　http://cafe.daum.net/dangerouspass

www.sejinbooks.kr

머리말

인류문명의 발전으로 우리의 삶은 풍요롭고 안락한 생활을 할 수 있게 되었으나 경제발전의 속도보다 안전관리에 대한 피해의 증가속도는 빠르게 진행되고 있습니다.

따라서 그 어느 때 보다도 위험물의 안전관리와 화재예방 및 화재진압에 대한 체계적이고 전문적인 지식을 갖춘 위험물에 관한 전문 인력의 필요성이 크게 대두되고 있는 현실입니다.

이에 본인은 금호석유화학(주) 여천공장 및 (주)오씨아이다스(동양화학 계열사) 인천공장에서 오랫동안 위험물에 대한 생산관리 및 안전관리업무 실무경력과 한국산업인력관리공단의 출제기준을 토대로 위험물에 대한 전문 인력이 되기 위한 위험물기능사 및 위험물산업기사, 위험물기능장 등 각종 위험물 및 소방 분야의 자격시험에 응시하고자 하는 많은 수험생들을 위하여 본서를 집필하게 되었습니다.

이 책의 특징은

1. 오랜 실무 경험과 학원 강의 경력을 기본으로 하여 집필하였으며
2. 모든 과목에 대한 핵심 요약정리를 통하여 학습시간을 단축할 수 있으며
3. 최근 과년도문제를 총정리하여 초보자 입장에서 상세한 해설을 하였으며
4. 한국 산업인력공단의 출제기준을 토대로 최근 출제경향을 완전 분석할 수 있습니다.

부족한 부분은 신속히 수정·보완하여 위험물분야 수험서로서 최고가 되도록 열심히 노력할 것을 약속드리며 이 수험서를 출간하기까지 애써주신 세진북스 편집부 직원과 홍세진 사장님께 감사드리며 수험생 여러분의 합격을 진심으로 기원합니다.

저자 정 진 홍(119sbsb@hanmail.net)드림

출제기준

1. 필기

직무분야	화학	중직무분야	위험물	자격종목	위험물산업기사	적용기간	2025.1.1 ~ 2029.12.31

• 직무내용: 위험물제조소등에서 위험물을 제조·저장·취급하고 작업자를 교육·지시·감독하며, 각 설비에 대한 점검과 재해 발생 시 사고대응 등의 안전관리 업무를 수행하는 직무이다.

필기검정방법	객관식	문제수	60	시험시간	1시간 30분

필기 과목명	문제수	주요항목	세부항목	세세항목
물질의 물리·화학적 성질	20	1. 기초화학	1. 물질의 상태와 화학의 기본법칙	1. 물질의 상태와 변화 2. 화학의 기초법칙 3. 화학 결합
			2. 원자의 구조와 원소의 주기율	1. 원자의 구조 2. 원소의 주기율표
			3. 산, 염기	1. 산과 염기 2. 염 3. 수소이온농도
			4. 용액	1. 용액 2. 용해도 3. 용액의 농도
			5. 산화, 환원	1. 산화 2. 환원
		2. 유기화합물 위험성 파악	1. 유기화합물 종류·특성 및 위험성	1. 유기화합물의 개념 2. 유기화합물의 종류 3. 유기화합물의 명명법 4. 유기화합물의 특성 및 위험성
		3. 무기화합물 위험성 파악	1. 무기화합물 종류·특성 및 위험성	1. 무기화합물의 개념 2. 무기화합물의 종류 3. 무기화합물의 명명법 4. 무기화합물의 특성 및 위험성 5. 방사성 원소
화재 예방과 소화방법	20	1. 위험물 사고 대비·대응	1. 위험물 사고 대비	1. 위험물의 화재예방 2. 취급 위험물의 특성 3. 안전장비의 특성
			2. 위험물 사고 대응	1. 위험물시설의 특성 2. 초동조치 방법 3. 위험물의 화재시 조치
		2. 위험물 화재예방·소화방법	1. 위험물 화재예방 방법	1. 위험물과 비위험물 판별 2. 연소이론 3. 화재의 종류 및 특성 4. 폭발의 종류 및 특성
			2. 위험물 소화방법	1. 소화이론 2. 위험물 화재 시 조치방법 3. 소화설비에 대한 분류 및 작동방법 4. 소화약제의 종류 5. 소화약제별 소화원리
		3. 위험물 제조소등의 안전계획	1. 소화설비 적응성	1. 유별 위험물의 품명 및 지정수량 2. 유별 위험물의 특성 3. 대상물 구분별 소화설비의 적응성
			2. 소화 난이도 및 소화설비 적용	1. 소화설비의 설치기준 및 구조·원리 2. 소화난이도별 제조소등 소화설비 기준

필기 과목명	문제수	주요항목	세부항목	세세항목
			3. 경보설비·피난설비 적용	1. 제조소등 경보설비의 설치대상 및 종류 2. 제조소등 피난설비의 설치대상 및 종류 3. 제조소등 경보설비의 설치기준 및 구조·원리 4. 제조소등 피난설비의 설치기준 및 구조·원리
위험물 성상 및 취급	20	1. 제1류 위험물 취급	1. 성상 및 특성	1. 제1류 위험물의 종류 2. 제1류 위험물의 성상 3. 제1류 위험물의 위험성·유해성
			2. 저장 및 취급방법의 이해	1. 제1류 위험물의 저장방법 2. 제1류 위험물의 취급방법
		2. 제2류 위험물 취급	1. 성상 및 특성	1. 제2류 위험물의 종류 2. 제2류 위험물의 성상 3. 제2류 위험물의 위험성·유해성
			2. 저장 및 취급방법의 이해	1. 제2류 위험물의 저장방법 2. 제2류 위험물의 취급방법
		3. 제3류 위험물 취급	1. 성상 및 특성	1. 제3류 위험물의 종류 2. 제3류 위험물의 성상 3. 제3류 위험물의 위험성·유해성
			2. 저장 및 취급방법의 이해	1. 제3류 위험물의 저장방법 2. 제3류 위험물의 취급방법
		4. 제4류 위험물 취급	1. 성상 및 특성	1. 제4류 위험물의 종류 2. 제4류 위험물의 성상 3. 제4류 위험물의 위험성·유해성
			2. 저장 및 취급방법의 이해	1. 제4류 위험물의 저장방법 2. 제4류 위험물의 취급방법
		5. 제5류 위험물 취급	1. 성상 및 특성	1. 제5류 위험물의 종류 2. 제5류 위험물의 성상 3. 제5류 위험물의 위험성·유해성
			2. 저장 및 취급방법의 이해	1. 제5류 위험물의 저장방법 2. 제5류 위험물의 취급방법
		6. 제6류 위험물 취급	1. 성상 및 특성	1. 제6류 위험물의 종류 2. 제6류 위험물의 성상 3. 제6류 위험물의 위험성·유해성
			2. 저장 및 취급방법의 이해	1. 제6류 위험물의 저장방법 2. 제6류 위험물의 취급방법
		7. 위험물 운송·운반	1. 위험물 운송기준	1. 위험물운송자의 자격 및 업무 2. 위험물 운송방법 3. 위험물 운송 안전조치 및 준수사항 4. 위험물 운송차량 위험성 경고 표지
			2. 위험물 운반기준	1. 위험물운반자의 자격 및 업무 2. 위험물 용기기준, 적재방법 3. 위험물 운반방법 4. 위험물 운반 안전조치 및 준수사항 5. 위험물 운반차량 위험성 경고 표지
		8. 위험물 제조소등의 유지관리	1. 위험물 제조소	1. 제조소의 위치기준 2. 제조소의 구조기준 3. 제조소의 설비기준 4. 제조소의 특례기준

출제기준

필기 과목명	문제수	주요항목	세부항목	세세항목
			2. 위험물 저장소	1. 옥내저장소의 위치, 구조, 설비기준 2. 옥외탱크저장소의 위치, 구조, 설비기준 3. 옥내탱크저장소의 위치, 구조, 설비기준 4. 지하탱크저장소의 위치, 구조, 설비기준 5. 간이탱크저장소의 위치, 구조, 설비기준 6. 이동탱크저장소의 위치, 구조, 설비기준 7. 옥외저장소의 위치, 구조, 설비기준 8. 암반탱크저장소의 위치, 구조, 설비기준
			3. 위험물 취급소	1. 주유취급소의 위치, 구조, 설비기준 2. 판매취급소의 위치, 구조, 설비기준 3. 이송취급소의 위치, 구조, 설비기준 4. 일반취급소의 위치, 구조, 설비기준
			4. 제조소등의 소방시설 점검	1. 소화난이도 등급 2. 소화설비 적응성 3. 소요단위 및 능력단위 산정 4. 옥내소화전설비 점검 5. 옥외소화전설비 점검 6. 스프링클러설비 점검 7. 물분무소화설비 점검 8. 포소화설비 점검 9. 불활성가스 소화설비 점검 10. 할로겐화물소화설비 점검 11. 분말소화설비 점검 12. 수동식소화기설비 점검 13. 경보설비 점검 14. 피난설비 점검
		9. 위험물 저장·취급	1. 위험물 저장기준	1. 위험물 저장의 공통기준 2. 위험물 유별 저장의 공통기준 3. 제조소등에서의 저장기준
			2. 위험물 취급기준	1. 위험물 취급의 공통기준 2. 위험물 유별 취급의 공통기준 3. 제조소등에서의 취급기준
		10. 위험물안전관리 감독 및 행정처리	1. 위험물시설 유지관리감독	1. 위험물시설 유지관리 감독 2. 예방규정 작성 및 운영 3. 정기검사 및 정기점검 4. 자체소방대 운영 및 관리
			2. 위험물안전관리법상 행정사항	1. 제조소등의 허가 및 완공검사 2. 탱크안전 성능검사 3. 제조소등의 지위승계 및 용도폐지 4. 제조소등의 사용정지, 허가취소 5. 과징금, 벌금, 과태료, 행정명령

2. 실기

| 직무분야 | 화학 | 중직무분야 | 위험물 | 자격종목 | 위험물산업기사 | 적용기간 | 2025.1.1 ~ 2029.12.31 |

- **직무내용**: 위험물제조소등에서 위험물을 제조·저장·취급하고 작업자를 교육·지시·감독하며, 각 설비에 대한 점검과 재해 발생 시 사고대응 등의 안전관리 업무를 수행하는 직무이다.
- **수행준거**: 1. 위험물을 안전하게 관리하기 위하여 성상·위험성·유해성 조사, 운송·운반 방법, 저장·취급 방법, 소화 방법을 수립할 수 있다.
  2. 사고예방을 위하여 운송·운반 기준과 시설을 파악할 수 있다.
  3. 위험물의 저장취급과 위험물시설에 대한 유지관리, 교육훈련 및 안전감독 등에 대한 계획을 수립하고 사고대응 매뉴얼을 작성할 수 있다.
  4. 사업장 내의 위험물로 인한 화재의 예방과 소화방법에 대한 계획을 수립할 수 있다.
  5. 관련 물질자료를 수집하여 성상을 파악하고, 유별로 분류하여 위험성을 표시할 수 있다.
  6. 위험물 제조소의 위치·구조·설비기준을 파악하고 시설을 점검할 수 있다.
  7. 위험물 저장소의 위치·구조·설비기준을 파악하고 시설을 점검할 수 있다.
  8. 위험물 취급소의 위치·구조·설비기준을 파악하고 시설을 점검할 수 있다.
  9. 사업장의 법적기준을 준수하기 위하여 허가신청서류, 예방규정, 신고서류에 대한 작성과 안전관리 인력을 관리할 수 있다.

| 실기검정방법 | 필답형 | 시험시간 | 2시간 정도 |

실기 과목명	주요항목	세부항목	세세항목
위험물 취급 실무	1. 제4류 위험물 취급	1. 성상·유해성 조사하기	1. 제4류 위험물의 품목을 구별하여 성상을 조사할 수 있다. 2. 제4류 위험물의 일반적인 물리·화학적 성질을 검토하여 성상을 조사할 수 있다. 3. 제4류 위험물의 관련 기준을 검토하여 환경 유해성을 조사할 수 있다. 4. 제4류 위험물의 관련 기준을 검토하여 인체 유해성을 조사할 수 있다.
		2. 저장방법 확인하기	1. 제4류 위험물 기준을 확인하여 안전하게 저장할 수 있다. 2. 제4류 위험물 품목별 수납 방법을 확인하여 안전하게 저장할 수 있다. 3. 제4류 위험물 품목별 저장 장소를 확인하여 안전하게 저장할 수 있다. 4. 제4류 위험물을 보관 기준을 확인하여 안전하게 저장할 수 있다.
		3. 취급방법 파악하기	1. 제4류 위험물을 기준을 검토하여 안전하게 취급할 수 있다. 2. 제4류 위험물의 물리·화학적 성질을 검토하여 위험물을 안전하게 취급할 수 있다. 3. 환경조건을 검토하여 제4류 위험물을 안전하게 취급할 수 있다. 4. 제4류 위험물 운송·운반 관련 하역절차·설비를 파악하여 안전하게 취급할 수 있다.
		4. 소화방법 수립하기	1. 제4류 위험물 기준을 검토하여 안전하게 소화할 수 있다. 2. 제4류 위험물 소화 원리를 검토하여 안전하게 소화할 수 있다. 3. 제4류 위험물 소화설비 설치 기준을 검토하여 안전하게 소화할 수 있다. 4. 제4류 위험물의 소화기구 적응성을 검토하여 안전하게 소화할 수 있다.
	2. 제1류, 제6류 위험물 취급	1. 성상·유해성 조사하기	1. 제1류, 제6류 위험물의 품목을 구별하여 성상을 조사할 수 있다. 2. 제1류, 제6류 위험물의 일반적인 물리·화학적 성질을 검토하여 성상을 조사할 수 있다. 3. 제1류, 제6류 위험물의 관련 기준을 검토하여 환경 유해성을 조사할 수 있다. 4. 제1류, 제6류 위험물의 관련 기준을 검토하여 인체 유해성을 조사할 수 있다.

출제기준

실기 과목명	주요항목	세부항목	세세항목
		2. 저장방법 확인하기	1. 제1류, 제6류 위험물 기준을 검토하여 안전하게 저장할 수 있다. 2. 제1류, 제6류 위험물의 품목별 수납 방법을 확인하여 안전하게 저장할 수 있다. 3. 제1류, 제6류 위험물의 품목별 저장 장소를 확인하여 안전하게 저장할 수 있다. 4. 제1류, 제6류 위험물을 유별 위험물 보관 기준을 확인하여 안전하게 저장할 수 있다.
		3. 취급방법 파악하기	1. 제1류, 제6류 위험물을 기준을 검토하여 안전하게 취급할 수 있다. 2. 제1류, 제6류 위험물의 물리·화학적 성질을 검토하여 위험물을 안전하게 취급할 수 있다. 3. 제1류, 제6류 위험물의 환경조건을 검토하여 안전하게 취급할 수 있다. 4. 제1류, 제6류 위험물의 운송·운반 관련 하역절차·설비를 파악하여 안전하게 취급할 수 있다.
		4. 소화방법 수립하기	1. 제1류, 제6류 위험물 기준을 검토하여 안전하게 소화할 수 있다. 2. 제1류, 제6류 위험물 소화 원리를 검토하여 안전하게 소화할 수 있다. 3. 제1류, 제6류 위험물 소화설비 설치 기준을 검토하여 안전하게 소화할 수 있다. 4. 제1류, 제6류 위험물 소화기구 적응성을 검토하여 안전하게 소화할 수 있다.
	3. 제2류, 제5류 위험물 취급	1. 성상·유해성 조사하기	1. 제2류, 제5류 위험물 품목을 구별하여 성상을 조사할 수 있다. 2. 제2류, 제5류 위험물 일반적인 물리·화학적 성질을 검토하여 성상을 조사할 수 있다. 3. 제2류, 제5류 위험물 관련 기준을 검토하여 환경 유해성을 조사할 수 있다. 4. 제2류, 제5류 위험물 관련 기준을 검토하여 인체 유해성을 조사할 수 있다.
		2. 저장방법 확인하기	1. 제2류, 제5류 위험물을 안전하게 저장하기 위해서 기준을 검토할 수 있다. 2. 제2류, 제5류 위험물의 품목별 수납 방법을 확인하여 안전하게 저장할 수 있다. 3. 제2류, 제5류 위험물의 품목별 저장 장소를 확인하여 안전하게 저장할 수 있다. 4. 제2류, 제5류 위험물의 유별 위험물 보관 기준을 확인하여 안전하게 저장할 수 있다.
		3. 취급방법 파악하기	1. 제2류, 제5류 위험물 기준을 검토하여 안전하게 취급할 수 있다. 2 제2류, 제5류 위험물의 물리·화학적 성질을 검토하여 안전하게 취급할 수 있다. 3. 제2류, 제5류 위험물의 환경조건을 검토하여 안전하게 취급할 수 있다. 4. 제2류, 제5류 위험물의 운송·운반 관련 하역절차·설비를 파악하여 안전하게 취급할 수 있다.
		4. 소화방법 수립하기	1. 제2류, 제5류 위험물 기준을 검토하여 안전하게 소화할 수 있다. 2. 제2류, 제5류 위험물 소화 원리를 검토하여 안전하게 소화할 수 있다. 3. 제2류, 제5류 위험물 소화설비 설치 기준을 검토하여 안전하게 소화할 수 있다. 4. 제2류, 제5류 위험물 소화기구 적응성을 검토하여 안전하게 소화할 수 있다.

실기 과목명	주요항목	세부항목	세세항목
	4. 제3류 위험물 취급	1. 성상·유해성 조사하기	1. 제3류 위험물 품목을 구별하여 성상을 조사할 수 있다. 2. 제3류 위험물 일반적인 물리·화학적 성질을 검토하여 성상을 조사할 수 있다. 3. 제3류 위험물 관련 기준을 검토하여 환경 유해성을 조사할 수 있다. 4. 제3류 위험물 관련 기준을 검토하여 인체 유해성을 조사할 수 있다.
		2. 저장방법 확인하기	1. 제3류 위험물을 안전하게 저장하기 위해서 기준을 검토할 수 있다. 2. 제3류 위험물의 품목별 수납 방법을 확인하여 안전하게 저장할 수 있다. 3. 제3류 위험물의 품목별 저장 장소를 확인하여 안전하게 저장할 수 있다. 4. 제3류 위험물의 유별 위험물 보관 기준을 확인하여 안전하게 저장할 수 있다.
		3. 취급방법 파악하기	1. 제3류 위험물 기준을 검토하여 안전하게 취급할 수 있다. 2. 제3류 위험물의 물리·화학적 성질을 검토하여 안전하게 취급할 수 있다. 3. 제3류 위험물의 환경조건을 검토하여 안전하게 취급할 수 있다. 4. 제3류 위험물의 운송·운반 관련 하역절차·설비를 파악하여 안전하게 취급할 수 있다.
		4. 소화방법 수립하기	1. 제3류 위험물 기준을 검토하여 안전하게 소화할 수 있다. 2. 제3류 위험물 소화 원리를 검토하여 안전하게 소화할 수 있다. 3. 제3류 위험물 소화설비 설치 기준을 검토하여 안전하게 소화할 수 있다. 4. 제3류 위험물 소화기구 적응성을 검토하여 안전하게 소화할 수 있다.
	5. 위험물 운송· 운반시설 기준 파악	1. 운송기준 파악하기	1. 위험물의 안전한 운송을 위하여 이동탱크저장소의 위치 기준을 파악할 수 있다. 2. 위험물의 안전한 운송을 위하여 이동탱크저장소의 구조 기준을 파악할 수 있다. 3. 위험물의 안전한 운송을 위하여 이동탱크저장소의 설비 기준을 파악할 수 있다. 4. 위험물의 안전한 운송을 위하여 이동탱크저장소의 특례 기준을 파악할 수 있다.
		2. 운송시설 파악하기	1. 위험물 운송시설의 종류별 특징에 따라 안전한 운송을 할 수 있다. 2. 위험물 이동탱크저장소 구조를 파악하여 안전한 운송을 할 수 있다. 3. 위험물 컨테이너식 이동탱크저장소 구조를 파악하여 안전한 운송을 할 수 있다. 4. 위험물 주유탱크차 구조를 파악하여 안전한 운송을 할 수 있다.
		3. 운반기준 파악하기	1. 운반기준에 따라 적합한 운반용기를 선정할 수 있다. 2. 운반기준에 따라 적합한 적재방법을 선정할 수 있다. 3. 운반기준에 따라 적합한 운반방법을 선정할 수 있다.
		4. 운반시설 파악하기	1. 위험물 운반시설의 종류를 분류하여 안전한 운반을 할 수 있다. 2. 위험물 육상 운반시설의 구조를 검토하여 안전한 운반을 할 수 있다. 3. 위험물 해상 운반시설의 구조를 검토하여 안전한 운반을 할 수 있다. 4. 위험물 항공 운반시설의 구조를 검토하여 안전한 운반을 할 수 있다.

출제기준

실기 과목명	주요항목	세부항목	세세항목
	6. 위험물 안전계획 수립	1. 위험물 저장·취급계획 수립하기	1. 과년도 위험물 저장·취급의 실적과 성과를 평가할 수 있다. 2. 사업장 내 위험물 저장·취급의 실태와 문제점을 진단할 수 있다. 3. 위험물안전관리법령을 고려하여 위험물 저장·취급의 계획을 수립할 수 있다. 4. 위험물 저장·취급의 추진과제와 실행계획을 수립할 수 있다.
		2. 시설 유지관리 계획 수립하기	1. 과년도 위험물 시설의 유지관리 실적을 평가할 수 있다. 2. 사업장 내 위험물 시설의 유지관리 실태와 문제점을 진단할 수 있다. 3. 가용자원과 공정을 고려하여 위험물 시설의 정기·수시 유지관리 계획을 수립할 수 있다. 4. 위험물안전관리법령에 근거하여 위험물 시설의 점검 결과를 작성할 수 있다. 5. 위험물 시설의 유지관리와 보수에 소요되는 비용을 산출할 수 있다.
		3. 교육훈련계획 수립하기	1. 과년도 교육훈련의 실적과 성과를 평가할 수 있다. 2. 교육훈련 대상자의 수준을 고려하여 교육훈련과정을 편성할 수 있다. 3. 교육훈련과정별 목표에 부합하는 교육훈련 방향을 제시할 수 있다. 4. 교육여건과 교육인원을 고려하여 연간 교육훈련 일정을 수립할 수 있다. 5. 교육훈련의 개선을 위한 교육훈련평가기준을 작성할 수 있다.
		4. 위험물 안전감독계획 수립하기	1. 위험물 저장취급기준에 근거하여 감독계획을 수립할 수 있다. 2. 위험물시설 기준에 근거하여 유지관리 감독계획을 수립할 수 있다. 3. 위험물시설 보수에 대한 감독계획을 수립할 수 있다. 4. 위험물 운반기준에 근거하여 운반 전 감독계획을 수립할 수 있다.
		5. 사고대응 매뉴얼 작성하기	1. 매뉴얼 운영·관리의 기본방향을 수립할 수 있다. 2. 사고대응의 업무수행 체계를 수립할 수 있다. 3. 사고대응 조직을 구성할 수 있다. 4. 상황별 사고대응 조치계획을 수립할 수 있다. 5. 사고대응 조치 후 복구방안을 수립할 수 있다.
	7. 위험물 화재예방·소화방법	1. 위험물 화재예방 방법 파악하기	1. 취급물질자료와 시설 주변에 잠재된 위험요소를 파악할 수 있다. 2. 화재예방을 위하여 시설별 점검 사항을 파악할 수 있다. 3. 적응성에 따른 화재예방 방법을 파악할 수 있다. 4. 사업장의 특수성 또는 중점관리 물질을 반영하여 화재예방 방법을 적용할 수 있다.
		2. 위험물 화재예방 계획 수립하기	1. 위험성을 바탕으로 화재예방 및 점검 기준을 파악할 수 있다. 2. 위험물시설의 점검 계획을 수립할 수 있다. 3. 관련법령, 기준, 지침에 따라 화재예방 세부계획을 수립할 수 있다. 4. 수립된 화재예방 방법을 검토하고 개선사항을 도출할 수 있다.
		3. 위험물 소화방법 파악하기	1. 위험물의 연소 및 소화이론을 파악할 수 있다. 2. 위험물 화재 시 조치방법을 파악할 수 있다. 3. 발화요인에 따라 적응성 높은 소화방법을 파악할 수 있다. 4. 소화기구 및 소화약제의 종류 및 특성을 파악할 수 있다. 5. 소방시설 작동방법을 파악할 수 있다.
		4. 위험물 소화방법 수립하기	1. 화재의 종류 및 규모별 대응조치 방안을 수립할 수 있다. 2. 발화요인에 따라 적응성 높은 소화방법을 수립할 수 있다. 3. 위험물 화재별 확산방지, 추가사고예방 등의 방안을 수립할 수 있다.

실기 과목명	주요항목	세부항목	세세항목
			4. 적응성 있는 소화기구 및 소화약제를 선정할 수 있다. 5. 소방시설 작동방법을 수립할 수 있다.
	8. 위험물 제조소 유지관리	1. 제조소의 시설기술기준 조사하기	1. 사업장에 설치된 제조소의 위치기준을 조사할 수 있다. 2. 사업장에 설치된 제조소의 구조기준을 조사할 수 있다. 3. 사업장에 설치된 제조소의 설비기준을 조사할 수 있다. 4. 사업장에 설치된 제조소의 특례기준을 조사할 수 있다.
		2. 제조소의 위치 점검하기	1. 위치와 관련된 최종 허가도면을 찾아 위치에 관한 사항을 확인할 수 있다. 2. 위치와 관련된 최종 허가도면에 존재하지 않는 건축물, 공작물의 존부를 확인할 수 있다. 3. 설치허가 당시의 안전거리 및 보유공지에 관한 기술기준을 파악하고, 이에 저촉되는 건축물, 공작물의 존부를 확인할 수 있다. 4. 현행의 안전거리 및 보유공지의 기술기준에 저촉되는 새로이 설치된 건물, 공작물의 존부를 확인할 수 있다. 5. 위치에 관한 기술기준 또는 허가도면에 저촉되는 건축물 또는 공작물의 제거 또는 법적·안전상 해결방안을 강구할 수 있다. 6. 제조소의 일반점검표에 위치 점검결과를 기록할 수 있다.
		3. 제조소의 구조 점검하기	1. 제조소의 일반점검표에 정해진 점검항목 중 사업장에 해당하는 것을 확인하고, 점검취지와 방법을 조사할 수 있다. 2. 제조소의 구조 점검대상물 및 점검기기를 작동하고 그 결과를 판정할 수 있다. 3. 기술기준과 상이한 것은 허가도면을 색인하여 허가 시 적용된 기준을 확인할 수 있다. 4. 구조에 관한 기술기준 또는 허가도면에 저촉되는 사항의 법적·안전상 해결방안을 강구할 수 있다. 5. 제조소의 일반점검표에 구조 점검결과를 기록할 수 있다.
		4. 제조소의 설비 점검하기	1. 제조소의 일반점검표에 정해진 점검항목 중 사업장에 해당하는 것을 확인하고, 점검취지와 방법을 조사할 수 있다. 2. 제조소의 설비 점검대상물 및 점검기기를 작동하고 그 결과를 판정할 수 있다. 3. 기술기준과 상이한 것은 허가도면을 색인하여 허가 시 적용된 기준을 확인할 수 있다. 4. 설비에 관한 기술기준 또는 허가도면에 저촉되는 사항의 법적·안전상 해결방안을 강구할 수 있다. 5. 제조소의 일반점검표에 설비 점검결과를 기록할 수 있다.
		5. 제조소의 소방시설 점검하기	1. 제조소의 일반점검표에 정해진 점검항목 중 사업장에 해당하는 것을 확인하고, 점검취지와 방법을 조사할 수 있다. 2. 제조소의 소화설비·경보설비·피난설비 점검대상물 및 점검기기를 작동하고 그 결과를 판정할 수 있다. 3. 기술기준과 상이한 것은 허가도면을 찾아서 허가 시 적용된 기준을 확인할 수 있다. 4. 소화설비·경보설비·피난설비에 관한 기술기준 또는 허가도면에 저촉되는 사항의 법적·안전상 해결방안을 강구할 수 있다. 5. 제조소의 일반점검표에 제조소의 소화설비·경보설비·피난설비 점검결과를 기록할 수 있다.
	9. 위험물 저장소 유지관리	1. 저장소의 시설기술기준 조사하기	1. 사업장에 설치된 저장소의 위치기준을 조사할 수 있다. 2. 사업장에 설치된 저장소의 구조기준을 조사할 수 있다. 3. 사업장에 설치된 저장소의 설비기준을 조사할 수 있다. 4. 사업장에 설치된 저장소의 특례기준을 조사할 수 있다.
		2. 저장소의 위치 점검하기	1. 위치와 관련된 최종 허가도면을 찾아 위치에 관한 사항을 확인할 수 있다.

출제기준

실기 과목명	주요항목	세부항목	세세항목
			2. 위치와 관련된 최종 허가도면에 존재하지 않는 건축물, 공작물의 존부를 확인할 수 있다. 3. 설치허가 당시의 안전거리 및 보유공지에 관한 기술기준을 파악하고, 이에 저촉되는 건축물, 공작물의 존부를 확인할 수 있다. 4. 현행의 안전거리 및 보유공지의 기술기준에 저촉되는 새로이 설치된 건물, 공작물의 존부를 확인할 수 있다. 5. 위치에 관한 기술기준 또는 허가도면에 저촉되는 건축물 또는 공작물의 제거 또는 법적ㆍ안전상 해결방안을 강구할 수 있다. 6. 저장소의 일반점검표에 위치 점검결과를 기록할 수 있다.
		3. 저장소의 구조 점검하기	1. 저장소의 일반점검표에 정해진 점검항목 중 사업장에 해당하는 것을 확인하고, 점검취지와 방법을 조사할 수 있다. 2. 저장소의 구조 점검대상물 및 점검기기를 작동하고 그 결과를 판정할 수 있다. 3. 기술기준과 상이한 것은 허가도면을 색인하여 허가 시 적용된 기준을 확인할 수 있다. 4. 구조에 관한 기술기준 또는 허가도면에 저촉되는 사항의 법적ㆍ안전상 해결방안을 강구할 수 있다. 5. 저장소의 일반점검표에 구조 점검결과를 기록할 수 있다.
		4. 저장소의 설비 점검하기	1. 저장소의 일반점검표에 정해진 점검항목 중 사업장에 해당하는 것을 확인하고, 점검취지와 방법을 조사할 수 있다. 2. 저장소의 설비 점검대상물 및 점검기기를 작동하고 그 결과를 판정할 수 있다. 3. 기술기준과 상이한 것은 허가도면을 색인하여 허가 시 적용된 기준을 확인할 수 있다. 4. 설비에 관한 기술기준 또는 허가도면에 저촉되는 사항의 법적ㆍ안전상 해결방안을 강구할 수 있다. 5. 저장소의 일반점검표에 설비 점검결과를 기록할 수 있다.
		5. 저장소의 소방시설 점검하기	1. 저장소의 일반점검표에 정해진 점검항목 중 사업장에 해당하는 것을 확인하고, 점검취지와 방법을 조사할 수 있다. 2. 저장소의 소화설비ㆍ경보설비ㆍ피난설비 점검대상물 및 점검기기를 작동하고 그 결과를 판정할 수 있다. 3. 기술기준과 상이한 것은 허가도면을 찾아서 허가 시 적용된 기준을 확인할 수 있다. 4. 소화설비ㆍ경보설비ㆍ피난설비에 관한 기술기준 또는 허가도면에 저촉되는 사항의 법적ㆍ안전상 해결방안을 강구할 수 있다. 5. 저장소의 일반점검표에 저장소의 소화설비ㆍ경보설비ㆍ피난설비 점검결과를 기록할 수 있다.
	10. 위험물 취급소 유지관리	1. 취급소의 시설기술기준 조사하기	1. 사업장에 설치된 취급소의 위치기준을 조사할 수 있다. 2. 사업장에 설치된 취급소의 구조기준을 조사할 수 있다. 3. 사업장에 설치된 취급소의 설비기준을 조사할 수 있다. 4. 사업장에 설치된 취급소의 특례기준을 조사할 수 있다.
		2. 취급소의 위치 점검하기	1. 위치와 관련된 최종 허가도면을 찾아 위치에 관한 사항을 확인할 수 있다. 2. 위치와 관련된 최종 허가도면에 존재하지 않는 건축물, 공작물의 존부를 확인할 수 있다. 3. 설치허가 당시의 안전거리 및 보유공지에 관한 기술기준을 파악하고, 이에 저촉되는 건축물, 공작물의 존부를 확인할 수 있다. 4. 현행의 안전거리 및 보유공지의 기술기준에 저촉되는 새로이 설치된 건물, 공작물의 존부를 확인할 수 있다. 5. 위치에 관한 기술기준 또는 허가도면에 저촉되는 건축물 또는 공작물의 제거 또는 법적ㆍ안전상 해결방안을 강구할 수 있다. 6. 취급소의 일반점검표에 위치 점검결과를 기록할 수 있다.

실기 과목명	주요항목	세부항목	세세항목
		3. 취급소의 구조 점검하기	1. 취급소의 일반점검표에 정해진 점검항목 중 사업장에 해당하는 것을 확인하고, 점검취지와 방법을 조사할 수 있다. 2. 취급소의 구조 점검대상물 및 점검기기를 작동하고 그 결과를 판정할 수 있다. 3. 기술기준과 상이한 것은 허가도면을 색인하여 허가 시 적용된 기준을 확인할 수 있다. 4. 구조에 관한 기술기준 또는 허가도면에 저촉되는 사항의 법적·안전상 해결방안을 강구할 수 있다. 5. 취급소의 일반점검표에 구조 점검결과를 기록할 수 있다.
		4. 취급소의 설비 점검하기	1. 취급소의 일반점검표에 정해진 점검항목 중 사업장에 해당하는 것을 확인하고, 점검취지와 방법을 조사할 수 있다. 2. 취급소의 설비 점검대상물 및 점검기기를 작동하고 그 결과를 판정할 수 있다. 3. 기술기준과 상이한 것은 허가도면을 색인하여 허가 시 적용된 기준을 확인할 수 있다. 4. 설비에 관한 기술기준 또는 허가도면에 저촉되는 사항의 법적·안전상 해결방안을 강구할 수 있다. 5. 취급소의 일반점검표에 설비 점검결과를 기록할 수 있다.
		5. 취급소의 소방시설 점검하기	1. 취급소의 일반점검표에 정해진 점검항목 중 사업장에 해당하는 것을 확인하고, 점검취지와 방법을 이해할 수 있다. 2. 취급소의 소화설비·경보설비·피난설비 점검대상물 및 점검기기를 작동하고 그 결과를 판정할 수 있다. 3. 기술기준과 상이한 것은 허가도면을 찾아서 허가 시 적용된 기준을 확인할 수 있다. 4. 소화설비·경보설비·피난설비에 관한 기술기준 또는 허가도면에 저촉되는 사항의 법적·안전상 해결방안을 강구할 수 있다. 5. 취급소의 일반점검표에 취급소의 소화설비·경보설비·피난설비 점검결과를 기록할 수 있다.
	11. 위험물 행정처리	1. 예방규정 작성하기	1. 사업장 내의 위험물 시설현황을 조사할 수 있다. 2. 예방규정 작성기준에 따라 예방규정을 작성할 수 있다. 3. 예방규정 변경사유 발생 시 변경하여 작성할 수 있다. 4. 예방규정을 제출하고 변경명령 시 변경제출할 수 있다.
		2. 허가신청하기	1. 제조소등의 설치 또는 변경 허가대상 여부를 조사할 수 있다. 2. 제조소등의 설치 또는 변경 허가 신청 시 제출서류를 조사할 수 있다. 3. 제조소등의 설치 또는 변경 허가 시 제출서류에 대한 적정성을 검토할 수 있다. 4. 제조소등의 설치 또는 변경 허가 신청서를 작성하고 제출할 수 있다.
		3. 신고서류 작성하기	1. 지위승계, 선·해임, 용도폐지, 품명·수량·지정수량배수의 변경신고 대상여부를 조사할 수 있다. 2. 신고대상의 원인행위 발생시점과 신고기한을 조사할 수 있다. 3. 신고대상별 신고서류를 작성할 수 있다. 4. 작성된 신고서류를 제출할 수 있다.
		4. 안전관리 인력관리하기	1. 위험물안전관리에 필요한 수요인력을 조사할 수 있다. 2. 필요 인력의 자격기준을 조사할 수 있다. 3. 인력배치 기준을 수립할 수 있다. 4. 인력을 명부에 기록하여 유지관리할 수 있다.

차례 Contents

제 1 부 핵심요점정리　　　　　　　　　　　　　　　　　　17

제 1 장 일반화학 및 연소　　　　　　　　　　　　　　　　19
- 1-1 물질의 상태와 구조 ——————————————— 19
- 1-2 비금속원소 및 금속원소와 화합물 ————————— 44
- 1-3 유기화합물 ——————————————————— 50
- 1-4 연소의 일반적인 기초사항 ————————————— 59

제 2 장 화재예방과 소화방법　　　　　　　　　　　　　　62
- 2-1 화재예방 ———————————————————— 62
- 2-2 소화방법 ———————————————————— 67

제 3 장 위험물의 성상　　　　　　　　　　　　　　　　　73
- 3-1 제1류 위험물 —————————————————— 73
- 3-2 제2류 위험물 —————————————————— 79
- 3-3 제3류 위험물 —————————————————— 84
- 3-4 제4류 위험물 —————————————————— 90
- 3-5 제5류 위험물 —————————————————— 103
- 3-6 제6류 위험물 —————————————————— 108

제 4 장 위험물의 시설기준　　　　　　　　　　　　　　112
- 4-1 제조소의 위치, 구조 및 설비의 기준 ———————— 112
- 4-2 옥내저장소의 위치·구조 및 설비의 기준 —————— 121
- 4-3 옥외탱크저장소의 위치·구조 및 설비의 기준 ———— 126
- 4-4 옥내탱크저장소의 위치·구조 및 설비의 기준 ———— 131
- 4-5 지하탱크저장소의 위치·구조 및 설비의 기준 ———— 131
- 4-6 간이탱크저장소의 위치·구조 및 설비의 기준 ———— 133
- 4-7 이동탱크저장소의 위치·구조 및 설비의 기준 ———— 134
- 4-8 옥외저장소의 위치 및 설비의 기준 ————————— 136
- 4-9 암반탱크저장소의 위치·구조 및 설비의 기준 ———— 139
- 4-10 주유취급소의 위치·구조 및 설비의 기준 —————— 139
- 4-11 판매취급소의 위치·구조 및 설비의 기준 —————— 143
- 4-12 소화설비, 경보설비 및 피난설비의 기준 —————— 144
- 4-13 제조소등에서의 위험물의 저장 및 취급에 관한 기준 — 148
- 4-14 위험물의 운반에 관한 기준 ————————————— 148
- 4-15 탱크의 내용적 및 공간용적 ————————————— 150

제 5 장 위험물 안전관리 법령　　　　　　　　　　　　152

제 2 부 최근 기출문제 – 필기 155

2018년도
2018년 3월 4일 시행 ………………………………… 157
2018년 4월 28일 시행 ………………………………… 172
2018년 9월 15일 시행 ………………………………… 188

2019년도
2019년 3월 3일 시행 ………………………………… 205
2019년 4월 27일 시행 ………………………………… 220
2019년 9월 21일 시행 ………………………………… 237

2020년도
2020년 6월 14일 시행 ………………………………… 254
2020년 8월 23일 시행 ………………………………… 270
2020년 9월 CBT 시행 ………………………………… 287

2021년도
2021년 3월 CBT 시행 ………………………………… 303
2021년 5월 CBT 시행 ………………………………… 319
2021년 9월 CBT 시행 ………………………………… 334

2022년도
2022년 3월 CBT 시행 ………………………………… 350
2022년 5월 CBT 시행 ………………………………… 365
2022년 9월 CBT 시행 ………………………………… 380

2023년도
2023년 3월 CBT 시행 ………………………………… 395
2023년 5월 CBT 시행 ………………………………… 409
2023년 9월 CBT 시행 ………………………………… 423

2024년도
2024년 2월 CBT 시행 ………………………………… 438
2024년 5월 CBT 시행 ………………………………… 454
2024년 7월 CBT 시행 ………………………………… 469

Contents

제 3 부 최근 기출문제 – 실기　　　　　　　　　　　　　483

2018년도
- 2018년 4월 15일 시행 …………………………… 485
- 2018년 7월 1일 시행 …………………………… 495
- 2018년 11월 10일 시행 …………………………… 505

2019년도
- 2019년 4월 13일 시행 …………………………… 514
- 2019년 6월 29일 시행 …………………………… 523
- 2019년 11월 9일 시행 …………………………… 533

2020년도
- 2020년 5월 24일 시행 …………………………… 542
- 2020년 7월 26일 시행 …………………………… 558
- 2020년 10월 18일 시행 …………………………… 576
- 2020년 11월 15일 시행 …………………………… 592

2021년도
- 2021년 4월 24일 시행 …………………………… 610
- 2021년 7월 10일 시행 …………………………… 624
- 2021년 11월 14일 시행 …………………………… 640

2022년도
- 2022년 5월 7일 시행 …………………………… 655
- 2022년 7월 24일 시행 …………………………… 672
- 2022년 11월 19일 시행 …………………………… 687

2023년도
- 2023년 4월 23일 시행 …………………………… 704
- 2023년 7월 22일 시행 …………………………… 721
- 2023년 11월 5일 시행 …………………………… 737

2024년도
- 2024년 4월 27일 시행 …………………………… 751
- 2024년 7월 28일 시행 …………………………… 766
- 2024년 11월 2일 시행 …………………………… 782

무료 동영상과 함께하는 위험물산업기사 필기+실기

제 1 부

핵심 요점정리

제 1 장   일반화학 및 연소
제 2 장   화재예방과 소화방법
제 3 장   위험물의 성상
제 4 장   위험물의 시설기준
제 5 장   위험물 안전관리 법령

무료 동영상과 함께하는
위험물산업기사 필기+실기

제1장 일반화학 및 연소

 1-1 물질의 상태와 구조

1. 고체의 구조

(1) **분자성 고체**

분자를 구성하는 **입자가 분자**이며 **승화성**이 크고 융해점이 낮은 것이 많다.
- 이산화탄소(드라이아이스) • 요소   • 아이오딘   • 나프탈렌 등

 **승화**
물질의 상태변화에서 고체가 기체 또는 기체가 고체로 변하는 현상

(2) **이온성 고체**

고체를 구성하는 입자가 **음이온과 양이온**으로 되어있으며 대부분 **염이 해당**된다.
- 염화나트륨   • 아이오딘화칼륨   • 플루오린화칼륨   • 황산구리

 **염의 정의**
① 산과 염기가 반응할 때 물과 함께 생성되는 물질
② 산의 음이온과 염기의 양이온으로 만들어지는 화합물
  • M.P : Melting Point   • B.P : Boiling Point

(3) **원자성 고체**

원자성 결정을 말한다.
- 다이아몬드   • 이산화규소

(4) 금속성 고체

금속이온이 규칙성 있게 배열된 상태
- 구리
- 알루미늄

> ① **고체의 순물질 여부 확인방법 : 녹는점**(융점 : MP) **측정**하여 순물질의 녹는점과 비교 분석
> ② **액체의 순물질 여부 확인방법 : 끓는점**(비점 : BP) **측정**하여 순물질의 끓는점과 비교 분석

2. 혼합물의 정제방법

(1) **거름(여과)** : 고체와 액체의 혼합물 분리
(2) **재결정** : 불순물 포함 결정을 용매에 녹여 온도에 따른 **용해도차를 이용**하여 불순물 제거방법
(3) **분액 깔대기에 의한 분리** : **액체와 액체**가 섞이지 않는 2개 층을 분리
(4) **승화에 의한 분리** : 가열에 의하여 **승화성물질과 비승화성물질**을 분리
(5) **증류** : 액체를 끓여서 증기로 만들고 이 증기를 냉각하여 다시 액체로 만드는 방법
(6) **추출** : 액체의 **용해도를 이용**하여 미량의 불순물을 제거하여 분리

3. 풍해(efflorescence, 풍화)

결정수를 함유하는 결정이나 수화물 등이 공기 중에서 **수분을 잃고 분말이 되는 현상**

$$Na_2CO_3 \cdot 10H_2O \xrightarrow{풍해} Na_2CO_3 \cdot H_2O + 9H_2O \uparrow$$
(결정탄산나트륨)

 **수화물=함수화물**
물이 다른 화합물에 결합되어 있는 화합물

4. 조해(deliquesence)

물에 녹기 쉬운 고체가 공기 중의 **수분을 흡수하여 스스로 녹는 현상**(풍해의 반대)이며 조해성 물질은 건조제로 이용 된다.

> **조해성 물질**
> 수산화칼륨(KOH), 수산화나트륨(NaOH), 염화칼슘($CaCl_2$),
> 염화마그네슘($MgCl_2 \cdot 6H_2O$)

5. 콜로이드용액의 성질

(1) 틴들(Tyndall) 현상
콜로이드용액에 광선을 통과시키면 **콜로이드 입자가 산란**하여 빛의 진로를 볼 수 있는 현상

산란
입자선이 분자, 원자, 미립자 등에 충돌하여 운동방향을 바꾸고 흩어지는 현상

(2) 브라운 운동
콜로이드의 불규칙적인 운동

(3) 다이알리시스(투석)
콜로이드 용액에 용질(녹아있는 물질)의 혼합액을 **투석막**에 넣고 흐르는 물속에 넣어두면 분자 또는 이온은 투석막을 통과하여 제거되고 콜로이드 입자만 남게 되는 현상 (삼투압 측정에 이용)

(4) 전기영동
콜로이드 용액에 **직류전기**를 흐르게 하면 콜로이드 입자는 입자의 하전과 반대극성의 전극으로 이동하여 부근의 농도가 증가되는 현상

(5) 응석 = 엉김(coagulation)
콜로이드용액에 전해질을 넣으면 반대 부호의 이온에 의하여 서로 전기가 중화하여 달라붙어서 큰 덩어리가 되므로 **침전이 되는 현상**이며 **전해질의 하전수가 크면 엉김력이 크다.**

(−) 콜로이드에 대한 응석력 : $Al^{+3} > Ca^{+2} > Na^+$
(+) 콜로이드에 대한 응석력 : $Fe(CN)_6^{-4} > PO_4^{-2} > SO_4^{-2} > Cl^-$

(6) 염석
친수콜로이드에 다량의 **전해질을 넣으면 엉김이 일어나는 현상**
(예) 비눗물에 다량의 소금(NaCl)을 가하면 비누가 분리된다.

전해질
용매에 녹아 전류를 흐르게 하는 물질

6. 소수콜로이드(무기물콜로이드), 친수콜로이드(유기물콜로이드), 보호콜로이드

콜로이드의 분류	정 의	보 기
소수콜로이드	• 소량의 전해질에 의하여 엉김이 일어나는 콜로이드 • 주로 무기물의 콜로이드이다	$Fe(OH)_3$, 점토, 먹물
친수콜로이드	• 소량의 전해질에 엉김이 일어나지 않는 콜로이드 • 주로 유기물의 콜로이드이다	단백질, 녹말, 비눗물, 젤라틴, 아교, 한천
보호콜로이드	• 소수 콜로이드는 불안정한 것이므로 친수콜로이드를 가하면 안정하게 된다 여기에 전해질을 가하여도 엉김이 일어나기 힘들다. 이와 같은 작용을 하는 친수콜로이드	잉크에 아라비아고무, 먹물에 아교

7. 에멀전과 서스펜션

(1) **에멀전(emulsion)** : 우유와 같이 **액체가 분산**되어 있는 것

(2) **서스펜션(suspension)** : 흙탕물과 같이 **고체가 분산**되어 있는 것

8. 졸과 겔

(1) **졸(sol)** : 보통의 콜로이드 용액

(2) **겔(gel)** : 반고체(한천(우뭇가사리), 젤리, 두부, 버터)

9. 발생기체를 포집하는 방법

(1) **상방치환** : 공기보다 가벼운 기체를 모을 때 주로 사용하는 기체 포집법

　① 암모니아(NH_3)　② 메탄(CH_4)

(2) **하방치환** : 물에 녹는 기체 가운데 **공기보다 무거운 기체**를 모을 때 사용하는 기체 포집법

　① 이산화탄소(CO_2)　② 염화수소(HCl)　③ 이산화황(SO_2)
　④ 염소(Cl_2)　⑤ 황화수소(H_2S)　⑥ 이산화질소(NO_2)

(3) **수상치환** : 물을 채운 용기 속에 관으로 기체를 넣고 거품으로 부상시켜 **물에 잘 녹지 않는 기체**를 포집하는 방법

　① 수소(H_2)　② 산소(O_2)　③ 질소(N_2)

10. 원자 및 분자에 관한 법칙

(1) 질량보존(불변)의 법칙(라보아제)
화학변화에 있어서 변화 전후의 **질량 총합은 일정불변**이다.

$$N_2(28g) + 3H_2(6g) \rightarrow 2NH_3(2 \times 17g)$$

(2) 배수비례의 법칙(돌턴이 발견)
두 가지원소가 두 가지 이상의 화합물을 만들 때 한 원소의 일정 중량에 대하여 결합하는 다른 원소의 중량 간에는 항상 **간단한 정수비가 성립**한다.

화합물	성분원소의 중량비	
CO	$C : O = 12 : 16$	$16 : 32 = 1 : 2$
CO_2	$C : O = 12 : 32$	
H_2O	$H : O = 2 : 16$	$16 : 32 = 1 : 2$
H_2O_2	$H : O = 2 : 32$	
SO_2	$S : O = 32 : 32$	$32 : 48 = 2 : 3$
SO_3	$S : O = 32 : 48$	

(3) 일정성분비의 법칙=정비례의 법칙(프루우스트)
순수한 화합물에 있어서 성분원소의 **중량비(조성비)는 항상 일정불변**이다.

수소와 물의 반응식

$2H_2 + O_2 \rightarrow 2H_2O$
 $4g : 32g \quad 36g$
 $1g : 8g \ (1 : 8)$

(4) 기체반응의 법칙(게이뤼삭)
반응에 의해 생성되는 **기체의 부피** 사이에는 일정하고 간단한 **정수비가 성립**한다.

$$N_2(1부피) + 3H_2(3부피) \rightarrow 2NH_3(2부피)$$

11. 원자량

질량수 12인 탄소원자 $_{12}C$의 질량값을 12로 정하고 이것과 비교한 각 원소의 원자의 상대적 질량값을 원자량이라 한다.

12. 원자의 구조

원자를 구성하는 입지
(1) 원자핵 (+) = 양성자 (+) + 중성자 (+)
(2) 전자 (−)

- 원자핵 속에 포함된 **양성자 수를 원자번호**라 한다.
  원자번호=원자핵의 양하전량=양성자수=전자수(중성 원자)
- 질량수=양성자수(원자번호) + 중성자수

13. 원소의 붕괴

방사선 붕괴	질량수 변화	원자번호 변화
α	4 감소	2 감소
β	불 변	1 증가
γ	불 변	불 변

(1) α 붕괴 : 질량수 4감소, 원자번호 2감소

$$_{88}Ra^{226} \rightarrow {}_2He^4(\alpha선) + {}_{86}Rn^{222}$$

(2) β 붕괴

$$^{237}_{93}Np(넵투늄) \rightarrow \beta \text{ 붕괴 1회(원자번호 1증가)} \rightarrow {}^{237}_{94}Pu(플루토늄)$$

(3) γ 선
① 질량이 없고 **전하를 띠지 않음**
② 파장이 가장 짧고 투과력과 **방출 속도가 가장 크다.**
③ 전기장의 영향을 받지 않아 **직선적으로 투과**
④ 광선이나 X선과 같은 **전자기파**이다.

> **방사성원소의 투과력 크기**
> $\gamma > \beta > \alpha$ (투과력이 가장 큰 것은 γ 선 이다.)

14. 반감기

방사성원소가 붕괴하는 속도는 붕괴하기 전의 원소의 양의 **반으로 감소**하기까지 걸리는 기간

$$m = M \times \left(\frac{1}{2}\right)^{\frac{t}{T}}$$

여기서, m : 붕괴 후 질량, M : 붕괴 전 질량, t : 경과기간, T : 반감기

15. 원자에너지 에너지

$$E = mc^2$$

여기서, E : 생성되는 에너지(erg), m : 질량(g), c : 광속도(3×10^{10}cm/s)

16. 중성원자

전자를 잃음	전자를 얻음
• 양성자수 > 전자수	• 양성자수 < 전자수
• 양이온으로 된다.	• 음이온으로 된다.
• (+)전하를 가진다.	• (−)전하를 가진다.

17. 다전자 원자에서 에너지 준위의 순서

1S < 2S < 2P < 3S < 3P < 4S < 3d < 4P < 5S < 4d < 5P < 6S < 4f < 5d < 6P < 5f < 6d

1s			
2s	2p		
3s	3p	3d	
4s	4p	4d	4f
5s	5p	5d	5f
6s	6p	6d	

에너지 준위
양자역학계(원자, 분자, 원자핵 등)의 정상상태가 취할 수 있는 에너지 값
※ 에너지 준위의 차는 이들 준위 사이의 전이 때 방출되는 빛의 주파수에 의해 결정

18. 원자핵 둘레의 전자배열

전자껍질	K n=1	L n=2	M n=3	N n=4
최대 수용 전자수($2n^2$)	2	8	18	32
문자기호	s	s, p	s, p, d	s, p, d, f
오비탈	$1s^2$	$2s^2, 2p^6$	$3s^2, 3p^6, 3d^{10}$	$4s^2, 4p^6, 4d^{10}, 4f^{14}$

19. 수소원자의 스펙트럼 종류

전자의 전이	n=1	n=2	n=3	n=4
스펙트럼의 계열	라이먼	발머	파셴	브래킷
파장	자외선	가시광선	적외선	원적외선

20. 선 스펙트럼

(1) 하나 또는 몇 개의 특정한 파장만 포함하는 **빛의 스펙트럼**
(2) 분광기나 프리즘을 통해서 볼 때 하나 또는 몇 개의 선으로 보인다.

분광기(monochromator)
물질이 방출 또는 흡수하는 빛의 스펙트럼을 계측하는 장치
• 분광기로 관찰하였을 때 백열된 고체상태의 기체나 액체를 거쳐 나온 빛의 경우에 선 스펙트럼이 나타난다.

21. 훈트의 법칙

같은 에너지 준위에 있는 **오비탈**이 여러 개가 있고, 여기에 여러 개의 전자가 들어갈 때는 모든 **오비탈**이 분산되어 들어가려고 한다.

오비탈 [orbital]
원자, 분자, 결정 속의 전자나 원자핵 속의 핵자 따위의 상태를 양자 역학을 이용하여 공간적인 퍼짐으로 나타낸 것

22. 부대전자

원자나 분자의 오비탈에 1개의 전자가 들어 있을 때의 전자

2p오비탈에 4개의 전자가 있으면 전자배치는 $1S^2, 2S^2, 2P^4$이므로

| :: | :: | :: | : | : | 최외각 전자수=6, 부대 전자수=2개 |

23. 불활성기체의 전자배열

원소	원자번호	K	L	M	N	O	최외각 전자
He(헬륨)	2	2					2
Ne(네온)	10	2	8				8
Ar(아르곤)	18	2	8	8			8
Kr(크립톤)	36	2	8	18	8		8
Xe(크세논)	54	2	8	18	18	8	8

불활성기체=비활성기체
다른 원소와 화학반응을 일으키기 어려운 기체 원소

24. 결합 에너지

(1) 분자의 결합을 끊어 **구성입자로 분리**하는 데 필요한 에너지
(2) 결합의 **극성**이 클수록 결합에너지가 크다.
(3) **전기음성도** 차이가 클수록 결합에너지가 크다.
(4) 결합에너지의 값의 크기순서 : **삼중**결합 > **이중**결합 > **단일**결합

종 류	수소(H_2)	질소(N_2)	산소(O_2)	불소(F_2)
결합상태	단일결합	삼중결합	이중결합	단일결합

25. 결합각

(1) 세 개의 원자나 이온이 결합하면서 이루는 각
(2) 결합각은 원자가전자 오비탈과 밀접한 관계가 있다.
(3) 물의 경우에는 **결합각**이 104°30'이다.

26. 동소체

같은 원소로 구성되어 있으나 성질이 다른 단체

원 소	동 소 체
산소	산소와 오존
탄소	다이아몬드, 흑연, 숯
황	사방황, 단사황, 고무상황
인	적린(붉은인), 황린(노란인)

- **동소체가 성질이 다른 이유** : 원자배열상태가 다르기 때문이다.
- **동소체의 증명** : 연소 시 같은 물질이 생성되면 동소체이다.

적린(붉은인)
연소시 오산화인(P_2O_5)의 흰색 기체가 발생

27. 분자의 종류

(1) **단원자 분자** : 한 개의 원자로 이루어진 분자(18족 원소)

He(헬륨), Ne(네온), Ar(아르곤), Kr(크립톤) Xe(크세논), Rn(라돈)

(2) **이(2)원자분자** : 두 개의 원자로 이루어진 분자

HCl(염산), NaCl(염화나트륨), N_2(질소), O_2(산소), H_2(수소), 등

(3) **다원자분자** : 3개 이상의 원자로 이루어진 분자

CO_2(탄산가스), CH_4(메탄), H_2O(물), NH_3(암모니아), O_3(오존)등

28. 화학식

(1) **실험식** : 분자 속에 포함된 원자의 종류와 그 수를 가장 간단한 비로 표시한 식

구 분	아세틸렌	벤젠	물
분자식	C_2H_2	C_6H_6	H_2O
실험식	CH	CH	H_2O

(2) **분자식** : 한 분자 속에 들어 있는 **원자의 종류와** 그 수로 나타낸 것.

구 분	에탄올	다이메틸에터
시성식	C_2H_5OH	CH_3OCH_3
분자식	C_2H_6O	C_2H_6O

(3) **시성식** : 분자 속에 들어 있는 기(Radical)의 결합 상태를 나타낸 식

구 분	에탄올	다이메틸에터
분자식	C_2H_6O	C_2H_6O
시성식	C_2H_5OH	CH_3OCH_3

(4) **구조식** : 분자를 구성하고 있는 원자의 결합상태를 원자가와 같은 수의 **결합선으로** 나타낸 것

29. 분자량 측정방법

(1) **기체의 확산속도에 의한 분자량의 측정(그레이엄의 법칙)**

두 가지 기체가 퍼지는 **확산속도는** 그 기체의 밀도(분자량)의 제곱근에 반비례 한다.

$$\frac{U_1}{U_2} = \sqrt{\frac{M_2}{M_1}} = \sqrt{\frac{d_2}{d_1}}$$

여기서, U_1 : 기체1의 확산속도 U_2 : 기체2의 확산속도
M_1 : 기체1의 분자량 M_2 : 기체2의 분자량
d_1 : 기체1의 밀도 d_2 : 기체2의 밀도

• 기체의 확산속도는 분자량이 작을수록 빠르다.

기체확산속도
① 분자량이 작을수록 빠르다.
② 밀도가 작을수록 빠르다.

(2) 증기밀도(g/L) [0℃, 1기압상태(표준상태)]계산공식

$$증기밀도(\rho) = \frac{분자량(g)}{22.4L}$$

• 분자량이 크면 증기밀도 및 증기비중이 크다.

① 산소(O_2) $\rho = \dfrac{32g}{22.4L} = 1.43g/L$

② 질소(N_2) $\rho = \dfrac{28g}{22.4L} = 1.25g/L$

③ 이산화탄소(CO_2) $\rho = \dfrac{44g}{22.4L} = 1.96g/L$

④ 수소(H_2) $\rho = \dfrac{2g}{22.4L} = 0.09g/L$

(3) 삼투압에 관한 반트-호프(Vant-Hoff)의 법칙

비전해질의 묽은 수용액의 **삼투압**은 용액의 농도(몰농도)와 **절대온도**에 비례하며 용매나 용질의 종류와는 관계없다.

 **삼투**
농도가 다른 두 액체를 반투막으로 막아 놓았을 때 농도가 낮은 쪽에서 농도가 높은 쪽으로 용매가 옮겨가는 현상

• 삼투압 계산공식

$$PV = \frac{W}{M}RT = nRT$$

여기서, P : 삼투압(atm), V : 부피(L), W : 비전해질 무게(g), M : 분자량
R : 기체상수(0.082atm · L/gmol · K) T : 절대온도(273+t℃)K

30. 보일의 법칙

$$T(온도) = 일정 \qquad P_1V_1 = P_2V_2$$

온도가 일정할 때 일정량의 기체가 차지하는 부피는 **절대압력에 반비례**한다.

31. 샤를의 법칙

$$P(압력) = 일정 \qquad \frac{V_1}{T_1} = \frac{V_2}{T_2}$$

압력이 일정할 때 일정량의 기체가 차지하는 부피는 **절대온도에 비례**한다.

32. 보일-샤를의 법칙

$$\frac{P_1 V_1}{T_1} = \frac{P_2 V_2}{T_2}$$

일정량의 기체가 차지하는 **부피**는 **절대압력**에 **반비례**하고 **절대온도**에 **비례**한다.

33. 돌턴의 부분압력의 법칙

한 기체에 다른 기체를 섞어도 각 기체는 다른 기체가 없을 때와 똑같이 행동한다. 이 때 **혼합기체의 전압력**은 각각의 성분기체가 단독으로 같은 부피를 차지할 때의 압력 즉 **부분압력의 총합**과 같다.

34. 이상기체 상태방정식

$$PV = \frac{W}{M}RT = nRT$$

여기서, P : 압력(atm), V : 부피(m³), W : 무게(kg), M : 분자량
R : 기체상수(0.082atm · m³/kmol · K)
T : 절대온도(273+t℃)K

❶ **이상기체(Ideal gas) 또는 완전기체(perfect gas)**
실제로는 존재할 수 없는 기체이며 분자 상호간의 인력도 무시되고 분자가 차지하는 부피도 무시되는 즉 완전탄성체로 가정한 기체

❷ **이상기체 또는 완전기체의 성질**
 ㉮ 보일-샤를의 법칙을 만족
 ㉯ 아보가드로의 법칙을 따른다.
 ㉰ 분자 상호간의 인력 및 분자가 차지하는 부피는 무시
 ㉱ 내부에너지는 체적과 무관하고 오직 온도에 의하여 결정
 ㉲ 비열비(정압비열(C_p)/정적비열(C_v))는 온도와 무관하며 일정.
 ㉳ 분자간의 충돌은 완전탄성체로 이루어진다.
• 실제기체가 이상기체에 가까우려면 : 온도가 높고 압력이 낮은 경우

❶ **정압비열** : 압력을 일정하게 유지하였을 때의 비열
❷ **정적비열** : 체적을 일정하게 유지하였을 때의 비열
❸ **비열비** : $\dfrac{C_p(\text{정압비열})}{C_v(\text{정적비열})}$

35. 아보가드로의 법칙

모든 기체 1g 분자(1Mol)는 표준상태(0℃, 1기압)에서 22.4L의 부피를 차지하며 이 속에는 6.02×10^{23}개의 분자가 들어 있다.

아보가드로의 법칙에서 기체의 분자수가 같기 위한 조건
① 압력   ② 온도   ③ 부피

36. 이온결합

양이온과 음이온의 정전기적 인력에 의한 화학결합
① 대체로 가전자가 3 이하인 금속원소와 비금속원소의 결합이다.
② 이온결합 화합물은 분자가 아니라 결정격자로 되어있다.
③ 비등점(BP, 끓는점)과 융점(MP, 녹는점)이 높다.
④ 결정일 때에는 전기를 안통하나 수용액상태에서는 전기전도성을 갖는다.
⑤ 극성용매에 잘 녹는다.
  ㉮ 이온성 물질 : 전해질(전기를 통하는 물질)
  ㉯ 공유 결합 : 비전해질(전기를 통하지 못하는 물질)

이온결합 물질의 예
❶ $CuSO_4$(황산구리)   ❷ $NaCl$(염화나트륨=소금)
❸ $NaNO_3$(질산나트륨)   ❹ Na_2SO_4(황산나트륨)
❺ $CaCO_3$(탄산칼슘)   ❻ Al_2O_3(산화알루미늄)

극성용매
분자구조 자체가 영구적인 전기적 쌍극자로 되어 있는 용매(물, 에틸알코올, 액체암모니아, 빙초산, 아세톤 등)

• **비등점(비점) 상승도의 변화추이**
  ㉠ 비전해질이 전해질보다 작다.
  ㉡ 몰수가 클수록 크다.
  ㉢ 전리된 이온수가 많을수록 크다.

37. 배위결합

최외각에 공유되지 않은 전자쌍(비공유전자쌍)을 가진 원자나 분자가 안정한 전자 배열을 취하기 위하여 전자쌍을 필요로 하는 원자 또는 이온과 공유하는 화학결합을 말하며 금속의 착이온은 모두 배위결합이다.

NH₄Cl(염화암모늄) : 한 분자 내에 배위결합과 이온결합을 동시에 가지고 있다.

38. 수소결합

분자 속의 원자와 원자 사이의 결합이 아니라 수소원자와 **전기음성도**가 큰 플루오린(F), 산소(O), 질소(N)로 된 분자 HF, H₂O, NH₃, 또는 이들 원자가 결합하여 이루어진 원자단을 가진 화합물에서의 분자와 분자 사이의 결합을 말한다.

① 비등점(끓는점)이 높다. ② 증발열이 크다.
③ 비열이 크다. ④ 표면장력이 크다.

결합력의 세기
원자성 결정 > 이온성 결정 > 금속성 결정

39. 마르코브니코프의법칙 (Markovnikov's rule)

비대칭 탄소-탄소의 이중결합 · 삼중결합에 할로젠화수소 · 황산 · 메르캅탄 · 사이안화수소 · 산성아황산나트륨 등이 첨가될 때 보다 많은 수소가 결합한 탄소에 **수소가 첨가되고**, 수소의 결합이 적은 쪽의 탄소에 **할로젠이 첨가**된다는 법칙이다.

폭굉유도거리(DID)가 짧아지는 경우 할로젠족
① F(불소) ② Cl(염소) ③ Br(브로민) ④ I(아이오딘)

할로젠화수소
① HF ② HCl ③ HBr ④ HI

40. 쌍극자(극성분자)

분자 속에 (+)와 (−)전기의 중심점이 다른 분자
(1) **쌍극자(극성분자)** : HF, HCl, HBr, H₂O, NH₃
(2) **비쌍극자(비극성분자)** : H₂, O₂, CO₂

41. 산, 염기

(1) 브뢴스테드의 학설
 • 산 : 두 가지 물질이 화합하는 경우 **양성자**(H^+)를 **방출**하는 것
 • 염기 : 두 가지 물질이 화합하는 경우 **양성자**(H^+)를 **받는 것**

(2) 루이스의 학설

BF₃(삼플루오린화붕소)+NH₃(암모니아) → BF₃NH₃(플루오린화붕화암모늄)

- 염기 : **비공유 전자쌍**을 가진 분자나 이온(NH₃)
- 산 : **비공유 전자쌍**을 가진 분자나 이온을 받아 들이는 것(BF₃)

(3) 산, 염기의 개념정리

정 의	산	염기
아레니우스	H^+를 포함한다.	OH^-을 포함한다.
브뢴스테드, 로우리	H^+ 이온을 낸다.	H^+ 이온을 받는다.
루이스	전자쌍을 받는다.	전자쌍을 준다.

산	염기
• 푸른 리트머스 종이 → 붉게	• 붉은 리트머스 종이 → 푸르게 • 페놀프탈레인 용액을 붉게 한다.
• 신맛, 전기를 잘 통한다.	• 쓴맛, 전기를 잘 통한다.
• 염기와 작용하여 염과 물을 생성	• 산과 작용하여 염과 물을 생성
• 아연(Zn), 철(Fe) 등과 같은 금속을 넣으면 수소(H_2)가 발생	• 알칼리성이 강한 용액은 피부를 부식한다.

42. 강산과 약산

(1) **강산** : 전리도가 큰 산(염산(HCl), 질산(HNO_3), 황산(H_2SO_4))
(2) **약산** : 전리도가 작은 산(초산(CH_3COOH), 탄산(H_2CO_3), 황화수소 (H_2S))
  - 산소산 중 산의 세기
    차아염소산(HClO) < 아염소산($HClO_2$) < 염소산($HClO_3$) < 과염소산($HClO_4$)

43. 산화물의 분류

구분	산성산화물	염기성산화물	양쪽성산화물
정의	• 물과 반응 **산**을 생성 • 염기와 작용 **염과 물 생성** • 일반적으로 **비금속 산화물**	• 물과 반응 **염기**를 생성 • 산과 작용 **염과 물 생성** • 일반적으로 **금속 산화물**	• 산, 염기와 작용 물과 염을 생성
보기	CO_2, SO_2, SiO_2, NO_2, P_2O_5	Na_2O, CuO, CaO, Fe_2O_3	Al_2O_3, ZnO, SnO, PbO

물에 녹아 산성을 나타내는 산성산화물(비금속산화물)
❶ CO_2(이산화탄소) ❷ SO_2(이산화황=아황산) ❸ SO_3(삼산화황)
❹ NO_2(이산화질소) ❺ P_2O_5(오산화인)

44. 염(Salt)의 정의

(1) 산의 수소원자가 **금속**이나 **양성원자단**(NH_4^+)으로 치환된 화합물
(2) **염기**의 **하이드록시기**(OH)가 **산기**로 치환된 화합물
(3) 금속(양성원자단)과 산기(음이온)의 화합물

- **산성염** : 이염기산 이상의 다염기산에서 수소 원자의 일부만 금속과 치환된 염

45. 착이온과 착염

(1) **착이온** : 이온과 이온 또는 이온과 분자가 결합하여 생성된 성질이 전혀 다른 새로운 이온

착염을 만드는 전이원소 : Ag(은), Cu(구리), Fe(철), Ni(니켈), Co(코발트), Zn(아연), Pt(백금)

(2) **착염** : 착이온을 포함하는 염

① $K_4[Fe(CN)_6]$ ② $Cu(NH_3)_4(OH)_2$
③ $Zn(NH_3)_4(OH)$ ④ $KAg(CN)_2$

- 알루미늄(Al^{+3}) : 착염을 만들지 못한다.

리간드(ligand)
❶ 착물(錯物) 속에서 중심원자에 결합되어 있는 이온 또는 분자의 총칭이다.
❷ 배위자(配位子)라고도 한다.
 • 착이온의 리간드(배위자) : ① CN^- ② NH_3 ③ Cl^- ④ $NH_2CH_2COO^-$

전이원소=천이원소
원자의 전자배치에서 가장 바깥 부분의 d 껍질이 불완전한 양이온을 만드는 원소이다.

46. 수소이온지수(pH)

- 물질의 산성, 알칼리성의 정도를 나타내는 수치
- 용액 1L 속에 존재하는 수소이온의 몰수

(1) **수소이온농도**

- $pH = \log \dfrac{1}{[H^+]} = -\log[H^+]$ • $pOH = -\log[OH^-]$ • $pH = 14 - pOH$

(2) 수소 이온농도 또는 수산 이온농도와 pH 관계

HCl 용액			NaOH 용액		
규정농도(N)	$[H^+]$g 이온/L	pH	규정농도(N)	$[OH^-]$g 이온/L	pH
0.1	10^{-1}	1	0.1	10^{-1}	13
0.01	10^{-2}	2	0.01	10^{-2}	12
0.001	10^{-3}	3	0.001	10^{-3}	11
0.0001	10^{-4}	4	0.0001	10^{-4}	10

(3) 이온적

- $[H^+][OH^-] = 10^{-14}$(g이온/L)^2 ……(25℃)
- $[H^+] = [OH^-]$ • $[H^+] = 10^{-7}$g이온/L $= [OH^-]$

(4) 지시약

pH를 측정하거나 산과 염기의 중화 적정 시 종말점(end point)을 알아내기 위하여 용액의 액성을 나타내는 시약

지시약	변 색	
	산성색	염기성색
메틸오렌지	빨강	노랑
메틸레드	빨강	노랑
페놀프탈레인	무색	빨강
리트머스	빨강	파랑

종말점
① 중화적정시 끝나는 지점
② 실험자가 정량할 물질에 대하여 당량점에 도달한 양의 적정액이 가해졌다고 판단하고 적정을 멈추는 지점

47. 완충용액(buffer solution)

(1) 외부로부터 어느 정도의 산이나 염기를 가했을 때, 영향을 크게 받지 않고 **수소이온 농도를 일정하게 유지**하는 용액

(2) 약한 산과 그 염의 혼합용액 또는 약한 염기와 그 염의 혼합용액이 완충작용을 한다.

완충용액의 예
❶ 약산(CH_3COOH) + 약산의 염(CH_3COONa)
❷ 약염기(NH_4OH) + 약염기의 염(NH_4Cl)

48. 중화반응

산과 염기가 반응하여 물과 염을 생성하는 반응

중화적정 $N_1 V_1 = N_2 V_2$ (여기서, N: 노르말농도, V: 부피)

중화적정 $N_1 V_1 M_1 = N_2 V_2 M_2 = NV$
(여기서, N: 노르말농도, M: 원자가, V: 부피)

49. 용해도

(1) **용매**(녹이는 물질) 100g에 용해하는 용질(녹는 물질)의 최대량을 g수로 표시한 것

(2) 용해도 $= \dfrac{\text{용질의 g수}}{\text{용매의 g수}} \times 100$ (용해도는 단위가 없는 무차원이다)

(3) • 용매 : 녹이는 물질 • 용질 : 녹는 물질 • 용액 : 용매+용질

50. 용해도적(용해도곱)(solubility product)

물에 녹기 어려운 염 MA를 물에 녹이면 극히 일부분만 녹아 포화용액이 되고 나머지는 침전된다. 이때 녹은 부분은 전부 전리되어 M^+와 A^-로 전리된다

• MA(고체) ↔ $M^+ + A^-$ • ksp(용해도적) = $[M^+][A^-]$

포화용액
일정온도에서 일정량의 용매에 용질이 최대한 용해되어 더 이상 용해될 수 없는 상태의 용액

51. 용액의 농도

(1) **중량 퍼센트(%)농도 [%로 표시]**
   용액 100g속에 포함된 용질의 g수로 표시한 농도

(2) **몰농도(molar concentration) [M으로 표시]**
   • 용액 1L 속에 포함된 용질의 몰(mol)수로 표시한 농도
   • mol/L 또는 M으로 표시

   $M(\text{몰농도}) = \dfrac{10SC}{\text{분자량}}$ (여기서, S : 비중, C : %농도)

(3) 규정농도(normal concentration)[N으로 표시]

용액 1L 속에 포함된 용질의 g 당량수로 표시한 농도

① 당량 : 수소 1량(무게) 또는 산소8량(무게)과 결합 또는 치환하는 양
② g당량 : **수소 1.008g(11.2L)** 또는 **산소 8g(5.6L)**과 결합 또는 치환하는 양
③ 당량 = $\dfrac{원자량}{원자가}$

$$N\,농도 = \dfrac{\dfrac{용질의질량(g)}{1g-당량}}{\dfrac{용액의부피(ml)}{1000ml}}$$

(4) N(규정농도)와 %농도의 관계공식

$$N = \dfrac{10 \times S \times C}{당량}$$

여기서, N : 규정농도, S : 비중, C : %농도

(5) 몰랄농도[molality]

용매 1kg(1000g)에 녹아 있는 용질의 몰수로 나타낸 농도(mol/kg)

52. 헨리(Henry)의 법칙

(1) 일정한 온도에서 산소나 질소 같이 **물에 녹기 어려운 기체**의 용해도는 그 기체의 압력에 정비례한다.
(2) 일정한 온도에서 용매에 녹는 **기체의 용해도는 압력에 비례**하고 기체의 부피는 그 기체의 압력에 관계없이 일정하다.

• 탄산음료수의 마개를 뽑으면 거품이 오르는 이유
  ㉠ 기체의 액체에 대한 **용해도**는 온도가 **낮을수록** 압력이 **높을수록** 증가한다.
  ㉡ 탄산음료수의 병마개를 뽑으면 용기 내부압력이 줄어들면 용해도가 줄기 때문이다.

기체의 용해도
❶ 온도가 상승 시 용해도 감소   ❷ 압력상승 시 용해도 증가

• 헨리의 법칙이 잘 적용되는 기체(액체에 대한 용해도가 작은 기체)
  ① N_2(질소)   ② O_2(산소)   ③ CO_2(이산화탄소)
• 헨리의 법칙에 잘 적용되지 않는 기체(액체에 대한 용해도가 큰 기체)
  ① 염화수소(HCl) ② 암모니아(NH_3) ③ 황화수소(H_2S)
  ④ 일산화탄소(CO) ⑤ 플루오린화수소(HF)

53. 라울의 법칙(빙점 강하도)

$$\Delta T_f = K_f \cdot m = K_f \times \frac{a}{W} \times \frac{1000}{M} \qquad M = K_f \times \frac{a}{W \Delta T_f} \times 1000$$

여기서, K_f : 몰랄 내림 상수(분자강하)(물의 K_f =1.86), m : 몰랄농도
 a : 용질(녹는 물질)의 무게, W : 용매(녹이는 물질)의 무게
 M : 분자량, ΔT_f : 어는점 내림

- 용액에 비전해질(설탕), 비휘발성 물질을 넣으면 물의 끓는점 오름 현상이 나타난다.

어는점 내림법
어는점 내림을 이용하여 물질의 분자량을 측정하는 방법으로 빙점법 또는 빙점강하법이라고도 한다.

54. 산화와 환원의 비교

구 분	산 화	환 원
• 산소와의 관계	산소와 결합하는 것	산소를 잃는 것
• 수소와의 관계	수소를 잃는 것	수소와 결합하는 것
• 전자와의 관계	전자를 잃는 것	전자를 얻는 것
• 산화수와의 관계	산화수가 증가할 때	산화수가 감소할 때

55. 산화수를 정하는 법

(1) 단체 중의 원자의 산화수는 0 이다(단체분자는 중성)
  [보기 : H_2^0, Fe^0, Mg^0, O_2^0, O_3^0,]
(2) 화합물에서 산소의 산화수는 -2, 수소의 산화수는 $+1$이 보통이다 (단, 과산화물에서 O의 산화수는 -1)
  [보기 : CH_4에서 C^{-4}, CO_2에서 C^{+4}]
(3) 화합물에서 구성 원자의 산화수의 총합은 0 이다(분자는 중성이므로)
(4) 이온의 가수(價數)는 그 이온의 산화수이다.
  (• Ca=+2 • Na=+1 • K=+1 • Ba=+2)
  [보기 : Cu^{+2}에서 Cu =+2, MnO_4^-에서 Mn의 산화수는 $x - 2 \times 4 = -1$
     $\therefore x = +7$ 따라서 Mn=+7

산화수
화합물을 구성하는 각 원자에 전체 전자를 일정한 방법으로 배분하였을 때 그 원자가 가진 전하의 수

56. 산화제와 환원제

(1) **산화제** : 자신은 **환원되기 쉽고** 다른 물질을 **산화시키는 성질**이 강한 물질

산화제의 조건	해당 물질
• 산소를 내기 쉬운 물질 • 수소와 결합하기 쉬운 물질 • 전자를 얻기 쉬운 물질 • 발생기 산소(O)를 내기 쉬운 물질	오존(O_3), 과산화수소(H_2O_2), 염소(Cl_2), 브로민(Br_2), 질산(HNO_3), 황산(H_2SO_4), 과망가니즈산칼륨($KMnO_4$), 다이크로뮴산칼륨($K_2Cr_2O_7$)

(2) **환원제** : 자신은 산화되기 쉽고 다른 물질을 환원시키는 성질이 강한 물질

환원제가 될 수 있는 물질	해당 물질
• 수소를 내기 쉬운 물질 • 산소와 화합하기 쉬운 물질 • 전자를 잃기 쉬운 물질 • 발생기 수소(H)를 내기 쉬운 물질	황화수소(H_2S), 이산화황 (SO_2), 수소(H_2), 일산화탄소(CO), 옥살산($C_2H_2O_4$)

(3) 산화제도 되고 환원제도 되는 물질
- SO_2(이산화황)
- H_2O_2(과산화수소)

57. 전리도 = 이온화도(α)

전해질을 물에 녹였을 때 전리되어 있는 양과 용질 전량에 대한 비율

★ **전리도가 크게 되려면**
❶ 전해질의 농도를 묽게(연하게) 한다.
❷ 온도를 높게 한다.
❸ 전리도 $\alpha \leq 1$
❹ 전리도$(\alpha) = \dfrac{\text{이온화된 용질의 몰수}}{\text{용질의 전 몰수}} = \dfrac{\text{전리된 분자수}}{\text{전해질의 전 분자수}}$

전리도의 성질
① 온도가 높으면 크게 된다.
② 농도가 묽으면 크게 된다.
③ 강산 : 전리도가 크다. 약산 : 전리도가 작다.

58. 전해질과 비전해질

구 분	전해질	비전해질
정의	물 또는 다른 물질에 녹아서 전기를 통하는 물질	물 또는 다른 물질에 녹아서 전기를 통하지 못하는 물질
결합방식	대부분 이온결합물질	대부분 공유결합물질
보기	• 강전해질 ① 질산(HNO_3) ② 염산(HCl) ③ 황산(H_2SO_4) ④ 수산화칼륨(KOH) ⑤ 수산화나트륨($NaOH$) ⑥ 모든 염 • 약전해질 ① 초산(CH_3COOH) ② 암모니아수(NH_4OH)	① 에탄올(C_2H_5OH) ② 포도당($C_6H_{12}O_6$) ③ 제4류 위험물(석유류)이 대부분 여기에 속한다.

59. 반응속도

화학반응의 속도는 그 순간에 있어서 반응하는 두 물질의 **농도(몰/L)의 곱에 비례**한다.

화학 반응속도에 영향을 미치는 요소
❶ 농도   ❷ 온도   ❸ 압력   ❹ 촉매

반응속도
단위 시간당 반응물질의 농도변화 또는 단위시간당 생성물질의 농도변화

60. 프리델-크라프츠 반응

사용되는 촉매 : 염화알루미늄($AlCl_3$)

프리델-크라프츠 반응
염화알루미늄($AlCl_3$)이나 무수물 따위의 촉매 작용으로 방향족 화합물을 알킬화 하거나 아실화(acyl化)하는 반응. 1877년에 프랑스의 화학자 프리델(Friedel, C.)과 미국의 화학자 크라프츠(Crafts, J.M.)가 발견하였다.

촉매
반응속도를 증가 또는 감소시키는 효과를 나타내고 반응이 종료된 후에도 원상태로 존재할 수 있는 물질

61. 헤스의 법칙

화학반응에서 발생 또는 흡수되는 열량은 그 반응전의 물질의 종류와 상태 및 반응 후의 물질의 종류와 상태가 결정되면 그 **도중의 경로에는 관계가 없다.**

62. 르샤틀리에의 법칙

평형이동에 관한법칙. 화학 평형에서 계(系)의 상태를 결정하는 변수인 **온도·압력·성분농도** 따위의 조건을 바꾸면, 그 계는 변화의 효과를 작게 하는 방향으로 반응이 이동되어 새로운 평형 상태에 도달 한다.

$N_2 + 3H_2 \leftrightarrow 2NH_3 + 24\text{kcal}$
- 평형을 오른쪽(→)으로 이동 시키려면
  ❶ N_2 농도 증가 ❷ 압력 증가 ❸ 온도 감소
- 평형을 왼쪽(←)으로 이동 시키려면
  ❶ N_2 농도 감소 ❷ 압력 감소 ❸ 온도 증가

- 위의 반응식에서 평형을 오른쪽(→)으로 이동 시키려면
① 농도에 의한 평형이동 : N_2 농도 증가(N_2가 감소하는 방향(→)으로 진행)
② 압력에 의한 평형이동 : 압력을 증가 (압력을 증가시키면 감소하는 방향(→)으로 진행)
   ※ 압력을 증가시키면 압력이 감소하는 방향 즉 몰수가 감소하는 방향 (→)으로 진행
③ 온도에 의한 평형이동 : 온도를 감소시키면 (온도가 증가 되는 방향(→)으로 진행)

63. 평형상수(K)

반응물질과 생성물질의 농도의 비

$$kA + lB \leftrightarrow mC + nD$$

$$\frac{[C]^m[D]^n}{[A]^k[B]^l} = K$$

평형상수
❶ 온도만의 함수
❷ 압력이나 농도에는 영향을 받지 않는다.

64. 아레니우스

반응속도와 온도와의 정량적인 관계를 실험적으로 확립

(1) **정촉매** : 화학반응을 빠르게 하는 것
(2) **부촉매** : 화학반응(산화반응)을 느리게 하는 것

65. 건조제의 종류

물질에서 물분자를 제거하는 능력이 있는 물질

산성 건조제	염기성 건조제
• H_2SO_4(황산) • P_2O_5(오산화인)	• NaOH(수산화나트륨) • CaO(산화칼슘)

66. 납(연)축전지의 충전 및 방전 시 반응생성물

구 분	양극(P)	음극(N)
충전 시	과산화납(PbO_2)	Pb
방전 시	황산납($PbSO_4$)	황산납($PbSO_4$)

납축전지의 충·방전 화학 반응식

$$PbO_2 + 2H_2SO_4 + Pb \underset{충전}{\overset{방전}{\rightleftarrows}} PbSO_4 + 2H_2O + PbSO_4$$

  (+)   (전해액)   (−)   (+)   (물)   (−)
(과산화납)   (납)   (황산납)   (황산납)

• 납 = 연 = Lead   • 과산화납 = 이산화납

축전지 : 양과 음의 전극판과 전해액으로 구성되어 있어 화학작용에 의해 직류 기전력을 생기게 하여 전원을 사용할 수 있는 장치
1차 전지 : 사용횟수가 1회인 것
2차 전지 : 사용횟수가 여러 번 가능한 것

67. 볼타전지

(1) **전자**는 Zn판에서 Cu판으로 이동
(2) **전류**는 Cu판에서 Zn판으로 흐른다.
(3) Zn판에서는 산화, Cu판에서는 환원이 일어난다.
(4) 소극제(감극제)는 이산화망가니즈(MnO_2)을 사용한다.

참고 볼타전지(volta cell)
구리와 아연을 묽은 황산에 넣고 도선으로 연결한 가장 간단 한 전지
(−) Zn | H₂SO₄ | Cu (+)

68. 소금의 전기분해

$$2NaCl + 2H_2O \rightarrow Cl_2\uparrow(+극) + 2NaOH(-극) + H_2\uparrow(-극)$$
(소금) (물) (염소) (수산화나트륨) (수소)

69. 패러데이(Faraday)의 법칙

(1) **제1법칙**

같은 물질에 대하여 **전기분해**로써 전극에서 일어나는 물질의양은 통한 **전기량에 비례**한다.

(2) **제2법칙**

일정한 전기량에 의하여 일어나는 **화학변화의 양**은 그 물질의 **화학 당량에 비례**한다.

① 1F(패럿)의 전기량으로 물질 1g 당량이 석출된다.
② 1F(패럿) = 전자 6.02×10^{23}개의 전기량
③ 1F(패럿) = 96500C(쿠울롬)

(3) 1F(96500C)으로 변화하는 물질의 양

전기량	물 질	석출되는 물질	석출되는 무게	표준상태의 부피	원자수
1F (96500C)	수소	H₂	1.008g	11.2L	6.02×10^{23}개
1F (96500C)	산소	O₂	8g	5.6L	$\frac{1}{2} \times 6.02 \times 10^{23}$개
1F (96500C)	황산구리 (CuSO₄)	Cu	$\frac{63.5}{2}$g		$\frac{1}{2} \times 6.02 \times 10^{23}$개
1F (96500C)	질산은 (AgNO₃)	Ag	108g		6.02×10^{23}개

70. 표준전극전위

25℃에 있어서 금속이온을 포함한 농도 1몰/L의 용액에 담글 때 이들 사이에 생기는 전위차

- **금속의 표준전극전위**

  (크다) Li -K-Ca-Na-Mg-Al-Zn-Fe-Ni-Sn-Pb-H-Cu-Hg-Ag-Pt-Au (작다)

 **표준전극전위**
❶ 산화환원 반응이 표준상태에서 얼마나 잘 일어나는가에 대한 척도로 사용
❷ 환원반쪽 반응을 기준

1-2 비금속원소 및 금속원소와 화합물

1. 주기율표의 성질

(1) **같은 족**의 원소는 서로 **비슷한 화학적 성질**을 갖는다.
(2) 주기에서 18족이 이온화 에너지는 가장 크다.
(3) 같은 족에서 원자번호가 **클수록 금속성**이 강하다.
(4) 같은 족에서 원자번호가 **클수록 원자반지름**이 길어진다.

 **원소의 성질이 주기적으로 나타나는 이유**
최외각 전자수가 주기적으로 같기 때문

2. 주기율표의 같은 족에서 아래로 갈수록 나타나는 성질

(1) 원자번호증가   (2) 원자량 증가   (3) 오비탈의 총수 증가

가전자(최외각 전자)의 수는 같은 주기에서 오른쪽으로 갈수록 증가한다.

3. 같은 족에서는 원자번호가 클수록 반응성이 크다

1A족 원소

Li(리튬 : 3번), Na(나트륨 : 11번), K(칼륨 : 19번), Rb(루비듐 : 37번), Cs(세슘 : 55번)

 같은 주기에서 ❶ 원자번호 감소 : 금속성이 강하다.
　　　　　　　　❷ 원자번호 증가 : 비금속이 강하다.
같은 족에서　　 ❶ 원자번호 증가 : 금속성이 강하다.
　　　　　　　　❷ 원자번호 감소 : 비금속성이 강하다.

4. 주기율표의 주기적인 성질

항목 \ 구분	같은 주기에서 원자번호가 증가할수록 (왼쪽에서 오른쪽으로(→)갈수록)
• 이온화에너지 • 전기음성도 • 비금속성	증가한다.
• 이온반지름 • 원자 반지름	작아진다.

5. 원소의 이온화에너지

(1) 같은 주기에서는 **원자번호가 증가함**에 따라 **이온화 에너지는 증가**한다.
(2) **같은 족**에서는 **원자번호가 감소함**에 따라 **이온화 에너지는 증가**한다.
(3) **이온화 에너지**는 만들어지는 **이온의 반지름이 클수록 작다**.
(4) **전기 음성도**가 클수록 이온화 에너지는 크다.
(5) 가전자와 양성자간의 인력이 클수록 이온화 에너지는 크다.
(6) 최외각 전자와 원자핵 간의 거리가 가까울수록 이온화 에너지는 크다.

이온화 에너지 : 원자에서 전자를 하나 떼어낼 때 필요한 에너지
전기음성도 : 원자가 전자를 끌어낭기는 능력

6. 산소족(6A족=16족) 원소

O(산소), S(황), Se(셀렌), Te(텔루트), Po(폴로늄)

7. 1차 이온화 에너지

(1) **금속성**이 클수록 **이온화 에너지는 작다**.
(2) 원자의 반지름이 클수록 **이온화 에너지는 작다**.
(3) Cl 및 P은 비금속이고 K는 Li보다 금속성이 강하다.
(4) ∴ K는 Li보다 금속성이 강하므로 이온화 에너지가 작다.

8. 이산화규소(silicon dioxide, 실리카, SiO_2)

(1) 수정, 석영, 모래의 주성분이며 실리카라고도 한다.
(2) **공유결합**을 하고 있다.

(3) 3차원 그물구조로 육각기둥 모양을 하고 있다.
(4) 수산화나트륨과 작용시키면 물유리의 원료인 규산나트륨을 만든다.

9. 규산나트륨(규산소다)

(1) **규산소다**라고도 한다.
(2) 무수물은 석영과 탄산나트륨의 혼합물을 1,000℃로 가열 융해하여 고체화(固體化)시켜서 만든다.
(3) 메타규산나트륨은 물에 잘 녹으며, 수용액은 가수분해하여 알칼리성이 된다.
$$2Na_2SiO_3 + H_2O \rightarrow Na_2Si_2O_5 + 2NaOH$$
(4) 규산나트륨의 진한 수용액을 **물유리**라 하며, 조성은 일정하지 않다.

10. 솔베이법(암모니아-소다법)

(1) 암모니아 소다법

$$NaCl + NH_3 + CO_2 + H_2O \rightarrow NaHCO_3 + NH_4Cl$$
(소금) (암모니아) (이산화탄소) (물) (탄산수소나트륨) (염화암모늄)

(2) 식염 NaCl과 석회석($CaCO_3$)을 원료로 하여 탄산나트륨(Na_2CO_3)을 만드는 공업적 방법

$$2NaCl + CaCO_3 \rightarrow Na_2CO_3 + CaCl_2$$
(염화나트륨) (탄산칼슘) (탄산나트륨) (염화칼슘)

솔베이(1838.4.16~1922.5.26)
벨기에의 공업화학자로서 브뤼셀 근교의 레베퀴로농 출생이다. 소금공장 주인의 아들로 태어나, 지방학교를 졸업한 뒤 아버지 일을 도왔다.
그 후 아저씨가 경영하는 가스공장에서 일하다가 가스가 섞인 물에서 암모니아를 채취하고, 이것을 이용하는 방법을 연구하기 시작하였다. 이 연구 결과, 많은 선구자들의 실패를 거울삼아, 암모니아와 이산화탄소를 소금에 작용시키는 암모니아 소다법(솔베이법)을 1863년에 발견하였다. 이 방법을 이용한 그의 소다공장은 세계 최대의 독점기업으로 성장하였고, 19세기 말에 이르러 소다 생산방법은 르블랑법에서 솔베이법으로 전환되었다. 그는 기업의 이익금으로, 생리학, 물리학, 교육학 등의 발전을 위하여 1894년 브뤼셀에 생리학, 사회학 연구소를 설립함으로써 자선사업가, 박애주의자, 연구조직자로도 널리 알려지게 되었다.

11. 구리와 묽은 질산의 반응식

$$3Cu + 8HNO_3 \rightarrow 3Cu(NO_3)_2 + 2NO\uparrow + H_2O$$
(구리) (질산) (질산구리) (일산화질소) (물)

질산구리
❶ 조해성이 있다. ❷ 청색결정

12. 황산의 제조

산화질소법(연실법) 또는 접촉법

$$2SO_2 + O_2 + 2H_2O \rightarrow 2H_2SO_4$$
(이산화황) (산소) (물) (황산)

황산제조 시 촉매로 백금 또는 오산화바나듐을 사용

13. 석회수($Ca(OH)_2$)

(1) 이산화탄소(CO_2)와 반응식

$$Ca(OH)_2 + CO_2 \rightarrow CaCO_3\downarrow + H_2O$$
(석회수) (이산화탄소) (탄산칼슘) (물)

(2) 일산화탄소와는 반응하지 않는다.

탄산칼슘
❶ 물에 녹지 않는다. ❷ 흰색의 앙금

14. 질산카드뮴($Cd(NO_3)_2$)

황화수소(H_2S)를 통과시키면 **노란색침전**(CdS)인 황화카드뮴과 질산이 생성된다.

$$Cd(NO_3)_2 + H_2S \rightarrow CdS + 2HNO_3$$
(질산카드뮴) (황화수소) (황화카드뮴) (질산)

15. 네슬러 시약

NH_4^+(암모늄이온)이 물속에 포함되어 있을 때 네슬러 시약을 가하면 노란색이 되고 암모니아나 암모늄이온이 많을 때에는 적갈색이 된다. 그러므로 암모니아나 **암모늄 이온** 검출 시 사용된다.

16. 알칼리금속(1족)

(1) 리튬(Li), 나트륨(Na), 칼륨(K), 루비듐(Rb), 세슘(Cs), 프란슘(Fr)
(2) 반응성의 크기순서 : Cs > Rb > K > Na > Li
(3) 가전자가 1개이므로 1가의 화합물을 만든다.
(4) 산화되면 가전자를 잃어 비활성기체(18족)와 같은 전자배치가 된다.
(5) 물과 격렬히 반응하여 **수소기체를 발생**한다.

알칼리 금속의 특징
❶ 끓는점, 녹는점이 낮다.　❷ 원자반지름이 크다.
❸ 밀도가 작다.　❹ 수용액 상태에서 염기성을 나타낸다.
❺ 산소와 반응해서 산화물을 만든다.
❻ 할로젠과 반응하여 할로젠화물을 만든다.
❼ 알칼리 금속은 불꽃반응을 잘 한다.
❽ 알칼리 금속은 물과 폭발적으로 반응을 한다.
❾ 무르다.

17. 전이금속의 공통적인 특성

(1) B족 금속원소로 활성이 작다.
(2) 두 종류 이상의 이온 원자가를 갖는다.
(3) **착염** 및 색이 있는 화합물을 잘 만든다.
(4) 공업적으로 **촉매로 많이 사용**한다.

전이원소=천이원소(transition elements)
원자의 전자배치에서 가장 바깥부분의 d 껍질이 불완전한 양이온을 만드는 원소
스칸듐, 티탄, 바나듐, 크로뮴, 망가니즈, 철, 코발트, 니켈, 구리, 아연

18. 금속의 이온화 경향 서열 ^(필수암기)★★★★★

K-Ca-Na-Mg-Al-Zn-Fe-Ni-Sn-Pb-(H)-Cu-Hg-Ag-Pt-Au
카-카-나-마-알-아-철-니-주-납-수-구-수-은-백-금

제3주기 원소
❶ Na(나트륨)　❷ Mg(마그네슘)　❸ Al(알루미늄)　❹ Si(규소)
❺ P(인)　❻ S(황)　❼ Cl(염소)　❽ Ar(아르곤)

19. 전기음성도

중성원자가 전자를 잡아당기는 경향의 대소를 표시하는 척도

(크다)F-O-N-Cl-Br-C-S-I-H-P (작다)

• 쉬운 암기법 : 폰(FON)클(Cl)브로민(Br)씨쉽(CSHIP)

주기율표에서 전기 음성도
❶ 오른쪽으로 갈수록 증가
❷ 위로 갈수록 증가

20. 아말감

수은은 다른 많은 종류의 금속과 합금을 만들며 **수은의 합금**을 아말감이라 한다.

수은과 합금을 만들지 못하는 금속
❶ 철(Fe) ❷ 백금(Pt) ❸ 망가니즈(Mn) ❹ 코발트(Co) ❺ 니켈(Ni)
(어두문자 암기법 : 철 망 코 / 백 니)

21. 불꽃반응 시 색상

구 분	칼륨(K)	나트륨(Na)	칼슘(Ca)	리튬(Li)	바륨(Ba)
불꽃 색상	보라색	노란색	주홍색	적 색	황록색
	칼 보	나 노	칼 주	리 적	바 황

22. 양쪽성 원소

(1) 금속과 비금속의 성질을 모두 지니고 있다
(2) 산과 알칼리 어느 쪽과도 반응한다.

양쪽성 원소
Al(알루미늄), Zn(아연), Sn(주석), Pb(납), As(비소), Sb(안티몬)

23. 준금속(準金屬, metalloid : 메탈로이드)

화학에서 화학원소를 분류할 때, 금속과 비금속의 중간적 성질을 보이는 원소

B(붕소), Si(규소), Ge(게르마늄), As(비소), Sb(안티몬), Te(텔루륨), Po(폴로늄)

1-3 유기화합물

1. 유기화합물의 일반적 성질

(1) 성분 원소는 주로 C H O 이다.
(2) 종류가 100만이상이나 된다.
(3) **용융점**이 낮다.
(4) 공기 중에서 **완전 연소** 시 CO_2와 H_2O가 생성 된다.
(5) 대부분 **공유결합**이기 때문에 반응속도가 느리다.
(6) 초산과 같은 전해질도 있으나 대부분 **비전해질**이다.

유기화합물
❶ 탄소화합물을 의미한다.
❷ 탄소화합물 중 이산화탄소, 탄산, 탄산염은 무기화합물로 취급

2. 이성질체(ISOMER)

같은 분자식을 가지나 **원자의 결합상태**가 달라서 다른 구조를 가지며 그 결과 성질이 서로 다른 화합물

구 분	에탄올	다이메틸에터
분자식	C_2H_6O	C_2H_6O
시성식	C_2H_5OH	CH_3OCH_3

3. 기하 이성질체

(1) 이중 결합의 부분에 결합하는 치환기의 배치의 차이에 따라 생기는 이성질체
(2) 이중 결합을 가지는 탄소 화합물(또는 착이온)에서는 흔히 시스(cis)형과 트랜스(trans)형의 두 가지 기하 이성질체를 갖는다.

기하 이성질체
❶ cis-다이클로로에틸렌과 trans- 다이클로로에틸렌)
❷ cis-2-부텐과 trans-2-부텐
❸ 말레산과 푸마르산

기하 이성질체의 물리적 성질 차이
① 밀도 ② 녹는점 ③ 끓는점 ④ 쌍극자 모멘트

4. 관능기에 의한 분류

원자단의 명칭	원자단	화합물의 일반명	보 기
• 수산기(하이드록시기)	$-OH$	알코올, 페놀	메탄올, 에탄올, 페놀
• 알데하이드기	$-CHO$	알데하이드	포름알데하이드
• 카르보닐기(케톤기)	$>CO$	케톤	아세톤
• 카복실기	$-COOH$	카복실산	초산, 안식향산
• 아세틸기	$-COCH_3$	아세틸 화합물	아세틸살리실산
• 슬폰산기	$-SO_3H$	슬폰산	벤젠슬폰산
• 나이트로기	$-NO_2$	나이트로 화합물	트라이나이트로톨루엔, 트라이나이트로페놀
• 아미노기	$-NH_2$	아미노 화합물	아닐린

관능기 = 작용기
유기화합물의 성질을 결정하는 원자단으로 몇 개의 원자가 결합된 것

5. 알킬기(C_nH_{2n+1})의 명칭

n의 개수	원자단의 명칭	원자단
1	메틸기	CH_3
2	에틸기	C_2H_5
3	프로필기	C_3H_7
4	부틸기	C_4H_9
5	펜틸기(아밀기)	C_5H_{11}

동족체 = 동족계열
성질이 비슷하고 어떤 일반식으로 나타낼 수 있는 화합물의 계열.
공통의 작용기에 의하여 동일한 반응을 보인다.
❶ 알칸계 탄화수소=메탄계 탄화수소= 파라핀계 탄화수소의 일반식 :
 C_nH_{2n+2}
  ㉮ n=1~4 : 기체   ㉯ n=5~16 : 액체   ㉰ n=17 이상 : 고체
❷ 알킬기(alkyl radical) : C_nH_{2n+1}
❸ 시클로 파라핀계 탄화수소 : C_nH_{2n}

6. 은거울 반응

페엘링 용액을 환원하여 산화제1구리의 붉은 침전(Cu_2O)을 만들거나 암모니아성 질산은 용액을 환원하여 **은을 유리**시키는 것. 알데하이드 검출에 이용

$$R-CHO + 2Ag(NH_3)_2OH \rightarrow RCOOH + 2Ag + 4NH_3 + H_2O$$
(알데하이드기) (암모니아성질산은) (카복실기) (은) (암모니아) (물)

- 은거울반응을 하는 물질 : 알데하이드(aldehyde) R-CHO
  (1) 포름알데하이드 : HCHO   (2) 아세트알데하이드 : CH_3CHO

7. 포르마린(포름알데하이드)의 제조방법

$$CH_3OH \xrightarrow{+O} HCHO + H_2O$$
(메틸알코올) (산화) (포르마린) (물)

 **포름알데하이드를 산화시키면 개미산이 된다.**
$2HCHO + O_2 \rightarrow 2HCOOH$

8. 초산과 에틸알코올의 반응식

$$CH_3COOH + C_2H_5OH \rightarrow CH_3COOC_2H_5 + H_2O$$
(초산) (에틸알코올) (초산에틸) (물)

9. 알코올의 산화 시 생성물

(1) 1차 알코올 → 알데하이드 → 카복실산

- $C_2H_5OH \xrightarrow{CuO} CH_3CHO \xrightarrow{+O} CH_3COOH$
  (에틸알코올)   (아세트알데하이드)   (초산)
- $CH_3OH \xrightarrow[-H_2O]{+O} HCHO \xrightarrow{+O} HCOOH$
  (메틸알코올)   (포름알데하이드)   (포름산)

(2) 2차 알코올 → 케톤

$$CH_3-\underset{\underset{OH}{|}}{CH}-CH_3 \xrightarrow{+O} CH_3-CO-CH_3 + H_2O$$
(아이소프로필 알코올)   (아세톤)   (물)

 **1차 알코올**
수산기가 붙어있는 탄소원자가 1개의 탄소원자와 연결된 것
2차 알코올
수산기가 붙어있는 탄소원자가 2개의 탄소원자와 연결된 것

10. 아이오딘포름 반응

어떤 물질에 수산화칼륨(KOH)과 아이오딘(I_2)을 작용시키면 **노란색** 가루인 **아이오딘포름**(CHI_3)의 침전이 생기는 반응

$$C_2H_5OH \xrightarrow{KOH+I_2} CHI_3 \text{(아이오딘포름)}$$

- 아이오딘포름 반응하는 물질
  ① 에틸알코올 : C_2H_5OH
  ② 아세트알데하이드 : CH_3CHO
  ③ 아세톤 : CH_3COCH_3

아이오딘포름
① 노란색 ② 승화되기 쉽다. ③ 소독제로 이용 ④ 물에 녹지 않는다.

11. 파이(π)결합(π-bond)

(1) 분자 내 서로 이웃하고 있는 원자의 각각의 전자 궤도의 중첩에 의한 화학결합
(2) 시그마 결합보다 결합력이 약하고, 에너지 준위가 높다.
(3) 이중 결합, 삼중 결합을 하고 있는 원자는 1개의 시그마 결합과 파이 결합을 하고 있다.
- **아세톤** : 이중결합을 하고 있는 파이결합이다.

12. 에스터화 반응

에스터에 알코올, 산 또는 다른 에스터를 작용시켜서 에스터를 구성하는 **산기**(酸基)나 알킬기를 교환하는 반응

- 에스터화 반응의 예

$$CH_3COOH + C_2H_5OH \rightarrow CH_3COOC_2H_5 + H_2O$$
(아세트산=초산)　(에틸알코올)　　(초산에틸)　　(물)

| 아세트산 : 제4류 2석유류 | 에틸알코올 : 제4류 알코올류 |
| 초산에틸 : 제4류 1석유류 | 다이에틸에터 : 제4류 특수인화물 |

13. 축합반응

에탄올에 진한황산 소량을 가하여 130℃로 가열하면 2분자에서 물 1분자가 탈수되어 **에터가 생성**된다. 이와 같이 2분자에서 간단한 물분자와 같은 것이 떨어지면서 **큰분자가 생기는 반응**

$$C_2H_5OH + C_2H_5OH \xrightarrow{H_2SO_4} C_2H_5OC_2H_5 + H_2O$$
(에틸알코올)   (에틸알코올)   (다이에틸에터)   (물)

카니자로(Cannizzaro) 반응
알데하이드 + 알데하이드 → 알코올 + 카복실산

14. 첨가반응

이중 결합이나 **삼중 결합**이 있는 화합물에 다른 분자가 결합하여 하나의 화합물을 이루는 반응

15. 아세트알데하이드의 제조방법

$$CH_2CH_2 + 0.5O_2 \xrightarrow[PdCl_2(염화팔라듐)]{촉매} CH_3CHO$$
(에틸렌)   (산소)   (아세트알데하이드)

아세트알데하이드(CH_3CHO)(제4류 특수인화물) : 은거울 반응+아이오딘포름 반응+페엘링 용액 환원

16. 아세트산과 에틸알코올의 반응식

$$CH_3COOH + C_2H_5OH \xrightarrow{H_2SO_4} CH_3COOC_2H_5 + H_2O$$
(초산)   (에틸알코올)   (초산에틸)   (물)

17. 1차, 2차, 3차 알코올

(1) **1차 알코올** : 수산기가 붙어 있는 **탄소원자가 1개의 탄소원자와 연결된 것**(수소는 생략)

C — C — C — OH

(2) **2차 알코올** : 수산기가 붙어 있는 **탄소원자가 2개**의 탄소원자와 연결된 것(수소는 생략)

```
      C
      |
  C — C — OH
```

(3) **3차 알코올** : 수산기가 붙어 있는 **탄소원자가 3개**의 탄소원자와 연결된 것(수소는 생략)

```
      C
      |
  C — C — OH
      |
      C
```

18. 다이에틸에터($C_2H_5OC_2H_5$) : 제4류 위험물 중 특수인화물

(1) 알코올에는 녹지만 물에는 녹지 않는다.
(2) 직사광선에 장시간 노출 시 **과산화물 생성**

> **과산화물 생성 확인방법**
> 다이에틸에터 + KI용액(10%) → 황색변화(1분 이내)

(3) **에탄올 2분자**에 진한 황산 소량을 가하여 **탈수**시켜 만든다.

> C_2H_5OH + C_2H_5OH $\xrightarrow{H_2SO_4}$ $C_2H_5OC_2H_5$ + H_2O
> (에틸알코올)   (에틸알코올)   (다이에틸에터)   (물)

(4) 용기에는 5%이상 10%이하의 안전공간 확보할 것
(5) 용기는 **갈색병**을 사용하며 냉암소에 보관
(6) 용기는 **밀폐**하여 증기의 누출방지

19. 방향족 화합물

분자 속에 벤젠고리를 가진 유기화합물로서 **벤젠**(C_6H_6)의 유도체

20. 크레졸($C_6H_4CH_3OH$) : 위험물 제4류 제3석유류

(1) 무색 또는 황색의 **페놀냄새**가 나는 액체
(2) 페놀의 한 종류인 **방향족 유기화합물**이다.
(3) **소독제**와 **방부제**로 널리 사용된다.
(4) **3가지 이성질체**가 있다.

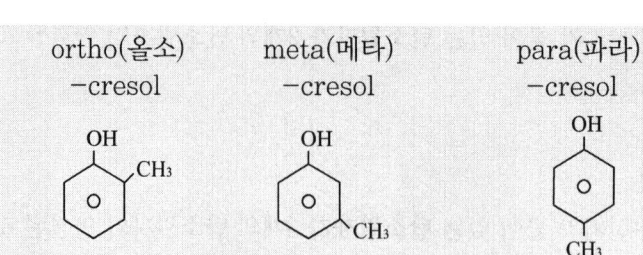

크레졸
❶ 석탄타르에서 얻는다.
❷ 페놀성 OH이다.
❸ 크레졸 소독약 : 1~2% 용액(비눗물)

21. 살리실산($C_6H_4(OH)COOH$)

(1) 용융점 : 159℃
(2) 수용액은 **산성**을 나타내며 $FeCl_3$를 가하면 **붉은 보라색**으로 된다.
(3) 에스터를 만들 수 있는 2가지 원자단 -OH와 -COOH를 가지고 있다.
(4) 카복실산이나 알코올과 각각 에스터를 만든다.

살리실산
❶ 무색의 고체
❷ 해열, 진통의 작용이 있어 내복약으로 사용

22. 아닐린의 제조방법

나이트로벤젠을 수소로서 환원(수소와 결합)하여 아닐린을 만든다.

$$C_6H_5NO_2 \;+\; 3H_2 \;\rightarrow\; C_6H_5NH_2 \;+\; 2H_2O$$
(나이트로벤젠) (수소)   (아닐린)   (물)

아닐린
❶ 방향족 아민
❷ 아미노벤젠, 페닐아민이라고도 한다.

23. 페놀성 수산기의 특성(페놀 : C_6H_5OH)

(1) 수용액은 **약한 산성**이다.
(2) NaOH와 반응하여 나트륨페놀레이트(C_6H_5ONa)와 물을 생성한다.

(3) 할로젠과 반응한다.

(4) FeCl₃(염화제2철)용액과 특유한 **정색반응**을 한다.

정색반응(呈色反應)이란?
페놀의 수용액에 FeCl₃ 용액 1방울을 가하면 보라색으로 되는 반응
• FeCl₂(염화제1철)   • FeCl₃(염화제2철)

24. 커플링

페놀 또는 방향족 아민류와 반응하여 **아조기(-N=N-)**를 갖는 아조화합물을 만드는 것

25. 탄소간의 결합길이 크기순서

단일결합 > 2중 결합 > 3중 결합

26. 나일론 : 펩타이드 결합(-C=O-H-N-)

펩타이드 결합(Peptide bond)
❶ 공유 결합의 일종이다.
❷ 카복시기(-COOH)와 아미노기(-NH₂)가 반응하여 형성되는 화학 결합이다.
❸ 반응 중 물 분자가 생성되는 탈수 반응을 한다.

나일론(nylon) : 폴리아미드계 합성섬유로 축중합반응에 의하여 만든다.
비닐론(vinylon) : 폴리비닐계 합성섬유
텔르린(테트론) : 폴리에스터계 섬유

27. 비누의 분자 구조

비누 분자는 $C_nH_{2n+1}COONa$로 표시되며 친수성(물과 친한 성질)의 원자단 $-COONa$와 소수성(기름과 친한 성질)의 원자단 $C_nH_{2n+1}-$이 있다.

28. 비누화 반응

에스터화의 역반응으로 에스터가 가수분해를 일으켜 **카복실산과 알코올**을 생성하는 반응

비누화값
유지 1g을 비누화하는데 필요한 KOH의 mg 수

29. 크산토프로테인반응(xanthoprotenic reaction)

단백질에 **진한질산**을 가하면 **노란색**으로 변하고 **알칼리**를 작용시키면 **오렌지색**으로 변하며, 단백질 검출에 이용된다.

30. 아미드 = 아마이드(amide)

(1) 암모니아 또는 아민의 수소 원자가 산기(아실기)나 금속원자로 치환된 화합물
(2) **펩타이드 결합**을 가진 물질이다.

펩타이드 결합
$$-\underset{H}{N}-\underset{O}{C}-$$

31. 포도당

효소 찌마아제(zymase)와 작용하여 **알코올**을 생성한다(알코올 발효)

$$C_6H_{12}O_6 \rightarrow 2C_2H_5OH + 2CO_2$$
(포도당)   (에틸알코올)   (이산화탄소)

(1) **환원작용이 있는 것** : 포도당, 과당, 갈락토오스, 맥아당, 젖당, 포름산(개미산)
(2) **환원작용이 없는 것** : 설탕, 녹말(전분), 셀룰로오스, 글리코겐, 이눌린

포도당이 환원력이 있는 이유
포도당 속에 있는 알데하이드기(-CHO)의 작용 때문

1-4 연소의 일반적인 기초사항

1. 보일의 법칙 ★★★

$$T(\text{온도}) = \text{일정} \qquad P_1 V_1 = P_2 V_2$$

온도가 일정할 때 일정량의 기체가 차지하는 부피는 절대압력에 반비례한다.

2. 샤를의 법칙 ★★★

$$P(\text{압력}) = \text{일정} \qquad \frac{V_1}{T_1} = \frac{V_2}{T_2}$$

압력이 일정할 때 일정량의 기체가 차지하는 부피는 절대온도에 비례한다.

3. 보일-샤를의 법칙 ★★★

$$\frac{P_1 V_1}{T_1} = \frac{P_2 V_2}{T_2}$$

일정량의 기체가 차지하는 부피는 절대압력에 반비례하고 절대온도에 비례한다.

4. 이상기체 상태방정식 ★★★★★

$$PV = \frac{W}{M}RT = nRT$$

여기서, P : 압력(atm), V : 부피(m^3), W : 무게(kg), M : 분자량
R : 기체상수($0.082\,atm \cdot m^3/kmol \cdot K$), T : 절대온도($273+t\,℃$)K

이상기체(Ideal gas) 또는 완전기체(perfect gas)
실제로는 존재할 수 없는 기체이며 분자 상호간의 인력도 무시되고 분자가 차지하는 부피도 무시되는 즉 완전탄성체로 가정한 기체

이상기체 또는 완전기체의 성질
❶ 보일-샤를의 법칙을 만족
❷ 아보가드로의 법칙을 따른다.
❸ 분자 상호간의 인력 및 분자가 차지하는 부피는 무시
❹ 내부에너지는 체적과 무관하고 오직 온도에 의하여 결정
❺ 비열비(정압비열(C_p)/정적비열(C_v))는 온도와 무관하며 일정.
❻ 분자간의 충돌은 완전탄성체로 이루어진다.
• 실제기체가 이상기체에 가까우려면 : 온도가 높고 압력이 낮은 경우

5. 공기의 조성과 평균분자량 ★★★★

① 공기의 조성

질소(N_2) 78.03%, 산소(O_2) 20.99%, 아르곤(Ar) 0.94%, 이산화탄소(CO_2) 0.03% 등으로 구성

- 공기 중 산소의 부피(%) = 21%
- 공기 중 산소의 중량(무게)(%) = 23%

② 공기의 평균 분자량

$28(N_2) \times 0.7803 + 32(O_2) \times 0.2099 + 40(Ar) \times 0.0094 + 44(CO_2) \times 0.0003$
$= 28.95 ≒ 29$

- 공기의 평균 분자량 = 29
- 증기비중 = $\dfrac{M(분자량)}{29(공기평균분자량)}$

6. 이론산소량과 이론공기량 ★★★★★

(1) **이론 산소량** : 연료를 완전 연소시키는데 필요한 최소 산소량
(2) **이론 공기량** : 연료를 완전 연소시키는데 필요한 최소 공기량

〈방법1〉

(예) 에틸알코올의 완전연소 반응식

$C_2H_5OH \ + \ 3O_2 \ \rightarrow \ 2CO_2 \ + \ 3H_2O$
46g ⟶ $3 \times 22.4L$
230g ⟶ X

① 필요한 이론 산소량 계산 　∴ $X_1 = \dfrac{230 \times 3 \times 22.4}{46} = 336L$

② 필요한 이론 공기량 계산 　∴ $X_2 = \dfrac{336}{0.21} = 1600L$

〈방법2〉

(예) 에틸알코올의 완전연소 반응식

$C_2H_5OH + 3O_2 \rightarrow 2CO_2 + 3H_2O$

- 이상기체 상태방정식

$$PV = \dfrac{W}{M}RT = nRT$$

여기서, P : 압력(atm), V : 부피(m^3), $\dfrac{W}{M}(n)$: mol, W : 무게(kg), M : 분자량
R : 기체상수($0.082\, atm \cdot m^3/kmol \cdot K$), T : 절대온도$(273 + t℃)K$

- 에틸알코올(C_2H_5OH) 분자량 = $12 \times 2 + 1 \times 6 + 16 = 46$

① 필요한 이론 산소량 계산

$$\therefore V_1 = \frac{WRT}{PM} \times 3 = \frac{230 \times 0.082 \times (273+0)}{1 \times 46} \times 3 = 335.79L$$

② 필요한 이론 공기량 계산

$$\therefore V_2 = \frac{335.79}{0.21} = 1599L$$

7. 아보가드로의 법칙 ★★

모든 기체 1g 분자(1Mol)는 표준상태(0℃, 1기압)에서 22.4L의 부피를 차지하며 이 속에는 6.02×10^{23} 개의 분자가 들어 있다.

 아보가드로의 법칙에서 기체의 분자수가 같기 위한 조건
❶ 압력   ❷ 온도   ❸ 부피

제 1 부 핵심요점정리

위·험·물·산·업·기·사·필·기·실·기

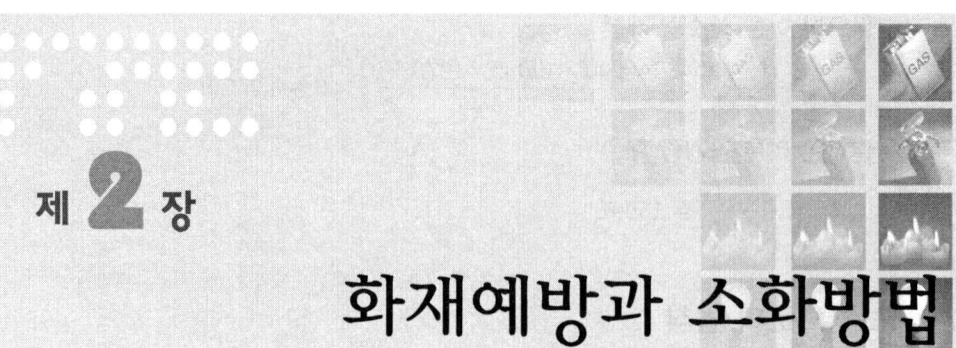

제 2 장

화재예방과 소화방법

 ## 2-1 화재예방

1. 화재의 분류 ★★★★★

종류	등급	색 표 시	주된 소화 방법
일반화재	A급	백색	냉각소화
유류 및 가스화재	B급	황색	질식소화
전기화재	C급	청색	질식소화
금속화재	D급	-	피복소화
주방화재	K급	-	냉각 및 질식소화

2. 폭굉과 폭연의 차이점 ★★★

- 폭굉(디토네이션 : Detonation) : 연소속도가 **음속보다 빠르다.**(초음속)
- 폭연(디플러그레이션 : Deflagration) : 연소속도가 **음속보다 느리다.**(아음속)

 **폭굉유도거리(DID)가 짧아지는 경우**
❶ 압력이 상승하는 경우
❷ 관속에 방해물이 있거나 관경이 작아지는 경우
❸ 점화원 에너지가 증가하는 경우

3. 연소의 3요소 및 4요소 ★★★★

(1) 가연물의 조건

① 산소와 **친화력**이 클 것 ② **발열량**이 클 것
③ **표면적**이 넓을 것 ④ **열전도도**가 작을 것
⑤ **활성화** 에너지가 적을 것 ⑥ **연쇄반응**을 일으킬 것

 **지연성(조연성)가스** : 자기 자신은 타지 않고 남의 연소를 도와주는 가스
조연성 가스 : 산소, 오존, 불소, 염소, 일산화질소, 이산화질소

(2) 가연물이 될 수 없는 조건

① 산화반응이 완전히 끝난 물질
② 질소 또는 질소산화물(흡열반응하기 때문)
③ 주기율표상 18족 원소(불활성 기체)
　　He(헬륨), Ne(네온), Ar(아르곤), Kr(크립톤), Xe(크세논), Rn(라돈)

- 연소의 3요소 : 가연물+산소+점화원
- 연소의 4요소 : 가연물+산소+점화원+순조로운 연쇄반응

※ 기화열(기화잠열)은 점화원이 될 수 없다.

4. 열 에너지원의 종류 ★

에너지의 종류	종 류
화학적 에너지	연소열, 분해열, **용해열**, 반응열, **자연발화**, 중합열
전기적 에너지	**저항가열**, 유도가열, **유전가열**, 아크가열, 정전스파크, **낙뢰**
기계적 에너지	**마찰열, 압축열, 충격(마찰)스파크**
원자력 에너지	핵분열, 핵융합

5. 연소의 형태 *****

필수정리 ****

연소의 종류
① 표면연소(surface reaction) : 숯, 코크스, 목탄, 금속분
② 증발 연소(evaporating combustion) : 파라핀(양초), 황, 나프탈렌, 왁스, 휘발유, 등유, 경유, 아세톤 등 제4류 위험물
③ 분해연소(decomposing combustion) : 석탄, 목재, 플라스틱, 종이, 합성수지(고분자), 중유
④ 자기연소(내부연소) : 질화면(나이트로 셀룰로오스), 셀룰로이드, 나이트로글리세린등 제5류 위험물
⑤ 확산연소(diffusive burning) : 아세틸렌, LPG, LNG 등 가연성 기체
⑥ 불꽃연소+표면연소 : 목재, 종이, 셀룰로오스, 열경화성 합성수지

6. 불꽃연소와 표면연소(응축연소, 작열연소) *

산소	가연물 불꽃연소	점화원
	연쇄반응	

[불꽃연소의 4요소]

산소	가연물 표면연소	점화원

[표면연소의 3요소]

7. 블로우 오프(Blow-off) 현상 *

화염이 노즐에 정착하지 못하고 떨어지게 되어 **화염이 꺼지는 현상**

8. 역화(back fire)현상 *

가스분출속도가 연소속도보다 느려 화염이 버너 내부로 들어가 착화하는 현상

9. 자연발화 *****

(1) 자연발화의 형태

자연발화 형태	자연발화 물질
• 산화열	석탄, 건성유, 고무분말, 금속분, 기름걸레
• 분해열	셀룰로이드, 나이트로셀룰로오스, 나이트로글리세린
• 흡착열	활성탄, 목탄분말
• 미생물열	퇴비, 먼지

(2) 자연발화의 방지대책

① 저장실 주위온도를 낮춘다.
② 물질을 **건조하게 유지**
③ 통풍하여 열의 축적을 방지
④ 저장용기에 불활성기체 봉입하여 공기접촉 차단
⑤ 물질의 **표면적을 최소화**

(3) 자연발화에 영향을 미치는 것

① 주위온도 ② 습도 ③ 발열량 ④ 표면적 ⑤ 열전도율 ⑥ 퇴적방법

10. 유류저장탱크 및 가스저장탱크의 화재발생 현상 ★★

① 보일 오버(boil over)
   탱크 바닥의 물이 비등하여 유류가 연소하면서 분출
② 슬롭 오버(slop over)
   물이 연소유 표면으로 들어갈 때 유류가 연소하면서 분출
③ 프로스 오버(froth over)
   탱크 바닥의 물이 비등하여 유류가 연소하지 않고 분출
④ 블레비(BLEVE)
   액체 저장탱크 주위에 화재가 발생하여 저장탱크 벽면이 장시간 화염에 노출되면 윗부분의 온도가 상승하여 재질의 인장력이 저하되고 내부의 비등현상으로 인한 압력상승으로 저장탱크 벽면이 파열되는 현상
⑤ 화이어볼(Fire ball)
   분출된 액화가스의 증기가 공기와 혼합하여 연소범위가 형성되어서 공 모양의 대형화염이 상승하는 현상

11. 인화점, 발화점, 연소점 ★

① 인화점(flash point) : **점화원에 의하여** 점화되는 **최저온도**
② 발화점(ignition point) : **점화원 없이** 점화되는 **최저온도**
③ 연소점(fire point) : 가연성 물질이 발화한 후 연속적으로 연소할 수 있는 최저온도

• 발화점 : 압력이 증가하면 발화점은 낮아진다.

12. 공기 중 산소의 농도를 증가시켰을 때 ★

① 발화온도가 낮아진다.　　② 연소범위가 넓어진다.
③ 화염의 온도가 높아진다.　④ 점화에너지가 감소한다.

13. 탄화수소화합물 중 탄소수가 증가할수록 나타나는 현상 ★

① 연소속도가 늦어진다.　　② 발화온도가 낮아진다.
③ 발열량이 커진다.　　　　④ 인화점, 비점이 높아진다.
⑤ 수용성, 휘발성, 연소범위, 비중이 감소한다.
⑥ 이성질체가 많아진다.

14. 착화점이 낮아지는 경우 ★

① 압력이 클 때　　　　　　② 발열량이 클 때
③ 산소농도가 클 때　　　　④ 산소와 친화력이 클 때
⑤ 화학적 활성도가 클 때　　⑥ 습도 및 가스압력이 낮을 때

15. 플래쉬 오버(flash over) 현상 ★★

폭발적인 착화현상 및 급격한 화염의 확대현상

・플래쉬 오버 발생시기 : 성장기　　・주요발생원인 : 열의 공급

16. 플래쉬 오버의 발생시각 ★

① 개구율(개구부 크기) : 클수록 빠르다. ② 내장재료 : 가연성일수록 빠르다
③ 화원의 크기 : 클수록 빠르다.　　　　④ 열전도율 : 작을수록 빠르다.
⑤ 내장재료의 두께 : 얇을수록 빠르다.　⑥ 가연물의 표면적 : 넓을수록 빠르다.
⑦ 화재하중 : 클수록 빠르다.

17. 플래쉬 오버의 지연대책 ★★

① 열전도율이 큰 내장재를 사용　　② 주요 구조부를 내화구조로 한다.
③ 개구부를 크게 설치(배연창 설치)　④ 두께가 두꺼운 내장재를 사용
⑤ 실내 가연물은 소량씩 분산 저장　⑥ 내장재 불연화

18. 백 드래프트(Back Draft) 현상 ★★

폭발적 연소와 함께 폭풍을 동반하여 화염이 외부로 분출되는 현상

- 백드래프트의 발생 시기 : **감쇠기**
- 주요 발생원인 : **산소의 공급**
- 백드래프트 현상 발생 시 폭풍 또는 충격파 있음

19. 증기 비중 ★★★★

(1) 공기의 조성

질소(N_2) 78.03%, 산소(O_2) 20.99%, 아르곤(Ar) 0.94%, 이산화탄소(CO_2) 0.03% 등으로 구성

- 공기 중 산소의 **부피**(%) = 21%
- 공기 중 산소의 **중량(무게)**(%) = 23%

(2) 공기의 평균 분자량

$28(N_2) \times 0.7803 + 32(O_2) \times 0.2099 + 40(Ar) \times 0.0094 + 44(CO_2) \times 0.0003$
$= 28.95 ≒ 29$

- 공기의 평균 분자량 = 29
- 증기비중 = $\dfrac{M(분자량)}{29(공기평균분자량)}$

2-2 소화방법

1. 소화방법 ★★★

(1) 냉각소화

가연성 물질을 발화점 이하로 온도를 냉각시키는 방법

물이 소화제로 이용되는 이유
❶ 물의 기화열(539kcal/kg)이 크기 때문
❷ 물의 비열(1kcal/kg℃)이 크기 때문

(2) 질식소화

산소농도를 21%에서 15% 이하로 감소시켜 소화

- 질식소화 시 산소의 유지농도 : 10~15%

(3) 억제소화(부촉매소화, 화학적소화)

연쇄반응을 억제시켜 소화

① 부촉매 : 화학적 반응의 속도를 느리게 하는 것
② 부촉매 효과 : 할로젠화합물 소화약제
　　(할로젠족 원소 : 불소(F), 염소(Cl), 브로민(취소)(Br), 아이오딘(I))
③ 부촉매(소화효과)의 크기 순서
　　불소(F) < 염소(Cl) < 브로민(취소)(Br) < 아이오딘(I)
④ 반응력(친화력)의 크기 순서
　　불소(F) > 염소(Cl) > 브로민(취소)(Br) > 아이오딘(I)

(4) 제거소화

화재구역에서 가연성물질을 제거시켜 소화

제거소화의 예
❶ 산불이 발생하면 화재의 진행방향을 앞질러 벌목한다.
❷ 화학반응기의 화재시 원료공급관의 밸브를 잠근다.
❸ 유전화재시 폭약으로 폭풍을 일으켜 화염을 제거한다.
❹ 촛불을 입김으로 불어 화염을 제거한다.

(5) 피복소화

가연물 주위를 공기와 차단시켜 소화

(예) 방안에서 화재가 발생시 이불이나 담요로 덮는다.

(6) 희석소화

수용성액체 화재시 물을 방사하여 연소농도를 희석하여 소화

(예) 아세톤에 물을 다량으로 섞는다.

(7) 유화소화(에멀젼소화)

비수용성 인화성액체의 유류화재 시 물분무로 방사하여 액체표면에 불연성의

유막을 형성하여 소화

물의 유화효과 (에멀젼 효과)를 이용한 방호대상설비 : 기름탱크

2. 물의 소화능력 향상 첨가제 ★★

(1) 부동액(Anti-freeze agent)

① 물의 빙점(어는점) 낮추는 첨가제
② 한랭지역에서 사용

(2) 침윤제(Wetting agent)

① 물의 표면장력 감소 위한 첨가제
② 심부화재에 적합

(3) 농축제(Viscosity agent)

① 물의 점도향상 첨가제
② 산불화재에 적합

(4) 밀도 개질제(Density modifier)

물의 밀도를 개질하기 위한 첨가제로 수용성 폼이 있다.

3. CO_2 또는 할로젠화합물 소화기 설치금지 장소 ★★★
(할론1301 및 청정소화약제 제외)

① 지하층 ② 무창층 ③ 밀폐된 거실로서 바닥면적 $20m^2$ 미만인 장소

4. 분말약제의 주성분 및 착색 ★★★★★

종별	주성분	약제명	착색	적응 화재
제1종	$NaHCO_3$	탄산수소나트륨, 중탄산나트륨, 중조	백색	B, C 급
제2종	$KHCO_3$	탄산수소칼륨, 중탄산칼륨	담회색	B, C 급
제3종	$NH_4H_2PO_4$	제1인산암모늄	담홍색(핑크색)	A, B, C 급
제4종	$KHCO_3+(NH_2)_2CO$	중탄산칼륨+요소	회색(쥐색)	B, C 급

5. 분말약제의 열분해 ★★★★★

종 별	약제명	착 색	열분해 반응식
제1종	중탄산나트륨	백 색	$2NaHCO_3 \rightarrow Na_2CO_3+CO_2+H_2O$
제2종	중탄산칼륨	담회색	$2KHCO_3 \rightarrow K_2CO_3+CO_2+H_2O$
제3종	제1인산암모늄	담홍색	$NH_4H_2PO_4 \rightarrow HPO_3+NH_3+H_2O$
제4종	중탄산칼륨+요소	회(백)색	$2KHCO_3+(NH_2)_2CO \rightarrow K_2CO_3+2NH_3+2CO_2$

6. 소화약제별 소화능력 ★★

소화약제명	화학식	소화능력
이산화탄소	CO_2	1.0(기준)
분말약제	–	2.0
할론 2402	$C_2F_4Br_2$	1.7
할론 1211	CF_2ClBr	1.4
할론 1301	CF_3Br	3.0

7. 소화기의 올바른 사용방법 ★★

① 적응화재에만 사용할 것
② 불과 가까이 가서 사용할 것
③ 바람을 등지고 풍상에서 풍하의 방향으로 사용 할 것
④ 양옆으로 비로 쓸 듯이 골고루 사용할 것

8. 강화액 소화기 ★

① 물의 빙점(어는점)이 낮은 단점을 강화시킨 **탄산칼륨**(K_2CO_3) **수용액**
② 반응식은 내부에 황산(H_2SO_4)이 있어 탄산칼륨과 화학반응에 의한 CO_2가 압력원이 된다.

$$H_2SO_4 + K_2CO_3 \rightarrow K_2SO_4 + H_2O + CO_2 \uparrow$$

③ 무상인 경우 A, B, C 급 화재에 모두 적응한다.
④ 소화약제의 pH는 12이다.(알카리성을 나타낸다.)
⑤ 어는점(빙점)이 약 $-30℃ \sim -25℃$, 비중이 1.3~1.4이다.
⑥ 빙점이 매우 낮아 추운 지방에서 사용
⑦ 강화액소화제는 알카리성을 나타낸다.

9. 산·알칼리 소화기 ★★

① 내통 : 황산(H_2SO_4)
② 외통 : 탄산수소나트륨($NaHCO_3$)

- 산·알칼리 소화기의 화학반응식
  H_2SO_4 + $2NaHCO_3$ → Na_2SO_4 + $2H_2O$ + $2CO_2\uparrow$
  (황산)　　(탄산수소나트륨)　　(황산나트륨)　　(물)　　(이산화탄소)

10. 할로젠화합물 소화약제 ★★★

(1) 할로젠화합물 소화약제

구분＼종류	할론 2402	할론 1211	할론 1301	할론 1011
화학식	$C_2F_4Br_2$	CF_2ClBr	CF_3Br	CH_2ClBr

할로젠화합물 소화약제 명명법 : 할론 ⓐ ⓑ ⓒ ⓓ

ⓐ : C 원자수　　ⓑ : F 원자수　　ⓒ : Cl 원자수　　ⓓ : Br 원자수

할로젠화합물 소화약제

구분＼종류	할론 2402	할론 1211	할론 1301	할론 1011
분자식	$C_2F_4Br_2$	CF_2ClBr	CF_3Br	CH_2ClBr

(2) CTC(Carbon Tetra Chloride, 사염화탄소)

① 할로젠화합물 소화약제
② 방사 시 포스겐의 맹독성가스 발생으로 현재는 사용 금지된 소화약제
③ 화학식은 CCl_4이다.

사염화탄소와 이산화탄소의 반응
CCl_4 + CO_2 → $2COCl_2$ (포스겐가스)

11. 화학포(공기포) 소화약제 ★★★

① 내약제(B제) : 황산알루미늄($Al_2(SO_4)_3$)
② 외약제(A제) : 중탄산나트륨($NaHCO_3$), 기포안정제

화학포의 기포안정제
• 사포닝　• 계면활성제　• 소다회　• 가수분해단백질

③ 반응식

$$6NaHCO_3 + Al_2(SO_4)_3 \cdot 18H_2O \rightarrow 3Na_2SO_4 + 2Al(OH)_3 + 6CO_2 + 18H_2O$$
(탄산수소나트륨)　　(황산알루미늄)　　(황산나트륨)　(수산화알루미늄) (이산화탄소)　(물)

12. 오존파괴지수(ODP) 및 지구온난화지수(GWP) ★★

① 오존파괴지수(ODP : Ozone Depletion Potential)
　어떤 물질의 **오존 파괴능력**을 상대적으로 나타내는 지표의 정의

$$ODP = \frac{어떤\ 물질\ 1kg이\ 파괴하는\ 오존량}{CFC-11\ 1kg이\ 파괴하는\ 오존량}$$

[참고] CFC [Chloro(Cl), Fluoro(F), Carbon(C)]

[할론 약제별 오존파괴지수]

할론 소화약제	오존파괴지수(ODP)
할론 1301	14.1
할론 2402	6.6
할론 1211	2.4

② 지구 온난화지수(GWP : Global Warming Potential)
　어떤 물질이 기여하는 **온난화 정도**를 상대적으로 나타내는 지표의 정의

$$GWP = \frac{어떤\ 물질\ 1kg이\ 기여하는\ 온난화\ 정도}{CO_2 - 1kg이\ 기여하는\ 온난화\ 정도}$$

③ NOAEL(No Observed Adverse Effect Level)
　심장 독성시험에서 심장에 영향을 **미치지 않는 농도**

④ LOAEL(Lowest Observed Adverse Effect Level)
　심장 독성시험에서 심장에 영향을 **미칠 수 있는 최소농도**

제 3 장 위험물의 성상

3-1 제1류 위험물

1. 품명 및 지정수량 ★★★★

성 질	품 명	지정수량	위험등급
산화성 고체	1. 아염소산염류	50kg	Ⅰ
	2. 염소산염류		
	3. 과염소산염류		
	4. 무기과산화물		
	5. 브로민산염류	300kg	Ⅱ
	6. 질산염류		
	7. 아이오딘산염류		
	8. 과망가니즈산염류	1000kg	Ⅲ
	9. 다이크로뮴산염류		

2. 공통적 성질 ★★

① **산화성 고체**이며 대부분 **수용성**이다.
② **불연성**이지만 다량의 **산소를 함유**하고 있다.
③ 분해시 산소를 방출하여 남의 연소를 돕는다.(**조연성**)
④ 열·타격·충격, 마찰 및 다른 화학물질과 접촉시 쉽게 분해된다.
⑤ 분해속도가 대단히 빠르고, **조해성**이 있는 것도 포함한다.

무기과산화물
① 물에 의한 주수소화는 금한다.(산소발생)
② 물과 접촉 시 산소방출
③ 열분해 시 산소방출

3. 저장 및 취급방법 ★★

① **무기과산화물**은 물과 접촉 시 반응하여 **산소를 방출**하므로 **습기와 접촉금지**(금수성 물질)
② 조해성물질은 저장용기를 밀폐시킨다.
③ 가열, 충격, 마찰을 금지한다.

4. 소화방법 ★★

① **다량의 물**을 방사하여 **냉각 소화**한다.
② 무기(알칼리금속)과산화물은 금수성 물질로 물에 의한 소화는 절대금지하고 **마른 모래**로 소화한다.
③ 자체적으로 **산소를 함유**하고 있어 질식소화는 효과가 없고 물을 대량 사용하여 **냉각소화가 효과적**이다.

5. 품명에 따른 특성 ★★★★

(1) 아염소산염류

① 아염소산나트륨($NaClO_2$)
　㉮ 조해성이 있고 무색의 결정성 분말이다.
　㉯ 보통 수분을 약간 함유하기 때문에 130~140℃에서 분해 된다.
　㉰ 무수물(수분을 함유하지 않은 것) 350℃에서 분해시작
　㉱ 산과 반응하여 이산화염소(ClO_2)가 발생된다.
　㉲ 수용액 상태에서도 강력한 산화력을 가지고 있다.

$$3NaClO_2 + 2HCl \rightarrow 3NaCl + 2ClO_2 + H_2O_2$$
(아염소산나트륨)　(염산)　(염화나트륨)　(이산화염소)　(과산화수소)

② 아염소산칼륨($KClO_2$)
　㉮ 조해성이 있고 무색의 결정성 분말이다.
　㉯ 가열, 충격에 의한 폭발가능성이 있다.

(2) 염소산염류

① 염소산칼륨(KClO₃) ★★★
  ㉮ 무색 또는 백색분말
  ㉯ 비중 : 2.34
  ㉰ 온수, 글리세린에 용해
  ㉱ 냉수, 알코올에는 용해하기 어렵다.
  ㉲ 400℃ 부근에서 분해가 시작

  $$2KClO_3 \text{(염소산칼륨)} \rightarrow KCl \text{(염화칼륨)} + KClO_4 \text{(과염소산칼륨)} + O_2 \uparrow \text{(산소)}$$

  ㉳ 540℃~560℃ 정도에서 완전 열분해되어 염화칼륨과 산소를 방출

  $$2KClO_3 \text{(염소산칼륨)} \rightarrow 2KCl \text{(염화칼륨)} + 3O_2 \text{(산소)}$$

  ㉴ 유기물 등과 접촉 시 충격을 가하면 폭발하는 수가 있다.

② 염소산나트륨(NaClO₃) ★★
  ㉮ 조해성이 크고, 알코올, 에테르, 물에 녹는다.
  ㉯ 철제를 부식시키므로 철제용기 사용금지
  ㉰ 산과 반응하여 유독한 이산화염소(ClO_2)를 발생시키며 이산화염소는 폭발성이다.
  ㉱ 열분해하여 염화나트륨과 산소를 발생한다.

  $$2NaClO_3 \text{(염소산나트륨)} \rightarrow 2NaCl \text{(염화나트륨 : 소금)} + 3O_2 \uparrow \text{(산소)}$$

③ 염소산암모늄(NH₄ClO₃)
  ㉮ 대단히 폭발성이고 조해성이 있다.
  ㉯ 산화성이고 금속부식성이 강하다.

(3) 과염소산염류 ★★★

① 과염소산칼륨(KClO₄)
  ㉮ 물에 녹기 어렵고 알코올, 에테르에 불용
  ㉯ 진한 황산과 접촉 시 폭발성이 있다.
  ㉰ 황, 탄소, 유기물등과 혼합 시 가열, 충격, 마찰에 의하여 폭발한다.
  ㉱ 400℃에서 분해가 시작되어 600℃에서 완전 분해하여 산소를 발생 한다.

  $$KClO_4 \rightarrow KCl \text{(염화칼륨)} + 2O_2 \uparrow \text{(산소)}$$

② 과염소산나트륨(NaClO₄)
  ㉮ 물에 잘 녹고 알코올, 에테르에 불용
  ㉯ 유기물등과 혼합 시 가열, 충격, 마찰에 의하여 폭발한다.
  ㉰ 400℃ 이상에서 분해되면서 산소를 방출한다.

③ 과염소산암모늄(NH_4ClO_4) ★★
  ㉮ 물, 아세톤, 알코올에는 녹고 에테르에는 잘 녹지 않는다.
  ㉯ 조해성이므로 밀폐용기에 저장
  ㉰ 130℃에서 분해가 시작되어 산소를 방출하고 300℃에서 분해가 급격히 진행된다.

  - 130℃에서 분해 $NH_4ClO_4 \rightarrow NH_4Cl + 2O_2 \uparrow$
  - 300℃에서 분해 $2NH_4ClO_4 \rightarrow N_2 + Cl_2 + 2O_2 + 4H_2O$

  ㉱ 충격 및 분해온도 이상에서 폭발성이 있다.

(4) 무기과산화물 ★★★★★

① 과산화나트륨(Na_2O_2)
  ㉮ 상온에서 물과 격렬히 반응하여 산소(O_2)를 방출하고 폭발하기도 한다.

  $2Na_2O_2$(과산화나트륨) $+ 2H_2O$(물) $\rightarrow 4NaOH$(수산화나트륨) $+ O_2 \uparrow$(산소)

  ㉯ 공기 중 이산화탄소(CO_2)와 반응하여 산소(O_2)를 방출한다.

  $2Na_2O_2 + 2CO_2 \rightarrow 2Na_2CO_3 + O_2 \uparrow$

  ㉰ 산과 반응하여 과산화수소(H_2O_2)를 생성시킨다.

  $Na_2O_2 + 2CH_3COOH \rightarrow 2CH_3COONa + H_2O_2$

  ㉱ 열분해 시 산소(O_2)를 방출한다.

  $2Na_2O_2 \rightarrow 2Na_2O + O_2 \uparrow$

  ㉲ 주수소화는 금물이고 마른모래(건조사)등으로 소화한다.

② 과산화칼륨(K_2O_2)
  ㉮ 무색 또는 오렌지색 분말상태
  ㉯ 상온에서 물과 격렬히 반응하여 산소(O_2)를 방출하고 폭발하기도 한다.

  $2K_2O_2 + 2H_2O \rightarrow 4KOH + O_2 \uparrow$

  ㉰ 공기 중 이산화탄소(CO_2)와 반응하여 산소(O_2)를 방출한다.

  $2K_2O_2 + 2CO_2 \rightarrow 2K_2CO_3 + O_2 \uparrow$

  ㉱ 산과 반응하여 과산화수소(H_2O_2)를 생성시킨다.

  $K_2O_2 + 2CH_3COOH \rightarrow 2CH_3COOK + H_2O_2$

  ㉲ 열분해 시 산소(O_2)를 방출한다.

  $2K_2O_2 \rightarrow 2K_2O + O_2 \uparrow$

  ㉳ 주수소화는 금물이고 마른모래(건조사) 등으로 소화한다.

③ 과산화마그네슘(MgO_2)
  ㉮ 백색 분말이다
  ㉯ 습기 또는 물과 접촉 시 산소를 방출한다.
  ㉰ 가연성유기물과 혼합되어 있을 때 가열, 충격에 의해 폭발 위험이 있다.
  ㉱ 물과 접촉하여 수산화마그네슘 및 산소를 발생한다.

  $$2MgO_2 + 2H_2O \rightarrow 2Mg(OH)_2(수산화마그네슘) + O_2 \uparrow (산소)$$

  ㉲ 산과 접촉하여 과산화수소를 발생한다.

  $$MgO_2 + 2HCl(염산) \rightarrow MgCl_2 + H_2O_2 (과산화수소)$$

④ 과산화바륨(BaO_2)
  ㉮ 탄산가스와 반응하여 탄산염과 산소 발생

  $$2BaO_2 + 2CO_2 \rightarrow 2BaCO_3(탄산바륨) + O_2 \uparrow (산소)$$

  ㉯ 염산과 반응하여 염화바륨과 과산화수소 생성

  $$BaO_2 + 2HCl \rightarrow BaCl_2(염화바륨) + H_2O_2 (과산화수소)$$

  ㉰ 가열 또는 온수와 접촉하면 산소가스를 발생

  • 가열　　　$2BaO_2 \rightarrow 2BaO(산화바륨) + O_2 \uparrow (산소)$
  • 온수와 반응 $2BaO_2 + 2H_2O \rightarrow 2Ba(OH)_2(수산화바륨) + O_2 \uparrow (산소)$

(5) 브로민산염류

• 종류 : $KBrO_3$, $NaBrO_3$, $Ba(BrO_3)_2 \cdot 6H_2O$ 등

(6) 질산염류

① 질산칼륨(KNO_3)
  ㉮ 질산칼륨에 숯가루, 황가루를 혼합하여 흑색화약제조에 사용한다.
  ㉯ 열분해하여 산소를 방출한다.

  $$2KNO_3 \rightarrow 2KNO_2 + O_2 \uparrow$$

  ㉰ 물, 글리세린에는 잘 녹으나 알코올, 에테르에는 잘 녹지 않는다.
  ㉱ 유기물 및 강산과 접촉 시 매우 위험하다.
  ㉲ 소화는 주수소화방법이 가장 적당하다.

흑색화약(Black Power)
❶ 원료 : 질산칼륨, 숯, 황
❷ 조성 : 75%KNO_3 + 15%C + 10%S
❸ 폭발반응식 : $38KNO_3 + 64C + 16S \rightarrow 3K_2CO_3 + 16K_2S + 19N_2 + 44CO_2 + 17CO$

② **질산나트륨**(NaNO$_3$)
  ㉮ 무색, 무취의 백색 분말
  ㉯ 조해성이 강하다.
  ㉰ 물, 글리세린에 녹고 알코올, 에테르에는 녹지 않는다.
  ㉱ 가열시 약 380℃에서 열분해 하여 아질산나트륨과 산소를 발생 시킨다.

  $$2NaNO_3 \rightarrow 2NaNO_2 + O_2 \uparrow$$

  ㉲ 충격, 마찰, 타격을 피한다.
  ㉳ 유기물과 혼합을 피한다.
  ㉴ 화재 시 다량의 물로 냉각소화 한다.

③ **질산암모늄**(NH$_4$NO$_3$)
  ㉮ 단독으로 가열, 충격 시 분해 폭발할 수 있다.
  ㉯ 화약원료로 쓰이며 유기물과 접촉 시 폭발우려가 있다.
  ㉰ 무색, 무취의 결정이다.
  ㉱ 조해성 및 흡습성이 매우 강하다.
  ㉲ 물에 용해 시 흡열반응을 나타낸다.
  ㉳ 급격한 가열충격에 따라 폭발의 위험이 있다.

  • 질산암모늄의 열분해 반응식 : $2NH_4NO_3 \rightarrow 2N_2 + O_2 + 4H_2O$

(7) 아이오딘산염류

NaIO$_3$, KIO$_3$, NH$_4$IO$_3$

(8) 과망가니즈산염류

① **과망가니즈산칼륨**(KMnO$_4$) ★★★
  ㉮ 흑자색의 주상결정으로 물에 녹아 진한보라색을 띠고 강한 산화력과 살균력이 있다.
  ㉯ 염산과 반응시 염소(Cl$_2$)를 발생시킨다.
  ㉰ 240℃에서 산소를 방출한다.

  $$2KMnO_4 \rightarrow K_2MnO_{4(망가니즈산칼륨)} + MnO_{2(이산화망가니즈)} + O_2 \uparrow (산소)$$

  ㉱ 알코올, 에테르, 글리세린, 황산과 접촉시 폭발우려가 있다.
  ㉲ 주수소화 또는 마른모래로 피복소화한다.
  ㉳ 강알칼리와 반응하여 산소를 방출한다.

② **과망가니즈산나트륨**(NaMnO$_4 \cdot$ 3H$_2$O), **과망가니즈산칼슘**(Ca(MnO$_4$)$_2 \cdot$ 4H$_2$O)
  과망가니즈산칼륨과 비슷한 성질을 갖는다.

(9) 다이크로뮴산염류

$$K_2Cr_2O_7,\ Na_2Cr_2O_7 \cdot 2H_2O,\ (NH_4)_2Cr_2O_7$$

① **다이크로뮴산칼륨**($K_2Cr_2O_7$)
   ㉮ 밝은 오렌지색 결정으로 녹는점 398℃, 비중 2.61이다.
   ㉯ 500℃ 이상으로 가열하면 산소를 방출하면서 분해한다.
   ㉰ 알코올에는 녹지 않지만 물에는 잘 녹는다.

② **다이크로뮴산나트륨**($Na_2Cr_2O_7$)
   ㉮ 녹는점 356℃. 비중 2.35이다.
   ㉯ 400℃ 이상에서는 산소를 방출하면서 분해한다.
   ㉰ 물에는 잘 녹지만 알코올에는 녹지 않는다.

3-2 제2류 위험물

1. 품명 및 지정수량 ★★★

성 질	품 명	지정수량	위험등급	비 고
가연성 고체	1. 황화인	100kg	Ⅱ	
	2. 적린			
	3. 황			• 순도가 60중량% 이상인 것
	4. 철분	500kg	Ⅲ	• 53㎛의 표준체 통과 50중량% 미만인 것 제외
	5. 금속분			• 알칼리금속, 알칼리토금속, 철, 마그네슘 제외 • 구리분, 니켈분 및 150㎛의 표준체를 통과하는 것이 50중량% 미만인 것 제외
	6. 마그네슘			• 2mm체 통과 못하는 덩어리 제외 • 직경 2mm 이상 막대모양 제외
	7. 인화성고체	1000kg		• 고형알코올 및 1기압에서 인화점이 40℃ 미만 고체

2. 제2류 위험물의 판단기준 ★★★★★

① 황

순도가 60중량% 이상인 것을 말한다. 이 경우 순도측정에 있어서 불순물은 활석등 불연성물질과 수분에 한한다.

② 철분
   철의 분말로서 53㎛의 표준체를 통과하는 것이 50중량% 미만인 것은 제외
③ 금속분
   알칼리금속·알칼리토금속·철 및 마그네슘 외의 금속의 분말을 말하고, 구리분·니켈분 및 150㎛의 체를 통과하는 것이 50중량% 미만인 것은 제외
④ 마그네슘은 다음 각목의 1에 해당하는 것은 제외한다.
   ㉮ 2mm의 체를 통과하지 아니하는 덩어리 상태의 것
   ㉯ 직경 2mm 이상의 막대 모양의 것
⑤ 인화성고체
   고형알코올 그 밖에 1기압에서 인화점이 섭씨 40도 미만인 고체

3. 공통적 성질 ★★

① 낮은 온도에서 착화가 쉬운 **가연성 고체**
② **연소속도가 빠른 고체**
③ 연소 시 **유독가스**를 발생하는 것도 있다.
④ 금속분은 물 또는 산과 접촉시 발열된다.

4. 저장 및 취급방법 ★★

① 산화제와 접촉을 피한다.
② 점화원, 고온물체, 가열을 피한다.
③ 금속분은 물 또는 산과 접촉을 피한다.

5. 소화방법 ★★★

① 금속분을 **제외**하고 주수에 의한 **냉각소화**를 한다.
② 금속분은 **마른모래로 소화**한다.

6. 품명에 따른 특성 ★★★

(1) 황화인(제2류 위험물) : 황과 인의 화합물
   ① 삼황화인(P_4S_3)
      ㉮ 황색결정으로 물, 염산, 황산에 녹지 않으며 질산, 알칼리, 이황화탄소에 녹는다.
      ㉯ 조해성이 없다.

㉰ 연소하면 오산화인과 이산화황이 생긴다.

$$P_4S_3 + 8O_2 \rightarrow 2P_2O_5 + 3SO_2 \uparrow$$

② 오황화인(P_2S_5)
㉮ 담황색 결정이고 조해성이 있다.
㉯ 수분을 흡수하면 분해된다.
㉰ 이황화탄소(CS_2)에 잘 녹는다.
㉱ 물, 알칼리와 반응하여 인산과 황화수소를 발생한다.

$$P_2S_5 + 8H_2O \rightarrow 2H_3PO_4 + 5H_2S \uparrow$$

③ 칠황화인(P_4S_7)
㉮ 담황색 결정이고 조해성이 있다.
㉯ 수분을 흡수하면 분해 된다.
㉰ 이황화탄소(CS_2)에 약간 녹는다.
㉱ 냉수에는 서서히 분해가 되고 더운물에는 급격히 분해 된다.

(2) 적린(P) ★★★

① **황린의 동소체**이며 황린보다 안정하다.
② 공기 중에서 자연발화하지 않는다.(**발화점 : 260℃, 승화점 : 460℃**)
③ **황린을 공기차단상태**에서 가열, 냉각 시 **적린으로 변한다.**

$$황린(P_4) \xrightarrow{\text{공기차단(250℃가열, 냉각)}} 적린(P)$$

④ 성냥, 불꽃놀이 등에 이용된다.
⑤ **연소 시 오산화인**(P_2O_5)**이 생성**된다.

$$4P + 5O_2 \rightarrow 2P_2O_5 (\text{오산화인})$$

⑥ 다량의 물을 주수하여 **냉각 소화**한다.

동소체 : 같은 원소로 구성되어 있으나 성질이 다른 단체
동소체의 종류
❶ 산소(O_2)와 오존(O_3) ❷ 적린(P)과 황린(P_4)
❸ 사방황(S), 단사황(S), 고무상황(S) ❹ 다이아몬드(C)와 흑연(C)
동소체의 확인방법
연소 시 같은 물질이 생성되는 것을 확인한다.
  적린 $4P + 5O_2 \rightarrow 2P_2O_5$(오산화인)
  황린 $P_4 + 5O_2 \rightarrow 2P_2O_5$(오산화인)
• 적린(가연성고체)은 제2류 위험물이고 황린(자연발화성)은 제3류 위험물이다.

(3) 황(S)

① 동소체로 사방황, 단사황, 고무상황이 있다.
② 황색의 고체 또는 분말상태이다.
③ **물에 녹지 않고 이황화탄소(CS_2)에는 잘 녹는다.**
④ **공기 중에서 연소 시 푸른 불꽃을 내며 이산화황이 생성된다.**

$$S + O_2 \rightarrow SO_2 \text{ (이산화황 또는 아황산가스)}$$

⑤ 산화제와 접촉 시 위험하다.
⑥ 분진폭발의 위험성이 있고 목탄가루와 혼합시 가열, 충격, 마찰에 의하여 폭발 위험성이 있다.
⑦ 다량의 물로 주수소화 또는 질식 소화한다.

(4) 철분(Fe)

① 회백색 금속광택을 가진 비교적 연한금속분말이다.
② 철을 **염산에 용해시키면 수소가 발생**한다.

$$Fe + 2HCl \rightarrow FeCl_2 + H_2 \uparrow$$

③ 가열된 철은 수증기와 반응하여 수소를 발생시킨다.(주수소화금지)

$$3Fe + 4H_2O \rightarrow Fe_3O_4 + 4H_2 \uparrow$$

④ **주수소화는 엄금**이며 **마른모래** 등으로 피복 소화한다.

(5) 금속분(금속분말)

① 알루미늄분(Al) ★★★
  ㉮ 산화제와 혼합시 가열, 충격, 마찰 등에 의하여 착화위험이 있다.
  ㉯ 할로젠원소(F, Cl, Br, I)와 접촉 시 자연발화 위험이 있다.
  ㉰ **분진폭발** 위험성이 있다.
  ㉱ 가열된 알루미늄은 **수증기와 반응하여 수소를 발생**시킨다.(주수소화금지)

$$2Al + 6H_2O \rightarrow 2Al(OH)_3 + 3H_2 \uparrow$$

  ㉲ **주수소화는 엄금**이며 마른모래 등으로 피복 소화한다.
② 아연분(Zn)
  ㉮ 은백색의 분말이다.
  ㉯ 공기 중 가열 시 쉽게 연소된다.
  ㉰ **산, 알칼리에 녹아 수소(H_2)를 발생**시킨다.
  ㉱ **주수소화는 엄금**이며 마른모래 등으로 피복 소화한다.

(6) 마그네슘(Mg) ★★★

① 2mm체 통과 못하는 덩어리는 위험물에서 제외 한다.
② 직경 2mm 이상 막대모양은 위험물에서 제외한다.
③ 은백색의 광택이 나는 가벼운 금속이다.
④ 물과 반응하여 수소기체 발생

$$Mg + 2H_2O \rightarrow Mg(OH)_2(수산화마그네슘) + H_2\uparrow (수소발생)$$

⑤ 이산화탄소약제를 방사하면 폭발적으로 반응하기 때문에 위험하다.

- 마그네슘과 CO_2의 반응식 : $2Mg + CO_2 \rightarrow 2MgO + C$

⑥ 산과 작용하여 수소를 발생시킨다.

- 마그네슘과 황산의 반응식 : $Mg + H_2SO_4 \rightarrow MgSO_4 + H_2$

- 마그네슘과 염산의 반응식 : $Mg + 2HCl \rightarrow MgCl_2 + H_2\uparrow$

⑦ 공기 중 습기에 발열되어 자연발화 위험이 있다.

- 마그네슘의 연소식 : $2Mg + O_2 \rightarrow 2MgO + Q\text{Kcal}$

⑧ 주수소화는 엄금이며 마른모래 등으로 피복 소화한다.

(7) 인화성고체

고형알코올 또는 1기압에서 인화점이 40℃ 미만인 고체를 말한다.

고형알코올
합성수지와 메틸알코올로 고체화시킨 것으로 인화점은 30℃이다.
❶ 비누류에 알코올을 흡수시킨 것과 아세트산 셀룰로스를 빙초산 또는 아세톤에 녹여서 알코올을 흡수시켜 겔 상태로 만든 것
❷ 깡통에 넣어 휴대용 연료로 등산·캠핑 등을 할 때 사용하며, 점화하면 불꽃을 내며 서서히 연소
❸ 안개 속에서나 비가 올 때도 타며, 특히 연료를 구하기 어려운 겨울등산 등에는 편리한 연료로 사용

3-3 제3류 위험물

1. 품명 및 지정수량 ★★★

성질	품명	지정수량	위험등급
자연발화성 및 금수성 물질	1. 칼륨	10kg	I
	2. 나트륨		
	3. 알킬알루미늄		
	4. 알킬리튬		
	5. 황린	20kg	
	6. 알칼리금속(칼륨 및 나트륨 제외)및 알칼리토금속	50kg	II
	7. 유기금속화합물(알킬알루미늄 및 알킬리튬 제외)		
	8. 금속의 수소화물	300kg	III
	9. 금속의 인화물		
	10. 칼슘 또는 알루미늄의 탄화물		

2. 공통적 성질 ★★

① 물과 접촉 시 **발열반응 및 가연성 가스를 발생**한다.
② 대부분 **금수성 및 불연성 물질**(황린, 칼륨, 나트륨, 알킬알루미늄제외)이다.
③ 대부분 무기물이며 고체상태이다.

3. 저장 및 취급방법 ★★

① 물과 접촉을 피한다.
② 보호액속에 저장 시 보호액 표면의 노출에 주의한다.
③ 화재 시 소화가 어려우므로 **소분(소량씩 분리함)하여 저장**한다.

4. 소화방법

① 물에 의한 **주수소화는 절대 금한다.**
② 마른모래 또는 금속화재용 분말약제로 소화한다.
③ **알킬알루미늄**화재는 **팽창질석** 또는 **팽창진주암**으로 소화한다.

5. 품명에 따른 특성

(1) 칼륨(K) ★★★★★

① 가열시 **보라색 불꽃**을 내면서 연소한다.
② **물과 반응하여 수소 및 열을 발생한다.**(금수성 물질)

$$2K + 2H_2O \rightarrow 2KOH + H_2\uparrow + 92.8kcal$$

③ **보호액으로 파라핀, 경유, 등유**를 사용한다.
④ 피부와 접촉 시 화상을 입는다.
⑤ 마른모래 등으로 질식 소화한다.
⑥ 화학적으로 활성이 대단히 크고 **알코올과 반응하여 수소를 발생시킨다.**

$$2K + 2C_2H_5OH \rightarrow 2C_2H_5OK + H_2\uparrow$$

석유란 무엇인가?
석유를 지하에서 지상으로 올렸을 때 그 기름을 '원유'라고 합니다. 원유를 분별증류하면 휘발유(가솔린), 등유, 경유, 중유의 4가지, 그리고 기체인 석유가스와 찌꺼기 아스팔트까지 총 6가지로 분류됩니다.

(2) 나트륨(Na) ★★★★★

① 가열시 **노란색 불꽃**을 내면서 연소한다.
② **물과 반응하여 수소 및 열을 발생한다.**(금수성 물질)

$$2Na + 2H_2O \rightarrow 2NaOH + H_2\uparrow + 88.2kcal$$

③ **보호액으로 파라핀, 경유, 등유**를 사용한다.
④ 피부와 접촉 시 화상을 입는다.
⑤ 마른모래 등으로 질식 소화한다.

금속나트륨 화재 시 CO_2소화기 사용금지 이유
(금속나트륨과 이산화탄소는 폭발적으로 반응하기 때문에 위험)
$4Na + 3CO_2 \rightarrow 2Na_2CO_3 + C$

(3) 알킬알루미늄[$(C_nH_{2n+1}) \cdot Al$] ★★★

① 알킬기(C_nH_{2n+1})에 알루미늄(Al)이 결합된 화합물이다.
② $C_1 \sim C_4$는 자연발화의 위험성이 있다.
③ **물과 접촉시 가연성 가스 발생하므로 주수소화는 절대 금지**한다.

㉮ 트라이메틸알루미늄(TMA : Tri Methyl Aluminium)

$(CH_3)_3Al + 3H_2O \rightarrow Al(OH)_3 + 3CH_4 \uparrow$ (메탄)

㉯ 트라이에틸알루미늄(TEA : Tri Eethyl Aluminium)

$(C_2H_5)_3Al + 3H_2O \rightarrow Al(OH)_3 + 3C_2H_6 \uparrow$ (에탄)

$(C_2H_5)_3Al + 3CH_3OH \rightarrow Al(CH_3O)_3$(트라이메톡시알루미늄) $+ 3C_2H_6$(에탄)

④ 알킬알루미늄의 희석제
  ㉮ 벤젠   ㉯ 헥산   ㉰ 톨루엔   ㉱ 펜탄   ㉲ 헵탄

⑤ 알킬알루미늄의 종류
  ㉮ 트라이메틸알루미늄(TMA)[$(CH_3)_3Al$]
  ㉯ 트라이에틸알루미늄(TEA)[$(C_2H_5)_3Al$]

⑥ 저장용기에 **불활성기체**(N_2)를 **봉입**한다.
⑦ 피부접촉 시 화상을 입히고 연소시 흰연기가 발생한다.
⑧ 소화 시 주수소화는 절대 금하고 **팽창질석**, **팽창진주암** 등으로 **피복 소화**한다.

(4) 알킬리튬[$(C_nH_{2n+1})Li$]

① 알킬기(C_nH_{2n+1})에 Li이 결합된 화합물이다.
② **물과 접촉 시 가연성 가스 발생**한다.
③ 주수소화 절대 금하고 팽창질석, 팽창진주암 등으로 피복 소화한다.

메틸리튬(CH_3Li), 에틸리튬(C_2H_5Li)
❶ 제3류위험물의 알킬리튬에 해당
❷ 금수성이고 또한 자연발화성 물질
❸ 은백색의 연한 금속으로서 공기 중에 노출되면 자연발화위험
❹ 저장용기에는 벤젠, 헥산, 톨루엔, 펜탄, 헵탄 등의 안전 희석용 용제를 넣는다.
❺ 질소(N_2) 아르곤(Ar) 등의 불활성가스를 봉입
❻ 취급 중에는 불활성가스 중에서 취급

(5) 황린(P_4)[별명 : 백린] ★★★★★

① 백색 또는 담황색의 고체이다.
② 공기 중 약 40~50℃에서 **자연발화**한다.
③ 저장시 자연발화성이므로 반드시 **물속에 저장**한다.
④ **인화수소(PH_3)의 생성을 방지**하기 위하여 물의 **pH=9**가 안전한계이다.
⑤ 물의 온도가 상승시 황린의 용해도가 증가되어 산성화속도가 빨라진다.
⑥ **연소 시 오산화인(P_2O_5)의 흰 연기가 발생**한다.

$$P_4 + 5O_2 \rightarrow 2P_2O_5$$

⑦ **강알칼리의 용액**에서는 유독기체인 **포스핀**(PH₃) **발생**한다. 따라서 저장시 물의 pH(수소이온농도)는 9를 넘어서는 안된다.
(• 물은 약알칼리의 석회 또는 소다회로 중화하는 것이 좋다.)

$$P_4 + 3NaOH + 3H_2O \rightarrow 3NaH_2PO_2 + PH_3 \uparrow$$

⑧ 약 260℃로 가열(공기차단)시 적린이 된다.
⑨ 피부 접촉 시 화상을 입는다.
⑩ 소화는 물분무, 마른모래 등으로 질식 소화한다.
⑪ 고압의 주수소화는 황린을 비산시켜 연소면이 확대될 우려가 있다.

[황린과 적린의 비교]

구 분	황 린	적 린
• 외관	백색 또는 담황색 고체	검붉은 분말
• 냄새	마늘냄새	없음
• 용해성	이황화탄소(CS_2)에 잘 녹는다.	이황화탄소(CS_2)에 녹지 않는다.
• 공기중 자연발화	자연발화(40℃~50℃)	자연발화 없음
• 발화점	약 34℃	약 260℃
• 연소시 생성물	오산화인(P_2O_5)	오산화인(P_2O_5)
• 독 성	맹독성	독성 없음
• 사용 용도	적린제조, 농약	성냥 껍질

(6) 알칼리금속(K, Na 제외) 및 알칼리토금속

① **리튬**(Li)
  ㉮ 은백색의 가벼운 알칼리금속으로 칼륨(K), 나트륨(Na)과 성질이 비슷하다.
  ㉯ 물과 극렬히 반응하여 수소(H_2)를 발생한다.

$$2Li + 2H_2O \rightarrow 2LiOH + H_2 \uparrow$$

  ㉰ 주기율표 1족에 속하는 알칼리금속원소
  ㉱ 2차 전지 생산의 원료로 사용
  ㉲ 원자번호 3, 원자량 6.9, 녹는점 180.54℃, 끓는점 1347℃, 비중 0.534

② **칼슘**(Ca)
  ㉮ 은백색의 알칼리토금속이며 결합력이 강하다.
  ㉯ 물과 작용하여 수소(H_2)를 발생한다.

$$Ca + 2H_2O \rightarrow Ca(OH)_2 + H_2 \uparrow$$

③ 알칼리금속 및 알칼리토금속의 소화
물 및 포약제의 소화는 절대 금하고 마른모래 등으로 피복소화한다.

(7) 금속의 수소화물

① 수소화리튬(LiH)
㉮ 알칼리 금속의 수소화물중 가장 안정된 화합물이다.
㉯ 물과 반응하여 **수소(H_2)를 발생**한다.

$$LiH + H_2O \rightarrow LiOH + H_2 \uparrow$$

㉰ 알코올에는 용해되지 않는다.
㉱ 물 및 포약제의 소화는 절대 금하고 마른모래 등으로 피복소화한다.

② 수소화나트륨(NaH)
㉮ 습기가 많은 공기중 분해한다.
㉯ 물과 격렬히 반응하여 **수소(H_2)를 발생**한다.

$$NaH + H_2O \rightarrow NaOH + H_2 \uparrow + 21kcal$$

㉰ 물 및 포약제의 소화는 절대 금하고 마른모래 등으로 피복소화한다.

③ 수소화칼슘(CaH_2)
㉮ 물과 반응하여 수소를 발생한다.

$$CaH_2 + 2H_2O \rightarrow Ca(OH)_2 + 2H_2 + 48kcal$$

㉯ 물 및 포약제 소화는 절대 금하고 마른모래 등으로 피복소화한다.

금속의 수소화물 : 위험물 제3류
① 수소화바륨(BaH_2)　　② 리튬알루미늄하이드라이드($LiAlH_4$)
③ 수소화나트륨(NaH)　　④ 수소화칼슘(CaH_2)

(8) 금속의 인화물

① 인화칼슘(Ca_3P_2)[별명 : 인화석회] ★★★★
㉮ 적갈색의 괴상고체
㉯ 물 및 약산과 격렬히 반응, 분해하여 **인화수소(포스핀)(PH_3)을 생성**한다.

$$Ca_3P_2 + 6H_2O \rightarrow 3Ca(OH)_2 + 2PH_3 (인화수소=포스핀)$$
$$Ca_3P_2 + 6HCl \rightarrow 3CaCl_2 + 2PH_3 (인화수소=포스핀)$$

㉰ **포스핀은 맹독성가스**이므로 취급시 방독마스크를 착용한다.
㉱ 물 및 포약제의 의한 소화는 절대 금하고 마른모래 등으로 피복하여 자연진

화되도록 기다린다.
② 인화알루미늄(AlP)
  ㉮ 황색 또는 암회색 분말
  ㉯ 물과 작용하여 포스핀(PH_3)의 유독성 가스를 발생.

$$AlP + 3H_2O \rightarrow Al(OH)_3(\text{수산화알루미늄}) + PH_3 \uparrow (\text{포스핀})$$

(9) 칼슘 또는 알루미늄의 탄화물

① 탄화칼슘(CaC_2) : 제 3류 위험물 중 칼슘탄화물
  ㉮ 물과 접촉 시 아세틸렌을 생성하고 열을 발생시킨다.

$$CaC_2 + 2H_2O \rightarrow Ca(OH)_2(\text{수산화칼슘}) + C_2H_2 \uparrow (\text{아세틸렌})$$

  ㉯ 아세틸렌의 폭발범위는 2.5~81%로 대단히 넓어서 폭발위험성이 크다.
  ㉰ 장기 보관 시 불활성기체(N_2 등)를 봉입하여 저장한다.
  ㉱ 고온(700℃)에서 질화되어 석회질소($CaCN_2$)가 생성된다.

$$CaC_2 + N_2 \rightarrow CaCN_2(\text{석회질소}) + C(\text{탄소})$$

  ㉲ 물 및 포 약제에 의한 소화는 절대 금하고 마른모래 등으로 피복 소화한다.

② 탄화알루미늄(Al_4C_3) ★★★
  ㉮ 물과 접촉시 **메탄가스를 생성**하고 발열반응을 한다.

$$Al_4C_3 + 12H_2O \rightarrow 4Al(OH)_3 + 3CH_4(\text{메탄}) + 360kcal$$

  ㉯ 황색 결정 또는 백색분말로 **1400℃ 이상에서는 분해**가 된다.
  ㉰ 물 및 포약제에 의한 소화는 절대 금하고 마른모래 등으로 피복소화한다.

③ 탄화망가니즈

- 물과의 반응식
  $Mn_3C + 6H_2O \rightarrow 3Mn(OH)_2(\text{수산화망가니즈}) + CH_4(\text{메탄}) + H_2 \uparrow (\text{수소})$

3-4 제4류 위험물

1. 품명 및 지정수량 ★★★★★

성질	품명		지정수량	위험등급	비고
인화성 액체	특수인화물		50L	I	• 발화점 100℃ 이하 • 인화점 -20℃ 이하 & 비점 40℃ 이하 • 이황화탄소, 다이에틸에터
	제1석유류	비수용성	200L	II	• 인화점 21℃ 미만 • 아세톤, 휘발유
		수용성	400L		
	알코올류		400L	II	• C_1~C_3 포화1가 알코올 (변성알코올 포함)
	제2석유류	비수용성	1000L	III	• 인화점 21℃ 이상 70℃ 미만 • 등유, 경유
		수용성	2000L		
	제3석유류	비수용성	2000L	III	• 인화점 70℃ 이상 200℃ 미만 • 중유, 크레오소트유
		수용성	4000L		
	제4석유류		6000L	III	• 인화점이 200℃ 이상 250℃ 미만인 것
	동식물유류		10000L	III	• 동물의 지육 또는 식물의 종자나 과육으로부터 추출한 것으로 1기압에서 인화점이 250℃ 미만인 것

[제4류 위험물의 지정품목과 기타조건에 의한 분류]

구분	지정품목	기타 조건 (1atm에서)
특수인화물	• 이황화탄소 • 다이에틸에터	• 발화점이 100℃ 이하 • 인화점 -20℃ 이하 이고 비점이 40℃ 이하
제1석유류	• 아세톤 • 휘발유	• 인화점 21℃ 미만.
알코올류	C_1 ~ C_3 까지 포화 1가 알코올 (변성알코올 포함) • 메틸알코올 • 에틸알코올 • 프로필알코올	
제2석유류	• 등유 • 경유	• 인화점 21℃ 이상 70℃ 미만
제3석유류	• 중유 • 크레오소트유	• 인화점 70℃ 이상 200℃ 미만
제4석유류	• 기어유 • 실린더유	• 인화점 200℃ 이상 250℃ 미만
동식물유류	• 동물의 지육 등 또는 식물의 종자나 과육으로부터 추출한 것으로서 인화점이 250℃ 미만인 것	

2. 공통적 성질 ★★★

① 대단히 인화되기 쉬운 인화성액체이다.
② 증기는 공기보다 무겁다.(증기비중＝분자량/공기평균분자량(28.84))
③ 증기는 공기와 약간 혼합되어도 연소한다.
④ 일반적으로 물보다 가볍고 물에 잘 안 녹는다.

3. 저장 및 취급방법 ★★★

① 화기의 접근은 절대로 금한다.
② 증기 및 액체의 누출을 피한다.
③ 액체의 이송 및 혼합시 정전기 방지 위한 접지를 한다.
④ 증기의 축적을 방지하기 위하여 통풍장치를 한다.

4. 소화방법 ★★★

① 봉상의 주수소화는 연소면 확대로 절대 금한다.
   (단, 수용성 위험물은 주수소화도 가능하다)

봉상주수
물 방사형태가 막대모양으로 옥내 및 옥외소화전설비가 여기에 해당 된다.

② 일반적으로 포약제에 의한 소화방법이 가장 적당하다.
③ 수용성인 알코올화재는 포약제 중 알코올포를 사용한다.
④ 물에 의한 분무소화도 효과적이다.

5. 품명에 따른 특성

(1) 특수인화물(이다아산) ★★★★

이황화탄소, 다이에틸에터 그 밖에 1기압에서 발화점이 100℃ 이하 또는 인화점이 －20℃ 이하이고 비점이 40℃ 이하인 것

특수인화물(이다아산)
① 이황화탄소(CS_2)   ② 다이에틸에터($C_2H_5OC_2H_5$)
③ 아세트알데하이드(CH_3CHO)   ④ 산화프로필렌(CH_3CH_2CHO)

① 이황화탄소(CS_2) ★★★★★
  ㉮ 무색투명한 액체이다.
  ㉯ 물에는 녹지 않고 알코올, 에테르, 벤젠 등 유기용제에 녹는다.
  ㉰ 햇빛에 방치하면 황색을 띤다.
  ㉱ 연소 시 아황산가스(SO_2) 및 CO_2를 생성한다.

  $$CS_2 + 3O_2 \rightarrow CO_2 + 2SO_2$$

  ㉲ 물과 반응하여 황화수소와 이산화탄소를 발생한다.

  $$CS_2(\text{이황화탄소}) + 2H_2O(\text{물}) \rightarrow 2H_2S(\text{황화수소}) + CO_2(\text{이산화탄소})$$

  ㉳ 저장 시 저장탱크를 물속에 넣어 저장한다.
  ㉴ 4류 위험물중 착화온도(100℃)가 가장 낮다.
  ㉵ 화재 시 다량의 포를 방사하여 질식 및 냉각 소화한다.

② 다이에틸에터($C_2H_5OC_2H_5$) ★★★
  ㉮ 증기비중=2.55(증기비중=분자량/공기평균분자량=74/29=2.55)
  ㉯ 연소범위(폭발범위)는 1.7~48%이다.
  ㉰ 직사광선에 장시간 노출 시 과산화물 생성

과산화물 생성 확인방법
다이에틸에터 + KI용액(10%) → 황색변화(1분 이내)

  ㉱ 용기에는 5% 이상 10% 이하의 안전공간 확보할 것
  ㉲ 용기는 갈색 병을 사용하며 냉암소에 보관.
  ㉳ 정전기 방지를 위하여 약간의 $CaCl_2$를 넣어준다
  ㉴ 폭발성의 과산화물 생성방지를 위해 용기 내에 40mesh 구리 망을 넣어준다.

다이에틸에터 제조방법

$$C_2H_5OH + C_2H_5OH \xrightarrow{C-H_2SO_4} C_2H_5OC_2H_5 + H_2O$$

③ 메틸에틸에테르($CH_3OC_2H_5$)
  ㉮ 무색의 휘발성 액체이다.
  ㉯ 증기는 달콤한 냄새를 가진다.
  ㉰ 물, 알코올, 아세톤, 클로로포름에 녹는다.
  ㉱ 직사광선에 노출시 과산화물을 생성한다.
  ㉲ 인화점 -37℃, 비점 10℃, 연소범위 2.0~10.1%이다.

④ 아세트알데하이드(CH$_3$CHO) ★★★
  ㉮ 휘발성이 강하고 과일냄새가 있는 무색 액체
  ㉯ 물, 에탄올에 잘 녹는다.
  ㉰ 산화되어 초산(CH$_3$COOH)이 된다.

  $$2CH_3CHO + O_2 \rightarrow 2CH_3COOH(초산)$$

  ㉱ 연소범위는 약 4~60%이다.
  ㉲ 저장용기 사용 시 구리, 마그네슘, 은, 수은 및 합금용기는 사용금지.(중합 반응 때문)
  ㉳ 다량의 물로 주수 소화한다.
  ㉴ 아세트알데하이드 등을 취급하는 설비에는 연소성 혼합기체의 생성에 의한 폭발을 방지하기 위한 불활성기체 또는 수증기를 봉입하는 장치를 갖출 것

⑤ 산화프로필렌(CH$_3$CH$_2$CHO) ★★★
  ㉮ 휘발성이 강하고 에테르냄새가 나는 액체이다.
  ㉯ 물, 알코올, 벤젠 등 유기용제에는 잘 녹는다.
  ㉰ 연소범위는 2.8~37%이다.
  ㉱ 저장용기 사용 시 구리, 마그네슘, 은, 수은 및 합금용기 사용금지(아세틸라 이트 생성)
  ㉲ 저장 용기 내에 질소(N$_2$) 등 불연성가스를 채워둔다.
  ㉳ 소화는 포 약제로 질식 소화한다.

(2) 제1석유류(아가 BTCM PH 초개) ★★★

아세톤, 휘발유 그 밖에 1기압에서 인화점이 21℃ 미만인 것

제1석유류(아가콜 BTM PH 초개)
여기서 B : Benzene, T : Toluene, M : MEK, P : Pyridine, H : Hexane
❶ 아세톤(CH$_3$COCH$_3$)   ❷ 휘발유(가솔린)
❸ 벤젠(C$_6$H$_6$)   ❹ 톨루엔(C$_6$H$_5$CH$_3$)
❺ 콜로디온(질화면+알코올(3)+에테르(1))
❻ 메틸에틸케톤(Methyl Ethyl Keton, MEK)[CH$_3$COC$_2$H$_5$]
❼ 피리딘(C$_5$H$_5$N)   ❽ 헥산(C$_6$H$_{14}$)
❾ 초산에스테르류   ❿ 의산(개미산)에스테르류

① 아세톤(CH$_3$COCH$_3$) ★★
  ㉮ 무색의 휘발성 액체이다.
  ㉯ 물 및 유기용제에 잘 녹는다.

㉰ 아이오딘포름 반응을 한다.

아이오딘포름 반응
- 아세톤, 아세트알데하이드, 에틸알코올에 수산화칼륨(KOH)과 아이오딘을 반응시키면 노란색의 아이오딘포름(CHI_3)의 침전물이 생성된다.
- 분자 중에 $CH_3CH(OH)-$나 CH_3CO-(아세틸기)를 가진 물질은 I_2와 KOH나 NaOH를 넣고 60℃~80℃로 가열하면, 황색의 아이오딘포름(CHI_3) 침전이 생김

$$\text{아세톤, 아세트알데하이드, 에틸알코올} \xrightarrow{KOH + I_2} \text{아이오딘포름}(CHI_3)(\text{노란색})$$

- 아세톤 : $CH_3COCH_3 + 3I_2 + 4NaOH \rightarrow CH_3COONa + 3NaI + CHI_3 \downarrow + 3H_2O$
- 아세트알데하이드 : $CH_3CHO + 3I_2 + 4NaOH \rightarrow HCOONa + 3NaI + CHI_3 \downarrow + 3H_2O$
- 에틸알코올 : $C_2H_5OH + 4I_2 + 6NaOH \rightarrow HCOONa + 5NaI + CHI_3 \downarrow + 5H_2O$

㉱ 아세틸렌을 잘 녹이므로 아세틸렌(용해가스) 저장시 아세톤에 용해시켜 저장한다.
㉲ 보관 중 황색으로 변색되며 햇빛에 분해가 된다.
㉳ 피부 접촉 시 탈지작용을 한다.
㉴ 다량의 물 또는 알코올포로 소화한다.

② **휘발유(가솔린)** ★★

㉮ C_5~C_9까지의 포화, 불포화 탄화수소의 혼합물
㉯ 연소범위 : 1.2~7.6%
㉰ 발화점 : 300℃, 인화점이 -20~-43℃로 낮아 상온에서도 매우 위험하다.
㉱ 전기의 부도체이며 정전기발생에 주의하여야 한다.
㉲ 연소성 향상을 위하여 4-에틸납($(C_2H_5)_4Pb$)을 첨가하여 오렌지색 또는 청색으로 착색되어 있다.(옥탄가 향상 때문)
㉳ 자동차에 사용하는 휘발유에는 배기가스 유해성 때문에 4-에틸납을 첨가하지 않는다.(무연휘발유 사용)
㉴ 이소옥탄(ISO octane)의 옥탄가를 100 헵탄(heptane)의 옥탄가를 0으로 하여 옥탄가를 측정한다.

$$\text{옥탄가} = \frac{\text{이소옥탄}(ISO-octane)}{\text{이소옥탄}(ISO-octane) + \text{헵탄}(Heptane)} \times 100$$

㉵ 포에 의한 소화가 가장 효과적이다.

가솔린 제조방법
❶ 직류법   ❷ 열분해법   ❸ 접촉개질법

③ 벤젠(C_6H_6)
  ㉮ 무색 투명한 휘발성 액체이다.
  ㉯ 착화온도 : 562℃ (이황화탄소의 착화온도 100℃)
  ㉰ 방향성이 있으며 증기는 마취성 및 독성이 강하다.
  ㉱ 물에는 용해되지 않고 아세톤, 알코올, 에테르 등 유기용제에 용해된다.
  ㉲ 취급 시 정전기에 유의해야 한다.
  ㉳ 소화는 다량 포약제로 질식 및 냉각소화한다.

④ 톨루엔($C_6H_5CH_3$) ★★★★★
  ㉮ 무색 투명한 휘발성 액체이다.
  ㉯ 물에는 용해되지 않고 유기용제에 용해된다.
  ㉰ 독성은 벤젠의 $\frac{1}{10}$ 정도이다.
  ㉱ 소화는 다량의 포약제로 질식 및 냉각소화한다.

⑤ 콜로디온(질화면+알코올(3)+에테르(1)) ★★★
  ㉮ 무색의 점성이 있는 액체
  ㉯ 연소시 용제가 휘발한 후에 폭발적으로 연소한다.
  ㉰ 질화도가 낮은 질화면에 알코올(3), 에테르(1), 혼합액에 녹인 것이다.
  ㉱ 얇게 늘이면 무색 투명한 필름
  ㉲ 포약제중 알코올포로 소화한다.

⑥ 메틸에틸케톤(Methyl Ethyl Keton, MEK)[$CH_3COC_2H_5$]
  ㉮ 무색의 액체이며 물, 알코올, 에테르에 잘 녹는다.
  ㉯ 탈지작용이 있으므로 직접 피부에 닿지 않도록 한다.
  ㉰ 화재 시 물분무 또는 알코올포로 질식소화를 한다.
  ㉱ 저장 시 용기는 밀폐하여 통풍이 양호하고 찬 곳에 저장한다.
  ㉲ 융점은 약 -86.4℃이다

⑦ 피리딘(C_5H_5N)
  ㉮ 물, 알코올, 에테르에 잘 녹는다.
  ㉯ 약알칼리성을 나타낸다.
  ㉰ 순수한 것은 무색 투명액체이며 악취와 독성을 갖고 있다.
  ㉱ 발화점 : 482℃
  ㉲ 인화점은 20℃로 상온(20℃)과 거의 비슷하다.
  ㉳ 흡습성이 강하고 질산과 가열해도 폭발하지 않는다.

⑧ 헥산(C_6H_{14})
  ㉮ 무색투명한 휘발성액체

㉯ 물에 녹지 않고 알코올, 에테르에 녹는다.
⑨ 초산에스터류
　㉮ 아세트산메틸(초산메틸)[CH_3COOCH_3]
　　㉠ 과일 냄새를 가진 무색투명한 액체이다.
　　㉡ 수용액상태에서도 인화의 위험이 있다.
　　㉢ 물에 녹으며 수지, 유기물을 잘 녹인다.
　　㉣ 인화성물질로서 인화점은 $-4℃$ 이하이다.
　　㉤ 강산화제와 접촉을 피할 것
　　㉥ 피부에 닿으면 탈지작용을 한다.
　　㉦ 화재 시 알코올포로 소화한다.
　　㉧ 공업용 메탄올을 함유하므로 독성이 있다.
　㉯ 아세트산에틸(초산에틸)[$CH_3COOC_2H_5$]
　　㉠ 파인애플, 딸기, 간장 등의 휘발성방향성분으로 무색 투명한 액체
　　㉡ 물, 알코올, 유기용매에 녹는다.
　　㉢ 연소범위 2.0~11.5%, 비중 0.897~0.906, 녹는점 $-83.6℃$, 끓는점 $77.15℃$.
⑩ 의산(개미산)에스터류
　㉮ 의산(개미산)메틸($HCOOCH_3$) - 수용성
　　㉠ 무색 투명한 액체
　　㉡ 증기는 마취성이 있고 독성이 강하다.
　　㉢ 물에 잘 녹는다.
　㉯ 의산(개미산)에틸($HCOOC_2H_5$)
　　㉠ 무색 투명한 액체
　　㉡ 에테르, 벤젠에 잘 녹으며 물에는 약간 녹는다.
⑪ 사이클로헥산(Cyclohexane) C_6H_{12}
　㉮ 무색의 액체이며 자극성이 있고 변질되기 쉽다.
　㉯ 발화점 260℃, 비중 0.78(20℃), 비점 81.4℃, 인화점 $-20℃$, 연소범위 1.3%~8%
　㉰ 알코올, 에테르에 쉽게 녹고 물에는 녹지 않는다.
　㉱ 제품의 주요한 불순물은 벤젠, 사이클로헥센이다.

(3) 알코올류 ★★★★

1분자를 구성하는 탄소원자의 수가 1개부터 3개까지인 포화1가 알코올(변성알코올 포함)

알코올류(메 에 프 변 퓨)
❶ 메틸알코올(CH_3OH) ❷ 에틸알코올(C_2H_5OH)
❸ 프로필알코올(C_3H_7OH) ❹ 변성알코올 ❺ 퓨젤유

① 메틸알코올(CH_3OH)
  ㉮ 무색, 투명한 술 냄새가 나는 휘발성 액체로 목정 또는 메탄올이라고도 한다.
  ㉯ 물에 아주 잘 녹으며, 먹으면 실명 또는 사망할 수 있다.
  ㉰ 연소 시 주간에는 불꽃이 잘 보이지 않는다.
  ㉱ 공기 중에서 연소 시 연한 불꽃을 낸다.

$$2CH_3OH + 3O_2 \rightarrow 2CO_2 + 4H_2O$$

  ㉲ 비중이 물보다 작다.
  ㉳ 연소범위 : 7.3~36%, 인화점 : 11℃
  ㉴ Me-OH는 현장에서 많이 사용하는 약어로서 Methanol 또는 Methyl alcohol을 의미한다.

② 에틸알코올(C_2H_5OH)
  ㉮ 술속에 포함되어 있어 주정이라고 한다.
  ㉯ 무색투명한 액체이다.
  ㉰ 물에 아주 잘 녹으며 유기용제이다.
  ㉱ 연소시 주간에는 불꽃이 잘 보이지 않는다.

$$C_2H_5OH + 3O_2 \rightarrow 2CO_2 + 3H_2O$$

  ㉲ 금속나트륨, 금속칼륨을 가하면 수소(H_2)가 발생한다.

$$2C_2H_5OH + 2Na \rightarrow 2C_2H_5ONa + H_2\uparrow$$

  ㉳ 아이오딘포름 반응을 하므로 에탄올검출에 이용된다.

[메탄올과 에탄올의 비교표]

항목＼종류	메탄올	에탄올
화학식	CH_3OH	C_2H_5OH
외관	무색 투명한 액체	무색 투명한 액체
액체비중	0.8	0.8
증기비중	1.1	1.6
인화점	11℃	13℃
수용성	물에 잘 녹음	물에 잘 녹음
연소범위	7.3~36%	4.3~19%

③ 이소프로필알코올(C_3H_7OH)

 ㉮ 물에 아주 잘 섞이며 아세톤, 에테르 유기용제에 잘 녹는다.

 ㉯ 산화되면 아세톤이 생성되고 탈수하면 프로필렌이 생성된다.

④ **변성알코올** : 에탄올에 메탄올 또는 석유 등이 혼합되어 음료에는 부적당하며 공업용으로 사용되는 값이 싼 알코올이다.

⑤ **퓨젤유** : 이소아밀알코올이 주성분이며 알코올을 발효할 때 발생되며 이용가치가 별로 없다.

(4) 제2석유류

등유, 경유 그밖에 1기압에서 인화점이 21℃ 이상 70℃ 미만인 것(다만, 도료류 그 밖의 물품에 있어서 가연성 액체량이 40중량% 이하이면서 인화점이 40℃ 이상인 동시에 연소점이 60℃ 이상인 것은 제외)

제2석유류 (개초장에 송등 테스경 크클메하)
❶ 등유(케로신)   ❷ 경유(디젤유)
❸ 크실렌(자이렌)($C_6H_4(CH_3)_2$)   ❹ 의산(개미산)(HCOOH)
❺ 초산(아세트산)(CH_3COOH)   ❻ 테레핀유(타펜유, 송정유)
❼ 클로로벤젠(C_6H_5Cl)   ❽ 장뇌유
❾ 스티렌($C_6H_5CHCH_2$)   ❿ 송근유
⓫ 에틸셀로솔브($C_2H_5OCH_2CH_2OH$)   ⓬ 메틸셀로솔브($CH_3OCH_2CH_2OH$)
⓭ 하이드라진(Hydrazine)

① 등유(케로신)

 ㉮ 포화, 불포화 탄화수소의 혼합물이다.

 ㉯ 물에 녹지 않고, 유기용제에 잘 녹는다.

 ㉰ 폭발범위는 1.1~6%, 발화점은 254℃이다.

② 경유(디젤유)

 ㉮ 각종 탄화수소의 혼합물이다.

 ㉯ 물에 녹지 않고 유기용제에 잘 녹는다.

 ㉰ 폭발범위는 1~6%, 착화점은 257℃이다.

③ 크실렌(자이렌)($C_6H_4(CH_3)_2$) ★★★★★

 ㉮ 3가지의 이성질체가 있다.

크실렌(자이렌)($C_6H_4(CH_3)_2$)의 이성질체
❶ 오르토(ortho) – 크실렌(인화점 : 32℃) : 제2석유류
❷ 메타(meta) – 크실렌(인화점 : 27.5℃) : 제2석유류
❸ 파라(para) – 크실렌(인화점 : 27.2℃) : 제2석유류

㈏ 벤젠의 수소원자 2개가 메틸기(CH₃)로 치환된 것이다.

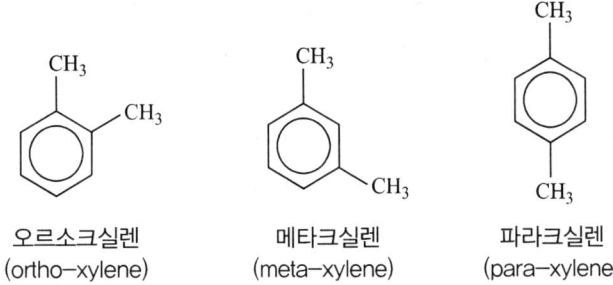

오르소크실렌 (ortho-xylene)   메타크실렌 (meta-xylene)   파라크실렌 (para-xylene)

㈐ 물에는 용해되지 않고 알코올, 에테르 등 유기용제에 용해된다.
③ 의산(개미산)(HCOOH)
　㈎ 무색 투명한 자극성을 갖는 액체이다.
　㈏ 물에 아주 잘녹고 피부접촉시 수포가 발생한다.
　㈐ 연소시 푸른불꽃을 내면서 연소한다.
　㈑ 은거울 반응을 하며 페엘링용액을 환원시킨다.
④ 초산(아세트산)(CH₃COOH)
　㈎ 16.7℃ 이하에서 얼음과 같이 되어 빙초산이라고도 한다.
　㈏ 3~4%의 수용액이 식초이다.
　㈐ 물에 잘 혼합되고 피부접촉시 수포가 발생한다.

• 초산과 에틸알코올의 반응식

$$CH_3COOH + C_2H_5OH \xrightarrow{C-H_2SO_4} CH_3COOC_2H_5 + H_2O$$
(초산)　　(에틸알코올)　　　　　　(초산에틸)　　(물)

 **C-H₂SO₄(진한 황산)의 역할**
탈수작용

⑤ 테레핀유(타펜유, 송정유)
　㈎ 무색 또는 담황색의 액체이다.
　㈏ 물에는 녹지 않으나 유기용제(알코올, 에테르)에 녹는다.
　㈐ 공기중 산화가 쉽고 독성이 있다.
⑥ 클로로벤젠(C₆H₅Cl)
　㈎ 무색의액체로 물보다 무겁다.
　㈏ 물에는 녹지 않고 유기용제에 녹는다.
　㈐ 증기는 공기보다 무겁고 마취성이 있다.

⑦ 장뇌유
  ㉮ 장뇌를 분리한 후 기름이고, 방향성 액체이다.
  ㉯ 정제분류에 따라 백유, 적유, 감색유로 구분한다.
  ㉰ 물에는 녹지 않고 유기용제에 녹는다.

⑧ 스티렌($C_6H_5CHCH_2$)
  ㉮ 가열 또는 과산화물과 중합반응을 한다.
  ㉯ 중합반응이 되면 고상물질(수지)로 변한다.
  ㉰ 무색 액체이며 물에 녹지 않고 유기용제에 녹는다.

⑨ 송근유
  ㉮ 소나무의 뿌리를 건류하여 만든다.
  ㉯ 황갈색 액체이며 물에는 녹지 않고 유기용제에 녹는다.
  ㉰ 테렌핀유와 성질이 비슷하다.

⑩ 에틸셀로솔브($C_2H_5OCH_2CH_2OH$)
  ㉮ 무색의 액체이다.
  ㉯ 발화점 238℃, 인화점 40℃이다.
  ㉰ 가수분해하여 에틸알코올 및 에틸렌글리콜을 만든다.

⑪ 메틸셀로솔브($CH_3OCH_2CH_2OH$)
  ㉮ 무색의 휘발성 액체
  ㉯ 아세톤, 물, 에테르에 용해한다.
  ㉰ 저장용기는 철제용기 사용을 금하고 스테인레스용기를 사용한다.

⑫ 하이드라진(Hydrazine)[$NH_2 \cdot NH_2$]
  ㉮ 무색의 맹독성 발연성 액체이며 물에 잘 녹는다.
  ㉯ 고압보일러의 탈산소제로 이용된다.
  ㉰ 물, 알코올에 잘 용해되고 에테르에는 불용
  ㉱ 약알칼리성으로 180℃에서 암모니아와 질소로 분해된다.

  $$2N_2H_4(하이드라진) \rightarrow 2NH_3(암모니아) + N_2(질소) + H_2(수소)$$

  ㉲ 과산화수소(H_2O_2)와 접촉 시 폭발 우려가 있다.

  $$N_2H_4 + 2H_2O_2 \rightarrow 4H_2O + N_2 \uparrow$$

  ㉳ 고농도의 과산화수소와 반응시켜 로켓의 추진체로 이용된다.
  ㉴ 발화점 270℃, 인화점 37.8℃이다.

(5) 제3석유류 ★★★

중유, 크레오소트유 그밖에 1기압에서 인화점이 70℃ 이상 200℃ 미만인 것(도료류 및 가연성 액체 40%w/w 이하 제외)

제3석유류(아담중 클에 니글메)
❶ 중유
❷ 크레오소트유(타르유, 액체핏치유)
❸ 에틸렌글리콜($C_2H_4(OH)_2$)
❹ 글리세린($C_3H_5(OH)_3$)
❺ 나이트로벤젠($C_6H_5NO_2$)
❻ 아닐린($C_6H_5NH_2$)
❼ 메타크레졸($C_6H_4CH_3OH$)

① 중유 ★★★
  ㉮ 갈색 또는 암갈색의 액체이며 벙커유라고도 한다.
  ㉯ 점도에 따라 벙커A유, 벙커B유, 벙커C유로 구분한다.
  ㉰ 화재시 보일오버 현상이 발생한다.
  ㉱ 사용시 약 80℃로 예열하여 사용하기 때문에 인화위험성이 크다.

② 크레오소트유(타르유, 액체핏치유)
  ㉮ 황색 내지 암록색 기름모양의 액체이다.
  ㉯ 타르의 증류에 의하여 얻어지는 혼합유이다.
  ㉰ 물에는 녹지 않고 알코올, 에터, 벤젠에는 잘 녹는다.

③ 에틸렌글리콜($C_2H_4(OH)_2$)-수용성 ★★
  ㉮ 물과 혼합하여 부동액으로 이용된다.
  ㉯ 물, 알코올, 아세톤 등에 잘 녹는다.
  ㉰ 흡습성이 있고 단맛이 있는 액체이다.
  ㉱ 독성이 있는 2가 알코올이다.

④ 글리세린($C_3H_5(OH)_3$)-수용성 ★★
  ㉮ 무색의 점성이 있는 액체이다.
  ㉯ 단맛이 있어 감유라고도 한다.
  ㉰ 물, 알코올에는 잘 녹는다.
  ㉱ 인체에는 독성이 없고, 화장품의 제조에 이용된다.

⑤ 나이트로벤젠($C_6H_5NO_2$)
  ㉮ 비수용성이며 물보다 무겁다.
  ㉯ 알코올, 에터, 벤젠에 녹으며 증기는 독성이 있다.
  ㉰ 나이트로화합물이지만 폭발성은 없다.

⑥ 아닐린($C_6H_5NH_2$)
  ㉮ 햇빛 또는 공기에 접촉시 적갈색으로 변색된다.
  ㉯ 물에는 약간 녹고(용해도 3.6%) 유기용제에 녹는다.
  ㉰ 금속과 반응하여 수소를 발생시킨다.
⑦ 메타크레졸($C_6H_4CH_3OH$)
  ㉮ 페놀냄새가 나는 무색 액체이다.
  ㉯ 물에 녹지않으며 에테르, 클로로포름에 녹는다.
  ㉰ 3가지 이성질체가 존재한다.

크레졸($C_6H_4CH_3OH$)의 3가지 이성질체
- 오르소–크레졸(Ortho–Cresol)
- 메타–크레졸(Meta–Cresol)
- 파라–크레졸(Para–Cresol)

(6) 제4석유류 ★★

기어유, 실린더유 그밖에 1기압에서 인화점이 200℃ 이상 250℃ 미만인 것 (다만, 도료류 그 밖의 물품은 가연성 액체량이 40중량% 이하인 것은 제외)

제4석유류(실 기 가)
❶ 기어유   ❷ 실린더유   ❸ 가소제

① 기어유
  ㉮ 인화점이 220℃이며 상온에서 인화위험은 적다.
  ㉯ 점성이 있는 액체로 물에는 녹지 않는다.
  ㉰ 기계장치의 윤활유 또는 냉각기밀유지에 쓰인다.
② 실린더유
  ㉮ 인화점이 250℃이며 상온에서 인화위험은 적다.
  ㉯ 점성이 있는 액체로 물에는 녹지 않는다.
  ㉰ 기계장치의 윤활유 등으로 쓰인다.
③ 가소제
  ㉮ 비교적 휘발성이 적은 용제이다.
  ㉯ 합성수지, 합성고무 등의 가소성 향상에 쓰인다.

(7) 동식물유류 ★★★★

동물의 지육 또는 식물의 종자나 과육으로부터 추출한 것으로 1기압에서 인화점이 250℃ 미만인 것

① 돈지(돼지기름), 우지(소기름) 등이 있다.
② 아이오딘값이 130 이상인 건성유는 자연발화위험이 있다.
③ 인화점이 46℃인 개자유는 저장, 취급 시 특별히 주의한다.

[아이오딘값에 따른 동식물유류의 분류]

구 분	아이오딘값	종 류
건성유	130 이상	해바라기기름, 동유, 정어리기름, 아마인유, 들기름
반건성유	100~130	채종유, 쌀겨기름, 참기름, 면실유, 옥수수기름, 청어기름, 콩기름
불건성유	100 이하	야자유, 팜유, 올리브유, 피마자기름, 낙화생기름, 돈지, 우지, 고래기름

아이오딘값

옥소가(沃素價)라고도 하며 100g의 유지에 의해서 흡수되는 아이오딘의 g수
- 비누화 값의 정의 : 유지 1g을 비누화하는데 필요한 KOH mg수

3-5 제5류 위험물

1. 품명 및 지정수량 ★★★★★★

성질	품명		지정수량	위험등급
자기 반응성물질	• 유기과산화물 • 나이트로화합물 • 아조화합물 • 하이드라진 유도체 • 하이드록실아민염류	• 질산에스터류 • 나이트로소화합물 • 다이아조화합물 • 하이드록실아민	1종 : 10kg 2종 : 100kg	1종 : Ⅰ 2종 : Ⅱ
종판단 완료	• 질산에스터류(대부분)(1종) • 셀룰로이드(2종) • 트라이나이트로톨루엔(1종) • 트라이나이트로페놀(1종) • 테트릴(1종) • 유기과산화물(대부분)(2종)			

2. 공통적 성질 ★★

① 자기연소(내부연소)성 물질이다.
② 연소속도가 대단히 빠르고 폭발적 연소한다.
③ 가열, 마찰, 충격에 의하여 폭발한다.
④ 물질자체가 산소를 함유하고 있다.
⑤ 연소 시 소화가 어렵다.

3. 저장 및 취급방법 ★

① 가열, 마찰, 충격을 피한다.
② 저장 시 소량씩 분산하여 저장한다.
③ 화기 및 점화원의 접근을 피한다.
④ 운반용기 및 저장용기에 "화기엄금 및 충격주의" 등의 표시를 한다.

4. 소화방법 ★★★

① 화재초기 또는 소형화재 이외에는 소화가 어렵다.
② 다량의 물로 주수 소화한다.
③ 물질자체가 산소를 함유하고 있어 질식효과의 소화방법은 효과가 없다.
④ 화재초기에는 소화가 가능하지만 별다른 소화방법이 없어 주위의 위험물을 제거한다.

5. 품명에 따른 특성

(1) 유기과산화물 ★★★

일반적으로 과산화수소의 유도체 물질로 H-O-O-H중의 수소원자 한 개 또는 두 개가 유기기로 치환된 것이다.

① 과산화벤조일=벤조일퍼옥사이드(BPO)[$(C_6H_5CO)_2O_2$]
  ㉮ 무색 무취의 백색분말 또는 결정이다.
  ㉯ 물에 녹지 않고 알코올에 약간 녹으며 에테르 등 유기용제에 잘 녹는다.
  ㉰ 상온에서는 안정하지만 가열하면 100℃에서 흰 연기를 내고 심하게 분해한다.
  ㉱ 폭발성이 매우 강한 강산화제이다.
  ㉲ 희석제로는 프탈산다이메틸, 프탈산다이부틸이 있다.
  ㉳ 직사광선을 피하고 냉암소에 보관한다.

② 메틸에틸케톤퍼옥사이드(MEKPO)[$(CH_3COC_2H_5)_2O_2$] ★★
 ㉮ 무색의 기름모양 액체이며 물에 약간 녹는다.
 ㉯ 알칼리금속과 접촉시 분해가 더 촉진된다.
 ㉰ 시중에 판매되는 것은 프탈산다이메틸, 프탈산다이부틸 등으로 희석하여 순도가 50~60% 정도가 된다.
 ㉱ 110℃ 정도에서 급격히 분해되면서 흰연기를 낸다.

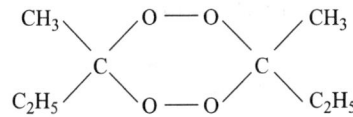

(2) 질산에스터류 ★★★

① 질산메틸(CH_3ONO_2) ★★
 ㉮ 무색·투명한 액체이고 방향성이 있다.
 ㉯ 비수용성이며 알코올에 녹는다.
 ㉰ 용제, 폭약 등에 이용된다.

② 질산에틸($C_2H_5ONO_2$) ★★
 ㉮ 무색 투명한 액체이고 비수용성(물에 녹지 않음)이다.
 ㉯ 단맛이 있고 알코올, 에테르에 녹는다.
 ㉰ 에탄올을 진한 질산에 작용시켜서 얻는다.

$$C_2H_5OH + HNO_3 \rightarrow C_2H_5ONO_2 + H_2O$$

 ㉱ 비중 1.11, 끓는점 88℃을 가진다.
 ㉲ 인화점(10℃)이 낮아서 인화의 위험이 매우 크다.
 ㉳ 아질산(HNO_2)과 접촉 또는 비점 이상 가열시 폭발한다.
 ㉴ 용제, 폭약 등에 이용된다.

③ 나이트로셀룰로오스(Nitro Cellulose) : NC[$(C_6H_7O_2(ONO_2)_3)$]n ★★★★
셀룰로오스(섬유소)에 진한질산과 진한 황산의 혼합액을 작용시켜서 만든 것이다.
 ㉮ 비수용성이며 초산에틸, 초산아밀, 아세톤에 잘 녹는다.
 ㉯ 130℃에서 분해가 시작되고, 180℃에서는 급격하게 연소한다.
 ㉰ 직사광선, 산 접촉 시 분해 및 자연 발화한다.
 ㉱ 건조상태에서는 폭발위험이 크나 수분함유 시 폭발위험성이 없어 저장·운반이 용이
 ㉲ 질산섬유소라고도 하며 화약에 이용 시 면약(면화약)이라 한다.

⑭ 셀룰로이드, 콜로디온에 이용 시 질화면이라 한다.
⑮ 질소함유율(질화도)이 높을수록 폭발성이 크다.
⑯ 저장, 운반 시 물(20%) 또는 알코올(30%)을 첨가 습윤 시킨다.

- 나이트로셀룰로오스의 열분해 반응식
  $2C_{24}H_{29}O_9(ONO_2)_{11} \rightarrow 24CO_2\uparrow + 24CO\uparrow + 12H_2O + 17H_2 + 11N_2$

[질화도에 따른 분류]

구 분	강면약(강질화면)	취 면	약면약(약질화면)
질화도(질소함량)	12.5~13.5%	10.7~11.2%	11.2~12.3%

④ 나이트로글리세린(Nitro Glycerine) : NG [$(C_3H_5(ONO_2)_3$] ★★★★★
  ㉮ 상온에서는 액체이지만 겨울철에는 동결한다.
  ㉯ 글리세린에 진한질산과 진한 황산을 가하면 나이트로화하여 나이트로글리세린으로 된다.

- 글리세린의 나이트로화반응
  $C_3H_5(OH)_3 + 3HONO_2 \xrightarrow{H_2SO_4} C_3H_5(ONO_2)_3 + 3H_2O$
  (글리세린)   (질산)   (나이트로글리세린)   (물)

  ㉰ 비수용성이며 메탄올, 아세톤 등에 녹는다.
  ㉱ 가열, 마찰, 충격에 예민하여 대단히 위험하다.
  ㉲ 화재 시 폭굉 우려가 있다.
  ㉳ 산과 접촉 시 분해가 촉진되고 폭발우려가 있다.

- 나이트로글리세린의 열분해 반응식
  $4C_3H_5(ONO_2)_3 \rightarrow 12CO_2\uparrow + 6N_2\uparrow + O_2\uparrow + 10H_2O$

  ㉴ 다이나마이트(규조토+나이트로글리세린), 무연화약 제조에 이용된다.

(4) 나이트로화합물

유기화합물의 수소원자가 나이트로기(NO_2)로 치환된 것으로 나이트로기가 2개 이상인 화합물

① 피크르산[$C_6H_2(NO_2)_3OH$](TNP : Tri Nitro Phenol) ★★★★★
  ㉮ 페놀에 황산을 작용시켜 다시 진한 질산으로 나이트로화 하여 만든 노란색 결정
  ㉯ 침상결정이며 냉수에는 약간 녹고 더운물, 알코올, 벤젠 등에 잘 녹는다.
  ㉰ 쓴맛과 독성이 있다.
  ㉱ 피크르산[picric acid] 또는 트라이나이트로페놀(Tri Nitro phenol)의 약자로 TNP라고도 한다.

⑩ 단독으로 타격, 마찰에 비교적 둔감하다.
⑪ 연소 시 검은 연기를 내고 폭발성은 없다.
⑫ 휘발유, 알코올, 황과 혼합된 것은 마찰, 충격에 폭발한다.
⑬ 화약, 불꽃놀이에 이용된다.

피크르산(트라이나이트로페놀)의 구조식

(구조식: 페놀 고리에 OH, 2,4,6-위치에 NO₂ 3개)

피크르산의 열분해 반응식

$2C_6H_2OH(NO_2)_3 \rightarrow 2C + 3N_2\uparrow + 3H_2\uparrow + 4CO_2\uparrow + 6CO\uparrow$

② 트라이나이트로톨루엔[$C_6H_2CH_3(NO_2)_3$](TNT : Tri Nitro Toluene) ★★★★★
  ㉮ 물에는 녹지 않고 알코올, 아세톤, 벤젠에 녹는다.
  ㉯ Tri Nitro Toluene의 약자로 TNT라고도 한다.
  ㉰ 담황색의 주상결정이며 햇빛에 다갈색으로 변색된다.
  ㉱ 톨루엔과 질산을 반응시켜 얻는다.

$$C_6H_5CH_3 + 3HNO_3 \xrightarrow[\text{(나이트로화)}]{C-H_2SO_4} C_6H_2CH_3(NO_2)_3 + 3H_2O$$
  (톨루엔)   (질산)   (트라이나이트로톨루엔)   (물)

  ㉲ 강력한 폭약이며 급격한 타격에 폭발한다.

$$2C_6H_2CH_3(NO_2)_3 \rightarrow 2C + 12CO + 3N_2\uparrow + 5H_2\uparrow$$

  ㉳ 연소 시 연소속도가 너무 빠르므로 소화가 곤란하다.
  ㉴ 무기 및 다이나마이트, 질산폭약제 제조에 이용된다.

트라이나이트로톨루엔의 구조식

(구조식: 톨루엔 고리에 CH₃, 2,4,6-위치에 NO₂ 3개)

트라이나이트로톨루엔의 열분해 반응식

$2C_6H_2CH_3(NO_2)_3 \rightarrow 2C + 3N_2\uparrow + 5H_2\uparrow + 12CO\uparrow$

(5) 나이트로소화합물

벤젠(C_6H_6)핵의 수소원자가 나이트로소기(-NO)로 치환된 것으로 나이트로소기가 2개 이상인 화합물
① 파라나이트로소벤젠($C_6H_4(NO)_2$)
② 다이나이트로소레졸신올($C_6H_4(NO)_2(OH)_2$)

(6) 아조화합물

① 아조기(-N=N-)를 갖고 있는 화합물의 총칭이다.
② 아조기는 발색단(염료나 색소의 발색원인)이다.

(7) 다이아조화합물

① 다이아조기(-N=N-)를 갖고 있는 화합물의 총칭이다.
② 다이아조늄염은 햇빛에 분해되기 쉽다.
③ 가열, 충격에 격렬하게 폭발한다.

(8) 하이드라진 유도체

① 다이메틸하이드라진[$CH_3NHNHCH_3$]
  ㉮ 암모니아 냄새가 나고 독성이 강한 액체이다.
  ㉯ 물, 에탄올, 에테르에 잘 녹는다.
  ㉰ 로켓트의 연료, 유기합성에 이용된다.

3-6 제6류 위험물

1. 품명 및 지정수량 ★★★★★★

성 질	품 명	지정수량	위험등급	비 고
산화성 액체	1. 과염소산	300kg	I	
	2. 과산화수소			농도가 36중량% 이상인 것
	3. 질산			비중이 1.49 이상인 것

2. 공통적 성질 ★★

① 자신은 불연성이고 산소를 함유한 강산화제이다.
② 분해에 의한 산소발생으로 다른 물질의 연소를 돕는다.
③ 액체의 비중은 1보다 크고 물에 잘 녹는다.
④ 물과 접촉 시 발열한다.
⑤ 증기는 유독하고 부식성이 강하다.

3. 저장 및 취급방법 ★★

① 용기재질은 내산성이어야 한다.
② 산화성고체(1류)와 접촉을 피해야 한다.
③ 용기는 밀봉하고 파손 및 누설에 주의한다.
④ 액체 누출 시 중화제로 중화한다.

4. 소화방법

① 마른모래 및 CO_2로 소화한다.
② 무상(안개모양)주수도 효과적일 수 있다.
③ 위급시에는 다량의 물로 냉각 소화한다.

5. 품명에 따른 특성

(1) 과염소산($HClO_4$) ★★★

① 물과 혼합하면 다량의 열을 발생한다.
② 산화력이 강하여 종이, 나무조각 또는 유기물 등과 접촉 시 폭발한다.
③ 비중 1.768(22 ℃), 녹는점 −112 ℃, 끓는점 39℃(56mmHg)
④ 무수물은 자연히 분해하여 폭발하므로 60~70 %의 수용액(비중 1.5~1.6)으로 시판된다.
⑤ 수용액도 부식력이 강하고, 유기물 등과 접촉하면 폭발하는 경우가 있다.
⑥ 산(酸) 중에서도 가장 강한 산이다.

산소산 중 산의 세기
차아염소산($HClO$) < 아염소산($HClO_2$) < 염소산($HClO_3$) < 과염소산($HClO_4$)

(2) 과산화수소(H_2O_2) ★★★★★

① 분해 시 산소(O_2)를 발생시킨다.

$$2H_2O_2 \xrightarrow{MnO_2(정촉매)} 2H_2O + O_2 \uparrow (산소)$$

② 분해안정제로 인산(H_3PO_4) 또는 요산($C_5H_4N_4O_3$)을 첨가한다.
③ 시판품은 일반적으로 30~40% 수용액이다.
④ 저장용기는 밀폐하지 말고 **구멍**이 있는 **마개**를 사용한다.
⑤ 강산화제이면서 환원제로도 사용한다.
⑥ 60% 이상의 고농도에서는 단독으로 폭발위험이 있다.
⑦ 하이드라진($NH_2 \cdot NH_2$)과 접촉 시 분해 작용으로 폭발위험이 있다.

$$NH_2 \cdot NH_2 + 2H_2O_2 \rightarrow 4H_2O + N_2 \uparrow$$

⑧ 3%용액은 옥시풀이라 하며 표백제 또는 살균제로 이용한다.
⑨ 무색인 아이오딘칼륨 녹말종이와 반응하여 청색으로 변화시킨다.

- 과산화수소는 농도가 36중량% 이상인 경우에 위험물에 해당된다.
- 과산화수소는 표백제 및 살균제로 이용된다.

⑩ 다량의 물로 주수 소화한다.

(3) 질산(HNO_3) ★★★★★

① 무색의 발연성 액체이다.
② 시판품은 일반적으로 68%이다.
③ 빛에 의하여 일부 분해되어 생긴 NO_2 때문에 황갈색으로 된다.

$$4HNO_3 \rightarrow 2H_2O + 4NO_2 \uparrow (이산화질소) + O_2 \uparrow (산소)$$

④ 저장용기는 직사광선을 피하고 찬 곳에 저장한다.
⑤ 실험실에서는 갈색병에 넣어 햇빛을 차단시킨다.
⑥ 환원성물질과 혼합하면 발화 또는 폭발한다.

크산토프로테인반응(xanthoprotenic reaction)
단백질에 진한질산을 가하면 노란색으로 변하고 알칼리를 작용시키면 오렌지색으로 변하며, 단백질 검출에 이용된다.

⑦ 다량의 질산화재에 소량의 주수소화는 위험하다.
⑧ 마른모래 및 CO_2로 소화한다.
⑨ 위급한 경우에는 다량의 물로 냉각 소화한다.

⑩ 진한질산에 의하여 부동태가 되는 금속
Fe(철), Al(알루미늄), Cr(크로뮴), Co(코발트), Ni(니켈)
⑪ 진한질산에 녹지 않는 금속 : Au(금), Pt(백금)

부동태란?
금속이 보통상태에서 나타내는 반응성을 잃은 상태
왕수란 무엇인가?
❶ 진한염산과 진한질산을 3대 1 정도의 비율로 혼합한 액체이다
❷ 강한 산화제로, 산에 잘 녹지 않는 금과 백금 등을 녹일 수 있다.

제4장 위험물의 시설기준

4-1 제조소의 위치, 구조 및 설비의 기준

1. 제조소의 안전거리 ★★★★★

구 분	안전거리
① 사용전압이 7,000V 초과 35,000V 이하	3m 이상
② 사용전압이 35,000V를 초과	5m 이상
③ 주거용	10m 이상
④ 고압가스, 액화석유가스, 도시가스	20m 이상
⑤ 학교·병원·공연장, 영화상영관, 노유자시설	30m 이상
⑥ 지정문화유산 및 천연기념물 등	50m 이상

• 안전거리 : 건축물의 외벽으로부터 당해 제조소의 외벽까지의 수평거리

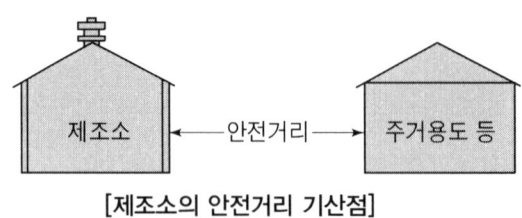

[제조소의 안전거리 기산점]

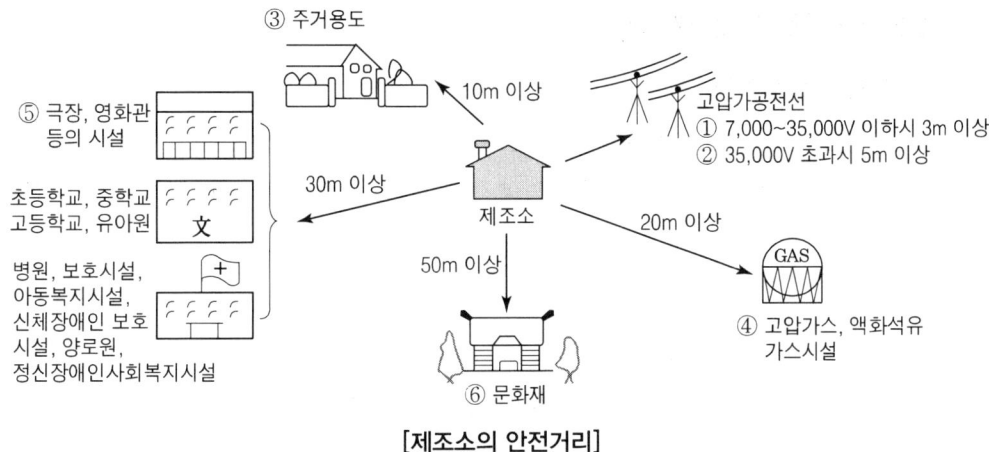

[제조소의 안전거리]

2. 제조소의 보유공지 ★★★

(1) 취급 위험물의 최대수량에 따른 너비의 공지

취급 위험물의 최대수량	공지의 너비
지정수량의 10배 이하	3m 이상
지정수량의 10배 초과	5m 이상

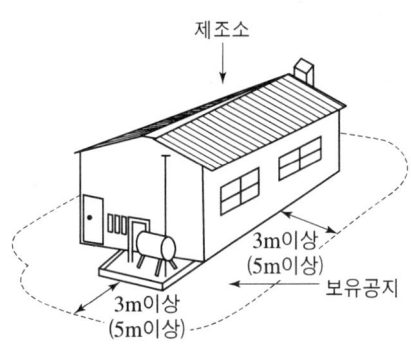

(2) 보유공지를 설치를 아니할 수 있는 격벽설치 기준

① 방화벽은 **내화구조**로 할 것. (제6류 위험물인 경우 **불연재료**)
② 방화벽에 설치하는 출입구 및 창 등의 개구부는 가능한 한 최소로 할 것
③ 출입구 및 창에는 **자동폐쇄식의 60분+방화문 또는 60분방화문**을 설치할 것
④ 방화벽의 양단 및 상단이 외벽 또는 지붕으로부터 **50cm 이상 돌출**하도록 할 것

3. 제조소의 표지 및 게시판

(1) 표지의 설치기준 ★★

① 보기 쉬운 곳에 "**위험물 제조소**"라는 표시를 한 표지를 설치
② 표지는 한변의 길이가 **0.3m 이상**, 다른 한변의 길이가 **0.6m 이상**인 **직사각형**으로 할 것
③ 표지의 **바탕은 백색**으로, **문자는 흑색**으로 할 것

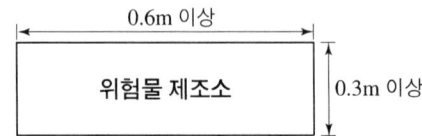

(2) 게시판의 설치기준 ★★★★★

① 한변의 길이가 **0.3m 이상**, 다른 한변의 길이가 **0.6m 이상**인 **직사각형**으로 할 것
② 위험물의 **유별·품명** 및 **저장최대수량** 또는 **취급최대수량**, 지정수량의 **배수** 및 안전관리자의 **성명** 또는 **직명**을 기재할 것
③ 게시판의 **바탕은 백색**으로, **문자는 흑색**으로 할 것
④ 저장 또는 취급하는 위험물에 따라 **주의사항 게시판**을 설치할 것

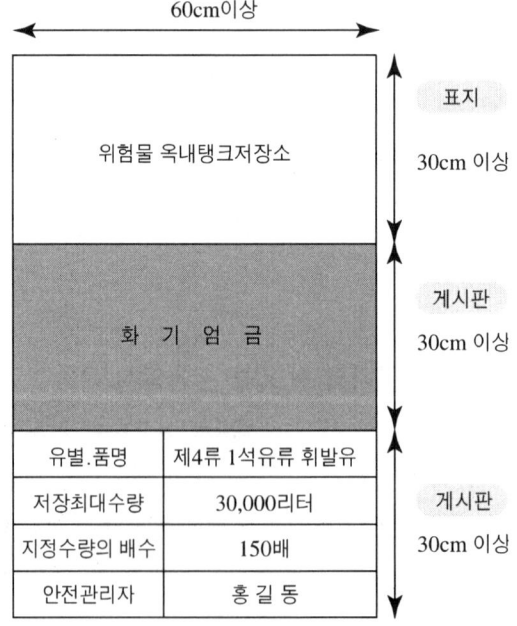

위험물의 종류	주의사항 표시	게시판의 색
• 제1류(알칼리금속 과산화물) • 제3류(금수성 물품)	물기 엄금	청색바탕에 백색문자
• 제2류(인화성 고체 제외)	화기 주의	적색바탕에 백색문자
• 제2류(인화성 고체) • 제3류(자연발화성 물품) • 제4류 • 제5류	화기 엄금	

4. 건축물의 구조 ★★

① 지하층이 없도록 할 것.
② 벽·기둥·바닥·보·서까래 및 **계단은 불연재료**로, **외벽**은 개구부가 없는 **내화구조의 벽**으로 할 것
③ **지붕**은 가벼운 **불연재료**로 덮을 것
④ 출입구와 비상구에는 60분+방화문·60분방화문 또는 30분방화문을 설치하되, 연소의 우려가 있는 외벽에 설치하는 출입구에는 수시로 열 수 있는 **자동폐쇄식의 60분+방화문 또는 60분방화문**을 설치할 것
⑤ 창 및 출입구에 유리를 이용하는 경우에는 **망입유리**로 할 것
⑥ 건축물의 **바닥**은 적당한 경사를 두어 그 최저부에 **집유설비**를 할 것

5. 채광·조명 및 환기설비의 설치 기준 ★★★

(1) 채광설비

불연재료로 하고, 연소의 우려가 없는 장소에 설치하되 **채광면적을 최소**로 할 것

(2) 조명설비

① 조명등은 **방폭등**으로 할 것
② 전선은 **내화·내열전선**으로 할 것
③ **점멸스위치**는 출입구 **바깥부분**에 설치할 것.

(3) 환기설비

① 자연배기방식으로 할 것
② 급기구는 바닥면적 $150m^2$마다 1개 이상, 크기는 $800cm^2$ 이상으로 할 것.

[바닥면적이 150m² 미만인 경우 급기구의 면적]

바닥면적	급기구의 면적
60m² 미만	150cm² 이상
60m² 이상 90m² 미만	300cm² 이상
90m² 이상 120m² 미만	450cm² 이상
120m² 이상 150m² 미만	600cm² 이상

③ **급기구**는 낮은 곳에 설치하고 가는 눈의 구리망 등으로 **인화방지망**을 설치할 것
④ **환기구**는 **지붕위** 또는 **지상 2m 이상**의 높이에 **회전식 고정 벤티레이터** 또는 **루푸팬** 방식으로 설치할 것

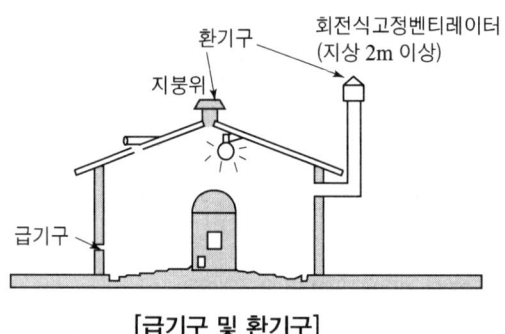

[급기구 및 환기구]

6. 배출설비의 설치기준 ★★

(1) 배출설비는 **국소방식**으로 할 것
(2) 배출설비는 배풍기, 배출닥트, 후드 등을 이용한 **강제배출방식**으로 할 것
(3) 배출능력은 1시간당 배출장소 **용적의 20배 이상**인 것으로 할 것
   (단, **전역방식**의 경우에는 바닥면적 **1m²당 18m³ 이상**으로 할 수 있다)
(4) 배출설비의 급기구 및 배출구 설치 기준
   ① **급기구**는 높은 곳에 설치하고, 가는 눈의 구리망 등으로 **인화방지망**을 설치
   ② **배출구**는 **지상 2m 이상**으로서 연소의 우려가 없는 장소에 설치하고, 배출 닥트가 관통하는 벽부분의 바로 가까이에 화재시 자동으로 폐쇄되는 **방화댐퍼를 설치할 것**
(5) **배풍기**는 **강제배기방식**으로 하고, 옥내닥트의 내압이 대기압 이상이 되지 아니하는 위치에 설치할 것

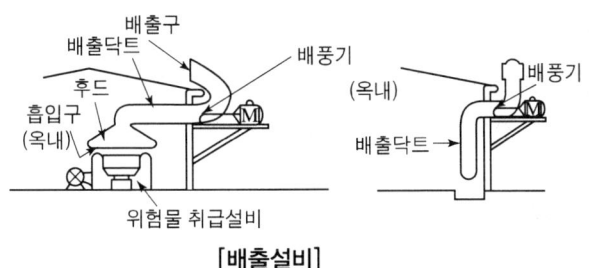

[배출설비]

7. 옥외설비의 바닥 설치기준 ★

① 둘레에 높이 0.15m 이상의 턱을 설치하는 등 위험물이 외부로 흘러나가지 않도록 할 것.
② 콘크리트등 위험물이 스며들지 아니하는 재료로 하고, 턱이 있는 쪽이 낮게 경사지게 할 것.
③ 바닥의 최저부에 집유설비를 할 것.
④ 위험물(온도 20℃의 물 100g에 용해되는 양이 1g 미만인 것)을 취급하는 설비에 있어서는 당해 위험물이 직접 배수구에 흘러들어가지 아니하도록 집유설비 등 유분리장치를 설치한다.

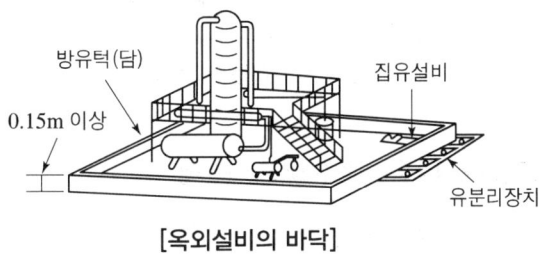

[옥외설비의 바닥]

8. 기타 설비

① 정전기 제거설비 ★★★★★
정전기의 정의 : 정전기는 마찰전기처럼 물체 위에 정지하고 있는 전기를 말한다. 예를 들면 유리막대를 비단 천으로 문지르면 유리막대에 양전기가 생기고, 에보나이트막대를 털로 문지르면 에보나이트막대에 음전기가 생기는데, 전기적 힘으로는 쿨롱 힘만이 문제가 된다.

㉠ **접지**에 의한 방법
㉡ 공기 중의 **상대습도**를 **70%** 이상으로 하는 방법
㉢ 공기를 **이온화**하는 방법

② 피뢰설비 ★★
지정수량의 **10배 이상**의 위험물을 취급하는 제조소(**제6류 위험물**을 취급하는 위험물제조소를 **제외**)에는 피뢰침을 설치할 것.

9. 위험물 취급탱크 ★★★

① 옥외 위험물취급탱크의 방유제 설치기준 ★★

구 분	방유제의 용량
하나의 탱크 주위에 설치하는 경우	탱크용량의 50% 이상
2 이상의 탱크 주위에 설치하는 경우	탱크 중 용량이 최대인 것의 50% + 나머지 탱크용량 합계의 10% 이상

② 옥내 위험물취급탱크의 **방유턱 설치기준**
탱크에 수납하는 위험물의 양(하나의 방유턱 안에 **2 이상의 탱크가 있는 경우**는 당해 탱크 중 실제로 수납하는 위험물의 **양이 최대인 탱크의 양**)을 전부 수용할 수 있도록 할 것.

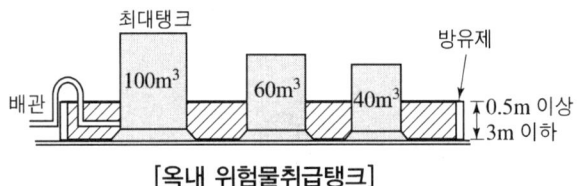

[옥내 위험물취급탱크]

10. 위험물의 성질에 따른 제조소의 특례 ★

(1) 알킬알루미늄등을 취급하는 제조소의 특례
알킬알루미늄 등을 취급하는 설비에는 **불활성기체를 봉입**하는 장치를 갖출 것

(2) 아세트알데하이드등을 취급하는 제조소의 특례
① 취급하는 설비는 **은 · 수은 · 동 · 마그네슘** 또는 이들을 성분으로 하는 **합금**으로 만들지 아니할 것
② 취급하는 설비에는 연소성 혼합기체의 생성에 의한 폭발을 방지하기 위한 **불활성 기체 또는 수증기를 봉입**하는 장치를 갖출 것

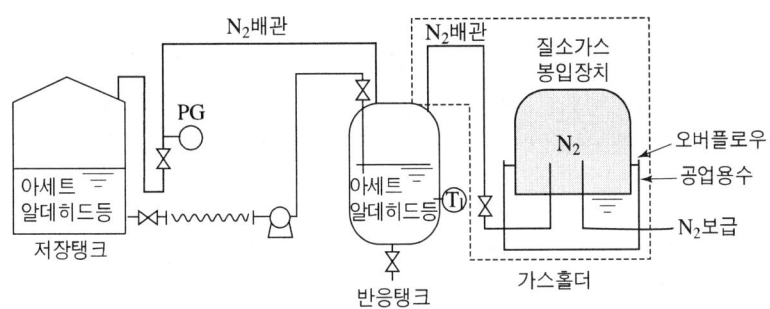

[불활성기체 또는 수증기를 봉입하는 장치]

(3) 하이드록실아민등을 취급하는 제조소의 특례 ★★

① 안전거리의 계산

$$D = 51.1\sqrt[3]{N}$$

여기서, D : 거리(m)
N : 당해 제조소에서 취급하는 하이드록실아민 등의 지정수량의 배수

② **하이드록실아민** 등을 취급하는 설비에는 **철이온** 등의 **혼입**에 의한 위험한 반응을 **방지**하기 위한 **조치를 강구**할 것

[부표] 제조소등의 안전거리의 단축기준(별표 4관련)

(1) 방화상 유효한 담을 설치한 경우의 안전거리는 다음 표와 같다. (단위 : m)

구 분	취급하는 위험물의 최대 수량(지정수량의 배수)	안 전 거 리 (이상)		
		주거용 건축물	학교·유치원 등	국가유산
제조소·일반취급소(취급하는 위험물의 양이 주거지역에 있어서는 30배, 상업지역에 있어서는 35배, 공업지역에 있어서는 50배 이상인 것을 제외한다)	10배 미만	6.5	20	35
	10배 이상	7.0	22	38
옥내저장소(취급하는 위험물의 양이 주거지역에 있어서는 지정수량의 120배, 상업지역에 있어서는 150배, 공업지역에 있어서는 200배 이상인 것을 제외한다)	5배 미만	4.0	12.0	23.0
	5배 이상 10배 미만	4.5	12.0	23.0
	10배 이상 20배 미만	5.0	14.0	26.0
	20배 이상 50배 미만	6.0	18.0	32.0
	50배 이상 200배 미만	7.0	22.0	38.0
옥외탱크저장소(취급하는 위험물의 양이 주거지역에 있어서는 지정수량의 600배, 상업지역에 있어서는 700배, 공업지역에 있어서는 1,000배 이상인 것을 제외한다)	500배 미만	6.0	18.0	32.0
	500배 이상 1,000배 미만	7.0	22.0	38.0

구 분	취급하는 위험물의 최대 수량(지정수량의 배수)	안 전 거 리 (이상)		
		주거용 건축물	학교·유치원 등	국가유산
옥외저장소(취급하는 위험물의 양이 주거지역에 있어서는 지정수량의 10배, 상업지역에 있어서는 15배, 공업지역에 있어서는 20배 이상인 것을 제외한다)	10배 미만	6.0	18.0	32.0
	10배 이상 20배 미만	8.5	25.0	44.0

(2) 방화상 유효한 담의 높이 ★★★★★

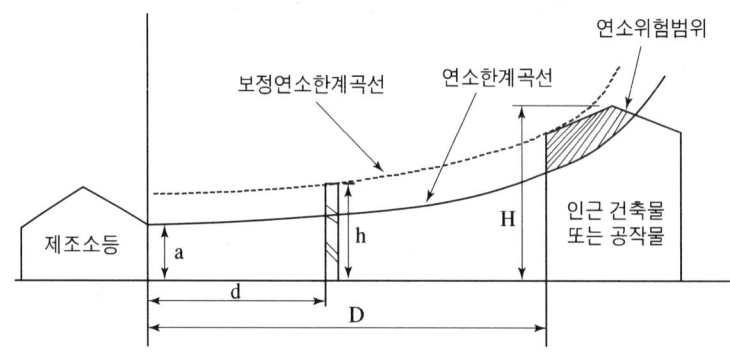

① $H \leq pD^2 + a$ 인 경우 $h = 2$
② $H > pD^2 + a$ 인 경우 $h = H - p(D^2 - d^2)$

여기서, D : 제조소등과 인근 건축물 또는 공작물과의 거리(m)
　　　　H : 인근 건축물 또는 공작물의 높이(m)
　　　　a : 제조소등의 외벽의 높이(m)
　　　　d : 제조소등과 방화상 유효한 담과의 거리(m)
　　　　h : 방화상 유효한 담의 높이(m)
　　　　p : 상수

(3) 인근 건축물 또는 공작물의 구분에 따른 P의 값

인근 건축물 또는 공작물의 구분	P의 값
• 학교·주택·국가유산 등의 건축물 또는 공작물이 목조인 경우 • 학교·주택·국가유산 등의 건축물 또는 공작물이 방화구조 또는 내화구조이고, 제조소 등에 면한 부분의 개구부에 60분+방화문·60분방화문 또는 30분방화문이 설치되지 아니한 경우	0.04
• 학교·주택·국가유산 등의 건축물 또는 공작물이 방화구조인 경우 • 학교·주택·국가유산 등의 건축물 또는 공작물이 방화구조 또는 내화구조이고, 제조소 등에 면한 부분의 개구부에 30분방화문이 설치된 경우	0.15
• 학교·주택·국가유산 등의 건축물 또는 공작물이 내화구조이고, 제조소 등에 면한 개구부에 60분+방화문 또는 60분방화문이 설치된 경우	∞

11. 위험물제조소내의 위험물을 취급하는 배관설치기준 ★★

(1) 내압시험기준

① 불연성 액체를 이용하는 경우 : 최대상용압력의 **1.5배** 이상
② 불연성 기체를 이용하는 경우 : 최대상용압력의 **1.1배** 이상

(2) 배관을 지상에 설치하는 경우

① 지진·풍압·지반침하 및 온도변화에 안전한 구조의 지지물에 설치
② 지면에 닿지 아니하도록 할 것
③ 배관의 외면에 부식방지를 위한 도장을 할 것

(3) 배관을 지하에 매설하는 경우

① 외면에는 부식방지를 위하여 도복장·코팅 또는 전기방식 등의 필요한 조치를 할 것
② 배관의 접합부분(용접 접합부 제외)에는 누설여부를 점검할 수 있는 점검구를 설치
③ 지면에 미치는 중량이 당해 배관에 미치지 아니하도록 보호할 것

4-2 옥내저장소의 위치·구조 및 설비의 기준

1. 옥내저장소의 보유공지 ★★

저장 또는 취급하는 위험물의 최대수량	공지의 너비	
	벽·기둥 및 바닥이 내화구조로 된 건축물	그 밖의 건축물
지정수량의 5배 이하		0.5m 이상
지정수량의 5배 초과 10배 이하	1m 이상	1.5m 이상
지정수량의 10배 초과 20배 이하	2m 이상	3m 이상
지정수량의 20배 초과 50배 이하	3m 이상	5m 이상
지정수량의 50배 초과 200배 이하	5m 이상	10m 이상
지정수량의 200배 초과	10m 이상	15m 이상

(단, **지정수량의 20배를 초과하는** 옥내저장소와 동일한 부지내에 있는 다른 옥내저장소와의 사이에는 동표에 정하는 **공지의 너비의 3분의 1(3m 미만인 경우에는 3m)**의 공지를 보유할 수 있다.

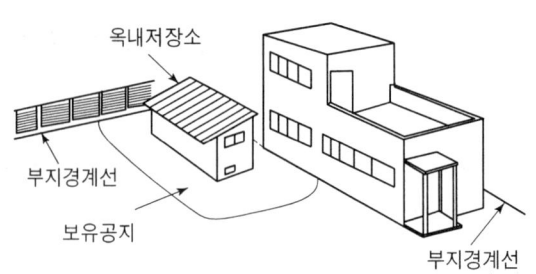

2. 옥내저장소의 표시와 게시판 ★★★

보기 쉬운 곳에 "**위험물 옥내저장소**"라는 표시를 한 표지와 기준에 따라 **방화에 관하여 필요한 사항**을 게시한 게시판을 설치할 것.

3. 옥내저장소의 저장창고 ★

(1) **독립된 건축물**로 할 것.
(2) 처마높이가 **6m 미만**인 **단층건물**로 하고 그 **바닥**을 **지반면보다 높게** 할 것.
(3) 제2류 또는 제4류 위험물만을 저장하는 창고로서 다음의 경우에는 20m 이하로 할 수 있다.
  ① 벽 · 기둥 · 보 및 바닥을 내화구조로 할 것
  ② 출입구에 60분+방화문 또는 60분방화문을 설치할 것
  ③ 피뢰침을 설치할 것
(3) 벽 · 기둥 및 바닥은 내화구조로 하고, 보와 서까래는 불연재료로 할 것
(4) **지붕은 가벼운 불연재료**로 하고, 반자를 만들지 말 것
(5) 출입구에는 **60분+방화문 · 60분방화문** 또는 **30분방화문**을 설치하되, 연소의 우려가 있는 외벽에 있는 출입구에는 수시로 열 수 있는 **자동폐쇄식의 60분+방화문 또는 60분방화문**을 설치할 것
(6) 창 또는 출입구에 유리를 이용하는 경우에는 **망입유리**로 할 것
(7) 저장창고에는 **인화점이 70℃ 미만**인 위험물의 저장창고에 있어서는 내부에 체류한 **가연성의 증기**를 지붕 위로 **배출하는 설비**를 갖추어야 한다.

4. 옥내저장소에서 위험물을 저장하는 경우 높이 제한.

① 기계에 의하여 하역하는 구조로 된 용기만을 겹쳐 쌓는 경우 : 6m
② 제4류 위험물 중 제3석유류, 제4석유류 및 동식물유류를 수납하는 용기만을 겹쳐 쌓는 경우 : 4m

③ 그 밖의 경우 : 3m

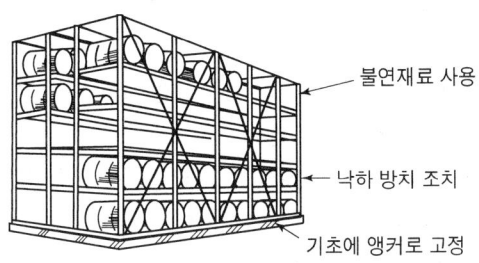

5. 옥내저장소의 저장창고 바닥면적 설치기준 ★★

위험물의 종류	바닥면적
• 제1류 위험물 중 아염소산염류, 염소산염류, 과염소산염류, 무기과산화물, 지정수량 50kg인 것 • 제3류위험물 중 칼륨, 나트륨, 알킬알루미늄, 알킬리튬, 지정수량 10kg인 것 및 황린 • 제4류위험물 중 특수인화물, 제1석유류 및 알코올류 • 제5류위험물 중 유기과산화물, 질산에스터류, 지정수량 10kg인 것 • 제6류위험물	1000m² 이하
• 위 이외의 위험물	2000m² 이하
• 내화구조의 격벽으로 완전히 구획된 실	1500m² 이하

6. 저장창고 바닥을 물이 침투 되지 않는 구조로 하여야 하는 경우

① 제1류 위험물 중 알칼리금속의 과산화물 또는 이를 함유하는 것.
② 제2류 위험물 중 철분·금속분·마그네슘 또는 이중 어느 하나 이상을 함유하는 것.
③ 제3류 위험물 중 금수성 물질
④ 제4류 위험물

7. 다층건물의 옥내저장소의 기준

① 각층의 바닥을 지면보다 높게 하고 **층고를 6m 미만**으로 할 것.
② 바닥면적 합계는 1,000m² 이하로 할 것.
③ 저장창고의 **벽·기둥·바닥** 및 **보를 내화구조**로 하고, 계단을 불연재료로 하며, 연소의 우려가 있는 외벽은 출입구 외의 개구부를 갖지 아니하는 벽으로 할 것.
④ 2층 이상의 층의 바닥에는 개구부를 두지 않을 것.

8. 복합용도 건축물의 옥내저장소의 기준

① 벽·기둥·바닥 및 보가 **내화구조**인 건축물의 **1층** 또는 **2층**의 어느 하나의 층에 설치할 것
② 바닥은 지면보다 높게 설치하고 그 층고를 **6m 미만**으로 할 것
③ **바닥면적은 75m² 이하**로 할 것
④ 벽·기둥·바닥·보 및 지붕을 내화구조로 하고, 출입구 외의 개구부가 없는 **두께 70mm 이상의 철근콘크리트조** 또는 이와 동등 이상의 강도가 있는 구조의 바닥 또는 벽으로 당해 건축물의 다른 부분과 구획되도록 할 것
⑤ 출입구에는 수시로 열 수 있는 **자동폐쇄방식**의 **60분+방화문 또는 60분방화문**을 설치할 것
⑥ 창을 설치하지 아니할 것
⑦ **환기설비** 및 **배출설비**에는 방화상 유효한 **댐퍼** 등을 설치할 것

9. 지정과산화물 옥내저장소의 저장창고의 기준 ★★★

(1) 저장창고는 150m² 이내마다 격벽으로 완전하게 구획할 것. 이 경우 당해 격벽은 두께 30cm 이상의 철근콘크리트조 또는 철골철근콘크리트조로 하거나 두께 40cm 이상의 보강콘크리트블록조로 하고, 당해 저장창고의 양측의 외벽으로부터 1m 이상, 상부의 지붕으로부터 50cm 이상 돌출하게 하여야 한다.
(2) 저장창고의 외벽은 두께 20cm 이상의 철근콘크리트조나 철골철근콘크리트조 또는 두께 30cm 이상의 보강콘크리트블록조로 할 것
(3) 저장창고의 지붕은 다음 각목의 1에 적합할 것
   ① 중도리 또는 서까래의 간격은 30cm 이하로 할 것
   ② 지붕의 아래쪽 면에는 한 변의 길이가 45cm 이하의 환강(丸鋼)·경량형강(輕量型鋼) 등으로 된 강제(鋼製)의 격자를 설치할 것
   ③ 지붕의 아래쪽 면에 철망을 쳐서 불연재료의 도리·보 또는 서까래에 단단히 결합할 것
   ④ 두께 5cm 이상, 너비 30cm 이상의 목재로 만든 받침대를 설치할 것
(4) 저장창고의 출입구에는 60분+방화문 또는 60분방화문을 설치할 것
(5) 저장창고의 창은 바닥면으로부터 2m 이상의 높이에 두되, 하나의 벽면에 두는 창의 면적의 합계를 당해 벽면의 면적의 80분의 1 이내로 하고, 하나의 창의 면적을 0.4m² 이내로 할 것

10. 지정과산화물의 옥내저장소의 보유공지

옥내저장소의 저장창고 주위에는 부표 2에 정하는 너비의 공지를 보유하여야 한다. 다만, 2 이상의 옥내저장소를 동일한 부지내에 인접하여 설치하는 때에는 당해 옥내저장소의 상호간 공지의 너비를 동표에 정하는 공지 너비의 3분의 2로 할 수 있다.

[부표 2] 지정과산화물의 옥내저장소의 보유공지

저장 또는 취급하는 위험물의 최대수량	공지의 너비	
	저장창고의 주위에 담 또는 토제를 설치하는 경우	왼쪽란에 정하는 경우 외의 경우
5배 이하	3.0m 이상	10m 이상
5배 초과 10배 이하	5.0m 이상	15m 이상
10배 초과 20배 이하	6.5m 이상	20m 이상
20배 초과 40배 이하	8.0m 이상	25m 이상
40배 초과 60배 이하	10.0m 이상	30m 이상
60배 초과 90배 이하	11.5m 이상	35m 이상
90배 초과 150배 이하	13.0m 이상	40m 이상
150배 초과 300배 이하	15.0m 이상	45m 이상
300배 초과	16.5m 이상	50m 이상

11. 자연발화 할 우려가 있는 위험물을 다량 저장하는 경우

- 지정수량 10배 이하마다 구분하여 상호간 0.3m 이상 간격을 두고 저장

4-3 옥외탱크저장소의 위치·구조 및 설비의 기준 ★★★

1. 보유공지 ★★★

(1) 옥외저장탱크의 보유공지

저장 또는 취급하는 위험물의 최대수량	공지의 너비
• 지정수량의 500배 이하	3m 이상
• 지정수량의 500배 초과 1000배 이하	5m 이상
• 지정수량의 1000배 초과 2000배 이하	9m 이상
• 지정수량의 2000배 초과 3000배 이하	12m 이상
• 지정수량의 3000배 초과 4000배 이하	15m 이상
• 지정수량의 4000배 초과	당해 탱크의 수평단면의 최대지름(횡형인 경우에는 긴변)과 높이 중 큰 것과 지정수량의 4,000배 초과 같은 거리 이상. 다만, 30m 초과의 경우에는 30m 이상으로 할 수 있고, 15m 미만의 경우에는 15m 이상으로 하여야 한다.

(2) **제6류 위험물외의 옥외저장탱크(4,000배 초과 옥외저장탱크를 제외)**를 동일한 방유제안에 **2개 이상** 인접하여 설치하는 경우 그 인접하는 방향의 보유공지는 규정에 의한 **보유공지의 3분의 1 이상**의 너비로 할 수 있다. 이 경우 보유공지의 너비는 **3m 이상**이 되어야 한다. ★★

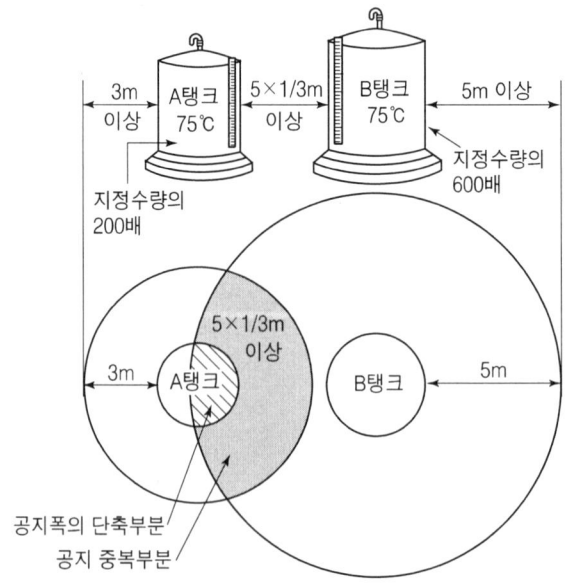

(3) **제6류 위험물의 옥외저장탱크**는 규정에 의한 **보유공지의 3분의 1 이상**의 너비로 할 수 있다. 이 경우 보유공지의 너비는 **1.5m 이상**이 되어야 한다. ★★★

(4) **제6류 위험물의 옥외저장탱크**를 동일구내에 2개 이상 인접하여 설치하는 경우 그 인접하는 방향의 보유공지는 산출된 너비의 **3분의 1 이상**의 너비로 할 수 있다. 이 경우 보유공지의 너비는 **1.5m 이상**이 될 것.

(5) **지정수량의 4,000배 초과 옥외저장탱크**는 물분무설비로 방호 조치한 경우 **보유공지의 1/2 이상**의 너비로 할 수 있다. 이 경우 공지단축 옥외저장탱크의 화재시 $1m^2$ 당 **20kW 이상**의 복사열에 노출되는 표면을 갖는 인접한 옥외저장탱크가 있으면 당해 표면에도 다음 각목의 기준에 적합한 **물분무설비로 방호조치**를 함께 할 것.
  ① 탱크의 표면에 **방사하는 물의 양**은 **탱크의 높이**(기초의 높이를 제외한 높이) 15m 이하마다 원주길이 1m에 대하여 **37L/분 이상**으로 할 것
  ② **수원의 양**은 **20분 이상** 방사할 수 있는 수량으로 할 것
  ③ 탱크의 **높이가 15m**를 초과하는 경우 **15m 이하마다 분무헤드**를 설치할 것

2. 옥외저장탱크의 외부구조 및 설비 ★★

① 옥외저장탱크는 특정옥외저장탱크 및 준특정옥외저장탱크 외에는 **두께 3.2mm 이상의 강철판**으로 할 것
② 압력탱크(최대상용압력이 대기압을 초과하는 탱크)외의 탱크는 충수시험, 압력탱크는 최대상용압력의 1.5배의 압력으로 10분간 실시하는 수압시험에서 각각 새거나 변형되지 아니하여야 한다.

3. 방유제 설치기준 ★★★★★

인화성액체위험물(이황화탄소를 제외)의 옥외탱크저장소의 방유제

(1) 방유제의 용량

방유제안에 탱크가 하나인 때	방유제안에 탱크가 2기 이상인 때
탱크 용량의 110% 이상	용량이 최대인 것의 용량의 110% 이상

★ 인화성이 없는 액체위험물의 옥외저장탱크 방유제의 용량은 탱크용량의 100%로 한다.

(2) **방유제의 높이**는 0.5m 이상 3m 이하, 두께 0.2m 이상, 지하매설깊이 1m 이상으로 할 것

(3) **방유제 내의 면적은 8만m² 이하**로 할 것

(4) 방유제 내에 설치하는 **옥외저장탱크의 수는 10**(방유제 내에 설치하는 모든 옥외저장탱크의 **용량이 20만L 이하**이고, 당해 옥외저장탱크에 저장 또는 취급하는 위험물의 **인화점이 70℃ 이상 200℃ 미만인 경우에는 20**) 이하로 할 것

(5) 방유제 외면의 **2분의 1 이상**은 3m 이상의 노면 폭을 확보한 **구내도로**에 직접 접하도록 할 것

(6) 방유제는 옥외저장탱크의 지름에 따라 그 탱크의 **옆판으로부터** 다음에 정하는 **거리**를 유지할 것.

• 지름이 15m 미만인 경우	탱크 높이의 3분의 1 이상
• 지름이 15m 이상인 경우	탱크 높이의 2분의 1 이상

(7) 방유제는 철근콘크리트 또는 흙으로 만들고, 위험물이 방유제의 외부로 유출되지 아니하는 구조로 할 것

(8) 용량이 **1,000만L 이상**인 옥외저장탱크의 **방유제**에는 **탱크마다 간막이 둑을 설치할 것**
　① 간막이 **둑의 높이**는 0.3m(방유제내 옥외저장탱크의 용량의 합계가 **2억L를 넘는 방유제는 1m**) 이상으로 하되, 방유제의 높이보다 **0.2m 이상 낮게** 할 것
　② **간막이 둑은 흙** 또는 **철근콘크리트**로 할 것
　③ 간막이 **둑의 용량**은 간막이 둑안에 설치된 **탱크의 용량의 10% 이상**일 것

(9) 방유제에는 **배수구**를 설치하고 이를 **개폐하는 밸브** 등을 방유제 **외부에 설치**할 것

(10) **용량이 100만L 이상**인 옥외저장탱크에 있어서는 **밸브** 등에는 **개폐상황**을 쉽게 **확인할 수 있는 장치**를 설치할 것

(11) **높이가 1m를 넘는 방유제** 및 간막이 둑의 안팎에는 방유제내에 출입하기 위한 **계단 또는 경사로를 약 50m마다 설치**할 것

4. 옥외저장탱크의 외부구조 및 설비 ★★★

(1) 밸브 없는 통기관 ★★★★★

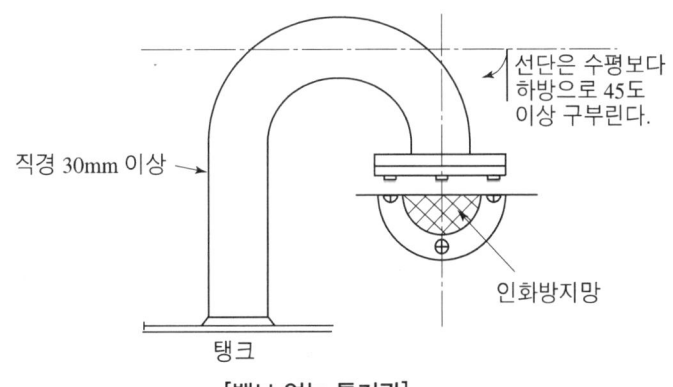

[밸브 없는 통기관]

① 직경은 **30mm 이상**일 것
② 끝부분은 수평면보다 **45도 이상** 구부려 빗물 등의 침투를 막는 구조로 할 것
③ **인화점이 38℃ 미만인 위험물만**을 저장, 취급 탱크의 통기관에는 **화염방지장치**를 설치하고, 그 외의 탱크 통기관에는 **40메쉬**(mesh) **이상**의 **구리망** 또는 **인화방지장치**를 설치할 것
④ 가연성의 증기를 회수하기 위한 밸브를 통기관에 설치하는 경우에 있어서는 당해 통기관의 밸브는 저장탱크에 위험물을 주입하는 경우를 제외하고는 항상 개방되어 있는 구조로 하는 한편, 폐쇄하였을 경우에 있어서는 **10kPa 이하**의 압력에서 개방되는 구조로 할 것. 이 경우 개방된 부분의 유효단면적은 777.15mm² **이상**이어야 한다.

(2) 대기밸브부착 통기관

5kPa 이하의 압력차이로 작동할 수 있을 것

5. 탱크전용실에 옥내저장탱크의 용량 ★★★

① 1층 이하의 층 : 지정수량의 40배 이하
② 2층 이상의 층 : 지정수량의 10배 이하

6. 알킬알루미늄 등, 아세트알데하이드 등 및 하이드록실아민 등을 저장, 취급하는 옥외탱크저장소

(1) 알킬알루미늄 등의 옥외탱크저장소

① 옥외저장탱크의 주위에는 누설범위를 국한하기 위한 설비 및 누설된 알킬알루미늄 등을 안전한 장소에 설치된 조에 이끌어 들일 수 있는 설비를 설치할 것
② 옥외저장탱크에는 불활성의 기체를 봉입하는 장치를 설치할 것

(2) 아세트알데하이드 등의 옥외탱크저장소

① 옥외저장탱크의 설비는 동·마그네슘·은·수은 또는 이들을 성분으로 하는 합금으로 만들지 아니할 것
② 옥외저장탱크에는 냉각장치 또는 보냉장치, 그리고 연소성 혼합기체의 생성에 의한 폭발을 방지하기 위한 불활성의 기체를 봉입하는 장치를 설치할 것

(3) 하이드록실아민 등의 옥외탱크저장소

① 옥외탱크저장소에는 하이드록실아민 등의 온도의 상승에 의한 위험한 반응을 방지하기 위한 조치를 강구할 것
② 옥외탱크저장소에는 철이온 등의 혼입에 의한 위험한 반응을 방지하기 위한 조치를 강구할 것

4-4 옥내탱크저장소의 위치·구조 및 설비의 기준

1. 옥내탱크저장소의 기준 ★★★
① 옥내저장탱크는 **단층건축물**에 설치된 탱크전용실에 설치할 것
② 옥내저장**탱크와** 탱크전용실의 **벽과의 사이** 및 **옥내저장탱크의 상호간**에는 0.5m **이상의 간격을 유지할 것**
③ 옥내저장탱크의 용량(동일한 탱크전용실에 옥내저장탱크를 2 이상 설치하는 경우에는 각 탱크의 용량의 합계)은 **지정수량의 40배**(제4석유류 및 동식물유류 외의 제4류 위험물에 있어서 당해 수량이 20,000L를 초과할 때에는 20,000L) 이하일 것

2. 제4류 위험물의 옥내저장탱크 중 밸브 없는 통기관 설치기준 ★★
① 통기관의 끝부분은 건축물의 창·출입구 등의 개구부로부터 1m 이상 떨어진 옥외의 장소에 지면으로부터 4m 이상의 높이로 설치
② 인화점이 40℃ 미만인 위험물의 탱크에 설치하는 통기관은 부지경계선으로부터 1.5m 이상 이격할 것. 다만, 고인화점 위험물만을 100℃ 미만의 온도로 저장 또는 취급하는 탱크에 설치하는 통기관은 그 끝부분을 탱크전용실 내에 설치할 수 있다.

4-5 지하탱크저장소의 위치·구조 및 설비의 기준 ★★

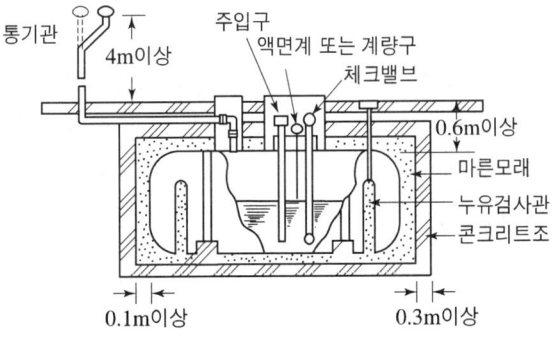

[탱크전용실에 설치된 지하저장탱크]

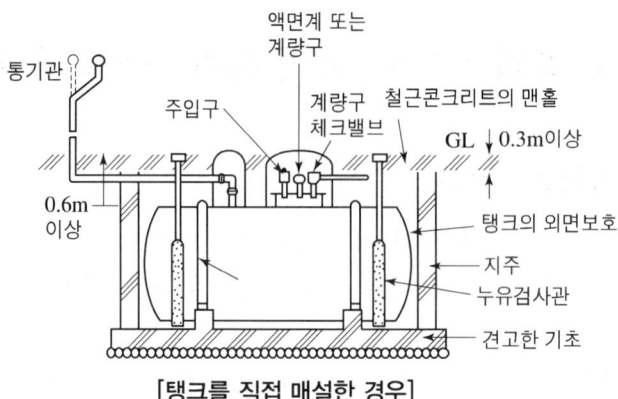

[탱크를 직접 매설한 경우]

① 지하탱크를 지하의 가장 가까운 벽, 피트, 가스관 등 시설물 및 대지경계선으로부터 **0.6m 이상** 떨어진 곳에 매설할 것 ★★★
② **탱크전용실**은 지하의 가장 가까운 벽·피트·가스관 등의 시설물 및 대지경 계선으로부터 **0.1m 이상** 떨어진 곳에 설치하고, 지하저장탱크와 탱크전용실의 안쪽과의 사이는 **0.1m 이상의 간격**을 유지하도록 하며, 당해 탱크의 주위에 마른 모래 또는 습기 등에 의하여 응고되지 아니하는 **입자지름 5mm 이하의 마른 자갈분**을 채울 것
③ 지하저장탱크의 **윗 부분**은 지면으로부터 **0.6m 이상 아래**에 있을 것. ★★
④ 지하저장탱크를 2 **이상 인접**해 설치하는 경우에는 그 **상호간**에 **1m**(당해 2 이상의 지하저장탱크의 용량의 합계가 **지정수량의 100배 이하인 때에는 0.5m**) 이상의 간격을 유지 할 것.

[지하저장탱크를 2 이상 인접해 설치하는 경우]

2 이상의 지하저장탱크의 용량의 합계	지정수량의 100배 초과	지정수량의 100배 이하
탱크상호간 간격	1m 이상	0.5m 이상

⑤ 지하저장탱크의 재질은 **두께 3.2mm 이상의 강철판**으로 하여 완전용입용접 또는 양면겹침 이음용접으로 틈이 없도록 만드는 동시에, **압력탱크**(**최대상용압력이 46.7kPa 이상인 탱크**) **외의 탱크**에 있어서는 **70kPa의 압력**으로, **압력탱크**에 있어서는 **최대상용압력의 1.5배의 압력**으로 각각 **10분간 수압시험**을 실시하여 새거나 변형되지 아니할 것.

4-6 간이탱크저장소의 위치·구조 및 설비의 기준 ★★★★★

(1) 하나의 간이탱크저장소에 설치하는 **간이저장탱크**는 그 수를 3 이하로 하고, 동일한 품질의 위험물의 간이저장탱크를 2 이상 설치하지 아니할 것
(2) 간이저장탱크는 움직이거나 넘어지지 아니하도록 지면 또는 가설대에 고정시키되, **옥외**에 설치하는 경우에는 그 탱크의 주위에 **너비 1m 이상의 공지**를 두고, 전용실 안에 설치하는 경우에는 **탱크와 전용실의 벽**과의 사이에 **0.5m 이상의 간격을 유지** 할 것
(3) 간이저장탱크의 **용량은 600L 이하**일 것
(4) 간이저장탱크는 **두께 3.2mm 이상의 강판**으로 흠이 없도록 제작하여야 하며, **70kPa의 압력으로 10분간의 수압시험**을 실시하여 새거나 변형되지 아니할 것.
(5) 간이저장탱크에는 다음 각목의 기준에 적합한 밸브 없는 통기관을 설치할 것
　① 통기관의 지름은 **25mm 이상**으로 할 것
　② 통기관은 옥외에 설치하되, 그 **끝부분의 높이는 지상 1.5m 이상**으로 할 것
　③ 통기관의 끝부분은 수평면에 대하여 아래로 **45도 이상** 구부려 빗물 등이 침투하지 아니하도록 할 것
　④ 가는 눈의 구리망 등으로 **인화방지장치**를 할 것

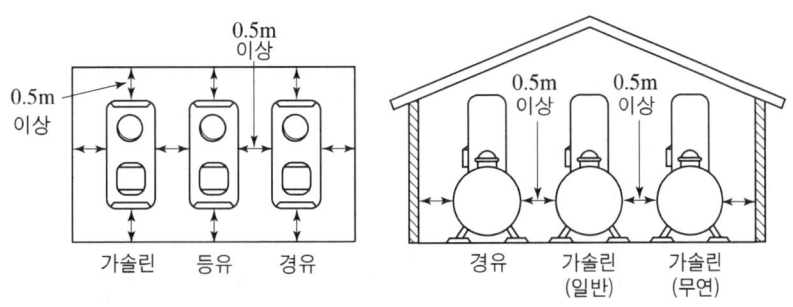

[간이탱크저장소]

4-7 이동탱크저장소의 위치·구조 및 설비의 기준 ★★★

1. 이동저장탱크의 구조 기준

① 10분간의 수압시험을 실시하여 새거나 변형되지 아니할 것.

압력탱크	압력탱크(최대상용압력이 46.7kPa 이상인 탱크)외
최대상용압력의 1.5배의 압력	70kPa의 압력

② 이동저장탱크는 그 내부에 **4,000L 이하**마다 **3.2mm 이상의 강철판** 또는 이와 동등 이상의 강도·내열성 및 내식성이 있는 금속성의 것으로 **칸막이**를 설치할 것.
③ 칸막이로 구획된 각 부분마다 맨홀과 다음 각목의 기준에 의한 안전장치 및 방파판을 설치할 것(단, 칸막이로 구획된 부분의 용량이 **2,000L 미만**인 부분에는 **방파판을 설치하지 아니할 수 있다.**

2. 안전장치의 설치기준

탱크의 압력	안전장치 작동압력
상용압력이 20kPa 이하	20kPa 이상 24kPa 이하
상용압력이 20kPa 초과	상용압력의 1.1배 이하

3. 방파판의 설치기준 ★★★★★

① 두께 **1.6mm 이상의 강철판** 또는 이와 동등 이상의 강도·내열성 및 내식성이 있는 금속성의 것으로 할 것
② 하나의 구획부분에 **2개 이상의 방파판**을 이동탱크저장소의 **진행방향과 평행**으로 설치하되, 각 방파판은 그 높이 및 칸막이로부터의 거리를 다르게 할 것
③ 하나의 구획부분에 설치하는 각 방파판의 면적의 합계는 당해 구획부분의 **최대 수직단면적의 50% 이상**으로 할 것. 다만, **수직단면이 원형**이거나 **짧은 지름이 1m 이하**의 타원형일 경우에는 **40% 이상**으로 할 수 있다.
④ 맨홀·주입구 및 안전장치 등이 탱크의 상부에 돌출되어 있는 탱크에 있어서 부속장치의 손상을 방지하기 위한 측면틀 및 방호틀을 설치

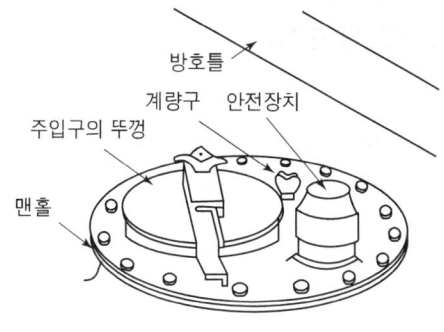

[맨홀 및 안전장치]

- 측면틀
① 최외측선의 수평면에 대한 내각이 75도 이상이 되도록 할 것.
② 최외측선과 직각을 이루는 직선과의 내각이 35도 이상이 되도록 할 것
③ 탱크상부의 네 모퉁이에 당해 탱크의 전단 또는 후단으로부터 각각 1m 이내의 위치에 설치할 것

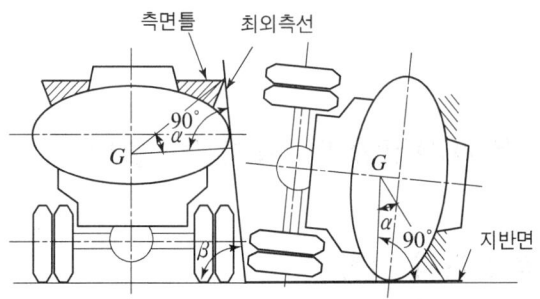

- 방호틀
① 두께 2.3mm 이상의 강철판
② 정상부분은 부속장치보다 50mm 이상 높게 할 것

[주유탱크차 예]

4. 측면틀 및 방호틀의 설치기준

(1) 측면틀
  ① 최외측선의 수평면에 대한 **내각이 75도 이상**이 되도록 하고, 최외측선과 직각을 이루는 직선과의 **내각이 35도 이상**이 되도록 할 것
  ② 외부로부터 하중에 견딜 수 있는 구조로 할 것
  ③ 탱크상부의 네 모퉁이에 당해 탱크의 전단 또는 후단으로부터 각각 **1m 이내**의 위치에 설치할 것
  ④ 측면틀에 걸리는 하중에 의하여 탱크가 손상되지 아니하도록 측면틀의 부착부분에 **받침판**을 설치할 것

(2) 방호틀
  ① 두께 **2.3mm 이상**의 강철판 또는 이와 동등 이상의 기계적 성질이 있는 재료로써 산모양의 형상으로 하거나 이와 동등 이상의 강도가 있는 형상으로 할 것
  ② 정상부분은 부속장치보다 **50mm 이상** 높게 하거나 이와 동등 이상의 성능이 있는 것으로 할 것

4-8 옥외저장소의 위치 및 설비의 기준

1. 옥외저장소의 공지의 너비 ★★★

경계표시의 주위에는 그 저장 또는 취급하는 위험물의 최대수량에 따라 다음 표에 의한 너비의 공지를 보유할 것. 다만, 제4류 위험물 중 **제4석유류와 제6류 위험물**을 저장 또는 취급하는 옥외저장소의 보유공지는 다음 표에 의한 공지의 너비의 **3분의 1**

이상의 너비로 할 수 있다.

저장 또는 취급하는 위험물의 최대수량	공지의 너비
지정수량의 10배 이하	3m 이상
지정수량의 10배 초과 20배 이하	5m 이상
지정수량의 20배 초과 50배 이하	9m 이상
지정수량의 50배 초과 200배 이하	12m 이상
지정수량의 200배 초과	15m 이상

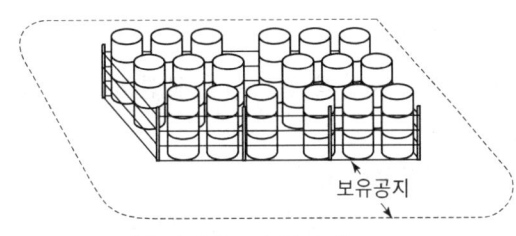

[옥외저장소의 울타리]

2. 옥외저장소의 선반 설치기준 ★★★★

① 선반은 불연재료로 만들고 견고한 지반면에 고정할 것
② 선반은 당해 선반 및 그 부속설비의 자중·저장하는 위험물의 중량·풍하중·지진의 영향 등에 의하여 생기는 응력에 대하여 안전할 것
③ 선반의 높이는 6m를 초과하지 아니할 것
④ 선반에는 위험물을 수납한 용기가 쉽게 낙하하지 아니하는 조치를 강구할 것

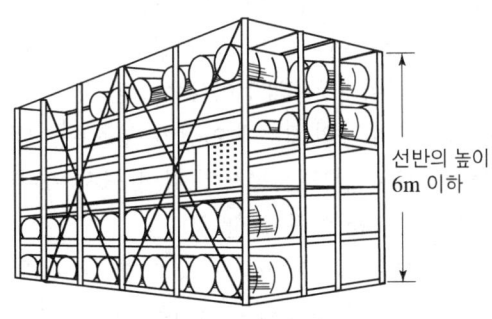

[옥외저장소의 선반]

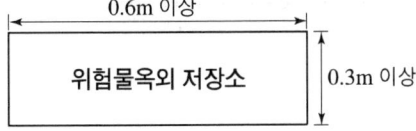

3. 옥외저장소에서 위험물을 저장하는 경우 높이 제한. ★★★★★

① 기계에 의하여 하역하는 구조로 된 용기만을 겹쳐 쌓는 경우 : 6m
② 제4류 위험물 중 제3석유류, 제4석유류 및 동식물유류를 수납하는 용기만을 겹쳐 쌓는 경우 : 4m
③ 그 밖의 경우 : 3m

4. 건축물의 구조 ★★

① 지하층이 없도록 할 것.
② 벽·기둥·바닥·보·서까래 및 계단은 불연재료로, 외벽은 개구부가 없는 내화구조의 벽으로 할 것.
③ 지붕은 가벼운 불연재료로 덮을 것
④ 출입구와 비상구에는 60분+방화문·60분방화문 또는 30분방화문을 설치하되, 연소의 우려가 있는 외벽에 설치하는 출입구에는 수시로 열 수 있는 자동폐쇄식의 60분+방화문 또는 60분방화문을 설치할 것.
⑤ 창 및 출입구에 유리를 이용하는 경우에는 망입유리로 할 것.
⑥ 건축물의 바닥은 적당한 경사를 두어 그 최저부에 집유설비를 할 것.

5. 옥외저장소 중 덩어리 상태의 황만을 지반면에 설치한 경계표시의 안쪽에서 저장 또는 취급하는 것의 위치·구조 및 설비의 기술기준

① 하나의 경계표시의 내부의 **면적은 $100m^2$ 이하**일 것
② 2 이상의 경계표시를 설치하는 경우에 있어서는 각각의 경계표시 내부의 면적을 합산한 면적은 $1,000m^2$ 이하로 하고, 인접하는 경계표시와 경계표시와의 간격을 규정에 의한 공지의 너비의 2분의 1 이상으로 할 것. 다만, 저장 또는 취급하는 위험물의 최대수량이 지정수량의 200배 이상인 경우에는 10m 이상으로 하여야 한다.
③ 경계표시는 불연재료로 만드는 동시에 황이 새지 아니하는 구조로 할 것
④ 경계표시의 높이는 **1.5m 이하**로 할 것
⑤ 경계표시에는 황이 넘치거나 비산하는 것을 방지하기 위한 천막 등을 고정하는 장치를 설치하되, 천막 등을 고정하는 장치는 경계표시의 길이 2m마다 한 개 이상 설치할 것
⑥ 황을 저장 또는 취급하는 장소의 주위에는 배수구와 분리장치를 설치할 것

6. 옥외저장소에 저장할 수 있는 위험물

① 제2류 위험물 : 황, 인화성고체(인화점이 0℃ 이상)
② 제4류 위험물 : 제1석유류(인화점이 0℃ 이상), 제2석유류, 제3석유류, 제4석유류, 알코올류, 동식물유류
③ 제6류 위험물

4-9 암반탱크저장소의 위치·구조 및 설비의 기준

① **암반투수계수**가 10^{-5}m/sec 이하인 천연암반내에 설치할 것 ★★★
② 저장할 위험물의 증기압을 억제할 수 있는 **지하수면하**에 설치할 것
③ 암반탱크의 **내벽**은 암반균열에 의한 **낙반을 방지**할 수 있도록 **볼트·콘크리트** 등으로 보강할 것

4-10 주유취급소의 위치·구조 및 설비의 기준

1. 주유공지 및 급유공지 ★★★

주유공지	급유공지
너비 15m 이상, 길이 6m 이상의 콘크리트 등으로 포장한 공지	고정급유설비의 호스기기의 주위에 필요한 공지

• 공지의 바닥은 주위 지면보다 높게 하고, **배수구·집유설비** 및 **유분리장치**를 할 것

2. 표지 및 게시판 ★★★★★

표 지	게 시 판
위험물 주유취급소	1. 방화에 관하여 필요한 사항 2. 황색바탕에 흑색문자로 "주유중엔진정지" ★★

3. 주유취급소에 설치할 수 있는 부대시설

① 주유 또는 등유·경유를 채우기 위한 **작업장**
② 주유취급소의 업무를 행하기 위한 **사무소**
③ 자동차 등의 **점검 및 간이정비**를 위한 작업장
④ 자동차 등의 **세정**을 위한 작업장
⑤ 주유취급소에 출입하는 사람을 대상으로 한 **점포·휴게음식점** 또는 **전시장**
⑥ 주유취급소의 **관계자**가 거주하는 **주거시설**

4. 담 또는 벽

자동차 등이 출입하는 쪽 외의 부분에 높이 2m 이상의 내화구조 또는 불연재료의 담 또는 벽을 설치할 것

5. 고객이 직접 주유하는 주유취급소의 특례기준

구분		연속 주유량의 상한	주유시간의 상한
셀프용고정주유설비	휘발유	100L 이하	4분 이하
	경유	600L 이하	12분 이하
구분		연속 급유량의 상한	급유시간의 상한
셀프용고정급유설비		100L 이하	6분 이하

6. 고속국도의 도로변의 주유취급소 탱크최대 용량

60,000L ★★

7. 고정주유설비 또는 고정급유설비 ★★★

(1) 주유관의 길이는 5m(현수식의 경우에는 지면 위 0.5m의 수평면에 반경 3m) 이내

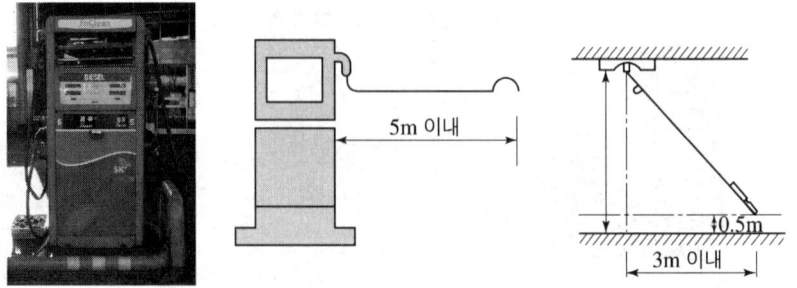

[고정식 및 현수식 주유관]

(2) 끝부분에는 축적된 정전기를 유효하게 제거할 수 있는 장치를 설치
(3) 고정주유설비 또는 고정급유설비의 설치위치
  ① 고정주유설비의 중심선을 기점으로 하여
    • 도로경계선까지 4m 이상
    • 부지경계선·담 및 건축물의 벽까지 2m(개구부가 없는 벽까지는 1m) 이상
  ② 고정급유설비의 중심선을 기점으로 하여
    • 도로경계선까지 4m 이상
    • 부지경계선 및 담까지 1m 이상
    • 건축물의 벽까지 2m(개구부가 없는 벽까지는 1m) 이상
(4) 고정주유설비와 고정급유설비의 사이에는 4m 이상

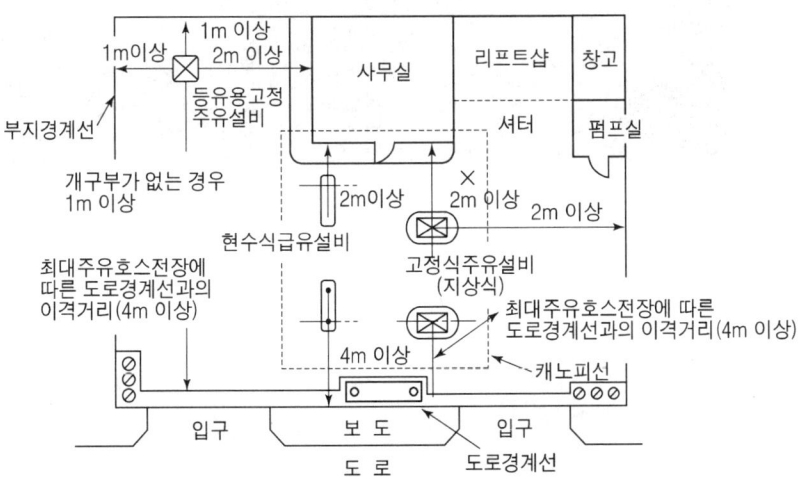

[고정주유설비 및 고정급유설비]

8. 주유취급소의 탱크

① 자동차 등에 주유하기 위한 고정주유설비에 직접 접속하는 전용탱크 : 50,000L 이하
② 고정급유설비에 직접 접속하는 전용탱크 : 50,000L 이하
③ 보일러 등에 직접 접속하는 전용탱크 : 10,000L 이하
④ 폐유탱크로서 용량(2 이상 설치하는 경우에는 각 용량의 합계)이 2,000L 이하인 탱크
⑤ 고정주유설비 또는 고정급유설비에 직접 접속하는 3기 이하의 간이탱크

9. 캐노피의 설치기준

① 배관이 캐노피 내부를 통과할 경우에는 1개 이상의 점검구를 설치할 것
② 캐노피 외부의 점검이 곤란한 장소에 배관을 설치하는 경우에는 용접이음으로 할 것
③ 캐노피 외부의 배관이 일광열의 영향을 받을 우려가 있는 경우에는 단열재로 피복할 것

4-11 판매취급소의 위치·구조 및 설비의 기준

[판매취급소의 구분 ★★★]

취급소의 구분	저장 또는 취급하는 위험물의 수량
제1종 판매취급소	지정수량의 20배 이하
제2종 판매취급소	지정수량의 40배 이하

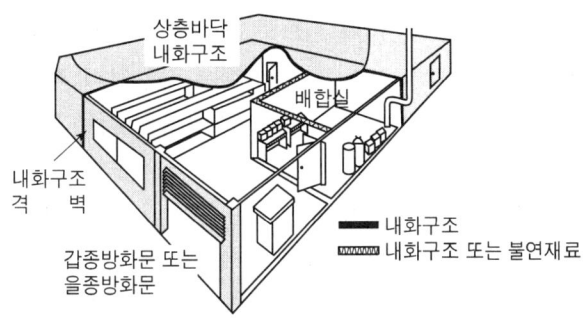

[제1종 판매취급소]

1. 제1종 판매취급소의 위치·구조 및 설비의 기준 : (제1종판매취급소 : 지정수량의 20배 이하인 판매취급소)

(1) 건축물의 **1층에 설치**할 것
(2) 건축물의 부분은 **내화구조 또는 불연재료**로 하고, 판매취급소로 사용되는 부분과 다른 부분과의 **격벽은 내화구조**로 할 것
(3) 건축물의 부분은 **보를 불연재료**로 하고, 반자를 설치하는 경우에는 **반자를 불연재료**로 할 것
(4) 상층이 있는 경우에 있어서는 그 **상층의 바닥을 내화구조**로 하고, 상층이 없는 경우에 있어서는 **지붕을 내화구조로 또는 불연재료**로 할 것
(5) **창 및 출입구**에는 60분+방화문·60분방화문 또는 30분방화문을 설치할 것
(6) **창 또는 출입구**에 유리를 이용하는 경우에는 **망입유리**로 할 것
(7) 위험물을 **배합하는** 실은 다음에 의할 것
  ① 바닥면적은 $6m^2$ 이상 $15m^2$ 이하일 것
  ② **내화구조 또는 불연재료로 된 벽**으로 구획할 것
  ③ 바닥은 위험물이 침투하지 아니하는 구조로 하여 적당한 경사를 두고 **집유설비**를 할 것
  ④ **출입구**에는 수시로 열 수 있는 자동폐쇄식의 60분+방화문 또는 60분방화문을

설치할 것
⑤ 출입구 **문턱의 높이**는 바닥면으로부터 **0.1m 이상**으로 할 것
⑥ 내부에 체류한 가연성의 증기 또는 가연성의 미분을 지붕위로 방출하는 설비를 할 것

2. 제2종 판매취급소의 위치·구조 및 설비의 기준 ★★★
(제2종 판매취급소 : 지정수량의 40배 이하인 판매취급소)

(1) **벽·기둥·바닥 및 보를 내화구조** 하고, **천장**이 있는 경우에는 이를 **불연재료**로 하며, 판매취급소로 사용되는 부분과 다른 부분과의 **격벽은 내화구조**로 할 것
(2) 상층이 있는 경우에는 상층의 바닥을 내화구조로 하는 동시에 상층으로의 연소를 방지하기 위한 조치를 강구하고, 상층이 없는 경우에는 지붕을 내화구조로 할 것
(3) 연소의 우려가 없는 부분에 한하여 창을 두되, 당해 **창에는 60분+방화문·60분방화문** 또는 30분방화문을 설치할 것
(4) **출입구에는 60분+방화문·60분방화문** 또는 30분방화문을 설치할 것. 다만, 당해 부분 중 연소의 우려가 있는 벽 또는 창의 부분에 설치하는 출입구에는 수시로 열 수 있는 **자동폐쇄식의 60분+방화문 또는 60분방화문**을 설치하여야 한다.

4-12 소화설비, 경보설비 및 피난설비의 기준 ★★★★

1. 소화설비의 설치기준

(1) 전기설비의 소화설비
당해 장소의 **면적 100m² 마다** 소형수동식소화기를 1개 이상 설치할 것

(2) 소요단위의 계산방법

① 제조소 또는 취급소의 건축물

외벽이 내화구조인 것	외벽이 내화구조가 아닌것
연면적 100m²를 1소요단위	연면적 50m²를 1소요단위

② 저장소의 건축물

외벽이 내화구조인 것	외벽이 내화구조가 아닌것
연면적 150m² : 1소요단위	연면적 75m² : 1소요단위

③ 위험물은 **지정수량의 10배를 1소요단위**로 할 것

(3) 간이 소화용구의 능력단위

소화설비	용량	능력단위
• 소화전용(專用)물통	8L	0.3
• 수조(소화전용물통 3개 포함)	80L	1.5
• 수조(소화전용물통 6개 포함)	190L	2.5
• 마른 모래(삽 1개 포함)	50L	0.5
• 팽창질석 또는 팽창진주암(삽 1개 포함)	80L	0.5

2. 옥내소화전설비의 설치기준 ★★★

① 옥내소화전은 **수평거리가 25m 이하**가 되도록 설치할 것. 이 경우 옥내소화전은 각 층의 **출입구 부근에 1개 이상** 설치할 것.

② 수원의 수량은 옥내소화전이 **가장 많이 설치된 층의 옥내소화전 설치개수(5개 이상인 경우 5개)에 7.8m³**를 곱한 양 이상이 되도록 설치할 것

$$\text{수원의 양 } Q(\text{m}^3) = N \times 7.8\text{m}^3 \ (260\text{L/분} \times 30\text{분})$$

여기서, N : 가장 많이 설치된 층의 옥내소화전 설치개수 (최대5개)

③ 옥내소화전설비는 각층을 기준으로 하여 당해 층의 모든 옥내소화전(개수가 **5개 이상인 경우는 5개**)을 동시에 사용할 경우에 각 **노즐 끝부분의 방수압력이 350kPa 이상**이고 **방수량이 260L/분 이상**의 성능이 되도록 할 것

노즐 끝부분의 방수압력	방 수 량
350kPa	260L/분

3. 옥외소화전설비의 설치기준 ★★★

① 옥외소화전은 **수평거리가 40m 이하**가 되도록 설치할 것. 이 경우 그 **설치개수가 1개일 때는 2개**로 할 것.

② 수원의 수량은 **옥외소화전의 설치개수(4개 이상인 경우는 4개)에 13.5m³**를 곱한 양 이상이 되도록 설치할 것

$$\text{수원의 양 } Q(\text{m}^3) = N \times 13.5\text{m}^3 \ (450\text{L/분} \times 30\text{분})$$

여기서, N : 가장 많이 설치된 층의 옥외소화전 설치개수 (최대4개)

③ 옥외소화전설비는 모든 옥외소화전(설치개수가 4개 이상인 경우는 4개)을 동시에 사용할 경우에 각 노즐 끝부분의 **방수압력이 350kPa 이상**이고, **방수량이 450L/분 이상**의 성능이 되도록 할 것

노즐 끝부분의 방수압력	방 수 량
350kPa	450L/분

4. 스프링클러설비의 설치기준 ★★★

[위험물제조소등의 소화설비 설치기준]

소화설비	수평거리	방사량 (L/min)	방사압력 (kPa)	수 원의 양
옥내	25m 이하	260	350	$Q = N(\text{소화전개수 : 최대 5개}) \times 7.8\text{m}^3$ (260L/min × 30min)
옥외	40m 이하	450	350	$Q = N(\text{소화전개수 : 최대 4개}) \times 13.5\text{m}^3$ (450L/min × 30min)
스프링클러	1.7m 이하	80	100	$Q = N(\text{헤드수 : 최대30개}) \times 2.4\text{m}^3$ (80L/min × 30min)
물분무		20(m²당)	350	$Q = A(\text{표면적m}^2) \times 0.6\text{m}^3/\text{m}^2$ (20L/m².min × 30min)

(1) 스프링클러헤드는 **수평거리가 1.7m 이하**가 되도록 설치할 것
(2) 개방형 스프링클러헤드를 이용한 스프링클러설비의 **방사구역은 150m² 이상**(바닥면적이 150m² 미만인 경우 **바닥면적**)으로 할 것
(3) 수원의 수량
   ① **폐쇄형** 헤드를 사용하는 것은 30(설치개수가 30 미만인 경우 **설치개수**)
   ② **개방형** 헤드를 사용하는 것은 헤드가 **가장 많이 설치된 방사구역**의 헤드 설치 개수에 2.4m³를 곱한 양 이상이 되도록 설치할 것

폐쇄형 스프링클러헤드 사용하는 경우
수원의 양 $Q(\text{m}^3) = N \times 2.4\text{m}^3$ (80L/분 × 30분)
• N : 30 (설치개수가 30 미만인 경우는 설치개수)

개쇄형 스프링클러헤드 사용하는 경우
수원의 양 $Q(\text{m}^3) = N \times 2.4\text{m}^3$ (80L/분 × 30분)
• N : 가장 많이 설치된 방사구역의 스프링클러헤드 설치개수

(4) 헤드의 **방사압력이 100kPa 이상**이고, **방수량이 80L/분 이상**의 성능이 되도록 할 것

헤드의 방수압력	헤드의 방수량
100kPa	80L/분

5. 물분무소화설비의 설치기준 ★★★

① 물분무소화설비의 **방사구역**은 150m² 이상(방호대상물의 **표면적**이 150m² 미만인 경우에는 **당해 표면적**)으로 할 것
② 수원의 수량은 분무헤드가 가장 많이 설치된 방사구역의 모든 분무헤드를 동시에 사용할 경우에 당해 방사구역의 **표면적 1m²당 1분당 20L**의 비율로 계산한 양으로 **30분간 방사**할 수 있는 양 이상이 되도록 설치할 것
③ 물분무소화설비는 분무헤드를 동시에 사용할 경우에 각 끝부분의 방사압력이 **350kPa 이상**으로 **표준방사량**을 방사할 수 있는 성능이 되도록 할 것

물분무 헤드의 방수압력	헤드의 방수량
350kPa	헤드의 설계압력에 의한 방사량

6. 위험물 제조소에 설치하는 소화설비의 비상전원 용량

소화설비	용도구분	비상전원
• 옥내소화전설비 • 옥외소화전설비 • 스프링클러설비	위험물제조소등	45분

7. 폐쇄형 스프링클러 헤드의 표시온도

부착장소의 최고주위온도 (℃)	표시온도 (℃)
28 미만	58 미만
28 이상 39 미만	58 이상 79 미만
39 이상 64 미만	79 이상 121 미만
64 이상 106 미만	121 이상 162 미만
106 이상	162 이상

8. 피난설비

① 주유취급소 중 건축물의 2층의 부분을 점포 · 휴게음식점 또는 전시장의 용도로 사용하는 것에 있어서는 당해 건축물의 2층으로부터 직접 주유취급소의 부지 밖으로 통하는 출입구와 당해 출입구로 통하는 통로 · 계단 및 출입구에 유도등을 설치
② 옥내주유취급소에 있어서는 당해 사무소 등의 출입구 및 피난구와 당해 피난구로 통하는 통로 · 계단 및 출입구에 유도등을 설치
③ 유도등에는 비상전원을 설치

# 4-13 제조소등에서의 위험물의 저장 및 취급에 관한 기준

1. 알킬알루미늄, 아세트알데하이드등 및 다이에틸에터등의 저장기준 ★★

탱크의 종류	물질명	저장기준
• 이동저장탱크	알킬알루미늄	20kPa 이하의 압력으로 불활성의 기체를 봉입
	아세트알데하이드	불활성의 기체를 봉입
• 옥외·옥내, 지하 저장탱크 중 압력탱크 외의 탱크	산화프로필렌과 이를 함유한 것 또는 다이에틸에터	30℃ 이하
	아세트알데하이드 또는 이를 함유한 것	15℃ 이하
• 옥외·옥내 또는 지하 저장탱크 중 압력 탱크에 저장하는 경우	아세트알데하이드등 또는 다이에틸에터	40℃ 이하
• 보냉장치가 있는 이동 저장탱크	아세트알데하이드등 또는 다이에틸에터	비점 이하
• 보냉장치가 없는 이동 저장탱크	아세트알데하이드등 또는 다이에틸에터	40℃ 이하

# 4-14 위험물의 운반에 관한 기준

1. 위험물 운반용기의 외부 표시 사항 ★★★★★

① 위험물의 품명, 위험등급, 화학명 및 수용성(제4류 위험물의 수용성인 것에 한함)
② 위험물의 수량
③ 수납하는 위험물에 따른 주의사항

종류별	성질에 따른 구분	표시사항
• 제1류 위험물	알칼리금속의 과산화물	화기·충격주의, 물기엄금 및 가연물접촉주의
	그 밖의 것	화기·충격주의 및 가연물접촉주의
• 제2류 위험물	철분·금속분·마그네슘	화기주의 및 물기엄금
	인화성고체	화기엄금
	그 밖의 것	화기주의
• 제3류 위험물	자연발화성 물질	화기엄금 및 공기접촉엄금
	금수성 물질	물기엄금
• 제4류 위험물	인화성 액체	화기엄금
• 제5류 위험물	자기반응성 물질	화기엄금 및 충격주의
• 제6류 위험물	산화성 액체	가연물 접촉주의

2. 유별을 달리하는 위험물의 혼재기준 ★★★★★

구 분	제1류	제2류	제3류	제4류	제5류	제6류
제1류		×	×	×	×	○
제2류	×		×	○	○	×
제3류	×	×		○	×	×
제4류	×	○	○		○	×
제5류	×	○	×	○		×
제6류	○	×	×	×	×	

[비고]
1. "×"표시는 혼재할 수 없음을 표시
2. "○"표시는 혼재할 수 있음을 표시
3. 이 표는 지정수량의 $\frac{1}{10}$ 이하의 위험물에 대하여는 적용하지 아니한다.

3. 적재위험물의 성질에 따른 조치 ★★★★★

(1) 차광성이 있는 피복으로 가려야하는 위험물

① 제1류 위험물
② 제3류위험물 중 자연발화성물질
③ 제4류 위험물 중 특수인화물
④ 제5류 위험물
⑤ 제6류 위험물

(2) 방수성이 있는 피복으로 덮어야 하는 것

① 제1류 위험물 중 알칼리금속의 과산화물
② 제2류 위험물 중 철분 · 금속분 · 마그네슘 또는 이들 중 어느 하나 이상을 함유한 것
③ 제3류 위험물 중 금수성 물질

4. 운반용기의 내용적에 대한 수납율 ★★★★★

① 액체위험물 : 내용적의 98% 이하
② 고체위험물 : 내용적의 95% 이하
③ 알킬알루미늄 : 내용적의 90% 이하(50℃ 온도에서 5% 이상의 공간 용적 유지)

5. 위험물의 등급 분류 ★★★

위험등급	해당 위험물
위험등급 I	① 제1류 위험물 중 아염소산염류, 염소산염류, 과염소산염류, 무기과산화물 　그 밖에 지정수량이 50kg인 위험물 ② 제3류 위험물 중 칼륨, 나트륨, 알킬알루미늄, 알킬리튬, 황린 그 밖에 지정수량이 10kg 또는 20kg인 위험물 ③ 제4류 위험물 중 특수인화물 ④ 제5류 위험물 중 유기과산화물, 질산에스터류 　그 밖에 지정수량이 10kg인 위험물 ⑤ 제6류 위험물
위험등급 II	① 제1류 위험물 중 브로민산염류, 질산염류, 아이오딘산염류 　그 밖에 지정수량이 300kg인 위험물 ② 제2류 위험물 중 황화인, 적린, 황 　그 밖에 지정수량이 100kg인 위험물 ③ 제3류 위험물 중 알칼리금속(칼륨, 나트륨 제외) 및 알칼리토금속, 유기금속화합물(알킬알루미늄 및 알킬리튬은 제외) 　그 밖에 지정수량이 50kg인 위험물 ④ 제4류 위험물 중 제1석유류, 알코올류 ⑤ 제5류 위험물 중 위험등급 I 위험물 외의 것
위험등급 III	위험등급 I, II 이외의 위험물

4-15 탱크의 내용적 및 공간용적

1. 탱크용적의 산출기준 ★★★★★

탱크의 내용적에서 공간용적을 뺀 용적

　　　탱크의 용적 = 탱크의 내용적 − 탱크의 공간용적

2. 탱크의 공간용적 ★★★

탱크내용적의 $\frac{5}{100}$ 이상 $\frac{10}{100}$ 이하의 용적

(다만, 소화설비(소화약제 방출구를 탱크안의 윗부분에 설치하는 것)를 설치하는 탱크의 공간용적은 당해 소화설비의 소화약제방출구 아래의 0.3m 이상 1m 미만 사이의 면으로부터 윗부분의 용적으로 한다.)

3. 암반탱크의 공간용적

탱크내에 용출하는 7일간의 지하수의 양에 상당하는 용적과 당해 탱크의 내용적의 1/100의 용적 중에서 보다 큰 용적.

4. 탱크의 내용적 계산방법 ★★★★★

(1) 타원형 탱크의 내용적

① 양쪽이 볼록한 것

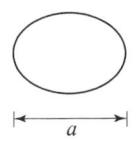 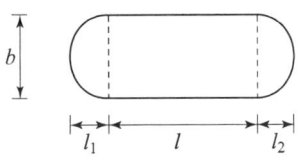 

$$\text{내용적} = \frac{\pi ab}{4}\left(l + \frac{l_1 + l_2}{3}\right)$$

② 한쪽은 볼록하고 다른 한쪽은 오목한 것

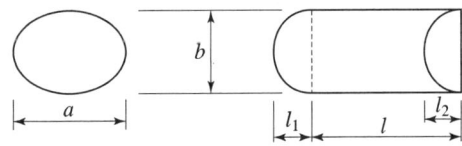

$$\text{내용적} = \frac{\pi ab}{4}\left(l + \frac{l_1 - l_2}{3}\right)$$

(2) 원통형 탱크의 내용적

① 횡으로 설치한 것

 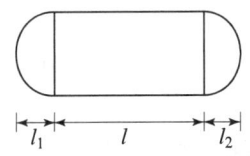

$$\text{내용적} = \pi r^2\left(l + \frac{l_1 + l_2}{3}\right)$$

② 종으로 설치한 것

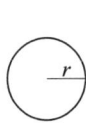 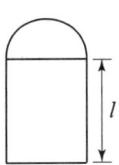

$$\text{내용적} = \pi r^2 l$$

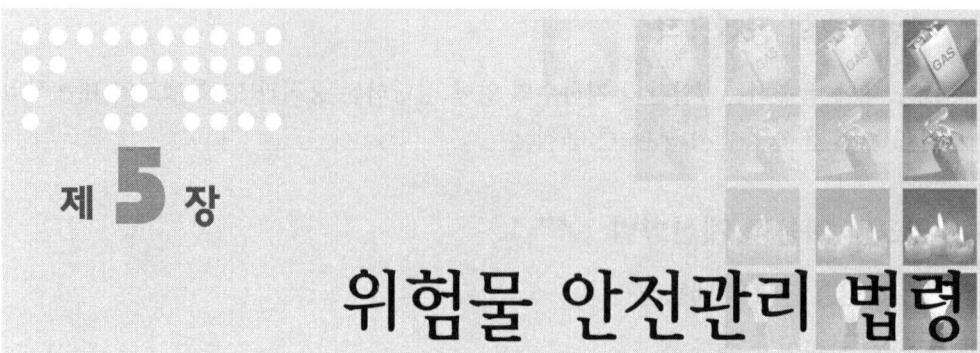

제 5 장 위험물 안전관리 법령

1. 용어의 정의 ★
① 위험물 : 인화성 또는 발화성 등의 성질을 가지는 것으로 대통령령이 정하는 물품
② 제조소등 : 제조소 · 저장소 및 취급소

2. 적용제외
① 항공기
② 선박
③ 철도 및 궤도에 의한 위험물의 저장 · 취급 및 운반

3. 위험물의 저장 및 취급의 제한 ★
★ 제조소등이 아닌 장소에서 위험물을 취급할 수 있는 경우 ★

① 관할소방서장의 승인을 받아 지정수량 이상의 위험물을 90일 이내의 기간 동안 임시로 저장 또는 취급하는 경우
② 군부대가 위험물을 군사목적으로 임시로 저장 또는 취급하는 경우

4. 예방규정을 정하여야 하는 제조소등 ★★★
① 지정수량의 10배 이상의 위험물을 취급하는 제조소
② 지정수량의 100배 이상의 위험물을 저장하는 옥외저장소
③ 지정수량의 150배 이상의 위험물을 저장하는 옥내저장소
④ 지정수량의 200배 이상의 위험물을 저장하는 옥외탱크저장소
⑤ 암반탱크저장소
⑥ 이송취급소
⑦ 지정수량의 10배 이상의 위험물을 취급하는 일반취급소

5. 자체소방대를 설치 대상 사업소

① 취급하는 제4류 위험물의 최대수량의 합이 지정수량의 3천배 이상인 제조소 또는 일반취급소(단, 보일러로 위험물을 소비하는 일반취급소 등은 제외)
② 저장하는 제4류 위험물의 최대수량이 지정수량의 50만배 이상인 옥외탱크저장소

6. 운송책임자의 감독 · 지원 대상 위험물

① 알킬알루미늄
② 알킬리튬
③ 알킬알루미늄, 알킬리튬의 물질을 함유하는 위험물

7. 특정옥외탱크저장소

액체위험물의 최대수량이 100만L 이상

8. 소방시설의 종류 ★★

소방시설	종 류
1. 소화설비	① 소화기구　　　　　② 자동소화장치 ③ 옥내소화전설비　　④ 옥외소화전설비 ⑤ 스프링클러설비 등　⑥ 물분무등소화설비
2. 경보설비	① 비상경보설비　　　② 단독경보형감지기 ③ 비상방송설비　　　④ 누전경보기 ⑤ 자동화재탐지설비　⑥ 시각경보기 ⑦ 자동화재속보설비　⑧ 가스누설경보기 ⑨ 통합감시시설
3. 피난설비	① 피난기구(피난사다리, 구조대, 완강기) ② 인명구조기구(방열복, 공기호흡기, 인공소생기) ③ 유도등(피난유도선, 피난구유도등, 통로유도등, 객석유도등, 유도표지) ④ 비상조명등 및 휴대용 비상조명등
4. 소화용수설비	① 상수도소화용수설비 ② 소화수조 · 저수조 그 밖의 소화용수설비
5. 소화활동설비	① 제연설비　　　　　② 연결송수관설비 ③ 연결살수설비　　　④ 비상콘센트설비 ⑤ 무선통신보조설비　⑥ 연소방지설비

9. 자체소방대에 두는 화학소방자동차 및 인원 ★★

사업소의 구분	화학소방자동차	자체소방대원의 수
1. **제조소** 또는 **일반취급소**에서 취급하는 제4류 위험물의 최대수량의 합이 지정수량의 **3천배 이상 12만배 미만**인 사업소	1대	5인
2. 제조소 또는 일반취급소에서 취급하는 제4류 위험물의 최대수량의 합이 지정수량의 12만배 이상 24만배 미만인 사업소	2대	10인
3. 제조소 또는 일반취급소에서 취급하는 제4류 위험물의 최대수량의 합이 지정수량의 24만배 이상 48만배 미만인 사업소	3대	15인
4. 제조소 또는 일반취급소에서 취급하는 제4류 위험물의 최대수량의 합이 지정수량의 48만배 이상인 사업소	4대	20인
5. 옥외탱크저장소에 저장하는 제4류 위험물의 최대수량이 지정수량의 50만배 이상인 사업소	2대	10인

[비고]
화학소방자동차에는 행정안전부령이 정하는 소화능력 및 설비를 갖추어야 하고, 소화활동에 필요한 소화약제 및 기구(방열복 등 개인장구를 포함한다)를 비치하여야 한다.

제 2 부

최근 기출문제
- 필기

위험물산업기사

2018년 3월 4일 시행

제1과목 일반화학

01 1기압에서 2L의 부피를 차지하는 어떤 이상기체를 온도의 변화 없이 압력을 4기압으로 하면 부피는 얼마가 되겠는가?

① 8L ② 2L
③ 1L ④ 0.5L

해설 보일의 법칙(온도일정)
① $1 \times 2 = 4 \times V_2$
② $V_2 = \dfrac{1 \times 2}{4} = 0.5L$

보일의 법칙
$T(온도) = 일정 \quad P_1V_1 = P_2V_2$
온도가 일정할 때 일정량의 기체가 차지하는 부피는 절대압력에 반비례한다.

샤를의 법칙
$P(압력) = 일정 \quad \dfrac{V_1}{T_1} = \dfrac{V_2}{T_2}$
압력이 일정할 때 일정량의 기체가 차지하는 부피는 절대온도에 비례한다.

해답 ④

02 반투막을 이용하여 콜로이드 입자를 전해질이나 작은 분자로부터 분리 정제하는 것을 무엇이라 하는가?

① 틴들현상 ② 브라운 운동
③ 투석 ④ 전기영동

해설 콜로이드 용액의 성질
① 틴들(Tyndall) 현상 : 콜로이드 용액에 광선을 통과시키면 콜로이드 입자가 산란하여 빛의 진로를 볼 수 있는 현상

② 브라운 운동 : 콜로이드의 불규칙적인 운동
③ 투석(다이알리시스) : 콜로이드 용액에 용질의 혼합액을 투석막에 넣고 흐르는 물속에 넣어두면 분자 또는 이온은 투석막을 통과하여 제거되고 콜로이드 입자만 남게 되는 현상(삼투압 측정에 이용)
④ 전기영동 : 콜로이드 용액에 직류전기를 흐르게 하면 콜로이드 입자는 입자의 하전과 반대극성의 전극으로 이동하여 부근의 농도가 증가되는 현상
⑤ 엉김(응석) : 콜로이드 용액에 전해질을 넣으면 침전되는 현상
⑥ 염석 : 친수콜로이드에 다량의 전해질을 넣으면 엉김이 일어나는 현상(예 : 비눗물에 다량의 소금(NaCl)을 가하면 비누가 분리된다)

해답 ③

03 불순물로 식염을 포함하고 있는 NaOH 3.2g을 물에 녹여 100mL로 한 다음 그 중 50mL를 중화하는데 1N의 염산이 20mL필요했다. 이 NaOH의 농도(순도)는 약 몇 wt%인가?

① 10 ② 20
③ 33 ④ 50

해설 중화적정
$$N_1V_1 = N_2V_2$$
(여기서, N : 노르말농도, V : 부피)

① NaOH가 녹아 있는 50mL의 노르말농도(N)를 구하면
$X \text{N} \times 50\text{mL} = 1\text{N} \times 20\text{mL}$
$X = \dfrac{1 \times 20}{50} = 0.4\text{N} - \text{NaOH}$

② N농도
$= \dfrac{용질의 질량(g)}{1g-당량} \times \dfrac{1000(mL)}{용액의 부피(mL)}$

③ $0.4N = \dfrac{\text{용질의 질량}(g)}{40} \times \dfrac{1000(\text{mL})}{50(\text{mL})}$

용질의 질량 = 0.8g(100% NaOH)

④ 50mL에 0.8g(100% NaOH)이 녹아 있으면 100mL에는 1.6g(100% NaOH)이 녹아 있다.

⑤ ∴ NaOH 순도 = $\dfrac{1.6}{3.2} \times 100 = 50\%$

해답 ④

04 지시약으로 사용되는 페놀프탈레인 용액은 산성에서 어떤 색을 띠는가?

① 적색　　② 청색
③ 무색　　④ 황색

해설 지시약 : pH를 측정하거나 산과 염기의 중화 적정 시 종말점(end point)을 알아내기 위하여 용액의 액성을 나타내는 시약

지시약	변색범위 (pH)	변 색	
		산성색	염기성색
메틸오렌지	3~4.5	빨강	노랑
메틸레드	3~4	빨강	노랑
페놀프탈레인	8~10	무색	빨강
리트머스	6~8	빨강	파랑

해답 ③

05 다음 중 배수비례의 법칙이 성립하는 화합물을 나열한 것은?

① CH_4, CCl_4　　② SO_2, SO_3
③ H_2O, H_2S　　④ SN_3, BH_3

해설 배수비례의 법칙(돌턴이 발견)
두 가지원소가 두 가지 이상의 화합물을 만들 때 한 원소의 일정 중량에 대하여 결합하는 다른 원소의 중량 간에는 항상 간단한 정수비가 성립한다.

화합물	성분원소의 중량비	
CO	C : O = 12 : 16	16 : 32 = 1 : 2
CO_2	C : O = 12 : 32	
H_2O	H : O = 2 : 16	16 : 32 = 1 : 2
H_2O_2	H : O = 2 : 32	
SO_2	S : O = 32 : 32	32 : 48 = 2 : 3
SO_3	S : O = 32 : 48	
N_2O	N : O = 28 : 16	16 : 16 = 1 : 1
NO	N : O = 14 : 16	

해답 ②

06 결합력이 큰 것부터 작은 순서로 나열한 것은?

① 공유결합 > 수소결합 > 반데르발스결합
② 수소결합 > 공유결합 > 반데르발스결합
③ 반데르발스결합 > 수소결합 > 공유결합
④ 수소결합 > 반데르발스결합 > 공유결합

해설 결합력의 세기
공유결합(100) > 수소결합(10) > 반데르발스결합(1)

해답 ①

07 다음 중 CH_3COOH와 C_2H_5OH의 혼합물에 소량의 진한 황산을 가하여 가열하였을 때 주로 생성되는 물질은?

① 아세트산에틸　　② 메탄산에틸
③ 글리세롤　　④ 다이에틸에터

해설 아세트산과 에틸알코올의 반응식(아세트산 = 초산)

$CH_3COOH + C_2H_5OH \xrightarrow{H_2SO_4} CH_3COOC_2H_5 + H_2O$
　(초산)　　(에틸알코올)　　　　(초산에틸)　　(물)

해답 ①

08 다음 중 비극성 분자는 어느 것인가?

① HF　　② H_2O
③ NH_3　　④ CH_4

해설 ① **비극성분자(비쌍극자)**
분자구조의 **대칭성** 때문에 극성을 나타내지 않는 분자
H_2, O_2, CO_2, CH_4, C_6H_6

② **극성분자(쌍극자)**
극성공유결합에 의해 전기쌍극자 모멘트를 갖는 분자
HF, HCl, HBr, H_2O, NH_3, C_2H_5OH, CH_3COCH_3

해답 ④

09 다음 물질 중 비점이 약 197°C 인 무색 액체이고, 약간 단맛이 있으며 부동액의 원료로 사용하는 것은?

① CH_3CHCl_2 ② CH_3COCH_3
③ $(CH_3)_2CO$ ④ $C_2H_4(OH)_2$

해설 에틸렌글리콜($C_2H_4(OH)_2$)
- 제4류 - 제3석유류 - 수용성

화학식	분자량	비중	비점
CH_2OHCH_2OH	62	1.1	197℃
	인화점	착화점	연소범위
	111℃	413℃	3.2% 이상

① 물과 혼합하여 **부동액**으로 이용된다.
② 물, 알콜, 아세톤 등에 잘 녹는다.
③ 흡습성이 있고 **단맛이 있는** 액체이다.
④ 독성이 있는 2가 알코올이다.

해답 ④

10 구리를 석출하기 위해 $CuSO_4$ 용액에 0.5F의 전기량을 흘렸을 때 약 몇 g의 구리가 석출되겠는가? (단, 원자량은 Cu 64, S 32, O 16 이다.)

① 16 ② 32
③ 64 ④ 128

해설 ① 구리(Cu)의 1g-당량 = 64g/2가 = 32g
② 1F(패럿)의 전기량으로 물질 1g-당량이 석출
  1F ⇒ Cu 32g 석출
  0.5F ⇒ X
  $X = \dfrac{0.5 \times 32}{1} = 16g$

1F(96500C)으로 변화하는 물질의 양

전기량	물질	석출 물질	석출 무게	원자수
1F	은	Ag	108g	6.02×10^{23} 개
1F	구리	Cu	$\dfrac{63.5}{2}$ g	$\dfrac{1}{2} \times 6.02 \times 10^{23}$ 개
1F	알루미늄	Al	$\dfrac{27}{3}$ g	$\dfrac{1}{3} \times 6.02 \times 10^{23}$ 개
1F	납(연)	Pb	$\dfrac{207.2}{2}$ g	$\dfrac{1}{2} \times 6.02 \times 10^{23}$ 개

패러데이(Faraday)의 법칙
① 제1법칙 : 같은 물질에 대하여 전기분해로써 전극에서 일어나는 물질의 양은 통한 전기량에 비례한다.
② 제2법칙 : 일정한 전기량에 의하여 일어나는 화학변화의 양은 그 물질의 화학 당량에 비례한다.

해답 ①

11 다음 중 양쪽성 산화물에 해당하는 것은?

① NO_2 ② Al_2O_3
③ MgO ④ Na_2O

해설 ① 이산화질소(NO_2) : 산성산화물
② 산화알루미늄(Al_2O_3) : 양쪽성산화물
③ 산화마그네슘(MgO) : 염기성산화물
④ 산화나트륨(Na_2O) : 염기성산화물

산화물의 분류

구분	정의	보기
산성 산화물	• 물과 반응 산을 생성 • 염기와 작용 염과 물 생성 • 일반적으로 비금속 산화물	CO_2, SO_2, SiO_2, NO_2, P_2O_5
염기성 산화물	• 물과 반응 염기를 생성 • 산과 작용 염과 물 생성 • 일반적으로 금속 산화물	Na_2O, CuO, CaO, Fe_2O_3
양쪽성 산화물	• 산, 염기와 작용 물과 염을 생성	Al_2O_3, ZnO, SnO, PbO

해답 ②

12 다음 중 아르곤(Ar)과 같은 전자수를 갖는 양이온과 음이온으로 이루어진 화합물은?

① NaCl ② MgO
③ KF   ④ CaS

해설 아르곤(Ar)의 전자수 : 18(전자수=원자번호)
※ 양이온 : 전자를 잃음, 음이온 : 전자를 받음
① NaCl(염화나트륨)
  : Na^+(11-1=10), Cl^-(17+1=18)
② MgO(산화마그네슘)
  : Mg^{2+}(12-2=10), O^{2-}(8+2=10)
③ KF(플루오린화칼륨)
  : K^+(19-1=18), F^-(9+1=10)
④ CaS(황화칼슘)
  : Ca^{2+}(20-2=18), S^{2-}(16+2=18)

해답 ④

13 다음 중 방향족 화합물이 아닌 것은?

① 톨루엔 ② 아세톤
③ 크레졸 ④ 아닐린

해설 **방향족 화합물**
분자 속에 벤젠고리를 가진 유기화합물로서 벤젠의 유도체

① 톨루엔($C_6H_5CH_3$) ② 아세톤(CH_3COCH_3)

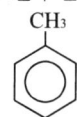

③ 크레졸($C_6H_4CH_3OH$) ④ 아닐린($C_6H_5NH_2$)

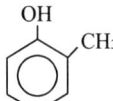 

해답 ②

산화수를 정하는 법
① 단체 중의 원자의 산화수는 0이다.(단체분자는 중성)
  [보기 : H_2^0, Fe^0, Mg^0, O_2^0, O_3^0]
② 화합물에서 산소의 산화수는 -2, 수소의 산화수는 $+1$이 보통이다.(단, 과산화물에서 O의 산화수는 -1)
  [보기 : CH_4에서 C^{-4}, CO_2에서 C^{+4}]
③ 화합물에서 구성 원자의 산화수의 총합은 0이다.(분자는 중성이므로)
④ 이온의 가수(價數)는 그 이온의 산화수이다.
  (Ca=+2, Na=+1, K=+1, Ba=+2)
  [보기 : Cu^{+2}에서 Cu=+2, MnO_4^-에서 Mn의 산화수는 $x+(-2\times4)=-1$
  $\therefore x=+7$ 따라서 Mn=+7]

해답 ①

14 에탄올 20.0g과 물 40.0g을 함유한 용액에서 에탄올의 몰분율은 약 얼마인가?

① 0.090   ② 0.164
③ 0.444   ④ 0.896

해설 ① C_2H_5OH(에탄올)의 몰수 계산
  $C_2H_5OH(C_2H_6O)$의 분자량
  $=(12\times2)+(1\times6)+16=46$
  $\therefore$ mole수 $=\dfrac{20}{46}=0.4348M$

② H_2O(물)의 몰수 계산
  H_2O의 분자량 $=1\times2+16=18$
  $\therefore$ mole수 $=\dfrac{40}{18}=2.2222M$

③ 몰분율
  $=\dfrac{\text{성분 몰수}}{\text{전체 몰수}}=\dfrac{0.4348}{(0.4348+2.2222)}=0.164$

  mole수 $=\dfrac{W(\text{성분의 무게})}{M(\text{성분의 분자량})}$ 몰분율$=\dfrac{\text{성분 몰수}}{\text{전체 몰수}}$

해답 ②

15 산소의 산화수가 가장 큰 것은?

① O_2 ② $KClO_4$
③ H_2SO_4 ④ H_2O_2

해설 산소의 산화수
① O_2에서 단체 중의 원자의 산화수는 0 이다.
  (단체분자는 중성)
② $KClO_4$에서 산소의 산화수 $=-2$
③ H_2SO_4에서 산소의 산화수 $=-2$
④ H_2O_2에서 산소의 산화수 $=-1$
$\therefore$ 산화수가 가장 큰 것은 0, 즉 O_2이다.

16 어떤 금속(M) 8g을 연소시키니 11.2g의 산화물이 얻어졌다. 이 금속의 원자량이 140이라면 이 산화물의 화학식은?

① M_2O_3 ② MO
③ MO_3 ④ M_2O_7

해설 ① 금속의 산화물의 결합은 당량 대 당량으로 결합
② 산소의 당량은 8, 금속의 당량 $=X$
③ 금속 : 산소 $=8:3.2(11.2-8)=X:8$
④ $X=\dfrac{8\times8}{3.2}=20$
⑤ 금속의 원자가 $=\dfrac{\text{원자량}}{\text{당량}}=\dfrac{140}{20}=7$
⑥ 금속의 원자가 $=7$가 $\therefore$ 화학식 : M_2O_7

금속원자가 $=7$이라면 금속산화물의 화학식
$X^{+7}O^{-2}=X_2O_7$

해답 ④

17 다음 중 밑줄 친 원자의 산화수 값이 나머지 셋과 다른 하나는?

① $\underline{Cr}_2O_7^{2-}$ ② $H_3\underline{P}O_4$
③ H$\underline{N}O_3$ ④ H$\underline{Cl}O_3$

해설 ① $Cr_2O_7^{2-}$(산화크로뮴)에서 Cr의 산화수
  $2Cr+(-2\times7)=-2$ $Cr=+6$(산화수)
② H_3PO_4(인산)에서 P의 산화수
  $(+1\times3)+P+(-2\times4)=0$ $P=+5$(산화수)

② HNO_3(질산)에서 N의 산화수
   $(+1)+N+(-2)\times 3=0$ $N=+5$(산화수)
④ $HClO_3$(염소산)에서 Cl의 산화수
   $(+1)+Cl+(-2\times 3)=0$ $Cl=+5$(산화수)

산화수를 정하는 법
① 단체 중의 원자의 산화수는 0이다.(단체분자는 중성)
   [보기 : H_2^0, Fe^0, Mg^0, O_2^0, O_3^0]
② 화합물에서 산소의 산화수는 -2, 수소의 산화수는 +1이 보통이다.(단, 과산화물에서 O의 산화수는 -1)
   [보기 : CH_4에서 C^{-4}, CO_2에서 C^{+4}]
③ 화합물에서 구성 원자의 산화수의 총합은 0이다.(분자는 중성이므로)
④ 이온의 가수(價數)는 그 이온의 산화수이다.
   ($Ca=+2$, $Na=+1$, $K=+1$, $Ba=+2$)
   [보기 : Cu^{+2}에서 $Cu=+2$, MnO_4^-에서 Mn의 산화수는 $x+(-2\times 4)=-1$
   ∴ $x=+7$ 따라서 $Mn=+7$]

해답 ①

18 다음 중 전리도가 가장 커지는 경우는?

① 농도와 온도가 일정할 때
② 농도가 진하고 온도가 높을수록
③ 농도가 묽고 온도가 높을수록
④ 농도가 진하고 온도가 낮을수록

해설 전리도(α)
전해질을 물에 녹였을 때 전리되어 있는 양과 용질 전량에 대한 비율
$$\alpha = \frac{\text{이온화된 용질의 몰수}}{\text{용질의 전몰수}}$$
$$= \frac{\text{전리된 분자수}}{\text{전해질의 전분자수}}$$

전리도가 크게 되려면 ★★ 자주출제(필수암기) ★★
① 전해질의 농도를 **묽게**(연하게) 한다.
② **온도를 높게** 한다.
③ 전리도 $\alpha \leq 1$

해답 ③

19 Rn은 α선 및 β선을 2번씩 방출하고 다음과 같이 변했다. 마지막 Po의 원자번호는 얼마인가? (단, Rn의 원자번호는 86, 원자량은 222이다.)

$$Rn \xrightarrow{\alpha} Po \xrightarrow{\alpha} Pb \xrightarrow{\beta} Bi \xrightarrow{\beta} Po$$

① 78   ② 81
③ 84   ④ 87

해설 원소의 붕괴

방사선 붕괴	질량수 변화	원자번호 변화
α	4 감소	2 감소
β	불변	1 증가
γ	불변	불변

Rn의 α선 및 β선 2번 붕괴
① α 붕괴 2번 = 질량수 8감소 원자번호 4감소
② β 붕괴 2번 = 질량수 불변 원자번호 2증가
③ 원자번호 $= 86-4+2 = 84$
④ 질량수 $= 222-8 = 214$

해답 ③

20 어떤 기체의 확산 속도는 $SO_2(g)$의 2배이다. 이 기체의 분자량은 얼마인가? (단, 원자량은 $S=32$, $O=16$이다.)

① 8   ② 16
③ 32   ④ 64

해설 기체의 확산속도에 의한 분자량의 측정(그레이엄의 법칙)
두 가지 기체가 퍼지는 확산속도는 그 기체의 밀도(분자량)의 제곱근에 반비례한다.

$$\frac{U_1}{U_2} = \sqrt{\frac{M_2}{M_1}} = \sqrt{\frac{d_2}{d_1}}$$

여기서, U_1 : 기체1의 확산속도
U_2 : 기체2의 확산속도
M_1 : 기체1의 분자량
M_2 : 기체2의 분자량
d_1 : 기체1의 밀도
d_2 : 기체2의 밀도

① $U_1 =$ 어떤 기체 $= 2$ $M_1 = X$
   $U_2 = SO_2$ 기체 $= 1$
   $M_2 = 32+16\times 2 = 64$

② ∴ $\dfrac{U_1}{U_2} = \sqrt{\dfrac{M_2}{M_1}}$ $\dfrac{2}{1} = \sqrt{\dfrac{64}{M_1}}$

∴ $M_1 = 16$

해답 ②

제2과목 화재예방과 소화방법

21 위험물안전관리법령상 제3류 위험물 중 금수성물질에 적응성이 있는 소화기는?

① 할로젠화합물소화기
② 인산염류분말소화기
③ 이산화탄소소화기
④ 탄산수소염류분말소화기

해설 소화설비의 적응성

구 분		1류		2류			3류		4류	5류	6류
		알칼리금속과산화물	그밖의것	철분·마그네슘·	인화성고체	그밖의것	금수성물질	그밖의것			
포소화기			○		○	○		○	○	○	○
이산화탄소소화기					○				○		
할로젠화합물소화기					○				○		
분말소화기	인산염류등		○		○	○			○		○
	탄산수소염류등	○		○	○		○		○		
	그밖의 것	○		○			○				
팽창질석, 팽창진주암				○	○	○	○	○	○	○	

해답 ④

22 질식효과를 위해 포의 성질로서 갖추어야 할 조건으로 가장 거리가 먼 것은?

① 기화성이 좋을 것
② 부착성이 있을 것
③ 유동성이 좋을 것
④ 바람 등에 견디고 응집성과 안정성이 있을 것

해설 ① 기화성이 좋을 것 : 가스계통(이산화탄소, 할로젠화합물, 청정 등) 약제의 구비조건

포소화약제의 구비조건
① 부착성이 있을 것.
② 유동성이 좋을 것
③ 바람 등에 견디고 응집성과 안정성이 있을 것

해답 ①

23 할로젠화합물 청정소화약제 중 HFC-23의 화학식은?

① CF_3I
② CHF_3
③ $CF_3CH_2CF_3$
④ C_4F_{10}

해설 청정소화약제의 종류

소화약제	화학식
퍼플루오린부탄 (FC-3-1-10)	C_4F_{10}
하이드로클로로플루오린카본 혼화제(HCFC BLEND A)	HCFC-123($CHCl_2CF_3$) : 4.75% HCFC-22($CHClF_2$) : 82% HCFC-124($CHClFCF_3$) : 9.5% $C_{10}H_{16}$: 3.75%
클로로테트라플루오린에탄 (HCFC-124)	$CHClFCF_3$
펜타플루오린에탄(HFC-125)	CHF_2CF_3
헵타플루오린프로판 (HFC-227ea)	CF_3CHFCF_3
트라이플루오린메탄(HFC-23)	CHF_3
헥사플루오린프로판 (HFC-236fa)	$CH_3CH_2CF_3$
트라이플루오린아이오다이드 (FIC-13I1)	CF_3I
불연성·불활성 기체혼합가스 (IG-01)	Ar
불연성·불활성 기체혼합가스 (IG-100)	N_2
불연성·불활성 기체혼합가스 (IG-541)	N_2 : 52%, Ar : 40%, CO_2 : 8%
불연성·불활성 기체혼합가스 (IG-55)	N_2 : 50%, Ar : 50%
도데카플루오린-2-메틸펜탄-3-원(FK-5-1-12)	$CF_3CF_2C(O)CF(CF_3)_2$

해답 ②

24 인화성 액체의 화재의 분류로 옳은 것은?

① A급 화재
② B급 화재
③ C급 화재
④ D급 화재

해설 화재의 분류

종 류	등급	색표시	주된 소화 방법
일반화재	A급	백색	냉각소화
유류 및 가스화재	B급	황색	질식소화
전기화재	C급	청색	질식소화
금속화재	D급	–	피복소화
주방화재	K급	–	냉각 및 질식소화

해답 ②

25 수소의 공기 중 연소 범위에 가장 가까운 값을 나타내는 것은?

① 2.5~82.0vol%   ② 5.3~13.9vol%
③ 4.0~74.5vol%   ④ 12.5~55.0vol%

해설 주요 가스의 공기 중 연소범위(1atm, 상온에서)

가스명	화학식	하한계(%)	상한계(%)
아세틸렌	C_2H_2	2.5	81
수　소	H_2	4	75
메　탄	CH_4	5	15
에　탄	C_2H_6	3.2	12.4
프로판	C_3H_8	2.1	9.5

해답 ③

26 마그네슘 분말이 이산화탄소 소화약제와 반응하여 생성될 수 있는 유독기체의 분자량은?

① 28   ② 32
③ 40   ④ 44

해설 마그네슘과 CO_2의 반응식

$Mg + CO_2 \rightarrow MgO + CO$

※ 마그네슘과 이산화탄소가 반응하여 유독성기체인 일산화탄소(CO : 분자량=12+16=28)이 생성될 수 있다.

마그네슘(Mg)-제2류 위험물

화학식	원자량	비중	융점	비점	발화점
Mg	24.3	1.74	651℃	1102℃	473℃

① 2mm체 통과 못하는 덩어리는 위험물에서 제외한다.
② 직경 2mm 이상 막대모양은 위험물에서 제외한다.
③ 은백색의 광택이 나는 가벼운 금속이다.
④ 물과 반응하여 수소기체 발생

$\underset{(마그네슘)}{Mg} + \underset{(물)}{2H_2O} \rightarrow \underset{(수산화마그네슘)}{Mg(OH)_2} + \underset{(수소)}{H_2\uparrow}$

⑤ 이산화탄소약제를 방사하면 폭발적으로 반응하기 때문에 위험하다.

마그네슘과 CO_2의 반응식
$2Mg + CO_2 \rightarrow 2MgO + C$
$Mg + CO_2 \rightarrow MgO + CO$

⑥ 주수소화는 엄금이며 마른모래 등으로 피복소화한다.

해답 ①

27 위험물안전관리법령상 옥내소화전 설비의 설치기준에 따르면 수원의 수량은 옥내소화전이 가장 많이 설치된 층의 옥내소화전 설치개수(설치개수가 5개 이상인 경우는 5개)에 몇 m^3를 곱한 양 이상이 되도록 설치하여야 하는가?

① 2.3   ② 2.6
③ 7.8   ④ 13.5

해설 위험물제조소등의 소화설비 설치기준

소화설비	수평거리	방사량	방사압력
옥내	25m 이하	260(L/min) 이상	350(kPa) 이상
	수원의 양 $Q=N$(소화전개수 : **최대 5개**) $\times 7.8m^3$(260L/min×30min)		
옥외	40m 이하	450(L/min) 이상	350(kPa) 이상
	수원의 양 $Q=N$(소화전개수 : **최대 4개**) $\times 13.5m^3$(450L/min×30min)		
스프링클러	1.7m 이하	80(L/min) 이상	100(kPa) 이상
	수원의 양 $Q=N$(헤드수 : **최대 30개**) $\times 2.4m^3$(80L/min×30min)		
물분무	—	20 (L/m^2·min)	350(kPa) 이상
	수원의 양 $Q=A$(바닥면적m^2)× $0.6m^3$(20L/m^2·min×30min)		

해답 ③

28 물이 일반적인 소화약제로 사용될 수 있는 특징에 대한 설명 중 틀린 것은?

① 증발잠열이 크기 때문에 냉각시키는데 효과적이다.
② 물을 사용한 봉상수 소화기는 A급, B급 및 C급 화재의 진압에 적응성이 뛰어나다.
③ 비교적 쉽게 구해서 이용이 가능하다.
④ 펌프, 호스 등을 이용하여 이송이 비교적 용이하다.

해설 ② 물을 사용한 봉상수소화기는 A급 화재에 적응성이 있다.

※ 봉상수소화기는 B급 및 C급 화재에 적응성이 없다.

해답 ②

29 CO_2에 대한 설명으로 옳지 않은 것은?

① 무색, 무취 기체로서 공기보다 무겁다.
② 물에 용해 시 약 알칼리성을 나타낸다.
③ 농도에 따라서 질식을 유발할 위험성이 있다.
④ 상온에서도 압력을 가해 액화시킬 수 있다.

해설 이산화탄소(CO_2)의 물리적 성질
① 무색무취이며 비전도성이다.
② 물에 용해 시 약산성을 나타낸다.
③ 증기비중은 약 1.5이다.
④ CO_2의 임계온도 : 31℃이며
　CO_2의 허용농도 : 0.5%(5000ppm)이다.
⑤ CO_2의 삼중점 : 압력 0.53MPa, 온도 -56.3℃에서 고체, 액체, 기체가 공존

해답 ②

30 물리적 소화에 의한 소화효과(소화방법)에 속하지 않는 것은?

① 제거효과　　② 질식효과
③ 냉각효과　　④ 억제효과

해설 물리적 소화
① 냉각소화　　② 질식소화
③ 제거소화　　④ 피복소화
⑤ 희석소화　　⑥ 유화소화(에멀전소화)
화학적 소화(할론 및 청정소화약제)
부촉매소화(억제소화)

해답 ④

31 위험물안전관리법령상 간이소화용구(기타소화설비)인 팽창질석은 삽을 상비한 경우 몇 L가 능력단위 1.0인가?

① 70L　　　② 100L
③ 130L　　④ 160L

해설 간이 소화용구의 능력단위

소화설비	용량	능력단위
소화전용(專用)물통	8L	0.3
수조(소화전용물통 3개 포함)	80L	1.5
수조(소화전용물통 6개 포함)	190L	2.5
마른 모래(삽 1개 포함)	50L	0.5
팽창질석 또는 팽창진주암(삽 1개 포함)	160L	1.0

해답 ④

32 위험물안전관리법령상 소화설비의 구분에서 물분무등소화설비에 속하는 것은?

① 포소화설비　　② 옥내소화전설비
③ 스프링클러설비　④ 옥외소화전설비

해설 물분무등소화설비
① 물분무소화설비　② 미분무소화설비
③ 포소화설비　　④ 이산화탄소소화설비
⑤ 할로젠화합물소화설비
⑥ 청정소화약제소화설비
⑦ 분말소화설비　⑧ 강화액소화설비

소방시설의 종류

소방시설	종류
소화설비	① 소화기구　② 자동소화장치 ③ 옥내소화전설비　④ 옥외소화전설비 ⑤ 스프링클러설비등　⑥ 물분무등소화설비
경보설비	① 단독경보형감지기　② 비상경보설비 ③ 시각경보기　④ 자동화재탐지설비 ⑤ 화재알람설비　⑥ 비상방송설비 ⑦ 자동화재속보설비　⑧ 통합감시시설 ⑨ 누전경보기　⑩ 가스누설경보기
피난구조설비	① 피난기구(피난사다리, 구조대, 완강기) ② 인명구조기구(방열복, 공기호흡기, 인공소생기) ③ 유도등(피난유도선, 피난구유도등, 통로유도등, 객석유도등, 유도표지) ④ 비상조명등 및 휴대용비상조명등
소화용수설비	① 상수도소화용수설비 ② 소화수조·저수조 그 밖의 소화용수설비
소화활동설비	① 제연설비　② 연결송수관설비 ③ 연결살수설비　④ 비상콘센트설비 ⑤ 무선통신보조설비　⑥ 연소방지설비

해답 ①

33 가연성고체 위험물의 화재에 대한 설명으로 틀린 것은?

① 적린과 황은 물에 의한 냉각소화를 한다.
② 금속분, 철분, 마그네슘이 연소하고 있을 때에는 주수해서는 안 된다.
③ 금속분, 철분, 마그네슘, 황화인은 마른 모래, 팽창질석 등으로 소화를 한다.
④ 금속분, 철분, 마그네슘의 연소 시에는 수소와 유독가스가 발생하므로 충분한 안전거리를 확보해야 한다.

해설 ④ 금속분, 철분, 마그네슘의 연소 시에는 수소가 발생하지 않는다.

해답 ④

34 과산화칼륨이 다음과 같이 반응하였을 때 공통적으로 포함된 물질(기체)의 종류가 나머지 셋과 다른 하나는?

① 가열하여 열분해 하였을 때
② 물(H_2O)과 반응하였을 때
③ 염산(HCl)과 반응하였을 때
④ 이산화탄소(CO_2)와 반응하였을 때

해설 과산화칼륨(K_2O_2) : 제1류 위험물 중 무기과산화물

화학식	분자량	비중	분해온도
K_2O_2	110	2.9	490℃

① 무색 또는 오렌지색 분말상태
② 상온에서 물과 격렬히 반응하여 산소(O_2)를 방출하고 폭발하기도 한다.

$2K_2O_2 + 2H_2O \rightarrow 4KOH + O_2\uparrow$

③ 공기 중 이산화탄소(CO_2)와 반응하여 산소(O_2)를 방출한다.

$2K_2O_2 + 2CO_2 \rightarrow 2K_2CO_3 + O_2\uparrow$

④ 산과 반응하여 과산화수소(H_2O_2)를 생성시킨다.

$K_2O_2 + 2CH_3COOH \rightarrow 2CH_3COOK + H_2O_2\uparrow$

⑤ 열분해시 산소(O_2)를 방출한다.

$2K_2O_2 \rightarrow 2K_2O + O_2\uparrow$

⑥ 주수소화는 금물이고 마른모래(건조사)등으로 소화한다.

해답 ③

35 다음 중 보통의 포소화약제보다 알코올형 포소화약제가 더 큰 소화효과를 볼 수 있는 대상물질은?

① 경유 ② 메틸알코올
③ 등유 ④ 가솔린

해설 알코올포 소화약제
수용성 위험물에 일반포약제를 방사하면 포가 소멸하므로(소포성, 파포현상) 이를 방지하기 위하여 특별히 제조된 포 약제이다.

알코올포 적응화재
① 알코올 ② 아세톤 ③ 피리딘 ④ 개미산(의산)
⑤ 초산 등 수용성 액체에 적합

해답 ②

36 연소의 3요소 중 하나에 해당하는 역할이 나머지 셋과 다른 위험물은?

① 과산화수소 ② 과산화나트륨
③ 질산칼륨   ④ 황린

해설
① 과산화수소(H_2O_2)-제6류-산화성액체-산소공급원
② 과산화나트륨(Na_2O_2)-제1류-산화성고체-산소공급원
③ 질산칼륨(KNO_3)-제1류-산화성고체-산소공급원
④ 황린(P_4)-제3류-자연발화성물질-가연물

연소의 3요소와 4요소
• 연소의 3요소 : 가연물+산소+점화원
• 연소의 4요소 : 가연물+산소+점화원+순조로운 연쇄반응

해답 ④

37 위험물안전관리법령상 전역방출방식 또는 국소방출방식의 불활성가스소화설비 저장용기의 설치기준으로 틀린 것은?

① 온도가 40℃ 이하이고 온도 변화가 적은 장소에 설치할 것
② 저장용기의 외면에 소화약제의 종류와 양, 제조년도 및 제조자를 표시할 것

③ 직사일광 및 빗물이 침투할 우려가 적은 장소에 설치할 것
④ 방호구역 내의 장소에 설치할 것

해설 불활성가스소화설비 저장용기의 설치기준
① 방호구역 외의 장소에 설치할 것
② 온도가 40℃ 이하이고 온도 변화가 적은 장소에 설치할 것
③ 직사일광 및 빗물이 침투할 우려가 적은 장소에 설치할 것
④ 저장용기에는 안전장치를 설치할 것
⑤ 저장용기의 외면에 소화약제의 종류와 양, 제조년도 및 제조자를 표시할 것

해답 ④

38 칼륨, 나트륨, 탄화칼슘의 공통점으로 옳은 것은?

① 연소 생성물이 동일하다.
② 화재 시 대량의 물로 소화한다.
③ 물과 반응하면 가연성 가스를 발생한다.
④ 위험물안전관리법령에서 정한 지정수량이 같다.

해설 금속칼륨, 금속나트륨, 탄화칼슘 : 제3류 위험물 (금수성)
① 금속칼륨, 금속나트륨은 물과 반응하여 수소기체 발생

$2Na + 2H_2O \rightarrow 2NaOH + H_2\uparrow$ (수소발생)
$2K + 2H_2O \rightarrow 2KOH + H_2\uparrow$ (수소발생)

② 탄화칼슘은 물과 반응하여 아세틸렌 기체를 발생
$CaC_2 + 2H_2O \rightarrow Ca(OH)_2 + C_2H_2\uparrow$ (아세틸렌)

해답 ③

39 공기포 발포배율을 측정하기 위해 중량 340g, 용량 1800mL의 포 수집 용기에 가득히 포를 채취하여 측정한 용기의 무게가 540g 이었다면 발포배율은? (단, 포 수용액의 비중은 1로 가정한다.)

① 3배　　② 5배
③ 7배　　④ 9배

해설 발포배율

$$발포배율 = \frac{발포\ 후\ 체적}{발포\ 전\ 포수용액의\ 양}$$

$$발포배율 = \frac{1800mL}{(540g - 340g)} = 9배$$

해답 ④

40 위험물안전관리법령상 위험물저장소 건축물의 외벽이 내화구조인 것은 연면적 얼마를 1소요단위로 하는가?

① 50m²　　② 75m²
③ 100m²　④ 150m²

해설 소요단위의 계산방법
① 제조소 또는 취급소, 저장소의 건축물

구분	외벽이 내화구조인 것	외벽이 내화구조가 아닌 것
제조소 또는 취급소	연면적100m²를 1소요단위	연면적 50m²를 1소요단위
저장소	**연면적150m²를 1소요단위**	연면적 75m²를 1소요단위

② 제조소등의 옥외에 설치된 공작물은 **외벽이 내화구조**인 것으로 간주하고 공작물의 **최대수평투영면적**을 **연면적**으로 간주하여 소요단위를 산정할 것
③ **위험물**은 지정수량의 10배를 1소요단위로 할 것

해답 ④

제3과목 위험물의 성질과 취급

41 취급하는 장치가 구리나 마그네슘으로 되어 있을 때 반응을 일으켜서 폭발성의 아세틸라이트를 생성하는 물질은?

① 이황화탄소　　② 아이소프로필알코올
③ 산화프로필렌　④ 아세톤

해설 산화프로필렌(CH₃CH₂CHO) : 제4류 위험물 중 특수인화물★★★

H H H
H-C-C-C-H
    | |
    H O

화학식	분자량	비중	비점
CH₃CHCH₂O	58	0.83	34℃
	인화점	착화점	연소범위
	-37℃	465℃	2.8~37%

① 휘발성이 강하고 에터 냄새가 나는 액체이다.
② 물, 알코올, 벤젠 등 유기용제에는 잘 녹는다.
③ 저장용기 사용시 **구리, 마그네슘, 은, 수은** 및 합금용기 사용금지
 (**아세틸리드**(acetylide) 생성)
④ 저장 용기 내에 질소(N₂) 등 불연성가스를 채워둔다.
⑤ 소화는 포소화약제로 질식소화한다.

해답 ③

42 휘발유를 저장하던 이동저장탱크에 탱크의 상부로부터 등유나 경유를 주입할 때 액표면이 주입관의 끝부분을 넘는 높이가 될 때까지 그 주입관내의 유속을 몇 m/s 이하로 하여야 하는가?

① 1   ② 2
③ 3   ④ 5

해설 휘발유를 저장하던 이동저장탱크에 **등유나 경유를 주입할 때** 또는 등유나 경유를 저장하던 이동저장탱크에 **휘발유를 주입할 때**에는 다음의 기준에 따라 정전기 등에 의한 재해를 방지하기 위한 조치를 할 것
① 이동저장탱크의 상부로부터 위험물을 주입할 때에는 위험물의 액표면이 주입관의 끝부분을 넘는 높이가 될 때까지 그 주입관내의 **유속을 1m/sec 이하로** 할 것
② 이동저장탱크의 밑부분으로부터 위험물을 주입할 때에는 위험물의 액표면이 주입관의 정상부분을 넘는 높이가 될 때까지 그 주입배관내의 **유속을 1m/s 이하로** 할 것
③ 그 밖의 방법에 의한 위험물의 주입은 이동저장탱크에 가연성증기가 잔류하지 아니하도록 조치하고 안전한 상태로 있음을 확인한 후에 할 것

해답 ①

43 과산화벤조일에 대한 설명으로 틀린 것은?

① 벤조일퍼옥사이드라고도 한다.
② 상온에서 고체이다.
③ 산소를 포함하지 않는 환원성 물질이다.
④ 희석제를 첨가하여 폭발성을 낮출 수 있다.

해설 **과산화벤조일**(Benzoyl Peroxide, 벤조일퍼옥사이드, BPO)-제5류-유기과산화물

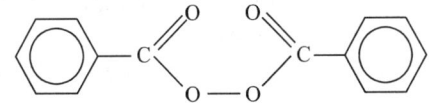

화학식	비중	융점	착화점
(C₆H₅CO)₂O₂	1.33	103~105(℃)	125(℃)

① 무색무취의 **백색 결정으로 강산화성 물질이다.**
② 물에는 녹지 않고, 알코올에는 약간 용해한다.
③ 프탈산다이메틸(DMP), 프탈산다이부틸(DBP)의 희석제를 사용한다.
④ 발화되면 연소속도가 빠르고 **건조상태에서는 위험하다.**
⑤ 소화방법은 물이 효과적이다.

해답 ③

44 이황화탄소를 물속에 저장하는 이유로 가장 타당한 것은?

① 공기와 접촉하면 즉시 폭발하므로
② 가연성 증기의 발생을 방지하므로
③ 온도의 상승을 방지하므로
④ 불순물을 물에 용해시키므로

해설 **이황화탄소**(CS₂) : 제4류 위험물 중 특수인화물

화학식	분자량	비중	비점	인화점	착화점	연소범위
CS₂	76.1	1.26	46℃	-30℃	100℃	1.0~50%

① 무색투명한 액체이며 물에는 녹지 않고 알코올, 에터, 벤젠 등 유기용제에 녹는다.
② 연소 시 아황산가스(SO₂) 및 CO₂를 생성한다.
 CS₂ + 3O₂ → CO₂ + 2SO₂(이산화황=아황산)
③ 물과 반응하여 황화수소와 이산화탄소를 발생한다.
 CS₂ + 2H₂O → 2H₂S + CO₂
④ 저장 시 저장탱크를 물속에 넣어 가연성증기의 발생을 억제한다.

해답 ②

45 다음 중 황린의 연소 생성물은?

① 삼황화인   ② 인화수소
③ 오산화인   ④ 오황화인

해설 황린(P_4)(별명 : 백린) : 제3류 위험물(자연발화성 물질)

화학식	분자량	발화점	비점	융점	비중	증기비중
P_4	124	34℃	280℃	44℃	1.82	4.4

① 백색 또는 담황색의 고체이며 공기 중 약 34℃에서 자연 발화한다.
② 저장 시 자연 발화성이므로 반드시 물속에 저장한다.
③ 인화수소(PH_3)의 생성을 방지하기 위하여 물의 pH9(약알칼리)가 안전한계이다.
④ 연소 시 오산화인(P_2O_5)의 흰 연기가 발생한다.

$$P_4 + 5O_2 \rightarrow 2P_2O_5 (오산화인)$$

해답 ③

46 위험물안전관리법령상 위험물의 지정수량이 틀리게 짝지어진 것은?

① 황화인-50kg   ② 적린-100kg
③ 철분-500kg   ④ 금속분-500kg

해설 제2류 위험물의 지정수량

성질	품 명	지정수량	위험등급
가연성 고체	황화인, 적린, 황	100kg	Ⅱ
	철분, 금속분, 마그네슘	500kg	Ⅲ
	인화성 고체	1,000kg	

해답 ①

47 다음 중 아이오딘값이 가장 작은 것은?

① 아미인유   ② 들기름
③ 정어리기름 ④ 야자유

해설 ④ 야자유 - 불건성유

동식물유류 : 제4류 위험물
동물의 지육 또는 식물의 종자나 과육으로부터 추출한 것으로 1기압에서 인화점이 250℃ 미만인 것

아이오딘값에 따른 동식물유류의 분류

구 분	아이오딘값	종류
건성유	130 이상	해바라기기름, **동유**(오동기름), 정어리기름, **아마인유**, 들기름
반건성유	100~130	채종유, 쌀겨기름, 참기름, 면실유, 옥수수기름, 청어기름, 콩기름
불건성유	100 이하	**야자유**, 팜유, 올리브유, 피마자기름, 낙화생기름, 돈지, 우지, 고래기름

해답 ④

48 다음 제4류 위험물 중 연소범위가 가장 넓은 것은?

① 아세트알데하이드 ② 산화프로필렌
③ 휘발유   ④ 아세톤

해설 제4류 위험물의 연소범위

물질명	품명	연소범위(%)
아세트알데하이드	특수인화물	4~60
산화프로필렌	특수인화물	2.8~37
휘발유	제1석유류	1.2~7.6
아세톤	제1석유류	2.6~12.8

해답 ①

49 다음 위험물 중 보호액으로 물을 사용하는 것은?

① 황린   ② 적린
③ 루비듐 ④ 오황화인

해설 보호액속에 저장 위험물
① 파라핀, 경유, 등유 속에 보관
  칼륨(K), 나트륨(Na)
② 물속에 보관
  이황화탄소(CS_2), 황린(P_4)

해답 ①

50 다음 위험물의 지정수량 배수의 총합은?

- 휘발유 : 2000L
- 경유 : 4000L
- 등유 : 40000L

① 18   ② 32

③ 46　　　　④ 54

해설 제4류 위험물의 지정수량

위험물				지정수량(L)
유별	성질	품명		
제4류	인화성 액체	1. 특수인화물		50
		2. 제1석유류	비수용성 액체	200
			수용성 액체	400
		3. 알코올류		400
		4. 제2석유류	비수용성 액체	1,000
			수용성 액체	2,000
		5. 제3석유류	비수용성 액체	2,000
			수용성 액체	4,000
		6. 제4석유류		6,000
		7. 동식물유류		10,000

- 휘발유–제1석유류(비수용성)–200L
- 경유–제2석유류(비수용성)–1,000L
- 등유–제2석유류(비수용성)–1,000L

$$지정수량의\ 배수 = \frac{저장수량}{지정수량}$$
$$= \frac{2000}{200} + \frac{4000}{1000} + \frac{40000}{1000}$$
$$= 54배$$

해답 ④

51 위험물안전관리법령상 옥내저장소의 안전거리를 두지 않을 수 있는 경우는?

① 지정수량 20배 이상의 동식물유류
② 지정수량 20배 미만의 특수인화물
③ 지정수량 20배 미만의 제4석유류
④ 지정수량 20배 이상의 제5류 위험물

해설 옥내저장소의 안전거리기준 적용예외
① 지정수량 20배 미만의 제4석유류를 저장 취급하는 것
② 지정수량 20배 미만의 동식물유류를 저장 취급하는 것
③ 제6류 위험물을 저장 또는 취급하는 옥내저장소

해답 ③

52 질산염류의 일반적인 성질에 대한 설명으로 옳은 것은?

① 무색 액체이다.
② 물에 잘 녹는다.
③ 물에 녹을 때 흡열반응을 나타내는 물질은 없다.
④ 과염소산염류보다 충격, 가열에 불안정하여 위험성이 크다.

해설 질산염류의 일반적 특성
① 대부분 무색의 **결정** 및 분말로 **물에 잘 녹고** 조해성이 크다.
② 열분해 시 산소를 발생한다.
③ 강력한 산화제이다.
④ 과염소산염류보다 충격, 가열에 안정하다.

해답 ②

53 위험물안전관리법령에 따른 질산에 대한 설명으로 틀린 것은?

① 지정수량은 300kg 이다.
② 위험등급은 Ⅰ 이다.
③ 농도가 36wt% 이상인 것에 한하여 위험물로 간주된다.
④ 운반시 제1류 위험물과 혼재할 수 있나.

해설 위험물의 판단기준
① **황** : 순도가 **60중량% 이상**인 것
② **철분** : 철의 분말로서 53μm의 표준체를 통과하는 것이 50중량% 미만인 것은 제외
③ **금속분** : 알칼리금속·알칼리토금속·철 및 마그네슘 외의 금속의 분말을 말하고, **구리분·니켈분** 및 150μm의 체를 통과하는 것이 50중량% 미만인 것은 **제외**
④ 마그네슘은 다음 각목의 1에 해당하는 것은 제외한다.
  • 2mm의 체를 통과하지 아니하는 덩어리 상태의 것
  • 직경 2mm 이상의 막대 모양의 것
⑤ **인화성고체** : 고형알코올 그 밖에 1기압에서 인화점이 40℃ 미만인 고체
⑥ 제6류 위험물의 판단 기준

종류	기 준
과산화수소	농도 36중량% 이상
질산	비중 1.49 이상

해답 ③

54 과산화수소 용액의 분해를 방지하기 위한 방법으로 가장 거리가 먼 것은?

① 햇빛을 차단한다. ② 암모니아를 가한다.
③ 인산을 가한다.   ④ 요산을 가한다.

해설 과산화수소(H_2O_2)-제6류 위험물

화학식	분자량	비중	비점	융점
H_2O_2	34	1.463	150.2℃(pure)	-0.43℃(pure)

① 물, 에탄올, 에터에 잘 녹으며 벤젠에 녹지 않는다.
② 과산화수소는 상온에서 분해하여 물과 산소를 발생한다.
$$2H_2O_2 \rightarrow 2H_2O + O_2$$
③ 분해안정제로 **인산** 또는 **요산**을 첨가한다.
④ 저장용기는 밀폐하지 말고 **구멍이 있는 마개**를 사용한다.
⑤ 하이드라진($NH_2 \cdot NH_2$)과 접촉시 분해작용으로 폭발위험이 있다.
$$NH_2 \cdot NH_2 + 2H_2O_2 \rightarrow 4H_2O + N_2\uparrow$$
⑥ 과산화수소는 **36중량%이상만 위험물**에 해당된다.

해답 ②

55 금속칼륨의 보호액으로 적당하지 않은 것은?

① 유동파라핀   ② 등유
③ 경유   ④ 에탄올

해설 보호액속에 저장 위험물
① 파라핀, 경유, 등유 속에 보관
칼륨(K), 나트륨(Na)
② 물속에 보관
이황화탄소(CS_2), 황린(P_4)

해답 ④

56 휘발유의 일반적인 성질에 대한 설명으로 틀린 것은?

① 인화점은 0℃ 보다 낮다.
② 액체비중은 1보다 작다.
③ 증기비중은 1보다 작다.
④ 연소범위는 약 1.2~7.6%이다.

해설 휘발유의 일반적 성질
① 인화점이 -20~-43℃이며 제4류 1석유류이다.
② 액체비중이 1보다 작다.
③ 증기비중은 1보다 크다.
④ 연소범위는 약 1.2~7.6%이다.

해답 ③

57 인화칼슘이 물과 반응하였을 때 발생하는 기체는?

① 수소   ② 산소
③ 포스핀   ④ 포스겐

해설 인화칼슘(Ca_3P_2) : 제3류(금수성 물질)

화학식	분자량	융점	비중
Ca_3P_2	182	1,600℃	2.5

① 적갈색의 괴상고체이다.
② 물 및 약산과 반응하여 유독성의 **인화수소(포스핀)기체**를 생성한다.
- $Ca_3P_2 + 6H_2O \rightarrow 3Ca(OH)_2 + 2PH_3$
  (수산화칼슘) (포스핀=인화수소)
- $Ca_3P_2 + 6HCl \rightarrow 3CaCl_2 + 2PH_3$
  (염화칼슘) (포스핀=인화수소)

③ 포스핀은 맹독성가스이므로 취급시 방독마스크를 착용한다.
④ 물 및 포약제의 의한 소화는 절대 금하고 마른모래 등으로 피복하여 자연 진화되도록 기다린다.

해답 ③

58 다음 위험물안전관리법령에서 정한 지정수량이 가장 작은 것은?

① 염소산염류   ② 브로민산염류
③ 나이트로화합물 ④ 금속의 인화물

해설 위험물의 지정수량

품명	유별	지정수량(kg)
염소산염류	제1류	50
브로민산염류	제1류	300
나이트로화합물	제5류	200
금속의 인화합물	제3류	300

해답 ①

59 다음 중 발화점이 가장 높은 것은?

① 등유 ② 벤젠
③ 다이에틸에터 ④ 휘발유

해설 제4류 위험물의 발화점

종류	유별	발화점(℃)
등유	제2석유류	220
벤젠	제1석유류	562
다이에틸에터	특수인화물	180
휘발유	제1석유류	300

해답 ②

60 제조소에서 위험물을 취급함에 있어서 정전기를 유효하게 제거할 수 있는 방법으로 가장 거리가 먼 것은?

① 접지에 의한 방법
② 공기중의 상대습도를 70% 이상으로 하는 방법
③ 공기를 이온화하는 방법
④ 부도체 재료를 사용하는 방법

해설 정전기 방지대책
① 접지
② 공기를 이온화
③ 상대습도 70% 이상 유지
④ 도체 재료를 사용하는 방법
⑤ 유속을 느리게(1m/s 이하) 할 것

해답 ④

위험물산업기사

2018년 4월 28일 시행

제1과목 일반화학

01 다음의 반응 중 평형상태가 압력의 영향을 받지 않는 것은?

① $N_2 + O_2 \leftrightarrow 2NO$
② $NH_3 + HCl \leftrightarrow NH_4Cl$
③ $2CO + O_2 \leftrightarrow 2CO_2$
④ $2NO_2 \leftrightarrow N_2O_4$

해설
① $N_2 + O_2 \leftrightarrow 2NO$
(반응 전 2몰 → 반응 후 2몰)
(반응 전 후의 몰수가 같으므로 압력에 의한 평형이동은 없다)
② $NH_3 + HCl \leftrightarrow NH_4Cl$
(반응 전 2몰 → 반응 후 1몰)
(압력 증가시 몰수가 감소하는 방향(→)으로 진행)
③ $2CO + O_2 \leftrightarrow 2CO_2$
(반응 전 3몰 → 반응 후 1몰)
(압력 증가시 몰수가 감소하는 방향(→)으로 진행)
④ $2NO_2 \leftrightarrow N_2O_4$
(반응 전 2몰 → 반응 후 1몰)
(압력 증가시 몰수가 감소하는 방향(→)으로 진행)

$N_2 + 3H_2 \Leftrightarrow 2NH_3 + 24kcal$

(1) 평형을 오른쪽(→)으로 이동시키려면
 ① N_2 농도 증가 ② 압력 증가 ③ 온도 감소
(2) 평형을 왼쪽(←)으로 이동시키려면
 ① N_2 농도 감소 ② 압력 감소 ③ 온도 증가
☞ 위의 반응식에서 평형을 오른쪽(→)으로 이동시키려면
 ① 농도에 의한 평형이동 : N_2 농도 증가(N_2가 감소하는 방향(→)으로 진행)
 ② 압력에 의한 평형이동 : 압력을 증가 (압력을 증가 시키면 감소하는 방향(→)으로 진행)
 ※ 압력을 증가시키면 압력이 감소하는 방향 즉 몰수가 감소하는 방향 (→)으로 진행
 ③ 온도에 의한 평형이동 : 온도를 감소시키면 (온도가 증가 되는 방향(→)으로 진행)

해답 ①

02 배수비례의 법칙이 적용 가능한 화합물을 옳게 나열한 것은?

① CO, CO_2 ② HNO_3, HNO_2
③ H_2SO_4, H_3SO_3 ④ O_2, O_3

해설 **배수비례의 법칙**(돌턴이 발견)
두 가지원소가 두 가지 이상의 화합물을 만들 때 한 원소의 일정 중량에 대하여 결합하는 다른 원소의 중량 간에는 항상 간단한 정수비가 성립한다.

화합물	성분원소의 중량비	
CO	C : O = 12 : 16	16 : 32 = 1 : 2
CO_2	C : O = 12 : 32	
H_2O	H : O = 2 : 16	16 : 32 = 1 : 2
H_2O_2	H : O = 2 : 32	
SO_2	S : O = 32 : 32	32 : 48 = 2 : 3
SO_3	S : O = 32 : 48	
N_2O	N : O = 28 : 16	16 : 16 = 1 : 1
NO	N : O = 14 : 16	

해답 ①

03 A는 B이온과 반응하나 C이온과는 반응하지 않고, D는 C이온과 반응한다고 할 때 A, B, C, D의 환원력 세기를 큰 것부터 차례대로 나타낸 것은? (단, A, B, C, D는 모두 금속이다.)

① A > B > D > C ② D > C > A > B

③ C>D>B>A　　④ B>A>C>D

해설 환원력이 크면 이온반응이 잘 이루어진다.
① A는 B이온과 반응 : A>B
② A는 C이온과 미반응 : C>A
③ D는 C이온과 반응 : D>C
④ ∴ 환원력의 세기 = D>C>A>B

해답 ②

04 1N-NaOH 100mL수용액으로 10wt% 수용액을 만들려고 할 때의 방법으로 다음 중 가장 적합한 것은?

① 36mL의 증류수 혼합
② 40mL의 증류수 혼합
③ 60mL의 수분 증발
④ 64mL의 수분 증발

해설 ① 1N-NaOH 100mL 수용액 중 녹아 있는 NaOH의 무게(g) 계산
NaOH분자량 = 23+16+1 = 40
NaOH의 g당량 = 원자량/원자가
　　　　　　 = 40/1 = 40g
1N-NaOH : $\dfrac{40g-NaOH}{수용액 1000ml}$
∴ 수용액 100mL에는 NaOH 4g이 녹아 있다.

② 증발시켜야 할 물(수분)의 양 계산
$\dfrac{용질(4g)}{용매(x)+용질(4g)} \times 100 = 10wt\%$
$400 = 10(x+4)$, $400 = 10x+40$, $x = 36$
즉 36g의 물에 NaOH 4g이 녹아있으면 10wt% NaOH수용액이다.
증발시켜야 할 수분의 양 = 100mL - 36mL
　　　　　　　　　　 = 64mL

해답 ④

05 엿당을 포도당으로 변화시키는데 필요한 효소는?

① 말타아제　　② 아밀라아제
③ 지마아제　　④ 리파아제

해설 **엿당** = 말토스(maltose) = 맥아당
① 물에 녹으며 단맛이 있다.
② 설탕의 이성질체이며 환원작용이 있다.

③ 묽은 산 또는 효소 말타아제의 작용을 받아서 2분자의 포도당을 만든다.

$C_{12}H_{22}O_{11} \xrightarrow{말타아제} 2C_6H_{12}O_6$
　(엿당)　　　　　　　　(포도당)

해답 ①

06 30wt%인 진한 HCl의 비중은 1.1 이다. 진한 HCl의 몰농도는 얼마인가? (단, HCl의 화학식량은 36.5 이다.)

① 7.21　　② 9.04
③ 11.36　　④ 13.08

해설 $M(몰농도) = \dfrac{10SC}{분자량}$　(S : 비중, C : %농도)

$M(몰농도) = \dfrac{10 \times 1.1 \times 30}{36.5} = 9.04M(몰)$

몰농도(molar concentration)
① 용액 1L 속에 포함된 용질의 몰수를 용액의 부피로 나눈 값
② mol/L 또는 M으로 표시

해답 ②

07 다음 물질 중 감광성이 가장 큰 것은?

① HgO　　② CuO
③ NaNO₃　　④ AgCl

해설 **감광성** : 물질이 엑스선, 감마선 따위의 방사선이나 빛을 받아 화학변화를 일으키는 성질
① 염화은(AgCl) : 감광성이 강하여 인화지를 만드는 데 사용
② 감광성이 강한 물질 : 브로민화은(AgBr), 아이오딘화은(AgI), 염화은(AgCl)

해답 ④

08 한 분자 내에 배위결합과 이온결합을 동시에 가지고 있는 것은?

① NH_4Cl　　② C_6H_6
③ CH_3OH　　④ $NaCl$

해설 **염화암모늄이온**($[NH_4]^+$) : 한 분자 내에 배위결합과 이온결합을 동시에 가지고 있다.

① **배위결합** : 최외각에 공유되지 않은 전자쌍(비공유전자쌍)을 가진 원자나 분자가 안정한 전자 배열을 취하기 위하여 전자쌍을 필요로 하는 원자 또는 이온과 공유하는 화학결합을 말하며 금속의 착이온은 모두 배위결합이다.

② **공유결합** : 결합하려는 원자들이 각각 전자를 내놓아 전자쌍을 만들고 이를 서로 공유하여 결합하는 것

③ **이온결합** : 양이온과 음이온의 정전기적 인력에 의한 화학결합

암모늄 이온

옥소늄 이온

해답 ①

09 메탄에 직접 염소를 작용시켜 클로로포름을 만드는 반응을 무엇이라 하는가?

① 환원반응 ② 부가반응
③ 치환반응 ④ 탈수소반응

해설 **치환반응**
분자 내의 어떤 원자나 원자단이 다른 원자나 원자단으로 치환되는 화학반응

$CH_4 + Cl_2 \rightarrow CH_3Cl + HCl$
$CH_3Cl + Cl_2 \rightarrow CH_2Cl_2 + HCl$
$CH_2Cl_2 + Cl_2 \rightarrow CHCl_3 + HCl$

해답 ③

10 주기율표에서 3주기 원소들의 일반적인 물리·화학적 성질 중 오른쪽으로 갈수록 감소하는 성질들로만 이루어진 것은?

① 비금속성, 전자흡수성, 이온화에너지
② 금속성, 전자방출성, 원자반지름
③ 비금속성, 이온화에너지, 전자친화도
④ 전자친화도, 전자흡수성, 원자반지름

해설 **주기율표의 주기적인 성질**

구분 항목	같은 주기에서 원자번호가 증가할수록 (왼쪽에서 오른쪽으로(→)갈수록)
• 이온화에너지 • 전기음성도 • 비금속성	증가한다.
• 이온반지름 • 원자반지름 • 금속성 • 전자방출성	작아진다.

해답 ②

11 다음 반응식에 관한 사항 중 옳은 것은?

$$SO_2 + 2H_2S \rightarrow 2H_2O + 3S$$

① SO_2는 산화제로 작용
② H_2S는 산화제로 작용
③ SO_2는 촉매로 작용
④ H_2S는 촉매로 작용

해설 $SO_2 + 2H_2S \leftrightarrow 2H_2O + 3S$

① SO_2 : 산소를 내어 주었으므로 산화제로 작용
② H_2S : 산소와 화합하였으므로 환원제로 작용

산화제 : 자신은 환원되기 쉽고 다른 물질을 산화시키는 성질이 강한 물질

산화제의 조건	해당 물질
• 산소를 내기 쉬운 물질 • 수소와 결합하기 쉬운 물질 • 전자를 얻기 쉬운 물질 • 발생기 산소(O)를 내기 쉬운 물질	오존(O_3), 과산화수소(H_2O_2), 염소(Cl_2), 브로민(Br_2), 질산(HNO_3), 황산(H_2SO_4), 과망가니즈산칼륨($KMnO_4$), 다이크로뮴산칼륨($K_2Cr_2O_7$)

환원제 : 자신은 산화되기 쉽고 다른 물질을 환원시키는 성질이 강한 물질

환원제가 될 수 있는 물질	해당 물질
• 수소를 내기 쉬운 물질 • 산소와 화합하기 쉬운 물질 • 전자를 잃기 쉬운 물질 • 발생기 수소(H)를 내기 쉬운 물질	황화수소(H_2S), 이산화황(SO_2), 수소(H_2), 일산화탄소(CO), 옥살산($C_2H_2O_4$)

해답 ①

12 다음 중 물의 끓는점을 높이기 위한 방법으로 가장 타당한 것은?

① 순수한 물을 끓인다.
② 물을 저으면서 끓인다.
③ 감압하에 끓인다.
④ 밀폐된 그릇에서 끓인다.

해설 ① 비점(끓는점) : 증기압이 대기압과 같아지는 온도(증기압 = 대기압)
② 압력과 끓는점 관계

압력	끓는점(비점)
증가	높아진다.
감소	낮아진다.

높은 산에서 밥을 할 때 물을 많이 부어야하는 이유
높은 산은 평지보다 압력이 낮아 물의 끓는점이 100℃보다 낮기 때문에 물이 빨리 소모된다. 따라서 평지보다 물을 많이 넣어야 밥이 설지 않는다.

해답 ④

13 어떤 기체의 확산 속도는 SO_2의 2배이다. 이 기체의 분자량은 얼마인가? (단, SO_2의 분자량은 64이다.)

① 4 ② 8
③ 16 ④ 32

해설 기체의 확산속도에 의한 분자량의 측정(그레이엄의 법칙)
두 가지 기체가 퍼지는 확산속도는 그 기체의 밀도(분자량)의 제곱근에 반비례한다.

$$\frac{U_1}{U_2} = \sqrt{\frac{M_2}{M_1}} = \sqrt{\frac{d_2}{d_1}}$$

여기서, U_1 : 기체1의 확산속도
U_2 : 기체2의 확산속도
M_1 : 기체1의 분자량
M_2 : 기체2의 분자량
d_1 : 기체1의 밀도
d_2 : 기체2의 밀도

① U_1 = 어떤 기체 = 2 $M_1 = X$
$U_2 = SO_2$기체 = 1 $M_2 = 32 + 16 \times 2 = 64$

② $\therefore \frac{U_1}{U_2} = \sqrt{\frac{M_2}{M_1}}$ $\frac{2}{1} = \sqrt{\frac{64}{M_1}}$

$\therefore M_1 = 16$

해답 ③

14 다음 중 산성 산화물에 해당하는 것은?

① BaO ② CO_2
③ CaO ④ MgO

해설 ① BaO : 염기성 산화물
② CO_2 : 산성 산화물
③ CaO : 염기성 산화물
④ MgO : 염기성 산화물

산화물의 분류

구분	정의	보기
산성 산화물	• 물과 반응 산을 생성 • 염기와 작용 염과 물 생성 • 일반적으로 비금속 산화물	CO_2, SO_2, SiO_2, NO_2, P_2O_5
염기성 산화물	• 물과 반응 염기를 생성 • 산과 작용 염과 물 생성 • 일반적으로 금속 산화물	Na_2O, CuO, CaO, Fe_2O_3
양쪽성 산화물	• 산, 염기와 작용 물과 염을 생성	Al_2O_3, ZnO, SnO, PbO

해답 ②

15 가수분해가 되지 않는 염은?

① NaCl ② NH_4Cl
③ CH_3COONa ④ CH_3COONH_4

해설 **가수분해물질**
① 강산과 강염기로 된 염은 가수분해되지 않는다.
NaCl, $NaNO_3$, KCl, K_2SO_4
② 강산과 약염기로 된 염은 가수분해되어 산성을 나타낸다.
NH_4Cl, $CuSO_4$, $Al_2(SO_4)_3$, $FeCl_2$, $Mg(NO_3)_2$
③ 약산과 강염기로 된 염은 가수분해되어 알칼리를 나타낸다.
Na_2CO_3, $NaHCO_3$, KCN, CH_3COONa

탄산나트륨의 가수분해
$Na_2CO_3 + H_2O \Leftrightarrow NaOH + NaHCO_3$

④ 약산과 약염기로 된 염은 가수분해되어 거의 중성이다.
CH_3COONH_4

제 2 부 최근 기출문제 - 필기

가수분해란 무엇인가?
염이 물과 반응하여 중화반응의 역반응인 산과 염기를 만드는 반응

해답 ①

16 방사성 원소에서 방출되는 방사선 중 전기장의 영향을 받지 않아 휘어지지 않는 선은?

① α선 ② β선
③ γ선 ④ α, β, γ선

해설 감마선
① 질량이 없고 전하를 띠지 않음
② 파장이 가장 짧고 투과력과 방출 속도가 가장 크다.

원소의 붕괴

방사선 붕괴	질량수 변화	원자번호 변화
α	4 감소	2 감소
β	불변	1 증가
γ	불변	불변

해답 ③

17 다음 중 산성염으로만 나열된 것은?

① $NaHSO_4$, $Ca(HCO_3)_2$
② $Ca(OH)Cl$, $Cu(OH)Cl$
③ $NaCl$, $Cu(OH)Cl$
④ $Ca(OH)Cl$, $CaCl_2$

해설 산성염 : 이염기산 이상의 다염기산에서 수소 원자의 일부만 금속과 치환된 염
① 황산수소나트륨($NaHSO_4$)
② 탄산수소나트륨($NaHCO_3$)
③ 산성 탄산칼슘 = 중탄산칼슘 $Ca(HCO_3)_2$

해답 ①

18 1패러데이(Faraday)의 전기량으로 물을 전기분해 하였을 때 생성되는 기체 중 산소 기체는 0℃, 1기압에서 몇 L인가?

① 5.6   ② 11.2
③ 22.4 ④ 44.8

해설
① 1F(패럿)의 전기량으로 물질 1g-당량이 석출된다.
② 1F(패럿) = 전자 $6.02×10^{23}$개의 전기량
③ 1F(패럿) = 96500C(쿨롬)

1F(96500C)으로 변화하는 물질의 양

전기량	물질	석출물질	석출무게	표준상태의 부피	원자수
1F	수소	H_2	1.008g	11.2L	$6.02×10^{23}$개
1F	산소	O_2	8g	5.6L	$\frac{1}{2}×6.02×10^{23}$개
1F	황산구리($CuSO_4$)	Cu	$\frac{63.5}{2}$g		$\frac{1}{2}×6.02×10^{23}$개
1F	질산은($AgNO_3$)	Ag	108g		$6.02×10^{23}$개

패러데이(Faraday)의 법칙
① 제1법칙 : 같은 물질에 대하여 전기분해로써 전극에서 일어나는 물질의 양은 통한 전기량에 비례한다.
② 제2법칙 : 일정한 전기량에 의하여 일어나는 화학변화의 양은 그 물질의 화학 당량에 비례한다.

해답 ①

19 공업적으로 에틸렌을 $PdCl_2$촉매하에 산화시킬 때 주로 생성되는 물질은?

① CH_3OCH_3 ② CH_3CHO
③ $HCOOH$ ④ C_3H_7OH

해설 아세트알데히드의 제조방법

$$CH_2CH_2 + 0.5O_2 \xrightarrow{PdCl_2(염화팔라듐)} CH_3CHO$$
(아세틸렌) (산소)   (아세트알데히드)

해답 ②

20 다음과 같은 전자배치를 갖는 원자A와 B에 대한 설명으로 옳은 것은?

| A : $1S^2$ $2S^2$ $2P^6$ $3S^2$ |
| B : $1S^2$ $2S^2$ $2P^6$ $3S^1$ $3P^1$ |

① A와 B는 다른 종류의 원자이다.
② A는 홑원자이고, B는 이원자 상태인 것을 알 수 있다.
③ A와 B는 동위원소로서 전자배열이 다르다.
④ A에서 B로 변할 때 에너지를 흡수한다.

[해설] 원자핵 둘레의 전자배열

전자껍질	K n=1	L n=2	M n=3
최대 수용 전자수 ($2n^2$)	2	8	18
문자기호	s	s, p	s, p, d
오비탈	$1s^2$	$2s^2$, $2p^6$	$3s^2$, $3p^6$, $3d^{10}$
Mg (원자번호 12)	$1S^2$	$2S^2$, $2P^6$	$3S^2$
	[비고] • 가장 낮은 에너지 준위부터 전자가 채워진 바닥 상태의 전자 배치 • 바닥상태(가장 안정적인 상태)		
Mg (원자번호 12)	$1S^2$	$2S^2$, $2P^6$	$3S^1$, $3P^1$
	[비고] • 전자 1개가 에너지를 흡수하여 3s 오비탈에서 3p 오비탈로 배치된 들뜬 상태 • 홀전자(불안정한 상태)		

※ A(안정한 상태)에서 B(불안정한 상태)로 변할 때 에너지를 흡수한다.

[해답] ④

제2과목 화재예방과 소화방법

21 이산화탄소소화기에 대한 설명으로 옳은 것은?

① C급 화재에는 적응성이 없다.
② 다량의 물질이 연소하는 A급 화재에 가장 효과적이다.
③ 밀폐되지 않은 공간에서 사용할 때 가장 소화효과가 좋다.
④ 방출용 동력이 별도로 필요치 않다.

[해설] 이산화탄소소화기
① 용기는 이음매 없는 고압가스 용기를 사용한다.
② 전기에 대한 절연성이 우수하기 때문에 전기화재에 유효하다.
③ 고온의 직사광선이나 보일러실에 설치할 수 없다.
④ 금속분의 화재시에는 사용할 수 없다.
⑤ 산소와 반응하지 않는 안전한 가스이다.
⑥ 방출용 동력이 별도로 필요치 않다.

[해답] ④

22 위험물안전관리법령상 염소산염류에 대해 적응성이 있는 소화설비는?

① 탄산수소염류 분말소화설비
② 포소화설비
③ 불활성가스소화설비
④ 할로젠화합물소화설비

[해설] 염소산염류-제1류 위험물(산화성고체)

소화설비의 적응성

소화설비의 구분		그 밖건의축물·공작물	전기설비	제1류 위험물		제2류 위험물			제3류 위험물		제4류 위험물	제5류 위험물	제6류 위험물
				알칼리금속 과산화물등	그 밖의 것	철분·금속분·마그네슘등	인화성고체	그 밖의 것	금수성물품	그 밖의 것			
옥내소화전 또는 옥외소화전설비		○			○		○	○		○		○	○
스프링클러설비		○			○		○	○		○	△	○	○
물분무등소화설비	물분무소화설비	○	○		○		○	○		○	○	○	○
	포소화설비	○			○		○	○		○	○	○	○
	불활성가스소화설비		○					○			○		
	할로젠화합물소화설비		○					○			○		
	분말소화설비 인산염류등	○	○		○			○			○		○
	탄산수소염류등		○	○		○	○		○		○		
	그 밖의 것			○		○			○				

[해답] ②

23 위험물안전관리법령상 마른모래(삽 1개 포함) 50L의 능력단위는?

① 0.3   ② 0.5
③ 1.0   ④ 1.5

[해설] 간이 소화용구의 능력단위

소화설비	용량(L)	능력단위
소화전용 물통	8	0.3
수조(소화전용 물통 3개 포함)	80	1.5
수조(소화전용 물통 6개 포함)	190	2.5
마른 모래(삽 1개 포함)	50	0.5
팽창질석 또는 팽창진주암(삽 1개 포함)	160	1.0

[해답] ②

24 이산화탄소 소화약제의 소화작용을 옳게 나열한 것은?

① 질식소화, 부촉매소화
② 부촉매소화, 제거소화
③ 부촉매소화, 냉각소화
④ 질식소화, 냉각소화

해설 포소화약제의 주된 소화효과
① 질식효과 ② 냉각효과

이산화탄소의 주된 소화효과
① 질식소화 ② 피복효과(산소공급 차단)
③ 냉각효과

분말소화약제의 주된 소화효과
① 열분해로 생긴 불연성 가스에 의한 질식효과
② 냉각효과 ③ 부촉매(억제)효과

해답 ④

25 전역방출방식의 할로젠화합물소화설비의 분사헤드에서 Halon 1211을 방사하는 경우의 방사압력은 얼마 이상으로 하여야 하는가?

① 0.1MPa ② 0.2MPa
③ 0.5MPa ④ 0.9MPa

해설 할론 분사헤드의 방사압력 및 방출시간

종류	방사압력	방출시간
할론2402	0.1MPa 이상	
할론1211	0.2MPa 이상	10초 이내
할론1301	0.9MPa 이상	

해답 ②

26 다이에틸에터 2000L와 아세톤 4000L를 옥내저장소에 저장하고 있다면 총 소요단위는 얼마인가?

① 5 ② 6
③ 50 ④ 60

해설 다이에틸에터-제4류-특수인화물-50L
아세톤-제4류-제1석유류-수용성-400L

제4류 위험물 및 지정수량

유별	성질	품명		지정수량(L)
제4류	인화성 액체	1. 특수인화물		50
		2. 제1석유류	비수용성 액체	200
			수용성 액체	400
		3. 알코올류		400
		4. 제2석유류	비수용성 액체	1,000
			수용성 액체	2,000
		5. 제3석유류	비수용성 액체	2,000
			수용성 액체	4,000
		6. 제4석유류		6,000
		7. 동식물유류		10,000

① 지정수량의 배수 $= \dfrac{저장수량}{지정수량}$

$= \dfrac{2000}{50} + \dfrac{4000}{400} = 50$배

② 소요단위 $= \dfrac{지정수량의\ 배수}{10} = \dfrac{50}{10} = 5$단위

해답 ①

27 벤젠에 관한 일반적 성질로 틀린 것은?

① 무색투명한 휘발성 액체로 증기는 마취성과 독성이 있다.
② 불을 붙이면 그을음을 많이 내고 연소한다.
③ 겨울철에는 응고하여 인화의 위험이 없지만, 상온에서는 액체상태로 인화의 위험이 높다.
④ 진한 황산과 질산으로 나이트로화 시키면 나이트로벤젠이 된다.

해설 벤젠(Benzene, C_6H_6) : 제4류 위험물 중 제1석유류

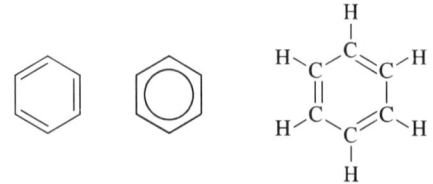

화학식	분자량	비중	비점	인화점	착화점	연소범위
C_6H_6	78	0.9	80°C	-11°C	562°C	1.4~8.0%

① 벤젠증기는 마취성 및 독성이 강하다.
② 비수용성이며 알코올, 아세톤, 에터에 용해

③ 벤젠에 진한질산과 진한황산(촉매와 탈수제 역할)을 이용하여 나이트로벤젠을 만든다.

$$C_6H_6 + HONO_2 \xrightarrow{C-H_2SO_4} C_6H_5NO_2 + H_2O$$
(벤젠)　(질산)　　　　　(나이트로벤젠)　(물)

해답 ③

28 위험물안전관리법령상 제5류 위험물에 적응성 있는 소화설비는?

① 분말을 방사하는 대형소화기
② CO_2를 방사하는 소형소화기
③ 할로젠화합물을 방사하는 대형소화기
④ 스프링클러설비

해설 소화설비의 적응성

소화설비의 구분		대상물 구분								
		그 밖의 건축물·공작물	전기설비	제1류 위험물 알칼리금속 등	제1류 위험물 그 밖의 것	제2류 위험물 철분·금속분·마그네슘 등	제2류 위험물 인화성고체	제2류 위험물 그 밖의 것	제3류 위험물 금수성물품	제3류 위험물 그 밖의 것	제4류 위험물	제5류 위험물	제6류 위험물
옥내소화전 또는 옥외소화전설비		○			○		○	○		○		○	○
스프링클러설비		○			○		○	○		○	△	○	○
물분무등소화설비	물분무소화설비	○	○		○		○	○		○	○	○	○
	포소화설비	○			○		○	○		○	○	○	○
	불활성가스소화설비		○				○				○		
	할로젠화합물소화설비		○				○				○		
	분말소화설비 인산염류등	○	○		○		○	○			○		○
	분말소화설비 탄산수소염류등		○	○		○	○		○		○		
	분말소화설비 그 밖의 것			○		○			○				

해답 ④

29 과산화나트륨 저장 장소에서 화재가 발생하였다. 과산화나트륨을 고려하였을 때 다음 중 가장 적합한 소화약제는?

① 포소화약제　　② 할로젠화합물
③ 건조사　　　　④ 물

해설 과산화나트륨(Na_2O_2) : 제1류 위험물 중 무기과산화물(금수성)

화학식	분자량	비중	융점	분해온도
Na_2O_2	78	2.8	460℃	460℃

① 상온에서 물과 격렬히 반응하여 산소(O_2)를 방출하고 폭발하기도 한다.

$$2Na_2O_2 + 2H_2O \rightarrow 4NaOH + O_2\uparrow$$
(과산화나트륨)　(물)　　(수산화나트륨)　(산소)

② 공기 중 이산화탄소(CO_2)와 반응하여 산소(O_2)를 방출한다.

$$2Na_2O_2 + 2CO_2 \rightarrow 2Na_2CO_3(탄산나트륨) + O_2\uparrow$$

③ 산과 반응하여 과산화수소(H_2O_2)를 생성시킨다.

$$Na_2O_2 + 2CH_3COOH \rightarrow 2CH_3COONa + H_2O_2\uparrow$$
(초산)　　　(초산나트륨)　(과산화수소)

④ 열분해시 산소(O_2)를 방출한다.

$$2Na_2O_2 \rightarrow 2Na_2O(산화나트륨) + O_2\uparrow(산소)$$

⑤ 주수소화는 금물이고 마른모래(건조사)등으로 소화한다.

해답 ③

30 벤조일퍼옥사이드의 화재 예방상 주의 사항에 대한 설명 중 틀린 것은?

① 열, 충격 및 마찰에 의해 폭발할 수 있으므로 주의한다.
② 진한 질산, 진한 황산과의 접촉을 피한다.
③ 비활성의 희석제를 첨가하면 폭발성을 낮출 수 있다.
④ 수분과 접촉하면 폭발의 위험이 있으므로 주의한다.

해설 과산화벤조일
= 벤조일퍼옥사이드(BPO)[$(C_6H_5CO)_2O_2$]
① 무색 무취의 백색분말 또는 결정이다.
② 물에 녹지 않고 에터 등 유기용제에 잘 녹는다.
④ 진한질산, 진한황산과의 접촉을 피한다.
⑤ 희석제[프탈산다이메틸(DMP), 프탈산다이부틸(DBP)]를 넣어 폭발 위험성을 낮춘다.
⑥ 수분과 접촉하여도 폭발위험은 없다.

해답 ④

31 10℃의 물 2g을 100℃의 수증기로 만드는 데 필요한 열량은?

① 180cal　　② 340cal
③ 719cal　　④ 1258cal

해설 필요한 열량

$$Q = r_1 m + mc\Delta t + r_2 m$$

여기서, Q : 필요한 열량(cal), m : 질량(g)
C : 비열(물의 비열 : 1cal/g·℃)
Δt : 온도차(℃)
r_1 : 융해잠열(얼음의 융해잠열 : 80cal/g)
r_2 : 기화잠열(물의 기화잠열 : 539cal/g)

필요한 열량계산
$Q = 2g \times 1cal/g \cdot ℃ \times (100-10)℃$
$\quad + 539cal/g \times 2g$
$\quad = 1258cal$

해답 ④

32 불활성가스소화약제 중 IG-541의 구성 성분이 아닌 것은?

① N_2　　② Ar
③ He　　④ CO_2

해설 불활성가스 소화약제

번호	약제명	화학식
1	IG-01	Ar
2	IG-100	N_2
3	IG-541	N_2 : 52%, Ar : 40%, CO_2 : 8%
4	IG-55	N_2 : 50%, Ar : 50%

해답 ③

33 금속나트륨의 연소 시 소화방법으로 가장 적절한 것은?

① 팽창질석을 사용하여 소화한다.
② 분무상의 물을 뿌려 소화한다.
③ 이산화탄소를 방사하여 소화한다.
④ 물로 적신 헝겊으로 피복하여 소화한다.

해설 나트륨(Na)-제3류-금수성물질

화학식	원자량	비점	융점	비중	불꽃색상
Na	23	880℃	97.8℃	0.97	노란색

① 가열시 **노란색 불꽃**을 내면서 연소하며 **경금속**에 속한다.
② 물과 반응하여 수소 및 열을 발생(금수성 물질)
$2Na + 2H_2O \rightarrow 2NaOH + H_2$
③ 보호액으로 **파라핀·경유·등유** 등을 사용

④ 에틸알코올과 반응하여 나트륨에틸레이트를 생성한다.
$2Na + 2C_2H_5OH \rightarrow 2C_2H_5ONa + H_2$
　　　　　　　　(나트륨에틸레이트)
⑤ 마른모래 등으로 질식소화한다.

금속나트륨 화재 시 CO_2소화기 사용금지 이유

금속나트륨과 이산화탄소는 폭발적으로 반응하기 때문에 위험
$4Na + 3CO_2 \rightarrow 2Na_2CO_3 + C$

해답 ①

34 어떤 가연물의 착화에너지가 24kcal 일 때, 이것을 일에너지 단위로 환산하면 약 몇 J인가?

① 24　　② 42
③ 84　　④ 100

해설 단위 환산

① 1cal = 4.186J
② ∴ $24cal \times \dfrac{4.186J}{1cal} = 100.5J ≒ 100J$

・1kcal = 4.186KJ　　・1cal = 4.186J

해답 ④

35 위험물제조소등에 옥내소화전설비를 압력수조를 이용한 가압송수장치로 설치하는 경우 압력수조의 최소압력은 몇 MPa인가? (단, 소방용 호스의 마찰손실수두압은 3.2MPa, 배관의 마찰손실수두압은 2.2MPa, 낙차의 환산수두압은 1.79MPa 이다.)

① 5.4　　② 3.99
③ 7.19　　④ 7.54

해설 $P = 3.2 + 2.2 + 1.79 + 0.35 = 7.54MPa$

압력수조 방식

$$P = p_1 + p_2 + p_3 + 0.35MPa$$

여기서, P : 필요한 압력(MPa)
p_1 : 소방용 호스의 마찰손실 수두압(MPa)
p_2 : 배관의 마찰손실 수두압(MPa)
p_3 : 낙차의 환산 수두압(MPa)

해답 ④

36 다음은 위험물안전관리법령상 위험물제조소 등에 설치하는 옥내소화전설비의 설치표시 기준 중 일부이다. ( )에 알맞은 수치를 차례로 옳게 나타낸 것은?

> 옥내소화전함의 상부의 벽면에 적색의 표시등을 설치하되, 당해 표시등의 부착면과 ( ) 이상의 각도가 되는 방향으로 ( ) 떨어진 곳에서 용이하게 식별이 가능하도록 할 것

① 5°, 5m ② 5°, 10m
③ 15°, 5m ④ 15°, 10m

해설 옥내소화전설비의 설치기준
① 개폐밸브 및 호스접속구는 바닥면으로부터 1.5m 이하의 높이에 설치할 것
② 가압송수장치의 시동을 알리는 표시등은 적색으로 하고 옥내소화전함의 내부 또는 그 직근의 장소에 설치할 것.
③ 옥내소화전함에는 그 표면에 "소화전"이라고 표시할 것
④ 옥내소화전함의 상부의 벽면에 적색의 표시등을 설치하되, 당해 표시등의 부착면과 15° 이상의 각도가 되는 방향으로 10m 떨어진 곳에서 용이하게 식별이 가능하도록 할 것

해답 ④

37 연소 이론에 대한 설명으로 가장 거리가 먼 것은?

① 착화온도가 낮을수록 위험성이 크다.
② 인화점이 낮을수록 위험성이 크다.
③ 인화점이 낮은 물질은 착화점도 낮다.
④ 폭발 한계가 넓을수록 위험성이 크다.

해설 ④ 인화점과 착화점의 상관관계는 적다.

위험성의 영향인자

영향인자	위험성
① 온도, 압력, 산소농도	높을수록 위험
② 연소범위(폭발범위)	넓을수록 위험
③ 연소열, 증기압	클수록 위험
④ 연소속도	빠를수록 위험
⑤ 인화점, 착화점, 비점, 융점, 비중, 점성, 비열	낮을수록 위험

해답 ③

38 분말소화약제의 착색 색상으로 옳은 것은?

① $NH_4H_2PO_4$: 담홍색
② $NH_4H_2PO_4$: 백색
③ $KHCO_3$: 담홍색
④ $KHCO_3$: 백색

해설 분말약제의 열분해

종별	약제명	착색	적응화재	열분해 반응식
제1종	탄산수소나트륨 중탄산나트륨 중조	백색	B,C	270°C $2NaHCO_3 \rightarrow Na_2CO_3 + CO_2 + H_2O$ 850°C $2NaHCO_3 \rightarrow Na_2O + 2CO_2 + H_2O$
제2종	탄산수소칼륨 중탄산칼륨	담회색	B,C	190°C $2KHCO_3 \rightarrow K_2CO_3 + CO_2 + H_2O$ 590°C $2KHCO_3 \rightarrow K_2O + 2CO_2 + H_2O$
제3종	제1인산암모늄	담홍색	A,B,C	$NH_4H_2PO_4 \rightarrow HPO_3 + NH_3 + H_2O$
제4종	중탄산칼륨+요소	회(백)색	B,C	$2KHCO_3 + (NH_2)_2CO \rightarrow K_2CO_3 + 2NH_3 + 2CO_2$

해답 ①

39 불활성가스소화설비에 의한 소화적응성이 없는 것은?

① $C_3H_5(ONO_2)_3$ ② $C_6H_4(CH_3)_2$
③ CH_3COCH_3 ④ $C_2H_5OC_2H_5$

해설

구분	명칭	유별	소화방법
$C_3H_5(ONO_2)_3$	나이트로글리세린	제5류 질산에스터류	다량의 물
$C_6H_4(CH_3)_2$	크실렌	제4류 제2석유류	포약제, 불활성가스
CH_3COCH_3	아세톤	제4류 제1석유류	포약제, 불활성가스
$C_2H_5OC_2H_5$	다이에틸에터	제4류 특수인화물	포약제, 불활성가스

해답 ①

40 다음 중 자연발화의 원인으로 가장 거리가 먼 것은?

① 기화열에 의한 발열
② 산화열에 의한 발열
③ 분해열에 의한 발열

④ 흡착열에 의한 발열

자연발화의 조건, 방지대책, 형태

자연발화의 조건	자연발화 방지대책
주위의 온도가 높을 것	통풍이나 환기 등을 통하여 열의 축적을 방지
표면적이 넓을 것	저장실의 온도를 낮춘다.
열전도율이 적을 것	습도를 낮게 유지
발열량이 클 것	용기 내에 불활성 기체를 주입하여 공기와 접촉방지

자연발화의 형태	
산화열에 의한 자연발화	• 석탄 • 건성유 • 탄소분말 • 금속분 • 기름걸레
분해열에 의한 자연발화	• 셀룰로이드 • 나이트로셀룰로오스 • 나이트로글리세린
흡착열에 의한 자연발화	• 활성탄 • 목탄분말
미생물열에 의한 자연발화	• 퇴비 • 먼지

해답 ①

제3과목 위험물의 성질과 취급

41 위험물이 물과 접촉하였을 때 발생하는 기체를 옳게 연결한 것은?

① 인화칼슘 – 포스핀
② 과산화칼륨 – 아세틸렌
③ 나트륨 – 산소
④ 탄화칼슘 – 수소

금수성 물질과 물의 반응 생성물
① Ca_3P_2 + 물 ⇒ 포스핀(인화수소 발생)
② K_2O_2 + 물 ⇒ 산소 발생
③ Na + 물 ⇒ 수소 발생
④ CaC_2 + 물 ⇒ 아세틸렌 발생

해답 ①

42 제4류 위험물인 동식물유류의 취급 방법이 잘못된 것은?

① 액체의 누설을 방지하여야 한다.
② 화기 접촉에 의한 인화에 주의하여야 한다.
③ 아마인유는 섬유 등에 흡수되어 있으면 매우 안정하므로 취급하기 편리하다.
④ 가열할 때 증기는 인화되지 않도록 조치하여야 한다.

③ 아마인유는 섬유 등에 흡수되어 있으면 산화열이 축적되어 자연발화의 위험이 있다.

동식물유류 : 제4류 위험물
동물의 지육 또는 식물의 종자나 과육으로부터 추출한 것으로 1기압에서 인화점이 250℃ 미만인 것

아이오딘값에 따른 동식물유류의 분류

구 분	아이오딘값	종 류
건성유	130 이상	해바라기기름, 동유(오동기름), 정어리기름, 아마인유, 들기름
반건성유	100~130	채종유, 쌀겨기름, 참기름, 면실유, 옥수수기름, 청어기름, 콩기름
불건성유	100 이하	야자유, 팜유, 올리브유, 피마자기름, 낙화생기름, 돈지, 우지, 고래기름

아이오딘값의 정의
옥소가(沃素價)라고도 하며 100g의 유지에 의해서 흡수되는 아이오딘의 g수

해답 ③

43 연소범위가 약 2.5 ~ 38.5vol%로 구리, 은, 마그네슘과 접촉 시 아세틸라이드를 생성하는 물질은?

① 아세트알데하이드 ② 알킬알루미늄
③ 산화프로필렌   ④ 콜로디온

산화프로필렌(CH_3CH_2CHO) ★★★

화학식	분자량	비중	비점
CH_3CHCH_2O	58	0.83	34℃
	인화점	착화점	연소범위
	-37℃	465℃	2.8~37%

① 휘발성이 강하고 에터 냄새가 나는 액체이다.
② 물, 알코올, 벤젠 등 유기용제에는 잘 녹는다.
③ 연소범위는 2.8~37%이다.
④ 저장용기 사용 시 구리, 마그네슘, 은, 수은 및

182

합금용기 사용금지
(아세틸리드(acetylide) 생성)
⑤ 저장 용기 내에 질소(N_2) 등 불연성가스를 채워 둔다.
⑥ 소화는 포 약제로 질식 소화한다.

해답 ③

44 위험물안전관리법령상 제5류 위험물 중 질산에스터류에 해당하는 것은?

① 나이트로벤젠
② 나이트로셀룰로오스
③ 트라이나이트로페놀
④ 트라이나이트로톨루엔

해설
① 나이트로벤젠-제4류-제3석유류
② 나이트로셀룰로오스-제5류-질산에스터류
③ 트라이나이트로페놀-제5류-나이트로화합물
④ 트라이나이트로톨루엔-제5류-나이트로화합물

질산에스터류
① 질산메틸   ② 질산에틸
③ 나이트로글리세린 ④ 나이트로셀룰로오스

해답 ②

45 연면적 1000m²이고 외벽이 내화구조인 위험물취급소의 소화설비 소요단위는 얼마인가?

① 5   ② 10
③ 20   ④ 100

해설 소요단위의 계산방법
① 제조소 또는 취급소의 건축물

외벽이 내화구조인 것	외벽이 내화구조가 아닌 것
연면적 100m²를 1소요단위	연면적 50m²를 1소요단위

② 저장소의 건축물

외벽이 내화구조인 것	외벽이 내화구조가 아닌 것
연면적 150m²를 1소요단위	연면적 75m²를 소요단위

③ 위험물은 지정수량의 10배를 1소요단위로 할 것

∴ 소요단위 = $\frac{1000}{100}$ = 10단위

해답 ②

46 다음 위험물 중 가열시 분해온도가 가장 낮은 물질은?

① $KClO_3$ ② Na_2O_2
③ NH_4ClO_4 ④ KNO_3

해설 가열시 분해온도

화학식	물질명	유별	분해온도
$KClO_3$	염소산칼륨	제1류 중 염소산염류	400℃
Na_2O_2	과산화나트륨	제1류 중 무기과산화물	657℃
NH_4ClO_4	과염소산암모늄	제1류 중 과염소산염류	130℃
KNO_3	질산칼륨	제1류 중 질산염류	400℃

해답 ③

47 다음 중 황린이 자연발화하기 쉬운 가장 큰 이유는?

① 끓는점이 낮고 증기의 비중이 작기 때문에
② 산소와 결합력이 강하고 착화온도가 낮기 때문에
③ 녹는점이 낮고 상온에서 액체로 되어 있기 때문에
④ 인화점이 낮고 가연성 물질이기 때문에

해설 황린(P_4)(별명 : 백린) : 제3류 위험물(자연발화성 물질)

화학식	분자량	발화점	비점	융점	비중	증기비중
P_4	124	34℃	280℃	44℃	1.82	4.4

① 백색 또는 담황색의 고체이다.
② 공기 중 약 40~50℃에서 자연 발화한다.
③ 저장 시 자연 발화성이므로 반드시 **물속에 저장**한다.
④ **인화수소(PH_3)의 생성을 방지**하기 위하여 물의 **pH9(약알칼리)**가 안전한계이다.
⑤ **연소 시 오산화인(P_2O_5)의 흰 연기가 발생한다.**
  $P_4 + 5O_2 → 2P_2O_5$(오산화인)
⑥ 피부 접촉 시 화상을 입는다.
⑦ 소화는 물분무, 마른모래 등으로 질식소화한다.
⑧ 고압의 주수소화는 황린을 비산시켜 연소면이 확대될 우려가 있다.

해답 ②

48 위험물안전관리법령에 따른 위험물 저장기준으로 틀린 것은?

① 이동탱크저장소에는 설치허가증과 운송허가증을 비치하여야 한다.
② 지하저장탱크의 주된 밸브는 위험물을 넣거나 빼낼 때 외에는 폐쇄하여야 한다.
③ 아세트알데히드를 저장하는 이동저장탱크에는 탱크 안에 불활성 가스를 봉입하여야 한다.
④ 옥외저장탱크 주위에 설치된 방유제의 내부에 물이나 유류가 괴었을 경우에는 즉시 배출하여야 한다.

해설 ① 이동탱크저장소에는 당해 이동탱크저장소의 완공검사합격확인증 및 정기점검기록을 비치하여야 한다.

해답 ①

49 다음 2가지 물질을 혼합하였을 때 그로 인한 발화 또는 폭발의 위험성이 가장 낮은 것은?

① 아염소산나트륨과 티오황산나트륨
② 질산과 이황화탄소
③ 아세트산과 과산화나트륨
④ 나트륨과 등유

해설 금속칼륨 및 금속나트륨 : 제3류 위험물(금수성)
① 물과 반응하여 수소기체 발생

$2Na + 2H_2O \rightarrow 2NaOH + H_2\uparrow$ (수소발생)
$2K + 2H_2O \rightarrow 2KOH + H_2\uparrow$ (수소발생)

② 파라핀, 경유, 등유 속에 저장

★★자주출제(필수정리)★★
① 칼륨(K), 나트륨(Na)은 파라핀, 경유, 등유 속에 저장
② 황린(3류) 및 이황화탄소(4류)는 물속에 저장

해답 ④

50 금속 과산화물을 묽은 산에 반응시켜 생성되는 물질로서 석유와 벤젠에 불용성이고, 표백작용과 살균작용을 하는 것은?

① 과산화나트륨   ② 과산화수소
③ 과산화벤조일   ④ 과산화칼륨

해설 과산화수소(H_2O_2) - 제6류 위험물

화학식	분자량	비중	비점	융점
H_2O_2	34	1.463	150.2℃(pure)	-0.43℃(pure)

① 물, 에탄올, 에터에 잘 녹으며 벤젠에 녹지 않는다.
② 분해 시 발생기 산소(O)를 발생시킨다.
③ 분해안정제로 인산(H_3PO_4) 또는 요산($C_5H_4N_4O_3$)을 첨가한다.
④ 저장용기는 밀폐하지 말고 **구멍이 있는 마개를 사용**한다.
⑤ 하이드라진($NH_2 \cdot NH_2$)과 접촉 시 분해 작용으로 폭발위험이 있다.

$NH_2 \cdot NH_2 + 2H_2O_2 \rightarrow 4H_2O + N_2\uparrow$

⑥ 아이오딘화칼륨이나 이산화망가니즈(MnO_2)를 촉매로 하면 분해가 빠르다.

과산화수소는 36%(중량) 이상만 위험물에 해당된다.

해답 ②

51 옥내저장소에서 위험물 용기를 겹쳐 쌓는 경우에 있어서 제4류 위험물 중 제3석유류만을 수납하는 용기를 겹쳐 쌓을 수 있는 높이는 최대 몇 m인가?

① 3   ② 4
③ 5   ④ 6

해설 옥내저장소에서 위험물을 저장하는 경우 높이 제한
① 기계에 의하여 하역하는 구조로 된 용기만을 겹쳐 쌓는 경우 : 6m
② 제4류 위험물 중 제3석유류, 제4석유류 및 동식물유류를 수납하는 용기만을 겹쳐 쌓는 경우 : 4m
③ 그 밖의 경우 : 3m

해답 ②

52 제5류 위험물 중 나이트로화합물에서 나이트로기(nitro group)를 옳게 나타낸 것은?

① -NO   ② $-NO_2$
③ $-NO_3$ ④ $-NON_3$

해설 관능기에 의한 분류

원자단의 명칭	원자단	화합물의 일반명	보 기
수산기(하이드록실기)	-OH	알코올, 페놀	메탄올, 에탄올, 페놀
알데하이드기	-CHO	알데하이드	포름알데하이드
카르보닐기(케톤기)	>CO	케톤	아세톤
카복실기	-COOH	카복실산	초산, 안식향산
아세틸기	-COCH₃	아세틸화합물	아세틸살리실산
슬폰산기	-SO₃H	슬폰산	벤젠슬폰산
나이트로기	-NO₂	나이트로화합물	트라이나이트로톨루엔, 트라이나이트로페놀
아미노기	-NH₂	아미노화합물	아닐린
에터기	-O-	에터	다이메틸에터, 다이에틸에터
아조기	-N=N-	아조화합물	아조벤젠
에스터기	-COO-		초산메틸, 개미산메틸

해답 ②

53 최대 아세톤 150톤을 옥외탱크저장소에 저장할 경우 보유공지의 너비는 몇 m 이상으로 하여야 하는가? (단, 아세톤의 비중은 0.79 이다.)

① 3 ② 5
③ 9 ④ 12

해설 제4류 위험물 및 지정수량

유별	성질	품명		지정수량(L)
제4류	인화성 액체	1. 특수인화물		50
		2. 제1석유류	비수용성 액체	200
			수용성 액체	**400**
		3. 알코올류		400
		4. 제2석유류	비수용성 액체	1,000
			수용성 액체	2,000
		5. 제3석유류	비수용성 액체	2,000
			수용성 액체	4,000
		6. 제4석유류		6,000
		7. 동식물유류		10,000

옥외탱크저장소의 보유공지

저장 또는 취급하는 위험물의 최대수량	공지의 너비
지정수량의 500배 이하	3m 이상
지정수량의 500배 초과 1,000배 이하	5m 이상
지정수량의 1,000배 초과 2,000배 이하	9m 이상
지정수량의 2,000배 초과 3,000배 이하	12m 이상
지정수량의 3,000배 초과 4,000배 이하	15m 이상
지정수량의 4,000배 초과	당해 탱크의 수평단면의 최대지름(횡형인 경우는 긴 변)과 높이 중 큰 것과 같은 거리 이상(단, 30m 초과의 경우 30m 이상으로, 15m 미만의 경우 15m 이상으로 할 것)

① 아세톤 : 제1석유류(수용성), 지정수량 : 400L
② 150톤 = 150000kg
③ 150000kg ÷ 0.79 = 189873.42L
④ 지정수량의 배수 = $\frac{저장수량}{지정수량}$

$= \frac{189873.42L}{400} ≒ 475배$

⑤ 지정수량의 500배 이하이므로 옥외탱크저장소의 보유공지는 3m 이상이다.

해답 ①

54 제5류 위험물 제조소에 설치하는 표지 및 주의사항을 표시한 게시판의 바탕색상을 각각 옳게 나타낸 것은?

① 표지 : 백색
   주의사항을 표시한 게시판 : 백색
② 표지 : 백색
   주의사항을 표시한 게시판 : 적색
③ 표지 : 적색
   주의사항을 표시한 게시판 : 백색
④ 표지 : 적색
   주의사항을 표시한 게시판 : 적색

해설 게시판의 설치기준
① 한 변의 길이가 0.3m 이상, 다른 한 변의 길이가 0.6m 이상인 직사각형으로 할 것
② 위험물의 유별·품명 및 저장최대수량 또는 취급최대수량, 지정수량의 배수 및 안전 관리자의 성명 또는 직명을 기재할 것

③ 게시판의 바탕은 백색으로, 문자는 흑색으로 할 것
④ 저장 또는 취급하는 위험물에 따라 주의사항 게시판을 설치할 것

위험물의 종류	주의사항 표시	게시판의 색
• 제1류 (알칼리금속 과산화물) • 제3류(금수성 물품)	물기엄금	청색바탕에 백색문자
• 제2류(인화성 고체 제외)	화기주의	적색바탕에 백색문자
• 제2류(인화성 고체) • 제3류(자연발화성 물품) • 제4류 • 제5류	화기엄금	

해답 ②

55 다음 중 물에 대한 용해도가 가장 낮은 물질은?

① $NaClO_3$ ② $NaClO_4$
③ $KClO_4$ ④ NH_4ClO_4

해설 제1류 위험물의 구분

구분	명칭	품명	수용해도
$NaClO_3$	염소산나트륨	염소산염류	100g/100mL (20℃)
$NaClO_4$	과염소산나트륨	과염소산염류	210g/100mL (25℃)
$KClO_4$	과염소산칼륨	과염소산염류	1.8g/100mL (20℃)
NH_4ClO_4	염소산암모늄	염소산염류	자료 없음

해답 ③

56 다음 중 메탄올의 연소범위에 가장 가까운 것은?

① 약 1.4~5.6vol% ② 약 7.3~36vol%
③ 약 20.3~66vol% ④ 약 42.0~77vol%

해설 메탄올과 에탄올의 비교표

항목\종류	메탄올(메틸알코올)	에탄올(에틸알코올)
화학식	CH_3OH	C_2H_5OH
외관	무색 투명한 액체	무색 투명한 액체
액체비중	0.8	0.8
증기비중	1.1	1.6
인화점	11℃	13℃
수용성	물에 잘 녹음	물에 잘 녹음
연소범위	7.3~36%	4.3~19%

해답 ②

57 위험물의 저장 및 취급에 대한 설명으로 틀린 것은?

① H_2O_2 : 직사광선을 차단하고 찬 곳에 저장한다.
② MgO_2 : 습기의 존재하에서 산소를 발생하므로 특히 방습에 주의한다.
③ $NaNO_3$: 조해성이 있으므로 습기에 주의한다.
④ K_2O_2 : 물과 반응하지 않으므로 물속에 저장한다.

해설 **과산화칼륨(K_2O_2) : 제1류 위험물 중 무기과산화물**

화학식	분자량	비중	분해온도
K_2O_2	110	2.9	490℃

① 무색 또는 오렌지색 분말상태
② 상온에서 물과 격렬히 반응하여 산소(O_2)를 방출하고 폭발하기도 함
$2K_2O_2 + 2H_2O \rightarrow 4KOH + O_2\uparrow$
③ 공기 중 **이산화탄소(CO_2)와 반응하여 산소(O_2)를 방출**
$2K_2O_2 + 2CO_2 \rightarrow 2K_2CO_3 + O_2\uparrow$
④ 산과 반응하여 과산화수소(H_2O_2)를 생성
$K_2O_2 + 2CH_3COOH \rightarrow 2CH_3COOK + H_2O_2\uparrow$
⑤ 열분해시 산소(O_2)를 방출한다.
$2K_2O_2 \rightarrow 2K_2O + O_2\uparrow$
⑥ 주수소화는 금물이고 마른모래(건조사)등으로 소화

해답 ④

58 다음 위험물 중 물에 가장 잘 녹은 것은?

① 적린 ② 황
③ 벤젠 ④ 아세톤

해설 위험물의 구분

구분	화학식	유별	수용성여부	지정수량
적린	P	제2류	비수용성	100kg
황	S	제2류	비수용성	100kg
벤젠	C_6H_6	제4류 1석유류	비수용성	200L
아세톤	CH_3COCH_3	제4류 제1석유류	수용성	400L

해답 ④

59 위험물안전관리법령상 위험물의 운반에 관한 기준에 따르면 위험물은 규정에 의한 운반 용기에 법령에서 정한 기준에 따라 수납하여 적재하여야 한다. 다음 중 적용 예외의 경우에 해당하는 것은? (단, 지정수량의 2배인 경우이며, 위험물을 동일구내에 있는 제조소등의 상호간에 운반하기 위하여 적재하는 경우는 제외한다.)

① 덩어리 상태의 황을 운반하기 위하여 적재하는 경우
② 금속분을 운반하기 위하여 적재하는 경우
③ 삼산화크로뮴을 운반하기 위하여 적재하는 경우
④ 염소산나트륨을 운반하기 위하여 적재하는 경우

해설 **위험물의 적재방법**

위험물은 운반용기에 다음 각목의 기준에 따라 수납하여 적재하여야 한다. 다만, **덩어리 상태의 황을** 운반하기 위하여 적재하는 경우 또는 위험물을 **동일구내에 있는 제조소등의 상호간에 운반**하기 위하여 적재하는 경우에는 **그러하지 아니하다**(중요기준).
① 고체위험물은 운반용기 내용적의 95% 이하의 수납율로 수납할 것
② 액체위험물은 운반용기 내용적의 98% 이하의 수납율로 수납하되, 55도의 온도에서 누설되지 아니하도록 충분한 공간용적을 유지하도록 할 것
③ 제3류 위험물은 다음의 기준에 따라 운반용기에 수납할 것
  ㉠ 자연발화성물질에 있어서는 불활성 기체를 봉입하여 밀봉하는 등 공기와 접하지 아니하도록 할 것
  ㉡ 자연발화성물질외의 물품에 있어서는 파라핀·경유·등유 등의 보호액으로 채워 밀봉하거나 불활성 기체를 봉입하여 밀봉하는 등 수분과 접하지 아니하도록 할 것
  ㉢ 자연발화성물질 중 알킬알루미늄 등은 운반용기의 내용적의 90% 이하의 수납율로 수납하되, 50℃의 온도에서 5% 이상의 공간용적을 유지하도록 할 것

해답 ①

60 위험물안전관리법령상 다음 ( )안에 알맞은 수치는?

> 이동저장탱크로부터 위험물을 저장 또는 취급하는 탱크에 인화점이 ( )℃ 미만인 위험물을 주입할 때에는 이동탱크저장소의 원동기를 정지시킬 것

① 40   ② 50
③ 60   ④ 70

해설 이동저장탱크로부터 위험물을 저장 또는 취급하는 탱크에 인화점이 40℃ 미만인 위험물을 주입할 때에는 이동탱크저장소의 원동기를 정지시켜야 한다.

해답 ①

위험물산업기사

2018년 9월 15일 시행

제1과목 일반화학

01 헥산(C_6H_{14})의 구조이성질체의 수는 몇 개인가?

① 3개　　② 4개
③ 5개　　④ 9개

 C_6H_{14}(헥세인 : hxane)의 구조 이성질체 수 = 5개

① 헥산	② 아이소헥산
C-C-C-C-C-C	C │ C-C-C-C-C
③ 3-메틸펜탄	④ 네오헥산
C │ C-C-C-C-C	C │ C-C-C-C 　　│ 　　C
⑤ 2, 3-다이메틸부탄	
C C │ │ C-C-C-C	

알케인의 구조 이성질체 수

탄소수	화합물	이성질체수
1	CH_4	없음
2	C_2H_6	없음
3	C_3H_8	없음
4	C_4H_{10}	2
5	C_5H_{12}	3
6	C_6H_{14}	5
7	C_7H_{16}	9

해답 ③

02 1몰의 질소와 3몰의 수소를 촉매와 같이 용기 속에 밀폐하고 일정한 온도로 유지하였더니 반응물질의 50%가 암모니아로 변하였다. 이때의 압력은 최초 압력의 몇 배가 되는가? (단, 용기의 부피는 변하지 않는다.)

① 0.5　　② 0.75
③ 1.25　　④ 변하지 않는다.

해설 ① 반응물질의 100%가 암모니아로 변하는 경우 2몰의 NH_3 생성

$N_2 + 3H_2 \rightarrow 2NH_3$

② 반응물질의 50%가 암모니아로 변하는 경우 1몰의 NH_3 생성

$N_2 + 3H_2 \rightarrow NH_3 + 0.5N_2 + 1.5H_2$

㉠ 1몰의 질소 중 50%만 반응하므로 0.5몰의 질소가 남는다.
㉡ 3몰의 수소 중 50%만 반응하므로 1.5몰의 수소가 남는다.
③ 반응 전 반응물질의 mol수
  = 질소1mol+수소3mol = 4mol
④ 반응 후 생성물질의 mol수
  = 암모니아1mol+질소0.5mol+수소1.5mol
  = 3mol
⑤ 압력(P)은 몰수(n)에 비례하므로
  $N = \dfrac{3\text{mol}}{4\text{mol}} = 0.75$배

이상기체 상태방정식 ★★★★

$$PV = nRT = \dfrac{W}{M}RT$$

여기서, P : 압력(atm)　　V : 부피(L)
　　　　n : mol수(무게/분자량)
　　　　W : 무게(g)　　M : 분자량
　　　　T : 절대온도($273+t$℃)
　　　　R : 기체상수(0.082 atm·L/mol·K)

해답 ②

03 물 450g에 NaOH 80g이 녹아 있는 용액에서 NaOH의 몰분율은? (단, Na의 원자량은 23이다.)

① 0.074　② 0.178
③ 0.200　④ 0.450

[해설] ① H₂O(물)의 몰수 계산
H₂O의 분자량 = 1×2+16 = 18
∴ mole수 = $\frac{450}{18}$ = 25M

② NaOH(수산화나트륨)의 몰수 계산
NaOH의 분자량 = 23+16+1 = 40
∴ mole수 = $\frac{80}{40}$ = 2M

③ 몰분율 = $\frac{성분\ 몰수}{전체\ 몰수}$ = $\frac{2}{(25+2)}$
= 0.074 mole 분율

mole수 = $\frac{W(성분의\ 무게)}{M(성분의\ 분자량)}$　몰분율 = $\frac{성분\ 몰수}{전체\ 몰수}$

[해답] ①

04 다음 pH 값에서 알칼리성이 가장 큰 것은?

① pH=1　② pH=6
③ pH=8　④ pH=13

[해설] ① pH<7인 경우 : pH가 낮을수록 산성이 크다.
② pH>7인 경우 : pH가 클수록 알칼리성이 크다.

- pH = log$\frac{1}{[H^+]}$ = -log[H⁺]
- pOH = -log[OH⁻]　· pH = 14-pOH

[해답] ④

05 우유의 pH는 25℃에서 6.4이다. 우유 속의 수소이온농도는?

① 1.98×10^{-7}M　② 2.98×10^{-7}M
③ 3.98×10^{-7}M　④ 4.98×10^{-7}M

[해설] ① 우유의 pH = 6.4
② 수소이온농도 [H⁺] = $10^{-6.4}$ = $\frac{1}{10^{6.4}}$
= 3.98×10^{-7}M

[해답] ③

06 다음 중 기하 이성질체가 존재하는 것은?

① C₅H₁₂　② CH₃CH=CHCH₃
③ C₃H₇Cl　④ CH≡CH

[해설] 기하 이성질체
① 이중 결합의 부분에 결합하는 치환기의 배치의 차이에 따라 생기는 이성질체
② 이중 결합을 가지는 탄소 화합물(또는 착이온)에서는 흔히 시스(cis)형과 트랜스(trans)형의 두 가지 기하 이성질체를 갖는다.

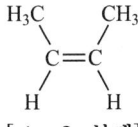　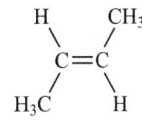

[sis-2-부텐]　　[trans-2-부텐]

기하 이성질체
① cis-다이클로로에틸렌과 trans-다이클로로에틸렌
② cis-2-부텐과 trans-2-부텐
③ 말레산과 푸마르산

[해답] ②

07 방사능 붕괴의 형태 중 $^{226}_{88}$Ra이 α 붕괴할 때 생기는 원소는?

① $^{222}_{86}$Rn　② $^{232}_{90}$Th
③ $^{231}_{91}$Pa　④ $^{238}_{92}$U

[해설] ① α붕괴 : 질량수 4감소, 원자번호 2감소
$^{226}_{88}$R → $_2$He⁴(α선) + $^{222}_{86}$Rn

② 원소의 붕괴

방사선 붕괴	질량수 변화	원자번호 변화
α	4 감소	2 감소
β	불변	1 증가
γ	불변	불변

[해답] ①

08 K₂Cr₂O₇에서 Cr의 산화수를 구하면?

① +2　② +4
③ +6　④ +8

[해설] 다이크로뮴산칼륨(K₂Cr₂O₇)에서 크로뮴의 산화수
(1×2)+2X+(-2×7) = 0
X = +6 따라서 Cr = +6

산화수를 정하는 법
① 단체 중의 원자의 산화수는 0이다.(단체분자는 중성)
  [보기 : H_2^0, Fe^0, Mg^0, O_2^0, O_3^0]
② 화합물에서 산소의 산화수는 −2, 수소의 산화수는 +1이 보통이다.(단, 과산화물에서 O의 산화수는 −1)
  [보기 : CH_4에서 C^{-4}, CO_2에서 C^{+4}]
③ 화합물에서 구성 원자의 산화수의 총합은 0이다.(분자는 중성이므로)
④ 이온의 가수(價數)는 그 이온의 산화수이다.
  (Ca=+2, Na=+1, K=+1, Ba=+2)
  [보기 : Cu^{+2}에서 Cu=+2, MnO_4^-에서 Mn의 산화수는 $x+(-2\times4)=-1$
  ∴ $x=+7$ 따라서 Mn=+7]

해답 ③

09 다음 할로젠족 분자 중 수소와의 반응성이 가장 높은 것은?

① Br_2 ② F_2
③ Cl_2 ④ I_2

해설 **반응력의 세기** : F > Cl > Br > I

전기음성도 : 중성원자가 전자를 잡아당기는 경향의 대소를 표시하는 척도

(크다) F-O-N-Cl-Br-C-S-I-H-P (작다)
[쉬운 암기법]
FON(폰)Cl(클)Br(브로민)CSI(시에스아이)HP

수소결합 : 수소원자와 전기음성도가 큰 플루오린(F), 산소(O), 질소(N)로 된 분자 HF, H_2O, NH_3, 또는 이들 원자가 결합하여 이루어진 원자단을 가진 화합물에서의 분자와 분자 사이의 결합을 말한다.
① 비등점(끓는점)이 높다.
② 증발열이 대단히 크다.

해답 ②

10 다음 반응식에서 산화된 성분은?

$MnO_2 + 4HCl \rightarrow MnCl_2 + 2H_2O + Cl_2$

① Mn ② O
③ H   ④ Cl

해설 ① Mn : +4 → +2 (산화수 감소⇒환원)
② O : −2 → −2 (산화수 일정)
③ H : +1 → +1 (산화수 일정)
④ Cl : −1 → 0 (산화수 증가⇒산화)

산화수를 정하는 법
① 단체 중의 원자의 산화수는 0이다.(단체분자는 중성)
  [보기 : H_2^0, Fe^0, Mg^0, O_2^0, O_3^0]
② 화합물에서 산소의 산화수는 −2, 수소의 산화수는 +1이 보통이다.(단, 과산화물에서 O의 산화수는 −1)
  [보기 : CH_4에서 C^{-4}, CO_2에서 C^{+4}]
③ 화합물에서 구성 원자의 산화수의 총합은 0이다.(분자는 중성이므로)
④ 이온의 가수(價數)는 그 이온의 산화수이다.
  (Ca=+2, Na=+1, K=+1, Ba=+2)
  [보기 : Cu^{+2}에서 Cu=+2, MnO_4^-에서 Mn의 산화수는 $x+(-2\times4)=-1$
  ∴ $x=+7$ 따라서 Mn=+7]

해답 ④

11 다음 물질 중 동소체의 관계가 아닌 것은?

① 흑연과 다이아몬드
② 산소와 오존
③ 수소와 중수소
④ 황린과 적린

해설 **동소체** : 같은 원소로 구성되어 있으나 성질이 다른 단체

원소	동소체
산소	산소와 오존
탄소	다이아몬드, 흑연, 숯
황	사방황, 단사황, 고무상황
인	붉은인(적린), 노란인(황린)

① **동소체가 성질이 다른 이유** : 원자배열상태가 다르기 때문이다.
② **동소체의 증명** : 연소 시 같은 물질이 생성되면 동소체이다.

해답 ③

12 이상기체상수 R값이 0.082라면 그 단위로 옳은 것은?

① $\dfrac{atm \cdot mol}{L \cdot K}$ ② $\dfrac{mmHg \cdot mol}{L \cdot K}$
③ $\dfrac{atm \cdot L}{mol \cdot K}$ ④ $\dfrac{mmHg \cdot L}{mol \cdot K}$

해설 표준상태(0℃, 1atm)에서 기체상수

$$R = \frac{PV}{nT} = \frac{1atm \cdot 22.4L}{1mol \cdot (273+0)K} = \frac{0.082atm \cdot L}{mol \cdot K}$$

이상기체 상태방정식 ★★★★

$$PV = nRT = \frac{W}{M}RT$$

여기서, P : 압력(atm) V : 부피(L)
 n : mol수(무게/분자량)
 W : 무게(g) M : 분자량
 T : 절대온도(273+t℃)
 R : 기체상수(0.082atm · L/mol · K)

해답 ③

13 pH=9인 수산화나트륨 용액 100mL 속에는 나트륨이온이 몇 개 들어 있는가? (단, 아보가드로수는 6.02×10^{23}이다.)

① 6.02×10^9개 ② 6.02×10^{17}개
③ 6.02×10^{18}개 ④ 6.02×10^{21}개

해설 ① pH=9인 수산화나트륨(NaOH)의 N농도 계산
 pH=14-pOH식에 대입하면
 9=14-pOH pOH=14-9=5
 pH9-NaOH=10^{-5}N-NaOH
② 10^{-5}N-NaOH 100mL 중 NaOH의 무게 계산
• NaOH의 1g 당량=$\frac{원자량}{원자가}=\frac{40}{1}=40g$
• N농도에서 용질의 무게(W)

$$W(g) = 1g당량의\ 무게 \times N(노르말농도) \times V(L)$$

• W = 40g × 10^{-5}N × 0.1L = 4×10^{-5}g/L
③ 몰농도 계산

$$M = \frac{1L속의\ 용질의\ 무게}{1몰의\ 분자량} = \frac{4 \times 10^{-5}}{40}$$
$$= 10^{-6}M$$

③ 나트륨이온의 개수계산
 1몰 → 6.02×10^{23}개
 10^{-6}몰 → X

$$X = \frac{10^{-6} \times 6.02 \times 10^{23}}{1} = 6.02 \times 10^{17}개$$

아보가드로의 수
모든 기체 1g분자(1몰)는 표준상태(0℃, 1기압)에서 22.4L의 부피를 차지하며 이 속에는 6.02×10^{23}개의 분자가 들어 있다.

아보가드로의 법칙에서 기체의 분자수가 같기 위한 조건
① 압력 ② 온도 ③ 부피

NaOH → Na$^+$ + OH$^-$
1몰   1몰   1몰
(6.02×10^{23}개) (6.02×10^{23}개) (6.02×10^{23}개)
(36.5g) (1.008g) (35.5g)

Na$^+$ 1.008g을 수소이온1몰(1g이온)이라 하며
Na$^+$ 6.02×10^{23}개의 질량에 해당된다.

몰농도(molar concentration)
① 용액 1L 속에 포함된 용질의 몰수를 용액의 부피로 나눈 값
② mol/L 또는 M으로 표시

해답 ②

14 다음과 같은 반응에서 평형을 왼쪽으로 이동시킬 수 있는 조건은?

$$A_2(g) + 2B_2(g) \rightleftharpoons 2AB_2(g) + 열$$

① 압력감소, 온도감소
② 압력증가, 온도증가
③ 압력감소, 온도증가
④ 압력증가, 온도감소

해설 **화학반응 평형과 이동요인**

$N_2 + 3H_2 \Leftrightarrow 2NH_3 + 24$kcal

• 평형을 오른쪽(→)으로 이동시키려면
 ① N_2 농도 증가 ② 압력 증가 ③ 온도 감소
• 평형을 왼쪽(←)으로 이동시키려면
 ① N_2 농도 감소 ② 압력 감소 ③ 온도 증가

해답 ③

15 벤젠의 유도체인 TNT의 구조식을 옳게 나타낸 것은?

① CH_3기 벤젠고리의 1위치, NO_2기가 2,4,6위치에 있는 구조 (O_2N-벤젠-NO_2, NO_2)

② OH기 벤젠고리의 1위치, NO_2기가 2,4,6위치에 있는 구조 (O_2N-벤젠-NO_2, NO_2)

③
O_2N―(벤젠고리 NH_2, NO_2)―NO_2

④
O_2N―(벤젠고리 SO_3H, NO_2)―NO_2

해설 트라이나이트로톨루엔[$C_6H_2CH_3(NO_2)_3$]
(TNT : Tri Nitro Toluene)
: 제5류 위험물 중 나이트로화합물 ★★★★★

화학식	분자량	비중	비점	융점	착화점
$C_6H_2CH_3(NO_2)_3$	227	1.7	280℃	81℃	300℃

① 물에는 녹지 않고 알코올, 아세톤, 벤젠에 녹는다.
② Tri Nitro Toluene의 약자로 TNT라고도 한다.
③ 담황색의 주상결정이며 햇빛에 다갈색으로 변색된다.
④ 톨루엔과 질산을 반응시켜 얻는다.

(톨루엔) + 3HNO₃ $\xrightarrow[\text{니트로화}]{C-H_2SO_4}$ (TNT) + 3H₂O

$C_6H_5CH_3 + 3HNO_3 \xrightarrow[\text{(나이트로화)}]{C-H_2SO_4} C_6H_2CH_3(NO_2)_3 + 3H_2O$
(톨루엔)　(질산)　　　(트라이나이트로톨루엔)　(물)

⑤ 강력한 폭약이며 급격한 타격에 폭발한다.
$2C_6H_2CH_3(NO_2)_3 \rightarrow 2C + 12CO + 3N_2\uparrow + 5H_2\uparrow$
⑥ 연소 시 연소속도가 너무 빠르므로 소화가 곤란하다.
⑦ 무기 및 다이너마이트, 질산폭약제 제조에 이용된다.

해답 ①

16 20개의 양성자와 20개의 중성자를 가지고 있는 것은?

① Zr   ② Ca
③ Ne   ④ Zn

해설
구분	① Zr	② Ca	③ Ne	④ Zn
원자번호	40	20	10	30

① **중성자수** = 원자수 − 원자번호(양성자수)
　　　　　 = 40 − 20 = 20

② **원자번호** = 양성자수 = 20
※ 원자핵 속에 포함된 양성자 수를 원자번호라 한다.

원자번호
= 원자핵의 양하전량 = 양성자수 = 전자수(중성 원자)

원자를 구성하는 입자
① 원자핵(+) = 양성자(+) + 중성자(+)
② 전자(−)

※ 질량수 = 양성자수(원자번호) + 중성자수

해답 ②

17 다음 화합물 가운데 환원성이 없는 것은?

① 젖당   ② 과당
③ 설탕   ④ 엿당

해설 ① 환원작용이 있는 것 : 포도당, 과당, 젖당, 맥아당, 엿당
② 환원작용이 없는 것 : 설탕

해답 ③

18 주기율표에서 제2주기에 있는 원소 성질 중 왼쪽에서 오른쪽으로 갈수록 감소하는 것은?

① 원자핵의 하전량   ② 원자가 전자의 수
③ 원자 반지름   ④ 전자껍질의 수

해설 주기율표의 주기적인 성질

항목 구분	같은 주기에서 원자번호가 증가할수록 (왼쪽에서 오른쪽으로(→)갈수록)
• 이온화에너지 • 전기음성도 • 비금속성	증가한다.
• 이온반지름 • 원자반지름 • 금속성 • 전자방출성	작아진다.

해답 ③

19 95wt% 황산의 비중은 1.84이다. 이 황산의 몰농도는 약 얼마인가?

① 8.9   ② 9.4
③ 17.8   ④ 18.8

해설

$M(\text{몰농도}) = \dfrac{10SC}{\text{분자량}}$ (S: 비중, C: %농도)

$S = 1.84$, $C = 95\%$,
H_2SO_4의 분자량 $= 1 \times 2 + 32 + 16 \times 4 = 98$
$\therefore M(\text{몰농도}) = \dfrac{10 \times 1.84 \times 95}{98} = 17.84 M(\text{몰})$

몰농도(molar concentration)
① 용액 1L 속에 포함된 용질의 몰수를 용액의 부피로 나눈 값
② mol/L 또는 M으로 표시

해답 ③

20 NaOH 1g이 물에 녹아 메스플라스크에서 250mL의 눈금을 나타낼 때 NaOH 수용액의 농도는?

① 0.1N   ② 0.3N
③ 0.5N   ④ 0.7N

해설 노르말농도 = 규정농도(N)
용액 1L속에 포함된 용질의 g 당량수로 표시한 농도라하며 N으로 표시한다.

① NaOH의 1g-당량 $= \dfrac{\text{원자량}}{\text{원자가}} = \dfrac{40}{1\text{가}} = 40g$

② $N = \dfrac{\dfrac{\text{용질의 질량(g)}}{1g-\text{당량}}}{\dfrac{\text{용액의 부피(ml)}}{1000ml}} = \dfrac{\dfrac{1g}{40g}}{\dfrac{250ml}{1000ml}} = 0.1N$

N농도 $= \dfrac{\dfrac{\text{용질의 질량(g)}}{1g-\text{당량}}}{\dfrac{\text{용액의 부피(mL)}}{1000mL}}$

해답 ①

제2과목 화재예방과 소화방법

21 주된 소화효과가 산소공급원의 차단에 의한 소화가 아닌 것은?

① 포소화기
② 건조사
③ CO_2 소화기
④ Halon 1211 소화기

해설 소화효과
① 포소화기 : 질식효과, 냉각효과
② 건조사 : 질식효과
③ CO_2소화기 : 질식효과, 냉각효과
④ 할론 1211 소화기 : **부촉매효과(억제효과)**

해답 ④

22 위험물안전관리법령상 소화설비의 적응성에서 제6류 위험물에 적응성이 있는 소화설비는?

① 옥외소화전설비
② 불활성가스소화설비
③ 할로젠화합물소화설비
④ 분말소화설비(탄산수소염류)

해설 제6류 위험물의 공통적인 성질
① 자신은 불연성이고 산소를 함유한 강산화제이다.
② 분해에 의한 산소발생으로 다른 물질의 연소를 돕는다.
③ 액체의 비중은 1보다 크고 물에 잘 녹는다.
④ 물과 접촉 시 발열한다.
⑤ 증기는 유독하고 부식성이 강하다.
⑥ **다량의 물로 주수소화**가 적합하다.

23 알코올 화재 시 보통의 포 소화약제는 알코올형포 소화약제에 비하여 소화효과가 낮다. 그 이유로서 가장 타당한 것은?

① 소화약제와 섞이지 않아서 연소면을 확대하기 때문에
② 알코올은 포와 반응하여 가연성가스를 발생하기 때문에
③ 알코올이 연료로 사용되어 불꽃의 온도가 올라가기 때문에
④ 수용성 알코올로 인해 포가 파괴되기 때문에

해설 **알코올포 소화약제**
수용성 위험물(알코올, 산, 케톤류)에 일반 포약제를 방사하면 포가 소멸하므로(소포성, 파포현상) 이를 방지하기 위하여 특별히 제조된 포약제이다.

알코올포 적응화재
① 알코올   ② 아세톤
③ 피리딘   ④ 개미산(의산)
⑤ 초산 등 수용성 액체에 적합

해답 ④

24 고체가연물의 일반적인 연소형태에 해당하지 않는 것은?

① 등심연소   ② 증발연소
③ 분해연소   ④ 표면연소

해설 **등심연소** : 석유스토브나 램프에서와 같이 **액체연료**를 심지로 빨아올려 심지표면에서 증발시켜 확산연소를 시키는 것을 말한다.

연소의 형태 ★★ 자주출제(필수암기) ★★
① **표면연소**(surface reaction)
  숯, 코크스, 목탄, 금속분
② **증발연소**(evaporating combustion)
  파라핀(양초), 황, 나프탈렌, 왁스, 휘발유, 등유, 경유, 아세톤 등 제4류 위험물
③ **분해연소**(decomposing combustion)
  석탄, 목재, 플라스틱, 종이, 합성수지, 중유
④ **자기연소(내부연소)**
  질화면(나이트로셀룰로오스), 셀룰로이드, 나이트로글리세린 등 제5류 위험물
⑤ **확산연소**(diffusive burning)
  아세틸렌, LPG, LNG 등 가연성 기체
⑥ **불꽃연소 + 표면연소**
  목재, 종이, 셀룰로오스, 열경화성수지

해답 ①

25 다음 중 소화약제가 아닌 것은?

① CF_3Br ② $NaHCO_3$
③ C_4F_{10} ④ N_2H_4

해설

CF_3Br	$NaHCO_3$	C_4F_{10}	N_2H_4
할론1301	탄산수소나트륨	FC-3-1-10	하이드라진
할론 소화약제	제1종 분말소화약제	할론청정 소화약제	제4류 위험물

해답 ④

26 메탄올에 대한 설명으로 틀린 것은?

① 무색투명한 액체이다.
② 완전 연소하면 CO_2와 H_2O가 생성된다.
③ 비중 값이 물보다 작다.
④ 산화하면 포름산을 거쳐 최종적으로 포름알데하이드가 된다.

해설 ④ 산화하면 포름알데하이드를 거쳐 최종적으로 포름산(개미산)이 된다.

메틸알코올(CH_3OH)

화학식	분자량	비중	비점	인화점	착화점	연소범위
CH_3OH	32	0.8	65℃	11℃	464℃	7.3~36%

① 무색, 투명한 술 냄새가 나는 휘발성 액체로 목정 또는 메탄올이라고도 한다.
② 물에 아주 잘 녹으며, 먹으면 실명 또는 사망할 수 있다.
③ 연소 시 주간에는 불꽃이 잘 보이지 않는다.
④ 공기 중에서 연소 시 연한 불꽃을 낸다.
  $2CH_3OH + 3O_2 \rightarrow 2CO_2 + 4H_2O$
⑤ 비중이 물보다 작다.
⑥ Me-OH는 현장에서 많이 사용하는 약어로서 Methanol 또는 Methyl alcohol을 의미한다.
⑦ 화재시에는 알코올포를 사용한다.

메틸알코올의 반응식
• 알칼리금속과 반응
  $2Na + 2CH_3OH \rightarrow 2CH_3ONa + H_2 \uparrow$

• 산화, 환원반응식
  $CH_3OH \underset{환원}{\overset{산화}{\rightleftarrows}} HCHO \underset{환원}{\overset{산화}{\rightleftarrows}} HCOOH$

해답 ④

27 위험물안전관리법령상 제2류 위험물 중 철분의 화재에 적응성이 있는 소화설비는?

① 물분무소화설비
② 포소화설비
③ 탄산수소염류분말소화설비
④ 할로젠화합물소화설비

해설 **소화설비의 적응성**

구 분		1류		2류			3류		4류	5류	6류
		알칼리금속과산화물	그밖의것	철분·금속분·마그네슘	인화성고체	그밖의것	금수성물질	그밖의것			
포소화기			○		○	○		○	○	○	○
이산화탄소소화기					○				○		○
할로젠화합물소화기					○				○		
분말소화기	인산염류등		○		○	○			○		○
	탄산수소염류등	○		○	○		○		○		
	그밖의 것	○		○			○				
팽창질석, 팽창진주암		○		○	○		○		○	○	

제6류 위험물을 저장 또는 취급하는 장소로서 폭발의 위험이 없는 장소에 한하여 이산화탄소소화기가 제6류 위험물에 대하여 적응성이 있음을 각각 표시한다.

해답 ③

28 열의 전달에 있어서 열전달면적과 열전도도가 각각 2배로 증가한다면, 다른 조건이 일정한 경우 전도에 의해 전달되는 열의 양은 몇 배가 되는가?

① 0.5배   ② 1배
③ 2배   ④ 4배

해설 ① 열전달율은 열전달면적(A)과 열전도도(K)에 비례한다.
② $P \propto KA$, $P = 2 \times 2 = 4$배

열전달률(열전도율)의 계산

$$P = \frac{KA(T_H - T_C)}{L}$$

여기서, P : 열전달율(열부하율)(W)
T_H : 고온의 열저장고의 온도(K)
T_C : 저온의 열저장고의 온도(K)
A : 전달되는 판의 면적(m^2)
L : 전달되는 판의 두께(m)
K : 열전도도(W/m·K)

해답 ④

29 가연물에 대한 일반적인 설명으로 옳지 않은 것은?

① 주기율표에서 0족의 원소는 가연물이 될 수 없다.
② 활성화 에너지가 작을수록 가연물이 되기 쉽다.
③ 산화 반응이 완결된 산화물은 가연물이 아니다.
④ 질소는 비활성 기체이므로 질소의 산화물은 존재하지 않는다.

해설 **가연물이 될 수 없는 조건**
① 산화반응이 완전히 끝난 물질
 (예 : H_2O, CO_2, $NaHCO_3$, $KHCO_3$ 등)
② 질소 또는 질소산화물
 (예 : **질소는 산화반응을 하지만 흡열반응을 한다.**)
 $N_2 + \frac{1}{2}O_2 \rightarrow N_2O - 19.5\,kcal$
③ 주기율표상 0족 원소(불활성 기체)
 He(헬륨), Ne(네온), Ar(아르곤), Kr(크립톤), Xe(크세논), Rn(라돈)

해답 ④

30 제1종 분말소화 약제의 소화효과에 대한 설명으로 가장 거리가 먼 것은?

① 열 분해시 발생하는 이산화탄소와 수증기에 의한 질식효과
② 열 분해시 흡열반응에 의한 냉각효과
③ H^+ 이온에 의한 부촉매 효과
④ 분말 운무에 의한 열방사의 차단효과

해설 **제1종 분말소화약제의 소화효과**
① 열분해 시 생성하는 CO_2와 수증기에 의한 질식효과
② 열분해 시 흡열반응에 의한 냉각효과
③ Na^+ 이온에 의한 비누화 반응
④ 분말 운무에 의한 열방사의 차단효과

분말약제의 열분해

종별	약제명	착색	열분해 반응식
제1종	탄산수소나트륨 중탄산나트륨 중조	백색	270℃ $2NaHCO_3$ $\rightarrow Na_2CO_3 + CO_2 + H_2O$ 850℃ $2NaHCO_3$ $\rightarrow Na_2O + 2CO_2 + H_2O$

종별	약제명	착색	열분해 반응식
제2종	탄산수소칼륨 중탄산칼륨	담회색	190℃ 2KHCO₃ → K₂CO₃+CO₂+H₂O 590℃ 2KHCO₃ → K₂O+2CO₂+H₂O
제3종	제1인산암모늄	담홍색	NH₄H₂PO₄ → HPO₃+NH₃+H₂O
제4종	중탄산칼륨+ 요소	회(백)색	2KHCO₃+(NH₂)₂CO → K₂CO₃+2NH₃+2CO₂

해답 ③

31 포소화설비의 가압송수 장치에서 압력수조의 압력 산출 시 필요 없는 것은?

① 낙차의 환산 수두압
② 배관의 마찰손실 수두압
③ 노즐선의 마찰손실 수두압
④ 소방용 호스의 마찰손실 수두압

해설 포소화설비의 압력수조방식

$$P = p_1 + p_2 + p_3$$

여기서, P : 필요한 압력(MPa)
  p_1 : 소방용 호스의 마찰손실수두압(MPa)
  p_2 : 배관의 마찰손실 수두압(MPa)
  p_3 : 낙차의 환산 수두압(MPa)

해답 ③

32 위험물제조소등에 설치하는 이동식 불활성가스소화설비의 소화약제 양은 하나의 노즐마다 몇 kg 이상으로 하여야 하는가?

① 30 ② 50
③ 60 ④ 90

해설 이동식 불활성가스소화설비
① 노즐은 온도 20℃에서 하나의 노즐마다 90kg/min 이상의 소화약제를 방사할 수 있을 것
② 저장용기의 용기밸브 또는 방출밸브는 호스의 설치장소에서 수동으로 개폐할 수 있을 것
③ 저장용기는 호스를 설치하는 장소마다 설치할 것
④ 저장용기의 직근의 보기 쉬운 장소에 적색등을 설치하고 이동식 불활성가스소화설비 임을 알리는 표시를 할 것
⑤ 화재시 연기가 현저하게 충만할 우려가 있는 장소 외의 장소에 설치할 것
⑥ 이동식 불활성가스소화설비에 사용하는 소화약제는 이산화탄소로 할 것

해답 ④

33 위험물의 취급을 주된 작업내용으로 하는 다음의 장소에 스프링클러설비를 설치할 경우 확보하여야 하는 1분당 방사밀도는 몇 L/m² 이상이어야 하는가? (단, 내화구조의 바닥 및 벽에 의하여 2개의 실로 구획되고, 각 실의 바닥면적은 500m²이다.)

- 취급하는 위험물 : 제4류 제3석유류
- 위험물을 취급하는 장소의 바닥면적 : 1000m²

① 8.1 ② 12.2
③ 13.9 ④ 16.3

해설 ① 살수기준면적은 바닥면적이 1000m²이므로 465 이상에 해당
② 제3석유류 : 인화점이 70℃ 이상 200℃ 미만
③ 표에서 인화점 38℃ 이상
④ 표에서 살수기준면적 465 이상 인화점 38℃ 이상의 방사밀도는 8.1 이상이다.

제4류 위험물취급 장소에 스프링클러설비를 설치 시 확보하여야 하는 1분당 방사밀도

살수기준면적 (m²)	방사밀도(L/m²·분)	
	인화점 38℃ 미만	인화점 38℃ 이상
279 미만	16.3 이상	12.2 이상
279 이상 372 미만	15.5 이상	11.8 이상
372 이상 465 미만	13.9 이상	9.8 이상
465 이상	12.2 이상	8.1 이상

[비고] 살수기준면적은 내화구조의 벽 및 바닥으로 구획된 하나의 실의 바닥면적을 말한다. 다만, 하나의 실의 바닥면적이 465m² 이상인 경우의 살수기준면적은 465m²로 한다.

해답 ①

34 금속분의 화재 시 주수소화를 할 수 없는 이유는?

① 산소가 발생하기 때문에
② 수소가 발생하기 때문에
③ 질소가 발생하기 때문에
④ 이산화탄소가 발생하기 때문에

해설 금속분 : 제2류 위험물
① 물과 접촉 시 수소기체가 발생하여 주수소화는 절대 금지
② 소화제로는 팽창질석, 팽창진주암, 마른모래로 질식소화

$2Al + 6H_2O \rightarrow 2Al(OH)_3 + 3H_2 \uparrow$
　　　　　　　　(수산화알루미늄)　(수소)

해답 ②

35 표준관입시험 및 평판재하시험을 실시하여야 하는 특정옥외저장탱크의 지반의 범위는 기초의 외측이 지표면과 접하는 선의 범위 내에 있는 지반으로서 지표면으로부터 깊이 몇 m까지로 하는가?

① 10　　② 15
③ 20　　④ 25

해설 위험물안전관리에 관한 세부기준 제42조 (특정옥외저장탱크의 지반의 범위)
(1) **지반의 범위**는 기초의 외측이 지표면과 접하는 선의 범위 내에 있는 지반으로서 지표면으로부터 **깊이 15m**까지로 한다.
(2) 평면의 범위는 다음 식에 의하여 구한 수평거리(당해 거리가 5m 미만인 경우에는 5m, 10m를 초과하는 경우에는 10m)에 특정옥외저장탱크의 반경을 더한 거리를 반경으로 하여 특정옥외저장탱크의 밑판의 중심을 중심으로 한 원의 범위로 할 것

$L = \dfrac{2}{3}l$

여기서, L : 수평거리(m)
　　　 l : 지표면으로부터의 깊이(m)

해답 ②

36 위험물안전관리법령상 옥외소화전설비의 옥외소화전이 3개 설치되었을 경우 수원의 수량은 몇 m³ 이상이 되어야 하는가?

① 7　　② 20.4
③ 40.5　　④ 100

해설 위험물제조소등의 소화설비 설치기준

소화설비	수평거리	방사량	방사압력
옥내	25m 이하	260(L/min) 이상	350(kPa) 이상
	수원의 양 $Q=N$(소화전개수 : 최대 5개) $\times 7.8m^3$(260L/min×30min)		
옥외	40m 이하	450(L/min) 이상	350(kPa) 이상
	수원의 양 $Q=N$(소화전개수 : 최대 4개) $\times 13.5m^3$(450L/min×30min)		
스프링클러	1.7m 이하	80(L/min) 이상	100(kPa) 이상
	수원의 양 $Q=N$(헤드수 : 최대 30개) $\times 2.4m^3$(80L/min×30min)		
물분무	－	20 (L/m²·min)	350(kPa) 이상
	수원의 양 $Q=A$(바닥면적m²)× $0.6m^3$(20L/m²·min×30min)		

옥외소화전설비의 수원의 양
$Q = N$(소화전개수 : 최대 4개) $\times 13.5m^3$
　 $= 3 \times 13.5m^3 = 40.5m^3$

해답 ③

37 위험물안전관리법령에서 정한 다음의 소화설비 중 능력단위가 가장 큰 것은?

① 팽창진주암 160L(삽 1개 포함)
② 수조 80L(소화전용물통 3개 포함)
③ 마른 모래 50L(삽 1개 포함)
④ 팽창질석 160L(삽 1개 포함)

해설 간이 소화용구의 능력단위

소화설비	용량(L)	능력단위
소화전용 물통	8	0.3
수조(소화전용 물통 3개 포함)	**80**	**1.5**
수조(소화전용 물통 6개 포함)	190	2.5
마른 모래(삽 1개 포함)	50	0.5
팽창질석 또는 팽창진주암(삽 1개 포함)	160	1.0

해답 ②

38 물을 소화약제로 사용하는 이유는?

① 물은 가연물과 화학적으로 결합하기 때문에
② 물은 분해되어 질식성 가스를 방출하므로
③ 물은 기화열이 커서 냉각 능력이 크기 때문에
④ 물은 산화성이 강하기 때문에

해설 소화원리
① **냉각소화** : 가연성 물질을 발화점 이하로 온도를 냉각

물이 소화약제로 사용되는 이유
• 물의 기화열(539kcal/kg)이 크기 때문
• 물의 비열(1kcal/kg℃)이 크기 때문

② **질식소화** : 산소농도를 21%에서 15% 이하로 감소

질식소화 시 산소의 유지농도 : 10~15%

③ **억제소화(부촉매소화, 화학적 소화)** : 연쇄반응을 억제

  • 부촉매 : 화학적 반응의 속도를 느리게 하는 것
  • 부촉매 효과 : 할로젠화합물 소화약제
    (할로젠족원소 : 불소(F), 염소(Cl), 브로민(Br), 아이오딘(I))

④ **제거소화** : 가연성물질을 제거시켜 소화

  • 산불이 발생하면 화재의 진행방향을 앞질러 벌목
  • 화학반응기의 화재 시 원료공급관의 밸브를 폐쇄
  • 유전화재 시 폭약으로 폭풍을 일으켜 화염을 제거
  • 촛불을 입김으로 불어 화염을 제거

⑤ **피복소화** : 가연물 주위를 공기와 차단
⑥ **희석소화** : 수용성인 인화성액체 화재 시 물을 방사하여 가연물의 연소농도를 희석

해답 ③

39 "Halon 1301"에서 각 숫자가 나타내는 것을 틀리게 표시한 것은?

① 첫째자리 숫자 "1" – 탄소의 수
② 둘째자리 숫자 "3" – 불소의 수
③ 셋째자리 숫자 "0" – 아이오딘의 수
④ 넷째자리 숫자 "1" – 브로민의 수

해설 할로젠화합물 소화약제 명명법
할론 ⓐ ⓑ ⓒ ⓓ ⓔ

ⓐ : C원자수   ⓑ : F원자수
ⓒ : Cl원자수   ⓓ : Br원자수
ⓔ : I원자수

할로젠화합물 소화약제

구분	할론 2402	할론 1211	할론 1301	할론 1011	할론 104	할론 10001
분자식	$C_2F_4Br_2$	CF_2ClBr	CF_3Br	CH_2ClBr	CCl_4	CH_3I
계열	에탄계	메탄계	메탄계	메탄계	메탄계	메탄계

※ 에탄계 : 에탄(C_2H_6)에서 수소가 할로젠원소로 치환
※ 메탄계 : 메탄(CH_4)에서 수소가 할로젠원소로 치환

해답 ③

40 다음 중 제6류 위험물의 안전한 저장 · 취급을 위해 주의할 사항으로 가장 타당한 것은?

① 가연물과 접촉시키지 않는다.
② 0℃ 이하에서 보관한다.
③ 공기와의 접촉을 피한다.
④ 분해방지를 위해 금속분을 첨가하여 저장한다.

해설 제6류 위험물의 공통적인 성질
① 자신은 불연성이고 산소를 함유한 강산화제이다.
② 분해에 의한 산소발생으로 다른 물질의 연소를 돕는다.
③ 액체의 비중은 1보다 크고 물에 잘 녹는다.
④ 물과 접촉 시 발열한다.
⑤ 증기는 유독하고 부식성이 강하다.

제6류 위험물(산화성 액체)

성질	품 명	판단기준	지정수량	위험등급
산화성 액체	• 과염소산($HClO_4$)		300kg	I
	• 과산화수소(H_2O_2)	농도 36중량% 이상		
	• 질산(HNO_3)	비중 1.49 이상		
	• 할로젠간화합물 ① 삼불화브로민(BrF_3) ② 오불화브로민(BrF_5) ③ 오불화아이오딘(IF_5)			

해답 ①

제3과목 위험물의 성질과 취급

41 인화칼슘이 물 또는 염산과 반응하였을 때 공통적으로 생성되는 물질은?

① $CaCl_2$ ② $Ca(OH)_2$
③ PH_3 ④ H_2

해설 인화칼슘(Ca_3P_2) : 제3류(금수성 물질)

화학식	분자량	융점	비중
Ca_3P_2	182	1,600℃	2.5

① 적갈색의 괴상고체이다.
② 물 및 약산과 반응하여 유독성의 **인화수소(포스핀)기체**를 생성한다.
  - $Ca_3P_2 + 6H_2O \rightarrow 3Ca(OH)_2 + 2PH_3$
    (수산화칼슘)   (포스핀=인화수소)
  - $Ca_3P_2 + 6HCl \rightarrow 3CaCl_2 + 2PH_3$
    (염화칼슘)   (포스핀=인화수소)
③ 포스핀은 맹독성가스이므로 취급시 방독마스크를 착용한다.
④ 물 및 포약제의 의한 소화는 절대 금하고 마른 모래 등으로 피복하여 자연 진화되도록 기다린다.

해답 ③

42 동식물유의 일반적인 성질로 옳은 것은?

① 자연발화의 위험은 없지만 점화원에 의해 쉽게 인화한다.
② 대부분 비중 값이 물보다 크다.
③ 인화점이 100℃보다 높은 물질이 많다.
④ 아이오딘값이 50 이하인 건성유는 자연발화 위험이 높다.

해설 동식물유류 : 제4류 위험물

동물의 지육 또는 식물의 종자나 과육으로부터 추출한 것으로 1기압에서 인화점이 250℃ 미만인 것

아이오딘값의 정의
옥소가(沃素價)라고도 하며 100g의 유지에 의해서 흡수되는 아이오딘의 g수

아이오딘값에 따른 동식물유류의 분류

구분	아이오딘값	종류
건성유	130 이상	해바라기름, **동유**(오동기름), **정어리기름, 아마인유, 들기름**
반건성유	100~130	채종유, 쌀겨기름, 참기름, 면실유, 옥수수기름, 청어기름, 콩기름
불건성유	100 이하	**야자유, 팜유, 올리브유, 피마자기름, 낙화생기름**(땅콩기름), 돈지, 우지, 고래기름

해답 ③

43 위험물안전관리법령에 따른 제4류 위험물 중 제1석유류에 해당하지 않는 것은?

① 등유   ② 벤젠
③ 메틸에틸케톤 ④ 톨루엔

해설 제4류 위험물의 분류

물질명	화학식	품명
등유	-	제2석유류
벤젠	C_6H_6	제1석유류
메틸에틸케톤	$CH_3COC_2H_5$	제1석유류
톨루엔	$C_6H_5CH_3$	제2석유류

제4류 위험물 중 제1석유류
① 휘발유   ② 아세톤
③ 벤젠   ④ 톨루엔
⑤ 초산에틸   ⑥ 초산메틸
⑦ 의산(개미산)메틸 ⑧ 의산(개미산)에틸
⑨ 아크로레인   ⑩ 헥산
⑪ 피리딘   ⑫ 메틸에틸케톤(MEK)

해답 ①

44 나이트로소화합물의 성질에 관한 설명으로 옳은 것은?

① -NO기를 가진 화합물이다.
② 나이트로기를 3개 이하로 가진 화합물이다.
③ -NO_2기를 가진 화합물이다.
④ -N=N-기를 가진 화합물이다.

해설 나이트로소화합물
벤젠(C_6H_6)핵의 수소원자가 나이트로소기(-NO)로 치환된 것으로 나이트로소기가 2개 이상인 화

합물
① 파라나이트로소벤젠($C_6H_4(NO)_2$)
② 다이나이트로소레졸신올($C_6H_4(NO)_2(OH)_2$)

해답 ①

45 다음 물질 중 증기비중이 가장 작은 것은?

① 이황화탄소 ② 아세톤
③ 아세트알데하이드 ④ 다이에틸에터

해설
- 공기의 평균 분자량 = 29
- 증기비중 = $\dfrac{M(분자량)}{29(공기평균분자량)}$

① 이황화탄소(CS_2)의 분자량
  $= 12 + 32 \times 2 = 76$
② 아세톤(CH_3COCH_3)의 분자량
  $= 12 \times 3 + 1 \times 6 + 16 = 58$
③ 아세트알데하이드(CH_3CHO)의 분자량
  $= 12 \times 2 + 1 \times 4 + 16 = 44$
④ 다이에틸에터($C_2H_5OC_2H_5$)의 분자량
  $= 12 \times 4 + 1 \times 10 + 16 = 74$
∴ 아세트알데하이드의 분자량이 가장 작으므로 증기비중이 가장 작다.

해답 ③

46 제4석유류를 저장하는 옥내탱크저장소의 기준으로 옳은 것은? (단, 단층건축물에 탱크전용실을 설치하는 경우이다.)

① 옥내저장탱크의 용량은 지정수량의 40배 이하일 것
② 탱크전용실은 벽, 기둥, 바닥, 보를 내화구조로 할 것
③ 탱크전용실에는 창을 설치하지 아니할 것
④ 탱크전용실에 펌프설비를 설치하는 경우에는 그 주위에 0.2m 이상의 높이로 턱을 설치할 것

해설 옥내탱크저장소의 설치기준
① 옥내저장탱크의 용량은 **지정수량의 40배 이하**일 것
② 탱크전용실에 설치하는 경우에는 펌프설비 주위에 불연재료로 된 턱을 탱크전용실의 **문턱높**

이 이상으로 설치할 것
③ 탱크전용실은 벽 · 기둥 및 바닥을 내화구조로 하고, **보를 불연재료**로 하며, 연소의 우려가 있는 외벽은 출입구외에는 개구부가 없도록 할 것
④ 탱크전용실의 창 및 출입구에는 60분+방화문 · 60분방화문 또는 30분방화문을 설치하는 동시에, 연소의 우려가 있는 외벽에 두는 출입구에는 수시로 열 수 있는 자동폐쇄식의 60분+방화문 또는 60분방화문을 설치할 것

해답 ①

47 위험물 제조소의 배출설비의 배출능력은 1시간당 배출장소 용적의 몇 배 이상인 것으로 해야 하는가? (단, 전역방식의 경우는 제외한다.)

① 5 ② 10
③ 15 ④ 20

해설 배출설비 설치기준
① 배출설비는 국소방식으로 할 것
② 배출설비는 배풍기, 배출닥트, 후드 등을 이용하여 강제적으로 배출 할 것
③ 배출능력은 1시간당 배출장소 용적의 20배 이상으로 할 것
(다만, 전역방식의 경우에는 바닥면적 $1m^2$당 $18m^3$ 이상으로 할 것)

해답 ④

48 위험물안전관리법령에서 정한 위험물의 지정수량으로 틀린 것은?

① 적린 : 100kg
② 황화인 : 100kg
③ 마그네슘 : 100kg
④ 금속분 : 500kg

해설 제2류 위험물의 지정수량

성질	품 명	지정수량	위험등급
가연성 고체	황화인, 적린, 황	100kg	Ⅱ
	철분, 금속분, 마그네슘	500kg	Ⅲ
	인화성 고체	1,000kg	

해답 ③

49 연소생성물로 이산화황이 생성되지 않는 것은?

① 황린 ② 삼황화인
③ 오황화인 ④ 황

해설 황린(P_4)(별명 : 백린) : 제3류 위험물(자연발화성 물질)

화학식	분자량	발화점	비점	융점	비중	증기비중
P_4	124	34℃	280℃	44℃	1.82	4.4

① 백색 또는 담황색의 고체이다.
② 공기 중 약 34℃에서 자연 발화한다.
③ 저장 시 자연 발화성이므로 반드시 물속에 저장한다.
④ 인화수소(PH_3)의 생성을 방지하기 위하여 물의 pH = 9(약알칼리)가 안전한계이다.
⑤ 연소 시 오산화인(P_2O_5)의 흰 연기가 발생한다.

$$P_4 + 5O_2 \rightarrow 2P_2O_5(오산화인)$$

⑥ 약 260℃로 가열(공기차단)시 적린이 된다.
⑦ 소화는 물분무, 마른모래 등으로 질식소화한다.
⑧ 고압의 주수소화는 황린을 비산시켜 연소면이 확대될 우려가 있다.

해답 ①

50 탄화칼슘이 물과 반응했을 때 반응식을 옳게 나타낸 것은?

① 탄화칼슘 + 물 → 수산화칼슘 + 수소
② 탄화칼슘 + 물 → 수산화칼슘 + 아세틸렌
③ 탄화칼슘 + 물 → 칼슘 + 수소
④ 탄화칼슘 + 물 → 칼슘 + 아세틸렌

해설 탄화칼슘(CaC_2) : 제3류 위험물 중 칼슘탄화물

화학식	분자량	융점	비중
CaC_2	64	2370℃	2.21

① 물과 접촉 시 아세틸렌을 생성하고 열을 발생시킨다.

$$CaC_2 + 2H_2O \rightarrow Ca(OH)_2 + C_2H_2\uparrow$$
(수산화칼슘) (아세틸렌)

② 아세틸렌의 폭발범위는 2.5~81%로 대단히 넓어서 폭발위험성이 크다.
③ 장기 보관시 불활성기체(N_2 등)를 봉입하여 저장한다.
④ 고온(700℃)에서 질화되어 석회질소($CaCN_2$)가 생성된다.

$$CaC_2 + N_2 \rightarrow CaCN_2(석회질소) + C(탄소)$$

⑤ 물 및 포약제에 의한 소화는 절대 금하고 마른 모래 등으로 피복 소화한다.

해답 ②

51 적린의 성상에 관한 설명 중 옳은 것은?

① 물과 반응하여 고열을 발생한다.
② 공기 중에 방치하면 자연발화한다.
③ 강산화제와 혼합하면 마찰·충격에 의해서 발화할 위험이 있다.
④ 이황화탄소, 암모니아 등에 매우 잘 녹는다.

해설 적린(붉은인, P) : 제2류 위험물(가연성 고체) ★★★

화학식	원자량	비중	융점	착화점
P	31	2.2	600℃	260℃

① 황린의 동소체이며 황린보다 안정하다.
② 공기 중에서 자연발화하지 않는다.
(발화점 : 260℃, 승화점 : 460℃)
③ 황린을 공기차단상태에서 가열, 냉각 시 적린으로 변한다.

황린(P_4) —공기차단(260℃가열, 냉각)→ 적린(P)

④ 성냥, 불꽃놀이 등에 이용된다.
⑤ 연소 시 오산화인(P_2O_5)이 생성된다.

$$4P + 5O_2 \rightarrow 2P_2O_5(오산화인)$$

⑥ 다량의 물을 주수하여 냉각 소화한다.

해답 ③

52 벤젠에 대한 설명으로 틀린 것은?

① 물보다 비중값이 작지만, 증기비중 값은 공기보다 크다.
② 공명구조를 가지고 있는 포화탄화수소이다.
③ 연소 시 검은 연기가 심하게 발생한다.
④ 겨울철에 응고된 고체상태에서도 인화의 위험이 있다.

해설 ② 공명구조를 가지고 있는 방향족탄화수소이다.

벤젠(C_6H_6) : 제4류 위험물 중 제1석유류

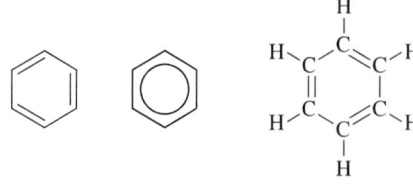

화학식	분자량	비중	비점	인화점	착화점	연소범위
C_6H_6	78	0.9	80℃	-11℃	562℃	1.4~8.0%

① 무색 투명한 휘발성 액체이다.
② 착화온도 : 562℃
  (이황화탄소의 착화온도 100℃)
③ 방향성이 있으며 증기는 마취성 및 독성이 강하다.
④ 물에는 용해되지 않고 아세톤, 알코올, 에터 등 유기용제에 용해된다.
⑤ 취급 시 정전기에 유의해야 한다.
⑥ 소화는 다량 포 약제로 질식 및 냉각 소화한다.

해답 ②

53 외부의 산소공급이 없어도 연소하는 물질이 아닌 것은?

① 알루미늄의 탄화물
② 과산화벤조일
③ 유기과산화물
④ 질산에스터

해설 ※ 외부의 산소공급이 없어도 연소하는 물질
  -제5류 위험물

물질명	유별
알루미늄탄화물	제3류
과산화벤조일	제5류
유기과산화물	제5류
질산에스터류	제5류

해답 ①

54 다음 중 물과 반응하여 산소를 발생하는 것은?

① $KClO_3$
② Na_2O_2
③ $KClO_4$
④ CaC_2

해설 과산화나트륨(Na_2O_2) : 제1류 위험물 중 무기과산화물(금수성)

화학식	분자량	비중	융점	분해온도
Na_2O_2	78	2.8	460℃	460℃

① 상온에서 물과 격렬히 반응하여 산소(O_2)를 방출하고 폭발하기도 한다.
  $2Na_2O_2 + 2H_2O \rightarrow 4NaOH + O_2\uparrow$
  (과산화나트륨) (물) (수산화나트륨) (산소)
② 공기 중 이산화탄소(CO_2)와 반응하여 산소(O_2)를 방출한다.
  $2Na_2O_2 + 2CO_2 \rightarrow 2Na_2CO_3$(탄산나트륨) + $O_2\uparrow$
③ 산과 반응하여 과산화수소(H_2O_2)를 생성시킨다.
  $Na_2O_2 + 2CH_3COOH \rightarrow 2CH_3COONa + H_2O_2$
  (초산) (초산나트륨) (과산화수소)
④ 열분해시 산소(O_2)를 방출한다.
  $2Na_2O_2 \rightarrow 2Na_2O$(산화나트륨) + $O_2\uparrow$ (산소)
⑤ 주수소화는 금물이고 마른모래(건조사)등으로 소화한다.

해답 ②

55 제1류 위험물에 관한 설명으로 틀린 것은?

① 조해성이 있는 물질이 있다.
② 물보다 비중이 큰 물질이 많다.
③ 대부분 산소를 포함하는 무기화합물이다.
④ 분해하여 방출된 산소에 의해 자체 연소한다.

해설 ⑤ 분해하여 방출된 산소에 의해 자체 연소한다.
  -제5류 위험물

제1류 위험물의 일반적인 성질
① 산화성 고체이며 대부분 수용성이고 **무기화합물**이다.
② **불연성**이지만 다량의 **산소를 함유**하고 있다.
③ 분해 시 산소를 방출하여 남의 연소를 돕는다. (조연성)
④ 열·타격·충격, 마찰 및 다른 화학물질과 접촉 시 쉽게 분해된다.
⑤ 분해속도가 대단히 빠르고, **조해성**이 있는 것도 포함한다.
⑥ 무기과산화물(**알칼리금속 과산화물**)은 물과 작용하여 **발열**과 산소를 발생시킨다.

해답 ④

56 질산나트륨 90kg, 황 70kg, 클로로벤젠 2000L, 각각의 지정수량의 배수의 총합은?

① 2　　② 3
③ 4　　④ 5

해설 유별 및 지정수량
① 질산나트륨-질산염류(제1류) : 300kg
② 황(제2류)-100kg
③ 클로로벤젠(제4류 2석유류 비수용성) : 1000L

$$\text{지정수량의 배수} = \frac{\text{저장수량}}{\text{지정수량}}$$
$$= \frac{90kg}{300kg} + \frac{70kg}{100kg} + \frac{2000L}{1000L}$$
$$= 3배$$

해답 ②

57 위험물 지하탱크저장소의 탱크전용실 설치기준으로 틀린 것은?

① 철근콘크리트 구조의 벽은 두께 0.3m 이상으로 한다.
② 지하저장탱크와 탱크전용실의 안쪽과의 사이는 50cm 이상의 간격을 유지한다.
③ 철근콘크리트 구조의 바닥은 두께 0.3m 이상으로 한다.
④ 벽, 바닥 등에 적정한 방수 조치를 강구한다.

해설 ② 50cm 이상 → 0.1m 이상

탱크전용실의 벽·바닥 및 뚜껑 설치기준
① 벽·바닥 및 뚜껑의 **두께는 0.3m 이상**일 것
② 벽·바닥 및 뚜껑의 내부에는 직경 9mm부터 13mm까지의 철근을 가로 및 세로로 5cm부터 20cm까지의 간격으로 배치할 것
③ 벽·바닥 및 뚜껑의 재료에 수밀콘크리트를 혼입하거나 벽·바닥 및 뚜껑의 중간에 아스팔트층을 만드는 방법으로 적정한 **방수조치**를 할 것

지하탱크저장소의 기준
① 탱크전용실은 시설물 및 대지경계선으로부터 0.1m 이상 떨어진 곳에 설치
② 지하저장탱크와 탱크전용실의 안쪽과의 사이는 0.1m 이상의 간격을 유지

③ 탱크의 주위에 입자지름 5mm 이하의 마른 자갈분을 채울 것
④ 지하저장탱크의 윗부분은 지면으로부터 0.6m 이상 아래에 있을 것
⑤ 지하저장탱크를 **2 이상 인접**해 설치하는 경우에는 그 상호간에 1m(당해 2 이상의 지하저장탱크의 용량의 합계가 지정수량의 100배 이하인 때에는 0.5m) **이상의 간격을 유지**
⑥ 지하저장탱크의 재질은 두께 3.2mm 이상의 강철판으로 할 것

해답 ②

58 다음 중 인화점이 가장 낮은 것은?

① 실린더유　　② 가솔린
③ 벤젠　　④ 메틸알코올

해설 제4류 위험물의 인화점

물질명	품명	인화점(℃)
실린더유	제4석유류	200~250
가솔린	제1석유류	-20~-43
벤젠	제1석유류	-11
메틸알코올	알코올류	11

해답 ②

59 위험물안전관리법령상 과산화수소가 제6류 위험물에 해당하는 농도 기준으로 옳은 것은?

① 36wt% 이상　　② 36vol% 이상
③ 1.49wt% 이상　　④ 1.49vol% 이상

해설 제6류 위험물

성질	품명	판단기준	지정수량	위험등급
산화성 액체	• 과염소산(HClO$_4$)		300kg	I
	• 과산화수소(H$_2$O$_2$)	농도 36중량% 이상		
	• 질산(HNO$_3$)	비중 1.49 이상		
	• 할로젠간화합물 ① 삼불화브로민(BrF$_3$) ② 오불화브로민(BrF$_5$) ③ 오불화아이오딘(IF$_5$)			

해답 ①

60 운반할 때 빗물의 침투를 방지하기 위하여 방수성이 있는 피복으로 덮어야 하는 위험물은?

① TNT   ② 이황화탄소
③ 과염소산   ④ 마그네슘

해설

구분	유별
TNT	제5류 나이트로화합물
이황화탄소	제4류 특수인화물
과염소산	제6류
마그네슘	제2류

적재위험물의 성질에 따른 조치
(1) **차광성**이 있는 피복으로 가려야하는 위험물
   ① 제1류 위험물
   ② 제3류위험물 중 자연발화성물질
   ③ 제4류 위험물 중 특수인화물
   ④ 제5류 위험물
   ⑤ 제6류 위험물
(2) 방수성이 있는 피복으로 덮어야 하는 것
   ① 제1류 위험물 중 알칼리금속의 과산화물
   ② **제2류 위험물** 중 철분·금속분·**마그네슘** 또는 이들 중 어느 하나 이상을 함유한 것
   ③ 제3류 위험물 중 금수성 물질

해답 ④

위험물산업기사

2019년 3월 3일 시행

제1과목 일반화학

01 기체상태의 염화수소는 어떤 화학결합으로 이루어진 화합물인가?

① 극성 공유결합 ② 이온 결합
③ 비극성 공유결합 ④ 배위 공유결합

해설 ① 극성공유결합
전기 음성도가 다른 두 원자가 공유결합을 할 때, 전기 음성도가 큰 원자 쪽으로 공유 전자쌍이 끌려 부분 전하를 띠는 결합

H· + ·C̈l: ⟶ H:C̈l: 또는 H-C̈l:

염소의 전기 음성도가 수소보다 크다. 따라서 공유하는 전자쌍은 염소 쪽에 끌리게 되어 염소는 $-\delta$의 부분 전하를 나타내고, 수소는 $+\delta$의 부분 전하를 나타낸다.

② 전기음성도
중성원자가 전자를 잡아당기는 경향의 대소를 표시하는 척도

(크다) F-O-N-Cl-Br-C-S-I-H-P (작다)
[쉬운 암기법]
FON(폰)Cl(클)Br(브로민)CSI(시에스아이)HP

해답 ①

02 20%의 소금물을 전기분해하여 수산화나트륨 1몰을 얻는 데는 1A의 전류를 몇 시간 통해야 하는가?

① 13.4 ② 26.8
③ 53.6 ④ 104.2

해설 소금의 전기분해

(소금) (물)
2NaCl + 2H$_2$O
→ Cl$_2$↑(+극) + 2NaOH(-극) + H$_2$↑(-극)
(염소)   (수산화나트륨)   (수소)

① Q(쿠울롬)=I(전류)×t(시간)
② 수산화나트륨(NaOH) 1g-몰은 40g(1g-당량)
③ 1g-당량이 석출되는데 1F(패럿)(96500C)의 전기량이 필요하다.
④ $t = \dfrac{Q(C)}{I(A)} = \dfrac{96500C}{1A} = 96500\,sec$
⑤ $t = 96500\,sec \times \dfrac{1hr}{3600\,sec} = 26.8\,hr$

해답 ②

03 다음 반응식은 산화-환원 반응이다. 산화된 원자와 환원된 원자를 순서대로 옳게 표현한 것은?

3Cu + 8HNO$_3$ → 3Cu(NO$_3$)$_2$ + 2NO + 4H$_2$O

① Cu, N ② N, H
③ O, Cu ④ N, Cu

해설 반응 전 후 Cu의 산화수
① 반응 전 Cu(단체의 산화수)=0
② 반응 후 Cu(NO$_3$)$_2$(Cu의 산화수
 : Cu+(-1×2)=0, Cu=+2)
 ※ NO$_3^-$의 산화수는 -1
③ Cu는 산화수가 증가
 (반응 전 0 → 반응 후 +2) ∴ 산화

반응 전 후 N의 산화수
① 반응 전 HNO$_3$(N의 산화수
 : +1+N+(-2×3)=0, N=+5)
② 반응 후 NO(N의 산화수 : N-2=0, N=+2)
③ N은 산화수가 감소
 (반응 전 +5 → 반응 후 +2) ∴ 환원

해답 ①

04 메틸알코올과 에틸알코올이 각각 다른 시험관에 들어있다. 이 두 가지를 구별할 수 있는 실험방법은?

① 금속 나트륨을 넣어본다.
② 환원시켜 생성물을 비교하여 본다.
③ KOH와 I_2의 혼합 용액을 넣고 가열하여 본다.
④ 산화시켜 나온 물질에 은거울 반응시켜 본다.

해설 아이오딘포름반응
아세톤, 아세트알데하이드, 에틸알코올에 수산화칼륨(KOH)과 아이오딘(I_2)를 반응시키면 노란색의 **아이오딘포름**(CHI_3)의 침전물이 생성된다.

에틸알코올 $\xrightarrow{KOH+I_2}$ 아이오딘포름(CHI_3)(노란색)

해답 ③

05 다음 물질 중 벤젠 고리를 함유하고 있는 것은?

① 아세틸렌   ② 아세톤
③ 메탄   ④ 아닐린

해설

구분	① 아세틸렌	② 아세톤	③ 메탄	④ 아닐린
화학식	C_2H_2	CH_3COCH_3	CH_4	$C_6H_5NH_2$

해답 ④

06 분자식이 같으면서도 구조가 다른 유기화합물을 무엇이라고 하는가?

① 이성질체   ② 동소체
③ 동위원소   ④ 방향족화합물

해설 이성질체 : 분자식이 같지만 구조가 다른 유기화합물

구 분	에탄올	다이메틸에터
분자식	C_2H_6O	C_2H_6O
시성식	C_2H_5OH	CH_3OCH_3

해답 ①

07 다음 중 수용액의 pH가 가장 작은 것은?

① 0.01N HCl
② 0.1N HCl
③ 0.01N CH_3COOH
④ 0.1N NaOH

해설 pH(페하) = **수소이온농도**
① 0.01N−HCl = 10^{-2}N−HCl
   pH = −log[H^+] = −log10^{-2} = 2
② 0.1N−HCl = 10^{-1}N−HCl
   pH = −log[H^+] = −log10^{-1} = 1
③ 0.01N CH_3COOH = 10^{-2}N−CH_3COOH
   pH = −log[H^+] = −log10^{-2} = 2
④ 0.1N NaOH = 10^{-1}N−NaOH
   pOH = 1   pH = 14 − pOH = 14 − 1 = 13

• pH = $\log \dfrac{1}{[H^+]}$ = −log[H^+]

• pOH = −log[OH^-]   • pH = 14 − pOH

해답 ②

08 물 500g 중에 설탕($C_{12}H_{22}O_{11}$) 171g이 녹아 있는 설탕물의 몰랄농도(m)는?

① 2.0   ② 1.5
③ 1.0   ④ 0.5

해설
① 물 500g 중에 설탕 171g이 녹아 있으므로 물 1000g 중에는 설탕 342g(172×2g)이 녹아 있다.
② 설탕($C_{12}H_{22}O_{11}$)의 분자량 계산
   M = 12×12 + 1×22 + 16×11 = 342
③ 용질의 몰수 = $\dfrac{342g}{342}$ = 1M
④ 몰랄농도 = $\dfrac{1M}{1kg}$ = 1m(몰랄농도)

용액의 농도
① **중량 퍼센트(%)농도**[%로 표시]
   용액 100g 속에 포함된 용질의 g수로 표시한 농도
② **몰농도**(molar concentration)[M으로 표시]
   용액 1L 속에 포함된 용질의 몰(mol)수로 표시한 농도
③ **규정농도**(normal concentration)[N으로 표시]
   용액 1L 속에 포함된 용질의 g 당량수로 표시한 농도

④ 몰랄농도[molality]
용매 1kg(1000g)에 녹아 있는 용질의 몰수로 나타낸 농도(mol/kg)

해답 ③

09 다음 중 불균일 혼합물은 어느 것인가?

① 공기　　　　② 소금물
③ 화강암　　　④ 사이다

해설 (1) 균일 혼합물
혼합물의 특정 부분에 대한 물질의 구성비나 밀도 등 성질이 같은 혼합물
[예] 공기, 소금물, 콜라, 사이다, 설탕물, 식초, 소주

(2) 불균일 혼합물
혼합물의 특정 부분에 따라 물질의 구성비나 밀도 등 성질이 다른 혼합물
[예] 흙탕물, 우유, 암석, 콘크리트, 식혜, 기름(석유)

해답 ③

10 다음은 원소의 원자번호와 원소기호를 표시한 것이다. 전이 원소만으로 나열된 것은?

① $_{20}Ca$, $_{21}Sc$, $_{22}Ti$　② $_{21}Sc$, $_{22}Ti$, $_{29}Cu$
③ $_{26}Fe$, $_{30}Zn$, $_{38}Sr$　④ $_{21}Sc$, $_{22}Ti$, $_{38}Sr$

해설 전이원소의 공통적인 특성
① B족 금속원소로 활성이 작다.
② 두 종류 이상의 이온 원자가를 갖는다.
③ 착염 및 색이 있는 화합물을 잘 만든다.
④ 공업적으로 촉매로 많이 사용 한다.

전이원소=천이원소[transition elements]
스칸듐(Sc), **티타늄(Ti)**, 바나듐(V), 크로뮴(Cr), 망가니즈(Mn), 철(Fe), 코발트(Co), 니켈(Ni), 구리(Cu), 아연(Zn)

해답 ②

11 다음 중 동소체 관계가 아닌 것은?

① 적린과 황린　　② 산소와 오존
③ 물과 과산화수소　④ 다이아몬드와 흑연

해설 동소체 : 같은 원소로 구성되어 있으나 성질이 다른 단체

원소	동 소 체
산소	산소와 오존
탄소	다이아몬드, 흑연, 숯
황	사방황, 단사황, 고무상황
인	붉은인(적린), 노란인(황린)

① 동소체가 성질이 다른 이유 : 원자배열상태가 다르기 때문이다.
② 동소체의 증명 : 연소 시 같은 물질이 생성되면 동소체이다.

해답 ③

12 다음 중 반응이 정반응으로 진행되는 것은?

① $Pb^{2+} + Zn \rightarrow Zn^{2+} + Pb$
② $I_2 + 2Cl^- \rightarrow 2I^- + Cl_2$
③ $2Fe^{3+} + 3Cu \rightarrow 3Cu^{2+} + 2Fe$
④ $Mg^{2+} + Zn \rightarrow Zn^{2+} + Mg$

해설 물질 A와 물질 B가 반응하여 생성물질 C가 생기는 반응인 $A + B \rightarrow C$

• **정반응** : 왼쪽에서 오른쪽으로 진행하는 반응
• **역반응** : 오른쪽에서 왼쪽으로 진행하는 반응
• **가역반응** : 정반응과 역반응이 함께 일어나는 반응
• **비가역반응** : 침전반응과 같이 역반응이 일어나기 어려운 반응

① $Pb^{2+} + Zn \rightarrow Zn^{2+} + Pb$ (정반응)
　$-Zn > Pb$
② $I_2 + 2Cl^- \leftarrow 2I^- + Cl_2$ (역반응)
③ $2Fe^{3+} + 3Cu \leftarrow 3Cu^{2+} + 2Fe$ (역반응)
　$-Fe > Cu$
④ $Mg^{2+} + Zn \leftarrow Zn^{2+} + Mg$ (역반응)
　$-Mg > Zn$

금속의 이온화 경향 서열 (필수암기) ★★★★★
K-Ca-Na-Mg-Al-Zn-Fe-Ni-Sn-Pb-(H)
카-카-나-마-알-아-철-니-주-납-수
-Cu-Hg-Ag-Pt-Au
-구-수-은-백-금

해답 ①

13 물이 브뢴스테드의 산으로 작용한 것은?

① $HCl + H_2O \rightleftharpoons H_3O^+ + Cl^-$
② $HCOOH + H_2O \rightleftharpoons HCOO^- + H_3O^+$
③ $NH_3 + H_2O \rightleftharpoons NH_4^+ + OH^-$
④ $3Fe + 4H_2O \rightleftharpoons Fe_3O_4 + 4H_2$

해설 ③ $NH_3 + H_2O \rightleftharpoons NH_4^+ + OH^-$에서 물의 H^+ 이온을 암모니아에 주었으므로 물은 산의 기능을 한 것이다.

산, 염기의 개념정리

정의	산	염기
아레니우스	H^+를 포함한다.	OH^-을 포함한다.
브뢴스테드·로우리	H^+이온을 낸다.	H^+이온을 받는다.
루이스	전자쌍을 받는다.	전자쌍을 준다.

해답 ③

14 수산화칼슘에 염소가스를 흡수시켜 만드는 물질은?

① 표백분 ② 수소화칼슘
③ 염화수소 ④ 과산화칼슘

해설 표백분 = 클로로칼크($CaOCl_2 \cdot H_2O$)의 제조방법
$Ca(OH)_2 + Cl_2 \rightarrow CaOCl_2 + H_2O$
(수산화칼슘) (염소) (표백분) (물)

해답 ①

15 질산칼륨 수용액 속에 소량의 염화나트륨이 불순물로 포함되어 있다. 용해도 차이를 이용하여 이 불순물을 제거하는 방법으로 가장 적당한 것은?

① 증류 ② 막분리
③ 재결정 ④ 전기분해

해설 혼합물의 정제방법
① **거름(여과)** : 고체와 액체의 혼합물 분리
② **재결정** : 불순물 포함 결정을 용매에 녹여 온도에 따른 용해도차를 이용하여 불순물 제거방법
③ **분액 깔대기에 의한 분리** : 액체와 액체가 섞이지 않는 2개 층을 분리
④ **승화에 의한 분리** : 가열에 의하여 승화성물질과 비승화성물질을 분리
⑤ **증류** : 액체를 끓여서 증기로 만들고 이 증기를 냉각하여 다시 액체로 만드는 방법
⑥ **추출** : 액체의 용해도를 이용하여 미량의 불순물을 제거하여 분리

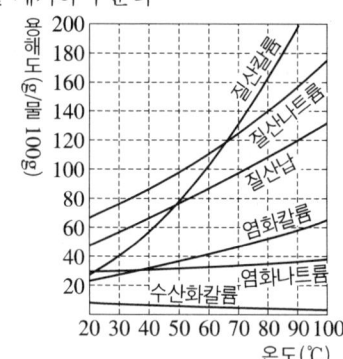

해답 ③

16 할로젠화 수소의 결합에너지 크기를 비교하였을 때 옳게 표시한 것은?

① $HI > HBr > HCl > HF$
② $HBr > HI > HF > HCl$
③ $HF > HCl > HBr > HI$
④ $HCl > HBr > HF > H$

해설 전기음성도
중성원자가 전자를 잡아당기는 경향의 대소를 표시하는 척도

(크다) F-O-N-Cl-Br-C-S-I-H-P (작다)
[쉬운 암기법]
FON(폰)Cl(클)Br(브로민)CSI(시에스아이)HP

해답 ③

17 용매분자들이 반투막을 통해서 순수한 용매나 묽은 용액으로부터 좀 더 농도가 높은 용액 쪽으로 이동하는 알짜이동을 무엇이라 하는가?

① 총괄이동 ② 등방성
③ 국부이동 ④ 삼투

해설 삼투 또는 삼투현상
용매는 통과시키나 용질을 통과시키지 않는 반투과성막을 사이에 두고 서로 다른 농도를 가진 두

액체가 있을 때, 농도가 더 진한 쪽으로 용매가 이동하는 현상

해답 ④

18 다음 반응식을 이용하여 구한 $SO_2(g)$의 몰 생성열은?

$$S(s) + 1.5O_2(g) \rightarrow SO_3(g)$$
$$\Delta H^0 = -94.5\text{kcal}$$
$$2SO_2(g) + O_2(g) \rightarrow 2SO_3(g)$$
$$\Delta H^0 = -47\text{kcal}$$

① -71kcal   ② -47.5kcal
③ 71kcal   ④ 47.5kcal

해설 ① $2SO_2(g) + O_2(g) \rightarrow 2SO_3(g)$
$\Delta H = -47$kcal

② 반응물 $SO_2(g)$ 1몰 기준으로 하면
$SO_2(g) + 0.5O_2(g) \rightarrow SO_3(g)$
$\Delta H = \dfrac{-47\text{kcal}}{2} = -23.5$kcal

③ $[SO_3(g)]-[S(s)+1.5O_2(g)] = -94.5$kcal$-$㉠
$[SO_3(g)]-[SO_2(g)+0.5O_2(g)] = -23.5kal-$㉡

④ ㉠$-$㉡$=[S(s)+1.5O_2(g)]+[SO_2(g)+0.5O_2(g)]$
$=-71$kcal
$[SO_2(g)] - [S(s)+O_2(g)] = -71$kcal
(생성물엔탈피 합) (반응물엔탈피 합) (반응엔탈피)

⑤ 생성열 = 반응엔탈피 = -71kcal
※ 반응엔탈피 = 생성열 = $-$(반응열)

해답 ①

19 27℃에서 부피가 2L인 고무풍선 속의 수소기체 압력이 1.23atm이다. 이 풍선 속에 몇 mole의 수소기체가 들어 있는가? (단, 이상기체라고 가정한다.)

① 0.01   ② 0.05
③ 0.10   ④ 0.25

해설 ① $P=1.23$atm, $V=2$L, $T=273+27=300$K
② $n = \dfrac{PV}{RT} = \dfrac{1.23 \times 2}{0.082 \times 300} = 0.1$mol

이상기체 상태방정식 ★★★★

$$PV=nRT=\dfrac{W}{M}RT$$

여기서, P : 압력(atm) V : 부피(L)
n : mol수(무게/분자량)
W : 무게(g) M : 분자량
T : 절대온도($273+t$℃)
R : 기체상수(0.082atm·L/mol·K)

해답 ③

20 20℃에서 600mL의 부피를 차지하고 있는 기체를 압력의 변화 없이 온도를 40℃로 변화시키면 부피는 얼마로 변하겠는가?

① 300mL   ② 641mL
③ 836mL   ④ 1200mL

해설 보일-샤를의 법칙을 이용하면
$\dfrac{V_1}{T_1} = \dfrac{V_2}{T_2}$, $\dfrac{600}{273+20} = \dfrac{V_2}{273+40}$

∴ $V_2 = \dfrac{600 \times 313}{293} = 641$ml

보일의 법칙
T(온도) = 일정 $P_1V_1 = P_2V_2$
온도가 일정할 때 일정량의 기체가 차지하는 부피는 절대압력에 반비례한다.

샤를의 법칙
P(압력) = 일정 $\dfrac{V_1}{T_1} = \dfrac{V_2}{T_2}$
압력이 일정할 때 일정량의 기체가 차지하는 부피는 절대온도에 비례한다.

보일-샤를의 법칙
$$\dfrac{P_1V_1}{T_1} = \dfrac{P_2V_2}{T_2}$$
일정량의 기체가 차지하는 부피는 절대압력에 반비례하고 절대온도에 비례한다.

해답 ②

제2과목 화재예방과 소화방법

21 클로로벤젠 300000L의 소요단위는 얼마인가?

① 20 ② 30
③ 200 ④ 300

해설 ① 클로로벤젠(C_6H_5Cl)-제2석유류-비수용성
② 소요단위

$$N = \frac{저장수량}{지정수량 \times 10} = \frac{300000}{1000 \times 10} = 30단위$$

제4류 위험물의 지정수량

유별	성질	품명		지정수량 (L)
제4류	인화성 액체	1. 특수인화물		50
		2. 제1석유류	비수용성 액체	200
			수용성 액체	400
		3. 알코올류		400
		4. 제2석유류	비수용성 액체	1,000
			수용성 액체	2,000
		5. 제3석유류	비수용성 액체	2,000
			수용성 액체	4,000
		6. 제4석유류		6,000
		7. 동식물유류		10,000

[암기방법] (5(특)2(1석)4(알)10(2석)2(3석)6(4석)만(동식물)

해답 ②

22 가연성 물질이 공기 중에서 연소할 때의 연소형태에 대한 설명으로 틀린 것은?

① 공기와 접촉하는 표면에서 연소가 일어나는 것을 표면연소라 한다.
② 황의 연소는 표면연소이다.
③ 산소공급원을 가진 물질 자체가 연소하는 것을 자기연소라 한다.
④ TNT의 연소는 자기연소이다.

해설 ③ 황의 연소는 증발연소이다.

연소의 형태 ★★★ 자주출제(필수암기) ★★★
① 표면연소 : 숯, 코크스, 목탄, 금속분
② 증발연소 : 파라핀, 황, 나프탈렌, 왁스, 휘발유, 등유, 경유 등 제4류 위험물
③ 분해연소 : 석탄, 목재, 플라스틱, 종이, 합성수지, 중유
④ 자기연소 : 나이트로셀룰로오스, 셀룰로이드, 나이트로글리세린 등 제5류 위험물
⑤ 확산연소 : 아세틸렌, LPG, LNG 등 가연성 기체

해답 ②

23 할로젠화합물 소화약제가 전기화재에 사용될 수 있는 이유에 대한 다음 설명 중 가장 적합한 것은?

① 전기적으로 부도체이다.
② 액체의 유동성이 좋다.
③ 탄산가스와 반응하여 포스겐가스를 만든다.
④ 증기의 비중이 공기보다 작다.

해설 **할로젠화합물소화약제의 특징**
① 전기적 부도체이므로 전기화재에 적합하다
② 부촉매에 의한 연소의 억제작용이 크다.
③ 수명이 반영구적이다.

해답 ①

24 소화약제로서 물이 갖는 특성에 대한 설명으로 옳지 않은 것은?

① 유화효과(emulsification effect)도 기대할 수 있다.
② 증발잠열이 커서 기화 시 다량의 열을 제거한다.
③ 기화팽창률이 커서 질식효과가 있다.
④ 용융잠열이 커서 주수 시 냉각효과가 뛰어나다.

해설 **소화약제로서 물이 갖는 특성**
① 유화효과(emulsification effect)도 기대할 수 있다.
② 증발잠열이 커서 기화 시 다량의 열을 제거한다.
③ 기화팽창률이 커서 질식효과가 있다.
④ 비열이 커서 주수 시 냉각효과가 뛰어나다.
※ 기화열(기화잠열)=증발열(증발잠열)

해답 ④

25 위험물안전관리법령상 정전기를 유효하게 제거하기 위해서는 공기 중의 상대습도를 몇 % 이상 되게 하여야 하는가?

① 40% ② 50%
③ 60% ④ 70%

해설 정전기 방지대책
① 접지
② 공기를 이온화
③ 상대습도 70% 이상 유지
④ 도체 재료를 사용하는 방법
⑤ 유속을 느리게(1m/s 이하) 할 것

해답 ④

26 벤젠과 톨루엔의 공통점이 아닌 것은?

① 물에 녹지 않는다.
② 냄새가 없다.
③ 휘발성 액체이다.
④ 증기는 공기보다 무겁다.

해설 벤젠(Benzene, C_6H_6)과 톨루엔($C_6H_5CH_3$)

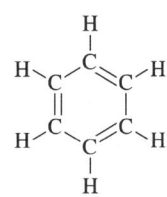

벤젠 : C_6H_6 톨루엔 : $C_6H_5CH_3$

① 제4류 위험물 중 1석유류
② 벤젠증기는 마취성 및 독성이 강하다.
③ 비수용성이며 알코올, 아세톤, 에터에는 용해
④ 취급 시 정전기에 유의해야 한다.
⑤ 증기는 공기보다 무겁다.
※ 독성은 벤젠이 톨루엔보다 10배 크다.

해답 ②

27 제6류 위험물인 질산에 대한 설명으로 틀린 것은?

① 강산이다.
② 물과 접촉시 발열한다.
③ 불연성 물질이다.
④ 열분해시 수소를 발생한다.

해설 질산(HNO_3) : 제6류 위험물(산화성 액체)

화학식	분자량	비중	비점	융점
HNO_3	63	1.50	86℃	-42℃

① 무색의 발연성 액체이며 강산이다.
② 물과 접촉시 발열하며 불연성물질이다.
③ 빛에 의하여 일부 분해되어 생긴 NO_2 때문에 황갈색 또는 적갈색으로 된다.

$4HNO_3 \rightarrow 2H_2O + 4NO_2\uparrow$ (이산화질소) $+ O_2\uparrow$ (산소)

⑤ 크산토프로테인반응을 한다.

크산토프로테인반응
(xanthoprotenic reaction, 단백질 검출반응)
• 단백질 + 진한질산 ⇒ 노란색
• 단백질 + 알칼리 ⇒ 오렌지색

해답 ④

28 제1종 분말소화약제가 1차 열분해되어 표준상태를 기준으로 $2m^3$의 탄산가스가 생성되었다. 몇 kg의 탄산수소나트륨이 사용되었는가? (단, 나트륨의 원자량은 23이다.)

① 15   ② 18.75
③ 56.25   ④ 75

해설 ① 제1종 분말($NaHCO_3$)의 분자량
$= 23+1+12+16\times3 = 84$
② 제1종 분말소화약제의 열분해 반응식
$2NaHCO_3 \rightarrow Na_2CO_3 + CO_2 + H_2O$
$2\times84kg \longrightarrow 22.4m^3$
$X \longrightarrow 2m^3$

$X = \dfrac{2\times84\times2}{22.4} = 15kg$

분말약제의 열분해

종별	약제명	착색	열분해 반응식
제1종	탄산수소나트륨 중탄산나트륨 중조	백색	270℃ $2NaHCO_3$ $\rightarrow Na_2CO_3+CO_2+H_2O$ 850℃ $2NaHCO_3$ $\rightarrow Na_2O+2CO_2+H_2O$
제2종	탄산수소칼륨 중탄산칼륨	담회색	190℃ $2KHCO_3$ $\rightarrow K_2CO_3+CO_2+H_2O$ 590℃ $2KHCO_3$ $\rightarrow K_2O+2CO_2+H_2O$

종별	약제명	착색	열분해 반응식
제3종	제1인산암모늄	담홍색	$NH_4H_2PO_4$ → $HPO_3 + NH_3 + H_2O$
제4종	중탄산칼륨 + 요소	회(백)색	$2KHCO_3 + (NH_2)_2CO$ → $K_2CO_3 + 2NH_3 + 2CO_2$

해답 ①

29 다음 A~D 중 분말소화약제로만 나타낸 것은?

A. 탄산수소나트륨 B. 탄산수소칼륨
C. 황산구리 D. 제1인산암모늄

① A, B, C, D ② A, D
③ A, B, C ④ A, B, D

해설 분말약제의 열분해

종별	약제명	착색	열분해 반응식
제1종	탄산수소나트륨 중탄산나트륨 중조	백색	270℃ $2NaHCO_3$ → $Na_2CO_3 + CO_2 + H_2O$ 850℃ $2NaHCO_3$ → $Na_2O + 2CO_2 + H_2O$
제2종	탄산수소칼륨 중탄산칼륨	담회색	190℃ $2KHCO_3$ → $K_2CO_3 + CO_2 + H_2O$ 590℃ $2KHCO_3$ → $K_2O + 2CO_2 + H_2O$
제3종	제1인산암모늄	담홍색	$NH_4H_2PO_4$ → $HPO_3 + NH_3 + H_2O$
제4종	중탄산칼륨 + 요소	회(백)색	$2KHCO_3 + (NH_2)_2CO$ → $K_2CO_3 + 2NH_3 + 2CO_2$

해답 ④

30 이산화탄소소화설비의 소화약제 방출방식 중 전역방출방식 소화설비에 대한 설명으로 옳은 것은?

① 발화위험 및 연소위험이 적고 광대한 실내에서 특정장치나 기계만을 방호하는 방식
② 일정 방호구역 전체에 방출하는 경우 해당 부분의 구획을 밀폐하여 불연성가스를 방출하는 방식
③ 일반적으로 개방되어 있는 대상물에 대하여 설치하는 방식
④ 사람이 용이하게 소화활동을 할 수 있는 장소에서는 호스를 연장하여 소화활동을 행하는 방식

해설 불활성가스소화설비의 소화약제 방출방식
① **전역방출방식** : 고정식 이산화탄소 공급장치에 배관 및 분사헤드를 고정 설치하여 밀폐 방호구역 내에 이산화탄소를 방출하는 설비
② **국소방출방식** : 고정식 이산화탄소 공급장치에 배관 및 분사헤드를 설치하여 직접 화점에 이산화탄소를 방출하는 설비로 화재발생부분에만 집중적으로 소화약제를 방출하도록 설치하는 방식
③ **호스릴 방식** : 분사헤드가 배관에 고정되어 있지 않고 소화약제 저장용기에 호스를 연결하여 사람이 직접 화점에 소화약제를 방출하는 이동식 소화설비

해답 ②

31 알루미늄분의 연소 시 주수소화하면 위험한 이유를 옳게 설명한 것은?

① 물에 녹아 산이 된다.
② 물과 반응하여 유독가스가 발생한다.
③ 물과 반응하여 수소가스가 발생한다.
④ 물과 반응하여 산소가스가 발생한다.

해설 알루미늄분(Al) : 제2류 위험물-금수성
① 은백색의 분말이며 비중이 약 2.7이며 분진폭발 위험성이 있다.
② 알루미늄은 물(수증기) 및 산과 반응하여 수소를 발생시킨다.(주수소화금지)

- $2Al + 6H_2O → 2Al(OH)_3 + 3H_2↑$
- $2Al + 6HCl → 2AlCl_3 + 3H_2↑$

해답 ③

32 인화알루미늄의 화재시 주수소화를 하면 발생하는 가연성 기체는?

① 아세틸렌 ② 메탄
③ 포스겐 ④ 포스핀

해설 인화알루미늄(AlP) : 제3류 위험물 중 금속의 인화합물
① 황색 또는 암회색 분말
② 물과 작용하여 포스핀(PH_3)의 유독성 가스를 발생

$$AlP + 3H_2O \rightarrow Al(OH)_3 + PH_3 \uparrow$$
$$\text{(수산화알루미늄) (포스핀)}$$

해답 ④

33 강화액 소화약제에 소화력을 향상시키기 위하여 첨가하는 물질로 옳은 것은?

① 탄산칼륨　　② 질소
③ 사염화탄소　④ 아세틸렌

해설 강화액 소화기
① **탄산칼륨**(K_2CO_3) 등의 수용액을 주성분으로 **강알칼리성 수용액**이다.
② 압축공기 또는 질소가스로 0.7~0.98MPa로 압축되어 있다.
③ 사용온도범위는 −20℃ 이상 40℃ 이하이다.
④ 동절기, 한랭지에서도 동결되지 않으므로 보온의 필요가 없다.
⑤ **재연소방지의 효과**도 있어서 A급 화재에 대한 소화능력이 증가된다.
⑥ 무상으로 방사될 때 소규모의 C급 화재에도 적용된다.

해답 ①

34 일반적으로 고급알코올 황산에스터염을 기포제로 사용하며 냄새가 없는 황색의 액체로서 밀폐 또는 준밀폐 구조물의 화재 시 고팽창포로 사용하여 화재를 진압할 수 있는 포소화약제는?

① 단백포소화약제
② 합성계면활성제포소화약제
③ 알코올형포소화약제
④ 수성막포소화약제

해설 합성계면활성제포소화약제
① 고 팽창포 및 저 팽창포로 사용이 가능하다.
② 고급 알코올 황산에스터염을 주성분으로 한 냄새가 없는 황색의 액체

- 저 발포로 사용 : 단백포, 합성계면활성제포, 수성막포, 알코올포
- 고 발포로 사용 : 합성계면활성제포

해답 ②

35 전기불꽃 에너지 공식에서 (　)에 알맞은 것은? (단, Q는 전기량, V는 방전전압, C는 전기용량을 나타낸다.)

$$E = \frac{1}{2}(\quad) = \frac{1}{2}(\quad)$$

① QV, CV　　② QC, CV
③ QV, CV^2　④ QC, QV^2

해설 전기불꽃 에너지 공식
$$E = \frac{1}{2}QV = \frac{1}{2}CV^2$$
여기서, Q : 전기량, V : 방전전압, C : 전기용량

해답 ③

36 위험물제조소등의 스프링클러설비의 기준에 있어 개방형스프링클러헤드는 스프링클러헤드의 반사판으로부터 하방 및 수평방향으로 각각 몇 m의 공간을 보유하여야 하는가?

① 하방 0.3m, 수평방향 0.45m
② 하방 0.3m, 수평방향 0.3m
③ 하방 0.45m, 수평방향 0.45m
④ 하방 0.45m, 수평방향 0.3m

해설 위험물제조소등의 스프링클러헤드
개방형스프링클러헤드는 헤드의 반사판으로부터 하방 0.45m 수평방향 0.3m의 공간을 보유하여야 한다.

해답 ④

37 적린과 오황화인의 공통 연소생성물은?

① SO_2　　② H_2S
③ P_2O_5　④ H_3PO_4

해설 적린(P) : 제2류 위험물(가연성 고체)
① 황린의 동소체이며 황린보다 안정하다.
② 황린을 공기차단상태에서 260℃로 가열, 냉각 시 적린으로 변한다.
③ 연소 시 오산화인(P_2O_5)이 생성된다.
$$4P + 5O_2 \rightarrow 2P_2O_5 \text{(오산화인)}$$

오황화인(P_2S_5)
① 담황색 결정이고 조해성이 있다.
② 이황화탄소(CS_2)에 잘 녹는다.
③ 연소 시 오산화인과 아황산가스를 발생한다.

$$2P_2S_5 + 15O_2 \rightarrow 2P_2O_5 + 10SO_2 \uparrow$$

해답 ③

38 제1류 위험물 중 알칼리금속과산화물의 화재에 적응성이 있는 소화약제는?

① 인산염류분말 ② 이산화탄소
③ 탄산수소염류분말 ④ 할로겐화합물

해설 ※ 알칼리금속과산화물
 －제1류－산화성고체－금수성

금수성 위험물질에 적응성이 있는 소화기
① 탄산수소염류
② 마른 모래
③ 팽창질석 또는 팽창진주암

해답 ③

39 가연성 가스의 폭발 범위에 대한 일반적인 설명으로 틀린 것은?

① 가스의 온도가 높아지면 폭발 범위는 넓어진다.
② 폭발한계농도 이하에서 폭발성 혼합가스를 생성한다.
③ 공기 중에서보다 산소 중에서 폭발 범위가 넓어진다.
④ 가스압이 높아지면 하한값은 크게 변하지 않으나 상한값은 높아진다.

해설 연소범위(폭발범위)(explosion limit)
① 온도상승 시 : 넓어진다.
② 압력상승 시 : 넓어진다.(하한계 불변, 상한계 증가)
③ 불활성기체(헬륨, 네온, 아르곤) 첨가 시 : 좁아진다.
④ 산소농도 증가 시 : 넓어진다.
⑤ 폭발한계농도 범위 내에서 폭발성 혼합가스를 생성한다.

해답 ②

40 위험물제조소등에 설치하는 포소화설비의 기준에 따르면 포헤드방식의 포헤드는 방호대상물의 표면적 $1m^2$ 당 방사량이 몇 L/min 이상의 비율로 계산한 양의 포수용액을 표준방사량으로 방사할 수 있도록 설치하여야 하는가?

① 3.5 ② 4
③ 6.5 ④ 9

해설 포헤드방식의 포헤드 설치기준
① 방호대상물의 표면적 $9m^2$당 1개 이상의 헤드를 설치할 것
② 방호대상물의 표면적 $1m^2$당의 방사량은 6.5L/min 이상

해답 ③

제3과목 위험물의 성질과 취급

41 동식물유류에 대한 설명으로 틀린 것은?

① 건성유는 자연발화의 위험성이 높다.
② 불포화도가 높을수록 아이오딘가가 크며 산화되기 쉽다.
③ 아이오딘값이 130 이하인 것이 건성유이다.
④ 1기압에서 인화점이 섭씨 250도 미만이다.

해설 아이오딘값에 따른 동식물유류의 분류

구 분	아이오딘값	종 류
건성유	130 이상	해바라기기름, 동유(오동기름), 정어리기름, 아마인유, 들기름
반건성유	100~130	채종유, 쌀겨기름, 참기름, 면실유, 옥수수기름, 청어기름, 콩기름
불건성유	100 이하	야자유, 팜유, 올리브유, 피마자기름, 낙화생기름, 돈지, 우지, 고래기름

해답 ③

42 과산화나트륨이 물과 반응할 때의 변화를 가장 옳게 설명한 것은?

① 산화나트륨과 수소를 발생한다.
② 물을 흡수하여 탄산나트륨이 된다.
③ 산소를 방출하며 수산화나트륨이 된다.
④ 서서히 물에 녹아 과산화나트륨의 안정한 수용액이 된다.

해설 과산화나트륨(Na_2O_2) : 제1류 위험물 중 무기과산화물(금수성)

화학식	분자량	비중	융점	분해온도
Na_2O_2	78	2.8	460℃	460℃

① 상온에서 물과 격렬히 반응하여 산소(O_2)를 방출하고 폭발하기도 한다.

$$2Na_2O_2 + 2H_2O \rightarrow 4NaOH + O_2\uparrow$$
(과산화나트륨) (물) (수산화나트륨) (산소)

② 열분해시 산소(O_2)를 방출한다.

$$2Na_2O_2 \rightarrow 2Na_2O(산화나트륨) + O_2\uparrow(산소)$$

③ 주수소화는 금물이고 마른모래(건조사) 등으로 소화한다.

해답 ③

43 다음 중 연소범위가 가장 넓은 위험물은?

① 휘발유　　② 톨루엔
③ 에틸알코올　④ 다이에틸에터

해설 제4류 위험물의 연소범위

물질명	품명	연소범위(%)
휘발유	제1석유류	1.2~7.6
톨루엔	제1석유류	1.27~7.0
에틸알코올	알코올류	4.3~19
다이에틸에터	특수인화물	1.7~48

해답 ④

44 메틸에틸케톤의 취급 방법에 대한 설명으로 틀린 것은?

① 쉽게 연소하므로 화기 접근을 금한다.
② 직사광선을 피하고 통풍이 잘되는 곳에 저장한다.
③ 탈지작용이 있으므로 피부에 접촉하지 않도록 주의한다.
④ 유리 용기를 피하고 수지, 섬유소 등의 재질로 된 용기에 저장한다.

해설 메틸에틸케톤(Methyl Ethyl Ketone)($CH_3COC_2H_5$) : 제4류-제1석유류(비수용성)

$$H-\underset{H}{\overset{H}{C}}-\underset{}{\overset{O}{C}}-\underset{H}{\overset{H}{C}}-\underset{H}{\overset{H}{C}}-H$$

분자량	비중	비점	인화점	착화점	연소범위
72.11	0.81	79.6℃	-7℃	516℃	1.8~10%

① 휘발성이 강한 무색액체이며 2-부타논이라고도 한다.
② 완전 연소하면 이산화탄소와 물이 생성된다.

$$2CH_3COC_2H_5 + 11O_2 \rightarrow 8CO_2 + 8H_2O$$

③ 제2부탄올을 산화하면 생기며 MEK라고 약칭한다.
④ 저장용기는 밀폐하여 증기누출을 방지한다.

해답 ④

45 유기과산화물에 대한 설명으로 틀린 것은?

① 소화방법으로는 질식소화가 가장 효과적이다.
② 벤조일퍼옥사이드, 메틸에틸케톤퍼옥사이드 등이 있다.
③ 저장시 고온체나 화기의 접근을 피한다.
④ 지정수량은 100kg이다.

해설 유가과산화물의 화재예방상 주의사항

① 소화방법으로는 다량의 물로 냉각소화가 가장 좋다.
② 자체적으로 산소를 함유하고 있어 질식소화는 효과가 없다.
③ 벤조일퍼옥사이드(BPO), 메틸에틸케톤퍼옥사이드(MEKPO) 등이 있다.
④ 저장 시 고온체나 화기의 접근을 피한다.
⑤ 건조하고 온도가 높은 곳은 피해야 한다.

해답 ①

46 위험물안전관리법령상 시·도의 조례가 정하는 바에 따르면 관할소방서장의 승인을 받아 지정수량 이상의 위험물을 임시로 제조소등이 아닌 장소에서 취급할 때 며칠 이내의 기간 동안 취급할 수 있는가?

① 7일 ② 30일
③ 90일 ④ 180일

해설 위험물안전관리법 제5조(위험물의 저장 및 취급의 제한)
다음에 해당하는 경우에는 제조소등이 아닌 장소에서 지정수량 이상의 위험물을 취급할 수 있다.
① 시·도의 조례가 정하는 바에 따라 관할소방서장의 승인을 받아 지정수량 이상의 위험물을 **90일 이내**의 기간동안 임시로 저장 또는 취급하는 경우
② 군부대가 지정수량 이상의 위험물을 군사목적으로 임시로 저장 또는 취급하는 경우

해답 ③

47 다음 물질 중 인화점이 가장 낮은 것은?

① 톨루엔 ② 아세톤
③ 벤젠 ④ 다이에틸에터

해설 제4류 위험물의 인화점

물질명	품명	인화점(℃)
톨루엔	제1석유류	4
아세톤	제1석유류	-18
벤젠	제1석유류	-11
다이에틸에터	특수인화물	-40

해답 ④

48 오황화인에 관한 설명으로 옳은 것은?

① 물과 반응하면 불연성기체가 발생된다.
② 담황색 결정으로서 흡습성과 조해성이 있다.
③ P_2S_5로 표현되며 물에 녹지 않는다.
④ 공기 중 상온에서 쉽게 자연발화 한다.

해설 오황화인(P_2S_5)
① 비중 2.09, 녹는점 290℃, 끓는점 514℃
② **담황색 결정이고 흡습성 및 조해성이 있다.**
③ 이황화탄소(CS_2)에 잘 녹는다.
④ 연소 시 오산화인과 아황산가스를 발생한다.
$2P_2S_5 + 15O_2 \rightarrow 2P_2O_5 + 10SO_2$

해답 ②

49 물과 접촉하였을 때 에탄이 발생되는 물질은?

① CaC_2 ② $(C_2H_5)_3Al$
③ $C_6H_3(NO_2)_3$ ④ $C_2H_5ONO_2$

해설 알킬알루미늄$[(C_nH_{2n+1}) \cdot Al]$
: 제3류 위험물(금수성 물질)
① 알킬기(C_nH_{2n+1})에 알루미늄(Al)이 결합된 화합물이다.
② 트라이메틸알루미늄
(TMA : Tri Methyl Aluminium)
$(CH_3)_3Al + 3H_2O \rightarrow Al(OH)_3 + 3CH_4 \uparrow$ (메탄)
③ 트라이에틸알루미늄
(TEA : Tri Eethyl Aluminium)
$(C_2H_5)_3Al + 3H_2O \rightarrow Al(OH)_3 + 3C_2H_6 \uparrow$ (에탄)
④ 저장용기에 불활성기체(N_2)를 봉입한다.
⑤ 주수소화는 절대 금하고 팽창질석, 팽창진주암 등으로 피복소화한다.

해답 ②

50 아염소산나트륨이 완전 열분해하였을 때 발생하는 기체는?

① 산소 ② 염화수소
③ 수소 ④ 포스겐

해설 아염소산나트륨($NaClO_2$)
: 제1류 위험물(산화성 고체)
① 조해성이 있고 무색의 결정성 분말이다.
② 열분해하여 산소를 발생한다.
$NaClO_2 \rightarrow NaCl + O_2$
③ 산과 반응하여 이산화염소(ClO_2)가 발생된다.
(아염소산나트륨) (염산)
$3NaClO_2 + 2HCl$
$\rightarrow 3NaCl + 2ClO_2 + H_2O_2 \uparrow$
(염화나트륨) (이산화염소) (과산화수소)
④ 수용액 상태에서도 강력한 산화력을 가지고 있다.

해답 ①

51 위험물안전관리법령에서 정한 위험물의 운반에 대한 설명으로 옳은 것은?

① 위험물을 화물차량으로 운반하면 특별히 규제받지 않는다.

② 승용차량으로 위험물을 운반할 경우에만 운반의 규제를 받는다.
③ 지정수량 이상의 위험물을 운반할 경우에만 운반의 규제를 받는다.
④ 위험물을 운반할 경우 그 양의 다소를 불문하고 운반의 규제를 받는다.

해설 위험물의 운반
위험물을 운반할 경우 그 양의 다소에 관계없이 운반의 규제를 받는다.

해답 ④

52 제6류 위험물의 취급 방법에 대한 설명 중 옳지 않은 것은?

① 가연성 물질과의 접촉을 피한다.
② 지정수량의 1/10을 초과할 경우 제2류 위험물과의 혼재를 금한다.
③ 피부와 접촉하지 않도록 주의한다.
④ 위험물제조소에는 "화기엄금" 및 "물기엄금" 주의사항을 표시한 게시판을 반드시 설치하여야 한다.

해설 ※ 제6류 위험물은 게시판에 주의 사항 표시가 없음

게시판의 설치기준
① 한 변의 길이가 0.3m 이상, 다른 한 변의 길이가 0.6m 이상인 직사각형으로 할 것
② 위험물의 유별·품명 및 저장최대수량 또는 취급최대수량, 지정수량의 배수 및 안전 관리자의 성명 또는 직명을 기재할 것
③ 게시판의 바탕은 백색으로, 문자는 흑색으로 할 것
④ 저장 또는 취급하는 위험물에 따라 주의사항 게시판을 설치할 것

위험물의 종류	주의사항 표시	게시판의 색
• 제1류 (알칼리금속 과산화물) • 제3류(금수성 물질)	물기엄금	청색바탕에 백색문자
• 제2류(인화성 고체 제외)	화기주의	
• 제2류(인화성 고체) • 제3류(자연발화성 물품) • 제4류 • 제5류	화기엄금	적색바탕에 백색문자

해답 ④

53 제2류 위험물과 제5류 위험물의 공통적인 성질은?

① 가연성 물질이다. ② 강한 산화제이다.
③ 액체 물질이다.   ④ 산소를 함유한다.

해설 위험물의 공통적 성질

제2류 위험물	제5류 위험물
① 낮은 온도에서 연소하기 쉬운 가연성 고체	① 자기연소(내부연소)성 물질
② 금속분은 물 또는 산과 접촉 시 발열	② 연소속도가 대단히 빠르고 폭발적 연소
③ 철분, 마그네슘, 금속분은 물과 접촉 시 수소발생	③ 물질자체가 산소를 함유

해답 ①

54 묽은 질산에 녹고, 비중이 약 2.7인 은백색 금속은?

① 아연분   ② 마그네슘분
③ 안티몬분   ④ 알루미늄분

해설 알루미늄분(Al)-제2류-금수성

화학식	원자량	비중	융점	비점
Al	27	2.7	660℃	2,000℃

① 산화제와 혼합시 가열, 충격, 마찰 등에 의하여 착화위험이 있다.
② 분진폭발 위험성이 있다.
③ 가열된 알루미늄은 수증기와 반응하여 수소를 발생시킨다.(주수소화금지)

$$2Al + 6H_2O \rightarrow 2Al(OH)_3 + 3H_2$$

④ 주수소화는 엄금이며 마른모래 등으로 피복 소화한다.

해답 ④

55 황린에 대한 설명으로 틀린 것은?

① 백색 또는 담황색의 고체이며, 증기는 독성이 있다.
② 물에는 녹지 않고 이황화탄소에는 녹는다.
③ 공기 중에서 산화되어 오산화인이 된다.
④ 녹는점이 적린과 비슷하다.

해설 ※ 황린의 녹는점 : 44.2℃
   적린의 녹는점 : 416℃

황린(P_4) : 제3류(자연발화성물질)

화학식	분자량	발화점	비점	융점	비중	증기비중
P_4	124	34℃	280℃	44℃	1.82	4.4

① 백색 또는 담황색의 고체이며 증기는 독성이 강하다.
② 착화점이 약 34℃이고 자연발화성이므로 물속에 저장한다.
③ 인화수소(PH_3)의 생성을 방지하기 위하여 물의 pH=9(약알칼리)가 안전한계이다.
④ 연소 시 오산화인(P_2O_5)의 흰 연기가 발생한다.
$$P_4 + 5O_2 \rightarrow 2P_2O_5 \text{(오산화인)}$$

해답 ④

56 다음은 위험물안전관리법령에서 정한 아세트알데하이드 등을 취급하는 제조소의 특례에 관한 내용이다. ( )안에 해당하지 않는 물질은?

> 아세트알데하이드 등을 취급하는 설비는 ( )·( )·( )·마그네슘 또는 이들을 성분으로 하는 합금으로 만들지 아니할 것

① Ag ② Hg
③ Cu ④ Fe

해설 아세트알데하이드(CH_3CHO) : 제4류 위험물 중 특수인화물

분자량	비중	비점	인화점	착화점	연소범위
44	0.78	21℃	−38℃	185℃	4.0~60%

① 휘발성이 강하고 과일냄새가 있는 무색 액체이며 물, 에탄올에 잘 녹는다.
② 산화되어 아세트산(초산)(CH_3COOH)이 된다.
③ 저장용기 사용 시 구리, 마그네슘, 은, 수은 및 합금용기는 사용금지
④ 환원성이 강하여 은거울반응, 펠링용액의 환원반응 등을 보인다.
⑤ 에틸알코올을 산화시켜 제조한다.
$$C_2H_5OH \xrightarrow{+O} H_2O + CH_3CHO$$

해답 ④

57 위험물안전관리법령에 근거한 위험물 운반 및 수납 시 주의사항에 대한 설명 중 틀린 것은?

① 위험물을 수납하는 용기는 위험물이 누설되지 않게 밀봉시켜야 한다.
② 온도 변화로 가스가 발생해 운반용기 안의 압력이 상승할 우려가 있는 경우(발생한 가스가 위험성이 있는 경우 제외)에는 가스 배출구가 설치된 운반용기에 수납할 수 있다.
③ 액체 위험물은 운반용기 내용적의 98% 이하의 수납율로 수납하되 55℃의 온도에서 누설되지 아니하도록 충분한 공간 용적을 유지하도록 하여야 한다.
④ 고체 위험물은 운반용기 내용적의 98% 이하의 수납율로 수납하여야 한다.

해설 위험물의 수납율
① 고체위험물 : 내용적의 95% 이하
② 액체위험물 : 내용적의 98% 이하, 55℃에서 충분한 공간용적유지
③ 자연발화성(3류) : 불활성 기체를 봉입(공기접촉엄금)
④ 자연발화성외(3류)
 • 파라핀·경유·등유 등의 보호액으로 채워 밀봉
 • 불활성 기체를 봉입(수분접촉금지)
⑤ 알킬알루미늄등 : 내용적의 90% 이하, 50℃ 온도에서 5% 이상의 공간용적을 유지

해답 ④

58 인화칼슘이 물과 반응하여 발생하는 기체는?

① 포스겐 ② 포스핀
③ 메탄   ④ 이산화황

해설 인화칼슘(Ca_3P_2) : 제3류(금수성 물질)

화학식	분자량	융점	비중
Ca_3P_2	182	1,600℃	2.5

① 적갈색의 괴상고체이다.
② 물 및 약산과 반응하여 유독성의 **인화수소(포스핀)기체**를 생성한다.
 • $Ca_3P_2 + 6H_2O \rightarrow 3Ca(OH)_2 + 2PH_3$
  (수산화칼슘) (포스핀=인화수소)
 • $Ca_3P_2 + 6HCl \rightarrow 3CaCl_2 + 2PH_3$
  (염화칼슘) (포스핀=인화수소)
③ 물에 의한 소화는 절대 금하고 마른모래 등으로 피복소화 한다.

해답 ②

59 위험물제조소의 배출설비 기준 중 국소방식의 경우 배출능력은 1시간당 배출장소 용적의 몇 배 이상으로 해야 하는가?

① 10배　　② 20배
③ 30배　　④ 40배

해설 위험물 제조소의 위치 · 구조 및 설비의 기준
① 제조소의 보유공지

취급 위험물의 최대수량	공지의 너비
지정수량의 10배 미만	3m 이상
지정수량의 10배 이상	5m 이상

② 옥외설비의 바닥의 둘레는 높이 0.15m 이상의 턱을 설치하여 위험물이 외부로 흘러나가지 아니하도록 한다.
③ 배출능력은 1시간당 배출장소 용적의 20배 이상인 것으로 할 것
(단, 전역 방출방식의 경우에는 바닥면적 $1m^2$ 당 $18m^3$ 이상)

해답 ②

60 제1류 위험물 중 무기과산화물 150kg, 질산염류 300kg, 다이크로뮴염류 3000kg을 저장하고 있다. 각각 지정수량의 배수의 총합은 얼마인가?

① 5　　② 6
③ 7　　④ 8

해설 제1류 위험물의 지정수량

성질	품 명	지정수량	위험등급
산화성고체	아염소산염류, 염소산염류, 과염소산염류, 무기과산화물	50kg	I
	브로민산염류, 질산염류, 아이오딘산염류	300kg	II
	과망가니즈산염류, 다이크로뮴산염류	1000kg	III
	행정안전부령이 정하는 것 ① 과아이오딘산염류 ② 과아이오딘산 ③ 크로뮴, 납 또는 아이오딘의 산화물 ④ 아질산염류 ⑤ 염소화아이소시아눌산 ⑥ 퍼옥소이황산염류 ⑦ 퍼옥소붕산염류	300kg	II
	⑧ 차아염소산염류	50kg	I

지정수량의 배수

$$N = \frac{저장수량}{지정수량} = \frac{150}{50} + \frac{300}{300} + \frac{3000}{1000} = 7배$$

해답 ③

제 2 부 최근 기출문제 - 필기

위험물산업기사
2019년 4월 27일 시행

제1과목 일반화학

01 자철광 제조법으로 빨갛게 달군 철에 수증기를 통할 때의 반응식으로 옳은 것은?

① $3Fe + 4H_2O \rightarrow Fe_3O_4 + 4H_2$
② $2Fe + 3H_2O \rightarrow Fe_2O_3 + 3H_2$
③ $Fe + H_2O \rightarrow FeO + H_2$
④ $Fe + 2H_2O \rightarrow FeO_2 + 2H_2$

해설 철광석의 종류
① 적철광(Fe_2O_3 ; 붉은 색)
② 갈철광($2Fe_2O_3 \cdot 3H_2O$: 갈색)
③ 자철광(Fe_3O_4 ; 자석)
④ 능철광($FeCO_3$)

자철광 제조방법 : $3Fe + 4H_2O \rightarrow Fe_3O_4 + 4H_2$

해답 ①

02 화학반응속도를 증가시키는 방법으로 옳지 않은 것은?

① 온도를 높인다.
② 부촉매를 가한다.
③ 반응물 농도를 높게 한다.
④ 반응물 표면적을 크게 한다.

해설 화학반응속도를 증가시키는 방법
① 온도를 높인다.
② 정촉매를 가한다.
③ 반응물 농도를 높게 한다.
④ 반응물 표면적을 크게 한다.
- **정촉매** : 화학반응을 빠르게 하는 것
- **부촉매** : 화학반응을 느리게 하는 것

해답 ②

03 비금속원소와 금속원소 사이의 결합은 일반적으로 어떤 결합에 해당되는가?

① 공유결합
② 금속결합
③ 비금속결합
④ 이온결합

해설 이온결합성 물질의 성질
① 대체로 가전자가 3 이하인 금속원소와 비금속 원소의 결합이다.
② 이온결합 화합물은 분자가 아니라 결정격자로 되어있다.
③ 비등점(끓는점)과 융점(녹는점)이 높다.
④ 결정일 때에는 전기를 안통하나 수용액상태에서는 전기전도성을 갖는다.
⑤ 극성용매에 잘 녹는다.

해답 ④

04 네슬러 시약에 의하여 적갈색으로 검출되는 물질은 어느 것인가?

① 질산이온
② 암모늄이온
③ 아황산이온
④ 일산화탄소

해설 네슬러 시약 : NH_4^+(암모늄이온)이 물속에 포함되어 있을 때 네슬러 시약을 가하면 노란색이 되고 암모니아나 암모늄이온이 많을 때에는 적갈색이 된다.

해답 ②

05 불꽃 반응 결과 노란색을 나타내는 미지의 시료를 녹인 용액에 $AgNO_3$ 용액을 넣으니 백색 침전이 생겼다. 이 시료의 성분은?

① Na_2SO_4
② $CaCl_2$
③ $NaCl$
④ KCl

해설 ① 불꽃반응의 결과 노란색 : Na
② 질산은($AgNO_3$) 용액에 넣으니 백색침전이 생

긷다 : 염소(Cl)이온이 존재
③ Na와 염소(Cl)이온의 화합물은 NaCl(염화나트륨＝소금)이다.

$$AgNO_3 + NaCl \rightarrow AgCl\downarrow + NaNO_3$$
(질산은)　(염화나트륨)　(염화은)　(질산나트륨)

해답 ③

06 밑줄 친 원소의 산화수가 같은 것끼리 짝지워진 것은?

① $\underline{S}O_2$와 $\underline{B}aO_2$　　② $Ba\underline{O}_2$와 $K_2\underline{Cr}_2O_7$
③ $K_2\underline{Cr}_2O_7$와 $\underline{S}O_3$　　④ $H\underline{N}O_3$와 $\underline{N}H_3$

해설 산화수

① SO_2(이산화황)에서 S의 산화수
　: $X+2\times(-2)=0$　$X=+4$
　BaO_2에서 Ba의 산화수
　: $X+2\times(-1)=0$　$X=+2$
② BaO_2(과산화바륨)에서 Ba의 산화수
　: $X+2\times(-1)=0$　$X=+2$
　$K_2Cr_2O_7$에서 Cr의 산화수
　: $2\times(+1)+2\times(X)+7\times(-2)=0$
　$X=+6$
③ $K_2Cr_2O_7$(다이크로뮴산칼륨)에서 Cr의 산화수
　: $2\times(+1)+2\times(X)+7\times(-2)=0$
　$X=+6$
　SO_3(삼산화황)에서 S의 산화수
　: $X+3\times(-2)=0$　$X=+6$
④ HNO_3(질산)에서 N의 산화수
　: $(+1)+X+3\times(-2)=0$　$X=+5$
　NH_3(암모니아)에서 N의 산화수
　: $X+3\times(+1)=0$　$X=-3$

산화수를 정하는 법
① 단체 중의 원자의 산화수는 0이다.(단체분자는 중성)
　[보기 : H_2^0, Fe^0, Mg^0, O_2^0, O_3^0]
② 화합물에서 산소의 산화수는 -2, 수소의 산화수는 +1이 보통이다.(단, 과산화물에서 O의 산화수 -1)
　[보기 : CH_4에서 C^{-4}, CO_2에서 C^{+4}]
③ 화합물에서 구성 원자의 산화수의 총합은 0이다.(분자는 중성이므로)
④ 이온의 가수(價數)는 그 이온의 산화수이다.
　(Ca=+2, Na=+1, K=+1, Ba=+2)
　[보기 : Cu^{+2}에서 Cu=+2, MnO_4^-에서 Mn의 산화수는 $x+(-2\times4)=-1$
　$\therefore x=+7$ 따라서 Mn=+7]

해답 ③

07 먹물에 아교나 젤라틴을 약간 풀어주면 탄소입자가 쉽게 침전되지 않는다. 이때 가해준 아교는 무슨 콜로이드로 작용하는가?

① 서스펜션　　② 소수
③ 복합　　　　④ 보호

해설 소수콜로이드, 친수콜로이드, 보호콜로이드

분류	정 의	보 기
소수콜로이드	• 소량의 전해질에 의하여 엉김이 일어나는 콜로이드 • 주로 무기물의 콜로이드이다.	$Fe(OH)_3$, 점토, 먹물
친수콜로이드	• 소량의 전해질에 엉김이 일어나지 않는 콜로이드 • 주로 유기물의 콜로이드이다.	단백질, 녹말, 비눗물, 젤라틴, 아교, 한천
보호콜로이드	• 소수 콜로이드는 불안정한 것이므로 친수콜로이드를 가하면 안정하게 된다. 여기에 전해질을 가하여도 엉김이 일어나기 힘들다. 이와 같은 작용을 하는 친수 콜로이드	잉크에 아라비아고무, 먹물에 아교

해답 ④

08 황의 산화수가 나머지 셋과 다른 하나는?

① Ag_2S　　　② H_2SO_4
③ SO_4^{2-}　　④ $Fe_2(SO_4)_3$

해설
① Ag_2S에서 Ag의 산화수＝+1
　$(+1\times2)+X=0$　$X(S)=-2$
② H_2SO_4에서 H의 산화수＝+1
　O의 산화수＝-2
　$(+1\times2)+X+(-2\times4)=0$　$X(S)=+6$
③ SO_4^{-2}에서 O의 산화수＝-2
　$X+(-2\times4)=-2$　$X(S)=+6$
④ $Fe_2(SO_4)_3$에서 SO_4의 산화수＝-2
　$X+(-2\times4)=-2$　$X(S)=+6$

해답 ①

09 황산구리 용액에 10A의 전류를 1시간 통하면 구리(원자량=63.54)를 몇 g 석출하겠는가?

① 7.2g　　　② 11.85g
③ 23.7g　　　④ 31.77g

해설
① 황산구리($CuSO_4$)에서 Cu의 원자가＝2가
② 황산구리 수용액에서 전리 : Cu^{+2}, SO_4^{-2}

③ $Cu^{+2} + 2e^- \rightarrow Cu$ (구리 1몰(63.54g)을 석출하는데 2F(패럿)의 전기량이 소요된다)
④ Q(쿠울롬) $= I$(전류)$\times t$(시간)
∴ $Q = 10A \times 3600s = 36000C$
⑤ $2 \times 96500C(2F) \rightarrow 63.54g$
　　$36000C \rightarrow X$
⑥ $X = \dfrac{36000}{2 \times 96500} \times 63.54 = 11.85g$

패러데이(Faraday)의 법칙
① 제1법칙 : 같은 물질에 대하여 전기분해로써 전극에서 일어나는 물질의 양은 통한 전기량에 비례한다.
② 제2법칙 : 일정한 전기량에 의하여 일어나는 화학변화의 양은 그 물질의 화학 당량에 비례한다.

해답 ②

10 H_2O가 H_2S보다 끓는점이 높은 이유는?

① 이온결합을 하고 있기 때문에
② 수소결합을 하고 있기 때문에
③ 공유결합을 하고 있기 때문에
④ 분자량이 적기 때문에

해설 물(H_2O)-극성공유결합, 수소결합
황화수소(H_2S)-공유결합

수소결합
분자 속의 원자와 원자 사이의 결합이 아니라 수소원자와 전기음성도가 큰 플루오린(F), 산소(O), 질소(N)로 된 분자 HF, H_2O, NH_3, 또는 이들 원자가 결합하여 이루어진 원자단을 가진 화합물에서의 분자와 분자 사이의 결합을 말한다.
① 비등점(끓는점)이 높다.
② 증발열이 크다.
③ 얼음의 경우에는 수소결합에 의하여 생긴 그물코 구조로 해서 상당한 공간이 생긴다.

해답 ②

11 황이 산소와 결합하여 SO_2를 만들 때에 대한 설명으로 옳은 것은?

① 황은 환원된다.
② 황은 산화된다.
③ 불가능한 반응이다.
④ 산소는 산화되었다.

해설 황의 연소
$S + O_2 \rightarrow SO_2$
황은 산소와 결합하였으므로 산화되었다.

해답 ②

12 순수한 옥살산($C_2H_2O_4 \cdot 2H_2O$) 결정 6.3g을 물에 녹여서 500mL의 용액을 만들었다. 이 용액의 농도는 몇 M인가?

① 0.1　　② 0.2
③ 0.3　　④ 0.4

해설 ① 옥살산($C_2H_2O_4$)의 분자량 계산
　: $M = 12 \times 2 + 1 \times 2 + 16 \times 4 = 90$
② 옥살산결정($C_2H_2O_4 \cdot 2H_2O$)의 분자량 계산
　: $M = 90 + 36 = 126$
③ 옥살산 결정 6.3g 중 옥살산의 무게 계산
　: $W = 6.3g \times \dfrac{90}{126} = 4.5g$
④ 용액 1L속에 녹아 있는 옥살산 계산
　용액 500mL　→ 옥살산 4.5g이 용해
　용액 1000mL(1L) → 옥살산 Xg 용해
　∴ $X = \dfrac{1000}{500} \times 4.5 = 9g$
⑤ 몰농도
$M = \dfrac{W(\text{용액 1L 속에 용해된 용질무게})}{M(\text{분자량})}$
$= \dfrac{9}{90} = 0.1M(몰)$

용액의 농도
① **중량 퍼센트(%)농도**[%로 표시]
용액 100g 속에 포함된 용질의 g수로 표시한 농도
② **몰농도(molar concentration)**[M으로 표시]
용액 1L 속에 포함된 용질의 몰(mol)수로 표시한 농도
③ **규정농도(normal concentration)**[N으로 표시]
용액 1L 속에 포함된 용질의 g 당량수로 표시한 농도
④ **몰랄농도**[molality]
용매 1kg(1000g)에 녹아 있는 용질의 몰수로 나타낸 농도(mol/kg)

해답 ①

13 실제기체는 어떤 상태일 때 이상기체방정식에 잘 맞는가?

① 온도가 높고 압력이 높을 때
② 온도가 낮고 압력이 낮을 때
③ 온도가 높고 압력이 낮을 때
④ 온도가 낮고 압력이 높을 때

해설 실제기체가 이상기체에 가까우려면 : 온도가 높고 압력이 낮은 경우

이상기체(Ideal gas) 또는 완전기체(perfect gas)
실제로는 존재할 수 없는 기체이며 분자 상호간의 인력도 무시되고 분자가 차지하는 부피도 무시되는 즉 완전탄성체로 가정한 기체

이상기체 또는 완전기체의 성질
① 보일 – 샤를의 법칙을 만족
② 아보가드로의 법칙을 따른다.
③ 분자 상호간의 인력 및 분자가 차지하는 부피는 무시
④ 내부에너지는 체적과 무관하고 오직 온도에 의하여 결정
⑤ 비열비(정압비열(C_P)/정적비열(C_V))는 온도와 무관하며 일정
⑥ 분자간의 충돌은 완전탄성체로 이루어진다.

해답 ③

14 다음 물질 중 이온결합을 하고 있는 것은?

① 얼음   ② 흑연
③ 다이아몬드   ④ 염화나트륨

해설 **이온결합성 물질의 성질**
① 대체로 가전자가 3 이하인 금속원소와 비금속 원소의 결합이다.($Na^+ + Cl^- \rightarrow NaCl$)
② 이온결합 화합물은 분자가 아니라 결정격자로 되어있다.
③ 비등점(끓는점)과 융점(녹는점)이 높다.
④ 결정일 때에는 전기를 안통하나 수용액상태에서는 전기전도성을 갖는다.
⑤ 극성용매에 잘 녹는다.

이온결합 물질
염화나트륨(NaCl)	산화나트륨(Na_2O)
질산나트륨($NaNO_3$)	염화칼륨(KCl)
산화칼슘(CaO)	산화마그네슘(MgO)

해답 ④

15 다음 반응속도식에서 2차 반응인 것은?

① $v = k[A]^{\frac{1}{2}}[B]^{\frac{1}{2}}$ ② $v = k[A][B]$
③ $v = k[A][B]^2$ ④ $v = k[A]^2[B]^2$

해설 ① $m = \frac{1}{2}, n = \frac{1}{2}$
전체 반응차수는 (0.5+0.5)   1차 반응
② $m = 1, n = 1$
전체 반응차수는 (1+1)   2차 반응
③ $m = 1, n = 2$
전체 반응차수는 (1+2)   3차 반응
④ $m = 2, n = 2$
전체 반응차수는 (2+2)   4차 반응

반응속도
$V = k[A]^m[B]^n$

여기서, k : 반응속도상수,
$[A], [B]$: A, B의 몰농도
m, n : 반응차수
→ A에 대하여 m차 반응
→ B에 대하여 n차 반응
→ 전체 반응차수는 $(m+n)$차 반응

해답 ②

16 산(acid)의 성질을 설명한 것 중 틀린 것은?

① 수용액 속에서 H^+를 내는 화합물이다.
② pH값이 작을수록 강산이다.
③ 금속과 반응하여 수소를 발생하는 것이 많다.
④ 붉은색 리트머스 종이를 푸르게 변화시킨다.

해설 **산의 일반적 성질**
① 푸른 리트머스 종이를 붉게 변색 시킨다.
② 수용액에서 H^+ 이온을 내 놓는다.
③ 아연(Zn), 철(Fe) 등과 같은 금속을 넣으면 수소(H_2)가 발생
④ 비금속의 수산화물로서 전해질이다.

산, 염기의 개념정리
정의	산	염기
아레니우스	H^+를 포함한다.	OH^-을 포함한다.
브뢴스테드, 로우리	H^+이온을 낸다.	H^+이온을 받는다.
루이스	전자쌍을 받는다.	전자쌍을 준다.

산	염기
• 푸른 리트머스 종이 → 붉게	• 붉은 리트머스 종이 → 푸르게 • 페놀프탈레인 용액을 붉게 한다.
• 신맛, 전기를 잘 통한다.	• 쓴맛, 전기를 잘 통한다.
• 염기와 작용하여 염과 물을 생성	• 산과 작용하여 염과 물을 생성
• 아연(Zn), 철(Fe) 등과 같은 금속을 넣으면 수소(H_2)가 발생	• 알칼리성이 강한 용액은 피부를 부식한다.

해답 ④

17 다음 화학반응 중 H_2O가 염기로 작용한 것은?

① $CH_3COOH + H_2O \rightarrow CH_3COO^- + H_3O^+$
② $NH_3 + H_2O \rightarrow NH_4^+ + OH^-$
③ $CO_3^{-2} + 2H_2O \rightarrow H_2CO_3 + 2OH^-$
④ $Na_2O + H_2O \rightarrow 2NaOH$

해설 ① $H_2O + H^+ \rightarrow H_3O^+$: H_2O는 양성자 H^+을 받아 → **염기로 작용**
② $H_2O \rightarrow H^+ + OH^-$: H_2O는 양성자 H^+을 방출 → **산으로 작용**
③ $2H_2O \rightarrow 2H^+ + 2OH^-$: H_2O는 양성자 H^+을 방출 → **산으로 작용**
④ H_2O는 염기성산화물(Na_2O)과 작용하여 염기(NaOH)를 생성 → **산으로 작용**

브뢴스테드의 학설
① 산 : 두 가지 물질이 화합하는 경우 **양성자(H^+)를 방출**하는 것
② 염기 : 두 가지 물질이 화합하는 경우 **양성자(H^+)를 받는** 것

해답 ①

18 AgCl의 용해도는 0.0016g/L이다. 이 AgCl의 용해도곱(solubility product)은 약 얼마인가? (단, 원자량은 각각 Ag 108, Cl 35.5이다.)

① 1.24×10^{-10} ② 2.24×10^{-10}
③ 1.12×10^{-5} ④ 4×10^{-4}

해설 용해도적(용해도곱)(solubility product)
물에 녹기 어려운 염 MA를 물에 녹이면 극히 일부분만 녹아 포화용액이 되고 나머지는 침전된다.

이때 녹은 부분은 전부 전리되어 M^+와 A^-로 전리된다.

• MA(고체) ↔ $M^+ + A^-$
• K_{sp}(용해도적) = $[M^+][A^-]$

① AgCl의 분자량 = 108 + 35.5 = 143.5
② 이온의 농도 = $\dfrac{0.0016 g/L}{143.5 g/mol}$
  = 1.1149×10^{-5} mol/L
③ $K_{sp} = [Ag^+][Cl^-]$
  = $[1.1149 \times 10^{-5}][1.1149 \times 10^{-5}]$
  = 1.24×10^{-10}

해답 ①

19 NH_4Cl에서 배위결합을 하고 있는 부분을 옳게 설명한 것은?

① NH_3의 N-H 결합
② NH_3와 H^+과의 결합
③ NH_4^+과 Cl^-과의 결합
④ H^+과 Cl^-과의 결합

해설 염화암모늄이온($[NH_4]^+$) : 한 분자 내에 배위결합과 이온결합을 동시에 가지고 있다.
① **배위결합** : 최외각에 공유되지 않은 전자쌍(비공유전자쌍)을 가진 원자나 분자가 안정한 전자 배열을 취하기 위하여 전자쌍을 필요로 하는 원자 또는 이온과 공유하는 화학결합을 말하며 금속의 착이온은 모두 배위결합이다.
② **공유결합** : 결합하려는 원자들이 각각 전자를 내놓아 전자쌍을 만들고 이를 서로 공유하여 결합하는 것
③ **이온결합** : 양이온과 음이온의 정전기적 인력에 의한 화학결합

암모늄 이온

옥소늄 이온

해답 ②

20 0.1M 아세트산 용액의 해리도를 구하면 약 얼마인가? (단, 아세트산의 해리상수는 1.8×10^{-5}이다.)

① 1.8×10^{-5} ② 1.8×10^{-2}
③ 1.3×10^{-5} ④ 1.3×10^{-2}

해설 ※ 해리도=전리도=이온화도
① 0.1M 농도의 전리도를 α라 가정하면
 $[CH_3COO^-] = [H^+]$ 이므로
② $CH_3COOH \leftrightarrow CH_3COO^- + H^+$
 $0.1(1-\alpha)$ 0.1α 0.1α
③ $K = \dfrac{\alpha^2(0.1)^2}{0.1(1-\alpha)} = 1.8 \times 10^{-5}$
④ α는 극히 작으므로 $1-\alpha \fallingdotseq 1$로 하면
⑤ $\alpha^2 = 1.8 \times 10^{-4}$
⑥ $\alpha = \sqrt{1.8 \times 10^{-4}} = 1.3 \times 10^{-2}$

전리도 $\alpha = \dfrac{\text{이온화된 용질의 몰수}}{\text{용질의 전몰수}}$
$= \dfrac{\text{전리된 분자수}}{\text{전해질의 전분자수}}$

전리도
전해질을 물에 녹였을 때 전리되어 있는 양과 용질 전량에 대한 비율

전리도가 크게 되려면 ★★ 자주출제(필수암기) ★★
① 전해질의 농도를 묽게(연하게) 한다.
② 온도를 높게 한다.
③ 전리도 $\alpha \leq 1$

해답 ④

제2과목 화재예방과 소화방법

21 다음 중 화재 시 다량의 물에 의한 냉각소화가 가장 효과적인 것은?

① 금속의 수소화물
② 알칼리금속과산화물
③ 유기과산화물
④ 금속분

해설

구분	유별	위험성	소화방법
① 금속의 수소화물	제3류	금수성	질식소화
② 알칼리금속 과산화물	제1류	금수성	질식소화
③ 유기과산화물	제5류	자기반응성	냉각소화
④ 금속분	제2류	금수성	질식소화

유기과산화물(제5류위험물)
물과 접촉하여도 안전하여 화재 시 다량의 물로 냉각소화 하는 것이 가장 좋다.

해답 ③

22 위험물안전관리법령상 소화설비의 설치기준에서 제조소등에 전기설비(전기배선, 조명기구 등은 제외)가 설치된 경우에는 해당 장소의 면적 몇 m^2마다 소형수동식소화기를 1개 이상 설치하여야 하는가?

① 50   ② 75
③ 100   ④ 150

해설 **전기설비의 소화설비**
당해 장소의 면적 $100m^2$마다 소형수동식소화기를 1개 이상 설치할 것

소요단위의 계산방법
① 제조소 또는 취급소의 건축물

외벽이 내화구조인 것	외벽이 내화구조가 아닌 것
연면적 $100m^2$를 1소요단위	연면적 $50m^2$를 1소요단위

② 저장소의 건축물

외벽이 내화구조인 것	외벽이 내화구조가 아닌 것
연면적 $150m^2$를 1소요단위	연면적 $75m^2$를 소요단위

③ 위험물은 지정수량의 10배를 1소요단위로 할 것

해답 ③

23 불활성가스소화약제 중 IG-55의 구성성분을 모두 나타낸 것은?

① 질소
② 이산화탄소
③ 질소와 아르곤
④ 질소, 아르곤, 이산화탄소

해설 불활성가스 소화약제

번호	약제명	화 학 식
1	IG-01	Ar
2	IG-100	N_2
3	IG-541	N_2 : 52%, Ar : 40%, CO_2 : 8%
4	IG-55	N_2 : 50%, Ar : 50%

해답 ③

24 수성막포소화약제를 수용성 알코올 화재 시 사용하면 소화효과가 떨어지는 가장 큰 이유는?

① 유독가스가 발생하므로
② 화염의 온도가 높으므로
③ 알코올은 포화 반응하여 가연성 가스를 발생하므로
④ 알코올이 포 속의 물을 탈취하여 포가 파괴되므로

해설 (1) 알코올포 소화약제
수용성 위험물에 **일반 포약제**를 방사하면 포가 소멸하므로(**소포성, 파포현상**) 이를 방지하기 위하여 특별히 제조된 포 약제이다.

(2) 알코올포 적응화재
① 알코올 ② 아세톤
③ 피리딘 ④ 개미산(의산)
⑤ 초산 등 수용성 액체에 적합

해답 ④

25 탄소 1mol이 완전 연소하는데 필요한 최소 이론공기량은 약 몇 L인가? (단, 0℃, 1기압 기준이며, 공기 중 산소의 농도는 21vol%이다.)

① 10.7
② 22.4
③ 107
④ 224

해설 탄소의 완전연소 반응식

C	+	O_2	→	CO_2
1몰(22.4L)		1몰(22.4L)		1몰(22.4L)

$X = \dfrac{22.4}{0.21} ≒ 107L$ (공기 중 산소가 21%인 경우)

해답 ③

26 다음은 제4류 위험물에 해당하는 물품의 소화방법을 설명한 것이다. 소화효과가 가장 떨어지는 것은?

① 산화프로필렌 : 알코올형 포로 질식소화한다.
② 아세톤 : 수성막포를 이용하여 질식소화한다.
③ 이황화탄소 : 탱크 또는 용기 내부에서 연소하고 있는 경우에는 물을 사용하여 질식소화한다.
④ 다이에틸에터 : 이산화탄소소화설비를 이용하여 질식소화한다.

해설 ② 아세톤 : 물에 녹는 수용성이므로 일반포를 사용하면 소포성(포가 소멸되는 성질) 때문에 효과가 없어 특별히 고안된 알코올포를 사용하여야 한다.

알코올포 적응화재
① 알코올 ② 아세톤 ③ 피리딘 ④ 개미산(의산)
⑤ 초산 등 수용성 액체에 적합

해답 ②

27 위험물안전관리법령상 옥내소화전설비의 비상전원은 자가발전설비 또는 축전지설비로 옥내소화전설비를 유효하게 몇 분 이상 작동할 수 있어야 하는가?

① 10분
② 20분
③ 45분
④ 60분

해설 옥내소화전설비의 설치 기준
① 배관은 전용으로 할 것

② 기동표시등은 적색으로 하고 소화전함의 내부 또는 그 직근의 장소에 설치할 것
③ 개폐밸브는 바닥면으로부터 1.5m 이하의 높이에 설치할 것
④ 비상전원은 유효하게 45분 이상 작동시키는 것이 가능할 것
⑤ 축전지설비는 설치된 실의 벽으로부터 0.1m 이상 이격할 것

비상전원 : 1시간(60분)
① 이산화탄소소화설비
② 할로젠화합물소화설비
③ 분말소화설비

해답 ③

28. 위험물안전관리법령상 위험물과 적응성 있는 소화설비가 잘못 짝지어진 것은?

① K – 탄산수소염류 분말소화설비
② $C_2H_5OC_2H_5$ – 불활성가스소화설비
③ Na – 건조사
④ CaC_2 – 물통

해설 탄화칼슘(CaC_2) : 제3류 위험물 중 칼슘탄화물

화학식	분자량	융점	비중
CaC_2	64	2370℃	2.21

① **물과 접촉 시 아세틸렌을 생성**하고 열을 발생시킨다.

$$CaC_2 + 2H_2O \rightarrow Ca(OH)_2 + C_2H_2 \uparrow$$
(수산칼슘) (아세틸렌)

② **아세틸렌의 폭발범위는 2.5~81%**로 대단히 넓어서 폭발위험성이 크다.
③ **장기 보관시 불활성기체**(N_2 등)를 봉입하여 저장한다.
④ 고온(700℃)에서 질화되어 석회질소($CaCN_2$)가 생성된다.

$$CaC_2 + N_2 \rightarrow CaCN_2(석회질소) + C(탄소)$$

⑤ 물 및 포약제에 의한 소화는 절대 금하고 마른 모래 등으로 피복 소화한다.

해답 ④

29. ABC급 화재에 적응성이 있으며 열분해되어 부착성이 좋은 메타인산을 만드는 분말소화약제는?

① 제1종　　② 제2종
③ 제3종　　④ 제4종

해설 제3종 분말(제1인산암모늄) : 열분해 시 발생한 **메타인산**(HPO_3)은 부착성이 매우 강하다.

분말약제의 열분해

종별	약제명	착색	열분해 반응식
제1종	탄산수소나트륨 중탄산나트륨 중조	백색	270℃ $2NaHCO_3$ $\rightarrow Na_2CO_3 + CO_2 + H_2O$ 850℃ $2NaHCO_3$ $\rightarrow Na_2O + 2CO_2 + H_2O$
제2종	탄산수소칼륨 중탄산칼륨	담회색	190℃ $2KHCO_3$ $\rightarrow K_2CO_3 + CO_2 + H_2O$ 590℃ $2KHCO_3$ $\rightarrow K_2O + 2CO_2 + H_2O$
제3종	제1인산암모늄	담홍색	$NH_4H_2PO_4$ $\rightarrow HPO_3 + NH_3 + H_2O$
제4종	중탄산칼륨 + 요소	회(백)색	$2KHCO_3 + (NH_2)_2CO$ $\rightarrow K_2CO_3 + 2NH_3 + 2CO_2$

해답 ③

30. 자연발화가 일어날 수 있는 조건으로 가장 옳은 것은?

① 주위의 온도가 낮을 것
② 표면적이 작을 것
③ 열전도율이 작을 것
④ 발열량이 작을 것

해설 자연발화의 조건, 방지대책, 형태

자연발화의 조건	자연발화 방지대책
주위의 온도가 높을 것	통풍이나 환기 등을 통하여 열의 축적을 방지
표면적이 넓을 것	저장실의 온도를 낮춘다.
열전도율이 적을 것	습도를 낮게 유지
발열량이 클 것	용기 내에 불활성 기체를 주입하여 공기와 접촉방지

자연발화의 형태	
산화열에 의한 자연발화	• 석탄　• 건성유 • 탄소분말　• 금속분 • 기름걸레
분해열에 의한 자연발화	• 셀룰로이드 • 나이트로셀룰로오스 • 나이트로글리세린
흡착열에 의한 자연발화	• 활성탄　• 목탄분말
미생물열에 의한 자연발화	• 퇴비　• 먼지

해답 ③

31 인산염 등을 주성분으로 한 분말소화약제의 착색은?

① 백색 ② 담홍색
③ 검은색 ④ 회색

해설 분말약제의 주성분 및 착색 ★★★★(필수암기)

종별	주성분	약제명	착색	적응화재
제1종	NaHCO₃	탄산수소나트륨 중탄산나트륨 중조	백색	B,C급
제2종	KHCO₃	탄산수소칼륨 중탄산칼륨	담회색	B,C급
제3종	NH₄H₂PO₄	제1인산암모늄	담홍색 (핑크색)	A,B,C급
제4종	KHCO₃ +(NH₂)₂CO	중탄산칼륨 +요소	회색 (쥐색)	B,C급

해답 ②

32 위험물제조소등에 설치하는 포소화설비에 있어서 포헤드 방식의 포헤드는 방호대상물의 표면적(m^2) 얼마 당 1개 이상의 헤드를 설치하여야 하는가?

① 3 ② 6
③ 9 ④ 12

해설 포헤드방식의 포헤드 설치기준
① 방호대상물의 표면적 $9m^2$당 1개 이상의 헤드를 설치할 것
② 방호대상물의 표면적 $1m^2$당의 방사량은 6.5L/min 이상

해답 ③

33 위험물안전관리법령상 이동저장탱크(압력탱크)에 대해 실시하는 수압시험은 용접부에 대한 어떤 시험으로 대신할 수 있는가?

① 비파괴시험과 기밀시험
② 비파괴시험과 충수시험
③ 충수시험과 기밀시험
④ 방폭시험과 충수시험

해설 이동저장탱크의 구조
① 탱크(맨홀 및 주입관의 뚜껑을 포함한다)는 두께 3.2mm 이상의 강철판 또는 이와 동등 이상의 강도·내식성 및 내열성이 있다고 인정하여 소방청장이 정하여 고시하는 재료 및 구조로 위험물이 새지 아니하게 제작할 것
② **압력탱크**(최대상용압력이 46.7kPa 이상인 탱크) 외의 탱크는 70kPa의 압력으로, **압력탱크는 최대상용압력의 1.5배의 압력**으로 각각 10분간의 수압시험을 실시하여 새거나 변형되지 아니할 것. 이 경우 **수압시험은 용접부에 대한 비파괴시험과 기밀시험으로 대신할 수 있다.**

해답 ①

34 다음 [보기]에서 열거한 위험물의 지정수량을 모두 합산한 값은?

[보기] 과아이오딘산, 과아이오딘산염류, 과염소산, 과염소산염류

① 450kg ② 500kg
③ 950kg ④ 1200kg

해설 Q=과아이오딘산(300kg)
　　+과아이오딘산염류(300kg)
　　+과염소산(300kg)+과염소산염류(50kg)
　　=950kg

제1류 위험물의 지정수량

성질	품명	지정수량	위험등급
산화성고체	아염소산염류, 염소산염류, 과염소산염류, 무기과산화물	50kg	I
	브로민산염류, 질산염류, 아이오딘산염류	300kg	II
	과망가니즈산염류, 다이크로뮴산염류	1000kg	III
	행정안전부령이 정하는 것 ① 과아이오딘산염류 ② 과아이오딘산 ③ 크로뮴, 납 또는 아이오딘의 산화물 ④ 아질산염류 ⑤ 염소화아이소시아눌산 ⑥ 퍼옥소이황산염류 ⑦ 퍼옥소붕산염류	300kg	II
	⑧ 차아염소산염류	50kg	I

제6류 위험물의 지정수량

성질	품명	판단기준	지정수량	위험등급

산화성액체	• 과염소산(HClO$_4$)
	• 과산화수소(H$_2$O$_2$)
	• 질산(HNO$_3$)
	• 할로젠간화합물
	  ① 삼불화브로민(BrF$_3$)
	  ② 오불화브로민(BrF$_5$)
	  ③ 오불화아이오딘(IF$_5$)
		
		농도 36중량% 이상
		비중 1.49 이상
		
			300kg	Ⅰ

해답 ③

35 위험물안전관리법령상 옥내소화전설비의 기준으로 옳지 않은 것은?

① 소화전함은 화재발생 시 화재 등에 의한 피해의 우려가 많은 장소에 설치하여야 한다.
② 호스접속구는 바닥으로부터 1.5m 이하의 높이에 설치한다.
③ 가압송수장치의 시동을 알리는 표시등은 적색으로 한다.
④ 별도의 정해진 조건을 충족하는 경우는 가압송수장치의 시동표시등을 설치하지 않을 수 있다.

해설 옥외소화전설비의 기준
(1) 옥외소화전의 개폐밸브 및 호스접속구는 지반면으로부터 **1.5m 이하의 높이**에 설치할 것.
(2) 방수용 기구를 격납하는 함(**옥외소화전함**)은 불연재료로 제작하고 옥외소화전으로부터 **보행거리 5m 이하**의 장소로서 화재 발생시 쉽게 접근 가능하고 화재 등의 피해를 받을 우려가 적은 장소에 설치할 것.
(3) 옥외소화전설비의 설치의 표시는 다음 각 목에 정한 것에 의할 것.
  ① 옥외소화전함에는 그 표면에 "호스격납함"이라고 표시할 것. 다만, 호스접속구 및 개폐밸브를 옥외소화전함의 내부에 설치하는 경우에는 "소화전"이라고 표시할 수도 있다.
  ② 옥외소화전에는 직근의 보기 쉬운 장소에 "소화전"이라고 표시할 것.

(4) 가압송수장치, 시동표시등, 물올림장치, 비상전원, 조작회로의 배선 및 배관 등은 옥내소화전설비의 기준의 예에 준하여 설치할 것. 다만, 자체소방대를 둔 제조소등으로서 옥외소화전함 부근에 설치된 옥외전등에 비상전원이 공급되는 경우에는 옥외소화전함의 적색 표시등을 설치하지 아니할 수 있다.
(5) 옥외소화전설비는 습식으로 하고 동결방지조치를 할 것. 다만, 동결방지조치가 곤란한 경우에는 습식 외의 방식으로 할 수 있다.

해답 ①

36 정전기를 유효하게 제거할 수 있는 설비를 설치하고자 할 때 위험물안전관리법령에서 정한 정전기 제거 방법의 기준으로 옳은 것은?

① 공기 중의 상대습도를 70% 이상으로 하는 방법
② 공기 중의 상대습도를 70% 미만으로 하는 방법
③ 공기 중의 절대습도를 70% 이상으로 하는 방법
④ 공기 중의 절대습도를 70% 미만으로 하는 방법

해설 정전기 방지대책
① 접지
② 공기를 이온화
③ 상대습도 70% 이상 유지
④ 도체 재료를 사용하는 방법
⑤ 유속을 느리게(1m/s 이하) 할 것

해답 ①

37 피리딘 20000리터에 대한 소화설비의 소요단위는?

① 5단위
② 10단위
③ 15단위
④ 100단위

해설 제4류 위험물 및 지정수량

위험물			지정수량(L)
유별	성질	품명	
제4류	인화성 액체	1. 특수인화물	50
		2. 제1석유류 비수용성 액체	200
		수용성 액체	400
		3. 알코올류	400
		4. 제2석유류 비수용성 액체	1,000
		수용성 액체	2,000
		5. 제3석유류 비수용성 액체	2,000
		수용성 액체	4,000
		6. 제4석유류	6,000
		7. 동식물유류	10,000

① 피리딘(C_5H_5N) – 제4류 – 제1석유류
　　　　－수용성 액체－지정수량 400L
② 지정수량의 배수 = $\dfrac{저장수량}{지정수량}$ = $\dfrac{20,000}{400}$
　　　　= 50배
③ 소요단위 = $\dfrac{지정수량의\ 배수}{10}$ = $\dfrac{50}{10}$ = 5단위

해답 ①

38 다음 각 위험물의 저장소에서 화재가 발생하였을 때 물을 사용하여 소화할 수 있는 물질은?

① K_2O_2　　　② CaC_2
③ Al_4C_3　　　④ P_4

해설

화학식	물질명	유별	금수성여부	특성
K_2O_2	과산화칼륨	제1류	금수성	물과 접촉시 산소발생
CaC_2	탄화칼슘(카바이드)	제3류	금수성	물과 접촉시 아세틸렌발생
Al_4C_3	탄화알루미늄	제3류	금수성	물과 접촉시 메탄발생
P_4	황린	제3류	자연발화성	물속에 보관

해답 ④

39 위험물제조소에 옥내소화전 설비를 3개 설치하였다. 수원의 양은 몇 m^3 이상이어야 하는가?

① $7.8m^3$　　　② $9.9m^3$
③ $10.4m^3$　　　④ $23.4m^3$

해설 위험물제조소등의 소화설비 설치기준

소화설비	수평거리	방사량	방사압력
옥내	25m 이하	260(L/min) 이상	350(kPa) 이상
	수원의 양 Q=N(소화전개수 : **최대 5개**) × $7.8m^3$(260L/min × 30min)		
옥외	40m 이하	450(L/min) 이상	350(kPa) 이상
	수원의 양 Q=N(소화전개수 : 최대 4개) × $13.5m^3$(450L/min × 30min)		
스프링클러	1.7m 이하	80(L/min) 이상	100(kPa) 이상
	수원의 양 Q=N(헤드수 : 최대 30개) × $2.4m^3$(80L/min × 30min)		
물분무	–	20 (L/m² · min)	350(kPa) 이상
	수원의 양 Q=A(바닥면적m²) × $0.6m^3$(20L/m² · min × 30min)		

옥내소화전설비의 수원의 양
Q = N(소화전개수 : 최대 5개) × $7.8m^3$
　= 3 × 7.8 = $23.4m^3$

해답 ④

40 위험물안전관리법령상 제6류 위험물에 적응성이 있는 소화설비는?

① 옥내소화전설비
② 불활성가스소화설비
③ 할로젠화합물소화설비
④ 탄산수소염류 분말소화설비

해설 제6류 위험물의 공통적인 성질
① 자신은 불연성이고 산소를 함유한 강산화제이다.
② 분해에 의한 산소발생으로 다른 물질의 연소를 돕는다.
③ 액체의 비중은 1보다 크고 물에 잘 녹는다.
④ 물과 접촉 시 발열한다.
⑤ 증기는 유독하고 부식성이 강하다.
⑥ **다량의 물로 주수소화**가 적합하다.

해답 ①

제3과목 위험물의 성질과 취급

41 제5류 위험물 중 상온(25℃)에서 동일한 물리적 상태(고체, 액체, 기체)로 존재하는 것으로만 나열된 것은?

① 나이트로글리세린, 나이트로셀룰로오스
② 질산메틸, 나이트로글리세린
③ 트라이나이트로톨루엔, 질산메틸
④ 나이트로글리콜, 트라이나이트로톨루엔

해설 상온(25℃)에서 물리적 상태
① 나이트로글리세린(액체),
   나이트로셀룰로오스(고체)
② 질산메틸(액체), 나이트로글리세린(액체)
③ 트라이나이트로톨루엔(고체), 질산메틸(액체)
④ 나이트로글리콜(액체),
   트라이나이트로톨루엔(고체)

해답 ②

42 위험물안전관리법령상 주유취급소에서의 위험물 취급기준에 따르면 자동차 등에 인화점 몇 ℃ 미만의 위험물을 주유할 때에는 자동차 등의 원동기를 정지시켜야 하는가? (단, 원칙적인 경우에 한한다.)

① 21   ② 25
③ 40   ④ 80

해설 주유취급소에서의 취급기준
① 자동차 등에 주유할 때에는 고정주유설비를 사용하여 직접 주유할 것(중요기준)
② 자동차 등에 **인화점 40℃ 미만의 위험물을 주유할 때에는 자동차 등의 원동기를 정지시킬 것**
③ 이동저장탱크에 급유할 때에는 고정급유설비를 사용하여 직접 급유할 것
④ 자동차 등에 주유할 때에는 **고정주유설비 또는 고정주유설비에 접속된 탱크의 주입구로부터 4m 이내의 부분**에, 이동저장탱크로부터 전용탱크에 위험물을 주입할 때에는 **전용탱크의 주입구로부터 3m 이내의 부분 및 전용탱크 통기관의 끝부분으로부터 수평거리 1.5m 이내의 부분**에 있어서는 다른 자동차 등의 주차를 금지

하고 자동차 등의 점검·정비 또는 세정을 하지 아니할 것

해답 ③

43 연소시에는 푸른 불꽃을 내며, 산화제와 혼합되어 있을 때 가열이나 충격 등에 의하여 폭발할 수 있으며 흑색화약의 원료로 사용되는 물질은?

① 적린   ② 마그네슘
③ 황   ④ 아연분

해설 황(S)-제2류-가연성고체
① 흑색화약의 원료로 사용된다.
② 물에 녹지 않고 이황화탄소(CS_2)에는 잘 녹는다.
③ 공기 중에서 **연소 시 푸른 불꽃**을 내며 이산화황이 생성된다.
$$S + O_2 \rightarrow SO_2 \text{ (이산화황 또는 아황산가스)}$$
④ **분진폭발**의 위험성이 있고 산화제와 혼합되어 있을 때 가열, 충격, 마찰에 의하여 폭발위험성이 있다.

해답 ③

44 고체위험물은 운반용기 내용적의 몇 % 이하의 수납율로 수납하여야 하는가?

① 90   ② 95
③ 98   ④ 99

해설 위험물의 적재방법
위험물은 운반용기에 다음 각목의 기준에 따라 수납하여 적재하여야 한다. 다만, **덩어리 상태의 황을 운반하기 위하여 적재하는 경우 또는 위험물을 동일구내에 있는 제조소등의 상호간에 운반하기 위하여 적재하는 경우에는 그러하지 아니하다**(중요기준).
① 고체위험물은 운반용기 내용적 95% 이하의 수납율로 수납할 것
② 액체위험물은 운반용기 내용적의 98% 이하의 수납율로 수납하되, 55도의 온도에서 누설되지 아니하도록 충분한 공간용적을 유지하도록 할 것
③ 제3류 위험물은 다음의 기준에 따라 운반용기

에 수납할 것
㉠ 자연발화성물질에 있어서는 불활성 기체를 봉입하여 밀봉하는 등 공기와 접하지 아니 하도록 할 것
㉡ 자연발화성물질외의 물품에 있어서는 파라핀·경유·등유 등의 보호액으로 채워 밀봉하거나 불활성 기체를 봉입하여 밀봉하는 등 수분과 접하지 아니하도록 할 것
㉢ 자연발화성물질 중 알킬알루미늄 등은 운반용기의 내용적의 90% 이하의 수납율로 수납하되, 50℃의 온도에서 5% 이상의 공간용적을 유지하도록 할 것

해답 ②

45 과산화수소의 성질에 대한 설명 중 틀린 것은?

① 에터에 녹지 않으며, 벤젠에 녹는다.
② 산화제이지만 환원제로서 작용하는 경우도 있다.
③ 물보다 무겁다.
④ 분해방지 안정제로 인산, 요산 등을 사용할 수 있다.

해설 과산화수소(H_2O_2)-제6류 위험물

화학식	분자량	비중	비점	융점
H_2O_2	34	1.463	150.2℃(pure)	-0.43℃(pure)

① 물, 에탄올, 에터에 잘 녹으며 벤젠에 녹지 않는다.
② 분해 시 발생기 산소(O)를 발생시킨다.
③ 분해안정제로 인산(H_3PO_4) 또는 요산($C_5H_4N_4O_3$)을 첨가한다.
④ 저장용기는 밀폐하지 말고 **구멍이 있는 마개를 사용**한다.
⑤ 하이드라진($NH_2 \cdot NH_2$)과 접촉 시 분해 작용으로 폭발위험이 있다.
$$NH_2 \cdot NH_2 + 2H_2O_2 \rightarrow 4H_2O + N_2 \uparrow$$
⑥ 아이오딘화칼륨이나 이산화망가니즈(MnO_2)를 촉매로 하면 분해가 빠르다.
과산화수소는 36%(중량) 이상만 위험물에 해당된다.

해답 ①

46 염소산칼륨이 고온에서 완전 열분해할 때 주로 생성되는 물질은?

① 칼륨과 물 및 산소
② 염화칼륨과 산소
③ 이염화칼륨과 수소
④ 칼륨과 물

해설 염소산칼륨($KClO_3$) : 제1류 위험물(산화성고체) 중 **염소산염류**

화학식	분자량	물리적 상태	색상	분해온도
$KClO_3$	122.5	고체	무색	400℃

① 무색 또는 **백색분말**이며 산화력이 강하다.
② 이산화망가니즈(MnO_2)와 접촉 시 분해가 촉진되어 산소를 방출한다.
③ 온수, 글리세린에 잘 녹으며 냉수, 알코올에는 용해하기 어렵다
④ 완전 열분해되어 **염화칼륨과 산소를 방출**
$$2KClO_3 \rightarrow 2KCl + 3O_2 \uparrow$$
(염소산칼륨) (염화칼륨) (산소)

해답 ②

47 황린이 연소할 때 발생하는 가스와 수산화나트륨 수용액과 반응하였을 때 발생하는 가스를 차례대로 나타낸 것은?

① 오산화인, 인화수소
② 인화수소, 오산화인
③ 황화수소, 수소
④ 수소, 황화수소

해설 ① 황린의 연소
$$P_4 + 5O_2 \rightarrow 2P_2O_5 (오산화인)$$
② 황린과 수산화나트륨 수용액의 반응
$$P_4 + 3NaOH + 3H_2O \rightarrow 3NaH_2PO_2 + PH_3$$
(인화수소, 포스핀)

해답 ①

48 P_4S_7에 고온의 물을 가하면 분해된다. 이때 주로 발생하는 유독물질의 명칭은?

① 아황산
② 황화수소
③ 인화수소
④ 오산화린

해설 황화인(제2류 위험물) : 황과 인의 화합물
① 삼황화인(P_4S_3)
㉠ 황색결정으로 물, 염산, 황산에 녹지 않으며

질산, 알칼리, 이황화탄소에 녹는다.
ⓒ 연소하면 오산화인과 이산화황이 생긴다.

$$P_4S_3 + 8O_2 \rightarrow 2P_2O_5 + 3SO_2\uparrow$$
(오산화인) (이산화황)

② **오황화인**(P_2S_5)
㉠ 비중 2.09, 녹는점 290℃, 끓는점 514℃
ⓒ 담황색 결정이고 **조해성**이 있다.
ⓒ 수분을 흡수하면 분해된다.
㉣ 이황화탄소(CS_2)에 잘 녹는다.
㉤ 물, 알칼리와 반응하여 인산과 황화수소를 발생한다.

$$P_2S_5 + 8H_2O \rightarrow 2H_3PO_4 + 5H_2S\uparrow$$
(인산) (황화수소)

③ **칠황화인**(P_4S_7)
㉠ 담황색 결정이고 **조해성**이 있다.
ⓒ 수분을 흡수하면 분해된다.
ⓒ 이황화탄소(CS_2)에 약간 녹는다.
㉣ 냉수에는 서서히 분해가 되고 더운물에는 급격히 분해된다.

$$P_4S_7 + 13H_2O \rightarrow 3H_3PO_3 + 7H_2S + H_3PO_4$$
(아인산) (황화수소) (인산)

해답 ②

49 다음 중 자연발화의 위험성이 제일 높은 것은?

① 야자유 ② 올리브유
③ 아마인유 ④ 피마자유

해설 ③ 아마인유는 섬유 등에 흡수되어 있으면 산화열이 축적되어 자연발화의 위험이 있다.

동식물유류 : 제4류 위험물
동물의 지육 또는 식물의 종자나 과육으로부터 추출한 것으로 1기압에서 인화점이 250℃ 미만인 것

아이오딘값에 따른 동식물유류의 분류

구 분	아이오딘값	종 류
건성유	130 이상	해바라기기름, **동유**(오동기름), 정어리기름, **아마인유**, 들기름
반건성유	100~130	채종유, 쌀겨기름, 참기름, 면실유, 옥수수기름, 청어기름, 콩기름
불건성유	100 이하	**야자유**, 팜유, 올리브유, 피마자기름, 낙화생기름, 돈지, 우지, 고래기름

아이오딘값의 정의
옥소가(沃素價)라고도 하며 100g의 유지에 의해서 흡수되는 아이오딘의 g수

해답 ③

50 아세톤과 아세트알데하이드에 대한 설명으로 옳은 것은?

① 증기비중은 아세톤이 아세트알데하이드보다 작다.
② 위험물안전관리법령상 품명은 서로 다르지만 지정수량은 같다.
③ 인화점과 발화점 모두 아세트알데하이드가 아세톤보다 낮다.
④ 아세톤의 비중은 물보다 작지만, 아세트알데하이드는 물보다 크다.

해설

구 분	아세톤 (CH_3COCH_3)	아세트알데하이드 (CH_3CHO)
증기비중	58/29=2.00	44/29=1.52
품명	제4류-제1석유류	제4류-특수인화물
인화점	-18℃	-38℃
발화점	538℃	185℃
비중(액체)	0.79	0.78

해답 ③

51 위험물안전관리법령상 위험물의 운반에 관한 기준에서 적재하는 위험물의 성질에 따라 직사일광으로부터 보호하기 위하여 차광성 있는 피복으로 가려야 하는 위험물은?

① S ② Mg
③ C_6H_6 ④ $HClO_4$

해설

구분	물질명	유별	성질
S	황	제2류	가연성고체
Mg	마그네슘	제2류	금수성물질
C_6H_6	벤젠	제4류 1석유류	인화성액체
$HClO_4$	과염소산	제6류	산화성액체

적재위험물의 성질에 따른 조치
(1) **차광성**이 있는 피복으로 가려야하는 위험물
 ① 제1류 위험물
 ② 제3류위험물 중 자연발화성물질

③ 제4류 위험물 중 특수인화물
④ 제5류 위험물
⑤ 제6류 위험물
(2) 방수성이 있는 피복으로 덮어야 하는 것
① 제1류 위험물 중 알칼리금속의 과산화물
② **제2류 위험물 중 철분·금속분·마그네슘** 또는 이들 중 어느 하나 이상을 함유한 것
③ 제3류 위험물 중 금수성 물질

해답 ④

52 위험물안전관리법령상 지정수량의 10배를 초과하는 위험물을 취급하는 제조소에 확보하여야 하는 보유공지의 너비의 기준은?

① 1m 이상　　② 3m 이상
③ 5m 이상　　④ 7m 이상

해설 위험물 제조소의 보유공지

취급 위험물의 최대수량	공지의 너비
지정수량의 10배 미만	3m 이상
지정수량의 10배 이상	5m 이상

해답 ③

53 제4류 위험물의 일반적인 성질에 대한 설명 중 거리가 먼 것은?

① 인화되기 쉽다.
② 인화점, 발화점이 낮은 것은 위험하다.
③ 증기는 대부분 공기보다 가볍다.
④ 액체비중은 대체로 물보다 가볍고 물에 녹기 어려운 것이 많다.

해설 ③ 가볍다. → 무겁다.

제4류 위험물의 공통적 성질
① 대단히 인화되기 쉬운 인화성액체이다.
② 증기는 공기보다 무겁다.(증기비중 = 분자량/공기평균분자량(28.84))
③ 증기는 공기와 약간 혼합되어도 연소한다.
④ 일반적으로 액체비중은 물보다 가볍고 물에 잘 안 녹는다.
⑤ 착화온도가 낮은 것은 매우 위험하다.
⑥ 연소하한이 낮고 정전기에 폭발우려가 있다.
⑦ 제1석유류~제4석유류는 인화점으로 구분한다.

해답 ③

54 과산화칼륨에 대한 설명으로 옳지 않은 것은?

① 염산과 반응하여 과산화수소를 생성한다.
② 탄산가스와 반응하여 산소를 생성한다.
③ 물과 반응하여 수소를 생성한다.
④ 물과의 접촉을 피하고 밀전하여 저장한다.

해설 ③ 수소 → 산소

과산화칼륨(K_2O_2)
: 제1류 위험물 중 무기과산화물

화학식	분자량	비중	분해온도
K_2O_2	110	2.9	490℃

① 무색 또는 오렌지색 분말상태
② 상온에서 물과 격렬히 반응하여 산소(O_2)를 방출하고 폭발하기도 한다.
$2K_2O_2 + 2H_2O \rightarrow 4KOH + O_2 \uparrow$
③ 공기 중 **이산화탄소**(CO_2)와 반응하여 산소(O_2)를 방출한다.
$2K_2O_2 + 2CO_2 \rightarrow 2K_2CO_3 + O_2 \uparrow$
④ 산과 반응하여 과산화수소(H_2O_2)를 생성시킨다.
$K_2O_2 + 2CH_3COOH \rightarrow 2CH_3COOK + H_2O_2 \uparrow$
⑤ 열분해시 산소(O_2)를 방출한다.
$2K_2O_2 \rightarrow 2K_2O + O_2 \uparrow$
⑥ 주수소화는 금물이고 마른모래(건조사)등으로 소화한다.

해답 ③

55 다음 중 특수인화물이 아닌 것은?

① CS_2　　② $C_2H_5OC_2H_5$
③ CH_3CHO　　④ HCN

해설

구분	물질명	유별
CS_2	이황화탄소	제4류 특수인화물
$C_2H_5OC_2H_5$	다이에틸에터	제4류 특수인화물
CH_3CHO	아세트알데하이드	제4류 특수인화물
HCN	사이안화수소	제4류 제1석유류

해답 ④

56 위험물을 저장 또는 취급하는 탱크의 용량은?

① 탱크의 내용적에서 공간용적을 뺀 용적으

로 한다.
② 탱크의 내용적으로 한다.
③ 탱크의 공간용적으로 한다.
④ 탱크의 내용적에 공간용적을 더한 용적으로 한다.

해설 (1) 탱크 용적의 산정 기준
탱크의 용량 = 탱크의 내용적 - 공간용적
(2) 암반탱크의 공간용적
암반탱크에 있어서는 당해 탱크내에 용출하는 7일간의 지하수의 양에 상당하는 용적과 당해 탱크의 내용적의 100분의 1의 용적 중에서 보다 **큰 용적을 공간용적**으로 한다.

해답 ①

57 위험물안전관리법령상 $C_6H_2(NO_2)_3OH$의 품명에 해당하는 것은?

① 유기과산화물 ② 질산에스터류
③ 나이트로화합물 ④ 아조화합물

해설 피크르산[$C_6H_2(NO_2)_3OH$](TNP : Tri Nitro Phenol)
: 제5류 위험물 중 나이트로화합물

분자량	비중	비점	융점	인화점	착화점
229	1.8	255℃	122℃	150℃	300℃

① 페놀에 황산을 작용시켜 다시 진한 질산으로 나이트로화 하여 만든 노란색 결정
② **휘황색의 침상결정**이며 냉수에는 약간 녹고 더운물, 알코올, 벤젠 등에 잘 녹는다.
③ 쓴맛과 독성이 있으며 **비중이 약 1.8이며 물보다 무겁다**.
④ 트라이나이트로페놀(Tri Nitro phenol)의 약자로 TNP라고도 한다.
⑤ 단독으로 타격, 마찰에 비교적 둔감하다.
⑥ 화약, 불꽃놀이에 이용된다.

피크르산(트라이나이트로페놀)의 구조식

피크르산의 열분해 반응식
$2C_6H_2OH(NO_2)_3$
$\rightarrow 2C + 3N_2\uparrow + 3H_2\uparrow + 4CO_2\uparrow + 6CO\uparrow$

해답 ③

58 다음과 같은 성질을 갖는 위험물로 예상할 수 있는 것은?

- 지정수량 : 400L • 증기비중 : 2.07
- 인화점 : 12℃ • 녹는점 : -89.5℃

① 메탄올
② 벤젠
③ 아이소프로필알코올
④ 휘발유

해설 아이소프로필알코올-제4류-알코올류

화학식	분자량	비중(액체)	증기비중
C_3H_7OH	60	0.789	2.07
인화점	녹는점	착화점	연소범위
12℃	-89.5℃	460℃	2.6~13.5%

① 무색투명한 액체이다.
② 물과는 임의의 비율로 아주 잘 섞이며 알코올, 에터, 벤젠 등 유기용제에 잘 녹는다.
③ **산화하면 아세톤**이 되며 탈수하면 프로필렌이 된다.
④ 화재 시 **알코올포**를 방사하여 질식 및 냉각 소화한다.

해답 ③

59 $C_2H_5OC_2H_5$의 성질 중 틀린 것은?

① 전기 양도체이다.
② 물에는 잘 녹지 않는다.
③ 유동성의 액체로 휘발성이 크다.
④ 공기 중 장시간 방치 시 폭발성 과산화물을 생성할 수 있다.

해설 ① 전기의 양도체이다. → 전기의 부도체이다.

다이에틸에터($C_2H_5OC_2H_5$)**-제4류-특수인화물**

분자량	비중	비점	인화점	착화점	연소범위
74.12	0.72	34℃	-40℃	180℃	1.7~48%

① 알코올에는 녹지만 물에는 녹지 않는다.
② 직사광선에 장시간 노출 시 과산화물 생성

과산화물 생성 확인방법
다이에틸에터+KI용액(10%) → 황색변화(1분 이내)

③ 용기는 갈색병을 사용하며 냉암소에 보관
④ 정전기 방지를 위하여 약간의 $CaCl_2$를 넣어준다.
⑤ 폭발성의 과산화물 생성방지를 위해 용기 내에 40mesh 구리 망을 넣어준다.

다이에틸에터 제조방법

$$C_2H_5OH + C_2H_5OH \xrightarrow{C-H_2SO_4} C_2H_5OC_2H_5 + H_2O$$

해답 ①

60. 금속칼륨에 관한 설명 중 틀린 것은?

① 연해서 칼로 자를 수가 있다.
② 물속에 넣을 때 서서히 녹아 탄산칼륨이 된다.
③ 공기 중에서 빠르게 산화하여 피막을 형성하고 광택을 잃는다.
④ 등유, 경유 등의 보호액 속에 저장한다.

해설 칼륨(K) : 제3류 위험물 중 금수성 물질

화학식	원자량	비점	융점	비중	불꽃색상
K	39	762℃	63.5℃	0.86	보라색

① 은백색의 금속이며 가열시 보라색 불꽃을 내면서 연소한다.
② 물과 반응하여 수소 및 열을 발생한다.(금수성 물질)

$$2K + 2H_2O \rightarrow 2KOH(수산화칼륨) + H_2\uparrow(수소)$$

③ 보호액으로 파라핀, 경유, 등유를 사용한다.
④ 피부와 접촉시 화상을 입는다.
⑤ 마른모래 등으로 질식소화한다.
⑥ 화학적으로 활성이 대단히 크고 알코올과 반응하여 수소를 발생시킨다.

$$2K + 2C_2H_5OH \rightarrow 2C_2H_5OK + H_2\uparrow$$
　　　(에틸알코올)　(칼륨에틸라이트)

해답 ②

위험물산업기사

2019년 9월 21일 시행

제1과목 일반화학

01 n그램(g)의 금속을 묽은 염산에 완전히 녹였더니 m몰의 수소가 발생하였다. 이 금속의 원자가를 2가로 하면 이 금속의 원자량은?

① $\dfrac{n}{m}$ ② $\dfrac{2n}{m}$

③ $\dfrac{n}{2m}$ ④ $\dfrac{2m}{n}$

해설
① 수소 11.2L, 즉 $\dfrac{1}{2}$몰 발생시키는데 요하는 금속의 양이 이 금속의 1g당량이다

② 이 금속의 당량 X는 $n : m = X : \dfrac{1}{2}$

$$X = \dfrac{n}{2m}$$

③ 원자량은 $\dfrac{n}{2m} \times 2 = \dfrac{n}{m}$

> (1) 당량 : 수소 1량(무게) 또는 산소8량(무게)과 결합 또는 치환하는 양
> (2) g당량 : 수소 1.008g(11.2L) 또는 산소 8g(5.6L)과 결합 또는 치환하는 양
> (3) 당량 = $\dfrac{원자량}{원자가}$

해답 ①

02 질산나트륨의 물 100g에 대한 용해도는 80℃에서 148g, 20℃에서 88g이다. 80℃의 포화용액 100g을 70g으로 농축시켜서 20℃로 냉각시키면 약 몇 g의 질산나트륨이 석출되는가?

① 29.4   ② 40.3

③ 50.6   ④ 59.7

해설 용해도의 정의
① 용매 100g에 용해하는 용질의 최대량을 g수로 표시한 것

② 용해도 = $\dfrac{용질의\ g수}{용매의\ g수} \times 100$

(용해도는 단위가 없는 무차원이다)

③ 80℃의 질산나트륨 포화용액 100g 중 질산나트륨의 무게는 80℃에서 용매(물)100g → 용질(질산나트륨)148g ⇒ 용액(용매+용질) 248g
• 80℃의 포화용액 100g 중 질산나트륨 무게
   $= \dfrac{148}{248} \times 100 = 59.68g$

④ 80℃의 포화용액 100g 중 물의 무게
   $= 100 - 59.68 = 40.32g$

⑤ 증발된 물의 무게 $= 100 - 70 = 30g$

⑥ 남아있는 물의 무게 $= 40.32 - 30 = 10.32g$

⑦ 20℃에서 질산나트륨의 용해도
   $88 = \dfrac{X}{10.32} \times 100$
   $X = \dfrac{88 \times 10.32}{100} = 9.08g$
   (녹을 수 있는 용질의 무게)

⑧ 20℃에서 석출되는 질산나트륨의 무게
   $= 59.68 - 9.08 = 50.6g$

해답 ③

03 다음과 같은 경향성을 나타내지 않는 것은?

| Li < Na < K |

① 원자번호
② 원자반지름
③ 제1차 이온화에너지
④ 전자수

제 2 부 최근 기출문제 – 필기

해설

원소기호	원소이름	원자번호	족
Li	리튬	3	1족
Na	나트륨	11	1족
K	칼륨	19	1족

① 원자번호크기 : Li(3)<Na(11)<K(19)
② 원자반지름의 크기 : 같은 족에서는 아래로 갈수록 커진다.
   Li(2주기)<Na(3주기)<Na(4주기)
③ 제1차 이온화 에너지(kcal/mol)
   ㉠ 같은 족 : 원자번호가 증가할수록 작아진다.
       K(100.0)<Na(118.4)<Li(134.3)
   ㉡ 같은 주기 : 원자번호가 증가할수록 커진다.
④ 전자수(원자번호=양성자수)
   : Li(3)<Na(11)<K(19)

해답 ③

04 금속은 열, 전기를 잘 전도한다. 이와 같은 물리적 특성을 갖는 가장 큰 이유는?

① 금속의 원자 반지름이 크다.
② 자유전자를 가지고 있다.
③ 비중이 대단히 크다.
④ 이온화 에너지가 매우 크다.

해설 금속의 일반적 성질
① 비중이 일반적으로 크다.
② 열이나 전기를 잘 전도 한다.
③ 금속이 열과 전기를 잘 전도하는 것은 금속결정 속의 자유전자의 이동 때문이다.
④ 금속은 뽑힘성과 퍼짐성을 가지고 있다.
⑤ 수은을 제외한 금속은 상온에서 고체이다.

해답 ②

05 어떤 원자핵에서 양성자의 수가 3이고, 중성자의 수가 2일 때 질량수는 얼마인가?

① 1   ② 3
③ 5   ④ 7

해설 원자핵 속에 포함된 양성자 수를 원자번호라 한다.

원자번호
=원자핵의 양하전량=양성자수=전자수(중성 원자)

원자를 구성하는 입자
① 원자핵(+)=양성자(+)+중성자(+)
② 전자(−)

질량수=양성자수(원자번호)+중성자수
∴ 질량수=3+2=5

해답 ③

06 상온에서 1L의 순수한 물에는 $[H^+]$과 $[OH^-]$는 각각 몇 g 존재하는가?(단, H의 원자량은 1.008×10^{-7} g/mol이다.)

① 1.008×10^{-7}, 17.008×10^{-7}
② $1000 \times \dfrac{1}{18}$, $1000 \times \dfrac{17}{18}$
③ 18.016×10^{-7}, 18.016×10^{-7}
④ 1.008×10^{-14}, 17.008×10^{-14}

해설 ① 물의 전리 : $H_2O \leftrightarrow H^+ + OH^-$
② 물의 이온적 : $[H^+][OH^-] = 10^{-14}$ (g이온/L)² (25℃)
③ ∴ $[H^+] = 1.008 \times 10^{-7}$ g/L
④ ∴ $[OH^-] = 17.008 \times 10^{-7}$ g/L

이온적
• $[H^+][OH^-] = 10^{-14}$ (g이온/L)² ······(25℃)
• $[H^+] = [OH^-]$
• $[H^+] = 10^{-7}$ g이온/L $= [OH^-]$

해답 ①

07 프로판 1kg을 완전연소시키기 위해 표준상태의 산소가 약 몇 m³이 필요한가?

① 2.55   ② 5
③ 7.55   ④ 10

해설 프로판의 완전연소 반응식

$C_3H_8 + 5O_2 \rightarrow 3CO_2 + 4H_2O$
44kg 5×22.4m³

① 44kg → 5×22.4m³
   1kg → X
② $X = \dfrac{1 \times 5 \times 22.4}{44}$
   ≒ 2.55m³ (산소농도가 100%일 때)

해답 ①

08 다음의 염을 물에 녹일 때 염기성을 띠는 것은?

① Na_2CO_3 ② $NaCl$
③ NH_4Cl ④ $(NH_4)_2SO_4$

해설
① Na_2CO_3(탄산나트륨)-염기성염
② $NaCl$(염화나트륨)-중성염(정염)
③ NH_4Cl(염화암모늄)-산성염
④ $(NH_4)_2SO_4$(황산암모늄)-중성염(정염)

염의 종류

구분	개요	종류
산성염	수소(H)의 일부가 금속으로 치환된 염	• NH_4Cl • $NaHSO_4$ • $NaHCO_3$ • Na_2SO_4
염기성염	수산화물이 포함된 염으로 대부분 불용성	• CH_3COONa • $MgCl_2$ • $Ca(OH)Cl$ • Na_2CO_3
중성염 (정염)	수소원자가 전부 금속으로 치환된 염	• $(NH_4)_2SO_4$ • $NaCl$ • $BaSO_4$ • KNO_3
복염	두 종류 이상의 염으로 된 것	$KAl(SO_4)_3 \cdot 12H_2O$
착염	착이온을 포함하는 염	$KAg(CN)_2$

해답 ①

09 콜로이드 용액을 친수콜로이드와 소수콜로이드로 구분할 때 소수콜로이드에 해당하는 것은?

① 녹말   ② 아교
③ 단백질   ④ 수산화철

해설 소수콜로이드, 친수콜로이드, 보호콜로이드

분류	정의	보기
소수 콜로 이드	• 소량의 전해질에 의하여 엉김이 일어나는 콜로이드 • 주로 무기물의 콜로이드이다.	$Fe(OH)_3$, 점토, 먹물
친수 콜로 이드	• 소량의 전해질에 엉김이 일어나지 않는 콜로이드 • 주로 유기물의 콜로이드이다.	단백질, 녹말, 비눗물, 젤라틴, 아교, 한천
보호 콜로 이드	• 소수 콜로이드는 불안정한 것이므로 친수콜로이드를 가하면 안정하게 된다. 여기에 전해질을 가하여도 엉김이 일어나기 힘들다. 이와 같은 작용을 하는 친수콜로이드	잉크에 아라비아고무, 먹물에 아교

에멀전과 서스펜션
① 에멀전(emulsion) : 우유와 같이 액체가 분산되어 있는 것
② 서스펜션(suspension) : 흙탕물과 같이 고체가 분산되어 있는 것

졸과 겔
① 졸(sol) : 보통의 콜로이드 용액
② 겔(gel) : 반고체
  [한천(우뭇가사리), 젤리, 두부, 버터]

해답 ④

10 기하이성질체 때문에 극성 분자와 비극성 분자를 가질 수 있는 것은?

① C_2H_4 ② C_2H_3Cl
③ $C_2H_2Cl_2$ ④ C_2HCl_3

해설 기하 이성질체
① 이중 결합의 부분에 결합하는 치환기의 배치의 차이에 따라 생기는 이성질체
② 이중 결합을 가지는 탄소 화합물(또는 착이온)에서는 흔히 시스(cis)형과 트랜스(trans)형의 두 가지 기하 이성질체를 갖는다.

기하 이성질체
① cis-다이클로로에틸렌과 trans-다이클로로에틸렌)
  ★다이클로로에텐 = 다이클로로에틸렌
② cis-2-부텐과 trans-2-부텐
③ 말레산과 푸마르산

[cis-1,2-dichloroethene]   [trans-1,2-dichloroethene]

해답 ③

11 메탄에 염소를 작용시켜 클로로포름을 만드는 반응을 무엇이라 하는가?

① 중화반응   ② 부가반응
③ 치환반응   ④ 환원반응

해설 치환반응
분자 내의 어떤 원자나 원자단이 다른 원자나 원자단으로 치환되는 화학반응

- $CH_4 + Cl_2 \rightarrow HCl + CH_3Cl$(염화메틸)
- $CH_3Cl + Cl_2 \rightarrow HCl + CH_2Cl_2$(염화에틸렌)
- $CH_2Cl_2 + Cl_2 \rightarrow HCl + CHCl_3$(클로로포름)
- $CHCl_3 + Cl_2 \rightarrow HCl + CCl_4$(사염화탄소)

해답 ③

12 제3주기에서 음이온이 되기 쉬운 경향성은?
(단, 0족(18족)기체는 제외한다.)

① 금속성이 큰 것
② 원자의 반지름이 큰 것
③ 최외각 전자수가 많은 것
④ 염기성 산화물을 만들기 쉬운 것

해설 양이온과 음이온의 경향성

구분	특징
양이온이 되기 쉬운 원소(금속)	• 최외각 전자수가 적은 것 • 금속성이 강한 것 • 원자의 반지름이 큰 것 • 이온화 에너지 값이 작은 원소 • 염기성산화물을 만들기 쉬운 것
음이온이 되기 쉬운 원소(비금속)	• 최외각 전자수가 많은 것 • 비금속성이 강한 것 • 원자의 반지름이 작은 것 • 이온화 에너지 값이 큰 원소

해답 ③

13 황산구리(Ⅱ) 수용액을 전기분해할 때 63.5g의 구리를 석출시키는데 필요한 전기량은 몇 F 인가? (단, Cu의 원자량은 63.5 이다.)

① 0.635F   ② 1F
③ 2F   ④ 63.5F

해설
① 황산구리($CuSO_4$)에서 Cu의 원자가 = 2가
② 황산구리 수용액에서 전리 : Cu^{+2}, SO_4^{-2}
③ $Cu^{+2} + 2e^- \rightarrow Cu$(구리 1몰(63.5g)을 석출 하는데 2F(패럿)의 전기량이 소요된다.)

패러데이(Faraday)의 법칙
① 제1법칙 : 같은 물질에 대하여 전기분해로써 전극에서 일어나는 물질의 양은 통한 전기량에 비례한다.
② 제2법칙 : 일정한 전기량에 의하여 일어나는 화학변화의 양은 그 물질의 화학 당량에 비례한다.

해답 ③

14 수성가스(water gas)의 주성분을 옳게 나타낸 것은?

① CO_2, CH_4 ② CO, H_2
③ CO_2, H_2, O_2 ④ H_2, H_2O

해설 수성가스(water gas)
① 수소와 일산화탄소가 주성분이다.
② 100℃ 이상으로 적열한 코크스에 수증기를 통하면 코크스에서 환원되어 얻어지는 가스
③ 발열량은 2800kcal/Nm³ 정도이다.

- $C + H_2O \rightarrow CO + H_2$
- $C + 2H_2O \rightarrow CO_2 + 2H_2$
- $CO + H_2O \rightarrow CO_2 + H_2$

해답 ②

15 다음은 열역학 제 몇 법칙에 대한 내용인가?

0K(절대온도)에서 물질의 엔트로피는 0이다.

① 열역학 제0법칙   ② 열역학 제1법칙
③ 열역학 제2법칙   ④ 열역학 제3법칙

해설 열역학 제0법칙(열의 평형법칙)
열평형상태에 있는 물체의 온도는 같다.
(온도계의 원리)
열역학 제1법칙(에너지보존의 법칙)
① 열과 일은 서로 교환이 가능하다.
② 열전달의 총합은 이루어진 일의 총합과 같다.
열역학 제2법칙
① 열은 스스로 저온에서 고온으로 이동 불가
② 효율이 100%인 열기관은 없다.
③ 자발적인 반응은 비가역적이다.
④ 엔트로피는 증가하는 쪽으로 흐른다.
열역학 제3법칙
① 0K(절대 0도)에서 물질의 엔트로피는 0이다.
② 열역학과정에서의 엔트로피의 변화 ΔS는 절대온도 T가 0에 접근함 따라 0이 된다.

해답 ④

16 20℃에서 NaCl 포화용액을 잘 설명한 것은?
(단, 20℃에서 NaCl의 용해도는 36이다.)

① 용액 100g 중에 NaCl이 36g 녹아 있을 때

② 용액 100g 중에 NaCl이 136g 녹아 있을 때
③ 용액 136g 중에 NaCl이 36g 녹아 있을 때
④ 용액 136g 중에 NaCl이 136g 녹아 있을 때

[해설] 용해도의 정의
① 용매(녹이는 물질) 100g에 용해하는 용질(녹는 물질)의 최대량을 g수로 표시한 것
② 용해도 = $\frac{용질의\ g수}{용매의\ g수} \times 100$
(용해도는 단위가 없는 무차원이다)
③ 용매 : 녹이는 물질   용질 : 녹는 물질
   용액 : 용매 + 용질
④ 용해도 $36 = \frac{용질\ 36g}{용매\ 100g} \times 100$
   용액 $= 100 + 36 = 136g$

[해답] ③

17 다음과 같은 구조를 가진 전지를 무엇이라 하는가?

$$(-)Zn\ \|\ H_2SO_4\ \|\ Cu(+)$$

① 볼타전지   ② 다니엘전지
③ 건전기   ④ 납축전지

[해설] 볼타전지(화학전지)

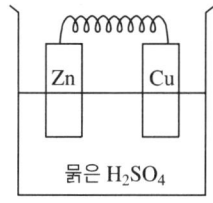
묽은 H_2SO_4

① 전자는 (−)Zn(아연)판에서 (+)Cu(구리)판으로 이동
② 전류는 (+)Cu판에서 (−)Zn판으로 흐른다.
③ (−)Zn판에서는 산화, (+)Cu판에서는 환원이 일어난다.
④ 소극제(감극제)는 이산화망가니즈(MnO_2)를 사용한다.

볼타전지(volta cell)
구리와 아연을 묽은 황산에 넣고 도선으로 연결한 가장 간단한 전지
$$(-)\ Zn\ |\ H_2SO_4\ |\ Cu(+)$$

[해답] ①

18 다음 중 $KMnO_4$의 Mn의 산화수는?
① +1   ② +3
③ +5   ④ +7

[해설] 과망가니즈산칼륨($KMnO_4$)의 산화수
① 화합물에서 구성 원자의 산화수의 총합은 0이다.(분자는 중성이므로)
② N(산화수) $= (+1) + X + (-2) \times 4 = 0$
   $X = +7$ ∴ Mn $= +7$

산화수를 정하는 법
① 단체 중의 원자의 산화수는 0이다.(단체분자는 중성)
   [보기 : H_2^0, Fe^0, Mg^0, O_2^0, O_3^0]
② 화합물에서 산소의 산화수는 −2, 수소의 산화수는 +1이 보통이다.(단, 과산화물에서 O의 산화수는 −1)
   [보기 : CH_4에서 C^{-4}, CO_2에서 C^{+4}]
③ 화합물에서 구성 원자의 산화수의 총합은 0이다.(분자는 중성이므로)
④ 이온의 가수(價數)는 그 이온의 산화수이다.
   (Ca = +2, Na = +1, K = +1, Ba = +2)
   [보기 : Cu^{+2}에서 Cu = +2, MnO_4^-에서 Mn의 산화수는 $x + (-2 \times 4) = -1$
   ∴ $x = +7$ 따라서 Mn = +7]

[해답] ④

19 다음 중 배수비례의 법칙이 성립되지 않는 것은?
① H_2O와 H_2O_2 ② SO_2와 SO_3
③ N_2O와 NO   ④ O_2와 O_3

[해설] 배수비례의 법칙(돌턴이 발견)
두 가지원소가 두 가지 이상의 화합물을 만들 때 한 원소의 일정 중량에 대하여 결합하는 다른 원소의 중량 간에는 항상 간단한 정수비가 성립한다.

화합물	성분원소의 중량비	
CO	C : O = 12 : 16	16 : 32 = 1 : 2
CO_2	C : O = 12 : 32	
H_2O	H : O = 2 : 16	16 : 32 = 1 : 2
H_2O_2	H : O = 2 : 32	
SO_2	S : O = 32 : 32	32 : 48 = 2 : 3
SO_3	S : O = 32 : 48	
N_2O	N : O = 28 : 16	16 : 16 = 1 : 1
NO	N : O = 14 : 16	

[해답] ④

제2부 최근 기출문제 - 필기

20 $[H^+]=2\times 10^{-6}$M인 용액의 pH는 약 얼마인가?

① 5.7　② 4.7
③ 3.7　④ 2.7

해설
① $[H^+] = 2\times 10^{-6}$
② $pH = \log\dfrac{1}{[H^+]} = -\log[H^+]$
　　　$= -\log 2\times 10^{-6} = 6-\log 2 = 5.7$

• $pH = \log\dfrac{1}{[H^+]} = -\log[H^+]$
• $pOH = -\log[OH^-]$　• $pH = 14-pOH$

해답 ①

제2과목 화재예방과 소화방법

21 자연발화가 잘 일어나는 조건에 해당하지 않는 것은?

① 주위 습도가 높을 것
② 열전도율이 클 것
③ 주위 온도가 높을 것
④ 표면적이 넓은 것

해설 **자연발화의 조건, 방지대책, 형태**

자연발화의 조건	자연발화 방지대책
주위의 온도가 높을 것	통풍이나 환기 등을 통하여 열의 축적을 방지
표면적이 넓을 것	저장실의 온도를 낮춘다.
열전도율이 적을 것	습도를 낮게 유지
발열량이 클 것	용기 내에 불활성 기체를 주입하여 공기와 접촉방지

자연발화의 형태	
산화열에 의한 자연발화	• 석탄　• 건성유 • 탄소분말　• 금속분 • 기름걸레
분해열에 의한 자연발화	• 셀룰로이드 • 나이트로셀룰로오스 • 나이트로글리세린
흡착열에 의한 자연발화	• 활성탄　• 목탄분말
미생물열에 의한 자연발화	• 퇴비　• 먼지

해답 ②

22 제조소 건축물로 외벽이 내화구조인 것의 1소요단위는 연면적이 몇 m²인가?

① 50　② 100
③ 150　④ 1000

해설 **소요단위의 계산방법**
① 제조소 또는 취급소의 건축물

외벽이 내화구조인 것	외벽이 내화구조가 아닌 것
연면적 100m²를 1소요단위	연면적 50m²를 1소요단위

② 저장소의 건축물

외벽이 내화구조인 것	외벽이 내화구조가 아닌 것
연면적 150m²를 1소요단위	연면적 75m²를 소요단위

③ 위험물은 지정수량의 10배를 1소요단위로 할 것

해답 ②

23 종별 분말소화약제에 대한 설명으로 틀린 것은?

① 제1종은 탄산수소나트륨을 주성분으로 한 분말
② 제2종은 탄산수소나트륨과 탄산칼슘을 주성분으로 한 분말
③ 제3종은 제일인산암모늄을 주성분으로 한 분말
④ 제4종은 탄산수소칼륨과 요소와의 반응물을 주성분으로 한 분말

해설 **분말약제의 열분해**

종별	약제명	착색	적응화재	열분해 반응식
제1종	탄산수소나트륨 중탄산나트륨 중조	백색	B,C	270℃ $2NaHCO_3 \rightarrow$ 　$Na_2CO_3+CO_2+H_2O$ 850℃ $2NaHCO_3 \rightarrow$ 　$Na_2O+2CO_2+H_2O$
제2종	탄산수소칼륨 중탄산칼륨	담회색	B,C	190℃ $2KHCO_3 \rightarrow$ 　$K_2CO_3+CO_2+H_2O$ 590℃ $2KHCO_3 \rightarrow$ 　$K_2O+2CO_2+H_2O$
제3종	제1인산암모늄	담홍색	A,B,C	$NH_4H_2PO_4 \rightarrow$ 　$HPO_3+NH_3+H_2O$
제4종	중탄산칼륨+ 요소	회(백)색	B,C	$2KHCO_3+(NH_2)_2CO \rightarrow$ 　$K_2CO_3+2NH_3+2CO_2$

해답 ②

24 위험물제조소등에 펌프를 이용한 가압송수장치를 사용하는 옥내소화전을 설치하는 경우 펌프의 전양정은 몇 m인가? (단, 소방용 호스의 마찰손실수두는 6m, 배관의 마찰손실수두는 1.7m, 낙차는 32m이다.)

① 56.7　　② 74.7
③ 64.7　　④ 39.87

해설 전양정 $H = 6m + 1.7m + 32m + 35 = 74.7m$

옥내소화전설비의 펌프의 전양정

$H = h_1 + h_2 + h_3 + 35m$

여기서, H : 펌프의 전양정(m)
　　　　h_1 : 소방용 호스의 마찰손실수두(m)
　　　　h_2 : 배관의 마찰손실수두(m)
　　　　h_3 : 낙차(m)

해답 ②

25 자체소방대에 두어야 하는 화학소방자동차 중 포수용액을 방사하는 화학소방자동차는 전체 법정 화학소방자동차 대수의 얼마 이상으로 하여야 하는가?

① 1/3　　② 2/3
③ 1/5　　④ 2/5

해설 **화학소방차의 기준** : 포수용액을 방사하는 화학소방자동차의 대수는 규정에 의한 화학소방자동차의 대수의 3분의 2 이상으로 하여야 한다.

자체소방대에 두는 화학소방자동차 및 인원

사업소의 구분	화학소방 자동차	자체소방 대원의 수
1. 제조소 또는 **일반취급소**에서 취급하는 제4류 위험물의 최대수량의 합이 지정수량의 **3천배 이상 12만배 미만**인 사업소	1대	5인
2. 제조소 또는 일반취급소에서 취급하는 제4류 위험물의 최대수량의 합이 지정수량의 **12만배 이상 24만배 미만**인 사업소	2대	10인
3. 제조소 또는 일반취급소에서 취급하는 제4류 위험물의 최대수량의 합이 지정수량의 **24만배 이상 48만배 미만**인 사업소	3대	15인
4. 제조소 또는 일반취급소에서 취급하는 제4류 위험물의 최대수량의 합이 지정수량의 **48만배 이상**인 사업소	4대	20인
5. 옥외탱크저장소에 저장하는 제4류 위험물의 최대수량이 지정수량의 50만배 이상인 사업소	2대	10인

해답 ②

26 제1인산암모늄 분말소화약제의 색상과 적응화재를 옳게 나타낸 것은?

① 백색, BC급　　② 담홍색, BC급
③ 백색, ABC급　　④ 담홍색, ABC급

해설 **분말약제의 열분해**

종별	약제명	착색	적응 화재	열분해 반응식
제1종	탄산수소나트륨 중탄산나트륨 중조	백색	B,C	270℃ $2NaHCO_3 \rightarrow Na_2CO_3 + CO_2 + H_2O$ 850℃ $2NaHCO_3 \rightarrow Na_2O + 2CO_2 + H_2O$
제2종	탄산수소칼륨 중탄산칼륨	담회색	B,C	190℃ $2KHCO_3 \rightarrow K_2CO_3 + CO_2 + H_2O$ 590℃ $2KHCO_3 \rightarrow K_2O + 2CO_2 + H_2O$
제3종	제1인산암모늄	담홍색	A,B,C	$NH_4H_2PO_4 \rightarrow HPO_3 + NH_3 + H_2O$
제4종	중탄산칼륨 + 요소	회(백)색	B,C	$2KHCO_3 + (NH_2)_2CO \rightarrow K_2CO_3 + 2NH_3 + 2CO_2$

해답 ④

27 과산화수소 보관장소에 화재가 발생하였을 때 소화방법으로 틀린 것은?

① 마른모래로 소화한다.
② 환원성 물질을 사용하여 중화 소화한다.
③ 연소의 상황에 따라 분무주수도 효과가 있다.
④ 다량의 물을 사용하여 소화할 수 있다.

해설 **과산화수소-제6류 위험물- 산화성액체**
환원성물질과의 접촉은 피한다.

제6류 위험물의 소화방법
① 다량의 물로 주수하여 냉각소화 한다.

② 연소의 상황에 따라 분무주수도 효과가 있다.
③ 마른모래로 소화한다.
④ 제6류 위험물은 자체적으로 산소를 함유한 물질이므로 질식(CO_2) 및 화학소화(할론)는 효과가 없다.

해답 ②

28 할로젠화합물 소화약제의 구비조건으로 틀린 것은?

① 전기절연성이 우수할 것
② 공기보다 가벼울 것
③ 증발 잔유물이 없을 것
④ 인화성이 없을 것

해설 할로젠화합물 소화약제의 구비조건
① 전기절연성이 우수할 것
② 공기보다 무겁고 불연성일 것
③ 증발 잔유물이 없을 것
④ 인화성이 없을 것
⑤ 증기가 되기 쉬울 것
⑥ 공기의 접촉을 차단할 것

해답 ②

29 강화액 소화기에 대한 설명으로 옳은 것은?

① 물의 유동성을 강화하기 위한 유화제를 첨가한 소화기이다.
② 물의 표면장력을 강화하기 위해 탄소를 첨가한 소화기이다.
③ 산·알칼리 액을 주성분으로 하는 소화기이다.
④ 물의 소화효과를 높이기 위해 염류를 첨가한 소화기이다.

해설 강화액 소화기
① 물의 빙점(어는점)이 높은 단점을 강화시킨 탄산칼륨(K_2CO_3) 수용액
② 내부에 황산(H_2SO_4)이 있어 탄산칼륨과 화학반응에 의한 CO_2가 압력원이 된다.

$H_2SO_4 + K_2CO_3 \rightarrow K_2SO_4 + H_2O + CO_2 \uparrow$

③ **무상인 경우 A, B, C급 화재에 모두 적용한다.**
④ 소화약제의 pH는 12이다.(알카리성을 나타낸

다.)
⑤ 어는점(빙점)이 약 $-17°C \sim -30°C$로 매우 낮아 추운 지방에서 사용

해답 ④

30 불활성가스소화약제 중 IG-541의 구성 성분이 아닌 것은?

① 질소   ② 브로민
③ 아르곤   ④ 이산화탄소

해설 불활성가스 소화약제

번호	약제명	화 학 식
1	IG-01	Ar
2	IG-100	N_2
3	IG-541	N_2 : 52%, Ar : 40%, CO_2 : 8%
4	IG-55	N_2 : 50%, Ar : 50%

해답 ②

31 연소의 주된 형태가 표면연소에 해당하는 것은?

① 석탄   ② 목탄
③ 목재   ④ 황

해설

구 분	석탄	목탄	목재	황
연소형태	분해연소	표면연소	분해연소	증발연소

연소의 형태 ★★★ 자주출제(필수암기) ★★★
① 표면연소 : 숯, 코크스, **목탄**, 금속분
② 증발 연소 : **파라핀, 황**, 나프탈렌, 휘발유, 등유, 경유, 아세톤 등 **제4류 위험물**
③ **분해연소** : 석탄, 목재, 플라스틱, 종이, 합성수지, **중유**
④ 자기연소 : 나이트로셀룰로오스, 셀룰로이드, 나이트로글리세린 등 제5류 위험물
⑤ 확산연소 : 아세틸렌, LPG, LNG 등 가연성 기체
⑥ 불꽃연소+표면연소 : 목재, 종이, 셀룰로오스, 열경화성수지

해답 ②

32 마그네슘 분말의 화재시 이산화탄소 소화약제는 소화적응성이 없다. 그 이유로 가장 적합한

것은?

① 분해반응에 의하여 산소가 발생하기 때문이다.
② 가연성의 일산화탄소 또는 탄소가 생성되기 때문이다.
③ 분해반응에 의하여 수소가 발생하고 이 수소는 공기 중의 산소와 폭명반응을 하기 때문이다.
④ 가연성의 아세틸렌가스가 발생하기 때문이다.

해설 마그네슘(Mg)-제2류 위험물

화학식	원자량	비중	융점	비점	발화점
Mg	24.3	1.74	651℃	1102℃	473℃

① 2mm체 통과 못하는 덩어리는 위험물에서 제외한다.
② 직경 2mm 이상 막대모양은 위험물에서 제외한다.
③ 은백색의 광택이 나는 가벼운 금속이다.
④ 물과 반응하여 수소기체 발생

$$Mg + 2H_2O \rightarrow Mg(OH)_2 + H_2 \uparrow$$
(마그네슘) (물) (수산화마그네슘) (수소)

⑤ 이산화탄소약제를 방사하면 폭발적으로 반응하기 때문에 위험하다.

마그네슘과 CO_2의 반응식
$2Mg + CO_2 \rightarrow 2MgO + C$
$Mg + CO_2 \rightarrow MgO + CO$

⑥ 주수소화는 엄금이며 마른모래 등으로 피복 소화한다.

해답 ②

33 분말소화약제 중 열분해 시 부착성이 있는 유리상의 메타인산이 생성되는 것은?

① Na_3PO_4 ② $(NH_4)_3PO_4$
③ $NaHCO_3$ ④ $NH_4H_2PO_4$

해설 제3종분말(제1인산암모늄)
열분해 시 발생한 메타인산(HPO_3)이 부착성이 매우 강하다.

분말약제의 열분해

종별	약제명	착색	열분해 반응식
제1종	탄산수소나트륨 중탄산나트륨 중조	백색	270℃ $2NaHCO_3$ $\rightarrow Na_2CO_3 + CO_2 + H_2O$ 850℃ $2NaHCO_3$ $\rightarrow Na_2O + 2CO_2 + H_2O$
제2종	탄산수소칼륨 중탄산칼륨	담회색	190℃ $2KHCO_3$ $\rightarrow K_2CO_3 + CO_2 + H_2O$ 590℃ $2KHCO_3$ $\rightarrow K_2O + 2CO_2 + H_2O$
제3종	제1인산암모늄	담홍색	$NH_4H_2PO_4$ $\rightarrow HPO_3 + NH_3 + H_2O$
제4종	중탄산칼륨 + 요소	회(백)색	$2KHCO_3 + (NH_2)_2CO$ $\rightarrow K_2CO_3 + 2NH_3 + 2CO_2$

해답 ④

34 제3류 위험물의 소화방법에 대한 설명으로 옳지 않은 것은?

① 제3류 위험물은 모두 물에 의한 소화가 불가능하다.
② 팽창질석은 제3류 위험물에 적응성이 있다.
③ K, Na의 화재시에는 물을 사용할 수 없다.
④ 할로젠화합물소화설비는 제3류 위험물에 적응성이 없다.

해설 ※ 3류 위험물중 황린은 물로 소화가 가능하고 대부분 금수성이다.

제3류 위험물의 공통적 성질 ★★
① 황린을 제외하고 대부분 금수성 물질이다.
② 물과 접촉 시 발열반응 및 가연성 가스를 발생한다.
③ 대부분 금수성 및 불연성 물질(황린, 칼륨, 나트륨, 알킬알루미늄제외)이다.
④ 대부분 무기물이며 고체 상태이다.

해답 ①

35 이산화탄소 소화기 사용 중 소화기 방출구에서 생길 수 있는 물질은?

① 포스겐 ② 일산화탄소
③ 드라이아이스 ④ 수소가스

줄-톰슨효과(Joule-Thomson 효과)
이산화탄소가스가 가는 구멍으로 방사되어 갑자기 팽창시킬 때 그 온도가 급강하하여 드라이아이스(고체)가 되는 현상

해답 ③

36 위험물제조소에 옥내소화전을 각 층에 8개씩 설치하도록 할 때 수원의 최소 수량은 얼마인가?

① $13m^3$ ② $20.8m^3$
③ $39m^3$ ④ $62.4m^3$

위험물제조소등의 소화설비 설치기준

소화설비	수평거리	방사량	방사압력
옥내	25m 이하	260(L/min) 이상	350(kPa) 이상
	수원의 양 $Q=N$(소화전개수 : 최대 5개) $\times 7.8m^3(260L/min \times 30min)$		
옥외	40m 이하	450(L/min) 이상	350(kPa) 이상
	수원의 양 $Q=N$(소화전개수 : 최대 4개) $\times 13.5m^3(450L/min \times 30min)$		
스프링클러	1.7m 이하	80(L/min) 이상	100(kPa) 이상
	수원의 양 $Q=N$(헤드수 : 최대 30개) $\times 2.4m^3(80L/min \times 30min)$		
물분무	−	20 (L/m^2·min)	350(kPa) 이상
	수원의 양 $Q=A$(바닥면적m^2) $\times 0.6m^3(20L/m^2 \cdot min \times 30min)$		

옥내소화전설비의 수원의 양
$Q = N(최대 5개) \times 7.8m^3 = 5 \times 7.8 = 39m^3$

해답 ③

37 위험물안전관리법령상 위험물 저장·취급 시 화재 또는 재난을 방지하기 위하여 자체소방대를 두어야 하는 경우가 아닌 것은?

① 지정수량의 3천배 이상의 제4류 위험물을 저장·취급하는 제조소
② 지정수량의 3천배 이상의 제4류 위험물을 저장·취급하는 일반취급소
③ 지정수량의 2천배의 제4류 위험물을 취급하는 일반취급소와 지정수량의 1천배의 제4류 위험물을 취급하는 제조소가 동일한 사업소에 있는 경우
④ 지정수량의 3천배 이상의 제4류 위험물을 저장·취급하는 옥외탱크저장소

자체소방대를 설치하여야 하는 사업소
① 지정수량의 3천배 이상의 제4류 위험물을 취급하는 제조소 또는 일반취급소(단, 보일러로 위험물을 소비하는 일반취급소 등 일반취급소를 제외)
② 지정수량의 50만배 이상의 제4류 위험물을 저장하는 옥외탱크저장소

예방규정을 정하여야 하는 제조소등
① 지정수량의 10배 이상 제조소
② 지정수량의 100배 이상 옥외저장소
③ 지정수량의 150배 이상 옥내저장소
④ 지정수량의 200배 이상 옥외탱크저장소
⑤ 암반탱크저장소
⑥ 이송취급소
⑦ 지정수량의 10배 이상 일반취급소

해답 ④

38 경보설비를 설치하여야 하는 장소에 해당되지 않는 것은?

① 지정수량 100배 이상의 제3류 위험물을 저장·취급하는 옥내저장소
② 옥내주유취급소
③ 연면적 $500m^2$이고 취급하는 위험물의 지정수량이 100배인 제조소
④ 지정수량 10배 이상의 제4류 위험물을 저장·취급하는 이동탱크저장소

경보설비를 설치하여야 하는 장소
1. 자동화재탐지설비 설치대상
   (1) 제조소 및 일반취급소
      ① 연면적 $500m^2$ 이상
      ② 옥내에서 지정수량의 100배 이상을 취급하는 것

(2) 옥내저장소 : 지정수량을 100배 이상을 저장 및 취급하는 것
(3) 옥내탱크저장소로서 소화난이도등급 Ⅰ에 해당하는 것
(4) 옥내주유취급소

2. 자동화재 탐지설비, 비상경보설비, 확성장치 또는 비상방송설비 중 1종 이상 설치
지정수량의 10배 이상을 저장 취급하는 제조소 등

해답 ④

39 위험물안전관리법령상 옥내소화전설비에 관한 기준에 대해 다음 ( )에 알맞은 수치를 옳게 나열한 것은?

> 옥내소화전설비는 각 층을 기준으로 하여 당해 층의 모든 옥내소화전(설치개수가 5개 이상인 경우는 5개의 옥내소화전)을 동시에 사용할 경우에 각 노즐 끝부분의 방수압력이 (ⓐ)kPa 이상이고, 방수량이 1분당 (ⓑ)L 이상의 성능이 되도록 할 것

① ⓐ 350, ⓑ 260   ② ⓐ 450, ⓑ 260
③ ⓐ 350, ⓑ 450   ④ ⓐ 450, ⓑ 450

해설 **위험물제조소등의 소화설비 설치기준**

소화설비	수평거리	방사량	방사압력
옥내	25m 이하	260(L/min) 이상	350(kPa) 이상
	수원의 양 $Q=N$(소화전개수 : 최대 5개) $\times 7.8m^3$(260L/min $\times$ 30min)		
옥외	40m 이하	450(L/min) 이상	350(kPa) 이상
	수원의 양 $Q=N$(소화전개수 : 최대 4개) $\times 13.5m^3$(450L/min $\times$ 30min)		
스프링클러	1.7m 이하	80(L/min) 이상	100(kPa) 이상
	수원의 양 $Q=N$(헤드수 : 최대 30개) $\times 2.4m^3$(80L/min $\times$ 30min)		
물분무	-	20 (L/m²·min)	350(kPa) 이상
	수원의 양 $Q=A$(바닥면적m²)$\times$ $0.6m^3$(20L/m² · min $\times$ 30min)		

해답 ①

40 제1류 위험물 중 알칼리금속의 과산화물을 저장 또는 취급하는 위험물제조소에 표시하여야 하는 주의사항은?

① 화기엄금   ② 물기엄금
③ 화기주의   ④ 물기주의

해설 **위험물제조소의 표지 및 게시판**
① 표지는 한 변의 길이가 0.3m 이상, 다른 한 변의 길이가 0.6m 이상인 직사각형
② 바탕은 백색, 문자는 흑색

게시판의 설치기준
① 한 변의 길이가 0.3m 이상, 다른 한 변의 길이가 0.6m 이상인 직사각형으로 할 것
② 위험물의 유별·품명 및 저장최대수량 또는 취급최대수량, 지정수량의 배수 및 안전 관리자의 성명 또는 직명을 기재할 것
③ 게시판의 바탕은 백색으로, 문자는 흑색으로 할 것
④ 저장 또는 취급하는 위험물에 따라 주의사항 게시판을 설치할 것

위험물의 종류	주의사항 표시	게시판의 색
• 제1류 (알칼리금속 과산화물) • 제3류(금수성 물품)	물기엄금	청색바탕에 백색문자
• 제2류(인화성 고체 제외)	화기주의	
• 제2류(인화성 고체) • 제3류(자연발화성 물품) • 제4류 • 제5류	화기엄금	적색바탕에 백색문자

해답 ②

제3과목 위험물의 성질과 취급

41 물과 접촉하면 위험한 물질로만 나열된 것은?

① CH_3CHO, CaC_2, $NaClO_4$
② K_2O_2, $K_2Cr_2O_7$, CH_3CHO
③ K_2O_2, Na, CaC_2

④ Na, K₂Cr₂O₇, NaClO₄

해설

①	물질명	유별	성질
CH₃CHO	아세트알데하이드	제4류 특수인화물	인화성 액체
CaC₂	탄화칼슘	제3류	금수성
NaClO₄	과염소산나트륨	제1류 과염소산염류	산화성 고체

②	물질명	유별	성질
K₂O₂	과산화칼륨	제1류 무기과산화물	금수성
K₂Cr₂O₇	다이크로뮴산칼륨	제1류 다이크로뮴산염류	산화성 고체
CH₃CHO	아세트알데하이드	제4류 특수인화물	인화성 액체

③	물질명	유별	성질
K₂O₂	과산화칼륨	제1류 무기과산화물	금수성
Na	나트륨	제3류	금수성
CaC₂	탄화칼슘	제3류	금수성

④	물질명	유별	성질
Na	나트륨	제3류	금수성
K₂Cr₂O₇	다이크로뮴산칼륨	제1류 다이크로뮴산염류	산화성 고체
NaClO₄	과염소산나트륨	제1류 과염소산염류	산화성 고체

해답 ③

42 위험물안전관리법령상 지정수량의 각각 10배를 운반할 때 혼재할 수 있는 위험물은?

① 과산화나트륨과 과염소산
② 과망가니즈산칼륨과 적린
③ 질산과 알코올
④ 과산화수소와 아세톤

해설
① 과산화나트륨(제1류-무기과산화물)
  +과염소산(제6류-산화성액체)
② 과망가니즈산칼륨(제1류-산화성고체)
  +적린(제2류-가연성고체)
③ 질산(제6류-산화성액체)
  +알코올(제4류-알코올류-인화성액체)
④ 과산화수소(제6류-산화성액체)
  +아세톤(제4류-제1석유류-인화성액체)

위험물의 운반에 따른 유별을 달리하는 위험물의 혼재기준(쉬운 암기방법)

혼재 가능	
↓1류 + 6류↑	2류 + 4류
↓2류 + 5류↑	5류 + 4류
↓3류 + 4류↑	

해답 ①

43 다음 중 위험물의 저장 또는 취급에 관한 기술상의 기준과 관련하여 시·도의 조례에 의해 규제를 받는 경우는?

① 등유 2000L를 저장하는 경우
② 중유 3000L를 저장하는 경우
③ 윤활유 5000L를 저장하는 경우
④ 휘발유 400L를 저장하는 경우

해설 지정수량 미만인 위험물의 저장·취급
지정수량 미만인 위험물의 저장 또는 취급에 관한 기술상의 기준은 특별시·광역시 및 도(이하 "시·도"라 한다)의 조례로 정한다.

지정수량의 배수(N) = $\dfrac{\text{저장수량}}{\text{지정수량}}$

① 등유 : 제2석유류(비수용성 액체)
  $N = \dfrac{2000}{1000} = 2$배
② 중유 : 제3석유류(비수용성 액체)
  $N = \dfrac{3000}{2000} = 1.5$배
③ 윤활유 : 제4석유류
  $N = \dfrac{5000}{6000} = 0.83$배
④ 휘발유 : 제1석유류(비수용성 액체)
  $N = \dfrac{400}{200} = 2$배

해답 ③

44 위험물제조소등의 안전거리의 단축기준과 관련해서 $H \leq pD^2 + a$인 경우 방화상 유효한 담의 높이는 2m 이상으로 한다. 다음 중 a에 해당되는 것은?

① 인근 건축물의 높이(m)
② 제조소등의 외벽의 높이(m)
③ 제조소등과 공작물과의 거리(m)

④ 제조소등과 방화상 유효한 담과의 거리(m)

방화상 유효한 담의 높이

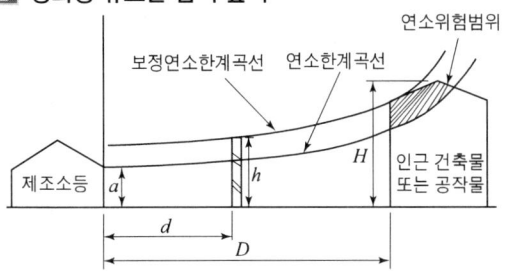

① $H \leq pD^2+a$인 경우 $h = 2$
② $H > pD^2+a$인 경우 $h = H-p(D^2-d^2)$

D : 제조소등과 인근 건축물 또는 공작물과의 거리(m)
H : 인근 건축물 또는 공작물의 높이(m)
a : 제조소등의 외벽의 높이(m)
d : 제조소등과 방화상 유효한 담과의 거리(m)
h : 방화상 유효한 담의 높이(m)
p : 상수

해답 ②

45 위험물제조소는 문화재보호법에 의한 유형문화재로부터 몇 m 이상의 안전거리를 두어야 하는가?

① 20m   ② 30m
③ 40m   ④ 50m

제조소의 안전거리(제6류 위험물을 취급하는 제조소는 제외)

구 분	안전거리
사용전압이 7,000V 초과 35,000V 이하	3m 이상
사용전압이 35,000V를 초과	5m 이상
주거용	10m 이상
고압가스, 액화석유가스, 도시가스	20m 이상
학교 · 병원 · 극장	30m 이상
유형문화재, 지정문화재	**50m 이상**

불연재료로 된 **방화상 유효한 담 또는 벽을 설치**하는 경우에는 안전거리를 **단축**할 수 있다.

해답 ④

46 황화인에 대한 설명으로 틀린 것은?

① 고체이다.
② 가연성 물질이다.
③ P_4S_3, P_2S_5 등의 물질이 있다.
④ 물질에 따른 지정수량은 50kg, 100kg 등이 있다.

황화인(제2류 위험물) : 황과 인의 화합물
① 삼황화인(P_4S_3)
연소하면 오산화인과 이산화황이 생긴다.
$P_4S_3 + 8O_2 \rightarrow 2P_2O_5 + 3SO_2 \uparrow$
(오산화인) (이산화황)

② 오황화인(P_2S_5)
연소하면 오산화인과 이산화황이 생긴다.
$2P_2S_5 + 15O_2 \rightarrow 2P_2O_5 + 10SO_2 \uparrow$
(오산화인) (이산화황)

제2류 위험물의 지정수량

성질	품 명	지정수량
가연성 고체	황화인, 적린, 황	100kg
	철분, 금속분, 마그네슘	500kg
	인화성 고체	1,000kg

해답 ④

47 아세트알데히드의 저장 시 주의할 사항으로 틀린 것은?

① 구리나 마그네슘 합금 용기에 저장한다.
② 화기를 가까이 하지 않는다.
③ 용기의 파손에 유의한다.
④ 찬 곳에 저장한다.

아세트알데히드(CH_3CHO)
: 제4류 위험물 중 특수인화물
① 휘발성이 강하고 과일냄새가 있는 무색 액체
② 물, 에탄올에 잘 녹는다.
③ 산화되어 초산(CH_3COOH)이 된다.
④ 연소범위는 약 4.0~60%이다.
⑤ 취급하는 설비는 **은 · 수은 · 동 · 마그네슘 또는 이들을 성분으로 하는 합금으로 만들지 아니할 것**
⑥ 아세트알데히드 등을 취급하는 설비에는 연소성 혼합기체의 생성에 의한 폭발을 방지하기 위한 불활성기체 또는 수증기를 봉입하는 장치를 갖출 것

해답 ①

48 질산과 과염소산의 공통 성질로 옳은 것은?

① 강한 산화력과 환원력이 있다.
② 물과 접촉하면 반응이 없으므로 화재시 주수소화가 가능하다.
③ 가연성이 없으며 가연물 연소시에 소화를 돕는다.
④ 모두 산소를 함유하고 있다.

해설 제6류 위험물의 공통적인 성질
① 자신은 불연성이고 산소를 함유한 강산화제이다.
② 분해에 의한 산소발생으로 다른 물질의 연소를 돕는다.
③ 액체의 비중은 1보다 크고 물에 잘 녹는다.
④ 물과 접촉 시 발열한다.
⑤ 증기는 유독하고 부식성이 강하다.

제6류 위험물(산화성 액체)

성질	품 명	판단기준	지정수량	위험등급
산화성액체	• 과염소산($HClO_4$)		300kg	I
	• 과산화수소(H_2O_2)	농도 36중량% 이상		
	• 질산(HNO_3)	비중 1.49 이상		
	• 할로젠간화합물 ① 삼불화브로민(BrF_3) ② 오불화브로민(BrF_5) ③ 오불화아이오딘(IF_5)			

해답 ④

49 가솔린에 대한 설명 중 틀린 것은?

① 비중이 물보다 작다.
② 증기비중은 공기보다 크다.
③ 전기에 대한 도체이므로 정전기 발생으로 인한 화재를 방지해야 한다.
④ 물에는 녹지 않지만 유기용제에 녹고 유지등을 녹인다.

해설 가솔린(휘발유) : 위험물 제4류 제1석유류
① 액체의 비중은 물보다 가볍다.
② 증기비중은 공기보다 크다.
③ 전기에 대한 **부도체**이므로 정전기 발생으로 인한 화재를 방지해야한다.

④ 물에는 녹지 않지만 유기용제에 녹고 유지등을 녹인다.
⑤ 발화점 : 300℃ 정도, 인화점이 -20~-43℃로 낮아 상온에서도 매우 위험하다.
⑥ 연소범위 : 1.2~7.6%

해답 ③

50 위험물을 적재, 운반할 때 방수성 덮개를 하지 않아도 되는 것은?

① 알칼리금속의 과산화물
② 마그네슘
③ 나이트로화합물
④ 탄화칼슘

해설 ① 알칼리금속의 과산화물 - 1류 - 금수성
② 마그네슘 - 2류 - 금수성
③ 나이트로화합물 - 5류 - 자기반응성
④ 탄화칼슘 - 3류 - 금수성

적재위험물의 성질에 따른 조치
(1) **차광성이 있는 피복으로 가려야하는 위험물**
① 제1류 위험물
② 제3류위험물 중 자연발화성물질
③ 제4류 위험물 중 특수인화물
④ 제5류 위험물
⑤ 제6류 위험물
(2) **방수성이 있는 피복으로 덮어야 하는 것**
① 제1류 위험물 중 알칼리금속의 과산화물
② 제2류 위험물 중 철분 · 금속분 · 마그네슘 또는 이들 중 어느 하나 이상을 함유한 것
③ 제3류 위험물 중 금수성 물질

해답 ③

51 질산암모늄이 가열분해하여 폭발이 되었을 때 발생되는 물질이 아닌 것은?

① 질소   ② 물
③ 산소   ④ 수소

해설 질산암모늄(NH_4NO_3) : 제1류 위험물 중 질산염류

화학식	분자량	비중	융점	분해온도
NH_4NO_3	80	1.73	165℃	220℃

① 단독으로 가열, 충격 시 분해 폭발할 수 있다.
② 화약(ANFO폭약))원료로 쓰이며 유기물과 접

촉 시 폭발우려가 있다.
③ 무색, 무취의 결정이다.
④ 조해성 및 흡습성이 매우 강하다.
⑤ 물에 용해 시 흡열반응을 나타낸다.
⑥ 급격한 가열충격에 따라 폭발의 위험이 있다.

질산암모늄의 열분해 반응식
$2NH_4NO_3 \rightarrow 2N_2 + O_2 + 4H_2O$

ANFO(안포)폭약의 성분
질산암모늄 94% + 경유 6%

해답 ④

52 다음 중 과망가니즈산칼륨과 혼촉하였을 때 위험성이 가장 낮은 물질은?

① 물 ② 에터
③ 글리세린 ④ 염산

해설 과망가니즈산칼륨($KMnO_4$)
: 제1류 위험물 중 과망가니즈산염류
① 흑자색의 주상결정으로 물에 녹아 진한보라색을 띠고 강한 산화력과 살균력이 있다.
② 염산과 반응 시 염소(Cl_2)를 발생시킨다.
③ 240℃에서 산소를 방출한다.

$2KMnO_4 \rightarrow K_2MnO_4 + MnO_2 + O_2\uparrow$
(과망가니즈산칼륨)(망가니즈산칼륨)(이산화망가니즈)(산소)

④ 알코올, 에터, 글리세린, 황산과 접촉 시 폭발우려가 있다.
⑤ 주수소화 또는 마른모래로 피복소화한다.
⑥ 강알칼리와 반응하여 산소를 방출한다.

해답 ①

53 오황화인이 물과 작용해서 발생하는 기체는?

① 이황화탄소 ② 황화수소
③ 포스겐가스 ④ 인화수소

해설 황화인(제2류 위험물) : 황과 인의 화합물
① 삼황화인(P_4S_3)
• 황색결정으로 물, 염산, 황산에 녹지 않으며 질산, 알칼리, 이황화탄소에 녹는다.
• 연소하면 오산화인과 이산화황이 생긴다.
$P_4S_3 + 8O_2 \rightarrow 2P_2O_5 + 3SO_2\uparrow$
(오산화인) (이산화황)

② 오황화인(P_2S_5)
• 담황색 결정이고 조해성이 있다.
• 수분을 흡수하면 분해된다.
• 이황화탄소(CS_2)에 잘 녹는다.
• 물, 알칼리와 반응하여 인산과 황화수소를 발생한다.
$P_2S_5 + 8H_2O \rightarrow 2H_3PO_4 + 5H_2S\uparrow$
(인산)   (황화수소)

③ 칠황화인(P_4S_7)
• 담황색 결정이고 조해성이 있다.
• 수분을 흡수하면 분해된다.
• 이황화탄소(CS_2)에 약간 녹는다.
• 냉수에는 서서히 분해가 되고 더운물에는 급격히 분해된다.

해답 ②

54 제5류 위험물에 해당하지 않는 것은?

① 나이트로셀룰로오스
② 나이트로글리세린
③ 나이트로벤젠
④ 질산메틸

해설 ① 나이트로셀룰로오스-제5류-질산에스터류
② 나이트로글리세린-제5류-질산에스터류
③ **나이트로벤젠-제4류-제3석유류**
④ 질산메틸-제5류-질산에스터류

제5류 위험물의 지정수량

성질	품 명	지정수량	위험등급
자기반응성 물질	ㅇ질산에스터류	1종 : 10kg	1종 : Ⅰ
	ㅇ유기과산화물 ㅇ나이트로화합물 ㅇ나이트로소화합물 ㅇ아조화합물 ㅇ다이아조화합물 ㅇ하이드라진 유도체 ㅇ하이드록실아민 ㅇ하이드록실아민염류	2종 : 100kg	2종 : Ⅱ

★(주) ㅇ질산에스터류(대부분)(1종)
ㅇ기타(대부분)(2종)
ㅇ셀룰로이드(질산에스터류)(2종),
ㅇ트라이나이트로톨루엔(나이트로화합물)(1종)
ㅇ테트릴(나이트로화합물)1종

해답 ③

55 질산칼륨에 대한 설명으로 틀린 것은?

① 무색의 결정 또는 백색분말이다.
② 비중이 약 0.81, 녹는점은 약 200℃이다.
③ 가열하면 열분해하여 산소를 방출한다.
④ 흑색화약의 원료로 사용된다.

해설 ② 비중이 2.1 녹는점은 약 336℃이다.

질산칼륨(KNO_3) : **제1류 위험물(산화성고체)**
① 질산칼륨에 숯가루, 황가루를 혼합하여 흑색화약제조에 사용한다.
② 열분해하여 산소를 방출한다.

$$2KNO_3 \rightarrow 2KNO_2 + O_2 \uparrow$$

③ 물, 글리세린에는 잘 녹으나 알코올에는 잘 녹지 않는다.
④ 유기물 및 강산과 접촉 시 매우 위험하다.
⑤ 소화는 주수소화방법이 가장 적당하다.

해답 ②

56 가연성 물질이며 산소를 다량 함유하고 있기 때문에 자기연소가 가능한 물질은?

① $C_6H_2CH_3(NO_2)_3$ ② $CH_3COC_2H_5$
③ $NaClO_4$ ④ HNO_3

해설

화학식	명칭	유별	성질
$C_6H_2CH_3(NO_2)_3$	트라이나이트로톨루엔	제5류 나이트로화합물	자기반응성
$CH_3COC_2H_5$	메틸에틸케톤	제4류 제1석유류	인화성 액체
$NaClO_4$	과염소산나트륨	제1류 과염소산염류	산화성 고체
HNO_3	질산	제6류	산화성 액체

해답 ①

57 어떤 공장에서 아세톤과 메탄올을 18L 용기에 각각 10개, 등유를 200L 드럼으로 3드럼을 저장하고 있다면 각각 지정수량 배수의 총합은 얼마인가?

① 1.3 ② 1.5
③ 2.3 ④ 2.5

해설 제4류 위험물 및 지정수량

유별	성질	위험물 품명		지정수량(L)
제4류	인화성 액체	1. 특수인화물		50
		2. 제1석유류	비수용성 액체	200
			수용성 액체	400
		3. 알코올류		**400**
		4. 제2석유류	비수용성 액체	1,000
			수용성 액체	2,000
		5. 제3석유류	비수용성 액체	2,000
			수용성 액체	4,000
		6. 제4석유류		6,000
		7. 동식물유류		10,000

① 아세톤-제4류-1석유류-수용성-400L
② 메탄올-제4류-알코올류-400L
③ 등유-제4류-제2석유류-비수용성-1000L

∴ 지정수량의 배수
$$= \frac{\text{저장수량}}{\text{지정수량}}$$
$$= \frac{18L \times 10}{400} + \frac{18L \times 10}{400} + \frac{200L \times 3}{1000} = 1.5 \text{배}$$

해답 ②

58 위험물안전관리법령상 제4류 위험물 중 1기압에서 인화점이 21℃인 물질은 제 몇 석유류에 해당하는가?

① 제1석유류 ② 제2석유류
③ 제3석유류 ④ 제4석유류

해설 제4류 위험물(인화성 액체)

구 분	지정품목	기타 조건(1atm에서)
특수인화물	이황화탄소 다이에틸에터	• 발화점이 100℃ 이하 • 인화점 -20℃ 이하이고 비점이 40℃ 이하
제1석유류	아세톤, 휘발유	• 인화점 21℃ 미만
알코올류	C_1~C_3까지 포화 1가 알코올(변성알코올 포함) 메틸알코올, 에틸알코올, 프로필알코올	
제2석유류	등유, 경유	• 인화점 21℃ 이상 70℃ 미만
제3석유류	중유 크레오소트유	• 인화점 70℃ 이상 200℃ 미만
제4석유류	기어유 실린더유 윤활유	• 인화점 200℃ 이상 250℃ 미만
동식물유류	동물의 지육 등 또는 식물의 종자나 과육으로부터 추출한 것으로서 인화점이 250℃ 미만인 것	

해답 ②

59 다음 중 증기비중이 가장 큰 물질은?

① C_6H_6 ② CH_3OH
③ $CH_3COC_2H_5$ ④ $C_3H_5(OH)_3$

해설
- 공기의 평균 분자량 = 29
- 증기비중 = $\dfrac{M(분자량)}{29(공기평균분자량)}$

① C_6H_6(벤젠)의 분자량
  $= 12 \times 6 + 1 \times 6 = 78$
② CH_3OH(메틸알코올)의 분자량
  $= 12 + 1 \times 4 + 16 = 32$
③ $CH_3COC_2H_5$(메틸에틸케톤)의 분자량
  $= 12 \times 4 + 1 \times 8 + 16 = 72$
④ $C_3H_5(OH)_3$(글리세린)의 분자량
  $= 12 \times 3 + 1 \times 8 + 16 \times 3 = 92$

∴ 글리세린의 분자량이 가장 크므로 증기비중이 가장 크다.

해답 ④

60 금속칼륨의 성질에 대한 설명으로 옳은 것은?

① 중금속류에 속한다.
② 이온화 경향이 큰 금속이다.
③ 물 속에 보관한다.
④ 고광택을 내므로 장식용으로 많이 쓰인다.

해설 칼륨(K) : 제3류 위험물 중 금수성 물질

화학식	원자량	비점	융점	비중	불꽃색상
K	39	762℃	63.5℃	0.86	보라색

① 은백색의 금속이며 가열시 보라색 불꽃을 내면서 연소한다.
② 물과 반응하여 수소 및 열을 발생한다.(금수성 물질)
  $2K + 2H_2O \rightarrow 2KOH$(수산화칼륨) $+ H_2 \uparrow$ (수소)
③ **보호액으로 파라핀, 경유, 등유를 사용**한다.
④ 피부와 접촉시 화상을 입는다.
⑤ 마른모래 등으로 질식소화한다.
⑥ **화학적으로 활성이 대단히 크고** 알코올과 반응하여 수소를 발생시킨다.
  $2K + 2C_2H_5OH \rightarrow 2C_2H_5OK + H_2 \uparrow$
  (에틸알코올)   (칼륨에틸라이트)
⑦ 상온, 상압에서 **고체 상태**인 금속이다.

해답 ②

제2부 최근 기출문제 - 필기

위험물산업기사

2020년 6월 14일 시행

제1과목 일반화학

01 구리줄을 불에 달구어 약 50℃ 정도의 메탄올에 담그면 자극성 냄새가 나는 기체가 발생한다. 이 기체는 무엇인가?

① 포름알데하이드 ② 아세트알데하이드
③ 프로판   ④ 메틸에터

[해설] 알코올의 산화 시 생성물
① 1차 알코올 → 알데하이드 → 카복실산

$C_2H_5OH \xrightarrow[-H_2O]{CuO} CH_3CHO \xrightarrow{+O} CH_3COOH$
(에틸알코올)   (아세트알데하이드)   (초산)

$CH_3OH \xrightarrow[-H_2O]{+O} HCHO \xrightarrow{+O} HCOOH$
(메틸알코올)   (포름알데하이드)   (포름산)

② 2차 알코올 → 케톤

$CH_3-CH-CH_3 \xrightarrow{+O} CH_3-CO-CH_3 + H_2O$
         |
         OH
(아이소프로필알코올)   (아세톤)   (물)

해답 ①

02 다음과 같은 기체가 일정한 온도에서 반응을 하고 있다. 평형에서 기체 A, B, C가 각각 1몰, 2몰, 4몰이라면 평형상수 K의 값은 얼마인가?

$$A + 3B \rightarrow 2C + 열$$

① 0.5   ② 2
③ 3   ④ 4

[해설] 평형상수(K) : 반응물질과 생성물질의 농도의 비

$kA + lB \leftrightarrow mC + nD$

$\dfrac{[C]^m[D]^n}{[A]^k[B]^l} = K$

$K = \dfrac{[C]^2}{[A]^1[B]^3} = \dfrac{[4]^2}{[1]^1 \times [2]^3} = \dfrac{16}{8} = 2$

해답 ②

03 "기체의 확산속도는 기체의 밀도(또는 분자량)의 제곱근에 반비례한다."라는 법칙과 연관성이 있는 것은?

① 미지의 기체 분자량을 측정에 이용할 수 있는 법칙이다.
② 보일-샤를이 정립한 법칙이다.
③ 기체상수 값을 구할 수 있는 법칙이다.
④ 이 법칙은 기체상태방정식으로 표현된다.

[해설] 기체의 확산속도에 의한 분자량의 측정(그레이엄의 법칙)
두 가지 기체가 퍼지는 확산속도는 그 기체의 밀도(분자량)의 제곱근에 반비례한다.

$$\dfrac{U_1}{U_2} = \sqrt{\dfrac{M_2}{M_1}} = \sqrt{\dfrac{d_2}{d_1}}$$

여기서, U_1 : 기체1의 확산속도
       U_2 : 기체2의 확산속도
       M_1 : 기체1의 분자량
       M_2 : 기체2의 분자량
       d_1 : 기체1의 밀도
       d_2 : 기체2의 밀도

해답 ①

04 다음 중 파장이 가장 짧으면서 투과력이 가장 강한 것은?

① α-선　　② β-선
③ γ-선　　④ X-선

해설 감마선
① 질량이 없고 전하를 띠지 않음
② 파장이 가장 짧고 투과력과 방출 속도가 가장 크다.

원소의 붕괴

방사선 붕괴	질량수 변화	원자번호 변화
α	4 감소	2 감소
β	불변	1 증가
γ	불변	불변

해답 ③

05 98% H_2SO_4 50g에서 H_2SO_4에 포함된 산소 원자수는?

① 3×10^{23}개　　② 6×10^{23}개
③ 9×10^{23}개　　④ 1.2×10^{24}개

해설
① H_2SO_4(황산) 98%, 50g을 H_2SO_4(황산)100%로 환산하면
　　$50g \times 0.98 = 49g$
② H_2SO_4(황산)100%, 49g중 산소의 g원자량을 계산하면
　㉠ H_2SO_4(황산)의 분자량
　　$= 1 \times 2 + 32 + 16 \times 4 = 98$
　㉡ 산소의 g원자량 $= 49g \times \dfrac{64}{98} = 32g$
③ 산소(O)의 1g 원자는 16g이며 원자수는 6.02×10^{23}개 이다.
④ 황산 중 산소의 g 원자량이 32g 이므로
　산소의 원자수 $= 6.02 \times 10^{23} \times \dfrac{32}{16}$
　　　　　　　$\fallingdotseq 1.2 \times 10^{24}$개

해답 ④

06 질소와 수소로 암모니아를 합성하는 반응의 화학반응식은 다음과 같다. 암모니아의 생성률을 높이기 위한 조건은?

$$N_2 + 3H_2 \rightarrow 2NH_3 + 22.1kcal$$

① 온도와 압력을 낮춘다.
② 온도는 낮추고, 압력은 높인다.
③ 온도를 높이고, 압력은 낮춘다.
④ 온도와 압력을 높인다.

해설 화학반응 평형과 이동요인

$N_2 + 3H_2 \Leftrightarrow 2NH_3 + 24kcal$

• 평형을 오른쪽(→)으로 이동시키려면
　① N_2 농도 증가　② 압력 증가　③ 온도 감소
• 평형을 왼쪽(←)으로 이동시키려면
　① N_2 농도 감소　② 압력 감소　③ 온도 증가

해답 ②

07 다음 그래프는 어떤 고체물질의 온도에 따른 용해도 곡선이다. 이 물질의 포화용액을 80℃에서 0℃로 내렸더니 20g의 용질이 석출되었다. 80℃에서 이 포화용액의 질량은 몇 g인가?

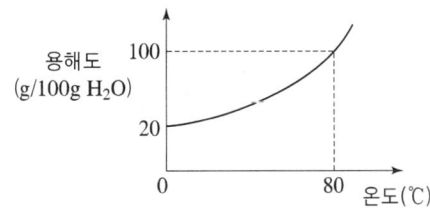

① 50g　　② 75g
③ 100g　④ 150g

해설 (1) 80℃에서 용해도 $= 100$
① 용해도 $= \dfrac{용질}{용매} \times 100$,
용해도가 100이므로
용질의 무게(A) = 용매의 무게(A)
② $100 = \dfrac{용질(A)}{용매(A)} \times 100$

(2) 0℃에서 용해도 $= 20$, 20g의 용질이 석출하였으므로 용질의 무게 $= A - 20g$
① 용해도 $= \dfrac{용질}{용매} \times 100$
② $20 = \dfrac{용질(A-20g)}{용매(A)} \times 100$
③ $20 = \dfrac{A-20}{A} \times 100$, $0.2 = \dfrac{A-20}{A}$,

$0.2A = A - 20$, $A - 0.2A = 20$, $0.8A = 20$
$A = 25g$

(3) 80℃에서 용질의 무게(A) = 25g
    용매의 무게(A) = 25g

(4) 80℃에서 용액의 질량
    = 용질의 무게+용매의 무게
    = 25g+25g = 50g

해답 ①

08 1패러데이(Faraday)의 전기량으로 물을 전기분해 하였을 때 생성되는 수소기체는 0℃, 1기압에서 얼마의 부피를 갖는가?

① 5.6L ② 11.2L
③ 22.4L ④ 44.8L

해설 ① 1F(패럿)의 전기량으로 물질 1g-당량이 석출된다.
② 1F(패럿) = 전자 6.02×10^{23}개의 전기량
③ 1F(패럿) = 96500C(쿠울롬)

1F(96500C)으로 변화하는 물질의 양

전기량	물질	석출물질	석출무게	표준상태의 부피	원자수
1F	수소	H_2	1.008g	11.2L	6.02×10^{23}개
1F	산소	O_2	8g	5.6L	$\frac{1}{2} \times 6.02 \times 10^{23}$개
1F	황산구리($CuSO_4$)	Cu	$\frac{63.5}{2}$g		$\frac{1}{2} \times 6.02 \times 10^{23}$개
1F	질산은($AgNO_3$)	Ag	108g		6.02×10^{23}개

패러데이(Faraday)의 법칙
① 제1법칙 : 같은 물질에 대하여 전기분해로써 전극에서 일어나는 물질의 양은 통한 전기량에 비례한다.
② 제2법칙 : 일정한 전기량에 의하여 일어나는 화학변화의 양은 그 물질의 화학 당량에 비례한다.

해답 ②

09 물 200g에 A 물질 2.9g을 녹인 용액의 어는점은?
(단, 물의 어는점 내림상수는 1.86℃ · kg/mol 이고, A 물질의 분자량은 58이다.)

① -0.017℃ ② -0.465℃
③ -0.932℃ ④ -1.871℃

해설 ① $\Delta T_f = K_f \times \dfrac{a}{W} \times \dfrac{1000}{M}$ 식에 대입

② $\Delta T_f = 1.86℃ \cdot kg/mol \times \dfrac{2.9g}{200g} \times \dfrac{1000}{58}$
    = 0.465℃

③ 어는점이므로 -0.465℃

라울의 법칙(빙점 강하도)
일정한 온도에서 비휘발성이며 비전해질인 용질이 묽은 용액의 증기압력내림은 일정량의 용매에 녹아있는 용질의 몰수에 비례한다.

$$\Delta T_f = K_f \cdot m = K_f \times \dfrac{a}{W} \times \dfrac{1000}{M}$$

$$M = K_f \times \dfrac{a}{W \Delta T_f} \times 1000$$

여기서, ΔT_f : 몰랄 내림 상수(물의 $K_f = 1.86℃/m$)
    m : 몰랄농도 a : 용질의 무게
    W : 용매의 무게 M : 분자량
    K_f : 어는점 내림(℃)

해답 ②

10 다음 물질 중에서 염기성인 것은?

① $C_6H_5NH_2$ ② $C_6H_5NO_2$
③ C_6H_5OH ④ C_6H_5COOH

해설

화학식	명칭	액성
$C_6H_5NH_2$	아닐린	염기성
$C_6H_5NO_2$	나이트로벤젠	약산성
C_6H_5OH	페놀	약산성
C_6H_5COOH	안식향산(벤조산)	약산성

아닐린($C_6H_5NH_2$) : 제4류 3석유류
① 기름 모양의 무색 액체
② 물에 녹지 않는다.
③ 염산과 반응하여 염산염(이온화합물)을 만들므로 염기성이다.
④ 아닐린은 HCl과 반응하여 염산염을 만든다.

$C_6H_5NH_2$ + HCl → $C_6H_5NH_2 \cdot HCl$
 (아닐린) (염산) (염산아닐린(염))

⑤ 아닐린의 제조방법
 (나이트로벤젠을 수소로 환원하여 제조)

$C_6H_5NO_2$ + $3H_2$ → $C_6H_5NH_2$ + $2H_2O$
 (나이트로벤젠) (수소) (아닐린) (물)

해답 ①

11 다음은 표준 수소전극과 짝지어 얻은 반쪽반응 표준 환원전위값이다. 이들 반쪽 전지를 짝지었을 때 얻어지는 전지의 표준 전위차 $E°$는?

- $Cu^{2+} + 2e^- \rightarrow Cu$ $E° = +0.34V$
- $Ni^{2+} + 2e^- \rightarrow Ni$ $E° = -0.23V$

① +0.11V   ② -0.11V
③ +0.57V   ④ -0.57V

해설 $E° = +0.34 - (-0.23) = +0.57V$

해답 ③

12 0.01N CH_3COOH의 전리도가 0.01이면 pH는 얼마인가?

① 2   ② 4
③ 6   ④ 8

해설 전리도 = 이온화도(α)
전해질을 물에 녹였을 때 전리되어 있는 양과 용질 전량에 대한 비율

① 전리도(α) = $\dfrac{\text{이온화된 용질의 몰수}}{\text{용실의 선 몰수}}$
　　　　　= $\dfrac{\text{전리된 분자수}}{\text{전해질의 전 분자수}}$

② $[H^+] = 0.01 \times 0.01 = 0.0001 = 10^{-4}$

③ ∴ $pH = -\log[H^+] = -\log[10^{-4}] = 4$

해답 ②

13 액체나 기체 안에서 미소 입자가 불규칙적으로 계속 움직이는 것을 무엇이라 하는가?

① 틴들 현상   ② 다이알리시스
③ 브라운 운동   ④ 전기영동

해설 콜로이드용액의 성질
① 틴들(Tyndall) 현상 : 콜로이드 용액에 광선을 통과시키면 콜로이드 입자가 산란하여 빛의 진로를 볼 수 있는 현상
② 브라운 운동 : 콜로이드의 불규칙적인 운동
③ 투석(다이알리시스) : 콜로이드 용액에 용질의 혼합액을 투석막에 넣고 흐르는 물속에 넣어두면 분자 또는 이온은 투석막을 통과하여 제거되고 콜로이드 입자만 남게 되는 현상(삼투압 측정에 이용)
④ 전기영동 : 콜로이드 용액에 직류전기를 흐르게 하면 콜로이드 입자는 입자의 하전과 반대극성의 전극으로 이동하여 부근의 농도가 증가되는 현상
⑤ 엉김(응석) : 콜로이드 용액에 전해질을 넣으면 침전되는 현상
⑥ 염석 : 친수콜로이드에 다량의 전해질을 넣으면 엉김이 일어나는 현상
(예 : 비눗물에 다량의 소금(NaCl)을 가하면 비누가 분리된다)

해답 ③

14 ns^2np^5의 전자구조를 가지지 않는 것은?

① F(원자번호 9)   ② Cl(원자번호 17)
③ Se(원자번호 34)   ④ I(원자번호 53)

해설 원소의 전자 배열
① F(원자번호=9) : $1S^2-2S^2-2P^5$
② Cl(원자번호=17) : $1S^2-2S^2-2P^6-3S^2-3P^5$
③ Se(원자번호-34)
　: $1S^2-2S^2-2P^6-3S^2-3P^6-4S^2-3d^{10}-4P^4$
④ I(원자번호=53)
　: $1S^2-2S^2-2P^6-3S^2-3P^6-4S^2-3d^{10}-4P^6$
　　$-5S^2-4d^{10}-5P^5$

전자의 배치와 오비탈
$1S^2-2S^2-2P^6-3S^2-3P^6-4S^2-3d^{10}-4P^6-5S^2-4d^{10}$
$-5P^6-6S^2-4f^{14}-5d^{10}$

해답 ③

15 pH가 2인 용액은 pH가 4인 용액과 비교하면 수소이온농도가 몇 배인 용액이 되는가?

① 100배   ② 2배
③ 10^{-1}배   ④ 10^{-2}배

해설 ① pH=2인 용액 : $[H^+] = 10^{-2} = 0.01$
② pH=4인 용액 : $[H^+] = 10^{-4} = 0.0001$

∴ $N = \dfrac{10^{-2}}{10^{-4}} = 10^2 = 100$배

- $pH = \log\dfrac{1}{[H^+]} = -\log[H^+]$
- $pOH = -\log[OH^-]$
- $pH = 14 - pOH$

해답 ①

16 다음의 반응에서 환원제로 쓰인 것은?

$$MnO_2 + 4HCl \rightarrow MnCl_2 + 2H_2O + Cl_2$$

① Cl_2 ② $MnCl_2$
③ HCl   ④ MnO_2

해설 $MnO_2 + 4HCl \rightarrow MnCl_2 + 2H_2O + Cl_2$

① MnO_2 : 산소를 내어 주었으므로 산화제로 작용
② HCl : 수소를 내어 주었으므로 환원제로 작용

산화제 : 자신은 환원되기 쉽고 다른 물질을 산화시키는 성질이 강한 물질

산화제의 조건	해당 물질
• 산소를 내기 쉬운 물질 • 수소와 결합하기 쉬운 물질 • 전자를 얻기 쉬운 물질 • 발생기 산소(O)를 내기 쉬운 물질	오존(O_3), 과산화수소(H_2O_2), 염소(Cl_2), 브로민(Br_2), 질산(HNO_3), 황산(H_2SO_4), 과망가니즈산칼륨($KMnO_4$), 다이크로뮴산칼륨($K_2Cr_2O_7$)

환원제 : 자신은 산화되기 쉽고 다른 물질을 환원시키는 성질이 강한 물질

환원제가 될 수 있는 물질	해당 물질
• 수소를 내기 쉬운 물질 • 산소와 화합하기 쉬운 물질 • 전자를 잃기 쉬운 물질 • 발생기 수소(H)를 내기 쉬운 물질	황화수소(H_2S), 이산화황(SO_2), 수소(H_2), 일산화탄소(CO), 옥살산($C_2H_2O_4$)

해답 ③

17 중성원자가 무엇을 잃으면 양이온으로 되는가?

① 중성자   ② 핵전하
③ 양성자   ④ 전자

해설 중성원자

전자를 잃음	전자를 얻음
• 양성자수 > 전자수 • 양이온으로 된다. • (+)전하를 가진다.	• 양성자수 < 전자수 • 음이온으로 된다. • (−)전하를 가진다.

원자를 구성하는 입자
① 원자핵(+) = 양성자(+)+중성자(+)
② 전자(−)

원자번호
= 원자핵의 양하전량 = 양성자수 = 전자수(중성 원자)

질량수
= 양성자수(원자번호)+중성자수

해답 ④

18 2차 알코올을 산화시켜서 얻어지며, 환원성이 없는 물질은?

① CH_3COCH_3 ② $C_2H_5OC_2H_5$
③ CH_3OH ④ CH_3OCH_3

해설 알코올의 산화 시 생성물

① 1차 알코올 → 알데하이드 → 카복실산

$$C_2H_5OH \xrightarrow[-H_2O]{CuO} CH_3CHO \xrightarrow{+O} CH_3COOH$$
(에틸알코올)   (아세트알데하이드)   (초산)

$$CH_3OH \xrightarrow[-H_2O]{+O} HCHO \xrightarrow{+O} HCOOH$$
(메틸알코올)   (포름알데하이드)   (포름산)

② 2차 알코올 → 케톤

$$CH_3-\underset{\underset{OH}{|}}{CH}-CH_3 \xrightarrow{+O} CH_3-CO-CH_3 + H_2O$$
(아이소프로필알코올)   (아세톤)   (물)

해답 ①

19 다이에틸에터는 에탄올과 진한 황산의 혼합물을 가열하여 제조할 수 있는데 이것을 무슨 반응이라고 하는가?

① 중합반응   ② 축합반응
③ 산화반응   ④ 에스터화 반응

해설 **축합반응** : 에탄올에 진한황산 소량을 가하여 130℃로 가열하면 2분자에서 물 1분자가 탈수되어 에터가 생성된다. 이와 같이 2분자에서 간단한 물분자와 같은 것이 떨어지면서 큰분자가 생기는 반응

$$C_2H_5OH + C_2H_5OH \xrightarrow{H_2SO_4} C_2H_5OC_2H_5 + H_2O$$
(에틸알코올) (에틸알코올)   (다이에틸에터)   (물)

해답 ②

20 다음의 금속원소를 반응성이 큰 순서부터 나열한 것은?

| Na , Li , Cs , K , Rb |

① Cs > Rb > K > Na > Li
② Li > Na > K > Rb > Cs
③ K > Na > Rb > Cs > Li
④ Na > K > Rb > Cs > LI

해설 같은 족에서는 원자번호가 클수록 반응성이 크다.

1A족 원소
Li(리튬 : 3번), Na(나트륨 : 11번), K(칼륨 : 19번), Rb(루비듐 : 37번), Cs(세슘 : 55번)

해답 ①

제2과목 화재예방과 소화방법

21 1기압, 100℃에서 물 36g이 모두 기화되었다. 생성된 기체는 약 몇 L인가?

① 11.2   ② 22.4
③ 44.8   ④ 61.2

해설 $V = \dfrac{WRT}{PM} = \dfrac{36 \times 0.082 \times (273+100)}{1 \times 18} = 61.2L$

이상기체 상태방정식 ★★★★

$$PV = nRT = \dfrac{W}{M}RT$$

여기서, P : 압력(atm) V : 부피(L)
       n : mol수(무게/분자량)
       W : 무게(g) M : 분자량
       T : 절대온도(273 + t℃)
       R : 기체상수(0.082atm · L/mol · K)

해답 ④

22 위험물안전관리법령상 분말소화설비의 기준에서 가압용 또는 축압용 가스로 알맞은 것은?

① 산소 또는 수소
② 수소 또는 질소
③ 질소 또는 이산화탄소
④ 이산화탄소 또는 산소

해설 **분말소화설비의 가압용 또는 축압용 가스**

구분	질소가스 사용 시	이산화탄소 사용 시
가압용 가스	40L(질소)/1kg(약제) 이상 (35℃, 1기압 기준)	20g(CO_2)/1kg(약제) +배관청소에 필요한 양
축압용 가스	10L(질소)/1kg(약제) 이상 (35℃, 1기압 기준)	20g(CO_2)/1kg(약제) +배관청소에 필요한 양

해답 ③

23 소화 효과에 대한 설명으로 옳지 않은 것은?

① 산소공급원 차단에 의한 소화는 제거효과이다.
② 가연물질의 온도를 떨어뜨려서 소화하는 것은 냉각효과이다.
③ 촛불을 입으로 바람을 불어 끄는 것은 제거효과이다.
④ 물에 의한 소화는 냉각효과이다.

해설 **소화원리**
① **냉각소화** : 가연성 물질을 발화점 이하로 온도를 냉각

물이 소화약제로 사용되는 이유
• 물의 기화열(539kcal/kg)이 크기 때문
• 물의 비열(1kcal/kg℃)이 크기 때문

② **질식소화** : 산소농도를 21%에서 15% 이하로 감소

질식소화 시 산소의 유지농도 : 10~15%

③ **억제소화(부촉매소화, 화학적 소화)** : 연쇄반응을 억제

• 부촉매 : 화학적 반응의 속도를 느리게 하는 것
• 부촉매 효과 : 할로젠화합물 소화약제 (할로젠족원소 : 불소(F), 염소(Cl), 브로민(Br), 아이오딘(I))

④ **제거소화** : 가연성물질을 제거시켜 소화

• 산불이 발생하면 화재의 진행방향을 앞질러 벌목
• 화학반응기의 화재 시 원료공급관의 밸브를 폐쇄
• 유전화재 시 폭약으로 폭풍을 일으켜 화염을 제거
• 촛불을 입김으로 불어 화염을 제거

⑤ **피복소화** : 가연물 주위를 공기와 차단

⑥ 희석소화 : 수용성인 인화성액체 화재 시 물을 방사하여 가연물의 연소농도를 희석

해답 ①

24 위험물안전관리법령에 따른 옥내소화전설비의 기준에서 펌프를 이용한 가압송수장치의 경우 펌프의 전양정(H)를 구하는 식으로 옳은 것은? (단, h_1은 소방용 호스의 마찰손실수두, h_2는 배관의 마찰손실수두, h_3는 낙차이며, h_1, h_2, h_3의 단위는 모두 m이다.)

① $H = h_1 + h_2 + h_3$
② $H = h_1 + h_2 + h_3 + 0.35\,\mathrm{m}$
③ $H = h_1 + h_2 + h_3 + 35\,\mathrm{m}$
④ $H = h_1 + h_2 + 0.35\,\mathrm{m}$

해설 옥내소화전설비 펌프의 전양정 산출공식

$$H = h_1 + h_2 + h_3 + 35\,\mathrm{m}$$

여기서, H : 펌프의 전양정(m)
　　　　h_1 : 소방용호스 마찰손실수두(m)
　　　　h_2 : 배관의 마찰 손실 수두(m)
　　　　h_3 : 낙차(m)

해답 ③

25 이산화탄소의 특성에 관한 내용으로 틀린 것은?

① 전기의 전도성이 있다.
② 냉각 및 압축에 의하여 액화될 수 있다.
③ 공기보다 약 1.52배 무겁다.
④ 일반적으로 무색, 무취의 기체이다.

해설 이산화탄소(CO_2)의 물리적성질
① 무색무취이며 비전도성이다.
② 증기비중은 약 1.5이다.
③ CO_2의 임계온도 : 31℃
④ CO_2의 허용농도 : 0.5%(5000ppm)
⑤ CO_2의 삼중점 : 압력 0.53MPa, 온도 -56.3℃에서 고체, 액체, 기체가 공존
⑥ CO_2의 호흡곤란 : 6% 이상

해답 ①

26 다음 물질의 화재 시 내알코올포를 사용하지 못하는 것은?

① 아세트알데하이드　② 알킬리튬
③ 아세톤　　　　　　④ 에탄올

해설 ② 알킬리튬-제3류 위험물-금수성 물질

내알코올포 소화약제
수용성 위험물(알코올, 산, 케톤류)에 일반 포 약제를 방사하면 포가 소멸하므로(소포성, 파포현상) 이를 방지하기 위하여 특별히 제조된 포 약제이다.

내알코올포 적응화재
① 알코올, ② 아세톤, ③ 피리딘,
④ 개미산(의산), ⑤ 초산, ⑥ 아세트알데하이드 등 수용성 액체에 적합

해답 ②

27 스프링클러설비에 관한 설명으로 옳지 않은 것은?

① 초기화재 진화에 효과가 있다.
② 살수밀도와 무관하게 제4류 위험물에는 적응성이 없다.
③ 제1류 위험물 중 알칼리금속과산화물에는 적응성이 없다.
④ 제5류 위험물에는 적응성이 있다.

해설 스프링클러설비
① 초기화재 진화에 효과가 탁월하다.
② 살수밀도가 기준이상인 경우에는 제4류 위험물에 적응성이 있다.
③ 제1류 위험물 중 알칼리금속과산화물(금수성)에는 적응성이 없다.
④ 제5류 위험물(자기반응성)에는 적응성이 있다.

해답 ②

28 위험물제조소에서 옥내소화전이 1층에 4개, 2층에 6개가 설치되어 있을 때 수원의 수량은 몇 L 이상이 되도록 설치하여야 하는가?

① 13000　　　　② 15600
③ 39000　　　　④ 46800

해설 위험물제조소등의 소화설비 설치기준

소화설비	수평거리	방사량	방사압력
옥내	25m 이하	260(L/min) 이상	350(kPa) 이상
	수원의 양 $Q = N$(소화전개수 : 최대 5개) $\times 7.8m^3(260L/min \times 30min)$		
옥외	40m 이하	450(L/min) 이상	350(kPa) 이상
	수원의 양 $Q = N$(소화전개수 : 최대 4개) $\times 13.5m^3(450L/min \times 30min)$		
스프링클러	1.7m 이하	80(L/min) 이상	100(kPa) 이상
	수원의 양 $Q = N$(헤드수 : 최대 30개) $\times 2.4m^3(80L/min \times 30min)$		
물분무	—	20 $(L/m^2 \cdot min)$	350(kPa) 이상
	수원의 양 $Q = A$(바닥면적m^2)$\times$ $0.6m^3(20L/m^2 \cdot min \times 30min)$		

옥내소화전설비의 수원의 양
$Q = N(최대\ 5개) \times 7.8m^3 = 5 \times 7.8 = 39m^3$
$= 39000L$

해답 ③

29 다음 중 고체 가연물로서 증발연소를 하는 것은?

① 숯　　　　　② 나무
③ 나프탈렌　　④ 나이트로셀룰로오스

해설 연소의 형태
① **표면연소**(surface reaction)
   숯, 코크스, 목탄, 금속분
② **증발연소**(evaporating combustion)
   파라핀(양초), 황, 나프탈렌, 왁스, 휘발유, 등유, 경유, 아세톤 등 제4류 위험물
③ **분해연소**(decomposing combustion)
   석탄, 목재, 플라스틱, 종이, 합성수지, **중유 (제4류-제3석유류)**
④ 자기연소(내부연소)
   질화면(나이트로셀룰로오스), 셀룰로이드, 나이트로글리세린 등 제5류 위험물
⑤ **확산연소**(diffusive burning)
   아세틸렌, LPG, LNG 등 가연성 기체

⑥ 불꽃연소 + 표면연소
   목재, 종이, 셀룰로오즈류, 열경화성수지

해답 ③

30 위험물안전관리법령상 제조소등에서의 위험물의 저장 및 취급에 관한 기준에 따르면 보냉장치가 있는 이동저장탱크에 저장하는 다이에틸에터의 온도는 얼마 이하로 유지하여야 하는가?

① 비점　　　　② 인화점
③ 40℃　　　　④ 30℃

해설 알킬알루미늄 등, 아세트알데하이드 등 및 다이에틸에터 등의 저장기준
① 이동저장탱크에 알킬알루미늄 등을 저장하는 경우에는 20kPa 이하의 압력으로 불활성의 기체를 봉입하여 둘 것
② 옥외저장탱크·옥내저장탱크 또는 지하저장탱크 중 압력탱크 외의 탱크에 저장하는 다이에틸에터 등 또는 아세트알데하이드 등의 온도는 산화프로필렌과 이를 함유한 것 또는 다이에틸에터 등에 있어서는 30℃ 이하로, 아세트알데하이드 또는 이를 함유한 것에 있어서는 15℃ 이하로 각각 유지할 것
③ **옥외저장탱크·옥내저장탱크 또는 지하저장탱크 중 압력탱크에 저장하는 아세트알데하이드 등 또는 다이에틸에터 등의 온도는 40℃ 이하로 유지할 것**
④ 이동저장탱크에 저장하는 아세트알데하이드 등 또는 다이에틸에터 등의 온도

구 분	유지 온도
보냉장치가 있는 이동저장탱크	비점 이하
보냉장치가 없는 이동저장탱크	40℃ 이하

해답 ①

31 Halon 1301에 대한 설명 중 틀린 것은?

① 비점은 상온보다 낮다.
② 액체 비중은 물보다 크다.
③ 기체 비중은 공기보다 크다.
④ 100℃에서도 압력을 가해 액화시켜 저장할 수 있다.

해설 할론1301의 물리적 성질
① 비점(-57.8℃)은 상온(20℃)보다 낮다.
② 액체비중(1.57)은 물(1)보다 크다.
③ 기체 비중(5.1)은 공기(1)보다 크다.
④ 임계온도(67.0℃) 이하, 임계압력(39.1atm) 이상에서는 액화시켜 저장할 수 있다.

해답 ④

32 일반적으로 다량의 주수를 통한 소화가 가장 효과적인 화재는?

① A급화재　② B급화재
③ C급화재　④ D급화재

해설 화재의 분류 및 소화방법

종류	등급	색표시	주된 소화 방법
일반화재	A급	백색	냉각소화
유류 및 가스화재	B급	황색	질식소화
전기화재	C급	청색	질식소화
금속화재	D급	-	피복소화
주방화재	K급	-	냉각 및 질식소화

해답 ①

33 점화원 역할을 할 수 없는 것은?

① 기화열　② 산화열
③ 정전기불꽃　④ 마찰열

해설 열에너지원의 종류

에너지의 종류	종류
화학적 에너지	연소열, 분해열, 용해열, 반응열, 자연발화, 중합열
전기적 에너지	저항가열, 유도가열, 유전가열, 아크가열, 정전스파크, 낙뢰
기계적 에너지	마찰열, 압축열, 충격(마찰)스파크
원자력 에너지	핵분열, 핵융합

해답 ①

34 인화점이 70℃ 이상인 제4류 위험물을 저장·취급하는 소화난이도등급 I 의 옥외탱크저장소(지중탱크 또는 해상탱크 외의 것)에 설치하는 소화설비는?

① 스프링클러소화설비
② 물분무소화설비
③ 간이소화설비
④ 분말소화설비

해설 소화난이도등급 I 의 제조소등에 설치하여야 하는 소화설비

제조소등의 구분		소화설비
옥외탱크저장소	황만을 저장 취급하는 것	물분무소화설비
	지중탱크 또는 해상탱크 외의 것	인화점 70℃ 이상의 제4류 위험물만을 저장·취급하는 것	물분무소화설비 또는 고정식 포소화설비
		그 밖의 것	고정식 포소화설비(포소화설비가 적응성이 없는 경우에는 분말소화설비)
	지중탱크	고정식 포소화설비, 이동식 이외의 이산화탄소소화설비 또는 이동식 이외의 할로젠화합물소화설비
	해상탱크	고정식 포소화설비, 물분무소화설비, 이동식 이외의 이산화탄소소화설비 또는 이동식 이외의 할로젠화합물소화설비

해답 ②

35 표준상태에서 프로판 2m³이 완전연소할 때 필요한 이론 공기량은 약 몇 m³인가? (단, 공기 중 산소농도는 21vol%이다.)

① 23.81　② 35.72
③ 47.62　④ 71.43

해설
$$C_3H_8 + 5O_2 \rightarrow 3CO_2 + 4H_2O$$
$$1 \times 22.4m^3 \quad 5 \times 22.4m^3(5몰)$$
$$2m^3 \quad Xm^3$$

① $X = \dfrac{2 \times 5 \times 22.4}{22.4} = 10m^3$
 (산소가 100%인 경우)
② 공기 중 산소가 21%이므로
③ **필요한 공기량** $= \dfrac{10}{0.21} = 47.62m^3$

해답 ③

36 분말소화약제인 제1인산암모늄(인산이수소암모늄)의 열분해 반응을 통해 생성되는 물질

로 부착성 막을 만들어 공기를 차단시키는 역할을 하는 것은?

① HPO_3 ② PH_3
③ NH_3 ④ P_2O_3

해설 **제3종 분말**(제1인산암모늄) : 열분해 시 발생한 **메타인산**(HPO_3)은 부착성이 매우 강하다.
분말약제의 열분해

종별	약제명	착색	열분해 반응식
제1종	탄산수소나트륨 중탄산나트륨 중조	백색	270℃ $2NaHCO_3$ → $Na_2CO_3+CO_2+H_2O$ 850℃ $2NaHCO_3$ → $Na_2O+2CO_2+H_2O$
제2종	탄산수소칼륨 중탄산칼륨	담회색	190℃ $2KHCO_3$ → $K_2CO_3+CO_2+H_2O$ 590℃ $2KHCO_3$ → $K_2O+2CO_2+H_2O$
제3종	제1인산암모늄	담홍색	$NH_4H_2PO_4$ → $HPO_3+NH_3+H_2O$
제4종	중탄산칼륨+요소	회(백)색	$2KHCO_3+(NH_2)_2CO$ → $K_2CO_3+2NH_3+2CO_2$

해답 ①

37 Na_2O_2와 반응하여 제6류 위험물을 생성하는 것은?

① 아세트산 ② 물
③ 이산화탄소 ④ 일산화탄소

해설 ※ 과산화나트륨은 초산과 반응하여 초산나트륨과 과산화수소(6류)를 생성한다.

과산화나트륨(Na_2O_2) : 제1류 위험물 중 무기과산화물(금수성)

화학식	분자량	비중	융점	분해온도
Na_2O_2	78	2.8	460℃	460℃

① 상온에서 물과 격렬히 반응하여 산소(O_2)를 방출하고 폭발하기도 한다.

$2Na_2O_2 + 2H_2O$ → $4NaOH + O_2↑$
(과산화나트륨) (물) (수산화나트륨) (산소)

② 공기 중 이산화탄소(CO_2)와 반응하여 산소(O_2)를 방출한다.

$2Na_2O_2 + 2CO_2$ → $2Na_2CO_3$(탄산나트륨) $+ O_2↑$

③ 산과 반응하여 과산화수소(H_2O_2)를 생성시킨다.

$Na_2O_2 + 2CH_3COOH$ → $2CH_3COONa + H_2O_2↑$
(초산) (초산나트륨) (과산화수소)

④ 열분해시 산소(O_2)를 방출한다.

$2Na_2O_2$ → $2Na_2O$(산화나트륨) $+ O_2↑$ (산소)

⑤ 주수소화는 금물이고 마른모래(건조사)등으로 소화한다.

해답 ①

38 묽은 질산이 칼슘과 반응하면 발생하는 기체는?

① 산소 ② 질소
③ 수소 ④ 수산화칼슘

해설 **칼슘과 묽은 질산의 반응식**

$Ca + 2HNO_3$ → $Ca(NO_3)_2 + H_2$
(칼슘) (질산) (질산칼슘) (수소)

해답 ③

39 과산화수소의 화재예방 방법으로 틀린 것은?

① 암모니아와의 접촉은 폭발의 위험이 있으므로 피한다.
② 완전히 밀전·밀봉하여 외부 공기와 차단한다.
③ 불투명 용기를 사용하여 직사광선이 닿지 않게 한다.
④ 분해를 막기 위해 분해방지 안정제를 사용한다.

해설 **과산화수소**(H_2O_2)-**제6류 위험물**

화학식	분자량	비중	비점	융점
H_2O_2	34	1.463	150.2℃(pure)	-0.43℃(pure)

① 물, 에탄올, 에터에 잘 녹으며 벤젠에 녹지 않는다.
② 분해 시 발생기 산소(O)를 발생시킨다.
③ 분해안정제로 인산(H_3PO_4) 또는 요산($C_5H_4N_4O_3$)을 첨가한다.
④ 저장용기는 **밀폐하지 말고 구멍이 있는 마개를 사용**한다.
⑤ 하이드라진($NH_2·NH_2$)과 접촉 시 분해 작용으로 폭발위험이 있다.

$NH_2·NH_2 + 2H_2O_2$ → $4H_2O + N_2↑$

⑥ 다량의 물로 주수 소화한다.

해답 ②

40 소화기와 주된 소화효과가 옳게 짝지어진 것은?

① 포소화기 – 제거소화
② 할로젠화합물 소화기 – 냉각소화
③ 탄산가스 소화기 – 억제소화
④ 분말 소화기 – 질식소화

해설
① 포 소화기 : 질식효과, 냉각효과
② 할로젠화합물 소화기 : 부촉매효과(억제효과)
③ 탄산가스 소화기 : 질식효과, 냉각효과
④ 분말 소화기 : 질식효과

해답 ④

제3과목 위험물의 성질과 취급

41 적린에 대한 설명으로 옳은 것은?

① 발화 방지를 위해 염소산칼륨과 함께 보관한다.
② 물과 격렬하게 반응하여 열을 발생한다.
③ 공기 중에 방치하면 자연발화한다.
④ 산화제와 혼합한 경우 마찰·충격에 의해서 발화한다.

해설 적린(붉은인, P) : 제2류 위험물(가연성 고체) ★★★

화학식	원자량	비중	융점	착화점
P	31	2.2	600℃	260℃

① **황린의 동소체**이며 황린보다 안정하다.
② 공기 중에서 자연발화하지 않는다.(발화점 : 260℃, 승화점 : 460℃)
③ 황린을 공기차단상태에서 가열, 냉각 시 적린으로 변환다.

황린(P₄) —공기차단(260℃가열, 냉각)→ 적린(P)

④ 성냥, 불꽃놀이 등에 이용된다.
⑤ 연소 시 **오산화인**(P₂O₅)이 생성된다.

4P + 5O₂ → 2P₂O₅(오산화인)

⑥ 다량의 물을 주수하여 냉각 소화한다.

해답 ④

42 옥내탱크저장소에서 탱크상호간에는 얼마 이상의 간격을 두어야 하는가? (단, 탱크의 점검 및 보수에 지장이 없는 경우는 제외한다.)

① 0.5m   ② 0.7m
③ 1.0m   ④ 1.2m

해설 옥내탱크저장소의 탱크 이격거리
① 탱크상호간의 거리 : 0.5m 이상
② 탱크와 탱크전용실의 벽과의 거리 : 0.5m 이상

해답 ①

43 주유취급소의 고정주유설비는 도로경계선과 몇 m 이상 거리를 유지하여야 하는가? (단, 고정주유설비의 중심선을 기점으로 한다.)

① 2   ② 4
③ 6   ④ 8

해설 고정주유설비 또는 고정급유설비
① 고정주유설비의 중심선을 기점으로 하여 **도로경계선까지 4m 이상**
② 부지경계선·담 및 건축물의 벽까지 2m(개구부가 없는 벽까지는 1m) 이상의 거리를 유지
③ 고정급유설비의 중심선을 기점으로 하여 도로경계선까지 4m 이상, 부지경계선 및 담까지 1m 이상
④ 건축물의 벽까지 2m(개구부가 없는 벽까지는 1m) 이상의 거리를 유지할 것
⑤ 고정주유설비와 고정급유설비의 사이에는 4m 이상의 거리를 유지할 것

해답 ②

44 인화칼슘의 성질에 대한 설명 중 틀린 것은?

① 적갈색의 괴상고체이다.
② 물과 격렬하게 반응한다.
③ 연소하여 불연성의 포스핀가스를 발생한다.
④ 상온의 건조한 공기중에서는 비교적 안정하다.

해설 인화칼슘(Ca₃P₂) : 제3류(금수성 물질)

화학식	분자량	융점	비중
Ca₃P₂	182	1,600℃	2.5

① 적갈색의 괴상고체이다.
② 물 및 약산과 반응하여 유독성의 **인화수소(포스핀)기체**를 생성한다.

- $Ca_3P_2 + 6H_2O \rightarrow 3Ca(OH)_2 + 2PH_3$
  (수산화칼슘) (포스핀=인화수소)
- $Ca_3P_2 + 6HCl \rightarrow 3CaCl_2 + 2PH_3$
  (염화칼슘) (포스핀=인화수소)

③ 포스핀은 맹독성가스이므로 취급시 방독마스크를 착용한다.
④ 물 및 포약제의 의한 소화는 절대 금하고 마른모래 등으로 피복하여 자연 진화되도록 기다린다.

해답 ③

45 칼륨과 나트륨의 공통 성질이 아닌 것은?

① 물보다 비중값이 작다.
② 수분과 반응하여 수소를 발생한다.
③ 광택이 있는 무른 금속이다.
④ 지정수량이 50kg이다.

해설 ④ 지정수량은 10kg이다.

금속칼륨 및 금속나트륨 : 제3류 위험물(금수성)
① 물과 반응하여 수소기체 발생

$2Na + 2H_2O \rightarrow 2NaOH + H_2\uparrow$ (수소발생)
$2K + 2H_2O \rightarrow 2KOH + H_2\uparrow$ (수소발생)

② 파라핀, 경유, 등유 속에 저장

★★자주출제(필수정리)★★
① 칼륨(K), 나트륨(Na)은 파라핀, 경유, 등유 속에 저장
② 황린(3류) 및 이황화탄소(4류)는 물속에 저장

해답 ④

46 다음 중 제1류 위험물에 해당하는 것은?

① 염소산칼륨 ② 수산화칼륨
③ 수소화칼륨 ④ 아이오딘화칼륨

해설 ① **염소산칼륨**($KClO_3$) : 제1류 염소산염류
② **수산화칼륨**(KOH) : 위험물에 해당되지 않는다.(유독물)
③ **수소화칼륨** : 제3류 위험물
④ **아이오딘화칼륨**(KI) : 위험물에 해당되지 않는다.

해답 ①

47 제1류 위험물로서 조해성이 있으며 흑색화약의 원료로 사용하는 것은?

① 염소산칼륨
② 과염소산나트륨
③ 과망가니즈산암모늄
④ 질산칼륨

해설 **질산칼륨**(KNO_3) : 제1류 위험물(산화성고체)
① 질산칼륨에 숯가루, 황가루를 혼합하여 흑색화약제조에 사용한다.
② 열분해하여 산소를 방출한다.

$2KNO_3 \rightarrow 2KNO_2 + O_2\uparrow$

③ 물, 글리세린에는 잘 녹으나 알코올에는 잘 녹지 않는다.
④ 유기물 및 강산과 접촉 시 매우 위험하다.
⑤ 소화는 주수소화방법이 가장 적당하다.

해답 ④

48 짚, 헝겊 등을 다음의 물질과 적셔서 대량으로 쌓아 두었을 경우 자연발화의 위험성이 가장 높은 것은?

① 동유   ② 야자유
③ 올리브유   ④ 피마자유

해설 **동식물유류 : 제4류 위험물**
동물의 지육 또는 식물의 종자나 과육으로부터 추출한 것으로 1기압에서 인화점이 250℃ 미만인 것
① 돈지(돼지기름), 우지(소기름) 등이 있다.
② **아이오딘값이 130 이상인 건성유는 자연발화 위험이 있다.**
③ 인화점이 46℃인 개자유는 저장, 취급 시 특별히 주의한다.

아이오딘값에 따른 동식물유의 분류

구 분	아이오딘값	종 류
건성유	130 이상	해바라기기름, **동유**(오동기름), 정어리기름, **아마인유**, 들기름
반건성유	100~130	채종유, 쌀겨기름, 참기름, 면실유, 옥수수기름, 청어기름, 콩기름
불건성유	100 이하	야자유, 팜유, 올리브유, **피마자기름**, 낙화생기름, 돈지, 우지, 고래기름

해답 ①

49 4몰의 나이트로글리세린이 고온에서 열분해·폭발하여 이산화탄소, 수증기, 질소, 산소의 4가지 가스를 생성할 때 발생되는 가스의 총 몰수는?

① 28
② 29
③ 30
④ 31

해설 가스의 총 몰수(M)
= 12몰(CO_2)+6몰(N_2)+1몰(O_2)+10몰(H_2O)
= 29몰

나이트로글리세린[$C_3H_5(ONO_2)_3$]
: 제5류 위험물 중 질산에스터류
① 비중은 1.6으로서 물보다 무겁다.
② 상온에서는 액체이지만 겨울철에는 동결한다.
③ 비수용성이며 메탄올, 아세톤 등에 녹는다.
④ 가열, 마찰, 충격에 예민하여 대단히 위험하다.
⑤ 화재 시 폭굉 우려가 있다.
⑥ 산과 접촉 시 분해가 촉진되고 폭발우려가 있다.

나이트로글리세린의 분해
$4C_3H_5(ONO_2)_3 \rightarrow 12CO_2\uparrow + 6N_2\uparrow + O_2\uparrow + 10H_2O$

⑦ 다이나마이트(규조토+나이트로글리세린), 무연화약 제조에 이용된다.

해답 ②

50 물과 반응하였을 때 발생하는 가연성 가스의 종류가 나머지 셋과 다른 하나는?

① 탄화리튬
② 탄화마그네슘
③ 탄화칼슘
④ 탄화알루미늄

해설 ① 탄화리튬(Li_2C_2) + 물 ⇒ 아세틸렌(C_2H_2)
$Li_2C_2 + 2H_2O \rightarrow 2LiOH + C_2H_2$
② 탄화마그네슘(MgC_2) + 물 ⇒ 아세틸렌(C_2H_2)
$MgC_2 + 2H_2O \rightarrow Mg(OH)_2 + C_2H_2$
③ 탄화칼슘(CaC_2) + 물 ⇒ 아세틸렌(C_2H_2)
$CaC_2 + 2H_2O \rightarrow Ca(OH)_2 + C_2H_2$
④ 탄화알루미늄(Al_4C_3) + 물 ⇒ 메탄(CH_4)
$Al_4C_3 + 12H_2O \rightarrow 4Al(OH)_3 + 3CH_4$

해답 ④

51 트라이나이트로페놀의 성질에 대한 설명 중 틀린 것은?

① 폭발에 대비하여 철, 구리로 만든 용기에 저장한다.
② 휘황색을 띤 침상결정이다.
③ 비중이 약 1.8로 물보다 무겁다.
④ 단독으로는 테트릴보다 충격, 마찰에 둔감한 편이다.

해설 피크르산[$C_6H_2(NO_2)_3OH$](TNP : Tri Nitro Phenol)
: 제5류 위험물 중 나이트로화합물

분자량	비중	비점	융점	인화점	착화점
229	1.8	255℃	122℃	150℃	300℃

① 페놀에 황산을 작용시켜 다시 진한 질산으로 나이트로화 하여 만든 노란색 결정
② **휘황색의 침상결정**이며 냉수에는 약간 녹고 더운물, 알코올, 벤젠 등에 잘 녹는다.
③ 쓴맛과 독성이 있으며 **비중이 약 1.8이며 물보다 무겁다.**
④ 트라이나이트로페놀(Tri Nitro phenol)의 약자로 TNP라고도 한다.
⑤ 단독으로 타격, 마찰에 비교적 둔감하다.
⑥ 화약, 불꽃놀이에 이용된다.

피크르산(트라이나이트로페놀)의 구조식

OH
O_2N — — NO_2
         |
        NO_2

피크르산의 열분해 반응식
$2C_6H_2OH(NO_2)_3$
$\rightarrow 2C + 3N_2\uparrow + 3H_2\uparrow + 4CO_2\uparrow + 6CO\uparrow$

해답 ①

52 제4류 위험물 중 제1석유류를 저장, 취급하는 장소에서 정전기를 방지하기 위한 방법으로 볼 수 없는 것은?

① 가급적 습도를 낮춘다.
② 주위 공기를 이온화시킨다.
③ 위험물 저장, 취급설비를 접지시킨다.

④ 사용기구 등은 도전성 재료를 사용한다.

정전기 방지대책
① 접지
② 공기를 이온화
③ 상대습도 70% 이상 유지
④ 도체 재료를 사용하는 방법
⑤ 유속을 느리게(1m/s 이하) 할 것

해답 ①

53 위험물안전관리법령상 위험물의 취급 중 소비에 관한 기준에 해당하지 않는 것은?

① 분사도장 작업은 방화상 유효한 격벽 등으로 구획한 안전한 장소에서 실시할 것
② 버너를 사용하는 경우에는 버너의 역화를 방지할 것
③ 반드시 규격용기를 사용할 것
④ 열처리 작업은 위험물이 위험한 온도에 이르지 아니하도록 하여 실시할 것

위험물의 취급 중 소비에 관한 기준
① 분사도장작업은 방화 상 유효한 격벽 등으로 구획된 안전한 장소에서 실시
② 담금질 또는 열처리작업은 위험물이 위험한 온도에 이르지 아니하도록 하여 실시
③ 버너를 사용하는 경우에는 버너의 **역화를 방지**하고 위험물이 넘치지 아니하도록 할 것

해답 ③

54 제4류 위험물 중 제1석유류란 1기압에서 인화점이 몇 ℃인 것을 말하는가?

① 21℃ 미만   ② 21℃ 이상
③ 70℃ 미만   ④ 70℃ 이상

제4류 위험물(인화성 액체)

구분	지정품목	기타 조건(1atm에서)
특수인화물	이황화탄소 다이에틸에터	• 발화점이 100℃ 이하 • 인화점 -20℃ 이하이고 비점이 40℃ 이하
제1석유류	아세톤, 휘발유	• 인화점 21℃ 미만
알코올류	$C_1 \sim C_3$까지 포화 1가 알코올(변성알코올 포함) 메틸알코올, 에틸알코올, 프로필알코올	
제2석유류	등유, 경유	• 인화점 21℃ 이상 70℃ 미만
제3석유류	중유 크레오소트유	• 인화점 70℃ 이상 200℃ 미만
제4석유류	기어유 실린더유 윤활유	• 인화점 200℃ 이상 250℃ 미만
동식물유류		동물의 지육 등 또는 식물의 종자나 과육으로부터 추출한 것으로서 인화점이 250℃ 미만인 것

해답 ①

55 위험물을 저장 또는 취급하는 탱크의 용량산정 방법에 관한 설명으로 옳은 것은?

① 탱크의 내용적에서 공간용적을 뺀 용적으로 한다.
② 탱크의 공간용적에서 내용적을 뺀 용적으로 한다.
③ 탱크의 공간용적에서 내용적을 더한 용적으로 한다.
④ 탱크의 볼록하거나 오목한 부분을 뺀 용적으로 한다.

(1) **탱크 용적의 산정 기준**
탱크의 용량 = 탱크의 내용적 - 공간용적
(2) **암반탱크의 공간용적**
암반탱크에 있어서는 당해 탱크내에 용출하는 7일간의 지하수의 양에 상당하는 용적과 당해 탱크의 내용적의 100분의 1의 용적 중에서 보다 큰 용적을 공간용적으로 한다.

해답 ①

56 주유취급소의 표지 및 게시판의 기준에서 "위험물 주유취급소" 표지와 "주유중엔진정지" 게시판의 바탕색을 차례대로 옳게 나타낸 것은?

① 백색, 백색   ② 백색, 황색
③ 황색, 백색   ④ 황색, 황색

표지 및 게시판
① 위험물 주유취급소 표지판
 • 한변의 길이가 0.3m 이상, 다른 한변의 길이가 0.6m 이상인 직사각형
 • 표지의 바탕은 백색으로 하고 문자는 흑색
② 주유 중 엔진정지 : 황색바탕에 흑색문자

③ 화기엄금 및 화기주의 : 적색바탕에 백색문자
④ 물기엄금 : 청색바탕에 백색문자

해답 ②

57 제6류 위험물의 과산화수소의 농도에 따른 물리적 성질에 대한 설명으로 옳은 것은?

① 농도와 무관하게 밀도, 끓는점, 녹는점이 일정하다.
② 농도와 무관하게 밀도는 일정하나, 끓는점과 녹는점은 농도에 따라 달라진다.
③ 농도와 무관하게 끓는점, 녹는점은 일정하나, 밀도는 농도에 따라 달라진다.
④ 농도에 따라 밀도, 끓는점, 녹는점이 달라진다.

해설 과산화수소는 농도에 따라 밀도, 끓는점(비점), 녹는점(융점)이 달라진다.

과산화수소(H_2O_2)-제6류 위험물

화학식	분자량	비중	비점	융점
H_2O_2	34	1.463	150.2℃(pure)	-0.43℃(pure)

① 물, 에탄올, 에터에 잘 녹으며 벤젠에 녹지 않는다.
② 분해 시 발생기 산소(O)를 발생시킨다.
③ 분해안정제로 인산(H_3PO_4) 또는 요산($C_5H_4N_4O_3$)을 첨가한다.
④ 저장용기는 밀폐하지 말고 **구멍이 있는 마개를 사용**한다.
⑤ 하이드라진($NH_2 \cdot NH_2$)과 접촉 시 분해 작용으로 폭발위험이 있다.

$NH_2 \cdot NH_2 + 2H_2O_2 \rightarrow 4H_2O + N_2\uparrow$

⑥ 아이오딘화칼륨이나 이산화망가니즈(MnO_2)를 촉매로 하면 분해가 빠르다.

과산화수소는 36%(중량) 이상만 위험물에 해당된다.

해답 ④

58 삼황화인과 오황화인의 공통 연소생성물을 모두 나타낸 것은?

① H_2S, SO_2
② P_2O_5, H_2S
③ SO_2, P_2O_5
④ H_2S, SO_2, P_2O_5

해설 황화인(제2류 위험물) : 황과 인의 화합물

① 삼황화인(P_4S_3)
연소하면 오산화인과 이산화황이 생긴다.

$P_4S_3 + 8O_2 \rightarrow 2P_2O_5 + 3SO_2\uparrow$
(오산화인) (이산화황)

② 오황화인(P_2S_5)
연소하면 오산화인과 이산화황이 생긴다.

$2P_2S_5 + 15O_2 \rightarrow 2P_2O_5 + 10SO_2\uparrow$
(오산화인) (이산화황)

해답 ③

59 다이에틸에터 중의 과산화물을 검출할 때 그 검출시약과 정색반응의 색이 옳게 짝지어진 것은?

① 아이오딘화칼륨용액-적색
② 아이오딘화칼륨용액-황색
③ 브로민화칼륨용액-무색
④ 브로민화칼륨용액-청색

해설 다이에틸에터($C_2H_5OC_2H_5$)-제4류-특수인화물

$$H-\overset{H}{\underset{H}{C}}-\overset{H}{\underset{H}{C}}-O-\overset{H}{\underset{H}{C}}-\overset{H}{\underset{H}{C}}-H$$

분자량	비중	비점	인화점	착화점	연소범위
74.12	0.72	34℃	-40℃	180℃	1.7~48%

① 알코올에는 녹지만 물에는 녹지 않는다.
② 직사광선에 장시간 노출 시 과산화물 생성

과산화물 생성 확인방법
다이에틸에터+KI용액(10%) → 황색변화(1분 이내)

③ 용기는 갈색병을 사용하며 냉암소에 보관
④ 용기에는 5% 이상 10% 이하의 안전공간을 확보할 것
⑤ 용기는 밀폐하여 증기의 누출방지
⑥ 정전기 방지를 위하여 약간의 $CaCl_2$를 넣어준다.
⑦ 폭발성의 과산화물 생성방지를 위해 용기 내에 **40mesh 구리 망**을 넣어준다.

다이에틸에터 제조방법

$C_2H_5OH + C_2H_5OH \xrightarrow{C-H_2SO_4} C_2H_5OC_2H_5 + H_2O$

해답 ②

60 다음 중 3개의 이성질체가 존재하는 물질은?

① 아세톤　　② 톨루엔
③ 벤젠　　　④ 자일렌(크실렌)

해설 Xylene(자일렌, 크실렌, 키실렌)[$C_6H_4(CH_3)_2$]의 이성질체

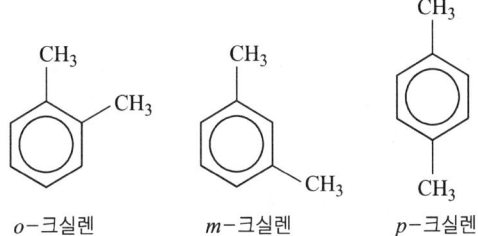

o-크실렌　　　m-크실렌　　　p-크실렌

이성질체(ISOMER)
같은 분자식을 가지나 원자의 결합상태가 달라서 다른 구조를 가지며 그 결과 성질이 서로 다른 화합물

해답 ④

위험물산업기사

2020년 8월 23일 시행

제1과목 일반화학

01 액체 0.2g을 기화시켰더니 그 증기의 부피가 97℃, 740mmHg에서 80mL였다. 이 액체의 분자량에 가장 가까운 값은?

① 40   ② 46
③ 78   ④ 121

해설 이상기체 상태방정식으로 분자량을 계산
① 760mmHg를 atm(기압)으로 환산하면
$$740\text{mmHg} \times \frac{1\text{atm}}{760\text{mmHg}} = \frac{740}{760}\text{atm}$$
② $80\text{ml} = 0.08l$
③ $M = \frac{WRT}{PV} = \frac{0.2 \times 0.082 \times (273+97)}{\frac{740}{760} \times 0.08} \fallingdotseq 78$

이상기체 상태방정식 ★★★★
$$PV = nRT = \frac{W}{M}RT$$
여기서, P : 압력(atm) V : 부피(L)
n : mol수(무게/분자량)
W : 무게(g) M : 분자량
T : 절대온도(273+t℃)
R : 기체상수(0.082atm·L/mol·K)

해답 ③

02 원자량이 56인 금속 M 1.12g을 산화시켜 실험식이 M_xO_y인 산화물 1.60g을 얻었다. x, y는 각각 얼마인가?

① $x=1$, $y=2$ ② $x=2$, $y=3$
③ $x=3$, $y=2$ ④ $x=2$, $y=1$

해설 ① 금속의 산화물의 결합은 당량 대 당량으로 결합
② 산소의 당량은 8, 금속의 당량=X
③ 금속 : 산소 = 1.12 : 0.48(1.60−1.12)
   = X : 8
④ $X = \frac{1.12 \times 8}{0.48} = 18.66$
⑤ 금속의 원자가 = $\frac{원자량}{당량} = \frac{56}{18.66} \fallingdotseq 3$
⑥ 금속의 원자가가 3가 ∴ 화학식 : M_2O_3

금속원자가 = 3이라면 금속산화물의 화학식
$X^{+3} \quad O^{-2} = X_2O_3$

해답 ②

03 백금 전극을 사용하여 물을 전기분해할 때 (+)극에서 5.6L의 기체가 발생하는 동안 (−)극에서 발생하는 기체의 부피는?

① 2.8L   ② 5.6L
③ 11.2L   ④ 22.4L

해설 ① 물의 전기분해
(+)극 : $2H_2O \rightarrow O_2 + 4H^+ + 4e^-$
(−)극 : $4H_2O + 4e^- \rightarrow 2H_2 + 4OH^-$

(+)극 : 1몰의 산소(O_2)기체 발생
(−)극 : 2몰의 수소(H_2)기체 발생

② 발생하는 기체의 비율
(+)극 1몰   →   (−)극 2몰
5.6L   → X
$X = \frac{5.6L \times 2몰}{1몰} = 11.2L$

해답 ③

04 방사성 원소인 U(우라늄)이 다음과 같이 변화되었을 때의 붕괴 유형은?

$$^{238}_{92}U \rightarrow {}^{234}_{90}Th + {}^{4}_{3}He$$

① α 붕괴 ② β 붕괴
③ γ 붕괴 ④ R 붕괴

해설 원소의 붕괴

방사선 붕괴	질량수 변화	원자번호 변화
α	4 감소	2 감소
β	불변	1 증가
γ	불변	불변

① $^{238}_{92}U \rightarrow {}^{4}_{2}He + {}^{234}_{90}Th$
② 질량수 : 238-234=4 감소
③ 원자번호 : 92-90=2 감소
∴ α 붕괴

해답 ①

05 다음 중 방향족 탄화수소가 아닌 것은?

① 에틸렌   ② 톨루엔
③ 아닐린   ④ 안트라센

해설 방향족 탄화수소(Aromatic Hydrocarbon)
고리모양의 탄화수소 중 벤젠고리 및 그의 유도체를 포함한 탄화수소의 계열

구 분	구조식
에틸렌 (C_2H_4)	H₂C=CH₂
톨루엔 ($C_6H_5CH_3$)	(벤젠고리 + CH₃)
아닐린 ($C_6H_5NH_2$)	(벤젠고리 + NH₂)
안트라센 ($C_{14}H_{10}$)	(3개의 벤젠고리 융합)

해답 ①

06 전자배치가 $1s^2 2s^2 2p^6 3s^2 3p^5$인 원자의 M껍질에는 몇 개의 전자가 들어 있는가?

① 2   ② 4
③ 7   ④ 17

해설 원자핵 둘레의 전자배열

전자껍질	K n=1	L n=2	M n=3	N n=4
최대 수용 전자수 ($2n^2$)	2	8	18	32
문자기호	s	s, p	s, p, d	s, p, d, f
오비탈	$1s^2$	$2s^2, 2p^6$	$3s^2, 3p^6, 3d^{10}$	$4s^2, 4p^6, 4d^{10}, 4f^{14}$
Cl(원자번호 17)	$1s^2$	$2s^2, 2p^6$	$3s^2, 3p^5$	

해답 ③

07 황산 수용액 400mL 속에 순황산이 98g 녹아있다면 이 용액의 농도는 몇 N 인가?

① 3   ② 4
③ 5   ④ 6

해설 노르말농도 = 규정농도(N)
용액 1L속에 포함된 용질의 g 당량수로 표시한 농도라 하며 N으로 표시한다.

① H_2SO_4의 1g-당량 = $\dfrac{원자량}{원자가}$ = $\dfrac{98}{2가}$ = 49g

② $\dfrac{\dfrac{용질의질량(g)}{1g-당량}}{\dfrac{용액의부피(mL)}{1000mL}}$ = $\dfrac{\dfrac{98g}{49g}}{\dfrac{400mL}{1000mL}}$ = $\dfrac{2}{0.4}$ = 5N

$$N농도 = \dfrac{\dfrac{용질의질량(g)}{1g-당량}}{\dfrac{용액의부피(mL)}{1000mL}}$$

해답 ③

08 다음 보기의 벤젠 유도체 가운데 벤젠의 치환반응으로부터 직접 유도할 수 없는 것은?

ⓐ -Cl	ⓑ -OH	ⓒ -SO₃H

① ⓐ   ② ⓑ
③ ⓒ   ④ ⓐ, ⓑ, ⓒ

해설 벤젠의 치환반응
① 벤젠은 매우 안정적인 분자에 속하기 때문에 반응성이 약하다.

② 첨가반응은 잘 일어나지 않으며 일어나는 대부분의 반응은 치환반응이다.
③ 벤젠이 일으키는 치환반응에는 **할로젠화반응, 나이트로화반응, 설폰화반응, 알킬화반응** 등이 있다.
④ 첨가반응이 일어나기는 매우 어렵기 때문에 첨가반응을 진행하고자 할 때는 **니켈과 같은 촉매를 이용한다.**

할로젠화반응

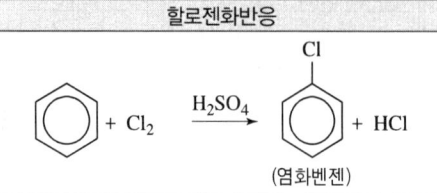
(염화벤젠)

나이트로화반응

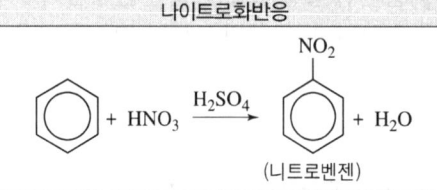
(니트로벤젠)

설폰화(슬폰화)반응

$$\bigcirc + H_2SO_4 \xrightarrow{SO_3} \bigcirc\text{-}SO_3H + H_2O$$
(벤젠술폰산)

알킬화반응

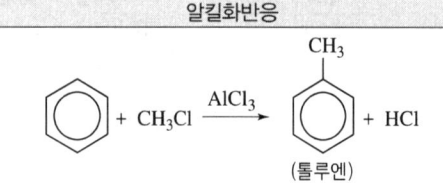
(톨루엔)

해답 ②

09 다음 각 화합물 1mol이 완전연소할 때 3mol의 산소를 필요로 하는 것은?

① CH_3-CH_3 ② $CH_2=CH_2$
③ C_6H_6 ④ $CH\equiv CH$

해설 완전연소 반응식
① $2C_2H_6+7O_2 \rightarrow 4CO_2+6H_2O$
② $C_2H_4+3O_2 \rightarrow 2CO_2+2H_2O$
③ $2C_2H_2+5O_2 \rightarrow 4CO_2+2H_2O$

④ $2C_6H_6+15O_2 \rightarrow 12CO_2+6H_2O$
∴ ② $C_2H_4+3O_2 \rightarrow 2CO_2+2H_2O$
   1몰 → 3몰

해답 ②

10 원자번호가 7인 질소와 같은 족에 해당되는 원소의 원자번호는?

① 15 ② 16
③ 17 ④ 18

해설 질소족원소

원소명	질소	인	비소	안티몬	비스무트
원소기호	N	P	As	Sb	Bi
원자번호	7	15	33	51	83

해답 ①

11 1패러데이(Faraday)의 전기량으로 물을 전기분해 하였을 때 생성되는 기체 중 산소 기체는 0℃, 1기압에서 몇 L 인가?

① 5.6 ② 11.2
③ 22.4 ④ 44.8

해설 ① 1F(패럿)의 전기량으로 물질 1g-당량이 석출된다.
② 1F(패럿) = 전자 6.02×10^{23}개의 전기량
③ 1F(패럿) = 96500C(쿠울롬)

1F(96500C)으로 변화하는 물질의 양

전기량	물질	석출물질	석출무게	표준상태의 부피	원자수
1F	수소	H_2	1.008g	11.2L	6.02×10^{23}개
1F	산소	O_2	8g	5.6L	$\frac{1}{2} \times 6.02 \times 10^{23}$개
1F	황산구리 ($CuSO_4$)	Cu	$\frac{63.5}{2}$g		$\frac{1}{2} \times 6.02 \times 10^{23}$개
1F	질산은 ($AgNO_3$)	Ag	108g		6.02×10^{23}개

패러데이(Faraday)의 법칙
① 제1법칙 : 같은 물질에 대하여 전기분해로써 전극에서 일어나는 물질의 양은 통한 전기량에 비례한다.
② 제2법칙 : 일정한 전기량에 의하여 일어나는 화학변화의 양은 그 물질의 화학 당량에 비례한다.

해답 ①

12 다음 화합물 중에서 가장 작은 결합각을 가지는 것은?

① BF_3 ② NH_3
③ H_2 ④ $BeCl_2$

해설 결합각
① 세 개의 원자나 이온이 결합하면서 이루는 각
② 결합각은 원자가전자 오비탈과 밀접한 관계가 있다.
③ 물의 경우에는 결합각이 104°30'이다.

결합각

화학식	명 칭	결합각
BF_3	플루오린화붕소	120도
NH_3	암모니아	107도
H_2	수소	180도
$BeCl_2$	염화베릴륨	180도

해답 ②

13 지방이 글리세린과 지방산으로 되는 것과 관련이 깊은 반응은?

① 에스터화 ② 가수분해
③ 산화 ④ 아미노화

해설 지방분해
① **지방이 가수분해되어 글리세린과 지방산으로 분해되는 반응**으로 산이나 알칼리를 촉매로 한 것이 일반적이다.
② 지방과 같은 에스터가 알칼리로 가수분해되는 것을 **비누화(검화)**라 한다.
③ 리파아제에 의한 가수분해도 식품, 약품공업 분야에서 널리 쓰이고 있다.

해답 ②

14 $[OH^-]=1\times10^{-5}$mol/L 인 용액의 pH와 액성으로 옳은 것은?

① pH=5, 산성 ② pH=5, 알칼리성
③ pH=9, 산성 ④ pH=9, 알칼리성

해설 ① $[OH^-]=1\times10^{-5}$M
② $pOH=-\log[OH^-]=-\log(1\times10^{-5})$

③ $pOH=-\log(1\times10^{-5})=-\times-5\log10$
$=5\log10=5$
④ $pH=14-pOH=14-5=9$(알칼리성)

- $pH=\log\dfrac{1}{[H^+]}=-\log[H^+]$
- $pOH=-\log[OH^-]$ • $pH=14-pOH$
- 산성 < pH=7(중성) < 알칼리성

수소이온농도 또는 수산이온농도와 pH 관계

HCl 용액			NaOH 용액		
규정농도 (N)	$[H^+]$ g이온/L	pH	규정농도 (N)	$[OH^-]$ g이온/L	pH
0.1	10^{-1}	1	0.1	10^{-1}	13
0.01	10^{-2}	2	0.01	10^{-2}	12
0.001	10^{-3}	3	0.001	10^{-3}	11
0.0001	10^{-4}	4	0.0001	10^{-4}	10

해답 ④

15 다음에서 설명하는 법칙은 무엇인가?

> 일정한 온도에서 비휘발성이며, 비전해질인 용질이 녹은 묽은 용액의 증기 압력 내림은 일정량의 용매에 녹아 있는 용질의 몰 수에 비례한다.

① 헨리의 법칙
② 라울의 법칙
③ 아보가드로의 법칙
④ 보일-샤를의 법칙

해설 ① 헨리의 법칙
- 일정한 온도에서 질소나 산소와 같이 물에 많이 녹지 않는 기체의 용해도는 그 기체의 압력에 정비례한다.
- 일정한 온도에서 일정량의 용매에 녹는 기체의 용해도는 압력에 비례하고 기체의 부피는 그 기체의 압력에 관계없이 일정하다.

② 라울의 법칙(빙점 강하도)
일정한 온도에서 비휘발성이며 비전해질인 용질이 묽은 용액의 증기압력내림은 일정량의 용매에 녹아있는 용질의 몰 수에 비례한다.

$$\Delta T_f = K_f \cdot m = K_f \times \dfrac{a}{W} \times \dfrac{1000}{M}$$

여기서, K_f : 몰랄 내림 상수(분자강하)
(물의 $K_f=1.86$)

m : 몰랄농도
a : 용질(녹는 물질)의 무게
W : 용매(녹이는 물질)의 무게
M : 분자량
ΔT_f : 어는점 내림

③ **아보가드로의 법칙**
모든 기체 1g 분자(1mol)는 표준상태(0℃, 1기압)에서 22.4L의 부피를 차지하며 이 속에는 6.02×10^{23}개의 분자가 들어 있다.

④ **보일-샤를의 법칙**
일정량의 기체가 차지하는 부피는 절대압력에 반비례하고 절대온도에 비례한다.

$$\frac{P_1V_1}{T_1}=\frac{P_2V_2}{T_2}$$

해답 ②

16 질량수 52인 크로뮴의 중성자수와 전자수는 각각 몇 개인가? (단, 크로뮴의 원자번호는 24이다.)

① 중성자수 24, 전자수 24
② 중성자수 24, 전자수 52
③ 중성자수 28, 전자수 24
④ 중성자수 52, 전자수 24

해설 ① 크로뮴(Cr)의 원자번호는 24
② 질량수=양성자수(원자번호)+중성자수
③ 52=24+중성자수 ∴ 중성자수=52-24=28
③ 원자번호=양성자수=전자수=24

필수암기사항(자주출제 ★★★★★)
① 원자핵 속에 포함된 양성자 수를 원자번호라 한다.
원자번호=원자핵의 양하전량=양성자수
       =전자수(중성 원자)
② 질량수=양성자수(원자번호)+중성자수

해답 ③

17 다음 중 물이 산으로 작용하는 반응은?

① $NH_4^+ + H_2O \rightarrow NH_3 + H_3O^+$
② $HCOOH + H_2O \rightarrow HCOO^- + H_3O^+$
③ $CH_3COO^- + H_2O \rightarrow CH_3COOH + OH^-$
④ $HCl + H_2O \rightarrow H_3O^+ + Cl^-$

해설 산, 염기의 개념정리

정의	산	염기
아레니우스	H^+를 포함한다.	OH^-을 포함한다.
브뢴스테드, 로우리	H^+이온을 낸다.	H^+이온을 받는다.
루이스	전자쌍을 받는다.	전자쌍을 준다.

③ $CH_3COO^- + H_2O \rightleftharpoons CH_3COOH + OH^-$에서 H_2O의 H^+ 이온을 초산에 주었으므로 산의 기능을 한 것이다.

해답 ③

18 일정한 온도하에서 물질 A와 B가 반응을 할 때 A의 농도만 2배로 하면 반응속도가 2배가 되고 B의 농도만 2배로 하면 반응속도가 4배로 된다. 이 경우 반응속도식은? (단, 반응속도 상수는 k이다.)

① $v=k[A][B]^2$ ② $v=k[A]^2[B]$
③ $v=k[A][B]^{0.5}$ ④ $v=k[A][B]$

해설 반응속도
화학반응속도는 두 물질의 농도(몰/l)의 곱(상승적)에 비례한다.

$$A + 2B \rightarrow 3C + D$$

반응속도 $v=[A][B]^2$

해답 ①

19 다음 물질 1g을 1kg의 물에 녹였을 때 빙점강하가 가장 큰 것은? (단, 빙점강하 상수값(어는점 내림상수)은 동일하다고 가정한다.)

① CH_3OH ② C_2H_5OH
③ $C_3H_5(OH)_3$ ④ $C_6H_{12}O_6$

해설 빙점강하의 크기는 용질의 몰농도에 비례

구분	명칭	분자량
CH_3OH	메틸알코올	32
C_2H_5OH	에틸알코올	46
$C_3H_5(OH)_3$	글리세린	92
$C_6H_{12}O_6$	포도당	180

$\Delta T_f \propto \dfrac{1}{M}$ (빙점강하는 분자량이 작을수록 크다)

라울의 법칙(빙점 강하도)
일정한 온도에서 비휘발성이며 비전해질인 용질이 묽은 용액의 증기압력내림은 일정량의 용매에 녹아있는 용질의 몰수에 비례한다.

$$\Delta T_f = K_f \cdot m = K_f \times \frac{a}{W} \times \frac{1000}{M}$$

$$M = K_f \times \frac{a}{W \Delta T_f} \times 1000$$

여기서, ΔT_f : 몰랄 내림 상수(물의 $K_f = 1.86℃/m$)
m : 몰랄농도 a : 용질의 무게
W : 용매의 무게 M : 분자량
K_f : 어는점 내림(℃)

해답 ①

20 다음 밑줄 친 원소 중 산화수가 +5인 것은?

① Na$_2$C$\underline{r}$$_2O_7$ ② K$_2$S$\underline{O}$$_4$
③ K$\underline{N}$O$_3$ ④ C$\underline{r}$O$_3$

해설 산화수
① Na$_2$Cr$_2$O$_7$ 에서 Cr의 산화수
    : $2 \times (+1) + 2x + 7 \times (-2) = 0$ $x = 6$
② K$_2$SO$_4$ 에서 S의 산화수
    : $2 \times (+1) + x + 4 \times (-2) = 0$ $x = 6$
③ KNO$_3$ 에서 N의 산화수
    : $(+1) + x + 3 \times (-2) = 0$ $x = 5$
④ CrO$_3$ 에서 Cr의 산화수
    : $x + 3 \times (-2) = 0$ $x = 6$

산화수를 정하는 법
① 단체 중의 원자의 산화수는 0이다.(단체분자는 중성)
    [보기: H$_2^0$, Fe^0, Mg^0, O$_2^0$, O$_3^0$]
② 화합물에서 산소의 산화수는 -2, 수소의 산화수는 +1이 보통이다.(단, 과산화물에서 O의 산화수는 -1)
    [보기: CH$_4$에서 C^{-4}, CO$_2$에서 C^{+4}]
③ 화합물에서 구성 원자의 산화수의 총합은 0이다.(분자는 중성이므로)
④ 이온의 가수(價數)는 그 이온의 산화수이다.
    (Ca = +2, Na = +1, K = +1, Ba = +2)
    [보기: Cu^{+2}에서 Cu = +2, MnO$_4^-$에서 Mn의 산화수는 $x + (-2 \times 4) = -1$
    ∴ $x = +7$ 따라서 Mn = +7]

해답 ③

제2과목 화재예방과 소화방법

21 위험물안전관리법령상 이동탱크저장소에 의한 위험물의 운송 시 위험물운송자가 위험물안전카드를 휴대하지 않아도 되는 물질은?

① 휘발유   ② 과산화수소
③ 경유   ④ 벤조일퍼옥사이드

해설 ① 휘발유 - 제4류 - 제1석유류
② 과산화수소 - 제6류
③ 경유 - 제4류 - 제2석유류
④ 벤조일퍼옥사이드 - 제5류

이동탱크저장소에 의한 위험물의 운송시에 준수하여야 하는 기준
① 위험물운송자는 운송의 개시전에 이동저장탱크의 배출밸브 등의 밸브와 폐쇄장치, 맨홀 및 주입구의 뚜껑, 소화기 등의 점검을 충분히 실시할 것
② 위험물운송자는 장거리(고속국도에 있어서는 340km 이상, 그 밖의 도로에 있어서는 200km 이상)에 걸치는 운송을 하는 때에는 2명 이상의 운전자로 할 것. 다만, 다음의 1에 해당하는 경우에는 그러하지 아니하다.
    ㉠ 운송책임자를 동승시킨 경우
    ㉡ 운송하는 위험물이 제2류 위험물·제3류 위험물(칼슘 또는 알루미늄의 탄화물과 이것만을 함유한 것에 한한다)또는 제4류 위험물(특수인화물을 제외한다)인 경우
    ㉢ 운송도중에 2시간 이내마다 20분 이상씩 휴식하는 경우
③ 위험물(제4류 위험물에 있어서는 특수인화물 및 제1석유류에 한한다)을 운송하게 하는 자는 위험물안전카드를 위험물운송자로 하여금 휴대하게 할 것

해답 ③

22 분말소화약제인 탄산수소나트륨 10kg이 1기압, 270℃에서 방사되었을 때 발생하는 이산화탄소의 양은 약 몇 m^{3}인가?

① 2.65   ② 3.65
③ 18.22   ④ 36.44

해설 **분말약제의 열분해**

종별	약제명	착색	열분해 반응식

제1종	탄산수소나트륨
	중탄산나트륨
	중조
		백색	270℃ $2NaHCO_3$
			  $\rightarrow Na_2CO_3 + CO_2 + H_2O$
			850℃ $2NaHCO_3$
			  $\rightarrow Na_2O + 2CO_2 + H_2O$

제2종	탄산수소칼륨
	중탄산칼륨
		담회색	190℃ $2KHCO_3$
			  $\rightarrow K_2CO_3 + CO_2 + H_2O$
			590℃ $2KHCO_3$
			  $\rightarrow K_2O + 2CO_2 + H_2O$

제3종	제1인산암모늄	담홍색	$NH_4H_2PO_4$ $\rightarrow HPO_3 + NH_3 + H_2O$
제4종	중탄산칼륨 + 요소	회(백)색	$2KHCO_3 + (NH_2)_2CO$ $\rightarrow K_2CO_3 + 2NH_3 + 2CO_2$

$2NaHCO_3 \rightarrow Na_2CO_3 + CO_2 + H_2O$
$2 \times 84kg \qquad\qquad 1 \times 22.4m^3$
$10kg \qquad\qquad\qquad X\, m^3$

① $X = \dfrac{10 \times 22.4}{2 \times 84} = 1.33 m^3$ (0℃, 1기압상태)

② 270℃, 1기압으로 환산

$\dfrac{V_1}{T_1} = \dfrac{V_2}{T_2}, \dfrac{1.33}{273+0} = \dfrac{V_2}{273+270}$

$V_2 = 2.65 m^3$

해답 ①

23 주된 연소형태가 분해연소인 것은?

① 금속분 ② 황
③ 목재   ④ 피크르산

해설 **연소의 형태** ★★ 자주출제(필수암기) ★★
① **표면연소**(surface reaction)
 : 숯, 코크스, 목탄, 금속분
② **증발연소**(evaporating combustion)
 : 파라핀(양초), 황, 나프탈렌, 왁스, 휘발유, 등유, 경유, 아세톤 등 **제4류 위험물**
③ **분해연소**(decomposing combustion)
 : 석탄, 목재, 플라스틱, 종이, 합성수지, 중유
④ **자기연소**(내부연소)
 : 질화면(나이트로셀룰로오스), 셀룰로이드, 나이트로글리세린 등 **제5류 위험물**
⑤ **확산연소**(diffusive burning)
 : 아세틸렌, LPG, LNG 등 가연성 기체
⑥ **불꽃연소 + 표면연소**
 : 목재, 종이, 셀룰로오스, 열경화성수지

해답 ③

24 포 소화약제의 종류에 해당되지 않는 것은?

① 단백포소화약제
② 합성계면활성제포소화약제
③ 수성막포소화약제
④ 액표면포소화약제

해설 **포소화약제의 종류**

구 분	저발포	고발포
단백포	3%, 6%	-
합성계면활성제포	3%, 6%	1%, 1.5%, 2%
수성막포	3%, 6%	-
알코올포	3%, 6%	-

해답 ④

25 전역방출방식의 할로젠화합물소화설비 중 할론 1301을 방사하는 분사헤드의 방사압력은 얼마 이상이어야 하는가?

① 0.1MPa ② 0.2MPa
③ 0.5MPa ④ 0.9MPa

해설 **할론 분사헤드의 방사압력 및 방출시간**

종류	방사압력	방출시간
할론2402	0.1MPa 이상	10초 이내
할론1211	0.2MPa 이상	
할론1301	0.9MPa 이상	

해답 ④

26 드라이아이스 1kg이 완전히 기화하면 약 몇 몰의 이산화탄소가 되겠는가?

① 22.7 ② 51.3
③ 230.1 ④ 515.0

해설 ① 드라이아이스 : 이산화탄소(CO_2)고체
② 1kg = 1000g
③ 몰수 = $\dfrac{무게}{분자량} = \dfrac{1000g}{44} = 22.73 mol$

해답 ①

27 위험물안전관리법령상 전역방출방식 또는 국소방출방식의 분말소화설비의 기준에서 가압식의 분말소화설비에는 얼마 이하의 압력으로

조정할 수 있는 압력조정기를 설치하여야 하는가?

① 2.0MPa ② 2.5MPa
③ 3.0MPa ④ 5MPa

해설 가압식 분말소화설비의 압력조정기
2.5MPa 이하의 압력으로 조정할 수 있는 압력조정기를 설치할 것

해답 ②

28 다음 위험물의 저장창고에서 화재가 발생하였을 때 주수에 의한 냉각소화가 적절치 않은 위험물은?

① $NaClO_3$ ② Na_2O_2
③ $NaNO_3$ ④ $NaBrO_3$

해설

구분	물질명	유별	성질
$NaClO_3$	염소산나트륨	제1류 염소산염류	–
Na_2O_2	과산화나트륨	제1류 무기과산화물	금수성
$NaNO_3$	질산나트륨	제1류 질산염류	–
$NaBrO_3$	브로민산나트륨	제1류 브로민산염류	–

해답 ②

29 이산화탄소가 불연성인 이유를 옳게 설명한 것은?

① 산소와의 반응이 느리기 때문이다.
② 산소와 반응하지 않기 때문이다.
③ 착화되어도 곧 불이 꺼지기 때문이다.
④ 산화반응이 일어나도 열 발생이 없기 때문이다.

해설 가연물이 될 수 없는 조건
① 산화반응이 완전히 끝난 물질
 (CO_2, P_2O_5, Al_2O_3)
② 질소 또는 질소산화물(흡열반응하기 때문)
③ 주기율표상 18족 원소(불활성 기체)
 He(헬륨), Ne(네온), Ar(아르곤), Kr(크립톤), Xe(크세논), Rn(라돈)

해답 ②

30 특수인화물이 소화설비 기준 적용상 1 소요단위가 되기 위한 용량은?

① 50L   ② 100L
③ 250L ④ 500L

해설 ① 위험물의 1소요단위 : 지정수량의 10배
② 특수인화물의 지정수량 : 50L
③ 특수인화물의 1소요단위
 : $Q = 10 \times 50L = 500L$

제4류 위험물 및 지정수량

유별	성질	품명		지정수량 (L)
제4류	인화성 액체	1. 특수인화물		50
		2. 제1석유류	비수용성 액체	200
			수용성 액체	400
		3. 알코올류		400
		4. 제2석유류	비수용성 액체	1,000
			수용성 액체	2,000
		5. 제3석유류	비수용성 액체	2,000
			수용성 액체	4,000
		6. 제4석유류		6,000
		7. 동식물유류		10,000

해답 ④

31 이산화탄소 소화기의 장·단점에 대한 설명으로 틀린 것은?

① 밀폐된 공간에서 사용 시 질식으로 인명피해가 발생할 수 있다.
② 전도성이어서 전류가 통하는 장소에서의 사용은 위험하다.
③ 자체의 압력으로 방출할 수가 있다.
④ 소화 후 소화약제에 의한 오손이 없다.

해설 ② 비전도성이어서 전류가 통하는 장소에서의 사용이 가능하다.

CO_2 소화기의 장·단점

장점	① 심부화재에 적합 ② 화재 진화 후 깨끗하다. ③ 증거보존 양호하여 화재원인조사 쉽다. ④ 비전도성이므로 전기화재적합하다. ⑤ 피연소물에 피해가 적다.
단점	① 압력이 고압이므로 특별한 주의를 요한다. ② CO_2 방사시 인체에 동상우려가 있다. ③ 인체에 질식우려가 있다. ④ CO_2 방사 시 소음이 크다.

해답 ②

32 질산의 위험성에 대한 설명으로 옳은 것은?

① 화재에 대한 직·간접적인 위험성은 없으나 인체에 묻으면 화상을 입는다.
② 공기 중에서 스스로 자연발화 하므로 공기에 노출되지 않도록 한다.
③ 인화점 이상에서 가연성 증기를 발생하여 점화원이 있으면 폭발한다.
④ 유기물질과 혼합하면 발화의 위험성이 있다.

해설 질산(HNO_3) : 제6류 위험물(산화성 액체) ★★★★

화학식	분자량	비중	비점	융점
HNO_3	63	1.50	86℃	-42℃

① 무색의 발연성 액체이다.
② 빛에 의하여 일부 분해되어 생긴 NO_2 때문에 황갈색으로 된다.
  $4HNO_3 \rightarrow 2H_2O + 4NO_2\uparrow(이산화질소) + O_2\uparrow(산소)$
③ 저장용기는 직사광선을 피하고 찬 곳에 저장한다.
④ 실험실에서는 갈색병에 넣어 햇빛을 차단시킨다.
⑤ **환원성물질과 혼합하면 발화 또는 폭발한다.**

크산토프로테인반응(xanthoprotenic reaction)
단백질에 진한질산을 가하면 노란색으로 변하고 알칼리를 작용시키면 오렌지색으로 변하며, 단백질 검출에 이용된다.

⑥ 위급 시에는 다량의 물로 냉각 소화한다.

해답 ④

33 분말소화기에 사용되는 소화약제의 주성분이 아닌 것은?

① $NH_4H_2PO_4$ ② Na_2SO_4
③ $NaHCO_3$ ④ $KHCO_3$

해설 분말약제의 주성분 및 착색 ★★★★(필수암기)

종별	주성분	약제명	착색	적응화재
제1종	$NaHCO_3$	탄산수소나트륨 중탄산나트륨 중조	백색	B,C급
제2종	$KHCO_3$	탄산수소칼륨 중탄산칼륨	담회색	B,C급
제3종	$NH_4H_2PO_4$	제1인산암모늄	담홍색 (핑크색)	A,B,C급
제4종	$KHCO_3$ + $(NH_2)_2CO$	중탄산칼륨 + 요소	회색 (쥐색)	B,C급

해답 ②

34 마그네슘 분말이 이산화탄소 소화약제와 반응하여 생성될 수 있는 유독기체의 분자량은?

① 26 ② 28
③ 32 ④ 44

해설 마그네슘과 이산화탄소(CO_2)반응식
  $Mg + CO_2 \rightarrow MgO + CO(유독성기체)$
  ※ CO분자량 = 12+16 = 28

마그네슘(Mg)-제2류 위험물

화학식	원자량	비중	융점	비점	발화점
Mg	24.3	1.74	651℃	1102℃	473℃

① 2mm체 통과 못하는 덩어리는 위험물에서 제외한다.
② 직경 2mm 이상 막대모양은 위험물에서 제외한다.
③ 은백색의 광택이 나는 가벼운 금속이다.
④ 물과 반응하여 수소기체 발생
  $Mg + 2H_2O \rightarrow Mg(OH)_2 + H_2\uparrow$
  (마그네슘) (물) (수산화마그네슘) (수소)
⑤ 이산화탄소약제를 방사하면 폭발적으로 반응하기 때문에 위험하다.

마그네슘과 CO_2의 반응식
  $2Mg + CO_2 \rightarrow 2MgO + C$
  $Mg + CO_2 \rightarrow MgO + CO$

⑥ 주수소화는 엄금이며 마른모래 등으로 피복 소화한다.

해답 ②

35 위험물안전관리법령상 알칼리금속과산화물의 화재에 적응성이 없는 소화설비는?

① 건조사
② 물통
③ 탄산수소염류 분말소화설비
④ 팽창질석

해설 ※ 알칼리금속과산화물-제1류-산화성고체
              -금수성
금수성 위험물질에 적응성이 있는 소화기
① 탄산수소염류
② 마른 모래
③ 팽창질석 또는 팽창진주암

해답 ②

36 위험물제조소의 환기설비 설치 기준으로 옳지 않은 것은?

① 환기구는 지붕위 또는 지상 2m 이상의 높이에 설치할 것
② 급기구는 바닥면적 150m² 마다 1개 이상으로 할 것
③ 환기는 자연배기방식으로 할 것
④ 급기구는 높은 곳에 설치하고 인화방지망을 설치할 것

해설 위험물제조소의 채광 조명 및 환기 설비의 설치 기준
(1) 채광설비
　불연재료로 하고, 연소의 우려가 없는 장소에 설치하되 채광면적을 최소로 할 것
(2) 조명설비
　① 가연성 가스 등이 체류할 우려가 있는 장소의 조명등은 방폭등으로 할 것
　② 전선은 내화·내열전선으로 할 것
　③ **점멸스위치**는 출입구 **바깥부분에** 설치할 것
(3) 환기설비
　① 환기는 자연배기방식으로 할 것
　② 급기구는 당해 급기구가 설치된 실의 바닥면적 150m²마다 1개 이상으로 하되, 급기구의 크기는 800cm² 이상으로 할 것
　③ **급기구는 낮은 곳에 설치**하고 가는 눈의 구리망 등으로 인화 방지망을 설치할 것
　④ 환기구는 지붕위 또는 지상 2m 이상의 높이에 회전식 고정 벤틸레이터 또는 루프팬 방식으로 설치할 것

해답 ④

37 위험물제조소등에 설치하는 옥외소화전설비에 있어서 옥외소화전함은 옥외소화전으로부터 보행거리 몇 m 이하의 장소에 설치하는가?

① 2　　② 3
③ 5　　④ 10

해설 옥외소화전설비의 기준
(1) 옥외소화전의 개폐밸브 및 호스접속구는 지반면으로부터 **1.5m 이하의 높이**에 설치할 것.
(2) 방수용 기구를 격납하는 함(**옥외소화전함**)은 불연재료로 제작하고 옥외소화전으로부터 보행거리 5m 이하의 장소로서 화재 발생시 쉽게 접근 가능하고 화재 등의 피해를 받을 우려가 적은 장소에 설치할 것.
(3) 옥외소화전설비의 설치의 표시는 다음 각 목에 정한 것에 의할 것.
　① 옥외소화전함에는 그 표면에 "호스격납함"이라고 표시할 것. 다만, 호스접속구 및 개폐밸브를 옥외소화전함의 내부에 설치하는 경우에는 "소화전"이라고 표시할 수도 있다.
　② 옥외소화전에는 직근의 보기 쉬운 장소에 "소화전"이라고 표시할 것.
(4) 가압송수장치, 시동표시등, 물올림장치, 비상전원, 조작회로의 배선 및 배관 등은 옥내소화전설비의 기준의 예에 준하여 설치할 것. 다만, 자체소방대를 둔 제조소등으로서 옥외소화전함 부근에 설치된 옥외전등에 비상전원이 공급되는 경우에는 옥외소화전함의 적색 표시등을 설치하지 아니할 수 있다.
(5) 옥외소화전설비는 습식으로 하고 동결방지조치를 할 것. 다만, 동결방지조치가 곤란한 경우에는 습식 외의 방식으로 할 수 있다.

해답 ③

38 화재 종류가 옳게 연결된 것은?

① A급화재 - 유류화재
② B급화재 - 섬유화재
③ C급화재 - 전기화재
④ D급화재 - 플라스틱화재

해설 화재의 분류

종류	등급	색표시	주된 소화 방법
일반화재	A급	백색	냉각소화
유류 및 가스화재	B급	황색	질식소화
전기화재	C급	청색	질식소화
금속화재	D급	-	피복소화
주방화재	K급	-	냉각 및 질식소화

해답 ③

39 수성막포소화약제에 대한 설명으로 옳은 것은?

① 물보다 비중이 작은 유류의 화재에는 사용할 수 없다.
② 계면활성제를 사용하지 않고 수성의 막을

이용한다.
③ 내열성이 뛰어나고 고온의 화재일수록 효과적이다.
④ 일반적으로 불소계 계면활성제를 사용한다.

해설 수성막포 소화약제
① **불소계통**의 습윤제에 **합성계면활성제 첨가**한 포약제이며 주성분은 **불소계 계면활성제**이다.
② 미국에서는 AFFF(Aqueous Film Forming Foam)로 불리며 3M사가 개발한 것으로 상품명은 라이트 워터(Light Water)이다.
③ 저발포용으로 **3%형과 6%형**이 있다.
④ 분말약제와 **겸용이 가능**하고 액면하 주입방식에도 사용
⑤ 내유성과 유동성이 좋아 유류화재 및 항공기화재, 화학공장화재에 적합
⑥ 화학적으로 안정하며 수명이 반영구적이다.
⑦ 소화작업 후 포와 막의 차단효과로 재발화 방지에 효과가 있다.
※ 유류화재용으로 가장 뛰어난 포약제는 수성막포이다.

해답 ④

40 다음 중 발화점에 대한 설명으로 가장 옳은 것은?

① 외부에서 점화했을 때 발화하는 최저온도
② 외부에서 점화했을 때 발화하는 최고온도
③ 외부에서 점화하지 않더라도 발화하는 최저온도
④ 외부에서 점화하지 않더라도 발화하는 최고온도

해설 인화점, 발화점, 연소점 ★
① 인화점(flash point) : 점화원에 의하여 점화되는 최저온도
② 발화점(ignition point)(착화점) : 점화원 없이 점화되는 최저온도
③ 연소점(fire point) : 가연성 물질이 발화한 후 연속적으로 연소할 수 있는 최저온도
※ 발화점 : 압력이 증가하면 발화점은 낮아진다.

해답 ③

제3과목 위험물의 성질과 취급

41 황린이 자연발화하기 쉬운 이유에 대한 설명으로 가장 타당한 것은?

① 끓는점이 낮고 증기압이 높기 때문에
② 인화점이 낮고 조연성 물질이기 때문에
③ 조해성이 강하고 공기 중의 수분에 의해 쉽게 분해되기 때문에
④ 산소와 친화력이 강하고 발화온도가 낮기 때문에

해설 황린(P_4)[별명 : 백린] : 제3류 위험물(자연발화성 물질)

화학식	분자량	발화점	비점	융점	비중	증기비중
P_4	124	34℃	280℃	44℃	1.82	4.4

① 백색 또는 담황색의 고체이다.
② **공기 중 약 34℃에서 자연 발화한다.**
③ 저장 시 자연 발화성이므로 반드시 물속에 저장한다.
④ **인화수소(PH_3)의 생성을 방지**하기 위하여 물의 **pH = 9(약알칼리)**가 안전한계이다.
⑤ **연소 시 오산화인(P_2O_5)의 흰 연기**가 발생한다.

$$P_4 + 5O_2 \rightarrow 2P_2O_5(\text{오산화인})$$

⑥ **약 260℃로 가열**(공기차단)시 적린이 된다.
⑦ 소화는 물분무, 마른모래 등으로 질식 소화한다.
⑧ 고압의 주수소화는 황린을 비산시켜 연소면이 확대될 우려가 있다.

해답 ④

42 보기 중 칼륨과 트라이에틸알루미늄의 공통 성질을 모두 나타낸 것은?

ⓐ 고체이다.
ⓑ 물과 반응하여 수소를 발생한다.
ⓒ 위험물안전관리법령상 위험등급이 Ⅰ이다.

① ⓐ
② ⓑ
③ ⓒ
④ ⓑ, ⓒ

해설 **금속칼륨 : 제3류 위험물(금수성)**

화학식	원자량	비점	융점	비중	불꽃색상
K	39	762℃	63.5℃	0.857	보라색

① 경금속류에 속하며 보라색의 불꽃을 내며 연소한다.
② 피부와 접촉하면 화상의 위험이 있다.
③ 물과 반응하여 수소기체 발생

$2K + 2H_2O \rightarrow 2KOH + H_2\uparrow$ (수소발생)

트라이에틸알루미늄-제3류-알칼알루미늄-I등급

화학식	분자량	비중	비점	융점	인화점
$(C_2H_5)_3Al$	114	0.835	186.6℃	-45.5℃	-53℃

① 무색 투명한 액체
② 알킬기(C_nH_{2n+1})에 알루미늄(Al)이 결합된 화합물이다.
③ 물과 접촉 시 가연성 가스 발생하므로 주수소화는 절대 금지한다.

$(C_2H_5)_3Al + 3H_2O \rightarrow Al(OH)_3 + 3C_2H_6\uparrow$ (에탄)

⑥ 저장용기에 불활성기체(N_2)를 봉입한다.
⑦ 피부접촉 시 화상을 입히고 연소 시 흰 연기가 발생한다.

해답 ③

43 탄화칼슘은 물과 반응하면 어떤 기체가 발생하는가?

① 과산화수소 ② 일산화탄소
③ 아세틸렌 ④ 에틸렌

해설 **탄화칼슘(CaC_2) : 제3류 위험물 중 칼슘탄화물**

화학식	분자량	융점	비중
CaC_2	64	2370℃	2.21

① 물과 접촉 시 아세틸렌을 생성하고 열을 발생시킨다.

$CaC_2 + 2H_2O \rightarrow Ca(OH)_2 + C_2H_2\uparrow$
(수산화칼슘) (아세틸렌)

② 아세틸렌의 폭발범위는 2.5~81%로 대단히 넓어서 폭발위험성이 크다.
③ 장기 보관시 불활성기체(N_2 등)를 봉입하여 저장한다.
④ 고온(700℃)에서 질화되어 석회질소($CaCN_2$)가 생성된다.

$CaC_2 + N_2 \rightarrow CaCN_2$ (석회질소) + C(탄소)

⑤ 물 및 포약제에 의한 소화는 절대 금하고 마른 모래 등으로 피복 소화한다.

해답 ③

44 다음 중 물이 접촉되었을 때 위험성(반응성)이 가장 작은 것은?

① Na_2O_2 ② Na
③ MgO_2 ④ S

해설

구분	물질명	유별	성질
Na_2O_2	과산화나트륨	제1류 무기과산화물	금수성
Na	나트륨	제3류	금수성
MgO_2	과산화마그네슘	제1류 무기과산화물	금수성
S	황	제2류	가연성고체

해답 ④

45 위험물안전관리법령상 제6류 위험물에 해당하는 물질로서 햇빛에 의해 갈색의 연기를 내며 분해할 위험이 있으므로 갈색병에 보관해야 하는 것은?

① 질산 ② 황산
③ 염산 ④ 과산화수소

해설 **질산(HNO_3) : 제6류 위험물(산화성 액체)** ★★★★

화학식	분자량	비중	비점	융점
HNO_3	63	1.50	86℃	-42℃

① 무색의 발연성 액체이다.
② 빛에 의하여 일부 분해되어 생긴 NO_2 때문에 황갈색으로 된다.

$4HNO_3 \rightarrow 2H_2O + 4NO_2\uparrow$ (이산화질소) + $O_2\uparrow$ (산소)

③ 저장용기는 직사광선을 피하고 찬 곳에 저장한다.
④ 실험실에서는 갈색병에 넣어 햇빛을 차단시킨다.
⑤ 환원성물질과 혼합하면 발화 또는 폭발한다.

크산토프로테인반응(xanthoprotenic reaction)
단백질에 진한질산을 가하면 노란색으로 변하고 알칼리를 작용시키면 오렌지색으로 변하며, 단백질 검출에 이용된다.

⑥ 위급 시에는 다량의 물로 냉각 소화한다.

해답 ①

제 2 부 최근 기출문제 - 필기

46 다이에틸에터를 저장, 취급할 때의 주의사항에 대한 설명으로 틀린 것은?

① 장시간 공기와 접촉하고 있으면 과산화물이 생성되어 폭발의 위험이 생긴다.
② 연소범위는 가솔린보다 좁지만 인화점과 착화온도가 낮으므로 주의하여야 한다.
③ 정전기 발생에 주의하여 취급해야 한다.
④ 화재 시 CO_2 소화설비가 적응성이 있다.

해설
① 가솔린(휘발유)의 연소범위 : 1.2~7.6%
② 다이에틸에터의 연소범위 : 1.7~48%

다이에틸에터($C_2H_5OC_2H_5$)–제4류–특수인화물

```
    H H   H H
    | |   | |
H - C-C - O - C-C - H
    | |   | |
    H H   H H
```

분자량	비중	비점	인화점	착화점	연소범위
74.12	0.72	34℃	-40℃	180℃	1.7~48%

① 알코올에는 녹지만 물에는 녹지 않는다.
② 직사광선에 장시간 노출 시 과산화물 생성

과산화물 생성 확인방법
다이에틸에터+KI용액(10%) → 황색변화(1분 이내)

③ 용기는 갈색병을 사용하며 냉암소에 보관
④ 정전기 방지를 위하여 약간의 $CaCl_2$를 넣어준다.
⑤ 폭발성의 과산화물 생성방지를 위해 용기 내에 40mesh 구리 망을 넣어준다.

다이에틸에터 제조방법

$$C_2H_5OH + C_2H_5OH \xrightarrow{C-H_2SO_4} C_2H_5OC_2H_5 + H_2O$$

해답 ②

47 다음 위험물 중 인화점이 약 -37℃인 물질로서 구리, 은, 마그네슘 등과 금속과 접촉하면 폭발성 물질인 아세틸라이드를 생성하는 것은?

① CH_3CHOCH_2 ② $C_2H_5OC_2H_5$
③ CS_2 ④ C_6H_6

해설 산화프로필렌(CH_3CH_2CHO)
: 제4류 위험물 중 특수인화물 ★★★

```
    H H H
    | | |
H - C-C-C - H
    |  \ /
    H   O
```

화학식	분자량	비중	비점
	58	0.83	34℃
CH_3CHCH_2O	인화점	착화점	연소범위
	-37℃	465℃	2.8~37%

① 휘발성이 강하고 에터 냄새가 나는 액체이다.
② 물, 알코올, 벤젠 등 유기용제에는 잘 녹는다.
③ 저장용기 사용시 **구리, 마그네슘, 은, 수은** 및 합금용기 사용금지
(**아세틸리드**(acetylide) 생성)
④ 저장 용기 내에 질소(N_2) 등 불연성가스를 채워둔다.
⑤ 소화는 포소화약제로 질식소화한다.

해답 ①

48 그림과 같은 위험물 탱크에 대한 내용적 계산방법으로 옳은 것은?

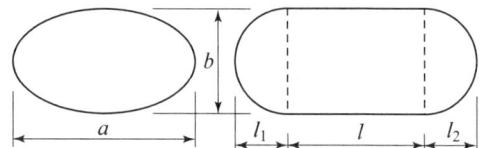

① $\dfrac{\pi ab}{3}\left(l + \dfrac{l_1 + l_2}{3}\right)$ ② $\dfrac{\pi ab}{4}\left(l + \dfrac{l_1 + l_2}{3}\right)$

③ $\dfrac{\pi ab}{4}\left(l + \dfrac{l_1 + l_2}{4}\right)$ ④ $\dfrac{\pi ab}{3}\left(l + \dfrac{l_1 + l_2}{4}\right)$

해설 탱크의 내용적 계산방법
(1) 타원형 탱크의 내용적
 ① 양쪽이 볼록한 것

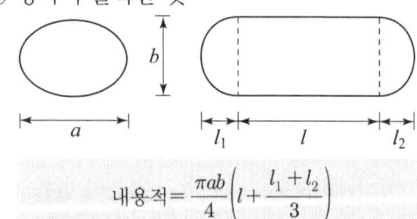

내용적 $= \dfrac{\pi ab}{4}\left(l + \dfrac{l_1 + l_2}{3}\right)$

 ② 한쪽은 볼록하고 다른 한쪽은 오목한 것

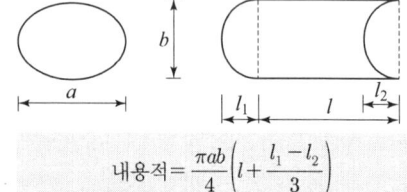

내용적 $= \dfrac{\pi ab}{4}\left(l + \dfrac{l_1 - l_2}{3}\right)$

(2) 원통형 탱크의 내용적
① 횡으로 설치한 것

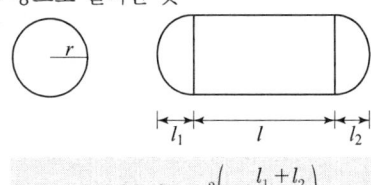

내용적 $=\pi r^2\left(l+\dfrac{l_1+l_2}{3}\right)$

② 종으로 설치한 것

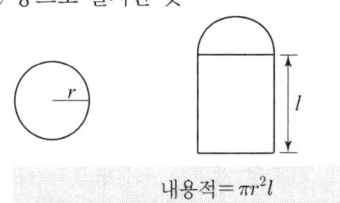

내용적 $=\pi r^2 l$

해답 ②

49 온도 및 습도가 높은 장소에서 취급할 때 자연발화의 위험이 가장 큰 물질은?

① 아닐린 ② 황화인
③ 질산나트륨 ④ 셀룰로이드

해설 자연발화의 조건, 방지대책, 형태

자연발화의 조건	자연발화 방지대책
주위의 온도가 높을 것	통풍이나 환기 등을 통하여 열의 축적을 방지
표면적이 넓을 것	저장실의 온도를 낮춘다.
열전도율이 적을 것	습도를 낮게 유지
발열량이 클 것	용기 내에 불활성 기체를 주입하여 공기와 접촉방지
자연발화의 형태	
산화열에 의한 자연발화	• 석탄 • 건성유 • 탄소분말 • 금속분 • 기름걸레
분해열에 의한 자연발화	• 셀룰로이드 • 나이트로셀룰로오스 • 나이트로글리세린
흡착열에 의한 자연발화	• 활성탄 • 목탄분말
미생물열에 의한 자연발화	• 퇴비 • 먼지

해답 ④

50 위험물안전관리법령상 위험물의 취급기준 중 소비에 관한 기준으로 틀린 것은?

① 열처리 작업은 위험물이 위험한 온도에 이르지 아니하도록 하여 실시하여야 한다.
② 담금질 작업은 위험물이 위험한 온도에 이르지 아니하도록 하여 실시하여야 한다.
③ 분사도장 작업은 방화상 유효한 격벽 등으로 구획한 안전한 장소에서 하여야 한다.
④ 버너를 사용하는 경우에는 버너의 역화를 유지하고 위험물이 넘치지 아니하도록 하여야 한다.

해설 위험물의 취급 중 소비에 관한 기준
① 분사도장작업은 방화 상 유효한 격벽 등으로 구획된 안전한 장소에서 실시
② 담금질 또는 열처리작업은 위험물이 위험한 온도에 이르지 아니하도록 하여 실시
③ 버너를 사용하는 경우에는 버너의 **역화를 방지**하고 위험물이 넘치지 아니하도록 할 것

해답 ④

51 저장·수송할 때 타격 및 마찰에 의한 폭발을 막기 위해 물이나 알코올로 습면시켜 취급하는 위험물은?

① 나이트로셀룰로오스
② 과산화벤조일
③ 글리세린
④ 에틸렌글리콜

해설 나이트로셀룰로오스$[(C_6H_7O_2(ONO_2)_2)_3]_n$
: 제5류 위험물
셀룰로오스(섬유소)에 진한질산과 진한 황산의 혼합액을 작용시켜서 만든 것이다.
① 비수용성이며 초산에틸, 초산아밀, 아세톤에 잘 녹는다.
② 130℃에서 분해가 시작되고, 180℃에서는 급격하게 연소한다.
③ 직사광선, 산 접촉 시 분해 및 자연 발화한다.
④ 건조상태에서는 폭발위험이 크나 **수분함유 시 폭발위험성이 없어 저장·운반이 용이하다.**
⑤ 질산섬유소라고도 하며 화약에 이동 시 면약(면화약)이라한다
⑥ 셀룰로이드, 콜로디온에 이용 시 질화면이라 한다.

⑦ 질소함유율(질화도)이 높을수록 폭발성이 크다.
⑧ **저장 시 20% 이상의 수분을 첨가**하여 저장한다.

질화도에 따른 분류

구 분	질화도(질소함량)
강면약(강질화면)	12.5~13.5%
취 면	10.7~11.2%
약면약(약질화면)	11.2~12.3%

해답 ①

52 제4류 위험물을 저장하는 이동탱크저장소의 탱크 용량이 19000L일 때 탱크의 칸막이는 최소 몇 개를 설치해야 하는가?

① 2　　　② 3
③ 4　　　④ 5

해설 ① 이동저장탱크의 수압시험 및 시험시간

압력 탱크(최대상용압력 46.7kPa 이상 탱크) 외의 탱크	압력 탱크
70kPa의 압력으로 10분간	최대상용압력의 1.5배의 압력으로 10분간

② 이동저장탱크는 그 내부에 4,000L 이하마다 3.2mm 이상의 강철판 또는 이와 동등 이상의 강도·내열성 및 내식성이 있는 금속성의 것으로 칸막이를 설치할 것.
③ 칸막이로 구획된 각 부분마다 맨홀과 다음 각 목의 기준에 의한 안전장치 및 방파판을 설치할 것.(단, 칸막이로 구획된 부분의 용량이 2,000L 미만인 부분에는 방파판을 설치하지 아니할 수 있다.)

∴ 탱크의 칸막이 개수 = $\frac{19000}{4000} - 1 = 3.75$

∴ 4개

해답 ③

53 위험물안전관리법령상 제4류 위험물 옥외저장탱크의 대기밸브부착 통기관은 몇 kPa 이하의 압력차이로 작동할 수 있어야 하는가?

① 2　　　② 3
③ 4　　　④ 5

해설 옥외저장탱크 중 압력탱크외의 탱크
① 밸브없는 통기관
　㉠ 직경은 30mm 이상일 것

　㉡ 끝부분은 수평면보다 45도 이상 구부려 빗물 등의 침투를 막는 구조로 할 것
　㉢ **인화점이 38℃ 미만**인 위험물만을 저장 또는 취급하는 탱크에 설치하는 통기관에는 **화염방지장치**를 설치하고, 그 외의 탱크에 설치하는 통기관에는 **40메쉬(mesh) 이상**의 구리망 또는 동등 이상의 성능을 가진 인화방지장치를 할 것. 다만, 인화점 70℃ 이상의 위험물만을 해당 위험물의 인화점 미만의 온도로 저장 또는 취급하는 탱크에 설치하는 통기관에 있어서는 그러하지 아니하다.
　㉣ 가연성의 증기를 회수하기 위한 밸브를 통기관에 설치하는 경우에 있어서는 당해 통기관의 밸브는 저장탱크에 위험물을 주입하는 경우를 제외하고는 항상 개방되어 있는 구조로 하는 한편, 폐쇄하였을 경우에 있어서는 10kPa 이하의 압력에서 개방되는 구조로 할 것. 이 경우 개방된 부분의 유효단면적은 777.15mm^2 이상이어야 한다.
② 대기밸브부착 통기관
　㉠ 5kPa 이하의 압력차이로 작동할 수 있을 것

해답 ④

54 위험물안전관리법령상 위험물제조소의 위험물을 취급하는 건축물의 구성부분 중 반드시 내화구조로 하여야 하는 것은?

① 연소의 우려가 있는 기둥
② 바닥
③ 연소의 우려가 있는 외벽
④ 계단

해설 위험물 제조소 건축물의 구조 기준
① 지하층이 없도록 하여야 한다.
② 벽·기둥·바닥·보·서까래 및 계단을 불연재료로 하고, **연소의 우려가 있는 외벽은 개구부가 없는 내화구조의 벽**으로 하여야 한다.
③ 지붕은 폭발력이 위로 방출될 정도의 가벼운 불연재료로 덮어야 한다.
④ 출입구와 비상구에는 60분+방화문·60분방화문 또는 30분방화문을 설치하되, 연소의 우려가 있는 외벽에 설치하는 출입구에는 수시로 열 수 있는 자동폐쇄식의 60분+방화문 또는 60분방

화문을 설치하여야 한다.
⑤ 건축물의 창 및 출입구에 유리를 이용하는 경우에는 망입유리로 하여야 한다.
⑥ 액체의 위험물을 취급하는 건축물의 바닥은 위험물이 스며들지 못하는 재료를 사용하고, 적당한 경사를 두어 그 최저부에 집유설비를 하여야 한다.

해답 ③

② 파라핀, 경유, 등유 속에 저장

★★자주출제(필수정리)★★
① 칼륨(K), 나트륨(Na)은 파라핀, 경유, 등유 속에 저장
② 황린(3류) 및 이황화탄소(4류)는 물속에 저장

해답 ②

55. 물보다 무겁고, 물에 녹지 않아 저장 시 가연성 증기발생을 억제하기 위해 수조 속의 위험물탱크에 저장하는 물질은?

① 다이에틸에터   ② 에탄올
③ 이황화탄소   ④ 아세트알데하이드

해설 이황화탄소(CS_2) : 제4류 위험물 중 특수인화물

화학식	분자량	비중	비점	인화점	착화점	연소범위
CS_2	76.1	1.26	46℃	-30℃	100℃	1.0~50%

① 무색투명한 액체이며 물에는 녹지 않고 알코올, 에터, 벤젠 등 유기용제에 녹는다.
② 연소 시 아황산가스(SO_2) 및 CO_2를 생성한다.
$$CS_2 + 3O_2 \rightarrow CO_2 + 2SO_2 (이산화황=아황산)$$
③ 물과 반응하여 황화수소와 이산화탄소를 발생한다.
$$CS_2 + 2H_2O \rightarrow 2H_2S + CO_2$$
④ 저장 시 저장탱크를 물속에 넣어 가연성증기의 발생을 억제한다.

해답 ③

56. 금속나트륨의 일반적인 성질로 옳지 않은 것은?

① 은백색의 연한 금속이다.
② 알코올 속에 저장한다.
③ 물과 반응하여 수소가스를 발생한다.
④ 물보다 비중이 작다.

해설 금속칼륨 및 금속나트륨 : 제3류 위험물(금수성)
① 물과 반응하여 수소기체 발생
$$2Na + 2H_2O \rightarrow 2NaOH + H_2\uparrow (수소발생)$$
$$2K + 2H_2O \rightarrow 2KOH + H_2\uparrow (수소발생)$$

57. 다음 위험물 중에서 인화점이 가장 낮은 것은?

① $C_6H_5CH_3$ ② $C_6H_5CHCH_2$
③ CH_3OH ④ CH_3CHO

해설 제4류 위험물의 인화점

물질명	품명	인화점(℃)
① 톨루엔	제1석유류	4
② 스티렌	제2석유류	32
③ 메틸알콜	알코올류	11
④ 아세트알데하이드	특수인화물	-38

해답 ④

58. 과염소산칼륨과 적린을 혼합하는 것이 위험한 이유로 가장 타당한 것은?

① 마찰열이 발생하여 과염소산칼륨이 자연발화할 수 있기 때문에
② 과염소산칼륨이 연소하면서 생성된 연소열이 적린을 연소시킬 수 있기 때문에
③ 산화제인 과염소산칼륨과 가연물인 적린이 혼합하면 가열, 충격 등에 의해 연소·폭발할 수 있기 때문에
④ 혼합하면 용해되어 액상 위험물이 되기 때문에

해설 ① 과염소산칼륨-제1류-산화성고체
② 적린-제2류-가연성고체
※ **산화성고체**와 **가연성고체**를 혼합하면 가열, 충격 등에 의하여 **연소, 폭발**할 수 있다.

해답 ③

59. 1기압 27℃에서 아세톤 58g을 완전히 기화시키면 부피는 약 몇 L가 되는가?

① 22.4   ② 24.6

③ 27.4 ④ 58.0

[해설] 이상기체 상태방정식 ★★★★

$$PV = nRT = \frac{W}{M}RT$$

여기서, P : 압력(atm) V : 부피(L)
n : mol수(무게/분자량)
W : 무게(g) M : 분자량
T : 절대온도($273 + t\,℃$)
R : 기체상수($0.082\,atm \cdot L/mol \cdot K$)

$$V = \frac{WRT}{PM} = \frac{58 \times 0.082 \times (273 + 27)}{1 \times 58} = 24.6\,L$$

★ 아세톤(CH_3COCH_3)
$M = 12 \times 3 + 1 \times 6 + 16 = 58$

해답 ②

60 염소산칼륨에 대한 설명 중 틀린 것은?

① 촉매 없이 가열하면 약 400℃에서 분해한다.
② 열분해하여 산소를 방출한다.
③ 불연성물질이다.
④ 물, 알코올, 에터에 잘 녹는다.

[해설] 염소산칼륨($KClO_3$) : 제1류 위험물(산화성고체) 중 염소산염류

화학식	분자량	물리적 상태	색상	분해온도
$KClO_3$	122.5	고체	무색	400℃

① 무색 또는 **백색분말**이며 산화력이 강하다.
② 이산화망가니즈(MnO_2)와 접촉 시 분해가 촉진되어 산소를 방출한다.
③ 온수, 글리세린에 잘 녹으며 냉수, 알코올에는 용해하기 어렵다
④ 완전 열분해되어 **염화칼륨과 산소를 방출**

$$2KClO_3 \rightarrow 2KCl + 3O_2\uparrow$$
(염소산칼륨)   (염화칼륨) (산소)

⑤ 유기물 등과 접촉 시 충격을 가하면 폭발하는 수가 있다.

해답 ④

위험물산업기사

2020년 9월 CBT 시행

본 문제는 CBT시험대비 기출문제 복원입니다.

제1과목 일반화학

01 다음 중 아르곤(Ar)과 같은 전자수를 갖는 이온들로 이루어진 것은?

① NaCl
② MgO
③ KF
④ CaS

해설 아르곤(Ar)의 전자수 : 18(원자번호)
① NaCl(염화나트륨)
: $Na^+(11-1=10)$, $Cl^-(17+1=18)$
② MgO(산화마그네슘)
: $Mg^{++}(12-2=10)$, $O^{--}(8+2=10)$
③ KF(플루오린화칼륨)
: $K^+(19-1=18)$ $F^-(9+1=10)$
④ CaS(황화칼슘)
: $Ca^{++}(20-2=18)$ $S^{--}(16+2=18)$

해답 ④

02 다음 산화 환원에 관한 설명 중 틀린 것은?

① 산화수가 감소하는 것은 산화이다.
② 산소와 화합하는 것은 산화이다.
③ 전자를 얻는 것은 환원이다.
④ 양성자를 잃는 것은 산화이다.

해설 ① 산화수가 감소하는 것은 환원이다.

산화와 환원의 비교

구분	산화	환원
산소와의 관계	산소와 결합하는 것	산소를 잃는 것
수소와의 관계	수소를 잃는 것	수소와 결합하는 것
전자와의 관계	전자를 잃는 것	전자를 얻는 것
산화수와의 관계	산화수가 증가할 때	산화수가 감소할 때

산화제 : 자신은 환원되기 쉽고 다른 물질을 산화시키는 성질이 강한 물질

산화제의 조건	해당 물질
• 산소를 내기 쉬운 물질	오존(O_3), 과산화수소(H_2O_2),
• 수소와 결합하기 쉬운 물질	염소(Cl_2), 브로민(Br_2),
• 전자를 얻기 쉬운 물질	질산(HNO_3), 황산(H_2SO_4), 과망가니즈산칼륨($KMnO_4$)
• 발생기 산소(O)를 내기 쉬운 물질	다이크로뮴산칼륨($K_2Cr_2O_7$)

환원제 : 자신은 산화되기 쉽고 다른 물질을 환원시키는 성질이 강한 물질

환원제가 될 수 있는 물질	해당 물질
• 수소를 내기 쉬운 물질	황화수소(H_2S),
• 산소와 화합하기 쉬운 물질	이산화황(SO_2), 수소(H_2),
• 전자를 잃기 쉬운 물질	일산화탄소(CO),
• 발생기 수소(H)를 내기 쉬운 물질	옥살산($C_2H_2O_4$)

해답 ①

03 다음 물질 중 산성산화물은?

① CaO
② Na_2O
③ CO_2
④ MgO

해설 산화물의 분류
① CaO : 염기성 산화물
② Na_2O : 염기성 산화물
③ CO_2 : 산성 산화물
④ MgO : 염기성 산화물

산화물의 분류

구분	정의	보기
산성 산화물	• 물과 반응 산을 생성 • 염기와 작용 염과 물 생성 • 일반적으로 비금속 산화물	CO_2, SO_2, SiO_2, NO_2, P_2O_5
염기성 산화물	• 물과 반응 염기를 생성 • 산과 작용 염과 물 생성 • 일반적으로 금속 산화물	Na_2O, CuO, CaO, Fe_2O_3
양쪽성 산화물	• 산, 염기와 작용 물과 염을 생성	Al_2O_3, ZnO, SnO, PbO

해답 ③

04 다음 중 3차 알코올에 해당되는 것은?

① H-C(OH)(H)-C(H)(H)-C(H)(H)-H

② H-C(H)(H)-C(H)(H)-C(H)(H)-OH

③ H-C(H)(H)-C(H)(OH)-C(H)(H)-H

④ CH₃-C(CH₃)(OH)-CH₃

해설
① 1차 알코올 ② 1차 알코올
③ 2차 알코올 ④ 3차 알코올

1차, 2차, 3차 알코올
① 1차 알코올 : 수산기가 붙어 있는 탄소원자가 1개의 탄소원자와 연결 된 것(수소는 생략)
C-C-C-OH

② 2차 알코올 : 수산기가 붙어 있는 탄소원자가 2개의 탄소원자와 연결 된 것(수소는 생략)
C-C(C)-OH

③ 3차 알코올 : 수산기가 붙어 있는 탄소원자가 3개의 탄소원자와 연결 된 것(수소는 생략)
C-C(C)(C)-OH

해답 ④

05 다음 화합물의 0.1mol 수용액 중에서 가장 약한 산성을 나타내는 것은?

① H_2SO_4 ② HCl
③ CH_3COOH ④ HNO_3

해설 강산과 약산
① 강산 : 전리도가 큰 산
[염산(HCl), 질산(HNO_3), 황산(H_2SO_4)]
② 약산 : 전리도가 작은 산[초산(CH_3COOH), 탄산(H_2CO_3), 황화수소(H_2S)]

해답 ③

06 연실법 또는 접촉법을 사용하여 제조하는 물질로서 건조제로 사용될 수 있는 것은?

① CaO   ② NaOH
③ H_2SO_4 ④ KOH

해설 황산의 제조

산화질소법(연실법) 또는 접촉법
SO_2 + NO_2 + H_2O → H_2SO_4 + NO … 연실법 (이산화황)(이산화질소)(물)   (황산)   (산화질소)

건조제의 종류

산성 건조제	염기성 건조제
• H_2SO_4(황산) • P_2O_5(오산화인)	• NaOH(수산화나트륨) • CaO(산화칼슘)

해답 ③

07 쌍극자 모멘트의 합이 0인 것으로만 나열된 것은?

① H_2O, CS_2 ② NH_3, HCl
③ HF, H_2S ④ C_6H_6, CH_4

해설 쌍극자 모멘트의 합이 0(비극성분자)
① H_2 ② O_2 ③ CO_2 ④ CH_4 ⑤ C_6H_6

해답 ④

08 산 염기 지시약인 페놀프탈레인의 pH 변색범위는?

① 3.5~4.5   ② 3.5~6.5
③ 4.5~8.0   ④ 8.3~10.0

해설 지시약 : pH를 측정하거나 산과 염기의 중화 적정 시 종말점(end point)을 알아내기 위하여 용액의 액성을 나타내는 시약

지시약	변색범위 (pH)	변색 산성색	변색 염기성색
메틸오렌지	3~4.5	빨강	노랑
메틸레드	3~4	빨강	노랑
페놀프탈레인	8~10	무색	빨강
리트머스	6~8	빨강	파랑

해답 ④

09 탄화알루미늄에 물을 작용시켰을 때 생성되는 물질은?

① 메탄   ② 수소
③ 산소   ④ 부탄

해설 탄화알루미늄(Al_4C_3) : 제3류 위험물(금수성 물질)
① 물과 접촉시 메탄가스를 생성하고 발열반응을 한다.

$$Al_4C_3 + 12H_2O \rightarrow 4Al(OH)_3 + 3CH_4$$
(수산화알루미늄) (메탄)

② 황색 결정 또는 백색분말로 1400℃ 이상에서는 분해가 된다.
③ 물 및 포약제에 의한 소화는 절대 금하고 마른 모래 등으로 피복 소화한다.

해답 ①

10 물 200g에 A물질 2.9g을 녹인 용액의 빙점은? (단, 물의 어는점 내림 상수는 1.86℃ · kg/mol이고, A물질의 분자량은 58이다.)

① -0.465℃   ② -0.932℃
③ -1.871℃   ④ -2.453℃

해설 라울의 법칙(빙점 강하도)
일정한 온도에서 비휘발성이며 비전해질인 물질이 묽은 용액의 증기압력내림은 일정량의 용매에 녹아있는 용질의 몰수에 비례한다.

$$\Delta T_f = K_f \cdot m = K_f \times \frac{a}{W} \times \frac{1000}{M}$$

여기서, ΔT_f : 몰랄 내림 상수(물의 K_f = 1.86℃/m)
m : 몰랄농도
a : 용질의 무게
W : 용매의 무게
M : 분자량
K_f : 어는점 내림(℃)

① K_f = 1.86
a(용질의 무게) = 2.9g
W(용매의 무게) = 물 200g

② $\Delta T_f = 1.86 \times \frac{2.9}{200} \times \frac{1000}{58} = -0.465℃$

해답 ①

11 화학반응에서 발생 또는 흡수되는 열량은 그 반응전의 물질의 종류와 상태 및 반응 후의 물질의 종류와 상태가 결정되면 그 도중의 경로에는 관계가 없다는 법칙은?

① 반트-호프의 법칙
② 르샤틀리에의 법칙
③ 아보가드로의 법칙
④ 헤스의 법칙

해설
① **반트-호프의 법칙** : 묽은 용액의 삼투압은 용매와 용질의 종류와는 관계없이, 용액의 몰 농도와 절대온도에 비례한다는 법칙
② **르샤틀리에의 법칙** : 평형이동에 관한법칙. 화학 평형에서 계(系)의 상태를 결정하는 변수인 온도·압력·성분농도 따위의 조건을 바꾸면, 그 계는 변화의 효과를 작게 하는 방향으로 반응이 이동되어 새로운 평형 상태에 도달한다.
③ **아보가드로의 법칙** : 모든 기체 1g 분자(1mol)는 표준상태(0℃, 1기압)에서 22.4L의 부피를 차지하며 이 속에는 6.02×10^{23}개의 분자가 들어 있다
④ **헤스의 법칙** : 화학반응에서 발생 또는 흡수되는 열량은 그 반응전의 물질의 종류와 상태 및 반응 후의 물질의 종류와 상태가 결정되면 그 도중의 경로에는 관계가 없다.

해답 ④

12 어떤 방사능 물질의 반감기가 10년이라면 10g의 물질이 20년 후에는 몇 g이 남는가?

① 2.5   ② 5.0
③ 7.5   ④ 10.0

해설
$$m = 10g \times \left(\frac{1}{2}\right)^{\frac{20}{10}} = 2.5g$$

반감기
방사성원소가 붕괴하는 속도는 붕괴하기 전의 원소의 양의 반으로 감소하기까지 걸리는 기간

$$m = M \times \left(\frac{1}{2}\right)^{\frac{t}{T}}$$

여기서, m : 붕괴 후 질량 M : 붕괴 전 질량
t : 경과기간 T : 반감기

해답 ①

13 다음 중 헨리의 법칙으로 설명되는 것은?

① 극성이 큰 물질일수록 물에 잘 녹는다.
② 비눗물은 0℃보다 낮은 온도에서 언다.
③ 높은 산 위에서는 물이 100℃ 이하에서 끓는다.
④ 사이다의 병마개를 따면 거품이 난다.

해설 헨리의 법칙
① 일정한 온도에서 질소나 산소와 같이 물에 많이 녹지 않는 기체의 용해도는 그 기체의 압력에 정비례한다.
② 일정한 온도에서 일정량의 용매에 녹는 기체의 용해도는 압력에 비례하고 기체의 부피는 그 기체의 압력에 관계없이 일정하다.

탄산음료수의 마개를 뽑으면 거품이 오르는 이유
① 기체의 액체에 대한 용해도는 온도가 낮을수록 압력이 높을수록 증가 한다.
② 탄산음료수의 병마개를 뽑으면 용기 내부압력이 줄어들면 용해도가 줄기 때문이다.

기체의 용해도
① 온도가 상승 시 용해도 감소
② 압력상승 시 용해도 증가

해답 ④

14 커플링(coupling)반응 생성물과 관계있는 것은?

① $-NH_2$ ② $-CH_3$
③ $-COOH$ ④ $-N=N-$

해설 커플링 : 페놀 또는 방향족 아민류와 반응하여 아조기($-N=N-$)를 갖는 아조화합물을 만드는 것

해답 ④

15 3N 황산용액 200mL 중에는 몇 g의 H_2SO_4를 포함하고 있는가?(단, S의 원자량은 32이다.)

① 29.4   ② 58.8
③ 98.0   ④ 117.6

해설 노르말농도 = 규정농도(N)
용액 1L 속에 포함된 용질의 g 당량수로 표시한 농도라 하며 N으로 표시한다.
① 황산(H_2SO_4)의 1g-당량
$= \dfrac{원자량}{원자가} = \dfrac{98}{2가} = 49g$

노르말 농도
$$N = \dfrac{용질의\ 질량(g)}{당량(g)} \times \dfrac{1000(mL)}{용액의\ 부피(mL)}$$

② $3(N) = \dfrac{용질의\ 질량 X(g)}{49(g)} \times \dfrac{1000(ml)}{200(ml)}$

③ 용질의 질량 $X = \dfrac{3 \times 49 \times 200}{1000(ml)} = 29.4g$

해답 ①

16 벤젠의 유도체 TNT의 구조식을 옳게 나타낸 것은?

① CH_3 위치에 O_2N, NO_2, NO_2
② OH 위치에 O_2N, NO_2, NO_2
③ NH_2 위치에 O_2N, NO_2, NO_2
④ SO_3H 위치에 O_2N, NO_2, NO_2

해설 ① 트라이나이트로톨루엔(TNT)
② 트라이나이트로페놀(TNP)
③ 트라이나이트로아닐린
④ 트라이나이트로슬폰산

트라이나이트로톨루엔[$C_6H_2CH_3(NO_2)_3$]
(TNT : Tri Nitro Toluene)
: 제5류 위험물 중 나이트로화합물 ★★★★★

화학식	분자량	비중	비점	융점	착화점
$C_6H_2CH_3(NO_2)_3$	227	1.7	280℃	81℃	300℃

① 물에는 녹지 않고 알코올, 아세톤, 벤젠에 녹는다.
② Tri Nitro Toluene의 약자로 TNT라고도 한다.
③ 담황색의 주상결정이며 햇빛에 다갈색으로 변색된다.
④ 톨루엔과 질산을 반응시켜 얻는다.

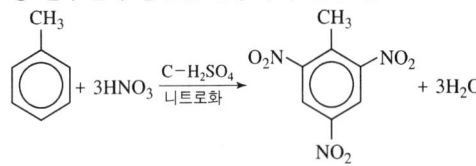

$C_6H_5CH_3 + 3HNO_3 \xrightarrow[\text{(나이트로화)}]{C-H_2SO_4} C_6H_2CH_3(NO_2)_3 + 3H_2O$
(톨루엔)   (질산)   (트라이나이트로톨루엔) (물)

⑤ 강력한 폭약이며 급격한 타격에 폭발한다.
$2C_6H_2CH_3(NO_2)_3 \rightarrow 2C + 12CO + 3N_2\uparrow + 5H_2\uparrow$
⑥ 연소 시 연소속도가 너무 빠르므로 소화가 곤란하다.
⑦ 무기 및 다이너마이트, 질산폭약제 제조에 이용된다.

해답 ①

17. 방사성 원소에서 방출되는 방사선 중 전기장의 영향을 받지 않아 휘어지지 않는 선은?

① α선   ② β선
③ γ선   ④ α, β, γ선

해설 γ선
① 전기장의 영향을 받지 않아 직선적으로 투과
② 광선이나 X선과 같은 전자기파이다.

방사성원소의 투과력 크기
$\gamma > \beta > \alpha$
투과력이 가장 큰 것은 γ선이다.

해답 ③

18. 8g의 메탄을 완전 연소시키는데 필요한 산소분자의 수는?

① 6.02×10^{23} ② 1.204×10^{23}
③ 6.02×10^{24} ④ 1.204×10^{24}

해설 메탄의 연소 반응식

CH_4	+	$2O_2$	$\rightarrow$	CO_2	+	$2H_2O$
1몰(16g)		$2 \times 6.02 \times 10^{23}$개		1몰		2몰

① 16g → $2 \times 6.02 \times 10^{23}$개
   8g → X
② $X = \dfrac{8 \times 2 \times 6.02 \times 10^{23}}{16} = 6.02 \times 10^{23}$

해답 ①

19. 96wt% H_2SO_4(A)와 60wt% H_2SO_4(B)를 혼합하여 80wt% H_2SO_4 100kg 만들려고 한다. 각각 몇 kg씩 혼합하여야 하는가?

① A : 30, B : 70
② A : 44.4, B : 55.6
③ A : 55.6, B : 44.4
④ A : 70, B : 30

해설
① A+B = 100 ∴ A = 100−B
② 0.96A+0.6B = 0.8×100
③ A = 100−B를 ②식에 대입하여 B를 구하면
④ 0.96(100−B)+0.6B = 0.8×100
⑤ 96−0.96B+0.6B = 80
⑥ 0.36B = 16
⑦ $B = \dfrac{16}{0.36} = 44.4$
⑧ A+B = 100 에서 B = 44.4를 대입하여 A를 구하면
⑨ A+44.4 = 100 ∴ A = 100−44.4 = 55.6

해답 ③

20. A+2B → 3C+4D와 같은 기초 반응에서 A, B의 농도를 각각 2배로 하면 반응속도는 몇 배로 되겠는가?

① 2   ② 4
③ 8   ④ 16

해설 반응속도 : 화학반응속도는 두 물질의 농도(몰/L)의 곱(상승적)에 비례한다.
∴ 반응속도
$V = [A][B]^2 = [2][2]^2 = 8$배

화학 반응속도에 영향을 미치는 요소
① 농도   ② 온도   ③ 압력   ④ 촉매

해답 ③

제2과목 화재예방과 소화방법

21 화재의 종류와 표지색상의 연결이 옳은 것은?

① 금속화재-청색   ② 유류화재-황색
③ 일반화재-녹색   ④ 전기화재-백색

해설 화재의 분류 ★★ 자주출제(필수암기) ★★

종류	등급	색표시	주된 소화 방법
일반화재	A급	백색	냉각소화
유류 및 가스화재	B급	황색	질식소화
전기화재	C급	청색	질식소화
금속화재	D급	-	피복소화
주방화재	K급	-	냉각 및 질식소화

해답 ②

22 위험물제조소등에서 옥내소화전이 가장 많이 설치된 층의 옥내소화전 설치개수가 6개일 때 수원의 수량은 몇 m^3 이상이 되어야 하는가?

① 7.8   ② 22
③ 39   ④ 46.8

해설 위험물제조소등의 소화설비 설치기준

소화설비	수평거리	방사량	방사압력
옥내	25m 이하	260(L/min) 이상	350(kPa) 이상
	수원의 양 Q=N(소화전개수 : 최대 5개) ×7.8m^3(260L/min×30min)		
옥외	40m 이하	450(L/min) 이상	350(kPa) 이상
	수원의 양 Q=N(소화전개수 : 최대 4개) ×13.5m^3(450L/min×30min)		
스프링클러	1.7m 이하	80(L/min) 이상	100(kPa) 이상
	수원의 양 Q=N(헤드수 : 최대 30개) ×2.4m^3(80L/min×30min)		
물분무	-	20 (L/m^2·min)	350(kPa) 이상
	수원의 양 Q=A(바닥면적m^2)× 0.6m^3(20L/m^2·min×30min)		

옥내소화전설비의 수원의 양
$Q = N(소화전개수 : 최대 5개) × 7.8m^3$
$= 5 × 7.8m^3 = 39m^3$

해답 ③

23 소요단위에 대한 설명으로 옳은 것은?

① 소화설비의 설치대상이 되는 건축물 그 밖의 공작물의 규모 또는 위험물의 양이 기준단위이다.
② 소화설비 소화능력의 기준단위이다.
③ 저장소의 건축물은 외벽이 내화구조인 것은 연면적 75m^2를 1소요단위로 한다.
④ 지정수량 100배를 1소요단위로 한다.

해설 소요단위의 계산방법
① 제조소 또는 취급소의 건축물

외벽이 내화구조인 것	외벽이 내화구조가 아닌 것
연면적 100m^2를 1소요단위	연면적 50m^2를 1소요단위

② 저장소의 건축물

외벽이 내화구조인 것	외벽이 내화구조가 아닌 것
연면적 150m^2를 1소요단위	연면적 75m^2를 소요단위

③ 위험물은 지정수량의 10배를 1소요단위로 할 것

해답 ①

24 펌프와 발포기의 중간에 설치된 벤투리관의 벤투리작용과 펌프가압수의 포소화약제 저장탱크에 대한 압력에 의하여 포소화약제를 흡입 혼합하는 방식은?

① 라인프로포셔너 방식
② 프레져프로포셔너 방식
③ 프레져사이드프로포셔너 방식
④ 펌프프로포셔너 방식

해설 포 소화약제의 혼합장치
① 펌프 프로포셔너 방식(펌프 조합방식)
(pump proportioner type)
펌프의 토출관과 흡입관 사이의 배관도중에 설치한 흡입기에 펌프에서 토출된 물의 일부를 보내고, 농도 조정밸브에서 조정된 포 소화약제의 필요량을 포 소화약제 탱크에서 펌프 흡입측으로 보내어 이를 혼합하는 방식

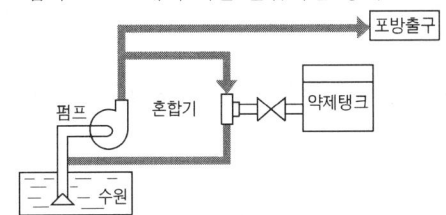

② 프레져 프로포셔너 방식(차압 조합방식)
(pressure proportioner type)
펌프와 발포기의 중간에 설치된 벤추리관의 벤추리작용과 펌프 가압수의 포 소화약제 저장탱크에 대한 압력에 의하여 포소화약제를 흡입·혼합하는 방식

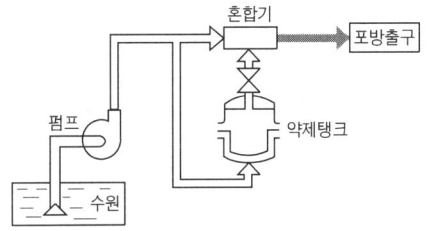

③ 라인 프로포셔너 방식(관로 조합방식)
(line proportioner type)
펌프와 발포기의 중간에 설치된 벤추리관의 벤추리 작용에 의하여 포소화약제를 흡입·혼합하는 방식

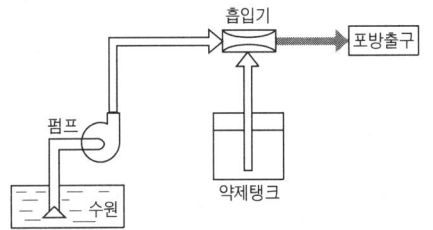

④ 프레져사이드 프로포셔너 방식(압입 혼합방식)
(pressure side proportioner type)
펌프의 토출관에 압입기를 설치하여 포 소화약제 압입용 펌프로 포소화약제를 압입시켜 혼합하는 방식

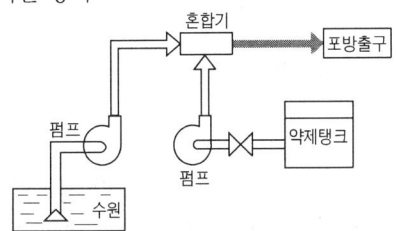

해답 ②

25 기체의 연소 형태에 해당하는 것은?

① 표면연소
② 증발연소
③ 분해연소
④ 확산연소

해설 연소의 형태 ★★ 자주출제(필수암기)★★
① **표면연소**(surface reaction)
숯, 코크스, 목탄, 금속분
② **증발연소**(evaporating combustion)
파라핀(양초), 황, 나프탈렌, 왁스, 휘발유, 등유, 경유, 아세톤 등 **제4류 위험물**
③ **분해연소**(decomposing combustion)
석탄, 목재, 플라스틱, 종이, 합성수지, 중유
④ **자기연소(내부연소)**
질화면(나이트로셀룰로오스), 셀룰로이드, 나이트로글리세린 등 제5류 위험물
⑤ **확산연소**(diffusive burning)
아세틸렌, LPG, LNG 등 가연성 기체
⑥ **불꽃연소 + 표면연소**
목재, 종이, 셀룰로오스, 열경화성수지

해답 ④

26 위험물에 따라 적응성이 있는 소화설비를 연결한 것은?

① $C_6H_5NO_2$ - 이산화탄소소화기
② Ca_3P_2 - 물통(수조)
③ $C_2H_5OC_2H_5$ - 물통(수조)
④ $C_3H_5(ONO_2)_3$ - 이산화탄소소화기

해설 위험물별 적응소화기
① $C_6H_5NO_2$ (나이트로벤젠 : 제4류 인화성액체)

－이산화탄소소화기
② Ca₃P₂(인화칼슘 : 제3류 금수성 물질))
－탄산수소염류, 마른 모래, 팽창질석 또는 팽창진주암
③ C₂H₅OC₂H₅(다이에틸에터 : 제4류 인화성 액체)
－이산화탄소소화기
④ C₃H₅(ONO₂)₃(나이트로글리세린)－물통(수조)

해답 ①

27 다음 [조건]하에 국소방출방식의 할로젠화합물소화설비를 설치하는 경우 저장하여야 하는 소화약제의 양은 몇 kg 이상이어야 하는가?

[조건] ㉠ 저장하는 위험물 : 휘발유
㉡ 윗면이 개방된 용기에 저장함
㉢ 방호대상물의 표면적 : 40m²
㉣ 소화약제의 종류 : 할론1301

① 222   ② 340
③ 467   ④ 570

해설 할로젠 화합물 소화약제 저장량(국소방출방식)
① $Q(kg) = A(m^2) \times K(kg/m^2) \times C$
여기서 C는 보정계수
② 할론1301 A = 6.8kg/m²
할론1301 C = 1.25
③ 소요약제량

$$Q(kg) = 40m^2 \times \frac{6.8kg}{1m^2} \times 1.25 = 340kg$$

해답 ②

28 다음 중 화재시 주수소화를 하면 위험성이 증가하는 것은?

① 염소산칼륨   ② 과산화칼륨
③ 과염소산나트륨   ④ 과산화수소

해설 과산화칼륨(K₂O₂) : 제1류 위험물 중 무기과산화물

화학식	분자량	비중	분해온도
K₂O₂	110	2.9	490℃

① 무색 또는 오렌지색 분말상태
② 상온에서 물과 격렬히 반응하여 산소(O₂)를 방출하고 폭발하기도 한다.

2K₂O₂ + 2H₂O → 4KOH + O₂↑

③ 공기 중 **이산화탄소(CO₂)와 반응하여 산소(O₂)를 방출**한다.

2K₂O₂ + 2CO₂ → 2K₂CO₃ + O₂↑

④ 산과 반응하여 과산화수소(H₂O₂)를 생성시킨다.

K₂O₂ + 2CH₃COOH → 2CH₃COOK + H₂O₂↑

⑤ 열분해시 산소(O₂)를 방출한다.

2K₂O₂ → 2K₂O + O₂↑

⑥ 주수소화는 금물이고 마른모래(건조사)등으로 소화한다.

해답 ②

29 제5류 위험물의 화재시에 가장 적당한 소화방법은?

① 인산염류를 사용한다.
② 할로젠화합물을 사용한다.
③ 탄산가스를 사용한다.
④ 다량의 물을 사용한다.

해설 제5류 위험물의 소화
① 자체적으로 산소를 함유한 물질이므로 질식소화는 효과가 없다.
② 화재초기에 다량의 물로 주수 소화하는 것이 가장 효과적이다.

제5류 위험물의 일반적 성질
① 자기연소(내부연소)성 물질이다.
② 연소속도가 대단히 빠르고 폭발적 연소한다.
③ 가열, 마찰, 충격에 의하여 폭발한다.
④ 물질자체가 산소를 함유하고 있다.
⑤ 연소 시 소화가 어렵다.

해답 ④

30 이동식 불활성가스소화설비의 호스접속구는 모든 방호대상물에 대하여 당해 방호 대상물의 각 부분으로부터 하나의 호스접속구까지의 수평거리가 몇 m 이하가 되도록 설치하여야 하는가?

① 10   ② 15
③ 20   ④ 30

해설 이동식 불활성가스소화설비의 수평거리 : 15m 이하

해답 ②

31 화재의 종류 중 C급 화재에 속하는 것은?

① 일반화재 ② 유류화재
③ 전기화재 ④ 금속화재

해설 화재의 분류 ★★ 자주출제(필수암기) ★★

종류	등급	색표시	주된 소화 방법
일반화재	A급	백색	냉각소화
유류 및 가스화재	B급	황색	질식소화
전기화재	C급	청색	질식소화
금속화재	D급	-	피복소화
주방화재	K급	-	냉각 및 질식소화

해답 ③

32 아닐린 취급을 주된 작업내용으로 하는 장소에 스프링클러설비를 설치할 경우 확보하여야 하는 1분당 방사밀도는 몇 L/m² 이상이어야 하는가?(단, 살수기준면적은 250m²이다.)

① 12.2 ② 13.9
③ 15.5 ④ 16.3

해설 ① 살수기준면적은 279m² 미만(250m²)해당
② 아닐린(제3석유류 : 인화점70℃ 이상 200℃ 미만)은 인화점이 75℃이므로 38℃ 이상에 해당
③ ∴ 아래 표에서 구하면 12.2L/m² 이상

제4류 위험물취급 장소에 스프링클러설비를 설치 시 확보하여야 하는 1분당 방사밀도

살수기준면적 (m²)	방사밀도(L/m²·분)	
	인화점 38℃ 미만	인화점 38℃ 이상
279 미만	16.3 이상	12.2 이상
279 이상 372 미만	15.5 이상	11.8 이상
372 이상 465 미만	13.9 이상	9.8 이상
465 이상	12.2 이상	8.1 이상

[비고] 살수기준면적은 내화구조의 벽 및 바닥으로 구획된 하나의 실의 바닥면적을 말한다. 다만, 하나의 실의 바닥면적이 465m² 이상인 경우의 살수기준면적은 465m²로 한다.

해답 ①

33 제3류 위험물에서 금수성물질의 화재에 적응성이 있는 소화약제는?

① 할로젠화합물 ② 이산화탄소
③ 탄산수소염류 ④ 인산염류

해설 금수성 위험물질에 적응성이 있는 소화기
① 탄산수소염류
② 마른 모래
③ 팽창질석 또는 팽창진주암

해답 ③

34 다음 산·알칼리 소화기의 화학반응식에서 ( )에 들어갈 분자식은?

$2NaHCO_3 + H_2SO_4 \rightarrow Na_2SO_4 + 2CO_2 + 2( )$

① Na_2CO_3 ② H_2O
③ H_2S ④ $NaCl$

해설 **산·알칼리소화기**
① 내통 : 황산(H_2SO_4)
② 외통 : 탄산수소나트륨($NaHCO_3$)

산·알칼리 소화기의 화학반응식

$H_2SO_4 + 2NaHCO_3 \rightarrow Na_2SO_4 + 2H_2O + 2CO_2 \uparrow$
(황산) (탄산수소나트륨) (황산나트륨) (물) (이산화탄소)

해답 ②

35 다음 중 자연 발화의 인자가 아닌 것은?

① 발열량 ② 수분
③ 열의 축적 ④ 증발잠열

해설 **자연발화의 영향인자**
① 열의 축적 ② 퇴적방법 ③ 열전도율
④ 발열량 ⑤ 수분

자연발화의 조건	자연발화 방지대책
주위의 온도가 높을 것	통풍이나 환기 등을 통하여 열의 축적을 방지
표면적이 넓을 것	저장실의 온도를 낮춘다.
열전도율이 적을 것	습도를 낮게 유지
발열량이 클 것	용기 내에 불활성 기체를 주입하여 공기와 접촉방지

자연발화의 형태	
산화열에 의한 자연발화	• 석탄 • 건성유 • 탄소분말 • 금속분 • 기름걸레
분해열에 의한 자연발화	• 셀룰로이드 • 나이트로셀룰로오스 • 나이트로글리세린
흡착열에 의한 자연발화	• 활성탄 • 목탄분말
미생물열에 의한 자연발화	• 퇴비 • 먼지

해답 ④

36 소화작용에 대한 설명으로 옳지 않은 것은?

① 연소에 필요한 산소의 공급원을 차단하는 것은 제거작용이다.
② 온도를 떨어뜨려 연소반응을 정지시키는 것은 냉각작용이다.
③ 가스화재시 주 밸브를 닫아서 소화하는 것은 제거작용이다.
④ 물에 의해 온도를 낮추는 것은 냉각작용이다.

해설 ① 연소에 필요한 산소의 공급원을 차단하는 것은 질식 및 피복작용이다.

소화원리
① **냉각소화** : 가연성 물질을 발화점 이하로 온도를 냉각

물이 소화약제로 사용되는 이유
• 물의 기화열(539kcal/kg)이 크기 때문
• 물의 비열(1kcal/kg℃)이 크기 때문

② **질식소화** : 산소농도를 21%에서 15% 이하로 감소

질식소화 시 산소의 유지농도 : 10~15%

③ **억제소화(부촉매소화, 화학적 소화)** : 연쇄반응을 억제

• 부촉매 : 화학적 반응의 속도를 느리게 하는 것
• 부촉매 효과 : 할로젠화합물 소화약제
  (할로젠족원소 : 불소(F), 염소(Cl), 브로민(Br), 아이오딘(I))

④ **제거소화** : 가연성물질을 제거시켜 소화

• 산불이 발생하면 화재의 진행방향을 앞질러 벌목
• 화학반응기의 화재 시 원료공급관의 밸브를 폐쇄
• 유전화재 시 폭약으로 폭풍을 일으켜 화염을 제거
• 촛불을 입김으로 불어 화염을 제거

⑤ **피복소화** : 가연물 주위를 공기와 차단
⑥ **희석소화** : 수용성인 인화성액체 화재 시 물을 방사하여 가연물의 연소농도를 희석

해답 ①

37 분말소화약제와 함께 사용하여도 소포현상이 일어나지 않고 트윈에이전트 시스템에 사용되어 소화효과를 높일 수 있는 포소화약제는?

① 단백포   ② 불화단백포
③ 수성막포   ④ 내알코올형포

해설 포 약제 중 분말약제와 겸용이 가능한 것 : 수성막포(포약제 중 소화력 가장 우수)

수성막포 소화약제
① 불소계통의 습윤제에 합성계면활성제 첨가한 포약제이며 주성분은 불소계 계면활성제
② 미국에서는 AFFF(Aqueous Film Forming Foam)로 불리며 3M사가 개발한 것으로 상품명은 라이트 워터(light water)
③ 저발포용으로 3%형과 6%형이 있다.
④ 분말약제와 겸용이 가능하고 액면하 주입방식에도 사용.
⑤ 내유성과 유동성이 좋아 유류화재 및 항공기화재, 화학공장화재에 적합
⑥ 화학적으로 안정하며 수명이 반영구적
⑦ 소 화작업 후 포와 막의 차단효과로 재발화 방지에 효과가 있다.
※ 유류화재용으로 가장 뛰어난 포약제는 수성막포이다.

해답 ③

38 소화기의 외부에 표시해야 하는 사항이 아닌 것은?

① 유효기간과 폐기날짜
② 적응화재표시
③ 소화능력단위
④ 취급상의 주의사항

해설 **소화기 표시사항**
① 종별 및 형식
② 형식승인번호
③ 제조년월 및 제조번호

④ 제조업체명 또는 상호
⑤ 사용온도범위
⑥ 소화능력단위
⑦ 충전된 소화약제의 주성분 및 중(용)량
⑧ 소화기 가압용가스의 가스종류 및 가스량(가압식 소화기에 한함)
⑨ 총중량
⑩ 소화약제 형식번호
⑪ 취급상의 주의사항
⑫ 사용방법
⑬ 품질보증에 관한 사항

해답 ①

39 위험물안전관리법상 아세트알데하이드 또는 산화프로필렌 옥외 저장탱크 저장소에 필요한 설비가 아닌 것은?

① 보냉장치
② 불연성가스 봉입장치
③ 수증기 봉입장치
④ 강제 배출장치

해설 아세트알데하이드 또는 산화프로필렌 옥외저장탱크 서상소 필요설비
① 보냉장치   ② 불연성가스 봉입장치
③ 수증기 봉입장치   ④ 냉각장치

해답 ④

40 포소화설비의 기준에서 포헤드방식의 포헤드는 방호대상물의 표면적 몇 m² 당 1개 이상의 헤드를 설치해야 하는가?

① 3   ② 6
③ 9   ④ 12

해설 포헤드방식의 포헤드 설치기준
① 방호대상물의 표면적 9m²당 1개 이상의 헤드를 설치 할 것
② 방호대상물의 표면적 1m²당의 방사량은 6.5L/min 이상

해답 ③

제3과목 위험물의 성질과 취급

41 다음 물질 중 증기비중이 가장 작은 것은?

① 이황화탄소   ② 아세톤
③ 아세트알데하이드 ④ 에터

해설
- 공기의 평균 분자량 = 29
- 증기비중 = $\dfrac{M(분자량)}{29(공기평균분자량)}$

① 이황화탄소(CS_2)의 분자량
  $= 12 + 32 \times 2 = 76$
② 아세톤(CH_3COCH_3)의 분자량
  $= 12 + 1 \times 3 + 12 + 16 + 12 + 1 \times 3 = 58$
③ 아세트알데하이드(CH_3CHO)의 분자량
  $= 12 + 1 \times 3 + 12 + 1 + 16 = 44$
④ 에터($C_2H_5OC_2H_5$)의 분자량
  $= 12 \times 4 + 1 \times 10 + 16 = 74$
∴ 아세트알데하이드의 분자량이 가장 작으므로 증기비중이 가장 작다.

해답 ③

42 옥내저장소에 반드시 자동화재탐지설비를 경보설비로 설치하여야 하는 대상은 지정수량 몇 배 이상을 저장 또는 취급하는 경우인가?(단, 지정수량 배수와 관련한 조건만 고려하며, 고인화점 위험물만을 저장 또는 취급하는 경우는 제외한다.)

① 10   ② 50
③ 100   ④ 200

해설 (1) 자동화재탐지설비 설치대상
① 제조소 및 일반취급소
  ㉠ 연면적 500m² 이상
  ㉡ 옥내에서 지정수량의 100배 이상을 취급하는 것
② 옥내저장소 : 지정수량을 100배 이상을 저장 및 취급하는 것
③ 옥내탱크저장소로서 소화난이도등급 Ⅰ에 해당하는 것
④ 옥내주유취급소

(2) 자동화재 탐지설비, 비상경보설비, 확성장치 또는 비상방송설비 중 1종 이상 설치 지정수량의 10배 이상을 저장 취급하는 제조소 등

해답 ③

43 나이트로셀룰로오스의 저장 및 취급 방법으로 틀린 것은?

① 가열, 마찰을 피한다.
② 열원을 멀리하고 냉암소에 저장한다.
③ 알코올용액으로 습면하여 운반한다.
④ 물과의 접촉을 피하기 위해 석유에 저장한다.

해설 나이트로셀룰로오스[(C₆H₇O₂(ONO₂)₂)₃]ₙ
: 제5류 위험물
셀룰로오스(섬유소)에 진한질산과 진한 황산의 혼합액을 작용시켜서 만든 것이다.
① 비수용성이며 초산에틸, 초산아밀, 아세톤에 잘 녹는다.
② 130℃에서 분해가 시작되고, 180℃에서는 급격하게 연소한다.
③ 직사광선, 산 접촉 시 분해 및 자연 발화한다.
④ 건조상태에서는 폭발위험이 크나 **수분함유 시 폭발위험성이 없어 저장·운반이 용이하다.**
⑤ 질산섬유소라고도 하며 화약에 이동 시 면약(면화약)이라한다
⑥ 셀룰로이드, 콜로디온에 이용 시 질화면이라 한다.
⑦ 질소함유율(질화도)이 높을수록 폭발성이 크다.
⑧ 저장 시 20% 이상의 수분을 첨가하여 저장한다.

질화도에 따른 분류

구 분	질화도(질소함량)
강면약(강질화면)	12.5~13.5%
취 면	10.7~11.2%
약면약(약질화면)	11.2~12.3%

해답 ④

44 다음 중 제1석유류에 해당하는 것은?

① 염화아세틸 ② 아크릴산
③ 클로로벤젠 ④ 아세트산

해설 제4류 위험물의 분류

물질명	화학식	품명
염화아세틸	CH₃COCl	제1석유류
아크릴산	C₂H₃COOH	제2석유류
클로로벤젠	C₆H₅Cl	제2석유류
아세트산	CH₃COOH	제2석유류

제4류 위험물 중 제1석유류
① 휘발유 ② 아세톤
③ 벤젠 ④ 톨루엔
⑤ 초산에틸 ⑥ 초산메틸
⑦ 의산(개미산)메틸 ⑧ 의산(개미산)에틸
⑨ 아크로레인 ⑩ 헥산
⑪ 피리딘 ⑫ 메틸에틸케톤(MEK)

해답 ①

45 다음 ( ) 안에 알맞은 용어는?

지정수량이라 함은 위험물의 종류별로 위험성을 고려하여 ( )이(가) 정하는 수량으로서 규정에 의한 제조소등의 설치허가 등에 있어서 최저의 기준이 되는 수량을 말한다.

① 대통령령 ② 국무총리령
③ 시·도지사 ④ 국민안전처장관

해설 지정수량의 정의 : 지정수량이라 함은 위험물의 종류별로 위험성을 고려하여 대통령령이 정하는 수량으로서 규정에 의한 제조소등의 설치허가 등에 있어서 최저의 기준이 되는 수량

해답 ①

46 위험물 운반용기 외부에 표시하는 주의사항을 모두 나타낸 것 중 틀린 것은?

① 질산나트륨 : 화기·충격주의, 가연물접촉주의
② 마그네슘 : 화기주의, 물기엄금
③ 황린 : 공기노출금지
④ 과염소산 : 가연물접촉주의

해설 위험물의 분류
① 질산나트륨(제1류 중 질산염류) : 화기·충격주의, 가연물접촉주의
② 마그네슘(제2류) : 화기주의, 물기엄금

③ 황린(제3류 중 자연발화성) : 화기엄금 및 공기
   접촉엄금
④ 과염소산(제6류) : 가연물접촉주의

위험물 운반용기의 외부 표시 사항
① 위험물의 품명, 위험등급, 화학명 및 수용성(제 4류 위험물의 수용성인 것에 한함)
② 위험물의 수량
③ 수납하는 위험물에 따른 주의사항

유별	성질에 따른 구분	표시사항
제1류	알칼리금속의 과산화물	화기·충격주의, 물기엄금 및 가연물접촉주의
	그 밖의 것	화기·충격주의 및 가연물접촉주의
제2류	철분·금속분·마그네슘	화기주의 및 물기엄금
	인화성 고체	화기엄금
	그 밖의 것	화기주의
제3류	자연발화성 물질	화기엄금 및 공기접촉엄금
	금수성 물질	물기엄금
제4류	인화성 액체	화기엄금
제5류	자기반응성 물질	화기엄금 및 충격주의
제6류	산화성 액체	가연물접촉주의

해답 ③

47 위험물안전관리법에서 구분한 취급소에 해당되지 않는 것은?

① 주유취급소   ② 옥내취급소
③ 이송취급소   ④ 판매취급소

해설 취급소의 구분
① 주유취급소   ② 판매취급소
③ 이송취급소   ④ 일반취급소

판매취급소의 구분 ★★★(자주출제)

취급소의 구분	저장 또는 취급하는 위험물의 수량
제1종 판매취급소	지정수량의 20배 이하
제2종 판매취급소	지정수량의 40배 이하

해답 ②

48 제2류 위험물과 제4류 위험물의 공통적인 성질은?

① 가연성 물질이다.   ② 강한 산화제이다.
③ 액체 물질이다.   ④ 산소를 함유한다.

해설 제2류 위험물과 제4류 위험물의 공통적인 성질 : 가연성 물질

해답 ①

49 위험물안전관리법에서 규정한 운반용기의 재질이 아닌 것은?

① 플라스틱   ② 도자기
③ 유리   ④ 짚

해설 운반용기의 재질
① 강판   ② 알루미늄판   ③ 양철판
④ 유리   ⑤ 금속판   ⑥ 종이
⑦ 플라스틱 ⑧ 섬유판   ⑨ 고무류
⑩ 합성섬유 ⑪ 삼   ⑫ 짚
⑬ 나무

운반용기의 내용적에 대한 수납율 ★★(자주출제)
① 액체위험물 : 내용적의 98% 이하
② 고체위험물 : 내용적의 95% 이하

해답 ②

50 등유에 관한 설명 중 틀린 것은?

① 물보다 가볍다.
② 가솔린보다 인화점이 높다.
③ 물에 용해되지 않는다.
④ 증기는 공기보다 가볍다.

해설 ④ 증기는 공기보다 무겁다.
등유(Kerosine : 케로신) : 제4류 2석유류
① 포화, 불포화 탄화수소의 혼합물이다.
② 물에 녹지 않고, 유기용제에 잘 녹는다.
③ 폭발범위는 1.1~6%,
   발화점(착화점)은 254℃이다.
④ 물보다 가볍다.
⑤ 석유류 중 비점이 약 150~300℃의 유분이다.
⑥ 증기는 공기보다 무겁다.

해답 ④

51 질산에틸의 성상에 관한 설명 중 틀린 것은?

① 향기를 갖는 무색의 액체이다.
② 휘발성 물질로 증기 비중은 공기보다 작다.
③ 물에는 녹지 않으나 에터에 녹는다.
④ 비점 이상으로 가열하면 폭발의 위험이 있다.

해설 ② 휘발성 물질로 증기 비중은 공기보다 크다.

질산에틸($C_2H_5NO_3$)
: 제5류 위험물 중 질산에스터류
① 무색 투명한 액체이고 비수용성(물에 녹지 않음)이다.
② 단맛이 있고 알코올, 에터에 녹는다.
③ 에탄올을 진한 질산에 작용시켜서 얻는다.
$$C_2H_5OH + HNO_3 \rightarrow C_2H_5ONO_2 + H_2O$$
④ 비중 1.11, 끓는점 88℃을 가진다.
⑤ 인화점(10℃)이 낮아서 인화의 위험이 매우 크다.

해답 ②

52 규조토에 어떤 물질을 흡수시켜 다이너마이트를 제조하는가?

① 페놀   ② 나이트로글리세린
③ 질산에틸   ④ 장뇌

해설 나이트로글리세린[($C_3H_5(ONO_2)_3$)]
: 제5류 위험물 중 질산에스터류
① 상온에서는 액체이지만 겨울철에는 동결한다.
② 비수용성이며 메탄올, 아세톤 등에 녹는다.
③ 가열, 마찰, 충격에 예민하여 대단히 위험하다.
④ 화재 시 폭굉 우려가 있다.
⑤ 산과 접촉 시 분해가 촉진되고 폭발우려가 있다.

나이트로글리세린의 분해
$$4C_3H_5(ONO_2)_3 \rightarrow 12CO_2\uparrow + 6N_2\uparrow + O_2\uparrow + 10H_2O$$

⑥ 다이나마이트(규조토+나이트로글리세린), 무연화약 제조에 이용된다.

해답 ②

53 인화칼슘이 물과 반응하면 어떤 가스가 발생하는가?

① 포스겐   ② 포스핀
③ 메탄   ④ 이산화황

해설 인화칼슘(Ca_3P_2) : 제3류(금수성 물질)

화학식	분자량	융점	비중
Ca_3P_2	182	1,600℃	2.5

① 적갈색의 괴상고체이다.
② 물 및 약산과 반응하여 유독성의 **인화수소(포스핀)기체**를 생성한다.

- $Ca_3P_2 + 6H_2O \rightarrow 3Ca(OH)_2 + 2PH_3$
  (수산화칼슘) (포스핀=인화수소)
- $Ca_3P_2 + 6HCl \rightarrow 3CaCl_2 + 2PH_3$
  (염화칼슘) (포스핀=인화수소)

③ 포스핀은 맹독성가스이므로 취급시 방독마스크를 착용한다.
④ 물 및 포약제의 의한 소화는 절대 금하고 마른 모래 등으로 피복하여 자연 진화되도록 기다린다.

해답 ②

54 운반할 때 빗물의 침투를 방지하기 위하여 방수성이 있는 피복으로 덮어야 하는 위험물은?

① TNT   ② 이황화탄소
③ 과염소산   ④ 마그네슘

해설 적재위험물의 성질에 따른 조치
(1) 차광성이 있는 피복으로 가려야하는 위험물
 ① 제1류 위험물
 ② 제3류위험물 중 자연발화성물질
 ③ 제4류 위험물 중 특수인화물
 ④ 제5류 위험물
 ⑤ 제6류 위험물
(2) 방수성이 있는 피복으로 덮어야 하는 것
 ① 제1류 위험물 중 알칼리금속의 과산화물
 ② 제2류 위험물 중 철분·금속분·마그네슘 또는 이들 중 어느하나 이상을 함유한 것
 ③ 제3류 위험물 중 금수성 물질

해답 ④

55 다음 중 제2류 위험물에 속하는 것은?

① 과산화수소
② 황화인
③ 글리세린
④ 나이트로셀룰로오스

해설 위험물의 분류

물질명	유별
과산화수소	제6류
황화인	제2류
글리세린	제4류 3석유류
나이트로셀룰로오스	제5류

황화인(제2류 위험물) : 황과 인의 화합물

① 삼황화인(P_4S_3)
- 황색결정으로 물, 염산, 황산에 녹지 않으며 질산, 알칼리, 이황화탄소에 녹는다.
- 연소하면 오산화인과 이산화황이 생긴다.

$$P_4S_3 + 8O_2 \rightarrow 2P_2O_5 + 3SO_2 \uparrow$$
(오산화인) (이산화황)

② 오황화인(P_2S_5)
- 담황색 결정이고 조해성이 있다.
- 수분을 흡수하면 분해된다.
- 이황화탄소(CS_2)에 잘 녹는다.
- 물, 알칼리와 반응하여 인산과 황화수소를 발생한다.

$$P_2S_5 + 8H_2O \rightarrow 2H_3PO_4 + 5H_2S \uparrow$$
(인산) (황화수소)

③ 칠황화인(P_4S_7)
- 담황색 결정이고 조해성이 있다.
- 수분을 흡수하면 분해된다.
- 이황화탄소(CS_2)에 약간 녹는다.
- 냉수에는 서서히 분해가 되고 더운물에는 급격히 분해된다.

해답 ②

56 제3류 위험물제조소와 3백명 이상의 인원을 수용하는 영화상영관과의 안전거리는 몇 m 이상이어야 하는가?

① 10
② 20
③ 30
④ 50

해설 제조소의 안전거리(제6류 위험물을 취급하는 제조소는 제외)

구 분	안전거리
사용전압이 7,000V 초과 35,000V 이하	3m 이상
사용전압이 35,000V를 초과	5m 이상
주거용	10m 이상
고압가스, 액화석유가스, 도시가스	20m 이상
학교·병원·극장	30m 이상
유형문화재, 지정문화재	50m 이상

불연재료로 된 **방화상 유효한 담 또는 벽을 설치하는 경우에는 안전거리를 단축할 수 있다.**

해답 ③

57 에터 중의 과산화물을 검출할 때 그 검출시약과 정색반응의 색이 옳게 짝지워진 것은?

① 아이오딘화칼륨용액 - 적색
② 아이오딘화칼륨용액 - 황색
③ 브로민화칼륨용액 - 무색
④ 브로민화칼륨용액 - 청색

해설 다이에틸에터($C_2H_5OC_2H_5$) - 제4류 - 특수인화물

$$H-\underset{H}{\overset{H}{C}}-\underset{H}{\overset{H}{C}}-O-\underset{H}{\overset{H}{C}}-\underset{H}{\overset{H}{C}}-H$$

분자량	비중	비점	인화점	착화점	연소범위
74.12	0.72	34℃	-40℃	180℃	1.7~48%

① 알코올에는 녹지만 물에는 녹지 않는다.
② 직사광선에 장시간 노출 시 과산화물 생성

과산화물 생성 확인방법
다이에틸에터+KI용액(10%) → 황색변화(1분 이내)

③ 용기는 갈색병을 사용하며 냉암소에 보관
④ 용기에는 5% 이상 10% 이하의 안전공간을 확보할 것
⑤ 용기는 밀폐하여 증기의 누출방지
⑥ 정전기 방지를 위하여 약간의 $CaCl_2$를 넣어준다.
⑦ 폭발성의 과산화물 생성방지를 위해 용기 내에 40mesh 구리 망을 넣어준다.

다이에틸에터 제조방법

$$C_2H_5OH + C_2H_5OH \xrightarrow{C-H_2SO_4} C_2H_5OC_2H_5 + H_2O$$

해답 ②

58 칼륨에 관한 설명 중 틀린 것은?

① 보라색의 불꽃을 내며 연소한다.
② 물과 반응하여 수소를 발생한다.
③ 화재 시 탄산가스소화기가 가장 효과적이다.
④ 피부와 접촉하면 화상의 위험이 있다.

해설 ③ 화재 시 탄산가스소화기 방사 시 대기 중 수분이 응축되어 위험하다.

금속칼륨 : 제3류 위험물(금수성)
① 경금속류에 속하며 보라색의 불꽃을 내며 연소한다.
② 피부와 접촉하면 화상의 위험이 있다.
③ 물과 반응하여 수소기체 발생
  $2K + 2H_2O \rightarrow 2KOH + H_2\uparrow$ (수소발생)
④ 파라핀, 경유, 등유 속에 저장

★★자주출제(필수정리)★★
① 칼륨(K), 나트륨(Na)은 파라핀, 경유, 등유 속에 저장
② 황린(3류) 및 이황화탄소(4류)는 물속에 저장

⑤ 알코올과 반응하여 에틸레이트 생성
  $2K + 2C_2H_5OH \rightarrow 2C_2H_5OK + H_2\uparrow$
  (칼륨) (에틸알코올)   (칼륨에틸레이트) (수소)

금수성 위험물질에 적응성이 있는 소화기
① 탄산수소염류
② 마른 모래
③ 팽창질석 또는 팽창진주암

해답 ③

59 질산나트륨 90kg, 황 20kg, 클로로벤젠 2000L를 저장하고 있을 경우 각각의 지정수량의 배수의 총합은 얼마인가?

① 2 ② 2.5
③ 3 ④ 3.5

해설 류별 및 지정수량
① 질산나트륨(제1류) : 300kg
② 황(제2류) : 100kg
③ 클로로벤젠(제4류 2석유류 비수용성) : 1000L

지정수량의 배수 = $\dfrac{\text{저장수량}}{\text{지정수량}}$

$= \dfrac{90kg}{300kg} + \dfrac{20kg}{100kg} + \dfrac{2000kg}{1000kg}$

$= 2.5$배

해답 ②

60 다음 중 인화점이 가장 낮은 것은?

① 초산메틸 ② 초산에틸
③ 무수초산 ④ 초산벤질

해설 제4류 위험물의 인화점

물질명	화학식	인화점(℃)
초산메틸	CH_3COOCH_3	-10
초산에틸	$CH_3COOC_2H_5$	-4
무수초산	CH_3COOH	40
초산벤질	$C_9H_{10}O_2$	102

일반적으로 분자량이 증가함에 따라 인화점은 높아진다.

해답 ①

위험물산업기사

2021년 3월 CBT 시행

본 문제는 CBT시험대비 기출문제 복원입니다.

제1과목 일반화학

01 고체상의 물질이 액체상과 평형에 있을 때의 온도와 액체의 증기압과 외부압력이 같게 되는 온도를 각각 옳게 표시한 것은?

① 끓는점과 어느점 ② 전이점과 끓는점
③ 어느점과 끓는점 ④ 용융점과 어느점

해설 어는점(빙점)
① 액체를 냉각시켜 고체로 상태변화가 일어나기 시작할 때의 온도
② 고체상의 물질이 액체상과 평형에 있을 때의 온도

끓는점(비점)
① 액체 물질의 증기압이 외부 압력과 같아져 끓기 시작하는 온도
② 증기압이 대기압과 같아지는 온도(증기압 = 대기압)

해답 ③

02 다음 화합물 중 수용액에서 산성의 세기가 가장 큰 것은?

① HF   ② HCl
③ HBr   ④ HI

해설 ① 산의 세기 순서
HF(불화수소) < HCl(염화수소) < HBr(브로민화수소) < HI(아이오딘화수소)
② 결합력의 세기 순서
HF(불화수소) > HCl(염화수소) > HBr(브로민화수소) > HI(아이오딘화수소)

해답 ④

03 물을 전기분해하여 표준상태 기준으로 산소 22.4L를 얻는데 소요되는 전기량은 몇 F인가?

① 1   ② 2
③ 4   ④ 8

해설 ① $Q(쿠울롬) = I(전류) \times t(시간)$

② 산소 1g당량은 $8g(\frac{8}{32} \times 22.4L = 5.6L)$

∴ 산소 22.4L의 g당량은 $\frac{22.4}{5.6} = 4g-당량$

③ 1g-당량이 석출되는데 1F(패럿)(96500C)의 전기량이 필요하다.
1g-당량 → 1F(패럿)(96500C)
4g-당량 → X
∴ 필요한 전기량
$X = \frac{4 \times 1F}{1} = 4F(패럿)(4 \times 96500C)$

패러데이(Faraday)의 법칙
① 제1법칙 : 같은 물질에 대하여 전기분해로써 전극에서 일어나는 물질의 양은 통한 전기량에 비례한다.
② 제2법칙 : 일정한 전기량에 의하여 일어나는 화학변화의 양은 그 물질의 화학 당량에 비례한다.

해답 ③

04 물 2.5L중에 어떤 불순물이 10mg 함유되어 있다면 약 몇 ppm으로 나타낼 수 있는가?

① 0.4   ② 1
③ 4   ④ 40

해설 ① 10mg/2.5L = 4mg/L
② 1mg/L → 1ppm

4mg/L → Xppm   ∴ $X = \frac{4 \times 1}{1} = 4$ppm

1ppm(part per million) : 1mg/1L

해답 ③

303

05 반투막을 이용해서 콜로이드 입자를 전해질이나 작은 분자로부터 분리 정제하는 것을 무엇이라 하는가?

① 틴들 ② 브라운 운동
③ 투석 ④ 전기 영동

해설 **콜로이드용액의 성질**
① **틴들(Tyndall) 현상** : 콜로이드 용액에 광선을 통과시키면 콜로이드 입자가 산란하여 빛의 진로를 볼 수 있는 현상
② **브라운 운동** : 콜로이드의 불규칙적인 운동
③ **투석(다이알리시스)** : 콜로이드 용액에 용질의 혼합액을 투석막에 넣고 흐르는 물속에 넣어두면 분자 또는 이온은 투석막을 통과하여 제거되고 콜로이드 입자만 남게 되는 현상(삼투압 측정에 이용)
④ **전기영동** : 콜로이드 용액에 직류전기를 흐르게 하면 콜로이드 입자는 입자의 하전과 반대 극성의 전극으로 이동하여 부근의 농도가 증가되는 현상
⑤ **엉김(응석)** : 콜로이드 용액에 전해질을 넣으면 침전되는 현상
⑥ **염석** : 친수콜로이드에 다량의 전해질을 넣으면 엉김이 일어나는 현상
(예 : 비눗물에 다량의 소금(NaCl)을 가하면 비누가 분리된다)

해답 ③

06 다음 물질 중 수용액에서 약한 산성을 나타내며 염화제이철 수용액과 정색반응을 하는 것은?

① 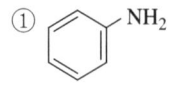기 중 NH_2 구조 ② OH 구조
③ NO_2 구조 ④ Cl 구조

해설 ① 아닐린 ② 페놀
③ 나이트로벤젠 ④ 클로로벤젠

페놀성 수산기의 특성(페놀 : C_6H_5OH)
① 수용액은 약한 산성이다.
② NaOH와 반응하여 나트륨페놀레이트(C_6H_5ONa)와 물을 생성한다.

③ 할로젠과 반응한다.
④ $FeCl_3$(염화제2철)용액과 특유한 정색반응을 한다.

정색반응(呈色反應)이란?
페놀의 수용액에 $FeCl_3$ 용액 1방울을 가하면 보라색으로 되는 반응
• $FeCl_2$(염화제1철) • $FeCl_3$(염화제2철)

해답 ②

07 다음 금속들 중에서 황산아연 수용액 속에 넣어 아연을 분리시킬 수 있는 것은?

① 철 ② 칼슘
③ 니켈 ④ 구리

해설 **황산아연과 칼슘의 반응식**
$ZnSO_4 + Ca \rightarrow CaSO_4 + Zn$
① 황산아연과 반응하려면 아연(Zn)보다 이온화 경향이 커야 한다.
② 아연보다 이온화 경향이 큰 금속
K - Ca - Na - Mg - Al
(칼륨)(칼슘)(나트륨)(마그네슘)(알루미늄)

금속의 이온화 경향 서열 (필수암기)★★★★★
K-Ca-Na-Mg-Al-Zn-Fe-Ni-Sn-Pb-(H)
카-카-나-마-알-아-철-니-주-납-수
-Cu-Hg-Ag-Pt-Au
-구-수-은-백-금

해답 ②

08 다음 작용기 중에서 메틸(methyl)기에 해당하는 것은?

① $-C_2H_5$ ② $-COCH_3$
③ $-NH_2$ ④ $-CH_3$

해설 ① 에틸기 ② 아세틸기 ③ 아미노기 ④ 메틸기

알킬기(C_nH_{2n+1})의 명칭

n의 개수	원자단의 명칭	원자단
1	메틸기	CH_3
2	에틸기	C_2H_5
3	프로필기	C_3H_7
4	부틸기	C_4H_9
5	아밀기	C_5H_{11}

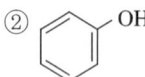

관능기에 의한 분류

원자단의 명칭	원자단	화합물의 일반명	보 기
수산기(하이드록실기)	-OH	알코올, 페놀	메탄올, 에탄올, 페놀
알데하이드기	-CHO	알데하이드	포름알데하이드
카르보닐기 (케톤기)	>CO	케톤	아세톤
카복실기	-COOH	카복실산	초산, 안식향산
아세틸기	-COCH₃	아세틸화합물	아세틸살리실산
슬폰산기	-SO₃H	슬폰산	벤젠슬폰산
나이트로기	-NO₂	나이트로화합물	트라이나이트로톨루엔, 트라이나이트로페놀
아미노기	-NH₂	아미노화합물	아닐린
에터기	-O-	에터	다이메틸에터, 다이에틸에터
아조기	-N=N-	아조화합물	아조벤젠
에스터기	-COO-		초산메틸, 개미산메틸

해답 ④

09 0.0016N에 해당하는 염기의 pH 값은?

① 2.8 ② 3.2
③ 10.28 ④ 11.2

해설 수소이온농도
① $0.0016N = 1.6 \times 10^{-3}N$
② $pOH = -\log[OH^-] = -\log[1.6 \times 10^{-3}]$
$= 3 - \log 1.6 = 2.8$
③ $pH = 14 - pOH = 14 - 2.8 = 11.2$

- $pH = \log \dfrac{1}{[H^+]} = -\log[H^+]$
- $pOH = -\log[OH^-]$
- $pH = 14 - pOH$

해답 ④

10 $t\,°C$에서 수소와 아이오딘가 다음과 같이 반응하고 있을 때에 대한 설명 중 틀린 것은?
(단, 정반응만 일어나고, 정반응속도식 $V_1 = K_1[H_2][I_2]$이다.)

$$H_2(g) + I_2(g) \rightarrow 2HI(g)$$

① K_1은 정반응의 속도상수이다.
② [ ]는 몰농도(mol/L)를 나타낸다.
③ $[H_2]$와 $[I_2]$는 시간이 흐름에 따라 감소한다.
④ 온도가 일정하면 시간이 흘러도 V_1은 변하지 않는다.

해설 ④ 온도가 일정하여도 시간이 흐르면 V_1은 변한다.

해답 ④

11 Li과 F를 비교 설명한 것 중 틀린 것은?

① Li은 F보다 전기전도성이 좋다.
② F는 Li보다 높은 1차 이온화에너지를 갖는다.
③ Li의 원자반지름은 F보다 작다.
④ Li는 F보다 작은 전자친화도를 갖는다.

해설 **Li(리튬)과 F(불소)의 비교**
① Li(원자번호3), F(원자번호9)는 모두 2주기원소이다.
② 같은 주기에서 원자번호가 클수록 원자반지름이 작아진다.
③ Li(원자번호3)의 원자반지름은 F(원자번호9)보다 크다.

주기율표의 성질
① 같은 족의 원소는 서로 비슷한 화학적 성질을 갖는다.
② 주기에서 0족이 이온화 에너지는 가장 크다.
③ 같은 족에서 원자번호가 클수록 금속성이 강하다.
④ 같은 족에서 원자번호가 클수록 원자반지름이 길어진다.
⑤ 같은 주기에서 원자번호가 클수록 원자반지름이 작아진다.

해답 ③

12 다음 물질 중 이온결합을 하고 있는 것은?

① 얼음 ② 흑연
③ 다이아몬드 ④ 염화나트륨

해설 **이온결합성 물질의 성질**
① 대체로 가전자가 3 이하인 금속원소와 비금속원소의 결합이다.($Na^+ + Cl^- \rightarrow NaCl$)

② 이온결합 화합물은 분자가 아니라 결정격자로 되어있다.
③ 비등점(끓는점)과 융점(녹는점)이 높다.
④ 결정일 때에는 전기를 안통하나 수용액상태에서는 전기전도성을 갖는다.
⑤ 극성용매에 잘 녹는다.

이온결합 물질	
염화나트륨(NaCl)	산화나트륨(Na_2O)
질산나트륨($NaNO_3$)	염화칼륨(KCl)
산화칼슘(CaO)	산화마그네슘(MgO)

해답 ④

13 다음 중 방향족 화합물이 아닌 것은?

① 톨루엔　　② 아세톤
③ 크레졸　　④ 아닐린

해설 **방향족 화합물**
분자 속에 벤젠고리를 가진 유기화합물로서 벤젠의 유도체
① 톨루엔($C_6H_5CH_3$)　② 아세톤(CH_3COCH_3)

③ 크레졸($C_6H_4CH_3OH$)　④ 아닐린($C_6H_5NH_2$)

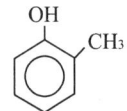 

해답 ②

14 ns^2np^5의 전자구조를 가지지 않는 것은?

① F(원자번호 9)　② Cl(원자번호 17)
③ Se(원자번호 34)　④ I(원자번호 53)

해설 **원소의 전자 배열**
① F(원자번호=9) : $1S^2-2S^2-2P^5$
② Cl(원자번호=17) : $1S^2-2S^2-2P^6-3S^2-3P^5$
③ Se(원자번호=34)
: $1S^2-2S^2-2P^6-3S^2-3P^6-4S^2-3d^{10}-4P^4$
④ I(원자번호=53)
: $1S^2-2S^2-2P^6-3S^2-3P^6-4S^2-3d^{10}-4P^6$
$-5S^2-4d^{10}-5P^5$

전자의 배치와 오비탈
$1S^2-2S^2-2P^6-3S^2-3P^6-4S^2-3d^{10}-4P^6-5S^2-4d^{10}$
$-5P^6-6S^2-4f^{14}-5d^{10}$

해답 ③

15 다음 중 양쪽성 산화물에 해당하는 것은?

① NO_2　　② Al_2O_3
③ MgO　　④ Na_2O

해설 **산화물의 분류**

구분	정의	보기
산성 산화물	• 물과 반응 산을 생성 • 염기와 작용 염과 물 생성 • 일반적으로 비금속 산화물	CO_2, SO_2, SiO_2, NO_2, P_2O_5
염기성 산화물	• 물과 반응 염기를 생성 • 산과 작용 염과 물 생성 • 일반적으로 금속 산화물	Na_2O, CuO, CaO, Fe_2O_3
양쪽성 산화물	• 산, 염기와 작용 물과 염을 생성	Al_2O_3, ZnO, SnO, PbO

해답 ②

16 알킨족 탄화수소의 일반식을 옳게 나타낸 것은?

① C_nH_{2n}　　② C_nH_{2n+2}
③ C_nH_{2n+1}　　④ C_nH_{2n-2}

해설 **탄화수소의 일반식**

탄화수소계	일반식
알칸계(메탄계)	C_nH_{2n+2} ① n=1~4 : 기체 ② n=5~16 : 액체 ③ n=17 이상 : 고체
알킬기(alkyl radical)	C_nH_{2n+1}
시클로파라핀계	C_nH_{2n}
아세틸렌계열(알킨계)	C_nH_{2n-2}

해답 ④

17 다음 중 원자번호가 7인 질소와 같은 족에 해당되는 원소의 원자번호는?

① 15　　② 16
③ 17　　④ 18

해설 **질소족원소**

원소명	질소	인	비소	안티몬	비스무트
원소기호	N	P	As	Sb	Bi
원자번호	7	15	33	51	83

해답 ①

18 다음의 산화 환원 반응에서 $Cr_2O_7^{2-}$ 1몰은 몇 당량인가?

$$6Fe^{2+} + Cr_2O_7^{2-} + 14H^+ \rightarrow 2Cr^{3+} + 6Fe^{3+} + 7H_2O$$

① 3당량　② 4당량
③ 5당량　④ 6당량

해설 **산화제·환원제의 당량**
① H=1.008, O=8의 양을 받아들이든가 또는 방출하는 산화제·환원제의 양
② 작용기의 개수
③ 산화/환원 반응의 경우 산화수가 바로 당량의 수

$$Cr_2O_7^{2-} \rightarrow 2Cr^{3+}$$

• $Cr_2O_7^{2-}$ 에서 Cr의 산화수 계산
$x \times 2 + (-2) \times 7 = -2$　∴ $x = +6$
∴ 산화수가 당량의 수이므로 6당량

산화수를 정하는 법
① 단체 중의 원자의 산화수는 0이다.(단체분자는 중성)
[보기: H_2^0, Fe^0, Mg^0, O_2^0, O_3^0]
② 화합물에서 산소의 산화수는 -2, 수소의 산화수는 +1이 보통이다.(단, 과산화물에서 O의 산화수는 -1)
[보기: CH_4에서 C^{-4}, CO_2에서 C^{+4}]
③ 화합물에서 구성 원자의 산화수의 총합은 0이다.(분자는 중성이므로)
④ 이온의 가수(價數)는 그 이온의 산화수이다.
(Ca=+2, Na=+1, K=+1, Ba=+2)
[보기: Cu^{+2}에서 Cu=+2, MnO_4^-에서 Mn의 산화수는 $x + (-2 \times 4) = -1$
∴ $x = +7$ 따라서 Mn = +7]

해답 ④

19 다음 중 물에 대한 소금의 용해가 물리적 변화라고 할 수 있는 근거로 가장 옳은 것은?

① 소금과 물이 결합한다.
② 용액이 증발하면 소금이 남는다.
③ 용액이 증발할 때 다른 물질이 생성된다.
④ 소금이 물에 녹으면 보이지 않게 된다.

해설 **물리적 변화**
물질이 화학적인 조성의 변화 없이 에너지를 얻거나 잃어 그 상태만 변화하는 현상
① 소금이 물에 녹는다.
② 얼음이 녹아 물이 된다.

화학적 변화
물질을 구성하는 원자들의 결합이 에너지를 받아 분해되거나 재결합하여 처음의 물질과 다른 물질을 생성하는 변화
① 쇠가 녹슨다.
② 물이 분해되어 수소와 산소가 된다.

해답 ②

20 표준상태를 기준으로 수소 2.24L가 염소와 완전히 반응했다면 생성된 염화수소의 부피는 몇 L인가?

① 2.24　② 4.48
③ 22.4　④ 44.8

해설 **염화수소 생성 반응식**

H_2(수소) + Cl_2(염소) → 2HCl(염화수소)
1몰(22.4L)　1몰(22.4L)　2몰(2×22.4L)

① 수소(22.4L) → 염화수소(2×22.4L)
　수소(2.24L) → 염화수소 X L
② $X = \dfrac{2.24 \times 2 \times 22.4}{22.4} = 4.48L$

해답 ②

제2과목 화재예방과 소화방법

21 할로젠화합물의 소화약제의 구비조건으로 틀린 것은?

① 전기절연성이 우수할 것
② 공기보다 가벼울 것
③ 증발 잔유물이 없을 것
④ 인화성이 없을 것

해설 할로젠화합물 소화약제의 구비조건
① 비점이 낮을 것.
② 공기보다 무겁고 불연성 일 것
③ 증기가 되기 쉬울 것
④ 공기의 접촉을 차단 할 것.
⑤ 증발잠열이 클 것

해답 ②

22 고정식 포소화설비의 포방출구의 형태 중 고정지붕구조의 위험물탱크에 적합하지 않은 것은?

① 특형   ② Ⅱ형
③ Ⅲ형   ④ Ⅳ형

해설 ① 위험물 옥외탱크 고정포 방출구 설치

탱크의 종류	포방출구
콘루프탱크 (고정지붕구조)	• Ⅰ형 방출구 • Ⅱ형 방출구 • Ⅲ형 방출구 • Ⅳ형 방출구
플루팅루프탱크 (부상식지붕구조)	특형 방출구

② 고정포 방출구

포주입방법	탱크종류
상부포주입법	Ⅰ형, Ⅱ형, 특형
하부포주입법	Ⅲ형, Ⅳ형

해답 ①

23 프로판 $2m^3$이 완전연소할 때 필요한 이론 공기량은 약 몇 m^3인가? (단, 공기 중 산소농도는 21vol%이다.)

① 23.81   ② 35.72
③ 47.62   ④ 71.43

해설
$C_3H_8 + 5O_2 \rightarrow 3CO_2 + 4H_2O$
$22.4m^3 \rightarrow 5 \times 22.4m^3$
$2m^3 \rightarrow Xm^3$

① $X = \dfrac{2 \times 5 \times 22.4}{22.4} = 10m^3$ (산소가 100%인 경우)

② 공기 중 산소가 21%이므로
필요한 공기량 $= \dfrac{10}{0.21} = 47.62m^3$

해답 ③

24 물통 또는 수조를 이용한 소화가 공통적으로 적응성이 있는 위험물은 제 몇 류 위험물인가?

① 제2류 위험물   ② 제3류 위험물
③ 제4류 위험물   ④ 제5류 위험물

해설 제5류 위험물의 소화
① 자체적으로 산소를 함유한 물질이므로 질식소화는 효과가 없다.
② 화재초기에 다량의 물로 주수 소화하는 것이 가장 효과적이다.

제5류 위험물의 일반적 성질
① 자기연소(내부연소)성 물질이다.
② 연소속도가 대단히 빠르고 폭발적 연소한다.
③ 가열, 마찰, 충격에 의하여 폭발한다.
④ 물질자체가 산소를 함유하고 있다.
⑤ 연소 시 소화가 어렵다.

해답 ④

25 제 1종 분말소화약제가 1차 열분해되어 표준상태를 기준으로 $10m^3$의 탄산가스가 생성되었다. 몇 kg의 탄산수소나트륨이 사용되었는가? (단, 나트륨의 원자량은 23이다.)

① 18.75   ② 37
③ 56.25   ④ 75

해설 분말약제의 열분해

종별	약제명	착색	열분해 반응식
제1종	탄산수소나트륨 중탄산나트륨 중조	백색	270℃ $2NaHCO_3$ $\rightarrow Na_2CO_3 + CO_2 + H_2O$ 850℃ $2NaHCO_3$ $\rightarrow Na_2O + 2CO_2 + H_2O$
제2종	탄산수소칼륨 중탄산칼륨	담회색	190℃ $2KHCO_3$ $\rightarrow K_2CO_3 + CO_2 + H_2O$ 590℃ $2KHCO_3$ $\rightarrow K_2O + 2CO_2 + H_2O$
제3종	제1인산암모늄	담홍색	$NH_4H_2PO_4$ $\rightarrow HPO_3 + NH_3 + H_2O$
제4종	중탄산칼륨+요소	회(백)색	$2KHCO_3 + (NH_2)_2CO$ $\rightarrow K_2CO_3 + 2NH_3 + 2CO_2$

① $NaHCO_3$의 분자량 = 23+1+12+16×3 = 84
② $2NaHCO_3 \rightarrow Na_2CO_3 + CO_2 + H_2O$
   2×84kg → 1×22.4m³
   x   10m³
③ ∴ $x = \dfrac{2 \times 84 \times 10}{1 \times 22.4} = 75$kg

해답 ④

26 대한민국에서 C급 화재에 속하는 것은?

① 일반화재   ② 유류화재
③ 전기화재   ④ 금속화재

해설 **화재의 분류** ★★ 자주출제(필수암기) ★★

종류	등급	색표시	주된 소화 방법
일반화재	A급	백색	냉각소화
유류 및 가스화재	B급	황색	질식소화
전기화재	C급	청색	질식소화
금속화재	D급	–	피복소화
주방화재	K급	–	냉각 및 질식소화

해답 ③

27 화학소방자동차가 갖추어야 하는 소화능력 기준으로 틀린 것은?

① 포수용액 방사능력 : 2000L/min 이상
② 분말 방사능력 : 35kg/s 이상
③ 이산화탄소 방사능력 : 40kg/s 이상
④ 할로젠화합물 방사능력 : 50kg/s 이상

해설 ④ 할로젠화합물 방사능력 : 40kg/s 이상

화학소방자동차에 갖추어야 하는 소화능력 및 설비의 기준

화학소방자동차의 구분	소화능력 및 설비의 기준
포수용액 방사차	포수용액의 방사능력이 매분 2,000L 이상일 것
	소화약액탱크 및 소화약액혼합장치를 비치할 것
	10만L 이상의 포수용액을 방사할 수 있는 양의 소화약제를 비치할 것
분말 방사차	분말의 방사능력이 매초 35kg 이상일 것
	분말탱크 및 가압용 가스설비를 비치할 것
	1,400kg 이상의 분말을 비치할 것
할로젠화합물 방사차	할로젠화합물의 방사능력이 매초 40kg 이상일 것
	할로젠화합물 탱크 및 가압용 가스설비를 비치할 것
	1,000kg 이상의 할로젠화합물을 비치할 것
이산화탄소 방사차	이산화탄소의 방사능력이 매초 40kg 이상일 것
	이산화탄소저장용기를 비치할 것
	3,000kg 이상의 이산화탄소를 비치할 것
제독차	가성소다 및 규조토를 각각 50kg 이상 비치할 것

해답 ④

28 분진폭발을 설명한 것으로 옳은 것은?

① 나트륨이나 칼륨 등이 수분을 흡수하면서 폭발하는 현상이다.
② 고체의 미립자가 공기 중에서 착화에너지를 얻어 폭발하는 현상이다.
③ 화약류가 산화열의 축적에 의해 폭발하는 현상이다.
④ 고압의 가연성가스가 폭발하는 현상이다.

해설 ① **분진폭발**
고체의 미립자가 공기 중에서 착화에너지를 얻어 폭발하는 현상

② **분진폭발 위험성 물질**
㉠ 석탄분진
㉡ 섬유분진
㉢ 곡물분진(농수산물가루)
㉣ 종이분진
㉤ 목분(나무분진)
㉥ 배합제분진
㉦ 플라스틱분진
㉧ 금속분말가루

③ **분진폭발 없는 물질**
㉠ 생석회(CaO)(시멘트의 주성분)
㉡ 석회석 분말
㉢ 시멘트
㉣ 수산화칼슘(소석회 : $Ca(OH)_2$)

해답 ②

29 다음 중 소화약제의 구성성분으로 사용하지 않는 것은?

① 제1인산암모늄 ② 탄산수소나트륨
③ 황산알루미늄 ④ 인화알루미늄

해설 분말약제의 주성분 및 착색 ★★★★(필수암기)

종별	주 성 분	약 제 명	착 색	적응화재
제1종	$NaHCO_3$	탄산수소나트륨 중탄산나트륨 중조	백색	B,C급
제2종	$KHCO_3$	탄산수소칼륨 중탄산칼륨	담회색	B,C급
제3종	$NH_4H_2PO_4$	제1인산암모늄	담홍색 (핑크색)	A,B,C급
제4종	$KHCO_3$ $+(NH_2)_2CO$	중탄산칼륨 +요소	회색 (쥐색)	B,C급

화학포 소화약제
① 내약제(B제): 황산알루미늄($Al_2(SO_4)_3$)
② 외약제(A제): 중탄산나트륨=탄산수소나트륨
   =중조($NaHCO_3$), 기포안정제

화학포의 기포안정제
• 사포닝   • 계면활성제
• 소다회   • 가수분해단백질

③ 반응식
(탄산수소나트륨) (황산알루미늄)
$6NaHCO_3 + Al_2(SO_4)_3 \cdot 18H_2O$
$\rightarrow 3Na_2SO_4 + 2Al(OH)_3 + 6CO_2 + 18H_2O$
(황산나트륨)(수산화알루미늄)(이산화탄소) (물)

해답 ④

30 건축물의 외벽이 내화구조로 된 제조소는 연면적 몇 m²를 1소요 단위로 하는가?

① 50 ② 75
③ 100 ④ 150

해설 소요단위의 계산방법
① 제조소 또는 취급소의 건축물

외벽이 내화구조인 것	외벽이 내화구조가 아닌 것
연면적 100m²를 1소요단위	연면적 50m²를 1소요단위

② 저장소의 건축물

외벽이 내화구조인 것	외벽이 내화구조가 아닌 것
연면적 150m²를 1소요단위	연면적 75m²를 1소요단위

③ 위험물은 지정수량의 10배를 1소요단위로 할 것

해답 ③

31 이산화탄소를 이용한 질식소화에 있어서 아세톤의 한계산소농도(vol%)에 가장 가까운 것은?

① 15 ② 18
③ 21 ④ 25

해설 이산화탄소의 주된 소화효과
① 질식소화(산소농도15% 이하)
② 피복효과(산소공급 차단)
③ 냉각효과

해답 ①

32 올바른 소화기 사용법으로 가장 거리가 먼 것은?

① 적응화재에 사용할 것
② 바람을 등지고 사용할 것
③ 방출거리보다 먼 거리에서 사용할 것
④ 양옆으로 비로 쓸 듯이 골고루 사용할 것

해설 소화기의 사용방법
① 적응화재에만 사용할 것
② 불과 가까이 가서 사용할 것
③ 바람을 등지고 풍상에서 풍하의 방향으로 사용할 것
④ 양옆으로 비로 쓸 듯이 골고루 사용할 것

해답 ③

33 과산화나트륨의 화재 시 소화방법으로 다음 중 가장 적당한 것은?

① 포소화약제 ② 물
③ 마른모래   ④ 탄산가스

해설 과산화나트륨(Na_2O_2): 제1류 위험물 중 무기과산화물(금수성)

화학식	분자량	비중	융점	분해온도
Na_2O_2	78	2.8	460℃	460℃

① 상온에서 물과 격렬히 반응하여 산소(O_2)를 방

출하고 폭발하기도 한다.

$2Na_2O_2 + 2H_2O \rightarrow 4NaOH + O_2\uparrow$
(과산화나트륨) (물)   (수산화나트륨) (산소)

② 공기 중 이산화탄소(CO_2)와 반응하여 산소(O_2)를 방출한다.

$2Na_2O_2 + 2CO_2 \rightarrow 2Na_2CO_3$(탄산나트륨) $+ O_2\uparrow$

③ 산과 반응하여 과산화수소(H_2O_2)를 생성시킨다.

$Na_2O_2 + 2CH_3COOH \rightarrow 2CH_3COONa + H_2O_2\uparrow$
(초산)   (초산나트륨)   (과산화수소)

④ 열분해시 산소(O_2)를 방출한다.

$2Na_2O_2 \rightarrow 2Na_2O$(산화나트륨) $+ O_2\uparrow$(산소)

⑤ 주수소화는 금물이고 마른모래(건조사)등으로 소화한다.

해답 ③

34 분말 소화약제 중 제1인산암모늄의 특징이 아닌 것은?

① 백색으로 착색되어 있다.
② 전기화재에 사용할 수 있다.
③ 유류화재에 사용할 수 있다.
④ 목재화재에 사용할 수 있다.

해설 ① 담홍색(핑크색)으로 착색되어 있다.
분말약제의 주성분 및 착색 ★★★(필수암기)

종별	주 성 분	약 제 명	착 색	적응화재
제1종	$NaHCO_3$	탄산수소나트륨 중탄산나트륨 중조	백색	B,C급
제2종	$KHCO_3$	탄산수소칼륨 중탄산칼륨	담회색	B,C급
제3종	$NH_4H_2PO_4$	제1인산암모늄	담홍색 (핑크색)	A,B,C급
제4종	$KHCO_3$ $+(NH_2)_2CO$	중탄산칼륨 + 요소	회색 (쥐색)	B,C급

해답 ①

35 제6류 위험물의 소화방법으로 틀린 것은?

① 마른모래로 소화한다.
② 환원성 물질을 사용하여 중화 소화한다.
③ 연소의 상황에 따라 분무주수도 효과가 있다.
④ 과산화수소 화재 시 다량의 물을 사용하여 희석소화 할 수 있다.

해설 **제6류 위험물의 소화방법**
① 다량의 물로 주수하여 냉각소화 한다.
② 연소의 상황에 따라 분무주수도 효과가 있다.
③ 마른모래로 소화한다.
④ 제6류 위험물은 자체적으로 산소를 함유한 물질이므로 질식(CO_2) 및 화학소화(할론)는 효과가 없다.

해답 ②

36 공기포 발포배율을 측정하기 위해 중량 340g, 용량 1800mL의 포 수집 용기에 가득히 포를 채취하여 측정한 용기의 무게가 540g 이었다면 발포배율은? (단, 포 수용액의 비중은 1로 가정한다.)

① 3배   ② 5배
③ 7배   ④ 9배

해설 **발포배율**

$$발포배율 = \frac{발포 후 체적}{발포 전 포수용액의 양}$$

$$\therefore 발포배율 = \frac{1800ml}{(540g - 340g)} = 9배$$

해답 ④

37 연소이론에 관한 용어의 정의 중 틀린 것은?

① 발화점은 가연물을 가열할 때 점화원 없이 발화하는 최저의 온도이다.
② 연소점은 5초 이상 연소상태를 유지할 수 있는 최저의 온도이다.
③ 인화점은 가연성 증기를 형성하여 점화원이 가해졌을 때 가연성 증기가 연소범위 하한에 도달하는 최저의 온도이다.
④ 착화점은 가연물을 가열할 때 점화원 없이 발화하는 최고의 온도이다.

해설 **인화점, 발화점, 연소점 ★**
① 인화점(flash point) : 점화원에 의하여 점화되는 최저온도

② 발화점(ignition point)(착화점) : 점화원 없이 점화되는 최저온도
③ 연소점(fire point) : 가연성 물질이 발화한 후 연속적으로 연소할 수 있는 최저온도
▶ 발화점은 착화점과 같은 뜻이다.

해답 ④

38 다음은 제4류 위험물에 해당하는 물품의 소화방법을 설명한 것이다. 소화효과가 가장 떨어지는 것은?

① 산화프로필렌 : 알코올형 포로 질식소화한다.
② 아세트알데하이드 : 수성막포를 이용하여 질식소화한다.
③ 이황화탄소 : 탱크 또는 용기 내부에서 연소하고 있는 경우에는 물을 유입하여 질식소화한다.
④ 다이에틸에터 : 불활성가스소화설비를 이용하여 질식소화한다.

해설 ② **아세트알데하이드** : 물에 녹는 수용성이므로 일반포를 사용하면 소포성(포가 소멸되는 성질) 때문에 효과가 없어 특별히 고안된 알코올포를 사용하여야 한다.

알코올포 적응화재
① 알코올 ② 아세톤 ③ 피리딘 ④ 개미산(의산)
⑤ 초산 등 수용성 액체에 적합

해답 ②

39 물을 소화약제로 사용하는 장점이 아닌 것은?

① 구하기가 쉽다.
② 취급이 간편하다.
③ 기화잠열이 크다.
④ 피연소 물질에 대한 피해가 없다.

해설 ④ 물방사시 피연소물에 피해가 크다.

물을 소화약제로 사용하는 장점
① 물의 기화열(539kcal/kg)이 크기 때문
② 물의 비열(1kcal/kg℃)이 크기 때문
③ 비교적 쉽게 구해서 이용이 가능하다.

④ 펌프, 호스 등을 이용하여 이송이 비교적 용이하다.

해답 ④

40 이동식포소화설비를 옥외에 설치하였을 때 방사량은 몇 L/min 이상으로 30분간 방사할 수 있는 양이어야 하는가?

① 100   ② 200
③ 300   ④ 400

해설 이동식포소화설비를 옥외에 설치하였을 때 방사량
방사량 $Q(L) = 400L/min \times 30분$

해답 ④

제3과목 위험물의 성질과 취급

41 다음 중 제1석유류에 해당하는 것은?

① 휘발유   ② 등유
③ 에틸알코올   ④ 아닐린

해설 위험물의 분류
① 휘발유 : 제4류 1석유류
② 등유 : 제4류 2석유류
③ 메틸알코올 : 제4류 알코올류
④ 아닐린 : 제4류 3석유류

제4류 위험물 중 제1석유류	
① 휘발유	② 아세톤
③ 벤젠	④ 톨루엔
⑤ 초산에틸	⑥ 초산메틸
⑦ 의산(개미산)메틸	⑧ 의산(개미산)에틸
⑨ 아크로레인	⑩ 헥산
⑪ 피리딘	⑫ 메틸에틸케톤(MEK)

해답 ①

42 다음 중 착화온도가 가장 낮은 것은?

① 황린   ② 황
③ 삼황화인   ④ 오황화인

해설 황린(P_4)[별명 : 백린] : 제3류 위험물(자연발화성 물질)

화학식	분자량	발화점	비점	융점	비중	증기비중
P_4	124	34℃	280℃	44℃	1.82	4.4

① 백색 또는 담황색의 고체이다.
② 공기 중 약 40~50℃에서 자연 발화한다.
③ 저장 시 자연 발화성이므로 반드시 물속에 저장한다.
④ 인화수소(PH_3)의 생성을 방지하기 위하여 물의 pH=9(약알칼리)가 안전한계이다.
⑤ 물의 온도가 상승 시 황린의 용해도가 증가되어 산성화속도가 빨라진다.
⑥ 연소 시 오산화인(P_2O_5)의 흰 연기가 발생한다.

$$P_4 + 5O_2 \rightarrow 2P_2O_5(오산화인)$$

⑦ 강알칼리의 용액에서는 유독기체인 포스핀(PH_3) 발생한다. 따라서 저장 시 물의 pH(수소이온농도)는 9를 넘어서는 안된다.(물은 약알칼리의 석회 또는 소다회로 중화하는 것이 좋다.)

$$P_4 + 3NaOH + 3H_2O \rightarrow 3NaH_2PO_2 + PH_3 \uparrow$$
(인화수소=포스핀)

⑧ 약 260℃로 가열(공기차단)시 적린이 된다.
⑨ 피부 접촉 시 화상을 입는다.
⑩ 소화는 물분무, 마른모래 등으로 질식 소화한다.
⑪ 고압의 주수소화는 황린을 비산시켜 연소면이 확대될 우려가 있다.

해답 ①

43 아세톤과 아세트알데하이드의 공통 성질에 대한 설명이 아닌 것은?

① 무취이며 휘발성이 강하다.
② 무색의 액체로 인화성이 강하다.
③ 증기는 공기보다 무겁다.
④ 물보다 가볍다.

해설 아세톤과 아세트알데하이드의 공통적 성질
① 자극성이며 휘발성이 강하다.
② 무색의 액체로 인화성이 강하다.
③ 증기는 공기보다 무겁다.
④ 액체는 물보다 가볍다.

해답 ①

44 과산화수소의 성질 및 취급방법에 관한 설명 중 틀린 것은?

① 햇빛에 의하여 분해한다.
② 인산, 요산 등의 분해방지 안정제를 넣는다.
③ 저장 용기는 공기가 통하지 않게 마개로 꼭 막아둔다.
④ 에탄올에 녹는다.

해설 과산화수소(H_2O_2)의 일반적인 성질

화학식	분자량	비중	비점	융점
H_2O_2	34	1.463	150.2℃(pure)	-0.43℃(pure)

① 분해 시 발생기 산소(O_2)를 발생시킨다.
② 분해안정제로 인산(H_3PO_4) 또는 요산($C_5H_4N_4O_3$)을 첨가한다.
③ 시판품은 일반적으로 30~40% 수용액이다.
④ 저장용기는 밀폐하지 말고 구멍이 있는 마개를 사용한다.
⑤ 강산화제이면서 환원제로도 사용한다.
⑥ 60% 이상의 고농도에서는 단독으로 폭발위험이 있다.
⑦ 하이드라진($NH_2 \cdot NH_2$)과 접촉 시 분해 작용으로 폭발위험이 있다.

$$NH_2 \cdot NH_2 + 2H_2O_2 \rightarrow 4H_2O + N_2 \uparrow$$

⑧ 3%용액은 옥시풀이라 하며 표백제 또는 살균제로 이용한다.
⑨ 무색인 아이오딘칼륨 녹말종이와 반응하여 청색으로 변화시킨다.

• 과산화수소는 36%(중량)이상만 위험물에 해당된다.
• 과산화수소는 표백제 및 살균제로 이용된다.

⑩ 다량의 물로 주수 소화한다.

해답 ③

45 다음 (　)안에 알맞은 수치는? (단, 인화점이 200℃ 이상인 위험물은 제외한다.)

옥외저장탱크의 지름이 15m 미만인 경우에 방유제는 탱크의 옆판으로부터 탱크 높이의 (　) 이상 이격하여야 한다.

① $\frac{1}{3}$　　　　② $\frac{1}{2}$

③ $\frac{1}{4}$ ④ $\frac{2}{3}$

해설 인화성액체위험물(이황화탄소를 제외)의 옥외탱크 저장소의 방유제
① 방유제의 용량

탱크가 하나인 때	탱크 용량의 110% 이상
2기 이상인 때	탱크 중 용량이 최대인 것의 용량의 110% 이상

② 방유제의 높이는 0.5m 이상 3m 이하로 할 것
③ 방유제 내의 면적은 8만m² 이하로 할 것
④ 방유제 내에 설치하는 옥외저장탱크의 수는 10 이하로 할 것.
⑤ 방유제는 탱크의 옆판으로부터 거리를 유지할 것.

지름이 15m 미만인 경우	탱크 높이의 $\frac{1}{3}$ 이상
지름이 15m 이상인 경우	탱크 높이의 $\frac{1}{2}$ 이상

해답 ①

46 다음과 같이 위험물을 저장할 경우 각각의 지정수량 배수의 총 합은 얼마인가?

- 클로로벤젠 : 1000L
- 동식물유류 : 5000L
- 제4석유류 : 12000L

① 2.5   ② 3.0
③ 3.5   ④ 4.0

해설 제4류 위험물 및 지정수량

유별	성질	품명		지정수량(L)
제4류	인화성 액체	1. 특수인화물		50
		2. 제1석유류	비수용성 액체	200
			수용성 액체	400
		3. 알코올류		400
		4. 제2석유류	비수용성 액체	1,000
			수용성 액체	2,000
		5. 제3석유류	비수용성 액체	2,000
			수용성 액체	4,000
		6. 제4석유류		6,000
		7. 동식물유류		10,000

∴ 지정수량의 배수 = $\frac{저장수량}{지정수량}$

$= \frac{1000}{1000} + \frac{5000}{10000} + \frac{12000}{6000}$

$= 3.5$배

▶ 클로로벤젠 : 제2석유류(비수용성)

해답 ③

47 과산화나트륨의 저장 및 취급방법에 대한 설명 중 틀린 것은?

① 물과 습기의 접촉을 피한다.
② 용기는 수분이 들어가지 않게 밀전 및 밀봉 저장한다.
③ 가열 및 충격·마찰을 피하고 유기물질의 혼입을 막는다.
④ 직사광선을 받는 곳이나 습한 곳에 저장한다.

해설 ④ 직사광선을 피하고 건조한 장소에 보관한다.

과산화나트륨(Na_2O_2) : 제1류 위험물 중 무기과산화물(금수성)

화학식	분자량	비중	융점	분해온도
Na_2O_2	78	2.8	460℃	460℃

① 자신은 불연성 물질이다.
② 상온에서 물과 격렬히 반응하여 산소(O_2)를 방출하고 폭발하기도 한다.

$2Na_2O_2 + 2H_2O \rightarrow 4NaOH + O_2\uparrow$
(과산화나트륨)   (물)   (수산화나트륨) (산소)

③ 공기 중 이산화탄소(CO_2)와 반응하여 산소(O_2)를 방출한다.

$2Na_2O_2 + 2CO_2 \rightarrow 2Na_2CO_3$(탄산나트륨) $+ O_2\uparrow$

④ 산과 반응하여 과산화수소(H_2O_2)를 생성시킨다.

$Na_2O_2 + 2CH_3COOH \rightarrow 2CH_3COONa + H_2O_2\uparrow$
          (초산)   (초산나트륨)   (과산화수소)

⑤ 열분해시 산소(O_2)를 방출한다.

$2Na_2O_2 \rightarrow 2Na_2O$(산화나트륨) $+ O_2\uparrow$ (산소)

⑥ 주수소화는 금물이고 마른모래(건조사)등으로 소화한다.

해답 ④

48 금속칼륨의 성질에 대한 설명으로 옳은 것은?

① 화학적 활성이 강한 금속이다.
② 산화되기 어려운 금속이다.
③ 금속 중에서 가장 단단한 금속이다.
④ 금속 중에서 가장 무거운 금속이다.

해설 **칼륨**(K) : 제3류 위험물 중 금수성 물질

화학식	원자량	비점	융점	비중	불꽃색상
K	39	762℃	63.5℃	0.86	보라색

① 은백색의 금속이며 가열시 보라색 불꽃을 내면서 연소한다.
② 물과 반응하여 수소 및 열을 발생한다.(금수성 물질)

$2K + 2H_2O \rightarrow 2KOH$(수산화칼륨) $+ H_2\uparrow$ (수소)

③ 보호액으로 파라핀, 경유, 등유를 사용한다.
④ 피부와 접촉시 화상을 입는다.
⑤ 마른모래 등으로 질식소화한다.
⑥ 화학적으로 활성이 대단히 크고 알코올과 반응하여 수소를 발생시킨다.

$2K + 2C_2H_5OH \rightarrow 2C_2H_5OK + H_2\uparrow$
(에틸알코올) (칼륨에틸라이트)

해답 ①

49 다음 위험물 중 혼재가 가능한 위험물은?

① 과염소산칼륨 – 황린
② 질산메틸 – 경유
③ 마그네슘 – 알킬알루미늄
④ 탄화칼륨 – 나이트로글리세린

해설 ① 과염소산칼륨(제1류) + 황린(제3류)
② 질산메틸(제5류) + 경유(제4류)
③ 마그네슘(제2류) + 알킬알루미늄(제3류)
④ 탄화칼슘(제3류) + 나이트로글리세린(제5류)

위험물의 운반에 따른 유별을 달리하는 위험물의 혼재기준(쉬운 암기방법)

혼재 가능	
↓1류 + 6류↑	2류 + 4류
↓2류 + 5류↑	5류 + 4류
↓3류 + 4류↑	

해답 ②

50 지정수량에 따른 제4류 위험물 옥외탱크저장소 주위의 보유공지 너비의 기준으로 틀린 것은?

① 지정수량의 500배 이하 – 3m 이상
② 지정수량의 500배 초과 1000배 이하 – 5m 이상
③ 지정수량의 1000배 초과 2000배 이하 – 9m 이상
④ 지정수량의 2000배 초과 3000배 이하 – 15m 이상

해설 **옥외탱크저장소의 보유공지**

저장 또는 취급하는 위험물의 최대수량	공지의 너비
지정수량의 500배 이하	3m 이상
지정수량의 500배 초과 1,000배 이하	5m 이상
지정수량의 1,000배 초과 2,000배 이하	9m 이상
지정수량의 2,000배 초과 3,000배 이하	12m 이상
지정수량의 3,000배 초과 4,000배 이하	15m 이상
지정수량의 4,000배 초과	당해 탱크의 수평단면의 최내지름(횡형인 경우는 긴 변)과 높이 중 큰 것과 같은 거리 이상 (단, 30m 초과의 경우 30m 이상으로, 15m 미만의 경우 15m 이상으로 할 것)

해답 ④

51 다음 화학 구조식 중 나이트로벤젠의 구조식은?

① NH_2 (벤젠고리)
② NO_2 (벤젠고리)
③ $CHCH_2$ (벤젠고리)
④ Cl (벤젠고리)

해설 ① 아닐린 ② 나이트로벤젠
③ 스타이렌(stylene) ④ 모노클로로벤젠

해답 ②

52 다음 위험물 중 인화점이 가장 낮은 것은?

① 이황화탄소 ② 에터
③ 벤젠   ④ 아세톤

해설 제4류 위험물의 인화점

물질명	품명	인화점(℃)
이황화탄소	특수인화물	-30
에터	특수인화물	-40
아세톤	제1석유류	-18
벤젠	제1석유류	-11

해답 ②

53 알킬알루미늄을 저장하는 이동탱크저장소에 적용하는 기준으로 틀린 것은?

① 탱크는 두께 10mm 이상의 강판 또는 이와 동등 이상의 기계적 성질이 있는 재료로 기밀하게 제작한다.
② 탱크의 저장 용량은 1900L 미만이어야 한다.
③ 탱크의 배관 및 밸브 등은 탱크의 아랫부분에 설치하여야 한다.
④ 안전장치는 이동저장탱크 수압시험 압력의 3분의 2를 초과하고 5분의 4를 넘지 아니하는 범위의 압력으로 작동하여야 한다.

해설 알킬알루미늄 등을 저장 또는 취급하는 이동탱크저장소
① 이동저장탱크는 두께 10mm 이상의 강판 또는 이와 동등 이상의 기계적 성질이 있는 재료로 기밀하게 제작되고 1MPa 이상의 압력으로 10분간 실시하는 수압시험에서 새거나 변형하지 아니하는 것일 것
② 이동저장탱크의 용량은 1,900L 미만일 것
③ 안전장치는 이동저장탱크의 수압시험의 압력의 3분의 2를 초과하고 5분의 4를 넘지 아니하는 범위의 압력으로 작동할 것
④ 이동저장탱크의 맨홀 및 주입구의 뚜껑은 두께 10mm 이상의 강판 또는 이와 동등 이상의 기계적 성질이 있는 재료로 할 것
⑤ 이동저장탱크의 배관 및 밸브 등은 당해 탱크의 윗부분에 설치할 것

해답 ③

54 트라이나이트로톨루엔에 관한 설명 중 틀린 것은?

① TNT라고 한다.
② 피크린산에 비해 충격, 마찰에 둔감하다.
③ 물에 녹아 발열·발화한다.
④ 폭발시 다량의 가스를 발생한다.

해설 트라이나이트로톨루엔[$C_6H_2CH_3(NO_2)_3$]
(TNT : Tri Nitro Toluene)
: 제5류 위험물 중 나이트로화합물 ★★★★★

화학식	분자량	비중	비점	융점	착화점
$C_6H_2CH_3(NO_2)_3$	227	1.7	280℃	81℃	300℃

① 물에는 녹지 않고 알코올, 아세톤, 벤젠에 녹는다.
② Tri Nitro Toluene의 약자로 TNT라고도 한다.
③ 담황색의 주상결정이며 햇빛에 다갈색으로 변색된다.
④ 톨루엔과 질산을 반응시켜 얻는다.

$$C_6H_5CH_3 + 3HNO_3 \xrightarrow[\text{나이트로화}]{C-H_2SO_4} C_6H_2CH_3(NO_2)_3 + 3H_2O$$
(톨루엔) (질산)   (트라이나이트로톨루엔) (물)

⑤ 강력한 폭약이며 급격한 타격에 폭발한다.

$$2C_6H_2CH_3(NO_2)_3 \rightarrow 2C + 12CO + 3N_2\uparrow + 5H_2\uparrow$$

⑥ 연소 시 연소속도가 너무 빠르므로 소화가 곤란하다.
⑦ 무기 및 다이너마이트, 질산폭약제 제조에 이용된다.

해답 ③

55 다음 중 물과 접촉시켰을 때 위험성이 가장 큰 것은?

① 황   ② 다이크로뮴산칼륨
③ 질산암모늄   ④ 알킬알루미늄

해설 알킬알루미늄[$(C_nH_{2n+1}) \cdot Al$]
: 제3류 위험물(금수성 물질)

① 알킬기(C_nH_{2n+1})에 알루미늄(Al)이 결합된 화합물이다.
② C_1~C_4는 자연발화의 위험성이 있다.
③ 물과 접촉 시 가연성 가스 발생하므로 주수소화는 절대 금지한다.
④ 트라이메틸알루미늄
  (TMA : Tri Methyl Aluminium)
  $(CH_3)_3Al + 3H_2O \rightarrow Al(OH)_3 + 3CH_4\uparrow$ (메탄)
⑤ 트라이에틸알루미늄
  (TEA : Tri Eethyl Aluminium)
  $(C_2H_5)_3Al + 3H_2O \rightarrow Al(OH)_3 + 3C_2H_6\uparrow$ (에탄)
⑥ 저장용기에 불활성기체(N_2)를 봉입한다.
⑦ 피부접촉 시 화상을 입히고 연소 시 흰 연기가 발생한다.
⑧ 소화 시 주수소화는 절대 금하고 팽창질석, 팽창진주암 등으로 피복소화한다.

해답 ④

56 위험물안전관리법령상 운반시 적재하는 위험물에 차광성이 있는 피복으로 가리지 않아도 되는 것은?

① 제2류 위험물 중 철분
② 제4류 위험물 중 특수인화물
③ 제5류 위험물
④ 제6류 위험물

해설 적재위험물의 성질에 따른 조치
① 차광성이 있는 피복으로 가려야하는 위험물
  ㉠ 제1류 위험물
  ㉡ 제3류위험물 중 자연발화성물질
  ㉢ 제4류 위험물 중 특수인화물
  ㉣ 제5류 위험물
  ㉤ 제6류 위험물
② 방수성이 있는 피복으로 덮어야 하는 것
  ㉠ 제1류 위험물 중 알칼리금속의 과산화물
  ㉡ 제2류 위험물 중 철분·금속분·마그네슘 또는 이들 중 어느 하나 이상을 함유한 것
  ㉢ 제3류 위험물 중 금수성 물질

해답 ①

57 다음은 위험물의 성질에 대한 설명이다. 각 위험물에 대해 옳은 설명으로만 나열된 것은?

A. 건조공기와 상온에서 반응한다.
B. 물과 작용하면 가연성가스를 발생한다.
C. 물과 작용하면 수산화칼슘을 만든다.
D. 비중이 1 이상이다.

① K : A, B, D
② Ca_3P_2 : B, C, D
③ Na : A, C, D
④ CaC_2 : A, B, D

해설 인화칼슘(Ca_3P_2) : 제3류(금수성 물질)

화학식	분자량	융점	비중
Ca_3P_2	182	1,600℃	2.5

① 적갈색의 괴상고체이다.
② 물 및 약산과 반응하여 유독성의 **인화수소(포스핀)** 기체를 생성한다.
  • $Ca_3P_2 + 6H_2O \rightarrow 3Ca(OH)_2 + 2PH_3$
    (수산화칼슘) (포스핀=인화수소)
  • $Ca_3P_2 + 6HCl \rightarrow 3CaCl_2 + 2PH_3$
    (염화칼슘) (포스핀=인화수소)
③ 포스핀은 맹독성가스이므로 취급시 방독마스크를 착용한다.
④ 물 및 포약제의 의한 소화는 절대 금하고 마른 모래 등으로 피복하여 자연 진화되도록 기다린다.

해답 ②

58 탄화칼슘에서 아세틸렌가스가 발생하는 반응식으로 옳은 것은?

① $CaC_2 + 2H_2O \rightarrow Ca(OH)_2 + C_2H_2$
② $CaC_2 + H_2O \rightarrow CaO + C_2H_2$
③ $2CaC_2 + 6H_2O \rightarrow 2Ca(OH)_3 + 2C_2H_3$
④ $CaC_2 + 3H_2O \rightarrow CaCO_3 + 2CH_3$

해설 탄화칼슘(CaC_2) : 제3류 위험물 중 칼슘탄화물

화학식	분자량	융점	비중
CaC_2	64	2370℃	2.21

① 물과 접촉 시 **아세틸렌**을 생성하고 열을 발생시킨다.
  $CaC_2 + 2H_2O \rightarrow Ca(OH)_2 + C_2H_2\uparrow$
    (수산화칼슘) (아세틸렌)
② 아세틸렌의 폭발범위는 2.5~81%로 대단히 넓어서 폭발위험성이 크다.
③ 장기 보관시 불활성기체(N_2 등)를 봉입하여 저장한다.

④ 고온(700℃)에서 질화되어 석회질소($CaCN_2$)가 생성된다.

$$CaC_2 + N_2 \rightarrow CaCN_2(석회질소) + C(탄소)$$

⑤ 물 및 포약제에 의한 소화는 절대 금하고 마른 모래 등으로 피복 소화한다.

해답 ①

59 아염소산나트륨의 성상에 관한 설명 중 잘못된 것은?

① 자신은 불연성이다.
② 불안정하여 180℃ 이상 가열하면 산소를 방출한다.
③ 수용액 상태에서도 강력한 환원력을 가지고 있다.
④ 티오황산나트륨, 다이에틸에터 등과 혼합하면 폭발한다.

해설 ③ 아염소산나트륨(제1류)은 수용액 상태에서 강력한 산화력을 가지고 있다.

해답 ③

60 과산화수소의 운반용기에 외부에 표시해야 하는 주의사항은?

① 물기엄금   ② 화기엄금
③ 가연물접촉주의   ④ 충격주의

해설 위험물 운반용기의 외부 표시 사항
① 위험물의 품명, 위험등급, 화학명 및 수용성(제4류 위험물의 수용성인 것에 한함)
② 위험물의 수량
③ 수납하는 위험물에 따른 주의사항

유별	성질에 따른 구분	표시사항
제1류	알칼리금속의 과산화물	화기·충격주의, 물기엄금 및 가연물접촉주의
	그 밖의 것	화기·충격주의 및 가연물접촉주의
제2류	철분·금속분·마그네슘	화기주의 및 물기엄금
	인화성 고체	화기엄금
	그 밖의 것	화기주의
제3류	자연발화성 물질	화기엄금 및 공기접촉엄금
	금수성 물질	물기엄금
제4류	인화성 액체	화기엄금
제5류	자기반응성 물질	화기엄금 및 충격주의
제6류	산화성 액체	가연물접촉주의

과산화수소 : 제6류 위험물(산화성액체)

해답 ③

위험물산업기사

2021년 5월 CBT 시행

본 문제는 CBT시험대비 기출문제 복원입니다.

제1과목 일반화학

01 98% H_2SO_4 50g에서 H_2SO_4에 포함된 산소 원자수는?

① 3×10^{23}개　② 6×10^{23}개
③ 9×10^{23}개　④ 1.2×10^{24}개

해설 ① H_2SO_4(황산) 98%, 50g을 H_2SO_4(황산)100% 로 환산하면
$50g \times 0.98 = 49g$
② H_2SO_4(황산)100%, 49g중 산소의 g원자량을 계산하면
㉠ H_2SO_4(황산)의 분자량
$= 1 \times 2 + 32 + 16 \times 4 = 98$
㉡ 산소의 g원자량 $= 49g \times \dfrac{64}{98} = 32g$
③ 산소(O)의 1g 원자는 16g이며 원자수는 6.02×10^{23}개 이다.
④ 황산 중 산소의 g 원자량이 32g 이므로
산소의 원자수 $= 6.02 \times 10^{23} \times \dfrac{32}{16}$
$\fallingdotseq 1.2 \times 10^{24}$개

해답 ④

02 다음 물질을 석출시키는데 필요한 전기량이 0.1F에 가장 가까운 것은? (단, 원자량은 Cu 63.5, Ag 108, Cl 35.5이다.)

① 구리 3.18g
② 은 0.54g
③ 산소 11.2L(0℃, 1기압)
④ 염소 5.6L(0℃, 2기압)

해설 • 1F(패럿)의 전기량으로 물질 1g-당량이 석출 된다.
• 0.1F(패럿)의 전기량으로는 0.1g-당량이 석출 된다.
• Cu의 g-당량 $= \dfrac{원자량}{원자가} = \dfrac{63.5}{2가} = 31.75g$
• Ag의 g-당량 $= \dfrac{원자량}{원자가} = \dfrac{108}{1가} = 108g$

① Cu(구리)3.18g의 g-당량수
$= \dfrac{3.18g}{31.75g} = 0.1g-당량$
② Ag(은)0.54g의 g-당량수
$= \dfrac{0.54g}{108g} = 0.005g-당량$
③ 산소11.2L g-당량수 $= \dfrac{11.2L}{5.6L} = 2g-당량$
④ 염소5.6L g-당량수 $= \dfrac{5.6L}{22.4L} = 0.25g-당량$

패러데이(Faraday)의 법칙
① 제1법칙 : 같은 물질에 대하여 전기분해로써 전극에서 일어나는 물질의 양은 통한 전기량에 비례한다.
② 제2법칙 : 일정한 전기량에 의하여 일어나는 화학변화의 양은 그 물질의 화학 당량에 비례한다.

해답 ①

03 염소원자의 최외각 전자수는 몇 개인가?

① 1　② 2
③ 7　④ 8

해설 염소(Cl)의 전자배열

원소	원자번호	K	L	M	N	O	최외각 전자
Cl(염소)	17	2	8	7			7

해답 ③

04 다음 중 산성이 가장 약한 산은?

① HCl ② H_2SO_4
③ H_2CO_3 ④ CH_3COOH

해설 강산과 약산
① 강산 : 전리도가 큰 산
[HCl(염산), HNO_3(질산), H_2SO_4(황산)]
② 약산 : 전리도가 작은 산
[CH_3COOH(초산), H_2CO_3(탄산), H_2S(황화수소)]

전해질의 전리도

구분		강전해질		중간 전해질		약전해질
산	HCl	0.92	H_3PO_4	0.27	CH_3COOH	0.0134
	HNO_3	0.92	HF	0.15	H_2CO_3	0.0017
	H_2SO_4	0.91	H_2SO_3	0.34	H_2S	0.0007
염기	NaOH	0.91				
	KOH	0.91				
	$Ca(OH)_2$	0.90				
염	NaCl	0.84				
	$NaNO_3$	0.83				
	K_2SO_4	0.72				

산소산 중 산의 세기
HClO < $HClO_2$ < $HClO_3$ < $HClO_4$
(차아염소산) (아염소산) (염소산) (과염소산)

해답 ③

05 페놀 수산기(-OH)의 특성에 대한 설명으로 옳은 것은?

① 수용액이 강 알칼리성이다.
② 2가 이상이 되면 물에 대한 용해도가 작아진다.
③ 카복실산과 반응하지 않는다.
④ $FeCl_3$ 용액과 정색 반응을 한다.

해설 페놀성 수산기의 특성(페놀 : C_6H_5OH)
① 수용액은 약한 산성이다.
② NaOH와 반응하여 나트륨페놀레이트(C_6H_5ONa)와 물을 생성한다.
③ 할로젠과 반응한다.
④ $FeCl_3$(염화제2철)용액과 특유한 정색반응을 한다.

정색반응(呈色反應)이란?
페놀의 수용액에 $FeCl_3$ 용액 1방울을 가하면 보라색으로 되는 반응
• $FeCl_2$(염화제1철) • $FeCl_3$(염화제2철)

해답 ④

06 다음 물질 중 -CONH-의 결합을 하는 것은?

① 천연고무
② 나이트로셀룰로오스
③ 알부민
④ 전분

해설 알부민(albumin)
① 세포의 기본 물질을 구성하는 단백질의 하나이다.
② 자연 상태에서 존재하는 단순 단백질 중 분자량이 가장 적다.
③ 물과 작용하여 아미노산만으로 분해 되는 단순 단백질과 유기화합물을 생성시키는 복합 단백질이 있다.
④ 동물이나 식물의 몸에 있으며, 알의 흰자나 혈청 속에 있다.
⑤ 혈액 중의 혈청 알부민은 과다 출혈에 따른 쇼크를 방지하고 수술 및 화상 치료에 쓰인다.

해답 ③

07 수소 1.2몰과 염소 2몰이 반응할 경우 생성되는 염화수소의 몰수는?

① 1.2 ② 2
③ 2.4 ④ 4.8

해설 염화수소 생성 반응식

H_2(수소) + Cl_2(염소) → 2HCl(염화수소)
1몰   1몰   2몰

① 수소와 염소의 반응 몰수는 1 : 1
② 수소가 1.2몰이면 염소도 1.2몰만 반응에 참여한다.

1.2H_2(수소) + 1.2Cl_2(염소) → 2.4HCl(염화수소)

해답 ③

08 $Fe(CN)_6^{4-}$와 4개의 K^+ 이온으로 이루어진 물질 $K_4Fe(CN)_6$을 무엇이라고 하는가?

① 착화합물 ② 할로젠화합물
③ 유기혼합물 ④ 수소화합물

해설 $K_4[Fe(CN)_6]$: 착화합물=착염화합물

해답 ①

09 액체 공기에서 질소 등을 분리하여 산소를 얻는 방법은 다음 중 어떤 성질을 이용한 것인가?

① 용해도 ② 비등점
③ 색상   ④ 압축율

해설 **액체공기를 분리하는 방법**
비등점(끓는점)의 차이를 이용하여 분리
[예1] 공기를 냉각시켜 액체로 만든 후 끓는점이 낮은 질소를 기화시켜 기체로 분리한다.(질소의 비등점 : -196℃, 산소의 비등점 : -183℃)
[예2] 부탄과 공기의 분리 : 부탄이 끓는점이 높기 때문에 냉각시켜 액체로 분리
(부탄의 비등점 : -0.5℃, 공기의 끓는점 -183℃ 이하)

해답 ②

10 다음 물질에 대한 설명 중 틀린 것은?

① 물은 산소와 수소의 화합물이다.
② 산소와 수은은 단체이다.
③ 염화나트륨은 염소와 나트륨의 혼합물이다.
④ 산소와 오존은 동소체이다.

해설 ③ 염화나트륨은 염소와 나트륨의 화합물이다.

해답 ③

11 어떤 물질이 산소 50Wt%, 황 50Wt%로 구성되어 있다. 이 물질의 실험식을 옳게 나타낸 것은?

① SO   ② SO_2
③ SO_3 ④ SO_4

해설 ① **실험식** : 분자 속에 포함된 원자의 종류와 그 수를 가장 간단한 비로 표시한 식

구분	아세틸렌	벤젠	물
분자식	C_2H_2	C_6H_6	H_2O
실험식	CH	CH	H_2O

② 황과 산소의 원자량비

원소	① SO	② SO_2	③ SO_3	④ SO_4
S	32(2)	32(1)	32(1)	32(1)
O	16(1)	32(2)	48(1.5)	64(2)

③ 문제에서 산소50%, 황 50%이므로 1 : 1을 선택한다.

해답 ②

12 다음 중 물의 끓는점을 높이기 위한 방법으로 가장 타당한 것은?

① 순수한 물을 끓인다.
② 물을 저으면서 끓인다.
③ 감압하에 끓인다.
④ 밀폐된 그릇에서 끓인다.

해설 **끓는점**(비등점 : BP)을 **높이기 위한 방법**
① 밀폐된 용기를 사용한다.
② 외부압력을 높인다.

해답 ④

13 수성가스(water gas)의 주성분을 옳게 나타낸 것은?

① CO_2, CH_4 ② CO, H_2
③ CO_2, H_2, O_2 ④ H_2, H_2O

해설 **수성가스**(Water Gas)
① 고온으로 가열한 코크스에 수증기를 작용시키면 생기는 가스이다
② 수소와 일산화탄소가 주성분이다
③ 수성가스의 성분비
  ㉠ 수소 49%   ㉡ 일산화탄소 42%
  ㉢ 이산화탄소 4% ㉣ 질소 4.5%
  ㉤ 메테인 0.5%

해답 ②

14 볼타 전지에 관한 설명으로 틀린 것은?

① 이온화 경향이 큰 쪽의 물질이(-)극이다.
② (+)극에서는 방전시 산화 반응이 일어난다.
③ 전지는 도선을 따라(-)극에서 (+)극으로 이동한다.
④ 전류의 방향은 전자의 이동 방향과 반대이다.

해설 ③ (+)극[Cu판]에서는 방전 시 환원반응이 발생한다.

볼타전지(화학전지)

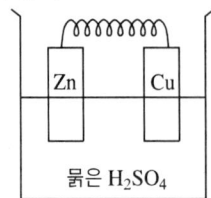

① 전자는 (−)Zn(아연)판에서 (+)Cu(구리)판으로 이동
② 전류는 (+)Cu판에서 (−)Zn판으로 흐른다.
③ (−)Zn판에서는 산화, (+)Cu판에서는 환원이 일어난다.
④ 소극제(감극제)는 이산화망가니즈(MnO_2)를 사용한다.

볼타전지(volta cell)
구리와 아연을 묽은 황산에 넣고 도선으로 연결한 가장 간단한 전지
$$(-) \; Zn \,|\, H_2SO_4 \,|\, Cu \;(+)$$

해답 ②

15 반감기가 5일인 미지 시료가 2g 있을 때 10일이 경과하면 남은 양은 몇 g인가?
① 2
② 1
③ 0.5
④ 0.25

해설
$$m = 2g \times \left(\frac{1}{2}\right)^{\frac{10}{5}} = 0.5g$$

반감기
방사성원소가 붕괴하는 속도는 붕괴하기 전의 원소의 양의 반으로 감소하기까지 걸리는 기간
$$m = M \times \left(\frac{1}{2}\right)^{\frac{t}{T}}$$
여기서, m : 붕괴 후 질량 M : 붕괴 전 질량
         t : 경과기간 T : 반감기

해답 ③

16 다음 보기의 벤젠 유도체 가운데 벤젠의 치환 반응으로부터 직접 유도할 수 없는 것은?

[보기] ⓐ −Cl ⓑ −OH ⓒ −SO_3H ⓓ −NH_2

① ⓐ, ⓑ
② ⓑ, ⓓ
③ ⓐ, ⓒ
④ ⓒ, ⓓ

해설 ⓐ −Cl [클로로벤젠 : C_6H_5Cl]의 제조
$C_6H_6 + Cl_2 \rightarrow C_6H_5Cl + HCl$
ⓑ −OH [페놀(석탄산) : C_6H_5OH]의 제조
$C_6H_6 + HOSO_3H \rightarrow C_6H_5SO_3H + H_2O$
$C_6H_5SO_3H + NaOH \rightarrow C_6H_5SO_3Na + H_2O$
$C_6H_5SO_3Na + 2NaOH \rightarrow C_6H_5ONa + H_2O$
$C_6H_5ONa + H_2O + CO_2 \rightarrow C_6H_5OH + NaHCO_3$
ⓒ −SO_3 [벤젠슬폰산 : $C_6H_5SO_3H$]의 제조
$C_6H_6 + HOSO_3H \rightarrow C_6H_5SO_3H + H_2O$
ⓓ −NH_2 [아닐린 : $C_6H_5NH_2$]의 제조
$C_6H_5NO_2 + 3H_2 \rightarrow C_6H_5NH_2 + 2H_2O$

벤젠(Benzene)(C_6H_6) : 제4류 위험물 중 제1석유류

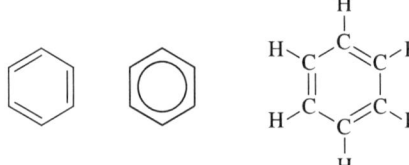

화학식	분자량	비중	비점	인화점	착화점	연소범위
C_6H_6	78	0.9	80℃	−11℃	562℃	1.4~8.0%

① 착화온도 : 562℃
   (이황화탄소의 착화온도 100℃)
② 벤젠증기는 마취성 및 독성이 강하다.
③ 비수용성이며 알코올, 아세톤, 에터에는 용해
④ 취급 시 정전기에 유의해야 한다.

해답 ②

17 다음 중 극성 분자에 해당하는 것은?
① CO_2
② CCl_4
③ Cl_2
④ NH_3

해설 ① 쌍극자(극성분자) : HF, HCl, HBr, H_2O, NH_3
② 비쌍극자(비극성분자) : H_2, O_2, CO_2, CH_4

해답 ④

18 다음 중 산성용액에서 색깔을 나타내지 않는 것은?

① 메틸오렌지 ② 페놀프탈레인
③ 메틸레드 ④ 티몰블루

해설 **지시약** : pH를 측정하거나 산과 염기의 중화 적정 시 종말점(end point)을 알아내기 위하여 용액의 액성을 나타내는 시약

지시약	변색범위 (pH)	변색	
		산성색	염기성색
메틸오렌지	3~4.5	빨강	노랑
메틸레드	3~4	빨강	노랑
페놀프탈레인	8~10	무색	빨강
리트머스	6~8	빨강	파랑

해답 ②

19 프로판 1kg을 완전연소시키기 위해 표준상태의 산소가 약 몇 m³이 필요한가?

① 2.55 ② 5
③ 7.55 ④ 10

해설 프로판의 완전연소 반응식

$C_3H_8 + 5O_2 \rightarrow 3CO_2 + 4H_2O$
44kg   5×22.4m³

① 44kg → 5×22.4m³
   1kg → X

② $X = \dfrac{1 \times 5 \times 22.4}{44} ≒ 2.55 m^3$
(산소농도가 100%일 때)

해답 ①

20 95% 황산의 비중 1.84일 때 이 황산의 몰농도는 약 얼마인가? (단, S의 원자량은 32이다.)

① 17.8M ② 16.8M
③ 15.8M ④ 14.8M

해설 $M(몰농도) = \dfrac{10SC}{분자량}$ (S: 비중, C: %농도)

∴ $M(몰농도) = \dfrac{10 \times 1.84 \times 95}{98} = 17.84 M(몰)$

몰농도(molar concentration)
① 용액 1L 속에 포함된 용질의 몰수를 용액의 부피로 나눈 값
② mol/L 또는 M으로 표시

해답 ①

제2과목 화재예방과 소화방법

21 과산화나트륨과 혼재가 가능한 위험물은? (단, 지정수량 이상인 경우이다.)

① 에터 ② 마그네슘분
③ 탄화칼슘 ④ 과염소산

해설 ① 에터(제4류) ② 마그네슘분(제2류)
③ 탄화칼슘(제3류) ④ 과염소산(제6류)
• 과산화나트륨(제1류)+과염소산(제6류)은 혼재가 가능하다.

위험물의 운반에 따른 유별을 달리하는 위험물의 혼재기준(쉬운 암기방법)

혼재 가능
↓1류 + 6류↑ 2류 + 4류
↓2류 + 5류↑ 5류 + 4류
↓3류 + 4류↑

해답 ④

22 할론 1211 소화약제의 저장용기에 저장하는 소화약제의 양을 산출할 때는 「위험물의 종류에 대한 가스계 소화약제의 계수」를 고려해야 한다. 위험물의 종류가 이황화탄소인 경우 할론 1211에 해당하는 계수 값은 얼마인가?

① 1.0 ② 1.6
③ 2.2 ④ 4.2

해설 위험물의 종류에 대한 가스계소화약제의 계수

위험물의 종류	이산화탄소	할로젠화합물	
		할론1301	할론1211
이황화탄소	3.0	4.2	1.0
휘발유	1.0	1.0	1.0
아세톤	1.0	1.0	1.0
경유	1.0	1.0	1.0
에탄올	1.2	1.0	1.2

해답 ①

23 다음 중 자기연소를 하는 위험물은?

① 톨루엔 ② 메틸알코올
③ 다이에틸에터 ④ 나이트로글리세린

해설
① 톨루엔(제4류) : 증발연소
② 메틸알코올(제4류) : 증발연소
③ 다이에틸에터(제4류) : 증발연소
④ 나이트로글리세린(제5류) : 자기연소

연소의 형태 ★★ 자주출제(필수암기)★★
① 표면연소(surface reaction)
  숯, 코크스, 목탄, 금속분
② 증발연소(evaporating combustion)
  파라핀(양초), 황, 나프탈렌, 왁스, 휘발유, 등유, 경유, 아세톤 등 제4류 위험물
③ 분해연소(decomposing combustion)
  석탄, 목재, 플라스틱, 종이, 합성수지, 중유
④ 자기연소(내부연소)
  질화면(나이트로셀룰로오스), 셀룰로이드, 나이트로글리세린 등 제5류 위험물
⑤ 확산연소(diffusive burning)
  아세틸렌, LPG, LNG 등 가연성 기체
⑥ 불꽃연소 + 표면연소
  목재, 종이, 셀룰로오스, 열경화성수지

해답 ④

24 다음 중 무색, 무취이고 전기적으로 비전도성이며 공기보다 약 1.5배 무거운 성질을 가지는 소화약제는?

① 분말소화약제
② 이산화탄소 소화약제
③ 포소화약제
④ 할론 1301 소화약제

해설 이산화탄소 소화약제
① 무색, 무취이다.
② 전기적으로 비전도성이므로 전기화재에 적합하다.
③ 증기비중이 공기보다 약 1.5배 무겁다.
④ 비교적 순도가 높으면서 가격이 저렴하고 액화가 용이
⑤ 안전하게 저장할 수 있고 전기 절연성이 좋아 B급 화재에 사용

해답 ②

25 강화액 소화기에 한냉지역 및 겨울철에도 얼지 않도록 첨가하는 물질은 무엇인가?

① 탄산칼륨   ② 질소
③ 사염화탄소   ④ 아세틸렌

해설 강화액 소화기
① 물의 빙점(어는점)이 높은 단점을 강화시킨 탄산칼륨(K_2CO_3) 수용액
② 내부에 황산(H_2SO_4)이 있어 탄산칼륨과 화학반응에 의한 CO_2가 압력원이 된다.
  $H_2SO_4 + K_2CO_3 \rightarrow K_2SO_4 + H_2O + CO_2 \uparrow$
③ 무상인 경우 A, B, C급 화재에 모두 적용한다.
④ 소화약제의 pH는 12이다.(알카리성)
⑤ 어는점(빙점)이 약 $-17℃ \sim -30℃$로 매우 낮아 추운 지방에서 사용
⑥ 강화액 소화제는 알칼리성(pH12)을 나타낸다.

해답 ①

26 소화설비의 구분에서 물분무등소화설비에 속하는 것은?

① 포소화설비   ② 옥내소화전설비
③ 스프링클러설비 ④ 옥외소화전설비

해설 물분무등소화설비
① 물분무소화설비   ② 미분무소화설비
③ 포소화설비   ④ 불활성가스소화설비
⑤ 할로젠화합물소화설비
⑥ 청정소화약제소화설비
⑦ 분말소화설비

해답 ①

27 그림과 같은 타원형 위험물탱크의 내용적은 약 얼마인가? (단, 단위는 m이다.)

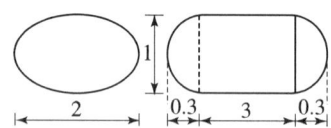

① $5.03m^3$ ② $7.52m^3$
③ $9.03m^3$ ④ $19.05m^3$

해설
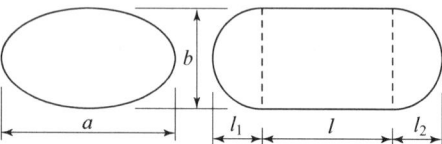

타원형 탱크의 내용적(양쪽이 볼록한 것)

$$V = \frac{\pi ab}{4}\left(l + \frac{l_1 + l_2}{3}\right)$$

$$V = \frac{\pi \times 2 \times 1}{4}\left(3 + \frac{0.3 + 0.3}{3}\right) = 5.03 \text{m}^3$$

해답 ①

28 다음의 물품을 저장하는 창고에 불활성가스소화설비를 설치하고자 한다. 가장 부적합한 경우는?

① 톨루엔 ② 동식물유류
③ 고형 알코올 ④ 과산화나트륨

해설 과산화나트륨(Na_2O_2) : 제1류 위험물 중 무기과산화물(금수성)

화학식	분자량	비중	융점	분해온도
Na_2O_2	78	2.8	460℃	460℃

① 상온에서 물과 격렬히 반응하여 산소(O_2)를 방출하고 폭발하기도 한다.

$2Na_2O_2 + 2H_2O \rightarrow 4NaOH + O_2\uparrow$
(과산화나트륨) (물) (수산화나트륨) (산소)

② 공기 중 이산화탄소(CO_2)와 반응하여 산소(O_2)를 방출한다.

$2Na_2O_2 + 2CO_2 \rightarrow 2Na_2CO_3$(탄산나트륨) $+ O_2\uparrow$

③ 산과 반응하여 과산화수소(H_2O_2)를 생성시킨다.

$Na_2O_2 + 2CH_3COOH \rightarrow 2CH_3COONa + H_2O_2\uparrow$
(초산) (초산나트륨) (과산화수소)

④ 열분해시 산소(O_2)를 방출한다.

$2Na_2O_2 \rightarrow 2Na_2O$(산화나트륨) $+ O_2\uparrow$(산소)

⑤ 주수소화는 금물이고 마른모래(건조사)등으로 소화한다.

해답 ④

29 스프링클러설비에 방사구역마다 제어밸브를 설치하고자 한다. 바닥면으로부터 높이 기준으로 옳은 것은?

① 0.8m 이상 1.5m 이하
② 1.0m 이상 1.5m 이하
③ 0.5m 이상 0.8m 이하
④ 1.5m 이상 1.8m 이하

해설 소화설비의 제어밸브 설치기준
바닥으로부터 0.8m 이상 1.5m 이하

해답 ①

30 포 소화약제의 종류에 해당되지 않는 것은?

① 단백포소화약제
② 합성계면활성제포소화약제
③ 수성막포소화약제
④ 액표면포소화약제

해설 포소화약제의 종류

구 분	저발포	고발포
단백포	3%, 6%	–
합성계면활성제포	3%, 6%	1%, 1.5%, 2%
수성막포	3%, 6%	–
알코올포	3%, 6%	–

해답 ④

31 포소화설비의 가압송수 장치에서 압력수조의 압력 산출시 필요 없는 것은?

① 낙차의 환산 수두압
② 배관의 마찰손실 수두압
③ 노즐선의 마찰손실 수두압
④ 소방용 호스의 마찰손실 수두압

해설 압력수조 방식

$$P = p_1 + p_2 + p_3 + 0.35\text{MPa}$$

여기서, P : 필요한 압력(MPa)
p_1 : 소방용 호스의 마찰손실 수두압(MPa)
p_2 : 배관의 마찰손실 수두압(MPa)
p_3 : 낙차의 환산 수두압(MPa)

해답 ③

32 Halon 1011 속에 함유되지 않은 원소는?

① H ② Cl
③ Br ④ F

해설 할로젠화합물 소화약제 명명법
할론 ⓐ ⓑ ⓒ ⓓ
ⓐ : C원자수 ⓑ : F원자수
ⓒ : Cl원자수 ⓓ : Br원자수

할로젠화합물 소화약제

구분\종류	할론2402	할론1211	할론1301	할론1011
분자식	$C_2F_4Br_2$	CF_2ClBr	CF_3Br	CH_2ClBr

해답 ④

33 제4류 위험물을 취급하는 제조소에서 지정수량의 몇 배 이상을 취급할 경우 자체소방대를 설치하여야 하는가?

① 1000배　② 2000배
③ 3000배　④ 4000배

해설 **자체소방대를 설치하여야 하는 사업소**
① 지정수량 3천배 이상의 제4류 위험물을 취급하는 제조소 또는 일반취급소
  (단, 보일러로 위험물을 소비하는 일반취급소 등 일반취급소를 제외)
② 지정수량의 50만배 이상의 제4류 위험물을 저장하는 옥외탱크저장소

예방규정을 정하여야 하는 제조소등
① 지정수량의 10배 이상 제조소
② 지정수량의 100배 이상 옥외저장소
③ 지정수량의 150배 이상 옥내저장소
④ 지정수량의 200배 이상 옥외탱크저장소
⑤ 암반탱크저장소
⑥ 이송취급소
⑦ 지정수량의 10배 이상 일반취급소

해답 ③

34 다음 중 분진 폭발을 일으킬 위험성이 가장 낮은 물질은?

① 알루미늄 분말　② 석탄
③ 밀가루　④ 시멘트 분말

해설 **분진폭발 없는 물질**
① 생석회(CaO)(시멘트의 주성분)
② 석회석 분말
③ 시멘트
④ 수산화칼슘(소석회 : $Ca(OH)_2$)

해답 ④

35 다이에틸에터 2000L와 아세톤 4000L를 옥내저장소에 저장하고 있다면 총 소요단위는 얼마인가?

① 5　② 6
③ 7　④ 8

해설 ① 다이에틸에터(특수인화물)의 지정수량 : 50L
② 아세톤(제1석유류 및 수용성)의 지정수량 : 400L
③ 제4류 위험물 및 지정수량

위험물			지정수량(L)	위험등급
유별	성질	품명		
제4류	인화성액체	1. 특수인화물	50	I
		2. 제1석유류 비수용성 액체	200	II
		수용성 액체	400	
		3. 알코올류	400	
		4. 제2석유류 비수용성 액체	1,000	III
		수용성 액체	2,000	
		5. 제3석유류 비수용성 액체	2,000	
		수용성 액체	4,000	
		6. 제4석유류	6,000	
		7. 동식물유류	10,000	

④ 지정수량의 배수 $= \dfrac{저장수량}{지정수량}$
$= \dfrac{2,000}{50} + \dfrac{4000}{400} = 50배$

⑤ 소요단위 $= \dfrac{지정수량의\ 배수}{10} = \dfrac{50}{10} = 5단위$

해답 ①

36 다음 위험물에 화재가 발생하였을 때 주수소화를 하면 수소가스가 발생하는 것은?

① 황화인　② 적린
③ 마그네슘　④ 황

해설 **마그네슘(Mg)-제2류 위험물**

화학식	원자량	비중	융점	비점	발화점
Mg	24.3	1.74	651℃	1102℃	473℃

① 2mm체 통과 못하는 덩어리는 위험물에서 제외
② 직경 2mm 이상 막대모양은 위험물에서 제외
③ 은백색의 광택이 나는 가벼운 금속
④ 물과 반응하여 수소기체 발생

$Mg + 2H_2O \rightarrow Mg(OH)_2 + H_2\uparrow$
(마그네슘) (물) (수산화마그네슘) (수소)

⑤ 이산화탄소소화제를 방사하면 폭발적으로 반응

하기 때문에 위험

마그네슘과 CO_2의 반응식
$2Mg + CO_2 \rightarrow 2MgO + C$
$Mg + CO_2 \rightarrow MgO + CO$

⑥ 주수소화는 엄금이며 마른모래 등으로 피복 소화

해답 ③

37 스프링클러헤드 부착장소의 평상시의 최고주위온도가 39℃ 이상 64℃ 미만일 때 표시온도의 범위로 옳은 것은?

① 58℃ 이상 79℃ 미만
② 79℃ 이상 121℃ 미만
③ 121℃ 이상 162℃ 미만
④ 162℃ 이상

해설 폐쇄형 스프링클러 헤드의 표시온도

부착장소의 최고주위온도 (℃)	표시온도 (℃)
28 미만	58 미만
28 이상 39 미만	58 이상 79 미만
39 이상 64 미만	79 이상 121 미만
64 이상 106 미만	121 이상 162 미만
106 이상	162 이상

해답 ②

38 탄산수소나트륨과 황산알루미늄 수용액의 화학반응으로 인해 생성되지 않는 것은?

① 황산나트륨   ② 탄산수소알루미늄
③ 수산화알루미늄   ④ 이산화탄소

해설 화학포 소화약제
① 내약제(B제) : 황산알루미늄($Al_2(SO_4)_3$)
② 외약제(A제) : 중탄산나트륨 = 탄산수소나트륨
        = 중조($NaHCO_3$), 기포안정제

화학포의 기포안정제
• 사포닝 • 계면활성제
• 소다회 • 가수분해단백질

③ 반응식
(탄산수소나트륨) (황산알루미늄)
$6NaHCO_3 + Al_2(SO_4)_3 \cdot 18H_2O$
$\rightarrow 3Na_2SO_4 + 2Al(OH)_3 + 6CO_2 + 18H_2O$
(황산나트륨)(수산화알루미늄)(이산화탄소) (물)

해답 ②

39 폭굉 유도 거리(DID)가 짧아지는 요건에 해당되지 않은 것은?

① 정상 연소 속도가 큰 혼합가스일 경우
② 관속에 방해물이 없거나 관경이 큰 경우
③ 압력이 높을 경우
④ 점화원의 에너지가 클 경우

해설 폭굉유도거리(DID)가 짧아지는 경우
① 압력이 상승하는 경우
② 관속에 방해물이 있거나 관경이 작아지는 경우
③ 점화원 에너지가 증가하는 경우
④ 정상연소속도가 큰 혼합가스인 경우

해답 ②

40 가연성 가스의 폭발 범위에 대한 일반적인 설명으로 틀린 것은?

① 가스의 온도가 높아지면 폭발 범위는 넓어진다.
② 폭발한계농도 이하에서 폭발성 혼합가스를 생성한다.
③ 공기 중에서보다 산소 중에서 폭발 범위가 넓어진다.
④ 가스압이 높아지면 하한값은 크게 변하지 않으나 상한값은 높아진다.

해설 ③ 폭발한계농도 범위 내에서 폭발성혼합가스를 생성한다.

연소범위(폭발범위, explosion limit)의 영향인자와 관계
★★ 자주출제(필수정리) ★★
① 온도상승시 : 넓어진다.
② 압력상승시 : 넓어진다.(하한계 불변, 상한계 증가)
  [예외]
  • 일산화탄소(CO)는 압력이 상승 시 좁아진다.
  • 수소(H_2)는 10기압까지는 좁아지고, 그 이상의 압력에서는 넓어진다.
③ 불활성기체(헬륨, 네온, 아르곤) 첨가 시 : 좁아진다.
④ 산소농도 증가 시 : 넓어진다.

해답 ②

제3과목 위험물의 성질과 취급

41 다음 중 나이트로기(-NO₂)를 1개만 가지고 있는 것은?

① 나이트로셀룰로오스
② 나이트로글리세린
③ 나이트로벤젠
④ TNT

해설
① [C₆H₇O₂(ONO₂)₃]
 : 나이트로셀룰로오스(제5류)
② C₃H₅(ONO₂)₃ : 나이트로글리세린(제5류)
③ C₆H₅NO₂ : 나이트로벤젠(제4류 제3석유류)
④ C₆H₂CH₃(NO₂)₃
 : TNT(트라이나이트로톨루엔)(제5류)

나이트로화합물 : 제5류 위험물(자기반응성물질)
① 피크린산[C₆H₂(NO₂)₃OH](TNP)
② 트라이나이트로톨루엔[C₆H₂CH₃(NO₂)₃]

해답 ③

42 다음 위험물 중 인화점이 약 -37℃인 물질로서 구리, 은, 마그네슘 등의 금속과 접촉하면 폭발성 물질인 아세틸라이드를 생성하는 것은?

① CH₃-CH-CH₂
    \\ /
     O
② C₂H₅OC₂H₅
③ CS₂
④ C₆H₆

해설 산화프로필렌(CH₃CH₂CHO)
: 제4류 위험물 중 특수인화물★★★

```
    H H H
    | | |
  H-C-C-C-H
    |  \ /
    H   O
```

화학식	분자량	비중	비점
CH₃CHCH₂O	58	0.83	34℃
	인화점	착화점	연소범위
	-37℃	465℃	2.8~37%

① 휘발성이 강하고 에터 냄새가 나는 액체이다.
② 물, 알코올, 벤젠 등 유기용제에는 잘 녹는다.
③ 저장용기 사용시 **구리, 마그네슘**, 은, 수은 및 합금용기 사용금지

(아세틸리드(acetylide) 생성)
④ 저장 용기 내에 질소(N₂) 등 불연성가스를 채워 둔다.
⑤ 소화는 포소화약제로 질식소화한다.

해답 ①

43 질산과 과염소산의 공통적인 성질에 대한 설명 중 틀린 것은?

① 가연성 물질이다.
② 산화제이다.
③ 무기화합물이다.
④ 산소를 함유하고 있다.

해설 ① 불연성물질이다.

제6류 위험물의 공통적인 성질
① 자신은 불연성이고 산소를 함유한 강산화제이다.
② 분해에 의한 산소발생으로 다른 물질의 연소를 돕는다.
③ 액체의 비중은 1보다 크고 물에 잘 녹는다.
④ 물과 접촉 시 발열한다.
⑤ 증기는 유독하고 부식성이 강하다.

제6류 위험물의 지정수량 및 위험등급

성질	품 명	판단기준	지정수량	위험등급
산화성 액체	• 과염소산(HClO₄)		300kg	I
	• 과산화수소(H₂O₂)	농도 36중량% 이상		
	• 질산(HNO₃)	비중 1.49 이상		
	• 할로젠간화합물 ① 삼불화브로민(BrF₃) ② 오불화브로민(BrF₅) ③ 오불화아이오딘(IF₅)			

※ 쉬운 암기법 : 과과/질할

해답 ①

44 제 4류 위험물의 저장·취급시 주의사항으로 틀린 것은?

① 화기 접촉을 금한다.
② 증기의 누설을 피한다.
③ 냉암소에 저장한다.

④ 정전기 축적 설비를 한다.

해설 ④ 정전기 방지설비(접지)를 한다.

제4류 위험물의 공통적 성질
① 대단히 인화되기 쉬운 인화성액체이다.
② 증기는 공기보다 무겁다.(증기비중=분자량/공기평균분자량(28.84))
③ 증기는 공기와 약간 혼합되어도 연소한다.
④ 일반적으로 액체비중은 물보다 가볍고 물에 잘 안녹는다.
⑤ 착화온도가 낮은 것은 매우 위험하다.
⑥ 연소하한이 낮고 정전기에 폭발우려가 있다.

해답 ④

---

45 1기압 27℃에서 아세톤 58g을 완전히 기화시키면 부피는 약 몇 L가 되는가?

① 22.4　　② 24.6
③ 27.4　　④ 58.0

해설 이상기체 상태방정식 ★★★★

$$PV = nRT = \frac{W}{M}RT$$

여기서, P : 압력(atm)　　V : 부피(L)
　　　　n : mol수(무게/분자량)
　　　　W : 무게(g)　　M : 분자량
　　　　T : 절대온도(273+t℃)
　　　　R : 기체상수(0.082atm · L/mol · K)

아세톤(CH_3COCH_3)의 분자량 : 58

$$\therefore V = \frac{WRT}{PM} = \frac{58 \times 0.082 \times (273+27)}{1 \times 58}$$
$$= 24.6L$$

해답 ②

---

46 메틸에틸케톤퍼옥사이드의 저장 또는 취급시 유의할 점으로 가장 거리가 먼 것은?

① 통풍을 잘 시킬 것
② 찬 곳에 저장할 것
③ 일광의 직사를 피할 것
④ 저장 용기에는 증기 배출을 위해 구멍을 설치할 것

해설 ④ 저장용기는 증기배출억제를 위해 밀폐한다.

메틸에틸케톤퍼옥사이드(MEKPO)
[($CH_3COC_2H_5$)$_2O_2$] : 제5류 위험물 중 유기과산화물
① 무색의 기름모양 액체이며 물에 약간 녹는다.
② 알칼리금속과 접촉 시 분해가 더 촉진된다.
③ 섬유소, 헝겊, 탈지면 등의 다공성 물질과 접촉 시 30℃ 이하에서도 자연발화 위험성이 있다.
④ 시중에 판매되는 것은 프탈산다이메틸, 프탈산 다이부틸 등으로 희석하여 순도가 50~60% 정도가 된다.
⑤ 110℃ 정도에서 급격히 분해되면서 흰 연기를 낸다.

해답 ④

---

47 다음 중 저장할 때 상부에 물을 덮어서 저장하는 것은?

① 다이에틸에터　　② 아세트알데하이드
③ 산화프로필렌　　④ 이황화탄소

해설 이황화탄소(CS_2) : 제4류 위험물 중 특수인화물

화학식	분자량	비중	비점	인화점	착화점	연소범위
CS_2	76.1	1.26	46℃	-30℃	100℃	1.0~50%

① 무색투명한 액체이며 물에는 녹지 않고 알코올, 에터, 벤젠 등 유기용제에 녹는다.
② 연소 시 아황산가스(SO_2) 및 CO_2를 생성한다.
　　$CS_2 + 3O_2 \rightarrow CO_2 + 2SO_2$(이산화황=아황산)
③ 물과 반응하여 황화수소와 이산화탄소를 발생한다.
　　$CS_2 + 2H_2O \rightarrow 2H_2S + CO_2$
④ 저장 시 저장탱크를 물속에 넣어 가연성증기의 발생을 억제한다.
⑤ 증기비중(76/29=2.62)은 공기보다 무겁다.
⑥ 햇빛에 방치하면 황색을 띤다.
⑦ 4류 위험물 중 착화온도(100℃)가 가장 낮다.
⑧ 화재 시 다량의 포를 방사하여 질식 및 냉각 소화한다.

보호액에 저장하는 위험물 ★★ 자주출제(필수정리)★★
① 칼륨(K), 나트륨(Na)은 파라핀, 경유, 등유 속에 저장
② 황린(3류) 및 이황화탄소(4류)는 물속에 저장

해답 ④

제 2 부 최근 기출문제 – 필기

48 다음 중 지정수량을 틀리게 나타낸 것은?

① 다이크로뮴산염류 – 500kg
② 제2석유류(비수용성) – 1000L
③ 하이드록실아민염류 – 100kg
④ 제4석유류 – 6000L

해설 ① 다이크로뮴산염류–1000kg

제1류 위험물의 지정수량 및 위험등급

성질	품명		지정수량	위험등급
산화성고체		아염소산염류, 염소산염류, 과염소산염류, 무기과산화물	50kg	I
		브로민산염류, 질산염류, 아이오딘산염류	300kg	II
		과망가니즈산염류, 다이크로뮴산염류	1000kg	III
	행정안전부령이 정하는 것	① 과아이오딘산염류 ② 과아이오딘산 ③ 크로뮴, 납 또는 아이오딘의 산화물 ④ 아질산염류 ⑤ 염소화아이소시아눌산 ⑥ 퍼옥소이황산염류 ⑦ 퍼옥소붕산염류	300kg	II
		⑧ 차아염소산염류	50kg	I

※ 쉬운 암기법 : 아염과무/브질요/과중

해답 ①

49 다음은 어떤 위험물에 대한 내용인가?

• 지정수량 : 400L   • 증기비중 : 2.07
• 인화점 : 12℃   • 녹는점 : -89.5℃

① 메탄올
② 에탄올
③ 아이소프로필알코올
④ 부틸알코올

해설 아이소프로필알코올–제4류–알코올류

화학식	분자량	비중(액체)	증기비중
C_3H_7OH	60	0.789	2.07
인화점	녹는점	착화점	연소범위
12℃	-89.5℃	460℃	2.6~13.5%

① 무색투명한 액체이다.
② 물과는 임의의 비율로 아주 잘 섞이며 알코올, 에터, 벤젠 등 유기용제에 잘 녹는다.
③ **산화하면 아세톤**이 되며 탈수하면 프로필렌이 된다.
④ 화재 시 **알코올포**를 방사하여 질식 및 냉각 소화한다.

해답 ③

50 금속나트륨에 대한 설명으로 틀린 것은?

① 제3류 위험물이다.
② 융점은 약 297℃이다.
③ 은백색의 가벼운 금속이다.
④ 물과 반응하여 수소를 발생한다.

해설 ② 융점은 약 97.8℃이다.

금속나트륨 : 제3류 위험물(금수성)
① 물과 반응하여 수소기체 발생

$2Na + 2H_2O \rightarrow 2NaOH + H_2\uparrow$ (수소발생)

② 파라핀, 경유, 등유 속에 저장

★★자주출제(필수정리)★★
① 칼륨(K), 나트륨(Na)은 파라핀, 경유, 등유 속에 저장
② 황린(3류) 및 이황화탄소(4류)는 물속에 저장

해답 ②

51 지정수량의 10배를 초과하는 위험물을 취급하는 제조소에 확보하여야 하는 보유공지의 너비는?

① 1m 이상   ② 3m 이상
③ 5m 이상   ④ 7m 이상

해설 위험물 제조소의 보유공지

취급 위험물의 최대수량	공지의 너비
지정수량의 10배 미만	3m 이상
지정수량의 10배 이상	5m 이상

해답 ③

52 제1석유류, 제2석유류, 제3석유류를 구분하는 주요 기준이 되는 것은?

① 인화점   ② 발화점
③ 비등점   ④ 비중

해설 제4류 위험물(인화성 액체)

구분	지정품목	기타 조건(1atm에서)
특수인화물	이황화탄소 다이에틸에터	• 발화점이 100℃ 이하 • 인화점 -20℃ 이하이고 비점이 40℃ 이하
제1석유류	아세톤, 휘발유	• 인화점 21℃ 미만
알코올류	C_1~C_3까지 포화 1가 알코올(변성알코올 포함) 메틸알코올, 에틸알코올, 프로필알코올	
제2석유류	등유, 경유	• 인화점 21℃ 이상 70℃ 미만
제3석유류	중유 크레오소트유	• 인화점 70℃ 이상 200℃ 미만
제4석유류	기어유 실린더유	• 인화점 200℃ 이상 250℃ 미만
동식물유류	동물의 지육 등 또는 식물의 종자나 과육으로부터 추출한 것으로서 인화점이 250℃ 미만인 것	

해답 ①

53 다음 위험물 중 물속에 저장해야 안전한 것은?

① 황린 ② 적린
③ 루비듐 ④ 오황화인

해설 황린(P_4)[별명 : 백린] : 제3류 위험물(자연발화성 물질)

화학식	분자량	발화점	비점	융점	비중	증기비중
P_4	124	34℃	280℃	44℃	1.82	4.4

① 백색 또는 담황색의 고체이다.
② 공기 중 약 40~50℃에서 자연 발화한다.
③ 저장 시 자연 발화성이므로 반드시 물속에 저장한다.
④ 인화수소(PH_3)의 생성을 방지하기 위하여 물의 pH=9(약알칼리)가 안전한계이다.
⑤ 물의 온도가 상승 시 황린의 용해도가 증가되어 산성화속도가 빨라진다.
⑥ 연소 시 오산화인(P_2O_5)의 흰 연기가 발생한다.

$P_4 + 5O_2 \rightarrow 2P_2O_5$(오산화인)

⑦ 강알칼리의 용액에서는 유독기체인 포스핀(PH_3) 발생한다. 따라서 저장 시 물의 pH(수소이온농도)는 9를 넘어서는 안된다.(물은 약알칼리의 석회 또는 소다회로 중화하는 것이 좋다.)

$P_4 + 3NaOH + 3H_2O \rightarrow 3NaH_2PO_2 + PH_3 \uparrow$
(인화수소=포스핀)

⑧ 약 260℃로 가열(공기차단)시 적린이 된다.
⑨ 피부 접촉 시 화상을 입는다.
⑩ 소화는 물분무, 마른모래 등으로 질식소화한다.
⑪ 고압의 주수소화는 황린을 비산시켜 연소면이 확대될 우려가 있다.

해답 ①

54 다음 중 제 5류 위험물에 해당하지 않는 것은?

① 나이트로글리콜
② 나이트로글리세린
③ 트라이나이트로톨루엔
④ 나이트로톨루엔

해설 제5류 위험물의 지정수량 및 위험등급

성질	품 명	지정수량	위험등급
자기 반응성 물질	○ 질산에스터류	1종 : 10kg	1종 : I
	○ 유기과산화물 ○ 나이트로화합물 ○ 나이트로소화합물 ○ 아조화합물 ○ 다이아조화합물 ○ 하이드라진 유도체 ○ 하이드록실아민 ○ 하이드록실아민염류	2종 : 100kg	2종 : II

★(주) ○ 질산에스터류(대부분)(1종)
　　　 ○ 기타(대부분)(2종)
　　　 ○ 셀룰로이드(질산에스터류)(2종),
　　　 ○ 트라이나이트로톨루엔(나이트로화합물)(1종)
　　　 ○ 테트릴(나이트로화합물)1종

※ 쉬운 암기법 : 유질/하하/나나아다하

해답 ④

55 위험물의 적재 방법에 관한 기준으로 틀린 것은?

① 위험물은 규정에 의한 바에 따라 재해를 발생시킬 우려가 있는 물품과 함께 적재하지 아니하여야 한다.
② 적재하는 위험물의 성질에 따라 일광의 직사 또는 빗물의 침투를 방지하기 위하여 유효하게 피복하는 등 규정에서 정하는 기준에 따른 조치를 하여야 한다.
③ 운반용기는 수납구를 옆으로 향하게 하여 나란히 적재한다.
④ 위험물을 수납한 운반용기가 전도·낙하 또는 파손되지 아니하도록 적재하여야 한다.

해설 ③ 운반용기는 수납구를 위로 향하게 하여 적재하여야 한다.

해답 ③

56 황화인에 대한 설명 중 잘못된 것은?

① P_4S_3는 황색 결정 덩어리로 조해성이 있고, 공기 중 약 50℃에서 발화한다.
② P_2S_5는 담황색 결정으로 조해성이 있고, 알칼리와 분해하여 가연성가스를 발생한다.
③ P_4S_7 담황색 결정으로 조해성이 있고, 온수에 녹아 유독한 H_2S를 발생한다.
④ P_4S_3과 P_2S_5의 연소생성물은 모두 P_2O_5와 SO_2이다.

해설 ① P_4S_3는 황색결정으로 조해성이 없고 공기 중 약 100℃에서 발화한다.

황화인(제2류 위험물) : 황과 인의 화합물
① 삼황화인(P_4S_3)
 • 황색결정으로 물, 염산, 황산에 녹지 않으며 질산, 알칼리, 이황화탄소에 녹는다.
 • 연소하면 오산화인과 이산화황이 생긴다.

$$P_4S_3 + 8O_2 \rightarrow 2P_2O_5 + 3SO_2 \uparrow$$
(오산화인) (이산화황)

② 오황화인(P_2S_5)
 • 담황색 결정이고 조해성이 있다.
 • 수분을 흡수하면 분해된다.
 • 이황화탄소(CS_2)에 잘 녹는다.
 • 물, 알칼리와 반응하여 인산과 황화수소를 발생한다.

$$P_2S_5 + 8H_2O \rightarrow 2H_3PO_4 + 5H_2S \uparrow$$
(인산) (황화수소)

③ 칠황화인(P_4S_7)
 • 담황색 결정이고 조해성이 있다.
 • 수분을 흡수하면 분해된다.
 • 이황화탄소(CS_2)에 약간 녹는다.
 • 냉수에는 서서히 분해가 되고 더운물에는 급격히 분해된다.

해답 ①

57 다음 중에서 제 2석유류에 속하지 않는 것은?

① 등유
② CH_3COOH
③ CH_3CHO
④ 경유

해설
② CH_3COOH : 초산(제2석유류)
③ CH_3CHO : 아세트알데하이드(특수인화물)

제2석유류
(어두문자 암기법 : 개초장에/송등테스경/크롤메하)
① 개미산(의산) ② 초산(acetic acid)
③ 장뇌유 ④ 에틸셀로솔브
⑤ 송근유 ⑥ 등유
⑦ 테레핀유 ⑧ 스티렌
⑨ 경유 ⑩ 크실렌
⑪ 클로로벤젠 ⑫ 메틸셀로솔브
⑬ 하이드라진 하이드레이트

해답 ③

58 제 3류 위험물 중 금수성물질 위험물제조소에는 어떤 주의사항을 표시한 게시판을 설치하여야 하는가?

① 물기엄금
② 물기주의
③ 화기엄금
④ 화기주의

해설 게시판의 설치기준
① 한 변의 길이가 0.3m 이상, 다른 한 변의 길이가 0.6m 이상인 직사각형으로 할 것
② 위험물의 유별·품명 및 저장최대수량 또는 취급최대수량, 지정수량의 배수 및 안전 관리자의 성명 또는 직명을 기재할 것
③ 게시판의 바탕은 백색으로, 문자는 흑색으로 할 것
④ 저장 또는 취급하는 위험물에 따라 주의사항 게시판을 설치할 것

위험물의 종류	주의사항 표시	게시판의 색
• 제1류 (알칼리금속 과산화물) • 제3류(금수성 물품)	물기엄금	청색바탕에 백색문자
• 제2류(인화성 고체 제외)	화기주의	적색바탕에 백색문자
• 제2류(인화성 고체) • 제3류(자연발화성 물품) • 제4류 • 제5류	화기엄금	적색바탕에 백색문자

해답 ①

59 탄화칼슘과 물이 반응하였을 때 생성되는 가스는?

① C_2H_2 ② C_2H_4
③ C_2H_6 ④ CH_4

해설 **탄화칼슘**(CaC_2) : 제3류 위험물 중 칼슘탄화물

화학식	분자량	융점	비중
CaC_2	64	2370℃	2.21

① 물과 접촉 시 아세틸렌을 생성하고 열을 발생시킨다.

$$CaC_2 + 2H_2O \rightarrow \underset{(수산화칼슘)}{Ca(OH)_2} + \underset{(아세틸렌)}{C_2H_2}\uparrow$$

② 아세틸렌의 폭발범위는 2.5~81%로 대단히 넓어서 폭발위험성이 크다.
③ 장기 보관시 불활성기체(N_2 등)를 봉입하여 저장한다.
④ 고온(700℃)에서 질화되어 석회질소($CaCN_2$)가 생성된다.

$$CaC_2 + N_2 \rightarrow \underset{(석회질소)}{CaCN_2} + \underset{(탄소)}{C}$$

⑤ 물 및 포약제에 의한 소화는 절대 금하고 마른모래 등으로 피복 소화한다.

해답 ①

60 칼륨과 물이 반응할 때 생성되는 것은 무엇인가?

① 수산화칼륨, 산소 ② 수산화칼륨, 수소
③ 산소, 수소   ④ 산화칼륨, 산소

해설 **칼륨**(K) : 제3류 위험물 중 금수성 물질

화학식	원자량	비점	융점	비중	불꽃색상
K	39	762℃	63.5℃	0.86	보라색

① 은백색의 금속이며 가열시 보라색 불꽃을 내면서 연소한다.
② 물과 반응하여 수소 및 열을 발생한다.(금수성 물질)

$$2K + 2H_2O \rightarrow 2KOH(수산화칼륨) + H_2\uparrow(수소)$$

③ 보호액으로 파라핀, 경유, 등유를 사용한다.
④ 피부와 접촉시 화상을 입는다.
⑤ 마른모래 등으로 질식소화한다.
⑥ 화학적으로 활성이 대단히 크고 알코올과 반응하여 수소를 발생시킨다.

$$2K + 2C_2H_5OH \rightarrow 2C_2H_5OK + H_2\uparrow$$
$$\text{(에틸알코올)} \quad \text{(칼륨에틸라이트)}$$

해답 ②

위험물산업기사

2021년 9월 CBT 시행

본 문제는 CBT시험대비 기출문제 복원입니다.

제1과목 일반화학

01 어떤 기체의 무게는 30g인데 같은 조건에서 같은 부피의 이산화탄소의 무게가 11g이었다. 이 기체의 분자량은?

① 110 ② 120
③ 130 ④ 140

해설 ① 표준상태(0℃, 1기압)에서
CO_2 44g(1g-mol)=22.4L이므로
44g → 22.4L
11g → X $X = \dfrac{11 \times 22.4}{44} = 5.6L$

② 어떤 기체의 부피도 같은 조건이므로
5.6L 무게는 30g
5.6L → 30g
22.4L → X $X = \dfrac{30 \times 22.4}{5.6} = 120$

해답 ②

02 25.0g의 물 속에 2.85g의 설탕($C_{12}H_{22}O_{11}$)이 녹아있는 용액의 끓는점은? (단, 물의 끓는점 오름 상수는 0.52이다.)

① 100.0℃   ② 100.08℃
③ 100.17℃ ④ 100.34℃

해설 ① $K_b = 0.52$
a(용질의 무게) = 2.85g
W(용매의 무게) = 물 25g
M(설탕의 분자량)
  $= 12 \times 12 + 1 \times 22 + 16 \times 11 = 342$

② $\Delta T_b = 0.52 \times \dfrac{2.85}{25} \times \dfrac{1000}{342} = 0.17℃$

③ 끓는점(Boiling Point : BP)
  = 100℃(물의 끓는점) + 0.17℃
  = 100.17℃

라울의 법칙(비등점 상승도)

$$\Delta T_b = K_b \cdot m = K_b \times \dfrac{a}{W} \times \dfrac{1000}{M}$$

여기서, K_b : 몰랄 오름 상수(끓는점 오름 상수)
 m : 몰랄농도
 a : 용질(녹는 물질)의 무게
 W : 용매(녹이는 물질)의 무게
 M : 분자량
 ΔT_b : 끓는점 오름

해답 ③

03 방사성 동위원소의 반감기가 20일 일 때 40일이 지난 후 남은 원소의 분율은?

① 1/2   ② 1/3
③ 1/4   ④ 1/6

해설 $m = M \times \left(\dfrac{1}{2}\right)^{\frac{40}{20}} = \dfrac{1}{4}M$

반감기

방사성원소가 붕괴하는 속도는 붕괴하기 전의 원소의 양의 반으로 감소하기까지 걸리는 기간

$$m = M \times \left(\dfrac{1}{2}\right)^{\frac{t}{T}}$$

여기서, m : 붕괴 후 질량 M : 붕괴 전 질량
 t : 경과기간 T : 반감기

해답 ③

04 10.0mL의 0.1M-NaOH을 25.0mL의 0.1M-HCl에 혼합하였을 때 이 혼합 용액의 pH는 얼마인가?

① 1.37   ② 2.82
③ 3.37   ④ 4.82

해설

① 0.1M-NaOH=0.1N-NaOH
0.1M-HCl=0.1N-HCl
② $N_1V_1 = N_2V_2$ (N: 노르말농도, V: 부피)
$0.1 \times 10 = 0.1 \times V_2$
③ $V_2 = 10mL(HCl)$, 즉 0.1N-NaOH 10mL와 반응하는 0.1N-HCl의 양은 10mL이다.
④ 중화 후 반응하지 않고 남는 용액은 0.1N-HCl 15mL이다.
⑤ 0.1N-HCl 15mL 중 HCl의 무게
$= 15ml \times \dfrac{3.65g}{1000} = 0.05475g$
⑥ 중화 후 전체 용액의 양은
10mL+25mL=35mL
⑦ 중화 후 혼합용액 35mL 중 HCl이 0.05475g 이 녹아있을 때 N농도를 구하면
35mL → 0.05475g
1000mL → X
$X = \dfrac{1000 \times 0.05475}{35} = 1.5643g$
⑧ N농도 $= \dfrac{1.5643}{36.5} = 0.043N-HCl$
⑨ $pH = -\log[H^+] = -\log 0.043$
$= -\log(4.3 \times 10^{-2}) = 2\log 10 - \log 4.3$
$= 2 - \log 4.3 ≒ 1.37$ (∵ $\log 10 = 1$)

해답 ①

05 물의 끓는점을 낮출 수 있는 방법으로 옳은 것은?

① 밀폐된 그릇에서 물을 끓인다.
② 열전도도가 높은 용기를 사용한다.
③ 소금을 넣어준다.
④ 외부 압력을 낮추어 준다.

해설

① 비점(끓는점): 증기압이 대기압과 같아지는 온도(증기압=대기압)
② 압력과 끓는점 관계

압력	끓는점(비점)
증가	높아진다.
감소	낮아진다.

높은 산에서 밥을 할 때 물을 많이 부어야하는 이유
높은 산은 평지보다 압력이 낮아 물의 끓는점이 100℃ 보다 낮기 때문에 물이 빨리 소모된다. 따라서 평지보다 물을 많이 넣어야 밥이 설지 않는다.

해답 ④

06 Alkyne의 일반식 표현이 올바른 것은?

① C_nH_{2n-2} ② C_nH_{2n}
③ C_nH_{2n+2} ④ C_nH_n

해설

Alkyne(알킨)계 탄화수소(아세틸렌계 탄화수소)
: C_nH_{2n-2}

동족체
성질이 비슷하고 어떤 일반식으로 나타낼 수 있는 화합물의 계열
(1) 알칸계 탄화수소=메탄계 탄화수소=파라핀계 탄화수소의 일반식: C_nH_{2n+2}
  ① n=1~4: 기체
  ② n=5~16: 액체
  ③ n=17 이상: 고체
(2) 알킬기(alkyl radical): C_nH_{2n+1}
(3) 시클로 파라핀계 탄화수소: C_nH_{2n}
(4) 알킨(Alkyne)계 탄화수소=아세틸렌계 탄화수소: C_nH_{2n-2}

해답 ①

07 다음에서 설명하는 물질의 명칭은?

- HCl과 반응하여 염산염을 만든다.
- 나이트로벤젠을 수소로 환원하여 만든다.
- $CaOCl_2$ 용액에서 붉은 보라색을 띤다.

① 페놀   ② 아닐린
③ 톨루엔   ④ 벤젠술폰산

해설

① 아닐린은 HCl과 반응하여 염산염을 만든다.
$C_6H_5NH_2 + HCl \rightarrow C_6H_5NH_2 \cdot HCl$
(아닐린) (염산) (염산아닐린(염))

② 아닐린의 제조방법
(나이트로벤젠을 수소로 환원하여 제조)
$C_6H_5NO_2 + 3H_2 \rightarrow C_6H_5NH_2 + 2H_2O$
(나이트로벤젠) (수소) (아닐린) (물)

해답 ②

08 물이 브뢴스테드의 산으로 작용한 것은?

① $HCl + H_2O \rightleftarrows H_3O^+ + Cl^-$
② $HCOOH + H_2O \rightleftarrows HCOO^- + H_3O^+$
③ $NH_3 + H_2O \rightleftarrows NH_4^+ + OH^-$
④ $3Fe + 4H_2O \rightleftarrows Fe_3O_4 + 4H_2$

해설 ③ $NH_3 + H_2O \rightleftarrows NH_4^+ + OH^-$에서 물의 H^+ 이온을 암모니아에 주었으므로 물은 산의 기능을 한 것이다.

산, 염기의 개념정리

정의	산	염기
아레니우스	H^+를 포함한다.	OH^-을 포함한다.
브뢴스테드, 로우리	H^+이온을 낸다.	H^+이온을 받는다.
루이스	전자쌍을 받는다.	전자쌍을 준다.

산	염기
• 푸른 리트머스 종이 → 붉게	• 붉은 리트머스 종이 → 푸르게 • 페놀프탈레인 용액을 붉게 한다.
• 신맛, 전기를 잘 통한다.	• 쓴맛, 전기를 잘 통한다.
• 염기와 작용하여 염과 물을 생성	• 산과 작용하여 염과 물을 생성
• 아연(Zn), 철(Fe) 등과 같은 금속을 넣으면 수소(H_2)가 발생	• 알칼리성이 강한 용액은 피부를 부식한다.

브뢴스테드의 학설

① 산 : 두 가지 물질이 화합하는 경우 양성자(H^+)를 방출하는 것
② 염기 : 두 가지 물질이 화합하는 경우 양성자(H^+)를 받는 것

루이스의 학설

BF_3(삼플루오린화붕소) + NH_3(암모니아)
  → BF_3NH_3(플루오린화붕화암모늄)
① 염기 : 비공유 전자쌍을 가진 분자나 이온(NH_3)
② 산 : 비공유 전자쌍을 가진 분자나 이온을 받아들이는 것(BF_3)

해답 ③

09 물리적 변화보다는 화학적 변화에 해당하는 것은?

① 증류 ② 발효
③ 승화 ④ 용융

해설 ① 물리적 변화 : 물질의 본질에는 변화가 없고 상태나 모양이 변하는 것
[예] 증류, 승화(고체가 기체로 되는 것), 용융(녹는 것), 용해
② 화학적 변화 : 물질의 본질이 변하여 전혀 다른 물질로 되는 것
[예] 발효, 쇠가 녹슨다, 물이 분해되어 수소와 산소로 되는 것

해답 ②

10 0.001N–HCl 의 pH는?

① 2 ② 3
③ 4 ④ 5

해설 ① $0.001N-HCl = 10^{-3}N-HCl$
∴ $[H^+] = 10^{-3}$
② $pH = \log\dfrac{1}{[H^+]} = -\log[H^+] = -\log10^{-3}$
$= -\times -3\log10 = 3\log10 = 3 (\because \log10 = 1)$

• $pH = \log\dfrac{1}{[H^+]} = -\log[H^+]$
• $pOH = -\log[OH^-]$ • $pH = 14 - pOH$

해답 ②

11 곧은 사슬 포화탄화수소의 일반적인 경향으로 옳은 것은?

① 탄소수가 증가할수록 비점은 증가하나 빙점은 감소한다.
② 탄소수가 증가하면 비점과 빙점이 모두 감소한다.
③ 탄소수가 증가할수록 빙점은 증가하나 비점은 감소한다.
④ 탄소수가 증가하면 비점과 빙점이 모두 증가한다.

해설 포화탄화수소의 일반적인 성질

분자량이 커짐에 따라 용융점, 비등점이 높아진다.(∵ 분자량이 커짐에 따라 분자간 인력이 증가하기 때문)

해답 ④

12 다이아몬드의 결합 형태는?

① 금속결합　　② 이온결합
③ 공유결합　　④ 수소결합

해설 다이아몬드
① 금강석이라고도 한다.
② 탄소원자1개의 주위에 4개의 탄소원자가 정사면체의 공유결합을 하고 있다.
③ 고온(700~900℃)에서 연소하며 이산화탄소로 된다.
④ 보석, 연마제, 유리의 절단에 사용 된다.

결합력의 세기
원자성 결정 > 이온성 결정 > 금속성 결정

해답 ③

13 Mg^{2+}의 전자수는 몇 개 인가?

① 2　　② 10
③ 12　　④ 6×10^{23}

해설 ① Mg : 전자수=원자번호=양성자수=12
② Mg^{2+}에서 2+는 전자2개를 잃었다는 의미
　(참고 : F^-은 전자1개를 받았다는 의미)
③ Mg^{2+}의 전자수
　= 12(원자번호) − 2(전자2개 잃음) = 10
원자핵 속에 포함된 양성자 수를 원자번호라 한다.

원자번호
= 원자핵의 양하전량 = 양성자수 = 전자수(중성 원자)

원자를 구성하는 입자
① 원자핵(+) = 양성자(+) + 중성자(+)
② 전자(−)

질량수 = 양성자수(원자번호) + 중성자수

해답 ②

14 25g의 암모니아가 과잉의 황산과 반응하여 황산암모늄이 생성될 때 생성된 황산암모늄의 양은 약 얼마인가?

① 82g　　② 86g
③ 92g　　④ 97g

해설
$2NH_3$(암모니아) + H_2SO_4(황산) → $(NH_4)_2SO_4$(황산암모늄)
　$2 \times 17g$　　　　　　　　　　　　　$132g$

$2 \times 17g$　→　$132g$
$25g$　→　X

$$\therefore X = \frac{25 \times 132}{2 \times 17} = 97.06 g$$

해답 ④

15 콜로이드($10^{-7} \sim 10^{-5}$cm) 용액의 일반적인 특징에 관한 설명 중 틀린 것은?

① 콜로이드 입자는 틴들현상을 보인다.
② 미립자가 액체 중에 분산된 것이다.
③ 콜로이드 입자는 (+) 또는 (−)로 대전하고 있다.
④ 콜로이드 입자는 거름종이와 반투막을 통과한다.

해설 ④ 콜로이드 용액은 거름종이를 통과하지만 투석막을 통과하지 못한다.

콜로이드용액의 성질
① **틴들(Tyndall) 현상** : 콜로이드 용액에 광선을 통과시키면 콜로이드 입자가 산란하여 빛의 진로를 볼 수 있는 현상
② **브라운 운동** : 콜로이드의 불규칙적인 운동
③ **다이알리시스(투석)** : 콜로이드 용액에 용질의 혼합액을 투석막에 넣고 흐르는 물속에 넣어두면 분자 또는 이온은 투석막을 통과하여 제거되고 콜로이드 입자만 남게 되는 현상(삼투압 측정에 이용)
④ **전기영동** : 콜로이드 용액에 직류전기를 흐르게 하면 콜로이드 입자는 입자의 하전과 반대극성의 전극으로 이동하여 부근의 농도가 증가되는 현상
⑤ **응석=엉김(coagulation)** : 콜로이드용액에 전해질을 넣으면 반대 부호의 이온에 의하여 서로 전기가 중화하여 달라 붙어서 큰 덩어리가 되므로 침전이 되는 현상이며 전해질의 하전수가 크면 엉김력이 크다.

・(−) 콜로이드에 대한 응석력
　: $Al^{+3} > Ca^{+2} > Na^+$
・(+) 콜로이드에 대한 응석력
　: $Fe(CN)_6^{-4} > PO_4^{-2} > SO_4^{-2} > Cl^-$

⑥ 염석 : 친수콜로이드에 다량의 전해질을 넣으면 엉김이 일어나는 현상
(예 : 비눗물에 다량의 소금(NaCl)을 가하면 비누가 분리된다)

해답 ④

16 20℃에서 NaCl 포화용액을 잘 설명한 것은?
(단, 20℃에서 NaCl의 용해도는 36이다.)

① 용액 100g 중에 NaCl이 36g 녹아 있을 때
② 용액 100g 중에 NaCl이 136g 녹아 있을 때
③ 용액 136g 중에 NaCl이 36g 녹아 있을 때
④ 용액 136g 중에 NaCl이 136g 녹아 있을 때

해설 용해도의 정의
① 용매(녹이는 물질) 100g에 용해하는 용질(녹는 물질)의 최대량을 g수로 표시한 것
② 용해도 = $\dfrac{\text{용질의 g수}}{\text{용매의 g수}} \times 100$
(용해도는 단위가 없는 무차원이다)
③ 용매 : 녹이는 물질
   용질 : 녹는 물질
   용액 : 용매 + 용질
④ 용해도 36 = $\dfrac{\text{용질 36g}}{\text{용매 100g}} \times 100$

해답 ③

17 산화-환원에 대한 설명 중 틀린 것은?

① 한 원소의 산화수가 증가하였을 때 산화되었다고 한다.
② 전자를 잃은 반응을 산화라 한다.
③ 산화제는 다른 화합물을 환원시키며, 그 자신의 산화수는 증가하는 물질을 말한다.
④ 중성인 화합물에서 모든 원자와 이온들의 산화수의 합은 0이다.

해설 ③ 산화제는 다른 화합물을 산화시키며, 그 자신의 산화수는 감소하는 물질을 말한다.

산화제 : 자신은 환원되기 쉽고 다른 물질을 산화시키는 성질이 강한 물질(산화수 감소)

산화제의 조건	해당 물질
• 산소를 내기 쉬운 물질	오존(O_3), 과산화수소(H_2O_2), 염소(Cl_2), 브로민(Br_2), 질산(HNO_3), 황산(H_2SO_4), 과망가니즈산칼륨($KMnO_4$), 다이크로뮴산칼륨($K_2Cr_2O_7$)
• 수소와 결합하기 쉬운 물질	
• 전자를 얻기 쉬운 물질	
• 발생기 산소(O)를 내기 쉬운 물질	

환원제 : 자신은 산화되기 쉽고 다른 물질을 환원시키는 성질이 강한 물질(산화수 증가)

환원제가 될 수 있는 물질	해당 물질
• 수소를 내기 쉬운 물질	황화수소(H_2S), 이산화황(SO_2), 수소(H_2), 일산화탄소(CO), 옥살산($C_2H_2O_4$)
• 산소와 화합하기 쉬운 물질	
• 전자를 잃기 쉬운 물질	
• 발생기 수소(H)를 내기 쉬운 물질	

해답 ③

18 관능기와 그 명칭을 나타낸 것 중 틀린 것은?

① -OH : 하이드록시기
② -NH$_2$: 암모니아기
③ -CHO : 알데하이드기
④ -NO$_2$: 나이트로기

해설 ② -NH$_2$: 아미노기

관능기에 의한 분류

원자단의 명칭	원자단	화합물의 일반명	보기
수산기(하이드록실기)	-OH	알코올, 페놀	메탄올, 에탄올, 페놀
알데하이드기	-CHO	알데하이드	포름알데하이드
카르보닐기(케톤기)	>CO	케톤	아세톤
카복실기	-COOH	카복실산	초산, 안식향산
아세틸기	-COCH$_3$	아세틸화합물	아세틸살리실산
슬폰산기	-SO$_3$H	슬폰산	벤젠슬폰산
나이트로기	-NO$_2$	나이트로화합물	트라이나이트로톨루엔, 트라이나이트로페놀
아미노기	-NH$_2$	아미노화합물	아닐린
에터기	-O-	에터	다이메틸에터, 다이에틸에터
아조기	-N=N-	아조화합물	아조벤젠
에스터기	-COO-		초산메틸, 개미산메틸

해답 ②

19 다음에서 설명하는 이론의 명칭으로 옳은 것은?

> 같은 에너지 준위에 있는 여러 개의 오비탈에 전자가 들어갈 때는 모든 오비탈에 분산되어 들어가려고 한다.

① 러더퍼드의 법칙　② 파울리의 배타원리
③ 헨리의 법칙　　　④ 훈트의 규칙

해설 **훈트의 법칙**
같은 에너지 준위에 있는 오비탈이 여러 개가 있고, 여기에 여러 개의 전자가 들어갈 때는 모든 오비탈이 분산되어 들어가려고 한다.

오비탈[orbital]
원자, 분자, 결정 속의 전자나 원자핵 속의 핵자 따위의 상태를 양자 역학을 이용하여 공간적인 퍼짐으로 나타낸 것

해답 ④

20 아말감을 만들 때 사용되는 금속은?

① Sn　　　　② Ni
③ Fe　　　　④ Co

해설 **아말감**[수은(3%)+은(65%)+주석(29%)]
수은은 다른 많은 종류의 금속과 합금을 만들며 수은의 합금을 아말감이라 한다.

수은과 합금을 만들지 못하는 금속
① 철(Fe)　② 백금(Pt)　③ 망가니즈(Mn)
④ 코발트(Co)　⑤ 니켈(Ni)
(어두문자 암기법 : 철 망 코 / 백 니)

해답 ①

제2과목 화재예방과 소화방법

21 화재의 위험성이 감소한다고 판단되는 경우는?

① 착화온도가 낮아지고 인화점이 낮아질수록
② 폭발 하한값이 작아지고 폭발범위가 넓어질수록
③ 주변 온도가 낮을수록
④ 산소농도가 높을수록

해설 ③ 주변온도가 낮을수록 위험성은 감소한다.

위험성의 영향인자

영향인자	위험성
① 온도, 압력, 산소농도	높을수록 위험
② 연소범위(폭발범위)	넓을수록 위험
③ 연소열, 증기압	클수록 위험
④ 연소속도	빠를수록 위험
⑤ 인화점, 착화점, 비점, 융점, 비중, 점성, 비열	낮을수록 위험

해답 ③

22 주된 연소형태가 증발 연소에 해당하는 물질은?

① 황　　　　② 금속분
③ 목재　　　④ 피크르산

해설 **증발연소**(evaporating combustion) : 파라핀(양초), 황, 나프탈렌, 왁스, 휘발유, 등유, 경유, 아세톤 등 제4류 위험물

연소의 형태 ★★ 자주출제(필수암기)★★
① **표면연소**(surface reaction)
　숯, 코크스, 목탄, 금속분
② **증발연소**(evaporating combustion)
　파라핀(양초), 황, 나프탈렌, 왁스, 휘발유, 등유, 경유, 아세톤 등 **제4류 위험물**
③ **분해연소**(decomposing combustion)
　석탄, 목재, 플라스틱, 종이, 합성수지, 중유
④ **자기연소**(내부연소)
　질화면(나이트로셀룰로스), 셀룰로이드, 나이트로글리세린 등 제5류 위험물
⑤ **확산연소**(diffusive burning)
　아세틸렌, LPG, LNG 등 가연성 기체
⑥ **불꽃연소 + 표면연소**
　목재, 종이, 셀룰로오스, 열경화성수지

해답 ①

23 위험물의 저장액(보호액)으로서 잘못된 것은?

① 황린 – 물

② 인화석회-물
③ 금속나트륨-등유
④ 나이트로셀룰로오스-함수알코올

해설 인화칼슘(Ca_3P_2) : 제3류(금수성 물질)

화학식	분자량	융점	비중
Ca_3P_2	182	1,600℃	2.5

① 적갈색의 괴상고체이다.
② 물 및 약산과 반응하여 유독성의 **인화수소(포스핀)** 기체를 생성한다.
- $Ca_3P_2 + 6H_2O \rightarrow 3Ca(OH)_2 + 2PH_3$
  (수산화칼슘) (포스핀=인화수소)
- $Ca_3P_2 + 6HCl \rightarrow 3CaCl_2 + 2PH_3$
  (염화칼슘) (포스핀=인화수소)

③ 포스핀은 맹독성가스이므로 취급시 방독마스크를 착용한다.
④ 물 및 포약제의 의한 소화는 절대 금하고 마른모래 등으로 피복하여 자연 진화되도록 기다린다.

해답 ②

24 탱크내 액체가 급격히 비등하고 증기가 팽창하면서 폭발을 일으키는 현상은?

① Fireball　　② Back draft
③ BLEVE　　　④ Flash over

해설 Fire Ball
① BLEVE 및 UVCE 등에 의한 인화성 증기가 확산하여 공기와의 혼합이 폭발범위에 이르렀을 때 커다란 공의 형태로 폭발하는 것이다.
② 액화가스의 탱크가 파열하면 Flash 증발을 일으켜서 가연성의 증기가 다량으로 분출된다. 이것이 지면에서 반구상의 화염이 되어 자체부력으로 상승하며 동시에 주변의 공기를 끌어들여 화염은 공모양이 되고 더욱 상승하여 버섯모양 화염을 만든다.

백 드래프트(Back Draft)
폭발적 연소와 함께 폭풍을 동반하여 화염이 외부로 분출되는 현상
- 백드래프트의 발생 시기 : 감쇠기
- 주요 발생원인 : 산소의 공급
- 백드래프트 현상 발생 시 폭풍 또는 충격파 있음

블레비(BLEVE)
액화가스 저장탱크의 액화가스 누출로 착화원과 접촉할 경우 액화가스가 공중으로 확산하며 폭발하는 현상

플래쉬 오버(flash over)
폭발적인 착화현상 및 급격한 화염의 확대현상
- 플래쉬 오버발생시기 : 성장기
- 주요 발생원인 : 열의 공급

해답 ③

25 이산화탄소 소화약제 저장용기의 설치장소로 적당하지 않은 곳은?

① 방호구역 외의 장소
② 온도가 40℃ 이상이고 온도변화가 적은 장소
③ 빗물이 침투할 우려가 적은 장소
④ 직사일광을 피한 장소

해설 ② 온도가 40℃ 이하이고 온도변화가 적은 장소

불황성가스소화설비의 저장용기 설치기준
① 방호구역 외의 장소에 설치할 것
② 온도가 40℃ 이하이고 온도 변화가 적은 장소에 설치할 것
③ 직사일광 및 빗물이 침투할 우려가 적은 장소에 설치할 것
④ 저장용기에는 안전장치를 설치할 것
⑤ 저장용기의 외면에 소화약제의 종류와 양, 제조년도 및 제조자를 표시할 것

불황성가스소화설비의 저장용기 충전기준
① 이산화탄소의 충전비 : 고압식=1.5~1.9, 저압식=1.1~1.4 이하
② IG-100, IG-55 또는 IG-541 : 32MPa 이하 (21℃)

해답 ②

26 착화점에 대한 설명으로 가장 옳은 것은?

① 외부에서 점화하지 않더라도 발화하는 최저온도
② 외부에서 점화했을 때 발화하는 최저온도
③ 외부에서 점화했을 때 발화하는 최고온도
④ 외부에서 점화하지 않더라도 발화하는 최고온도

해설 인화점, 발화점, 연소점
① 인화점(flash point) : 점화원에 의하여 점화되는 최저온도
② 발화점(ignition point)(착화점) : 점화원 없이 점화되는 최저온도
③ 연소점(fire point) : 가연성 물질이 발화한 후 연속적으로 연소할 수 있는 최저온도

해답 ①

27 할론 소화약제의 종류가 아닌 것은?

① 할론 1011   ② 할론 2102
③ 할론 2402   ④ 할론 1301

해설 할로젠화합물 소화약제 명명법
할론 ⓐ ⓑ ⓒ ⓓ
ⓐ : C원자수   ⓑ : F원자수
ⓒ : Cl원자수   ⓓ : Br원자수

할로젠화합물 소화약제

구분 \ 종류	할론 2402	할론 1211	할론 1301	할론 1011
분자식	$C_2F_4Br_2$	CF_2ClBr	CF_3Br	CH_2ClBr

해답 ②

28 과산화나트륨의 화재시 적응성이 있는 소화설비는?

① 포소화기   ② 건조사
③ 이산화탄소소화기 ④ 물통

해설 과산화나트륨(금수성)의 소화약제
① 탄산수소염류   ② 마른 모래
③ 팽창질석 또는 팽창진주암

과산화나트륨(Na_2O_2) : 제1류 위험물 중 무기과산화물(금수성)

화학식	분자량	비중	융점	분해온도
Na_2O_2	78	2.8	460℃	460℃

① 상온에서 물과 격렬히 반응하여 산소(O_2)를 방출하고 폭발하기도 한다.

$2Na_2O_2 + 2H_2O \rightarrow 4NaOH + O_2 \uparrow$
(과산화나트륨) (물) (수산화나트륨) (산소)

② 공기 중 이산화탄소(CO_2)와 반응하여 산소(O_2)를 방출한다.

$2Na_2O_2 + 2CO_2 \rightarrow 2Na_2CO_3(탄산나트륨) + O_2 \uparrow$

③ 산과 반응하여 과산화수소(H_2O_2)를 생성시킨다.

$Na_2O_2 + 2CH_3COOH \rightarrow 2CH_3COONa + H_2O_2 \uparrow$
(초산)   (초산나트륨) (과산화수소)

④ 열분해시 산소(O_2)를 방출한다.

$2Na_2O_2 \rightarrow 2Na_2O(산화나트륨) + O_2 \uparrow (산소)$

⑤ 주수소화는 금물이고 마른모래(건조사)등으로 소화한다.

해답 ②

29 소화약제 또는 그 구성성분으로 사용되지 않는 물질은?

① CF_2ClBr ② $CO(NH_2)_2$
③ NH_4NO_3 ④ K_2CO_3

해설
① CF_2ClBr : 할론1211 소화약제
② $CO(NH_2)_2$: 제4종 분말약제
③ NH_4NO_3 : 질산암모늄(제1류 위험물)
④ K_2CO_3 : 탄산칼륨(강화액 소화약제)

해답 ③

30 분진 폭발을 일으킬 위험성이 가장 낮은 물질은?

① 대리석 분말   ② 커피분말
③ 알루미늄분말   ④ 밀가루

해설 분진폭발 위험성 물질
① 석탄분진   ② 섬유분진
③ 곡물분진(농수산물가루)
④ 종이분진   ⑤ 목분(나무분진)
⑥ 배합제분진   ⑦ 플라스틱분진
⑧ 금속분말가루

분진폭발 없는 물질
① 생석회(CaO)(시멘트의 주성분)
② 석회석(대리석) 분말
③ 시멘트
④ 수산화칼슘(소석회 : $Ca(OH)_2$)

해답 ①

31 위험물제조소에서 옥내소화전이 가장 많이 설치된 총 옥내소화전 설치개수가 3개이다. 수원의 수량은 몇 m^3가 되도록 설치하여야 하는가?

① 2.6 　② 7.8
③ 15.6 　④ 23.4

해설 위험물제조소 등의 소화설비 설치기준

소화설비	수평거리	방사량	방사압력
옥내	25m 이하	260(L/min) 이상	350(kPa) 이상
	수원의 양 $Q=N$(소화전개수 : 최대 5개) $\times 7.8m^3$(260L/min$\times$30min)		
옥외	40m 이하	450(L/min) 이상	350(kPa) 이상
	수원의 양 $Q=N$(소화전개수 : 최대 4개) $\times 13.5m^3$(450L/min$\times$30min)		
스프링클러	1.7m 이하	80(L/min) 이상	100(kPa) 이상
	수원의 양 $Q=N$(헤드수 : 최대 30개) $\times 2.4m^3$(80L/min$\times$30min)		
물분무	–	20 (L/m²·min)	350(kPa) 이상
	수원의 양 $Q=A$(바닥면적m²)$\times 0.6m^3$(20L/m²·min$\times$30min)		

옥내소화전설비의 수원의 양
$Q=N$(소화전개수 : 최대 5개)$\times 7.8m^3$
$=3\times 7.8m^3=23.4m^3$

해답 ④

32 위험물안전관리법령상 물분무등소화설비에 포함되지 않는 것은?

① 포소화설비
② 분말소화설비
③ 스프링클러설비
④ 불활성가스소화설비

해설 물분무등 소화설비
① 물분무소화설비(미분무소화설비)
② 포소화설비
③ 불활성가스소화설비
④ 할로젠화합물소화설비
⑤ 청정소화약제소화설비
⑥ 분말소화설비

해답 ③

33 탄화칼슘 60000kg를 소요단위로 산정하면?

① 10단위 　② 20단위
③ 30단위 　④ 40단위

해설 제3류 위험물의 지정수량 및 위험등급

성질	품명	지정수량	위험등급
자연발화성 및 금수성물질	1. 칼륨 2. 나트륨 3. 알킬알루미늄 4. 알킬리튬	10kg	I
	5. 황린	20kg	
	6. 알칼리금속(칼륨 및 나트륨 제외) 및 알칼리토금속 7. 유기금속화합물(알킬알루미늄 및 알킬리튬 제외)	50kg	II
	8. 금속의 수소화물 9. 금속의 인화물 10. 칼슘 또는 알루미늄의 탄화물	300kg	

※ 쉬운 암기법 : 칼나알알/황/알유/금금칼

위험물은 지정수량의 10배를 1소요단위로 할 것

$\therefore$ 지정수량 $=\dfrac{저장수량}{지정수량}=\dfrac{60,000}{300}=200$배

$\therefore$ 소요단위 $=\dfrac{지정수량의\ 배수}{10}=\dfrac{200}{10}$
$=20$단위

해답 ②

34 물분무소화설비가 적응성이 있는 위험물은?

① 알칼리금속과산화물
② 금속분·마그네슘
③ 금수성물질
④ 인화성고체

해설 인화성고체
제2류 위험물로서 물에 의한 냉각소화가 가능하다.

해답 ④

35 다음 ( )안에 알맞은 반응 계수를 차례대로 옳게 나타낸 것은?

> 6NaHCO$_3$ + Al$_2$(SO$_4$)$_3$ · 18H$_2$O
> → 3Na$_2$SO$_4$ + ( )Al(OH)$_3$ + ( )CO$_2$ + 18H$_2$O

① 3, 6 ② 6, 3
③ 6, 2 ④ 2, 6

해설 화학포 소화약제
① 내약제(B제) : 황산알루미늄(Al$_2$(SO$_4$)$_3$)
② 외약제(A제) : 중탄산나트륨＝탄산수소나트륨
　　　　　　　＝중조(NaHCO$_3$), 기포안정제

　화학포의 기포안정제
　• 사포닝　　• 계면활성제
　• 소다회　　• 가수분해단백질

③ 반응식
　(탄산수소나트륨)　(황산알루미늄)
　6NaHCO$_3$ + Al$_2$(SO$_4$)$_3$ · 18H$_2$O
　→ 3Na$_2$SO$_4$ + 2Al(OH)$_3$ + 6CO$_2$ + 18H$_2$O
　(황산나트륨)(수산화알루미늄)(이산화탄소)　(물)

해답 ④

36 질식효과를 위해 포의 성질로서 갖추어야 할 조건으로 가장 거리가 먼 것은?

① 기화성이 좋을 것
② 부착성이 있을 것
③ 유동성이 좋을 것
④ 바람 등에 견디고 응집성과 안정성이 있을 것

해설 ① 기화성이 좋을 것 : 가스계통(이산화탄소, 할로젠화합물, 청정 등)약제의 구비조건

포소화약제의 구비조건
① 부착성이 있을 것.
② 유동성이 좋을 것
③ 바람 등에 견디고 응집성과 안정성이 있을 것

해답 ①

37 전기불꽃 에너지 공식에서 ( )에 알맞은 것은? (단, Q는 전기량, V는 빙전전압, C는 전기용량을 나타낸다.)

$$E = \frac{1}{2}(\quad) = \frac{1}{2}(\quad)$$

① QV, CV　② QC, CV
③ QV, CV^2　④ QC, QV^2

해설 전기불꽃 에너지 공식

$$E = \frac{1}{2}QV = \frac{1}{2}CV^2$$

여기서, Q : 전기량, V : 방전전압, C : 전기용량

해답 ③

38 분말 소화약제에 해당하는 착색이 틀린 것은?

① 탄산수소나트륨 - 백색
② 제1인산암모늄 - 청색
③ 탄산수소칼륨 - 담회색
④ 탄산수소칼륨과 요소와의 반응물 - 회색

해설 ② 제1인산암모늄 : 담홍색(핑크색)

분말약제의 주성분 및 착색 ★★★(필수암기)

종별	주성분	약제명	착색	적응화재
제1종	NaHCO$_3$	탄산수소나트륨 중탄산나트륨 중조	백색	B,C급
제2종	KHCO$_3$	탄산수소칼륨 중탄산칼륨	담회색	B,C급
제3종	NH$_4$H$_2$PO$_4$	제1인산암모늄	담홍색(핑크색)	A,B,C급
제4종	KHCO$_3$ +(NH$_2$)$_2$CO	중탄산칼륨 +요소	회색(쥐색)	B,C급

해답 ②

39 포소화설비의 기준에 따르면 포헤드방식의 포헤드는 방호대상물의 표면적 1m^{2}당의 방사량이 몇 L/min 이상의 비율로 계산한 양의 포수용액을 표준방사량으로 방사할 수 있도록 설치하여야 하는가?

① 3.5　② 4
③ 6.5　④ 9

해설 포헤드 방식의 포헤드 설치기준
① 방호대상물의 표면적 9m^{2}당 1개 이상의 헤드

를 설치할 것
② 방호대상물의 표면적 1m²당의 방사량은 6.5L/min 이상

해답 ③

40 전역방출방식 분말소화 설비의 분사헤드는 기준에서 정하는 소화약제의 양을 몇 초 이내에 균일하게 방사해야 하는가?

① 10　　　② 15
③ 20　　　④ 30

해설 제조소등에서 분말소화설비의 분사헤드 소화약제 방사시간
① 전역 방출방식 : 30초 이내
② 국소 방출방식 : 30초 이내

해답 ④

⑥ 간이저장탱크에는 밸브 없는 통기관을 설치
  ㉠ 통기관의 지름은 25mm 이상
  ㉡ 통기관은 옥외에 설치하되, 그 끝부분의 높이는 지상 1.5m 이상
  ㉢ 통기관의 끝부분은 수평면에 대하여 아래로 45도 이상 구부려 빗물 등 침투방지
  ㉣ 가는 눈의 구리망 등으로 인화방지장치를 할 것

해답 ②

42 취급하는 위험물의 최대수량이 지정수량의 10배를 초과할 경우 제조소 주위에 보유하여야 하는 공지의 너비는?

① 3m 이상　　② 5m 이상
③ 10m 이상　　④ 15m 이상

해설 위험물 제조소의 보유공지

취급 위험물의 최대수량	공지의 너비
지정수량의 10배 미만	3m 이상
지정수량의 10배 이상	5m 이상

해답 ②

제3과목 위험물의 성질과 취급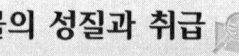

41 위험물 간이탱크 저장소의 간이저장탱크 수압시험 기준으로 옳은 것은?

① 50kPa의 압력으로 7분간의 수압시험
② 70kPa의 압력으로 10분간의 수압시험
③ 50kPa의 압력으로 10분간의 수압시험
④ 70kPa의 압력으로 7분간의 수압시험

해설 간이탱크저장소의 위치 · 구조 및 설비기준
① 하나의 간이탱크저장소에 설치하는 간이저장탱크수는 3 이하
② 동일한 품질의 위험물의 간이저장탱크를 2 이상 설치금지
③ 간이저장탱크를 옥외에 설치하는 경우
  ㉠ 탱크의 주위에 너비 1m 이상의 공지 확보
  ㉡ 전용실안에 설치 시 탱크와 전용실벽과 사이에 0.5m 이상 간격유지.
④ 간이저장탱크의 용량은 600L 이하
⑤ 간이저장탱크는 두께 3.2mm 이상의 강판, **70kPa의 압력으로 10분간의 수압시험**을 실시

43 수소화나트륨이 물과 반응할 때 발생하는 것은?

① 일산화탄소　② 산소
③ 아세틸렌　　④ 수소

해설 수소화나트륨(NaH) : 제3류 위험물(금수성 물질)

NaH + H₂O → NaOH + H₂
(수소화나트륨) (물) (수산화나트륨=가성소다) (수소)

해답 ④

44 지정수량 10배의 위험물을 운반할 때 혼재가 가능한 것은?

① 제1류 위험물과 제2류 위험물
② 제2류 위험물과 제3류 위험물
③ 제3류 위험물과 제5류 위험물
④ 제4류 위험물과 제5류 위험물

해설 위험물의 운반에 따른 유별을 달리하는 위험물의 혼재기준(쉬운 암기방법)

혼재 가능	
↓1류 + 6류↑	2류 + 4류
↓2류 + 5류↑	5류 + 4류
↓3류 + 4류↑	

해답 ④

45 어떤 공장에서 아세톤과 메탄올을 18L 용기에 각각 10개, 등유를 200L 드럼으로 3드럼을 저장하고 있다면 각각의 지정수량 배수의 총합은 얼마인가?

① 1.3　　② 1.5
③ 2.3　　④ 2.5

해설 제4류 위험물 및 지정수량

유별	성질	위험물 품명		지정수량 (L)
제4류	인화성 액체	1. 특수인화물		50
		2. 제1석유류	비수용성 액체	200
			수용성 액체	400
		3. 알코올류		400
		4. 제2석유류	비수용성 액체	1,000
			수용성 액체	2,000
		5. 제3석유류	비수용성 액체	2,000
			수용성 액체	4,000
		6. 제4석유류		6,000
		7. 동식물유류		10,000

① 아세톤 : 제1석유류(수용성)
　⇒ 지정수량 : 400L
② 메탄올 : 알코올류
　⇒ 지정수량 : 400L
③ 등유 : 제2석유류(비수용성)
　⇒ 지정수량 : 1000L
④ 지정수량의 배수
　$= \dfrac{저장수량}{지정수량}$
　$= \dfrac{18L \times 10}{400} + \dfrac{18L \times 10}{400} + \dfrac{200L \times 3}{1000}$
　$= 1.5$배

해답 ②

46 다음 중 제2석유류에 해당되는 것은?

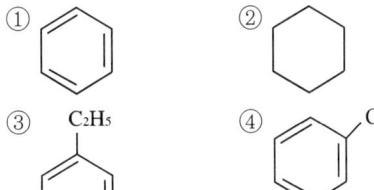

해설 위험물의 분류
① 벤젠 : 제4류 위험물 제1석유류
② 사이클로헥산 : 제4류 위험물 제1석유류
③ 에틸벤젠 : 제4류 위험물 제1석유류
④ 벤즈알데하이드 : 제4류 위험물 제2석유류

제2석유류
(어두문자 암기법 : 개초장에/송등테스경/크클메하)
① 개미산(의산)　　② 초산(acetic acid)
③ 장뇌유　　　　④ 에틸셀로솔브
⑤ 송근유　　　　⑥ 등유
⑦ 테레핀유　　　⑧ 스티렌
⑨ 경유　　　　　⑩ 크실렌
⑪ 클로로벤젠　　⑫ 메틸셀로솔브
⑬ 하이드라진 하이드레이트

해답 ④

47 과염소산과 과산화수소의 공통된 성질이 아닌 것은?

① 비중이 1보다 크다.
② 물에 녹지 않는다.
③ 산화제이다.
④ 산소를 포함한다.

해설 ② 물에 녹지 않는다. → ② 물에 잘 녹는다.

과염소산($HClO_4$) : 제6류 위험물
① 물과 접촉 시 심한 열을 발생한다.
② 종이, 나무조각과 접촉 시 연소한다.
③ 공기 중 분해하여 강하게 연기를 발생한다.
④ 무색의 액체로 염소냄새가 난다.
⑤ 산화력 및 흡습성이 강하다.
⑥ 다량의 물로 분무(안개모양)주수소화

과산화수소(H_2O_2)의 일반적인 성질

화학식	분자량	비중	비점	융점
H_2O_2	34	1.463	150.2℃(pure)	−0.43℃(pure)

① 피부와 접촉 시 수종을 생기게 하는 위험이 있다.
② 분해 시 발생기 산소(O_2)를 발생시킨다.
③ 분해안정제로 인산(H_3PO_4) 또는 요산($C_5H_4N_4O_3$)을 첨가한다.
④ 시판품은 일반적으로 30~40% 수용액이다.
⑤ 저장용기는 밀폐하지 말고 구멍이 있는 마개를 사용한다.
⑥ 강산화제이면서 환원제로도 사용한다.
⑦ 60% 이상의 고농도에서는 단독으로 폭발위험이 있다.
⑧ 하이드라진($NH_2 \cdot NH_2$)과 접촉 시 분해 작용으로 폭발위험이 있다.

$$NH_2 \cdot NH_2 + 2H_2O_2 \rightarrow 4H_2O + N_2 \uparrow$$

⑨ 3%용액은 옥시풀이라 하며 표백제 또는 살균제로 이용한다.
⑩ 무색인 아이오딘칼륨 녹말종이와 반응하여 청색으로 변화시킨다.

- 과산화수소는 36%(중량) 이상만 위험물에 해당된다.
- 과산화수소는 표백제 및 살균제로 이용된다.

⑪ 다량의 물로 주수 소화한다.

해답 ②

48 제1류 위험물에 관한 설명으로 옳은 것은?

① 질산암모늄은 황색결정으로 조해성이 있다.
② 과망가니즈산칼륨은 흑자색 결정으로 물에 녹지 않으나 알코올에 녹여 피부병에 사용된다.
③ 질산나트륨은 무색결정으로 조해성이 있으며 일명 칠레 초석으로 불린다.
④ 염소산칼륨은 청색분말로 유독하며 냉수, 알코올에 잘 녹는다.

해설
① 질산암모늄은 무색결정
② 과망가니즈산칼륨은 물에 잘 녹는다.
④ 염소산칼륨은 무색 또는 백색의 분말로 냉수 알코올에 잘 녹지 않는다.

해답 ③

49 위험물을 적재, 운반할 때 방수성 덮개를 하지 않아도 되는 것은?

① 알칼리금속의 과산화물
② 마그네슘
③ 나이트로화합물
④ 탄화칼슘

해설 ③ 나이트로화합물 : 제5류 위험물로서 차광성이 있는 피복으로 가려야하는 위험물이다.

적재위험물의 성질에 따른 조치
(1) 차광성이 있는 피복으로 가려야하는 위험물
  ① 제1류 위험물
  ② 제3류위험물 중 자연발화성물질
  ③ 제4류 위험물 중 특수인화물(지정수량50L)
  ④ 제5류 위험물
  ⑤ 제6류 위험물
(2) 방수성이 있는 피복으로 덮어야 하는 것
  ① 제1류 위험물 중 알칼리금속의 과산화물
  ② 제2류 위험물 중 철분·금속분·마그네슘 또는 이들 중 어느 하나 이상을 함유한 것
  ③ 제3류 위험물 중 금수성 물질

해답 ③

50 황린에 대한 설명으로 틀린 것은?

① 비중은 약 1.82이다.
② 물속에 보관한다.
③ 저장시 pH를 9 정도로 유지한다.
④ 연소시 포스핀 가스를 발생한다.

해설 황린(P_4)[별명 : 백린] : 제3류 위험물(자연발화성물질)

화학식	분자량	발화점	비점	융점	비중	증기비중
P_4	124	34℃	280℃	44℃	1.82	4.4

① 백색 또는 담황색의 고체이다.
② 공기 중 약 40~50℃에서 자연 발화한다.
③ 저장 시 자연 발화성이므로 반드시 물속에 저장한다.
④ 인화수소(PH_3)의 생성을 방지하기 위하여 물의 pH=9(약알칼리)가 안전한계이다.
⑤ 물의 온도가 상승 시 황린의 용해도가 증가되어 산성화속도가 빨라진다.
⑥ 연소 시 오산화인(P_2O_5)의 흰 연기가 발생한다.

$P_4 + 5O_2 \rightarrow 2P_2O_5$(오산화인)

⑦ 강알칼리의 용액에서는 유독기체인 포스핀(PH_3) 발생한다. 따라서 저장 시 물의 pH(수소이온농도)는 9를 넘어서는 안된다.(물은 약알칼리의 석회 또는 소다회로 중화하는 것이 좋다.)

$P_4 + 3NaOH + 3H_2O \rightarrow 3NaH_2PO_2 + PH_3\uparrow$
(인화수소=포스핀)

⑧ 약 260℃로 가열(공기차단)시 적린이 된다.
⑨ 피부 접촉 시 화상을 입는다.
⑩ 소화는 물분무, 마른모래 등으로 질식 소화한다.
⑪ 고압의 주수소화는 황린을 비산시켜 연소면이 확대될 우려가 있다.

해답 ④

51 고체위험물은 운반용기 내용적의 몇 % 이하의 수납율로 수납하여야 하는가?

① 94%   ② 95%
③ 98%   ④ 99%

해설 운반용기의 내용적에 대한 수납율
① 액체위험물 : 내용적의 98% 이하
② 고체위험물 : 내용적의 95% 이하

해답 ②

52 제1류 위험물로서 물과 반응하여 발열하고 위험성이 증가하는 것은?

① 염소산칼륨   ② 과산화나트륨
③ 과산화수소   ④ 질산암모늄

해설 과산화나트륨(Na_2O_2) : 제1류 위험물 중 무기과산화물(금수성)

화학식	분자량	비중	융점	분해온도
Na_2O_2	78	2.8	460℃	460℃

① 상온에서 물과 격렬히 반응하여 산소(O_2)를 방출하고 폭발하기도 한다.

$2Na_2O_2 + 2H_2O \rightarrow 4NaOH + O_2\uparrow$
(과산화나트륨)   (물)   (수산화나트륨) (산소)

② 공기 중 이산화탄소(CO_2)와 반응하여 산소(O_2)를 방출한다.

$2Na_2O_2 + 2CO_2 \rightarrow 2Na_2CO_3$(탄산나트륨) $+ O_2\uparrow$

③ 산과 반응하여 과산화수소(H_2O_2)를 생성시킨다.

$Na_2O_2 + 2CH_3COOH \rightarrow 2CH_3COONa + H_2O_2\uparrow$
          (초산)   (초산나트륨) (과산화수소)

④ 열분해시 산소(O_2)를 방출한다.

$2Na_2O_2 \rightarrow 2Na_2O$(산화나트륨) $+ O_2\uparrow$ (산소)

⑤ 주수소화는 금물이고 마른모래(건조사)등으로 소화한다.

해답 ②

53 다음 위험물 중 착화온도가 가장 낮은 것은?

① 황린   ② 삼황화인
③ 마그네슘   ④ 적린

해설 위험물 중 착화온도가 가장 낮은 것은 자연발화성 물질인 황린(약 40~50℃)이다.

해답 ①

54 다음 중 제2류 위험물에 속하지 않는 것은?

① 마그네슘   ② 나트륨
③ 철분   ④ 아연분

해설 ② 나트륨 : 제3류위험물 중 금수성
제2류 위험물의 지정수량 및 위험등급

성질	품 명	지정수량	위험등급
가연성 고체	황화인, 적린, 황	100kg	Ⅱ
	철분, 금속분, 마그네슘	500kg	Ⅲ
	인화성 고체	1,000kg	

※쉬운 암기법 : 황적유/철금마/인

해답 ②

55 위험물안전관리법령에서 정한 위험물 취급소의 구분에 해당되지 않는 것은?

① 주유취급소   ② 제조취급소
③ 판매취급소   ④ 일반취급소

해설 취급소의 구분
① 주유취급소 ② 판매취급소
③ 이송취급소 ④ 일반취급소

해답 ②

56 위험물안전관리법령상 운반시 적재하는 위험물에 차광성이 있는 피복으로 가리지 않아도 되는 것은?

① 제2류 위험물 중 철분
② 제4류 위험물 중 특수인화물
③ 제5류 위험물
④ 제6류 위험물

해설 적재위험물의 성질에 따른 조치
① 차광성이 있는 피복으로 가려야하는 위험물
  ㉠ 제1류 위험물
  ㉡ 제3류위험물 중 자연발화성물질
  ㉢ 제4류 위험물 중 특수인화물
  ㉣ 제5류 위험물
  ㉤ 제6류 위험물
② 방수성이 있는 피복으로 덮어야 하는 것
  ㉠ 제1류 위험물 중 알칼리금속의 과산화물
  ㉡ 제2류 위험물 중 철분·금속분·마그네슘 또는 이들 중 어느 하나 이상을 함유한 것
  ㉢ 제3류 위험물 중 금수성 물질

해답 ①

57 물과 작용하여 포스핀 가스를 발생시키는 것은?

① P_4 ② P_4S_3
③ Ca_3P_2 ④ CaC_2

해설 인화칼슘(Ca_3P_2) : 제3류(금수성 물질)

화학식	분자량	융점	비중
Ca_3P_2	182	1,600℃	2.5

① 적갈색의 괴상고체이다.
② 물 및 약산과 반응하여 유독성의 **인화수소(포스핀)기체**를 생성한다.

- $Ca_3P_2 + 6H_2O \rightarrow 3Ca(OH)_2 + 2PH_3$
  (수산화칼슘) (포스핀=인화수소)
- $Ca_3P_2 + 6HCl \rightarrow 3CaCl_2 + 2PH_3$
  (염화칼슘) (포스핀=인화수소)

③ 포스핀은 맹독성가스이므로 취급시 방독마스크를 착용한다.
④ 물 및 포약제의 의한 소화는 절대 금하고 마른모래 등으로 피복하여 자연 진화되도록 기다린다.

해답 ③

58 주유취급소의 고정주유설비는 고정주유설비의 중심선을 기점으로 하여 도로경계선까지 몇 m 이상 떨어져 있어야 하는가?

① 2   ② 3
③ 4   ④ 5

해설 고정주유설비 또는 고정급유설비
① 고정주유설비의 중심선을 기점으로 하여 도로경계선까지 4m 이상
② 부지경계선·담 및 건축물의 벽까지 2m(개구부가 없는 벽까지는 1m) 이상의 거리를 유지
③ 고정급유설비의 중심선을 기점으로 하여 도로경계선까지 4m 이상, 부지경계선 및 담까지 1m 이상
④ 건축물의 벽까지 2m(개구부가 없는 벽까지는 1m) 이상의 거리를 유지할 것
⑤ 고정주유설비와 고정급유설비의 사이에는 4m 이상의 거리를 유지할 것

해답 ③

59 염소산나트륨의 위험성에 대한 설명 중 틀린 것은?

① 조해성이 강하므로 저장용기는 밀전한다.
② 산과 반응하여 이산화염소를 발생한다.
③ 황, 목탄, 유기물 등과 혼합한 것은 위험하다.
④ 유리용기를 부식시키므로 철제용기에 저장한다.

해설 염소산나트륨($NaClO_3$)

화학식	분자량	물리적 상태	색상	분해온도
$NaClO_3$	106.5	고체	무색	300℃

① 조해성이 크고, 알코올, 에터, 물에 녹는다.
② 철제를 부식시키므로 철제용기 사용금지
③ 산과 반응하여 유독한 이산화염소(ClO_2)를 발생시키며 이산화염소는 폭발성이다.
④ 조해성이 있기 때문에 밀폐하여 저장한다.

조해성
공기 중에 노출되어 있는 고체가 수분을 흡수하여 녹는 현상

해답 ④

60 탄화칼슘은 물과 반응하면 어떤 기체가 발생하는가?

① 과산화수소　　② 일산화탄소
③ 아세틸렌　　　④ 에틸렌

해설 탄화칼슘(CaC_2) : 제3류 위험물 중 칼슘탄화물

화학식	분자량	융점	비중
CaC_2	64	2370℃	2.21

① 물과 접촉 시 아세틸렌을 생성하고 열을 발생시킨다.

$$CaC_2 + 2H_2O \rightarrow Ca(OH)_2 + C_2H_2 \uparrow$$
　　　　　　　　(수산화칼슘) (아세틸렌)

② 아세틸렌의 폭발범위는 2.5~81%로 대단히 넓어서 폭발위험성이 크다.
③ 장기 보관시 불활성기체(N_2 등)를 봉입하여 저장한다.
④ 고온(700℃)에서 질화되어 석회질소($CaCN_2$)가 생성된다.

$$CaC_2 + N_2 \rightarrow CaCN_2(석회질소) + C(탄소)$$

⑤ 물 및 포약제에 의한 소화는 절대 금하고 마른 모래 등으로 피복 소화한다.

해답 ③

제 2 부 최근 기출문제 – 필기

위험물산업기사

2022년 3월 CBT 시행

본 문제는 CBT시험대비 기출문제 복원입니다.

제1과목 일반화학

01 다음의 변화 중 에너지가 가장 많이 필요한 경우는?

① 100℃의 물 1몰을 100℃수증기로 변화시킬 때
② 0℃의 얼음 1몰을 50℃물로 변화시킬 때
③ 0℃의 물 1몰을 100℃물로 변화시킬 때
④ 0℃의 얼음 10g을 100℃물로 변화시킬 때

 필요한 열량 계산

① 100℃의 물 1몰을 100℃수증기로 변화시킬 때
 $Q = r \times m = 539 cal/g \times 18g = 9702 cal$
② 0℃의 얼음 1몰을 50℃물로 변화시킬 때
 $Q = r \times m + m \times c \times \Delta t$
 $= 80 cal/g \times 18g$
 $+ 18g \times 1 cal/g \cdot ℃ \times (50-0)℃$
 $= 2340 cal$
③ 0℃의 물 1몰을 100℃물로 변화시킬 때
 $Q = m \times c \times \Delta t$
 $= 18g \times 1 cal/g \cdot ℃ \times (100-0)℃$
 $= 1800 cal$
④ 0℃의 얼음 10g을 100℃물로 변화시킬 때
 $Q = r \times m + m \times c \times \Delta t$
 $= 80 cal/g \times 10g$
 $+ 10g \times 1 cal/g \cdot ℃ \times (100-0)℃$
 $= 1800 cal$

해답 ①

02 표준상태에서 어떤 기체 2.8L의 무게가 3.5g 이었다면 다음 중 어느 기체의 분자량과 같은가?

① CO_2 ② NO_2
③ SO_2 ④ N_2

해설 ① 표준상태 : 0℃, 1기압
② 이상기체 상태방정식으로 분자량을 계산

$PV = nRT = \dfrac{W}{M} RT$

$M = \dfrac{WRT}{PV} = \dfrac{3.5 \times 0.082 \times (273+0)}{1 \times 2.8} ≒ 28$

③ $N_2 = 28$ ∴ N_2

이상기체 상태방정식 ★★★★

$$PV = nRT = \dfrac{W}{M} RT$$

여기서, P : 압력(atm) V : 부피(L)
 n : mol수(무게/분자량)
 W : 무게(g) M : 분자량
 T : 절대온도($273+t$℃)
 R : 기체상수($0.082 atm \cdot L/mol \cdot K$)

해답 ④

03 한 분자 내에 배위결합과 이온결합을 동시에 가지고 있는 것은?

① NH_4Cl ② C_6H_6
③ CH_3OH ④ $NaCl$

해설 **염화암모늄**(NH_4Cl) : 한 분자 내에 배위결합과 이온결합을 동시에 가지고 있다.

배위결합 : 최외각에 공유되지 않은 전자쌍(비공유전자쌍)을 가진 원자나 분자가 안정한 전자 배열을 취하기 위하여 전자쌍을 필요로 하는 원자 또는 이온과 공유하는 화학결합을 말하며 금속의 착이온은 모두 배위결합이다.

이온결합 : 양이온과 음이온의 정전기적 인력에 의한 화학결합

이온결합성 물질의 성질
① 대체로 가전자가 3 이하인 금속원소와 비금속원소의 결합이다.
② 이온결합 화합물은 분자가 아니라 결정격자로 되어있다.
③ 비등점(끓는점)과 융점(녹는점)이 높다.
④ 결정일 때에는 전기를 안통하나 수용액상태에서는 전기전도성을 갖는다.
⑤ 극성용매에 잘 녹는다.

해답 ①

04 원자 번호 11이고 중성자수가 12인 나트륨의 질량수는?

① 11 ② 12
③ 23 ④ 28

해설 질량수 = 양성자수(원자번호) + 중성자수
= 11 + 12 = 23

원자번호
= 원자핵의 양하전량 = 양성자수 = 전자수(중성 원자)

원자를 구성하는 입자
① 원자핵(+) − 양성자(+) + 중성자(+)
② 전자(−)

질량수 = 양성자수(원자번호) + 중성자수

해답 ③

05 0.1N–HCl 1.0mL를 물로 희석하여 1000mL로 하면 pH는 얼마가 되는가?

① 2 ② 3
③ 4 ④ 5

해설
① $N_1 V_1 = N_2 V_2$ (N: 노르말농도, V: 부피)
② $0.1N \times 1mL = XN \times 1000mL$
$X = \dfrac{0.1 \times 1}{1000} = 0.0001N = 10^{-4}N$
③ $[H^+] = 10^{-4}$
④ $pH = -\log[H^+] = -\log 10^{-4} = 4\log 10 = 4$

노르말(N) 농도(규정농도)
$N_1 V_1 = N_2 V_2$ (N: 노르말농도, V: 부피)

수소이온 농도
- $pH = \log \dfrac{1}{[H^+]} = -\log[H^+]$
- $pOH = -\log[OH^-]$
- $pH = 14 - pOH$

해답 ③

06 다음 중에서 산성 산화물은 어느 것인가?

① BaO ② CO_2
③ CaO ④ MgO

해설 산화물의 분류

구분	정의	보기
산성 산화물	• 물과 반응 산을 생성 • 염기와 작용 염과 물 생성 • 일반적으로 비금속 산화물	CO_2, SO_2, SiO_2, NO_2, P_2O_5
염기성 산화물	• 물과 반응 염기를 생성 • 산과 작용 염과 물 생성 • 일반적으로 금속 산화물	Na_2O, CuO, CaO, Fe_2O_3
양쪽성 산화물	• 산, 염기와 작용 물과 염을 생성	Al_2O_3, ZnO, SnO, PbO

해답 ②

07 콜로이드 용액 중 소수콜로이드는 어느 것인가?

① 녹말 ② 아교
③ 단백질 ④ 먹물

해설 소수콜로이드, 친수콜로이드, 보호콜로이드

분류	정의	보기
소수 콜로 이드	• 소량의 전해질에 의하여 엉김이 일어나는 콜로이드 • 주로 무기물의 콜로이드이다.	$Fe(OH)_3$, 점토, 먹물
친수 콜로 이드	• 소량의 전해질에 엉김이 일어나지 않는 콜로이드 • 주로 유기물의 콜로이드이다.	**단백질, 녹말**, 비눗물, 젤라틴, **아교**, 한천
보호 콜로 이드	• 소수 콜로이드는 불안정한 것이므로 친수콜로이드를 가하면 안정하게 된다. 여기에 전해질을 가하여도 엉김이 일어나기 힘들다. 이와 같은 작용을 하는 친수콜로이드	잉크에 아라비아고무, 먹물에 아교

해답 ④

08 25℃에서 어떤 물질이 포화용액 90g 속에 30g 녹아있다 같은 온도에서 이 물질의 용해도

는 얼마인가?

① 30 ② 33
③ 50 ④ 63

해설 ① 용질(녹아있는 물질)=30g
② 용매(녹이는 물질)=용액-용질=90g-30g
=60g
③ 용해도=$\frac{용질의\ g수}{용매의\ g수}=\frac{30}{60}\times 100=50$

용해도의 정의
① 용매(녹이는 물질) 100g에 용해하는 용질(녹는 물질)의 최대량을 g으로 표시한 것
② 용해도=$\frac{용질의\ g수}{용매의\ g수}\times 100$
(용해도는 단위가 없는 무차원이다)
③ • 용매 : 녹이는 물질
• 용질 : 녹는 물질
• 용액 : 용매+용질

해답 ③

09 다음 중에서 산성이 가장 강한 것은?

① $[H^+]=2\times 10^{-3}$ mol/L
② pH=3
③ $[OH^-]=2\times 10^{-3}$ mol/L
④ pOH=3

해설 $[H^+]$의 농도가 클수록 강산이다. 즉 pH의 숫자가 작은 것이 강산이다.
① pH=$\log\frac{1}{[H^+]}=-\log[H^+]$
=$-\log[H^+]=-\log 2\times 10^{-3}$
=$3-\log 2 ≒ 2.7$
② pH=3
③ pOH=$-\log[OH^-]=-\log 2\times 10^{-3}$
=$3-\log 2 ≒ 2.7$
∴ pH=14-pOH=14-2.7=11.3
④ pOH=3
∴ pH=14-pOH=14-3=11

• pH=$\log\frac{1}{[H^+]}=-\log[H^+]$
• pOH=$-\log[OH^-]$ • pH=14-pOH

해답 ①

10 0.1M 아세트산 용액의 전리도를 구하면 약 얼마인가?(단, 아세트산의 전리상수는 1.8×10^{-5}이다)

① 1.8×10^{-5} ② 1.8×10^{-2}
③ 1.3×10^{-5} ④ 1.3×10^{-2}

해설 ① 0.1M 농도의 전리도를 α라 가정하면
$[CH_3COO^-]=[H^+]$이므로
② $CH_3COOH \leftrightarrow CH_3COO^- + H^+$
$0.1(1-\alpha)$ 0.1α 0.1α
③ $K=\frac{\alpha^2(0.1)^2}{0.1(1-\alpha)}=1.8\times 10^{-5}$
④ α는 극히 작으므로 $1-\alpha ≒ 1$로 하면
⑤ $\alpha^2=1.8\times 10^{-4}$
⑥ $\alpha=\sqrt{1.8\times 10^{-4}}=1.3\times 10^{-2}$

전리도 $\alpha=\frac{이온화된\ 용질의\ 몰수}{용질의\ 전몰수}$
$=\frac{전리된\ 분자수}{전해질의\ 전분자수}$

전리도
전해질을 물에 녹였을 때 전리되어 있는 양과 용질 전량에 대한 비율

전리도가 크게 되려면 ★★ 자주출제(필수암기) ★★
① 전해질의 농도를 묽게(연하게) 한다.
② 온도를 높게 한다.
③ 전리도 $\alpha \leq 1$

해답 ④

11 다음 구조를 갖는 물질의 명칭은 무엇인가?

```
CH(OH)COOH
    |
CH(OH)COOH
```

① 구연산 ② 주석산
③ 젖산   ④ 말레산

해설 **주석산**($C_4H_6O_6$)

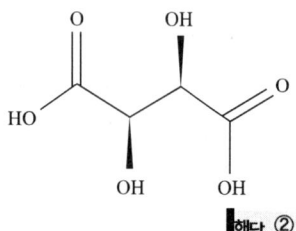

해답 ②

12 다음 물질 중에서 염기성인 것은?

① $C_6H_5NH_2$ ② $C_6H_5NO_2$
③ C_6H_5OH ④ $C_6H_5CH_3$

해설 아닐린($C_6H_5NH_2$) : 제4류 3석유류
① 기름 모양의 무색 액체
② 물에 녹지 않는다.
③ 염산과 반응하여 염산염(이온화합물)을 만들므로 염기성이다.
④ 아닐린은 HCl과 반응하여 염산염을 만든다.

$C_6H_5NH_2$ + HCl → $C_6H_5NH_2$ · HCl
(아닐린) (염산)   (염산아닐린(염))

⑤ 아닐린의 제조방법
(나이트로벤젠을 수소로 환원하여 제조)

$C_6H_5NO_2$ + $3H_2$ → $C_6H_5NH_2$ + $2H_2O$
(나이트로벤젠) (수소)   (아닐린)   (물)

해답 ①

13 반감기가 5일인 미지 시료가 2g있을 때 10일이 경과하면 남은 양은 몇 g 인가?

① 2   ② 1
③ 0.5   ④ 0.25

해설 $m = 2g \times \left(\dfrac{1}{2}\right)^{\frac{10}{5}} = 0.5g$

반감기
방사성원소가 붕괴하는 속도는 붕괴하기 전의 원소의 양의 반으로 감소하기까지 걸리는 기간

$m = M \times \left(\dfrac{1}{2}\right)^{\frac{t}{T}}$

여기서, m : 붕괴 후 질량 M : 붕괴 전 질량
       t : 경과기간 T : 반감기

해답 ③

14 다음 ( )안에 알맞은 것을 차례대로 옳게 나열한 것은?

납축전지는 (㉠)극은 납으로, (㉡)극은 이산화납으로 되어 있는데 방전시키면 두 극이 다 같이 회백색의 (㉢)로 된다. 따라서 용액 속의 (㉣)은 소비되고 용액의 비중이 감소한다.

① ㉠ : +, ㉡ : -, ㉢ : $PbSO_4$, ㉣ : H_2SO_4
② ㉠ : -, ㉡ : +, ㉢ : $PbSO_4$, ㉣ : H_2SO_4
③ ㉠ : +, ㉡ : -, ㉢ : H_2SO_4, ㉣ : $PbSO_4$
④ ㉠ : -, ㉡ : +, ㉢ : H_2SO_4, ㉣ : $PbSO_4$

해설 납(연)축전지의 충전 및 방전 시 반응생성물

구분	양극(P)	음극(N)
충전 시	과산화납(PbO_2)	Pb
방전 시	황산납($PbSO_4$)	황산납($PbSO_4$)

납축전지의 충·방전 화학 반응식

PbO_2 + $2H_2SO_4$ + Pb $\underset{충전}{\overset{방전}{\rightleftarrows}}$ $PbSO_4$ + $2H_2O$ + $PbSO_4$
 (+)   (전해액)   (-)   (+)   (물)   (-)
(과산화납) (산)   (납)   (황산납)   (황산납)

• 납=연=Lead   • 과산화납=이산화납

해답 ②

15 20%의 소금물을 전기분해하여 수산화나트륨 1몰을 얻는 데는 1A의 전류를 몇 시간 통해야 하는가?

① 13.4   ② 26.8
③ 53.6   ④ 104.2

해설 소금의 전기분해

 (소금)   (물)
$2NaCl$ + $2H_2O$
  → $Cl_2\uparrow$(+극) + $2NaOH$(-극) + $H_2\uparrow$(-극)
     (염소)   (수산화나트륨)   (수소)

① Q(쿠울롬) = I(전류)$\times t$(시간)
② 수산화나트륨(NaOH) 1g-몰은 40g(1g-당량)
③ 1g-당량이 석출되는데 1F(패럿)(96500C)의 전기량이 필요하다.
④ $t = \dfrac{Q(C)}{I(A)} = \dfrac{96500C}{1A} = 96500sec$
⑤ $t = 96500sec \times \dfrac{1hr}{3600sec} = 26.8hr$

패러데이(Faraday)의 법칙
① 제1법칙 : 같은 물질에 대하여 전기분해로써 전극에서 일어나는 물질의 양은 통한 전기량에 비례한다.
② 제2법칙 : 일정한 전기량에 의하여 일어나는 화학변화의 양은 그 물질의 화학 당량에 비례한다.

해답 ②

16 네슬러 시약에 의하여 적갈색으로 검출되는 물질은 어느 것인가?

① 질산이온   ② 암모늄이온
③ 아황산이온 ④ 일산화탄소

해설 **네슬러 시약** : NH_4^+(암모늄이온)이 물속에 포함되어 있을 때 네슬러 시약을 가하면 노란색이 되고 암모니아나 암모늄이온이 많을 때에는 적갈색이 된다. 그러므로 암모니아나 암모늄이온 검출 시 사용된다.

해답 ②

17 어떤 금속의 원자가는 2가이며, 그 산화물의 조성은 금속이 80wt%이다. 이 금속의 원자량은 얼마인가?

① 28   ② 36
③ 44   ④ 64

해설
① 금속의 산화물의 결합은 당량 대 당량으로 결합
② 산소의 당량은 8, 금속의 당량 $= X$
③ 금속 : 산소 $= 80 : 20(100-80) = X : 8$
④ $X = \dfrac{80 \times 8}{20} = 32$
⑤ 금속의 원자가 $= \dfrac{원자량}{당량}$
⑥ 원자량 $=$ 당량 $\times$ 원자가 $= 32 \times 2 = 64$

해답 ④

18 다음의 금속원소를 반응성이 큰 순서부터 나열한 것은?

Na , Li , Cs , K , Rb

① Cs > Rb > K > Na > Li
② Li > Na > K > Rb > Cs
③ K > Na > Rb > Cs > Li
④ Na > K > Rb > Cs > LI

해설 같은 족에서는 원자번호가 클수록 반응성이 크다.
1A족 원소
Li(리튬 : 3번), Na(나트륨 : 11번), K(칼륨 : 19번), Rb(루비듐 : 37번), Cs(세슘 : 55번)

해답 ①

19 물 100g에 소금 30g을 넣어서 가열하여 완전히 용해시켰다. 이 용액을 전체 무게가 90g이 될 때까지 끓여 물을 증발시키고 20℃로 냉각하였을 때 석출되는 소금은 몇 g 인가?(단, 20℃에서 소금의 용해도는 35이다)

① 9   ② 15
③ 21   ④ 25

해설
① 소금용액 = 물100g+소금30g = 130g
② 물을 증발시킬 경우 소금은 그대로 남아 있으므로
③ 증발된 물의 무게 = 130−90 = 40g
④ 남아있는 물의 무게 = 90−30 = 60g
⑤ 20℃에서 소금의 용해도
$35 = \dfrac{X}{60} \times 100$
$X = \dfrac{35 \times 60}{100} = 21g$(녹을 수 있는 용질의 무게)
⑥ 20℃에서 석출되는 소금의 무게 = 30−21 = 9g

해답 ①

20 에틸에터는 에탄올과 진한 황산의 혼합물을 가열하여 제조할 수 있는데 이것을 무슨 반응이라고 하는가?

① 중합 반응   ② 축합 반응
③ 산화 반응   ④ 에스터화 반응

해설 **축합반응**
에탄올에 진한황산 소량을 가하여 130℃로 가열하면 2분자에서 물 1분자가 탈수되어 에터가 생성된다. 이와 같이 2분자에서 간단한 물분자와 같은 것이 떨어지면서 큰분자가 생기는 반응

$C_2H_5OH + C_2H_5OH \xrightarrow{H_2SO_4} C_2H_5OC_2H_5 + H_2O$
(에틸알코올) (에틸알코올)　　　　(다이에틸에터)　(물)

해답 ②

제2과목 화재예방과 소화방법

21 위험물 제조소에서 화기엄금 및 화기주의를 표시하는 게시판의 바탕색과 문자 색을 옳게 연결한 것은?

① 백색바탕-청색문자
② 청색바탕-백색문자
③ 적색바탕-백색문자
④ 백색바탕-적색문자

해설 주의사항 게시판

위험물의 종류	주의사항 표시	게시판의 색
• 제1류 (알칼리금속 과산화물) • 제3류(금수성 물품)	물기엄금	청색바탕에 백색문자
• 제2류(인화성 고체 제외)	화기주의	
• 제2류(인화성 고체) • 제3류(자연발화성 물품) • 제4류 • 제5류	화기엄금	적색바탕에 백색문자

해답 ③

22 산·알칼리 소화기에서 외통에는 주로 어떤 화학물질이 채워져 있는가?

① HNO_3 ② $NaOH$
③ H_2SO_4 ④ $NaHCO_3$

해설 산·알칼리소화기
① 내통 : 황산(H_2SO_4)
② 외통 : 탄산수소나트륨($NaHCO_3$)

산·알칼리 소화기의 화학반응식
$H_2SO_4 + 2NaHCO_3 \rightarrow Na_2SO_4 + 2H_2O + 2CO_2 \uparrow$
(황산) (탄산수소나트륨) (황산나트륨) (물) (이산화탄소)

해답 ④

23 탄산칼륨 등이 사용되어 한냉지에서 사용이 가능한 소화기는?

① 분말소화기   ② 강화액소화기
③ 포말소화기   ④ 이산화탄소소화기

해설 강화액 소화기
① 물의 빙점(어는점)이 높은 단점을 강화시킨 탄산칼륨(K_2CO_3) 수용액
② 내부에 황산(H_2SO_4)이 있어 탄산칼륨과 화학반응에 의한 CO_2가 압력원이 된다.
$H_2SO_4 + K_2CO_3 \rightarrow K_2SO_4 + H_2O + CO_2 \uparrow$
③ 무상인 경우 A, B, C급 화재에 모두 적응한다.

해답 ②

24 벤조일퍼옥사이드의 화재 예방상 주의 사항에 대한 설명 중 틀린 것은?

① 상온에서는 비교적 안정하나 열, 충격 및 마찰에 의해 폭발하기 쉬우므로 주의한다.
② 진한 질산, 진한 황산과의 접촉을 피한다.
③ 비활성의 희석제를 첨가하면 폭발성을 낮출 수 있다.
④ 수분과 접촉하면 폭발의 위험이 있으므로 주의한다.

해설 과산화벤조일 = 벤조일퍼옥사이드(BPO)
$[(C_6H_5CO)_2O_2]$: 제5류(자기반응성 물질)
① 무색 무취의 백색분말 또는 결정이다.
② 물에 녹지 않고 알코올에 약간 녹는다.
③ 에터 등 유기용제에 잘 녹는다.
④ 폭발성이 매우 강한 강산화제이다
⑤ 직사광선을 피하고 냉암소에 보관한다.

해답 ④

25 어떤 가연물의 착화에너지가 24cal 일 때, 이것을 일 에너지 단위로 환산하면 약 몇 J 인가?

① 24   ② 42
③ 84   ④ 100

해설 단위 환산
① 1cal = 4.186J
② ∴ $24cal \times \dfrac{4.186J}{1cal} = 100.5J \fallingdotseq 100J$

• 1kcal = 4.186KJ   • 1cal = 4.186J

해답 ④

26 특정옥외저장탱크의 지반의 범위는 기초의 외측이 지표면과 접하는 선의 범위 내에 있는 지반으로서 지표면으로부터 깊이 몇 m까지 하는가?

① 10　② 15
③ 20　④ 25

해설 **특정옥외저장탱크의 지반의 범위**: 지표면으로부터 15m까지의 지질

해답 ②

27 인산암모늄($NH_4H_2PO_4$) 소화약제가 열분해 되어 생성되는 물질로서 목재 섬유 등을 구성하고 있는 섬유소를 탈수 탄화시켜 연소를 억제하는 것은?

① CO_2　② NH_3PO_4
③ H_3PO_4　④ NH_3

해설 H_3PO_4(오르토인산) ⇒ 인산암모늄($NH_4H_2PO_4$) 소화약제가 열분해 되어 생성되는 물질로서 목재 섬유 등을 구성하고 있는 섬유소를 탈수 탄화시켜 연소를 억제

분말약제의 열분해

종별	약제명	착색	열분해 반응식
제1종	탄산수소나트륨 중탄산나트륨 중조	백색	270℃ $2NaHCO_3 \rightarrow Na_2CO_3 + CO_2 + H_2O$ 850℃ $2NaHCO_3 \rightarrow Na_2O + 2CO_2 + H_2O$
제2종	탄산수소칼륨 중탄산칼륨	담회색	190℃ $2KHCO_3 \rightarrow K_2CO_3 + CO_2 + H_2O$ 590℃ $2KHCO_3 \rightarrow K_2O + 2CO_2 + H_2O$
제3종	제1인산암모늄	담홍색	$NH_4H_2PO_4 \rightarrow HPO_3 + NH_3 + H_2O$
제4종	탄산수소칼륨 + 요소	회(백)색	$2KHCO_3 + (NH_2)_2CO \rightarrow K_2CO_3 + 2NH_3 + 2CO_2$

해답 ③

28 은백색의 연한 금속으로 적자색의 불꽃을 내며 연소하고 에탄올과 반응하여 알코올레이드를 만드는 이 물질에 화재가 발생하였을 경우 주수소화가 불가능한 가장 큰 이유는?

① 수소가 발생하여 연소가 확대되기 때문에
② 유독가스가 발생하여 위험성이 높아지기 때문에
③ 산소의 발생으로 연소가 확대되기 때문에
④ 수증기의 증발열에 의한 화상 위험 때문에

해설 **칼륨(K): 제3류 위험물 중 금수성 물질**

화학식	원자량	비점	융점	비중	불꽃색상
K	39	762℃	63.5℃	0.86	보라색

① 은백색의 금속이며 가열시 보라색 불꽃을 내면서 연소한다.
② 물과 반응하여 수소 및 열을 발생한다.(금수성 물질)

$2K + 2H_2O \rightarrow 2KOH(수산화칼륨) + H_2\uparrow (수소)$

③ 보호액으로 파라핀, 경유, 등유를 사용한다.
④ 알코올과 반응하여 수소를 발생시킨다.

$2K + 2C_2H_5OH \rightarrow 2C_2H_5OK + H_2\uparrow$
(에틸알코올)　(칼륨에틸라이트)

해답 ①

29 위험물을 저장하는 지하탱크저장소에 설치하여야 할 소화설비와 그 설치기준을 옳게 나타낸 것은?

① 대형소화기-2개 이상 설치
② 소형수동식소화기-능력단위의 수치 2 이상으로 1개 이상 설치
③ 마른모래-150L 이상 설치
④ 소형수동식소화기-능력단위의 수치 3 이상으로 2개 이상 설치

해설 **지하탱크저장소(소화난이도 Ⅲ등급)**
소형수동식소화기-능력단위의 수치 3 이상으로 2개 이상 설치

해답 ④

30 위험물제조소에서 옥내소화전이 1층에 4개, 2층에 6개가 설치되어 있을 때 수원의 수량은 몇 L 이상이 되도록 설치하여야 하는가?

① 13000　② 15600
③ 39000　④ 46800

해설 위험물제조소등의 소화설비 설치기준

소화설비	수평거리	방사량	방사압력
옥내	25m 이하	260(L/min) 이상	350(kPa) 이상
	수원의 양 $Q=N(소화전개수 : \textbf{최대 5개}) \times 7.8m^3(260L/min \times 30min)$		
옥외	40m 이하	450(L/min) 이상	350(kPa) 이상
	수원의 양 $Q=N(소화전개수 : 최대 4개) \times 13.5m^3(450L/min \times 30min)$		
스프링클러	1.7m 이하	80(L/min) 이상	100(kPa) 이상
	수원의 양 $Q=N(헤드수 : 최대 30개) \times 2.4m^3(80L/min \times 30min)$		
물분무	–	20 (L/m²·min)	350(kPa) 이상
	수원의 양 $Q=A(바닥면적 m^2) \times 0.6m^3(20L/m^2 \cdot min \times 30min)$		

옥내소화전의 수원의 양
$Q = N(소화전개수 : 최대 5개) \times 7.8m^3$
$= 5 \times 7.8 = 39m^3 = 39000L$

해답 ③

31 다음 중 해당 유별에 속하는 모든 위험물에 대하여 물분무소화설비의 적응성이 있는 것은?

① 제1류 위험물 ② 제2류 위험물
③ 제3류 위험물 ④ 제4류 위험물

해설 제4류 위험물은 금수성이 없고 봉상주수는 절대 금하며(화재면을 확대) 물분무는 가능하다.

물과 접촉을 금지하는 위험물(금수성)
① 제1류 위험물 중 무기과산화물
② 제2류 위험물 중 철분, 금속분, 마그네슘
③ 제3류 위험물 중 황린을 제외한 전 품목

해답 ④

32 표준상태에서 적린 8mol 이 완전 연소하여 오산화인을 만드는데 필요한 이론 공기량은 약 몇 L인가?(단, 공기 중 산소는 21vol% 이다)

① 1066.7 ② 806.7
③ 224   ④ 22.4

해설

4P	+	5O₂	→	2P₂O₅
4몰		5×22.4L(5몰)		2몰
8몰		XL		

① $X = \dfrac{8 \times 5 \times 22.4}{4} = 224L$ (산소가 100%인 경우)

② 공기 중 산소가 21%이므로
  필요한 공기량 $= \dfrac{224}{0.21} = 1066.7L$

해답 ①

33 다음 할로젠화합물의 화학식과 Halon 번호가 옳게 연결된 것은?

① $CH_2ClBr - 1211$ ② $CF_2ClBr - 104$
③ $C_2F_4Br_2 - 2402$ ④ $CF_3Br - 1011$

해설 할로젠화합물 소화약제

구분 \ 종류	할론 2402	할론 1211	할론 1301	할론 1011
분자식	$C_2F_4Br_2$	CF_2ClBr	CF_3Br	CH_2ClBr

해답 ③

34 단층 건물로 된 위험물제조소에 8개의 옥내소화전을 설치할 경우 필요한 최소 방수량은 몇 m³/분인가?

① 0.65 ② 1.04
③ 1.3   ④ 2.08

해설 위험물제조소등의 소화설비 설치기준

소화설비	수평거리	방사량	방사압력
옥내	25m 이하	260(L/min) 이상	350(kPa) 이상
	수원의 양 $Q=N(소화전개수 : \textbf{최대 5개}) \times 7.8m^3(260L/min \times 30min)$		
옥외	40m 이하	450(L/min) 이상	350(kPa) 이상
	수원의 양 $Q=N(소화전개수 : 최대 4개) \times 13.5m^3(450L/min \times 30min)$		
스프링클러	1.7m 이하	80(L/min) 이상	100(kPa) 이상
	수원의 양 $Q=N(헤드수 : 최대 30개) \times 2.4m^3(80L/min \times 30min)$		

소화설비	수평거리	방사량	방사압력
물분무	–	20 (L/m²·min)	350(kPa) 이상
	수원의 양 Q = A(바닥면적m²) × 0.6m³(20L/m²·min × 30min)		

옥내소화전의 최소 방수량
Q = N(소화전개수 : 최대 5개) × 260L/min
= 5 × 260L/min = 1300L/min
= 1.3m³/분

해답 ③

35 제2류 위험물 중 철분 화재에 적응성이 있는 소화설비는?

① 무상 강화액 소화기
② 탄산수소염류 분말소화설비
③ 불활성가스소화설비
④ 포소화기

해설 금수성 위험물질에 적응성이 있는 소화기
① 탄산수소염류
② 마른 모래
③ 팽창질석 또는 팽창진주암

해답 ②

36 가연물을 가열할 때 점화원 없이 가열된 열만 가지고 스스로 연소가 시작되는 최저 온도는?

① 연소점   ② 발화점
③ 인화점   ④ 분해점

해설 **인화점, 발화점, 연소점 ★**
① 인화점(flash point) : 점화원에 의하여 점화되는 최저온도
② 발화점(ignition point)(착화점) : 점화원 없이 점화되는 최저온도
③ 연소점(fire point) : 가연성 물질이 발화한 후 연속적으로 연소할 수 있는 최저온도
※ 발화점 : 압력이 증가하면 발화점은 낮아진다.

해답 ②

37 제조소에서 취급하는 제4류 위험물의 최대수량의 합이 지정수량의 15만배인 사업소에 두어야 할 자체소방대의 화학소방자동차와 자체소방대원의 수는 각각 얼마로 규정되어 있는가? (단, 상호응원협정을 체결한 경우는 제외한다)

① 1대, 5인   ② 2대, 10인
③ 3대, 15인   ④ 4대, 20인

해설 **자체소방대에 두는 화학소방자동차 및 인원**

사업소의 구분	화학소방 자동차	자체소방 대원의 수
1. 제조소 또는 일반취급소에서 취급하는 제4류 위험물의 최대수량의 합이 지정수량의 **3천배 이상 12만배 미만**인 사업소	1대	5인
2. 제조소 또는 일반취급소에서 취급하는 제4류 위험물의 최대수량의 합이 지정수량의 **12만배 이상 24만배 미만**인 사업소	2대	10인
3. 제조소 또는 일반취급소에서 취급하는 제4류 위험물의 최대수량의 합이 지정수량의 **24만배 이상 48만배 미만**인 사업소	3대	15인
4. 제조소 또는 일반취급소에서 취급하는 제4류 위험물의 최대수량의 합이 지정수량의 **48만배 이상**인 사업소	4대	20인
5. 옥외탱크저장소에 저장하는 제4류 위험물의 최대수량이 지정수량의 **50만배 이상**인 사업소	2대	10인

해답 ②

38 가연물의 주된 연소형태에 대한 설명으로 옳지 않은 것은?

① 황의 연소형태는 증발연소이다.
② 목재의 연소형태는 분해연소이다.
③ 에터의 연소형태는 표면연소이다.
④ 숯의 연소형태는 표면연소이다.

해설 ③ 에터의 연소형태는 증발연소이다.

연소의 형태 ★★ 자주출제(필수암기)★★
① **표면연소**(surface reaction)
  숯, 코크스, 목탄, 금속분
② **증발연소**(evaporating combustion)
  파라핀(양초), 황, 나프탈렌, 왁스, 휘발유, 등유, 경유, 아세톤 등 **제4류 위험물**

③ 분해연소(decomposing combustion)
석탄, 목재, 플라스틱, 종이, 합성수지, 중유
④ 자기연소(내부연소)
질화면(나이트로셀룰로오스), 셀룰로이드, 나이트로글리세린 등 제5류 위험물
⑤ 확산연소(diffusive burning)
아세틸렌, LPG, LNG 등 가연성 기체
⑥ 불꽃연소 + 표면연소
목재, 종이, 셀룰로오스, 열경화성수지

해답 ③

39 휘발유 10,000L에 해당하는 소요단위는 얼마인가?

① 2단위　　② 3단위
③ 4단위　　④ 5단위

해설 제4류 위험물 및 지정수량

유별	성질	품명		지정수량(L)
제4류	인화성 액체	1. 특수인화물		50
		2. 제1석유류	비수용성 액체	200
			수용성 액체	400
		3. 알코올류		400
		4. 제2석유류	비수용성 액체	1,000
			수용성 액체	2,000
		5. 제3석유류	비수용성 액체	2,000
			수용성 액체	4,000
		6. 제4석유류		6,000
		7. 동식물유류		10,000

① 휘발유(가솔린) : 제1석유류(비수용성)
⇒ 지정수량 : 200L

② 지정수량의 배수 = $\dfrac{저장수량}{지정수량} = \dfrac{10,000}{200} = 50$배

③ 소요단위 = $\dfrac{지정수량의 배수}{10} = \dfrac{50}{10} = 5$단위

해답 ④

40 대통령령이 정하는 제조소등의 관계인은 그 제조소등에 대하여 행정안전부령이 정하는 바에 따라 연 몇 회 이상 정기점검을 실시해야 하는가?(단, 특정옥외탱크저장소의 정기점검은 제외한다.)

① 1　　② 2
③ 3　　④ 4

해설 제조소등의 정기점검 : 1회/년 이상

해답 ①

제3과목 위험물의 성질과 취급

41 과산화나트륨이 물과 반응할 때의 변화를 가장 적절하게 설명한 것은?

① 산화나트륨과 수소를 발생한다.
② 물을 흡수하여 탄산나트륨이 된다.
③ 산소를 방출하며 수산화나트륨이 된다.
④ 서서히 물에 녹아 과산화나트륨의 안정한 수용액이 된다.

해설 과산화나트륨(Na_2O_2) : 제1류 위험물 중 무기과산화물(금수성)

화학식	분자량	비중	융점	분해온도
Na_2O_2	78	2.8	460℃	460℃

① 상온에서 물과 격렬히 반응하여 산소(O_2)를 방출하고 폭발하기도 한다.

$2Na_2O_2 + 2H_2O \rightarrow 4NaOH + O_2\uparrow$
(과산화나트륨)　(물)　(수산화나트륨)　(산소)

② 열분해시 산소(O_2)를 방출한다.

$2Na_2O_2 \rightarrow 2Na_2O(산화나트륨) + O_2\uparrow(산소)$

③ 주수소화는 금물이고 마른모래(건조사)등으로 소화한다.

해답 ③

42 염소산칼륨과 염소산나트륨을 각각 가열하여 열분해 시킬 때 공통적으로 발생하는 것은?

① 산소　　② 염소
③ 이산화탄소　　④ 물

해설 염소산칼륨($KClO_3$)의 열분해

$2KClO_3 \rightarrow 2KCl + 3O_2\uparrow$
(염소산칼륨)　(염화칼륨)　(산소)

염소산나트륨($NaClO_3$)**의 열분해**

$$2NaClO_3 \rightarrow 2NaCl + 3O_2\uparrow$$
(염소산나트륨) (염화나트륨) (산소)

해답 ①

43 다음 중 자연발화 위험성이 가장 큰 물질은?

① 황린   ② 황화인
③ 황   ④ 적린

해설 황린(P_4) : 제3류 위험물(자연발화성물질)

화학식	분자량	발화점	비점	융점	비중	증기비중
P_4	124	34℃	280℃	44℃	1.82	4.4

① 백색 또는 담황색의 고체
② 공기 중 약 40~50℃에서 자연 발화
③ 저장 시 자연 발화성이므로 반드시 물속에 저장
④ 연소 시 오산화인(P_2O_5)의 흰 연기가 발생

$$P_4 + 5O_2 \rightarrow 2P_2O_5 (오산화인)$$

해답 ①

44 탄화칼슘에 대한 다음 설명 중 옳은 것은?

① 상온의 건조한 공기 중에서 매우 불안정하여 격렬하게 산화반응을 한다.
② 물과 반응하여 생성되는 기체는 산소 기체보다 무겁다.
③ 물과 반응하여 생기는 기체의 연소 범위는 약 2.5~81%로 매우 넓다.
④ 순수한 것은 갈색의 액체상이다.

해설 ③ 물과 반응하여 생기는 기체(아세틸렌)의 연소 범위는 약 2.5~81%로 매우 넓다.

탄화칼슘(CaC_2) : 제3류 위험물 중 칼슘탄화물

화학식	분자량	융점	비중
CaC_2	64	2370℃	2.21

① 물과 접촉 시 아세틸렌을 생성하고 열을 발생시킨다.

$$CaC_2 + 2H_2O \rightarrow Ca(OH)_2 + C_2H_2\uparrow$$
(수산화칼슘) (아세틸렌)

② 아세틸렌의 폭발범위는 2.5~81%로 대단히 넓어서 폭발위험성이 크다.
③ 장기 보관시 불활성기체(N_2 등)를 봉입하여 저장한다.

해답 ③

45 유별을 달리하는 위험물의 혼재 기준에서 다음 중 혼재가 가능한 위험물은?(단, 지정수량 10배의 위험물을 가정한다.)

① 제1류와 제4류   ② 제2류와 제3류
③ 제3류와 제4류   ④ 제1류와 제5류

해설 위험물의 운반에 따른 유별을 달리하는 위험물의 혼재기준(쉬운 암기방법)

혼재 가능	
↓1류 + 6류↑	2류 + 4류
↓2류 + 5류↑	5류 + 4류
↓3류 + 4류↑	

해답 ③

46 벤젠의 일반적 성질에 대한 설명 중 틀린 것은?

① 비중은 약 0.88 이다.
② 녹는점은 약 5.5℃ 이다.
③ 끓는점은 약 220℃ 이다.
④ 인화점은 약 -11℃ 이다.

해설 ③ 끓는점은 약 80℃ 이다.

벤젠(Benzene)(C_6H_6) : 제4류 위험물 중 제1석유류

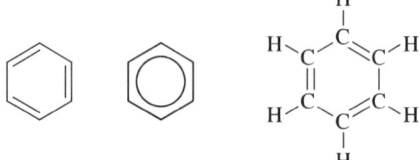

화학식	분자량	비중	비점	인화점	착화점	연소범위
C_6H_6	78	0.9	80℃	-11℃	562℃	1.4~8.0%

① 착화온도 : 562℃
(이황화탄소의 착화온도 100℃)
② 벤젠증기는 마취성 및 독성이 강하다.
③ 비수용성이며 알코올, 아세톤, 에터에는 용해된다.
④ 취급 시 정전기에 유의해야 한다.

해답 ③

47 나이트로셀룰로오스의 안전한 저장 및 운반에 대한 설명으로 옳은 것은?

① 습도가 높으면 위험하므로 건조한 상태로

취급한다.
② 아닐린과 혼합한다.
③ 산을 첨가하여 중화시킨다.
④ 알코올로 습면시킨다.

해설 나이트로셀룰로오스[$(C_6H_7O_2(ONO_2)_2)_3$]$_n$
: 제5류 위험물
셀룰로오스(섬유소)에 진한질산과 진한 황산의 혼합액을 작용시켜서 만든 것이다.
① 비수용성이며 초산에틸, 초산아밀, 아세톤에 잘 녹는다.
② 건조상태에서는 폭발위험이 크나 **수분함유 시 폭발위험성이 없어 저장·운반이 용이하다.**
③ 질소함유율(질화도)이 높을수록 폭발성이 크다.
④ **저장 시 20% 이상의 수분을 첨가하여 저장한다.**

해답 ④

48 질산의 성질에 대한 다음 설명 중 틀린 것은?
① 질산을 가열하면 적갈색의 일산화질소를 발생하면서 연소한다.
② 환원성이 강한 물질과 혼합은 위험하다.
③ 부식성을 가지고 있다.
④ 위험물 안전 관리법에 위험물로 규정한 질산은 물보다 무겁다.

해설 ① 질산을 가열하면 적갈색의 이산화질소를 발생하면서 연소한다.

질산(HNO_3) : **제6류 위험물(산화성 액체)** ★★★★

화학식	분자량	비중	비점	융점
HNO_3	63	1.50	86℃	-42℃

① 무색의 발연성 액체이다.
② 빛에 의하여 일부 분해되어 생긴 NO_2 때문에 황갈색으로 된다.

$4HNO_3 \rightarrow 2H_2O + 4NO_2\uparrow$ (이산화질소) $+ O_2\uparrow$ (산소)

③ 환원성물질과 혼합하면 발화 또는 폭발한다.

크산토프로테인반응(xanthoprotenic reaction)
단백질에 진한질산을 가하면 노란색으로 변하고 알칼리를 작용시키면 오렌지색으로 변하며, 단백질 검출에 이용된다.

해답 ①

49 탄화칼슘이 물과 반응했을 때 다음 중 옳은 반응은?
① 탄화칼슘+물 → 소석회+산소
② 탄화칼슘+물 → 생석회+인화수소
③ 탄화칼슘+물 → 생석회+일산화탄소
④ 탄화칼슘+물 → 소석회+아세틸렌

해설 **탄화칼슘**(CaC_2) : **제3류 위험물 중 칼슘탄화물**

화학식	분자량	융점	비중
CaC_2	64	2370℃	2.21

① **물과 접촉 시 아세틸렌을 생성**하고 열을 발생시킨다.

$CaC_2 + 2H_2O \rightarrow Ca(OH)_2 + C_2H_2\uparrow$
(수산화칼슘) (아세틸렌)

② **아세틸렌의 폭발범위는 2.5~81%**로 대단히 넓어서 폭발위험성이 크다.
③ 장기 보관시 불활성기체(N_2 등)를 봉입하여 저장한다.

해답 ④

50 은백색의 금속으로 노란 불꽃을 내면서 연소하고, 수분과 접촉하면 수소를 발생하는 물질은?
① 탄산알루미늄 ② 인화석회
③ 나트륨 ④ 칼륨

해설 **금속나트륨** : **제3류 위험물(금수성)**
① 은백색의 금속
② 연소 시 노란색 불꽃 내면서 연소
③ 물과 반응하여 수소기체 발생

$2Na + 2H_2O \rightarrow 2NaOH + H_2$
(수산화나트륨) (수소)

④ 보호액으로 **파라핀·경유·등유** 등을 사용한다.
⑤ 에틸알코올과 반응하여 나트륨에틸레이트를 생성한다.

$2Na + 2C_2H_5OH \rightarrow 2C_2H_5ONa + H_2$
(에틸알코올) (나트륨에틸레이트)

해답 ③

51 금속 과산화물을 묽은 산에 반응시켜 생성되는 물질로서 석유와 벤젠에 불용성이고, 표백작

용과 살균작용을 하는 것은?

① 과산화나트륨 ② 과산화수소
③ 과산화벤조일 ④ 과산화칼륨

해설 과산화수소(H_2O_2)의 일반적인 성질

화학식	분자량	비중	비점	융점
H_2O_2	34	1.463	150.2℃(pure)	-0.43℃(pure)

① 분해 시 발생기 산소(O_2)를 발생시킨다.
② 분해안정제로 인산(H_3PO_4) 또는 요산($C_5H_4N_4O_3$)을 첨가한다.
③ 저장용기는 밀폐하지 말고 구멍이 있는 마개를 사용한다.
④ 하이드라진($NH_2 \cdot NH_2$)과 접촉 시 분해 작용으로 폭발위험이 있다.

$$NH_2 \cdot NH_2 + 2H_2O_2 \rightarrow 4H_2O + N_2 \uparrow$$

- 과산화수소는 36%(중량) 이상만 위험물에 해당된다.
- 과산화수소는 표백제 및 살균제로 이용된다.

⑤ 다량의 물로 주수 소화한다.

해답 ②

52 메틸에틸케톤의 취급 방법에 대한 설명으로 틀린 것은?

① 쉽게 연소하므로 화기 접근을 금한다.
② 직사광선을 피하고 통풍이 잘되는 곳에 저장한다.
③ 탈지작용이 있으므로 피부에 접촉하지 않도록 주의한다.
④ 유리 용기를 피하고 수지, 섬유소 등의 재질로 된 용기에 저장한다.

해설 메틸에틸케톤(Methyl Ethyl Ketone)($CH_3COC_2H_5$) : 제4류-제1석유류(비수용성)

```
    H O H H
    | ‖ | |
H - C-C-C-C- H
    | | |
    H H H
```

분자량	비중	비점	인화점	착화점	연소범위
72.11	0.81	79.6℃	-7℃	516℃	1.8~10%

① 휘발성이 강한 무색액체이며 2-뷰타논이라고도 한다.
② 완전 연소하면 이산화탄소와 물이 생성된다.

$$2CH_3COC_2H_5 + 11O_2 \rightarrow 8CO_2 + 8H_2O$$

③ 제2부탄올을 산화하면 생기며 MEK라고 약칭한다.
④ 저장용기는 밀폐하여 증기누출을 방지한다.

해답 ④

53 위험물의 운반에 관한 기준에서 위험물을 수납한 운반용기의 외부에 표시해야 하는 사항이 아닌 것은?

① 위험물의 품명
② 위험물의 수량
③ 운반용기의 제조 연월일
④ 규정에 의한 주의사항

해설 위험물 운반용기의 외부 표시 사항
① 위험물의 품명, 위험등급, 화학명 및 수용성(제4류 위험물의 수용성인 것에 한함)
② 위험물의 수량
③ 수납하는 위험물에 따른 주의사항

유별	성질에 따른 구분	표시사항
제1류	알칼리금속의 과산화물	화기·충격주의, 물기엄금 및 가연물접촉주의
	그 밖의 것	화기·충격주의 및 가연물접촉주의
제2류	철분·금속분·마그네슘	화기주의 및 물기엄금
	인화성 고체	화기엄금
	그 밖의 것	화기주의
제3류	자연발화성 물질	화기엄금 및 공기접촉엄금
	금수성 물질	물기엄금
제4류	인화성 액체	화기엄금
제5류	자기반응성 물질	화기엄금 및 충격주의
제6류	산화성 액체	가연물접촉주의

해답 ③

54 다음 그림은 제5류 위험물 중 유기과산화물을 저장하는 옥내 저장소의 저장창고를 개략적으로 보여주고 있다 창과 바닥으로부터 높이(a)와 하나의 창의 면적(b)은 각각 얼마로 하여야 하는가?(단, 이 저장창고의 바닥 면적은 150m² 이내의 경우라고 한다.)

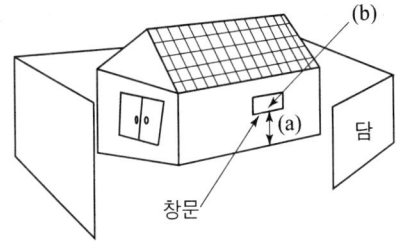

① (a) 2m 이상, (b) 0.8m² 이내
② (a) 3m 이상, (b) 0.6m² 이내
③ (a) 2m 이상, (b) 0.4m² 이내
④ (a) 3m 이상, (b) 0.3m² 이내

해설 지정과산화물을 저장 또는 취급하는 옥내저장소의 저장창고의 기준
① 창은 바닥면으로부터 2m 이상의 높이에 둘 것
② 하나의 벽면에 두는 창의 면적의 합계를 당해 벽면의 면적의 80분의 1 이내로 할 것
③ 하나의 창의 면적을 0.4m² 이내로 할 것

해답 ③

55 다음 물질 중 취급하는 장치가 구리나 마그네슘으로 되어 있을 때 반응을 일으켜서 폭발성의 아세틸라이드를 생성하는 것은?

① 이황화탄소
② 아이소프로필알코올
③ 산화프로필렌
④ 아세톤

해설 산화프로필렌(CH₃CH₂CHO)
: 제4류 위험물 중 특수인화물★★★

$$\begin{array}{c} H\ H\ H \\ H-C-C-C-H \\ H\ O \end{array}$$

화학식	분자량	비중	비점
CH₃CHCH₂O	58	0.83	34℃
	인화점	착화점	연소범위
	-37℃	465℃	2.8~37%

① 휘발성이 강하고 에터 냄새가 나는 액체이다.
② 물, 알코올, 벤젠 등 유기용제에는 잘 녹는다.
③ 저장용기 사용시 **구리, 마그네슘, 은, 수은** 및 합금용기 사용금지(**아세틸리드**(acetylide) 생성)
④ 저장 용기 내에 질소(N₂) 등 불연성가스를 채워

둔다.
⑤ 소화는 포소화약제로 질식소화한다.

해답 ③

56 CH₃COCH₃로 나타내는 위험물의 명칭은?

① 에틸알코올   ② 아세톤
③ 초산메틸   ④ 메탄올

해설 아세톤(CH₃COCH₃) : 제4류 1석유류
① 무색의 휘발성 액체이다.
② 물 및 유기용제(알코올, 에터 등)에 잘 녹는다.
③ 아이오딘포름 반응을 한다.

> **아이오딘포름 반응**
> 아세톤, 아세트알데하이드, 에틸알코올에 수산화칼륨(KOH)과 아이오딘을 반응시키면 노란색의 아이오딘포름(CHI₃)의 침전물이 생성된다.
> 아세톤 $\xrightarrow{KOH + I_2}$ 아이오딘포름(CHI₃)(노란색)

④ 아세틸렌을 잘 녹이므로 아세틸렌(용해가스) 저장시 아세톤에 용해시켜 저장한다.
⑤ 보관 중 황색으로 변색되며 햇빛에 분해가 된다.
⑥ 피부 접촉 시 탈지작용을 한다.
⑦ 다량의 물 또는 알코올포로 소화한다.

해답 ②

57 공기 중에 노출되면 자연발화의 위험이 있고 물과 접촉하면 폭발의 위험이 따르는 것은?

① CH₃COCH₃   ② (CH₃)₃Al
③ CH₃CHO   ④ CS₂

해설 위험물의 명칭 및 유별

화학식	명칭	유별
CH₃COCH₃	아세톤	제4류 제1석유류
(CH₃)₃Al	트라이메틸알루미늄	제3류 위험물
CH₃CHO	아세트알데하이드	제4류 특수인화물
CS₂	이황화탄소	제4류 특수인화물

알킬알루미늄[(CₙH₂ₙ₊₁)·Al] : 제3류 위험물(금수성 물질)
① 알킬기(CₙH₂ₙ₊₁)에 알루미늄(Al)이 결합된 화합물이다.
② 트라이메틸알루미늄
(TMA : Tri Methyl Aluminium)
(CH₃)₃Al + 3H₂O → Al(OH)₃ + 3CH₄↑ (메탄)

③ 트라이에틸알루미늄
(TEA : Tri Eethyl Aluminium)
$(C_2H_5)_3Al + 3H_2O \rightarrow Al(OH)_3 + 3C_2H_6 \uparrow$ (에탄)
④ 저장용기에 불활성기체(N_2)를 봉입한다.
⑤ 소화 시 주수소화는 절대 금하고 팽창질석, 팽창진주암 등으로 피복소화한다.

해답 ②

58 위험물 옥내저장소의 피뢰설비는 지정수량의 최소 몇 배 이상인 저장창고에 설치하도록 하고 있는가?(단, 제6류 위험물의 저장창고를 제외한다)

① 10 ② 15
③ 20 ④ 30

해설 피뢰침 설치대상
- 지정수량의 10배 이상 저장창고
- 제6류 위험물 저장창고 제외

해답 ①

59 과산화수소 용액의 분해를 방지하기 위한 방법으로 가장 거리가 먼 것은?

① 햇빛을 차단한다. ② 가열하여 보관한다.
③ 인산을 가한다.   ④ 요산을 가한다.

해설 과산화수소(H_2O_2)의 일반적인 성질

화학식	분자량	비중	비점	융점
H_2O_2	34	1.463	150.2℃(pure)	-0.43℃(pure)

① 분해 시 발생기 산소(O_2)를 발생시킨다.
② 분해안정제로 인산(H_3PO_4) 또는 요산 ($C_5H_4N_4O_3$)을 첨가한다.
③ 저장용기는 밀폐하지 말고 구멍이 있는 마개를 사용한다.
④ 하이드라진($NH_2 \cdot NH_2$)과 접촉 시 분해 작용으로 폭발위험이 있다.

$NH_2 \cdot NH_2 + 2H_2O_2 \rightarrow 4H_2O + N_2 \uparrow$

- 과산화수소는 36%(중량) 이상만 위험물에 해당된다.
- 과산화수소는 표백제 및 살균제로 이용된다.

⑤ 다량의 물로 주수 소화한다.

해답 ②

60 특정옥외저장탱크를 원통형으로 설치하고자 한다. 지면으로부터 높이가 9m일 때 이 탱크가 받는 풍하중은 1m²당 얼마 이상으로 계산하여야 하는가?

① 0.7640kN ② 1.2348kN
③ 17.640kN ④ 22.348kN

해설 특정옥외저장탱크의 1m²당 풍하중 계산공식

$$q = 0.588k\sqrt{h}$$

여기서, q : 풍하중(단위 kN/m^2)
k : 풍력계수(원통형탱크의 경우는 0.7, 그 이외의 탱크는 1.0)
h : 지반면으로부터 높이(m)

$\therefore q = 0.588k\sqrt{h} = 0.588 \times 0.7 \times \sqrt{9}$
$= 1.2348kN/m^2$

해답 ②

위험물산업기사

2022년 5월 CBT 시행

본 문제는 CBT시험대비 기출문제 복원입니다.

제1과목 일반화학

01 다음 물질 중 비점이 약 197℃ 인 무색 액체이고, 약간 단맛이 있으며 합성섬유와 부동액의 원료로 사용하는 것은?

① CH_3CHCl_2 ② CH_3COCH_3
③ $(CH_3)_2CO$ ④ $C_2H_4(OH)_2$

 에틸렌글리콜($C_2H_4(OH)_2$)
–제4류–제3석유류–수용성

화학식	분자량	비중	비점
CH_2OHCH_2OH	62	1.1	197℃
	인화점	착화점	연소범위
	111℃	413℃	3.2% 이상

① 물과 혼합하여 **부동액**으로 **이용**된다.
② 물, 알콜, 아세톤 등에 잘 녹는다.
③ 흡습성이 있고 **단맛이 있는** 액체이다.
④ 독성이 있는 2가 알코올이다.

해답 ④

02 원자량 결정의 기준이 되는 원소는?

① $_1H$ ② $_{12}C$
③ $_{14}N$ ④ $_{16}O$

원자량 : 질량수 12인 탄소원자 $_{12}C$의 질량값을 12로 정하고 이것과 비교한 각 원소의 원자의 상대적 질량값을 원자량이라 한다.

해답 ②

03 다음 화합물 중에서 가장 작은 결합각을 가지는 것은?

① BF_3 ② NH_3
③ H_2 ④ $BeCl_2$

결합각
① 세 개의 원자나 이온이 결합하면서 이루는 각
② 결합각은 원자가전자 오비탈과 밀접한 관계가 있다.
③ 물의 경우에는 결합각이 104°30′이다.

결합각

화학식	명칭	결합각
BF_3	플루오린화붕소	120도
NH_3	암모니아	107도
H_2	수소	180도
$BeCl_2$	염화베릴륨	180도

해답 ②

04 어떤 온도에서 물 200g 에 최대 설탕이 90g이 녹는다. 이 온도에서 설탕의 용해도는?

① 45   ② 90
③ 180   ④ 290

① 용질(녹아있는 물질)=90g
② 용매(녹이는 물질)=200g
③ 용해도 = $\dfrac{용질의\ g수}{용매의\ g수}$ = $\dfrac{90}{200} \times 100 = 45$

용해도의 정의
① 용매(녹이는 물질) 100g에 용해하는 용질(녹는 물질)의 최대량을 g수로 표시한 것
② 용해도 = $\dfrac{용질의\ g수}{용매의\ g수} \times 100$
 (용해도는 단위가 없는 무차원이다)
③ • 용매 : 녹이는 물질
 • 용질 : 녹는 물질
 • 용액 : 용매+용질

해답 ①

05 황산구리 수용액을 Pt 전극을 써서 전기분해하여 음극에서 63.5g의 구리를 얻고자 한다. 10A의 전류를 약 몇 시간 흐르게 하여야 하는가?(단, 구리의 원자량은 63.5 이다.)

① 2.36　　② 5.36
③ 8.16　　④ 9.16

해설
① 황산구리($CuSO_4$)에서 Cu의 원자가 = 2가
② 황산구리 수용액에서 전리 : Cu^{+2}, SO_4^{-2}
③ $Cu + 2e^- \to Cu$(구리 1몰(63.5g)을 석출하는 데 2F(패럿)의 전기량이 소요된다)
④ Q(쿠울롬) = I(전류) × t(시간)
⑤ $2 \times 96500C(2F) = 10A \times t$(시간)
⑥ $t = \dfrac{2 \times 96500}{10} = 19300 \sec$

∴ $19300 \sec \times \dfrac{1시간}{3600 \sec} = 5.36$시간

패러데이(Faraday)의 법칙
① 제1법칙 : 같은 물질에 대하여 전기분해로써 전극에서 일어나는 물질의 양은 통한 전기량에 비례한다.
② 제2법칙 : 일정한 전기량에 의하여 일어나는 화학변화의 양은 그 물질의 화학 당량에 비례한다.

해답 ②

06 다음 밑줄 친 원소 중 산화수가 가장 큰 것은?

① $\underline{N}H_4^+$　　② $\underline{N}O_3^-$
③ $\underline{Mn}O_4^-$　　④ $\underline{Cr}_2O_7^{2-}$

해설 산화수
① NH_4^+에서 N의 산화수
　: $X + (+1 \times 4) = +1$　∴ $X = -3$
② NO_3^-에서 N의 산화수
　: $X + (-2 \times 3) = -1$　∴ $X = +5$
③ MnO_4^-에서 Mn의 산화수
　: $X + (-2 \times 4) = -1$　∴ $X = +7$
④ $Cr_2O_7^{-2}$에서 Cr의 산화수
　: $2X + (-2 \times 7) = -2$　∴ $X = +6$

산화수를 정하는 법
① 단체 중의 원자의 산화수는 0이다.(단체분자는 중성)
　[보기 : H_2^0, Fe^0, Mg^0, O_2^0, O_3^0]
② 화합물에서 산소의 산화수는 -2, 수소의 산화수는 +1 이 보통이다.(단, 과산화물에서 O의 산화수는 -1)
　[보기 : CH_4에서 C^{-4}, CO_2에서 C^{+4}]
③ 화합물에서 구성 원자의 산화수의 총합은 0이다.(분자는 중성이므로)
④ 이온의 가수(價數)는 그 이온의 산화수이다.
　(Ca = +2, Na = +1, K = +1, Ba = +2)
　[보기 : Cu^{+2}에서 Cu = +2, MnO_4^-에서 Mn의 산화수는 $x + (-2 \times 4) = -1$
　∴ $x = +7$ 따라서 Mn = +7]

해답 ③

07 질소와 수소로부터 암모니아를 합성하려고 한다. 표준상태에서 수소 22.4L를 반응시켰을 때 생성되는 NH_3의 질량은 약 몇 g인가?

① 11.3　　② 17
③ 22.6　　④ 34

해설 암모니아 합성식

$$N_2 + 3H_2 \to 2NH_3$$
1몰(22.4L)　3몰(3×22.4L)　2몰(2×17g)
　　　　　　22.4L　　　　　Xg

∴ $X = \dfrac{22.4 \times 2 \times 17}{3 \times 22.4} = 11.33g$

해답 ①

08 2M $Ca(OH)_2$ 용액 200mL를 만들고자 할 때 50% $Ca(OH)_2$ 용액은 몇 g이 필요한가?(단, Ca의 원자량은 40이다.)

① 29.6　　② 59.2
③ 79.2　　④ 148

해설
① 2M-$Ca(OH)_2$ 용액 : 용액 1000mL에 수산화칼슘 2g-몰(2×74g)이 녹아 있는 것
　수산화칼슘 $2 \times 74g \to 1000mL$
　수산화칼슘 X g $\to 200mL$
　$X = \dfrac{2 \times 74 \times 200}{1000} = 29.6g$
② 2M-$Ca(OH)_2$ 용액을 만드는데는 수산화칼슘(100%)이 29.6g 이 필요하다
③ $Ca(OH)_2$ 용액이 50%이므로 순도가 50% $Ca(OH)_2$ 이다.
④ 필요한 50% $Ca(OH)_2$ 용액 = $\dfrac{29.6}{0.5} = 59.2g$

몰농도(molar concentration)
① 용액 1L 속에 포함된 용질의 몰수를 용액의 부피로 나눈 값
② mol/L 또는 M으로 표시

해답 ②

09 다음 중 FeCl₃과 반응하면 색깔이 보라색으로 되는 현상을 이용해서 검출하는 것은?

① CH_3OH
② C_6H_5OH
③ $C_6H_5NH_2$
④ $C_6H_5CH_3$

해설 **페놀성 수산기의 특성**(페놀 : C_6H_5OH)
① 수용액은 약한 산성이다.
② NaOH와 반응하여 나트륨페놀레이트(C_6H_5ONa)와 물을 생성한다.
③ 할로겐과 반응한다.
④ FeCl₃(염화제2철)용액과 특유한 정색반응을 한다.

정색반응(呈色反應)이란?
페놀의 수용액에 FeCl₃ 용액 1방울을 가하면 보라색으로 되는 반응
• FeCl₂(염화제1철)   • FeCl₃(염화제2철)

해답 ②

10 $^{237}_{93}Np$ 방사성원소가 β선을 1회 방출한 경우 생성되는 원소는?

① Pa
② U
③ Th
④ Pu

해설 **원소의 붕괴**

방사선 붕괴	질량수 변화	원자번호 변화
α	4 감소	2 감소
β	불변	1 증가
γ	불변	불변

β 붕괴
$^{237}_{93}Np \rightarrow \beta$붕괴 1회(원자번호 1증가) $\rightarrow ^{237}_{94}Pu$
(넵투늄)   (플루토늄)

해답 ④

11 황산 98g으로 0.5M의 H_2SO_4를 몇 mL 만들 수 있는가?

① 1000
② 2000
③ 3000
④ 4000

해설 ① 0.5M-H_2SO_4 용액
: 용액 1000mL에 황산 0.5g-몰(49g)이 녹아 있는 것
황산 49g → 1000m(0.5M)l
황산 98g → X mL(0.5M)
② $X = \dfrac{98 \times 1000}{49} = 2000$mL

몰농도(molar concentration)
① 용액 1L 속에 포함된 용질의 몰수를 용액의 부피로 나눈 값
② mol/L 또는 M으로 표시

해답 ②

12 다음 중 산성염으로만 나열된 것은?

① $NaHSO_4$, $Ca(HCO_3)_2$
② $Ca(OH)Cl$, $Cu(OH)Cl$
③ $NaCl$, $Cu(OH)Cl$
④ $Ca(OH)Cl$, $CaCl_2$

해설 **산성염** : 이염기신 이상의 디염기산에서 수소 원자의 일부만 금속과 치환된 염
① 황산수소나트륨($NaHSO_4$)
② 탄산수소나트륨($NaHCO_3$)
③ 산성 탄산칼슘=중탄산칼슘 $Ca(HCO_3)_2$

해답 ①

13 다음 반응식에서 브뢴스테드의 산·염기 개념으로 볼 때 산에 해당하는 것은?

$$H_2O + NH_3 \rightleftarrows OH^- + NH_4^+$$

① NH_3와 NH_4^+
② NH_3와 OH^-
③ H_2O와 OH^-
④ H_2O와 NH_4^+

해설 **브뢴스테드의 학설**
① 산 : 두 가지 물질이 화합하는 경우 양성자(H^+)를 방출하는 것
② 염기 : 두 가지 물질이 화합하는 경우 양성자(H^+)를 받는 것

루이스의 학설

BF_3(삼플루오린화붕소) + NH_3(암모니아)
→ BF_3NH_3(플루오린붕화암모늄)

① 염기 : 비공유 전자쌍을 가진 분자나 이온(NH_3)
② 산 : 비공유 전자쌍을 가진 분자나 이온을 받아 들이는 것(BF_3)

산, 염기의 개념정리

정 의	산	염기
아레니우스	H^+를 포함한다.	OH^-을 포함한다.
브뢴스테드. 로우리	H^+이온을 낸다.	H^+이온을 받는다.
루이스	전자쌍을 받는다.	전자쌍을 준다.

해답 ④

14 어떤 금속산화물의 원자가는 2이며, 그 산화물의 조성은 금속이 80wt%이다. 이 금속의 원자량은?

① 32   ② 48
③ 64   ④ 80

해설
① 금속의 산화물의 결합은 당량 대 당량으로 결합
② 산소의 당량은 8, 금속의 당량 = X
③ 금속 : 산소 = 80 : 20(100−80) = X : 8
④ $X = \dfrac{80 \times 8}{20} = 32$
⑤ 금속의 원자가 = $\dfrac{원자량}{당량}$
⑥ 원자량 = 당량 × 원자가 = 32 × 2 = 64

해답 ③

15 0.01N의 HCl 수용액 40mL에 NaOH 수용액으로 중화적정 실험을 하였더니 NaOH 20mL가 소모되었다. 이 때 NaOH의 농도는 몇 N인가?

① 0.01   ② 0.1
③ 0.02   ④ 0.2

해설 **중화적정**

$$N_1V_1 = N_2V_2$$

(여기서, N : 노르말농도, V : 부피)

$0.01N \times 40mL = XN \times 20mL$

∴ $X = \dfrac{0.01 \times 40}{20} = 0.02N$

해답 ③

16 다음 중 이성질체로 짝지어진 것은?

① CH_3OH와 CH_4
② CH_4와 C_2H_8
③ CH_3OCH_3와 $CH_3CH_2OCH_2CH_3$
④ C_2H_5OH와 CH_3OCH_3

해설 이성질체 : 분자식이 같지만 구조가 다른 화합물

구분	에탄올	다이메틸에터
분자식	C_2H_6O	C_2H_6O
시성식	C_2H_5OH	CH_3OCH_3

해답 ④

17 공업적으로 에틸렌을 $PdCl_2$촉매하에 산화시킬 때 주로 생성되는 물질은?

① CH_3OCH_3 ② CH_3CHO
③ $HCOOH$ ④ C_3H_7OH

해설 **아세트알데하이드의 제조방법**

$$\underset{(에틸렌)}{CH_2CH_2} + 0.5O_2 \xrightarrow{PdCl_2(염화팔라듐)} \underset{(아세트알데하이드)}{CH_3CHO}$$

해답 ②

18 질량수 52인 크로뮴의 중성자수와 전자수는 각각 몇 개 인가?

① 중성자수 24, 전자수 24
② 중성자수 24, 전자수 52
③ 중성자수 28, 전자수 24
④ 중성자수 52, 전자수 24

해설
① 크로뮴(Cr)의 원자번호는 24
② 질량수 = 양성자수(원자번호) + 중성자수
③ 52 = 24 + 중성자수 ∴ 중성자수 = 52 − 24 = 28
③ 원자번호 = 양성자수 = 전자수 = 24

필수암기사항(자주출제 ★★★★★)
① 원자핵 속에 포함된 양성자 수를 원자번호라 한다.
   원자번호 = 원자핵의 양하전량 = 양성자수
   = 전자수(중성 원자)
② 질량수 = 양성자수(원자번호) + 중성자수

해답 ③

19 금속(M) 산화물 3.04g을 환원하여 2.08g의 금속을 얻었다. 원자량이 52라면 이 산화물의 화학식은 어떻게 표시되는가?

① MO ② M$_2$O
③ MO$_2$ ④ M$_2$O$_3$

해설 ① 금속의 산화물의 결합은 당량 대 당량으로 결합
② 산소의 당량은 8, 금속의 당량 = X
③ 금속 : 산소 = 2.08 : 0.96(3.04−2.08)
  = X : 8
④ $X = \dfrac{2.08 \times 8}{0.96} = 17.33$
⑤ 금속의 원자가 = $\dfrac{원자량}{당량} = \dfrac{52}{17.33} ≒ 3$
⑥ 금속의 원자가 = 3가 ∴ 화학식 : M$_2$O$_3$

금속원자가 = 3이라면 금속산화물의 화학식
$X^{+3} \, O^{-2} = X_2O_3$

해답 ④

20 불꽃 반응 결과 노란색을 나타내는 미지의 시료를 녹인 용액에 AgNO$_3$ 용액을 넣으면 백색침전이 생겼다. 이 시료의 성분은?

① NaSO$_4$ ② CaCl$_2$
③ NaCl ④ KCl

해설 ① 불꽃반응의 결과 노란색 : Na
② 질산은(AgNO$_3$) 용액에 넣으니 백색침전이 생긴다 : 염소(Cl)이온이 존재
③ Na와 염소(Cl)이온의 화합물은 NaCl(염화나트륨 = 소금)이다.

AgNO$_3$ + NaCl → AgCl↓ + NaNO$_3$
(질산은) (염화나트륨) (염화은) (질산나트륨)

해답 ③

제2과목 화재예방과 소화방법

21 스프링클러설비에 대한 설명 중 옳지 않은 것은?

① 초기 진화작업에 효과가 크다.
② 규정에 의해 설치된 개수의 스프링클러헤드를 동시에 사용할 경우에 각 끝부분의 방사 압력이 100kPa 이상의 성능이 되도록 하여야 한다.
③ 스프링클러헤드는 방호대상물의 각 부분에서 하나의 스프링클러헤드까지의 수평거리가 1.7m 이하가 되도록 설치하여야 한다.
④ 습식스프링클러설비는 감지부가 전자장치로 구성되어 있어 동작이 정확하다.

해설 ④ 습식 스프링클러설비의 감지부는 폐쇄형헤드이므로 전자장치가 없다.

해답 ④

22 가연물이 연소될 때 소화를 위한 평균적인 한계산소량은 약 얼마정도 인가?

① 1~7vol% ② 11~15vol%
③ 18~21vol% ④ 21~25vol%

해설 **질식소화를 위한 평균적인 한계산소량**
약 11~15vol(부피)%

해답 ②

23 물이 일반적인 소화약제로 사용될 수 있는 특징에 대한 설명 중 틀린 것은?

① 증발잠열이 크기 때문에 냉각시키는데 효과적이다.
② 물을 사용한 봉상수 소화기는 A급, B급, 및 C급 화재의 진압에 우수 하다.
③ 비교적 쉽게 구해서 이용이 가능하다.
④ 펌프, 호스 등을 이용하여 이송이 비교적 용이하다.

해설 ② 물을 사용한 봉상수 소화기는 A급화재의 진압에 우수하다.

물이 소화약제로 사용되는 이유
① 물의 기화열=증발잠열(539kcal/kg)이 크기 때문
② 물의 비열(1kcal/kg℃)이 크기 때문
③ 비교적 쉽게 구해서 이용이 가능하다.
④ 펌프, 호스 등을 이용하여 이송이 비교적 용이하다.

해답 ②

24 이산화탄소 소화기의 장·단점에 대한 설명으로 옳지 않은 것은?

① 밀폐된 공간에서 사용시 질식으로 인명피해가 발생할 수 있다.
② 전도성이어서 전류가 통하는 장소에서의 사용은 위험하다.
③ 자체의 압력으로 방출 할 수가 있다.
④ 기체이기 때문에 비교적 장소에 구애받지 않고 침투·확산하여 소화할 수 있다.

해설 ② 비전도성이어서 전기화재에 적합하다.

해답 ②

25 나이트로셀룰로오스 위험물의 화재시에 가장 적절한 소화약제는?

① 사염화탄소　　② 탄산가스
③ 물　　　　　　④ 인산염류

해설 **나이트로셀룰로오스 화재**
화재초기에 다량의 물을 주수소화하는 것이 가장 좋다.

나이트로셀룰로오스$[(C_6H_7O_2(ONO_2)_2)_3]_n$
: 제5류 위험물
셀룰로오스(섬유소)에 진한질산과 진한 황산의 혼합액을 작용시켜서 만든 것이다.
① 비수용성이며 초산에틸, 초산아밀, 아세톤에 잘 녹는다.
② 건조상태에서는 폭발위험이 크나 **수분함유 시 폭발위험성이 없어 저장·운반이 용이하다.**

③ 질소함유율(질화도)이 높을수록 폭발성이 크다.
④ **저장 시 20% 이상의 수분을 첨가하여** 저장한다.

해답 ③

26 2층 건물의 위험물제조소에 옥내소화전설비를 설치할 때 한 층에 3개씩의 소화전을 설치한다면 수원의 수량은 몇 m^3 이상이어야 하는가?

① 7.8　　　　② 14.3
③ 23.4　　　 ④ 39

해설 **위험물제조소등의 소화설비 설치기준**

소화설비	수평거리	방사량	방사압력
옥내	25m 이하	260(L/min) 이상	350(kPa) 이상
	수원의 양 $Q=N$(소화전개수 : **최대 5개**) $\times 7.8m^3(260L/min \times 30min)$		
옥외	40m 이하	450(L/min) 이상	350(kPa) 이상
	수원의 양 $Q=N$(소화전개수 : 최대 4개) $\times 13.5m^3(450L/min \times 30min)$		
스프링클러	1.7m 이하	80(L/min) 이상	100(kPa) 이상
	수원의 양 $Q=N$(헤드수 : 최대 30개) $\times 2.4m^3(80L/min \times 30min)$		
물분무	—	20 (L/m^2·min)	350(kPa) 이상
	수원의 양 $Q=A$(바닥면적m^2)$\times 0.6m^3(20L/m^2 \cdot min \times 30min)$		

옥내소화전설비의 수원의 양
$Q=N$(소화전개수 : 최대 5개)$\times 7.8m^3$
$=3 \times 7.8 = 23.4m^3$

해답 ③

27 알코올류 40,000리터에 대한 소화설비의 소요단위는?

① 5단위　　　② 10단위
③ 15단위　　 ④ 20단위

해설
① 지정수량의 배수 = $\dfrac{\text{저장수량}}{\text{지정수량}}$

   = $\dfrac{40,000}{400}$ = 100배

② 소요단위 = $\dfrac{\text{지정수량의 배수}}{10}$ = $\dfrac{100}{10}$ = 10단위

제4류 위험물 및 지정수량

유별	성질	품명		지정수량 (L)
제4류	인화성 액체	1. 특수인화물		50
		2. 제1석유류	비수용성 액체	200
			수용성 액체	400
		3. 알코올류		400
		4. 제2석유류	비수용성 액체	1,000
			수용성 액체	2,000
		5. 제3석유류	비수용성 액체	2,000
			수용성 액체	4,000
		6. 제4석유류		6,000
		7. 동식물유류		10,000

해답 ②

28 고체의 일반적인 연소형태에 속하지 않는 것은?

① 표면연소　② 확산연소
③ 자기연소　④ 증발연소

해설 ② 확산연소 : 기체의 연소

연소의 형태 ★★ 자주출제(필수암기) ★★
① **표면연소**(surface reaction)
　숯, 코크스, 목탄, 금속분
② **증발연소**(evaporating combustion)
　파라핀(양초), 황, 나프탈렌, 왁스, 휘발유, 등유, 경유, 아세톤 등 **제4류 위험물**
③ **분해연소**(decomposing combustion)
　석탄, 목재, 플라스틱, 종이, 합성수지, 중유
④ **자기연소**(내부연소)
　질화면(나이트로셀룰로오스), 셀룰로이드, 나이트로글리세린 등 **제5류 위험물**
⑤ **확산연소**(diffusive burning)
　아세틸렌, LPG, LNG 등 가연성 기체
⑥ **불꽃연소 + 표면연소**
　목재, 종이, 셀룰로오스, 열경화성수지

해답 ②

29 소화난이도등급 II의 옥내탱크저장소에는 대형수동식 소화기를 몇 개 이상 설치하여야 하는가?

① 1개 이상　② 2개 이상
③ 3개 이상　④ 4개 이상

해설 **옥내탱크저장소(소화난이도 등급 II)** : 대형수동식 소화기 1개 이상 설치

해답 ①

30 외벽이 내화구조인 위험물저장소 건축물의 연면적이 1500m²인 경우 소요단위는?

① 6　② 10
③ 13　④ 14

해설 외벽이 내화구조인 위험물저장소의 건축물은 연면적 150m²가 1소요단위
∴ 소요단위 = 1,500m² ÷ 150m²인 = 10
∴ 10단위

소요단위의 계산방법
① 제조소 또는 취급소의 건축물

외벽이 내화구조인 것	외벽이 내화구조가 아닌 것
연면적 100m²를 1소요단위	연면적 50m²를 1소요단위

② **저장소의 건축물**

외벽이 내화구조인 것	외벽이 내화구조가 아닌 것
연면적 150m²를 1소요단위	연면적 75m²를 소요단위

③ 위험물은 지정수량의 10배를 1소요단위로 할 것

해답 ②

31 고급 알코올황산에스터염을 주성분으로 한 냄새가 없는 황색의 액체로서 밀폐 또는 준밀폐 구조물의 화재 시 고팽창포로 사용하여 화재를 진압할 수 있는 포 소화약제는?

① 단백포소화약제
② 합성계면활성제포소화약제
③ 내 알코올포소화약제
④ 수성막포소화약제

해설 합성계면활성제포소화약제
① 고 팽창포 및 저 팽창포로 사용이 가능하다
② 고급 알코올 황산에스터염을 주성분으로 한 냄새가 없는 황색의 액체
- 저 발포로 사용 : 단백포, 합성계면활성제포, 수성막포, 알코올포
- 고 발포로 사용 : 합성계면활성제포

해답 ②

32 다음 위험물의 소화방법으로 주수소화가 적당하지 않은 것은?

① $NaClO_3$　　② S
③ NaH　　④ TNT

해설 수소화나트륨(NaH) : 제3류 위험물(금수성 물질)

$NaH + H_2O \rightarrow NaOH + H_2$
(수소화나트륨) (물) (수산화나트륨=가성소다) (수소)

① $NaClO_3$: 염소산 나트륨(제1류)
② S : 황(제2류)
③ NaH : 수소화나트륨(제3류)
④ TNT : 트라이나이트로톨루엔(제5류)

해답 ③

33 제2류 위험물 중 인화성고체의 운반용기 외부에 반드시 표시하여야 할 주의사항으로 옳은 것은?

① 화기엄금　　② 충격주의
③ 물기엄금　　④ 화기주의

해설 위험물 운반용기의 외부 표시 사항
① 위험물의 품명, 위험등급, 화학명 및 수용성(제4류 위험물의 수용성인 것에 한함)
② 위험물의 수량
③ 수납하는 위험물에 따른 주의사항

유별	성질에 따른 구분	표시사항
제1류	알칼리금속의 과산화물	화기 · 충격주의, 물기엄금 및 가연물접촉주의
	그 밖의 것	화기 · 충격주의 및 가연물접촉주의
제2류	철분 · 금속분 · 마그네슘	화기주의 및 물기엄금
	인화성 고체	화기엄금
	그 밖의 것	화기주의
제3류	자연발화성 물질	화기엄금 및 공기접촉엄금
	금수성 물질	물기엄금
제4류	인화성 액체	화기엄금
제5류	자기반응성 물질	화기엄금 및 충격주의
제6류	산화성 액체	가연물접촉주의

해답 ①

34 팽창질석(삽 1개 포함)은 용량이 몇 L일 때 능력단위가 1.0이 되는가?

① 160　　② 130
③ 90　　④ 60

해설 간이 소화용구의 능력단위

소화설비	용량(L)	능력단위
소화전용 물통	8	0.3
수조(소화전용 물통 3개 포함)	80	1.5
수조(소화전용 물통 6개 포함)	190	2.5
마른 모래(삽 1개 포함)	50	0.5
팽창질석 또는 팽창진주암(삽 1개 포함)	160	1.0

해답 ①

35 다음 ( )안에 알맞은 반응 계수를 차례대로 옳게 나타낸 것은?

$6NaHCO_3 + Al_2(SO_4)_3 \cdot 18H_2O$
$\rightarrow (\ )Na_2SO_4 + (\ )Al(OH)_3 + (\ )CO_2 + 18H_2O$

① 3, 2, 6　　② 3, 6, 2
③ 6, 2, 3　　④ 2, 6, 3

해설 화학포 소화약제
화학포 소화약제
① 내약제(B제) : 황산알루미늄($Al_2(SO_4)_3$)
② 외약제(A제) : 중탄산나트륨=탄산수소나트륨
=중조($NaHCO_3$), 기포안정제

화학포의 기포안정제
• 사포닝   • 계면활성제
• 소다회   • 가수분해단백질

③ 반응식

(탄산수소나트륨)   (황산알루미늄)
$6NaHCO_3 + Al_2(SO_4)_3 \cdot 18H_2O$
$\rightarrow 3Na_2SO_4 + 2Al(OH)_3 + 6CO_2 + 18H_2O$
(황산나트륨)(수산화알루미늄)(이산화탄소) (물)

해답 ①

36. 분말소화기의 분말소화약제 주성분이 아닌 것은?

① $NaHCO_3$
② $KHCO_3$
③ $NH_4H_2PO_4$
④ $NaOH$

해설 ④ NaOH : 수소나트륨=가성소다
(위험물은 아니며 유독물에 해당됨)

분말약제의 주성분 및 착색 ★★★★(필수암기)

종별	주성분	약제명	착색	적응화재
제1종	$NaHCO_3$	탄산수소나트륨 중탄산나트륨 중조	백색	B,C급
제2종	$KHCO_3$	탄산수소칼륨 중탄산칼륨	담회색	B,C급
제3종	$NH_4H_2PO_4$	제1인산암모늄	담홍색(핑크색)	A,B,C급
제4종	$KHCO_3$ + $(NH_2)_2CO$	중탄산칼륨 + 요소	회색(쥐색)	B,C급

해답 ④

37. 준특정옥외탱크저장소에서 저장 또는 취급하는 액체위험물의 최대수량 범위를 옳게 나타낸 것은?

① 50만L 미만
② 50만L 이상 100만L 미만
③ 100만L 이상 200만L 미만
④ 200만L 이상

해설 저장 또는 취급하는 액체위험물의 최대수량 범위

탱크의 종류	액체위험물의 최대수량 범위
특정옥외탱크 저장소	100만 L 이상
준특정옥외탱크저장소	50만L 이상 100만L 미만

해답 ②

38. 다음 중 연소속도와 의미가 같은 것은?

① 중화속도   ② 환원속도
③ 착화속도   ④ 산화속도

해설 연소의 정의
빛과 발열을 동반한 급격한 산화반응
∴ 연소속도 = 산화속도

해답 ④

39. 제6류 위험물에 대한 일반적인 설명으로 틀린 것은?

① 비중이 1보다 크며, 산성을 나타낸다.
② 물에 용해된다.
③ 가연성 물질로 산소를 다량 함유한다.
④ 건조사나 포소화기가 적응성이 있다.

해설 제6류 위험물의 공통적인 성질
① 자신은 불연성이고 산소를 함유한 강산화제이다.
② 분해에 의한 산소발생으로 다른 물질의 연소를 돕는다.
③ 액체의 비중은 1보다 크고 물에 잘 녹는다.
④ 물과 접촉 시 발열한다.
⑤ 증기는 유독하고 부식성이 강하다.

제6류 위험물(산화성 액체)

성질	품명	판단기준	지정수량	위험등급
산화성 액체	• 과염소산($HClO_4$)		300kg	I
	• 과산화수소(H_2O_2)	농도 36중량% 이상		
	• 질산(HNO_3)	비중 1.49 이상		
	• 할로젠간화합물 ① 삼불화브로민(BrF_3) ② 오불화브로민(BrF_5) ③ 오불화아이오딘(IF_5)			

해답 ③

40. 황린의 소화활동상 주의 사항에 대한 설명으로 틀린 것은?

① 증기의 누출에 주의하고 재발화하지 않도록 하여야 한다.

② 주수소화 시 비산하여 연소가 확대될 위험이 있으므로 주의한다.
③ 유독가스가 발생하므로 보호장구 및 공기호흡기 착용하는 것이 안전하다.
④ 연소 시 유독한 오황화인을 발생시키므로 주의하여야 한다.

해설 ④ 연소 시 유독한 오산화인을 발생시키므로 주의하여야 한다.

황린(P_4)[별명 : 백린] : 제3류 위험물(자연발화성 물질)

화학식	분자량	발화점	비점	융점	비중	증기비중
P_4	124	34℃	280℃	44℃	1.82	4.4

① 백색 또는 담황색의 고체이다.
② 공기 중 약 40~50℃에서 자연 발화한다.
③ 저장 시 자연 발화성이므로 반드시 물속에 저장한다.
④ 인화수소(PH_3)의 생성을 방지하기 위하여 물의 pH = 9(약알칼리)가 안전한계이다.
⑤ 물의 온도가 상승 시 황린의 용해도가 증가되어 산성화속도가 빨라진다.
⑥ 연소 시 오산화인(P_2O_5)의 흰 연기가 발생한다.

$P_4 + 5O_2 \rightarrow 2P_2O_5$(오산화인)

해답 ④

제3과목 위험물의 성질과 취급

41 위험물 제조소등의 안전거리의 단축기준과 관련해서 $H \leq pD^2 + a$ 인 경우 방화상 유효한 담의 높이는 2m 이상으로 한다. 다음 중 H에 해당되는 것은?

① 인근 건축물의 높이(m)
② 제조소 등의 외벽의 높이(m)
③ 제조소 등과 공작물과의 거리(m)
④ 제조소 등과 방화상 유효한 담과의 거리(m)

해설 방화상 유효한 담의 높이

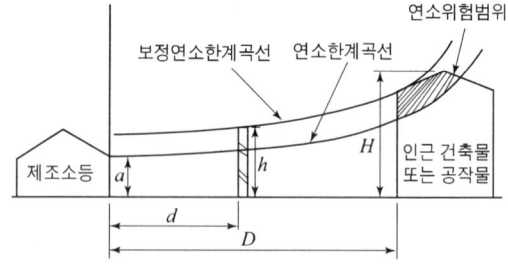

① $H \leq pD^2 + a$ 인 경우 $h = 2$
② $H > pD^2 + a$ 인 경우 $h = H - p(D^2 - d^2)$

D : 제조소등과 인근 건축물 또는 공작물과의 거리(m)
H : 인근 건축물 또는 공작물의 높이(m)
a : 제조소등의 외벽의 높이(m)
d : 제조소등과 방화상 유효한 담과의 거리(m)
h : 방화상 유효한 담의 높이(m)
p : 상수

해답 ①

42 황린의 성질에 대한 설명으로 옳은 것은?

① 발화점이 260℃ 이상이다.
② 독성이 거의 없는 물질이다.
③ 물에 잘 용해되고 활발하게 반응한다.
④ 공기 중 산화되어 P_2O_5가 생성된다.

해설 **황린(P_4)[별명 : 백린] : 제3류 위험물(자연발화성 물질)**

화학식	분자량	발화점	비점	융점	비중	증기비중
P_4	124	34℃	280℃	44℃	1.82	4.4

① 백색 또는 담황색의 고체이다.
② 공기 중 약 40~50℃에서 자연 발화한다.
③ 저장 시 자연 발화성이므로 반드시 물속에 저장한다.
④ 인화수소(PH_3)의 생성을 방지하기 위하여 물의 pH = 9(약알칼리)가 안전한계이다.
⑤ 물의 온도가 상승 시 황린의 용해도가 증가되어 산성화속도가 빨라진다.
⑥ 연소 시 오산화인(P_2O_5)의 흰 연기가 발생한다.

$P_4 + 5O_2 \rightarrow 2P_2O_5$(오산화인)

해답 ④

43 동식물유류는 아이오딘값에 따라 건성유, 반건성유, 불건성유로 분류한다. 일반적으로 건성유의 아이오딘값 기준은 얼마인가?

① 100 이하
② 100~130
③ 130 이상
④ 200 이상

해설 동식물유류 : 제4류 위험물
동물의 지육 또는 식물의 종자나 과육으로부터 추출한 것으로 1기압에서 인화점이 250℃ 미만인 것
① 돈지(돼지기름), 우지(소기름) 등이 있다.
② **아이오딘값이 130 이상인 건성유는 자연발화 위험이 있다.**

아이오딘값에 따른 동식물유의 분류

구 분	아이오딘값	종 류
건성유	130 이상	해바라기기름, **동유**(오동기름), 정어리기름, **아마인유**, 들기름
반건성유	100~130	채종유, 쌀겨기름, 참기름, 면실유, 옥수수기름, 청어기름, 콩기름
불건성유	100 이하	야자유, 팜유, 올리브유, **피마자기름**, 낙화생기름, 돈지, 우지, 고래기름

해답 ③

44 제6류 위험물의 위험성 및 성질에 관한 설명 중 옳은 것은?

① 산화성 무기화합물이다.
② 가연성 액체이다.
③ 제2류 위험물과 혼재가 가능하다.
④ 과산화수소를 제외하고는 염기성 물질이다.

해설 제6류 위험물의 공통적인 성질
① 자신은 불연성이고 산소를 함유한 강산화제이다.
② 분해에 의한 산소발생으로 다른 물질의 연소를 돕는다.
③ 액체의 비중은 1보다 크고 물에 잘 녹는다.
④ 물과 접촉 시 발열한다.
⑤ 증기는 유독하고 부식성이 강하다.

제6류 위험물(산화성 액체)

성질	품 명	판단기준	지정수량	위험등급
산화성 액체	• 과염소산($HClO_4$)		300kg	I
	• 과산화수소(H_2O_2)	농도 36중량% 이상		
	• 질산(HNO_3)	비중 1.49 이상		
	• 할로젠간화합물 ① 삼불화브로민(BrF_3) ② 오불화브로민(BrF_5) ③ 오불화아이오딘(IF_5)			

해답 ①

45 제1류 위험물 중 알칼리금속의 과산화물 운반용기에 반드시 표시하여야 할 주의사항을 모두 옳게 나열한 것은?

① 화기·충격주의, 물기엄금, 가연물접촉주의
② 화기·충격주의, 화기엄금
③ 화기엄금, 물기엄금
④ 화기·충격엄금, 가연물접촉주의

해설 위험물 운반용기의 외부 표시 사항
① 위험물의 품명, 위험등급, 화학명 및 수용성(제4류 위험물의 수용성인 것에 한함)
② 위험물의 수량
③ 수납하는 위험물에 따른 주의사항

유별	성질에 따른 구분	표시사항
제1류	알칼리금속의 과산화물	화기·충격주의, 물기엄금 및 가연물접촉주의
	그 밖의 것	화기·충격주의 및 가연물접촉주의
제2류	철분·금속분·마그네슘	화기주의 및 물기엄금
	인화성 고체	화기엄금
	그 밖의 것	화기주의
제3류	자연발화성 물질	화기엄금 및 공기접촉엄금
	금수성 물질	물기엄금
제4류	인화성 액체	화기엄금
제5류	자기반응성 물질	화기엄금 및 충격주의
제6류	산화성 액체	가연물접촉주의

해답 ①

46 피뢰침을 지정수량 몇 배 이상의 위험물을 취급하는 제조소에 설치하여야 하는가? (단, 제6류 위험물을 취급하는 위험물제조소는 제외한다.)

① 10배 ② 20배
③ 100배 ④ 200배

해설 피뢰침 설치대상
- 지정수량의 10배 이상 저장창고
- 제6류 위험물 저장창고 제외

해답 ①

47 그림과 같은 위험물을 저장하는 탱크의 내용적은 약 몇 m³인가?(단, r은 10m, L은 15m이다.)

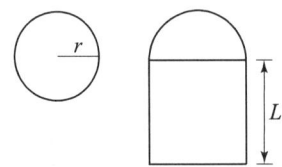

① 3612 ② 4712
③ 5812 ④ 6912

해설 탱크의 내용적
① 탱크의 내용적(종으로 설치한 것)
$$V = \pi r^2 L$$
여기서, V : 내용적, r : 반지름, L : 탱크의 길이
② $V = \pi \times 10^2 \times 15 = 4712.1 m^3$

해답 ②

48 다음 중 물속에 저장하는 위험물은?

① 에터   ② 이황화탄소
③ 아세톤 ④ 가솔린

해설 이황화탄소(CS_2) : 제4류 위험물 중 특수인화물

화학식	분자량	비중	비점	인화점	착화점	연소범위
CS_2	76.1	1.26	46℃	-30℃	100℃	1.0~50%

① 무색투명한 액체이며 물에는 녹지 않고 알코올, 에터, 벤젠 등 유기용제에 녹는다.
② 연소 시 아황산가스(SO_2) 및 CO_2를 생성한다.
$CS_2 + 3O_2 \rightarrow CO_2 + 2SO_2$(이산화황=아황산)
③ 물과 반응하여 황화수소와 이산화탄소를 발생한다.
$CS_2 + 2H_2O \rightarrow 2H_2S + CO_2$
④ 저장 시 저장탱크를 물속에 넣어 가연성증기의 발생을 억제한다.

해답 ②

49 지정수량 이상의 위험물을 차량으로 운반하는 경우 당해 차량에 표지를 설치하여야 한다. 다음 중 표지의 규격으로 옳은 것은?

① 장변길이 : 0.6m 이상, 단변길이 : 0.3m 이상
② 장변길이 : 0.4m 이상, 단변길이 : 0.3m 이상
③ 가로, 세로 모두 0.3m 이상
④ 가로, 세로 모두 0.4m 이상

해설 위험물을 차량으로 운반하는 경우 차량에 표지 설치 기준
① 한변의 길이가 0.3m 이상, 다른 한변의 길이가 0.6m 이상인 직사각형의 판으로 할 것
② 바탕은 흑색으로 하고, 황색의 반사도료 그 밖의 반사성이 있는 재료로 "위험물"이라고 표시할 것
③ 표지는 차량의 전면 및 후면의 보기 쉬운 곳에 내걸 것

해답 ①

50 위험물 지하탱크저장소의 탱크전용실 설치기준으로 틀린 것은?

① 콘크리트 구조의 벽은 두께 0.3m 이상으로 한다.
② 지하저장탱크와 탱크전용실의 안쪽과의 사이는 50m 이상의 간격을 유지한다.
③ 콘크리트 구조의 바닥은 두께 0.3m 이상으로 한다.
④ 벽, 바닥 등에 적당한 방수 조치를 강구한다.

해설 **지하탱크저장소의 기준**
① 탱크전용실은 시설물 및 대지경계선으로부터 0.1m 이상 떨어진 곳에 설치
② 지하저장탱크와 탱크전용실의 안쪽과의 사이는 0.1m 이상의 간격을 유지
③ 탱크의 주위에 입자지름 5mm 이하의 마른 자갈분을 채울 것
④ 지하저장탱크의 윗부분은 지면으로부터 0.6m 이상 아래에 있을 것
⑤ 지하저장탱크를 2 이상 인접해 설치하는 경우에는 그 상호간에 1m(당해 2 이상의 지하저장탱크의 용량의 합계가 지정수량의 100배 이하인 때에는 0.5m) 이상의 간격을 유지
⑤ 지하저장탱크의 재질은 두께 3.2mm 이상의 강철판으로 할 것

해답 ②

51 다음 물질 중 인화점이 가장 낮은 것은?

① CS_2 ② $C_2H_5OC_2H_5$
③ CH_3COCl ④ CH_3OH

해설 **제4류 위험물의 인화점**

구분	물질명	품명	인화점(℃)
CS_2	이황화탄소	특수인화물	-30
$C_2H_5OC_2H_5$	다이에틸에터	특수인화물	-40
CH_3COCl	염화아세틸	제1석유류	4
CH_3OH	메탄올	알코올류	11

해답 ②

52 다음 중 탄화알루미늄이 물과 반응 할 때 생성되는 가스는?

① H_2 ② CH_4
③ O_2 ④ C_2H_2

해설 **탄화알루미늄**(Al_4C_3) : **제3류 위험물(금수성 물질)**
① 물과 접촉시 메탄가스를 생성하고 발열반응을 한다.
$$Al_4C_3 + 12H_2O \rightarrow 4Al(OH)_3 + 3CH_4$$
(수산화알루미늄) (메탄)
② 황색 결정 또는 백색분말로 1400℃ 이상에서는 분해가 된다.

③ 물 및 포약제에 의한 소화는 절대 금하고 마른 모래 등으로 피복 소화한다.

해답 ②

53 다음 줄질 중 물과 접촉되었을 때 위험성이 가장 작은 것은?

① CaC_2 ② $KClO_4$
③ Na ④ Ca

해설 **각 물질과 물과의 반응**
① CaC_2+물 ⇒ 아세틸렌 가스 발생
② $KClO_4$+물 ⇒ 반응 없음
③ Na+물 ⇒ 수소 가스 발생
④ Ca+물 ⇒ 수소 가스 발생

해답 ②

54 다음 중 위험등급 Ⅰ의 위험물이 아닌 것은?

① 염소산염류   ② 황화인
③ 알킬리튬   ④ 과산화수소

해설 ② 황화인 : 위험물 등급 Ⅱ

위험물의 등급 분류

위험등급	해당 위험물
Ⅰ	① 제1류 위험물 중 아염소산염류, 염소산염류, 과염소산염류, 무기과산화물, 그 밖에 지정수량이 50kg인 위험물 ② 제3류 위험물 중 칼륨, 나트륨, 알킬알루미늄, 알킬리튬, 황린, 그 밖에 지정수량이 10kg 또는 20kg인 위험물 ③ 제4류 위험물 중 특수인화물 ④ 제5류 위험물 중 지정수량이 10kg인 위험물 ⑤ 제6류 위험물
Ⅱ	① 제1류 위험물 중 브로민산염류, 질산염류, 아이오딘산염류, 그 밖에 지정수량이 300kg인 위험물 ② 제2류 위험물 중 **황화인**, 적린, 황 그 밖에 지정수량이 100kg인 위험물 ③ 제3류 위험물 중 알칼리금속(칼륨, 나트륨 제외) 및 알칼리토금속, 유기금속화합물(알킬알루미늄 및 알킬리튬은 제외) 그 밖에 지정수량이 50kg인 위험물 ④ 제4류 위험물 중 제1석유류, 알코올류 ⑤ 제5류 위험물 중 위험등급 Ⅰ 위험물 외의 것
Ⅲ	위험등급 Ⅰ, Ⅱ 이외의 위험물

해답 ②

55 다음 중 독성이 있고, 제2석유류에 속하는 것은?

① CH_3CHO ② C_6H_6
③ $C_6H_5=CHCH_2$ ④ $C_6H_5NH_2$

해설 스티렌($C_6H_5CHCH_2$) : 제4류 2석유류
① 가열 또는 과산화물과 중합반응을 한다.
② 중합반응이 되면 고상물질(수지)로 변한다.
③ 무색 액체이며 물에 녹지 않고 유기용제에 녹는다.

제2석유류
(어두문자 암기법 : 개초장에/송등테스경/크클메하)
① 개미산(의산)   ② 초산(acetic acid)
③ 장뇌유   ④ 에틸셀르솔브
⑤ 송근유   ⑥ 등유
⑦ 테레핀유   ⑧ 스티렌
⑨ 경유   ⑩ 크실렌
⑪ 클로로벤젠   ⑫ 메틸셀로솔브
⑬ 하이드라진 하이드레이트

해답 ③

56 다음 중 물과 반응하여 수소를 발생하지 않는 물질은?

① 칼륨   ② 수소화붕소나트륨
③ 탄화칼슘   ④ 수소화칼슘

해설 각 위험물과 물의 반응
① 칼륨+물 ⇒ 수소 가스 발생
② 수소화붕소나트륨+물 ⇒ 수소 가스 발생
③ 탄화칼슘+물 ⇒ 아세틸렌가스 발생
④ 수소화칼슘+물 ⇒ 수소 가스 발생

탄화칼슘(CaC_2) : 제3류 위험물 중 칼슘탄화물

화학식	분자량	융점	비중
CaC_2	64	2370℃	2.21

① 물과 접촉 시 아세틸렌을 생성하고 열을 발생시킨다.

$$CaC_2 + 2H_2O \rightarrow Ca(OH)_2 + C_2H_2 \uparrow$$
(수산화칼슘) (아세틸렌)

② 아세틸렌의 폭발범위는 2.5~81%로 대단히 넓어서 폭발위험성이 크다.
③ 장기 보관시 불활성기체(N_2 등)를 봉입하여 저장한다.

해답 ③

57 에틸알코올의 인화점은 약 몇 ℃ 인가?

① -4℃   ② 7℃
③ 13℃   ④ 19℃

해설 메탄올과 에탄올의 비교표

항목 \ 종류	메탄올(메틸알코올)	에탄올(에틸알코올)
화학식	CH_3OH	C_2H_5OH
외관	무색 투명한 액체	무색 투명한 액체
액체비중	0.8	0.8
증기비중	1.1	1.6
인화점	11℃	13℃
수용성	물에 잘 녹음	물에 잘 녹음
연소범위	7.3~36%	4.3~19%

해답 ③

58 가솔린의 성질 및 취급에 관한 설명 중 틀린 것은?

① 용기로부터 새어나오는 것을 방지해야 한다.
② 가솔린 증기는 공기보다 무겁다.
③ 소화방법으로 포에 의한 소화가 가능하다.
④ 발화점이 10℃ 정도로 낮아 상온에서도 매우 위험하다.

해설 가솔린(휘발유) : 위험물 제4류 제1석유류
① 발화점 : 300℃ 정도
② 인화점이 -20~-43℃로 낮아 상온에서도 매우 위험하다.
③ 연소범위 : 1.2~7.6%

해답 ④

59 다음 물질을 적셔서 얻은 헝겊을 대량으로 쌓아 두었을 경우 자연발화의 위험성이 가장 큰 것은?

① 아마인유   ② 땅콩기름
③ 야자유   ④ 올리브유

해설 동식물유류 : 제4류 위험물
동물의 지육 또는 식물의 종자나 과육으로부터 추출한 것으로 1기압에서 인화점이 250℃ 미만인 것

① 돈지(돼지기름), 우지(소기름) 등이 있다.
② 아이오딘값이 130 이상인 건성유는 자연발화 위험이 있다.

아이오딘값에 따른 동식물유의 분류

구 분	아이오딘값	종 류
건성유	130 이상	해바라기기름, **동유**(오동기름), 정어리기름, **아마인유**, 들기름
반건성유	100~130	채종유, 쌀겨기름, 참기름, 면실유, 옥수수기름, 청어기름, 콩기름
불건성유	100 이하	야자유, 팜유, 올리브유, **피마자기름**, 낙화생기름, 돈지, 우지, 고래기름

해답 ①

60 다음 중 물 보다 가벼운 것으로만 나열된 것은?

① 아크릴산, 과산화벤조일
② 아세트산, 질산메틸
③ 벤젠, 가솔린
④ 나이트로글리세린, 경유

해설 **제4류 위험물** : 액체 비중이 대부분 물보다 가볍다 (이황화탄소 제외)
① 벤젠(제4류)의 비중 : 0.9
② 가솔린(휘발유)(제4류)의 비중 : 0.65~0.76

해답 ③

위험물산업기사

2022년 9월 CBT 시행

본 문제는 CBT시험대비 기출문제 복원입니다.

제1과목 일반화학

01 구리와 묽은 질산을 반응시키면 주로 발생하는 기체는?

① 일산화질소 ② 이산화탄소
③ 이산화황   ④ 이황화산소

해설 구리와 묽은 질산의 반응식

$3Cu + 8HNO_3 \rightarrow 3Cu(NO_3)_2 + 2NO\uparrow + 4H_2O$
(구리) (질산)   (질산구리)   (일산화질소) (물)

해답 ①

02 0.1N HCl 10mL를 90mL의 증류수에 희석하였다. 이용액의 pH 값은 얼마인가?

① 1   ② 2
③ 3   ④ 4

해설 $N_1V_1 = N_2V_2$ (N : 노르말농도, V : 부피)

① $N_1V_1 = N_2V_2$
∴ $0.1N \times 10 = XN \times 100$
∴ $X = 0.01N - HCl = 10^{-2}N - HCl$

② $[H^+] = 10^{-2}$

③ $pH = \log\dfrac{1}{[H^+]} = -\log[H^+]$
  $= -\log 10^{-2} = 2\log 10 = 2$

• $pH = \log\dfrac{1}{[H^+]} = -\log[H^+]$
• $pOH = -\log[OH^-]$ • $pH = 14 - pOH$

해답 ②

03 다음 화합물 중 밑줄 친 원소의 산화수가 가장 큰 것은?

① K<u>Mn</u>O₄   ② <u>Al</u>₂O₃
③ <u>N</u>H₃   ④ <u>Cr</u>₂O₇²⁻

해설 각 화합물의 산화수
① KMnO₄에서 망가니즈(Mn)의 산화수
 : $+1+X+(-2\times4)=0$ ∴ $X=+7$
② Al₂O₃에서 알루미늄(Al)의 산화수
 : $2X+(-2\times3)=0$ ∴ $X=+3$
③ NH₃에서 질소(N)의 산화수
 : $X+(+1\times3)=0$ ∴ $X=-3$
④ Cr₂O₇⁻²에서 크로뮴(Cr)의 산화수
 : $2X+(-2\times7)=-2$ ∴ $X=+6$

산화수를 정하는 법
① 단체 중의 원자의 산화수는 0이다.(단체분자는 중성)
 [보기 : H_2^0, Fe^0, Mg^0, O_2^0, O_3^0]
② 화합물에서 산소의 산화수는 -2, 수소의 산화수는 +1이 보통이다.(단, 과산화물에서 O의 산화수는 -1)
 [보기 : CH_4에서 C^{-4}, CO_2에서 C^{+4}]
③ 화합물에서 구성 원자의 산화수의 총합은 0이다.(분자는 중성이므로)
④ 이온의 가수(價數)는 그 이온의 산화수이다.
 (Ca=+2, Na=+1, K=+1, Ba=+2)
 [보기 : Cu^{+2}에서 Cu=+2, MnO_4^-에서 Mn의 산화수는 $x+(-2\times4)=-1$
 ∴ $x=+7$ 따라서 Mn=+7]

해답 ①

04 탄산음료의 마개를 따면 기포가 발생한다. 이는 어떤 법칙으로 설명이 가능한가?

① 보일의 법칙   ② 샤를의 법칙
③ 헨리의 법칙   ④ 르샤틀리에의 법칙

해설 헨리의 법칙
① 일정한 온도에서 질소나 산소와 같이 물에 많이 녹지 않는 기체의 용해도는 그 기체의 압력에 정비례한다.
② 일정한 온도에서 일정량의 용매에 녹는 기체의 용해도는 압력에 비례하고 기체의 부피는 그 기체의 압력에 관계없이 일정하다.

탄산음료수의 마개를 뽑으면 거품이 오르는 이유
① 기체의 액체에 대한 용해도는 온도가 낮을수록 압력이 높을수록 증가한다
② 탄산음료수의 병마개를 뽑으면 용기 내부압력이 줄어들면 용해도가 줄기 때문이다.

기체의 용해도
① 온도가 상승 시 용해도 감소
② 압력상승 시 용해도 증가

해답 ③

05 벤젠에 진한 질산과 진한 황산의 혼합물을 작용 시킬 때 황산이 촉매와 탈수제 역할을 하여 얻어지는 화합물은?

① 나이트로벤젠 ② 클로로벤젠
③ 알킬벤젠   ④ 벤젠술폰산

해설 벤젠(Benzene)(C_6H_6) : 제4류 위험물 중 제1석유류

  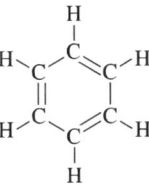

화학식	분자량	비중	비점	인화점	착화점	연소범위
C_6H_6	78	0.9	80℃	-11℃	562℃	1.4~8.0%

① 착화온도 : 562℃
   (이황화탄소의 착화온도 100℃)
② 벤젠증기는 마취성 및 독성이 강하다.
③ 비수용성이며 알코올, 아세톤, 에터에 용해
④ 취급 시 정전기에 유의해야 한다.
⑤ 벤젠에 진한질산과 진한황산(촉매와 탈수제 역할)을 이용하여 나이트로벤젠을 만든다.

$$C_6H_6 + HONO_2 \xrightarrow{C-H_2SO_4} C_6H_5NO_2 + H_2O$$
(벤젠)   (질산)   (나이트로벤젠) (물)

해답 ①

06 AgCl의 용해도는 0.0016g/L이다. 이 AgCl의 용해도곱(Solubility product)은 약 얼마인가? (단, 원자량은 각각 Ag 108, Cl 35.5이다)

① 1.24×10^{-10} ② 2.24×10^{-10}
③ 1.12×10^{-5} ④ 4×10^{-4}

해설 용해도적(용해도곱)(solubility product)
물에 녹기 어려운 염 MA를 물에 녹이면 극히 일부분만 녹아 포화용액이 되고 나머지는 침전된다. 이때 녹은 부분은 전부 전리되어 M^+와 A^-로 전리된다.

• MA(고체) ↔ $M^+ + A^-$
• K_{sp}(용해도적) = $[M^+][A^-]$

① AgCl의 분자량 = $108 + 35.5 = 143.5$
② 이온의 농도 = $\dfrac{0.0016 g/L}{143.5 g/mol}$
   $= 1.1149 \times 10^{-5} mol/L$
③ $K_{sp} = [Ag^+][Cl^-]$
   $= [1.1149 \times 10^{-5}][1.1149 \times 10^{-5}]$
   $= 1.24 \times 10^{-10}$

해답 ①

07 0.5M HCl 100mL와 0.1M NaOH 100mL를 혼합한 용액의 pH는 약 얼마인가?

① 0.3   ② 0.5
③ 0.7   ④ 0.9

해설 중화적정
$$N_1M_1V_1 - N_2M_2V_2 = NV$$
(N : 노르말농도, M : 원자가, V : 부피)

① 0.5M-HCl = 0.5N-HCl
   (∵ HCl은 원자가가 1가이므로
   Mol농도 = N농도)
② 0.1M-NaOH = 0.1N-NaOH
   (∵ NaOH는 원자가가 1가이므로
   Mol농도 = N농도)
③ $0.5 \times 1 \times 100 - 0.1 \times 1 \times 100$
   $= X \times (100 + 100)$
   $X = 0.2N-HCl$

• pH = $\log \dfrac{1}{[H^+]} = -\log[H^+]$
• pOH = $-\log[OH^-]$ • pH = 14 - pOH

① $0.2N-HCl = 2 \times 10^{-1} N-HCl$
∴ $[H^+] = 2 \times 10^{-1}$
② $pH = -\log[H^+] = -\log[2 \times 10^{-1}]$
$= 1 - \log 2 = 0.7$
∴ $pH = 0.7$

해답 ③

08 다음 중 암모니아성 질산은 용액과 반응하여 은거울을 만드는 것은?

① CH_3CH_2OH ② CH_3OCH_3
③ CH_3COCH_3 ④ CH_3CHO

해설 **은거울 반응**
페엘링 용액을 환원하여 산화제1구리의 붉은 침전(Cu_2O)을 만들거나 암모니아성 질산은 용액을 환원하여 은을 유리시키는 것

(알데하이드기) (암모니아성 질산은)
$R-CHO + 2Ag(NH_3)_2OH$
$\rightarrow RCOOH + 2Ag + 4NH_3 + H_2O$
(카복실기) (은) (암모니아) (물)

은거울반응을 하는 물질
: 알데하이드(aldehyde) R-CHO
① 포름알데하이드 : HCHO
② 아세트알데하이드 : CH_3CHO

해답 ④

09 황산구리 수용액을 전기분해하여 음극에서 63.54g의 구리를 석출시키고자 한다. 10A의 전기를 흐르게 하면 전기분해에는 약 몇 시간이 소요되는가?(단, 구리의 원자량은 63.54 이다.)

① 2.72 ② 5.36
③ 8.13 ④ 10.8

해설 ① 황산구리($CuSO_4$)에서 Cu의 원자가 = 2가
② 황산구리 수용액에서 전리 : Cu^{+2}, SO_4^{-2}
③ $Cu+2+2e^- \rightarrow Cu$(구리 1몰(63.5g)을 석출 하는데 2F(패럿)의 전기량이 소요된다)
④ Q (쿠울롬) $= I$ (전류) $\times t$ (시간)
⑤ $2 \times 96500C(2F) = 10A \times t$ (시간)
⑥ $t = \dfrac{2 \times 96500}{10} = 19300 \sec$

∴ $19300 \sec \times \dfrac{1시간}{3600 \sec} = 5.36시간$

패러데이(Faraday)의 법칙
① 제1법칙 : 같은 물질에 대하여 전기분해로써 전극에서 일어나는 물질의 양은 통한 전기량에 비례한다.
② 제2법칙 : 일정한 전기량에 의하여 일어나는 화학변화의 양은 그 물질의 화학 당량에 비례한다.

해답 ②

10 다음은 표준 수소전극과 짝지어 얻은 반쪽반응 표준 환원전위값이다. 이들 반쪽 전지를 짝지었을 때 얻어지는 전자의 표준 전위차 E°는?

• $Cu^{2+} + 2e^- \rightarrow Cu$ E° = +0.34V
• $Ni^{2+} + 2e^- \rightarrow Ni$ E° = −0.23V

① +0.11V ② −0.11V
③ +0.57V ④ −0.57V

해설 $E° = +0.34 - (-0.23) = +0.57V$

해답 ③

11 1기압 27℃에서 어떤 기체 2g의 부피가 0.82L 이다. 이 기체의 분자량은 약 얼마인가?

① 16 ② 32
③ 60 ④ 72

해설 ① 표준상태 : 0℃, 1기압
② 이상기체 상태방정식으로 분자량을 계산
$PV = nRT = \dfrac{W}{M}RT$
$M = \dfrac{WRT}{PV} = \dfrac{2 \times 0.082 \times (273+27)}{1 \times 0.82} ≒ 60$

이상기체 상태방정식 ★★★★

$$PV = nRT = \dfrac{W}{M}RT$$

여기서, P : 압력(atm) V : 부피(L)
n : mol수(무게/분자량)
W : 무게(g) M : 분자량
T : 절대온도($273+t$℃)
R : 기체상수(0.082atm · L/mol · K)

해답 ③

12 농도를 모르는 황산 용액 20mL가 있다. 이것을 중화시키려면 0.2N의 NaOH 용액이 10mL가 필요하다. 황산의 몰농도는 몇 M인가?

① 0.01　② 0.02
③ 0.05　④ 0.10

해설 중화적정

$$N_1 V_1 = N_2 V_2$$
(여기서, N : 노르말농도, V : 부피)

① 우선 황산의 N농도를 구하면
$X \text{N} \times 20 = 0.2\text{N} \times 10$
② $X = \dfrac{0.2 \times 10}{20} = 0.1\text{N} - \text{H}_2\text{SO}_4$
③ 황산의 M(몰)농도
$= \dfrac{\text{N농도}}{\text{원자가}} = \dfrac{0.1}{2} = 0.05\text{M}(몰)$

해답 ③

13 다음 중 방향족 화합물이 아닌 것은?

① 톨루엔　② 아세톤
③ 페놀　④ 아닐린

해설 방향족 화합물
분자 속에 벤젠고리를 가진 유기화합물로서 벤젠의 유도체

① 톨루엔($C_6H_5CH_3$)　② 아세톤(CH_3COCH_3)

③ 페놀(C_6H_5OH)　④ 아닐린($C_6H_5NH_2$)

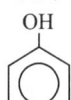

해답 ②

14 페놀에 대한 설명 중 틀린 것은?

① 카복실산과 반응하여 에터를 형성한다.
② 나트륨과 반응하여 수소 기체를 발생한다.
③ 수용액은 약한 산성을 띤다.
④ $FeCl_3$수용액과 반응하여 보라색으로 변한다.

해설 ① 카복실산과 반응하여 에스터를 형성한다.

페놀(C_6H_5OH)
① 자극성 냄새를 지닌 무색결정
② 진한 용액은 피부를 부식하고, 묽은 용액은 소독제로 사용
③ 일명 "석탄산"이라고 하며, 탄산보다 약한산이다.
④ 페놀의 용액에 $FeCl_3$의 용액을 가하면 보라색으로 변색(정색반응)
⑤ 카복실산과 반응하여 에스터를 만든다.

$C_6H_5OH + CH_3COOH \rightarrow CH_3COOC_6H_5 + H_2O$
(페놀)　　(초산)　　(초산페닐 : 에스터화합물)　(물)

해답 ①

15 수소와 질소로 암모니아를 합성하는 반응의 화학반응식은 다음과 같다. 암모니아의 생성율을 높이기 위한 조건은?

$$N_2 + 3H_2 \rightarrow 2NH_3 + 22.1\text{kcal}$$

① 온도와 압력을 낮춘다.
② 온도는 낮추고, 압력은 높인다.
③ 온도를 높이고, 압력을 낮춘다.
④ 온도와 압력을 높인다.

해설 화학반응 평형과 이동요인

$N_2+3H_2 \Leftrightarrow 2NH_3+24\text{kcal}$
• 평형을 오른쪽(→)으로 이동시키려면
　① N_2 농도 증가　② 압력 증가　③ 온도 감소
• 평형을 왼쪽(←)으로 이동시키려면
　① N_2 농도 감소　② 압력 감소　③ 온도 증가

해답 ②

16 다음 중 금속의 이온화 경향이 큰 것부터 작은 순으로 옳게 나열된 것은?

① K, Mg, Pb, Na　② Ag, Fe, Zn, Pb
③ Ca, Al, Sn, Cu　④ Au, Pt, Ag, Cu

해설 금속의 이온화 경향 서열 (필수암기)★★★★★
K – Ca – Na – Mg – Al – Zn – Fe – Ni – Sn – Pb – (H)
카 – 카 – 나 – 마 – 알 – 아 – 철 – 니 – 주 – 납 – 수
– Cu – Hg – Ag – Pt – Au
– 구 – 수 – 은 – 백 – 금

해답 ③

17 Na$_2$CO$_3$·10H$_2$O 20g을 취하여 180g의 물에 녹인 수용액은 약 몇 wt%의 Na$_2$CO$_3$용액으로 되는가?(단 Na의 원자량은 23이다.)

① 3.7 ② 7.4
③ 10   ④ 15

해설 ① Na$_2$CO$_3$·10H$_2$O의 분자량
= 23×2+12+16×3+10×18 = 286
② Na$_2$CO$_3$·10H$_2$O 20g의 몰수
= $\frac{20}{286}$ = 0.07mol
③ Na$_2$CO$_3$ 1몰의 분자량
= 23×2+16+16×3 = 106
1g-몰 → 106g
0.07g-몰 → Xg
$X = \frac{0.07 \times 106}{1} = 7.42g$
④ ∴ Na$_2$CO$_3$(100%) 7.42g이 용액(20g+180g)에 녹아 있는 것이다.
⑤ 수용액의 중량(무게)농도(%)
= $\frac{7.42}{(20+180)} \times 100 = 3.71$Wt(%)

해답 ①

18 다음 중 비활성 기체의 전자 배치를 하고 있는 것은?

① $1s^22s^1$ ② $1s^22s^22p^2$
③ $1s^22s^22p^6$ ④ $1s^22s^22p^63s^1$

해설 각 물질의 원자번호 계산
① $1s^22s^1$ = 2+1 = 3(Li : 리튬)
② $1s^22s^22p^2$ = 2+2+2 = 6(C : 탄소)
③ $1s^22s^22p^6$ = 2+2+6 = 10(Ne : 네온)
④ $1s^22s^22p^63s^1$ = 2+2+6+1 = 11(Na : 나트륨)

불활성기체(비활성기체)의 전자배열

원소	원자번호	K	L	M	N	O	최외각전자
He(헬륨)	2	2					2
Ne(네온)	10	2	8				8
Ar(아르곤)	18	2	8	8			8
Kr(크립톤)	36	2	8	18	8		8
Xe(크세논)	54	2	8	18	18	8	8

해답 ③

19 방사선에서 γ선과 비교한 α선에 대한 설명 중 틀린 것은?

① γ선보다 투과력이 강하다.
② γ선보다 형광 작용이 강하다.
③ γ선보다 감광작용이 강하다.
④ γ선보다 전리작용이 강하다.

해설 방사성원소의 투과력 크기 : $\gamma > \beta > \alpha$ (투과력이 가장 큰 것은 γ선이다)

해답 ①

20 다음 중 원자가 전자의 배열이 ns^2np^3인 것으로만 나열된 것은?(단, n은 2, 3, 4 … 이다.)

① N, P, As ② C, Si, Ge
③ Li, Na, K ④ Be, Mg, Ca

해설 원자가 전자 배열이 ns^2np^3인 것 : 5족 원소(N(질소), P(인), As(비소), Sb(안티몬), Bi(비스무트)

해답 ①

제2과목 화재예방과 소화방법

21 이산화탄소 소화약제의 저장용기 설치 장소에 대한 설명으로 틀린 것은?

① 방호구역 내의 장소에 설치하여야 한다.
② 직사일광 및 빗물이 침투할 우려가 적은 장소에 설치하여야 한다.

③ 온도변화가 적은 장소에 설체하여야 한다.
④ 온도가 섭씨 40도 이하인 곳에 설치하여야 한다.

해설 **불활성가스소화설비의 저장용기 설치기준**
① 방호구역 외의 장소에 설치할 것
② 온도가 40℃ 이하이고 온도 변화가 적은 장소에 설치할 것
③ 직사일광 및 빗물이 침투할 우려가 적은 장소에 설치할 것
④ 저장용기에는 안전장치를 설치할 것
⑤ 저장용기의 외면에 소화약제의 종류와 양, 제조년도 및 제조자를 표시할 것

불활성가스소화설비의 저장용기 충전기준
① 이산화탄소의 충전비 : 고압식=1.5~1.9, 저압식=1.1~1.4 이하
② IG-100, IG-55 또는 IG-541 : 32MPa 이하 (21℃)

해답 ①

22 다음 물질을 혼합하였을 때 위험성이 가장 낮은 것은?

① 과산화나트륨과 마그네슘분
② 황화인과 과산화칼륨
③ 염소산칼륨과 황분
④ 나이트로셀룰로오스와 에탄올

해설 나이트로셀룰로오스는 저장, 운반 시 물(20%) 또는 알코올(30%)을 첨가 습윤시킨다.

나이트로셀룰로오스$[(C_6H_7O_2(ONO_2)_2)_3]_n$
: 제5류 위험물
셀룰로오스(섬유소)에 진한질산과 진한 황산의 혼합액을 작용시켜서 만든 것이다.
① 비수용성이며 초산에틸, 초산아밀, 아세톤에 잘 녹는다.
② 건조상태에서는 폭발위험이 크나 **수분함유 시 폭발위험성이 없어 저장·운반이 용이하다.**
③ 질소함유율(질화도)이 높을수록 폭발성이 크다.
④ **저장 시 20% 이상의 수분을 첨가**하여 저장한다.

해답 ④

23 2층으로 된 위험물 제조소의 각 층에 옥내 소화전이 각각 6개씩 설치되어있다. 수원의 수량은 몇 m³ 이상이 되어야 하는가?

① 13
② 15.6
③ 39
④ 78

해설 **위험물제조소등의 소화설비 설치기준**

소화설비	수평거리	방사량	방사압력
옥내	25m 이하	260(L/min) 이상	350(kPa) 이상
	수원의 양 Q=N(소화전개수 : **최대 5개**) ×7.8m³(260L/min×30min)		
옥외	40m 이하	450(L/min) 이상	350(kPa) 이상
	수원의 양 Q=N(소화전개수 : **최대 4개**) ×13.5m³(450L/min×30min)		
스프링클러	1.7m 이하	80(L/min) 이상	100(kPa) 이상
	수원의 양 Q=N(헤드수 : 최대 30개) ×2.4m³(80L/min×30min)		
물분무	–	20 (L/m²·min)	350(kPa) 이상
	수원의 양 Q=A(바닥면적m²)× 0.6m³(20L/m²·min×30min)		

옥내소화전설비의 수원의 양
$Q = N(소화전개수 : 최대 5개) \times 7.8m^3$
$= 5 \times 7.8 = 39m^3$

해답 ③

24 옥내소화전은 위험물 제조소등의 건축물의 층마다 당해층의 각 부분에서 하나의 호스접속구까지의 수평거리가 몇 m 이하가 되도록 설치하는가?

① 10
② 15
③ 20
④ 25

해설 **위험물제조소등의 소화설비 설치기준**

소화설비	수평거리	방사량	방사압력
옥내	25m 이하	260(L/min) 이상	350(kPa) 이상
	수원의 양 Q=N(소화전개수 : **최대 5개**) ×7.8m³(260L/min×30min)		

소화설비	수평거리	방사량	방사압력
옥외	40m 이하	450(L/min) 이상	350(kPa) 이상
	수원의 양 $Q=N$(소화전개수 : 최대 4개) $\times 13.5m^3(450L/min \times 30min)$		
스프링클러	1.7m 이하	80(L/min) 이상	100(kPa) 이상
	수원의 양 $Q=N$(헤드수 : 최대 30개) $\times 2.4m^3(80L/min \times 30min)$		
물분무	–	20 (L/m²·min)	350(kPa) 이상
	수원의 양 $Q=A$(바닥면적m²) $\times 0.6m^3(20L/m^2 \cdot min \times 30min)$		

해답 ④

25 위험물 취급소의 건축물의 연면적이 500m²인 경우 소요 단위는?(단, 외벽은 내화구조이다)

① 4단위   ② 5단위
③ 6단위   ④ 7단위

해설 외벽이 내화구조인 위험물취급소의 건축물은 연면적 100m²가 1소요단위
∴ 소요단위=500m²÷100m²=5   ∴ 5단위

소요단위의 계산방법
① 제조소 또는 취급소의 건축물

외벽이 내화구조인 것	외벽이 내화구조가 아닌 것
연면적 100m²를 1소요단위	연면적 50m²를 1소요단위

② 저장소의 건축물

외벽이 내화구조인 것	외벽이 내화구조가 아닌 것
연면적 150m²를 1소요단위	연면적 75m²를 소요단위

③ 위험물은 지정수량의 10배를 1소요단위로 할 것

해답 ②

26 전역방출방식 분말소화설비 분사헤드의 방사 압력은 몇 Mpa 이상인가?

① 0.1   ② 0.2
③ 0.3   ④ 0.4

해설 전역방출방식 분말소화설비 분사헤드의 방사 압력 : 0.1MPa 이상

해답 ①

27 메탄올 화재 시 수성막포 소화약제의 소화효과가 없는 이유를 가장 옳게 설명한 것은?

① 유독가스가 발생하므로
② 메탄올은 포와 반응하여 가연성 가스를 발생하므로
③ 화염의 온도가 높아지므로
④ 메탄올이 수성막포에 대하여 소포성을 가지므로

해설 **알코올화재** : 알코올은 수용성이므로 일반포를 사용하면 소포성(포가 소멸되는 성질) 때문에 소화효과가 없다 따라서 수용성 제4류 위험물에는 특별히 고안된 알코올포를 사용하여야 한다.

해답 ④

28 클로로벤젠 300000L의 소요 단위는 얼마인가?

① 20   ② 30
③ 200   ④ 300

해설 **클로로벤젠** : 제4류 위험물 제2석유류(비수용성)의 지정수량 ⇒ 1000L

제4류 위험물 및 지정수량

유별	성질	위험물 품명		지정수량 (L)
제4류	인화성 액체	1. 특수인화물		50
		2. 제1석유류	비수용성 액체	200
			수용성 액체	400
		3. 알코올류		400
		4. 제2석유류	비수용성 액체	1,000
			수용성 액체	2,000
		5. 제3석유류	비수용성 액체	2,000
			수용성 액체	4,000
		6. 제4석유류		6,000
		7. 동식물유류		10,000

$$\therefore 지정수량의\ 배수 = \frac{저장수량}{지정수량} = \frac{300,000}{1,000} = 300배$$

∴ 소요단위 = $\frac{지정수량의 배수}{10} = \frac{300}{10}$
= 30단위

해답 ②

29 고체 연소형태에 관한 설명중 틀린 것은?

① 목탄의 주된 연소 형태는 표면연소이다.
② 목재의 주된 연소형태는 분해연소이다.
③ 나프탈렌의 주된 연소형태는 증발연소이다.
④ 양초의 주된 연소형태는 자기연소이다.

해설 ④ 양초(파라핀)의 주된 연소형태는 증발연소이다.

연소의 형태 ★★ 자주출제(필수암기) ★★
① 표면연소(surface reaction)
숯, 코크스, 목탄, 금속분
② 증발연소(evaporating combustion)
파라핀(양초), 황, 나프탈렌, 왁스, 휘발유, 등유, 경유, 아세톤 등 제4류 위험물
③ 분해연소(decomposing combustion)
석탄, 목재, 플라스틱, 종이, 합성수지, 중유
④ 자기연소(내부연소)
질화면(나이트로셀룰로오스), 셀룰로이드, 나이트로글리세린 등 제5류 위험물
⑤ 확산연소(diffusive burning)
아세틸렌, LPG, LNG 등 가연성 기체
⑥ 불꽃연소 + 표면연소
목재, 종이, 셀룰로오스, 열경화성수지

해답 ④

30 "할론 1301"에서 각 숫자가 나타내는 것을 틀리게 표시한 것은?

① 첫째자리 숫자 "1"-수소의 수
② 둘째자리 숫자 "3"-불소의 수
③ 셋째자리 숫자 "0"-염소의 수
④ 넷째자리 숫자 "1"-브로민의 수

해설 할로젠화합물 소화약제 명명법
할론 ⓐ ⓑ ⓒ ⓓ
ⓐ : C원자수   ⓑ : F원자수
ⓒ : Cl원자수   ⓓ : Br원자수

할로젠화합물 소화약제

종류 구분	할론 2402	할론 1211	할론 1301	할론 1011
분자식	$C_2F_4Br_2$	CF_2ClBr	CF_3Br	CH_2ClBr

해답 ①

31 최소 착화에너지를 측정하기 위해 콘덴서를 이용하여 불꽃 방전실험을 하고자 한다. 콘덴서의 전기 용량을 C, 방전전압을 V, 전기량을 Q라 할 때 착화에 필요한 최소 전기 에너지 E를 옳게 나타낸 것은?

① $E = \frac{1}{2}CQ^2$ ② $E = \frac{1}{2}C^2V$
③ $E = \frac{1}{2}QV^2$ ④ $E = \frac{1}{2}CV^2$

해설 착화에 필요한 최소 전기 에너지

$$E = \frac{1}{2}CV^2$$

여기서, E : 최소전기에너지
C : 콘덴서의 전기용량
V : 방전전압

해답 ④

32 이산화탄소가 불연성인 이유를 옳게 설명한 것은?

① 산소와의 반응이 느리기 때문이다.
② 산소와 반응하지 않기 때문이다.
③ 착화되어도 곧 불이 꺼지기 때문이다.
④ 산화반응이 일어나도 열 발생이 없기 때문이다.

해설 가연물이 될 수 없는 조건
① 산화반응이 완전히 끝난 물질
(CO_2, P_2O_5, Al_2O_3)
② 질소 또는 질소산화물(흡열반응하기 때문)
③ 주기율표상 18족 원소(불활성 기체)
He(헬륨), Ne(네온), Ar(아르곤), Kr(크립톤), Xe(크세논), Rn(라돈)

해답 ②

33 분말소화약제의 주성분을 틀리게 나타낸 것은?

① 제1종 분말-탄산수소나트륨
② 제2종 분말-탄산수소 칼륨
③ 제3종 분말-제1인산암모늄
④ 제4종 분말-탄산수소나트륨과 요소의 혼합

해설 분말약제의 주성분 및 착색 ★★★★(필수암기)

종별	주 성 분	약 제 명	착 색	적응화재
제1종	$NaHCO_3$	탄산수소나트륨 중탄산나트륨 중조	백색	B,C급
제2종	$KHCO_3$	탄산수소칼륨 중탄산칼륨	담회색	B,C급
제3종	$NH_4H_2PO_4$	제1인산암모늄	담홍색 (핑크색)	A,B,C급
제4종	$KHCO_3$ $+(NH_2)_2CO$	중탄산칼륨 +요소	회색 (쥐색)	B,C급

해답 ④

34 인화알루미늄의화재시 주수소화를 하면 발생하는 가연성 기체는?

① 아세틸렌   ② 메탄
③ 포스겐   ④ 포스핀

해설 인화알루미늄(AlP) : 제3류 위험물 중 금속의 인화합물
① 황색 또는 암회색 분말
② 물과 작용하여 포스핀(PH_3)의 유독성 가스를 발생

$AlP + 3H_2O \rightarrow Al(OH)_3 + PH_3\uparrow$
(수산화알루미늄) (포스핀)

해답 ④

35 제4류 위험물 중 인화점이 21℃ 미만인 것을 저장하는 탱크에 고정식 포소화설비를 설치하고자 한다. 포방출구가 Ⅰ형인 경우 포수용액량은 몇 L/m²인가?

① 80   ② 120
③ 160   ④ 240

해설 고정포방출구의 포수용액량 및 방출율

포방출구의 종류 위험물의 구분	Ⅰ형 포수용액량 (L/m²)	방출율 (L/m²·min)
제4류 위험물 중 인화점이 21℃ 미만인 것	120	4
제4류 위험물 중 인화점이 21℃ 이상 70℃ 미만인 것	80	4
제4류 위험물 중 인화점이 70℃ 이상인 것	60	4
제4류 위험물 중 수용성의 것	160	8

해답 ②

36 연소범위에 대한 일반적인 설명중 틀린 것은?

① 연소범위는 온도가 높아지면 넓어진다.
② 공기 중에서 보다 산소 중에서 연소범위는 넓어진다.
③ 압력이 높아지면 상한값은 변하지 않으나 하한값은 커진다.
④ 연소범위 농도 이하에서는 연소되기 어렵다.

해설 ③ 압력이 높아지면 하한값은 변하지 않으나 상한값은 커진다.

연소범위(폭발범위, explosion limit)의 영향인자와 관계
★★ 자주출제(필수정리)★★
① 온도상승시 : 넓어진다.
② 압력상승시 : 넓어진다.(하한계 불변, 상한계 증가)
[예외]
 • 일산화탄소(CO)는 압력이 상승 시 좁아진다.
 • 수소(H_2)는 10기압까지는 좁아지고, 그 이상의 압력에서는 넓어진다.
③ 불활성기체(헬륨, 네온, 아르곤) 첨가 시 : 좁아진다.
④ 산소농도 증가 시 : 넓어진다.

해답 ③

37 제3류 위험물 중 금수성물질에 대해 적응성이 있는 소화 설비는?

① 물분무소화설비
② 할로젠화합물소화설비
③ 탄산수소염류
④ 분말소화설비

해설 금수성 위험물질에 적응성이 있는 소화기
① 탄산수소염류
② 마른 모래
③ 팽창질석 또는 팽창진주암

해답 ③

38 복합용도 건축물의 옥내저장소의 기준에서 옥내저장소의 용도에 사용되는 부분의 바닥면적을 몇 m^2 이하로 하여야 하는가?

① 30　　② 50
③ 75　　④ 100

해설 복합용도 건축물의 옥내저장소의 기준
① 바닥은 지면보다 높게 설치하고 그 층고를 6m 미만으로 하여야 한다.
② 바닥면적은 $75m^2$ 이하로 하여야 한다.
③ 출입구에는 수시로 열 수 있는 자동폐쇄방식의 60분+방화문 또는 60분방화문을 설치하여야 한다.
④ 창을 설치하지 아니하여야 한다.

해답 ③

39 다음 중 제5류 위험물에 적응성이 있는 소화설비는?

① 분말을 방사하는 대형소화기
② CO_2를 방사하는 소형소화기
③ 할로젠화합물을 방사하는 대형소화기
④ 스프링클러설비

해설 제5류 위험물의 적응성이 있는 소화설비 : 스프링클러설비, 옥내 및 옥외 소화전설비

해답 ④

40 화학포 소화약제의 주성분은?

① 황산알루미늄과 탄산수소나트륨
② 황산알루미늄과 탄산나트륨
③ 황산나트륨과 탄산나트륨
④ 황산나트륨과 탄산수소나트륨

해설 화학포 소화약제
① 내약제(B제) : 황산알루미늄($Al_2(SO_4)_3$)

② 외약제(A제) : 중탄산나트륨=탄산수소나트륨 =중조($NaHCO_3$), 기포안정제
③ 반응식

(탄산수소나트륨)　　(황산알루미늄)
$6NaHCO_3 + Al_2(SO_4)_3 \cdot 18H_2O$
$\rightarrow 3Na_2SO_4 + 2Al(OH)_3 + 6CO_2 + 18H_2O$
(황산나트륨)(수산화알루미늄)(이산화탄소)　(물)

해답 ①

제3과목 위험물의 성질과 취급

41 다음 중 물과 접촉하였을 때 에탄이 발생되는 물질은?

① CaC_2　　② $(C_2H_5)_3Al$
③ $C_6H_3(NO_2)_3$　　④ $C_2H_5ONO_2$

해설 알킬알루미늄[$(C_nH_{2n+1}) \cdot Al$] : 제3류 위험물(금수성 물질)
① 알 길기(C_nH_{2n+1})에 알루미늄(Al)이 결합된 화합물이다.
② 트라이메틸알루미늄
(TMA : Tri Methyl Aluminium)
$(CH_3)_3Al + 3H_2O \rightarrow Al(OH)_3 + 3CH_4\uparrow$ (메탄)
③ 트라이에틸알루미늄
(TEA : Tri Eethyl Aluminium)
$(C_2H_5)_3Al + 3H_2O \rightarrow Al(OH)_3 + 3C_2H_6\uparrow$ (에탄)
④ 저장용기에 불활성기체(N_2)를 봉입한다.
⑤ 소화 시 주수소화는 절대 금하고 팽창질석, 팽창진주암 등으로 피복소화한다.

해답 ②

42 오황화인이 습한 공기 중에서 분해하여 발생하는 가스에 대한 설명으로 옳은 것은?

① 불연성이다.　　② 유독하다.
③ 냄새가 없다.　　④ 물에 녹지 않는다.

해설 오황화인(P_2S_5) : 제2류 위험물
① 담황색 결정이고 **조해성**이 있다.

② 수분을 흡수하면 분해된다.
③ 이황화탄소(CS_2)에 잘 녹는다.
④ 물, 알칼리와 반응하여 인산과 황화수소를 발생한다.

$$P_2S_5 + 8H_2O \rightarrow 2H_3PO_4 + 5H_2S\uparrow$$
$$\qquad\qquad\qquad\quad\text{(인산)}\quad\text{(황화수소)}$$

해답 ②

43 인화성 액체 위험물 중 동식물유류의 지정수량으로 옳은 것은?

① 2000L ② 4000L
③ 6000L ④ 10000L

해설 제4류 위험물 및 지정수량

유별	성질	품명		지정수량(L)
제4류	인화성 액체	1. 특수인화물		50
		2. 제1석유류	비수용성 액체	200
			수용성 액체	400
		3. 알코올류		400
		4. 제2석유류	비수용성 액체	1,000
			수용성 액체	2,000
		5. 제3석유류	비수용성 액체	2,000
			수용성 액체	4,000
		6. 제4석유류		6,000
		7. 동식물유류		10,000

해답 ④

44 다음 중 완전 연소할 때 자극성이 강하고 유독한 기체를 발생하는 물질은 어느 것인가?

① 이황화탄소 ② 벤젠
③ 에틸알코올 ④ 메틸알코올

해설 이황화탄소(CS_2) : 제4류 위험물 중 특수인화물

화학식	분자량	비중	비점	인화점	착화점	연소범위
CS_2	76.1	1.26	46℃	-30℃	100℃	1.0~50%

① 무색투명한 액체이며 물에는 녹지 않고 알코올, 에터, 벤젠 등 유기용제에 녹는다.
② 연소 시 아황산가스(SO_2) 및 CO_2를 생성한다.
$$CS_2 + 3O_2 \rightarrow CO_2 + 2SO_2\text{(이산화황=아황산)}$$
③ 물과 반응하여 황화수소와 이산화탄소를 발생한다.

$$CS_2 + 2H_2O \rightarrow 2H_2S + CO_2$$

④ 저장 시 저장탱크를 물속에 넣어 가연성증기의 발생을 억제한다.

해답 ①

45 트라이에틸알루미늄에 관한 설명 중 틀린 것은?

① 무색 투명한 액체이다.
② 화재 시 CO_2 또는 할로젠소화약제가 가장 효과적이다
③ 에탄올과 폭발적으로 반응한다.
④ 수분과의 접촉은 위험하다.

해설 ② 화재 시 팽창질석 또는 팽창진주암 소화약제가 가장 효과적이다.

알킬알루미늄[(C_nH_{2n+1})·Al] : 제3류 위험물(금수성 물질)
① 알킬기(C_nH_{2n+1})에 알루미늄(Al)이 결합된 화합물이다.
② 트라이메틸알루미늄
  (TMA : Tri Methyl Aluminium)
  $(CH_3)_3Al + 3H_2O \rightarrow Al(OH)_3 + 3CH_4\uparrow$ (메탄)
③ 트라이에틸알루미늄
  (TEA : Tri Eethyl Aluminium)
  $(C_2H_5)_3Al + 3H_2O \rightarrow Al(OH)_3 + 3C_2H_6\uparrow$ (에탄)
④ 저장용기에 불활성기체(N_2)를 봉입한다.
⑤ 소화 시 주수소화는 절대 금하고 팽창질석, 팽창진주암 등으로 피복소화한다.

해답 ②

46 다음 물질 중 인화점이 가장 낮은 것은?

① 톨루엔 ② 아세톤
③ 벤젠   ④ 다이에틸에터

해설 제4류 위험물의 인화점

물질명	품명	인화점(℃)
톨루엔	제1석유류	4
아세톤	제1석유류	-18
벤젠	제1석유류	-11
다이에틸에터	특수인화물	-40

다이에틸에터($C_2H_5OC_2H_5$) - 제4류 - 특수인화물

$$\begin{array}{ccccc} H & H & & H & H \\ | & | & & | & | \\ H-C-C-O-C-C-H \\ | & | & & | & | \\ H & H & & H & H \end{array}$$

분자량	비중	비점	인화점	착화점	연소범위
74.12	0.72	34℃	-40℃	180℃	1.7~48%

① 알코올에는 녹지만 물에는 녹지 않는다.
② 직사광선에 장시간 노출 시 과산화물 생성

과산화물 생성 확인방법
다이에틸에터+KI용액(10%) → 황색변화(1분 이내)

다이에틸에터 제조방법
$C_2H_5OH + C_2H_5OH \xrightarrow{C-H_2SO_4} C_2H_5OC_2H_5 + H_2O$

해답 ④

47 다음 위험물 중 제 2석유류에 해당하는 것은?

① 아크릴산   ② 나이트로벤젠
③ 메틸에틸케톤   ④ 에틸렌글리콜

해설 **제4류 위험물의 분류**

물질명	품명
아크릴산	제2석유류
나이트로벤젠	제3석유류
메틸에틸케톤	제1석유류
에틸렌글리콜	제3석유류

제2석유류
(어두문자 암기법 : 개초장에/송등테스경/크클메하)
① 개미산(의산)   ② 초산(acetic acid)
③ 장뇌유   ④ 에틸셀르솔브
⑤ 송근유   ⑥ 등유
⑦ 테레핀유   ⑧ 스티렌
⑨ 경유   ⑩ 크실렌
⑪ 클로로벤젠   ⑫ 메틸셀로솔브
⑬ 하이드라진 하이드레이트

해답 ①

48 다음 중 제5류 위험물에 해당하지 않는 것은?

① 나이트로글리콜
② 나이트로글리세린
③ 트라이나이트로톨루엔
④ 나이트로톨루엔

해설 ④ 나이트로톨루엔($C_6H_4CH_3NO_2$)
: 제4류 위험물 중 제3석유류

해답 ④

49 제5류 위험물의 제조소에 설치하는 주의사항 게시판에서 게시판바탕 및 문자의 색을 옳게 나타낸 것은?

① 청색바탕에 백색문자
② 백색바탕에 청색문자
③ 백색바탕에 적색문자
④ 적색바탕에 백색문자

해설 **게시판의 설치기준**
① 한 변의 길이가 0.3m 이상, 다른 한 변의 길이가 0.6m 이상인 직사각형으로 할 것
② 위험물의 유별·품명 및 저장최대수량 또는 취급최대수량, 지정수량의 배수 및 안전 관리자의 성명 또는 직명을 기재할 것
③ 게시판의 바탕은 백색으로, 문자는 흑색으로 할 것
④ 저장 또는 취급하는 위험물에 따라 주의사항 게시판을 설치할 것

위험물의 종류	주의사항 표시	게시판의 색
• 제1류 (알칼리금속 과산화물) • 제3류(금수성 물품)	물기엄금	청색바탕에 백색문자
• 제2류(인화성 고체 제외)	화기주의	
• 제2류(인화성 고체) • 제3류(자연발화성 물품) • 제4류 • 제5류	화기엄금	적색바탕에 백색문자

해답 ④

50 동식물유류에 관한 설명 중 틀린 것은?

① 아이오딘값이 클수록 자연발화 위험이 크다.
② 아이오딘값이 130 이상인 것을 건성유라 한다.
③ 아이오딘값이 클수록 이중결합이 적고 포화지방산을 많이 가진다.
④ 아마인유는 건성유이므로 자연발화 위험

이 있다.

해설 ③ 아이오딘값이 클수록 이중결합이 많고 불포화 지방산을 많이 가진다.

동식물유류 : 제4류 위험물
① 동물의 지육 또는 식물의 종자나 과육으로부터 추출한 것으로 1기압에서 인화점이 250℃ 미만인 것
② 아이오딘값이 130 이상인 건성유는 자연발화 위험이 있다.

아이오딘값에 따른 동식물유의 분류

구 분	아이오딘값	종 류
건성유	130 이상	해바라기기름, 동유(오동기름), 정어리기름, 아마인유, 들기름
반건성유	100~130	채종유, 쌀겨기름, 참기름, 면실유, 옥수수기름, 청어기름, 콩기름
불건성유	100 이하	야자유, 팜유, 올리브유, 피마자기름, 낙화생기름, 돈지, 우지, 고래기름

해답 ③

51 다음 물질 중 황린과 접촉하였을 때 가장 위험한 것은?

① NaOH ② H_2O
③ CO_2 ④ N_2

해설 황린은 NaOH(수산화나트륨 : 강알칼리)와 반응하여 가연성 유독기체 발생

황린(P_4)[별명 : 백린] : 제3류 위험물(자연발화성 물질)

화학식	분자량	발화점	비점	융점	비중	증기비중
P_4	124	34℃	280℃	44℃	1.82	4.4

① 백색 또는 담황색의 고체이다.
② 공기 중 약 40~50℃에서 자연 발화한다.
③ 저장 시 자연 발화성이므로 반드시 물속에 저장한다.
④ 연소 시 오산화인(P_2O_5)의 흰 연기가 발생한다.

$P_4 + 5O_2 \rightarrow 2P_2O_5$(오산화인)

해답 ①

52 질산암모늄의 성질에 대한 설명으로 옳은 것은?

① 물에 잘 녹고, 가열하면 산소를 발생한다.
② 물과 격렬하게 반응하여 발열한다.
③ 물에 녹지 않고, 환원성 고체로 가열하면 폭발한다.
④ 조해성과 흡습성이 없어서 폭약의 원료로 사용된다.

해설 질산암모늄(NH_4NO_3) : 제1류 위험물 중 질산염류

화학식	분자량	비중	융점	분해온도
NH_4NO_3	80	1.73	165℃	220℃

① 단독으로 가열, 충격 시 분해 폭발할 수 있다.
② 화약(ANFO폭약)원료로 쓰이며 유기물과 접촉 시 폭발우려가 있다.
③ 무색, 무취의 결정이다.
④ 조해성 및 흡습성이 매우 강하다.
⑤ 물에 용해 시 흡열반응을 나타낸다.

질산암모늄의 열분해 반응식
$2NH_4NO_3 \rightarrow 2N_2 + O_2 + 4H_2O$

ANFO(안포)폭약의 성분
질산암모늄 94% + 경유 6%

해답 ①

53 연소생성물로 이산화황이 생성되지 않는 것은?

① 황린 ② 삼황화인
③ 오황화인 ④ 황

해설 황린(P_4)[별명 : 백린] : 제3류 위험물(자연발화성 물질)

화학식	분자량	발화점	비점	융점	비중	증기비중
P_4	124	34℃	280℃	44℃	1.82	4.4

① 백색 또는 담황색의 고체이다.
② 공기 중 약 40~50℃에서 자연 발화한다.
③ 저장 시 자연 발화성이므로 반드시 물속에 저장한다.
④ 연소 시 오산화인(P_2O_5)의 흰 연기가 발생한다.

$P_4 + 5O_2 \rightarrow 2P_2O_5$(오산화인)

해답 ①

54 다음 물질 중 지정수량이 400L인 것은?

① 포름산메틸 ② 벤젠
③ 톨루엔   ④ 벤즈알데하이드

해설 각 위험물의 지정수량
① 포름산메틸 : 제4류 1석유류(수용성) ⇒ 400L
② 벤젠 : 제4류 1석유류(비수용성) ⇒ 200L
③ 톨루엔 : 제4류 1석유류(수용성) ⇒ 200L
④ 벤즈알데하이드 : 제4류 2석유류(비수용성)
  ⇒ 1000L

제4류 위험물 및 지정수량

유별	성질	위 험 물 품명		지정수량 (L)
제4류	인화성 액체	1. 특수인화물		50
		2. 제1석유류	비수용성 액체	200
			수용성 액체	400
		3. 알코올류		400
		4. 제2석유류	비수용성 액체	1,000
			수용성 액체	2,000
		5. 제3석유류	비수용성 액체	2,000
			수용성 액체	4,000
		6. 제4석유류		6,000
		7. 동식물유류		10,000

해답 ①

55 다음 위험물 중 가열시 분해온도가 가장 낮은 물질은?

① $KClO_3$ ② Na_2O_2
③ NH_4ClO_4 ④ KNO_3

해설 가열시 분해온도

화학식	물질명	유별	분해온도 (℃)
$KClO_3$	염소산칼륨	제1류 중 염소산염류	400
Na_2O_2	과산화나트륨	제1류 중 무기과산화물	657
NH_4ClO_4	과염소산암모늄	제1류 중 과염소산염류	130
KNO_3	질산칼륨	제1류 중 질산염류	400

해답 ③

56 다음 중 제1류 위험물에 속하지 않는 것은?

① $KClO_3$ ② Na_2O_2
③ NaH ④ $NaClO_4$

해설 수소화나트륨(NaH) : 제3류 위험물(금수성 물질)

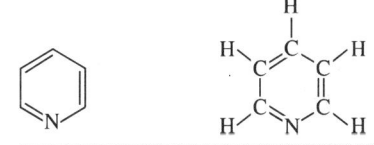

해답 ③

57 다음 중 C_5H_5N에 대한 설명으로 틀린 것은?

① 순수한 것은 무색이고 악취가 나는 액체이다.
② 상온에서 인화의 위험이 있다.
③ 물에 녹는다.
④ 강한 산성을 나타낸다.

해설 피리딘(C_5H_5N)-제4류-제1석유류-수용성

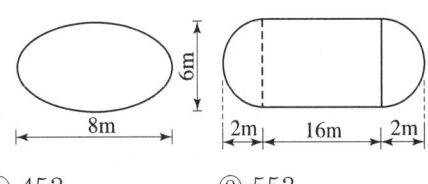

화학식	분자량	비중	비점
C_5H_5N	79.1	0.98	115.5℃
	인화점	착화점	연소범위
	20℃	482℃	1.8~12.4%

① 물, 알코올, 에터에 잘 녹는다.
② 약알칼리성을 나타낸다.
③ 순수한 것은 무색 투명액체이며 악취와 독성을 갖고 있다.
④ 인화점은 20℃로 상온(20℃)과 거의 비슷하다.

해답 ④

58 그림과 같은 타원형 탱크의 내용적은 약 몇 m^3 인가?

① 453   ② 553
③ 653   ④ 753

해설 타원형 탱크의 내용적(양쪽이 볼록한 것)

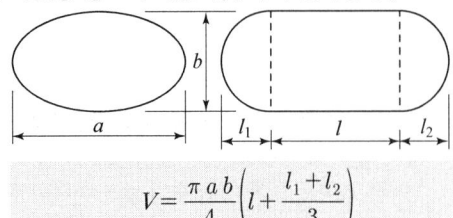

$$V = \frac{\pi a b}{4}\left(l + \frac{l_1 + l_2}{3}\right)$$

$$\therefore V = \frac{\pi a b}{4}\left(l + \frac{l_1 + l_2}{3}\right)$$

$$= \frac{\pi \times 8 \times 6}{4}\left(16 + \frac{2+2}{3}\right) \fallingdotseq 653\text{m}^3$$

해답 ③

59 염소산칼륨이 고온에서 열분해할 때 생성되는 물질을 옳게 나타낸 것은?

① 물, 산소 ② 염화칼륨, 산소
③ 이염화칼륨, 수소 ④ 칼륨, 물

해설 염소산칼륨($KClO_3$) : 제1류 위험물(산화성고체) 중 염소산염류

화학식	분자량	물리적 상태	색상	분해온도
$KClO_3$	122.5	고체	무색	400℃

① 무색 또는 **백색분말**이며 산화력이 강하다.
② 이산화망가니즈(MnO_2)와 접촉 시 분해가 촉진되어 산소를 방출한다.
③ **온수, 글리세린에 잘 녹으며 냉수, 알코올에는 용해하기 어렵다**
④ 완전 열분해되어 **염화칼륨과 산소를 방출**

$$2KClO_3 \rightarrow 2KCl + 3O_2 \uparrow$$
(염소산칼륨) (염화칼륨) (산소)

해답 ②

60 제6류 위험물의 취급 방법에 대한 설명 중 옳지 않은 것은?

① 가연성 물질과의 접촉을 피한다.
② 지정수량의 $\frac{1}{10}$을 초과 할 경우 제2류 위험물과의 혼재를 금한다.
③ 피부와 접촉을 하지 않도록 주의한다.
④ 위험물 제조소에는 "화기엄금" 및 "물기엄금" 주의 사항을 표시한 게시판을 반드시 설치하여야한다.

해설 제6류 위험물은 게시판에 주의사항 표시가 없음

게시판의 설치기준
① 한 변의 길이가 0.3m 이상, 다른 한 변의 길이가 0.6m 이상인 직사각형으로 할 것
② 위험물의 유별·품명 및 저장최대수량 또는 취급최대수량, 지정수량의 배수 및 안전 관리자의 성명 또는 직명을 기재할 것
③ 게시판의 바탕은 백색으로, 문자는 흑색으로 할 것
④ 저장 또는 취급하는 위험물에 따라 주의사항 게시판을 설치할 것

위험물의 종류	주의사항 표시	게시판의 색
• 제1류 (알칼리금속 과산화물) • 제3류(금수성 물품)	물기엄금	청색바탕에 백색문자
• 제2류(인화성 고체 제외)	화기주의	
• 제2류(인화성 고체) • 제3류(자연발화성 물품) • 제4류 • 제5류	화기엄금	적색바탕에 백색문자

위험물의 운반에 따른 유별을 달리하는 위험물의 혼재기준(쉬운 암기방법)

혼재 가능	
↓1류 + 6류↑	2류 + 4류
↓2류 + 5류↑	5류 + 4류
↓3류 + 4류↑	

해답 ④

위험물산업기사

2023년 3월 CBT 시행

본 문제는 CBT시험대비 기출문제 복원입니다.

제1과목 일반화학

01 산의 일반적 성질을 옳게 나타낸 것은?

① 쓴맛이 있는 미끈거리는 액체로 리트머스 시험지를 푸르게 한다.
② 수용액에서 OH^- 이온을 내놓는다.
③ 수소보다 이온화 경향이 큰 금속과 반응하여 수소를 발생한다.
④ 금속의 수산화물로서 비전해질이다.

해설 산의 일반적 성질
① 푸른 리트머스 종이를 붉게 변색 시킨다.
② 수용액에서 H^+ 이온을 내 놓는다.
③ 아연(Zn), 철(Fe) 등과 같은 금속을 넣으면 수소(H_2)가 발생
④ 비금속의 수산화물로서 전해질이다.

해답 ③

02 탄산 음료수의 병마개를 열면 거품이 솟아오르는 이유를 가장 올바르게 설명한 것은?

① 수증기가 생성되기 때문이다.
② 이산화탄소가 분해되기 때문이다.
③ 용기 내부압력이 줄어들어 기체의용해도가 감소하기 때문이다.
④ 온도가 내려가게 되어 기체가 생성물인 반응이 진행되기 때문이다.

해설 탄산음료수의 마개를 뽑으면 거품이 오르는 이유
① 기체의 액체에 대한 용해도는 온도가 낮을수록 압력이 높을수록 증가 한다
② 탄산음료수의 병마개를 뽑으면 용기 내부압력이 줄어들어 용해도가 감소하기 때문이다.

기체의 용해도
① 온도와 용해도 : 온도가 상승 시 용해도 감소
② 압력과 용해도 : 일반적으로 압력상승 시 용해도 증가

해답 ③

03 질산칼륨 수용액 속에 소량의 염화나트륨이 불순물로 포함되어 있다. 용해도 차이를 이용하여 이 불순물을 제거하는 방법으로 가장 적당한 것은?

① 증류   ② 막분리
③ 재결정   ④ 전기분해

해설 혼합물의 정제방법
① **거름(여과)** : 고체와 액체의 혼합물 분리
② **재결정** : 불순물 포함 결정을 용매에 녹여 온도에 따른 용해도차를 이용하여 불순물 제거방법
③ **분액 깔대기에 의한 분리** : 액체와 액체가 섞이지 않는 2개 층을 분리
④ **승화에 의한 분리** : 가열에 의하여 승화성물질과 비승화성물질을 분리
⑤ **증류** : 액체를 끓여서 증기로 만들고 이 증기를 냉각하여 다시 액체로 만드는 방법
⑥ **추출** : 액체의 용해도를 이용하여 미량의 불순물을 제거하여 분리

해답 ③

04 다음 물질 중 환원성이 없는 것은?

① 설탕   ② 엿당
③ 젖당   ④ 포도당

해설 ① **환원작용이 있는 것** : 포도당, 과당, 포름산(개미산), 맥아당
② **환원작용이 없는 것** : 설탕

해답 ①

05 pH가 2인 용액은 pH가 4인 용액과 비교하면 수소이온농도가 몇 배인 용액이 되는가?

① 100배　② 10배
③ 10^{-1}배　④ 10^{-2}배

해설 수소이온 농도

- $pH = \log \dfrac{1}{[H^+]} = -\log[H^+]$
- $pOH = -\log[OH^-]$　・$pH = 14 - pOH$

① pH=2인 용액 : $[H^+] = 10^{-2} = 0.01$
② pH=4인 용액 : $[H^+] = 10^{-4} = 0.0001$

$\therefore N = \dfrac{10^{-2}}{10^{-4}} = 10^2 = 100$배

해답 ①

06 물 36g을 모두 증발시키면 수증기가 차지하는 부피는 표준상태를 기준으로 몇 L 인가?

① 11.2L　② 22.4L
③ 33.6L　④ 44.8L

해설 ① 표준상태 : 0℃, 1atm 상태
② 이상기체 상태방정식으로 부피 계산

$V = \dfrac{WRT}{PM} = \dfrac{36 \times 0.082 \times (273+0)}{1 \times 18} = 44.8L$

이상기체 상태방정식 ★★★★

$$PV = nRT = \dfrac{W}{M}RT$$

여기서, P : 압력(atm)　V : 부피(L)
n : mol수(무게/분자량)
W : 무게(g)　M : 분자량
T : 절대온도(273+t℃)
R : 기체상수(0.082atm・L/mol・K)

해답 ④

07 17g의 NH_3가 황산과 반응하여 만들어지는 황산암모늄은 몇 g 인가? (단, S의 원자량은 32이고, N의 원자량은 14이다.)

① 66　② 81
③ 96　④ 111

해설
$2NH_3 + H_2SO_4 \rightarrow (NH_4)_2SO_4$
$2 \times 17g$　　　　　　132g

$2 \times 17g \rightarrow 132g$
$17g \rightarrow X$

$\therefore X = \dfrac{17 \times 132}{2 \times 17} = 66g$

해답 ①

08 염소산칼륨을 가열하여 산소를 만들 때 촉매로 쓰이는 이산화망가니즈의 역할은 무엇인가?

① KCl을 산화시킨다.
② 역반응을 일으킨다.
③ 반응속도를 증가시킨다.
④ 산소가 더 많이 나오게 한다.

해설 염소산칼륨($KClO_3$) : 제1류 위험물(산화성 고체) 중 염소산염류
① 무색 또는 백색분말, 비중 : 2.34
② 온수, 글리세린에 용해하고 냉수, 알코올에는 용해하기 어렵다.
③ 완전 열 분해되어 염화칼륨과 산소를 방출

$2KClO_3 \xrightarrow{MnO_2} 2KCl + 3O_2$

※ MnO_2는 정촉매 역할을 하여 활성화 에너지를 감소시켜 반응속도가 빨라진다.
※ 정촉매 : 화학반응을 빠르게 하는 것
※ 부촉매 : 화학반응(산화반응)을 느리게 하는 것

해답 ③

09 20%의 소금물을 전기분해하여 수산화나트륨 1몰을 얻는데는 1A의 전류를 몇 시간 통해야 하는가?

① 13.4　② 26.8
③ 53.6　④ 104.2

해설 소금의 전기분해

$2NaCl + 2H_2O \rightarrow Cl_2\uparrow + 2NaOH + H_2\uparrow$
(소금)　(물)　　　(염소)　(수산화나트륨)　(수소)
　　　　　　　　(+극)　　(−극)　　　　(−극)

① Q(쿨롬) = I(전류) × t(시간)
② 수산화나트륨 (NaOH) 1몰은 40g(1g-당량)
③ 1g-당량이 석출되는데 1F(패럿)(96500C)의

전기량이 필요하다.

④ $t = \dfrac{Q(C)}{I(A)} = \dfrac{96500C}{1A} = 96500s = 26.80$시간

해답 ②

10 가수분해가 되지 않는 염은?

① NaCl   ② NH₄Cl
③ CH₃COONa   ④ CH₃COONH₄

해설 가수분해물질
① 강산과 강염기로 된 염은 가수분해되지 않는다.
NaCl, NaNO₃, KCl, K₂SO₄
② 강산과 약염기로 된 염은 가수분해되어 산성을 나타낸다.
NH₄Cl, CuSO₄Al₂(SO₄)₃, FeCl₂, Mg(NO₃)₂
③ 약산과 강염기로 된 염은 가수분해되어 알칼리를 나타낸다.
Na₂CO₃, NaHCO₃, KCN, CH₃COONa

가수분해란 무엇인가?
염이 물과 반응하여 중화반응의 역반응인 산과 염기를 만드는 반응

해답 ①

11 TNT는 어느 물질로부터 제조하는가?

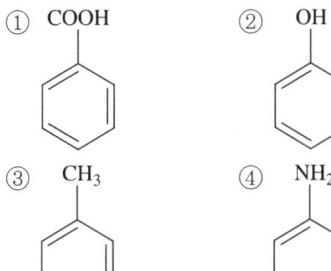

해설
① C₆H₅COOH(안식향산 또는 벤조산)
② C₆H₅OH(페놀)
③ C₆H₅CH₃(톨루엔)
④ C₆H₅NH₂(아닐린)

트라이나이트로톨루엔[C₆H₂CH₃(NO₂)₃]
: 제5류 위험물 중 나이트로화합물
① 물에는 녹지 않고 알코올, 아세톤, 벤젠에 녹는

다.
② 톨루엔과 질산을 반응시켜 얻는다.

C₆H₅CH₃+3HNO₃ $\xrightarrow[\text{(탈수작용)}]{\text{C-H}_2\text{SO}_4}$ C₆H₂CH₃(NO₂)₃+3H₂O
(톨루엔)   (질산)   (트라이나이트로톨루엔) (물)

③ Tri Nitro Toluene의 약자로 TNT라고도 한다.
④ 담황색의 주상결정이며 햇빛에 다갈색으로 변색된다.
⑤ 강력한 폭약이며 급격한 타격에 폭발한다.
2C₆H₂CH₃(NO₂)₃ → 2C+12CO+3N₂↑+5H₂↑

해답 ③

12 알칼리 금속에 대한 설명 중 틀린 것은?

① 칼륨은 물보다 가볍다.
② 나트륨의 원자번호는 11 이다.
③ 나트륨은 칼로 자를 수 있다.
④ 칼륨은 칼슘보다 이온화 에너지가 크다.

해설 ④ 칼륨은 칼슘보다 이온화 에너지가 작다.

알칼리금속(1족)
① 리튬(Li), 나트륨(Na), 칼륨(K), 루비듐(Rb), 세슘(Cs), 프란슘(Fr)
② 가전자가 1개이므로 1가의 화합물을 생성
③ 산화되면 가전자를 잃어 비활성기체(0족)와 같은 전자배치가 된다.
④ 물과 반응하여 수소를 발생

해답 ④

13 11g의 프로판이 연소하면 몇 g의 물이 생기는가?

① 4   ② 4.5
③ 9   ④ 18

해설 프로판의 연소 반응식

C₃H₈	+	5O₂	→	3CO₂	+	4H₂O
44g						4×18g
11g						X

$X = \dfrac{11 \times 4 \times 18}{44} = 18\,g$

해답 ④

14 원자번호가 19이며 원자량이 39인 K 원자의 중성자와 양성자 수는 각각 몇 개인가?

① 중성자 19, 양성자 19
② 중성자 20, 양성자 19
③ 중성자 19, 양성자 20
④ 중성자 20, 양성자 20

해설
① K : 원자번호=19 원자량=39
② 중성자수=질량수－양성자수(원자번호)
        =39－19=20
③ 양성자수=원자번호=19
※ 원자핵 속에 포함된 양성자 수를 원자번호라 한다.

원자번호=원자핵의 양하전량=양성자수
      =전자수(중성 원자)

※ 원자를 구성하는 입자
① 원자핵(+)=양성자(+) + 중성자(+)
② 전자(－)

※ 질량수=양성자수(원자번호)+중성자수

해답 ②

15 이상기체상수 R값이 0.082라면 그 단위로 옳은 것은?

① $\dfrac{atm \cdot mol}{L \cdot K}$ ② $\dfrac{mmHg \cdot mol}{L \cdot K}$
③ $\dfrac{atm \cdot L}{mol \cdot K}$ ④ $\dfrac{mmHg \cdot L}{mol \cdot K}$

해설 표준상태(0℃, 1atm)에서 기체상수
$$R = \dfrac{PV}{nT} = \dfrac{1atm \cdot 22.4L}{mol \cdot (273+0)K} = \dfrac{0.082 atm \cdot L}{mol \cdot K}$$

이상기체 상태방정식 ★★★★
$$PV = nRT = \dfrac{W}{M}RT$$

여기서, P : 압력(atm) V : 부피(L)
       n : mol수(무게/분자량)
       W : 무게(g) M : 분자량
       T : 절대온도(273+t℃)
       R : 기체상수(0.082atm · L/mol · K)

해답 ③

16 부틸알코올과 이성질체인 것은?

① 메틸알코올   ② 다이에틸에터
③ 아세트산   ④ 아세트알데하이드

해설 이성질체 : 분자식이 같지만 구조가 다른 화합물

구분	부틸알코올	다이에틸에터
분자식	$C_4H_{10}O$	$C_4H_{10}O$
시성식	C_4H_9OH	$C_2H_5OC_2H_5$

해답 ②

17 2가의 금속 이온을 함유하는 전해질을 전기 분해하여 1g 당량이 20g 임을 알았다. 이 금속의 원자량은?

① 40   ② 20
③ 22   ④ 18

해설 당량과 원자량 관계
$$당량 = \dfrac{원자량}{원자가}$$
∴ 원자량 = 당량 × 원자가 = 20 × 2 = 40

해답 ①

18 빨갛게 달군 철에 수증기를 접촉시켜 자철광의 주성분이 생성되는 반응식으로 옳은 것은?

① $3Fe + 4H_2O \rightarrow Fe_3O_4 + 4H_2$
② $2Fe + 3H_2O \rightarrow Fe_2O_3 + 3H_2$
③ $Fe + H_2O \rightarrow FeO + H_2$
④ $Fe + 2H_2O \rightarrow FeO_2 + 2H_2$

해설 철광석의 종류
① 적철광(Fe_2O_3 ; 붉은 색)
② 갈철광($2Fe_2O_3 \cdot 3H_2O$: 갈색)
③ 자철광(Fe_3O_4 ; 자석)
④ 능철광($FeCO_3$)

자철광 제조방법
$3Fe + 4H_2O \longrightarrow Fe_3O_4 + 4H_2$

해답 ①

19 같은 주기에서 원자번호가 증가할수록 감소하는 것은?

① 이온화 에너지 ② 원자반지름
③ 비금속성 ④ 전기음성도

해설 **주기율표의 주기적인 성질**

구분 항목	같은 주기에서 원자번호가 증가할수록 (왼쪽에서 오른쪽으로(→)갈수록)
이온화에너지 전기음성도 비금속성	증가한다.
이온반지름 원자 반지름	감소한다.

해답 ②

20 먹물에 아교를 약간 풀어 주면 탄소 입자가 쉽게 침전되지 않는다. 이 때 가해준 아교를 무슨 콜로이드라 하는가?

① 서스펜션 ② 소수
③ 에멀젼 ④ 보호

해설 **소수콜로이드, 친수콜로이드, 보호콜로이드**

콜로이드의 분류	보 기
소수콜로이드	Fe(OH)₃, 점토, 먹물
친수콜로이드	단백질, 녹말, 비눗물, 젤라틴, 아교, 한천
보호콜로이드	잉크에 아라비아고무, 먹물에 아교

해답 ④

제2과목 화재예방과 소화방법

21 외벽이 내화구조인 위험물저장소 건축물의 연면적이 $1500m^2$인 경우 소요단위는?

① 6 ② 10
③ 13 ④ 14

해설 **소요단위의 계산방법**
① 제조소 또는 취급소의 건축물

외벽이 내화구조인 것	외벽이 내화구조가 아닌 것
연면적 $100m^2$를 1소요단위	연면적 $50m^2$를 1소요단위

② 저장소의 건축물

외벽이 내화구조인 것	외벽이 내화구조가 아닌 것
연면적 $150m^2$를 1소요단위	연면적 $75m^2$를 1소요단위

③ 위험물은 지정수량의 10배를 1소요단위로 할 것
∴ 소요단위 = $1,500m^2 ÷ 150m^2 = 10$
∴ 10단위

해답 ②

22 점화원 역할을 할 수 없는 것은?

① 기화열 ② 산화열
③ 정전기불꽃 ④ 마찰열

해설 **열에너지원의 종류**

에너지의 종류	종 류
화학적	연소열, 분해열, 용해열, 반응열, 자연발화, 중합열
전기적	저항가열, 유도가열, 유전가열, 아크가열, 정전스파크, 낙뢰
기계적	마찰열, 압축열, 충격(마찰)스파크
원자력	핵분열, 핵융합

해답 ①

23 ABC급 화재에 적응성이 있으며 부착성이 좋은 메타인산을 만드는 분말소화약제는?

① 제1종 ② 제2종
③ 제3종 ④ 제4종

해설 **제3종분말**(제1인산암모늄) : 열분해 시 발생한 메타인산(HPO_3)은 부착성이 매우 강하다.

분말약제의 열분해

종별	약제명	착색	열분해 반응식
제1종	탄산수소나트륨	백색	$2NaHCO_3$ $→ Na_2CO_3 + CO_2 + H_2O$
제2종	탄산수소칼륨	담회색	$2KHCO_3$ $→ K_2CO_3 + CO_2 + H_2O$
제3종	제1인산암모늄	담홍색	$NH_4H_2PO_4$ $→ HPO_3 + NH_3 + H_2O$
제4종	탄산수소칼륨 + 요소	회(백)색	$2KHCO_3 + (NH_2)_2CO$ $→ K_2CO_3 + 2NH_3 + 2CO_2$

해답 ③

24 (C₂H₅)₃Al의 화재 예방법이 아닌 것은?

① 자연발화방지를 위해 얼음 속에 보관한다.
② 공기와의 접촉을 피하기 위해 불연성 가스를 봉입한다.
③ 용기는 밀봉하여 저장한다.
④ 화기의 접근을 피하여 저장한다.

해설 알킬알루미늄[(C_nH_{2n+1}) · Al] : 제 3류 위험물(금수성 물질)
① 알킬기(C_nH_{2n+1})에 알루미늄(Al)이 결합된 화합물이다.
② $C_1 \sim C_4$는 자연발화의 위험성이 있다.
③ 물과 접촉 시 가연성 가스 발생하므로 주수소화는 절대 금지한다.
④ 트라이메틸알루미늄
 (TMA : Tri Methyl Aluminium)
 $(CH_3)_3Al + 3H_2O \rightarrow Al(OH)_3 + 3CH_4\uparrow$ (메탄)
⑤ 트라이에틸알루미늄
 (TEA : Tri Eethyl Aluminium)
 $(C_2H_5)_3Al + 3H_2O \rightarrow Al(OH)_3 + 3C_2H_6\uparrow$ (에탄)
⑥ 팽창질석, 팽창진주암 등으로 피복소화한다.

해답 ①

25 드라이아이스 1kg이 완전히 기화하면 약 몇 몰의 탄산가스가 되겠는가?

① 22.7 ② 51.3
③ 230.1 ④ 515.0

해설 ① 드라이아이스 : 이산화탄소(CO_2)고체
② 1kg = 1000g
③ 몰수 = $\dfrac{무게}{분자량} = \dfrac{1000g}{44g} = 22.73mol$

해답 ①

26 분말소화약제의 화학반응식이다. ( )안에 알맞은 것은?

$$2NaHCO_3 \rightarrow (\quad) + CO_2 + H_2O$$

① $2NaCO$ ② $2NaCO_2$
③ Na_2CO_3 ④ Na_2CO_4

해설 분말약제의 열분해

종별	약제명	착색	열분해 반응식
제1종	탄산수소나트륨 중탄산나트륨 중조	백색	270℃ $2NaHCO_3$ $\rightarrow Na_2CO_3 + CO_2 + H_2O$ 850℃ $2NaHCO_3$ $\rightarrow Na_2O + 2CO_2 + H_2O$
제2종	탄산수소칼륨 중탄산칼륨	담회색	190℃ $2KHCO_3$ $\rightarrow K_2CO_3 + CO_2 + H_2O$ 590℃ $2KHCO_3$ $\rightarrow K_2O + 2CO_2 + H_2O$
제3종	제1인산암모늄	담홍색	$NH_4H_2PO_4$ $\rightarrow HPO_3 + NH_3 + H_2O$
제4종	탄산수소칼륨 + 요소	회(백)색	$2KHCO_3 + (NH_2)_2CO$ $\rightarrow K_2CO_3 + 2NH_3 + 2CO_2$

해답 ③

27 불활성가스소화설비의 기준으로 틀린 것은?

① 저장용기의 충전비는 고압식에 있어서는 1.5 이상 1.9 이하, 저압식에 있어서는 1.1 이상 1.4 이하로 한다.
② 저압식 저장용기에는 2.3MPa 이상 및 1.9MPa 이하의 압력에서 작동하는 압력 경보장치를 설치한다.
③ 저압식 저장용기에는 용기내부의 온도를 −20℃ 이상, −18℃ 이하로 유지할 수 있는 자동냉동기를 설치한다.
④ 기동용 가스용기는 20MPa 이상의 압력에 견딜 수 있는 것이어야 한다.

해설 ④ 기동용 가스용기는 25MPa 이상의 압력에 견딜 수 있는 것이어야 한다.

해답 ④

28 마그네슘 분말의 화재시 이산화탄소 소화약제는 소화적응성이 없다. 그 이유로 가장 적합한 것은?

① 분해반응에 의하여 산소가 발생하기 때문이다.
② 가연성의 일산화탄소 또는 탄소가 생성되기 때문이다.
③ 분해반응에 의하여 수소가 발생하고 이 수

소는 공기중의 산소와 폭명반응을 하기 때문이다.
④ 가연성의 아세틸렌가스가 발생하기 때문이다.

해설 마그네슘(Mg) : 제2류 위험물(금수성)
① 물과 반응하여 수소기체 발생
$$Mg + 2H_2O \rightarrow Mg(OH)_2 + H_2 \uparrow$$
② 마그네슘과 CO_2의 반응식
$$2Mg + CO_2 \rightarrow 2MgO + C$$
$$Mg + CO_2 \rightarrow MgO + CO$$

해답 ②

29 산소공급원으로 작용할 수 없는 위험물은?

① 과산화칼륨   ② 질산나트륨
③ 과망가니즈산칼륨 ④ 알킬알루미늄

해설 ① 과산화칼륨(K_2O_2)
  : 제1류 위험물 중 무기과산화물
② 질산나트륨($NaNO_3$)
  : 제1류 위험물 중 질산염류
③ 과망가니즈산칼륨($KMnO_4$)
  : 제1류 위험물 중 과망가니즈산염류
④ 알킬알루미늄[(C_nH_{2n+1})·Al]
  : 제3류 위험물(금수성 물질)

산소공급원이 될 수 있는 위험물
① 제1류(산화성 고체)
② 제5류(자기반응성 물질)
③ 제6류(산화성 액체)

해답 ④

30 알코올 화재시 수성막포 소화약제는 효과가 없다. 그 이유로 가장 적당한 것은?

① 알코올이 수용성이어서 포를 소멸시키므로
② 알코올이 반응하여 가연성가스를 발생하므로
③ 알코올 화재시 불꽃의 온도가 매우 높으므로
④ 알코올이 포소화약제와 발열반응을 하므로

해설 ① 알코올포 소화약제
  수용성 위험물(알코올, 산, 케톤류)에 일반 포 약제를 방사하면 포가 소멸하므로(소포성, 파포현상) 이를 방지하기 위하여 특별히 제조된 포 약제이다.
② 알코올포 적응화재
  ㉠ 알코올 ㉡ 아세톤 ㉢ 피리딘
  ㉣ 개미산(의산) ㉤ 초산 등 수용성 액체에 적합

해답 ①

31 탄산수소칼륨 소화약제가 열분해 반응시 생성되는 물질이 아닌 것은?

① K_2CO_3 ② CO_2
③ H_2O ④ KNO_3

해설 분말약제의 열분해

종별	약제명	착색	열분해 반응식
제1종	탄산수소나트륨 중탄산나트륨 중조	백색	270℃ $2NaHCO_3$ $\rightarrow Na_2CO_3 + CO_2 + H_2O$ 850℃ $2NaHCO_3$ $\rightarrow Na_2O + 2CO_2 + H_2O$
제2종	탄산수소칼륨 중탄산칼륨	담회색	190℃ $2KHCO_3$ $\rightarrow K_2CO_3 + CO_2 + H_2O$ 590℃ $2KHCO_3$ $\rightarrow K_2O + 2CO_2 + H_2O$
제3종	제1인산암모늄	담홍색	$NH_4H_2PO_4$ $\rightarrow HPO_3 + NH_3 + H_2O$
제4종	탄산수소칼륨 + 요소	회(백)색	$2KHCO_3 + (NH_2)_2CO$ $\rightarrow K_2CO_3 + 2NH_3 + 2CO_2$

해답 ④

32 고체가연물에 있어서 덩어리 상태보다 분말일 때 화재 위험성이 증가하는 이유는?

① 공기와의 접촉면적이 증가하기 때문이다.
② 열전도율이 증가하기 때문이다.
③ 흡열반응이 진행되기 때문이다.
④ 활성화에너지가 증가하기 때문이다.

해설 ① 고체가연물은 덩어리상태보다 표면적(접촉면적)이 큰 분말상태가 화재위험성이 증가한다.
② **가연물의 조건**(연소가 잘 이루어지는 조건)
  ㉠ 산소와 친화력이 클 것
  ㉡ 발열량이 클 것
  ㉢ 표면적(접촉면적)이 넓을 것
  ㉣ 열전도도가 작을 것

ⓜ 활성화 에너지가 적을 것
　ⓗ 연쇄반응을 일으킬 것
　ⓢ 활성이 강할 것

해답 ①

33 위험물을 취급하는 건축물의 옥내 소화전이 1층에 6개, 2층에 5개, 3층에 4개가 설치되었다. 이 때 수원의 수량은 몇 m^3 이상이 되도록 설치하여야 하는가?

① 23.4　　② 31.8
③ 39.0　　④ 46.8

해설 위험물제조소등의 소화설비 설치기준

소화설비	수평거리	방사량	방사압력
옥내	25m 이하	260(L/min) 이상	350(kPa) 이상
	수원의 양 $Q=N(소화전개수:최대 5개)\times 7.8m^3(260L/min\times 30min)$		
옥외	40m 이하	450(L/min) 이상	350(kPa) 이상
	수원의 양 $Q=N(소화전개수:최대 4개)\times 13.5m^3(450L/min\times 30min)$		
스프링클러	1.7m 이하	80(L/min) 이상	100(kPa) 이상
	수원의 양 $Q=N(헤드수:최대 30개)\times 2.4m^3(80L/min\times 30min)$		
물분무	–	20(L/m^2·min)	350(kPa) 이상
	수원의 양 $Q=A(바닥면적m^2)\times 0.6m^3(20L/m^2\cdot min\times 30min)$		

∴ 옥내소화전 수원의 수량
　$Q=N(소화전개수:최대 5개)\times 7.8m^3$
　$=5\times 7.8m^3=39m^3$

해답 ③

34 제2류 위험물 중 철분의 화재에 적응성이 있는 소화약제는?

① 인산염류 분말소화설비
② 불활성가스소화설비
③ 탄산수소염류 분말소화설비
④ 할로젠화합물소화설비

해설 ① 금속분, 철분, 마그네슘
　　ⓖ 제2류 위험물 중 금수성 물질
　　ⓛ 물과 접촉 시 수소기체 발생
② 금수성 위험물질에 적응성이 있는 소화기
　　ⓖ 탄산수소염류
　　ⓛ 마른 모래
　　ⓒ 팽창질석 또는 팽창진주암

해답 ③

35 일반적인 연소형태가 표면연소인 것은?

① 플라스틱　　② 목탄
③ 황　　　　　④ 피크린산

해설 **연소의 형태** ★★ 자주출제(필수암기)★★
① **표면연소** : 숯, 코크스, 목탄, 금속분
② **증발연소** : 파라핀(양초), 황, 나프탈렌, 왁스, 휘발유, 등유, 경유, 아세톤 등 제4류 위험물
③ **분해연소** : 석탄, 목재, 플라스틱, 종이, 합성수지, 중유
④ **자기연소(내부연소)** : 질화면(나이트로셀룰로스), 셀룰로이드, 나이트로글리세린 등 제5류 위험물
⑤ **확산연소** : 아세틸렌, LPG, LNG 등 가연성 기체
⑥ **불꽃연소＋표면연소** : 목재, 종이, 셀룰로오스, 열경화성수지

해답 ②

36 연소 이론에 대한 설명으로 가장 거리가 먼 것은?

① 착화온도가 낮을수록 위험성이 크다.
② 인화점이 낮을수록 위험성이 크다.
③ 인화점이 낮은 물질은 착화점도 낮다.
④ 폭발 한계가 넓을수록 위험성이 크다.

해설 ④ 인화점과 착화점의 상관관계는 적다.

위험성의 영향인자

영향인자	위험성
온도, 압력, 산소농도	높을수록 위험
연소범위(폭발범위)	넓을수록 위험
연소열, 증기압	클수록 위험
연소속도	빠를수록 위험
인화점, 착화점, 비점, 융점, 비중, 점성, 비열	낮을수록 위험

해답 ③

37 메탄올 40000L는 소요단위가 얼마인가?

① 5단위 ② 10단위
③ 15단위 ④ 20단위

해설 제4류 위험물 및 지정수량

품 명		지정수량(L)
1. 특수인화물		50
2. 제1석유류	비수용성액체	200
	수용성액체	400
3. 알코올류		400
4. 제2석유류	비수용성액체	1,000
	수용성액체	2,000
5. 제3석유류	비수용성액체	2,000
	수용성액체	4,000
6. 제4석유류		6,000
7. 동식물유류		10,000

∴ 지정수량의 배수 = $\frac{저장수량}{지정수량} = \frac{40,000}{400}$
  = 100배

∴ 소요단위 = $\frac{지정수량의\ 배수}{10} = \frac{100}{10}$
  = 10단위

해답 ②

38 연소 시 온도에 따른 불꽃의 색상이 잘못된 것은?

① 적색 : 약 850℃
② 황적색 : 약 1100℃
③ 휘적색 : 약 1200℃
④ 백적색 : 약 1300℃

해설 ③ 휘적색 : 약 950℃

연소시 색과 온도 ★★★

색	암적색	적색	황색	휘적색	황적색	백적색	휘백색
온도(℃)	700	850	900	950	1100	1300	1500

해답 ③

39 할로겐화합물소화설비의 소화약제 중 축압식 저장용기에 저장하는 하론 2402의 충전비는?

① 0.51 이상 0.67 이하
② 0.67 이상 2.75 이하
③ 0.7 이상 1.4 이하
④ 0.9 이상 1.6 이하

해설 할론 소화약제의 충전비

약제		할론 2402	할론 1211	할론 1301
충전비	가압식	0.51 이상 0.67 미만	0.7 이상 1.4 이하	0.9 이상 1.6 이하
	축압식	0.67 이상 2.75 이하		

해답 ②

40 지정수량 10배 이상의 위험물을 운반할 경우 서로 혼재할 수 있는 위험물 유별은?

① 제1류 위험물과 제2류 위험물
② 제2류 위험물과 제4류 위험물
③ 제5류 위험물과 제6류 위험물
④ 제3류 위험물과 제5류 위험물

해설 유별을 달리하는 위험물의 혼재기준(쉬운 암기방법)

혼재 가능	
↓1류 + 6류↑	2류 + 4류
↓2류 + 5류↑	5류 + 4류
↓3류 + 4류↑	

해답 ②

제3과목 위험물의 성질과 취급

41 위험물의 운반용기 외부에 표시하여야 하는 주의사항을 틀리게 연결한 것은?

① 염소산암모늄-화기·충격주의 및 가연물 접촉주의
② 철분-화기주의 및 물기엄금
③ 아세틸퍼옥사이드-화기엄금 및 충격주의
④ 과염소산-물기엄금 및 가연물접촉주의

해설 ④ 과염소산(제6류) - 가연물 접촉주의

위험물 운반용기의 외부 표시 사항
① 위험물의 품명, 위험등급, 화학명 및 수용성(제4류 위험물의 수용성인 것에 한함)
② 위험물의 수량
③ 수납하는 위험물에 따른 주의사항

유별	성질에 따른 구분	표시사항
제1류	알칼리금속의 과산화물	화기·충격주의, 물기엄금 및 가연물접촉주의
	그 밖의 것	화기·충격주의 및 가연물접촉주의
제2류	철분·금속분·마그네슘	화기주의 및 물기엄금
	인화성 고체	화기엄금
	그 밖의 것	화기주의
제3류	자연발화성 물질	화기엄금 및 공기접촉엄금
	금수성 물질	물기엄금
제4류	인화성 액체	화기엄금
제5류	자기반응성 물질	화기엄금 및 충격주의
제6류	산화성 액체	가연물접촉주의

해답 ④

42 다음 ( )안에 알맞은 수치와 용어를 옳게 나열한 것은?

> 이황화탄소의 옥외저장탱크는 벽 및 바닥의 두께가 ( )m 이상이고, 누수가 되지 아니하는 철근콘크리트의 ( )에 넣어 보관하여야 한다.

① 0.2, 수조　　② 0.1, 수조
③ 0.2, 진공탱크　④ 0.1, 진공탱크

해설 이황화탄소의 옥외저장탱크
① 벽 및 바닥의 두께가 0.2m 이상일 것
② 누수가 되지 아니하는 철근콘크리트의 수조에 넣어 보관할 것.

해답 ①

43 경유는 제 몇 석유류에 해당하는지와 지정수량을 옳게 나타낸 것은?

① 제1석유류-200L
② 제2석유류-1000L
③ 제1석유류-400L
④ 제2석유류-2000L

해설 제4류 위험물(인화성 액체)

구 분	지정품목	기타 조건(1atm에서)
특수인화물	이황화탄소 다이에틸에터	• 발화점이 100℃ 이하 • 인화점 −20℃ 이하이고 비점이 40℃ 이하
제1석유류	아세톤, 휘발유	• 인화점 21℃ 미만
알코올류		$C_1 \sim C_3$까지 포화 1가 알코올(변성알코올 포함) 메틸알코올, 에틸알코올, 프로필알코올
제2석유류	등유, 경유	• 인화점 21℃ 이상 70℃ 미만
제3석유류	중유 크레오소트유	• 인화점 70℃ 이상 200℃ 미만
제4석유류	기어유 실린더유	• 인화점 200℃ 이상 250℃ 미만
동식물유류		동물의 지육 등 또는 식물의 종자나 과육으로부터 추출한 것으로서 인화점이 250℃ 미만인 것

제4류 위험물 및 지정수량

품 명		지정수량(L)
1. 특수인화물		50
2. 제1석유류	비수용성액체	200
	수용성액체	400
3. 알코올류		400
4. 제2석유류	비수용성액체	1,000
	수용성액체	2,000
5. 제3석유류	비수용성액체	2,000
	수용성액체	4,000
6. 제4석유류		6,000
7. 동식물유류		10,000

해답 ②

44 다음 물질 중 인화점이 가장 낮은 것은?

① 톨루엔　　② 아닐린
③ 피리딘　　④ 에틸렌글리콜

해설 제4류 위험물의 인화점

품 명	화학식	류 별	인화점(℃)
톨루엔	$C_6H_5CH_3$	제1석유류	4
아닐린	$C_6H_5NH_2$	제3석유류	75
피리딘	C_5H_5N	제1석유류	20
에틸렌글리콜	C_2H_4OH	제3석유류	111

해답 ①

45 오황화인이 물과 작용해서 발생하는 기체는?

① 이황화탄소　② 황화수소
③ 포스겐가스　④ 인화수소

해설 오황화인(P_2S_5)(제2류 위험물) : 황과 인의 화합물
① 담황색 결정이고 조해성이 있다.
② 수분을 흡수하면 분해된다.
③ 이황화탄소(CS_2)에 잘 녹는다.
④ 물, 알칼리와 반응하여 인산과 황화수소를 발생한다.

$$P_2S_5 + 8H_2O \rightarrow 2H_3PO_4 + 5H_2S \uparrow$$

해답 ②

46 위험물의 취급 중 소비에 관한 기준으로 틀린 것은?

① 열처리 작업은 위험물이 위험한 온도에 이르지 아니하도록 하여 실시하여야 한다.
② 담금질 작업은 위험물이 위험한 온도에 이르지 아니하도록 하여 실시하여야 한다.
③ 분사도장 작업은 방화상 유효한 격벽 등으로 구획한 안전한 장소에서 하여야 한다.
④ 버너를 사용하는 경우에는 버너의 역화를 유지하고 위험물이 넘치지 아니하도록 하여야 한다.

해설 위험물의 취급 중 소비에 관한 기준
① 분사도장작업은 방화 상 유효한 격벽 등으로 구획된 안전한 장소에서 실시
② 담금질 또는 열처리작업은 위험물이 위험한 온도에 이르지 아니하도록 하여 실시
③ 버너를 사용하는 경우에는 버너의 역화를 방지하고 위험물이 넘치지 아니하도록 할 것

해답 ④

47 옥내저장소에서 안전거리 기준이 적용되는 경우는?

① 지정수량 20배미만의 제4석유류를 저장하는 것
② 제2류 위험물 중 덩어리 상태의 황을 저장하는 것
③ 지정수량 20배미만의 동식물유류를 저장하는 것
④ 제6류 위험물을 저장하는 것

해설 옥내저장소의 안전거리기준 적용예외
① 지정수량 20배 미만의 제4석유류를 저장 취급하는 것
② 지정수량 20배 미만의 동식물유류를 저장 취급하는 것
③ 제6류 위험물을 저장 또는 취급하는 옥내저장소

해답 ②

48 옥내저장소에서 위험물 용기를 겹쳐 쌓는 경우에 있어서 제4류 위험물 중 제3석유류만을 수납하는 용기를 겹쳐 쌓을 수 있는 높이는 최대 몇 m 인가?

① 3   ② 4
③ 5   ④ 6

해설 옥내저장소에서 위험물을 저장하는 경우 높이 제한
① 기계에 의하여 하역하는 구조로 된 용기만을 겹쳐 쌓는 경우 : 6m
② 제4류 위험물 중 제3석유류, 제4석유류 및 동식물유류를 수납하는 용기만을 겹쳐 쌓는 경우 : 4m
③ 그 밖의 경우 : 3m

해답 ②

49 취급하는 장치가 구리나 마그네슘으로 되어 있을 때 반응을 일으켜서 폭발성의 아세틸라이드를 생성하는 물질은?

① 이황화탄소   ② 아이소프로필알코올
③ 산화프로필렌   ④ 아세톤

해설 산화프로필렌(CH_3CH_2CHO)
: 제4류 위험물 중 특수인화물
① 휘발성이 강하고 에터 냄새가 나는 액체이다.
② 물, 알코올, 벤젠 등 유기용제에는 잘 녹는다.
③ 연소범위는 2.8~37%이다
④ 저장용기 사용 시 구리, 마그네슘, 은, 수은 및 합금용기 사용금지(아세틸라이드 생성)
⑤ 저장 용기 내에 질소(N_2) 등 불연성가스를 채워둔다.
⑥ 소화는 포 약제로 질식 소화한다.

해답 ③

50 염소산나트륨에 관한 설명으로 틀린 것은?

① 산과 반응하여 유독한 이산화염소를 발생한다.
② 무색 결정이다.
③ 조해성이 있다.
④ 알코올이나 글리세린에 녹지 않는다.

해설 ④ 염소산나트륨은 알코올이나 글리세린에 녹는다.

염소산나트륨($NaClO_3$) : 제1류 위험물 중 염소산염류
① 조해성이 크고, 알코올, 에터, 물에 녹는다.
② 철제를 부식시키므로 철제용기 사용금지
③ 산과 반응하여 유독한 이산화염소(ClO_2)를 발생시키며 이산화염소는 폭발성이다.
④ 조해성이 있기 때문에 밀폐하여 저장한다.

조해성
공기 중에 노출되어 있는 고체가 수분을 흡수하여 녹는 현상

해답 ④

51 제6류 위험물에 속하지 않는 것은?

① 질산   ② 질산구아니딘
③ 삼불화브로민   ④ 오불화아이오딘

해설 ② 질산구아니딘 : 제5류 위험물
질산(HNO_3)과 구아니딘[$C(NH)(NH_2)_2$]의 화합물

제6류 위험물(산화성 액체)

품 명	화학식	지정수량
과염소산	$HClO_4$	
과산화수소	H_2O_2	
질산	HNO_3	300kg
삼불화브로민	BrF_3	
오불화브로민	BrF_5	
오불화아이오딘	IF_5	

해답 ②

52 다음 중 아이오딘가가 가장 높은 동식물유류는?

① 아마인유   ② 야자유
③ 피마자유   ④ 올리브유

해설 **동식물유류** : 제4류 위험물
동물의 지육 또는 식물의 종자나 과육으로부터 추출한 것으로 1기압에서 인화점이 250℃ 미만인 것

아이오딘값에 따른 동식물유류의 분류

구 분	아이오딘값	종류
건성유	130 이상	해바라기기름, 동유(오동기름), 정어리기름, 아마인유, 들기름
반건성유	100~130	채종유, 쌀기름, 참기름, 면실유, 옥수수기름, 청어기름, 콩기름
불건성유	100 이하	야자유, 팜유, 올리브유, 피마자기름, 낙화생기름, 돈지, 우지, 고래기름

아이오딘값(아이오딘가)의 정의
유지 100g에 부가되는 아이오딘의 g수

비누화 값의 정의
유지 1g을 비누화하는데 필요한 KOH mg수

해답 ①

53 질산칼륨의 성질에 대한 설명 중 틀린 것은?

① 물에 잘 녹는다.
② 화재시 주수 소화가 가능하다.
③ 열분해하면 산소를 발생한다.
④ 비중은 1보다 작다.

해설 ④ 질산칼륨의 비중은 2.1로 1보다 크다.

질산칼륨(KNO_3) : 제1류 위험물(산화성고체)
① 질산칼륨에 숯가루, 황가루를 혼합하여 흑색화약제조에 사용한다.
② 열분해하여 산소를 방출한다.
  $2KNO_3 \rightarrow 2KNO_2 + O_2 \uparrow$
③ 물, 글리세린에는 잘 녹으나 알코올에는 잘 녹지 않는다.
④ 유기물 및 강산과 접촉 시 매우 위험하다.
⑤ 소화는 주수소화방법이 가장 적당하다.

해답 ④

54 물과 접촉하면 위험한 물질로만 나열된 것은?

① CH₃CHO, CaC₂, NaClO₄
② K₂O₂, K₂Cr₂O₇, CH₃CHO
③ K₂O₂, Na, CaC₂
④ Na, K₂Cr₂O₇, NaClO₄

[해설]

①
CH₃CHO	아세트알데하이드	제4류 특수인화물	인화성 액체
CaC₂	탄화칼슘	제3류	금수성
NaClO₄	과염소산나트륨	제1류 과염소산염류	산화성 고체

②
K₂O₂	과산화칼륨	제1류 무기과산화물	금수성
K₂Cr₂O₇	다이크로뮴산칼륨	제1류 다이크로뮴산염류	산화성 고체
CH₃CHO	아세트알데하이드	제4류 특수인화물	인화성 액체

③
K₂O₂	과산화칼륨	제1류 무기과산화물	금수성
Na	나트륨	제3류	금수성
CaC₂	탄화칼슘	제3류	금수성

④
Na	나트륨	제3류	금수성
K₂Cr₂O₇	다이크로뮴산칼륨	제1류 다이크로뮴산염류	산화성 고체
NaClO₄	과염소산나트륨	제1류 과염소산염류	산화성 고체

[해답] ③

55 가열했을 때 분해하여 적갈색의 유독한 가스를 방출하는 것은?

① 과염소산
② 질산
③ 과산화수소
④ 적린

[해설] 질산(HNO₃) : 제6류 위험물(산화성 액체)
① 무색의 발연성 액체이다.
② 빛에 의하여 일부 분해되어 생긴 NO₂ 때문에 황갈색으로 된다.

$$4HNO_3 \rightarrow 2H_2O + 4NO_2\uparrow + O_2\uparrow$$
(이산화질소) (산소)

③ 환원성물질과 혼합하면 발화 또는 폭발한다.

크산토프로테인반응(xanthoprotenic reaction)
단백질에 진한질산을 가하면 노란색으로 변하고 알칼리를 작용시키면 오렌지색으로 변하며, 단백질 검출에 이용된다.

[해답] ②

56 위험물과 보호액을 잘못 연결한 것은?

① 이황화탄소-물
② 인화칼슘-물
③ 황린-물
④ 금속나트륨-등유

[해설] 보호액속에 저장 위험물
① 석유(파라핀, 경유, 등유) 속 보관
　칼륨(K), 나트륨(Na)
② 물속에 보관
　이황화탄소(CS₂), 황린(P₄)

인화칼슘(Ca₃P₂)[별명 : 인화석회] : 제3류 위험물(금수성 물질)
① 적갈색의 괴상고체
② 물 및 약산과 격렬히 반응, 분해하여 인화수소(포스핀)(PH₃)을 생성한다.

• Ca₃P₂ + 6H₂O → 3Ca(OH)₂ + 2PH₃
　　　　　　　　　　　(포스핀 = 인화수소)
• Ca₃P₂ + 6HCl → 3CaCl₂ + 2PH₃
　　　　　　　　　　　(포스핀 = 인화수소)

[해답] ②

57 제조소등의 관계인은 당해 제조소등의 용도를 폐지한 때에는 행정안전부령이 정하는 바에 따라 제조소등의 용도를 폐지한 날부터 며칠 이내에 시·도지사에게 신고하여야 하는가?

① 5일
② 7일
③ 10일
④ 14일

[해설] 제조소등의 폐지
제조소등의 관계인(소유자·점유자 또는 관리자)은 당해 제조소등의 용도를 폐지한 때에는 행정안전부령이 정하는 바에 따라 제조소등의 용도를 폐지한 날부터 14일 이내에 시·도지사에게 신고하여야 한다.

[해답] ④

58 산화프로필렌 300L, 메탄올 400L, 벤젠 200L를 저장하고 있는 경우 각각 지정수량배수의 총합은 얼마인가?

① 4
② 6
③ 8
④ 10

해설 제4류 위험물 및 지정수량

품 명		지정수량(L)
1. 특수인화물		50
2. 제1석유류	비수용성액체	200
	수용성액체	400
3. 알코올류		400
4. 제2석유류	비수용성액체	1,000
	수용성액체	2,000
5. 제3석유류	비수용성액체	2,000
	수용성액체	4,000
6. 제4석유류		6,000
7. 동식물유류		10,000

① 산화프로필렌 : 특수인화물 50L
② 메탄올 : 알코올류 400L
③ 벤젠 : 제1석유류(비수용성) 200L

∴ 지정수량의 배수 = $\dfrac{저장수량}{지정수량}$

$= \dfrac{300}{50} + \dfrac{400}{400} + \dfrac{200}{200} = 8$배

해답 ③

59 2가지의 위험물이 섞여 있을 때 발화 또는 폭발 위험성이 가장 낮은 것은?

① 과망가니즈산칼륨-글리세린
② 적린-염소산칼륨
③ 나이트로셀룰로오스-알코올
④ 질산-나무조각

해설 나이트로셀룰로오스[$(C_6H_7O_2(ONO_2)_3)_n$] : **제5류 위험물**

셀룰로오스(섬유소)에 진한질산과 진한 황산의 혼합액을 작용시켜서 만든 것이다.
① 건조상태에서는 폭발위험이 크나 수분 또는 알코올 함유 시 폭발위험성이 없어 저장·운반이 용이하다.
② 질소함유율(질화도)이 높을수록 폭발성이 크다.
③ 저장 시 20% 이상의 수분을 첨가하여 저장한다.

해답 ③

60 트라이나이트로페놀의 성질에 대한 설명 중 틀린 것은?

① 폭발에 대비하여 철, 구리로 만든 용기에 저장한다.
② 휘황색을 띤 침상결정이다.
③ 비중이 약 1.8로 물보다 무겁다.
④ 단독으로는 충격, 마찰에 둔감한 편이다.

해설 피크르산[$C_6H_2(NO_2)_3OH$](TNP : Tri Nitro Phenol)
: **제5류 위험물 중 나이트로화합물**
① 페놀에 황산을 작용시켜 다시 진한 질산으로 나이트로화 하여 만든 노란색 결정
② 침상결정이며 냉수에는 약간 녹고 더운물, 알코올, 벤젠 등에 잘 녹는다.
③ 쓴맛과 독성이 있다.
④ 피크르산(picric acid) 또는 트라이나이트로페놀(Tri Nitro phenol)의 약자로 TNP라고도 한다.
⑤ 단독으로 타격, 마찰에 비교적 둔감하다.
⑥ 화약, 불꽃놀이에 이용된다.

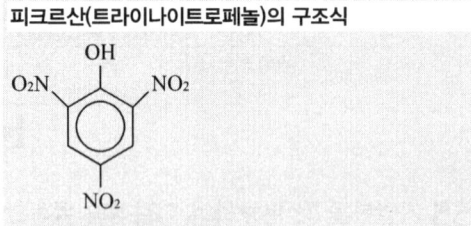

피크르산(트라이나이트로페놀)의 구조식

피크르산의 열분해 반응식
$2C_6H_2OH(NO_2)_3$
$\rightarrow 2C + 3N_2\uparrow + 3H_2\uparrow + 4CO_2\uparrow + 6CO\uparrow$

해답 ①

위험물산업기사

2023년 5월 CBT 시행

본 문제는 CBT시험대비 기출문제 복원입니다.

제1과목 일반화학

01 Mg^{2+}와 같은 전자 배치를 가지는 것은?

① Ca^{2+}
② Ar
③ Cl^-
④ F^-

[해설] 원자핵 둘레의 전자배열

전자껍질	K n=1	L n=2	M n=3	N n=4
최대 수용 전자수($2n^2$)	2	8	18	32
문자기호	s	s, p	s, p, d	s, p, d, f
오비탈	$1s^2$	$2s^2, 2p^6$	$3s^2, 3p^6,$ $3d^{10}$	$4s^2, 4p^6,$ $4d^{10}, 4f^{14}$
Mg^{2+}(원자번호12) 전자2개 감소 10	$1s^2$	$2s^2, 2p^6$		
Ca^{2+}(원자번호20) 전자2개 감소 18	$1s^2$	$2s^2, 2p^6$	$3s^2, 3p^6$	
Ar(원자번호18)	$1s^2$	$2s^2, 2p^6$	$3s^2, 3p^6$	
Cl^-(원자번호 17) 전자1개 증가 18	$1s^2$	$2s^2, 2p^6$	$3s^2, 3p^6$	
F^-(원자번호 9) 전자1개 증가 10	$1s^2$	$2s^2, 2p^6$		

[해답] ④

02 다음 합금 중 주요성분으로 구리가 포함되지 않은 것은?

① 두랄루민
② 문쯔메탈
③ 톰백
④ 고속도강

[해설] ① 두랄루민 [Duralumin] : Cu + Mg
② 문쯔메탈 : Cu + Zn (6 : 4)
③ 톰백 : Cu + Zn (8 : 2)
④ 고속도강 : 텅스텐 18%, 크로뮴 4%, 바나듐 1%

[해답] ④

03 다음 물질 중 비전해질인 것은?

① CH_3COOH
② C_2H_5OH
③ NH_4OH
④ HCl

[해설] 전해질과 비전해질

전해질	비전해질
물 또는 다른 물질에 녹아서 전기를 통하는 물질	물 또는 다른 물질에 녹아서 전기를 통하지 못하는 물질
대부분 이온결합물질	대부분 공유결합물질
• 강전해질 ① 질산(HNO_3) ② 염산(HCl) ③ 황산(H_2SO_4) ④ 수산화칼륨(KOH) ⑤ 수산화나트륨(NaOH) ⑥ 모든염 • 약전해질 ① 초산(CH_3COOH) ② 암모니아수(NH_4OH)	① 에탄올(C_2H_5OH) ② 포도당($C_6H_{12}O_6$) ③ 제4류 위험물이 대부분 여기에 속한다.

[해답] ②

04 염기성 산화물에 해당하는 것은?

① MgO
② SnO
③ ZnO
④ PbO

[해설] 산화물의 분류

산성 산화물	• 물과 반응 산을 생성 • 염기와 작용 염과 물 생성 • 일반적으로 비금속 산화물	CO_2, SO_2, SiO_2, NO_2, P_2O_5
염기성 산화물	• 물과 반응 염기를 생성 • 산과 작용 염과 물 생성 • 일반적으로 금속 산화물	Na_2O, CuO, CaO, MgO, Fe_2O_3
양쪽성 산화물	• 산, 염기와 작용 물과 염을 생성	Al_2O_3, ZnO, SnO, PbO

[뇌새김 암기법] 양쪽성 산화물 : 알 아 주 납

[해답] ①

05 염소산칼륨을 이산화망가니즈를 촉매로 하여 가열하면 염화칼륨과 산소로 열분해 된다. 표준상태를 기준으로 11.2L의 산소를 얻으려면 몇 g의 염소산칼륨이 필요한가? (단, 원자량은 K 39, Cl 35.5 이다.)

① 30.63g ② 40.83g
③ 61.25g ④ 122.5g

해설 염소산칼륨($KClO_3$) : 제1류 위험물 중 염소산염류
이산화망가니즈를 촉매로 하여 가열시 염화칼륨과 산소로 분해

$$2KClO_3 \rightarrow 2KCl + 3O_2\uparrow$$
(염소산칼륨) (염화칼륨) (산소)

① $KClO_3$의 분자량 $= 39 + 35.5 + 16 \times 3 = 122.5$
② $2 \times 122.5g \rightarrow 3 \times 22.4L$
   $X \rightarrow 11.2L$
③ $X = \dfrac{2 \times 122.5 \times 11.2}{3 \times 22.4} = 40.83g$

해답 ②

06 고체 유기물질을 정제하는 과정에서 이 물질이 순물질인지를 알아보기 위한 조사 방법으로 다음 중 가장 적합한 방법은 무엇인가?

① 육안 관찰   ② 녹는점 측정
③ 광학현미경 분석 ④ 전도도 측정

해설 고체의 순물질 여부 확인방법
녹는점(융점 : MP)측정하여 순물질의 녹는점과 비교 분석
액체의 순물질 여부 확인방법
끓는점(비점 : BP)측정하여 순물질의 끓는점과 비교 분석

해답 ②

07 Rn은 α선 및 β선을 2번씩 방출하고 다음과 같이 변했다. 마지막 Po의 원자번호는 얼마인가? (단, Rn의 원자번호는 86, 원자량은 222이다.)

$$Rn \xrightarrow{\alpha} Po \xrightarrow{\alpha} Pb \xrightarrow{\beta} Bi \xrightarrow{\beta} Po$$

① 78   ② 81
③ 84   ④ 87

해설 원소의 붕괴

방사선 붕괴	질량수	원자번호
α	4 감소	2 감소
β	불변	1 증가
γ	불변	불변

Rn의 α선 및 β선 2번 붕괴
① α 붕괴 2번 = 질량수8감소 원자번호 4감소
② β 붕괴 2번 = 질량수 불변 원자번호 2증가
③ 원자번호 $= 86 - 4 + 2 = 84$
④ 질량수 $= 222 - 8 = 214$

[뇌새김 암기법] $\downarrow^4_2\alpha$, $\uparrow_1\beta$

해답 ③

08 0.1N 아세트산 용액의 전리도가 0.01 이라고 하면 이 아세트산 용액의 pH는?

① 0.5   ② 1
③ 1.5   ④ 3

해설 전리도 = 이온화도(α)
전해질을 물에 녹였을 때 전리되어 있는 양과 용질 전량에 대한 비율

① 전리도(α) $= \dfrac{\text{이온화된 용질의 몰수}}{\text{용질의 전 몰수}}$
   $= \dfrac{\text{전리된 분자수}}{\text{전해질의 전 분자수}}$
② $[H^+] = 0.1 \times 0.01 = 0.001 = 10^{-3}$
③ $\therefore PH = -\log[H^+] = -\log[10^{-3}] = 3$

해답 ④

09 20℃에서 설탕물 100g 중에 설탕 40g 이 녹아 있다. 이 용액이 포화용액일 경우 용해도(g/H_2O 100g)는 얼마인가?

① 72.4   ② 66.7
③ 40   ④ 28.6

해설 ① 용질(녹아 있는 물질)의 무게 $= 40g$
② 용매(녹이는 물질)의 무게 $= 100 - 40 = 60g$
③ 용해도 $= \dfrac{\text{용질의 무게}}{\text{용매의 무게}} \times 100 = \dfrac{40}{60} \times 100 = 66.7$

해답 ②

10 그레이엄의 법칙에 따른 기체의 확산 속도와 분자량의 관계를 옳게 설명한 것은?

① 기체 확산 속도는 분자량의 제곱에 비례한다.
② 기체 확산 속도는 분자량의 제곱에 반비례한다.
③ 기체 확산 속도는 분자량의 제곱근에 비례한다.
④ 기체 확산 속도는 분자량의 제곱근에 반비례한다.

해설 기체의 확산속도에 의한 분자량의 측정(그레이엄의 법칙)
두 가지 기체가 퍼지는 확산속도는 그 기체의 밀도(분자량)의 제곱근에 반비례한다.

$$\frac{U_1}{U_2} = \sqrt{\frac{M_2}{M_1}} = \sqrt{\frac{d_2}{d_1}}$$

여기서, U_1 : 기체1의 확산속도
U_2 : 기체2의 확산속도
M_1 : 기체1의 분자량
M_2 : 기체2의 분자량
d_1 : 기체1의 밀도
d_2 : 기체2의 밀도

해답 ④

11 가로 2cm, 세로 5cm, 높이 3cm인 직육면체 물체의 무게는 100g 이었다. 이 물체의 밀도는 몇 g/cm³ 인가?

① 3.3   ② 4.3
③ 5.3   ④ 6.3

해설 밀도(ρ=g/cm³ 또는 kg/m³) : 단위체적 당 질량
$\rho = 100g/(2cm \times 5cm \times 3cm) = 3.33 g/cm^3$

해답 ①

12 2차 알코올이 산화되면 무엇이 되는가?

① 알데히드   ② 에터
③ 카복실산   ④ 케톤

해설 알코올의 산화 시 생성물
① 1차 알코올 → 알데히드 → 카복실산

$C_2H_5OH \xrightarrow[-H_2O]{CuO} CH_3CHO \xrightarrow{+O} CH_3COOH$
(에틸알코올) (아세트알데히드) (초산)

$CH_3OH \xrightarrow[-H_2O]{+O} HCHO \xrightarrow{+O} HCOOH$
(메틸알코올) (포름알데히드) (포름산)

② 2차 알코올 → 케톤

$CH_3-CH(OH)-CH_3 \xrightarrow{+O} CH_3-CO-CH_3 + H_2O$
(아이소프로필알코올) (아세톤)   (물)

해답 ④

13 이상기체의 거동을 가정할 때, 표준상태에서의 기체밀도가 약 1.96g/L인 기체는?

① O_2 ② CH_4
③ CO_2 ④ N_2

해설 증기밀도(g/L) [0°C, 1기압상태]계산공식

$$증기밀도(\rho) = \frac{분자량(g)}{22.4L}$$

① 산소(O_2) $\rho = \frac{32g}{22.4L} = 1.43 g/L$
② 메탄(CH_4) $\rho = \frac{16g}{22.4L} = 0.71 g/L$
③ 이산화탄소(CO_2) $\rho = \frac{44g}{22.4L} = 1.96 g/L$
④ 수소(H_2) $\rho = \frac{2g}{22.4L} = 0.09 g/L$

해답 ③

14 올레핀계 탄화수소에 해당하는 것은?

① CH_4 ② $CH_2=CH_2$
③ $CH\equiv CH$ ④ CH_3CHO

해설 에틸렌계 탄화수소(올레핀계 탄화수소)
에틸렌(C_2H_4)의 동족 열에 속하며 C_nH_{2n}의 일반식을 가진 사슬모양의 불포화 탄화수소군을 말한다.

해답 ②

15 어떤 원자핵에서 양성자의 수가 3이고, 중성자의 수가 2일 때 질량수는 얼마인가?

① 1　　② 3
③ 5　　④ 7

해설 원자핵 속에 포함된 양성자 수를 원자번호라 한다.

원자번호 = 원자핵의 양하전량 = 양성자수
　　　　= 전자수(중성 원자)

원자를 구성하는 입지
① 원자핵(+) = 양성자(+) + 중성자(+)
② 전자(−)

질량수 = 양성자수(원자번호) + 중성자수
∴ 질량수 = 3 + 2 = 5

해답 ③

16 프리델-크래프트 반응을 나타내는 것은?

① $C_6H_6 + 3H_2 \xrightarrow{Ni} C_6H_{12}$

② $C_6H_6 + CH_3Cl \xrightarrow{AlCl_3} C_6H_5CH_3 + HCl$

③ $C_6H_6 + Cl_2 \xrightarrow{Fe} C_6H_5Cl + HCl$

④ $C_6H_6 + HONO_2 \xrightarrow{c-H_2SO_4} C_6H_5NO_2 + H_2O$

해설 프리델-크라프츠 반응에서 사용되는 촉매 : 염화알루미늄($AlCl_3$)

프리델-크라프츠 반응
염화알루미늄($AlCl_3$)이나 무수물 따위의 촉매 작용으로 방향족 화합물을 알킬화 하거나 아실화(acyl化)하는 반응

해답 ②

17 황산구리(Ⅱ) 수용액을 전기분해할 때 63.5g의 구리를 석출시키는데 필요한 전기량은 몇 F 인가? (단, Cu의 원자량은 63.5 이다.)

① 0.635F　　② 1F
③ 2F　　④ 63.5F

해설 ① 황산구리($CuSO_4$)에서 Cu의 원자가 = 2가
② 황산구리 수용액에서 전리 : Cu^{+2}, SO_4^{-2}
③ $Cu^{+2} + 2e^- \rightarrow Cu$(구리 1몰(63.5g)을 석출하는데 2F(패럿)의 전기량이 소요된다.)

패러데이(Faraday)의 법칙
① 제1법칙 : 같은 물질에 대하여 전기분해로서 전극에서 일어나는 물질의양은 통한 전기량에 비례한다.
② 제2법칙 : 일정한 전기량에 의하여 일어나는 화학변화의 양은 그 물질의 화학 당량에 비례한다.

해답 ③

18 P 43.7wt% 와 O 56.3wt% 로 구성된 화합물의 실험식으로 옳은 것은? (단, 원자량은 P 31, O 16 이다.)

① P_2O_4　　② PO_3
③ P_2O_5　　④ PO_2

해설
① P의 비 : $\dfrac{43.7}{31} \fallingdotseq 1.4$

② O의 비 : $\dfrac{56.3}{16} \fallingdotseq 3.5$

③ $\dfrac{P}{O} = \dfrac{1.4}{3.5} = \dfrac{1}{2.5} = \dfrac{2}{5}$

④ ∴ P_2O_5

해답 ③

19 산소 분자 1개의 질량을 구하기 위하여 필요한 것은?

① 아보가드로수와 원자가
② 아보가드로수와 분자량
③ 원자량과 원자번호
④ 질량수와 원자가

해설 **아보가드로의 법칙**
모든 기체 1g 분자(1mol)는 표준상태(0℃, 1기압)에서 22.4L의 부피를 차지하며 이 속에는 6.02×10^{23}개의 분자가 들어 있다.

해답 ②

20 sp^3 혼성궤도함수를 구성하는 것은?

① BF_3　　② CH_4
③ PCl_5　　④ $BeCl_2$

해설 sp^3 : 정사면체 결합(메탄)

혼성오비탈의 하나로서 1개의 s전자와 3개의 p전자에 의하여 이루어진 sp^3결합을 가리킨다.

2주기 원소의 결합궤도함수 및 분자형태

원소	결합궤도함수	결합수	분자형태	보 기
Li	S	1	선형 2원자 분자	LiF
Be	SP	2	직선형	BeF_2, BeH_2
B	SP^2	3	평면 3각형	$BF_3(120°)$, BH_3(비극성)
C	SP^3	4	정4면체형	CF_4, $CH_4(109°28')$(비극성)
N	P^3	3	피라밋형	NF_3, $NH_3(107°)$(극성)
O	P^2	2	굽은형 (V-자형)	OF_2, $H_2O(105°)$(극성)
F	P	1	선형 2원자 분자	F_2
Ne	-	0	1원자 분자	

해답 ②

제2과목 화재예방과 소화방법

21 위험물에 화재가 발생하였을 경우 물과의 반응으로 인해 주수소화가 적당하지 않은 것은?

① CH_3ONO_2 ② $KClO_3$
③ Li_2O_2 ④ P

해설

품명	명칭	류별	성질
CH_3ONO_2	질산메틸	제5류 중 질산에스터류	자기반응성물질
$KClO_3$	염소산칼륨	제1류 중 염소산염류	산화성 고체
Li_2O_2	과산화리튬	제1류 중 무기과산화물	산화성고체 중 금수성
P	적린	제2류	가연성고체

해답 ③

22 제조소등에 전기설비(전기배선, 조명기구 등은 제외한다)가 설치된 장소의 바닥면적이 $150m^2$인 경우 설치해야 하는 소형소화기의 최소 개수는?

① 1개 ② 2개
③ 3개 ④ 4개

해설 (1) **전기설비의 소화설비**
당해 장소의 면적 $100m^2$마다 소형소화기를 1개 이상 설치할 것

(2) **소요단위의 계산방법**
① 제조소 또는 취급소의 건축물

외벽이 내화구조인 것	외벽이 내화구조가 아닌 것
연면적 $100m^2$를 1소요단위	연면적 $50m^2$를 1소요단위

② 저장소의 건축물

외벽이 내화구조인 것	외벽이 내화구조가 아닌 것
연면적 $150m^2$를 1소요단위	연면적 $75m^2$를 1소요단위

③ 위험물은 지정수량의 10배를 1소요단위로 할 것
전기설비의 면적 $100m^2$마다 소형소화기 1개 이상 설치
$N = 150 \div 100 = 1.5$개
∴ 2개(소숫점 발생 시 절상)

해답 ②

23 벤젠과 톨루엔의 공통점이 아닌 것은?

① 물에 녹지 않는다.
② 냄새가 없다.
③ 휘발성 액체이다.
④ 증기는 공기보다 무겁다.

해설 **벤젠**(Benzene, C_6H_6)**과 톨루엔**($C_6H_5CH_3$)
① 제4류 위험물 중 1석유류
② 벤젠증기는 마취성 및 독성이 강하다.
③ 비수용성이며 알코올, 아세톤, 에터에는 용해
④ 취급 시 정전기에 유의해야 한다
⑤ 증기는 공기보다 무겁다
※ 독성은 벤젠이 톨루엔보다 10배 크다.

해답 ②

24 경유 50000L의 소화설비 소요단위는?

① 3 ② 4
③ 5 ④ 6

해설 제4류 위험물 및 지정수량

품 명		지정수량(L)
1. 특수인화물		50
2. 제1석유류	비수용성액체	200
	수용성액체	400
3. 알코올류		400
4. 제2석유류	비수용성액체	1,000
	수용성액체	2,000
5. 제3석유류	비수용성액체	2,000
	수용성액체	4,000
6. 제4석유류		6,000
7. 동식물유류		10,000

① 경유 : 제2석유류(비수용성 액체)
② ∴ 지정수량의 배수 = $\dfrac{저장수량}{지정수량}$ = $\dfrac{50,000}{1000}$
= 50배
③ ∴ 소요단위 = $\dfrac{지정수량의\ 배수}{10}$ = $\dfrac{50}{10}$
= 5단위

해답 ③

25 황린이 연소할 때 다량으로 발생하는 흰 연기는 무엇인가?

① P_2O_5 ② P_3O_7
③ PH_3 ④ P_4S_3

해설 황린(P_4) : 제3류 위험물(자연발화성물질)
① 백색 또는 담황색의 고체이다.
② 저장 시 자연 발화성이므로 반드시 물속에 저장한다.
③ 인화수소(PH_3)의 생성을 방지하기 위하여 물의 pH = 9(약알칼리)가 안전한계이다.
④ 연소 시 오산화인(P_2O_5)의 흰 연기가 발생한다.
$P_4 + 5O_2 \rightarrow 2P_2O_5$(오산화인)
⑤ 강알칼리의 용액에서는 유독기체인 포스핀(PH_3) 발생한다.
⑥ 약 260℃로 가열(공기차단)시 적린이 된다.

해답 ①

26 분말소화약제로 사용되는 주성분에 해당하지 않는 것은?

① 탄산수소나트륨 ② 황산수소칼슘
③ 탄산수소칼륨 ④ 제1인산암모늄

해설 분말약제의 주성분 및 착색 ★★★★(필수암기)

종별	주성분	약제명	착색	적응화재
제1종	$NaHCO_3$	탄산수소나트륨 중탄산나트륨 중조	백색	B, C급
제2종	$KHCO_3$	탄산수소칼륨 중탄산칼륨	담회색	B, C급
제3종	$NH_4H_2PO_4$	제1인산암모늄	담홍색	A, B, C급
제4종	$KHCO_3$ + $(NH_2)_2CO$	탄산수소칼륨 + 요소	회(백)색	B, C급

해답 ②

27 복합용도 건축물의 옥내저장소의 기준에서 옥내저장소의 용도에 사용되는 부분의 바닥면적은 몇 m^2 이하로 하여야 하는가?

① 30 ② 50
③ 75 ④ 100

해설 복합용도 건축물의 옥내저장소의 기준
① 바닥은 지면보다 높게 설치하고 그 층고를 6m 미만으로 하여야 한다.
② 바닥면적은 $75m^2$ 이하로 하여야 한다.
③ 출입구에는 수시로 열 수 있는 자동폐쇄방식의 60분+방화문 또는 60분방화문을 설치하여야 한다.
④ 옥내저장소의 용도에 사용되는 부분에는 창을 설치하지 아니하여야 한다.

해답 ③

28 옥외탱크저장소의 압력탱크 수압시험의 조건으로 옳은 것은?

① 최대상용압력의 1.5배의 압력으로 5분간 수압시험을 한다.
② 최대상용압력의 1.5배의 압력으로 10분간 수압시험을 한다.
③ 사용압력에서 15분간 수압시험을 한다.

④ 사용압력에서 20분간 수압시험을 한다.

[해설] 옥외탱크저장소의 옥외저장탱크의 외부구조 및 설비
① 압력탱크외의 탱크 : 충수시험
② 압력탱크 : 최대상용압력의 1.5배의 압력으로 10분간 실시하는 수압시험

[해답] ②

29 옥외소화전설비의 옥외소화전이 3개 설치되었을 경우 수원의 수량은 몇 m^3 이상이 되어야 하는가?

① 7　　　　② 20.4
③ 40.5　　　④ 100

[해설] 위험물제조소등의 소화설비 설치기준

소화설비	수평거리	방사량	방사압력
옥내	25m 이하	260(L/min) 이상	350(kPa) 이상
	수원의 양 $Q=N$(소화전개수 : 최대 5개) $\times 7.8m^3$(260L/min $\times$ 30min)		
옥외	40m 이하	450(L/min) 이상	350(kPa) 이상
	수원의 양 $Q=N$(소화전개수 : 최대 4개) $\times 13.5m^3$(450L/min $\times$ 30min)		
스프링클러	1.7m 이하	80(L/min) 이상	100(kPa) 이상
	수원의 양 $Q=N$(헤드수 : 최대 30개) $\times 2.4m^3$(80L/min $\times$ 30min)		
물분무	—	20 (L/$m^2 \cdot$ min)	350(kPa) 이상
	수원의 양 $Q=A$(바닥면적m^2)$\times$ 0.6m^3(20L/$m^2 \cdot$ min $\times$ 30min)		

옥외소화전의 수원의 양
$Q = N$(소화전개수 : 최대 4개)$\times 13.5m^3$
$= 3 \times 13.5m^3 = 40.5m^3$

[해답] ③

30 주된 연소형태가 나머지 셋과 다른 하나는?

① 황　　　　② 코크스
③ 금속분　　④ 숯

[해설] 연소의 형태 ★★ 자주출제(필수암기) ★★
① **표면연소** : 숯, 코크스, 목탄, 금속분
② **증발연소** : 파라핀(양초), 황, 나프탈렌, 왁스, 휘발유, 등유, 경유, 아세톤 등 제4류 위험물
③ **분해연소** : 석탄, 목재, 플라스틱, 종이, 합성수지, 중유
④ **자기연소(내부연소)** : 질화면(나이트로셀룰로오스), 셀룰로이드, 나이트로글리세린 등 제5류 위험물
⑤ **확산연소** : 아세틸렌, LPG, LNG 등 가연성 기체
⑥ **불꽃연소 + 표면연소** : 목재, 종이, 셀룰로오스, 열경화성수지

[해답] ①

31 제3종 분말소화약제를 화재면에 방출시 부착성이 좋은 막을 형성하여 연소에 필요한 산소의 유입을 차단하기 때문에 연소를 중단시킬 수 있다. 그러한 막을 구성하는 물질은?

① H_3PO_4　　② PO_4
③ HPO_3　　④ P_2O_5

[해설] **제3종분말**(제1인산암모늄) : 열분해 시 발생한 메타인산(HPO_3)은 부착성이 매우 강하다.

분말약제의 열분해

종별	약제명	착색	열분해 반응식
제1종	탄산수소나트륨	백색	$2NaHCO_3$ $\rightarrow Na_2CO_3 + CO_2 + H_2O$
제2종	탄산수소칼륨	담회색	$2KHCO_3$ $\rightarrow K_2CO_3 + CO_2 + H_2O$
제3종	제1인산암모늄	담홍색	$NH_4H_2PO_4$ $\rightarrow HPO_3 + NH_3 + H_2O$
제4종	탄산수소칼륨 + 요소	회(백)색	$2KHCO_3 + (NH_2)_2CO$ $\rightarrow K_2CO_3 + 2NH_3 + 2CO_2$

[해답] ③

32 묽은 질산이 칼슘과 반응하면 발생하는 기체는?

① 산소　　　② 질소
③ 수소　　　④ 수산화칼슘

[해설] 칼슘과 묽은 질산의 반응식

Ca + 2HNO$_3$ → Ca(NO$_3$)$_2$ + H$_2$
(칼슘)　(질산)　　(질산칼슘)　(수소)

[해답] ③

33 위험물안전관리법령상 전기설비에 적응성이 없는 소화설비는?

① 포소화설비
② 불활성가스소화설비
③ 할로젠화합물소화설비
④ 물분무소화설비

해설 전기화재 적응성 소화기
① 이산화탄소 소화기
② 할로젠화합물 소화기
③ 청정소화약제 소화기
④ 분말 소화기
⑤ 물분무소화설비

해답 ①

34 물의 특성 및 소화효과에 관한 설명으로 틀린 것은?

① 이산화탄소보다 기화 잠열이 크다.
② 극성분자이다.
③ 이산화탄소보다 비열이 작다.
④ 주된 소화효과가 냉각소화이다.

해설 ③ 물은 이산화탄소보다 비열이 크다.
- 물의 비열 : 4186J/kg℃
- 이산화탄소의 비열 : 858.2J/kg · K

해답 ③

35 펌프와 발포기의 중간에 설치된 벤투리관의 벤투리작용과 펌프 가압수의 포 소화약제 저장탱크에 대한 압력에 의하여 포 소화약제를 흡입 · 혼합하는 방식은?

① 프레셔 프로포셔너
② 펌프 프로포셔너
③ 프레셔 사이드 프로포셔너
④ 라인 프로포셔너

해설 포 소화약제의 혼합장치
① **펌프 프로포셔너 방식**
펌프의 토출관과 흡입관 사이의 배관도중에 설치한 흡입기에 펌프에서 토출된 물의 일부를 보내고, 농도 조정밸브에서 조정된 포 소화약제의 필요량을 포 소화약제 탱크에서 펌프 흡입측으로 보내어 이를 혼합하는 방식

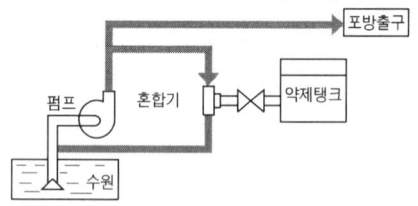

② **프레져 프로포셔너 방식**
펌프와 발포기의 중간에 설치된 벤추리관의 벤추리작용과 펌프 가압수의 포 소화약제 저장탱크에 대한 압력에 의하여 포소화약제를 흡입 · 혼합하는 방식

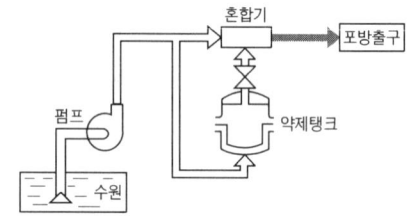

③ **라인 프로포셔너 방식**
펌프와 발포기의 중간에 설치된 벤추리관의 벤추리 작용에 의하여 포소화약제를 흡입 · 혼합하는 방식

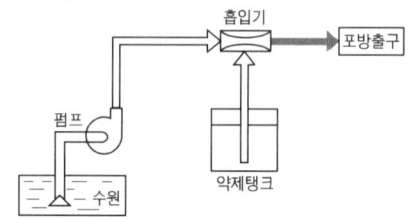

④ **프레져사이드 프로포셔너 방식**
펌프의 토출관에 압입기를 설치하여 포 소화약제 압입용 펌프로 포소화약제를 압입시켜 혼합하는 방식

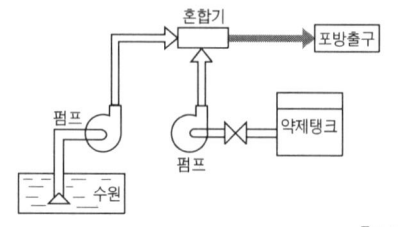

해답 ①

36 자연발화 방지법에 대한 설명 중 틀린 것은?

① 습도가 낮은 것을 피할 것
② 저장실의 온도가 낮을 것
③ 퇴적 및 수납할 때 열이 축적되지 않을 것
④ 통풍이 잘 될 것

해설 자연발화의 영향인자
① 열의 축적   ② 퇴적방법   ③ 열전도율
④ 발열량   ⑤ 수분

자연발화 방지대책
① 통풍이나 환기 등을 통하여 열의 축적을 방지
② 저장실의 온도를 낮춘다.
③ 습도를 낮게 유지-습도가 낮으면 열축적이 적고 습도가 높으면 열축적이 발생
④ 용기 내에 불활성 기체를 주입하여 공기와 접촉 방지

해답 ①

37 위험물안전관리법령상 위험물 품명이 나머지 셋과 다른 것은?

① 메틸알코올
② 에틸알코올
③ 아이소프로필알코올
④ 부틸알코올

해설 제4류 위험물(인화성 액체)

구 분	지정품목	기타 조건(1atm에서)
특수인화물	이황화탄소 다이에틸에터	• 발화점 100℃ 이하 • 인화점 -20℃ 이하이고 비점이 40℃ 이하
제1석유류	아세톤, 휘발유	• 인화점 21℃ 미만
알코올류	$C_1 \sim C_3$까지 포화 1가 알코올(변성알코올 포함) 메틸알코올, 에틸알코올, 프로필알코올	
제2석유류	등유, 경유	• 인화점 21℃ 이상 70℃ 미만
제3석유류	중유 크레오소트유	• 인화점 70℃ 이상 200℃ 미만
제4석유류	기어유 실린더유	• 인화점 200℃ 이상 250℃ 미만
동식물유류	동물의 지육 등 또는 식물의 종자나 과육으로부터 추출한 것으로서 인화점이 250℃ 미만인 것	

해답 ④

38 제1석유류를 저장하는 옥외탱크저장소에 특형 포방출구를 설치하는 경우에 방출율은 액표면적 $1m^2$ 당 1분에 몇 리터 이상이어야 하는가?

① 9.5L   ② 8.0L
③ 6.5L   ④ 3.7L

해설 고정포방출구의 포수용액량 및 방출율

위험물의 구분 \ 포방출구의 종류	특형 포수용액량 (L/m^2)	특형 방출율 ($L/m^2 \cdot min$)
제4류 위험물 중 인화점이 21℃ 미만인 것	240	8
제4류 위험물 중 인화점이 21℃ 이상 70℃ 미만인 것	160	8
제4류 위험물 중 인화점이 70℃ 이상인 것	120	8
제4류 위험물 중 수용성의 것	-	-

해답 ②

39 위험물저장소 건축물의 외벽이 내화구조인 것은 연면적 얼마를 1 소요단위로 하는가?

① $50m^2$ ② $75m^2$
③ $100m^2$ ④ $150m^2$

해설 소요단위의 계산방법
① 제조소 또는 취급소의 건축물

외벽이 내화구조인 것	외벽이 내화구조가 아닌 것
연면적 $100m^2$를 1소요단위	연면적 $50m^2$를 1소요단위

② 저장소의 건축물

외벽이 내화구조인 것	외벽이 내화구조가 아닌 것
연면적 $150m^2$를 1소요단위	연면적 $75m^2$를 1소요단위

③ 위험물은 지정수량의 10배를 1소요단위로 할 것

해답 ④

40 전역방출방식 분말소화설비에 있어 분사헤드는 저장용기에 저장된 분말소화약제량을 몇 초 이내에 균일하게 방사하여야 하는가?

① 15 ② 30
③ 45 ④ 60

해설 제조소등에서 분말소화설비의 분사헤드 소화약제 방사시간
① 전역 방출방식 : 30초 이내
② 국소 방출방식 : 30초 이내

해답 ②

제3과목 위험물의 성질과 취급

41 과염소산나트륨에 대한 설명 중 틀린 것은?

① 물에 녹는다.
② 산화제이다.
③ 열분해하여 염소를 방출한다.
④ 조해성이 있다.

해설 ③ 열분해하여 산소를 방출한다.

과염소산나트륨($NaClO_4$) : 제1류위험물 중 과염소산염류
① 조해성이 있는 백색 분말이다.
② 물, 알코올, 아세톤에 잘 녹고 에터에 불용
③ 유기물등과 혼합 시 가열, 충격, 마찰에 의하여 폭발한다.
④ 400℃ 이상에서 분해되면서 산소를 방출한다.

해답 ③

42 비중이 1 보다 큰 물질은?

① 이황화탄소   ② 에틸알코올
③ 아세트알데하이드 ④ 테레핀유

해설 제4류 위험물의 비중

물질명	액체의 비중
이황화탄소	1.26
에틸알코올	0.8
아세트알데하이드	0.784
테레핀유	0.9

해답 ①

43 위험물의 운반용기 외부에 수납하는 위험물의 종류에 따라 표시하는 주의사항을 옳게 연결한 것은?

① 염소산칼륨 – 물기주의
② 철분 – 물기주의
③ 아세톤 – 화기엄금
④ 질산 – 화기엄금

해설 성질에 따른 구분 및 표시사항
① 염소산칼륨(제1류) – 화기 · 충격 주의 및 가연물 접촉주의
② 철분(제2류) – 화기주의 및 물기엄금
③ 아세톤(제4류) – 화기엄금
④ 질산(제6류) – 가연물 접촉주의

위험물 운반용기의 외부 표시 사항
① 위험물의 품명, 위험등급, 화학명 및 수용성(제4류 위험물의 수용성인 것에 한함)
② 위험물의 수량
③ 수납하는 위험물에 따른 주의사항

유별	성질에 따른 구분	표시사항
제1류	알칼리금속의 과산화물	화기 · 충격주의, 물기엄금 및 가연물접촉주의
	그 밖의 것	화기 · 충격주의 및 가연물접촉주의
제2류	철분 · 금속분 · 마그네슘	화기주의 및 물기엄금
	인화성 고체	화기엄금
	그 밖의 것	화기주의
제3류	자연발화성 물질	화기엄금 및 공기접촉엄금
	금수성 물질	물기엄금
제4류	인화성 액체	화기엄금
제5류	자기반응성 물질	화기엄금 및 충격주의
제6류	산화성 액체	가연물접촉주의

해답 ③

44 메틸알코올과 에틸알코올의 공통 성질이 아닌 것은?

① 무색투명한 휘발성 액체이다.
② 물에 잘 녹는다.
③ 비중은 물보다 작다.
④ 인체에 대한 유독성이 없다.

해설 메틸알코올과 에틸알코올의 공통점

메틸알코올	에틸알코올
무색투명액체	무색투명액체
휘발성이 있다	휘발성이 있다
지정수량 : 400L	지정수량 : 400L
독성이 강하다(실명)	독성이 없다(주정)
연소범위 : 7.3~36%	연소범위 : 4.3~19%

해답 ④

45 담황색의 고체 위험물에 해당하는 것은?

① 나이트로셀룰로오스
② 금속칼륨
③ 트라이나이트로톨루엔
④ 아세톤

해설 트라이나이트로톨루엔[$C_6H_2CH_3(NO_2)_3$] : 제5류 위험물 중 나이트로화합물

톨루엔($C_6H_5CH_3$)의 수소원자(H)를 나이트로기($-NO_2$)로 치환한 것

① 물에는 녹지 않고 알코올, 아세톤, 벤젠에 녹는다.
② Tri Nitro Toluene의 약자로 TNT라고도 한다.
③ **담황색의 주상결정**이며 햇빛에 다갈색으로 변색된다.
④ 강력한 폭약이며 급격한 타격에 폭발한다.
  $2C_6H_2CH_3(NO_2)_3 \rightarrow 2C+12CO+3N_2\uparrow+5H_2\uparrow$
⑤ 연소 시 연소속도가 너무 빠르므로 소화가 곤란하다.
⑥ 무기 및 다이나마이트, 질산폭약제 제조에 이용된다.

해답 ③

46 다음 중 발화점이 가장 낮은 것은?

① 황   ② 황린
③ 적린   ④ 삼황화인

해설 위험물의 인화점

물질명	유별	발화점(℃)
황	제2류	360
황린	제3류	40~50
적린	제2류	260
삼황화인	제2류	100

황린(P_4) : 제3류 위험물(자연발화성물질)
① 백색 또는 담황색의 고체이다.
② 저장 시 자연 발화성이므로 반드시 물속에 저장한다.
③ 인화수소(PH_3)의 생성을 방지하기 위하여 물의 pH=9(약알칼리)가 안전한계이다.
④ 연소 시 오산화인(P_2O_5)의 흰 연기가 발생한다.
  $P_4 + 5O_2 \rightarrow 2P_2O_5$(오산화인)
⑤ 강알칼리의 용액에서는 유독기체인 포스핀(PH_3) 발생한다.
⑥ 약 260℃로 가열(공기차단)시 적린이 된다.

해답 ②

47 초산에틸(아세트산에틸)의 성질에 대한 설명으로 틀린 것은?

① 물보다 가볍다.
② 끓는점이 약 77℃이다.
③ 비수용성 제1석유류로 구분된다.
④ 무색, 무취의 투명 액체이다.

해설 ④ 무색, 투명하고 과일냄새가 있는 액체이다.

초산에틸($CH_3COOC_2H_5$) : 제4류 제1석유류
① 무색투명하며 과일냄새가 난다.
② 수용성이며 증기는 공기보다 무겁다.
③ 비중은 0.9이며 물보다 가볍다.
④ 비점(끓는점)은 77℃ 인화점은 -4℃이다.

해답 ④

48 가솔린에 대한 설명 중 틀린 것은?

① 수산화칼륨과 아이오딘포름 반응을 한다.
② 휘발하기 쉽고 인화성이 크다.
③ 물보다 가벼우나 증기는 공기보다 무겁다.
④ 전기에 대하여 부도체이다.

해설 가솔린(휘발유) : 위험물 제4류 제1석유류

① 발화점 : 300℃ 정도
② 인화점이 $-20 \sim -43$℃로 낮아 상온에서도 매우 위험하다.
③ 연소범위 : 1.2~7.6%

해답 ①

49 [그림]과 같은 위험물을 저장하는 탱크의 내용적은 약 몇 m³ 인가? (단, r은 10m, L은 25m 이다.)

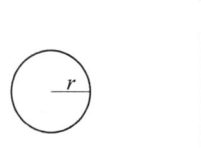

① 3612　　② 4712
③ 5812　　④ 7854

해설 탱크의 내용적
① 탱크의 내용적(종으로 설치한 것)
$$V = \pi r^2 L$$
여기서, V : 내용적, r : 반지름
　　　L : 탱크의 길이
② $V = \pi \times 10^2 \times 25 = 7854 \text{m}^3$

해답 ④

50 다음 중 아이오딘가가 가장 큰 것은?

① 땅콩기름　　② 해바라기기름
③ 면실유　　　④ 아마인유

해설 동식물유류 : 제4류 위험물
동물의 지육 또는 식물의 종자나 과육으로부터 추출한 것으로 1기압에서 인화점이 250℃ 미만인 것

아이오딘값에 따른 동식물유류의 분류

구 분	아이오딘값	종 류
건성유	130 이상	해바라기기름, 동유(오동기름), 정어리기름, 아마인유, 들기름
반건성유	100~130	채종유, 쌀기름, 참기름, 면실유, 옥수수기름, 청어기름, 콩기름
불건성유	100 이하	야자유, 팜유, 올리브유, 피마자기름, 낙화생기름, 돈지, 우지, 고래기름

해답 ④

51 위험물 저장기준으로 틀린 것은?

① 이동탱크저장소에는 설치허가증을 비치하여야 한다.
② 지하저장탱크의 주된 밸브는 위험물을 넣거나 빼낼 때 외에는 폐쇄하여야 한다.
③ 아세트알데하이드를 저장하는 이동저장탱크에는 탱크안에 불활성 가스를 봉입하여야 한다.
④ 옥외저장탱크 주위에 설치된 방유제의 내부에 물이나 유류가 괴었을 경우에는 즉시 배출하여야 한다.

해설 ① 이동탱크저장소에는 당해 이동탱크저장소의 완공검사필증 및 정기점검기록을 비치하여야 한다.

해답 ①

52 다음 중 인화점이 가장 높은 것은?

① $CH_3COOC_2H_5$　　② CH_3OH
③ CH_3COOH　　　 ④ CH_3COCH_3

해설 제4류 위험물의 인화점

물질명	품명	인화점(℃)
① 초산에틸	제1석유류	-4
② 메틸알코올	알코올류	11
③ 초산(아세트산)	제2석유류	40
④ 아세톤	제1석유류	-18

해답 ③

53 제4류 위험물을 저장하는 이동탱크저장소의 탱크 용량이 19000L일 때 탱크의 칸막이는 최소 몇 개를 설치해야 하는가?

① 2　　② 3
③ 4　　④ 5

해설 ① 이동저장탱크의 수압시험 및 시험시간

압력 탱크(최대상용압력 46.7kPa 이상 탱크) 외의 탱크	압력 탱크
70kPa의 압력으로 10분간	최대상용압력의 1.5배의 압력으로 10분간

② 이동저장탱크는 그 내부에 4,000L 이하마다 3.2mm 이상의 강철판 또는 이와 동등 이상의 강도·내열성 및 내식성이 있는 금속성의 것으로 칸막이를 설치할 것
③ 칸막이로 구획된 각 부분마다 맨홀과 안전장치

및 방파판을 설치 할 것(단, 칸막이로 구획된 부분의 용량이 2,000L 미만인 부분에는 방파판을 설치하지 아니할 수 있다.

탱크의 칸막이 개수 = $\frac{19000}{4000} - 1 = 3.75$

∴ 4개

해답 ③

54 피리딘에 대한 설명 중 틀린 것은?

① 액체이다.
② 물에 녹지 않는다.
③ 상온에서 인화의 위험이 있다.
④ 독성이 있다.

해설 피리딘(C_5H_5N) : 제4류 위험물 중 제1석유류
① 순수한 것은 무색 액체이고 악취가 나는 액체이다.
② 물에 녹는다.
③ 약알칼리성을 나타내고 독성이 있다.
④ 수용액 상태에서도 인화의 위험성이 있으므로 화기에 주의해야 한다.
⑤ 인화점은 20℃로 상온(20℃)과 거의 비슷하다.

해답 ②

55 물과 접촉시 동일한 가스를 발생하는 물질을 나열한 것은?

① 수소화알루미늄리튬, 금속리튬
② 탄화칼슘, 금속칼슘
③ 트라이에틸알루미늄, 탄화알루미늄
④ 인화칼슘, 수소화칼슘

해설 ① 수소화알루미늄리튬+물 → 수소기체발생
　　　금속리튬+물 → 수소기체발생
② 탄화칼슘+물 → 아세틸렌기체발생
　　　금속칼슘+물 → 수소기체발생
③ 트라이에틸알루미늄+물 → 에탄기체발생
　　　탄화알루미늄+물 → 메탄기체발생
④ 인화칼슘+물 → 포스핀기체발생
　　　수소화칼슘+물 → 수소기체발생

해답 ①

56 다음 ( )안에 알맞은 색상을 차례대로 나열한 것은?

이동저장탱크 차량의 전면 및 후면의 보기 쉬운 곳에 직사각형판의 ( )바탕에 ( )의 반사도료로 "위험물"이라고 표시하여야 한다.

① 백색 - 적색　② 백색 - 흑색
③ 황색 - 적색　④ 흑색 - 황색

해설 위험물을 차량으로 운반하는 경우 표지
① 한 변의 길이가 0.3m 이상, 다른 한 변의 길이가 0.6m 이상인 직사각형
② 바탕은 흑색으로 하고 황색의 반사도료 그 밖의 반사성이 있는 재료로 "위험물"이라고 표시
③ 표지는 차량의 전면 및 후면의 보기 쉬운 곳에 내걸 것

해답 ④

57 과산화칼륨에 관한 설명 중 옳지 못한 것은?

① 가열하면 산소를 방출한다.
② 표백제, 산화제로 사용한다.
③ 아세드산과 반응하여 과산화수소가 발생된다.
④ 순수한 것은 엷은 녹색이지만 시판품은 진한 청색이다.

해설 과산화칼륨(K_2O_2) : 제1류 위험물 중 무기과산화물
① 무색 또는 오렌지색 분말상태
② 상온에서 물과 격렬히 반응하여 산소(O_2)를 방출하고 폭발하기도 한다.

$2K_2O_2 + 2H_2O \rightarrow 4KOH + O_2 \uparrow$

③ 공기 중 이산화탄소(CO_2)와 반응하여 산소(O_2)를 방출한다.

$2K_2O_2 + 2CO_2 \rightarrow 2K_2CO_3 + O_2 \uparrow$

④ 산과 반응하여 과산화수소(H_2O_2)를 생성시킨다.

$K_2O_2 + 2CH_3COOH \rightarrow 2CH_3COOK + H_2O_2 \uparrow$

⑤ 열분해시 산소(O_2)를 방출한다.

해답 ④

58 그림과 같은 타원형 탱크의 내용적은 약 몇 m^3 인가?

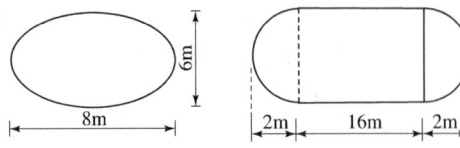

① 453 ② 553
③ 653 ④ 753

해설 타원형 탱크의 내용적(양쪽이 볼록 한 것)

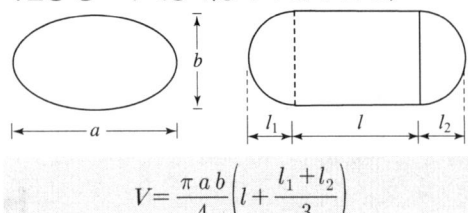

$$V = \frac{\pi a b}{4}\left(l + \frac{l_1 + l_2}{3}\right)$$

$$\therefore V = \frac{\pi a b}{4}\left(l + \frac{l_1 + l_2}{3}\right)$$
$$= \frac{\pi \times 8 \times 6}{4}\left(16 + \frac{2+2}{3}\right)$$
$$\fallingdotseq 653 m^3$$

해답 ③

59 나이트로글리세린에 대한 설명으로 틀린 것은?

① 순수한 것은 상온에서 무색투명한 액체이다.
② 순수한 것은 겨울철에 동결될 수 있다.
③ 메탄올에 녹는다.
④ 물보다 가볍다.

해설 나이트로글리세린[$(C_3H_5(ONO_2)_3)$]
: 제5류 위험물 중 질산에스터류
① 비중은 1.6으로서 물보다 무겁다.
② 상온에서는 액체이지만 겨울철에는 동결한다.
③ 비수용성이며 메탄올, 아세톤 등에 녹는다.
④ 가열, 마찰, 충격에 예민하여 대단히 위험하다.
⑤ 다이나마이트(규조토+나이트로글리세린), 무연화약 제조에 이용된다.

나이트로글리세린의 분해
$4C_3H_5(ONO_2)_3 \rightarrow 12CO_2\uparrow + 6N_2\uparrow + O_2\uparrow + 10H_2O$

[뇌새김 암기법] 생성물질 : 이 물 질 산

해답 ④

60 A 업체에서 제조한 위험물을 B 업체로 운반할 때 규정에 의한 운반용기에 수납하지 않아도 되는 위험물은? (단, 지정수량의 2배 이상인 경우이다.)

① 덩어리 상태의 황
② 금속분
③ 삼산화크로뮴
④ 염소산나트륨

해설 위험물의 운반에 관한 기준
위험물은 규정에 의한 운반용기에 기준에 따라 수납하여 적재하여야 한다. 다만, **덩어리상태의 황**을 운반하기 위하여 적재하는 경우 또는 위험물을 동일구내에 있는 제조소등의 상호간에 운반하기 위하여 적재하는 경우에는 그러하지 아니하다.

해답 ①

위험물산업기사

2023년 9월 CBT 시행

본 문제는 CBT시험대비 기출문제 복원입니다.

제1과목 일반화학

01 결합력이 큰 것부터 작은 순서로 나열한 것은?

① 공유결합 > 수소결합 > 반데르발스결합
② 수소결합 > 공유결합 > 반데르발스결합
③ 반데르발스결합 > 수소결합 > 공유결합
④ 수소결합 > 반데르발스결합 > 공유결합

해설 결합력의 세기
공유결합 > 이온결합 > 금속결합 > 수소결합 > 반데르발스결합
[뇌새김 암기법] 공 이 금 수 반

해답 ①

02 암모니아소다법의 탄산화 공정에서 사용되는 원료가 아닌 것은?

① NaCl   ② NH_3
③ CO_2 ④ H_2SO_4

해설 암모니아소다법(ammonia soda process)
① 탄산나트륨(소다회)의 제조방법으로서 솔베이법이라고도 한다.
② 1866년 벨기에의 화학자 E. 솔베이가 창시한 방법이다.
③ 탈 산화공정에서 사용되는 원료 : 소금(NaCl), 암모니아(NH_3), 이산화탄소(CO_2)
④ 반응식은 다음과 같다.
$NH_3 + CO_2 + H_2O \rightarrow NH_4HCO_3$
$NaCl + NH_4HCO_3 \leftrightarrows NaHCO_3 + NH_4Cl$
$2NaHCO_3 \rightarrow Na_2CO_3 + CO_2 + H_2O$

해답 ④

03 다음과 같이 나타낸 전지에 해당하는 것은?

$(+)Cu \mid H_2SO_4(aq) \mid Zn(-)$

① 볼타전지   ② 납축전지
③ 다니엘전지   ④ 건전지

해설 볼타전지

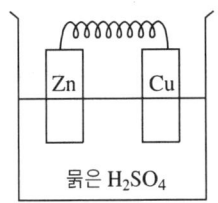

묽은 H_2SO_4

① 전자는 Zn 판에서 Cu 판으로 이동
② 전류는 Cu 판에서 Zn 판으로 흐른다.
③ Zn판에서는 산화, Cu판에서는 환원이 일어난다.

볼타전지(volta cell)
구리와 아연을 묽은 황산에 넣고 도선으로 연결한 가장 간단한 전지
$(-) \; Zn \mid H_2SO_4 \mid Cu(+)$

해답 ①

04 어떤 용액의 pH를 측정하였더니 4 이었다. 이 용액을 1000배 희석시킨 용액의 pH를 옳게 나타낸 것은?

① pH = 3   ② pH = 4
③ pH = 5   ④ 6 < pH < 7

해설 수소이온 농도
- $pH = \log\dfrac{1}{[H^+]} = -\log[H^+]$
- $pOH = -\log[OH^-]$ • $pH = 14 - pOH$

① pH = 4 $[H^+] = 10^{-4}$

② 1000배로 희석하면
$$[H^+] = 10^{-4} \times \frac{1}{1000} = 10^{-7}$$
③ $pH = \log \frac{1}{[H^+]} = -\log[H^+] = -\log 10^{-7} = 7$
④ 이론적으로는 pH=7이 되어야 하나 실질적으로는 pH=7에 가까운 값이 되고 pH=7을 넘지 못한다.
⑤ ∴ 6 < pH < 7

해답 ④

05 다음 중 가스 상태에서의 밀도가 가장 큰 것은?

① 산소　　　　② 질소
③ 이산화탄소　④ 수소

해설 **증기밀도(g/L) 0℃, 1기압상태의 계산공식**

$$증기밀도(\rho) = \frac{분자량(g)}{22.4L}$$

분자량이 크면 증기밀도 및 증기비중이 크다.
① 산소(O_2) $\rho = \frac{32g}{22.4L} = 1.43g/L$
② 질소(N_2) $\rho = \frac{28g}{22.4L} = 1.25g/L$
③ 이산화탄소(CO_2) $\rho = \frac{44g}{22.4L} = 1.96g/L$
④ 수소(H_2) $\rho = \frac{2g}{22.4L} = 0.09g/L$

해답 ③

06 다음 중 산화·환원 반응이 아닌 것은?

① $Cu + 2H_2SO_4 \rightarrow CuSO_4 + 2H_2O + SO_2$
② $H_2S + I_2 \rightarrow 2HI + S$
③ $Zn + CuSO_4 \rightarrow ZnSO_4 + Cu$
④ $HCl + NaOH \rightarrow NaCl + H_2O$

해설 **산화와 환원의 비교**

산 화	환 원
산소와 결합하는 것	산소를 잃는 것
수소를 잃는 것	수소와 결합하는 것
전자를 잃는 것	전자를 얻는 것
산화수가 증가할 때	산화수가 감소할 때

해답 ④

07 다음 중 이온상태에서의 반지름이 가장 작은 것은?

① S^{2-}　　　　② Cl^-
③ K^+　　　　④ Ca^{2+}

해설 **전자수**
① S^{2-} : 원자번호 16+2=18
② Cl^- : 원자번호 17+1=18
③ K^+ : 원자번호 19-1=18
④ Ca^{2+} : 원자번호 20-2=18
• 금속원소가 비금속원소보다 이온반지름이 작아진다.
• K^+와 Ca^{2+}는 전자수는 같으나 주기율표에서 Ca이 K보다 원자번호가 크기 때문에 이온의 반지름이 작아진다.

해답 ④

08 다음 물질 중 질소를 함유하는 것은?

① 나일론　　　② 폴리에틸렌
③ 폴리염화비닐　④ 프로필렌

해설 ① 나일론 : 펩타이드 결합(-C=O-H-N-)

펩타이드 결합(Peptide bond)
① 공유 결합의 일종이다.
② 카복시기(-COOH)와 아미노기(-NH₂)가 반응하여 형성되는 화학 결합이다
③ 반응 중 물 분자가 생성되는 탈수 반응을 한다.

해답 ①

09 원자번호 20인 Ca의 원자량은 40 이다. 원자핵의 중성자수는 얼마인가?

① 10　　　　② 20
③ 40　　　　④ 60

해설 ① **중성자수** = 원자량 - 원자번호(양성자수)
　　　　　　　= 40 - 20 = 20
② **원자번호** = 양성자수 = 20

해답 ②

10 다음과 같은 경향성을 나타내지 않는 것은?

Li < Na < K

① 원자번호
② 원자반지름
③ 제1차 이온화에너지
④ 전자수

해설

원소기호	원소이름	원자번호	족
Li	리튬	3	1족
Na	나트륨	11	1족
K	칼륨	19	1족

① 원자번호크기 : Li(3) < Na(11) < K(19)
② 원자반지름의 크기 : 같은 족에서는 아래로 갈수록 커진다.
  Li(2주기) < Na(3주기) < K(4주기)
③ 제1차 이온화 에너지(kcal/mol)
  ㉠ 같은 족 : 원자번호가 증가할수록 작아진다.
    K(100.0) < Na(118.4) < Li(134.3)
  ㉡ 같은 주기 : 원자번호가 증가할수록 커진다.
④ 전자수(원자번호 = 양성자수)
  : Li(3) < Na(11) < K(19)

해답 ③

11 평형 상태를 이동시키는 조건에 해당 되지 않는 것은?

① 온도   ② 농도
③ 촉매   ④ 압력

해설 반응속도 : 화학반응속도는 두 물질의 농도(몰/L)의 곱(상승적)에 비례한다.

화학 반응속도에 영향을 미치는 요소
① 농도 ② 온도 ③ 압력 ④ 촉매
① **정촉매** : 화학반응을 빠르게 하는 것
② **부촉매** : 화학반응(산화반응)을 느리게 하는 것
$N_2 + 3H_2 \Leftrightarrow 2NH_3 + 24kcal$
• 평형을 오른쪽(→)으로 이동 시키려면
① N_2 농도 증가 ② 압력 증가 ③ 온도 감소
• 평형을 왼쪽(←)으로 이동 시키려면
① N_2 농도 감소 ② 압력 감소 ③ 온도 증가

해답 ③

12 전자배치가 $1s^2 2s^2 2p^6 3s^2 3p^5$ 인 원자의 M 껍질에는 몇 개의 전자가 들어 있는가?

① 2   ② 4
③ 7   ④ 17

해설 원자핵 둘레의 전자배열

전자껍질	K n=1	L n=2	M n=3	N n=4
최대 수용 전자수($2n^2$)	2	8	18	32
문자기호	s	s, p	s, p, d	s, p, d, f
오비탈	$1s^2$	$2s^2, 2p^6$	$3s^2, 3p^6,$ $3d^{10}$	$4s^2, 4p^6,$ $4d^{10}, 4f^{14}$
Cl(원자번호 17)	$1s^2$	$2s^2, 2p^6$	$3s^2, 3p^5$	

해답 ③

13 벤젠을 약 300℃, 높은 압력에서 Ni 촉매로 수소와 반응시켰을 때 얻어지는 물질은?

① Cyclopentane   ② Cyclopropane
③ Cyclohexane   ④ Cyclooctane

해설 시클로헥산(cyclohexane) 또는
사이클로헥산(C_6H_{12})
: 제4류 위험물 제1석유류
① 벤젠 비슷한 냄새가 나는 무색 액체
② 분자량 84.16, 녹는점 6.5℃, 끓는점 80.8℃, 비중 0.7786
③ 에탄올, 에터 등에는 녹고 물에는 녹지 않는다.
④ 벤젠을 약300℃, 높은 압력에서 니켈(Ni)의 접촉 환원으로 생성된다.
⑤ 주요 용도는 나이론-6 및 나이론-66의 제조 원료이다.

해답 ③

14 우라늄 $^{235}_{92}U$ 는 다음과 같이 붕괴한다. 생성된 Ac의 원자번호는?

$$^{235}_{92}U \xrightarrow{\alpha} Th \xrightarrow{\beta^-} Pa \xrightarrow{\alpha} Ac$$

① 87   ② 88
③ 89   ④ 90

해설

$_{92}U^{235} \xrightarrow{\alpha} Th \xrightarrow{\beta} Pa \xrightarrow{\alpha} A_c$

① α 붕괴 2번 : 질량수 8감소, 원자번호 4감소
② β 붕괴 1번 : 질량수 불변, 원자번호 1증가
③ 원자번호 $= 92 + (-4 + 1) = 89$

원소의 붕괴

방사선 붕괴	질량수	원자번호
α	4 감소	2 감소
β	불 변	1 증가
γ	불 변	불 변

해답 ③

15 0℃의 얼음 10g을 모두 수증기로 변화시키려면 약 몇 cal의 열량이 필요한가?

① 6190cal   ② 6390cal
③ 6890cal   ④ 7190cal

해설 필요한 열량

$$Q = r_1 m + mc\Delta t + r_2 m$$

여기서, Q : 필요한 열량(cal)
m : 질량(g)
C : 비열(물의 비열 : 1cal/g·℃)
Δt : 온도차(℃)
r_1 : 융해잠열
  (얼음의 융해잠열 : 80cal/g)
r_2 : 기화잠열
  (물의 기화잠열 : 539cal/g)

필요한 열량계산

$Q = 80 \times 10 + 10 \times 1 \times (100 - 0) + 539 \times 10$
$= 7190 \, cal$

해답 ④

16 화약제조에 사용되는 물질인 질산칼륨에서 N의 산화수는 얼마인가?

① +1   ② +3
③ +5   ④ +7

해설 ① 질산칼륨 : KNO_3
② N의 산화수를 X라 가정하면
  $+1(K) + X(N) + (-2 \times 3)(O_3) = 0$
  ∴ $X = +5$

산화수를 정하는 법

① 단체 중의 원자의 산화수는 0이다.(단체분자는 중성)
 [보기 : H_2^0, Fe^0, Mg^0, O_2^0, O_3^0]
② 화합물에서 산소의 산화수는 -2, 수소의 산화수는 +1이 보통이다.(단, 과산화물에서 O의 산화수는 -1)
 [보기 : CH_4에서 C^{-4}, CO_2에서 C^{+4}]
③ 화합물에서 구성 원자의 산화수의 총합은 0이다.(분자는 중성이므로)
④ 이온의 가수(價數)는 그 이온의 산화수이다.
 ($Ca = +2$, $Na = +1$, $K = +1$, $Ba = +2$)
 [보기 : Cu^{+2}에서 $Cu = +2$, MnO_4^-에서 Mn의 산화수는 $x + (-2 \times 4) = -1$
 ∴ $x = +7$ 따라서 $Mn = +7$]

해답 ③

17 10L의 프로판을 완전연소 시키기 위해 필요한 공기는 몇 L 인가? (단, 공기 중 산소의 부피는 20%로 가정한다.)

① 10   ② 50
③ 125   ④ 250

해설 프로판의 연소 반응식

C_3H_8	+	$5O_2$	→	$3CO_2$	+	$4H_2O$
1몰		5몰		3몰		4몰
$1 \times 22.4L$		$5 \times 22.4L$		$3 \times 22.4L$		$4 \times 22.4L$

① 필요한 산소의 부피 계산
 $1 \times 22.4L \rightarrow 5 \times 22.4L$
 $10L \rightarrow X$
 $X = \dfrac{10 \times 5 \times 22.4}{1 \times 22.4} = 50L$

② 필요한공기의 부피계산
 공기 중 산소농도가 20%로 가정하므로
 $Air \ Volume = \dfrac{50}{0.2} = 250L$

해답 ④

18 불순물로 식염을 포함하고 있는 NaOH 3.2g을 물에 녹여 100mL로 한 다음 그 중 50mL를 중화하는데 1N의 염산이 20mL 필요했다. 이 NaOH의 농도는 약 몇 wt% 인가?

① 10   ② 20
③ 33   ④ 50

해설 ① 중화적정

$N_1 V_1 = N_2 V_2$ (N : 노르말농도, V : 부피)

② NaOH가 녹아 있는 50mL의 노르말농도(N)를 구하면

$XN \times 50mL = 1N \times 20mL$

$X = \dfrac{1 \times 20}{50} = 0.4N - NaOH$

③ N농도

$= \dfrac{용질의\ 질량(g)}{1g-당량} \times \dfrac{1000(mL)}{용액의\ 부피(mL)}$

④ $0.4N = \dfrac{용질의\ 질량(g)}{40} \times \dfrac{1000(mL)}{50(mL)}$

용질의 질량 = 0.8g(100% NaOH)

⑤ 50mL에 0.8g(100% NaOH)이 녹아 있으면 100mL에는 1.6g(100% NaOH)이 녹아 있다.

⑥ ∴ NaOH 순도 = $\dfrac{1.6}{3.2} \times 100 = 50\%$

해답 ④

19 벤젠에 대한 설명으로 틀린 것은?

① 상온, 상압에서 액체이다.
② 일치환체는 이성질체가 없다.
③ 일반적으로 치환반응 보다 첨가반응을 잘 한다.
④ 이치환체에는 ortho, meta, para 3종이 있다.

해설 ③ 일반적으로 첨가반응보다 치환반응을 잘 한다.

벤젠(Benzene)(C_6H_6) : 제4류 위험물 중 제1석유류
① 착화온도 : 562℃
 (이황화탄소의 착화온도 100℃)
② 벤젠증기는 마취성 및 독성이 강하다.
③ 비수용성이며 알코올, 아세톤, 에테르에는 용해
④ 취급 시 정전기에 유의해야 한다.

해답 ③

20 대기를 오염시키고 산성비의 원인이 되며 광화학 스모그 현상을 일으키는 중요한 원인이 되는 물질은?

① 프레온가스   ② 질소산화물
③ 할로젠화수소   ④ 중금속물질

해설 **광화학 스모그**
질소산화물(NOx)과 탄화수소가 대기 중에 농축되어 있다가 태양광선 중 자외선과 화학반응을 일으키면서 2차 오염물질인 광산화물을 만들어 대기가 안개 낀 것처럼 뽀얗게 변하는 것

해답 ②

제2과목 화재예방과 소화방법

21 다음 중 화재 시 다량의 물에 의한 냉각소화가 가장 효과적인 것은?

① 금속의 수소화물
② 알칼리금속과산화물
③ 유기과산화물
④ 금속분

해설

구분	류별	위험성	소화방법
① 금속의 수소화물	제3류	금수성	질식소화
② 알칼리금속 과산화물	제1류	금수성	질식소화
③ 유기과산화물	제5류	자기반응성	냉각소화
④ 금속분	제2류	금수성	질식소화

유기과산화물(제5류위험물)
물과 접촉하여도 안전하여 화재 시 다량의 물로 냉각소화 하는 것이 가장 좋다.

해답 ③

22 다음 인화성액체 위험물 중 비중이 가장 큰 것은?

① 경유   ② 아세톤
③ 이황화탄소 ④ 중유

해설

구분	류별	위험성	비중
① 경유	제4류 제2석유류	인화성 액체	0.91~0.96
② 아세톤	제4류 제1석유류		0.79
③ 이황화탄소	제4류 특수인화물		1.29
④ 중유	제4류 제3석유류		0.9~0.95

해답 ③

23 연소반응이 용이하게 일어나기 위한 조건으로 틀린 것은?

① 가연물이 산소와 친화력이 클 것
② 가연물의 열전도율이 클 것
③ 가연물의 표면적이 클 것
④ 가연물의 활성화 에너지가 작을 것

해설 ② 가연물의 열전도율이 작을 것

가연물의 조건(연소가 잘 이루어지는 조건)
① 산소와 친화력이 클 것
② 발열량이 클 것
③ 표면적이 넓을 것
④ 열전도도가 작을 것
⑤ 활성화 에너지가 적을 것
⑥ 연쇄반응을 일으킬 것
⑦ 활성이 강할 것

해답 ②

24 소화약제로서 물이 갖는 특성에 대한 설명으로 가장 거리가 먼 것은?

① 유화효과(emulsification effect)도 기대할 수 있다.
② 증발잠열이 커서 기화시 다량의 열을 제거한다.
③ 기화팽창률이 커서 질식효과가 있다.
④ 용융잠열이 커서 주수시 냉각효과가 뛰어나다.

해설 ④ 증발잠열(기화열 또는 기화잠열)이 커서 주수시 냉각효과가 뛰어나다.

물이 소화약제로 사용되는 이유
① 물의 기화열=증발잠열(539kcal/kg)이 크기 때문
② 물의 비열 (1kcal/kg℃)이 크기 때문
③ 비교적 쉽게 구해서 이용이 가능하다.
④ 펌프, 호스 등을 이용하여 이송이 비교적 용이하다.

해답 ④

25 위험물안전관리법령상 소화설비의 적응성에서 이산화탄소소화기가 적응성이 있는 것은?

① 제1류 위험물   ② 제3류 위험물
③ 제4류 위험물   ④ 제5류 위험물

해설 ① **제1류 위험물**(산화성고체) : 질식소화는 부적합하며 무기과산화물(금수성)을 제외하고는 다량의 물로 냉각소화 한다.
② **제3류 위험물**(자연발화성(황린) 및 금수성) : 황린은 물로 주수소화하고 대부분 탄산수소염류, 마른 모래, 팽창질석 또는 팽창진주암으로 소화 한다.
③ **제4류 위험물**(인화성액체)
  ㉠ 포 소화약제 또는 물분무가 적합하다.
  ㉡ 이산화탄소 소화약제로 질식소화한다.
  ㉢ 비수용성인 석유류화재에는 봉상주수 또는 적상주수를 하면 연소면이 확대 되어 오히려 위험하다.
④ **제5류 위험물**(자기반응성) : 화재초기에 다량의 물로 냉각소화 한다.

해답 ③

26 폐쇄형스프링클러헤드의 설치기준에서 급배기용 덕트 등의 긴 변의 길이가 몇 m 초과할 때 당해 덕트 등의 아래면에도 스프링클러헤드를 설치해야 하는가?

① 0.8   ② 1.0
③ 1.2   ④ 1.5

해설 **스프링클러설비의 기준**
급배기용 덕트 등의 긴변의 길이가 1.2m를 초과하는 것이 있는 경우에는 당해 덕트 등의 아래 면에도 스프링클러헤드를 설치할 것

해답 ③

27 분말소화약제의 탄산수소나트륨 10kg 이 1기압, 270℃에서 방사되었을 때 발생하는 이산화탄소의 양은 약 몇 m^3인가?

① 2.65   ② 3.65
③ 18.22   ④ 36.44

해설 분말약제의 열분해

종별	약제명	착색	열분해 반응식
제1종	탄산수소나트륨	백색	$2NaHCO_3$ $\rightarrow Na_2CO_3 + CO_2 + H_2O$
제2종	탄산수소칼륨	담회색	$2KHCO_3$ $\rightarrow K_2CO_3 + CO_2 + H_2O$
제3종	제1인산암모늄	담홍색	$NH_4H_2PO_4$ $\rightarrow HPO_3 + NH_3 + H_2O$
제4종	탄산수소칼륨 + 요소	회(백)색	$2KHCO_3 + (NH_2)_2CO$ $\rightarrow K_2CO_3 + 2NH_3 + 2CO_2$

$2NaHCO_3 \rightarrow Na_2CO_3 + CO_2 + H_2O$
$2 \times 84kg \qquad\qquad 1 \times 22.4m^3$
$10kg \qquad\qquad\qquad Xm^3$

$X = \dfrac{10 \times 22.4}{2 \times 84} = 1.33 m^3$ (0℃, 1기압상태에서)

270℃, 1기압으로 환산 $\dfrac{1.33}{273+0} = \dfrac{V_2}{273+270}$

$V_2 = \dfrac{1.33 \times 543}{273} = 2.65 m^3$

해답 ①

28 물과 반응하였을 때 발생하는 가스의 종류가 나머지 셋과 다른 하나는?

① 알루미늄분 ② 칼슘
③ 탄화칼슘   ④ 수소화칼슘

해설
① $2Al + 6H_2O \rightarrow 2Al(OH)_3 + 3H_2 \uparrow$ (수소)
② $Ca + 2H_2O \rightarrow Ca(OH)_2 + H_2 \uparrow$ (수소)
③ $CaC_2 + 2H_2O \rightarrow Ca(OH)_2 + C_2H_2$ (아세틸렌)
④ $CaH_2 + 2H_2O \rightarrow Ca(OH)_2 + 2H_2 \uparrow$ (수소)

$Ca(OH)_2$: 수산화칼슘, H_2 : 수소, C_2H_2 : 아세틸렌

해답 ③

29 제3종 분말소화약제의 제조시 사용되는 실리콘오일의 용도는?

① 경화제   ② 방수제
③ 탈색제   ④ 착색제

해설 분말소화약제의 방습제(발수제 = 방수제)
① 금속비누
   (스테아르산아연, 스테아르산알루미늄)
② 실리콘으로 표면처리

해답 ②

30 옥외소화전의 개폐밸브 및 호스 접속구는 지반면으로부터 몇 m 이하의 높이에 설치해야 하는가?

① 1.5   ② 2.5
③ 3.5   ④ 4.5

해설 옥외소화전의 개폐밸브 및 호스 접결구 설치 위치 : 바닥으로부터 1.5m 이하

위험물제조소등의 소화설비 설치기준

소화설비	수평거리	방사량	방사압력
옥내	25m 이하	260(L/min) 이상	350(kPa) 이상
	수원의 양 $Q = N$(소화전개수 : **최대 5개**) $\times 7.8m^3$(260L/min $\times$ 30min)		
옥외	40m 이하	450(L/min) 이상	350(kPa) 이상
	수원의 양 $Q = N$(소화전개수 : 최대 4개) $\times 13.5m^3$(450L/min $\times$ 30min)		
스프링클러	1.7m 이하	80(L/min) 이상	100(kPa) 이상
	수원의 양 $Q = N$(헤드수 : 최대 30개) $\times 2.4m^3$(80L/min $\times$ 30min)		
물분무		20 (L/m²·min)	350(kPa) 이상
	수원의 양 $Q = A$(바닥면적m²) $\times 0.6m^3$(20L/m²·min $\times$ 30min)		

해답 ①

31 일반적으로 다량 주수를 통한 소화가 가장 효과적인 화재는?

① A급화재   ② B급화재
③ C급화재   ④ D급화재

해설 화재의 분류 ★★ 자주출제(필수암기) ★★

종 류	등급	색표시	주된 소화 방법
일반화재	A급	백색	냉각소화
유류 및 가스화재	B급	황색	질식소화
전기화재	C급	청색	질식소화
금속화재	D급	–	피복소화
주방화재	K급	–	냉각 및 질식소화

해답 ①

32 분말소화약제인 제1인산암모늄을 사용하였을 때 열분해하여 부착성인 막을 만들어 공기를 차단시키는 것은?

① HPO_3　　② PH_3
③ NH_3　　④ P_2O_3

해설 제3종분말(제1인산암모늄) : 열분해 시 발생한 메타인산(HPO_3)이 부착성이 매우 강하다.

분말약제의 열분해

종별	약제명	착색	열분해 반응식
제1종	탄산수소나트륨	백색	$2NaHCO_3 \rightarrow Na_2CO_3 + CO_2 + H_2O$
제2종	탄산수소칼륨	담회색	$2KHCO_3 \rightarrow K_2CO_3 + CO_2 + H_2O$
제3종	제1인산암모늄	담홍색	$NH_4H_2PO_4 \rightarrow HPO_3 + NH_3 + H_2O$
제4종	탄산수소칼륨 + 요소	회(백)색	$2KHCO_3 + (NH_2)_2CO \rightarrow K_2CO_3 + 2NH_3 + 2CO_2$

해답 ①

33 화재발생시 위험물에 대한 소화방법으로 옳지 않은 것은?

① 트라이에틸알루미늄 : 소규모 화재시 팽창질석을 사용한다.
② 과산화나트륨 : 할로젠화합물소화기로 질식소화 한다.
③ 인화성고체 : 이산화탄소소화기로 질식소화 한다.
④ 휘발유 : 탄산수소염류 분말소화기를 사용하여 소화한다.

해설 ② 과산화나트륨 화재 시 마른모래(건조사)등으로 소화한다.

과산화나트륨(Na_2O_2) : 제1류 위험물 중 무기과산화물(금수성)

① 상온에서 물과 격렬히 반응하여 산소(O_2)를 방출하고 폭발하기도 한다.

$2Na_2O_2 + 2H_2O \rightarrow 4NaOH + O_2 \uparrow$
(과산화나트륨) (물)　　(수산화나트륨) (산소)

② 공기 중 이산화탄소(CO_2)와 반응하여 산소(O_2)를 방출한다.

$2Na_2O_2 + 2CO_2 \rightarrow 2Na_2CO_3 + O_2 \uparrow$

③ 산과 반응하여 과산화수소(H_2O_2)를 생성시킨다.

$Na_2O_2 + 2CH_3COOH \rightarrow 2CH_3COONa + H_2O_2 \uparrow$

④ 열분해 시 산소(O_2)를 방출한다.

$2Na_2O_2 \rightarrow 2Na_2O + O_2 \uparrow$

⑤ 주수소화는 금물이고 마른모래(건조사)등으로 소화한다.

해답 ②

34 주된 소화효과가 산소공급원의 차단에 의한 소화가 아닌 것은?

① 포소화기　　② 건조사
③ CO_2 소화기　　④ Halon 1211소화기

해설 ④ 할론 1211 소화기 : 부촉매 소화

해답 ④

35 소화설비의 설치기준에 있어서 위험물저장소의 건축물로서 외벽이 내화구조로 된 것은 연면적 몇 m^2를 1 소요단위로 하는가?

① 50　　② 75
③ 100　　④ 150

해설 소요단위의 계산방법

① 제조소 또는 취급소의 건축물

외벽이 내화구조인 것	외벽이 내화구조가 아닌 것
연면적 $100m^2$를 1소요단위	연면적 $50m^2$를 1소요단위

② 저장소의 건축물

외벽이 내화구조인 것	외벽이 내화구조가 아닌 것
연면적 $150m^2$를 1소요단위	연면적 $75m^2$를 1소요단위

③ 위험물은 지정수량의 10배를 1소요단위로 할 것

해답 ④

36 연소형태가 나머지 셋과 다른 하나는?

① 목탄　　② 메탄올
③ 파라핀　　④ 황

[해설] ① 목탄 : 표면연소   ② 메탄올 : 증발연소
③ 파라핀 : 증발연소   ④ 황 : 증발연소

연소의 형태 ★★ 자주출제(필수암기) ★★
① **표면연소** : 숯, 코크스, 목탄, 금속분
② **증발연소** : 파라핀(양초), 황, 나프탈렌, 왁스, 휘발유, 등유, 경유, 아세톤 등 제4류 위험물
③ **분해연소** : 석탄, 목재, 플라스틱, 종이, 합성수지, 중유
④ **자기연소(내부연소)** : 질화면(나이트로셀룰로오스), 셀룰로이드, 나이트로글리세린 등 제5류 위험물
⑤ **확산연소** : 아세틸렌, LPG, LNG 등 가연성 기체
⑥ **불꽃연소 + 표면연소** : 목재, 종이, 셀룰로스, 열경화성수지

[해답] ①

37 이산화탄소 소화기의 장·단점에 대한 설명으로 틀린 것은?

① 밀폐된 공간에서 사용시 질식으로 인명피해가 발생할 수 있다.
② 전도성이어서 전류가 통하는 장소에서의 사용은 위험하다.
③ 자체의 압력으로 방출할 수가 있다.
④ 소화 후 소화약제에 의한 오손이 없다.

[해설] ② 비전도성이어서 전류가 통하는 장소에서의 사용이 가능하다.

CO₂ 소화기의 장·단점

장점	① 심부화재에 적합 ② 화재 진화 후 깨끗하다. ③ 증거보존 양호하여 화재원인조사 쉽다. ④ 비전도성이므로 전기화재적합하다. ⑤ 피연소물에 피해가 적다.
단점	① 압력이 고압이므로 특별한 주의를 요한다. ② CO₂ 방사시 인체에 동상우려가 있다. ③ 인체에 질식우려가 있다. ④ CO₂ 방사 시 소음이 크다.

[해답] ②

38 피리딘 20000리터에 대한 소화설비의 소요단위는?

① 5단위   ② 10단위
③ 15단위   ④ 100단위

[해설] ① 피리딘(C_5H_5N) : 제4류 제1석유류(수용성 액체)
② 지정수량의 배수 = $\dfrac{저장수량}{지정수량} = \dfrac{20,000}{400}$
   = 50배
③ 소요단위 = $\dfrac{지정수량의 배수}{10} = \dfrac{50}{10}$ = 5단위

제4류 위험물 및 지정수량

품 명		지정수량(L)
1. 특수인화물		50
2. 제1석유류	비수용성액체	200
	수용성액체	400
3. 알코올류		400
4. 제2석유류	비수용성액체	1,000
	수용성액체	2,000
5. 제3석유류	비수용성액체	2,000
	수용성액체	4,000
6. 제4석유류		6,000
7. 동식물유류		10,000

소요단위의 계산방법
① 제조소 또는 취급소의 건축물

외벽이 내화구조인 것	외벽이 내화구조가 아닌 것
연면적 100m²를 1소요단위	연면적 50m²를 1소요단위

② 저장소의 건축물

외벽이 내화구조인 것	외벽이 내화구조가 아닌 것
연면적 150m²를 1소요단위	연면적 75m²를 1소요단위

③ 위험물은 지정수량의 10배를 1소요단위로 할 것

[해답] ①

39 제4류 위험물에 대해 적응성이 있는 소화설비 또는 소화기는?

① 옥내소화전설비   ② 옥외소화전설비
③ 봉상강화액소화기 ④ 무상강화액소화기

[해설] **인화성액체(제4류) 위험물 화재(B급 화재)**
① 비수용성인 석유류화재에 봉상주수를 하면 비중이 물보다 가벼워 연소면이 확대 된다.
② 포 소화약제 또는 물 분무(무상)가 적합하다.

[해답] ④

40 소화약제로 사용하지 않는 것은?

① 이산화탄소　② 제1인산암모늄
③ 탄산수소나트륨　④ 트라이클로로실란

해설 트라이클로로실란(Tri-chlorosilane)
- 제3류 염소화규소화합물
① 분자식 : Cl_3-H-Si, 분자량 : 135.45
② 인화점 : $-14℃$, 끓는점(비점) : $32℃$
③ 염화수소 냄새를 지닌 무색 액체
④ 벤젠, 에터, 헵탄, 클로로포름, 사염화탄소에 용해
⑤ 증기압 : 400mmHg
　증기비중 : 1.3
　증기밀도 : 4.7

해답 ④

제3과목 위험물의 성질과 취급

41 제2류 위험물과 제5류 위험물의 일반적인 성질에서 공통점으로 옳은 것은?

① 산화력이 세다.
② 가연성 물질이다.
③ 액체 물질이다.
④ 산소함유 물질이다.

해설 제2류 위험물의 공통적 성질
① 낮은 온도에서 착화가 쉬운 가연성 고체이다.
② 연소속도가 빠른 고체이다.
③ 연소 시 유독가스를 발생하는 것도 있다.
④ 금속분은 물 또는 산과 접촉시 발열된다.
⑤ 철분, 마그네슘, 금속분은 물과 접촉 시 수소가스 발생

제5류 위험물의 일반적 성질
① 자기연소(내부연소)성 물질이다.
② 연소속도가 대단히 빠르고 폭발적 연소한다.
③ 가열, 마찰, 충격에 의하여 폭발한다.
④ 물질자체가 산소를 함유하고 있다.
⑤ 연소 시 소화가 어렵다.

해답 ②

42 인화점이 1기압에서 20℃ 이하인 것으로만 나열된 것은?

① 벤젠, 휘발유　② 다이에틸에터, 등유
③ 휘발유, 글리세린　④ 참기름, 등유

해설 제1석유류 : 인화점이 1기압에서 20℃ 미만인 것
① 벤젠(제4류 제1석유류)
　휘발유(제4류 제1석유류)
② 다이에틸에터(제4류 특수인화물)
　등유(제4류 제2석유류)
③ 휘발유(제4류 제1석유류)
　글리세린(제4류 제3석유류)
④ 참기름(제4류 동식물유류)
　등유(제4류 제2석유류)

제4류 위험물(인화성 액체)

구 분	지정품목	기타 조건(1atm에서)
특수인화물	이황화탄소 다이에틸에터	• 발화점이 100℃ 이하 • 인화점 -20℃ 이하이고 비점이 40℃ 이하
제1석유류	아세톤, 휘발유	• 인화점 21℃ 미만
알코올류	C_1~C_3까지 포화 1가 알코올(변성알코올 포함) 메틸알코올, 에틸알코올, 프로필알코올	
제2석유류	등유, 경유	• 인화점 21℃ 이상 70℃ 미만
제3석유류	중유 크레오소트유	• 인화점 70℃ 이상 200℃ 미만
제4석유류	기어유 실린더유	• 인화점 200℃ 이상 250℃ 미만
동식물유류	동물의 지육 등 또는 식물의 종자나 과육으로부터 추출한 것으로서 인화점이 250℃ 미만인 것	

해답 ①

43 위험물 주유취급소의 주유 및 급유 공지의 바닥에 대한 기준으로 옳지 않은 것은?

① 주위 지면보다 낮게 할 것
② 표면을 적당하게 경사지게 할 것
③ 배수구, 집유설비를 할 것
④ 유분리장치를 할 것

해설 ① 주위 지면보다 높게 할 것

주유공지 및 급유공지
① 주유취급소의 고정주유설비의 주위에는 너비 15m 이상, 길이 6m 이상의 콘크리트 등으로 포장한 공지를 보유할 것

② 고정급유설비를 설치하는 경우에는 고정급유설비의 호스기기의 주위에 필요한 공지를 보유할 것
③ 공지의 바닥은 주위 지면보다 높게 하고, 그 표면을 적당하게 경사지게 하여 새어나온 기름 그 밖의 액체가 공지의 외부로 유출되지 아니하도록 배수구·집유설비 및 유분리장치를 하여야 한다.

해답 ①

44 CaO₂와 Na₂O₂의 공통적 성질에 해당하는 것은?

① 청색 침상분말이다.
② 물과 알코올에 잘 녹는다.
③ 가열하면 산소를 방출하며 분해한다.
④ 염산과 반응하여 수소를 발생한다.

해설 과산화칼슘(CaO_2) : 제1류 무기과산화물
① 백색의 분말상태이다.
② 물, 알코올, 에터에 녹지 않는다.
③ 상온에서 물과 격렬히 반응하여 산소(O_2)를 방출하고 폭발하기도 한다.

$$2CaO_2 + 2H_2O \rightarrow 2Ca(OH)_2(수산화칼슘) + O_2\uparrow$$

④ 열분해 시 산소(O_2)를 방출한다.

$$2CaO_2 \rightarrow 2CaO(산화칼슘) + O_2\uparrow$$

⑤ 주수소화는 금물이고 마른모래(건조사)등으로 소화한다.

과산화나트륨(Na_2O_2) : 제1류 무기과산화물(금수성)
① 자신은 불연성 물질이다.
② 상온에서 물과 격렬히 반응하여 산소(O_2)를 방출하고 폭발하기도 한다.

$$2Na_2O_2 + 2H_2O \rightarrow 4NaOH + O_2\uparrow$$
(과산화나트륨) (물) (수산화나트륨) (산소)

③ 열분해 시 산소(O_2)를 방출한다.

$$2Na_2O_2 \rightarrow 2Na_2O + O_2\uparrow$$

④ 주수소화는 금물이고 마른모래(건조사)등으로 소화한다.

해답 ③

45 2가지 물질을 혼합하였을 때 위험성이 증가하는 경우가 아닌 것은?

① 과망가니즈산칼륨 + 황산
② 나이트로셀룰로오스 + 알코올수용액
③ 질산나트륨 + 유기물
④ 질산 + 에틸알코올

해설 나이트로셀룰로오스는 저장 시 20% 이상의 수분 또는 알코올수용액을 첨가하여 저장한다.

나이트로셀룰로오스[($C_6H_7O_2(ONO_2)_3$)ₙ] : 제5류 위험물
셀룰로오스(섬유소)에 진한질산과 진한 황산의 혼합액을 작용시켜서 만든 것이다.
① 비수용성이며 초산에틸, 초산아밀, 아세톤에 잘 녹는다.
② 건조상태에서는 폭발위험이 크나 수분함유 시 폭발위험성이 없어 저장·운반이 용이하다.
③ 질소함유율(질화도)이 높을수록 폭발성이 크다.
④ 저장 시 20%이상의 수분을 첨가하여 저장한다.

해답 ②

46 위험물의 류별 성질 중 자기반응성에 해당하는 것은?

① 적린　　　　② 메틸에틸케톤
③ 피크르산　　④ 철분

해설

구분	류별	성질
① 적린	제2류	가연성고체
② 메틸에틸케톤	제4류 제1석유류	인화성액체
③ 피크르산	제5류 나이트로화합물	자기반응성
④ 철분	제2류 금속분	가연성고체

해답 ③

47 다음의 위험물을 저장할 때 저장 또는 취급에 관한 기술상의 기준을 시·도의 조례에 의해 규제를 받는 경우는?

① 등유 2000L를 저장하는 경우
② 중유 3000L를 저장하는 경우
③ 윤활유 5000L를 저장하는 경우
④ 휘발류 400L를 저장하는 경우

해설 • **지정수량 미만인 위험물의 저장·취급**
지정수량 미만인 위험물의 저장 또는 취급에 관한 기술상의 기준은 특별시·광역시 및 도(이하

"시 · 도"라 한다)의 조례로 정한다.

- 지정수량의 배수$(N) = \dfrac{\text{저장수량}}{\text{지정수량}}$

  ① 등유 : 제2석유류(비수용성액체)
  $$N = \dfrac{2000}{1000} = 2배$$

  ② 중유 : 제3석유류(비수용성액체)
  $$N = \dfrac{3000}{2000} = 1.5배$$

  ③ 윤활유 : 제4석유류 $N = \dfrac{5000}{6000} = 0.83배$

  ④ 휘발유 : 제1석유류(비수용성액체)
  $$N = \dfrac{400}{200} = 2배$$

- 제4류 위험물 및 지정수량

품 명		지정수량(L)
1. 특수인화물		50
2. 제1석유류	비수용성액체	200
	수용성액체	400
3. 알코올류		400
4. 제2석유류	비수용성액체	1,000
	수용성액체	2,000
5. 제3석유류	비수용성액체	2,000
	수용성액체	4,000
6. 제4석유류		6,000
7. 동식물유류		10,000

해답 ③

48 물과 접촉하였을 때 에탄이 발생되는 물질은?

① CaC_2 ② $(C_2H_5)_3Al$
③ $C_6H_3(NO_2)_3$ ④ $C_2H_5ONO_2$

해설 알킬알루미늄$[(C_nH_{2n+1}) \cdot Al]$: 제3류 위험물(금수성 물질)

① 알킬기(C_nH_{2n+1})에 알루미늄(Al)이 결합된 화합물이다.
② C_1~C_4는 자연발화의 위험성이 있다.
③ 물과 접촉 시 가연성 가스 발생하므로 주수소화는 절대 금지한다.
④ 트라이메틸알루미늄
  (TMA : Tri Methyl Aluminium)
  $(CH_3)_3Al + 3H_2O \rightarrow Al(OH)_3 + 3CH_4\uparrow$ (메탄)
⑤ 트라이에틸알루미늄
  (TEA : Tri Eethyl Aluminium)

$(C_2H_5)_3Al + 3H_2O \rightarrow Al(OH)_3 + 3C_2H_6\uparrow$ (에탄)

⑥ 소화 시 주수소화는 절대 금하고 팽창질석, 팽창진주암 등으로 피복소화한다.

해답 ②

49 이송취급소 배관 등의 용접부는 비파괴시험을 실시하여 합격하여야 한다. 이 경우 이송기지 내의 지상에 설치되는 배관 등은 전체 용접부의 몇 % 이상 발췌하여 시험할 수 있는가?

① 10 ② 15
③ 20 ④ 25

해설 이송취급소의 위치 · 구조 및 설비의 기준
비파괴시험

① 배관 등의 용접부는 비파괴시험을 실시하여 합격할 것. 이 경우 이송기지 내의 지상에 설치된 배관 등은 전체 용접부의 20% 이상을 발췌하여 시험할 수 있다.
② 비파괴시험의 방법, 판정기준 등은 소방청장이 정하여 고시하는 바에 의할 것

해답 ③

50 위험물 제조소의 배출설비의 배출능력은 1시간당 배출장소 용적의 몇 배 이상인 것으로 해야 하는가? (단, 전역방식의 경우는 제외한다.)

① 5 ② 10
③ 15 ④ 20

해설 위험물 제조소의 위치 · 구조 및 설비의 기준
배출능력은 1시간당 배출장소 용적의 20배 이상인 것으로 할 것(단 전역 방출방식의 경우에는 바닥면적 $1m^2$당 $18m^3$ 이상)

해답 ④

51 셀룰로이드의 자연발화 형태를 가장 옳게 나타낸 것은?

① 잠열에 의한 발화
② 미생물에 의한 발화

③ 분해열에 의한 발화
④ 흡착열에 의한 발화

해설 자연발화의 영향인자
① 열의 축적   ② 퇴적방법   ③ 열전도율
④ 발열량   ⑤ 수분

자연발화의 형태
① 산화열에 의한 자연발화
  • 석탄   • 건성유   • 탄소분말
  • 금속분 • 기름걸레
② 분해열에 의한 자연발화
  • 셀룰로이드 • 나이트로셀룰로오스
  • 나이트로글리세린
③ 흡착열에 의한 자연발화
  • 활성탄   • 목탄분말
④ 미생물열에 의한 자연발화
  • 퇴비   • 먼지

해답 ③

52 보냉장치가 없는 이동저장 탱크에 저장하는 아세트알데하이드의 온도는 몇 ℃ 이하로 유지하여야 하는가?

① 30   ② 40
③ 50   ④ 60

해설 알킬알루미늄 등, 아세트알데하이드 등 및 다이에틸에터 등의 저장기준
① 이동저장탱크에 알킬알루미늄등을 저장하는 경우에는 20kPa 이하의 압력으로 불활성의 기체를 봉입하여 둘 것
② 옥외저장탱크 · 옥내저장탱크 또는 지하저장탱크 중 압력탱크 외의 탱크에 저장하는 다이에틸에터등 또는 아세트알데하이드등의 온도는 산화프로필렌과 이를 함유한 것 또는 다이에틸에터등에 있어서는 30℃ 이하로, 아세트알데하이드 또는 이를 함유한 것에 있어서는 15℃ 이하로 각각 유지할 것
③ 옥외저장탱크 · 옥내저장탱크 또는 지하저장탱크 중 압력탱크에 저장하는 아세트알데하이드등 또는 다이에틸에터등의 온도는 40℃ 이하로 유지할 것
④ 이동저장탱크에 저장하는 아세트알데하이드등 또는 다이에틸에터등의 온도

구 분	유지 온도
보냉장치가 있는 경우	비점 이하
보냉장치가 없는 경우	40℃ 이하

해답 ②

53 제3류 위험물과 혼재할 수 있는 위험물은 제 몇 류 위험물인가? (단, 지정수량의 10배인 경우이다.)

① 제1류   ② 제2류
③ 제4류   ④ 제5류

해설 제3류 위험물과 제4류 위험물은 혼재가 가능하다.
유별을 달리하는 위험물의 혼재기준(쉬운 암기방법)

혼재 가능	
↓1류 + 6류↑	2류 + 4류
↓2류 + 5류↑	5류 + 4류
↓3류 + 4류↑	

해답 ③

54 등유 속에 저장하는 위험물은?

① 인화칼슘   ② 트라이에틸알루미늄
③ 탄화칼슘   ④ 칼륨

해설 금속칼륨 및 금속나트륨 : 제3류 위험물(금수성)
① 물과 반응하여 수소기체 발생

$2Na + 2H_2O \rightarrow 2NaOH + H_2\uparrow$ (수소발생)
$2K + 2H_2O \rightarrow 2KOH + H_2\uparrow$ (수소발생)

② 석유(유동파라핀, 등유, 경유)속에 저장

★★자주출제(필수정리)★★
㉠ 칼륨(K), 나트륨(Na)은 석유속에 저장
㉡ 황린(3류) 및 이황화탄소(4류)는 물속에 저장

해답 ④

55 판매취급소에서 위험물을 배합하는 실의 기준으로 틀린 것은?

① 내화구조 또는 불연재료로 된 벽으로 구획한다.
② 출입구는 자동폐쇄식 60분+방화문 또는 60분방화문을 설치한다.

③ 내부에 체류한 가연성 증기를 지붕위로 방출하는 설비를 한다.
④ 바닥에는 경사를 두어 되돌림관을 설치한다.

해설 ④ 바닥은 위험물이 침투하지 아니하는 구조로 하여 적당한 경사를 두고 집유설비를 할 것

위험물의 배합실 설치기준 ★★ 자주 출제 ★★
① 바닥면적은 $6m^2$ 이상 $15m^2$ 이하일 것
② 내화구조 또는 불연재료로 된 벽으로 구획
③ 바닥은 위험물이 침투하지 아니하는 구조로 하여 적당한 경사를 두고 집유설비를 할 것
④ 출입구에는 자동폐쇄식의 60분+방화문 또는 60분방화문을 설치
⑤ 출입구 문턱의 높이는 바닥면으로부터 0.1m 이상으로 할 것
⑥ 내부에 체류한 가연성의 증기 또는 가연성의 미분을 지붕위로 방출하는 설비를 할 것

해답 ④

56 질산나트륨을 저장하고 있는 옥내저장소(내화구조의 격벽으로 완전히 구획된 실이 2 이상 있는 경우에는 동일한 실)에 함께 저장하는 것이 법적으로 허용되는 것은? (단, 위험물을 유별로 정리하여 서로 1m 이상의 간격을 두는 경우이다.)

① 적린 ② 인화성고체
③ 동식물유류 ④ 과염소산

해설 **질산나트륨**($NaNO_3$) : 제1류 위험물
① 적린 : 제2류 위험물
② 인화성고체 : 특수가연물
③ 동식물유류 : 제4류 위험물
④ 과염소산 : 제6류 위험물

옥내저장소에 함께 저장할 수 있는 것
① 제1류 위험물(알칼리금속의 과산화물 또는 이를 함유한 것을 제외)과 제5류 위험물을 저장하는 경우
② 제1류 위험물과 제6류 위험물을 저장하는 경우
③ 제1류 위험물과 제3류위험물 중 자연발화성물질(황린 또는 이를 함유한 것)을 저장하는 경우
④ 제2류 위험물 중 인화성고체와 제4류 위험물을 저장하는 경우
⑤ 제3류 위험물 중 알킬알루미늄등과 제4류 위험물(알킬알루미늄 또는 알킬리튬을 함유한 것)을 저장하는 경우
⑥ 제4류 위험물 중 유기과산화물 또는 이를 함유하는 것과 제5류 위험물 중 유기과산화물 또는 이를 함유한 것을 저장하는 경우

해답 ④

57 황린에 대한 설명으로 틀린 것은?
① 백색 또는 담황색의 고체로 독성이 있다.
② 물에는 녹지 않고 이황화탄소에는 녹는다.
③ 공기 중에서 산화되어 오산화인이 된다.
④ 녹는점이 적린과 비슷하다.

해설 ① 황린의 융점(녹는점) : 44℃
② 적린의 융점(녹는점) : 600℃

황린(P_4) : 제3류 위험물(자연발화성물질)
① 백색 또는 담황색의 고체이다.
② 공기 중 약 40~50℃에서 자연 발화한다.
③ 저장 시 자연 발화성이므로 반드시 물속에 저장한다.
④ 연소 시 오산화인(P_2O_5)의 흰 연기가 발생한다.
$P_4 + 5O_2 \rightarrow 2P_2O_5$(오산화인)
⑤ 약 260℃로 가열(공기차단)시 적린이 된다.
⑥ 소화는 물분무, 마른모래 등으로 질식소화한다.

해답 ④

58 위험물안전관리법령상 제2류 위험물 중 철분을 수납한 운반용기 외부에 표시해야 할 내용은?

① 물기주의 및 화기엄금
② 화기주의 및 물기엄금
③ 공기노출엄금
④ 충격주의 및 화기엄금

해설 **위험물 운반용기의 외부 표시 사항**
① 위험물의 품명, 위험등급, 화학명 및 수용성(제4류 위험물의 수용성인 것에 한함)
② 위험물의 수량

③ 수납하는 위험물에 따른 주의사항

유별	성질에 따른 구분	표시사항
제1류	알칼리금속의 과산화물	화기·충격주의, 물기엄금 및 가연물접촉주의
	그 밖의 것	화기·충격주의 및 가연물접촉주의
제2류	철분·금속분·마그네슘	화기주의 및 물기엄금
	인화성 고체	화기엄금
	그 밖의 것	화기주의
제3류	자연발화성 물질	화기엄금 및 공기접촉엄금
	금수성 물질	물기엄금
제4류	인화성 액체	화기엄금
제5류	자기반응성 물질	화기엄금 및 충격주의
제6류	산화성 액체	가연물접촉주의

해답 ②

59 제1류 위험물에 해당하는 것은?

① 염소산칼륨 ② 수산화칼륨
③ 수소화칼륨 ④ 아이오딘화칼륨

해설 ① 염소산칼륨($KClO_3$) : 제1류 염소산염류
② 수산화칼륨(KOH) : 비위험물(유독물)
③ 수소화칼륨(KH) : 제3류 위험물
④ 아이오딘화칼륨(KI) : 비위험물

해답 ①

60 위험물제조소의 안전거리 기준으로 틀린 것은?

① 주택으로부터 10m 이상
② 학교, 병원, 극장으로부터는 30m 이상
③ 유형문화재와 기념물 중 지정문화재로부터는 70m 이상
④ 고압가스등을 저장·취급하는 시설로부터는 20m 이상

해설 ③ 유형문화재와 기념물 중 지정문화재로 부터는 50m 이상

제조소의 안전거리(제6류 위험물 취급 제조소 제외)

구 분	안전거리
사용전압이 7,000V 초과 35,000V 이하	3m 이상
사용전압이 35,000V를 초과	5m 이상
주거용	10m 이상
고압가스, 액화석유가스, 도시가스	20m 이상
학교·병원·극장	30m 이상
유형문화재, 지정문화재	50m 이상

해답 ③

위험물산업기사

2024년 2월 CBT 시행

본 문제는 CBT시험대비 기출문제 복원입니다.

제1과목 일반화학

01 다음 중 벤젠 고리를 함유하고 있는 것은?

① 아세틸렌 ② 아세톤
③ 메탄   ④ 아닐린

해설
① 아세틸렌 : C_2H_2
② 아세톤 : CH_3COCH_3
③ 메탄 : CH_4
④ 아닐린 : $C_6H_5NH_2$

분자 속에 벤젠고리를 가진 유기화합물로서 벤젠의 유도체

① 톨루엔($C_6H_5CH_3$) ② 페놀(C_6H_5OH)

③ 아닐린($C_6H_5NH_2$) ④ 크실렌

해답 ④

02 NaOH 1g이 250mL 메스플라스크에 녹아 있을 때 NaOH 수용액의 농도는?

① 0.1N   ② 0.3N
③ 0.5N   ④ 0.7N

해설 노르말농도 = 규정농도(N)
용액 1L속에 포함된 용질의 g 당량수로 표시한 농도라며 N으로 표시한다.

① NaOH의 1g-당량 = $\dfrac{원자량}{원자가}$ = $\dfrac{40}{1가}$ = 40g

② $N = \dfrac{\dfrac{용질의질량(g)}{1g-당량}}{\dfrac{용액의부피(ml)}{1000ml}} = \dfrac{\dfrac{1g}{40g}}{\dfrac{250ml}{1000ml}} = 0.1N$

N농도 = $\dfrac{\dfrac{용질의 질량(g)}{1g-당량}}{\dfrac{용액의 부피(ml)}{1000ml}}$

해답 ①

03 금속은 열, 전기를 잘 전도한다. 이와 같은 물리적 특성을 갖는 가장 큰 이유는?

① 금속의 원자 반지름이 크다.
② 자유전자를 가지고 있다.
③ 비중이 대단히 크다.
④ 이온화 에너지가 매우 크다.

해설 금속의 일반적 성질
① 비중이 일반적으로 크다.
② 열이나 전기를 잘 전도 한다.
③ 금속이 열과 전기를 잘 전도하는 것은 금속결정 속의 **자유전자의 이동** 때문이다.
④ 금속은 뽑힘성과 퍼짐성을 가지고 있다.
⑤ 수은을 제외한 금속은 상온에서 고체이다.

해답 ②

04 발연황산이란 무엇인가?

① H_2SO_4의 농도가 98% 이상인 거의 순수한 황산
② 황산과 염산을 1 : 3의 비율로 혼합한 것
③ SO_3를 황산에 흡수시킨 것
④ 일반적인 황산을 총괄

해설 발연 황산(fuming sulfuric acid, oleum)
① 진한 황산(C-H_2SO_4)에 삼산화황산(SO_3)을 용해시킨 것
② 공기와 접촉하면 삼산화황의 증기가 발생하여 흰 연기가 난다.
③ 점성이 있는 유상의 액체이다.

해답 ③

05 다음 물질 중에서 염기성인 것은?

① $C_6H_5NH_2$ ② $C_6H_5NO_2$
③ C_6H_5OH ④ C_6H_5COOH

해설

화학식	$C_6H_5NH_2$	$C_6H_5NO_2$	C_6H_5OH	C_6H_5COOH
명칭	아닐린	나이트로벤젠	페놀	안식향산 (벤조산)
액성	염기성	약산성	약산성	약산성

아닐린($C_6H_5NH_2$) : 제4류 3석유류
① 기름 모양의 무색 액체
② 물에 녹지 않는다.
③ 염산과 반응하여 염산염(이온화합물)을 만들므로 염기성이다.
④ 염기성이다.

아닐린의 제조방법

$C_6H_5NO_2 + 6H_2 → C_6H_5NH_2 + 2H_2O$
(나이트로벤젠) (수소) (아닐린) (물)

해답 ①

06 테르밋(thermit)의 주성분은 무엇인가?

① Mg 와 Al_2O_3 ② Al 과 Fe_2O_3
③ Zn 과 Fe_2O_3 ④ Cr 와 Al_2O_3

해설 테르밋(thermite, thermit)
① 산화 철분(Fe_2O_3)과 알루미늄분(Al)의 당량 혼합물
② 점화하면 알루미늄이 산화되어 고온을 발생하고 환원되어 생기는 철이 융해한다.
③ 철이나 강의 용접에 사용된다.
④ 알루미늄분의 산으로 발생하는 다량의 열과 그 환원력을 이용하는 야금법을 테르밋법이라 한다.
⑤ $2Al + Fe_2O_3 → Al_2O_3 + 2Fe$

해답 ②

07 어떤 온도에서 물 200g에 최대 설탕이 90g 녹는다. 이 온도에서 설탕의 용해도는?

① 45   ② 90
③ 180   ④ 290

해설
① 용질(녹아있는 물질) = 90g
② 용매(녹이는 물질) = 200g
③ 용해도 = $\dfrac{용질의 g수}{용매의 g수} \times 100 = \dfrac{90}{200} \times 100$
       = 45

용해도의 정의
① 용매(녹이는 물질) 100g에 용해하는 용질(녹는 물질)의 최대량을 g수로 표시한 것
② 용해도 = $\dfrac{용질의 g수}{용매의 g수} \times 100$
(용해도는 단위가 없는 무차원이다)
③ • 용매 : 녹이는 물질 • 용질 : 녹는 물질
  • 용액 : 용매+용질

해답 ①

08 배수비례의 법칙이 적용 가능한 화합물을 옳게 나열한 것은?

① CO, CO_2 ② HNO_3, HNO_2
③ H_2SO_4, H_3SO_3 ④ O_2, O_3

해설 배수비례의 법칙(돌턴이 발견)
두 가지원소가 두 가지 이상의 화합물을 만들 때 한 원소의 일정 중량에 대하여 결합하는 다른 원소의 중량 간에는 항상 간단한 정수비가 성립한다.

화합물	성분원소의 중량비
CO	C : O = 12 : 16
	16 : 32 = 1 : 2
CO_2	C : O = 12 : 32
H_2O	H : O = 2 : 16
	16 : 32 = 1 : 2
H_2O_2	H : O = 2 : 32
SO_2	S : O = 32 : 32
	32 : 48 = 2 : 3
SO_3	S : O = 32 : 48

해답 ①

09 다음 반응식에서 브뢴스테드의 산·염기 개념으로 볼 때 산에 해당하는 것은?

$$H_2O + NH_3 \rightleftarrows OH^- + NH_4^+$$

① NH_3 와 NH_4^+
② NH_3 와 OH^-
③ H_2O 와 OH^-
④ H_2O 와 NH_4^+

해설 브뢴스테드의 학설
① 산 : 두 가지 물질이 화합하는 경우 양성자(H^+)를 방출하는 것
② 염기 : 두 가지 물질이 화합하는 경우 양성자(H^+)를 받는 것

루이스의 학설

$$BF_3 + NH_3 \rightarrow BF_3NH_3$$
(삼플루오린화붕소) (암모니아) (플루오린화붕소암모늄)

① 염기 : 비공유 전자쌍을 가진 분자나 이온(NH_3)
② 산 : 비공유 전자쌍을 가진 분자나 이온을 받아들이는 것(BF_3)

산, 염기의 개념정리

정의	산	염기
아레니우스	H^+를 포함한다.	OH^-을 포함한다.
브뢴스테드, 로우리	H^+이온을 낸다.	H^+이온을 받는다.
루이스	전자쌍을 받는다.	전자쌍을 준다.

산	염기
• 푸른 리트머스 종이 → 붉게	• 붉은 리트머스 종이 → 푸르게 • 페놀프탈레인 용액을 붉게 한다.
• 신맛, 전기를 잘 통한다.	• 쓴맛, 전기를 잘 통한다.
• 염기와 작용하여 염과 물을 생성	• 산과 작용하여 염과 물을 생성
• 아연(Zn), 철(Fe) 등과 같은 금속을 넣으면 수소(H_2)가 발생	• 알칼리성이 강한 용액은 피부를 부식한다.

해답 ④

10 납축전지를 오랫동안 방전시키면 어느 물질이 생기는가?

① Pb
② PbO_2
③ H_2SO_4
④ $PbSO_4$

해설 납(연)축전지의 충전 및 방전 시 반응생성물

구분	양극(P)	음극(N)
충전 시	과산화납(PbO_2)	Pb
방전 시	황산납($PbSO_4$)	황산납($PbSO_4$)

납축전지의 충·방전 화학 반응식

$$PbO_2 + 2H_2SO_4 + Pb \underset{충전}{\overset{방전}{\rightleftarrows}} PbSO_4 + 2H_2O + PbSO_4$$
(+) (전해액) (−)   (+)   (물)   (−)
(과산화납)   (납)   (황산납)   (황산납)

• 납 = 연 = Lead   • 과산화납 = 이산화납

해답 ④

11 다음 물질 중 물에 가장 잘 용해되는 것은?

① 다이에틸에터
② 글리세린
③ 벤젠
④ 톨루엔

해설

화학식	$C_2H_5OC_2H_5$	$C_3H_5(OH)_3$	C_6H_6	$C_6H_5CH_3$
명칭	다이에틸에터	글리세린	벤젠	톨루엔
류별	특수인화물	제3석유류	제1석유류	제1석유류
수용성여부	비수용성	수용성	비수용성	비수용성

해답 ②

12 한 원자에서 네 양자수가 똑같은 전자가 2개 이상 있을 수 없다는 이론은?

① 네른스트의 식
② 파울리의 배타원리
③ 패러데이의 법칙
④ 플랑크의 양자론

해설 파울리의 배타원리(Pauli's principle)
1924년 W. 파울리에 의해 발견된 법칙으로 다수의 전자를 포함하는 계에서 2개 이상의 전자가 같은 양자상태를 취하지 않는다는 법칙으로 배타율이라고도 한다. 이 원리를 바탕으로 원자의 전자껍질구조 개념이 확립되었다.

해답 ②

13 액체 0.2g을 기화시켰더니 그 증기의 부피가 97℃, 740mmHg에서 80mL였다. 이 액체의 분자량은?

① 40
② 46
③ 78
④ 121

해설 ① 이상기체 상태방정식으로 분자량을 계산
② 760mmHg를 atm(기압)으로 환산하면
$$740mmHg \times \frac{1atm}{760mmHg} = \frac{740}{760}atm$$
③ 80mL = 0.08L
④ $M = \frac{WRT}{PV} = \frac{0.2 \times 0.082 \times (273+97)}{\frac{740}{760} \times 0.08} ≒ 78$

이상기체 상태방정식 ★★★★

$$PV = nRT = \frac{W}{M}RT$$

여기서, P : 압력(atm) V : 부피(L)
n : mol수(무게/분자량)
W : 무게(g) M : 분자량
T : 절대온도(273+t℃)
R : 기체상수(0.082atm · L/mol · K)

해답 ③

14 H$_2$O 가 H$_2$S보다 비등점이 높은 이유는 무엇인가?

① 분자량이 적기 때문에
② 수소결합을 하고 있기 때문에
③ 공유결합을 하고 있기 때문에
④ 이온결합을 하고 있기 때문에

해설 **수소결합**
수소원자와 전기음성도가 큰 플루오린(F), 산소(O), 질소(N)로 된 분자 HF, H$_2$O, NH$_3$, 또는 이들 원자가 결합하여 이루어진 원자단을 가진 화합물에서의 분자와 분자 사이의 결합을 말한다.
① 비등점(끓는점)이 높다.
② 증발열이 대단히 크다.

해답 ②

15 어떤 용기에 수소 1g과 산소 16g을 넣고 전기불꽃을 이용하여 반응시켜 수증기를 생성하였다. 반응 전과 동일한 온도 · 압력으로 유지시켰을 때, 최종 기체의 총 부피는 처음기체 총 부피의 얼마가 되는가?

① 1   ② 1/2
③ 2/3   ④ 3/4

해설 ① 반응 전 용기 내 기체의 부피
$$H_2 = \frac{1g}{2g} \times 22.4L = 11.2L$$
$$O_2 = \frac{16g}{32g} \times 22.4L = 11.2L$$
전체부피 = 11.2L + 11.2L = 22.4L
② 수소와 산소의 반응관계
　　　　2H$_2$　+　O$_2$　→　2H$_2$O
　(2×22.4L)　(1×22.4L)　(2×22.4L)
　　　　4g　+　32g　　　2×18g
반응식에서 수소4g(1g)은 물32g(8g)과 반응한다.
문제에서 수소가 1g이므로 반응에 참여하는 산소의 무게는 8g만 반응하고 8g이 남는다.
③ 반응 후 용기 내 기체의 부피
2H$_2$　+　O$_2$　→　2H$_2$O
4g　+　32g　　　2×18g
(1g)　+　(8g)　→　(9g)+O$_2$(8g)
$$H_2 = \frac{9g}{18g} \times 22.4L = 11.2L$$
$$O_2 = \frac{8g}{32g} \times 22.4L = 5.6L$$
전체부피 = 11.2L + 5.6L = 16.8L
∴ $\frac{반응 후 부피}{반응 전 부피} = \frac{16.8L}{22.4L} = 0.75\left(\frac{3}{4}\right)$

해답 ④

16 다음 중 끓는점이 가장 높은 물질은?

① HF   ② HCl
③ HBr   ④ HI

해설 **반응력의 세기** : F > Cl > Br > I

전기음성도 : 중성원자가 전자를 잡아당기는 경향의 대소를 표시하는 척도

(크다) F-O-N-Cl-Br-C-S-I-H-P (작다)
쉬운 암기법 : 폰(FON)클(Cl)브로민(Br)씨쉽(CSIHP)

수소결합 : 수소원자와 전기음성도가 큰 플루오린(F), 산소(O), 질소(N)로 된 분자 HF, H$_2$O, NH$_3$, 또는 이들 원자가 결합하여 이루어진 원자단을 가진 화합물에서의 분자와 분자 사이의 결합을 말한다.
① 비등점(끓는점)이 높다.
② 증발열이 대단히 크다.

해답 ①

17 PbSO₄의 용해도를 실험한 결과 0.045g/L이었다. PbSO₄의 용해도곱 상수(K_{sp})는? (단 PbSO₄의 분자량은 303.27이다.)

① 5.5×10^{-2} ② 4.5×10^{-4}
③ 3.4×10^{-6} ④ 2.2×10^{-8}

해설 **용해도적**(용해도곱)(solubility product)
물에 녹기 어려운 염 MA를 물에 녹이면 극히 일부분만 녹아 포화용액이 되고 나머지는 침전된다. 이때 녹은 부분은 전부 전리되어 M⁺와 A⁻로 전리된다.

- MA(고체) ↔ M⁺ + A⁻
- K_{sp}(용해도적) = [M⁺][A⁻]

① PbSO₄의 분자량 = 303.27
② 이온의 농도 = $\dfrac{0.045 \text{g/L}}{303.27 \text{g/mol}}$
   = 1.4838×10^{-4} mol/L
③ K_{sp}(용해도적)
   = $[1.4838 \times 10^{-4}][1.4838 \times 10^{-4}] = 2.2 \times 10^{-8}$

해답 ④

18 FeCl₃의 존재하에서 톨루엔과 염소를 반응시키면 어떤 물질이 생기는가?

① O-클로로톨루엔 ② p-살리실산메틸
③ 아세트아닐리드 ④ 염화벤젠다이아조늄

해설 톨루엔과 염소를 반응시키면 클로로톨루엔이 생성된다.

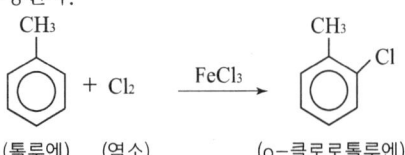

(톨루엔) (염소)   (o-클로로톨루엔)

해답 ①

19 다음 중 염기성 산화물에 해당하는 것은?

① 이산화탄소   ② 산화나트륨
③ 이산화규소   ④ 이산화황

해설 ① 이산화탄소(CO₂) : 산성산화물
② 산화나트륨(Na₂O) : 염기성산화물
③ 이산화규소(SiO₂) : 산성산화물
④ 이산화황(SO₂) : 산성산화물

산화물의 분류

구분	산성산화물	염기성산화물	양쪽성산화물
정의	• 물과 반응 → 산을 생성 • 염기와 작용 → 염과 물 생성 • 일반적으로 비금속 산화물	• 물과 반응 → 염기를 생성 • 산과 작용 → 염과 물 생성 • 일반적으로 금속 산화물	• 산, 염기와 작용 → 물과 염 생성
보기	CO₂, SO₂, SiO₂, NO₂, P₂O₅	Na₂O, CuO, CaO, Fe₂O₃	Al₂O₃, ZnO, SnO, PbO

해답 ②

20 밑줄 친 원소의 산화수가 +5인 것은?

① H₃<u>P</u>O₄   ② K<u>Mn</u>O₄
③ K₂<u>Cr</u>₂O₇ ④ K₃[<u>Fe</u>(CN)₆]

해설 H₃PO₄(인산)에서 P의 산화수
$(+1 \times 3) + P + (-2 \times 4) = 0$ P = +5

산화수를 정하는 법
① 단체 중의 원자의 산화수는 0이다.(단체분자는 중성)
   [보기 : H₂⁰, Fe⁰, Mg⁰, O₂⁰, O₃⁰]
② 화합물에서 산소의 산화수는 -2, 수소의 산화수는 +1이 보통이다.(단, 과산화물에서 O의 산화수는 -1)
   [보기 : CH₄에서 C⁻⁴, CO₂에서 C⁺⁴]
③ 화합물에서 구성 원자의 산화수의 총합은 0이다.(분자는 중성이므로)
④ 이온의 가수(價數)는 그 이온의 산화수이다.
   (Ca = +2, Na = +1, K = +1, Ba = +2)
   [보기 : Cu⁺²에서 Cu = +2, MnO₄⁻에서 Mn의 산화수는 $x + (-2 \times 4) = -1$
   ∴ $x = +7$ 따라서 Mn = +7]

해답 ①

제2과목 화재예방과 소화방법

21 연소할 때 자기연소에 의하여 질식소화가 곤란한 위험물은?

① $C_3H_5(ONO_2)_3$ ② $C_5H_3(CH_3)_2$
③ CH_2CHCH_2 ④ $C_2H_5OC_2H_5$

해설 **자기연소** : 제5류 위험물
위험물의 명칭 및 류별
① $C_3H_5(ONO_2)_3$ – 제5류 질산에스터류
  – 나이트로글리세린 ⇒ 자기연소
② $C_5H_3(CH_3)_2$
③ CH_2CHCH_2 – 알릴(Allyl) – 2-프로펜기
④ $C_2H_5OC_2H_5$ – 제4류 특수인화물
  – 다이에틸에터 ⇒ 증발연소

해답 ①

22 제4종 분말 소화약제의 주성분으로 옳은 것은?

① 탄산수소칼륨과 요소의 반응생성물
② 탄산수소칼륨과 인산염의 반응생성물
③ 탄산수소나트륨과 요소의 반응생성물
④ 탄산수소나트륨과 인산염의 반응생성물

해설 분말약제의 주성분 및 착색 ★★★★(필수암기)

종별	주성분	약제명	착색	적응화재
제1종	$NaHCO_3$	탄산수소나트륨 중탄산나트륨 중조	백색	B, C급
제2종	$KHCO_3$	탄산수소칼륨 중탄산칼륨	담회색	B, C급
제3종	$NH_4H_2PO_4$	제1인산암모늄	담홍색	A, B, C급
제4종	$KHCO_3$ +$(NH_2)_2CO$	탄산수소칼륨 +요소	회(백)색	B, C급

해답 ①

23 소화약제의 종류에 해당되지 않는 것은?

① CH_2BrCl ② $NaHCO_3$
③ NH_4BrO_3 ④ CF_3Br

해설
① CH_2ClBr – 할론 1011
② $NaHCO_3$ – 제1종 소화분말
③ NH_4BrO_3 – 브로민산암모늄(1류)
④ CF_3Br – 할론1301

해답 ③

24 물을 소화약제로 사용하는 가장 큰 이유는?

① 기화잠열이 크므로
② 부촉매 효과가 있으므로
③ 환원성이 있으므로
④ 기화하기 쉬우므로

해설 **소화원리**
① **냉각소화** : 가연성 물질을 발화점 이하로 온도를 냉각

> **물이 소화약제로 사용되는 이유**
> • 물의 기화열(539kcal/kg)이 크기 때문
> • 물의 비열(1kcal/kg℃)이 크기 때문

② **질식소화** : 산소농도를 21%에서 15% 이하로 감소

> 질식소화 시 산소의 유지농도 : 10~15%

③ **억제소화(부촉매소화, 화학적 소화)** : 연쇄반응을 억제
  • 부촉매 : 화학적 반응의 속도를 느리게 하는 것
  • 부촉매 효과 : 할로젠화합물 소화약제
    (할로젠족원소 : 불소(F), 염소(Cl), 브로민(Br), 아이오딘(I))
④ **제거소화** : 가연성물질을 제거시켜 소화
  • 산불이 발생하면 화재의 진행방향을 앞질러 벌목
  • 화학반응기의 화재 시 원료공급관의 밸브를 폐쇄
  • 유전화재 시 폭약으로 폭풍을 일으켜 화염을 제거
  • 촛불을 입김으로 불어 화염을 제거
⑤ **피복소화** : 가연물 주위를 공기와 차단
⑥ **희석소화** : 수용성인 인화성액체 화재 시 물을 방사하여 가연물의 연소농도를 희석

해답 ①

25 표시색상이 황색인 화재는?

① A급 화재 ② B급 화재
③ C급 화재 ④ D급 화재

해설 화재의 분류 ★★ 자주출제(필수암기) ★★

종류	등급	색표시	주된 소화 방법
일반화재	A급	백색	냉각소화
유류 및 가스화재	B급	황색	질식소화
전기화재	C급	청색	질식소화
금속화재	D급	–	피복소화
주방화재	K급	–	냉각 및 질식소화

해답 ②

26 제3종 분말 소화약제가 열분해 했을 때 생기는 부착성이 좋은 물질은?

① NH_3
② HPO_3
③ CO_2
④ P_2O_5

해설 분말약제의 열분해

종별	약제명	착색	열분해 반응식
제1종	탄산수소나트륨	백색	$2NaHCO_3 \rightarrow Na_2CO_3+CO_2+H_2O$
제2종	탄산수소칼륨	담회색	$2KHCO_3 \rightarrow K_2CO_3+CO_2+H_2O$
제3종	제1인산암모늄	담홍색	$NH_4H_2PO_4 \rightarrow HPO_3+NH_3+H_2O$
제4종	탄산수소칼륨 +요소	회(백)색	$2KHCO_3+(NH_2)_2CO \rightarrow K_2CO_3+2NH_3+2CO_2$

해답 ②

27 위험물제조소의 환기설비 설치기준으로 옳지 않은 것은?

① 환기구는 지붕위 또는 지상 2m 이상의 높이에 설치할 것
② 급기구는 바닥면적 $150m^2$ 마다 1개 이상으로 할 것
③ 환기는 자연배기방식으로 할 것
④ 급기구는 높은 곳에 설치하고 인화방지망을 설치할 것

해설 위험물 제조소의 채광조명 및 환기설비의 설치기준

(1) **채광설비**
   불연재료로 하고, 연소의 우려가 없는 장소에 설치하되 채광면적을 최소로 할 것

(2) **조명설비**
   ① 가연성가스 등이 체류할 우려가 있는 장소의 조명등은 방폭 등으로 할 것
   ② 전선은 내화·내열전선으로 할 것
   ③ 점멸스위치는 출입구 바깥부분에 설치할 것

(3) **환기설비**
   ① 환기는 자연배기방식으로 할 것
   ② 급기구는 당해 급기구가 설치된 실의 바닥면적 $150m^2$마다 1개 이상으로 하되, 급기구의 크기는 $800cm^2$ 이상으로 할 것
   ③ **급기구는 낮은 곳에 설치**하고 가는 눈의 구리망 등으로 인화 방지망을 설치할 것
   ④ 환기구는 지붕위 또는 **지상 2m 이상**의 높이에 회전식 고정벤티레이터 또는 루푸팬 방식으로 설치할 것

해답 ④

28 위험물의 화재발생시 사용하는 소화설비(약제)를 연결한 것이다. 소화효과가 가장 떨어진 것은?

① $(C_2H_5)_3Al$ – 팽창질석
② $C_2H_5OC_2H_5$ – CO_2
③ $C_6H_2(NO_2)_3OH$ – 수조
④ $C_6H_4(CH_3)_2$ – 수조

해설
① $(C_2H_5)_3Al$ – 트라이에틸알루미늄
   – 제3류 위험물
   – 팽창질석, 팽창진주암
② $C_2H_5OC_2H_5$ – 다이에틸에터
   – 제4류 위험물(비수용성)
   – CO_2, 포, 물분무
③ $C_6H_2(NO_2)_3OH$ – 트라이나이트로페놀
   – 제5류 위험물
   – 수조(다량의 물)
④ $C_6H_4(CH_3)_2$ – 크실렌
   – 제4류 위험물(비수용성)
   – CO_2, 포, 물분무

해답 ④

29 불활성가스소화설비의 배관에 대한 기준으로 옳은 것은?

① 원칙적으로 겸용이 가능하도록 할 것
② 동관의 배관은 고압식인 경우 16.5MPa 이상의 압력에 견디는 것일 것

③ 관이음쇠는 저압식의 경우 5.0MPa 이상의 압력에 견디는 것일 것
④ 배관의 가장 높은 곳과 낮은 곳의 수직거리는 30m 이하일 것

해설 불활성가스소화설비의 배관 설치기준
① **전용**으로 할 것
② 강관의 배관은 「압력 배관용 탄소강관」(KS D 3562) 중에서 **스케줄40 이상**의 것 또는 이와 동등 이상의 강도를 갖는 것으로서 아연도금 등에 의한 방식처리를 한 것을 사용할 것
③ 동관의 배관은 「이음매 없는 구리 및 구리합금관」(KS D 5301) 또는 이와 동등 이상의 강도를 갖는 것으로서 **16.5MPa 이상**의 압력에 견딜 수 있는 것을 사용할 것
④ 관이음쇠는 **고압식인 것은 16.5MPa 이상, 저압식인 것은 3.75MPa 이상**의 압력에 견딜 수 있는 것으로서 적절한 방식처리를 한 것을 사용할 것
⑤ **낙차**(배관의 가장 낮은 위치로부터 가장 높은 위치까지의 수직거리)는 **50m 이하**일 것

해답 ②

30 동식물유류 400000L의 소화설비 설치시 소요단위는 몇 단위인가?
① 2 ② 4
③ 20 ④ 40

해설 제4류 위험물 및 지정수량

위험물			지정수량(L)
성질	품명		
인화성 액체	1. 특수인화물		50
	2. 제1석유류	비수용성 액체	200
		수용성 액체	400
	3. 알코올류		400
	4. 제2석유류	비수용성 액체	1,000
		수용성 액체	2,000
	5. 제3석유류	비수용성 액체	2,000
		수용성 액체	4,000
	6. 제4석유류		6,000
	7. 동식물유류		10,000

① 동식물유류 ⇒ 지정수량 : 10,000L
② 지정수량의 배수 = $\frac{저장수량}{지정수량} = \frac{400,000}{10,000}$ = 40배

③ 소요단위 = $\frac{지정수량의\ 배수}{10} = \frac{40}{10} = 4$단위

해답 ②

31 위험물제조소등의 스프링클러설비의 기준에 있어 개방형스프링클러헤드는 스프링클러헤드의 반사판으로부터 하방 과 수평방향으로 각각 몇 m의 공간을 보유하여야 하는가?
① 하방 0.3m, 수평방향 0.45m
② 하방 0.3m, 수평방향 0.3m
③ 하방 0.45m, 수평방향 0.45m
④ 하방 0.45m, 수평방향 0.3m

해설 위험물제조소등의 스프링클러헤드
개방형스프링클러헤드는 헤드의 반사판으로부터 하방 0.45m 수평방향 0.3m의 공간을 보유하여야 한다.

해답 ④

32 제1류 위험물 중 알칼리금속과산화물의 화재에 적응성이 있는 소화약제는?
① 인산염류분말
② 이산화탄소
③ 탄산수소염류분말
④ 할로겐화합물

해설 금수성 위험물질에 적응성이 있는 소화기
① 탄산수소염류
② 마른 모래
③ 팽창질석 또는 팽창진주암

해답 ③

33 처마의 높이가 6m 이상인 단층 건물에 설치된 옥내저장소의 소화설비로 고려될 수 없는 것은?
① 고정식 포소화설비
② 옥내소화전설비
③ 고정식 불활성가스소화설비
④ 고정식 할로겐화합물소화설비

해설 소화난이도등급 I 의 제조소등에 설치하여야 하는 소화설비

제조소등의 구분	소 화 설 비
제조소 및 일반취급소	옥내소화전설비, 옥외소화전설비, 스프링클러설비 또는 물분무등소화설비(화재발생시 연기가 충만할 우려가 있는 장소에는 스프링클러설비 또는 이동식 외의 물분무등소화설비에 한한다)
옥내저장소 (처마높이가 6m 이상인 단층건물 또는 다른 용도의 부분이 있는 건축물에 설치한 옥내저장소)	스프링클러설비 또는 이동식 외의 물분무등소화설비 • 물분무등소화설비 ① 물분무소화설비 ② 포소화설비 ③ 불활성가스소화설비 ④ 할로젠화합물소화설비 ⑤ 청정소화약제소화설비 ⑥ 분말소화설비
그 밖의 것	옥외소화전설비, 스프링클러설비, 이동식 외의 물분무등소화설비 또는 이동식 포소화설비(포소화전을 옥외에 설치하는 것에 한한다)

해답 ②

34 위험물의 화재시 주수소화하면 가연성 가스의 발생으로 인하여 위험성이 증가하는 것은?

① 황   ② 염소산칼륨
③ 인화칼슘   ④ 질산암모늄

해설 인화칼슘(Ca_3P_2) : 제3류 위험물(금수성 물질)
① 적갈색의 괴상고체
② 물 및 약산과 격렬히 반응, 분해하여 인화수소(포스핀)(PH_3)을 생성한다.
  • $Ca_3P_2 + 6H_2O \rightarrow 3Ca(OH)_2 + 2PH_3$
    (포스핀=인화수소)
  • $Ca_3P_2 + 6HCl \rightarrow 3CaCl_2 + 2PH_3$
    (포스핀=인화수소)
③ 포스핀은 맹독성가스이므로 취급시 방독마스크를 착용한다.
④ 물 및 포약제의 의한 소화는 절대 금하고 마른모래 등으로 피복하여 자연 진화되도록 기다린다.

해답 ③

35 위험물제조소등에 설치된 옥외소화전설비는 모든 옥외소화전(설치개수가 4개 이상인 경우는 4개의 옥외소화전)을 동시에 사용할 경우에 각 노즐 끝부분의 방수압력은 몇 kPa 이상이어야 하는가?

① 170   ② 350
③ 420   ④ 540

해설 위험물제조소등의 소화설비 설치기준

소화설비	수평거리	방사량	방사압력
옥내	25m 이하	260(L/min) 이상	350(kPa) 이상
	수원의 양 Q=N(소화전개수 : **최대 5개**) × 7.8m³(260L/min × 30min)		
옥외	40m 이하	450(L/min) 이상	350(kPa) 이상
	수원의 양 Q=N(소화전개수 : **최대 4개**) × 13.5m³(450L/min × 30min)		
스프링클러	1.7m 이하	80(L/min) 이상	100(kPa) 이상
	수원의 양 Q=N(헤드수 : 최대 30개) × 2.4m³(80L/min × 30min)		
물분무	—	20 (L/m²·min)	350(kPa) 이상
	수원의 양 Q=A(바닥면적m²) × 0.6m³(20L/m²·min × 30min)		

해답 ②

36 알루미늄분의 연소 시 주수소화하면 위험한 이유를 옳게 설명한 것은?

① 물에 녹아 산이 된다.
② 물과 반응하여 유독가스를 방출한다.
③ 물과 반응하여 수소가스를 발생한다.
④ 물과 반응하여 산소가스를 발생한다.

해설 알루미늄분(Al) : 제2류 위험물
① 은백색의 분말
② 진한 질산에는 침식당하지 않으나 묽은 질산에는 잘 녹는다.
③ 산화제와 혼합시 가열, 충격, 마찰 등에 의하여 착화위험이 있다.

④ 할로젠원소(F, Cl, Br, I)와 접촉시 자연발화 위험이 있다.
⑤ 분진폭발 위험성이 있다.
⑥ 가열된 알루미늄은 수증기와 반응하여 수소를 발생시킨다.(주수소화금지)
  $2Al + 6H_2O \rightarrow 2Al(OH)_3 + 3H_2 \uparrow$
⑦ 알루미늄(Al)은 산과 반응하여 수소를 발생한다.
  $2Al + 6HCl \rightarrow 2AlCl_3 + 3H_2 \uparrow$
⑧ 주수소화는 엄금이며 마른모래 등으로 피복 소화한다.

해답 ③

37 위험물의 취급을 주된 작업내용으로 하는 다음의 장소에 스프링클러설비를 설치할 경우 확보하여야 하는 1분당 방사밀도는 몇 L/m² 이상이어야 하는가? (단, 내화구조의 바닥 및 벽에 의하여 2개의 실로 구획되고, 각 실의 바닥면적은 500m² 이다.)

① 8.1   ② 12.2
③ 13.9 ④ 16.4

해설 제4류 위험물취급 장소에 스프링클러설비를 설치 시 확보하여야 하는 1분당 방사밀도

살수 기준면적(m²)	방사밀도(L/m²·분)	
	인화점 38℃ 미만	인화점 38℃ 이상
279 미만	16.3 이상	12.2 이상
279 이상 372 미만	15.5 이상	11.8 이상
372 이상 465 미만	13.9 이상	9.8 이상
465 이상	12.2 이상	8.1 이상

[비고] 살수기준면적은 내화구조의 벽 및 바닥으로 구획된 하나의 실의 바닥면적을 말한다. 다만, 하나의 실의 바닥면적이 465m² 이상인 경우의 살수기준면적은 465m²로 한다.

해답 ①

38 고체가연물의 연소형태에 해당하지 않는 것은?

① 등심연소   ② 증발연소
③ 분해연소   ④ 표면연소

해설 연소의 형태 ★★ 자주출제(필수암기) ★★
① **표면연소** : 숯, 코크스, 목탄, 금속분
② **증발연소** : 파라핀(양초), 황, 나프탈렌, 왁스, 휘발유, 등유, 경유, 아세톤 등 제4류 위험물
③ **분해연소** : 석탄, 목재, 플라스틱, 종이, 합성수지, 중유
④ **자기연소(내부연소)** : 질화면(나이트로셀룰로오스), 셀룰로이드, 나이트로글리세린 등 제5류 위험물
⑤ **확산연소** : 아세틸렌, LPG, LNG 등 가연성 기체
⑥ **불꽃연소+표면연소** : 목재, 종이, 셀룰로오스, 열경화성수지

해답 ①

39 위험물제조소등에 설치하는 자동화재탐지설비의 설치기준으로 틀린 것은?

① 원칙적으로 경계구역은 건축물의 2 이상의 층에 걸치지 아니하도록 한다.
② 원칙적으로 상층이 있는 경우에는 감지기 설치를 하지 않을 수 있다.
③ 원칙적으로 하나의 경계구역의 면적은 600m³ 이하로 하고 그 한 변의 길이는 50m 이하로 한다.
④ 비상전원을 설치하여야 한다.

해설 자동화재탐지설비의 설치기준
(1) 경계구역은 건축물 그 밖의 공작물의 2 **이상의 층**에 걸치지 아니하도록 할 것. 다만, 하나의 경계구역의 면적이 500m² **이하**이면서 당해 경계구역이 두개의 층에 걸치는 경우이거나 계단·경사로·승강기의 승강로 그 밖에 이와 유사한 장소에 연기감지기를 설치하는 경우에는 **그러하지 아니하다**.
(2) 하나의 경계구역의 **면적은 600m² 이하**로 하고 그 **한 변의 길이는 50m**(광전식분리형 감지기를 설치할 경우에는 100m) **이하**로 할 것. 다만, 당해 건축물 그 밖의 공작물의 주요한 출입구에서 그 내부의 전체를 볼 수 있는 경우에 있어서는 그 면적을 1,000m² 이하로 할 수 있다.
(3) 자동화재탐지설비의 감지기는 지붕 또는 벽의 옥내에 면한 부분에 유효하게 화재의 발생을 감지할 수 있도록 설치할 것

해답 ②

40 A약제인 NaHCO₃와 B약제인 Al₂(SO₄)₃로 되어 있는 소화기는?

① 산·알칼리소화기
② 드라이케미칼소화기
③ 탄산가스소화기
④ 화학포소화기

해설 화학포 소화약제
① 내약제(B제) : 황산알루미늄(Al₂(SO₄)₃)
② 외약제(A제) : 중탄산나트륨=탄산수소나트륨 =중조(NaHCO₃), 기포안정제

화학포의 기포안정제
• 사포닝   • 계면활성제
• 소다회   • 가수분해단백질

③ 화학반응식

$$6NaHCO_3 + Al_2(SO_4)_3 \cdot 18H_2O$$
(탄산수소나트륨) (황산알루미늄)
$$\rightarrow 3Na_2SO_4 + 2Al(OH)_3 + 6CO_2 + 18H_2O$$
(황산나트륨)(수산화알루미늄)(이산화탄소)(물)

해답 ④

제3과목 위험물의 성질과 취급

41 황린을 밀폐용기 속에서 260℃로 가열하여 얻은 물질을 연소시킬 때 주로 생성되는 물질은?

① P₂O₅   ② CO₂
③ PO₂   ④ CuO

해설 황린(P₄) : 제3류 위험물(자연발화성물질)
① 백색 또는 담황색의 고체이다.
② 공기 중 약 40~50℃에서 자연 발화한다.
③ 저장 시 자연 발화성이므로 반드시 물속에 저장한다.
④ 연소 시 오산화인(P₂O₅)의 흰 연기가 발생한다.
$$P_4 + 5O_2 \rightarrow 2P_2O_5 (오산화인)$$
⑤ 약 260℃로 가열(공기차단)시 적린이 된다.
⑥ 소화는 물분무, 마른모래 등으로 질식소화한다.

해답 ①

42 다이에틸에터의 성질 및 저장, 취급할 때 주의사항으로 틀린 것은?

① 장시간 공기와 접촉하면 과산화물이 생성되어 폭발위험이 있다.
② 연소범위는 가솔린보다 좁지만 발화점이 낮아 위험하다.
③ 정전기 생성방지를 위해 약간의 CaCl₂를 넣어준다.
④ 이산화탄소소화기는 적응성이 있다.

해설 ② 연소범위는 가솔린(1.2~7.6%)보다 넓고 발화점이 낮아 위험하다.

다이에틸에터(C₂H₅OC₂H₅) : 제4류 위험물 중 특수인화물
① 알코올에는 녹지만 물에는 녹지 않는다.
② 직사광선에 장시간 노출 시 과산화물 생성

과산화물 생성 확인방법
다이에틸에터+KI용액(10%) → 황색변화(1분 이내)

③ 용기에는 5% 이상 10% 이하의 안전공간 확보할 것
④ 연소범위 : 1.7~48%

해답 ②

43 CS₂를 물속에 저장하는 주된 이유는 무엇인가?

① 불순물을 용해시키기 위하여
② 가연성 증기의 발생을 억제하기 위하여
③ 상온에서 수소 가스를 방출하기 때문에
④ 공기와 접촉하면 즉시 폭발하기 때문에

해설 이황화탄소(CS₂) : 제4류 위험물 중 특수인화물
① 무색투명한 액체이다.
② 연소 시 아황산가스(SO₂) 및 CO₂를 생성한다.
$$CS_2 + 3O_2 \rightarrow CO_2 + 2SO_2 (이산화황=아황산)$$
③ 저장 시 저장탱크를 물속에 넣어 가연성증기의 발생을 억제한다.
④ 4류 위험물중 착화온도(100℃)가 가장 낮다.
⑤ 화재 시 다량의 포를 방사하여 질식 및 냉각 소화한다.

해답 ②

44 위험물안전관리법에 의한 위험물 분류상 제1류 위험물에 속하지 않는 것은?

① 아염소산염류   ② 질산염류
③ 유기과산화물   ④ 무기과산화물

해설 ③ 유기과산화물 - 제5류 위험물(자기반응성물질)

제1류 위험물 및 지정수량

성질	품명	지정수량	위험등급
산화성 고체	• 아염소산염류 • 염소산염류 • 과염소산염류 • 무기과산화물	50kg	I
	• 브로민산염류 • 질산염류 • 아이오딘산염류	300kg	II
	• 과망가니즈산염류 • 다이크로뮴산염류	1,000kg	III

[뇌새김 암기법] 아염과무/브질아/과중

해답 ③

45 적린의 위험성에 대한 설명으로 옳은 것은?

① 발화 방지를 위해 염소산칼륨과 함께 보관한다.
② 물과 격렬하게 반응하여 열을 발생한다.
③ 공기 중에 방치하면 자연발화한다.
④ 산화제와 혼합할 경우 마찰·충격에 의해서 발화한다.

해설 **적린(P) : 제2류 위험물(가연성 고체)**
① 황린의 동소체이며 황린보다 안정하다.
② 황린을 공기차단상태에서 260℃로 가열, 냉각 시 적린으로 변한다.
③ 연소 시 오산화인(P_2O_5)이 생성된다.
   $4P + 5O_2 \rightarrow 2P_2O_5$(오산화인)
④ 산화제와 혼합하면 착화한다.

해답 ④

46 질산에틸의 성상에 관한 설명 중 틀린 것은?

① 향기를 갖는 무색의 액체이다.
② 휘발성 물질로 증기비중은 공기보다 작다.
③ 물에는 녹지 않으나 에터에 녹는다.
④ 비점 이상으로 가열하면 폭발의 위험이 있다.

해설 ② 질산에틸의 증기비중(3.14)은 공기보다 무겁다.

질산에틸($C_2H_5NO_3$) : 제5류 위험물 중 질산에스터류
① 무색투명한 액체이고 비수용성(물에 녹지 않음)이다.
② 단맛이 있고 알코올, 에터에 녹는다.
③ 에탄올을 진한 질산에 작용시켜서 얻는다.
   $C_2H_5OH + HNO_3 \rightarrow C_2H_5ONO_2 + H_2O$

해답 ②

47 위험물안전관리법령상 위험물의 운반용기 외부에 표시해야하는 사항이 아닌 것은? (단, 기계에 의하여 하역하는 구조로 된 운반용기는 제외한다.)

① 위험물의 품명
② 위험물의 수량
③ 위험물의 화학명
④ 위험물의 제조년월일

해설 **위험물 운반용기의 외부 표시 사항**
① 위험물의 품명, 위험등급, 화학명 및 수용성(제4류 위험물의 수용성인 것에 한함)
② 위험물의 수량
③ 수납하는 위험물에 따른 주의사항

유별	성질에 따른 구분	표시사항
제1류	알칼리금속의 과산화물	화기·충격주의, 물기엄금 및 가연물접촉주의
	그 밖의 것	화기·충격주의 및 가연물접촉주의
제2류	철분·금속분·마그네슘	화기주의 및 물기엄금
	인화성 고체	화기엄금
	그 밖의 것	화기주의
제3류	자연발화성 물질	화기엄금 및 공기접촉엄금
	금수성 물질	물기엄금
제4류	인화성 액체	화기엄금
제5류	자기반응성 물질	화기엄금 및 충격주의
제6류	산화성 액체	가연물접촉주의

해답 ④

48 알킬알루미늄에 대한 설명 중 틀린 것은?

① 물과 폭발적 반응을 일으켜 발화되므로 비산하는 위험물이 있다.
② 이동저장탱크는 외면을 적색으로 도장하고, 용량은 1900L 미만으로 저장한다.
③ 화재시 발생되는 흰 연기는 인체에 유해하다.
④ 탄소수가 4개까지는 안전하나 5개 이상으로 증가할수록 자연발화의 위험성이 증가한다.

해설 알킬알루미늄[$(C_nH_{2n+1}) \cdot Al$] : **제3류 위험물(금수성 물질)**
① 알킬기(C_nH_{2n+1})에 알루미늄(Al)이 결합된 화합물이다.
② $C_1 \sim C_4$는 자연발화의 위험성이 있다.
③ 물과 접촉 시 가연성 가스 발생하므로 주수소화는 절대 금지한다.
④ 트라이메틸알루미늄
 (TMA : Tri Methyl Aluminium)
 $(CH_3)_3Al + 3H_2O \rightarrow Al(OH)_3 + 3CH_4 \uparrow$ (메탄)
⑤ 트라이에틸알루미늄
 (TEA : Tri Eethyl Aluminium)
 $(C_2H_5)_3Al + 3H_2O \rightarrow Al(OH)_3 + 3C_2H_6 \uparrow$ (에탄)
⑥ 저장용기에 불활성기체(N_2)를 봉입한다.
⑦ 피부접촉 시 화상을 입히고 연소 시 흰 연기가 발생한다.
⑧ 소화 시 주수소화는 절대 금하고 팽창질석, 팽창진주암 등으로 피복소화한다.

해답 ④

49 옥외탱크저장소에서 취급하는 위험물의 최대수량에 따른 보유 공지너비가 틀린 것은? (단, 원칙적인 경우에 한한다.)

① 지정수량 500배 이하 - 3m 이상
② 지정수량 500배 초과 1000배 이하 - 5m 이상
③ 지정수량 1000배 초과 2000배 이하 - 9m 이상
④ 지정수량 2000배 초과 3000배 이하 - 15m 이상

해설 옥외탱크저장소의 보유공지

저장 또는 취급하는 위험물의 최대수량	공지의 너비
지정수량의 500배 이하	3m 이상
지정수량의 500배 초과 1,000배 이하	5m 이상
지정수량의 1,000배 초과 2,000배 이하	9m 이상
지정수량의 2,000배 초과 3,000배 이하	12m 이상
지정수량의 3,000배 초과 4,000배 이하	15m 이상
지정수량의 4,000배 초과	당해 탱크의 수평단면의 최대지름(횡형인 경우는 긴 변)과 높이 중 큰 것과 같은 거리 이상 (단, 30m 초과의 경우 30m 이상으로, 15m 미만의 경우 15m 이상으로 할 것)

해답 ④

50 1기압에서 인화점이 21℃ 이상 70℃ 미만인 품명에 해당하는 물품은?

① 벤젠 ② 경유
③ 나이트로벤젠 ④ 실린더유

해설 제4류 위험물(인화성 액체)

구 분	지정품목	기타 조건(1atm에서)
특수인화물	이황화탄소 다이에틸에터	• 발화점이 100℃ 이하 • 인화점 -20℃ 이하이고 비점이 40℃ 이하
제1석유류	아세톤, 휘발유	• 인화점 21℃ 미만
알코올류		$C_1 \sim C_3$까지 포화 1가 알코올(변성알코올 포함) 메틸알코올, 에틸알코올, 프로필알코올
제2석유류	등유, 경유	• 인화점 21℃ 이상 70℃ 미만
제3석유류	중유 크레오소트유	• 인화점 70℃ 이상 200℃ 미만
제4석유류	기어유 실린더유	• 인화점 200℃ 이상 250℃ 미만
동식물유류		동물의 지육 등 또는 식물의 종자나 과육으로부터 추출한 것으로서 인화점이 250℃ 미만인 것

해답 ②

51 P_4S_3이 가장 잘 녹는 것은?

① 염산 ② 이황화탄소
③ 황산 ④ 냉수

해설 황화인(제2류 위험물) : 황과 인의 화합물

① 삼황화인(P_4S_3)
- 황색결정으로 물, 염산, 황산에 녹지 않으며 질산, 알칼리, 이황화탄소에 녹는다.
- 연소하면 오산화인과 이산화황이 생긴다.

$$P_4S_3 + 8O_2 \rightarrow 2P_2O_5 + 3SO_2 \uparrow$$

② 오황화인(P_2S_5)
- 담황색 결정이고 조해성이 있다.
- 수분을 흡수하면 분해된다.
- 이황화탄소(CS_2)에 잘 녹는다.
- 물, 알칼리와 반응하여 인산과 황화수소를 발생한다.

$$P_2S_5 + 8H_2O \rightarrow 2H_3PO_4 + 5H_2S \uparrow$$

③ 칠황화인(P_4S_7)
- 담황색 결정이고 조해성이 있다.
- 수분을 흡수하면 분해된다.
- 이황화탄소(CS_2)에 약간 녹는다.
- 냉수에는 서서히 분해가 되고 더운물에는 급격히 분해된다.

해답 ②

52 다음 [보기]에서 설명하는 위험물은?

[보기]
- 순수한 것은 무색 투명한 액체이다.
- 물에 녹지 않고 벤젠에는 녹는다.
- 물보다 무겁고 독성이 있다.

① 아세트알데하이드 ② 다이메틸에터
③ 아세톤   ④ 이황화탄소

해설 이황화탄소(CS_2) : 제4류 위험물 중 특수인화물
① 무색 투명한 액체이다.
② 물에는 녹지 않고 알코올, 에터, 벤젠 등 유기용제에 녹는다.
③ 연소 시 아황산가스(SO_2) 및 CO_2를 생성한다.

$$CS_2 + 3O_2 \rightarrow CO_2 + 2SO_2 (\text{이산화황} = \text{아황산})$$

④ 저장 시 저장탱크를 물속에 넣어 가연성증기의 발생을 억제한다.
⑤ 화재 시 다량의 포를 방사하여 질식 및 냉각 소화한다.

해답 ④

53 위험물의 저장 및 취급에 대한 설명 틀린 것은?

① H_2O_2 : 직사광선을 차단하고 찬 곳에 저장한다.
② MgO_2 : 습기의 존재하에서 산소를 발생하므로 특히 방습에 주의한다.
③ $NaNO_3$: 조해성이 크고 흡습성이 강하므로 습도에 주의한다.
④ K_2O_2 : 물속에 저장한다.

해설 과산화칼륨(K_2O_2) : 제1류 위험물 중 무기과산화물
① 무색 또는 오렌지색 분말상태
② 상온에서 물과 격렬히 반응하여 산소(O_2)를 방출하고 폭발하기도 한다.

$$2K_2O_2 + 2H_2O \rightarrow 4KOH + O_2 \uparrow$$

③ 공기 중 이산화탄소(CO_2)와 반응하여 산소(O_2)를 방출한다.

$$2K_2O_2 + 2CO_2 \rightarrow 2K_2CO_3 + O_2 \uparrow$$

④ 산과 반응하여 과산화수소(H_2O_2)를 생성시킨다.

$$K_2O_2 + 2CH_3COOH \rightarrow 2CH_3COOK + H_2O_2 \uparrow$$

⑤ 열분해시 산소(O_2)를 방출한다.

$$2K_2O_2 \rightarrow 2K_2O + O_2 \uparrow$$

⑥ 주수소화는 금물이고 마른모래(건조사)등으로 소화한다.

해답 ④

54 다음 물질 중 증기비중이 가장 작은 것은?

① 이황화탄소   ② 아세톤
③ 아세트알데하이드 ④ 다이에틸에터

해설
- 공기의 평균 분자량=29
- 증기비중 = $\dfrac{M(\text{분자량})}{29(\text{공기평균분자량})}$

① 이황화탄소(CS_2)의 분자량
   $= 12+32\times 2 = 76$
② 아세톤(CH_3COCH_3)의 분자량
   $= 12+1\times 3+12+16+12+1\times 3 = 58$
③ 아세트알데하이드(CH_3CHO)의 분자량
   $= 12+1\times 3+12+1+16 = 44$
④ 다이에틸에터($C_2H_5OC_2H_5$)의 분자량
   $= 12\times 4+1\times 10+16 = 74$

∴ 아세트알데하이드의 분자량이 가장 작으므로 증기비중이 가장 작다.

해답 ③

55 제5류 위험물의 일반적인 취급 및 소화방법으로 틀린 것은?

① 운반용기 외부에는 주의사항으로 화기엄금 및 충격주의 표시를 한다.
② 화재시 소화방법으로는 질식소화가 가장 이상적이다.
③ 대량 화재시 소화가 곤란하므로 가급적 소분하여 저장한다.
④ 화재시 폭발의 위험성이 있으므로 충분한 안전거리를 확보하여야 한다.

해설 제5류 위험물의 소화
① 자체적으로 산소를 함유한 물질이므로 질식소화는 효과가 없다.
② 화재초기에 다량의 물로 주수 소화하는 것이 가장 효과적이다.

제5류 위험물의 일반적 성질
① 자기연소(내부연소)성 물질이다.
② 연소속도가 대단히 빠르고 폭발적 연소한다.
③ 가열, 마찰, 충격에 의하여 폭발한다.
④ 물질자체가 산소를 함유하고 있다.
⑤ 연소 시 소화가 어렵다.

해답 ②

56 위험물제조소 건축물의 구조 기준이 아닌 것은?

① 출입구에는 60분+방화문·60분방화문 또는 30분방화문을 설치할 것
② 지붕은 폭발력이 위로 방출될 정도의 가벼운 불연재료로 덮을 것
③ 벽·기둥·바닥·보·서까래 및 계단은 불연재료로 하고 연소 우려가 있는 외벽은 개구부가 없는 내화구조로 할 것
④ 산화성고체, 가연성고체 위험물을 취급하는 건축물의 바닥은 위험물이 스며들지 못하는 재료를 사용할 것

해설 위험물 제조소 건축물의 구조 기준
① 지하층이 없도록 하여야 한다.
② 벽·기둥·바닥·보·서까래 및 계단을 불연재료로 하고, 연소(延燒)의 우려가 있는 외벽은 개구부가 없는 내화구조의 벽으로 하여야 한다.
③ 지붕은 폭발력이 위로 방출될 정도의 가벼운 불연재료로 덮어야 한다.
④ 출입구와 비상구에는 60분+방화문·60분방화문 또는 30분방화문을 설치하되, 연소의 우려가 있는 외벽에 설치하는 출입구에는 수시로 열 수 있는 자동폐쇄식의 60분+방화문 또는 60분방화문을 설치하여야 한다.
⑤ 건축물의 창 및 출입구에 유리를 이용하는 경우에는 망입유리로 하여야 한다.
⑥ **액체의 위험물을 취급하는 건축물의 바닥은** 위험물이 스며들지 못하는 재료를 사용하고, 적당한 경사를 두어 그 **최저부에 집유설비**를 하여야 한다.

해답 ④

57 지정수량 10배 이상의 위험물을 운반할 때 혼재가 가능한 것은?

① 제1류와 제2류 ② 제2류와 제6류
③ 제3류와 제5류 ④ 제4류와 제2류

해설 유별을 달리하는 위험물의 혼재기준 (쉬운 암기방법)

혼재 가능	
↓1류 + 6류↑	2류 + 4류
↓2류 + 5류↑	5류 + 4류
↓3류 + 4류↑	

해답 ④

58 옥내저장탱크와 탱크전용실의 벽과의 사이 및 옥내저장탱크의 상호간에는 몇 m 이상의 간격을 유지하여야 하는가?

① 0.3 ② 0.5
③ 1.0 ④ 1.5

해설 옥내저장탱크와 탱크전용실의 벽과의 사이 및 옥내저장탱크의 상호간에는 0.5m 이상의 간격을 유지할 것

해답 ②

59 동식물유류를 취급 및 저장할 때 주의사항으로 옳은 것은?

① 아마인유는 불건성유이므로 옥외저장시 자연발화의 위험이 없다.
② 아이오딘가가 130 이상인 것은 섬유질에 스며들어 자연 발화의 위험이 있다.
③ 아이오딘가가 100 이상인 것은 불건성유이므로 저장할 때 주의를 요한다.
④ 인화점이 상온 이상이므로 소화에는 별 어려움이 없다.

해설 동식물유류 : 제4류 위험물
동물의 지육 또는 식물의 종자나 과육으로부터 추출한 것으로 1기압에서 인화점이 250℃ 미만인 것
① 돈지(돼지기름), 우지(소기름) 등이 있다.
② 아이오딘값이 130 이상인 건성유는 자연발화 위험이 있다.
③ 인화점이 46℃인 개자유는 저장, 취급시 특별히 주의한다.

아이오딘값에 따른 동식물유류의 분류

구문	아이오딘값	종류
건성유	130 이상	해바라기기름, 동유(오동기름), 정어리기름, 아마인유, 들기름
반건성유	100~130	채종유, 쌀겨기름, 참기름, 면실유, 옥수수기름, 청어기름, 콩기름
불건성유	100 이하	야자유, 팜유, 올리브유, 피마자기름, 낙화생기름, 돈지, 우지, 고래기름

[뇌새김 암기법] 건성유 : 아들오해정
반건성유 : 옥쌀콩청채면참
불건성유 : 돈우고올피땅팜야

해답 ②

60 황린의 보존 방법으로 가장 적합한 것은?

① 벤젠 속에서 보존한다.
② 석유 속에서 보존한다.
③ 물 속에 보존한다.
④ 알코올 속에 보존한다.

해설 황린(P_4) : 제3류 위험물(자연발화성물질)
① 백색 또는 담황색의 고체이다.
② 공기 중 약 40~50℃에서 자연 발화한다.
③ 저장 시 자연 발화성이므로 반드시 물속에 저장한다.
④ 연소 시 오산화인(P_2O_5)의 흰 연기가 발생한다.
$P_4 + 5O_2 \rightarrow 2P_2O_5$(오산화인)

해답 ③

위험물산업기사

2024년 5월 CBT 시행

본 문제는 CBT시험대비 기출문제 복원입니다.

제1과목 일반화학

01 Si 원소의 전자 배치로 옳은 것은?

① $1s^2 2s^2 2p^6 3s^2 3p^2$
② $1s^2 2s^2 2p^6 3s^1 3p^2$
③ $1s^2 2s^2 2p^5 3s^1 3p^2$
④ $1s^2 2s^2 2p^6 3s^2$

해설 원자핵 둘레의 전자배열

전자껍질	K n=1	L n=2	M n=3	N n=4
최대 수용 전자수($2n^2$)	2	8	18	32
문자기호	s	s, p	s, p, d	s, p, d, f
오비탈	$1s^2$	$2s^2, 2p^6$	$3s^2, 3p^6,$ $3d^{10}$	$4s^2, 4p^6,$ $4d^{10}, 4f^{14}$
Si(원자번호 14)	$1s^2$	$2s^2, 2p^6$	$3s^2, 3p^2$	

해답 ①

02 반감기가 5일인 미지 시료가 2g 있을 때 10일이 경과하면 남은 양은 몇 g 인가?

① 2   ② 1
③ 0.5   ④ 0.25

해설 남은 양 계산 : $m = 2g \times \left(\dfrac{1}{2}\right)^{\frac{10}{5}} = 0.5g$

반감기
방사성원소가 붕괴하는 속도가 붕괴하기 전의 원소의 양의 반으로 감소하기까지 걸리는 기간

$$m = M \times \left(\dfrac{1}{2}\right)^{\frac{t}{T}}$$

여기서, m : 붕괴 후 질량, M : 붕괴 전 질량
t : 경과기간, T : 반감기

해답 ③

03 반응이 오른쪽으로 방향으로 진행되는 것은?

① $Pb^{2+} + Zn \rightarrow Zn^{2+} + Pb$
② $I_2 + 2Cl^- \rightarrow 2I^- + Cl_2$
③ $Mg^{2+} + Zn \rightarrow Zn^{2+} + Mg$
④ $2H^+ + Cu \rightarrow Cu^{2+} + H_2$

해설
① $Pb^{+2} \rightarrow Pb(+2 \rightarrow 0 : 감소)$
② $2Cl^{-1} \rightarrow Cl_2(-2 \rightarrow 0 : 증가)$
③ $Zn \rightarrow Zn^{+2}(0 \rightarrow +2 : 증가)$
④ $Cu \rightarrow Cu^{2+}(0 \rightarrow +2 : 증가)$

산화수를 정하는 법
① 단체 중의 원자의 산화수는 0이다.(단체분자는 중성)
 [보기 : H_2^0, Fe^0, Mg^0, O_2^0, O_3^0]
② 화합물에서 산소의 산화수는 -2, 수소의 산화수는 +1이 보통이다.(단, 과산화물에서 O의 산화수는 -1)
 [보기 : CH_4에서 C^{-4}, CO_2에서 C^{+4}]
③ 화합물에서 구성 원자의 산화수의 총합은 0이다.(분자는 중성이므로)
④ 이온의 가수(價數)는 그 이온의 산화수이다.
 ($Ca = +2$, $Na = +1$, $K = +1$, $Ba = +2$)
 [보기 : Cu^{+2}에서 $Cu = +2$, MnO_4^-에서 Mn의 산화수는 $x + (-2 \times 4) = -1$
 ∴ $x = +7$ 따라서 $Mn = +7$]

해답 ①

04 $CH_2 = CH - CH = CH_2$를 옳게 명명한 것은?

① 3-Butene   ② 3-Butadiene
③ 1,3-Butadiene   ④ 1,3-Butene

해설 1, 3 – Butadiene의 화학식
$CH_2 = CH - CH = CH_2$

해답 ③

05 전기로에서 탄소와 모래를 용융 화합시켜서 얻을 수 있는 물질은?

① 카보런덤   ② 카바이드
③ 규산석회   ④ 유리

해설 카보런덤(Silicon Carbide - 탄화규소) : SiC
(1) 탄소와 모래를 용융 화합시켜 제조한다.
$$SiO_2 + 3C \rightarrow SiC + 2CO$$
(2) 상품명으로는 카보런덤이라 한다.
(3) 순수한 것은 무색투명한 육각판상 결정

해답 ①

06 밑줄 친 원소 중 산화수가 가장 큰 것은?

① $\underline{N}H_4^+$ ② $\underline{N}O_3^-$
③ $\underline{Mn}O_4^-$ ④ $\underline{Cr}_2O_7^{2-}$

해설 산화수
① NH_4^+에서 N의 산화수 :
  $X+(+1\times 4)=+1$ ∴ $X=-3$
② NO_3^-에서 N의 산화수 :
  $X+(-2\times 3)=-1$ ∴ $X=+5$
③ MnO_4^-에서 Mn의 산화수 :
  $X+(-2\times 4)=-1$ ∴ $X=+7$
④ $Cr_2O_7^{2-}$에서 Cr의 산화수 :
  $2X+(-2\times 7)=-2$ ∴ $X=+6$

산화수를 정하는 법
① 단체 중의 원자의 산화수는 0이다.(단체분자는 중성)
  [보기] H_2^0, Fe^0, Mg^0, O_2^0, O_3^0]
② 화합물에서 산소의 산화수는 -2, 수소의 산화수는 +1이 보통이다.(단, 과산화물에서 O의 산화수는 -1)
  [보기] CH_4에서 C^{-4}, CO_2에서 C^{+4}]
③ 화합물에서 구성 원자의 산화수의 총합은 0이다.(분자는 중성이므로)
④ 이온의 가수(價數)는 그 이온의 산화수이다.
  (Ca=+2, Na=+1, K=+1, Ba=+2)
  [보기] Cu^{+2}에서 Cu=+2, MnO_4^-에서 Mn의 산화수는 $x+(-2\times 4)=-1$
    ∴ $x=+7$ 따라서 Mn=+7]

해답 ③

07 95wt% 황산의 비중은 1.84 이다. 이 황산의 몰농도는 약 얼마인가?

① 4.5   ② 8.9
③ 17.8   ④ 35.6

해설 $M(몰농도)= \dfrac{10\times 1.84\times 95}{98} = 17.84M(몰)$

몰농도 계산식
$M(몰농도)= \dfrac{10SC}{분자량}$ (여기서, S : 비중, C : %농도)

몰농도(molar concentration)
① 용액 1L 속에 포함된 용질의 몰수를 용액의 부피로 나눈 값
② mol/L 또는 M으로 표시

해답 ③

08 어떤 계가 평형상태에 있을 때의 자유에너지 ΔG를 옳게 표현한 것은?

① $\Delta G < 0$ ② $\Delta G > 0$
③ $\Delta G = 0$ ④ $\Delta G = 1$

해설 자유에너지(free energy) : ΔG
일정한 온도와 일정한 압력을 유지하는 계에서 일로 변환될 수 있는 열역학적 에너지
$$\Delta G = \Delta H - T\Delta S$$
여기서, ΔG : 자유에너지, ΔH : 엔탈피
  T : 절대온도, ΔS : 엔트로피

자유에너지의 반응 특성

$\Delta G<0$(음수)인 경우	$\Delta G=0$인 경우	$\Delta G>0$(양수)인 경우
• 자발적 반응이다. • 정방향으로 반응진행	• 반응은 평형상태	• 정방향 반응은 자발적이 아니다. • 역방향 반응은 자발적이다.

해답 ③

09 전기화학 반응을 통해 전극에서 금속으로 석출되는 다음 원소 중 무게가 가장 큰 것은? (단, 각 원소의 원자량은 Ag는 107.868, Cu는 63.546, Al는 26.982, Pb는 207.20이고, 전기량은 동일하다.)

① Ag   ② Cu
③ Al   ④ Pb

해설 ① 1F(패럿)의 전기량으로 물질 1g-당량이 석출된다.
② 1F(패럿) = 전자 6.02×10^{23}개의 전기량
③ 1F(패럿) = 96500C(쿠울롬)

1F(96500C)으로 변화하는 물질의 양

전기량	석출되는 물질	석출되는 무게	원자수
1F (96500C)	Pb	$\frac{207.2}{2}$g	$\frac{1}{2} \times 6.02 \times 10^{23}$개
1F (96500C)	Al	$\frac{27}{3}$g	$\frac{1}{3} \times 6.02 \times 10^{23}$개
1F (96500C)	Cu	$\frac{63.5}{2}$g	$\frac{1}{2} \times 6.02 \times 10^{23}$개
1F (96500C)	Ag	108g	6.02×10^{23}개

패러데이(Faraday)의 법칙
① 제1법칙 : 같은 물질에 대하여 전기분해로써 전극에서 일어나는 물질의 양은 통한 전기량에 비례한다.
② 제2법칙 : 일정한 전기량에 의하여 일어나는 화학변화의 양은 그 물질의 화학 당량에 비례한다.

해답 ①

10 전이원소의 일반적인 설명으로 틀린 것은?

① 주기율표의 17족에 속하며 활성이 큰 금속이다.
② 밀도가 큰 금속이다.
③ 여러 가지 원자가의 화합물을 만든다.
④ 녹는점이 높다.

해설 ① 주기율표의 3~12족에 속하며 활성이 작다.

전이금속의 공통적인 특성
① 3~12족 금속원소로 활성이 작다.
② 두 종류 이상의 이온 원자가를 갖는다.
③ 착염 및 색이 있는 화합물을 잘 만든다.
④ 공업적으로 촉매로 많이 사용 한다.

전이원소 = 천이원소[transition elements]
스칸듐, 티탄, 바나듐, 크로뮴, 망가니즈, 철, 코발트, 니켈, 구리, 아연

해답 ①

11 아세틸렌의 성질과 관계가 없는 것은?

① 용접에 이용된다.
② 이중결합을 가지고 있다.
③ 합성 화학 원료로 쓸 수 있다.
④ 염화수소와 반응하여 염화비닐을 생성한다.

해설 ② 삼중 결합을 가지고 있다.

아세틸렌(acetylene) : CH≡CH
① 탄화칼슘과 물의 반응으로 발생하는 기체. 냄새가 없는 무색의 기체
② 공기 중에 2.5~81% 함유되어 있으면 폭발
③ 알코올·벤젠·아세톤 등에 녹는다.
④ 규조토에 스며들게 한 아세톤에 가압하여 용해시켜 저장한다.
⑤ 삼중결합을 가지므로 첨가반응을 잘 일으킨다.
⑥ 물·염화수소 등과 반응시키면 아세트알데히드·염화비닐 등이 생긴다.

해답 ②

12 수소원자에서 선스펙트럼이 나타나는 경우는?

① 들뜬 상태의 전자가 낮은 에너지 준위로 떨어질 때
② 전자가 같은 에너지 준위에서 돌고 있을 때
③ 전자껍질의 전자가 핵과 충돌할 때
④ 바닥상태의 전자가 들뜬 상태로 될 때

해설 수소원자의 선스펙트럼
① 선스펙트럼 계열
  • 라이먼 계열 : n=2 이상 전자껍질에서 n=1 전자껍질로의 전이
  • 발머 계열 : n=3 이상 전자껍질에서 n=2 전자껍질로의 전이
  • 파셴 계열 : n=4 이상 전자껍질에서 n=3 전자껍질로의 전이
② 선스펙트럼 계열의 에너지 크기
  라이먼계열(자외선) > 발머(가시광선) > 파셴(적외선)
③ 들뜬상태의 전자가 낮은 에너지 준위로 떨어질 때

해답 ①

13 압력이 P일 때 일정한 온도에서 일정량의 액체에 녹는 기체의 부피를 V라 하면 압력이 nP일 때 녹는 기체의 부피는?

① $\dfrac{V}{N}$ ② nV ③ V ④ $\dfrac{n}{V}$

해설 헨리(Henry)의 법칙
① 일정한 온도에서 산소나 질소 같이 물에 녹기 어려운 기체의 용해도는 그 기체의 압력에 정비례한다.
② 일정한 온도에서 **용매에 녹는 기체의 용해도**는 압력에 비례하고 기체의 부피는 그 기체의 **압력에 관계없이 일정**하다.

기체의 용해도
① 온도와 용해도 : 온도가 상승 시 용해도 감소
② 압력과 용해도 : 일반적으로 압력상승 시 용해도 증가

해답 ③

14 기하이성질체 때문에 극성 분자와 비극성 분자를 가질 수 있는 것은?

① C_2H_4 ② C_2H_3Cl
③ $C_2H_2Cl_2$ ④ C_2HCl_3

해설 기하이성질체
① 이중 결합의 부분에 결합하는 치환기의 배치의 차이에 따라 생기는 이성질체
② 이중 결합을 가지는 탄소 화합물(또는 착이온)에서는 흔히 시스(cis)형과 트랜스(trans)형의 두 가지 기하이성질체를 갖는다.

cis-1,2-dichloroethene   trans-1,2-dichloroethene

기하이성질체
① cis-다이클로로에틸렌과 trans-다이클로로에틸렌
② cis-2-부텐과 trans-2-부텐
③ 말레산과 푸마르산

해답 ③

15 네슬러 시약에 의하여 적갈색으로 검출되는 물질은 어느 것인가?

① 질산이온 ② 암모늄이온
③ 아황산이온 ④ 일산화탄소

해설 네슬러(Nessler)시약
① 암모니아 및 암모늄이온을 검출하는 시약
② 아이오딘화수은과 아이오딘화칼륨의 착화합물을 수산화칼륨 용액에 녹인 액체
③ 암모늄 이온과 반응하면 **적갈색의 콜로이드**가 생긴다.

해답 ②

16 다음 pH 값에서 알칼리성이 가장 큰 것은?

① pH=1 ② pH=6
③ pH=8 ④ pH=13

해설
• $pH = \log \dfrac{1}{[H^+]} = -\log[H^+]$
• $pOH = -\log[OH^-]$ • $pH = 14 - pOH$

① pH<7인 경우 : pH가 낮을수록 산성이 크다.
② pH>7인 경우 : pH가 클수록 알칼리성이 크다.

해답 ④

17 산소 5g을 27℃에서 1.0L의 용기 속에 넣었을 때 기체의 압력은 몇 기압인가?

① 0.52기압 ② 3.84기압
③ 4.50기압 ④ 5.43기압

해설 $P = \dfrac{WRT}{VM} = \dfrac{5 \times 0.082 \times (273+27)}{1 \times 32} = 3.84\,\text{atm}$

이상기체 상태방정식 ★★★★

$$PV = nRT = \dfrac{W}{M}RT$$

여기서, P : 압력(atm) V : 부피(m^3)
n : mol수(무게/분자량)
W : 무게(g) M : 분자량
T : 절대온도(273+t℃)K
R : 기체상수(0.082atm·m^3/kmol·K)

해답 ②

18 시클로헥산에 대한 설명으로 옳은 것은?

① 불포화고리 탄화수소이다.
② 불포화사슬 탄화수소이다.
③ 포화고리 탄화수소이다.
④ 포화사슬 탄화수소이다.

해설 시클로헥산(cyclohexane) 또는
사이클로헥산(C_6H_{12}) : 제4류 제1석유류
① 탄소 6원자로 구성된 **포화 고리 모양 탄화수소**
② 벤젠 비슷한 냄새가 나는 무색 액체이다.
③ 분자량 84.16, 녹는점 6.5℃, 끓는점 80.8℃, 비중 0.7786
④ 에탄올, 에터 등에는 녹고 물에는 녹지 않는다.
⑤ 벤젠을 약300℃, 높은 압력에서 니켈(Ni)의 접촉 환원으로 생성된다.
⑥ 주요 용도는 나이론-6 및 나이론-66의 제조 원료이다.

해답 ③

19 방향족 탄화수소가 아닌 것은?

① 톨루엔　　② 크실렌
③ 나프탈렌　④ 시클로펜탄

해설 **방향족 탄화수소**(Aromatic Hydrocarbon)
고리모양의 탄화수소 중 벤젠고리 및 그의 유도체를 포함한 탄화수소의 계열
① 톨루엔($C_6H_5CH_3$)

② 크실렌($C_6H_4(CH_3)_2$)

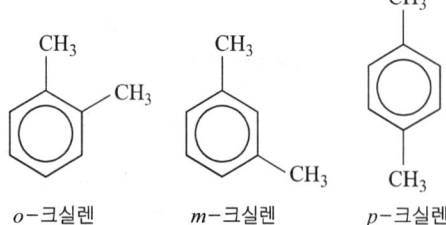

o-크실렌　　m-크실렌　　p-크실렌

③ 나프탈렌($C_{10}H_8$)

④ 시클로펜탄(C_5H_{10})
 • 펜타메틸렌(pentamethylene)이라고도 한다.
 • 분자량 70.14, 녹는점 -93.3℃
　　　　　　　 끓는점 49~50℃
 • 비평면 구조

해답 ④

20 화학 반응의 속도에 영향을 미치지 않는 것은?

① 촉매의 유무
② 반응계의 온도의 변화
③ 반응 물질의 농도의 변화
④ 일정한 농도하에서의 부피의 변화

해설 **반응속도**
화학반응속도는 두 물질의 농도(몰/L)의 곱(상승적)에 비례한다.

화학 반응속도에 영향을 미치는 요소
① **농도**　② **온도**　③ **압력**　④ **촉매**

① **정촉매** : 화학반응을 빠르게 하는 것
② **부촉매** : 화학반응(산화반응)을 느리게 하는 것

$N_2 + 3H_2 \Leftrightarrow 2NH_3 + 24kcal$

• 평형을 오른쪽(→)으로 이동 시키려면
　① N_2 농도 증가　② 압력 증가　③ 온도 감소
• 평형을 왼쪽(←)으로 이동 시키려면
　① N_2 농도 감소　② 압력 감소　③ 온도 증가

해답 ④

제2과목 화재예방과 소화방법

21 스프링클러 설비의 장점이 아닌 것은?

① 소화약제가 물이므로 비용이 절감된다.
② 초기 시공비가 적게 든다.
③ 화재 시 사람의 조작 없이 작동이 가능하다.
④ 초기화재의 진화에 효과적이다.

해설 ② 스프링클러설비는 초기시공비가 많이 든다.

스프링클러설비의 장점
① 소화약제가 물이므로 비용이 절감된다.
② 화재 시 사람의 조작없이 작동이 가능하다.
③ 초기화재 진화에 효과가 크다.
④ 감지부의 구조가 기계적이므로 오동작 염려가 적다.
⑤ 폐쇄형 스프링클러 헤드는 그 자체가 자동화재 탐지장치의 역할을 할 수 있다.

해답 ②

22 인화성고체와 질산에 공통적으로 적응성이 있는 소화설비는?

① 불활성가스소화설비
② 할로젠화합물소화설비
③ 탄산수소염류분말소화설비
④ 포소화설비

해설 인화성고체(제2류)와 질산(제6류)
공통적으로 적응성이 있는 소화설비는 물계통의 포소화설비가 가장 적합하다.

해답 ④

23 다이에틸에터 2000L와 아세톤 4000L를 옥내저장소에 저장하고 있다면 총 소요단위는 얼마인가?

① 5   ② 6
③ 50   ④ 60

해설 제4류 위험물 및 지정수량

위 험 물			지정수량(L)
성질	품명		
인화성 액체	1. 특수인화물		50
	2. 제1석유류	비수용성 액체	200
		수용성 액체	400
	3. 알코올류		400
	4. 제2석유류	비수용성 액체	1,000
		수용성 액체	2,000
	5. 제3석유류	비수용성 액체	2,000
		수용성 액체	4,000
	6. 제4석유류		6,000
	7. 동식물유류		10,000

① 다이에틸에터 : 특수인화물(50L)
② 아세톤 : 제1석유류 중 수용성(400L)

$$\therefore 지정수량의\ 배수 = \frac{저장수량}{지정수량}$$
$$= \frac{2000}{50} + \frac{4000}{400} = 50배$$
$$\therefore 소요단위 = \frac{지정수량의\ 배수}{10} = \frac{50}{10} = 5단위$$

해답 ①

24 전역방출방식의 할로젠화합물소화설비의 분사헤드에서 Halon 1211을 방사하는 경우의 방사압력은 얼마 이상으로 하여야 하는가?

① 0.1MPa   ② 0.2MPa
③ 0.5MPa   ④ 0.9MPa

해설 할론 분사헤드의 방사압력 및 방출시간

종 류	방사압력	방출시간
할론2402	0.1MPa 이상	10초 이내
할론1211	0.2MPa 이상	
할론1301	0.9MPa 이상	

해답 ②

25 CF₃Br 소화기의 주된 소화효과에 해당되는 것은?

① 억제효과   ② 질식효과
③ 냉각효과   ④ 피복효과

해설 할로젠화합물 소화약제
부촉매효과(억제효과)가 우수하나 오존층파괴로 인하여 현재 제한을 받고 있어 점차 청정소화약제로 대체되고 있는 상태이다.

해답 ①

26 위험물의 화재 발생 시 사용 가능한 소화약제를 틀리게 연결한 것은?

① 질산암모늄 - H_2O
② 마그네슘 - CO_2
③ 트라이에틸알루미늄 - 팽창질석
④ 나이트로글리세린 - H_2O

[해설] **마그네슘(Mg) : 제2류 위험물(금수성)**
① 물과 반응하여 수소기체 발생

$$Mg + 2H_2O \rightarrow Mg(OH)_2 + H_2 \uparrow$$
(마그네슘) (물) (수산화마그네슘)(수소발생)

② 마그네슘과 CO_2의 반응식

$$2Mg + 2CO_2 \rightarrow 2MgO + C$$
$$Mg + CO_2 \rightarrow MgO + CO$$

해답 ②

27 다음 중 알코올형포 소화약제를 이용한 소화가 가장 효과적인 것은?

① 아세톤   ② 휘발유
③ 톨루엔   ④ 벤젠

[해설] **알코올포 소화약제** : 수용성 위험물(알코올, 산, 케톤류)에 일반 포 약제를 방사하면 포가 소멸하므로 (소포성, 파포현상) 이를 방지하기 위하여 특별히 제조된 포 약제이다.

알코올포 적응화재
① 알코올 ② 아세톤 ③ 피리딘
④ 개미산(의산) ⑤ 초산 등 수용성 액체에 적합

해답 ①

28 주수에 의한 냉각소화가 적절치 않은 위험물은?

① $NaClO_3$ ② Na_2O_2
③ $NaNO_3$ ④ $NaBrO_3$

[해설] ① 염소산나트륨 - 제1류 위험물
                - 물에 의한 냉각소화
② 과산화나트륨 - 제1류 위험물 중
                  무기과산화물(금수성)
                - 탄산수소염류, 마른모래
③ 질산나트륨 - 제1류 위험물
              - 물에 의한 냉각소화
④ 브로민산나트륨 - 제1류 위험물
                  - 물에 의한 냉각소화

과산화나트륨(Na_2O_2) : 제1류 위험물 중 무기과산화물(금수성)
① 상온에서 물과 격렬히 반응하여 산소(O_2)를 방출하고 폭발하기도 한다.

$$2Na_2O_2 + 2H_2O \rightarrow 4NaOH + O_2 \uparrow$$
(과산화나트륨) (물) (수산화나트륨)(산소)

② 공기 중 이산화탄소(CO_2)와 반응하여 산소(O_2)를 방출한다.

$$2Na_2O_2 + 2CO_2 \rightarrow 2Na_2CO_3 + O_2 \uparrow$$

③ 산과 반응하여 과산화수소(H_2O_2)를 생성시킨다.

$$Na_2O_2 + 2CH_3COOH \rightarrow 2CH_3COONa + H_2O_2 \uparrow$$

④ 열분해 시 산소(O_2)를 방출한다.

$$2Na_2O_2 \rightarrow 2Na_2O + O_2 \uparrow$$

⑤ 주수소화는 금물이고 마른모래(건조사)등으로 소화한다.

해답 ②

29 화학포 소화약제의 화학반응식은?

① $2NaHCO_3 \rightarrow Na_2CO_3 + H_2O + CO_2$
② $2NaHCO_3 + H_2SO_4$
  $\rightarrow Na_2SO_4 + 2H_2O + CO_2$
③ $4KMnO_4 + 6H_2SO_4$
  $\rightarrow 2K_2SO_4 + 4MnSO_4 + 6H_2O + SO_2$
④ $6NaHCO_3 + Al_2(SO_4)_3 \cdot 18H_2O$
  $\rightarrow 6CO_2 + 2Al(OH)_3 + 3Na_2SO_4 + 18H_2O$

[해설] **화학포 소화약제**
① 내약제(B제) : 황산알루미늄($Al_2(SO_4)_3$)
② 외약제(A제) : 중탄산나트륨=탄산수소나트륨=중조($NaHCO_3$), 기포안정제

화학포의 기포안정제	
• 사포닝	• 계면활성제
• 소다회	• 가수분해단백질

③ 화학반응식

$$6NaHCO_3 + Al_2(SO_4)_3 \cdot 18H_2O$$
(탄산수소나트륨) (황산알루미늄)
$$\rightarrow 3Na_2SO_4 + 2Al(OH)_3 + 6CO_2 + 18H_2O$$
(황산나트륨)(수산화알루미늄)(이산화탄소)(물)

해답 ④

30 자연발화의 방지법으로 가장 거리가 먼 것은?

① 통풍을 잘 하여야 한다.
② 습도가 낮은 곳을 피한다.

③ 열이 쌓이지 않도록 유의한다.
④ 저장실의 온도를 낮춘다.

해설 ② 습도가 높은 곳을 피한다.

자연발화의 조건 및 방지대책

자연발화의 조건	자연발화 방지대책
① 주위의 온도가 높을 것	① 통풍이나 환기 등을 통하여 열의 축적을 방지
② 표면적이 넓을 것	② 저장실의 온도를 낮춘다.
③ 열전도율이 적을 것	③ 습도를 낮게 유지
④ 발열량이 클 것	④ 용기 내에 불활성 기체를 주입하여 공기와 접촉방지

자연발화의 형태
① 산화열에 의한 자연발화
 • 석탄 • 건성유 • 탄소분말
 • 금속분 • 기름걸레
② 분해열에 의한 자연발화
 • 셀룰로이드 • 나이트로셀룰로오스
 • 나이트로글리세린
③ 흡착열에 의한 자연발화
 • 활성탄 • 목탄분말
④ 미생물열에 의한 자연발화
 • 퇴비 • 먼지

해답 ②

31 위험물안전관리법에 따른 지하탱크저장소에 관한 설명으로 틀린 것은?

① 안전거리 적용대상이 아니다.
② 보유공지 확보대상이 아니다.
③ 설치 용량의 제한이 없다.
④ 10m 내에 2기 이상을 인접하여 설치할 수 없다.

해설 **지하탱크저장소의 기준**
① 탱크전용실은 시설물 및 대지경계선으로부터 0.1m 이상 떨어진 곳에 설치
② 지하저장탱크와 탱크전용실의 안쪽과의 사이는 0.1m 이상의 간격을 유지
③ 탱크의 주위에 입자지름 5mm 이하의 마른 자갈분을 채울 것
④ 지하저장탱크의 윗부분은 지면으로부터 0.6m 이상 아래에 있을 것
⑤ 지하저장탱크를 2 이상 인접해 설치하는 경우에는 그 상호간에 1m(2 이상의 지하저장탱크의 용량의 합계가 지정수량의 100배 이하인 때에는 0.5m) 이상의 간격을 유지
⑥ 지하저장탱크의 재질은 두께 3.2mm 이상의 강철판으로 할 것

해답 ④

32 위험물제조소에 옥내소화전을 각 층에 8개씩 설치하도록 할 때 수원의 최소 수량은 얼마인가?

① $13m^3$　　② $20.8m^3$
③ $39m^3$　　④ $62.4m^3$

해설 **위험물제조소등의 소화설비 설치기준**

소화설비	수평거리	방사량	방사압력
옥내	25m 이하	260(L/min) 이상	350(kPa) 이상
	수원의 양 Q=N(소화전개수 : **최대 5개**) ×$7.8m^3$(260L/min×30min)		
옥외	40m 이하	450(L/min) 이상	350(kPa) 이상
	수원의 양 Q=N(소화전개수 : 최대 4개) ×$13.5m^3$(450L/min×30min)		
스프링클러	1.7m 이하	80(L/min) 이상	100(kPa) 이상
	수원의 양 Q=N(헤드수 : 최대 30개) ×$2.4m^3$(80L/min×30min)		
물분무	—	20 (L/m^2·min)	350(kPa) 이상
	수원의 양 Q=A(바닥면적m^2)× $0.6m^3$(20L/m^2·min×30min)		

옥내소화전설비의 수원의 양
$Q = N(소화전개수 : 최대5개) \times 7.8m^3$
$= 5 \times 7.8 = 39m^3$

해답 ③

33 제조소 또는 일반취급소에서 취급하는 제4류 위험물의 최대수량의 합이 지정수량의 12만배 미만인 사업소의 자체소방대에 두는 화학소방자동차와 자체소방대원의 기준으로 옳은 것은?

① 1대, 5인 ② 2대, 10인
③ 3대, 15인 ④ 4대, 20인

해설 자체소방대에 두는 화학소방자동차 및 인원

사업소의 구분	화학소방자동차	자체소방대원의 수
1. 제조소 또는 일반취급소에서 취급하는 제4류 위험물의 최대수량의 합이 지정수량의 3천배 이상 12만배 미만인 사업소	1대	5인
2. 제조소 또는 일반취급소에서 취급하는 제4류 위험물의 최대수량의 합이 지정수량의 12만배 이상 24만배 미만인 사업소	2대	10인
3. 제조소 또는 일반취급소에서 취급하는 제4류 위험물의 최대수량의 합이 지정수량의 24만배 이상 48만배 미만인 사업소	3대	15인
4. 제조소 또는 일반취급소에서 취급하는 제4류 위험물의 최대수량의 합이 지정수량의 48만배 이상인 사업소	4대	20인
5. 옥외탱크저장소에 저장하는 제4류 위험물의 최대수량이 지정수량의 50만배 이상인 사업소	2대	10인

※ 비고 : 화학소방자동차에는 행정자치부령이 정하는 소화능력 및 설비를 갖추어야 하고, 소화활동에 필요한 소화약제 및 기구(방열복 등 개인장구를 포함한다)를 비치하여야 한다.

해답 ①

34 위험물에 따른 소화설비를 설명한 내용으로 틀린 것은?

① 제1류 위험물 중 알칼리금속과산화물은 포소화설비가 적응성이 없다.
② 제2류 위험물 중 금속분은 스프링클러설비가 적응성이 없다.
③ 제3류 위험물 중 금수성물질은 포소화설비가 적응성이 있다.
④ 제5류 위험물은 스프링클러설비가 적응성이 있다.

해설 ③ 제3류 위험물 중 금수성 물질은 포소화설비가 적응성이 없다.

해답 ③

35 제2류 위험물에 해당하는 것은?

① 마그네슘과 나트륨
② 황화인과 황린
③ 수소화리튬과 수소화나트륨
④ 황과 적린

해설 ① 마그네슘(2류)과 나트륨(3류)
② 황화인(2류)과 황린(3류)
③ 수소화리튬(3류)과 수소화나트륨(3류)
④ 황(2류)과 적린(2류)

제2류 위험물의 지정수량

성질	품명	지정수량	위험등급
가연성 고체	황화인, 적린, 황	100kg	II
	철분, 금속분, 마그네슘	500kg	III
	인화성 고체	1,000kg	

[뇌새김 암기법] 황적유/철금마/인

해답 ④

36 다음 중 C급 화재에 가장 적응성이 있는 소화설비는?

① 봉상강화액 소화기
② 포소화기
③ 이산화탄소소화기
④ 스프링클러설비

해설 화재의 분류 ★★ 자주출제(필수암기) ★★

종류	등급	색표시	주된 소화방법	소화약제
일반화재	A급	백색	냉각소화	물계통, 포
유류 및 가스화재	B급	황색	질식소화	포, 이산화탄소, 분말
전기화재	C급	청색	질식소화	이산화탄소, 할로젠화합물, 불활성가스, 분말, 물분무
금속화재	D급	-	피복소화	탄산수소염류, 마른모래, 팽창질석, 팽창진주암
주방화재	K급	-	냉각 및 질식소화	

해답 ③

37 옥내소화전설비에서 펌프를 이용한 가압송수장치의 경우 펌프의 전양정 H는 소정의 산식에 의한 수치 이상이어야 한다. 전양정 H를 구하는 식으로 옳은 것은? (단, h_1은 소방용 호스의 마찰손실수두, h_2는 배관의 마찰손실수두, h_3는 낙차이며, h_1, h_2, h_3의 단위는 모두 m이다.)

① $H = h_1 + h_2 + h_3$
② $H = h_1 + h_2 + h_3 + 0.35\,\mathrm{m}$
③ $H = h_1 + h_2 + h_3 + 35\,\mathrm{m}$
④ $H = h_1 + h_2 + 0.35\,\mathrm{m}$

해설 옥내소화전설비 펌프의 전양정 산출공식

$$H = h_1 + h_2 + h_3 + 35\,\mathrm{m}$$

여기서, H : 펌프의 전양정(m)
h_1 : 소방용호스 마찰손실수두(m)
h_2 : 배관의 마찰 손실 수두(m)
h_3 : 낙차(m)

해답 ③

38 다음 물질 중에서 일반화재, 유류화재 및 전기화재에 모두 사용할 수 있는 분말소화약제의 주성분은?

① $KHCO_3$
② Na_2SO_4
③ $NaHCO_3$
④ $NH_4H_2PO_4$

해설 분말약제의 주성분 및 착색 ★★★★(필수암기)

종별	주성분	약제명	착색	적응화재
제1종	$NaHCO_3$	탄산수소나트륨 중탄산나트륨 중조	백색	B, C급
제2종	$KHCO_3$	탄산수소칼륨 중탄산칼륨	담회색	B, C급
제3종	$NH_4H_2PO_4$	제1인산암모늄	담홍색	A, B, C급
제4종	$KHCO_3$ +$(NH_2)_2CO$	탄산수소칼륨 +요소	회(백)색	B, C급

해답 ④

39 제1인산암모늄을 주성분으로 하는 분말소화약제에서 발수제 역할을 하는 물질은?

① 실리콘 오일
② 실리카겔
③ 활성탄
④ 소다라임

해설 분말소화약제의 방습제(방수제)
① 금속비누(스테아르산아연, 스테아르산알루미늄)
② 실리콘으로 표면처리

해답 ①

40 소화기가 유류 화재에 적응력이 있음을 표시하는 색은?

① 백색
② 황색
③ 청색
④ 흑색

해설 화재의 분류 ★★ 자주출제(필수암기) ★★

종류	등급	색표시	주된 소화방법	소화약제
일반화재	A급	백색	냉각소화	물계통, 포
유류 및 가스화재	B급	황색	질식소화	포, 이산화탄소, 분말
전기화재	C급	청색	질식소화	이산화탄소, 할로젠화합물, 불활성가스, 분말, 물분무
금속화재	D급	–	피복소화	탄산수소염류, 마른모래, 팽창질석, 팽창진주암
주방화재	K급	–	냉각 및 질식소화	

제3과목 위험물의 성질과 취급

41 주거용 건축물과 위험물제조소와의 안전거리를 단축할 수 있는 경우는?

① 제조소가 위험물의 화재 진압을 하는 소방서와 근거리에 있는 경우

② 취급하는 위험물의 최대수량(지정수량의 배수)이 10배미만이고 기준에 의한 방화상 유효한 벽을 설치한 경우
③ 위험물을 취급하는 시설이 철근콘크리트 벽일 경우
④ 취급하는 위험물이 단일 품목일 경우

해설 제조소등의 안전거리의 단축기준
취급하는 위험물의 최대수량(지정수량의 배수)이 10배 미만이고 방화상 유효한 담을 설치한 경우

해답 ②

42 인화칼슘이 물과 반응해서 생성되는 유독가스는?

① PH_3　　　　② CO
③ CS_2　　　　④ H_2S

해설 인화칼슘(Ca_3P_2) : 제3류 위험물(금수성 물질)
① 적갈색의 괴상고체
② 물 및 약산과 격렬히 반응, 분해하여 인화수소(포스핀)(PH_3)을 생성한다.

- $Ca_3P_2 + 6H_2O \rightarrow 3Ca(OH)_2 + 2PH_3$
  (포스핀 = 인화수소)
- $Ca_3P_2 + 6HCl \rightarrow 3CaCl_2 + 2PH_3$
  (포스핀 = 인화수소)

③ 포스핀은 맹독성가스이므로 취급시 방독마스크를 착용한다.
④ 물 및 포약제의 의한 소화는 절대 금하고 마른 모래 등으로 피복하여 자연 진화되도록 기다린다.

해답 ①

43 위험물제조소의 배출설비 기준 중 국소방식의 경우 배출능력은 1시간당 배출장소 용적의 몇 배 이상으로 해야 하는가?

① 10배　　　　② 20배
③ 30배　　　　④ 40배

해설 배출설비 설치기준
① 배출설비는 국소방식으로 할 것
② 배출설비는 배풍기, 배출닥트, 후드 등을 이용하여 강제적으로 배출할 것

③ 배출능력은 1시간당 배출장소 **용적의 20배 이상**으로 할 것(다만, **전역방식**의 경우에는 바닥면적 $1m^2$당 $18m^3$ **이상**으로 할 것)

해답 ②

44 [보기]의 물질 중 위험물안전관리법상 제6류 위험물에 해당하는 것은 모두 몇 개인가?

[보기]
① 비중 1.49 인 질산
② 비중 1.7 인 과염소산
③ 물 60g, 과산화수소 40g을 혼합한 수용액

① 1개　　　　② 2개
③ 3개　　　　④ 없음

해설 제6류 위험물의 공통적인 성질
① 자신은 불연성이고 산소를 함유한 강산화제이다.
② 분해에 의한 산소발생으로 다른 물질의 연소를 돕는다.
③ 액체의 비중은 1보다 크고 물에 잘 녹는다.
④ 물과 접촉 시 발열한다.
⑤ 증기는 유독하고 부식성이 강하다.

제6류 위험물(산화성 액체)

성질	품 명	판단기준	지정수량	위험등급
산화성 액체	• 과염소산($HClO_4$)		300kg	I
	• 과산화수소(H_2O_2)	농도 36중량% 이상		
	• 질산(HNO_3)	비중 1.49 이상		
	• 할로젠간화합물 ① 삼불화브로민(BrF_3) ② 오불화브로민(BrF_5) ③ 오불화아이오딘(IF_5)			

해답 ③

45 황린에 공기를 차단하고 약 몇 ℃로 가열하면 적린이 되는가?

① 250℃　　　　② 120℃
③ 44℃　　　　④ 34℃

해설 황린(P_4) : 제3류 위험물(자연발화성물질)
① 백색 또는 담황색의 고체이다.
② 공기 중 약 40~50℃에서 자연 발화한다.
③ 저장 시 자연 발화성이므로 반드시 물속에 저장한다.
④ 연소 시 오산화인(P_2O_5)의 흰 연기가 발생한다.
$P_4 + 5O_2 \rightarrow 2P_2O_5$(오산화인)
⑤ 약 260℃로 가열(공기차단)시 적린이 된다.
⑥ 고압의 주수소화는 황린을 비산시켜 연소면이 확대될 우려가 있다.

해답 ①

46 어떤 공장에서 아세톤과 메탄올을 18L 용기에 각각 10개, 등유를 200L 드럼으로 3드럼을 저장하고 있다면 각각의 지정수량 배수의 총합은 얼마인가?

① 1.3　　② 1.5
③ 2.3　　④ 2.5

해설 아세톤 – 제1석유류–수용성 – 400L
메탄올 – 알코올류 – 400L
등유 – 제2석유류 – 비수용성 –1000L

제4류 위험물 및 지정수량

성질	위 험 물 품명		지정수량(L)
인화성 액체	1. 특수인화물		50
	2. 제1석유류	비수용성 액체	200
		수용성 액체	400
	3. 알코올류		400
	4. 제2석유류	비수용성 액체	1,000
		수용성 액체	2,000
	5. 제3석유류	비수용성 액체	2,000
		수용성 액체	4,000
	6. 제4석유류		6,000
	7. 동식물유류		10,000

∴ **지정수량의 배수**
$= \dfrac{\text{저장수량}}{\text{지정수량}}$
$= \dfrac{18 \times 10}{400} + \dfrac{18 \times 10}{400} + \dfrac{200 \times 3}{1000} = 1.5$배

해답 ②

47 위험물을 적재, 운반할 때 방수성 덮개를 하지 않아도 되는 것은?

① 알칼리금속의 과산화물
② 마그네슘
③ 나이트로화합물
④ 탄화칼슘

해설 ① 알칼리금속의 과산화물 – 1류 – 금수성
② 마그네슘 – 2류 – 금수성
③ 나이트로화합물 – 5류 – 자기반응성
④ 탄화칼슘 – 3류 – 금수성

적재위험물의 성질에 따른 조치
(1) 차광성이 있는 피복으로 가려야하는 위험물
　① 제1류 위험물
　② 제3류위험물 중 자연발화성물질
　③ 제4류 위험물 중 특수인화물
　④ 제5류 위험물
　⑤ 제6류 위험물
(2) 방수성이 있는 피복으로 덮어야 하는 것
　① 제1류 위험물 중 알칼리금속의 과산화물
　② 제2류 위험물 중 철분·금속분·마그네슘 또는 이들 중 어느하나 이상을 함유한 것
　③ 제3류 위험물 중 금수성 물질

해답 ③

48 물질의 자연발화를 방지하기 위한 조치로서 가장 거리가 먼 것은?

① 퇴적할 때 열이 쌓이지 않게 한다.
② 저장실의 온도를 낮춘다.
③ 촉매 역할을 하는 물질과 분리하여 저장한다.
④ 저장실의 습도를 높인다.

해설 ④ 저장실의 습도를 낮춘다.

자연발화의 조건 및 방지대책

자연발화의 조건	자연발화 방지대책
① 주위의 온도가 높을 것	① 통풍이나 환기 등을 통하여 열의 축적을 방지
② 표면적이 넓을 것	② 저장실의 온도를 낮춘다.
③ 열전도율이 적을 것	③ 습도를 낮게 유지
④ 발열량이 클 것	④ 용기 내에 불활성 기체를 주입하여 공기와 접촉방지

자연발화의 형태
① 산화열에 의한 자연발화
  • 석탄   • 건성유   • 탄소분말
  • 금속분   • 기름걸레
② 분해열에 의한 자연발화
  • 셀룰로이드   • 나이트로셀룰로오스
  • 나이트로글리세린
③ 흡착열에 의한 자연발화
  • 활성탄   • 목탄분말
④ 미생물열에 의한 자연발화
  • 퇴비   • 먼지

해답 ④

49 위험물의 저장 방법에 대한 설명 중 틀린 것은?

① 황린은 산화제와 혼합되지 않게 저장한다.
② 황은 정전기가 축적되지 않도록 저장한다.
③ 적린은 인화성 물질로부터 격리 저장한다.
④ 마그네슘분은 분진을 방지하기 위해 약간의 수분을 포함시켜 저장한다.

해설 ④ 마그네슘은 물과 접촉 시 수소기체 발생

마그네슘(Mg)
① 2mm체 통과 못하는 덩어리는 위험물에서 제외한다.
② 직경 2mm 이상 막대모양은 위험물에서 제외한다.
③ 은백색의 광택이 나는 가벼운 금속이다.
④ 수증기와 작용하여 수소를 발생시킨다.(주수소화금지)

$Mg + 2H_2O \rightarrow Mg(OH)_2 + H_2 \uparrow$
(마그네슘) (물) (수산화마그네슘)(수소)

⑤ 산과 작용하여 수소를 발생시킨다.
$Mg + 2HCl \rightarrow MgCl_2(염화마그네슘) + H_2 \uparrow$

⑥ 주수소화는 엄금이며 마른모래 등으로 피복 소화한다.

해답 ④

50 과염소산과 과산화수소의 공통된 성질이 아닌 것은?

① 비중이 1보다 크다
② 물에 녹지 않는다.
③ 산화제이다.
④ 산소를 포함한다.

해설 ① 과염소산 - 제6류 - 산화성액체
    -물에 잘 녹는다.
② 과산화수소 - 제6류 - 산화성액체
    -물에 잘 녹는다.

해답 ②

51 과산화칼륨에 대한 설명으로 옳지 않은 것은?

① 염산과 반응하여 과산화수소를 생성한다.
② 탄산가스와 반응하여 산소를 생성한다.
③ 물과 반응하여 수소를 생성한다.
④ 물과의 접촉을 피하고 밀전하여 저장한다.

해설 ③ 물과 반응하여 산소를 발생한다.

과산화칼륨(K_2O_2) : 제1류 위험물 중 무기과산화물
① 무색 또는 오렌지색 분말상태
② 상온에서 물과 격렬히 반응하여 산소(O_2)를 방출하고 폭발하기도 한다.

$2K_2O_2 + 2H_2O \rightarrow 4KOH + O_2 \uparrow$

③ 공기 중 이산화탄소(CO_2)와 반응하여 산소(O_2)를 방출한다.

$2K_2O_2 + 2CO_2 \rightarrow 2K_2CO_3 + O_2 \uparrow$

④ 산과 반응하여 과산화수소(H_2O_2)를 생성시킨다.

$K_2O_2 + 2CH_3COOH \rightarrow 2CH_3COOK + H_2O_2 \uparrow$

⑤ 열분해시 산소(O_2)를 방출한다.

$2K_2O_2 \rightarrow 2K_2O + O_2 \uparrow$

⑥ 주수소화는 금물이고 마른모래(건조사)등으로 소화한다.

해답 ③

52 특정옥외저장탱크를 원통형으로 설치하고자 한다. 지반면으로부터의 높이가 16m 일 때 이 탱크가 받는 풍하중은 1m²당 얼마 이상으로 계산하여야 하는가? (단, 강풍을 받을 우려가 있는 장소에 설치하는 경우는 제외한다.)

① 0.7640kN   ② 1.2348kN
③ 1.6464kN   ④ 2.348kN

해설 $q = 0.588k\sqrt{h} = 0.588 \times 0.7 \times \sqrt{16} = 16464 kN$

특정옥외저장탱크의 1m² 당 풍하중 계산공식

$$q = 0.588k\sqrt{h}$$

여기서, q : 풍하중(단위 kN/m²)
k : 풍력계수(원통형탱크의 경우는 0.7, 그 이외의 탱크는 1.0)
h : 지반면으로부터 높이(m)

해답 ③

53 건성유에 속하지 않는 것은?

① 동유 ② 아마인유
③ 야자유 ④ 들기름

해설 ③ 야자유 - 불건성유

아이오딘값에 따른 동식물유류의 분류

구분	아이오딘값	종류
건성유	130 이상	해바라기기름, 동유(오동기름), 정어리기름, 아마인유, 들기름
반건성유	100~130	채종유, 쌀겨기름, 참기름, 면실유, 옥수수기름, 청어기름, 콩기름
불건성유	100 이하	야자유, 팜유, 올리브유, 피마자기름, 낙화생기름, 돈지, 우지, 고래기름

[뇌새김 암기법] 건성유 : 아들오해정
반건성유 : 옥쌀콩청채면참
불건성유 : 돈우고올피땅팜야

해답 ③

54 위험물제조소의 표지의 크기 규격으로 옳은 것은?

① 0.2m × 0.4m ② 0.3m × 0.3m
③ 0.3m × 0.6m ④ 0.6m × 0.2m

해설 **위험물제조소의 표지 및 게시판**
① 표지는 한 변의 길이가 0.3m 이상, 다른 한 변의 길이가 0.6m 이상인 직사각형
② 바탕은 백색, 문자는 흑색

게시판의 설치기준
① 한 변의 길이가 0.3m 이상, 다른 한 변의 길이가 0.6m 이상인 직사각형으로 할 것
② 위험물의 유별·품명 및 저장최대수량 또는 취급최대수량, 지정수량의 배수 및 안전 관리자의 성명 또는 직명을 기재할 것
③ 게시판의 바탕은 백색으로, 문자는 흑색으로 할 것
④ 저장 또는 취급하는 위험물에 따라 주의사항 게시판을 설치할 것

위험물의 종류	주의사항 표시	게시판의 색
• 제1류 (알칼리금속 과산화물) • 제3류(금수성 물품)	물기엄금	청색바탕에 백색문자
• 제2류(인화성 고체 제외)	화기주의	
• 제2류(인화성 고체) • 제3류(자연발화성 물품) • 제4류 • 제5류	화기엄금	적색바탕에 백색문자

해답 ③

55 오황화인이 물과 작용해서 발생하는 유독성 기체는?

① 아황산가스 ② 포스겐
③ 황화수소 ④ 인화수소

해설 **오황화인(P_2S_5)**
① 담황색 결정이고 조해성이 있다.
② 수분을 흡수하면 분해된다.
③ 이황화탄소(CS_2)에 잘 녹는다.
④ 물, 알칼리와 반응하여 인산과 황화수소를 발생한다.

$$P_2S_5 + 8H_2O \rightarrow 2H_3PO_4 + 5H_2S \uparrow$$

해답 ③

56 제조소에서 취급하는 위험물의 최대수량이 지정수량의 20배인 경우 보유공지의 너비는 얼마인가?

① 3m 이상 ② 5m 이상
③ 10m 이상 ④ 20m 이상

해설 **위험물 제조소의 보유공지**

취급 위험물의 최대수량	공지의 너비
지정수량의 10배 미만	3m 이상
지정수량의 10배 이상	5m 이상

해답 ②

57 나이트로셀룰로오스에 대한 설명으로 옳지 않은 것은?

① 직사일광을 피해서 저장한다.
② 알코올수용액 또는 물로 습윤시켜 저장한다.
③ 질화도가 클수록 위험도가 증가한다.
④ 화재 시에는 질식소화가 효과적이다.

해설 ④ 화재 시 다량의 물로 냉각소화가 효과적이다.

나이트로셀룰로오스$[(C_6H_7O_2(ONO_2)_2)_3]_n$: 제5류 위험물
셀룰로오스(섬유소)에 진한질산과 진한 황산의 혼합액을 작용시켜서 만든 것이다.
① 비수용성이며 초산에틸, 초산아밀, 아세톤에 잘 녹는다.
② 건조상태에서는 폭발위험이 크나 수분함유 시 폭발위험성이 없어 저장·운반이 용이하다.
③ 질소함유율(질화도)이 높을수록 폭발성이 크다.
④ 저장, 운반 시 물(20%) 또는 알코올(30%)을 첨가 습윤시킨다.

해답 ④

58 위험물제조소는 문화재보호법에 의한 유형문화재로부터 몇 m 이상의 안전거리를 두어야 하는가?

① 20m   ② 30m
③ 40m   ④ 50m

해설 제조소의 안전거리

구 분	안전거리
• 사용전압이 7,000V 초과 35,000V 이하	3m 이상
• 사용전압이 35,000V를 초과	5m 이상
• 주거용	10m 이상
• 고압가스, 액화석유가스, 도시가스	20m 이상
• 학교·병원·극장	30m 이상
• 유형문화재, 지정문화재	50m 이상

해답 ④

59 위험물의 운반에 관한 기준에서 위험물의 적재 시 혼재가 가능한 위험물은? (단, 지정수량의 5배인 경우이다.)

① 과염소산칼륨-황린
② 질산메틸-경유
③ 마그네슘-알킬알루미늄
④ 탄화갈슘-나이트로글리세린

해설 ① 과염소산칼륨(1류) + 황린(3류) → 불가
② 질산메틸(5류) + 경유(4류) → 가능
③ 마그네슘(2류) + 알킬알루미늄(3류) → 불가
④ 탄화갈슘(3류) + 나이트로글리세린(5류) → 불가

유별을 달리하는 위험물의 혼재기준(쉬운 암기방법)

혼재 가능	
↓1류 + 6류↑	2류 + 4류
↓2류 + 5류↑	5류 + 4류
↓3류 + 4류↑	

해답 ②

60 저장할 때 상부에 물을 덮어서 저장하는 것은?

① 다이에틸에터   ② 아세트알데하이드
③ 산화프로필렌   ④ 이황화탄소

해설 이황화탄소(CS_2) : 제4류 위험물 중 특수인화물
① 무색 투명한 액체이다.
② 증기비중(76/29 = 2.62)은 공기보다 무겁다.
③ 물에는 녹지 않고 알코올, 에터, 벤젠 등 유기용제에 녹는다.
④ 연소 시 아황산가스(SO_2) 및 CO_2를 생성한다.
$CS_2 + 3O_2 \rightarrow CO_2 + 2SO_2$(이산화황=아황산)
⑤ 저장 시 저장탱크를 물속에 넣어 가연성증기의 발생을 억제한다.

해답 ④

위험물산업기사

2024년 7월 CBT 시행

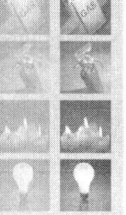

본 문제는 CBT시험대비 기출문제 복원입니다.

제1과목 일반화학

01 어떤 금속(M) 8g을 연소시키니 11.2g의 산화물이 얻어졌다. 이 금속의 원자량이 140이라면 이 산화물의 화학식은?

① M_2O_3　　② MO
③ MO_3　　④ M_2O_7

해설
① 금속 산화물의 결합은 당량 대 당량으로 결합
② 산소의 당량은 8, 금속의 당량 = X
③ 금속 : 산소 = 8 : 3.2(11.2−8) = X : 8
④ $X = \dfrac{8 \times 8}{3.2} = 20$
⑤ 금속의 원자가 = $\dfrac{원자량}{당량} = \dfrac{140}{20} = 7$
⑥ 금속의 원자가 = 7가 ∴ 화학식 : M_2O_7

금속원자가 = 7이라면 금속산화물의 화학식
$X^{+7}O^{-2} = X_2O_7$

해답 ④

02 CO_2와 CO의 성질에 대한 설명 중 옳지 않은 것은?

① CO_2는 공기보다 무겁고, CO는 가볍다.
② CO_2는 붉은색 불꽃을 내며 연소한다.
③ CO는 파란색 불꽃을 내며 연소한다.
④ CO는 독성이 있다.

해설 ② CO_2는 불연성물질로 연소하지 않는다.

해답 ②

03 다음 중 수용액에서 산성의 세기가 가장 큰 것은?

① HF　　② HCl
③ HBr　　④ HI

해설 할로젠화수소
① 상온에서 모두 기체이고 물에 녹아 산성을 나타낸다.
② 산성의 세기 : HF < HCl < HBr < HI
③ HF만 약한산이고 나머지는 모두 강한 산이다.
④ HF(플루오린화수소)는 유리를 녹이는 성질이 있어서 폴리에틸렌이나 납으로 만든 병에 보관한다.
⑤ 원자간 결합력의 세기 : HF > HCl > HBr > HI

해답 ④

04 단백질에 관한 설명으로 틀린 것은?

① 펩티드 결합을 하고 있다.
② 뷰렛반응에 의해 노란색으로 변한다.
③ 아미노산의 연결체이다.
④ 체내 에너지 대사에 관여한다.

해설 단백질(protein)
① 아미노산이 펩티드결합으로 연결되어 있는 생체고분자이다.
② **크산토프로테인반응에 의해 노란색**으로 변한다.
③ 체내 에너지 대사에 관여한다.

크산토프로테인반응(xanthoprotenic reaction)
단백질에 진한질산을 가하면 노란색으로 변하고 **알칼리를 작용시키면 오렌지색**으로 변하며, 단백질 검출에 이용된다.

해답 ②

05 벤젠에 대한 설명으로 옳지 않은 것은?

① 정육각형의 평면구조로 120°의 결합각을 갖는다.
② 결합길이는 단일결합과 이중결합의 중간이다.
③ 공명 혼성구조로 안정한 방향족 화합물이다.
④ 이중결합을 가지고 있어 치환반응보다 첨가반응이 지배적이다.

해설 벤젠(Benzene)(C_6H_6) : 제4류 위험물 중 제1석유류
① 벤젠증기는 마취성 및 독성이 강하다.
② 비수용성이며 알코올, 아세톤, 에터에는 용해
③ 정육각형의 평면구조로 120°의 결합각을 갖는다.
④ 결합길이는 단일결합과 이중결합의 중간이다.
⑤ 공명혼성구조로 안정한 방향족화합물이다.
⑥ 첨가반응보다 치환반응이 지배적이다.

해답 ④

06 다음 반응식을 이용하여 구한 $SO_2(g)$의 몰 생성열은?

$$S(s) + 1.5O_2(g) \rightarrow SO_3(g)$$
$$\Delta H° = -94.5 kcal$$
$$2SO_2(g) + O_2(g) \rightarrow 2SO_3(g)$$
$$\Delta H° = -47 kcal$$

① $-71 kcal$
② $-47.5 kcal$
③ $71 kcal$
④ $47.5 kcal$

해설 SO_2의 몰 생성열
$\Delta H = -94.5 kcal - (-47 kcal/2mol) = -71 kcal$
① 생성열 : 화합물 1몰이 그 성분원소의 단체로부터 생성될 때 발생 또는 흡수되는 에너지
② ΔH(반응엔탈피) : 발열반응 = $-$로 표시, 흡열반응 = $+$로 표시
③ Q(반응엔탈피) : 발열반응 = $+$로 표시, 흡열반응 = $-$로 표시

해답 ①

07 27℃에서 9g의 비전해질을 녹여 만든 900mL 용액의 삼투압은 3.84기압이었다. 이 물질의 분자량은 약 얼마인가?

① 18
② 32
③ 44
④ 64

해설 삼투압에 관한 반트-호프(Vant-Hoff)의 법칙
비전해질의 묽은 수용액의 삼투압은 용액의 농도(몰농도)와 절대온도에 비례하며 용매나 용질의 종류와는 관계없다.

삼투압 계산공식

$$PV = \frac{W}{M}RT = nRT$$

여기서, P : 삼투압(atm), V : 부피(L)
　　　　W : 비전해질 무게(g)
　　　　M : 분자량
　　　　R : 기체상수(0.082 atm·L/mol·K)
　　　　T : 절대온도(273+t℃)K

$$\therefore M = \frac{WRT}{PV} = \frac{9 \times 0.082 \times (273+27)}{3.84 \times 0.9}$$
$$= 64.06$$

해답 ④

08 $_{88}Ra^{226}$의 α 붕괴 후 생성물은 어떤 물질인가?

① 금속원소
② 비활성원소
③ 양쪽원소
④ 할로젠원소

해설 원소의 붕괴

방사선 붕괴	질량수 변화	원자번호 변화
α	4 감소	2 감소
β	불변	1 증가
γ	불변	불변

① α 붕괴
$_{88}Ra^{226} \rightarrow _2He^4(\alpha선) + _{86}Rn^{222}$
② $_{86}Rn^{222}$ (라돈) : 주기율표상 0족(18족) 원소로 비활성원소이다.

해답 ②

09 $CH_3COOH \rightarrow CH_3COO^- + H^+$의 반응식에서 전리평형상수 K는 다음과 같다. K 값을 변화시키기 위한 조건으로 옳은 것은?

$$K = \frac{[CH_3COO^-][H^+]}{[CH_3COOH]}$$

① 온도를 변화시킨다.
② 압력을 변화시킨다.
③ 농도를 변화시킨다.
④ 촉매양을 변화시킨다.

해설 전리평형상수(K)
전해질 용액 중 전리에 의해 생긴 이온과 전리하지 않은 분자와의 사이에 성립되는 안정된 평형 상태
$CH_3COOH \leftrightarrow CH_3COO^- + H^+$
$$K = \frac{[CH_3COO^-][H^+]}{[CH_3COOH]}$$
① 단위가 없는 무차원
② **온도에 관한 함수**
③ 표준상태에서의 상대적인 비로 표현

해답 ①

10 산소의 산화수가 가장 큰 것은?

① O_2 ② $KClO_4$
③ H_2SO_4 ④ H_2O_2

해설 산소의 산화수
① O_2에서 단체 중의 원자의 산화수는 0이다. (단체분자는 중성)
② $KClO_4$에서 산소의 산화수 = -2
③ H_2SO_4에서 산소의 산화수 = -2
④ H_2O_2에서 산소의 산화수 = -1
∴ 산화수가 가장 큰 것은 0, 즉 O_2이다.

산화수를 정하는 법
① 단체 중의 원자의 산화수는 0이다.(단체분자는 중성)
 [보기 : H_2^0, Fe^0, Mg^0, O_2^0, O_3^0]
② 화합물에서 산소의 산화수는 -2, 수소의 산화수는 +1이 보통이다.(단, 과산화물에서 O의 산화수는 -1)
 [보기 : CH_4에서 C^{-4}, CO_2에서 C^{+4}]
③ 화합물에서 구성 원자의 산화수의 총합은 0이다. (분자는 중성이므로)
④ 이온의 가수(價數)는 그 이온의 산화수이다.
 (Ca=+2, Na=+1, K=+1, Ba=+2)
 [보기 : Cu^{+2}에서 Cu=+2, MnO_4^-에서 Mn의 산화수는 $x+(-2\times4)=-1$
 ∴ $x=+7$ 따라서 Mn=+7]

해답 ①

11 폴리염화비닐의 단위체와 합성법이 옳게 나열된 것은?

① $CH_2=CHCl$, 첨가중합
② $CH_2=CHCl$, 축합중합
③ $CH_2=CHCN$, 첨가중합
④ $CH_2=CHCN$, 축합중합

해설 PVC(폴리비닐크로라이드 : poly vinyl chloride) : 폴리염화비닐
① 염화비닐 $CH_2=CHCl$을 중합하여 얻어지는 비정성(非晶性)의 고분자
② 염화비닐 수지라고도 한다.
③ 중합체는 백색의 분말로서 약 75℃에서 연화가 시작되기 때문에 열가소성수지로 가공된다.
④ 아세틸렌+염산을 부가 → 염화비닐+과산화물을 촉매로 부가(첨가)중합 → 폴리염화비닐

해답 ①

12 이온결합 물질의 일반적인 성질에 관한 설명 중 틀린 것은?

① 녹는점이 비교적 높다.
② 단단하며 부스러지기 쉽다.
③ 고체와 액체 상태에서 모두 도체이다.
④ 물과 같은 극성용매에 용해되기 쉽다.

해설 ③ 고체상태에서는 비전도성이고 액체상태에서는 전도성이다.

이온결합성 물질의 성질
① 대체로 **가전자가 3 이하인 금속원소와 비금속원소의 결합**이다.
② 이온결합 화합물은 분자가 아니라 결정격자로 되어있다.
③ 비등점(끓는점)과 융점(녹는점)이 높다.
④ **결정일 때에는 전기를 안통하나 수용액상태에서는 전기전도성을 갖는다.**
⑤ 극성용매에 잘 녹는다.

해답 ③

13 에탄올은 공업적으로 약 280℃, 300기압에서 에틸렌에 물을 첨가하여 얻어진다. 이때 사용되는 촉매는?

① H_2SO_4 ② NH_3
③ HCl   ④ $AlCl_3$

해설 **에탄올(에틸알코올)의 제조**
① 에틸렌의 산(황산)촉매 수화에 의해 제조
② 300℃ 정도의 뜨거운 상태에서 촉매로 황산을 넣어준다.

$$C_2H_4 + H_2O \xrightarrow{H_2SO_4} CH_3CH_2OH$$

해답 ①

14 원자번호가 7인 질소와 같은 족에 해당되는 원소의 원자번호는?

① 15 ② 16
③ 17 ④ 18

해설 **질소족 원소**

원자명	원소기호	원자번호	원자번호차
질소	N	7	
인	P	15	15−7=8
비소	As	33	33−15=18
안티몬	Sb	51	51−33=18
비스무트	Bi	83	83−51=32

해답 ①

15 25℃에서 다음 반응에 대하여 열역학적 평형상수값이 7.13 이었다. 이 반응에 대한 $\Delta G°$ 값은 몇 kJ/mol 인가? (단, 기체상수 $R=$ 8.314J/mol·K 이다.)

$$2NO_2(g) \rightleftarrows N_2O_4(g)$$

① 4.87   ② −4.87
③ 9.74   ④ −9.74

해설 **열역학적 평형상수의 크기결정**
$$\Delta G° = -RT\ln K$$
$\Delta G°$
$= -8.314J/mol·K \times (273+25)K \times \ln 7.13$
$= -4866.72 J/mol = -4.87 KJ/mol$

해답 ②

16 다음 중 $KMnO_4$ 의 Mn 의 산화수는?

① +1 ② +3
③ +5 ④ +7

해설 **과망가니즈산칼륨($KMnO_4$)의 산화수**
$N = (+1) + X + (-2) \times 4 = 0$ $X = +7$
∴ Mn = +7

산화수를 정하는 법
① 단체 중의 원자의 산화수는 0이다.(단체분자는 중성)
 [보기 : H_2^0, Fe^0, Mg^0, O_2^0, O_3^0]
② 화합물에서 산소의 산화수는 −2, 수소의 산화수는 +1 이 보통이다.(단, 과산화물에서 O의 산화수는 −1)
 [보기 : CH_4에서 C^{-4}, CO_2에서 C^{+4}]
③ 화합물에서 구성 원자의 산화수의 총합은 0이다.(분자는 중성이므로)
④ 이온의 가수(價數)는 그 이온의 산화수이다.
 (Ca = +2, Na = +1, K = +1, Ba = +2)
 [보기 : Cu^{+2}에서 Cu = +2, MnO_4^-에서 Mn의 산화수는 $x + (-2 \times 4) = -1$
 ∴ $x = +7$ 따라서 Mn = +7]

해답 ④

17 다음 반응에서 Na^+ 이온의 전자배치와 동일한 전자배치를 갖는 원소는?

$$Na + 에너지 \rightarrow Na^+ + e^-$$

① He ② Ne
③ Mg ④ Li

해설 **원자핵 둘레의 전자배열**

전자껍질	K n=1	L n=2	M n=3	N n=4
최대 수용 전자수($2n^2$)	2	8	18	32
문자기호	s	s, p	s, p, d	s, p, d, f
오비탈	$1s^2$	$2s^2$, $2p^6$	$3s^2$, $3p^6$, $3d^{10}$	$4s^2$, $4p^6$, $4d^{10}$, $4f^{14}$
Na^+(원자번호 11) 전자1개를 잃으므로 10	$1s^2$	$2s^2$, $2p^6$		
Ne(원자번호 10)	$1s^2$	$2s^2$, $2p^6$		

해답 ②

18 주기율표에서 제2주기에 있는 원소 성질 중 왼쪽에서 오른쪽으로 갈수록 감소하는 것은?

① 원자핵의 하전량   ② 원자가 전자의 수
③ 원자 반지름   ④ 전자껍질의 수

해설 주기율표의 주기적인 성질

구분 항목	같은 주기에서 원자번호가 증가할수록 (왼쪽에서 오른쪽으로(→)갈수록)
이온화에너지 전기음성도 비금속성	증가한다.
이온반지름 원자 반지름	감소한다.

해답 ③

19 볼타전지에서 갑자기 전류가 약해지는 현상을 "분극현상"이라 한다. 이 분극현상을 방지해 주는 감극제로 사용되는 물질은?

① MnO_2 ② $CuSO_3$
③ $NaCl$ ④ $Pb(NO_3)_2$

해설 볼타전지
① 전자는 Zn 판에서 Cu 판으로 이동
② 전류는 Cu 판에서 Zn 판으로 흐른다.
③ Zn판에서는 산화, Cu판에서는 환원이 일어난다.
④ 소극제(감극제)는 이산화망가니즈(MnO_2)을 사용한다.

볼타전지(volta cell)
구리와 아연을 묽은 황산에 넣고 도선으로 연결한 가장 간단 한 전지
(-) Zn | H_2SO_4 | Cu(+)

해답 ①

20 수산화칼슘에 염소가스를 흡수시켜 만드는 물질은?

① 표백분   ② 염화칼슘
③ 염화수소   ④ 과산화망가니즈

해설 표백분 = 클로로칼크($CaOCl_2 \cdot H_2O$)의 제조방법
$Ca(OH)_2 + Cl_2 \rightarrow CaOCl_2 + H_2O$
(수산화칼슘) (염소)   (표백분)   (물)

해답 ①

제2과목 화재예방과 소화방법

21 지정수량 10배의 위험물을 운반할 때 다음 중 혼재가 금지된 경우는?

① 제2류 위험물과 제4류 위험물
② 제2류 위험물과 제5류 위험물
③ 제3류 위험물과 제4류 위험물
④ 제3류 위험물과 제5류 위험물

해설 유별을 달리하는 위험물의 혼재기준(쉬운 암기방법)

혼재 가능	
↓1류 + 6류↑	2류 + 4류
↓2류 + 5류↑	5류 + 4류
↓3류 + 4류↑	

해답 ④

22 과산화수소의 화재예방 방법으로 틀린 것은?

① 암모니아와의 접촉은 폭발의 위험이 있으므로 피한다.
② 완전히 밀전 · 밀봉하여 외부 공기와 차단한다.
③ 용기는 착색하여 직사광선이 닿지 않게 한다.
④ 분해를 막기 위해 분해방지 안정제를 사용한다.

해설 과산화수소(H_2O_2)의 일반적인 성질
① 분해 시 산소(O_2)를 발생시킨다.
② 분해안정제로 인산(H_3PO_4) 또는 요산($C_5H_4N_4O_3$)을 첨가한다.
③ 저장용기는 밀폐하지 말고 구멍이 있는 마개를 사용한다.
④ 강산화제이면서 환원제로도 사용한다.
⑤ 하이드라진($NH_2 \cdot NH_2$)과 접촉 시 분해 작용으로 폭발위험이 있다.
$NH_2 \cdot NH_2 + 2H_2O_2 \rightarrow 4H_2O + N_2\uparrow$
⑥ 다량의 물로 주수 소화한다.
• 과산화수소는 36%(중량)이상만 위험물에 해당된다.
• 과산화수소는 표백제 및 살균제로 이용된다.

해답 ②

23 표준상태에서 2kg 의 이산화탄소가 모두 기체상태의 소화약제로 방사될 경우 부피는 몇 m^3 인가?

① 1.018　　② 10.18
③ 101.8　　④ 1,018

해설
① 이산화탄소(CO_2)의 분자량 : 44
② 표준상태 : 0℃, 1atm
③ $V = \dfrac{WRT}{PM} = \dfrac{2 \times 0.082 \times (273+0)}{1 \times 44}$
　　$= 1.018 m^3$

이상기체 상태방정식 ★★★★

$$PV = nRT = \dfrac{W}{M}RT$$

여기서, P : 압력(atm)　V : 부피(m^3)
　　　　n : mol수(무게/분자량)
　　　　W : 무게(kg)　M : 분자량
　　　　T : 절대온도(273+t℃)
　　　　R : 기체상수(0.082atm·m^3/kmol·K)

해답 ①

24 톨루엔의 화재에 적응성이 있는 소화방법이 아닌 것은?

① 무상수소화기에 의한 소화
② 무상강화액소화기에 의한 소화
③ 포소화기에 의한 소화
④ 할로젠화합물소화기에 의한 소화

해설 톨루엔($C_6H_5CH_3$) ★★★★★

화학식	분자량	비중	비점	인화점	착화점	연소범위
$C_6H_5CH_3$	92	0.871	111℃	4℃	552℃	1.27~7%

① 무색 투명한 휘발성 액체이며 물에는 용해되지 않고 유기용제에 용해된다.
② 독성은 벤젠의 1/10 정도이며 소화는 다량의 포약제로 질식 및 냉각소화한다.
③ 톨루엔과 질산을 반응시켜 트라이나이트로톨루엔을 얻는다.

$C_6H_5CH_3 + 3HNO_3 \xrightarrow{C-H_2SO_4} C_6H_2CH_3(NO_2)_3 + 3H_2O$

해답 ①

25 주된 연소형태가 분해연소인 것은?

① 금속분　　② 황
③ 목재　　　④ 피크르산

해설 연소의 형태 ★★ 자주출제(필수암기) ★★
① 표면연소 : 숯, 코크스, 목탄, 금속분
② 증발연소 : 파라핀(양초), 황, 나프탈렌, 왁스, 휘발유, 등유, 경유, 아세톤 등 제4류 위험물
③ 분해연소 : 석탄, 목재, 플라스틱, 종이, 합성수지, 중유
④ 자기연소(내부연소) : 질화면(나이트로셀룰로스), 셀룰로이드, 나이트로글리세린 등 제5류 위험물
⑤ 확산연소 : 아세틸렌, LPG, LNG 등 가연성 기체
⑥ 불꽃연소+표면연소 : 목재, 종이, 셀룰로오스, 열경화성수지

해답 ③

26 Halon 1301, Halon 1211, Halon 2402 중 상온 상압에서 액체상태인 Halon 소화약제로만 나열한 것은?

① Halon1211
② Halon2402
③ Halon 1301, Halon 1211
④ Halon 2402, Halon 1211

해설 할로젠화합물소화약제(상온, 상압)

약제명	할론 2402	할론 1211	할론 1301	할론 1011
상태	액체	기체	기체	액체

해답 ②

27 위험물안전관리법령상 제3류 위험물 중 금수성물질에 적응성이 있는 소화기는?

① 할로젠화합물소화기
② 인산염류분말소화기
③ 이산화탄소소화기
④ 탄산수소염류분말소화기

해설 금수성 위험물질에 적응성이 있는 소화기
① 탄산수소염류
② 마른 모래
③ 팽창질석 또는 팽창진주암

해답 ④

28 인화성 액체의 화재에 해당하는 것은?

① A급 화재   ② B급 화재
③ C급 화재   ④ D급 화재

해설 화재의 분류 ★★ 자주출제(필수암기) ★★

종류	등급	색표시	주된 소화 방법
일반화재	A급	백색	냉각소화
유류 및 가스화재	B급	황색	질식소화
전기화재	C급	청색	질식소화
금속화재	D급	–	피복소화
주방화재	K급	–	냉각 및 질식소화

※ 인화성 액체는 유류화재이다.

해답 ②

29 옥내소화전설비의 비상전원은 자가발전설비 또는 축전지설비로 옥내소화전 설비를 유효하게 몇 분 이상 작동할 수 있어야 하는가?

① 10분   ② 20분
③ 45분   ④ 50분

해설 옥내소화전설비의 설치 기준
① 배관은 전용으로 할 것
② 기동표시등은 적색으로 하고 소화전함의 내부 또는 그 직근의 장소에 설치할 것
③ 개폐밸브는 바닥면으로부터 1.5m 이하의 높이에 설치할 것
④ 비상전원은 유효하게 45분 이상 작동시키는 것이 가능할 것

불활성가스소화설비, 할로젠화합물소화설비, 분말소화설비의 비상전원
1시간(60분)

해답 ③

30 표준관입시험 및 평판재하시험을 실시하여야 하는 특정옥외저장탱크의 지반의 범위는 기초의 외측이 지표면과 접하는 선의 범위 내에 있는 지반으로서 지표면으로부터 깊이 몇 m 까지로 하는가?

① 10   ② 15
③ 20   ④ 25

해설 위험물안전관리에 관한 세부기준 제42조 (특정옥외저장탱크의 지반의 범위)
지반의 범위는 기초의 외측이 지표면과 접하는 선의 범위 내에 있는 지반으로서 지표면으로부터 깊이 15m까지로 한다.

해답 ②

31 제3종 분말소화약제가 열분해될 때 생성되는 물질로서 목재, 섬유 등을 구성하고 있는 섬유소를 탈수탄화시켜 연소를 억제하는 것은?

① CO_2 ② NH_3PO_4
③ H_3PO_4 ④ NH_3

해설 분말약제의 열분해

종별	약제명	착색	열분해 반응식
제1종	탄산수소나트륨	백색	$2NaHCO_3 \rightarrow Na_2CO_3+CO_2+H_2O$
제2종	탄산수소칼륨	담회색	$2KHCO_3 \rightarrow K_2CO_3+CO_2+H_2O$
제3종	제1인산암모늄	담홍색	$NH_4H_2PO_4 \rightarrow HPO_3+NH_3+H_2O$
제4종	탄산수소칼륨+요소	회(백)색	$2KHCO_3+(NH_2)_2CO \rightarrow K_2CO_3+2NH_3+2CO_2$

해답 ③

32 다음 중 Ca_3P_2 화재시 가장 적합한 소화방법은?

① 마른 모래로 덮어 소화한다.
② 봉상의 물로 소화한다.
③ 화학포 소화기로 소화한다.
④ 산·알칼리 소화기로 소화한다.

해설 인화칼슘(Ca_3P_2) : 제3류 위험물(금수성 물질)
① 적갈색의 괴상고체
② 물 및 약산과 격렬히 반응, 분해하여 인화수소(포스핀)(PH_3)을 생성한다.

- $Ca_3P_2 + 6H_2O \rightarrow 3Ca(OH)_2 + 2PH_3$
  (포스핀=인화수소)
- $Ca_3P_2 + 6HCl \rightarrow 3CaCl_2 + 2PH_3$
  (포스핀=인화수소)

③ 포스핀은 맹독성가스이므로 취급시 방독마스크를 착용한다.
④ 물 및 포약제의 의한 소화는 절대 금하고 마른모래 등으로 피복하여 자연 진화되도록 기다린다.

해답 ①

33 클로로벤젠 300000L의 소요단위는 얼마인가?

① 20 ② 30
③ 200 ④ 300

해설 제4류 위험물 및 지정수량

성질	위 험 물		지정수량(L)
인화성 액체	1. 특수인화물		50
	2. 제1석유류	비수용성 액체	200
		수용성 액체	400
	3. 알코올류		400
	4. 제2석유류	비수용성 액체	1,000
		수용성 액체	2,000
	5. 제3석유류	비수용성 액체	2,000
		수용성 액체	4,000
	6. 제4석유류		6,000
	7. 동식물유류		10,000

① 클로로벤젠 - 제4류 - 2석유류 - 비수용성 - 지정수량 1,000L
② 지정수량의 배수 = $\dfrac{\text{저장수량}}{\text{지정수량}} = \dfrac{300,000}{1000}$
　　　　　　＝ 300배
③ 소요단위 = $\dfrac{\text{지정수량의 배수}}{10} = \dfrac{300}{10}$
　　　　　＝ 30단위

해답 ②

34 분말소화기에 사용되는 소화약제 주성분이 아닌 것은?

① $NH_4H_2PO_4$ ② Na_2SO_4
③ $NaHCO_3$ ④ $KHCO_2$

해설 분말약제의 주성분 및 착색 ★★★★(필수암기)

종별	주성분	약제명	착색	적응화재
제1종	$NaHCO_3$	탄산수소나트륨 중탄산나트륨 중조	백색	B, C급
제2종	$KHCO_3$	탄산수소칼륨 중탄산칼륨	담회색	B, C급
제3종	$NH_4H_2PO_4$	제1인산암모늄	담홍색	A, B, C급
제4종	$KHCO_3$ $+(NH_2)_2CO$	탄산수소칼륨 +요소	회(백)색	B, C급

해답 ②

35 위험물의 운반용기 외부에 표시하여야 하는 주의사항에 "화기엄금"이 포함되지 않은 것은?

① 제1류 위험물 중 알칼리금속의 과산화물
② 제2류 위험물 중 인화성고체
③ 제3류 위험물 중 자연발화성물질
④ 제5류 위험물

해설 위험물 운반용기의 외부 표시 사항
① 위험물의 품명, 위험등급, 화학명 및 수용성(제4류 위험물의 수용성인 것에 한함)
② 위험물의 수량
③ 수납하는 위험물에 따른 주의사항

유별	성질에 따른 구분	표시사항
제1류	알칼리금속의 과산화물	화기·충격주의, 물기엄금 및 가연물접촉주의
	그 밖의 것	화기·충격주의 및 가연물접촉주의
제2류	철분·금속분·마그네슘	화기주의 및 물기엄금
	인화성 고체	화기엄금
	그 밖의 것	화기주의
제3류	자연발화성 물질	화기엄금 및 공기접촉엄금
	금수성 물질	물기엄금
제4류	인화성 액체	화기엄금
제5류	자기반응성 물질	화기엄금 및 충격주의
제6류	산화성 액체	가연물접촉주의

해답 ①

36 위험물안전관리법령상 옥내소화전설비에 관한 기준에 대해 다음 ( )에 알맞은 수치를 옳게 나열한 것은?

> 옥내소화전설비는 각층을 기준으로 하여 당해 층의 모든 옥내소화전(설치개수가 5개 이상인 경우는 5개의 옥내소화전)을 동시에 사용할 경우에 각 노즐 끝부분의 방수압력이 (㉠)kPa 이상이고 방수량이 1분당 (㉡)L 이상의 성능이 되도록 할 것

① ㉠ 350, ㉡ 260 ② ㉠ 450, ㉡ 260
③ ㉠ 350, ㉡ 450 ④ ㉠ 450, ㉡ 450

해설 위험물제조소등의 소화설비 설치기준

소화설비	수평거리	방사량	방사압력
옥내	25m 이하	260(L/min) 이상	350(kPa) 이상
	수원의 양 $Q=N$(소화전개수 : **최대 5개**) $\times 7.8m^3(260L/min \times 30min)$		
옥외	40m 이하	450(L/min) 이상	350(kPa) 이상
	수원의 양 $Q=N$(소화전개수 : 최대 4개) $\times 13.5m^3(450L/min \times 30min)$		
스프링클러	1.7m 이하	80(L/min) 이상	100(kPa) 이상
	수원의 양 $Q=N$(헤드수 : 최대 30개) $\times 2.4m^3(80L/min \times 30min)$		
물분무	–	20 (L/m²·min)	350(kPa) 이상
	수원의 양 $Q=A$(바닥면적m²) $\times 0.6m^3(20L/m^2 \cdot min \times 30min)$		

해답 ①

37 트라이에틸알루미늄이 습기와 반응할 때 발생되는 가스는?

① 수소　　② 아세틸렌
③ 에탄　　④ 메탄

해설 알킬알루미늄[(C_nH_{2n+1})·Al] : 제3류 위험물
(금수성 물질)

① 알킬기(C_nH_{2n+1})에 알루미늄(Al)이 결합된 화합물이다.
② C_1~C_4는 자연발화의 위험성이 있다.
③ 물과 접촉 시 가연성 가스 발생하므로 주수소화는 절대 금지한다.
④ 트라이메틸알루미늄(TMA : Tri Methyl Aluminium)
　$(CH_3)_3Al + 3H_2O \rightarrow Al(OH)_3 + 3CH_4\uparrow$ (메탄)
⑤ 트라이에틸알루미늄(TEA : Tri Eethyl Aluminium)
　$(C_2H_5)_3Al + 3H_2O \rightarrow Al(OH)_3 + 3C_2H_6\uparrow$ (에탄)
⑥ 저장용기에 불활성기체(N_2)를 봉입한다.
⑦ 피부접촉 시 화상을 입히고 연소 시 흰 연기가 발생한다.
⑧ 소화 시 주수소화는 절대 금하고 팽창질석, 팽창진주암 등으로 피복소화한다.

해답 ③

38 제2류 위험물의 화재에 대한 일반적인 특징을 가장 옳게 설명한 것은?

① 연소 속도가 빠르다.
② 산소를 함유하고 있어 질식소화는 효과가 없다.
③ 화재시 자신이 환원되고 다른 물질을 산화시킨다.
④ 연소열이 거의 없어 초기 화재시 발견이 어렵다.

해설 제2류 위험물의 공통적 성질
① 낮은 온도에서 착화가 쉬운 가연성 고체이다.
② 연소속도가 빠른 고체이다.
③ 연소 시 유독가스를 발생하는 것도 있다.
④ 금속분은 물 또는 산과 접촉 시 발열된다.
⑤ 철분, 마그네슘, 금속분은 물과 접촉 시 수소가스 발생

해답 ①

39 이산화탄소소화기에 대한 설명으로 옳은 것은?

① C급 화재에는 적응성이 없다.
② 다량의 물질이 연소하는 A급 화재에 가장 효과적이다.
③ 밀폐되지 않은 공간에서 사용할 때 가장 소화효과가 좋다.
④ 방출용 동력이 별도로 필요치 않다.

해설 이산화탄소소화기
① 용기는 이음매 없는 고압가스 용기를 사용한다.
② 전기에 대한 절연성이 우수하기 때문에 전기화재에 유효하다.
③ 고온의 직사광선이나 보일러실에 설치할 수 없다.
④ 금속분의 화재시에는 사용할 수 없다.
⑤ 산소와 반응하지 않는 안전한 가스이다.
⑥ 방출용 동력이 별도로 필요치 않다.

해답 ④

40 위험물안전관리법령상 옥내소화전설비가 적응성이 있는 위험물의 유별로만 나열된 것은?

① 제1류 위험물, 제4류 위험물
② 제2류 위험물, 제4류 위험물
③ 제4류 위험물, 제5류 위험물
④ 제5류 위험물, 제6류 위험물

위험물의 분류 및 성질

유별	성질	소화방법
제1류	산화성고체	무기과산화물은 금수성이므로 옥내소화전 불가
제2류	가연성고체	금속분은 금수성 이므로 옥내소화전 불가
제3류	자연발화성 및 금수성	황린을 제외하고는 금수성 이므로 옥내소화전 불가
제4류	인화성액체	비수용성액체는 연소면 확대로 봉상주수는 불가
제5류	자기반응성	다량의 물로 주수소화
제6류	산화성액체	다량의 물로 주수소화

해답 ④

제3과목 위험물의 성질과 취급

41 금속칼륨이 물과 반응했을 때 생성물로 옳은 것은?

① 산화칼륨+수소 ② 수산화칼륨+수소
③ 산화칼륨+산소 ④ 수산화칼륨+산소

금속칼륨 및 금속나트륨 : 제3류 위험물(금수성)

① 물과 반응하여 수소기체 발생

$2Na + 2H_2O \rightarrow 2NaOH + H_2 \uparrow$ (수소발생)
$2K + 2H_2O \rightarrow 2KOH + H_2 \uparrow$ (수소발생)

② 석유(파라핀, 등유, 경유)속에 저장

★★자주출제(필수정리)★★
㉠ 칼륨(K), 나트륨(Na)은 석유속에 저장
㉡ 황린(3류) 및 이황화탄소(4류)는 물속에 저장

해답 ②

42 다음 그림은 제5류 위험물 중 유기과산화물을 저장하는 옥내저장소의 저장창고를 개략적으로 보여 주고 있다. 창과 바닥으로부터 높이 (a)와 하나의 창의 면적 (b)은 각각 얼마로 하여야 하는가? (단, 이 저장창고의 바닥 면적은 150m² 이내이다.)

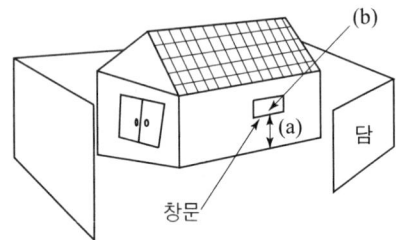

① (a) 2m 이상, (b) 0.6m² 이내
② (a) 3m 이상, (b) 0.4m² 이내
③ (a) 2m 이상, (b) 0.4m² 이내
④ (a) 3m 이상, (b) 0.6m² 이내

유기과산화물을 저장 또는 취급하는 옥내저장소의 저장창고의 기준
① 창은 바닥면으로부터 2m 이상의 높이에 둘 것
② 하나의 벽면에 두는 창의 면적의 합계를 당해 벽면의 면적의 80분의 1 이내로 할 것
③ 하나의 창의 면적을 0.4m² 이내로 할 것

해답 ③

43 다음 위험물안전관리법령에서 정한 지정수량이 가장 작은 것은?

① 염소산염류 ② 브로민산염류
③ 나이트로화합물 ④ 금속의 인화물

위험물의 지정수량

품 명	염소산 염류	브로민산 염류	나이트로 화합물	금속의 인화합물
유별	제1류	제1류	제5류	제3류
지정수량	50kg	300kg	100kg	300kg

해답 ①

44 자연발화를 방지하는 방법으로 가장 거리가 먼 것은?

① 통풍이 잘되게 할 것
② 열의 축적을 용이하지 않게 할 것
③ 저장실의 온도를 낮게 할 것
④ 습도를 높게 할 것

해설 ④ 습도를 낮게 할 것

자연발화의 조건 및 방지대책

자연발화의 조건	자연발화 방지대책
① 주위의 온도가 높을 것	① 통풍이나 환기 등을 통하여 열의 축적을 방지
② 표면적이 넓을 것	② 저장실의 온도를 낮춘다.
③ 열전도율이 적을 것	③ 습도를 낮게 유지
④ 발열량이 클 것	④ 용기 내에 불활성 기체를 주입하여 공기와 접촉방지

자연발화의 형태
① 산화열에 의한 자연발화
  • 석탄   • 건성유   • 탄소분말
  • 금속분 • 기름걸레
② 분해열에 의한 자연발화
  • 셀룰로이드   • 나이트로셀룰로오스
  • 나이트로글리세린
③ 흡착열에 의한 자연발화
  • 활성탄   • 목탄분말
④ 미생물열에 의한 자연발화
  • 퇴비   • 먼지

해답 ④

45 고체위험물의 운반 시 내장용기가 금속제인 경우 내장용기의 최대 용적은 몇 L 인가?

① 10   ② 20
③ 30   ④ 100

해설 고체위험물 운반 시 금속제용기의 내장용기 최대 용적 : 30L

해답 ③

46 최대 아세톤 150톤을 옥외탱크저장소에 저장할 경우 보유공지의 너비는 몇 m 이상으로 하여야 하는가? (단, 아세톤의 비중은 0.79 이다.)

① 3   ② 5
③ 9   ④ 12

해설 **옥외탱크저장소의 보유공지**

저장 또는 취급하는 위험물의 최대수량	공지의 너비
지정수량의 500배 이하	3m 이상
지정수량의 500배 초과 1,000배 이하	5m 이상
지정수량의 1,000배 초과 2,000배 이하	9m 이상
지정수량의 2,000배 초과 3,000배 이하	12m 이상
지정수량의 3,000배 초과 4,000배 이하	15m 이상
지정수량의 4,000배 초과	당해 탱크의 수평단면의 최대지름(횡형인 경우는 긴 변)과 높이 중 큰 것과 같은 거리 이상 (단, 30m 초과의 경우 30m 이상으로, 15m 미만의 경우 15m 이상으로 할 것)

① 아세톤 : 제1석유류(수용성)
  ⇒ 지정수량 : 400L
② 150톤 = 150000kg
③ 150000kg ÷ 0.79 = 18973L
④ 지정수량의 배수 = $\frac{저장수량}{지정수량} = \frac{18973L}{400}$
  ≒ 47.5배
⑤ 지정수량의 500배 이하 이므로 옥외탱크저장소의 보유공지는 3m 이상이다.

해답 ①

47 물과 반응하여 CH_4와 H_2 가스를 발생하는 것은?

① K_2C_2 ② MgC_2
③ Be_2C ④ Mn_3C

해설 **탄화망가니즈와 물의 반응식**

$Mn_3C + 6H_2O \rightarrow 3Mn(OH)_2 + CH_4 + H_2 \uparrow$
(탄화망가니즈)   (수산화망가니즈) (메탄) (수소)

해답 ④

48 과산화나트륨이 물과 반응할 때의 변화를 가장 옳게 설명한 것은?

① 산화나트륨과 수소를 발생한다.
② 물을 흡수하여 탄산나트륨이 된다.

③ 산소를 방출하며 수산화나트륨이 된다.
④ 서서히 물에 녹아 과산화나트륨의 안정한 수용액이 된다.

해설 과산화나트륨(Na_2O_2) : 제1류 위험물 중 무기과산화물(금수성)
① 상온에서 물과 격렬히 반응하여 산소(O_2)를 방출하고 폭발하기도 한다.

$$2Na_2O_2 + 2H_2O \rightarrow 4NaOH + O_2\uparrow$$
(수산화나트륨=가성소다)(산소)

② 공기 중 이산화탄소(CO_2)와 반응하여 산소(O_2)를 방출한다.

$$2Na_2O_2 + 2CO_2 \rightarrow 2Na_2CO_3 + O_2\uparrow$$

③ 산과 반응하여 과산화수소(H_2O_2)를 생성시킨다.

$$Na_2O_2 + 2CH_3COOH \rightarrow 2CH_3COONa + H_2O_2\uparrow$$

④ 열분해 시 산소(O_2)를 방출한다.

$$2Na_2O_2 \rightarrow 2Na_2O + O_2\uparrow$$

⑤ 주수소화는 금물이고 마른모래(건조사) 등으로 소화한다.

해답 ③

49 1기압 27°C에서 아세톤 58g을 완전히 기화시키면 부피는 약 몇 L가 되는가?

① 22.4　　② 24.6
③ 27.4　　④ 58.0

해설
• 아세톤(CH_3COCH_3)의 분자량 : 58

$$V = \frac{WRT}{PM} = \frac{58 \times 0.082 \times (273+27)}{1 \times 58} = 24.6L$$

이상기체 상태방정식 ★★★★

$$PV = nRT = \frac{W}{M}RT$$

여기서, P : 압력(atm)　　V : 부피(L)
　　　　n : mol수(무게/분자량)
　　　　W : 무게(g)　　M : 분자량
　　　　T : 절대온도(273+t°C)
　　　　R : 기체상수(0.082atm · L/mol · K)

해답 ②

50 인화칼슘이 물과 반응하였을 때 발생하는 기체는?

① 수소　　　　② 산소
③ 포스핀　　　④ 포스겐

해설 인화칼슘(Ca_3P_2) : 제3류 위험물(금수성 물질)
① 적갈색의 괴상고체
② 물 및 약산과 격렬히 반응, 분해하여 인화수소(포스핀)(PH_3)을 생성한다.

• $Ca_3P_2 + 6H_2O \rightarrow 3Ca(OH)_2 + 2PH_3$
(포스핀=인화수소)
• $Ca_3P_2 + 6HCl \rightarrow 3CaCl_2 + 2PH_3$
(포스핀=인화수소)

③ 포스핀은 맹독성가스이므로 취급 시 방독마스크를 착용한다.
④ 물 및 포약제의 의한 소화는 절대 금하고 마른 모래 등으로 피복하여 자연 진화되도록 기다린다.

해답 ③

51 황(S)에 대한 설명으로 옳은 것은?

① 불연성이지만 산화제 역할을 하기 때문에 가연물과의 접촉은 위험하다.
② 유기용제, 알코올, 물 등에 매우 잘 녹는다.
③ 사방황, 고무상황과 같은 동소체가 있다.
④ 전기도체이므로 감전에 주의한다.

해설 황(S_8) : 제2류 위험물(가연성 고체)
① 동소체로 사방황, 단사황, 고무상황이 있다.
② 황색의 고체 또는 분말상태이다.
③ 물에 녹지 않고 이황화탄소(CS_2)에는 잘 녹는다.
④ 공기 중에서 연소시 푸른 불꽃을 내며 이산화황이 생성된다.

$$S + O_2 \rightarrow SO_2$$

⑤ 산화제와 접촉 시 위험하다.
⑥ 분진폭발의 위험성이 있고 목탄가루와 혼합시 가열, 충격, 마찰에 의하여 폭발위험성이 있다.
⑦ 다량의 물로 주수소화 또는 질식 소화한다.

해답 ③

52 옥외저장탱크 옥내저장탱크 또는 지하저장탱크 중 압력탱크에 저장하는 아세트알데하이드 등의 온도는 몇 ℃ 이하로 유지하여야 하는가?

① 30 ② 40
③ 55 ④ 65

해설 알킬알루미늄등, 아세트알데하이드등 및 다이에틸에터등의 저장기준
① 이동저장탱크에 알킬알루미늄 등을 저장하는 경우에는 20kPa 이하의 압력으로 불활성의 기체를 봉입하여 둘 것
② 옥외저장탱크・옥내저장탱크 또는 지하저장탱크 중 압력탱크 외의 탱크에 저장하는 다이에틸에터등 또는 아세트알데하이드 등의 온도는 산화프로필렌과 이를 함유한 것 또는 다이에틸에터등에 있어서는 30℃ 이하로, 아세트알데하이드 또는 이를 함유한 것에 있어서는 15℃ 이하로 각각 유지할 것
③ 옥외저장탱크・옥내저장탱크 또는 지하저장탱크 중 압력탱크에 저장하는 아세트알데하이드 등 또는 다이에틸에터등의 온도는 40℃ 이하로 유지할 것
④ 이동저장탱크에 저장하는 아세트알데하이드등 또는 다이에틸에터등의 온도

구분	유지 온도
보냉장치가 있는 이동저장탱크	비점 이하
보냉장치가 없는 이동저장탱크	40℃ 이하

해답 ②

53 다음 중 분진 폭발의 위험성이 가장 작은 것은?

① 석탄분 ② 시멘트
③ 설탕   ④ 커피

해설 1. 분진폭발 없는 물질
① 생석회(CaO)(시멘트의 주성분)
② 석회석(대리석) 분말
③ 시멘트
④ 수산화칼슘(소석회 : $Ca(OH)_2$)

2. 분진폭발 위험성 물질
① 석탄분진   ② 섬유분진
③ 곡물분진(농수산물가루) ④ 종이분진
⑤ 목분(나무분진) ⑥ 배합제분진
⑦ 플라스틱분진   ⑧ 금속분말가루

해답 ②

54 제4석유류를 저장하는 옥내탱크저장소의 기준으로 옳은 것은?

① 옥내저장탱크의 용량은 지정수량의 40배 이하일 것
② 탱크전용실은 벽, 기둥, 바닥, 보를 내화구조로 할 것
③ 유리창은 설치하고, 출입구는 자동폐쇄식의 목재 방화문으로 할 것
④ 3층 이하의 건축물에 설치된 탱크전용실에 옥내저장탱크를 설치할 것

해설 옥내탱크저장소의 설치기준
① 옥내저장탱크의 용량은 지정수량의 40배 이하일 것
② 탱크전용실은 벽・기둥 및 바닥을 내화구조로 하고, 보를 불연재료로 할 것
③ 창을 설치하지 아니하고 출입구에는 수시로 열 수 있는 자동폐쇄식의 60분+방화문 또는 60분방화문을 설치할 것
④ 단층건축물에 설치된 탱크전용실에 설치할 것

해답 ①

55 황린과 적린의 성질에 대한 설명 중 틀린 것은?

① 황린은 담황색의 고체이며 마늘과 비슷한 냄새가 난다.
② 적린은 암적색의 분말이고 냄새가 없다.
③ 황린은 독성이 없고 적린은 맹독성 물질이다.
④ 황린은 이황화탄소에 녹지만 적린은 녹지 않는다.

해설 적린과 황린의 비교

적린	황린
• 이황화탄소에 녹지 않는다.	• 이황화탄소에 녹는다.
• 독성이 없다.	• 독성이 강하다.
• 자연발화점 : 260℃	• 자연발화점 : 40~50℃

해답 ③

56 비중이 1보다 작고, 인화점이 0℃ 이하인 것은?

① $C_2H_5ONO_2$ ② $C_2H_5OC_2H_5$
③ CS_2 ④ C_6H_5Cl

해설 물질의 물성

화학식	물질명	유별	액체비중	인화점(℃)
$C_2H_5ONO_2$	질산에틸	제5류 질산에스터류	1.11	-10
$C_2H_5OC_2H_5$	다이에틸에터	제4류 특수인화물	0.71	-40
CS_2	이황화탄소	제4류 특수인화물	1.26	-30
C_6H_5Cl	클로로벤젠	제4류 제2석유류	1.11	32

해답 ②

57 나이트로셀룰로오스의 저장 및 취급 방법으로 틀린 것은?

① 가열, 마찰을 피한다.
② 열원을 멀리하고 냉암소에 저장한다.
③ 알코올용액으로 습면하여 운반한다.
④ 물과의 접촉을 피하기 위해 석유에 저장한다.

해설 나이트로셀룰로오스[$(C_6H_7O_2(ONO_2)_2)_3$]n : 제5류 위험물
셀룰로오스(섬유소)에 진한질산과 진한 황산의 혼합액을 작용시켜서 만든 것이다.
① 비수용성이며 초산에틸, 초산아밀, 아세톤에 잘 녹는다.
② 직사광선, 산 접촉 시 분해 및 자연 발화한다.
③ 건조상태에서는 폭발위험이 크나 **수분함유 시 폭발위험성이 없어 저장·운반이 용이하다.**
④ 질소함유율(질화도)이 높을수록 폭발성이 크다.
⑤ 저장 시 20% 이상의 수분을 첨가하여 저장한다.

해답 ④

58 질산나트륨 90kg, 황 70kg, 클로로벤젠 2000L를 저장하고 있을 경우 각각의 지정수량의 배수의 총합은?

① 2 ② 3
③ 4 ④ 5

해설 류별 및 지정수량
① 질산나트륨-질산염류(제1류) : 300kg
② 황(제2류) : 100kg
③ 클로로벤젠(제4류 2석유류) : 1000L
④ 지정수량의 배수
$= \dfrac{저장수량}{지정수량} = \dfrac{90kg}{300kg} + \dfrac{70kg}{100kg} + \dfrac{2000L}{1000L}$
$= 3배$

해답 ②

59 이동저장탱크로부터 위험물을 저장 또는 취급하는 탱크에 인화점이 몇 ℃ 미만인 위험물을 주입할 때에는 이동탱크저장소의 원동기를 정지시켜야 하는가?

① 21 ② 40
③ 71 ④ 200

해설 이동저장탱크로부터 위험물을 저장 또는 취급하는 탱크에 인화점이 40℃ 미만인 위험물을 주입할 때에는 이동탱크저장소의 원동기를 정지시켜야 한다.

해답 ②

60 운반할 때 빗물의 침투를 방지하기 위하여 방수성이 있는 피복으로 덮어야 하는 위험물은?

① TNT ② 아황화탄소
③ 과염소산 ④ 마그네슘

해설 ① TNT-제5류
② 이황화탄소-제4류-특수인화물
③ 과염소산-제6류
④ 마그네슘 – 제2류

적재위험물의 성질에 따른 조치
① 차광성이 있는 피복으로 가려야하는 위험물
　㉠ 제1류 위험물
　㉡ 제3류위험물 중 자연발화성물질
　㉢ 제4류 위험물 중 특수인화물
　㉣ 제5류 위험물
　㉤ 제6류 위험물
② 방수성이 있는 피복으로 덮어야 하는 것
　㉠ 제1류 위험물 중 알칼리금속의 과산화물
　㉡ **제2류 위험물 중 철분·금속분·마그네슘** 또는 이들 중 어느 하나 이상을 함유한 것
　㉢ 제3류 위험물 중 금수성 물질

해답 ④

제 3 부

최근 기출문제
- 실기

위험물산업기사 실기

2018년 4월 15일 시행

01 에틸렌과 산소를 CuCl₂의 촉매 하에 생성된 물질로 분자식이 C₂H₄O, 인화점이 −38℃, 비점이 21℃, 연소범위가 4~60%인 특수인화물에 대한 다음 각 물음에 답하시오. (6점)

(물음 1) 시성식을 쓰시오.
(물음 2) 증기비중을 계산하시오.
(물음 3) 위의 물질이 산화되어 생성되는 4류 위험물의 명칭을 쓰시오.

해답 (물음 1) CH_3CHO

(물음 2) [계산과정] $S = \dfrac{44}{29} = 1.52$

[답] 1.52

(물음 3) 초산(아세트산)

상세해설
- 아세트알데하이드(CH_3CHO) : 제4류 위험물 중 특수인화물

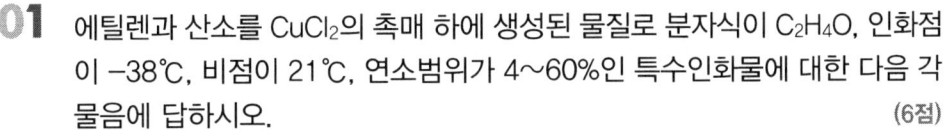

화학식	분자량	비중	비점	인화점	착화점	연소범위
CH_3CHO	44	0.78	21℃	−38℃	185℃	4~60%

① 휘발성이 강하고 과일냄새가 있는 무색 액체이며 물, 에탄올에 잘 녹는다.
② 산화되어 초산(CH_3COOH)이 된다.

$$2CH_3CHO + O_2 \rightarrow 2CH_3COOH(초산)$$

③ 저장용기 사용 시 구리(Cu), 마그네슘(Mg), 은(Ag), 수은(Hg) 및 그 합금용기는 사용금지
④ 아세트알데하이드 등을 취급하는 설비에는 연소성 혼합기체의 생성에 의한 폭발을 방지하기 위한 불활성기체 또는 수증기를 봉입하는 장치를 갖출 것

- 증기비중

① $S = \dfrac{M(분자량)}{29(공기평균분자량)}$

② 아세트알데하이드(CH_3CHO)의 분자량 = $12 \times 2 + 1 \times 4 + 16 \times 1 = 44$

02 제3류 위험물과 혼재할 수 있는 위험물의 유별을 모두 쓰시오.
(단, 지정수량의 $\frac{1}{10}$ 이상을 저장하는 경우이다.) (3점)

 제4류 위험물

- 쉬운 암기법
  1 + 6   2 + 4
  2 + 5   5 + 4
  3 + 4

- 유별을 달리하는 위험물의 혼재기준

구 분	제1류	제2류	제3류	제4류	제5류	제6류
제1류		×	×	×	×	○
제2류	×		×	○	○	×
제3류	×	×		○	×	×
제4류	×	○	○		○	×
제5류	×	○	×	○		×
제6류	○	×	×	×	×	

03 과산화나트륨의 운반용기 외부에 수납하는 위험물에 따른 주의사항을 모두 쓰시오. (3점)

 화기 · 충격주의, 물기엄금 및 가연물접촉주의

위험물 운반용기의 외부 표시 사항
① 위험물의 품명, 위험등급, 화학명 및 수용성(제4류 위험물의 수용성인 것에 한함)
② 위험물의 수량
③ 수납하는 위험물에 따른 주의사항

유 별	성질에 따른 구분	표시사항
제1류 위험물	알칼리금속의 과산화물	화기 · 충격주의, 물기엄금 및 가연물접촉주의
	그 밖의 것	화기 · 충격주의 및 가연물접촉주의
제2류 위험물	철분 · 금속분 · 마그네슘	화기주의 및 물기엄금
	인화성고체	화기엄금
	그 밖의 것	화기주의

유 별	성질에 따른 구분	표시사항
제3류 위험물	자연발화성물질	화기엄금 및 공기접촉엄금
	금수성물질	물기엄금
제4류 위험물	인화성 액체	화기엄금
제5류 위험물	자기반응성 물질	화기엄금 및 충격주의
제6류 위험물	산화성 액체	가연물접촉주의

04 분말소화약제 중 제1종 분말소화약제의 열분해 반응식을 270℃와 850℃로 구분하여 쓰시오. (6점)

○ 270℃ : $2NaHCO_3 \rightarrow Na_2CO_3 + CO_2 + H_2O$

○ 850℃ : $2NaHCO_3 \rightarrow Na_2O + 2CO_2 + H_2O$

- 분말약제의 주성분 및 열분해

종별	약제명	화학식	착색	열분해 반응식
제1종	탄산수소나트륨 중탄산나트륨	$NaHCO_3$	백색	270℃ $2NaHCO_3$ $\rightarrow Na_2CO_3+CO_2+H_2O$ 850℃ $2NaHCO_3$ $\rightarrow Na_2O+2CO_2+H_2O$
제2종	탄산수소칼륨 중탄산칼륨	$KHCO_3$	담회색	190℃ $2KHCO_3$ $\rightarrow K_2CO_3+CO_2+H_2O$ 590℃ $2KHCO_3$ $\rightarrow K_2O+2CO_2+H_2O$
제3종	제1인산암모늄	$NH_4H_2PO_4$	담홍색	$NH_4H_2PO_4 \rightarrow HPO_3+NH_3+H_2O$
제4종	중탄산칼륨+요소	$KHCO_3+$ $(NH_2)_2CO$	회(백)색	$2KHCO_3+(NH_2)_2CO$ $\rightarrow K_2CO_3+2NH_3+2CO_2$

05 제4류 위험물인 에틸알코올의 완전연소 반응식을 쓰시오. (4점)

$C_2H_5OH + 3O_2 \rightarrow 2CO_2 + 3H_2O$

- 에틸알코올(C_2H_5OH) : 제4류 위험물 중 알코올류

화학식	분자량	비중	비점	인화점	착화점	연소범위
C_2H_5OH	46	0.8	78.3℃	13℃	423℃	4.3~19%

① 무색 투명한 액체이며 술 속에 포함되어 있어 주정이라고 한다.
② 물에 아주 잘 녹으며 유기용제이다.
③ 연소 시 주간에는 불꽃이 잘 보이지 않는다.

$$C_2H_5OH + 3O_2 \rightarrow 2CO_2 + 3H_2O$$

④ 금속나트륨, 금속칼륨을 가하면 수소(H_2)가 발생한다.

$$2C_2H_5OH + 2Na \rightarrow 2C_2H_5ONa + H_2 \uparrow$$
$$2C_2H_5OH + 2K \rightarrow 2C_2H_5OK + H_2 \uparrow$$

⑤ 아이오딘포름 반응을 하므로 에탄올검출에 이용된다.

에틸알코올의 반응식
- 알칼리금속과 반응 $2Na + 2C_2H_5OH \rightarrow 2C_2H_5ONa + H_2 \uparrow$
- 산화, 환원반응식 $C_2H_5OH \xrightleftharpoons[환원]{산화} CH_3CHO \xrightleftharpoons[환원]{산화} CH_3COOH$

---

06 경유탱크용량 15,000리터, 휘발유탱크용량 8,000리터인 2기의 지하저장탱크를 인접하여 설치하는 경우에 탱크 상호간에 유지하여야 할 간격(m)은 얼마 이상인가? (4점)

[계산과정]
- 경유탱크의 지정수량 $N = \dfrac{15000}{1000} = 15$배
- 휘발유탱크의 지정수량 $N = \dfrac{8000}{200} = 40$배
- 지정수량의 배수 합계 $N_T = 15 + 40 = 55$배

지정수량의 100배 이하이므로 탱크상호간의 간격은 0.5m 이상

[답] 0.5m 이상

지하탱크저장소의 위치·구조 및 설비의 기준 ★★
① 지하탱크를 지하의 가장 가까운 벽, 피트, 가스관 등 시설물 및 **대지경계선으로부터 0.6m 이상** 떨어진 곳에 매설할 것 ★★★
② 탱크전용실은 지하의 가장 가까운 벽·피트·가스관 등의 시설물 및 **대지경계선으로부터 0.1m 이상** 떨어진 곳에 설치하고, 지하저장탱크와 탱크전용실의 안쪽과의 사이는 0.1m 이상의 간격을 유지하도록 하며, 당해 탱크의 주위에 마른 모래 또는 습기등에 의하여 응고되지 아니하는 입자지름 5mm이하의 마른 자갈분을 채울 것
③ 지하저장탱크의 윗 부분은 지면으로부터 0.6m 이상 아래에 있을 것.
④ 지하저장탱크를 2 이상 인접해 설치하는 경우에는 그 상호간에 1m(당해 2 이상의

지하저장탱크의 용량의 합계가 지정수량의 100배 이하인 때에는 0.5m 이상의 간격을 유지할 것.

[지하저장탱크를 2 이상 인접해 설치하는 경우]

2 이상의 지하저장탱크의 용량의 합계	지정수량의 100배 초과	지정수량의 100배 이하
탱크상호간 간격	1m 이상	0.5m 이상

⑤ 지하저장탱크의 재질은 **두께 3.2mm이상의 강철판**으로 하여 완전용입용접 또는 양면겹침 이음용접으로 틈이 없도록 만드는 동시에, **압력탱크(최대상용압력이 46.7kPa이상인 탱크)** 외의 탱크에 있어서는 **70kPa의 압력**으로, 압력탱크에 있어서는 **최대상용압력의 1.5배의 압력**으로 각각 10분간 수압시험을 실시하여 새거나 변형되지 아니 할 것.

07 다음 보기의 위험물 중 위험물에서 제외되는 물질을 모두 고르시오.

[보기]
① 황산 ② 질산구아니딘 ③ 금속의 아지화합물 ④ 구리분 ⑤ 과아이오딘산

 ①, ④

① 황산-유독물　　② 질산구아니딘-제5류　　③ 금속의 아지화합물-제5류
④ 구리분-제3류 위험물에서 제외　　　　⑤ 과아이오딘산-제1류

- 제3조(위험물 품명의 지정) 행정안전부령으로 지정하는 것

구분	제1류	제3류	제5류	제6류
품명	① 과아이오딘산염류 ② **과아이오딘산** ③ 크로뮴, 납 또는 아이오딘의 산화물 ④ 아질산염류 ⑤ 차아염소산염류 ⑥ 염소화아이소시아눌산 ⑦ 퍼옥소이황산염류 ⑧ 퍼옥소붕산염류	염소화규소 화합물	① 금속의 　아지화합물 ② 질산구아니딘	할로젠간화합물 ① 삼불화브로민 ② 오불화브로민 ③ 오불화아이오딘

- 위험물의 판단기준
① 황
순도가 60중량% 이상인 것을 말한다. 이 경우 순도측정에 있어서 불순물은 활석 등 불연성물질과 수분에 한한다.

② 철분
철의 분말로서 53μm의 표준체를 통과하는 것이 **50중량% 미만**인 것은 **제외**
③ 금속분
알칼리금속 · 알칼리토금속 · 철 및 마그네슘 외의 금속의 분말을 말하고, **구리분 · 니켈분 및 150μm의 체를 통과하는 것이 50중량% 미만**인 것은 **제외**
④ 마그네슘은 다음 각목의 1에 해당하는 것은 제외한다.
㉮ 2mm의 체를 통과하지 아니하는 덩어리 상태의 것
㉯ 직경 2mm 이상의 막대 모양의 것
⑤ 인화성고체
고형알코올 그 밖에 1기압에서 인화점이 **40℃ 미만**인 고체
⑥ 제6류 위험물의 판단 기준

종 류	과산화수소	질산
기준	• 농도 36중량% 이상	• 비중 1.49 이상

08 탄화칼슘이 물과 접촉할 경우 반응식을 쓰시오. (4점)

 $CaC_2 + 2H_2O \rightarrow Ca(OH)_2 + C_2H_2$

 탄화칼슘(CaC_2)-제3류 위험물-칼슘탄화물

화학식	분자량	융점	비중
CaC_2	64	2370℃	2.21

① 물과 접촉 시 **아세틸렌**을 생성하고 열을 발생시킨다.

$CaC_2 + 2H_2O \rightarrow Ca(OH)_2$(수산화칼슘) $+ C_2H_2 \uparrow$ (아세틸렌)

② 아세틸렌의 폭발범위는 2.5~81%로 대단히 넓어서 폭발위험성이 크다.
③ 장기 보관시 **불활성기체(N_2 등)**를 봉입하여 저장한다.
④ 고온(700℃)에서 질화되어 석회질소($CaCN_2$)가 생성된다.

$CaC_2 + N_2 \rightarrow CaCN_2$(석회질소) $+ C$(탄소)

⑤ 물 및 포 약제에 의한 소화는 절대 금하고 마른모래 등으로 피복 소화한다.

09 아래의 위험물은 주의사항이 물기엄금인 물질이다. 만약 물과 접촉하였다고 가정하고 물과의 반응식을 쓰시오.

① 과산화칼륨 ② 마그네슘 ③ 나트륨

해답
① $2K_2O_2 + 2H_2O \rightarrow 4KOH + O_2$
② $Mg + 2H_2O \rightarrow Mg(OH)_2 + H_2$
③ $2Na + 2H_2O \rightarrow 2NaOH + H_2$

상세 해설

- 과산화칼륨(K_2O_2) : 제1류 위험물 중 무기과산화물
  ① 상온에서 물과 격렬히 반응하여 산소(O_2)를 방출하고 폭발하기도 한다.
  $$2K_2O_2 + 2H_2O \rightarrow 4KOH + O_2\uparrow$$
  ② 공기 중 이산화탄소(CO_2)와 반응하여 산소(O_2)를 방출한다.
  $$2K_2O_2 + 2CO_2 \rightarrow 2K_2CO_3 + O_2\uparrow$$
  ④ 산과 반응하여 과산화수소(H_2O_2)를 생성시킨다.
  $$K_2O_2 + 2CH_3COOH \rightarrow 2CH_3COOK + H_2O_2$$
  ⑤ 열분해시 산소(O_2)를 방출한다.
  $$2K_2O_2 \rightarrow 2K_2O + O_2\uparrow$$
  ⑥ 주수소화는 금물이고 마른모래(건조사)등으로 소화한다.

- 마그네슘(Mg)-제2류 위험물-금속분
  ① 2mm체 통과 못하는 덩어리 및 직경 2mm 이상 막대모양은 위험물에서 제외한다.
  ② 수증기와 작용하여 수소를 발생시킨다.(주수소화금지)
  $$Mg + 2H_2O \rightarrow Mg(OH)_2 + H_2\uparrow$$
  ③ 산과 작용하여 수소를 발생시킨다.
  $$Mg + 2HCl \rightarrow MgCl_2 + H_2\uparrow$$
  ④ 주수소화는 엄금이며 마른모래 등으로 피복 소화한다.

- 금속칼륨 및 금속나트륨 : 제3류 위험물(금수성)
  ① 물과 반응하여 수소기체 발생
  $$2Na + 2H_2O \rightarrow 2NaOH(수산화나트륨) + H_2\uparrow (수소발생)$$
  $$2K + 2H_2O \rightarrow 2KOH(수산화칼륨) + H_2\uparrow (수소발생)$$
  ② 파라핀, 경유, 등유 속에 저장
  - 칼륨(K), 나트륨(Na)은 파라핀, 경유, 등유 속에 저장
  - 황린(3류) 및 이황화탄소(4류)는 물속에 저장

10 다음과 같은 원통형 탱크 중 종으로 설치한 탱크의 내용적을 계산하시오.

(5점)

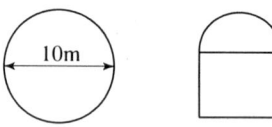

[계산과정] 탱크의 내용적 $V = \pi r^2 l = \pi \times 5^2 \times 4 = 314.16\,\text{m}^3$

[답] $314.16\,\text{m}^3$

① 탱크용적의 산출기준

탱크의 내용적에서 공간용적을 뺀 용적

> 탱크의 용적 = 탱크의 내용적 − 탱크의 공간용적

② 탱크의 공간용적

탱크용적의 $\dfrac{5}{100}$ 이상 $\dfrac{10}{100}$ 이하의 용적

③ 타원형 탱크의 내용적

  ㉠ 양쪽이 볼록한 것

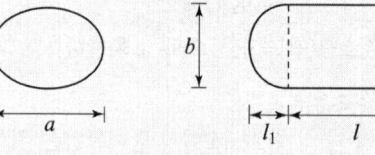 내용적 $= \dfrac{\pi ab}{4}\left(l + \dfrac{l_1 + l_2}{3}\right)$

  ㉡ 한쪽은 볼록하고 다른 한쪽은 오목한 것

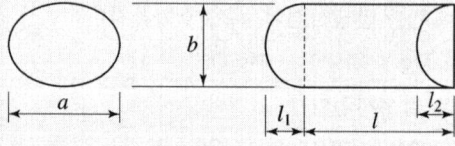 내용적 $= \dfrac{\pi ab}{4}\left(l + \dfrac{l_1 - l_2}{3}\right)$

④ 원통형 탱크의 내용적

  ㉠ 횡으로 설치한 것

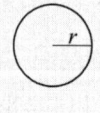 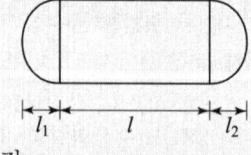 내용적 $= \pi r^2\left(l + \dfrac{l_1 + l_2}{3}\right)$

  ㉡ 종으로 설치한 것

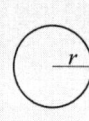 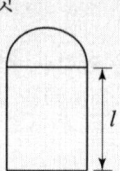 내용적 $= \pi r^2 l$

11. 제3종 분말소화약제의 주성분을 화학식으로 쓰시오. (5점)

 $NH_4H_2PO_4$

분말약제의 열분해 반응식

종별	약제명	착색	열분해 반응식
제1종	탄산수소나트륨	백색	270℃ $2NaHCO_3 \rightarrow Na_2CO_3+CO_2+H_2O$ 850℃ $2NaHCO_3 \rightarrow Na_2O+2CO_2+H_2O$
제2종	탄산수소칼륨	담회색	190℃ $2KHCO_3 \rightarrow K_2CO_3+CO_2+H_2O$ 590℃ $2KHCO_3 \rightarrow K_2O+2CO_2+H_2O$
제3종	제1인산암모늄	담홍색	$NH_4H_2PO_4 \rightarrow HPO_3+NH_3+H_2O$
제4종	탄산수소칼륨+요소	회(백)색	$2KHCO_3+(NH_2)_2CO \rightarrow K_2CO_3+2NH_3+2CO_2$

12. 다음은 옥외탱크저장소의 설치기준에 관한 내용이다. (   )안에 알맞은 답을 쓰시오.

> 옥외저장탱크는 특정옥외저장탱크 및 준 특정옥외저장탱크 외에는 두께 (   ) 이상의 강철판 또는 소방청장이 정하여 고시하는 규격에 적합한 재료로 제작 하여야 한다.

 3.2mm

 옥외저장탱크의 외부구조 및 설비
① 옥외저장탱크는 특정옥외저장탱크 및 준특정옥외저장탱크 외에는 **두께 3.2mm 이상의 강철판** 또는 소방청장이 정하여 고시하는 규격에 적합한 재료로 제작 하여야 한다.
② **압력탱크**(최대상용압력이 대기압을 초과하는 탱크)외의 탱크는 충수시험, 압력탱크는 최대상용압력의 1.5배의 압력으로 10분간 실시하는 수압시험에서 각각 새거나 변형되지 아니하여야 한다.

13 아래 보기의 위험물에 대한 지정수량을 쓰시오. (5점)

[보기] ① 수소화나트륨   ② 나이트로글리세린   ③ 다이크로뮴산암모늄

해답
① 수소화나트륨 : 300kg
② 나이트로글리세린 : 10kg
③ 다이크로뮴산암모늄 : 1000kg

상세해설

품 명	유 별	지정수량
① 수소화나트륨	제3류 위험물 중 금속의 수소화물	300kg
② 나이트로글리세린	제5류 위험물 중 질산에스터류	10kg
③ 다이크로뮴산암모늄	제1류 위험물 중 다이크로뮴산염류	1000kg

위험물산업기사 실기

2018년 7월 1일 시행

01 불활성가스 소화설비의 기준 중 다음 보기의 소화약제에 대한 성분과 구성 비율을 쓰시오. (4점)

[보기] ① IG-55   ② IG-541

해답
① IG-55 N_2 : 50%, Ar : 50%
② IG-541 N_2 : 52%, Ar : 40%, CO_2 : 8%

상세해설 불활성가스소화설비의 기준
① 이산화탄소를 방사하는 분사헤드

구 분	고압식	저압식
헤드의 방사압력	2.1MPa 이상	1.05MPa 이상

② 소화약제의 성분과 구성 비율

약제명	구성성분과 비율
IG-01	Ar : 100%
IG-100	N_2 : 100%
IG-541	N_2 : 52%, Ar : 40%, CO_2 : 8%
IG-55	N_2 : 50%, Ar : 50%

02 제3류 위험물인 인화알루미늄 580g이 표준상태에서 물과 반응하여 생성되는 기체의 부피(L)를 계산하시오. (4점)

해답 (방법 1) ① 인화알루미늄(AlP)과 물의 반응식
　　　　　　　　$AlP + 3H_2O \rightarrow Al(OH)_3$(고체) $+ PH_3$(기체)
　　　　　② 생성되는 기체의 부피(표준상태 0℃, 1atm)
　　　　　　　　AlP의 분자량 = 27+31 = 58

$$AlP + 3H_2O \rightarrow Al(OH)_3 + PH_3$$
$$58g \longrightarrow 1 \times 22.4L$$
$$580g \longrightarrow x$$
$$x = \frac{580g \times 1 \times 22.4L}{58g} = 224L$$

[답] 224L

(방법 2) ① 인화알루미늄(AlP)과 물의 반응식

$$AlP + 3H_2O \rightarrow Al(OH)_3(고체) + PH_3(기체)$$

② 생성되는 기체의 부피(표준상태 0℃, 1atm)

AlP의 분자량 = 27 + 31 = 58

$$V = \frac{nRT}{P} = \frac{\frac{W}{M}RT}{P} = \frac{\frac{580}{58} \times 0.08205 \times (273+0)}{1} = 224L$$

[답] 224L

- 인화알루미늄(AlP)-제3류 위험물-금속의 인화합물
  ① 황색 또는 암회색 분말
  ② 물과 작용하여 포스핀(PH_3)의 유독성 가스를 발생

$$AlP + 3H_2O \rightarrow Al(OH)_3(수산화알루미늄) + PH_3\uparrow(포스핀)$$

- 이상기체상태방정식

$$PV = nRT = \frac{W}{M}RT$$

여기서, P : 입력(atm), V : 부피(L), n : mol수, M : 분자량, W : 무게(g)
R : 기체상수(0.082atm·L/mol·K), T : 절대온도(273+t℃)K

---

03 제3류 위험물 중 나트륨에 대한 다음 각 물음에 답하시오. (4점)

(물음 1) 나트륨과 물의 반응식을 쓰시오.
(물음 2) 나트륨의 지정수량을 쓰시오.
(물음 3) 나트륨의 보호액 중 1가지만 쓰시오.

해답 (물음 1) $2Na + 2H_2O \rightarrow 2NaOH + H_2$
(물음 2) 10kg
(물음 3) 파라핀, 경유, 등유 중 1가지

상세해설

칼륨 및 나트륨 : 제3류 위험물(금수성)
① 물과 반응하여 수소기체 발생

$$2Na + 2H_2O \rightarrow 2NaOH + H_2$$
$$2K + 2H_2O \rightarrow 2KOH + H_2$$

② 보호액속에 저장

★★자주출제(필수정리)★★
① 칼륨(K), 나트륨(Na)은 파라핀, 경유, 등유 속에 저장
② 황린(3류) 및 이황화탄소(4류)는 물속에 저장

제3류 위험물의 지정수량

성질	품명	지정수량
자연발화성 및 금수성물질	• 칼륨 • 나트륨 • 알킬알루미늄 • 알킬리튬	10kg
	• 황린	20kg
	• 알칼리금속(칼륨 및 나트륨 제외) 및 알칼리토금속 • 유기금속화합물(알킬알루미늄 및 알킬리튬 제외)	50kg
	• 금속의 수소화물 • 금속의 인화물 • 칼슘 또는 알루미늄의 탄화물	300kg

04 이황화탄소에 대한 다음 각 물음에 답하시오. (3점)

(물음 1) 이황화탄소가 연소하는 경우 불꽃색을 쓰시오.
(물음 2) 이황화탄소가 완전 연소하는 경우 생성되는 물질을 2가지만 쓰시오.

해답
(물음 1) 푸른색
(물음 2) 이산화탄소, 이산화황(아황산가스)

상세해설

• 이황화탄소(CS_2) : 제4류 위험물 중 특수인화물

화학식	분자량	비중	비점	인화점	착화점	연소범위
CS_2	76.1	1.26	46℃	-30℃	100℃	1.0~50%

① 무색투명한 액체이다.
② 물에는 녹지 않고 알코올, 에테르, 벤젠 등 유기용제에 녹는다.
③ 완전 연소 시 이산화탄소(CO_2)와 이산화황(SO_2)을 생성한다.

$$CS_2 + 3O_2 \rightarrow CO_2(\text{이산화탄소}) + 2SO_2(\text{이산화황}) + \text{푸른색 불꽃}$$

④ 저장 시 저장탱크를 물속에 넣어 저장한다.

05

유별을 달리하는 위험물의 혼재기준 중 위험물의 저장량이 지정수량의 $\frac{1}{10}$을 초과하는 경우 빈칸에 알맞은 위험물의 유별을 모두 쓰시오. (4점)

유 별	혼재가 가능한 유별
제2류 위험물	
제3류 위험물	
제4류 위험물	

해답

유 별	혼재가 가능한 유별
제2류 위험물	제4류 위험물, 제5류 위험물
제3류 위험물	제4류 위험물
제4류 위험물	제2류 위험물, 제3류 위험물, 제5류 위험물

상세해설

- 유별을 달리하는 위험물의 혼재기준

구 분	제1류	제2류	제3류	제4류	제5류	제6류
제1류		×	×	×	×	○
제2류	×		×	○	○	×
제3류	×	×		○	×	×
제4류	×	○	○		○	×
제5류	×	○	×	○		×
제6류	○	×	×	×	×	

06

다음과 같은 원통형탱크의 용량은 몇 L인가? (단, 탱크의 공간용적은 5%로 한다.) (5점)

 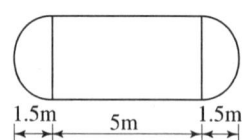

해답

[계산과정] (1) 탱크의 내용적 $V = \pi r^2 \left(l + \dfrac{l_1 + l_2}{3} \right)$

$= \pi \times 2^2 \times \left(5 + \dfrac{1.5 + 1.5}{3} \right) \times 1000$

$= 75398.22\,\text{L}$

(2) 탱크의 공간용적 $V = 75398.22\text{L} \times 0.05 = 3769.91\text{L}$
(3) 탱크의 용적(용량) = 탱크의 내용적 − 탱크의 공간용적
  $V = 75398.22 - 3769.91 = 71628.31\text{L}$

[답] 71628.31L

- 원통형 탱크의 내용적 − 횡으로 설치한 것

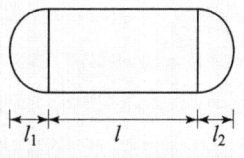

$$\text{내용적} = \pi r^2 \left(l + \frac{l_1 + l_2}{3} \right)$$

- 탱크용적의 산출기준
  탱크의 내용적에서 공간용적을 뺀 용적

  탱크의 용적(용량) = 탱크의 내용적 − 탱크의 공간용적

- 탱크의 공간용적
  탱크용적의 $\frac{5}{100}$ 이상 $\frac{10}{100}$ 이하의 용적

07
다음은 주유취급소에 대한 탱크종류이다. 탱크의 종류에 따른 용량을 쓰시오.
(4점)

① 자동차등에 주유하기 위한 위험물 탱크
② 고속국도의 도로변에 설치된 주유취급소의 탱크

해답
① 5만L 이하
② 6만L 이하

상세해설
(1) 주유취급소의 탱크
  ① 자동차 등에 주유하기 위한 고정주유설비에 직접 접속하는 전용탱크 : 50,000L 이하
  ② 고정급유설비에 직접 접속하는 전용탱크 : 50,000L 이하
  ③ 보일러 등에 직접 접속하는 전용탱크 : 10,000L 이하

④ 폐유탱크로서 용량(2 이상 설치하는 경우에는 각 용량의 합계)이 2,000L 이하인 탱크
⑤ 고정주유설비 또는 고정급유설비에 직접 접속하는 3기 이하의 간이탱크

(2) 고속국도주유취급소의 특례
고속국도의 도로변에 설치된 주유취급소에 있어서는 탱크의 용량을 60,000L까지 할 수 있다.

08 아이오딘값에 따른 동식물유류를 분류하고 각각의 범위를 쓰시오. (6점)

구 분	아이오딘값
①	
②	
③	

해답

구 분	아이오딘값
① 건성유	130 이상
② 반건성유	100~130
③ 불건성유	100 이하

상세해설

동식물유류 ★★★★
동물의 지육 또는 식물의 종자나 과육으로부터 추출한 것으로 1기압에서 인화점이 250℃ 미만인 것
① 돈지(돼지기름), 우지(소기름) 등이 있다.
② 아이오딘값이 130 이상인 건성유는 자연발화위험이 있다.
③ 인화점이 46℃인 개자유는 저장, 취급 시 특별히 주의한다.

[아이오딘값에 따른 동식물유류의 분류]

구 분	아이오딘값	종 류
건성유	130 이상	해바라기기름, 동유, 정어리기름, 아마인유, 들기름
반건성유	100~130	채종유, 쌀겨기름, 참기름, 면실유, 옥수수기름, 청어기름, 콩기름
불건성유	100 이하	야자유, 팜유, 올리브유, 피마자기름, 낙화생기름, 돈지, 우지, 고래기름

아이오딘값
옥소가(沃素價)라고도 하며 100g의 유지에 의해서 흡수되는 아이오딘의 g수

09 위험물의 운반기준에 따라 다음 보기의 위험물을 운반하는 경우 수납율에 따른 운반용기의 내용적은 몇%이하로 하여야 하는지 각각 쓰시오. (3점)

① 염소산칼륨　　　② 톨루엔　　　③ 트라이메틸알루미늄

해답
① 염소산칼륨 : 95% 이하
② 톨루엔 : 98% 이하
③ 트라이메틸알루미늄 : 90% 이하

상세해설
① 염소산칼륨-제1류-염소산염류-산화성고체
② 톨루엔-제4류-제1석유류-인화성액체
③ 트라이메틸알루미늄-제3류-알킬알루미늄

위험물의 운반에 관한 기준 – 적재방법
(1) **고체위험물**은 운반용기 **내용적의 95% 이하**의 수납율로 수납할 것
(2) **액체위험물**은 운반용기 **내용적의 98% 이하**의 수납율로 수납하되, **55도의 온도**에서 누설되지 아니하도록 충분한 공간용적을 유지하도록 할 것
(3) **제3류 위험물**은 다음의 기준에 따라 운반용기에 수납할 것
　① **자연발화성물질**에 있어서는 **불활성 기체**를 봉입하여 밀봉하는 등 공기와 접하지 아니하도록 할 것
　② **자연발화성물질외**의 물품에 있어서는 **파라핀·경유·등유** 등의 **보호액**으로 채워 밀봉하거나 불활성 기체를 봉입하여 밀봉하는 등 수분과 접하지 아니하도록 할 것
　③ 자연발화성 물질 중 **알킬알루미늄** 등은 운반용기의 **내용적의 90% 이하**의 수납율로 수납하되, 50℃의 온도에서 **5% 이상의 공간용적**을 유지하도록 할 것

10 다음은 위험물의 저장, 취급의 공통기준이다. (　) 안에 알맞은 답을 쓰시오. (6점)

○ 제1류 위험물은 (①)과의 접촉·혼합이나 분해를 촉진하는 물품과의 접근 또는 과열·충격·마찰 등을 피하는 한편, 알카리금속의 과산화물 및 이를 함유한 것에 있어서는 (②)과의 접촉을 피하여야 한다.
○ 제3류 위험물 중 자연발화성물질에 있어서는 불티·불꽃 또는 고온체와의 접근·과열 또는 (③)와의 접촉을 피하고, 금수성물질에 있어서는 (④)과의 접촉을 피하여야 한다.
○ 제6류 위험물은 (⑤)과의 접촉·혼합이나 (⑥)를 촉진하는 물품과의 접근 또는 과열을 피하여야 한다.

제 3 부 최근 기출문제 – 실기

해답 ① 가연물 ② 물 ③ 공기 ④ 물 ⑤ 가연물 ⑥ 분해

상세해설 위험물의 유별 저장·취급의 공통기준(중요기준)
① 제1류 위험물은 **가연물**과의 접촉·혼합이나 **분해**를 촉진하는 물품과의 접근 또는 과열·충격·마찰 등을 피하는 한편, 알카리금속의 과산화물 및 이를 함유한 것에 있어서는 **물과의 접촉을 피하여야 한다.**
② 제2류 위험물은 산화제와의 접촉·혼합이나 **불티·불꽃·고온체**와의 접근 또는 과열을 피하는 한편, **철분·금속분·마그네슘** 및 이를 함유한 것에 있어서는 **물이나 산과의 접촉**을 피하고 **인화성 고체**에 있어서는 함부로 **증기를 발생시키지** 아니하여야 한다.
③ 제3류 위험물 중 **자연발화성물질**에 있어서는 **불티·불꽃 또는 고온체**와의 접근·과열 또는 공기와의 접촉을 피하고, **금수성물질**에 있어서는 **물과의 접촉**을 피하여야 한다.
④ 제4류 위험물은 **불티·불꽃·고온체**와의 접근 또는 과열을 피하고, 함부로 **증기**를 발생시키지 아니하여야 한다.
⑤ 제5류 위험물은 **불티·불꽃·고온체**와의 접근이나 **과열·충격 또는 마찰**을 피하여야 한다.
⑥ 제6류 위험물은 **가연물**과의 접촉·혼합이나 **분해**를 촉진하는 물품과의 접근 또는 과열을 피하여야 한다.

11 다음 보기의 위험물을 분해온도가 낮은 것부터 순서대로 나열 하시오. (4점)

① 염소산칼륨   ② 과염소산암모늄   ③ 과산화바륨

 ② 과염소산암모늄 – ① 염소산칼륨 – ③ 과산화바륨

상세해설

구 분	염소산칼륨	과염소산암모늄	과산화바륨
화학식	$KClO_3$	NH_4ClO_4	BaO_2
유 별	제1류 염소산염류	제1류 과염소산염류	제1류 무기과산화물
분해온도	400℃	130℃	840℃
분해반응식	$2KClO_3 \rightarrow 2KCl + 3O_2$	$2NH_4ClO_4 \rightarrow N_2 + Cl_2 + 2O_2 + 4H_2O$	$2BaO_2 \rightarrow 2BaO + O_2$

12 알칼리금속의 과산화물 운반용기에 표시하여야 하는 주의사항을 4가지 쓰시오. (4점)

해답 ① 화기주의　　② 충격주의
　　　③ 물기엄금　　④ 가연물접촉주의

상세해설
- 위험물 운반용기의 외부 표시 사항
  ① 위험물의 품명, 위험등급, 화학명 및 수용성(제4류 위험물의 수용성인 것에 한함)
  ② 위험물의 수량
  ③ 수납하는 위험물에 따른 주의사항

류 별	성질에 따른 구분	표시사항
제1류 위험물	알칼리금속의 과산화물	화기·충격주의, 물기엄금 및 가연물접촉주의
	그 밖의 것	화기·충격주의 및 가연물접촉주의
제2류 위험물	철분·금속분·마그네슘	화기주의 및 물기엄금
	인화성고체	화기엄금
	그 밖의 것	화기주의
제3류 위험물	자연발화성물질	화기엄금 및 공기접촉엄금
	금수성물질	물기엄금
제4류 위험물	인화성 액체	화기엄금
제5류 위험물	자기반응성 물질	화기엄금 및 충격주의
제6류 위험물	산화성 액체	가연물접촉주의

13 주유취급소에 대한 다음 각 물음에 대하여 답하시오. (4점)

(물음 1) "주유 중 엔진정지" 게시판의 바탕색과 문자색을 쓰시오.
(물음 2) 게시판의 규격을 쓰시오.

해답 (물음 1) 바탕색 : 황색　　문자색 : 흑색
　　　(물음 2) 한 변의 길이가 0.3m 이상, 다른 한 변의 길이가 0.6m 이상인 직사각형

상세해설 주유취급소의 위치·구조 및 설비의 기준
(1) **주유공지 및 급유공지**

주유공지	급유공지
너비 15m 이상, 길이 6m 이상의 콘크리트 등으로 포장한 공지	고정급유설비의 호스기기의 주위에 필요한 공지

※ 공지의 바닥은 주위 지면보다 높게 하고, 배수구·집유설비 및 유분리장치를 할 것

(2) **표지 및 게시판**

표 지	게 시 판
위험물 주유취급소	1. 방화에 관하여 필요한 사항 2. **황색바탕에 흑색문자로 "주유 중 엔진정지"** ★★

※ 게시판은 한 변의 길이가 0.3m 이상, 다른 한 변의 길이가 0.6m 이상인 직사각형으로 할 것

위험물산업기사 실기

2018년 11월 10일 시행

01 위험물 옥외저장소 주위에 옥외소화전을 6개 설치한 경우 최소 필요한 수원의 양(m^3)은 얼마인지 계산하시오.

[계산과정] $Q = N(\text{최대 4개}) \times 13.5m^3 = 4 \times 13.5m^3 = 54m^3$

[답] $54m^3$

위험물제조소등의 소화설비 설치기준

소화설비	수평거리	방사량	방사압력	수원의 양
옥내	25m 이하	260(L/min) 이상	350(kPa) 이상	$Q=N$(소화전개수 : 최대 5개) $\times 7.8m^3$(260L/min $\times$ 30min)
옥외	40m 이하	450(L/min) 이상	350(kPa) 이상	$Q=N$(소화전개수 : 최대 4개) $\times 13.5m^3$(450L/min $\times$ 30min)
스프링클러	1.7m 이하	80(L/min) 이상	100(kPa) 이상	$Q=N$(헤드수 : 최대 30개) $\times 2.4m^3$(80L/min $\times$ 30min)
물분무		20 (L/m^2·min)	350(kPa) 이상	$Q=A$(바닥면적 m^2) $\times 0.6m^3$(20L/m^2·min $\times$ 30min)

02 제2류 위험물 중 삼황화인과 오황화인이 연소할 때 공통적으로 생성되는 물질을 화학식으로 쓰시오.

P_2O_5, SO_2

황화인(제2류 위험물) : 황과 인의 화합물
- 삼황화인(P_4S_3)
  ① 황색결정으로 물, 염산, 황산에 녹지 않으며 질산, 알칼리, 이황화탄소에 녹는다.
  ② 연소하면 오산화인과 이산화황이 생긴다.

$$P_4S_3 + 8O_2 \rightarrow 2P_2O_5 + 3SO_2 \uparrow$$

- 오황화인(P_2S_5)
  ① 담황색 결정이고 조해성이 있으며 수분을 흡수하면 분해된다.
  ② 이황화탄소(CS_2)에 잘 녹는다.
  ③ 물, 알칼리와 반응하여 인산과 황화수소를 발생한다.
  $$P_2S_5 + 8H_2O \rightarrow 2H_3PO_4 + 5H_2S \uparrow$$
  ④ 연소하면 오산화인과 이산화황이 생긴다.
  $$2P_2S_5 + 15O_2 \rightarrow 2P_2O_5 + 10SO_2 \uparrow$$

- 칠황화인(P_4S_7)
  ① 담황색 결정이고 조해성이 있으며 수분을 흡수하면 분해된다.
  ② 이황화탄소(CS_2)에 약간 녹는다.
  ③ 냉수에는 서서히 분해가 되고 더운물에는 급격히 분해된다.

03. 다음은 위험물안전관리법령에서 정한 불활성가스소화약제의 구성성분이다. ( )안에 알맞은 답을 쓰시오.

(1) IG-55 : (①)50%, (②)50%
(2) IG-541 : (③)52%, (④)40%, (⑤)8%

해답 ① N_2 ② Ar ③ N_2 ④ Ar ⑤ CO_2

상세해설 불활성가스소화약제

약제명	구성성분과 비율
IG-100	N_2 : 100%
IG-55	N_2 : 50%, Ar : 50%
IG-541	N_2 : 52%, Ar : 40%, CO_2 : 8%

04. 다음은 제조소등에서의 위험물의 저장 및 취급에 관한 저장기준이다. ( )안에 알맞은 답을 쓰시오. (4점)

옥내저장소에서 동일 품명의 위험물이더라도 자연발화 할 우려가 있는 위험물 또는 재해가 현저하게 증대할 우려가 있는 위험물을 다량 저장하는 경우에는 지정수량의 (①)배 이하마다 구분하여 상호간 (②)m 이상의 간격을 두어 저장하여야 한다.

① 10 ② 0.3

제조소등에서의 위험물의 저장 및 취급에 관한 기준 – 저장의 기준
옥내저장소에서 동일 품명의 위험물이더라도 **자연발화** 할 우려가 있는 위험물 또는 재해가 현저하게 증대할 우려가 있는 위험물을 다량 저장하는 경우에는 **지정수량의 10배 이하마다** 구분하여 **상호간 0.3m 이상의 간격**을 두어 저장하여야 한다. 다만, 제48조의 규정에 의한 위험물 또는 기계에 의하여 하역하는 구조로 된 용기에 수납한 위험물에 있어서는 그러하지 아니하다(중요기준).

05 트라이에틸알루미늄과 메탄올이 접촉하는 경우 폭발적으로 반응한다. 이때의 화학반응식을 쓰시오. (4점)

$(C_2H_5)_3Al + 3CH_3OH \rightarrow Al(CH_3O)_3 + 3C_2H_6$

- 알킬알루미늄[$(C_nH_{2n+1}) \cdot Al$] : 제3류 위험물(금수성 물질)
  ① 알킬기(C_nH_{2n+1})에 알루미늄(Al)이 결합된 화합물이다.
  ② $C_1 \sim C_4$는 자연발화의 위험성이 있다.
  ③ 물과 접촉 시 가연성 가스 발생하므로 주수소화는 절대 금지한다.
  ④ 트라이메틸알루미늄(TMA : Tri Methyl Aluminium)

  $(CH_3)_3Al + 3H_2O \rightarrow Al(OH)_3$(수산화알루미늄) $+ 3CH_4 \uparrow$ (메탄)

  ⑤ 트라이에틸알루미늄(TEA : Tri Eethyl Aluminium)

  $(C_2H_5)_3Al + 3CH_3OH \rightarrow Al(CH_3O)_3$(트라이메톡시알루미늄) $+ 3C_2H_6 \uparrow$ (에탄)
  $(C_2H_5)_3Al + 3H_2O \rightarrow Al(OH)_3$(수산화알루미늄) $+ 3C_2H_6 \uparrow$ (에탄)

  ⑥ 저장용기에 불활성기체(N_2)를 봉입한다.
  ⑦ 피부접촉 시 화상을 입히고 연소 시 흰 연기가 발생한다.
  ⑧ 소화 시 주수소화는 절대 금하고 팽창질석, 팽창진주암 등으로 피복 소화한다.

06 제5류 위험물 중 피크르산의 구조식과 지정수량을 쓰시오. (4점)

① 구조식 : 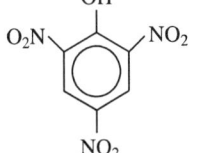   ② 지정수량 : 10kg

상세해설

- 피크르산[$C_6H_2(NO_2)_3OH$](TNP : Tri Nitro Phenol) : 제5류 위험물 중 나이트로화합물

화학식	분자량	비중	비점	융점	인화점	착화점
$C_6H_2OH(NO_2)_3$	229	1.8	255℃	122℃	150℃	300℃

① 페놀에 황산을 작용시켜 다시 진한 질산으로 나이트로화하여 만든 노란색 결정

> 페놀의 나이트로화반응
>
> $C_6H_5OH + 3HONO_2 \xrightarrow{H_2SO_4} C_6H_2(NO_2)_3OH + 3H_2O$
> (페놀)　　(질산)　　　　　　　(트라이나이트로페놀)　　(물)

② 침상결정이며 냉수에는 약간 녹고 더운물, 알코올, 벤젠 등에 잘 녹는다.
③ 쓴맛과 독성이 있다.
④ 트라이나이트로페놀(Tri Nitro phenol)의 약자로 TNP라고도 한다.

> 피크르산의 열분해 반응식
>
> $2C_6H_2OH(NO_2)_3 \rightarrow 2C + 3N_2\uparrow + 3H_2\uparrow + 4CO_2\uparrow + 6CO\uparrow$

- 제5류 위험물 및 지정수량

성질	품명	지정수량	위험등급
자기 반응성 물질	• 유기과산화물　• 질산에스터류 • 나이트로화합물　• 나이트로소화합물 • 아조화합물　• 다이아조화합물 • 하이드라진 유도체　• 하이드록실아민 • 하이드록실아민염류	1종 : 10kg 2종 : 100kg	1종 : Ⅰ 2종 : Ⅱ
종판단 완료	• 질산에스터류(대부분)(1종) • 셀룰로이드(2종) • 트라이나이트로톨루엔(1종) • 트라이나이트로페놀(1종) • 테트릴(1종) • 유기과산화물(대부분)(2종)		

---

07 다음 보기의 제조소등에서 위험물안전관리법령상 소화난이등급 Ⅰ에 해당하는 것을 골라 번호로 답하시오.(단, 해당사항이 없으면 없음으로 표기하시오.)

> [보기] ① 지하탱크저장소
> ② 연면적1000m² 이상인 제조소
> ③ 처마높이 6m이상인 옥내저장소(단층건물)
> ④ 제2종 판매취급소
> ⑤ 간이탱크저장소
> ⑥ 이송취급소
> ⑦ 이동탱크저장소

② ③ ⑥

소화난이등급 I 에 해당하는 제조소등

제조소등의 구분	제조소등의 규모, 저장 또는 취급하는 위험물의 품명 및 최대수량 등
제조소 일반취급소	**연면적 1,000m² 이상** 지정수량의 100배 이상인 것 지반면으로부터 6m 이상의 높이에 위험물 취급설비가 있는 것 일반취급소로 사용되는 부분 외의 부분을 갖는 건축물에 설치된 것
주유취급소	별표 13 Ⅴ제2호에 따른 면적의 합이 500m²를 초과하는 것
옥내저장소	지정수량의 150배 이상인 것 연면적 150m²를 초과하는 것 **처마높이가 6m 이상인 단층건물의 것** 옥내저장소로 사용되는 부분 외의 부분이 있는 건축물에 설치된 것
옥외탱크 저장소	액표면적이 40m² 이상인 것 지반면으로부터 탱크 옆판의 상단까지 높이가 6m 이상인 것 지중탱크 또는 해상탱크로서 지정수량의 100배 이상인 것 고체위험물을 저장하는 것으로서 지정수량의 100배 이상인 것
옥내탱크 저장소	액표면적이 40m² 이상인 것 바닥면으로부터 탱크 옆판의 상단까지 높이가 6m 이상인 것 탱크전용실이 단층건물 외의 건축물에 있는 것으로서 인화점 38℃ 이상 70℃ 미만의 위험물을 지정수량의 5배 이상 저장하는 것
옥외저장소	덩어리 상태의 황을 저장하는 것으로서 경계표시 내부의 면적이 100m² 이상인 것 별표 11 Ⅲ의 위험물을 저장하는 것으로서 지정수량의 100배 이상인 것
암반탱크 저장소	액표면적이 40m² 이상인 것(제6류 위험물을 저장하는 것 및 고인화점위험물만을 100℃ 미만의 온도에서 저장하는 것은 제외) 고체위험물만을 저장하는 것으로서 지정수량의 100배 이상인 것
이송취급소	모든 대상

08 다음 보기는 위험물의 성질에 대한 것이다. 제1류 위험물의 특성에 해당되는 것을 골라 번호로 답하시오.

[보기] ① 무기화합물 ② 유기화합물 ③ 산화제 ④ 인화점이 0℃ 이하
       ⑤ 인화점이 0℃ 이상 ⑥ 고체

 ① ③ ⑥

상세해설 제1류 위험물의 일반적 성질
① **산화성 고체**이며 대부분 수용성이다.
② **무기화합물**이며 불연성이지만 다량의 산소를 함유하고 있다.
③ 분해 시 산소를 방출하여 남의 연소를 돕는다.(조연성)
④ 열·타격·충격, 마찰 및 다른 화학물질과 접촉 시 쉽게 분해된다.
⑤ 분해속도가 대단히 빠르고, 조해성이 있는 것도 포함한다.

09 다음 보기의 위험물에 대한 위험등급을 분류하시오. (4점)

[보기] ① 칼륨   ② 나트륨   ③ 알칼리금속(칼륨, 나트륨 제외)
        ④ 알칼리토금속   ⑤ 알킬알루미늄   ⑥ 알킬리튬   ⑦ 황린

해답 위험등급 Ⅰ : ①, ②, ⑤, ⑥, ⑦
위험등급 Ⅱ : ③, ④

상세해설 위험물의 등급 분류 ★★★

위험등급	해당 위험물
위험등급 Ⅰ	(1) 제1류 위험물 중 아염소산염류, 염소산염류, 과염소산염류, 무기과산화물 그 밖에 지정수량이 50kg인 위험물 (2) 제3류 위험물 중 칼륨, 나트륨, 알킬알루미늄, 알킬리튬, 황린 그 밖에 지정수량이 10kg 또는 20kg인 위험물 (3) 제4류 위험물 중 특수인화물 (4) 제5류 위험물 중 유기과산화물, 질산에스터류 그 밖에 지정수량이 10kg인 위험물 (5) 제6류 위험물
위험등급 Ⅱ	(1) 제1류 위험물 중 브로민산염류, 질산염류, 아이오딘산염류 그 밖에 지정수량이 300kg인 위험물 (2) 제2류 위험물 중 황화인, 적린, 황 그 밖에 지정수량이 100kg인 위험물 (3) 제3류 위험물 중 알칼리금속(칼륨, 나트륨 제외) 및 알칼리토금속, 유기금속화합물(알킬알루미늄 및 알킬리튬은 제외) 그 밖에 지정수량이 50kg인 위험물 (4) 제4류 위험물 중 제1석유류, 알코올류 (5) 제5류 위험물 중 위험등급 Ⅰ 위험물 외의 것
위험등급 Ⅲ	위험등급 Ⅰ, Ⅱ 이외의 위험물

10 제4류 위험물인 아세톤에 대한 다음 각 물음에 답하시오. (6점)

(물음 1) 시성식을 쓰시오.
(물음 2) 품명 및 지정수량을 쓰시오.
(물음 3) 증기비중을 계산하시오.

해답
(물음 1) CH_3COCH_3
(물음 2) 품명 : 제1석유류, 지정수량 : 400L
(물음 3) [계산과정] ① 아세톤의(CH_3COCH_3) 분자량 $= 12 \times 3 + 1 \times 6 + 16 = 58$
② 증기비중 $= \dfrac{M}{29} = \dfrac{58}{29} = 2$

[답] 2

상세해설
- 아세톤(CH_3COCH_3) : 제4류 1석유류–수용성
① 무색의 휘발성 액체이다.
② 물 및 유기용제에 잘 녹는다.
③ **아이오딘포름 반응을 한다.**
④ 아세틸렌을 잘 녹이므로 아세틸렌(용해가스) 저장시 아세톤에 용해시켜 저장한다.
⑤ 보관 중 황색으로 변색되며 햇빛에 분해가 된다.
⑥ 피부 접촉 시 탈지작용을 한다.
⑦ 다량의물 또는 알코올포로 소화한다.

- 아이오딘포름 반응
아세톤, 아세트알데하이드, 에틸알코올에 수산화칼륨(KOH)과 아이오딘를 반응시키면 노란색의 아이오딘포름(CHI_3)의 침전물이 생성된다.

아세톤, 아세트알데하이드, 에틸알코올 $\xrightarrow{KOH+I_2}$ 아이오딘포름(CHI_3)(노란색)

- 아이오딘포름 반응식
아세톤 : $CH_3COCH_3 + 3I_2 + 4NaOH \rightarrow CH_3COONa + 3NaI + CHI_3\downarrow + 3H_2O$
아세트알데하이드 : $CH_3CHO + 3I_2 + 4NaOH \rightarrow HCOONa + 3NaI + CHI_3\downarrow + 3H_2O$
에틸알코올 : $C_2H_5OH + 4I_2 + 6NaOH \rightarrow HCOONa + 5NaI + CHI_3\downarrow + 5H_2O$

11 위험물의 저장량이 지정수량의 $\frac{1}{10}$을 초과하는 경우 혼재하여서는 안 되는 위험물의 유별을 모두 쓰시오. (5점)

○ 제1류 :   ○ 제2류 :   ○ 제3류 :   ○ 제4류 :   ○ 제5류 :   ○ 제6류 :

해답
○ 제1류 : 제2류, 제3류, 제4류, 제5류
○ 제2류 : 제1류, 제3류, 제6류
○ 제3류 : 제1류, 제2류, 제5류, 제6류
○ 제4류 : 제1류, 제6류
○ 제5류 : 제1류, 제3류, 제6류
○ 제6류 : 제2류, 제3류, 제4류, 제5류

상세해설
※ 유기과산화물 : 제5류 위험물
• 유별을 달리하는 위험물의 혼재기준

구 분	제1류	제2류	제3류	제4류	제5류	제6류
제1류		×	×	×	×	○
제2류	×		×	○	○	×
제3류	×	×		○	×	×
제4류	×	○	○		○	×
제5류	×	○	×	○		×
제6류	○	×	×	×	×	

[비고]
1. "×" 표시는 혼재할 수 없음을 표시
2. "○" 표시는 혼재할 수 있음을 표시
3. 이 표는 지정수량의 $\frac{1}{10}$ 이하의 위험물에 대하여는 적용하지 아니한다.

• 쉬운 암기법
↓1 + 6↑   2 + 4
↓2 + 5↑   5 + 4
↓3 + 4↑

12. 다이에틸에터 2,000리터에 대한 소화설비의 소요단위는 얼마인가? (4점)

[계산과정] ① 지정수량의 배수 $N = \dfrac{2000}{50} = 40$배

다이에틸에터-제4류-특수인화물-50L

② 소요단위 $= \dfrac{40}{10} = 4$

[답] 4단위

• 제4류 위험물 및 지정수량

유별	성질	품명		지정수량
제4류	인화성액체	1. 특수인화물		50L
		2. 제1석유류	비수용성액체	200L
			수용성액체	400L
		3. 알코올류		400L
		4. 제2석유류	비수용성액체	1,000L
			수용성액체	2,000L
		5. 제3석유류	비수용성액체	2,000L
			수용성액체	4,000L
		6. 제4석유류		6,000L
		7. 동식물유류		10,000L

(1) 지정수량의 배수 $= \dfrac{저장수량}{지정수량}$

(2) 소요단위 $= \dfrac{지정수량의\ 배수}{10}$

13. 아세트산(초산)의 완전 연소반응식을 쓰시오. (4점)

$CH_3COOH + 2O_2 \rightarrow 2CO_2 + 2H_2O$

초산(아세트산)(CH_3COOH) : 제4류 제2석유류
① 무색 투명한 액체이다.
② 수용성이다
③ 16.7℃ 이하에서 얼음과 같이 되어 빙초산이라고도 한다.
④ 3~4%의 수용액이 식초이다.
⑤ 물에 잘 혼합되고 피부접촉 시 수포가 발생한다.

위험물산업기사 실기

2019년 4월 13일 시행

01 어느 위험물제소소등에 다음 [보기]와 같은 위험물이 저장되어 있다. 위험물의 지정수량의 배수 합을 구하시오. (3점)

[보기] 황 100kg, 철분 500kg, 질산염류 600kg

[계산과정] 지정수량의 배수 = $\dfrac{저장수량}{지정수량}$ = $\dfrac{100}{100}$ + $\dfrac{500}{500}$ + $\dfrac{600}{300}$ = 4배

[답] 4배

- 제1류 위험물의 지정수량

성질	품 명	지정수량	위험등급
산화성 고체	1. 아염소산염류, 염소산염류, 과염소산염류, 무기과산화물	50kg	I
	2. 브로민산염류, **질산염류**, 아이오딘산염류	300kg	II
	3. 과망가니즈산염류, 다이크로뮴산염류	1000kg	III

- 제2류 위험물의 지정수량

성 질	품 명	지정수량	위험등급
가연성 고체	1. 황화인, 적린, **황**	100kg	II
	2. **철분**, 금속분, 마그네슘	500kg	III
	3. 인화성고체	1000kg	

02 다음은 옥내저장탱크 중 압력탱크외의 탱크(제4류 위험물의 옥내저장탱크)에 설치하는 밸브 없는 통기관의 설치기준이다. ( )안에 알맞은 답을 쓰시오.

(3점)

> 통기관의 끝부분은 건축물의 창·출입구 등의 개구부로부터 (①)m 이상 떨어진 옥외의 장소에 지면으로부터 (②)m 이상의 높이로 설치하되, 인화점이 40℃ 미만인 위험물의 탱크에 설치하는 통기관에 있어서는 부지경계선으로부터 (③)m 이상 이격할 것.

① 1 ② 4 ③ 1.5

제4류 위험물의 옥내저장탱크 중 밸브 없는 통기관 설치기준
① 통기관의 끝부분은 건축물의 창·출입구 등의 개구부로부터 **1m 이상** 떨어진 옥외의 장소에 지면으로부터 **4m 이상의 높이**로 설치하되, 인화점이 40℃ 미만인 위험물의 탱크에 설치하는 통기관에 있어서는 부지경계선으로부터 **1.5m 이상** 이격할 것. 다만, 고인화점 위험물만을 100℃ 미만의 온도로 저장 또는 취급하는 탱크에 설치하는 통기관은 그 끝부분을 탱크전용실 내에 설치할 수 있다.
② 통기관은 가스 등이 체류할 우려가 있는 굴곡이 없도록 할 것

03 제4류 위험물로서 흡입할 경우 시신경 마비 또는 사망할 수도 있다. 그리고 인화점 11℃, 발화점 464℃, 분자량 32 인 이 위험물의 명칭 및 지정수량을 쓰시오.

(4점)

① **위험물의 명칭** : 메틸알코올(메탄올)
② **지정수량** : 400L

• 메틸알코올(CH_3OH) : 제 4류 위험물 중 알코올류
① 무색, 투명한 술냄새가 나는 휘발성 액체로 목정 또는 메탄올이라고도 한다.
② 흡입 시 실명 또는 사망할 수 있다.
③ 물에는 무제한으로 녹는다.
④ 비중이 물보다 작다.
⑤ 연소범위 : 7.3~36%, 인화점 : 11℃

04 제3류 위험물인 인화알루미늄의 물과의 반응식을 쓰시오. (4점)

해답 AlP + 3H₂O → Al(OH)₃ + PH₃

상세해설 인화알루미늄(AlP) : 제3류 위험물
① 황색 또는 암회색 분말
② 물과 작용하여 포스핀(PH₃)의 유독성 가스를 발생

$$AlP + 3H_2O \rightarrow Al(OH)_3(수산화알루미늄) + PH_3\uparrow (포스핀)$$

05 질산암모늄 800g이 완전 열분해 하는 경우 생성되는 기체의 부피(L)는 표준상태에서 전부 얼마가 되겠는가? (4점)

해답 (방법1)
① NH₄NO₃(질산암모늄)의 열분해 반응식(표준상태 : 0℃, 1기압)
② NH₄NO₃(질산암모늄)의 분자량 = 14+(1×4)+14+(16×3) = 80
③ 2NH₄NO₃ → 2N₂ + O₂ + 4H₂O
  2×80g ――― (2+1+4)7몰×22.4L
  800g ――― X

④ ∴ $X = \dfrac{800 \times 7 \times 22.4}{2 \times 80} = 784L$ (생성된 기체부피)

(방법2)
① 이상기체 상태방정식

$$PV = \dfrac{W}{M}RT = nRT$$

여기서, P : 압력(atm), V : 부피(L), $\dfrac{W}{M}$(n) : mol, W : 무게(g)

M : 분자량, R : 기체상수(0.082atm·L/mol·K)

T : 절대온도(273+t℃)K

② NH₄NO₃(질산암모늄)의 분자량 = 14+(1×4)+14+(16×3) = 80
③ NH₄NO₃(질산암모늄)의 열분해 반응식(표준상태 : 0℃, 1기압)

$$2NH_4NO_3 \rightarrow 2N_2 + O_2 + 4H_2O$$

④ NH₄NO₃ → N₂ + 0.5O₂ + 2H₂O

• 이상기체상태방정식을 적용하려면
 반응식에서 열분해하는 물질의 몰수는 1몰을 기준으로 하여야한다

⑤ ∴ $V = \dfrac{WRT}{PM} \times$ 생성기체 몰 수 $= \dfrac{800 \times 0.082 \times (273+0)}{1 \times 80} \times 3.5$
　　　　= 783.51L

[답] 783.51L

- 질산암모늄의 열분해 반응식

  $2NH_4NO_3 \rightarrow 2N_2 + O_2 + 4H_2O$

06 위험물안전관리법령에서 정한 다음의 할로젠화합물소화설비의 방사압력을 쓰시오. (4점)

① 할론 2402　　　　② 할론 1211

① 0.1MPa 이상　　② 0.2MPa 이상

할로젠화합물소화설비의 분사헤드의 방사압력(전역방출방식)

구분	방사압력
할론 2402	0.1MPa 이상
할론 1211	0.2MPa 이상
할론 1301	0.9MPa 이상
HFC-23, HFC-125	0.9MPa 이상
HFC-227ea, FK-5-1-12	0.3MPa 이상

07 제6류 위험물과 혼재할 수 있는 위험물의 유별을 모두 적으시오.(단, 지정수량의 $\dfrac{1}{10}$ 이상을 저장하는 경우이다) (3점)

제1류 위험물

- 유별을 달리하는 위험물의 혼재기준
  ↓1 + 6↑　　2 + 4
  ↓2 + 5↑　　5 + 4
  ↓3 + 4↑

08 황화인의 종류 3가지를 화학식으로 쓰시오. (3점)

해답 ① P_4S_3 ② P_2S_5 ③ P_4S_7

상세해설
- 황화인(제2류 위험물) : 황과 인의 화합물
  ① **삼황화인**(P_4S_3)
     - 황색결정으로 물, 염산, 황산에 녹지 않으며 질산, 알칼리, 이황화탄소에 녹는다.
     - 조해성이 없다
     - 연소하면 오산화인과 이산화황이 생긴다.
     $$P_4S_3 + 8O_2 \rightarrow 2P_2O_5 + 3SO_2 \uparrow$$
  ② **오황화인**(P_2S_5)
     - 담황색 결정이고 조해성이 있다.
     - 수분을 흡수하면 분해된다.
     - 이황화탄소(CS_2)에 잘 녹는다.
     - 물, 알칼리와 반응하여 인산과 황화수소를 발생한다.
     $$P_2S_5 + 8H_2O \rightarrow 2H_3PO_4 + 5H_2S \uparrow$$
  ③ **칠황화인**(P_4S_7)
     - 담황색 결정이고 조해성이 있다.
     - 수분을 흡수하면 분해된다.
     - 이황화탄소(CS_2)에 약간 녹는다.
     - 냉수에는 서서히 분해가 되고 더운물에는 급격히 분해된다.

09 황린이 완전연소하는 경우 반응식을 쓰시오. (4점)

해답 $P_4 + 5O_2 \rightarrow 2P_2O_5$

상세해설
- 황린(P_4)[별명 : 백린] : 제 3류 위험물(자연발화성물질)
  ① 공기 중 약 40~50℃에서 자연 발화한다.
  ② 저장 시 자연 발화성이므로 반드시 물속에 저장한다.
  ③ 인화수소(PH_3)의 생성을 방지하기 위하여 물의 pH=9(약알칼리)가 안전한계이다.
  ④ 연소 시 오산화인(P_2O_5)의 흰 연기가 발생한다.
  $$P_4 + 5O_2 \rightarrow 2P_2O_5 (오산화인)$$
  ⑤ 강알칼리의 용액에서는 유독기체인 포스핀(PH_3)을 발생한다.
  $$P_4 + 3NaOH + 3H_2O \rightarrow 3NaH_2PO_2 + PH_3 \uparrow (인화수소=포스핀)$$

10 아래의 물질을 옥외저장탱크·옥내저장탱크 또는 지하저장탱크 중 압력탱크 외의 탱크에 저장하는 경우 저장온도는 몇 ℃ 이하로 유지하여야 하는지 쓰시오. (3점)

① 다이에틸에터   ② 아세트알데하이드   ③ 산화프로필렌

해답
① 다이에틸에터 : 30℃ 이하
② 아세트알데하이드 : 15℃ 이하
③ 산화프로필렌 : 30℃ 이하

상세해설
• 옥외저장탱크·옥내저장탱크 또는 지하저장탱크의 저장 유지온도

구 분	압력탱크 외의 탱크	구 분	압력탱크
산화프로필렌과 이를 함유한 것 또는 **다이에틸에터등**	30℃ 이하	아세트알데하이드등 또는 **다이에틸에터등**	40℃ 이하
아세트알데하이드 또는 이를 함유한 것	15℃ 이하		

• 이동저장탱크의 저장 유지온도

구 분	보냉장치가 있는 경우	보냉장치가 없는 경우
아세트알데하이드등 또는 **다이에틸에터등**	비점 이하	40℃ 이하

---

11 에틸렌과 산소를 $CuCl_2$의 촉매하에 생성된 물질로 인화점이 −38℃, 비점이 21℃, 연소범위가 4~60%인 특수인화물의 (1) 명칭 및 표준상태(STP)에서 (2) 증기밀도(g/L), (3) 증기비중을 기술하시오. (8점)

해답
(1) **명칭** : 아세트알데하이드(CH_3CHO)

(2) **증기밀도** $= \dfrac{분자량}{22.4L} = \dfrac{44g}{22.4L} = 1.96 g/L$

(3) **증기비중** $= \dfrac{M(분자량)}{29(공기평균분자량)} = \dfrac{44}{29} = 1.52$

상세해설
• 아세트알데하이드(CH_3CHO)의 분자량 $= 12 \times 2 + 1 \times 4 + 16 \times 1 = 44$
① 표준상태 : 0℃, 1atm
② 증기밀도 : $\rho = \dfrac{PM}{RT} = \dfrac{1 \times M}{0.082 \times (273+0)} = \dfrac{M(g)}{22.4L}$

여기서, P : 압력(atm)
M : 분자량
R : 기체상수(0.082atm · L/mol · K)
T : 절대온도(273+t ℃)K

③ 증기비중 = $\dfrac{M(\text{분자량})}{29(\text{공기평균분자량})}$

- 원칙적인 공기의 조성과 평균분자량
  ① 산소(O_2) : 20.99%   ② 질소(N_2) : 78.03%
  ③ 아르곤(Ar) : 0.94%   ④ 이산화탄소(CO_2) : 0.03%

  ※ 공기 중 산소의 부피(%) = 21%   ※ 공기 중 산소의 중량(무게)(%) = 23%

- 공기의 평균 분자량
  $28(N_2) \times 0.7803 + 32(O_2) \times 0.2099 + 40(Ar) \times 0.0094 + 44(CO_2) \times 0.0003$
  $= 28.95 ≒ 29$

---

12 제5류 위험물인 트라이나이트로톨루엔에 대한 다음 각 물음에 답하시오.

(3점)

(가) 트라이나이트로톨루엔의 제조과정에 대한 반응식을 쓰시오.
(나) 트라이나이트로톨루엔의 구조식을 그리시오.

해답 (가) $C_6H_5CH_3 + 3HNO_3 \xrightarrow{C-H_2SO_4} C_6H_2CH_3(NO_2)_3 + 3H_2O$

(나)

$$\begin{array}{c} CH_3 \\ O_2N \diagup \diagdown NO_2 \\ | \quad | \\ \diagdown \diagup \\ NO_2 \end{array}$$

상세해설

- 트라이나이트로톨루엔[$C_6H_2CH_3(NO_2)_3$] : 제5류 위험물 중 나이트로화합물
  ① 물에는 녹지 않고 알코올, 아세톤, 벤젠에 녹는다.
  ② 톨루엔과 질산을 반응시켜 얻는다.

  $\underset{(\text{톨루엔})}{C_6H_5CH_3} + \underset{(\text{질산})}{3HNO_3} \xrightarrow[\text{(탈수작용)}]{C-H_2SO_4} \underset{(\text{트라이나이트로톨루엔})}{C_6H_2CH_3(NO_2)_3} + \underset{(\text{물})}{3H_2O}$

  ③ Tri Nitro Toluene의 약자로 TNT라고도 한다.
  ④ **담황색의 주상결정**이며 햇빛에 다갈색으로 변색된다.
  ⑤ 강력한 폭약이며 급격한 타격에 폭발한다.

- 트라이나이트로톨루엔의 구조식

- 트라이나이트로톨루엔의 열분해 반응식

  $2C_6H_2CH_3(NO_2)_3 \rightarrow 2C + 3N_2\uparrow + 5H_2\uparrow + 12CO\uparrow$

⑥ 연소 시 연소속도가 너무 빠르므로 소화가 곤란하다.
⑦ 무기 및 다이너마이트, 질산폭약제 제조에 이용된다.

13
옥외저장탱크의 주위에는 그 저장 또는 취급하는 위험물의 최대수량에 따라 옥외저장탱크의 측면으로부터 다음 표에 의한 너비의 공지를 보유하여야 한다. 빈칸에 알맞은 답을 쓰시오. (5점)

저장 또는 취급하는 위험물의 최대수량	공지의 너비
지정수량의 500배 이하	(①)m 이상
지정수량의 500배 초과 1,000배 이하	(②)m 이상
지정수량의 1,000배 초과 2,000배 이하	(③)m 이상
지정수량의 2,000배 초과 3,000배 이하	(④)m 이상
지정수량의 3,000배 초과 4,000배 이하	(⑤)m 이상

해답 ① 3   ② 5   ③ 9   ④ 12   ⑤ 15

상세해설

옥외저장탱크의 보유공지

저장 또는 취급하는 위험물의 최대수량	공지의 너비
• 지정수량의 500배 이하	3m 이상
• 지정수량의 500배 초과 1000배 이하	5m 이상
• 지정수량의 1000배 초과 2000배 이하	9m 이상
• 지정수량의 2000배 초과 3000배 이하	12m 이상
• 지정수량의 3000배 초과 4000배 이하	15m 이상
• 지정수량의 4000배 초과	당해 탱크의 수평단면의 최대지름(횡형인 경우에는 긴변)과 높이 중 큰 것과 지정수량의 4,000배 초과 같은 거리 이상. 다만, 30m 초과의 경우에는 30m 이상으로 할 수 있고, 15m 미만의 경우에는 15m 이상으로 하여야 한다.

14 탄화칼슘에 대한 다음 각 물음에 답하시오. (6점)

(물음 1) 물과 접촉할 경우 반응식을 쓰시오.
(물음 2) 물과 반응하여 생성되는 기체의 명칭과 연소범위를 쓰시오.
(물음 3) 생성된 기체의 완전 연소반응식을 쓰시오.

해답
(물음 1) $CaC_2 + 2H_2O \rightarrow Ca(OH)_2 + C_2H_2 \uparrow$
(물음 2) ① 기체의 명칭 : 아세틸렌 ② 기체의 연소범위 : 2.5~81%
(물음 3) $2C_2H_2 + 5O_2 \rightarrow 4CO_2 + 2H_2O$

상세해설
탄화칼슘(CaC_2) : 제3류 위험물 중 칼슘탄화물
① 물과 접촉 시 아세틸렌을 생성하고 열을 발생시킨다.

$$CaC_2 + 2H_2O \rightarrow Ca(OH)_2(수산화칼슘) + C_2H_2\uparrow(아세틸렌)$$

② 아세틸렌의 폭발범위는 2.5~81%로 대단히 넓어서 폭발위험성이 크다.
③ 장기 보관시 불활성기체(N_2 등)를 봉입하여 저장한다.
④ 별명은 카바이드, 탄화석회, 칼슘카바이드 등이다.
⑤ 고온(700℃)에서 질화되어 석회질소($CaCN_2$)가 생성된다.

$$CaC_2 + N_2 \rightarrow CaCN_2(석회질소) + C(탄소)$$

⑥ 물 및 포 약제에 의한 소화는 절대 금하고 마른모래 등으로 피복 소화한다.

위험물산업기사 실기

2019년 6월 29일 시행

01 위험물안전관리법령에 따른 고인화점위험물의 정의를 쓰시오. (3점)

해답 인화점이 100℃ 이상인 제4류 위험물

02 유별을 달리하는 위험물의 혼재기준 중 제4류 위험물과 혼재가 불가능한 위험물을 모두 쓰시오. (4점)

해답 제1류 위험물, 제6류 위험물

상세해설
- 쉬운 암기법
  1 + 6   2 + 4
  2 + 5   5 + 4
  3 + 4

03 제3류 위험물인 황린 20kg이 연소할 때 연소에 필요한 공기의 부피(m^3)는 얼마인가? (단, 공기 중 산소의 농도는 21%(v/v), 황린의 분자량은 124이다.) (5점)

해답 (방법1) [계산과정]
① P_4(황린)의 연소 반응식
P_4 + $5O_2$ → $2P_2O_5$
124kg ⟶ $5 \times 22.4 m^3$
20kg ⟶ X

(P_4 1kmol(124kg)이 연소할 때 0℃, 1atm 상태에서 $5 \times 22.4 m^3$의 산소(O_2)가 필요)

$$\therefore X = \frac{20 \times 5 \times 22.4}{124} = 18.06 m^3$$

(산소농도가 100%인 경우 필요한 산소의 부피)

② 공기 중 산소의 농도는 21%이므로

$$필요한 공기의 부피(m^3) = \frac{18.06}{0.21} = 86.00 m^3$$

[답] $86.00 m^3$

(방법2) [계산과정]
① 이상기체 상태방정식

$$PV = \frac{W}{M}RT = nRT$$

여기서, P : 압력(atm), V : 부피(m^3), $\frac{W}{M}$(n) : mol, W : 무게(kg)

M : 분자량, R : 기체상수($0.082 atm \cdot m^3/mol \cdot K$)

T : 절대온도($273+t$℃)K

② $\therefore V = \frac{WRT}{PM} \times 공기 몰 수 = \frac{20 \times 0.082 \times (273+0)}{1 \times 124} \times 5 \times \frac{1}{0.21}$

$= 85.97 m^3$

[답] $85.97 m^3$

04 제1류 위험물인 질산암모늄은 열분해하여 N_2, O_2, H_2O를 생성한다. 다음 각 물음에 답하시오. (5점)

(가) 질산암모늄의 열분해 반응식을 쓰시오.
(나) 질산암모늄 1몰이 0.9기압 300℃에서 열분해하는 경우 생성되는 H_2O (수증기)의 부피(L)는 얼마인가?

(가) $2NH_4NO_3 \rightarrow 2N_2 + O_2 + 4H_2O$

(나) [계산과정]
① NH_4NO_3(질산암모늄)의 분자량 = $14+(1\times4)+14+(16\times3) = 80$
② NH_4NO_3(질산암모늄)의 열분해 반응식(열분해물질 1몰 기준)
  $NH_4NO_3 \rightarrow N_2 + 0.5O_2 + 2H_2O$
③ 질산암모늄 1몰은 80g이다.

$$V = \frac{WRT}{PM} \times \text{생성기체 몰 수} = \frac{80 \times 0.082 \times (273+300)}{0.9 \times 80} \times 2$$
$$= 104.41 \text{L}$$

[답] 104.41L

이상기체 상태방정식

$$PV = \frac{W}{M}RT = nRT$$

여기서, P : 압력(atm), V : 부피(L), $\frac{W}{M}(n)$: mol, W : 무게(g), M : 분자량
R : 기체상수(0.082atm · L/mol · K), T : 절대온도(273+t℃)K

---

05 제3류 위험물인 트라이에틸알루미늄의 완전 연소반응식을 쓰시오. (3점)

 $2(C_2H_5)_3Al + 21O_2 \rightarrow Al_2O_3 + 12CO_2 + 15H_2O$

알킬알루미늄[$(C_nH_{2n+1}) \cdot Al$] : 제3류 위험물(금수성 물질)
① 알킬기(C_nH_{2n+1})에 알루미늄(Al)이 결합된 화합물이다.
② $C_1 \sim C_4$는 자연발화의 위험성이 있다.
③ 물과 접촉 시 가연성 가스 발생하므로 주수소화는 절대 금지한다.
④ 트라이메틸알루미늄(TMA : Tri Methyl Aluminium)

$(CH_3)_3Al + 3H_2O \rightarrow Al(OH)_3$(수산화알루미늄) $+ 3CH_4 \uparrow$ (메탄)

⑤ 트라이에틸알루미늄(TEA : Tri Eethyl Aluminium)

$(C_2H_5)_3Al + 3CH_3OH \rightarrow Al(CH_3O)_3$(트라이메톡시알루미늄) $+ 3C_2H_6$(에탄)

$(C_2H_5)_3Al + 3H_2O \rightarrow Al(OH)_3$(수산화알루미늄) $+ 3C_2H_6 \uparrow$ (에탄)

⑥ 저장용기에 불활성기체(N_2)를 봉입한다.
⑦ 피부접촉 시 화상을 입히고 연소 시 흰 연기가 발생한다.

$2(C_2H_5)_3Al + 21O_2 \rightarrow Al_2O_3 + 12CO_2 + 15H_2O$

⑧ 소화 시 주수소화는 절대 금하고 팽창질석, 팽창진주암 등으로 피복소화한다.

06 옥내저장소에서 위험물을 저장하는 경우 기준에 의한 높이를 초과하여 용기를 겹쳐 쌓지 아니하여야 한다. 다음 ( )안에 알맞은 답을 쓰시오. (6점)

㈎ 기계에 의하여 하역하는 구조로 된 용기만을 겹쳐 쌓는 경우 :
   (   )m 이하
㈏ 제4류 위험물 중 제3석유류를 수납하는 용기만을 겹쳐 쌓는 경우 :
   (   )m 이하
㈐ 제4류 위험물 중 동식물유류를 수납하는 용기만을 겹쳐 쌓는 경우 :
   (   )m 이하

해답 ㈎ 6 ㈏ 4 ㈐ 4

상세해설
- 옥내저장소에서 위험물을 저장하는 경우 높이 제한
  ① 기계에 의하여 하역하는 구조로 된 용기만을 겹쳐 쌓는 경우 : 6m
  ② 제4류 위험물 중 제3석유류, 제4석유류 및 동식물유류를 수납하는 용기만을 겹쳐 쌓는 경우 : 4m
  ③ 그 밖의 경우 : 3m

---

07 다음 보기에서 설명하는 위험물에 대한 각 물음에 답하시오. (6점)

[보기]
- 휘발성이 있는 무색 투명한 액체이다.
- 물에 아주 잘 녹으며 유기용제이다.
- 아이오딘포름반응을 한다.
- 연소 시 주간에는 불꽃이 잘 보이지 않는다.
- 산화하여 아세트알데하이드가 생성된다.

㈎ 보기에서 설명하는 물질의 화학식을 쓰시오.
㈏ 보기에서 설명하는 물질의 지정수량을 쓰시오.
㈐ 보기에서 설명하는 물질이 진한 황산과 축합반응 후 생성되는 제4류 위험물의 명칭을 화학식으로 쓰시오.

해답 ㈎ C_2H_5OH
㈏ 400L
㈐ $C_2H_5OC_2H_5$

상세해설

- 에틸알코올(C_2H_5OH) : 제4류 위험물 중 알코올류

화학식	분자량	비중	비점	인화점	착화점	연소범위
C_2H_5OH	46	0.8	78.3℃	13℃	423℃	4.3~19%

① 무색 투명한 액체이며 술 속에 포함되어 있어 주정이라고 한다.
② 물에 아주 잘 녹으며 유기용제이다.
③ 연소 시 주간에는 불꽃이 잘 보이지 않는다.

$$C_2H_5OH + 3O_2 \rightarrow 2CO_2 + 3H_2O$$

④ 금속나트륨, 금속칼륨을 가하면 수소(H_2)가 발생한다.

$$2C_2H_5OH + 2Na \rightarrow 2C_2H_5ONa + H_2\uparrow$$
$$2C_2H_5OH + 2K \rightarrow 2C_2H_5OK + H_2\uparrow$$

⑤ 아이오딘포름 반응을 하므로 에탄올검출에 이용된다.

에틸알코올의 반응식
- 알칼리금속과 반응 $2Na + 2C_2H_5OH \rightarrow 2C_2H_5ONa + H_2\uparrow$
- 산화, 환원반응식 $C_2H_5OH \xrightarrow[\text{환원}]{\text{산화}} CH_3CHO \xrightarrow[\text{환원}]{\text{산화}} CH_3COOH$

- 다이에틸에터($C_2H_5OC_2H_5$) : 제4류 위험물 중 특수인화물
① 에탄올에 진한 황산을 가하여 제조한다.(탈수 및 축합반응)

다이에틸에터 제조방법
$$C_2H_5OH + C_2H_5OH \xrightarrow{C-H_2SO_4} C_2H_5OC_2H_5 + H_2O$$

② 직사광선에 장시간 노출 시 과산화물 생성

과산화물 생성 확인방법
다이에틸에터 + KI용액(10%) → 황색변화(1분 이내)

③ 용기에는 5% 이상 10% 이하의 안전공간을 확보할 것
④ 용기는 갈색 병을 사용하며 냉암소에 보관
⑤ 정전기 방지를 위하여 약간의 $CaCl_2$를 넣어준다.
⑥ 폭발성의 과산화물 생성방지를 위해 용기 내에 40mesh 구리 망을 넣어준다.

---

08 다음 보기의 위험물에 대한 지정수량을 쓰시오. (4점)

[보기] ① 중유   ② 경유   ③ 다이에틸에터   ④ 아세톤

 ① 2000L   ② 1000L   ③ 50L   ④ 400L

 ① 중유-제4류-제3석유류-비수용성
② 경유-제4류-제2석유류-비수용성

③ 다이에틸에터-제4류-특수인화물
④ 아세톤-제4류-제1석유류-수용성

• 제4류 위험물의 지정수량

성 질	품 명		지정수량	위험등급
인화성액체	1. 특수인화물		50L	I
	2. 제1석유류	비수용성액체	200L	II
		수용성액체	400L	
	3. 알코올류		400L	
	4. 제2석유류	비수용성액체	1,000L	III
		수용성액체	2,000L	
	5. 제3석유류	비수용성액체	2,000L	
		수용성액체	4,000L	
	6. 제4석유류		6,000L	
	7. 동식물유류		10,000L	

09 제4류 위험물 중에서 위험등급 II에 해당하는 품명 2가지를 쓰시오. (4점)

해답 제1석유류, 알코올류

상세해설

위험물의 등급 분류 ★★★

위험등급	해당 위험물
위험등급 I	① 제1류 위험물 중 아염소산염류, 염소산염류, 과염소산염류, 무기과산화물 그 밖에 지정수량이 50kg인 위험물 ② 제3류 위험물 중 칼륨, 나트륨, 알킬알루미늄, 알킬리튬, 황린 그 밖에 지정수량이 10kg 또는 20kg인 위험물 ③ 제4류 위험물 중 특수인화물 ④ 제5류 위험물 중 유기과산화물, 질산에스터류 그 밖에 지정수량이 10kg인 위험물 ⑤ 제6류 위험물
위험등급 II	① 제1류 위험물 중 브로민산염류, 질산염류, 아이오딘산염류 그 밖에 지정수량이 300kg인 위험물 ② 제2류 위험물 중 황화인, 적린, 황 그 밖에 지정수량이 100kg인 위험물 ③ 제3류 위험물 중 알칼리금속(칼륨, 나트륨 제외) 및 알칼리토금속, 유기금속화합물(알킬알루미늄 및 알킬리튬은 제외) 그 밖에 지정수량이 50kg인 위험물 ④ 제4류 위험물 중 제1석유류, 알코올류 ⑤ 제5류 위험물 중 위험등급 I 위험물 외의 것
위험등급 III	위험등급 I, II 이외의 위험물

10 다음 보기에서 불활성가스소화설비에 적응성이 있는 위험물을 모두 쓰시오.
(4점)

[보기] ① 제1류 위험물 중 알칼리금속과산화물 등
　　　　② 제2류 위험물 중 인화성고체　③ 제3류 위험물 중 금수성 물품
　　　　④ 제4류 위험물　　　　　　　　⑤ 제5류 위험물
　　　　⑥ 제6류 위험물

 ② 제2류 위험물 중 인화성고체
④ 제4류 위험물

상세해설 소화설비의 적응성

소화설비의 구분		제1류 위험물		제2류 위험물			제3류 위험물		제4류 위험물	제5류 위험물	제6류 위험물
		알칼리금속과산화물등	그 밖의 것	철분·마그네슘등	인화성고체	그 밖의 것	금수성물품	그 밖의 것			
옥내소화전 또는 옥외소화전설비			○		○	○		○		○	○
스프링클러설비			○		○	○		○	△	○	○
물분무등소화설비	물분무소화설비		○		○	○		○	○	○	○
	포소화설비		○		○	○		○	○	○	○
	불활성가스소화설비				○				○		
	할로젠화합물소화설비				○				○		
	분말소화설비	인산염류등		○		○	○		○	○		○
		탄산수소염류등	○		○	○		○		○		
		그 밖의 것	○		○			○				

11 유별을 달리하는 위험물은 동일한 저장소에 저장하지 아니하여야 한다. 다만 옥내저장소 또는 옥외저장소에 있어서 적절한 조치를 한 경우에는 저장이 가능하다. 옥내저장소에서 동일한 실에 저장할 수 있는 유별을 바르게 연결한 것을 모두 고르시오.
(4점)

[보기] ① 무기과산화물-유기과산화물　② 질산염류-과염소산
　　　　③ 황린-제1류 위험물　　　　　④ 인화성고체-제1석유류
　　　　⑤ 황-제4류 위험물

해답 ② ③ ④

상세해설
① 무기과산화물(알칼리금속의 과산화물 포함) - 유기과산화물(제5류위험물) - **저장불가**
② 질산염류(제1류)-과염소산(제6류) - 저장가능
③ 황린(제3류)-제1류 위험물 - 저장가능
④ 인화성고체(제2류)-제1석유류 - 저장가능
⑤ 황(제2류)-제4류 위험물 - **저장불가**

- 유별을 달리하는 위험물을 동일한 저장소에 저장할 수 있는 경우
  옥내저장소 또는 옥외저장소에 있어서 다음의 각목의 규정에 의한 위험물을 저장하는 경우로서 위험물을 유별로 정리하여 저장하는 한편, **서로 1m 이상의 간격을 두는 경우**
  ① 제1류 위험물(알칼리금속의 과산화물 또는 이를 함유한 것을 제외한다)과 제5류 위험물을 저장하는 경우
  ② **제1류 위험물과 제6류 위험물을 저장하는 경우**
  ③ 제1류 위험물과 제3류 위험물 중 자연발화성물질(황린 또는 이를 함유한 것에 한한다)을 저장하는 경우
  ④ 제2류 위험물 중 인화성고체와 제4류 위험물을 저장하는 경우
  ⑤ 제3류 위험물 중 알킬알루미늄등과 제4류 위험물(알킬알루미늄 또는 알킬리튬을 함유한 것에 한한다)을 저장하는 경우
  ⑥ 제4류 위험물 중 유기과산화물 또는 이를 함유하는 것과 제5류 위험물 중 유기과산화물 또는 이를 함유한 것을 저장하는 경우

12 위험물에 대한 유별 및 지정수량에 대한 빈칸을 채우시오. (4점)

품 명	유 별	지정수량
질산	①	②
칼륨	제3류 위험물	10kg
질산염류	③	④
트라이나이트로페놀	⑤	⑥

 해답
① 제6류 위험물　② 300kg
③ 제1류 위험물　④ 300kg
⑤ 제5류 위험물　⑥ 10kg

상세해설

- 제1류 위험물의 지정수량

성질	품명	지정수량
산화성 고체	아염소산염류, **염소산염류**, 과염소산염류, 무기과산화물	50kg
	브로민산염류, 질산염류, 아이오딘산염류	300kg
	과망가니즈산염류, 다이크로뮴산염류	1000kg

- 제2류 위험물의 지정수량

성질	품명	지정수량
가연성 고체	1. 황화인, 적린, 황	100kg
	2. 철분, 금속분, 마그네슘	500kg
	3. 인화성고체	1000kg

- 제3류 위험물의 지정수량

성질	품명	지정수량
자연발화성 및 금수성물질	• 칼륨 • 나트륨 • 알킬알루미늄 • 알킬리튬	10kg
	• 황린	20kg
	• 알칼리금속(칼륨 및 나트륨 제외) 및 알칼리토금속 • 유기금속화합물(알킬알루미늄 및 알킬리튬 제외)	50kg
	• 금속의 수소화물 • 금속의 인화물 • 칼슘 또는 알루미늄의 탄화물	300kg

- 제4류 위험물의 지정수량

성질	품명		지정수량
인화성액체	1. **특수인화물**		50L
	2. 제1석유류	비수용성액체	200L
		수용성액체	400L
	3. 알코올류		400L
	4. 제2석유류	비수용성액체	1,000L
		수용성액체	2,000L
	5. 제3석유류	비수용성액체	2,000L
		수용성액체	4,000L
	6. 제4석유류		6,000L
	7. 동식물유류		10,000L

- 제5류 위험물의 지정수량

성질	품명	지정수량	위험등급
자기 반응성 물질	• 유기과산화물 • 질산에스터류 • 나이트로화합물 • 나이트로소화합물 • 아조화합물 • 다이아조화합물 • 하이드라진 유도체 • 하이드록실아민 • 하이드록실아민염류	1종 : 10kg 2종 : 100kg	1종 : Ⅰ 2종 : Ⅱ
종판단 완료	• 질산에스터류(대부분)(1종) • 셀룰로이드(2종) • 트라이나이트로톨루엔(1종) • 트라이나이트로페놀(1종) • 테트릴(1종) • 유기과산화물(대부분)(2종)		

- 제6류 위험물의 지정수량

성질	품명	지정수량
산화성 액체	• 과염소산 • 과산화수소 • 질산	300kg

13 다음은 위험물안전관리법령에 따른 이동탱크저장소의 주입설비(주입호스의 끝부분에 개폐밸브를 설치한 것)를 설치하는 경우 기준이다. 다음 ( )안에 알맞은 답을 쓰시오. (4점)

㈎ 위험물이 (①) 우려가 없고 화재예방상 안전한 구조로 할 것
㈏ 주입설비의 길이는 (②) 이내로 하고, 그 끝부분에 축적되는 (③)를 유효하게 제거할 수 있는 장치를 할 것
㈐ 분당 토출량은 (④) 이하로 할 것

해답 ① 샐 ② 50m ③ 정전기 ④ 200L

상세해설 이동탱크저장소에 주입설비를 설치하는 경우
① 위험물이 샐 우려가 없고 화재예방상 안전한 구조로 할 것
② 주입설비의 길이는 **50m 이내**로 하고, 그 끝부분에 축적되는 정전기를 유효하게 제거할 수 있는 장치를 할 것
③ 분당 토출량은 **200L 이하**로 할 것

위험물산업기사 실기

2019년 11월 9일 시행

01 제4류 위험물인 톨루엔의 증기비중을 구하시오. (4점)

[계산과정]
① 톨루엔($C_6H_5CH_3$)의 분자량 = $12 \times 7 + 1 \times 8 = 92$
② $S = \dfrac{92}{29} = 3.17$

[답] 3.17

- 증기비중 = $\dfrac{M(\text{분자량})}{29(\text{공기평균분자량})}$

- 원칙적인 공기의 조성과 평균분자량
  ① 산소(O_2) : 20.99% ② 질소(N_2) : 78.03%
  ③ 아르곤(Ar) : 0.94% ④ 이산화탄소(CO_2) : 0.03%
  ※ 공기 중 산소의 부피(%) = 21% ※ 공기 중 산소의 중량(무게)(%) = 23%

- 공기의 평균 분자량
  $28(N_2) \times 0.7803 + 32(O_2) \times 0.2099 + 40(Ar) \times 0.0094 + 44(CO_2) \times 0.0003$
  $= 28.95 ≒ 29$

02 과산화나트륨 화재 시 이산화탄소소화약제로 소화는 더 위험하다. 과산화나트륨과 이산화탄소의 반응식을 쓰시오. (4점)

$2Na_2O_2 + 2CO_2 \rightarrow 2Na_2CO_3 + O_2$

과산화나트륨(Na_2O_2) : 제1류위험물 중 무기과산화물(금수성)

화학식	분자량	비중	융점	분해온도
Na_2O_2	78	2.8	460℃	460℃

① 상온에서 물과 격렬히 반응하여 산소(O_2)를 방출하고 폭발하기도 한다.

$$2Na_2O_2 + 2H_2O \rightarrow 4NaOH + O_2 \uparrow$$

② 공기 중 이산화탄소(CO_2)와 반응하여 산소(O_2)를 방출한다.

$$2Na_2O_2 + 2CO_2 \rightarrow 2Na_2CO_3 + O_2 \uparrow$$

③ 산과 반응하여 과산화수소(H_2O_2)를 생성시킨다.

$$Na_2O_2 + 2CH_3COOH \rightarrow 2CH_3COONa + H_2O_2$$

④ 열분해 시 산소(O_2)를 방출한다.

$$2Na_2O_2 \rightarrow 2Na_2O + O_2 \uparrow$$

⑤ 주수소화는 금물이고 마른모래(건조사) 등으로 소화한다.

03 주유취급소에 설치하는 "주유 중 엔진정지" 게시판의 바탕색과 문자색을 쓰시오. (4점)

해답 바탕색 : 황색   문자색 : 흑색

상세해설 주유취급소의 위치 · 구조 및 설비의 기준
(1) 주유공지 및 급유공지

주유공지	급유공지
너비 15m 이상, 길이 6m 이상의 콘크리트 등으로 포장한 공지	고정급유설비의 호스기기의 주위에 필요한 공지

※ 공지의 바닥은 주위 지면보다 높게 하고, 배수구 · 집유설비 및 유분리장치를 할 것

(2) 표지 및 게시판

표 지	게 시 판
위험물 주유취급소	1. 방화에 관하여 필요한 사항 2. **황색바탕에 흑색문자로 "주유 중 엔진정지"** ★★

※ 게시판은 한 변의 길이가 0.3m 이상, 다른 한 변의 길이가 0.6m 이상인 직사각형으로 할 것

04 다음은 제조소등에서의 위험물의 저장기준이다. ( )안에 알맞은 답을 쓰시오. (4점)

> 옥외저장탱크·옥내저장탱크 또는 지하저장탱크 중 압력탱크 외의 탱크에 저장하는 다이에틸에터등 또는 아세트알데하이드등의 온도는 산화프로필렌과 이를 함유한 것 또는 다이에틸에터등에 있어서는 (①) 이하로, 아세트알데하이드 또는 이를 함유한 것에 있어서는 (②) 이하로 각각 유지할 것

해답 ① 30℃ ② 15℃

상세해설 알킬알루미늄, 아세트알데하이드등 및 다이에틸에터등의 저장기준

탱크의 종류	물질명	저장기준
이동저장탱크	알킬알루미늄	20kPa 이하의 압력으로 불활성의 기체를 봉입
	아세트알데하이드	불활성의 기체를 봉입
옥외·옥내, 지하 저장탱크 중 압력탱크 외의 탱크	산화프로필렌과 이를 함유한 것 또는 다이에틸에터	30℃ 이하
	아세트알데하이드 또는 이를 함유한 것	15℃ 이하
옥외·옥내 또는 지하 저장탱크 중 압력 탱크에 저장하는 경우	아세트알데하이드등 또는 다이에틸에터	40℃ 이하
보냉장치가 있는 이동 저장탱크	아세트알데하이드등 또는 다이에틸에터	비점 이하
보냉장치가 없는 이동 저장탱크	아세트알데하이드등 또는 다이에틸에터	40℃ 이하

05 제5류 위험물로서 담황색의 주상결정이며 분자량이 227, 융점이 81℃, 물에 녹지 않고 알콜, 벤젠, 아세톤에 녹는다. 이 물질에 대한 다음 각 물음에 답하시오. (6점)

(물음 1) 화학식을 쓰시오.
(물음 2) 제조하는 과정에 대한 화학 반응식을 쓰시오.
(물음 3) 지정수량을 쓰시오.

해답 (물음 1) $C_6H_2CH_3(NO_2)_3$

(물음 2) $C_6H_5CH_3 + 3HNO_3 \xrightarrow{C-H_2SO_4} C_6H_2CH_3(NO_2)_3 + 3H_2O$

(물음 3) 10kg

상세해설

- 트라이나이트로톨루엔[$C_6H_2CH_3(NO_2)_3$] : 제5류 위험물 중 나이트로화합물
  ① 물에는 녹지 않고 알코올, 아세톤, 벤젠에 녹는다.
  ② 톨루엔과 질산을 반응시켜 얻는다.

  $$C_6H_5CH_3 + 3HNO_3 \xrightarrow[\text{(탈수작용)}]{C-H_2SO_4} C_6H_2CH_3(NO_2)_3 + 3H_2O$$
  (톨루엔)   (질산)   (트라이나이트로톨루엔)   (물)

  ③ Tri Nitro Toluene의 약자로 TNT라고도 한다.
  ④ 담황색의 주상결정이며 햇빛에 다갈색으로 변색된다.
  ⑤ 강력한 폭약이며 급격한 타격에 폭발한다.

  - 트라이나이트로톨루엔의 구조식

  - 트라이나이트로톨루엔의 열분해 반응식
    $2C_6H_2CH_3(NO_2)_3 \rightarrow 2C + 3N_2\uparrow + 5H_2\uparrow + 12CO\uparrow$

  ⑥ 연소 시 연소속도가 너무 빠르므로 소화가 곤란하다.
  ⑦ 무기 및 다이나마이트, 질산폭약제 제조에 이용된다.

- 제5류 위험물 및 지정수량

성질	품명		지정수량	위험등급
자기 반응성 물질	• 유기과산화물 • 나이트로화합물 • 아조화합물 • 하이드라진 유도체 • 하이드록실아민염류	• 질산에스터류 • 나이트로소화합물 • 다이아조화합물 • 하이드록실아민	1종 : 10kg 2종 : 100kg	1종 : Ⅰ 2종 : Ⅱ
종판단 완료	• 질산에스터류(대부분)(1종) • 셀룰로이드(2종) • 트라이나이트로톨루엔(1종) • 트라이나이트로페놀(1종) • 테트릴(1종) • 유기과산화물(대부분)(2종)			

06 제3류 위험물 중 지정수량이 50kg인 품명을 모두 쓰시오. (4점)

해답
① 알칼리금속(칼륨, 나트륨, 제외) 및 알칼리토금속
② 유기금속화합물(알킬알루미늄, 알킬리튬 제외)

상세해설 제3류 위험물의 지정수량

성 질	품 명	지정수량	위험등급
자연발화성 및 금수성물질	• 칼륨 • 나트륨 • 알킬알루미늄 • 알킬리튬	10kg	I
	• 황린	20kg	I
	• 알칼리금속(칼륨 및 나트륨 제외) 및 알칼리토금속 • 유기금속화합물(알킬알루미늄 및 알킬리튬 제외)	50kg	II
	• 금속의 수소화물 • 금속의 인화물 • 칼슘 또는 알루미늄의 탄화물	300kg	III

07 다음의 보기 물질 중에서 인화점이 낮은 것부터 순서대로 나열하시오. (4점)

[보기] ① 초산에틸, ② 메틸알콜, ③ 에틸렌글리콜, ④ 나이트로벤젠

해답 ① 초산에틸 – ② 메틸알콜 – ④ 나이트로벤젠 – ③ 에틸렌글리콜

상세해설
• 제4류 위험물의 물성

품 명	초산에틸	메틸알콜	에틸렌글리콜	나이트로벤젠
유 별	제1석유류	알코올류	제3석유류	제3석유류
인화점	-4℃	11℃	111℃	88℃

08 다음 [보기]는 가연성 물질이다. 연소의 형태에 따른 종류 중 표면연소, 증발연소, 자기연소로 분류하시오. (6점)

〈보기〉 ① 나트륨   ② 트라이나이트로톨루엔   ③ 에탄올
        ④ 금속분   ⑤ 다이에틸에터   ⑥ 피크르산

해답
표면연소 : 나트륨, 금속분
증발연소 : 에탄올, 다이에틸에터
자기연소 : 트라이나이트로톨루엔, 피크르산

상세해설

• 연소의 형태★★★ 자주출제(필수암기) ★★★
① 표면연소(surface reaction) : 숯, 코크스, 목탄, 금속분
② 증발 연소(evaporating combustion) : 파라핀(양초), 황, 나프탈렌, 왁스, 휘발유, 등유, 경유, 아세톤 등 제4류 위험물
③ 분해연소(decomposing combustion) : 석탄, 목재, 플라스틱, 종이, 합성수지(고분자), 중유
④ 자기연소(내부연소) : 질화면(나이트로셀룰로오스), 셀룰로이드, 나이트로글리세린등 제5류 위험물
⑤ 확산연소(diffusive burning) : 아세틸렌, LPG, LNG 등 가연성 기체
⑥ 불꽃연소+표면연소 : 목재, 종이, 셀룰로오스, 열경화성 합성수지

09 트라이에틸알루미늄과 물의 반응식을 쓰고 트라이에틸알루미늄 228g과 물이 반응할 때 발생하는 기체의 부피(L)를 계산하시오.(단, 알루미늄의 분자량은 27이다) (6점)

 (1) 물과 반응식 $(C_2H_5)_3Al + 3H_2O \rightarrow Al(OH)_3 + 3C_2H_6$

(2) 발생하는 기체의 부피

(방법1)

① $(C_2H_5)_3Al$(트라이에틸알루미늄)의 물과 반응식
② $(C_2H_5)_3Al$(트라이에틸알루미늄)의 분자량 $= 12 \times 6 + 1 \times 15 + 27 = 114$

$(C_2H_5)_3Al + 3H_2O \rightarrow Al(OH)_3 + 3C_2H_6 \uparrow$

114g ────────── 3×22.4L

228g ────────── X

$\therefore X = \dfrac{228 \times 3 \times 22.4}{114} = 134.4$L (생성된 에탄의 부피)

(방법2)

① $(C_2H_5)_3Al$(트라이에틸알루미늄)의 물과 반응식
② $(C_2H_5)_3Al + 3H_2O \rightarrow Al(OH)_3 + 3C_2H_6 \uparrow$
③ 이상기체 상태방정식

$$PV = \dfrac{W}{M}RT = nRT$$

여기서, P : 압력(atm), V : 부피(L), $\dfrac{W}{M}$(n) : mol, W : 무게(g)

M : 분자량, R : 기체상수(0.082atm · L/mol · K)

T : 절대온도(273+t℃)K

(3) ∴ $V = \dfrac{WRT}{PM} \times$ 생성기체 몰 수 $= \dfrac{228 \times 0.082 \times (273+0)}{1 \times 114} \times 3 = 134.32 L$

[답] 134.32L

상세해설

- 알킬알루미늄[$(C_nH_{2n+1}) \cdot Al$] : 제 3류 위험물(금수성 물질)
  ① 알킬기(C_nH_{2n+1})에 알루미늄(Al)이 결합된 화합물이다.
  ② C_1~C_4는 자연발화의 위험성이 있다.
  ③ 물과 접촉 시 가연성 가스 발생하므로 주수소화는 절대 금지한다.
  ④ 트라이메틸알루미늄(TMA : Tri Methyl Aluminium)

  $(CH_3)_3Al + 3H_2O \rightarrow Al(OH)_3$(수산화알루미늄) $+ 3CH_4\uparrow$(메탄)

  ⑤ 트라이에틸알루미늄(TEA : Tri Eethyl Aluminium)

  - $(C_2H_5)_3Al + 3CH_3OH \rightarrow Al(CH_3O)_3$(트라이메톡시알루미늄) $+ 3C_2H_6$(에탄)
  - $(C_2H_5)_3Al + 3H_2O \rightarrow Al(OH)_3$(수산화알루미늄) $+ 3C_2H_6\uparrow$(에탄)

  ⑥ 저장용기에 불활성기체(N_2)를 봉입한다.
  ⑦ 피부접촉 시 화상을 입히고 연소 시 흰 연기가 발생한다.
  ⑧ 소화 시 주수소화는 절대 금하고 팽창질석, 팽창진주암 등으로 피복소화한다.

10 위험물안전관리법령상 적재하는 위험물의 성질에 따른 조치사항으로서 차광성과 방수성이 모두 있는 피복으로 가려야하는 위험물을 보기에서 골라 쓰시오. (3점)

〈보기〉 ① 제1류 위험물 중 알칼리금속의 과산화물
② 제2석유류
③ 제2류 위험물 중 금속분
④ 제5류 위험물
⑤ 제6류 위험물

해답 제1류 위험물 중 알칼리금속의 과산화물

상세해설

적재하는 위험물의 성질에 따른 조치
① 차광성이 있는 피복으로 가려야하는 위험물
  ㉠ 제1류 위험물
  ㉡ 제3류 위험물 중 자연 발화성 물질
  ㉢ 제4류 위험물 중 특수인화물
  ㉣ 제5류 위험물
  ㉤ 제6류 위험물

② 방수성이 있는 피복으로 덮어야 하는 것
  ㉠ 제1류 위험물 중 알칼리금속의 과산화물
  ㉡ 제2류 위험물 중 철분·금속분·마그네슘 또는 이들 중 어느 하나 이상을 함유한 것
  ㉢ 제3류 위험물 중 금수성 물질

11 ABC분말소화약제 중 오르토인산이 생성되는 열분해반응식을 쓰시오. (4점)

 $NH_4H_2PO_4 \rightarrow H_3PO_4 + NH_3$

 • 인산암모늄의 열분해
  ① 166℃에서의 분해반응
    $NH_4H_2PO_4 \rightarrow NH_3(암모니아) + H_3PO_4(오르토인산)$
  ② 360℃에서의 분해반응
    $NH_4H_2PO_4 \rightarrow NH_3(암모니아) + H_2O(물) + HPO_3(메타인산)$

12 위험물안전관리법령상 [보기]의 위험물을 저장하는 경우 옥내저장소의 저장창고 바닥면적은 몇 m^2 이하로 하여야 하는지 쓰시오. (3점)

〈보기〉 ① 염소산염류 ② 제2석유류 ③ 유기과산화물

 ① $1000m^2$ 이하 ② $2000m^2$ 이하 ③ $1000m^2$ 이하

• 옥내저장소의 저장창고 바닥면적 설치기준 ★★

위험물의 종류	바닥면적
• 제1류 위험물 중 아염소산염류, 염소산염류, 과염소산염류, 무기과산화물, 그 밖에 지정수량 50kg인 위험물 • 제3류 위험물 중 칼륨, 나트륨, 알킬알루미늄, 알킬리튬, 그 밖에 지정수량이 10kg인 위험물 및 **황린** • 제4류 위험물 중 특수인화물, 제1석유류 및 알코올류 • 제5류 위험물 중 유기과산화물, 질산에스터류, 그 밖에 지정수량이 10kg인 위험물 • 제6류 위험물	$1000m^2$ 이하
• 위 이외의 위험물을 저장하는 창고	$2000m^2$ 이하
• 내화구조의 격벽으로 완전히 구획된 실에 각각 저장하는 창고	$1500m^2$ 이하

13 위험물안전관리법령상 위험물의 시험 및 판정기준 중 연소시간의 측정시험 기준이다. ( )안에 알맞은 답을 쓰시오. (3점)

> 시험물품과 (①)과의 혼합물의 연소시간이 (②) 90% 수용액과 (①)과의 혼합물의 연소시간 이하인 경우에는 산화성액체에 해당하는 것으로 한다.

해답 ① 목분 ② 질산

상세해설
위험물안전관리에 관한 세부기준
제2장 위험물의 시험 및 판정 – 제23조(연소시간의 측정시험)
시험물품과 목분과의 혼합물의 연소시간이 표준물질(질산 90% 수용액)과 목분과의 혼합물의 연소시간 이하인 경우에는 산화성액체에 해당하는 것으로 한다.

위험물산업기사 실기

2020년 5월 24일 시행

01 이황화탄소 100kg이 완전 연소할 때 발생하는 이산화황의 부피(m^3)를 계산하시오. (단, 기준온도는 30℃이고 압력은 800mmHg 로 한다)

[해답] [계산과정] ① CS_2의 완전연소 반응식 : $CS_2 + 3O_2 \rightarrow 2SO_2 + CO_2$
② CS_2의 분자량 = $12+32 \times 2 = 76$
③ 압력의 단위를 atm(기압)으로 환산

$$P = 800mmHg \times \frac{1atm}{760mmHg} = 1.0526 atm$$

④ $V = \frac{WRT}{PM} \times (생성기체몰수) = \frac{100 \times 0.082 \times (273+30)}{1.0526 \times 76} \times 2$

$= 62.12 m^3$

[답] $62.12 m^3$

상세해설
- 이황화탄소(CS_2) : 제4류 위험물-특수인화물

화학식	분자량	비중	비점	인화점	착화점	연소범위
CS_2	76.1	1.26	46℃	-30℃	100℃	1.0~50%

① 무색투명한 액체이며 물에는 녹지 않고 알코올, 에테르, 벤젠 등 유기용제에 녹는다.
② 햇빛에 방치하면 황색을 띤다.
③ 연소 시 아황산가스(SO_2) 및 CO_2를 생성한다.

$CS_2 + 3O_2 \rightarrow 2SO_2$(이산화황) + CO_2(이산화탄소)

④ 저장 시 저장탱크를 물속에 넣어 저장한다.
- 이상기체상태방정식으로 생성기체 부피계산
① 반응식에서 연소하는 물질의 몰수는 항상 1몰을 기준으로 하여야 한다.
② 생성기체의 몰수를 곱하여야 한다.

$$V = \frac{WRT}{PM} \times (생성기체몰수)$$

여기서, P : 압력(atm), V : 부피(m^3), M : 분자량
W : 무게(kg), R : 기체상수(0.082 atm·m^3/mol·K)
T : 절대온도(273+t℃)K

02 다음은 제1류 위험물 중 염소산칼륨에 관한 사항이다. 다음 각 물음에 답하시오.

(물음 1) 염소산칼륨의 완전 열분해 반응식을 쓰시오.
(물음 2) 염소산칼륨 1kg이 열분해하는 경우 발생하는 산소의 부피(m^3)는 표준상태에서 얼마인가? (단, 염소산칼륨의 분자량은 123이다)

해답 (물음 1) $2KClO_3 \rightarrow 2KCl + 3O_2$
(물음 2) [계산과정] ① $KClO_3 \rightarrow KCl + 1.5O_2$ (염소산칼륨 1몰 기준)
② 표준상태(0℃, 1atm)

$$V = \frac{WRT}{PM} \times (생성기체\ 몰수)$$

$$= \frac{1 \times 0.082 \times (273+0)}{1 \times 123} \times 1.5 = 0.27 m^3$$

[답] $0.27 m^3$

상세해설
- 이상기체상태방정식으로 생성기체 부피계산
  ① 반응식에서 열분해하는 물질의 몰수는 항상 **1몰**을 기준으로 하여야 한다.
  ② 생성기체의 몰수를 곱하여야 한다.

$$V = \frac{WRT}{PM} \times (생성기체몰수)$$

여기서, P : 압력(atm), V : 부피(m^3), n : mol수, M : 분자량
W : 무게(kg), R : 기체상수(0.082 atm·m^3/mol·K)
T : 절대온도(273+t℃)K

- 염소산칼륨($KClO_3$) : 제1류 위험물(산화성고체) 중 염소산염류

화학식	분자량	물리적 상태	색상	분해온도
$KClO_3$	122.55	고체	무색	400℃

① 무색 또는 **백색분말**이며 산화력이 강하다.
② **이산화망가니즈**(MnO_2)과 접촉 시 **분해가 촉진**되어 산소를 방출한다.
③ 온수, 글리세린에 잘 녹으며 냉수, 알코올에는 용해하기 어렵다.
④ 완전 열 분해되어 **염화칼륨과 산소를 방출**

$$2KClO_3 \rightarrow 2KCl + 3O_2$$
(염소산칼륨)　　(염화칼륨)　(산소)

03 과산화나트륨의 완전 열분해 반응식과 과산화나트륨 1kg이 열분해 하는 경우 표준상태에서 산소의 부피(L)를 구하시오.

(1) 완전분해 반응식 : $2Na_2O_2 \rightarrow 2Na_2O + O_2$

(2) 산소의 부피
  ① 과산화나트륨(Na_2O_2)의 분자량 $= 23 \times 2 + 16 \times 2 = 78$
  ② 0℃, 1기압(표준상태)에서 모든 기체 1mol은 22.4L의 부피를 차지한다.
  ③ 산소의 부피 계산

  $2Na_2O_2 \rightarrow 2Na_2O + O_2$
  $2 \times 78g \longrightarrow 1 \times 22.4L$
  $1000g \longrightarrow X$

  $X = \dfrac{1000 \times 1 \times 22.4}{2 \times 78} = 143.59L$

과산화나트륨(Na_2O_2) : 제1류위험물 중 무기과산화물(금수성)
① 상온에서 물과 격렬히 반응하여 산소(O_2)를 방출하고 폭발하기도 한다.

$2Na_2O_2 + 2H_2O \rightarrow 4NaOH + O_2 \uparrow$

② 공기 중 이산화탄소(CO_2)와 반응하여 산소(O_2)를 방출한다.

$2Na_2O_2 + 2CO_2 \rightarrow 2Na_2CO_3 + O_2 \uparrow$

③ 산과 반응하여 과산화수소(H_2O_2)를 생성시킨다.

$Na_2O_2 + 2CH_3COOH \rightarrow 2CH_3COONa + H_2O_2$

④ 열분해 시 산소(O_2)를 방출한다.

$2Na_2O_2 \rightarrow 2Na_2O + O_2 \uparrow$

⑤ 주수소화는 금물이고 마른모래(건조사), 팽창질석, 팽창진주암, 탄산수소염류 등으로 소화한다.

04 알루미늄에 대한 다음 각 물음에 답하시오.

(물음 1) 알루미늄의 산화반응식을 쓰시오.
(물음 2) 알루미늄과 염산의 반응식을 쓰시오.
(물음 3) 알루미늄과 물의 반응식을 쓰시오.

해답 (물음 1) $4Al + 3O_2 \rightarrow 2Al_2O_3$
(물음 2) $2Al + 6HCl \rightarrow 2AlCl_3 + 3H_2$
(물음 3) $2Al + 6H_2O \rightarrow 2Al(OH)_3 + 3H_2$

상세해설
(1) 알루미늄의 산화반응식
  $4Al(알루미늄) + 3O_2(산소) \rightarrow 2Al_2O_3(삼산화알루미늄)$
(2) 알루미늄과 염산의 반응식
  $2Al(알루미늄) + 6HCl(염산) \rightarrow 2AlCl_3(염화알루미늄) + 3H_2(수소)$
(3) 알루미늄분(Al) : 제2류 금속분
  ① 할로겐원소(F, Cl, Br, I)와 접촉 시 자연발화 위험이 있다.
  ② 분진폭발 위험성이 있다.
  ③ 가열된 알루미늄은 수증기와 반응하여 수소를 발생시킨다.(주수소화금지)
  $$2Al + 6H_2O \rightarrow 2Al(OH)_3 + 3H_2 \uparrow$$
  ④ 주수소화는 엄금이며 마른모래 등으로 피복 소화한다.

---

05 다음 위험물을 저장하는 경우 보호액을 쓰시오.
① 황린 ② 칼륨 ③ 이황화탄소

 ① 물
② 파라핀, 경유, 등유
③ 물

상세해설
• 금속칼륨 및 금속나트륨 : 제3류 위험물(금수성)
  ① 물과 반응하여 수소기체 발생
  $$2Na + 2H_2O \rightarrow 2NaOH(수산화나트륨) + H_2 \uparrow (수소발생)$$
  $$2K + 2H_2O \rightarrow 2KOH(수산화칼륨) + H_2 \uparrow (수소발생)$$
  ② 파라핀, 경유, 등유 속에 저장

★★자주출제(필수정리)★★
① 칼륨(K), 나트륨(Na)은 파라핀, 경유, 등유 속에 저장
② 황린(3류) 및 이황화탄소(4류)는 물속에 저장

06 다음은 제4류 위험물에 대한 내용이다. 각 물음에 답하시오.

(물음 1) 아이오딘값의 정의를 쓰시오.
(물음 2) 동식물유류를 아이오딘값에 따라 분류하고 아이오딘값의 범위를 쓰시오.

구 분	아이오딘값

해답

(물음 1) 100g의 유지에 의해서 흡수되는 아이오딘의 g수

(물음 2)

구 분	아이오딘값
건성유	130 이상
반건성유	100~130
불건성유	100 이하

상세해설

- 동식물유류 : 제4류 위험물
  동물의 지육 또는 식물의 종자나 과육으로부터 추출한 것으로 1기압에서 인화점이 250℃ 미만인 것

[아이오딘값에 따른 동식물유류의 분류]

구 분	아이오딘값	종 류
건성유	130 이상	해바라기기름, 동유(오동기름), 정어리기름, 아마인유, 들기름
반건성유	100~130	채종유, 쌀겨기름, 참기름, 면실유(목화씨기름), 옥수수기름, 청어기름, 콩기름
불건성유	100 이하	야자유, 팜유, 올리브유, 피마자기름, 낙화생기름(땅콩기름), 돈지, 우지, 고래기름

- 아이오딘값
  옥소가(沃素價)라고도 하며 100g의 유지에 의해서 흡수되는 아이오딘의 g수
- 비누화값의 정의
  유지 1g을 비누화하는데 필요한 KOH mg수

07 제2류 위험물 중 황화인에 대한 다음 각 물음에 답하시오.

(물음 1) 오황화인과 물의 반응식을 쓰시오.
(물음 2) 오황화인이 물과 반응하여 생성되는 기체의 완전연소반응식을 쓰시오.

해답
(물음 1) $P_2S_5 + 8H_2O \rightarrow 2H_3PO_4 + 5H_2S$
(물음 2) $2H_2S + 3O_2 \rightarrow 2SO_2 + 2H_2O$

상세해설

황화인(제2류 위험물) : 황과 인의 화합물

- **삼황화인**(P_4S_3)
  ① 황색결정으로 물, 염산, 황산에 녹지 않으며 질산, 알칼리, 이황화탄소에 녹는다.
  ② 연소하면 오산화인과 이산화황이 생긴다.

  $$P_4S_3 + 8O_2 \rightarrow 2P_2O_5 + 3SO_2 \uparrow$$

- **오황화인**(P_2S_5)
  ① 담황색 결정이고 조해성이 있으며 수분을 흡수하면 분해된다.
  ② 이황화탄소(CS_2)에 잘 녹는다.
  ③ 물, 알칼리와 반응하여 인산과 황화수소를 발생한다.

  $$P_2S_5 + 8H_2O \rightarrow 2H_3PO_4 + 5H_2S \uparrow$$

  ④ **연소하면 오산화인과 이산화황이 생긴다.**

  $$2P_2S_5 + 15O_2 \rightarrow 2P_2O_5 + 10SO_2 \uparrow$$

- **칠황화인**(P_4S_7)
  ① 담황색 결정이고 조해성이 있으며 수분을 흡수하면 분해된다.
  ② 이황화탄소(CS_2)에 약간 녹는다.
  ③ 냉수에는 서서히 분해가 되고 더운물에는 급격히 분해된다.

08 아래의 제3류 위험물과 물이 반응하는 경우 반응식을 쓰시오.

① 수소화알루미늄리튬
② 수소화칼륨
③ 수소화칼슘

해답
① $LiAlH_4 + 4H_2O \rightarrow LiOH + Al(OH)_3 + 4H_2$

② KH + H₂O → KOH + H₂
③ CaH₂ + 2H₂O → Ca(OH)₂ + 2H₂

상세해설 금속의 수소화물
(1) **수소화알루미늄리튬**(LiAlH₄)
  ① 흰색의 결정성 분말이며 가연성이다.
  ② 물과 반응하여 수소(H₂)를 발생하고 발화한다.

  $$LiAlH_4 + 4H_2O \rightarrow LiOH + Al(OH)_3 + 4H_2 \uparrow$$

  ③ 125℃에서 분해하기 시작하여 리튬, 알루미늄 및 수소로 분해된다.
(2) **수소화칼륨**(KH)
  ① 물과 격렬히 반응하여 수소(H₂)를 발생한다.

  $$KH + H_2O \rightarrow KOH + H_2 \uparrow$$

  ② 물 및 포약제의 소화는 절대 금하고 마른모래 등으로 피복소화한다.
(3) **수소화칼슘**(CaH₂)
  ① 물과 반응하여 수소를 발생한다.

  $$CaH_2 + 2H_2O \rightarrow Ca(OH)_2 + 2H_2$$

  ② 물 및 포약제 소화는 절대 금하고 마른모래 등으로 피복소화한다.

09 보기에서 설명하는 위험물의 화학식과 지정수량을 쓰시오.

[보기]
- 무색투명한 액체로서 분자량이 58이다.
- 인화점이 −37℃, 연소범위가 2.8~37%이다.
- 저장용기 사용 시 구리, 마그네슘, 은, 수은 및 합금용기는 사용하지 않아야 한다.

해답 ① 화학식 : CH₃CHCH₂O
② 지정수량 : 50L

상세해설
• 산화프로필렌(CH₃CH₂CHO) : 제4류 위험물 중 특수인화물

화학식	분자량	비중	비점	인화점	착화점	연소범위
CH₃CHCH₂O	58	0.83	34℃	−37℃	465℃	2.8~37%

① 휘발성이 강하고 에테르냄새가 나는 액체이다.

② 물, 알코올, 벤젠 등 유기용제에는 잘 녹는다.
③ 저장용기 사용 시 구리, 마그네슘, 은, 수은 및 합금용기 사용금지(아세틸라이트 생성)
④ 저장 용기 내에 질소(N_2) 등 불연성가스를 채워둔다.
⑤ 소화는 포 약제로 질식 소화한다.

- 제4류 위험물 및 지정수량

유별	성질	품 명		지정수량
제4류	인화성액체	1. 특수인화물		50L
		2. 제1석유류	비수용성액체	200L
			수용성액체	400L
		3. 알코올류		400L
		4. 제2석유류	비수용성액체	1,000L
			수용성액체	2,000L
		5. 제3석유류	비수용성액체	2,000L
			수용성액체	4,000L
		6. 제4석유류		6,000L
		7. 동식물유류		10,000L

10 인화성액체의 인화점 측정기를 3가지만 쓰시오.

해답
① 태그밀폐식 인화점측정기
② 신속평형법 인화점측정기
③ 클리브랜드개방컵 인화점측정기

11 제3류 위험물인 나트륨에 대한 다음 각 물음에 답하시오.

(물음 1) 나트륨과 물의 반응식을 쓰시오.
(물음 2) 나트륨의 완전연소 반응식을 쓰시오.
(물음 3) 나트륨이 연소하는 경우 불꽃의 색상을 쓰시오.

해답 (물음 1) $2Na + 2H_2O \rightarrow 2NaOH + H_2$
(물음 2) $4Na + O_2 \rightarrow 2Na_2O$
(물음 3) 노란색

상세해설

1. 금속나트륨 : 제3류 위험물(금수성)
   (1) 은백색의 금속
   (2) 연소 시 노란색 불꽃 내면서 연소
   $$4Na + O_2 \rightarrow 2Na_2O$$
   (3) 물과 반응하여 수소기체 발생
   $$2Na + 2H_2O \rightarrow 2NaOH(수산화나트륨) + H_2\uparrow(수소)$$
   (4) 보호액으로 파라핀, 경유, 등유를 사용한다.
   (5) 피부와 접촉 시 화상을 입는다.
   (6) 마른모래 등으로 질식 소화한다.
   (7) 화학적으로 활성이 대단히 크고 알코올과 반응하여 수소를 발생시킨다.
   $$2Na + 2C_2H_5OH(에틸알코올) \rightarrow 2C_2H_5ONa(나트륨에틸레이트) + H_2\uparrow$$

2. 불꽃반응 시 색상

구 분	칼륨(K)	나트륨(Na)	칼슘(Ca)	리튬(Li)	바륨(Ba)
불꽃 색상	보라색	노란색	주홍색	적 색	황록색

12 다음 보기의 위험물에 대한 운반용기 외부에 수납하는 위험물에 따른 주의사항을 쓰시오.

[보기] ① 제1류 위험물 중 알칼리금속의 과산화물
② 제3류 위험물 중 자연발화성물질
③ 제5류 위험물

해답
① 화기주의, 충격주의, 물기엄금 및 가연물접촉주의
② 화기엄금 및 공기접촉엄금
③ 화기엄금 및 충격주의

상세해설

위험물 운반용기의 외부 표시 사항
① 위험물의 품명, 위험등급, 화학명 및 수용성(제4류 위험물의 수용성인 것에 한함)
② 위험물의 수량
③ 수납하는 위험물에 따른 주의사항

유 별	성질에 따른 구분	표시사항
제1류 위험물	알칼리금속의 과산화물	화기 · 충격주의, 물기엄금 및 가연물접촉주의
	그 밖의 것	화기 · 충격주의 및 가연물접촉주의

유 별	성질에 따른 구분	표시사항
제2류 위험물	철분·금속분·마그네슘	화기주의 및 물기엄금
	인화성고체	화기엄금
	그 밖의 것	화기주의
제3류 위험물	**자연발화성물질**	**화기엄금 및 공기접촉엄금**
	금수성물질	물기엄금
제4류 위험물	인화성 액체	화기엄금
제5류 위험물	**자기반응성 물질**	**화기엄금 및 충격주의**
제6류 위험물	산화성 액체	가연물접촉주의

13 다음은 제4류 위험물의 분류에 대한 내용이다. (   )안에 알맞은 답을 쓰시오.

- 특수인화물 : 1기압에서 발화점이 섭씨 (①)도 이하인 것 또는 인화점이 섭씨 영하 20도 이하이고 비점이 섭씨 40도 이하인 것
- 제1석유류 : 인화점이 섭씨(②)도 미만인 것
- 제2석유류 : 인화점이 섭씨(②)도 이상 섭씨(③)도 미만인 것
- 제3석유류 : 인화점이 섭씨(③)도 이상 섭씨(④)도 미만인 것
- 제4석유류 : 인화점이 섭씨(④)도 이상 섭씨(⑤)도 미만인 것

해답   ① 100   ② 21   ③ 70   ④ 200   ⑤ 250

상세해설

- 제4류 위험물 (인화성 액체)

구 분	지정품목	기타 조건 (1atm에서)
특수인화물	• 이황화탄소 • 다이에틸에테르	• 발화점이 100℃ 이하 • 인화점 −20℃ 이하이고 비점이 40℃ 이하
제1석유류	• 아세톤 • 휘발유	• 인화점 21℃ 미만
알코올류	$C_1 \sim C_3$까지 포화 1가 알코올(변성알코올 포함) • 메틸알코올 • 에틸알코올 • 프로필알코올	
제2석유류	• 등유 • 경유	• 인화점 21℃ 이상 70℃ 미만
제3석유류	• 중유 • 크레오소트유	• 인화점 70℃ 이상 200℃ 미만
제4석유류	• 기어유 • 실린더유	• 인화점 200℃ 이상 250℃ 미만
동식물유류	• 동물의 지육 등 또는 식물의 종자나 과육으로부터 추출한 것으로서 인화점이 250℃ 미만인 것	

14 크실렌의 이성질체 3가지에 대한 명칭과 구조식을 쓰시오.

해답 ① 오르토(ortho)-크실렌 ② 메타(meta)-크실렌 ③ 파라(para)-크실렌

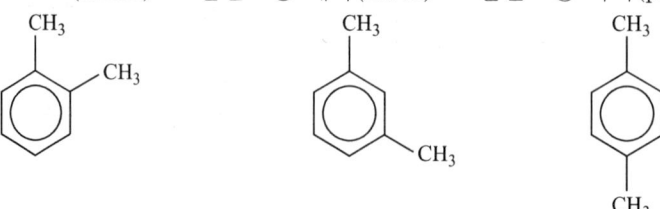

상세해설
- 크실렌(자이렌)($C_6H_4(CH_3)_2$)의 이성질체
  ① 오르토(ortho)-크실렌(인화점 : 32℃) : 제2석유류
  ② 메타(meta)-크실렌(인화점 : 27.5℃) : 제2석유류
  ③ 파라(para)-크실렌(인화점 : 27.2℃) : 제2석유류

---

15 다음은 위험물안전관법령에서 정한 안전관리자에 대한 내용이다. 각 물음에 답하시오.

(물음 1) 안전관리자 선임의무가 있는 자를 보기에서 고르시오(단, 없으면 없음이라 표기하시오)
① 제조소등의 관계인 ② 제조소등의 설치자 ③ 소방서장
④ 소방청장 ⑤ 시, 도지사

(물음 2) 안전관리자를 해임한 경우 해임한 날부터 며칠 이내에 다시 안전관리자를 선임하여야 하는가? (제한이 없으면 없음이라 표기)

(물음 3) 안전관리자가 퇴직한 경우 퇴직한 날부터 며칠 이내에 다시 안전관리자를 선임하여야 하는가? (제한이 없으면 없음이라 표기)

(물음 4) 안전관리자 선임한 경우 며칠 이내에 신고하여야 하는가? (제한이 없으면 없음이라 표기)

(물음 5) 안전관리자가 여행, 질병, 그 밖의 사유로 인하여 일시적으로 직무를 수행할 수 없을 경우 대리자가 직무를 대행하는 기간은 며칠을 초과할 수 없는가? (제한이 없으면 없음이라 표기)

해답 (물음 1) ① 제조소등의 관계인   (물음 2) 30일
(물음 3) 30일   (물음 4) 14일
(물음 5) 30일

상세해설 위험물안전관리법 제15조(위험물안전관리자)
① 제조소등의 **관계인**은 위험물의 안전관리에 관한 직무를 수행하게 하기 위하여 제조소등마다 위험물취급자격자를 위험물안전관리자로 선임하여야 한다.
② 안전관리자를 선임한 제조소등의 **관계인**은 그 안전관리자를 해임하거나 안전관리자가 **퇴직**한 때에는 **해임하거나 퇴직한 날부터 30일 이내**에 다시 안전관리자를 **선임**하여야 한다.
③ 제조소등의 **관계인**은 안전관리자를 선임한 경우에는 **선임한 날부터 14일 이내**에 행정안전부령으로 정하는 바에 따라 **소방본부장 또는 소방서장에게 신고**하여야 한다.
④ 안전관리자를 선임한 제조소등의 **관계인**은 안전관리자가 여행·질병 그 밖의 사유로 인하여 일시적으로 직무를 수행할 수 없거나 안전관리자의 해임 또는 퇴직과 동시에 다른 안전관리자를 선임하지 못하는 경우에는 행정안전부령이 정하는 자를 대리자로 지정하여 그 직무를 대행하게 하여야 한다. 이 경우 대리자가 안전관리자의 **직무를 대행하는 기간은 30일을 초과할 수 없다.**

---

16 위험물제조소에 옥내소화전설비를 아래와 같이 설치한다면 수원의 양(m^3)을 구하시오.

(물음 1) 옥내소화전의 개수가 1층에 1개, 2층에 3개 설치하는 경우
(물음 2) 옥내소화전의 개수가 1층에 1개, 2층에 6개 설치하는 경우

 해답 (물음 1) [계산과정] $Q = 3 \times 7.8 = 23.4 m^3$
[답] $23.4 m^3$

(물음 2) [계산과정] $Q = 5 \times 7.8 = 39 m^3$
[답] $39 m^3$

상세해설 위험물제조소등의 소화설비 설치기준

소화설비	수평거리	방사량	방사압력	수원의 양
옥내	25m 이하	260(L/min) 이상	350(kPa) 이상	$Q=N$(소화전개수 : 최대 5개) $\times 7.8 m^3$(260L/min $\times$ 30min)
옥외	40m 이하	450(L/min) 이상	350(kPa) 이상	$Q=N$(소화전개수 : 최대 4개) $\times 13.5 m^3$(450L/min $\times$ 30min)
스프링클러	1.7m 이하	80(L/min) 이상	100(kPa) 이상	$Q=N$(헤드수 : 최대 30개) $\times 2.4 m^3$(80L/min $\times$ 30min)
물분무		20 (L/$m^2 \cdot$ min)	350(kPa) 이상	$Q=A$(바닥면적 m^2) $\times 0.6 m^3$(20L/$m^2 \cdot$ min $\times$ 30min)

17 제6류 위험물인 과산화수소에 대한 다음 각 물음에 답하시오.

(물음 1) 과산화수소는 그 농도가 얼마 이상인 것에 한하며 위험물에 해당하는가?

(물음 2) 하이드라진과 접촉 시 분해반응식을 쓰시오.

해답 (물음 1) 36중량% 이상

(물음 2) $NH_2 \cdot NH_2 + 2H_2O_2 \rightarrow 4H_2O + N_2$

상세해설
- 과산화수소(H_2O_2)의 일반적인 성질
  ① 분해 시 산소(O_2)를 발생시킨다.
  ② **분해안정제로 인산(H_3PO_4) 및 요산($C_5H_4N_4O_3$)을 첨가한다.**
  ③ 시판품은 일반적으로 30~40% 수용액이다.
  ④ 저장용기는 밀폐하지 말고 구멍이 있는 마개를 사용한다.
  ⑤ 강산화제이면서 환원제로도 사용한다.
  ⑥ 60% 이상의 고농도에서는 단독으로 폭발위험이 있다.
  ⑦ 하이드라진($NH_2 \cdot NH_2$)과 접촉 시 분해 작용으로 폭발위험이 있다.

  $$NH_2 \cdot NH_2 + 2H_2O_2 \rightarrow 4H_2O + N_2 \uparrow$$

  ⑧ 3%용액은 옥시풀이라 하며 표백제 또는 살균제로 이용한다.
  ⑨ 무색인 아이오딘칼륨 녹말종이와 반응하여 청색으로 변화시킨다.

18 다음 보기를 보고 각 물음에 답하시오.

[보기] 나이트로글리세린, 트라이나이트로톨루엔, 트라이나이트로페놀, 과산화벤조일, 다이나이트로벤젠

(물음 1) 질산에스터류에 속하는 물질을 모두 쓰시오.
(물음 2) 상온에서는 액체이지만 겨울철에는 동결하는 물질의 열분해반응식을 쓰시오.

해답 (물음 1) 나이트로글리세린

(물음 2) $4C_3H_5(ONO_2)_3 \rightarrow 12CO_2 + 6N_2 + O_2 + 10H_2O$

상세해설
(1) 질산에스터류
  ① 질산메틸(CH_3ONO_2)
  ② 질산에틸($C_2H_5ONO_2$)

③ 나이트로글리세린($C_3H_5(ONO_2)_3$)
④ 나이트로셀룰로오스(Nitro Cellulose) : $[(C_6H_7O_2(ONO_2)_3]_n$

(2) 나이트로글리세린(Nitro Glycerine)($C_3H_5(ONO_2)_3$) –제5류–질산에스터류
① 상온에서는 액체이지만 겨울철에는 동결한다.
② 진한질산과 진한 황산을 가하면 나이트로화 하여 나이트로글리세린으로 된다.

글리세린의 나이트로화반응
$C_3H_5(OH)_3 + 3HONO_2 \xrightarrow{H_2SO_4} C_3H_5(ONO_2)_3 + 3H_2O$ (글리세린)   (질산)   (나이트로글리세린)   (물)

③ 비수용성이며 메탄올, 아세톤 등에 녹는다.
④ 가열, 마찰, 충격에 예민하여 대단히 위험하다.

나이트로글리세린의 열분해 반응식
$4C_3H_5(ONO_2)_3 \rightarrow 12CO_2\uparrow + 6N_2\uparrow + O_2\uparrow + 10H_2O$

⑤ 다이나마이트(규조토+나이트로글리세린), 무연화약 제조에 이용된다.

19 다음은 위험물안전관리법령상 제조소등에서의 위험물의 저장 및 취급에 관한 기준이다. ( )안에 알맞은 답을 쓰시오.

(1) 위험물을 저장 또는 취급하는 건축물 그 밖의 공작물 또는 설비는 당해 위험물의 성질에 따라 차광 또는 (①)를 실시하여야 한다.
(2) 위험물은 온도계, 습도계, 압력계 그 밖의 계기를 감시하여 당해 위험물의 성질에 맞는 적정한 온도, 습도 또는 (②)을 유지하도록 저장 또는 취급하여야 한다.
(3) 위험물을 용기에 수납하여 저장 또는 취급할 때에는 그 용기는 당해 위험물의 성질에 적응하고 파손 · (③) · 균열 등이 없는 것으로 하여야 한다.
(4) (④)의 액체 · 증기 또는 가스가 새거나 체류할 우려가 있는 장소 또는 가연성의 미분이 현저하게 부유할 우려가 있는 장소에서는 전선과 전기기구를 완전히 접속하고 불꽃을 발하는 기계 · 기구 · 공구 · 신발 등을 사용하지 아니하여야 한다.
(5) 위험물을 (⑤)중에 보존하는 경우에는 당해 위험물이 보호액으로부터 노출되지 아니하도록 하여야 한다.

해답 ① 환기 ② 압력 ③ 부식 ④ 가연성 ⑤ 보호액

상세해설 제조소등에서의 위험물의 저장 및 취급에 관한 기준
① 위험물을 저장 또는 취급하는 건축물 그 밖의 공작물 또는 설비는 당해 위험물의 성질에 따라 **차광** 또는 **환기**를 실시하여야 한다.
② 위험물은 **온도계, 습도계, 압력계** 그 밖의 계기를 감시하여 당해 위험물의 성질에 맞는 적정한 **온도, 습도 또는 압력**을 유지하도록 저장 또는 취급하여야 한다.
③ 위험물을 저장 또는 취급하는 경우에는 위험물의 **변질, 이물의 혼입** 등에 의하여 당해 위험물의 위험성이 증대되지 아니하도록 필요한 조치를 강구하여야 한다.
④ 위험물이 남아 있거나 남아 있을 우려가 있는 설비, 기계·기구, 용기 등을 수리하는 경우에는 안전한 장소에서 위험물을 완전하게 제거한 후에 실시하여야 한다.
⑤ 위험물을 용기에 수납하여 저장 또는 취급할 때에는 그 용기는 당해 위험물의 성질에 적응하고 **파손·부식·균열** 등이 없는 것으로 하여야 한다.
⑥ **가연성의 액체·증기** 또는 가스가 새거나 체류할 우려가 있는 장소 또는 **가연성의 미분**이 현저하게 부유할 우려가 있는 장소에서는 전선과 전기기구를 완전히 접속하고 불꽃을 발하는 기계·기구·공구·신발 등을 사용하지 아니하여야 한다.
⑦ 위험물을 **보호액 중**에 보존하는 경우에는 당해 위험물이 **보호액으로부터 노출되지 아니하도록** 하여야 한다.

20 다음은 위험물안전관리법령에 대한 내용이다. 각 물음에 답하시오.

(물음 1) 위험물을 저장 또는 취급하는 탱크로서 허가를 받은 자가 변경공사를 하는 때에는 완공검사를 받기 전에 기술기준에 적합한지의 여부를 확인하기 위하여 시·도지사가 실시하는 어떤 검사를 받아야 하는가?

(물음 2) 다음 제조소등의 완공검사신청 시기를 쓰시오.
　　① 지하탱크가 있는 제조소등의 경우
　　② 이동탱크저장소의 경우

(물음 3) 시·도지사는 제조소등에 대하여 완공검사를 실시하고, 완공검사를 실시한 결과 당해 제조소등이 기술기준에 적합하다고 인정하는 때에는 무엇을 교부 교부하여야 하는가?

해답 (물음 1) 탱크안전성능검사
　　　(물음 2) ① 당해 지하탱크를 매설하기 전
　　　　　　　② 이동저장탱크를 완공하고 상시설치장소를 확보한 후
　　　(물음 3) 완공검사합격확인증

상세해설

(1) 탱크안전성능검사

위험물을 저장 또는 취급하는 탱크로서 허가를 받은 자가 변경공사를 하는 때에는 완공검사를 받기 전에 기술기준에 적합한지의 여부를 확인하기 위하여 시·도지사가 실시하는 **탱크안전성능검사**를 받아야 한다.

(2) 완공검사의 신청 등

① 제조소등에 대한 **완공검사**를 받고자 하는 자는 이를 **시·도지사에게 신청**하여야 한다.

② 시·도지사는 제조소등에 대하여 완공검사를 실시하고, 완공검사를 실시한 결과 당해 제조소등이 기술기준에 적합하다고 인정하는 때에는 **완공검사합격확인증을 교부**하여야 한다.

(3) 완공검사의 신청시기

① **지하탱크**가 있는 제조소등의 경우 : 당해 **지하탱크를 매설하기 전**

② **이동탱크저장소**의 경우 : 이동저장탱크를 **완공하고 상시설치장소를 확보한 후**

③ **이송취급소**의 경우 : 이송배관 공사의 전체 또는 일부를 **완료한 후**. 다만, 지하·하천 등에 매설하는 이송배관의 공사의 경우에는 이송배관을 매설하기 전

위험물산업기사 실기

2020년 7월 26일 시행

01 제4류 위험물로서 무색의 휘발성 액체이며 분자량이 27, 끓는점이 26℃, 물, 에탄올, 에테르에 잘 녹으며 맹독성이다. 이 물질에 대한 다음 각 물음에 답하시오.

(물음 1) 화학식을 쓰시오.
(물음 2) 증기비중을 구하시오.

해답 (물음 1) 화학식 : HCN

(물음 2) [계산과정] 증기 비중 : $S = \dfrac{27}{29} = 0.93$

[답] 0.93

상세해설 사이안화수소(HCN) [hydrogen cyanide]—수용성

화학식	분자량	비중	비점	인화점	착화점	연소범위
HCN	27	0.69	26℃	18℃	540℃	6~41%

① 무색의 휘발성 액체이다.
② 약한 산성인 수용액을 사이안화수소산 또는 청산이라고 한다.
③ 연소 시 질소와 이산화탄소를 생성한다.

$$4HCN + 5O_2 \rightarrow 2H_2O + 2N_2 + 4CO_2$$
(사이안화수소) (산소)　　(물)　(질소) (이산화탄소)

④ 물·에탄올·에테르 등과 임의의 비율로 섞인다.
⑤ 맹독성가스로 공기 중의 허용농도를 10ppm으로 규제

02

위험물안전관리법령에서 정한 농도가 36중량% 미만인 경우 위험물에서 제외되는 제6류 위험물에 대한 다음 각 물음에 답하시오.

(물음 1) 이 물질이 분해하는 경우 산소가 생성되는 반응식을 쓰시오.
(물음 2) 이 물질을 운반하는 경우 수납하는 위험물에 따른 주의사항 중 표시사항을 쓰시오.
(물음 3) 이 물질의 위험등급을 쓰시오.

해답
(물음 1) $2H_2O_2 \rightarrow 2H_2O + O_2$
(물음 2) 가연물접촉주의
(물음 3) Ⅰ등급

상세해설

- 과산화수소(H_2O_2) : 제6류 위험물−산화성액체

화학식	분자량	비중	비점	융점
H_2O_2	34	1.463	150.2℃(pure)	−0.43℃(pure)

① 물, 에탄올, 에테르에 잘 녹으며 벤젠에 녹지 않는다.
② 분해 시 산소(O_2)를 발생시킨다.

$$2H_2O_2 \xrightarrow{MnO_2(정촉매)} 2H_2O + O_2 \uparrow (산소)$$

③ 분해안정제로 인산(H_3PO_4) 또는 요산($C_5H_4N_4O_3$)을 첨가한다.
④ 저장용기는 밀폐하지 말고 **구멍**이 있는 **마개**를 사용한다.
⑤ 하이드라진($NH_2 \cdot NH_2$)과 접촉 시 분해 작용으로 폭발위험이 있다.

$$NH_2 \cdot NH_2 + 2H_2O_2 \rightarrow 4H_2O + N_2 \uparrow$$

- 위험물 운반용기의 외부 표시 사항
① 위험물의 품명, 위험등급, 화학명 및 수용성(제4류 위험물의 수용성인 것에 한함)
② 위험물의 수량
③ 수납하는 위험물에 따른 주의사항

유 별	성질에 따른 구분	표시사항
제1류 위험물	알칼리금속의 과산화물	화기·충격주의, 물기엄금 및 가연물접촉주의
	그 밖의 것	화기·충격주의 및 가연물접촉주의
제2류 위험물	철분·금속분·마그네슘	화기주의 및 물기엄금
	인화성고체	화기엄금
	그 밖의 것	화기주의
제3류 위험물	자연발화성물질	화기엄금 및 공기접촉엄금
	금수성물질	물기엄금
제4류 위험물	인화성 액체	화기엄금
제5류 위험물	자기반응성 물질	화기엄금 및 충격주의
제6류 위험물	**산화성 액체**	**가연물접촉주의**

- 위험물의 등급 분류 ★★★

위험등급	해당 위험물
위험등급 I	(1) 제1류 위험물 중 아염소산염류, 염소산염류, 과염소산염류, 무기과산화물 그 밖에 지정수량이 50kg인 위험물 (2) 제3류 위험물 중 칼륨, 나트륨, 알킬알루미늄, 알킬리튬, 황린 그 밖에 지정수량이 10kg 또는 20kg인 위험물 (3) 제4류 위험물 중 특수인화물 (4) 제5류 위험물 중 유기과산화물, 질산에스터류 그 밖에 지정수량이 10kg인 위험물 (5) 제6류 위험물
위험등급 II	(1) 제1류 위험물 중 브로민산염류, 질산염류, 아이오딘산염류 그 밖에 지정수량이 300kg인 위험물 (2) 제2류 위험물 중 황화인, 적린, 황 그 밖에 지정수량이 100kg인 위험물 (3) 제3류 위험물 중 알칼리금속(칼륨, 나트륨 제외) 및 알칼리토금속, 유기금속화합물(알킬알루미늄 및 알킬리튬은 제외) 그 밖에 지정수량이 50kg인 위험물 (4) 제4류 위험물 중 제1석유류, 알코올류 (5) 제5류 위험물 중 위험등급 I 위험물 외의 것
위험등급 III	위험등급 I, II 이외의 위험물

03 탄화칼슘 32g이 물과 반응하여 생성되는 기체가 완전연소하기 위한 산소의 부피(L)을 구하시오.

해답 [계산과정]

① 탄화칼슘 32g이 물과 반응하여 생성되는 아세틸렌의 부피를 계산

CaC_2(탄화칼슘)의 물과 반응식

$CaC_2 + 2H_2O \rightarrow Ca(OH)_2 + C_2H_2 \uparrow$

64g ─────────────→ 1×22.4L

32g ─────────────→ X

$\therefore X = \dfrac{32 \times 1 \times 22.4}{64} = 11.2L$ (생성 아세틸렌부피)

② 아세틸렌의 완전연소 반응식

$2C_2H_2 + 5O_2 \rightarrow 4CO_2 + 2H_2O$

2×22.4L ─→ 5×22.4L

11.2L ─────→ X

$\therefore X = \dfrac{11.2 \times 5 \times 22.4}{2 \times 22.4} = 28L$ (완전연소를 위한 산소의 부피)

[답] 28L

상세해설

탄화칼슘(CaC₂) : 제3류 위험물 중 칼슘탄화물
① 물과 접촉 시 아세틸렌을 생성하고 열을 발생시킨다.

$$CaC_2 + 2H_2O \rightarrow Ca(OH)_2 (수산화칼슘) + C_2H_2 \uparrow (아세틸렌)$$

② 아세틸렌의 폭발범위는 2.5~81%로 대단히 넓어서 폭발위험성이 크다.
③ 장기 보관시 불활성기체(N_2 등)를 봉입하여 저장한다.
④ 별명은 카바이드, 탄화석회, 칼슘카바이드 등이다.
⑤ 고온(700℃)에서 질화되어 석회질소($CaCN_2$)가 생성된다.

$$CaC_2 + N_2 \rightarrow CaCN_2 (석회질소) + C(탄소)$$

⑥ 물 및 포 약제에 의한 소화는 절대 금하고 마른모래 등으로 피복 소화한다.

---

04 벤젠(C_6H_6)16g이 완전히 증발하는 경우 1atm, 90℃에서 기체의 부피는 몇 L 인지 구하시오.

해답

[계산과정] ① 벤젠(C_6H_6)의 분자량= $12 \times 6 + 1 \times 6 = 78$

② $V = \dfrac{WRT}{PM} = \dfrac{16 \times 0.082 \times (273+90)}{1 \times 78} = 6.11L$

[답] 6.11L

상세해설

• 이상기체상태방정식

$$PV = nRT = \dfrac{W}{M}RT$$

여기서, P : 압력(atm), V : 부피(L), $\dfrac{W}{M}(n)$: mol, M : 분자량, W : 무게(g)
R : 기체상수(0.082atm · L/mol · K), T : 절대온도(273+t℃)K

---

05 제5류 위험물인 [보기]의 물질이 물과 반응하는 경우 반응식을 쓰시오.

[보기] ① 트라이메틸알루미늄
        ② 트라이에틸알루미늄

해답

① $(CH_3)_3Al + 3H_2O \rightarrow Al(OH)_3 + 3CH_4$
② $(C_2H_5)_3Al + 3H_2O \rightarrow Al(OH)_3 + 3C_2H_6$

상세해설

- 알킬알루미늄[$(C_nH_{2n+1}) \cdot Al$] : 제3류 위험물(금수성 물질)
  ① 알킬기(C_nH_{2n+1})에 알루미늄(Al)이 결합된 화합물이다.
  ② $C_1 \sim C_4$는 자연발화의 위험성이 있다.
  ③ 물과 접촉 시 가연성 가스 발생하므로 주수소화는 절대 금지한다.
  ④ 트라이메틸알루미늄(TMA : Tri Methyl Aluminium)

  $$(CH_3)_3Al + 3H_2O \rightarrow Al(OH)_3(수산화알루미늄) + 3CH_4 \uparrow (메탄)$$

  ⑤ 트라이에틸알루미늄(TEA : Tri Eethyl Aluminium)

  $$(C_2H_5)_3Al + 3CH_3OH \rightarrow Al(CH_3O)_3(트라이메톡시알루미늄) + 3C_2H_6 \uparrow (에탄)$$
  $$(C_2H_5)_3Al + 3H_2O \rightarrow Al(OH)_3(수산화알루미늄) + 3C_2H_6 \uparrow (에탄)$$

  ⑥ 저장용기에 불활성기체(N_2)를 봉입한다.
  ⑦ 피부접촉 시 화상을 입히고 연소 시 흰 연기가 발생한다.
  ⑧ 소화 시 주수소화는 절대 금하고 팽창질석, 팽창진주암 등으로 피복 소화한다.

06 적린과 염소산칼륨이 접촉하는 경우 폭발의 위험성이 있다. 다음 각 물음에 답하시오.

(물음 1) 적린과 염소산칼륨이 접촉하여 폭발적으로 반응하는 화학반응식을 쓰시오.

(물음 2) 반응식에서 생성되는 기체가 물과 반응하여 생성되는 물질의 명칭을 쓰시오.

해답 (물음 1) $6P + 5KClO_3 \rightarrow 5KCl + 3P_2O_5$
(물음 2) 인산(H_3PO_4)

상세해설

적린(P)-제2류 위험물-가연성고체
① 적린은 염소산칼륨과 반응하여 염화칼륨과 맹독성기체인 오산화인을 생성한다.

$$6P + 5KClO_3 \rightarrow 5KCl(염화칼륨) + 3P_2O_5 (오산화인)$$

② 생성된 오산화인은 물과 반응하여 인산을 만든다.

$$P_2O_5 + 3H_2O \rightarrow 2H_3PO_4(인산)$$

③ 적린은 공기 중에서 연소시키면 오산화인이 생성된다.

$$4P + 5O_2 \rightarrow 2P_2O_5$$

07 트라이나이트로페놀에 대한 다음 각 물음에 답하시오.

(물음 1) 구조식은?　　　　　(물음 2) 품명은?
(물음 3) 지정수량은?

해답 (물음 1) 구조식 :

$$\underset{\underset{NO_2}{|}}{\overset{OH}{\underset{|}{C_6H_2}}}(O_2N)(NO_2)$$

(물음 2) 품명 : 나이트로화합물
(물음 3) 지정수량 : 10kg

상세해설

• 피크르산[$C_6H_2(NO_2)_3OH$](TNP : Tri Nitro Phenol) : 제5류 위험물 중 나이트로화합물

화학식	분자량	비중	비점	융점	인화점	착화점
$C_6H_2OH(NO_2)_3$	229	1.8	255℃	122℃	150℃	300℃

① **페놀**에 **황산**을 작용시켜 다시 **진한 질산**으로 나이트로화 하여 만든 노란색 결정
② 침상결정이며 냉수에는 약간 녹고 **더운물, 알코올, 벤젠** 등에 잘 녹는다.
③ **쓴맛과 독성**이 있다.
④ **트라이나이트로페놀**(Tri Nitro phenol)의 약자로 TNP라고도 한다.
⑤ 단독으로 타격, 마찰에 비교적 둔감하다.

> 피크르산(트라이나이트로페놀)의 구조식
>
> 피크르산의 열분해 반응식
> $2C_6H_2OH(NO_2)_3 \rightarrow 2C + 3N_2\uparrow + 3H_2\uparrow + 4CO_2\uparrow + 6CO\uparrow$

• 제5류 위험물 및 지정수량

성질	품명		지정수량	위험등급
자기 반응성 물질	• 유기과산화물 • 나이트로화합물 • 아조화합물 • 하이드라진 유도체 • 하이드록실아민염류	• 질산에스터류 • 나이트로소화합물 • 다이아조화합물 • 하이드록실아민	1종 : 10kg 2종 : 100kg	1종 : Ⅰ 2종 : Ⅱ
종판단 완료	• 질산에스터류(대부분)(1종) • 셀룰로이드(2종) • 트라이나이트로톨루엔(1종) • 트라이나이트로페놀(1종) • 테트릴(1종) • 유기과산화물(대부분)(2종)			

08 다음 [보기]의 물질이 열분해하여 산소를 발생시키는 반응식을 쓰시오.

[보기] ① 아염소산나트륨
② 염소산나트륨
③ 과염소산나트륨

해답 ① $NaClO_2 \rightarrow NaCl + O_2$
② $2NaClO_3 \rightarrow 2NaCl + 3O_2$
③ $NaClO_4 \rightarrow NaCl + 2O_2$

09 다음 [보기]의 제5류 위험물에 대하여 해당하는 위험등급을 쓰시오. (단, 없으면 없음이라 표기하시오.)

[보기] 하이드라진유도체, 나이트로글리세린, 트라이나이트로톨루엔, 아조화합물, 유기과산화물, 하이드록실아민

① Ⅰ등급　　　　　　　　　② Ⅱ등급
③ Ⅲ등급

해답 ① Ⅰ등급 : 나이트로글리세린, 트라이나이트로톨루엔
② Ⅱ등급 : 하이드라진유도체, 아조화합물, 유기과산화물, 하이드록실아민
③ Ⅲ등급 : 없음

• 제5류 위험물 및 지정수량

성질	품명		지정수량	위험등급
자기 반응성 물질	• 유기과산화물 • 나이트로화합물 • 아조화합물 • 하이드라진 유도체 • 하이드록실아민염류	• 질산에스터류 • 나이트로소화합물 • 다이아조화합물 • 하이드록실아민	1종 : 10kg 2종 : 100kg	1종 : Ⅰ 2종 : Ⅱ
종판단 완료	• 질산에스터류(대부분)(1종) • 셀룰로이드(2종) • 트라이나이트로톨루엔(1종) • 트라이나이트로페놀(1종) • 테트릴(1종) • 유기과산화물(대부분)(2종)			

10 위험물안전관리법령에서 정한 유별을 달리하는 위험물의 혼재기준이다. 지정수량의 $\frac{1}{10}$ 이상을 취급하는 경우 다음 빈칸에 ○, × 표를 하시오.

구 분	제1류	제2류	제3류	제4류	제5류	제6류
제1류						○
제2류				○		
제3류						
제4류		○				
제5류						
제6류	○					

해답

구 분	제1류	제2류	제3류	제4류	제5류	제6류
제1류		×	×	×	×	○
제2류	×		×	○	○	×
제3류	×	×		○	×	×
제4류	×	○	○		○	×
제5류	×	○	×	○		×
제6류	○	×	×	×	×	

11 위험물안전관리법령에 따른 소화설비의 적응성에 관한 내용이다. 다음 소화설비의 적응성이 있는 경우 빈칸에 ○표를 하시오.

소화설비의 구분 \ 대상물 구분	제1류 위험물 알칼리금속과산화물등	제1류 위험물 그 밖의 것	제2류 위험물 철분·금속분·마그네슘등	제2류 위험물 인화성고체	제2류 위험물 그 밖의 것	제3류 위험물 금수성물품	제3류 위험물 그 밖의 것	제4류 위험물	제5류 위험물	제6류 위험물
옥내소화전 또는 옥외소화전설비										
물분무소화설비										
포소화설비										
불활성가스소화설비										
할로젠화합물소화설비										

해답

소화설비의 구분	제1류 위험물 알칼리금속등과	제1류 위험물 그 밖의 것	제2류 위험물 철분·마그네슘 등	제2류 위험물 인화성고체	제2류 위험물 그 밖의 것	제3류 위험물 금수성물품	제3류 위험물 그 밖의 것	제4류 위험물	제5류 위험물	제6류 위험물
옥내소화전 또는 옥외소화전설비		○		○	○		○		○	○
물분무소화설비		○		○	○		○	○	○	○
포소화설비		○		○	○		○	○	○	○
불활성가스소화설비				○				○		
할로젠화합물소화설비				○				○		

상세해설

위험물안전관리법령에 따른 소화설비의 적응성

소화설비의 구분		건축물·그밖의 공작물	전기설비	제1류 위험물 알칼리금속등	제1류 위험물 그 밖의 것	제2류 위험물 철분·마그네슘·금속분	제2류 위험물 인화성고체	제2류 위험물 그 밖의 것	제3류 위험물 금수성물품	제3류 위험물 그 밖의 것	제4류 위험물	제5류 위험물	제6류 위험물
옥내소화전 또는 옥외소화전설비		○			○		○	○		○		○	○
스프링클러설비		○			○		○	○		○	△	○	○
물분무등소화설비	물분무소화설비	○	○		○		○	○		○	○	○	○
	포소화설비	○			○		○	○		○	○	○	○
	불활성가스소화설비		○				○				○		
	할로젠화합물소화설비		○				○				○		
	분말소화설비 인산염류등	○	○		○		○	○			○		○
	탄산수소염류등		○	○		○	○		○		○		
	그 밖의 것			○		○			○				
대형·소형수동식소화기	봉상수(棒狀水)소화기	○			○		○	○		○		○	○
	무상수(霧狀水)소화기	○	○		○		○	○		○		○	○
	봉상강화액소화기	○			○		○	○		○		○	○
	무상강화액소화기	○	○		○		○	○		○	○	○	○
	포소화기	○			○		○	○		○	○	○	○
	이산화탄소소화기		○				○				○		△
	할로젠화합물소화기		○				○				○		
	분말소화기 인산염류소화기	○	○		○		○	○			○		○
	탄산수소염류소화기		○	○		○	○		○		○		
	그 밖의 것			○		○			○				
기타	물통 또는 수조	○			○		○	○		○		○	○
	건조사			○	○	○	○	○	○	○	○	○	○
	팽창질석 또는 팽창진주암			○	○	○	○	○	○	○	○	○	○

[비고] "○"표시는 당해 소방대상물 및 위험물에 대하여 소화설비가 적응성이 있음을 표시하고, "△"표시는 제4류 위험물을 저장 또는 취급하는 장소의 살수기준면적에 따라 스프링클러설비의 살수밀도가 다음 표에 정하는 기준 이상인 경우에는 당해 스프링클러설비가 제4류 위험물에 대하여 적응성이 있음을, 제6류 위험물을 저장 또는 취급하는 장소로서 폭발의 위험이 없는 장소에 한하여 이산화탄소소화기가 제6류 위험물에 대하여 적응성이 있음을 각각 표시한다.

12 제4류 위험물인 아세트알데하이드에 대한 다음 각 물음에 답하시오.

(물음 1) 옥외저장탱크(압력탱크외의 탱크)에 저장하는 경우 저장유지 온도를 쓰시오.

(물음 2) 아세트알데하이드의 연소범위가 4~60%일 경우 위험도를 계산하시오.

(물음 3) 아세트알데하이드가 공기 중에서 산화하는 경우 생성되는 물질의 명칭을 쓰시오.

해답
(물음 1) 15℃ 이하

(물음 2) [계산과정] 위험도 $H = \dfrac{UFL - LFL}{LFL} = \dfrac{60 - 4}{4} = 14$

[답] 14

(물음 3) 아세트산(초산)

상세해설

- 옥외저장탱크 · 옥내저장탱크 또는 지하저장탱크의 저장 유지온도

구 분	압력탱크 외의 탱크	구 분	압력탱크
산화프로필렌과 이를 함유한 것 또는 다이에틸에터등	30℃ 이하	아세트알데하이드등 또는 다이에틸에터등	40℃ 이하
아세트알데하이드 또는 이를 함유한 것	15℃ 이하		

- 이동저장탱크의 저장 유지온도

구 분	보냉장치가 있는 경우	보냉장치가 없는 경우
아세트알데하이드등 또는 다이에틸에터등	비점 이하	40℃ 이하

- 위험도 $H = \dfrac{UFL - LFL}{LFL}$ (여기서, UFL : 연소상한, LFL : 연소하한)

- 아세트알데하이드(CH₃CHO) : 제4류 위험물 중 특수인화물

화학식	분자량	비중	비점	인화점	착화점	연소범위
CH₃CHO	44	0.78	21℃	-38℃	185℃	4~60%

① 휘발성이 강하고 과일냄새가 있는 무색 액체이며 물, 에탄올에 잘 녹는다.
② 산화되어 초산(CH₃COOH)이 된다.

$$2CH_3CHO + O_2 \rightarrow 2CH_3COOH(초산)$$

③ 저장용기 사용 시 구리(Cu), 마그네슘(Mg), 은(Ag), 수은(Hg) 및 그 합금용기는 사용금지
④ 아세트알데하이드 등을 취급하는 설비에는 연소성 혼합기체의 생성에 의한 폭발을 방지하기 위한 불활성기체 또는 수증기를 봉입하는 장치를 갖출 것

13 위험물안전관리법령에 따른 위험물의 유별 저장·취급기준의 공통기준이다. 다음 ( )안에 알맞은 답을 쓰시오.

(1) (①)위험물은 불티·불꽃·고온체와의 접근이나 과열·충격 또는 마찰을 피하여야 한다.
(2) (②)위험물은 가연물과의 접촉·혼합이나 분해를 촉진하는 물품과의 접근 또는 과열을 피하여야 한다.
(3) (③)위험물은 불티·불꽃·고온체와의 접근 또는 과열을 피하고, 함부로 증기를 발생시키지 아니하여야 한다.

해답 ① 제5류 ② 제6류 ③ 제4류

상세해설
- 위험물의 유별 저장·취급의 공통기준(중요기준)
  ① **제1류 위험물**은 가연물과의 접촉·혼합이나 분해를 촉진하는 물품과의 접근 또는 과열·충격·마찰 등을 피하는 한편, **알카리금속의 과산화물** 및 이를 함유한 것에 있어서는 물과의 접촉을 피하여야 한다.
  ② **제2류 위험물**은 산화제와의 접촉·혼합이나 불티·불꽃·고온체와의 접근 또는 과열을 피하는 한편, **철분·금속분·마그네슘** 및 이를 함유한 것에 있어서는 물이나 산과의 접촉을 피하고 인화성 고체에 있어서는 함부로 증기를 발생시키지 아니하여야 한다.
  ③ **제3류 위험물** 중 자연발화성물질에 있어서는 불티·불꽃 또는 고온체와의 접근·과열 또는 공기와의 접촉을 피하고, 금수성물질에 있어서는 물과의 접촉을 피하여야 한다.

④ **제4류 위험물**은 불티·불꽃·고온체와의 접근 또는 과열을 피하고, 함부로 증기를 발생시키지 아니하여야 한다.
⑤ **제5류 위험물**은 불티·불꽃·고온체와의 접근이나 과열·충격 또는 마찰을 피하여야 한다.
⑥ **제6류 위험물**은 가연물과의 접촉·혼합이나 분해를 촉진하는 물품과의 접근 또는 과열을 피하여야 한다.

---

14 다음 위험물에 대하여 품명, 지정수량을 쓰시오.

① KIO_3 ② $AgNO_3$ ③ $KMnO_4$

 ① 아이오딘산염류 300kg   ② 질산염류 300kg   ③ 과망가니즈산염류 1000kg

• 제1류 위험물의 지정수량

성질	품 명	지정수량	위험등급
산화성 고체	1. 아염소산염류, 염소산염류, 과염소산염류, 무기과산화물	50kg	I
	2. 브로민산염류, **질산염류**, **아이오딘산염류**	300kg	II
	3. **과망가니즈산염류**, 다이크로뮴산염류	1000kg	III

---

15 다음 옥내저장소의 건축물에 대한 내용을 보고 각 물음에 답하시오.

[옥내저장소] – 외벽이 내화구조인 것
 – 연면적 150m²
 – 에탄올 1,000L, 등유 1,500L, 동식물유류 20,000L, 특수인화물 500L

(물음 1) 옥내저장소의 소요단위를 구하시오.
(물음 2) 위 위험물을 저장할 경우 소요단위를 구하시오.

(물음 1) 옥내저장소의 소요단위

[계산과정] $N = \dfrac{150\text{m}^2}{150\text{m}^2} = 1$ 단위

[답] 1단위

(물음 2) 위험물을 저장할 경우 소요단위

[계산과정]

구 분	에탄올	등유	동식물유류	특수인화물
품 명	–	제2석유류	–	–
지정수량	400L	1,000L	10,000L	50L

$$N = \frac{1,000L}{400L \times 10} + \frac{1,500L}{1,000L \times 10} + \frac{20,000L}{10,000L \times 10} + \frac{500L}{50L \times 10}$$
$$= 1.6$$

[답] 2단위

상세해설

소요단위의 계산방법

① 제조소 또는 취급소의 건축물

외벽이 내화구조인 것	외벽이 내화구조가 아닌 것
연면적 100m² : 1소요단위	연면적 50m² : 1소요단위

② 저장소의 건축물

외벽이 내화구조인 것	외벽이 내화구조가 아닌 것
연면적 150m² : 1소요단위	연면적 75m² : 1소요단위

③ 위험물은 지정수량의 10배를 1소요단위로 할 것

16 다음 [보기]의 제4류 위험물 중 비수용성에 해당하는 위험물을 골라 번호를 쓰시오.

[보기]
① 이황화탄소 ② 아세트알데하이드 ③ 아세톤 ④ 스티렌 ⑤ 클로로벤젠

해답 ① ④ ⑤

상세해설

구 분	이황화탄소	아세트알데하이드	아세톤	스티렌	클로로벤젠
품 명	특수인화물	특수인화물	제1석유류	제2석유류	제2석유류
수용성여부	**비수용성**	수용성	수용성	**비수용성**	**비수용성**
지정수량	50L	50L	400L	1,000L	1,000L

17
위험물안전관리법령에서 정한 인화점 측정시험방법이다. 다음 (   )안에 알맞은 답을 쓰시오.

(1) (①)인화점측정기에 의한 인화점 측정시험
  - 시험장소는 1기압의 무풍의 장소로 할 것
  - 시료컵을 설정온도까지 가열 또는 냉각하여 시험물품 2g을 시료컵에 넣고 즉시 뚜껑 및 개폐기를 닫을 것
(2) (②)인화점측정기에 의한 인화점 측정시험
  - 시험장소는 1기압, 무풍의 장소로 할 것
  - 시료컵에 시험물품 50cm³를 넣고 시험물품의 표면의 기포를 제거한 후 뚜껑을 덮을 것
  - 시험불꽃을 점화하고 화염의 크기를 직경이 4mm가 되도록 조정할 것
(3) (③)인화점측정기에 의한 인화점 측정시험
  - 시험장소는 1기압, 무풍의 장소로 할 것
  - 시료컵의 표선까지 시험물품을 채우고 시험물품 표면의 기포를 제거할 것
  - 시험불꽃을 점화하고 화염의 크기를 직경 4mm가 되도록 조정할 것

해답 ① 신속평형법   ② 태그밀폐식   ③ 클리브랜드 개방컵

18
다음은 제1종 판매취급소의 위험물을 배합하는 실에 대한 기준이다.
다음 (   )안에 알맞은 답을 쓰시오.

(1) 위험물을 배합하는 실은 바닥면적 (   )m² 이상 (   )m² 이하로 한다.
(2) (   ) 또는 (   )의 벽으로 한다.
(3) 바닥은 위험물이 침투하지 아니하는 구조로 하여 적당한 경사를 두고 (   )를 설치해야 한다.
(4) 출입구에는 수시로 열 수 있는 자동폐쇄식의 (   )을 설치할 것
(5) 출입구 문턱의 높이는 바닥면으로부터 (   )m 이상으로 해야 한다.

해답
(1) 6, 15
(2) 내화구조, 불연재료
(3) 집유설비
(4) 60분+방화문 또는 60분방화문
(5) 0.1

상세해설 판매취급소의 위치·구조 및 설비의 기준(제38조관련)
자. 위험물을 배합하는 실은 다음에 의할 것
   (1) 바닥면적은 $6m^2$ 이상 $15m^2$ 이하로 할 것
   (2) 내화구조 또는 불연재료로 된 벽으로 구획할 것
   (3) 바닥은 위험물이 침투하지 아니하는 구조로 하여 적당한 경사를 두고 집유설비를 할 것
   (4) 출입구에는 수시로 열 수 있는 자동폐쇄식의 60분+방화문 또는 60분방화문을 설치할 것
   (5) 출입구 문턱의 높이는 바닥면으로부터 0.1m 이상으로 할 것
   (6) 내부에 체류한 가연성의 증기 또는 가연성의 미분을 지붕 위로 방출하는 설비를 할 것

19 위험물안전관리법령에 따른 자체소방대에 관한 내용이다. 다음 각 물음에 알맞은 답을 쓰시오.

(물음 1) 자체소방대를 두어야 하는 경우를 [보기]에서 모두 쓰시오.

> [보기] ① 염소산염류 250톤을 취급하는 제조소
> ② 염소산염류 250톤을 취급하는 일반취급소
> ③ 특수인화물 250kL를 취급하는 제조소
> ④ 특수인화물 250kL를 충전하는 일반취급소

(물음 2) 자체소방대에 두는 화학소방자동차 1대 당 필요한 소방대원 인원수는 몇 명인지 쓰시오.

(물음 3) 다음 중 틀린 것을 고르시오.(단, 없으면 없음이라고 표기하시오.)

> ① 다른 사업소 등과 상호협정을 체결한 경우 그 모든 사업소를 하나의 사업소로 본다.
> ② 포수용액 방사 차에는 소화약액탱크 및 소화약액혼합장치를 비치할 것
> ③ 포수용액 방사 차는 자체 소방차 대수의 2/3 이상이어야 하고 포수용액의 방사능력은 매분 3,000L 이상일 것
> ④ 10만L 이상의 포수용액을 방사할 수 있는 양의 소화약제를 비치할 것

(물음 4) 자체소방대를 두지 아니한 관계인으로서 허가를 받은 자에 대한 벌칙을 쓰시오.

(1) ③
(2) 5명
(3) ③
(4) 1년 이하의 징역 또는 1천만원 이하의 벌금

상세해설

(1) 자체소방대를 설치하여야 하는 사업소
  ① 지정수량의 **3천배 이상**의 제4류 위험물을 취급하는 **제조소 또는 일반취급소**
  ② 지정수량의 **50만배 이상**의 제4류 위험물을 저장하는 **옥외탱크저장소**
(2) 자체소방대의 설치 제외대상인 일반취급소
  ① 보일러, 버너 그 밖에 이와 유사한 장치로 위험물을 소비하는 일반취급소
  ② 이동저장탱크 그 밖에 이와 유사한 것에 위험물을 **주입하는** 일반취급소
  ③ 용기에 위험물을 **옮겨 담는** 일반취급소
  ④ 유압장치, 윤활유순환장치 그 밖에 이와 유사한 장치로 위험물을 **취급하는** 일반취급소
  ⑤ 「**광산안전법**」의 적용을 받는 일반취급소
  ※ 제4류 특수인화물 250kL의 지정수량의 배수 $N = \dfrac{250 \times 10^3 L}{50L} = 5000$배
  ※ **자체소방대에 두는 화학소방자동차 및 인원**

사업소의 구분	화학 소방자동차	자체 소방대원의 수
1. 제조소 또는 일반취급소에서 취급하는 제4류 위험물의 최대수량의 합이 지정수량의 3천배 이상 12만배 미만인 사업소	1대	5인
2. 제조소 또는 일반취급소에서 취급하는 제4류 위험물의 최대수량의 합이 지정수량의 12만배 이상 24만배 미만인 사업소	2대	10인
3. 제조소 또는 일반취급소에서 취급하는 제4류 위험물의 최대수량의 합이 지정수량의 24만배 이상 48만배 미만인 사업소	3대	15인
4. 제조소 또는 일반취급소에서 취급하는 제4류 위험물의 최대수량의 합이 지정수량의 48만배 이상인 사업소	4대	20인
5. 옥외탱크저장소에 저장하는 제4류 위험물의 최대수량이 지정수량의 50만배 이상인 사업소	2대	10인

  [비고] 화학소방자동차에는 행정안전부령이 정하는 소화능력 및 설비를 갖추어야 하고, 소화활동에 필요한 소화약제 및 기구(방열복 등 개인장구를 포함한다)를 비치하여야 한다.
(3) 포수용액 방사차는 포수용액의 방사능력이 **매분 2,000L 이상**일 것
(4) 1년 이하의 징역 또는 1천만원 이하의 벌금
  ① 탱크시험자로 등록하지 아니하고 탱크시험자의 업무를 한 자
  ② 정기검사를 받지 아니한 관계인으로서 허가를 받은 자
  ③ **자체소방대를 두지 아니한 관계인으로서 허가를 받은 자**
  ④ 제조소등에 대한 긴급 사용정지·제한명령을 위반한 자

20 다음은 방유제 내에 옥외저장탱크가 설치된 그림이다. 조건을 참조하여 각 물음에 답하시오.

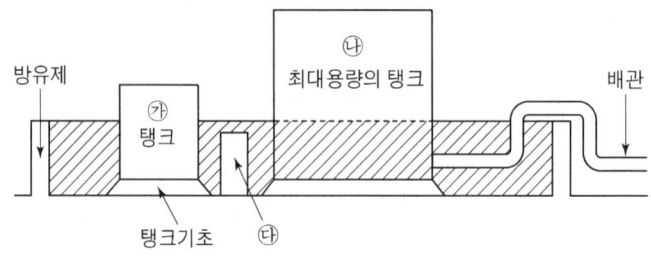

[조건] ① 탱크 ㉮는 내용적 5천만[L]이며 휘발유를 3천만[L] 저장한다.
② 탱크 ㉯는 내용적 1억2천만[L]이며 경유를 8천만[L] 저장한다.

(물음 1) 탱크 ㉮의 최대용량(L)을 구하시오.
(물음 2) 방유제의 용량을 구하시오.(단, 탱크의 공간용적은 내용적의 10%를 적용하며 방유제 내에 있는 모든 탱크의 지반면 이상 부분의 기초의 체적, 간막이 둑의 체적 및 배관 등의 체적은 무시한다.)
(물음 3) 그림 ㉰에서 지시하는 설비의 명칭을 쓰시오.

해답 (물음 1) 탱크 ㉮의 최대용량(L)
[계산과정]
① 탱크의 최대용량=탱크의 내용적−최소공간용적(5/100(5%)적용)
② $Q = 50,000,000L - (50,000,000 \times 0.05(5\%)) = 47,500,000L$
[답] 47,500,000L

(물음 2) 방유제의 용량
[계산과정]
① 방유제안에 설치된 탱크가 2기 이상인 때에는 최대인 것의 용량의 110% 이상
② 탱크의 용량=내용적−공간용적
③ 공간용적 $Q = 120,000,000 \times \dfrac{10}{100}(10\%) = 12,000,000L$
④ 탱크의 용량=내용적−공간용적
 $= 120,000,000 - 12,000,000 = 108,000,000L$
⑤ 방유제의 용량 $Q = 108,000,000 \times 1.1(110\%) = 118,800,000L$
[답] 118,800,000L

(물음 3) 간막이 둑

(1) 탱크의 용량=탱크의 내용적-공간용적(5/100 이상 10/100 이하)
(2) 방유제의 용량
　　방유제안에 설치된 탱크가 하나인 때에는 그 탱크 용량의 110% 이상, 2기 이상인 때에는 그 탱크 중 용량이 최대인 것의 용량의 110% 이상으로 할 것.
(3) 간막이 둑
　　용량이 1,000만L 이상인 옥외저장탱크의 주위에 설치하는 방유제에는 탱크마다 간막이 둑을 설치할 것
　　① 간막이 둑의 높이는 0.3m(방유제 내에 설치되는 옥외저장탱크의 용량의 합계가 2억L를 넘는 방유제에 있어서는 1m) 이상으로 하되, 방유제의 높이보다 **0.2m 이상 낮게 할 것**
　　② 간막이 둑은 흙 또는 철근콘크리트로 할 것
　　③ 간막이 둑의 용량은 간막이 둑 안에 설치된 탱크의 용량의 **10% 이상**일 것

위험물산업기사 실기

2020년 10월 18일 시행

01 다음 그림과 같은 원통형탱크에 대한 다음 각 물음에 답하시오.

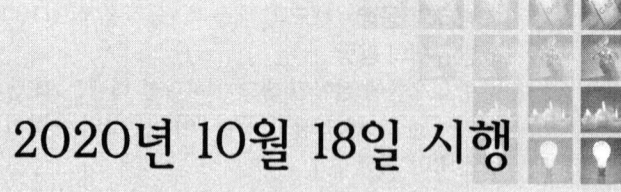

(물음 1) 탱크의 내용적(m^3)을 계산하시오.
(물음 2) 탱크의 용량(m^3)을 계산하시오.
 (단, 탱크의 공간용적은 10%로 한다)

해답 (물음 1) 탱크의 내용적(m^3)

[계산과정] $Q = \pi \times 3^2 \times \left(8 + \dfrac{2+2}{3}\right) = 263.89 m^3$

[답] $263.89 m^3$

(물음 2) 탱크의 용량(m^3)

[계산과정] ① 탱크의 공간용적 $Q = 263.89 m^3 \times 0.1(10\%) = 26.39 m^3$
② 탱크의 용량 $Q = 263.89 - 26.39 = 237.50 m^3$

[답] $237.50 m^3$

상세해설
- 원통형 탱크의 내용적 – 횡으로 설치한 것

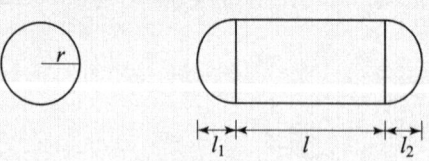

$$\text{내용적} = \pi r^2 \left(l + \dfrac{l_1 + l_2}{3}\right)$$

- 탱크용적의 산출기준
  탱크의 내용적에서 공간용적을 뺀 용적

  > 탱크의 용적(용량) = 탱크의 내용적 - 탱크의 공간용적

- 탱크의 공간용적
  탱크용적의 $\frac{5}{100}$ 이상 $\frac{10}{100}$ 이하의 용적

02 제3류 위험물인 탄화알루미늄이 물과 반응하여 생성되는 기체에 대한 다음 각 물음에 답하시오.

(물음 1) 기체의 완전연소반응식을 쓰시오.
(물음 2) 기체의 연소범위를 쓰시오.
(물음 3) 기체의 위험도를 계산하시오.

해답
(물음 1) 기체의 완전연소반응식 : $CH_4 + 2O_2 \rightarrow CO_2 + 2H_2O$
(물음 2) 기체의 연소범위 : 5~15%
(물음 3) [계산과정] 기체의 위험도 $H = \dfrac{U-L}{L} = \dfrac{15-5}{5} = 2$
[답] 2

상세해설

- 탄화알루미늄 : 제3류 위험물(금수성 물질)

화학식	분자량	융점	비중
Al_4C_3	143	2100℃	2.36

① 물과 접촉 시 수산화알루미늄과 메탄가스를 생성하고 발열반응을 한다.

> $Al_4C_3 + 12H_2O \rightarrow 4Al(OH)_3$(수산화알루미늄) $+ 3CH_4$(메탄)

② 황색 결정 또는 백색분말로 1400℃ 이상에서는 분해가 된다.
③ 물계통의 소화는 절대 금하고 마른모래 등으로 피복 소화한다.

- 위험도 계산공식

$$H = \frac{U(연소상한) - L(연소하한)}{L(연소하한)}$$

03 4류 위험물인 아세트알데하이드에 대한 다음 각 물음에 답하시오.

(물음 1) 시성식을 쓰시오.
(물음 2) 증기비중을 계산하시오.(계산식 포함)
(물음 3) 공기 중에서 산화하는 경우 생성물질의 명칭과 시성식을 쓰시오.

해답 (물음 1) CH_3CHO

(물음 2) [계산과정] ① 분자량 $M = 12 \times 2 + 1 \times 4 + 16 = 44$

② 증기비중 $S = \dfrac{44}{29} = 1.52$

[답] 1.52

(물음 3) 명칭 : 아세트산(초산), 시성식 : CH_3COOH

상세해설
- 아세트알데하이드(CH_3CHO) : 제4류 위험물 중 특수인화물
  ① 휘발성이 강하고 과일냄새가 있는 무색 액체
  ② 물, 에탄올에 잘 녹는다.
  ③ 산화되어 초산(CH_3COOH)이 된다.

  $$CH_3CHO + \frac{1}{2}O_2 \rightarrow CH_3COOH(초산)$$

  ④ 연소범위는 약 4~60%이다.
  ⑤ 저장용기 사용 시 구리(Cu), 마그네슘(Mg), 은(Ag), 수은(Hg) 및 합금용기는 사용금지.(중합반응 때문)
  ⑥ 다량의 물로 주수 소화한다.
  ⑦ 아세트알데하이드 등을 취급하는 설비에는 연소성 혼합기체의 생성에 의한 폭발을 방지하기 위한 불활성기체 또는 수증기를 봉입하는 장치를 갖출 것

- 증기비중 계산식

  $$S = \dfrac{M(분자량)}{29(공기평균분자량)}$$

04 과산화나트륨 1kg이 물과 반응 할 때 생성되는 기체는 350℃, 1기압 상태에서 체적은 몇 L인가? (단, Na의 원자량은 23이다.)

[계산과정] Na_2O_2 $W = 1kg = 1000g$, 분자량$(M) = 23 \times 2 + 16 \times 2 = 78$

$$V = \frac{WRT}{PM} \times (생성기체몰수)$$

$$= \frac{1000g \times 0.082 \times (273+350)}{1 \times 78} \times 0.5 = 327.47L$$

[답] 327.47L

① Na_2O_2과 물의 반응식
  $2Na_2O_2 + 2H_2O \rightarrow 4NaOH + O_2$
  $Na_2O_2 + H_2O \rightarrow 2NaOH + 0.5O_2$ (반응물질 1몰 기준)

② 생성기체 계산공식

$$V = \frac{WRT}{PM} \times K$$

여기서, V : 생성기체 부피(L), W : 반응물질의 무게(g)
  R : 기체상수(0.082atm · L/mol · K), T : 절대온도($273 + t$℃)
  P : 압력(atm), M : 분자량, K : 생성기체 몰수(반응물질 1몰 기준)

05 분말소화약제 중 제1종 분말소화약제의 열분해 반응식을 270℃와 850℃로 구분하여 쓰시오.

○ 270℃ : $2NaHCO_3 \rightarrow Na_2CO_3 + CO_2 + H_2O$
○ 850℃ : $2NaHCO_3 \rightarrow Na_2O + 2CO_2 + H_2O$

• 분말약제의 주성분 및 열분해

종별	약제명	화학식	착색	열분해 반응식
제1종	탄산수소나트륨 중탄산나트륨	$NaHCO_3$	백색	270℃ $2NaHCO_3 \rightarrow Na_2CO_3 + CO_2 + H_2O$ 850℃ $2NaHCO_3 \rightarrow Na_2O + 2CO_2 + H_2O$
제2종	탄산수소칼륨 중탄산칼륨	$KHCO_3$	담회색	190℃ $2KHCO_3 \rightarrow K_2CO_3 + CO_2 + H_2O$ 590℃ $2KHCO_3 \rightarrow K_2O + 2CO_2 + H_2O$
제3종	제1인산암모늄	$NH_4H_2PO_4$	담홍색	$NH_4H_2PO_4 \rightarrow HPO_3 + NH_3 + H_2O$
제4종	중탄산칼륨+요소	$KHCO_3 + (NH_2)_2CO$	회(백)색	$2KHCO_3 + (NH_2)_2CO \rightarrow K_2CO_3 + 2NH_3 + 2CO_2$

06 제1류 위험물인 질산칼륨에 대한 다음 각 물음에 답하시오.

(물음 1) 품명은?
(물음 2) 지정수량은?
(물음 3) 위험등급은?
(물음 4) 제조소등의 표지판에 설치하여야하는 주의사항을 쓰시오.
  (단, 없으면 없음이라고 쓰시오.)
(물음 5) 열분해하였을 경우 산소가 생성되는 분해반응식을 쓰시오.

해답
(물음 1) 품명 : 질산염류
(물음 2) 지정수량 : 300kg
(물음 3) 위험등급 : Ⅱ등급
(물음 4) 주의사항 : 없음
(물음 5) 열분해 반응식 : $2KNO_3 \rightarrow 2KNO_2 + O_2$

상세해설

• 질산칼륨(KNO_3) : 제1류 위험물(산화성고체)

화학식	분자량	비중	융점	분해온도
KNO_3	101	2.1	336℃	400℃

① 질산칼륨에 숯가루, 황가루를 혼합하여 **흑색화약제조**에 사용한다.
② 열분해하여 산소를 방출한다.

$$2KNO_3 \rightarrow 2KNO_2 + O_2 \uparrow$$

③ 물, 글리세린에는 잘 녹으나 알코올에는 잘 녹지 않는다.
④ 유기물 및 강산과 접촉 시 매우 위험하다.
⑤ 소화는 주수소화방법이 가장 적당하다.

• 위험물제조소의 주의사항 게시판

위험물의 종류	주의사항 표시	게시판의 색
제1류(알칼리금속 과산화물) 제3류(금수성 물품)	물기 엄금	청색바탕에 백색문자
제2류(인화성 고체 제외)	화기 주의	
제2류(인화성 고체) 제3류(자연발화성 물품) 제4류 제5류	화기 엄금	적색바탕에 백색문자

07 다음 보기의 제6류 위험물에 대하여 위험물안전관리법령상 위험물이 되기 위한 농도 및 비중의 기준을 쓰시오.(단, 없으면 없음으로 쓰시오)

> [보기] ① 과염소산 ② 과산화수소 ③ 질산

해답 ① 없음   ② 농도가 36중량 % 이상인 것   ③ 비중이 1.49 이상인 것

상세해설
위험물의 판단기준
① **황** : 순도가 60중량% 이상인 것을 말한다. 이 경우 순도측정에 있어서 불순물은 활석 등 불연성물질과 수분에 한한다.
② **철분** : 철의 분말로서 53μm의 표준체를 통과하는 것이 50중량% 미만인 것은 제외
③ **금속분** : 알칼리금속·알칼리토금속·철 및 마그네슘 외의 금속의 분말을 말하고, 구리분·니켈분 및 150μm의 체를 통과하는 것이 50중량% 미만인 것은 제외
④ **마그네슘은 다음 각목의 1에 해당하는 것은 제외**한다.
   ㉠ 2mm의 체를 통과하지 아니하는 덩어리 상태의 것
   ㉡ 직경 2mm 이상의 막대 모양의 것
⑤ **인화성고체**
   고형알코올 그 밖에 1기압에서 인화점이 40℃ 미만인 고체
⑥ **위험물의 판단기준**

종 류	과산화수소	질산
기준	농도 36중량% 이상	비중 1.49 이상

08 다음은 제4류 위험물의 인화점에 따른 석유류의 구분에 대한 내용이다. ( )안에 알맞은 답을 쓰시오.

(1) 제1석유류 : 1기압에서 인화점이 섭씨(①)도 미만인 것을 말한다.
(2) 제2석유류 : 1기압에서 인화점이 섭씨(①)도 이상 (②)도 미만인 것을 말한다.
(3) 제3석유류 : 1기압에서 인화점이 섭씨(②)도 이상 (③)도 미만인 것을 말한다.
(4) 제4석유류 : 1기압에서 인화점이 섭씨(③)도 이상 (④)도 미만인 것을 말한다

해답 ① 21, ② 70, ③ 200, ④ 250

상세해설

- 제4류 위험물 (인화성 액체)

구 분	지정품목	기타 조건 (1atm에서)
특수인화물	• 이황화탄소 • 다이에틸에터	• 발화점이 100℃ 이하 • 인화점 −20℃ 이하이고 비점이 40℃ 이하
제1석유류	• 아세톤 • 휘발유	• 인화점 21℃ 미만
알코올류	C_1~C_3까지 포화 1가 알코올(변성알코올 포함) • 메틸알코올 • 에틸알코올 • 프로필알코올	
제2석유류	• 등유 • 경유	• 인화점 21℃ 이상 70℃ 미만
제3석유류	• 중유 • 크레오소트유	• 인화점 70℃ 이상 200℃ 미만
제4석유류	• 기어유 • 실린더유	• 인화점 200℃ 이상 250℃ 미만
동식물유류	• 동물의 지육 등 또는 식물의 종자나 과육으로부터 추출한 것으로서 인화점이 250℃ 미만인 것	

09 아래 그림은 탱크전용실에 설치된 지하저장탱크에 대한 것이다. 다음 각 물음에 답하시오.

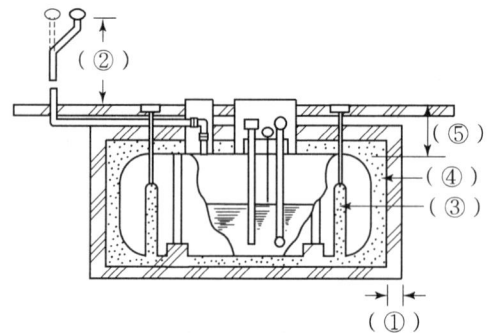

(1) (①) 탱크전용실의 벽의 두께는 몇 m 이상으로 하여야하는가?
(2) (②) 통기관의 끝부분은 지면으로부터 몇 m 이상의 높이로 설치하여야 하는가?
(3) (③) 액체위험물의 누설을 검사하기 위한 관은 몇 개소 이상 적당한 장소에 설치하여야하는가?
(4) (④) 탱크주위에는 어떤 물질로 채워야 하는가?
(5) (⑤) 지하저장탱크의 윗부분은 지면으로부터 몇 m 이상 아래에 있어야 하는가?

 (1) 0.3m
(2) 4m

(3) 4개소
(4) 마른모래 또는 입자지름 5mm 이하의 마른 자갈분
(5) 0.6m

상세해설 탱크전용실에 설치된 지하저장탱크

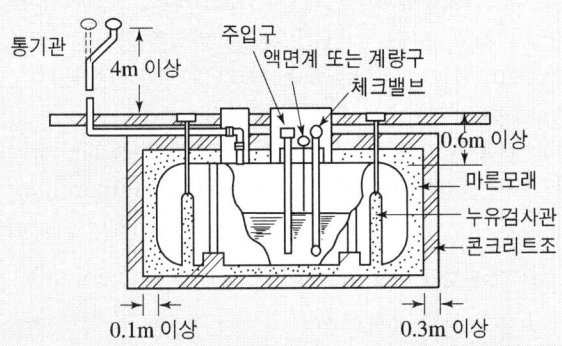

① 탱크전용실의 **벽·바닥 및 뚜껑의 두께는 0.3m 이상**일 것
② **통기관**의 끝부분은 지면으로부터 **4m 이상**의 높이로 설치 할 것.
③ 액체위험물의 **누설을 검사**하기 위한 관을 **4개소 이상** 적당한 위치에 설치 할 것.
④ 탱크주위에 마른모래 또는 습기 등에 의하여 응고되지 아니하는 **입자지름 5mm 이하의 마른 자갈분**을 채울 것
⑤ 지하저장탱크의 **윗부분**은 지면으로부터 **0.6m 이상 아래**에 있을 것
⑥ 지하탱크를 대지경계선으로 부터 **0.6m 이상** 떨어진 곳에 매설할 것
⑦ 탱크전용실은 대지경계선으로 부터 **0.1m 이상** 떨어진 곳에 설치 할 것.
⑧ 지하저장탱크와 탱크전용실의 안쪽과의 사이는 0.1m 이상의 간격을 유지하도록 할 것
⑨ 지하저장탱크를 2 이상 인접해 설치하는 경우에는 그 상호간에 1m(당해 2 이상의 지하저장탱크의 용량의 합계가 지정수량의 100배 이하인 때에는 0.5m) 이상의 간격을 유지할 것.

10 제3류 위험물인 트라이메틸알루미늄과 트라이에틸알루미늄에 대한 다음 각 물음에 답하시오.

(물음 1) 트라이메틸알루미늄과 물의 반응식을 쓰시오.
(물음 2) 트라이메틸알루미늄의 완전연소반응식을 쓰시오.
(물음 3) 트라이에틸알루미늄과 물의 반응식을 쓰시오.
(물음 4) 트라이에틸알루미늄의 완전연소반응식을 쓰시오.

해답 (물음 1) $(CH_3)_3Al + 3H_2O \rightarrow Al(OH)_3 + 3CH_4$
(물음 2) $2(CH_3)_3Al + 12O_2 \rightarrow Al_2O_3 + 6CO_2 + 9H_2O$
(물음 3) $(C_2H_5)_3Al + 3H_2O \rightarrow Al(OH)_3 + 3C_2H_6$
(물음 4) $2(C_2H_5)_3Al + 21O_2 \rightarrow Al_2O_3 + 12CO_2 + 15H_2O$

상세해설 알킬알루미늄$[(C_nH_{2n+1}) \cdot Al]$: 제3류 위험물(금수성 물질)
① 알킬기(C_nH_{2n+1})에 알루미늄(Al)이 결합된 화합물이다.
② $C_1 \sim C_4$는 자연발화의 위험성이 있다.
③ 물과 접촉 시 가연성 가스 발생하므로 주수소화는 절대 금지한다.
④ 트라이메틸알루미늄(TMA : Tri Methyl Aluminium)

$$(CH_3)_3Al + 3H_2O \rightarrow Al(OH)_3 + 3CH_4 \uparrow (메탄)$$

⑤ 트라이에틸알루미늄(TEA : Tri Eethyl Aluminium)

$$(C_2H_5)_3Al + 3H_2O \rightarrow Al(OH)_3 + 3C_2H_6 \uparrow (에탄) \quad \bigstar 에탄(폭발범위 : 3.0~12.4\%)$$

⑥ 저장용기에 불활성기체(N_2)를 봉입한다.
⑦ 피부접촉 시 화상을 입히고 연소 시 흰 연기가 발생한다.
⑧ 소화 시 주수소화는 절대 금하고 팽창질석, 팽창진주암 등으로 피복소화한다.

11 다음 [보기]의 제4류 위험물 중에서 물리적 성질이 수용성인 것을 모두 골라 번호로 쓰시오.

[보기] ① 휘발유, ② 벤젠, ③ 톨루엔, ④ 클로로벤젠, ⑤ 아세트알데하이드, ⑥ 아세톤, ⑦ 메틸알코올

해답 ⑤, ⑥, ⑦

상세해설 제4류 위험물의 수용성 여부

품명	유별	물리적 성질	지정수량 구분 시
휘발유	제1석유류	비수용성	비수용성
벤젠	제1석유류	비수용성	비수용성
톨루엔	제1석유류	비수용성	비수용성
클로로벤젠	제2석유류	비수용성	비수용성
아세트알데하이드	특수 인화물	수용성	–
아세톤	제1석유류	수용성	수용성
메틸알코올	알코올류	수용성	–

12 다음은 위험물안전관리법령에 따른 옥내저장소의 저장기준이다. (   )안에 알맞은 답을 쓰시오.

(1) 옥내저장소에서 동일 품명의 위험물이더라도 자연발화할 우려가 있는 위험물 또는 재해가 현저하게 증대할 우려가 있는 위험물을 다량 저장하는 경우에는 지정수량의 10배 이하마다 구분하여 상호간 (①)m 이상의 간격을 두어 저장하여야 한다.
(2) 옥내저장소에서 위험물을 저장하는 경우에는 다음 규정에 의한 높이를 초과하여 용기를 겹쳐 쌓지 아니하여야 한다.
　① 기계에 의하여 하역하는 구조로 된 용기만을 겹쳐 쌓는 경우에 있어서는 (②)m
　② 제4류 위험물 중 제3석유류, 제4석유류 및 동식물유류를 수납하는 용기만을 겹쳐 쌓는 경우에 있어서는 (③)m
　③ 그 밖의 경우에 있어서는 (④)m
(3) 옥내저장소에서는 용기에 수납하여 저장하는 위험물의 온도가 (⑤)℃를 넘지 아니하도록 필요한 조치를 강구하여야 한다(중요기준).

해답 ① 0.3　② 6　③ 4　④ 3　⑤ 55

---

13 위험물안전관리법령에 따른 소화설비의 구분에 따른 적응성이 있는 위험물을 [보기]에서 골라 쓰시오.

[보기]　○ 제1류 위험물 중 알칼리금속의 과산화물
　　　　○ 제2류 위험물 중 인화성고체
　　　　○ 제3류 위험물(금수성물품 제외)
　　　　○ 제4류 위험물
　　　　○ 제5류 위험물
　　　　○ 제6류 위험물

(1) 불활성가스소화설비 :
(2) 옥외소화전설비 :
(3) 포소화설비 :

해답 (1) 불활성가스소화설비 : ○ 제2류 위험물 중 인화성고체
　　　　　　　　　　　　　　○ 제4류 위험물

(2) 옥외소화전설비 : ○ 제2류 위험물 중 인화성고체
　　　　　　　　　　○ 제3류 위험물(금수성물품 제외)
　　　　　　　　　　○ 제5류 위험물
　　　　　　　　　　○ 제6류 위험물
(3) 포소화설비 : ○ 제2류 위험물 중 인화성고체
　　　　　　　　○ 제3류 위험물(금수성물품 제외)
　　　　　　　　○ 제4류 위험물
　　　　　　　　○ 제5류 위험물
　　　　　　　　○ 제6류 위험물

상세해설 소화설비의 적응성

대상물 구분 소화설비의 구분	제1류 위험물		제2류 위험물			제3류 위험물		제4류 위험물	제5류 위험물	제6류 위험물
	알칼리금속과산화물등	그 밖의 것	철분·금속분·마그네슘등	인화성고체	그 밖의 것	금수성물품	그 밖의 것			
옥내소화전 또는 옥외소화전설비		○		○	○		○		○	○
스프링클러설비		○		○	○		○	△	○	○
물분무등소화설비 물분무소화설비		○		○	○		○	○	○	○
포소화설비		○		○	○		○	○	○	○
불활성가스소화설비				○				○		
할로젠화합물소화설비				○				○		
분말소화설비 인산염류등		○		○	○			○		○
탄산수소염류등	○		○	○		○		○		
그 밖의 것	○		○			○				

14 아래의 위험물은 주의사항이 물기엄금인 물질이다. 만약 물과 접촉하였다고 가정하고 물과의 반응식을 쓰시오.

① 과산화칼륨　　　② 마그네슘　　　③ 나트륨

 해답 ① $2K_2O_2 + 2H_2O \rightarrow 4KOH + O_2$
② $Mg + 2H_2O \rightarrow Mg(OH)_2 + H_2$
③ $2Na + 2H_2O \rightarrow 2NaOH + H_2$

상세해설
• 과산화칼륨(K_2O_2) : 제1류 위험물 중 무기과산화물
　① 상온에서 물과 격렬히 반응하여 산소(O_2)를 방출하고 폭발하기도 한다.

$$2K_2O_2 + 2H_2O \rightarrow 4KOH + O_2 \uparrow$$

② 공기 중 이산화탄소(CO_2)와 반응하여 산소(O_2)를 방출한다.

$$2K_2O_2 + 2CO_2 \rightarrow 2K_2CO_3 + O_2 \uparrow$$

④ 산과 반응하여 과산화수소(H_2O_2)를 생성시킨다.

$$K_2O_2 + 2CH_3COOH \rightarrow 2CH_3COOK + H_2O_2$$

⑤ 열분해시 산소(O_2)를 방출한다.

$$2K_2O_2 \rightarrow 2K_2O + O_2 \uparrow$$

⑥ 주수소화는 금물이고 마른모래(건조사)등으로 소화한다.

- 마그네슘(Mg)-제2류 위험물-금속분
  ① 2mm체 통과 못하는 덩어리 및 직경 2mm 이상 막대모양은 위험물에서 제외한다.
  ② 수증기와 작용하여 수소를 발생시킨다.(주수소화금지)

$$Mg + 2H_2O \rightarrow Mg(OH)_2 + H_2 \uparrow$$

  ③ 산과 작용하여 수소를 발생시킨다.

$$Mg + 2HCl \rightarrow MgCl_2 + H_2 \uparrow$$

  ④ 주수소화는 엄금이며 마른모래 등으로 피복 소화한다.

- 금속칼륨 및 금속나트륨 : 제3류 위험물(금수성)
  ① 물과 반응하여 수소기체 발생

$$2Na + 2H_2O \rightarrow 2NaOH(수산화나트륨) + H_2 \uparrow (수소발생)$$
$$2K + 2H_2O \rightarrow 2KOH(수산화칼륨) + H_2 \uparrow (수소발생)$$

  ② 파라핀, 경유, 등유 속에 저장

  - 칼륨(K), 나트륨(Na)은 파라핀, 경유, 등유 속에 저장
  - 황린(3류) 및 이황화탄소(4류)는 물속에 저장

15 아래 보기의 동식물유류를 보고 아이오딘값에 따른 건성유, 반건성유, 불건성유로 분류하시오.

[보기] 아마인유, 야자유, 들기름, 쌀겨유, 목화씨유, 땅콩유

해답
① 건성유 - 아마인유, 들기름
② 반건성유 - 목화씨유, 쌀겨유
③ 불건성유 - 야자유, 땅콩유

상세해설

동식물유류 : 제4류 위험물
동물의 지육 또는 식물의 종자나 과육으로부터 추출한 것으로 1기압에서 인화점이 250℃ 미만인 것

[아이오딘값에 따른 동식물유류의 분류]

구 분	아이오딘값	종 류
건성유	130 이상	해바라기기름, 동유(오동기름), 정어리기름, **아마인유**, 들기름
반건성유	100~130	채종유, **쌀겨기름**, 참기름, **면실유(목화씨기름)**, 옥수수기름, 청어기름, 콩기름
불건성유	100 이하	**야자유**, 팜유, 올리브유, 피마자기름, **낙화생기름(땅콩기름)**, 돈지, 우지, 고래기름

아이오딘값
옥소가(沃素價)라고도 하며 100g의 유지에 의해서 흡수되는 아이오딘의 g수

---

16 제3류 위험물 중 물과 반응성이 없으며 공기 중에서 자연발화하여 흰 연기를 발생시키는 물질에 대한 다음 각 물음에 답하시오.

(물음 1) 물질의 명칭을 쓰시오.
(물음 2) (물음 1)의 물질을 저장하는 옥내저장소의 바닥면적은 몇 m^2 이하로 하여야 하는지 쓰시오.
(물음 3) (물음 1)의 물질에 수산화칼륨 또는 수산화나트륨과 같은 강알칼리성 용액과 반응하면 생성되는 맹독성의 기체를 화학식으로 쓰시오.

 해답
(물음 1) 황린
(물음 2) 1000m^2
(물음 3) PH_3

 상세해설
- 황린(P_4)[별명 : 백린] : 제 3류 위험물(자연발화성물질)
  ① 공기 중 약 40~50℃에서 자연 발화한다.
  ② 저장 시 자연 발화성이므로 반드시 물속에 저장한다.
  ③ 인화수소(PH_3)의 생성을 방지하기 위하여 물의 pH=9(약알칼리)가 안전한계이다.
  ④ 연소 시 오산화인(P_2O_5)의 흰 연기가 발생한다.

  $$P_4 + 5O_2 \rightarrow 2P_2O_5 (오산화인)$$

  ⑤ 강알칼리의 용액에서는 유독기체인 포스핀(PH_3)을 발생한다.

  $$P_4 + 3NaOH + 3H_2O \rightarrow 3NaH_2PO_2 + PH_3 \uparrow (인화수소=포스핀)$$

• 옥내저장소의 저장창고 바닥면적 설치기준 ★★

위험물의 종류	바닥면적
• 제1류 위험물 중 아염소산염류, 염소산염류, 과염소산염류, 무기과산화물, 그 밖에 지정수량 50kg인 위험물 • 제3류 위험물 중 칼륨, 나트륨, 알킬알루미늄, 알킬리튬, 그 밖에 지정수량이 10kg인 위험물 및 **황인** • 제4류 위험물 중 특수인화물, 제1석유류 및 알코올류 • 제5류 위험물 중 유기과산화물, 질산에스터류, 그 밖에 지정수량이 10kg인 위험물 • 제6류 위험물	1000m² 이하
• 위 이외의 위험물을 저장하는 창고	2000m² 이하
• 내화구조의 격벽으로 완전히 구획된 실에 각각 저장하는 창고	1500m² 이하

17 다음은 위험물안전관리법령에서 정한 불활성가스소화설비의 설치기준에 대한 내용이다. ( )안에 알맞은 답을 쓰시오.

(1) 이산화탄소를 방사하는 분사헤드 중 고압식의 것에 있어서는 (①)MPa 이상, 저압식의 것에 있어서는 (②)MPa 이상일 것
(2) 이산화탄소를 저장하는 저압식저장용기에는 (③)MPa 이상의 압력 및 (④)MPa 이하의 압력에서 작동하는 압력경보장치를 설치할 것
(3) 이산화탄소를 저장하는 저압식저장용기에는 용기내부의 온도를 영하 (⑤)℃ 이상 영하 (⑥)℃ 이하로 유지할 수 있는 자동냉동기를 설치할 것

해답 ① 2.1 ② 1.05 ③ 2.3 ④ 1.9 ⑤ 20 ⑥ 18

18 다음 [보기]의 위험물에 따른 위험물 운반용기의 외부 표시사항을 쓰시오.

[보기] ① 제2류 위험물(인화성고체) ② 제3류 위험물(금수성)
③ 제4류 위험물 ④ 제5류 위험물
⑤ 제6류 위험물

해답 ① 화기엄금 ② 물기엄금 ③ 화기엄금
④ 화기엄금 및 충격주의 ⑤ 가연물접촉주의

상세해설 위험물 운반용기의 외부 표시 사항
① 위험물의 품명, 위험등급, 화학명 및 수용성(제4류 위험물의 수용성인 것에 한함)
② 위험물의 수량
③ 수납하는 위험물에 따른 주의사항

유 별	성질에 따른 구분	표시사항
제1류 위험물	알칼리금속의 과산화물	화기·충격주의, 물기엄금 및 가연물접촉주의
	그 밖의 것	화기·충격주의 및 가연물접촉주의
제2류 위험물	철분·금속분·마그네슘	화기주의 및 물기엄금
	인화성고체	화기엄금
	그 밖의 것	화기주의
제3류 위험물	자연발화성물질	화기엄금 및 공기접촉엄금
	금수성물질	물기엄금
제4류 위험물	인화성 액체	화기엄금
제5류 위험물	자기반응성 물질	화기엄금 및 충격주의
제6류 위험물	산화성 액체	가연물접촉주의

19 다음 [보기]의 제2류 위험물인 황화인에 대한 다음 각 물음에 답하시오.

[보기] ○ 삼황화인   ○ 오황화인   ○ 칠황화인

(물음 1) 조해성이 있는 것과 조해성이 없는 것을 구분하여 쓰시오.
(물음 2) 발화점이 가장 낮은 물질의 명칭을 쓰시오.
(물음 3) (물음 2)에서 답한 물질의 완전연소반응식을 쓰시오.

해답 (물음 1) 조해성이 있는 것 : 오황화인, 칠황화인
　　　　　　 조해성이 없는 것 : 삼황화인
(물음 2) 삼황화인
(물음 3) $P_4S_3 + 8O_2 \rightarrow 2P_2O_5 + 3SO_2$

상세해설
- 황화인(제2류 위험물) : 황과 인의 화합물
  ① **삼황화인**(P_4S_3)
    - 황색결정으로 물, 염산, 황산에 녹지 않으며 질산, 알칼리, 이황화탄소에 녹는다.
    - 조해성이 없다
    - 연소하면 오산화인과 이산화황이 생긴다.

    $$P_4S_3 + 8O_2 \rightarrow 2P_2O_5 + 3SO_2 \uparrow$$

② 오황화인(P_2S_5)
- 담황색 결정이고 조해성이 있다.
- 수분을 흡수하면 분해된다.
- 이황화탄소(CS_2)에 잘 녹는다.
- 물, 알칼리와 반응하여 인산과 황화수소를 발생한다.

$$P_2S_5 + 8H_2O \rightarrow 2H_3PO_4 + 5H_2S \uparrow$$

③ 칠황화인(P_4S_7)
- 담황색 결정이고 조해성이 있다.
- 수분을 흡수하면 분해된다.
- 이황화탄소(CS_2)에 약간 녹는다.
- 냉수에는 서서히 분해가 되고 더운물에는 급격히 분해된다.

20 다음 [보기]의 위험물에 대한 화학식과 지정수량을 쓰시오.

[보기] (1) 과산화벤조일 (2) 과망가니즈산암모늄 (3) 인화아연

(1) $(C_6H_5CO)_2O_2$, 10kg
(2) NH_4MnO_4, 1000kg
(3) Zn_3P_2, 300kg

위험물의 유별 등

물질명	화학식	유별 및 품명	지정수량
과산화벤조일	$(C_6H_5CO)_2O_2$	제5류 유기과산화물	10kg
과망가니즈산암모늄	NH_4MnO_4	제1류 과망가니즈산염류	1000kg
인화아연	Zn_3P_2	제3류 금속의 인화합물	300kg

위험물산업기사 실기

2020년 11월 15일 시행

01 다음의 보기 물질 중에서 인화점이 낮은 것부터 순서대로 나열하시오.

[보기] ① 아세톤 ② 이황화탄소 ③ 다이에틸에터 ④ 산화프로필렌

해답 ③ 다이에틸에터 – ④ 산화프로필렌 – ② 이황화탄소 – ① 아세톤

상세해설

제4류 위험물의 물성

품명	다이에틸에터	아세트알데하이드	산화프로필렌	이황화탄소	아세톤
화학식	$C_2H_5OC_2H_5$	CH_3CHO	CH_3CH_2CHO	CS_2	CH_3COCH_3
유별	특수인화물	특수인화물	특수인화물	특수인화물	제1석유류
인화점	-40℃	-38℃	-37.0℃	-30℃	-18℃

02 위험물안전관리법령상 [보기]에 해당하는 위험물에 대한 운반용기 외부에 표시하여야하는 주의사항을 쓰시오.

[보기] ① 질산칼륨 ② 철분 ③ 황린 ④ 아닐린 ⑤ 질산

해답
① 질산칼륨 : 화기주의, 충격주의, 가연물접촉주의
② 철분 : 화기주의, 물기엄금
③ 황린 : 화기엄금 및 공기접촉엄금
④ 아닐린 : 화기엄금
⑤ 질산 : 가연물접촉주의

상세해설
① 질산칼륨-제1류(그 밖의 것)
② 철분-제2류
③ 황린-제3류(자연발화성물질)
④ 아닐린(제4류-제3석유류)
⑤ 질산-제6류

- 위험물 운반용기의 외부 표시 사항
  ① 위험물의 품명, 위험등급, 화학명 및 수용성(제4류 위험물의 수용성인 것에 한함)
  ② 위험물의 수량
  ③ 수납하는 위험물에 따른 주의사항

유 별	성질에 따른 구분	표시사항
제1류 위험물	알칼리금속의 과산화물	화기·충격주의, 물기엄금 및 가연물접촉주의
	그 밖의 것	화기·충격주의 및 가연물접촉주의
제2류 위험물	철분·금속분·마그네슘	화기주의 및 물기엄금
	인화성고체	화기엄금
	그 밖의 것	화기주의
제3류 위험물	자연발화성물질	화기엄금 및 공기접촉엄금
	금수성물질	물기엄금
제4류 위험물	인화성 액체	화기엄금
제5류 위험물	자기반응성 물질	화기엄금 및 충격주의
제6류 위험물	산화성 액체	가연물접촉주의

03

다음은 인화성액체위험물의 옥외탱크저장소의 방유제 설치기준이다. ( )안에 알맞은 답을 쓰시오.

(1) 방유제의 높이는 (①)m 이상 (②)m 이하로 할 것
(2) 방유제 내의 면적은 (③)m² 이하로 할 것
(3) 방유제 내에 설치하는 옥외저장탱크의 수는 (④) 이하로 할 것

 ① 0.5 ② 3 ③ 8만 ④ 10

인화성액체위험물(이황화탄소를 제외)의 옥외탱크저장소의 방유제
(1) 방유제의 용량

탱크가 하나인 때	탱크 용량의 110% 이상
2기 이상인 때	탱크 중 용량이 최대인 것의 용량의 110% 이상

(2) 방유제의 **높이는 0.5m 이상 3m 이하, 두께 0.2m 이상, 지하매설깊이 1m 이상**
(3) **방유제 내의 면적은 8만m² 이하**로 할 것
(4) 방유제 내에 설치하는 옥외저장탱크의 수는 10이하로 할 것.
(5) 방유제는 탱크의 옆판으로부터 거리를 유지할 것.

지름이 15m 미만인 경우	탱크 높이의 3분의 1 이상
지름이 15m 이상인 경우	탱크 높이의 2분의 1 이상

(6) **용량이 1,000만L 이상인 옥외저장탱크**의 주위에 설치하는 방유제에는 당해 탱크마다 **간막이 둑**을 설치할 것
  ① 간막이 둑의 높이는 0.3m(방유제 내에 설치되는 옥외저장탱크의 용량의 합계가 2억L를 넘는 방유제에 있어서는 1m) 이상으로 하되, 방유제의 높이보다 0.2m 이상 낮게 할 것
  ② 간막이 둑은 흙 또는 철근콘크리트로 할 것
  ③ 간막이 둑의 용량은 간막이 둑안에 설치된 탱크이 용량의 10% 이상일 것
(7) 방유제의 **높이가 1m를 넘는 방유제 및 간막이둑**의 안팎에는 방유제 내에 출입하기 위한 **계단 또는 경사로**를 약 **50m마다** 설치할 것.

---

04 위험물의 운반기준에 따라 다음 [보기]의 위험물을 운반하는 경우 수납율에 따른 운반용기의 내용적은 몇 % 이하로 하여야 하는지 각각 쓰시오.

[보기] ① 질산칼륨 ② 질산 ③ 알킬알루미늄 ④ 알킬리튬 ⑤ 과염소산

 ① 95% 이하 ② 98% 이하 ③ 90% 이하 ④ 90% 이하 ⑤ 98% 이하

① 질산칼륨-제1류-질산염류-산화성**고체**
② 질산-제6류-산화성**액체**
③ 알킬알루미늄-제3류-**자연발화성** 및 금수성
④ 알킬리튬-제3류-**자연발화성** 및 금수성
⑤ 과염소산-제6류--산화성**액체**

• 위험물의 운반에 관한 기준 - 적재방법
  (1) **고체위험물**은 운반용기 **내용적의 95% 이하**의 수납율로 수납할 것
  (2) **액체위험물**은 운반용기 **내용적의 98% 이하**의 수납율로 수납하되, **55도의 온도**에서 누설되지 아니하도록 충분한 공간용적을 유지하도록 할 것
  (3) **제3류 위험물**은 다음의 기준에 따라 운반용기에 수납할 것
    ① **자연발화성물질**에 있어서는 **불활성 기체**를 봉입하여 밀봉하는 등 공기와 접하지 아니하도록 할 것
    ② **자연발화성물질외**의 물품에 있어서는 **파라핀·경유·등유** 등의 **보호액**으로 채워 밀봉하거나 불활성 기체를 봉입하여 밀봉하는 등 수분과 접하지 아니하도록 할 것
    ③ 자연발화성 물질 중 **알킬알루미늄** 등은 운반용기의 **내용적의 90% 이하**의 수납율로 수납하되, 50℃의 온도에서 **5% 이상의 공간용적**을 유지하도록 할 것

05 다음은 제2류 위험물에 대한 판단기준이다. ( )안에 알맞은 답을 쓰시오.

(1) 황은 순도가 (①)중량퍼센트 이상인 것을 말한다. 이 경우 순도측정에 있어서 불순물은 활석 등 불연성물질과 수분에 한한다.
(2) "철분"이라 함은 철의 분말로서 (②)마이크로미터의 표준체를 통과하는 것이 (③)중량퍼센트 미만인 것은 제외한다.
(3) "금속분"이라 함은 알칼리금속·알칼리토금속·철 및 마그네슘외의 금속의 분말을 말하고, 구리분·니켈분 및 (④)마이크로미터의 체를 통과하는 것이 (⑤)중량퍼센트 미만인 것은 제외한다.

해답 ① 60 ② 53 ③ 50 ④ 150 ⑤ 50

상세해설
- 위험물의 판단기준
  ① **황** : 순도가 **60중량%** 이상인 것을 말한다. 이 경우 순도측정에 있어서 불순물은 활석등 불연성물질과 수분에 한한다.
  ② **철분** : **철의 분말로서 53μm의 표준체를 통과하는 것이 50중량%** 미만인 것은 **제외**
  ③ **금속분** : 알칼리금속·알칼리토금속·철 및 마그네슘 외의 금속의 분말을 말하고, 구리분·니켈분 및 **150μm의 체를 통과하는 것이 50중량%** 미만인 것은 **제외**
  ④ 마그네슘은 다음 각목의 1에 해당하는 것은 **제외**한다.
    ㉮ 2mm의 체를 통과하지 아니하는 덩어리 상태의 것
    ㉯ **직경 2mm 이상**의 막대 모양의 것
  ⑤ 인화성고체
    고형알코올 그 밖에 1기압에서 인화점이 40℃ **미만**인 고체
  ⑥ 제6류 위험물의 판단기준

종 류	과산화수소	질산
기준	농도 36중량% 이상	비중 1.49 이상

- 제4류 위험물 (인화성 액체)

구 분	지정품목	기타 조건 (1atm에서)
특수인화물	• 이황화탄소 • 다이에틸에터	• 발화점이 100℃ 이하 • 인화점 −20℃ 이하이고 비점이 40℃ 이하
제1석유류	• 아세톤 • 휘발유	• 인화점 21℃ 미만
알코올류	C_1~C_3까지 포화 1가 알코올(변성알코올 포함) • 메틸알코올 • 에틸알코올 • 프로필알코올	
제2석유류	• 등유 • 경유	• 인화점 21℃ 이상 70℃ 미만
제3석유류	• 중유 • 크레오소트유	• 인화점 70℃ 이상 200℃ 미만
제4석유류	• 기어유 • 실린더유	• 인화점 200℃ 이상 250℃ 미만
동식물유류	• 동물의 지육 등 또는 식물의 종자나 과육으로부터 추출한 것으로서 인화점이 250℃ 미만인 것	

06 다음은 압력수조를 이용한 가압송수장치가 설치된 옥내소화전설비에서 압력수조의 필요한 압력 계산식이다. ( )안에 알맞은 내용을 기호로 답하시오.

$$P = (\quad) + (\quad) + (\quad) + (\quad)$$

A : 소방용 호스의 마찰손실수두압 (단위 MPa)
B : 소방용 호스의 마찰손실수두 (단위 m)
C : 배관의 마찰손실수두압 (단위 MPa)
D : 배관의 마찰손실수두 (단위 m)
E : 낙차의 환산수두압 (단위 MPa)
F : 낙차 (단위 m)
G : 0.35[MPa]
H : 35[m]

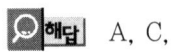 A, C, E, G

 위험물안전관리에 관한 세부기준 제129조(옥내소화전설비의 기준)
1. 고가수조를 이용한 가압송수장치
   (1) 낙차(수조의 하단으로부터 호스접속구까지의 수직거리) 계산식
   $H = h_1 + h_2 + 35\text{m}$
   여기서, H : 필요낙차(단위 m)
   h_1 : 방수용 호스의 마찰손실수두(단위 m)
   h_2 : 배관의 마찰손실수두(단위 m)
   (2) 고가수조에는 수위계, 배수관, 오버플로우용 배수관, 보급수관 및 맨홀을 설치할 것
2. 압력수조를 이용한 가압송수장치
   (1) 압력수조의 압력 계산식
   $P = p_1 + p_2 + p_3 + 0.35\text{MPa}$
   여기서, P : 필요한 압력(단위 MPa)
   p_1 : 소방용호스의 마찰손실수두압(단위 MPa)
   p_2 : 배관의 마찰손실수두압(단위 MPa)
   p_3 : 낙차의 환산수두압(단위 MPa)
   (2) 압력수조의 수량은 당해 압력수조 체적의 2/3 이하일 것
   (3) 압력수조에는 압력계, 수위계, 배수관, 보급수관, 통기관 및 맨홀을 설치할 것
3. 펌프를 이용한 가압송수장치
   (1) 펌프의 토출량은 옥내소화전의 설치개수가 가장 많은 층에 대해 당해 설치개수(설치개수가 5개 이상인 경우에는 5개)에 260L/min를 곱한 양 이상이 되도록 할 것

(2) 펌프의 전양정 계산식
$H = h_1 + h_2 + h_3 + 35\text{m}$
여기서, H : 펌프의 전양정(단위 m)
h_1 : 소방용 호스의 마찰손실수두(단위 m)
h_2 : 배관의 마찰손실수두(단위 m)
h_3 : 낙차(단위 m)

07 위험물제조소등에 보기와 같이 제4류 위험물을 저장하고 있는 경우 지정수량의 배수의 합은 얼마인가?

> ○ 특수인화물 : 200L   ○ 제1석유류(수용성) : 400L
> ○ 제2석유류(수용성) : 4,000L   ○ 제3석유류(수용성) : 12,000L
> ○ 제4석유류 : 24,000L

[계산과정] ① 지정수량의 배수 = $\dfrac{\text{저장수량}}{\text{지정수량}}$

② 지정수량의 배수 = $\dfrac{200}{50} + \dfrac{400}{400} + \dfrac{4000}{2000} + \dfrac{12000}{4000} + \dfrac{24000}{6000} = 14$배

[답] 14배

제4류 위험물의 지정수량

성질	품명		지정수량	위험등급
인화성액체	1. 특수인화물		50L	I
	2. 제1석유류	비수용성액체	200L	II
		수용성액체	400L	
	3. 알코올류		400L	
	4. 제2석유류	비수용성액체	1,000L	III
		수용성액체	2,000L	
	5. 제3석유류	비수용성액체	2,000L	
		수용성액체	4,000L	
	6. 제4석유류		6,000L	
	7. 동식물유류		10,000L	

08 다음 각 위험물에 대한 위험 II 등급 품명을 2가지씩만 쓰시오.

① 제1류 위험물　　② 제2류 위험물　　③ 제4류 위험물

 ① 제1류 위험물 : 브로민산염류, 질산염류, 아이오딘산염류
② 제2류 위험물 : 황화인, 적린, 황
③ 제4류 위험물 : 제1석유류, 알코올류

(1) 제1류 위험물의 품명 및 지정수량

성 질	품 명	지정수량	위험등급
산화성 고체	아염소산염류, 염소산염류, 과염소산염류, 무기과산화물	50kg	I
	브로민산염류, 질산염류, 아이오딘산염류	300kg	II
	과망가니즈산염류, 다이크로뮴산염류	1000kg	III

(2) 제2류 위험물의 품명 및 지정수량

성 질	품 명	지정수량	위험등급
가연성고체	황화인, 적린, 황	100kg	II
	철분, 금속분, 마그네슘	500kg	III
	인화성고체	1,000kg	

(3) 제3류 위험물의 품명 및 지정수량

성 질	품 명	지정수량	위험등급
자연발화성 및 금수성 물질	칼륨, 나트륨, 알킬알루미늄, 알킬리튬	10kg	I
	황린	20kg	
	알칼리금속(칼륨 및 나트륨 제외) 및 알칼리토금속, 유기금속화합물(알킬알루미늄 및 알킬리튬 제외)	50kg	II
	금속의 수소화물, 금속의 인화물, 칼슘 또는 알루미늄의 탄화물	300kg	III

(4) 제4류 위험물의 품명 및 지정수량

성 질	품 명		지정수량	위험등급
인화성 액체	특수인화물		50L	I
	제1석유류	비수용성	200L	II
		수용성	400L	
	알코올류		400L	
	제2석유류	비수용성	1000L	III
		수용성	2000L	
	제3석유류	비수용성	2000L	
		수용성	4000L	
	제4석유류		6000L	
	동식물유류		10000L	

(5) 제5류 위험물의 품명 및 지정수량

성질	품명		지정수량	위험등급
자기 반응성 물질	• 유기과산화물 • 나이트로화합물 • 아조화합물 • 하이드라진 유도체 • 하이드록실아민염류	• 질산에스터류 • 나이트로소화합물 • 다이아조화합물 • 하이드록실아민	1종 : 10kg 2종 : 100kg	1종 : Ⅰ 2종 : Ⅱ
종판단 완료	• 질산에스터류(대부분)(1종) • 셀룰로이드(2종) • 트라이나이트로톨루엔(1종) • 트라이나이트로페놀(1종) • 테트릴(1종) • 유기과산화물(대부분)(2종)			

(6) 제6류 위험물의 품명 및 지정수량

성 질	품 명	지정수량	위험등급
산화성 액체	과염소산, 과산화수소, 질산	300kg	Ⅰ

09 제4류 위험물인 이황화탄소에 대한 다음 각 물음에 답하시오.

(물음 1) 완전연소반응식을 쓰시오.
(물음 2) 해당 품명을 쓰시오.
(물음 3) 저장하는 철근콘크리트의 수조의 두께는 몇 m 이상인지 쓰시오.

  (물음 1) $CS_2 + 3O_2 \rightarrow CO_2 + 2SO_2$
(물음 2) 특수인화물
(물음 3) 0.2m 이상

상세해설
• 이황화탄소(CS_2) : 제4류 위험물 중 특수인화물

화학식	분자량	비중	비점	인화점	착화점	연소범위
CS_2	76.1	1.26	46℃	−30℃	100℃	1.0~50%

① 무색투명한 액체이다.
② 물에는 녹지 않고 알코올, 에테르, 벤젠 등 유기용제에 녹는다.
③ 완전 연소 시 이산화탄소(CO_2)와 이산화황(SO_2)을 생성한다.

$$CS_2 + 3O_2 \rightarrow CO_2(이산화탄소) + 2SO_2(이산화황) + 푸른색 불꽃$$

④ 저장 시 옥외저장탱크는 벽 및 바닥의 두께가 0.2m 이상이고 누수가 되지 아니하는 철근콘크리트의 수조에 넣어 보관하여야 한다.

10 다음 보기의 소화기구 중 나트륨 화재에 대하여 적응성이 있는 것을 모두 쓰시오.

[보기] 팽창질석, 마른모래, 포 소화기, 이산화탄소소화기, 인산염류 소화기

해답 팽창질석, 마른모래

상세해설
- 금속화재 적응소화약제
  ① 탄산수소염류 ② 마른모래 ③ 팽창질석 또는 팽창진주암

- 금속나트륨 : 제3류 위험물(금수성)
  ① 가열시 노란색 불꽃을 내면서 연소한다.
  ② 물과 반응하여 수소기체 발생한다.(금수성 물질)

  $$2Na + 2H_2O \rightarrow 2NaOH + H_2\uparrow \text{(수소발생)}$$

  ③ 보호액으로 파라핀, 경유, 등유를 사용한다.
  ④ 피부와 접촉 시 화상을 입는다.
  ⑤ 마른모래 등으로 질식 소화한다.

  금속나트륨 화재 시 CO_2소화기 사용금지 이유
  금속나트륨과 이산화탄소는 폭발적으로 반응하기 때문에 위험
  $4Na + 3CO_2 \rightarrow 2Na_2CO_3 + C$

11 제4류 위험물인 에틸알코올에 대한 다음 각 물음에 답하시오.

(물음 1) 에틸알코올의 완전연소 반응식을 쓰시오.
(물음 2) 에틸알코올과 칼륨이 반응하는 경우 생성기체의 명칭을 쓰시오.
(물음 3) 에틸알코올과 구조이성질체인 다이메틸에테르의 시성식을 쓰시오.

해답 (물음 1) $C_2H_5OH + 3O_2 \rightarrow 2CO_2 + 3H_2O$
(물음 2) 수소(H_2)
(물음 3) CH_3OCH_3

상세해설
에틸알코올(C_2H_5OH) : 제4류 위험물 중 알코올류
① 술 속에 포함되어 있어 주정이라고 한다.
② 무색투명한 액체이다.
③ 물에 아주 잘 녹으며 유기용제이다.

④ 연소 시 주간에는 불꽃이 잘 보이지 않는다.

$$C_2H_5OH + 3O_2 \rightarrow 2CO_2 + 3H_2O$$

⑥ 금속나트륨, 금속칼륨을 가하면 수소(H_2)가 발생한다.

$$2C_2H_5OH + 2Na \rightarrow 2C_2H_5ONa + H_2 \uparrow$$
$$2C_2H_5OH + 2K \rightarrow 2C_2H_5OK + H_2 \uparrow$$

⑦ 아이오딘포름 반응을 하므로 에탄올검출에 이용된다.

$$\text{에탄올} \xrightarrow{KOH+I_2} \text{아이오딘포름}(CHI_3)(\text{노란색})$$

12 다음 [보기]의 각 물질이 물과 반응하는 경우 생성되는 기체의 몰수를 구하시오.

[보기] (1) 과산화나트륨 78g (2) 수소화칼슘 42g

[해답]

(1) **[계산과정]** Na_2O_2의 분자량 $= 23 \times 2 + 16 \times 2 = 78$

$$2Na_2O_2 + 2H_2O \rightarrow 4NaOH + O_2$$

$2 \times 78g$ ────────→ 1몰
$78g$ ────────→ X

$$X = \frac{78 \times 1}{2 \times 78} = 0.5 \text{몰}$$

[답] 0.5몰

(2) **[계산과정]** CaH_2의 분자량 $= 40 + 2 = 42$

$$CaH_2 + 2H_2O \rightarrow Ca(OH)_2 + 2H_2$$

$42g$ ────────→ 2몰
$42g$ ────────→ X

$$X = \frac{42 \times 2}{42} = 2 \text{몰}$$

[답] 2몰

상세해설

• 과산화나트륨(Na_2O_2) : 제1류위험물 중 무기과산화물(금수성)

화학식	분자량	비중	융점	분해온도
Na_2O_2	78	2.8	460℃	460℃

① 상온에서 물과 격렬히 반응하여 산소(O_2)를 방출하고 폭발하기도 한다.

$$2Na_2O_2 + 2H_2O \rightarrow 4NaOH + O_2 \uparrow$$

② 공기 중 이산화탄소(CO_2)와 반응하여 산소(O_2)를 방출한다.

$$2Na_2O_2 + 2CO_2 \rightarrow 2Na_2CO_3 + O_2 \uparrow$$

③ 산과 반응하여 과산화수소(H_2O_2)를 생성시킨다.

$$Na_2O_2 + 2CH_3COOH \rightarrow 2CH_3COONa + H_2O_2$$

④ 열분해 시 산소(O_2)를 방출한다.

$$2Na_2O_2 \rightarrow 2Na_2O + O_2 \uparrow$$

⑤ 주수소화는 금물이고 마른모래(건조사) 등으로 소화한다.

• 수소화칼슘(CaH_2)

① 물과 반응하여 수소를 발생한다.

$$CaH_2 + 2H_2O \rightarrow Ca(OH)_2 + 2H_2 + 48kcal$$

② 물 및 포약제 소화는 절대 금하고 마른모래 등으로 피복소화한다.

13. 다음은 제4류 위험물에 대한 품명 및 지정수량이다. 빈칸에 알맞은 답을 쓰시오.

화학식	품 명	지정수량
HCN		
$C_2H_4(OH)_2$		
CH_3COOH		
$C_3H_5(OH)_3$		
N_2H_4		

화학식	품 명	지정수량
HCN	제1석유류	400L
$C_2H_4(OH)_2$	제3석유류	4000L
CH_3COOH	제2석유류	2000L
$C_3H_5(OH)_3$	제3석유류	4000L
N_2H_4	제2석유류	2000L

화학식	물질명	품 명	수용성여부	지정수량
HCN	사이안화수소	제1석유류	수용성	400L
$C_2H_4(OH)_2$	에틸렌글리콜	제3석유류	수용성	4000L
CH_3COOH	아세트산	제2석유류	수용성	2000L
$C_3H_5(OH)_3$	글리세린	제3석유류	수용성	4000L
N_2H_4	하이드라진	제2석유류	수용성	2000L

제4류 위험물의 품명 및 지정수량 ★★★★★

성질	품 명		지정수량	위험등급	비 고
인화성액체	특수인화물		50L	I	• 발화점 100℃ 이하 • 인화점 -20℃ 이하 & 비점 40℃ 이하 • 이황화탄소, 다이에틸에터
	제1 석유류	비수용성	200L	II	• 인화점 21℃ 미만 • 아세톤, 휘발유
		수용성	400L		
	알코올류		400L		• C_1~C_3 포화1가 알코올 (변성알코올포함)
	제2 석유류	비수용성	1000L	III	• 인화점 21℃ 이상 70℃ 미만 • 등유, 경유
		수용성	2000L		
	제3 석유류	비수용성	2000L		• 인화점 70℃ 이상 200℃ 미만 • 중유, 크레오소트유
		수용성	4000L		
	제4석유류		6000L		• 인화점이 200℃이상 250℃미만인 것
	동식물유류		10000L		• 동물의 지육 또는 식물의 종자나 과육으로부터 추출한 것으로 1기압에서 인화점이 250℃ 미만인 것

14 인화칼슘에 대한 다음 각 물음에 답하시오.

(물음 1) 몇 류 위험물인지 쓰시오.
(물음 2) 지정수량을 쓰시오.
(물음 3) 물과의 반응식을 쓰시오.
(물음 4) 물과 반응 후 생성되는 가스의 명칭을 쓰시오.

해답
(물음 1) 제3류 위험물
(물음 2) 300kg
(물음 3) $Ca_3P_2 + 6H_2O \rightarrow 3Ca(OH)_2 + 2PH_3$
(물음 4) 포스핀(인화수소)

상세해설
• 제3류 위험물 및 지정수량

성 질	품 명	지정수량	위험등급
자연발화성 및 금수성 물질	칼륨, 나트륨, 알킬알루미늄, 알킬리튬	10kg	I
	황린	20kg	
	알칼리금속(칼륨 및 나트륨 제외)및 알칼리토금속, 유기금속화합물(알킬알루미늄 및 알킬리튬 제외)	50kg	II
	금속의 수소화물, 금속의 인화물, 칼슘 또는 알루미늄의 탄화물	300kg	III

- 인화칼슘(Ca_3P_2)[별명 : 인화석회] : 제3류 위험물(금수성 물질)
  ① 적갈색의 괴상고체
  ② 물 및 약산과 격렬히 반응, 분해하여 인화수소(포스핀)(PH_3)를 생성한다.

  - $Ca_3P_2 + 6H_2O \rightarrow 3Ca(OH)_2 + 2PH_3$(포스핀 = 인화수소)
  - $Ca_3P_2 + 6HCl \rightarrow 3CaCl_2 + 2PH_3$(포스핀 = 인화수소)

  ③ 포스핀은 맹독성 가스이므로 취급 시 방독마스크를 착용한다.
  ④ 물 및 포 약제에 의한 소화는 절대 금하고 마른모래 등으로 피복하여 자연 진화 되도록 기다린다.

15 다음은 위험물 제2류에 대한 설명이다. 설명 중 옳은 내용을 모두 고르시오.

① 황화인, 적린, 황은 위험물 Ⅱ등급이다.
② 고형알코올의 지정수량은 1000kg이다.
③ 물에 대부분 잘 녹는다.
④ 비중은 1보다 작다.
⑤ 대부분 산화제이다.

 ①, ②

 제2류 위험물의 공통적 성질
① 대부분 물에 녹지 않는다.
② 비중은 1보다 크다.
③ 대부분 환원제이다.
④ 낮은 온도에서 착화가 쉬운 가연성 고체
⑤ 연소속도가 빠른 고체
⑥ 연소 시 유독가스를 발생하는 것도 있다.
⑦ 금속분은 물 또는 산과 접촉 시 발열된다.

제2류 위험물 품명 및 지정수량 ★★★

성 질	품 명	지정 수량	위험등급
가연성고체	• 황화인, 적린, 황	100kg	Ⅱ
	• 철분, 금속분, 마그네슘	500kg	Ⅲ
	• 인화성고체	1,000kg	

16 다음 표는 제3류 위험물에 대한 품명과 지정수량이다. 빈칸의 번호에 알맞은 답을 쓰시오.

품 명	지정수량
칼륨	①
나트륨	②
알킬알루미늄	③
④	10kg
⑤	20kg
알칼리금속(칼륨, 나트륨 제외) 및 알칼리토금속	⑥
유기금속화합물 (알킬알루미늄 및 알킬리튬 제외)	⑦

해답 ① 10kg ② 10kg ③ 10kg ④ 알킬리튬 ⑤ 황린 ⑥ 50kg ⑦ 50kg

상세해설

제3류 위험물 및 지정수량

성 질	품 명	지정수량	위험등급
자연발화성 및 금수성물질	1. 칼륨, 나트륨, 알킬알루미늄, 알킬리튬	10kg	I
	2. 황린	20kg	
	3. 알칼리금속(칼륨 및 나트륨 제외) 및 알칼리토금속 유기금속화합물(알킬알루미늄 및 알킬리튬 제외)	50kg	II
	4. 금속의 수소화물, 금속의 인화물 칼슘 또는 알루미늄의 탄화물, 염소화규소화합물	300kg	III

17 위험물안전관리법령상 고정주유설비 및 고정급유설비에 대한 다음 각 물음에 답하시오.

(1) 고정주유설비의 중심선을 기점으로 하여 도로경계선까지 유지하여야 하는 거리는 몇 m 이상인가?
(2) 고정주유설비의 중심선을 기점으로 하여 부지경계선까지 유지하여야 하는 거리는 몇 m 이상인가?
(3) 고정주유설비의 중심선을 기점으로 하여 건축물의 개구부가 없는 벽까지 유지하여야 하는 거리는 몇 m 이상인가?
(4) 고정급유설비의 중심선을 기점으로 하여 도로경계선까지 유지하여야 하는 거리는 몇 m 이상인가?
(5) 고정급유설비의 중심선을 기점으로 하여 부지경계선까지 유지하여야 하는 거리는 몇 m 이상인가?

해답 (1) 4m 이상   (2) 2m 이상   (3) 1m 이상   (4) 4m 이상   (5) 1m 이상

상세해설
- [별표 13] 주유취급소의 위치·구조 및 설비의 기준(제37조 관련)
  (1) **고정주유설비 또는 고정급유설비**
    ① 주유관의 길이는 5m(현수식의 경우에는 지면 위 0.5m의 수평면에 반경 3m)이내로 할 것
    ② 끝부분에는 축적된 정전기를 유효하게 제거할 수 있는 장치를 설치
    ③ 고정주유설비 또는 고정급유설비의 설치위치
      ㉮ 고정주유설비의 중심선을 기점으로 하여
        • 도로경계선까지 4m 이상 거리를 유지
        • 부지경계선·담 및 건축물의 벽까지 2m(개구부가 없는 벽까지는 1m) 이상의 거리를 유지
      ㉯ 고정급유설비의 중심선을 기점으로 하여
        • 도로경계선까지 4m 이상 거리를 유지
        • 부지경계선 및 담까지 1m 이상 거리를 유지
        • 건축물의 벽까지 2m(개구부가 없는 벽까지는 1m) 이상의 거리를 유지
    ④ 고정주유설비와 고정급유설비의 사이에는 4m 이상의 거리를 유지

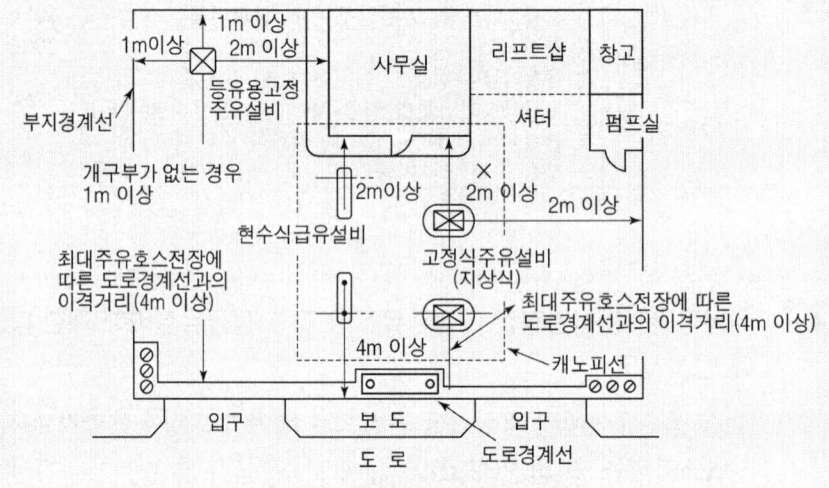

[고정주유설비 및 고정급유설비]

18 위험물안전관리법령상 위험물을 유별로 정리하여 저장하는 한편, 서로 1m 이상의 간격을 두는 경우 유별을 달리하는 위험물을 동일한 저장소에 저장할 수 있다. 다음 각 물음에 해당하는 물질과 동일한 저장소에 저장할 수 있는 것을 보기에서 골라 쓰시오.

[보기]
과염소산칼륨, 염소산칼륨, 과산화나트륨, 아세톤, 과산화소, 질산, 아세트산

(1) 질산메틸 (2) 인화성고체 (3) 황린

 (1) 질산메틸 – 과염소산칼륨, 염소산칼륨
(2) 인화성고체 – 아세톤, 아세트산
(3) 황린 – 과염소산칼륨, 염소산칼륨, 과산화나트륨

품 명	질산메틸	인화성고체	황린
유 별	제5류	제2류	제3류
동일한 저장소에 저장할 수 있는 위험물	제1류 위험물 (알칼리금속의 과산화물 제외)	제4류 위험물	제1류 위험물
[보기]에서 해당하는 물질	• 과염소산칼륨(1류) • 염소산칼륨(1류)	• 아세톤(4류) • 아세트산(4류)	• 과염소산칼륨(1류) • 염소산칼륨(1류) • 과산화나트륨(1류) (알칼리금속의 과산화물)

- **유별을 달리하는 위험물을 동일한 저장소에 저장할 수 있는 경우**
  옥내저장소 또는 옥외저장소에 있어서 다음의 각목의 규정에 의한 위험물을 저장하는 경우로서 위험물을 유별로 정리하여 저장하는 한편, **서로 1m 이상의 간격을 두는 경우**
  ① 제1류 위험물(알칼리금속의 과산화물 또는 이를 함유한 것을 제외한다)과 제5류 위험물을 저장하는 경우
  ② **제1류 위험물과 제6류 위험물을 저장하는 경우**
  ③ 제1류 위험물과 제3류 위험물 중 자연발화성물질(황린 또는 이를 함유한 것에 한한다)을 저장하는 경우
  ④ 제2류 위험물 중 인화성고체와 제4류 위험물을 저장하는 경우
  ⑤ 제3류 위험물 중 알킬알루미늄등과 제4류 위험물(알킬알루미늄 또는 알킬리튬을 함유한 것에 한한다)을 저장하는 경우
  ⑥ 제4류 위험물 중 유기과산화물 또는 이를 함유하는 것과 제5류 위험물 중 유기과산화물 또는 이를 함유한 것을 저장하는 경우

19 AN-FO(안포폭약)의 주성분이며 분자량 80인 질산염류에 대한 각 물음에 답하시오.

(물음 1) 화학식을 쓰시오.   (물음 2) 열분해 반응식을 쓰시오.

해답 (물음 1) NH_4NO_3 (물음 2) $2NH_4NO_3 \rightarrow 2N_2 + O_2 + 4H_2O$

상세해설
- AN-FO(Ammonium Nitrate Fuel Oil Explosives)-안포폭약
  ① 안포폭약은 질산암모늄(NH_4NO_3)을 주성분으로 한다.
  ② 연료유를 혼합한 초안폭약의 일종이다.
  ③ 폭약류 중 가격이 가장 저렴하고 안정성이 우수한 저폭속·저비중 제품이다.
  ④ 주로오픈(노천)발파에 이용되며, 사용처는 연암으로 형성된 현장에 매우 유리하다.
  ⑤ 대형석산이나 석회석 채석장에 널리 사용되고 있다.

  질산암모늄의 열분해 반응식 : $2NH_4NO_3 \rightarrow 2N_2 + O_2 + 4H_2O$

20 다음 그림과 같이 에틸알코올을 저장하는 옥내저장탱크 2기가 있다. 다음 각 물음에 답하시오.

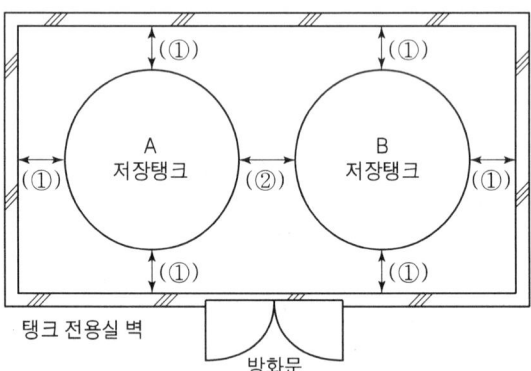

(물음 1) (①)에 해당하는 옥내저장탱크와 탱크전용실의 벽과의 사이는 몇 m 이상의 간격을 유지하여야 하는가?
(물음 2) (②)에 해당하는 옥내저장탱크의 상호간에는 몇 m 이상의 간격을 유지하여야 하는가?
(물음 3) 옥내저장탱크의 용량(각 탱크의 용량의 합계)은 몇 L 이하로 하여야 하는지 쓰시오

해답
(물음 1) 0.5m
(물음 2) 0.5m
(물음 3) 16,000L

상세해설
- 에틸알코올(지정수량 400L)을 저장하는 옥내저장탱크의 용량은 지정수량의 40배 이하(단, 제4석유류 및 동식물유류 외의 제4류 위험물에 있어서 당해 수량이 20,000L를 초과할 때에는 20,000L 이하)
- Q = 400L × 40배 = 16,000L
- 단서조항에 따라 알코올류는 제4석유류 및 동식물유류 외에 해당하므로 20,000L까지 저장할 수 있으나 계산결과 20,000L를 초과하지 않으므로 16,000L

옥내탱크저장소의 기준
(1) 위험물을 저장 또는 취급하는 옥내탱크("옥내저장탱크")는 단층건축물에 설치된 탱크전용실에 설치할 것
(2) **옥내저장탱크와 탱크전용실의 벽과의 사이 및 옥내저장탱크의 상호간에는 0.5m 이상의 간격을 유지할 것**. 다만, 탱크의 점검 및 보수에 지장이 없는 경우에는 그러하지 아니하다.
(3) 옥내탱크저장소에는 보기 쉬운 곳에 "**위험물 옥내탱크저장소**"라는 표시를 한 표지와 방화에 관하여 필요한 사항을 게시한 게시판을 설치하여야 한다.
(4) 옥내저장탱크의 용량(**동일한 탱크전용실에 옥내저장탱크를 2 이상 설치하는 경우에는 각 탱크의 용량의 합계**)은 지정수량의 40배(제4석유류 및 동식물유류 외의 제4류 위험물에 있어서 당해 수량이 20,000L를 초과할 때에는 20,000L) 이하일 것

위험물산업기사 실기
2021년 4월 24일 시행

01 마그네슘 화재 시 이산화탄소로 소화하면 위험한 이유를 반응식과 함께 간단히 쓰시오.

해답 (1) **반응식** : $2Mg + CO_2 \rightarrow 2MgO + C$
(2) **위험한 이유** : 마그네슘은 이산화탄소와 폭발적으로 반응을 하기 때문

상세해설
- 마그네슘(Mg) : 제2류 위험물(금수성)
  ① 물과 반응하여 수소기체 발생
  $$Mg + 2H_2O \rightarrow Mg(OH)_2(수산화마그네슘) + H_2\uparrow(수소발생)$$
  ② 마그네슘과 CO_2의 반응식
  $2Mg + CO_2 \rightarrow 2MgO + C$(마그네슘과 이산화탄소는 폭발적으로 반응하기 때문에 위험)

02 제5류 위험물 중 지정수량이 100kg에 해당하는 위험물의 품명을 3가지 쓰시오.

해답 하이드록실아민, 다이아조화합물, 아조화합물, 하이드라진유도체, 금속의 아지화합물, 질산구아니딘

상세해설
- 제5류 위험물 및 지정수량

성질	품명		지정수량	위험등급
자기 반응성 물질	• 유기과산화물 • 나이트로화합물 • 아조화합물 • 하이드라진 유도체 • 하이드록실아민염류	• 질산에스터류 • 나이트로소화합물 • 다이아조화합물 • 하이드록실아민	1종 : 10kg 2종 : 100kg	1종 : I 2종 : II
종판단 완료	• 질산에스터류(대부분)(1종) • 셀룰로이드(2종) • 트라이나이트로톨루엔(1종) • 트라이나이트로페놀(1종) • 테트릴(1종) • 유기과산화물(대부분)(2종)			

03 위험물안전관리법령에서 정한 다음 용어의 정의를 쓰시오.

(1) 인화성고체 (2) 철분

 (1) 인화성고체 : 고형알코올 그 밖에 1기압에서 인화점이 40℃ 미만인 고체
(2) 철분 : 철의 분말로서 53μm의 표준체를 통과하는 것이 50중량% 미만인 것은 제외

- 위험물의 판단기준
  ① **황**
     순도가 60중량% 이상인 것을 말한다. 이 경우 순도측정에 있어서 불순물은 활석 등 불연성물질과 수분에 한한다.
  ② **철분**
     철의 분말로서 53μm의 표준체를 통과하는 것이 **50중량% 미만**인 것은 **제외**
  ③ **금속분**
     알칼리금속·알칼리토금속·철 및 마그네슘 외의 금속의 분말을 말하고, **구리분·니켈분 및 150μm의 체를 통과하는 것이 50중량% 미만**인 것은 **제외**
  ④ 마그네슘은 다음 각목의 1에 해당하는 것은 제외한다.
     ㉮ 2mm의 체를 통과하지 아니하는 덩어리 상태의 것
     ㉯ 직경 2mm 이상의 막대 모양의 것
  ⑤ **인화성고체**
     고형알코올 그 밖에 1기압에서 인화점이 40℃ **미만인 고체**
  ⑥ **제6류 위험물의 판단 기준**

종 류	과산화수소	질산
기준	• 농도 36중량% 이상	• 비중 1.49 이상

- 제2류 위험물의 지정수량

성 질	품 명	지정수량	위험등급
가연성 고체	1. 황화인, 적린, **황**	100kg	Ⅱ
	2. **철분**, 금속분, 마그네슘	500kg	Ⅲ
	3. 인화성고체	1000kg	

04 다음 분말소화약제의 1차 열분해 반응식을 쓰시오.

(1) 제1종 분말약제 (2) 제2종 분말약제

 (1) $2NaHCO_3 \rightarrow Na_2CO_3 + CO_2 + H_2O$
(2) $2KHCO_3 \rightarrow K_2CO_3 + CO_2 + H_2O$

상세해설
- 분말약제의 주성분 및 열분해

종별	약제명	화학식	착색	열분해 반응식
제1종	탄산수소나트륨 중탄산나트륨	$NaHCO_3$	백색	270℃ $2NaHCO_3 \rightarrow Na_2CO_3 + CO_2 + H_2O$ 850℃ $2NaHCO_3 \rightarrow Na_2O + 2CO_2 + H_2O$
제2종	탄산수소칼륨 중탄산칼륨	$KHCO_3$	담회색	190℃ $2KHCO_3 \rightarrow K_2CO_3 + CO_2 + H_2O$ 590℃ $2KHCO_3 \rightarrow K_2O + 2CO_2 + H_2O$
제3종	제1인산암모늄	$NH_4H_2PO_4$	담홍색	$NH_4H_2PO_4 \rightarrow HPO_3 + NH_3 + H_2O$
제4종	중탄산칼륨+요소	$KHCO_3 +$ $(NH_2)_2CO$	회(백)색	$2KHCO_3 + (NH_2)_2CO$ $\rightarrow K_2CO_3 + 2NH_3 + 2CO_2$

05 다음 [보기]의 제4류 위험물 중 지정수량을 옳게 나타낸 것을 번호로 쓰시오.

[보기] ① 테레핀유-200L ② 기어유-6000L ③ 아닐린-2000L
④ 피리딘-400L ⑤ 산화프로필렌-400L

해답 ② ③ ④

상세해설

구 분	품 명	수용성여부	지정수량	위험등급
① 테레핀유	제2석유류	비수용성	1000L	Ⅲ
② 기어유	제4석유류	비수용성	6000L	Ⅲ
③ 아닐린	제3석유류	비수용성	2000L	Ⅲ
④ 피리딘	제1석유류	수용성	400L	Ⅱ
⑤ 산화프로필렌	특수인화물	비수용성	50L	Ⅰ

06 아이소프로필알코올을 산화시켜 만든 것으로 제4류 제1석유류 위험물이며 무색의 휘발성액체이고 아이오딘포름 반응을 하는 물질에 대한 다음 각 물음에 답하시오.

(1) 위에서 설명한 물질은 무엇인가?
(2) 아이오딘포름의 화학식을 쓰시오.
(3) 아이오딘포름의 색상을 쓰시오.

(1) 아세톤
(2) CHI$_3$
(3) 노란색

상세해설

- 아세톤(CH$_3$COCH$_3$) : 제4류 1석유류-수용성
  ① 무색의 휘발성 액체이다.
  ② 물 및 유기용제에 잘 녹는다.
  ③ **아이오딘포름 반응을 한다.**
  ④ 아세틸렌을 잘 녹이므로 아세틸렌(용해가스) 저장시 아세톤에 용해시켜 저장한다.
  ⑤ 보관 중 황색으로 변색되며 햇빛에 분해가 된다.
  ⑥ 피부 접촉 시 탈지작용을 한다.
  ⑦ 다량의 물 또는 알코올포로 소화한다.

  - 아이오딘포름 반응
    아세톤, 아세트알데하이드, 에틸알코올에 수산화칼륨(KOH)과 아이오딘를 반응시키면 노란색의 아이오딘포름(CHI$_3$)의 침전물이 생성된다.

    아세톤, 아세트알데하이드, 에틸알코올 $\xrightarrow{KOH+I_2}$ 아이오딘포름(CHI$_3$)(노란색)

  - 아이오딘포름 반응식
    아세톤 : CH$_3$COCH$_3$+3I$_2$+4NaOH → CH$_3$COONa+3NaI+CHI$_3$↓+3H$_2$O
    아세트알데하이드 : CH$_3$CHO+3I$_2$+4NaOH → HCOONa+3NaI+CHI$_3$↓+3H$_2$O
    에틸알코올 : C$_2$H$_5$OH+4I$_2$+6NaOH → HCOONa+5NaI+CHI$_3$↓+5H$_2$O

07 다음은 알콜류에 대한 위험물 기준이다. ( )안에 알맞은 답을 쓰시오.

"알코올류"라 함은 1분자를 구성하는 탄소원자의 수가 1개부터 (①)까지인 포화1가 알코올(변성알코올을 포함한다)을 말한다. 다만, 다음 각목의 1에 해당하는 것은 제외한다.
가. 1분자를 구성하는 탄소원자의 수가 1개 내지 3개의 포화1가 알코올의 함유량이 (②)중량퍼센트 미만인 수용액
나. 가연성액체량이 (③)중량퍼센트 미만이고 인화점 및 연소점(태그개방식 인화점측정기에 의한 연소점을 말한다. 이하 같다)이 에틸알코올 60중량퍼센트 수용액의 인화점 및 연소점을 초과하는 것

 ① 3개 ② 60 ③ 60

- 제4류 위험물의 판단기준
  ① "특수인화물"이라 함은 이황화탄소, 다이에틸에터 그 밖에 1기압에서 발화점이

섭씨 100도 이하인 것 또는 인화점이 섭씨 -20℃이하이고 비점이 40℃이하인 것을 말한다.
② "제1석유류"라 함은 아세톤, 휘발유 그 밖에 1기압에서 인화점이 21℃미만인 것을 말한다.
③ "알코올류"라 함은 1분자를 구성하는 탄소원자의 수가 1개부터 3개까지인 포화 1가 알코올(변성알코올을 포함한다)을 말한다. 다만, 다음 각목의 1에 해당하는 것은 제외한다.
  가. 1분자를 구성하는 탄소원자의 수가 1개 내지 3개의 포화1가 알코올의 함유량이 60중량퍼센트 미만인 수용액
  나. 가연성액체량이 60중량퍼센트 미만이고 인화점 및 연소점(태그개방식인화점측정기에 의한 연소점)이 에틸알코올 60중량퍼센트 수용액의 인화점 및 연소점을 초과하는 것
④ "제2석유류"라 함은 등유, 경유 그 밖에 1기압에서 인화점이 21℃이상 70℃미만인 것을 말한다. 다만, 도료류 그 밖의 물품에 있어서 가연성 액체량이 40중량퍼센트 이하이면서 인화점이 섭씨 40도 이상인 동시에 연소점이 섭씨 60도 이상인 것은 제외한다.
⑤ "제3석유류"라 함은 중유, 크레오소트유 그 밖에 1기압에서 인화점이 70℃이상 200℃미만인 것을 말한다. 다만, 도료류 그 밖의 물품은 가연성 액체량이 40중량퍼센트 이하인 것은 제외한다.
⑥ "제4석유류"라 함은 기어유, 실린더유 그 밖에 1기압에서 인화점이 200℃이상 250℃미만의 것을 말한다. 다만 도료류 그 밖의 물품은 가연성 액체량이 40중량퍼센트 이하인 것은 제외한다.
⑦ "동식물유류"라 함은 동물의 지육 등 또는 식물의 종자나 과육으로부터 추출한 것으로서 1기압에서 인화점이 250℃미만인 것을 말한다.

08 위험물안전관리법령상 [보기]에 해당하는 위험물에 대한 운반용기 외부에 표시하여야하는 주의사항을 쓰시오.

[보기] ① 과산화나트륨 ② 인화성고체 ③ 황린

① 화기주의, 충격주의, 물기엄금, 가연물접촉주의
② 화기엄금
③ 화기엄금, 공기접촉엄금

① 과산화나트륨-제1류(알칼리금속의 과산화물)
② 인화성고체-제2류(인화성고체)
③ 황린-제3류(자연발화성물질)

- 위험물 운반용기의 외부 표시 사항
  ① 위험물의 품명, 위험등급, 화학명 및 수용성(제4류 위험물의 수용성인 것에 한함)
  ② 위험물의 수량
  ③ 수납하는 위험물에 따른 주의사항

유 별	성질에 따른 구분	표시사항
제1류 위험물	**알칼리금속의 과산화물**	**화기·충격주의, 물기엄금 및 가연물접촉주의**
	그 밖의 것	화기·충격주의 및 가연물접촉주의
제2류 위험물	철분·금속분·마그네슘	화기주의 및 물기엄금
	인화성고체	**화기엄금**
	그 밖의 것	화기주의
제3류 위험물	**자연발화성물질**	**화기엄금 및 공기접촉엄금**
	금수성물질	물기엄금
제4류 위험물	인화성 액체	화기엄금
제5류 위험물	자기반응성 물질	화기엄금 및 충격주의
제6류 위험물	산화성 액체	가연물접촉주의

09 이황화탄소 5kg이 모두 증발하는 경우 발생하는 기체의 부피(m^3)는 1기압 50℃에서 얼마가 되겠는가?

[계산과정] $V = \dfrac{WRT}{PM} = \dfrac{5 \times 0.082 \times (273+50)}{1 \times 76} = 1.74 m^3$

[답] $1.74 m^3$

- 이황화탄소(CS_2)의 분자량(M) = $12 + 32 \times 2 = 76$
- 이상기체상태방정식

$$PV = nRT = \dfrac{W}{M}RT$$

여기서, P : 압력(atm), V : 부피(m^3), n : mol수, M : 분자량, W : 무게(kg)
R : 기체상수(0.082 atm·m^3/mol·K), T : 절대온도(273+t℃)K

10 다음 [표]는 위험물안전관리법령에서 정한 자체소방대에 두는 화학소방자동차 및 인원에 관한 것이다. 빈칸에 알맞은 답을 쓰시오.

사업소의 구분	화학소방 자동차	자체소방 대원의 수
1. 제조소 또는 일반취급소에서 취급하는 제4류 위험물의 최대수량의 합이 지정수량의 3천배 이상 12만배 미만인 사업소	(①)대	(②)인
2. 제조소 또는 일반취급소에서 취급하는 제4류 위험물의 최대수량의 합이 지정수량의 12만배 이상 24만배 미만인 사업소	(③)대	(④)인
3. 제조소 또는 일반취급소에서 취급하는 제4류 위험물의 최대수량의 합이 지정수량의 24만배 이상 48만배 미만인 사업소	(⑤)대	(⑥)인
4. 제조소 또는 일반취급소에서 취급하는 제4류 위험물의 최대수량의 합이 지정수량의 48만배 이상인 사업소	(⑦)대	(⑧)인

해답 ① 1 ② 5 ③ 2 ④ 10 ⑤ 3 ⑥ 15 ⑦ 4 ⑧ 20

상세해설
- 자체소방대에 두는 화학소방자동차 및 인원(제4류 위험물)

사업소의 구분	취급하는 최대수량의 합	화학소방 자동차	자체소방 대원의 수
제조소 또는 일반취급소	지정수량의 3천배 이상 12만배 미만	1대	5인
	지정수량의 12만배 이상 24만배 미만	2대	10인
	지정수량의 24만배 이상 48만배 미만	3대	15인
	지정수량의 48만배 이상인 사업소	4대	20인
옥외탱크저장소	지정수량의 50만배 이상	2대	10인

11 다음은 지정과산화물의 옥내저장소의 저장창고 격벽 설치기준이다. ( )안에 알맞은 답을 쓰시오.

저장창고는 (①)m² 이내마다 격벽으로 완전하게 구획할 것. 이 경우 당해 격벽은 두께 (②)cm 이상의 철근콘크리트조 또는 철골철근콘크리트조로 하거나 두께 (③)cm 이상의 보강콘크리트블록조로 하고, 당해 저장창고의 양측의 외벽으로부터 (④)m 이상, 상부의 지붕으로부터 (⑤)cm 이상 돌출하게 하여야 한다.

① 150　② 30　③ 40　④ 1　⑤ 50

 지정과산화물 옥내저장소의 저장창고의 기준
(1) 저장창고는 150m² 이내마다 격벽으로 완전하게 구획할 것. 이 경우 당해 격벽은 두께 30cm 이상의 철근콘크리트조 또는 철골철근콘크리트조로 하거나 두께 40cm 이상의 보강콘크리트블록조로 하고, 당해 저장창고의 양측의 외벽으로부터 1m 이상, 상부의 지붕으로부터 50cm 이상 돌출하게 하여야 한다.
(2) 저장창고의 외벽은 두께 20cm 이상의 철근콘크리트조나 철골철근콘크리트조 또는 두께 30cm 이상의 보강콘크리트블록조로 할 것
(3) 저장창고의 지붕은 다음 각목의 1에 적합할 것
　① 중도리 또는 서까래의 간격은 30cm 이하로 할 것
　② 지붕의 아래쪽 면에는 한 변의 길이가 45cm 이하의 환강·경량형강 등으로 된 강제의 격자를 설치할 것
　③ 지붕의 아래쪽 면에 철망을 쳐서 불연재료의 도리·보 또는 서까래에 단단히 결합할 것
　④ 두께 5cm 이상, 너비 30cm 이상의 목재로 만든 받침대를 설치할 것
(4) 저장창고의 출입구에는 60분+방화문 또는 60분방화문을 설치할 것
(5) 저장창고의 창은 바닥면으로부터 2m 이상의 높이에 두되, 하나의 벽면에 두는 창의 면적의 합계를 당해 벽면의 면적의 80분의 1 이내로 하고, 하나의 창의 면적을 0.4m² 이내로 할 것

12 탄화칼슘과 물의 반응식을 쓰고 발생하는 기체의 연소반응식을 쓰시오.

① 물과 반응식 $CaC_2 + 2H_2O \rightarrow Ca(OH)_2 + C_2H_2$
② 발생하는 기체의 연소반응식 $2C_2H_2 + 5O_2 \rightarrow 4CO_2 + 2H_2O$

• 탄화칼슘(CaC_2) : 제 3류 위험물 중 칼슘탄화물
　① 물과 접촉 시 아세틸렌을 생성하고 열을 발생시킨다.
$$CaC_2 + 2H_2O \rightarrow Ca(OH)_2(수산화칼슘) + C_2H_2\uparrow(아세틸렌)$$
　② 아세틸렌의 폭발범위는 2.5~81%로 대단히 넓어서 폭발위험성이 크다.
　③ 장기 보관 시 불활성기체(N_2 등)를 봉입하여 저장한다.
　④ 별명은 카바이드, 탄화석회, 칼슘카바이드 등이다.
　⑤ 고온(700℃)에서 질화되어 석회질소($CaCN_2$)가 생성된다.
$$CaC_2 + N_2 \rightarrow CaCN_2(석회질소) + C(탄소)$$
　⑥ 물 및 포약제에 의한 소화는 절대 금하고 마른모래 등으로 피복 소화한다.

13 다음은 위험물 제조소에 대한 배출설비 기준이다. ( )안에 알맞은 답을 쓰시오.

(1) 배출능력은 1시간당 배출장소 용적의 (①)배 이상인 것으로 하여야 한다. 다만, 전역방식의 경우에는 바닥면적 $1m^2$당 (②)m^3 이상으로 할 수 있다.
(2) 배출구는 지상 (③)m 이상으로서 연소의 우려가 없는 장소에 설치하고, (④)가 관통하는 벽부분의 바로 가까이에 화재시 자동으로 폐쇄되는 (⑤)를 설치할 것

해답 ① 20   ② 18   ③ 2   ④ 배출덕트   ⑤ 방화댐퍼

상세해설 배출설비의 설치기준 ★★
① 배출설비는 **국소방식**으로 할 것
② 배출설비는 배풍기, 배출닥트, 후드 등을 이용한 **강제배출방식**으로 할 것
③ 배출능력은 **1시간당** 배출장소 **용적의 20배 이상**인 것으로 할 것
   (단, **전역방식**의 경우에는 바닥면적 **1m²당 18m³ 이상**으로 할 수 있다)
④ 배출설비의 급기구 및 배출구 설치 기준
   ㉮ **급기구**는 높은 곳에 설치하고, 가는 눈의 구리망 등으로 **인화방지망**을 설치
   ㉯ **배출구**는 **지상 2m 이상**으로서 연소의 우려가 없는 장소에 설치하고, 배출 닥트가 관통하는 벽부분의 바로 가까이에 화재시 자동으로 폐쇄되는 **방화댐퍼를 설치할 것**
⑤ **배풍기**는 **강제배기방식**으로 하고, 옥내닥트의 내압이 대기압 이상이 되지 아니하는 위치에 설치할 것.

14 과산화수소가 들어있는 비커에 이산화망가니즈(MnO_2)을 넣으니 격렬하게 반응이 되면서 기체를 발생한다. 다음 각 물음에 답하시오.

(1) 반응식을 쓰시오.
(2) 생성되는 기체의 명칭을 쓰시오.

해답 (1) $2H_2O_2 \xrightarrow{MnO_2} 2H_2O + O_2$
(2) 산소

상세해설
• 이산화망가니즈(MnO_2)의 역할
  위의 반응에서 MnO_2의 역할은 정촉매 역할을 한 것이며 촉매는 반응에 참여하는

것이 아니고 단지 반응속도에만 영향을 준다.

• 과산화수소(H_2O_2)의 일반적인 성질
  ① 분해 시 산소(O_2)를 발생시킨다.

  $$2H_2O_2 \rightarrow 2H_2O + O_2$$

  ② 분해안정제로 인산(H_3PO_4) 및 요산($C_5H_4N_4O_3$)을 첨가한다.
  ③ 저장용기는 밀폐하지 말고 구멍이 있는 마개를 사용한다.
  ④ 하이드라진($NH_2 \cdot NH_2$)과 접촉 시 분해 작용으로 폭발위험이 있다.

  $$NH_2 \cdot NH_2 + 2H_2O_2 \rightarrow 4H_2O + N_2 \uparrow$$

  ⑤ 3%용액은 옥시풀이라 하며 표백제 또는 살균제로 이용한다.
  ⑥ 무색인 아이오딘칼륨 녹말종이와 반응하여 청색으로 변화시킨다.

  • 과산화수소는 36%(중량) 이상만 위험물에 해당된다.
  • 과산화수소는 표백제 및 살균제로 이용된다.

15 제4류 위험물인 메틸알코올에 대한 다음 각 물음에 답하시오.

(1) 완전연소 반응식을 쓰시오.
(2) 메틸알코올 1몰이 완전연소 시 생성물질의 전체 몰(mol)수를 쓰시오.

해답 (1) $2CH_3OH + 3O_2 \rightarrow 2CO_2 + 4H_2O$
(2) $CH_3OH + 1.5O_2 \rightarrow CO_2 + 2H_2O$
CO_2 1몰 + H_2O 2몰 = 3몰
[답] 3몰

상세해설
• 메틸알코올(CH_3OH) : 제4류 위험물 중 알코올류
  ① 무색, 투명한 술 냄새가 나는 휘발성 액체로 목정 또는 메탄올이라고도 한다.
  ② 흡입 시 실명 또는 사망할 수 있다.
  ③ 물에는 무제한으로 녹는다.
  ④ 비중이 물보다 작다.
  ⑤ 연소범위 : 7.3 ~ 36%, 인화점 : 11℃

16 다음과 같은 원통형 탱크 중 종으로 설치한 탱크의 내용적을 계산하시오.

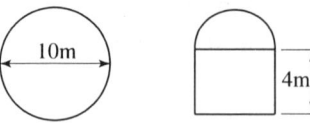

[계산과정] 탱크의 내용적 $V = \pi r^2 l = \pi \times 5^2 \times 4 = 314.16\text{m}^3$
[답] 314.16m^3

① 탱크용적의 산출기준
  탱크의 내용적에서 공간용적을 뺀 용적

  | 탱크의 용적 = 탱크의 내용적 − 탱크의 공간용적 |

② 탱크의 공간용적
  탱크용적의 $\dfrac{5}{100}$ 이상 $\dfrac{10}{100}$ 이하의 용적

③ 타원형 탱크의 내용적
  ㉠ 양쪽이 볼록한 것

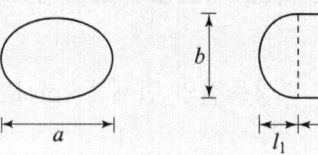

내용적 $= \dfrac{\pi ab}{4}\left(l + \dfrac{l_1 + l_2}{3}\right)$

  ㉡ 한쪽은 볼록하고 다른 한쪽은 오목한 것

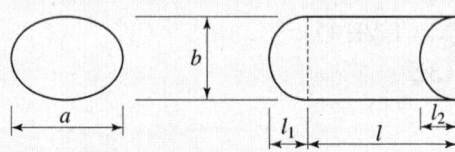

내용적 $= \dfrac{\pi ab}{4}\left(l + \dfrac{l_1 - l_2}{3}\right)$

④ 원통형 탱크의 내용적
  ㉠ 횡으로 설치한 것

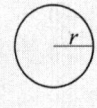 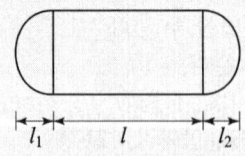

내용적 $= \pi r^2\left(l + \dfrac{l_1 + l_2}{3}\right)$

  ㉡ 종으로 설치한 것

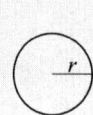 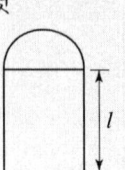

내용적 $= \pi r^2 l$

17 질산암모늄의 구성성분 중 질소와 수소 및 산소의 함량을 wt%(중량퍼센트)로 구하시오.(단, 계산과정을 답과 함께 쓸 것)

해답

[계산과정] ① NH_4NO_3 분자량 $= (14 \times 2) + (1 \times 4) + (16 \times 3) = 80$

② $N_2 = \dfrac{14 \times 2}{80} \times 100 = 35\text{wt\%}$

③ $H_2 = \dfrac{1 \times 4}{80} \times 100 = 5\text{wt\%}$

④ $O_2 = \dfrac{16 \times 3}{80} \times 100 = 60\text{wt\%}$

[답] N_2 : 35wt%, H_2 : 5wt%, O_2 : 60wt%

18 다음은 위험물의 성질에 따른 제조소의 특례기준이다. ( )안에 알맞은 답을 쓰시오.

(1) ( )등을 취급하는 설비
  ① 주위에는 누설범위를 국한하기 위한 설비와 누설된 물질등을 안전한 장소에 설치된 저장실에 유입시킬 수 있는 설비를 갖출 것
  ② 불활성기체를 봉입하는 장치를 갖출 것
(2) ( )등을 취급하는 설비
  ① 은·수은·동·마그네슘 또는 이들을 성분으로 하는 합금으로 만들지 아니할 것
  ② 연소성 혼합기체의 생성에 의한 폭발을 방지하기 위한 불활성기체 또는 수증기를 봉입하는 장치를 갖출 것
(3) ( )등을 취급하는 설비
  ① 온도 및 농도의 상승에 의한 위험한 반응을 방지하기 위한 조치를 강구할 것
  ② 철이온 등의 혼입에 의한 위험한 반응을 방지하기 위한 조치를 강구할 것

해답 (1) 알킬알루미늄 (2) 아세트알데하이드 (3) 하이드록실아민

19 위험물안전관리법령에서 정한 위험물제조소등 중 옥외탱크저장소 중에서 소화난이등급 Ⅰ에 해당하는 것을 모두 고르시오

① 질산 60000kg을 저장하는 옥외탱크저장소
② 과산화수소 액표면적이 40m² 이상인 옥외탱크저장소
③ 이황화탄소 500L를 저장하는 옥외탱크저장소
④ 황 14000kg을 저장하는 지중탱크
⑤ 휘발유 100000kg을 저장하는 해상탱크

해답 ④, ⑤

상세해설

구 분	① 질산	② 과산화수소	③ 이황화탄소	④ 황	⑤ 휘발유
유별	제6류 위험물	제6류 위험물	제4류 위험물	제2류 위험물	제4류 위험물
지정수량의 배수	-	-	$\frac{500}{50}=10$배	$\frac{14000}{100}=140$배	$\frac{100000}{200}=500$배
소화난이등급 Ⅰ 해당여부	제외대상	제외대상	제외대상	해당	해당

- 소화난이등급 Ⅰ에 해당하는 옥외탱크 저장소
  ① **액표면적이 40m² 이상**인 것(**제6류 위험물**을 저장하는 것 및 고인화점위험물만을 100℃ 미만의 온도에서 저장하는 것은 **제외**)
  ② 지반면으로부터 탱크 옆판의 상단까지 높이가 6m 이상인 것(제6류 위험물을 저장하는 것 및 고인화점위험물만을 100℃ 미만의 온도에서 저장하는 것은 제외)
  ③ **지중탱크** 또는 **해상탱크**로서 **지정수량의 100배 이상**인 것(제6류 위험물을 저장하는 것 및 고인화점위험물만을 100℃ 미만의 온도에서 저장하는 것은 제외)
  ④ 고체위험물을 저장하는 것으로서 지정수량의 100배 이상인 것

20 다음 [표]는 지정수량 이상의 위험물을 제조, 저장, 취급하기 위한 장소의 구분에 관한 것이다. 각 물음에 답하시오.

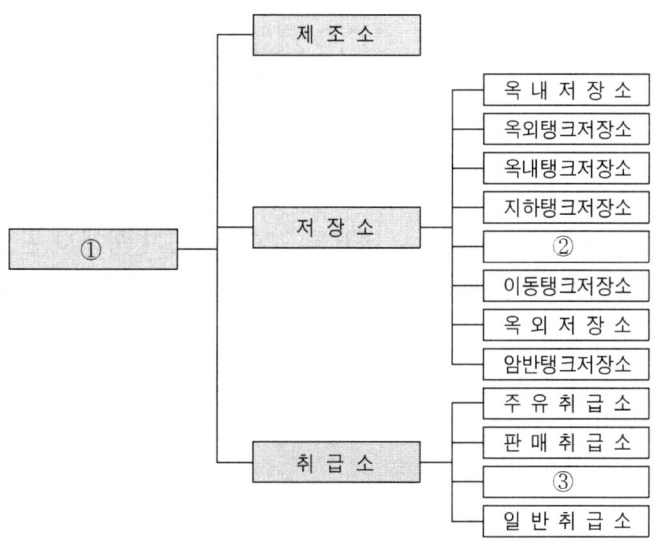

(1) 제조소 · 저장소 및 취급소를 모두 포함하는 ①의 명칭을 쓰시오.
(2) ②의 명칭을 쓰시오.
(3) ③의 명칭을 쓰시오.
(4) 위험물안전관리자를 선임하지 아니하여도 되는 저장소의 종류를 모두 쓰시오. (단, 없으면 없음으로 쓰시오)
(5) 일반취급소 중 액체위험물을 용기에 옮겨 담는 취급소의 명칭을 쓰시오.

 (1) 제조소 등
(2) 간이탱크저장소
(3) 이송취급소
(4) 이동탱크저장소
(5) 충전하는 일반취급소

위험물산업기사 실기

2021년 7월 10일 시행

01 표준상태(0℃, 1atm)에서 아세톤 200g을 공기 중에서 완전연소 시켰다. 다음 각 물음에 답하시오. (단, 공기 중 산소의 농도는 부피농도로 21%이다.)

(1) 아세톤의 완전연소 반응식을 쓰시오.
(2) 완전연소에 필요한 이론공기량(L)을 계산하시오.
(3) 완전연소 시 발생하는 이산화탄소의 부피(L)를 계산하시오.

해답 (1) 아세톤의 완전연소 반응식

[답] $CH_3COCH_3 + 4O_2 \rightarrow 3CO_2 + 3H_2O$

(2) 완전연소에 필요한 이론 공기량(L)

① $CH_3COCH_3(C_3H_6O)$의 분자량 $M = 12 \times 3 + 1 \times 6 + 16 \times 1 = 58$

② 필요한 이론산소량 : $V = \dfrac{WRT}{PM} \times O_2 \text{mol수}$ (반응물질 1mol 기준)

$$V = \dfrac{200\text{g} \times 0.082\text{atm} \cdot \text{L/mol} \cdot \text{K} \times (273+0)\text{K}}{1\text{atm} \times 58} \times 4\text{mol} = 308.77\text{L}$$

③ 필요한 이론 공기량 : $V = \dfrac{\text{이론산소량}}{\text{공기 중 산소부피농도}}$

$V = \dfrac{308.77\text{L}}{0.21} = 1,470.33\text{L}$

[답] 1,470.33L

(3) 완전연소 시 발생하는 이산화탄소의 부피(L)

$V = \dfrac{WRT}{PM} \times$ 생성기체 mol수 (반응물질 1mol 기준)

$$V = \dfrac{200\text{g} \times 0.082\text{atm} \cdot \text{L/mol} \cdot \text{K} \times (273+0)\text{K}}{1\text{atm} \times 58} \times 3\text{mol} = 231.58\text{L}$$

[답] 231.58L

• 이상기체상태방정식

$$PV = nRT = \frac{W}{M}RT$$

여기서, P : 압력(atm), V : 부피(L), n : mol수, M : 분자량, W : 무게(g)
R : 기체상수(0.082atm · L/mol · K), T : 절대온도(273+t℃)K

02 위험물안전관리법령상 옥내소화전설비에 대한 다음 각 물음에 답하시오.

(1) 제조소등의 건축물의 층마다 당해 층의 각 부분에서 하나의 호스접속구까지의 수평거리(m)는 얼마 이하인가?
(2) 수원의 수량(m³)은 가장 많이 설치된 층의 옥내소화전 설치개수(최대 5개)에 얼마를 곱한 양 이상이 되도록 설치하여야 하는가?
(3) 당해 층의 모든 옥내소화전(최대5개)을 동시에 사용할 경우에 각 노즐 끝부분의 방수압력(kPa)과 방수량(L/min)은 얼마이상의 성능이 되어야 하는가?

(1) 25m 이하
(2) 7.8m³
(3) 방수압력 : 350kPa 이상, 방수량 : 260L/min 이상

위험물제조소등의 소화설비 설치기준

소화설비	수평거리	방사량	방사압력	수원의 양
옥내	25m 이하	260(L/min) 이상	350(kPa) 이상	$Q=N$(소화전개수 : 최대 5개) × 7.8m³(260L/min × 30min)
옥외	40m 이하	450(L/min) 이상	350(kPa) 이상	$Q=N$(소화전개수 : 최대 4개) × 13.5m³(450L/min × 30min)
스프링클러	1.7m 이하	80(L/min) 이상	100(kPa) 이상	$Q=N$(헤드수 : 최대30개) × 2.4m³(80L/min × 30min)
물분무		20 (L/m² · min)	350(kPa) 이상	$Q=A$(바닥면적 m²) × 0.6m³(20L/m² · min × 30min)

03 다음 [보기]의 위험물에 대한 각 물음에 답하시오.

[보기] 아세톤, 메틸에틸케톤, 아닐린, 클로로벤젠, 메탄올

(1) [보기]에서 인화점이 가장 낮은 물질을 쓰시오.
(2) (1)에서 답한 물질에 대한 구조식을 쓰시오.
(3) [보기]중 제1석유류를 모두 쓰시오.

해답 (1) 아세톤
(2)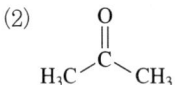
(3) 아세톤, 메틸에틸케톤

상세해설 제4류 위험물의 구분

구 분	아세톤	메틸에틸케톤	아닐린	클로로벤젠	메탄올
화학식	CH_3COCH_3	$CH_3COC_2H_5$	$C_6H_5NH_2$	C_6H_5Cl	CH_3OH
유 별	제1석유류	제1석유류	제3석유류	제2석유류	알코올류
인화점	-18℃	-7℃	70℃	32℃	11℃

04 제3류 위험물인 칼륨과 보기의 위험물이 반응하는 경우 반응식을 쓰시오.

[보기] ① 물   ② 이산화탄소   ③ 에탄올

해답 ① $2K + 2H_2O \rightarrow 2KOH + H_2$
② $4K + 3CO_2 \rightarrow 2K_2CO_3 + C$
③ $2K + 2C_2H_5OH \rightarrow 2C_2H_5OK + H_2$

상세해설
• 금속칼륨 및 금속나트륨 : 제3류 위험물(금수성)
  ① 물과 반응하여 수소기체 발생
  $2Na + 2H_2O \rightarrow 2NaOH$(수산화나트륨) $+ H_2 \uparrow$ (수소발생)
  $2K + 2H_2O \rightarrow 2KOH$(수산화칼륨) $+ H_2 \uparrow$ (수소발생)
  ② 금속나트륨과 CO_2의 반응식
  $4Na + 3CO_2 \rightarrow 2Na_2CO_3 + C$
  (금속나트륨과 이산화탄소는 폭발적으로 반응하기 때문에 위험)

• 에틸알코올(C_2H_5OH) : 제4류 위험물 중 알코올류

화학식	분자량	비중	비점	인화점	착화점	연소범위
C_2H_5OH	46	0.8	78.3℃	13℃	423℃	4.3~19%

① 무색 투명한 액체이며 술 속에 포함되어 있어 주정이라고 한다.
② 물에 아주 잘 녹으며 유기용제이다.
③ 연소 시 주간에는 불꽃이 잘 보이지 않는다.

$$C_2H_5OH + 3O_2 \rightarrow 2CO_2 + 3H_2O$$

④ 금속나트륨, 금속칼륨을 가하면 수소(H_2)가 발생한다.

$$2C_2H_5OH + 2Na \rightarrow 2C_2H_5ONa + H_2\uparrow$$
$$2C_2H_5OH + 2K \rightarrow 2C_2H_5OK + H_2\uparrow$$

⑤ 아이오딘포름 반응을 하므로 에탄올검출에 이용된다.

에틸알코올의 반응식
- 알칼리금속과 반응 $2Na + 2C_2H_5OH \rightarrow 2C_2H_5ONa + H_2\uparrow$
- 산화, 환원반응식 $C_2H_5OH \xrightarrow[\text{환원}]{\text{산화}} CH_3CHO \xrightarrow[\text{환원}]{\text{산화}} CH_3COOH$

---

05 다음 [보기]의 위험물 중 염산과 반응하여 제6류 위험물을 생성하는 물질을 선택하여 물과의 반응식을 쓰시오.

[보기] 과염소산암모늄, 과산화나트륨, 과망가니즈산칼륨, 마그네슘

 $2Na_2O_2 + 2H_2O \rightarrow 4NaOH + O_2$

 과산화나트륨(Na_2O_2) : 제1류위험물 중 무기과산화물(금수성)

화학식	분자량	비중	융점	분해온도
Na_2O_2	78	2.8	460℃	460℃

① 상온에서 물과 격렬히 반응하여 산소(O_2)를 방출하고 폭발하기도 한다.

$$2Na_2O_2 + 2H_2O \rightarrow 4NaOH + O_2\uparrow$$

② 공기 중 이산화탄소(CO_2)와 반응하여 산소(O_2)를 방출한다.

$$2Na_2O_2 + 2CO_2 \rightarrow 2Na_2CO_3 + O_2\uparrow$$

③ 산과 반응하여 과산화수소(H_2O_2)를 생성시킨다.

$$Na_2O_2 + 2HCl \rightarrow 2NaCl + H_2O_2$$

④ 열분해 시 산소(O_2)를 방출한다.

$$2Na_2O_2 \rightarrow 2Na_2O + O_2\uparrow$$

⑤ 주수소화는 금물이고 마른모래(건조사) 등으로 소화한다.

06 제2류 위험물과 동소체 관계가 있으며 자연발화성인 제3류 위험물에 대한 다음 각 물음에 답하시오.

(1) 완전연소반응식을 쓰시오.
(2) 위험등급을 쓰시오.
(3) 옥내저장소에 저장하는 경우 바닥면적은 몇 m^2 이하로 하여야 하는지 쓰시오.

 (1) $P_4 + 5O_2 \rightarrow 2P_2O_5$
(2) Ⅰ등급
(3) $1,000m^2$ 이하

- 황린(P_4)[별명 : 백린] : 제3류 위험물(자연발화성물질)
  ① 공기 중 약 40~50℃에서 자연 발화한다.
  ② 저장 시 자연 발화성이므로 반드시 물속에 저장한다.
  ③ 인화수소(PH_3)의 생성을 방지하기 위하여 물의 pH=9(약알칼리)가 안전한계이다.
  ④ 연소 시 오산화인(P_2O_5)의 흰 연기가 발생한다.

  $$P_4 + 5O_2 \rightarrow 2P_2O_5 (오산화인)$$

  ⑤ 강알칼리의 용액에서는 유독기체인 포스핀(PH_3)을 발생한다.

  $$P_4 + 3NaOH + 3H_2O \rightarrow 3NaH_2PO_2 + PH_3 \uparrow (인화수소 = 포스핀)$$

- 옥내저장소의 저장창고 바닥면적 설치기준 ★★

위험물의 종류	바닥면적
제1류 위험물 중 아염소산염류, 염소산염류, 과염소산염류, 무기과산화물, 그 밖에 지정수량 50kg인 위험물	$1000m^2$ 이하
제3류 위험물 중 칼륨, 나트륨, 알킬알루미늄, 알킬리튬, 그 밖에 지정수량이 10kg인 위험물 및 **황린**	
제4류 위험물 중 특수인화물, 제1석유류 및 알코올류	
제5류 위험물 중 유기과산화물, 질산에스터류, 그 밖에 지정수량이 10kg인 위험물	
제6류 위험물	
위 이외의 위험물을 저장하는 창고	$2000m^2$ 이하
내화구조의 격벽으로 완전히 구획된 실에 각각 저장하는 창고	$1500m^2$ 이하

07
옥외저장탱크의 주위에는 그 저장 또는 취급하는 위험물의 최대수량에 따라 옥외저장탱크의 측면으로부터 다음 표에 의한 너비의 공지를 보유하여야 한다. 빈칸에 알맞은 답을 쓰시오.

저장 또는 취급하는 위험물의 최대수량	공지의 너비
지정수량의 500배 이하	(①)m 이상
지정수량의 500배 초과 1,000배 이하	(②)m 이상
지정수량의 1,000배 초과 2,000배 이하	(③)m 이상
지정수량의 2,000배 초과 3,000배 이하	(④)m 이상
지정수량의 3,000배 초과 4,000배 이하	(⑤)m 이상

 ① 3 ② 5 ③ 9 ④ 12 ⑤ 15

상세해설

옥외저장탱크의 보유공지

저장 또는 취급하는 위험물의 최대수량	공지의 너비
• 지정수량의 500배 이하	3m 이상
• 지정수량의 500배 초과 1000배 이하	5m 이상
• 지정수량의 1000배 초과 2000배 이하	9m 이상
• 지정수량의 2000배 초과 3000배 이하	12m 이상
• 지정수량의 3000배 초과 4000배 이하	15m 이상
• 지정수량의 4000배 초과	당해 탱크의 수평단면의 최대지름(횡형인 경우에는 긴변)과 높이 중 큰 것과 지정수량의 4,000배 초과 같은 거리 이상. 다만, 30m 초과의 경우에는 30m 이상으로 할 수 있고, 15m 미만의 경우에는 15m 이상으로 하여야 한다.

08
제4류 위험물 중 특수인화물에 속하며 물속에 저장하는 위험물에 대한 다음 각 물음에 답하시오.

(1) 연소하는 경우 생성되는 유독성 물질을 화학식으로 쓰시오.
(2) 증기비중을 구하시오.
(3) 옥외저장탱크에 저장하는 경우 철근콘크리트 수조의 벽 두께는 몇 m 이상으로 하여야 하는지 쓰시오.

해답

(1) SO_2

(2) $S = \dfrac{76}{29} = 2.62$

(3) 0.2m 이상

상세해설

- 이황화탄소(CS_2) : 제4류 위험물 중 특수인화물

화학식	분자량	비중	비점	인화점	착화점	연소범위
CS_2	76.1	1.26	46℃	−30℃	100℃	1.0~50%

① 무색투명한 액체이다.
② 물에는 녹지 않고 알코올, 에테르, 벤젠 등 유기용제에 녹는다.
③ 완전 연소 시 이산화탄소(CO_2)와 이산화황(SO_2)을 생성한다.

$$CS_2 + 3O_2 \rightarrow CO_2(\text{이산화탄소}) + 2SO_2(\text{이산화황}) + \text{푸른색 불꽃}$$

④ 저장 시 옥외저장탱크는 벽 및 바닥의 두께가 0.2m 이상이고 누수가 되지 아니 하는 철근콘크리트의 수조에 넣어 보관하여야 한다.

09 다음 표에 혼재가 가능한 위험물은 ○, 혼재가 불가능한 위험물은 ×로 표시 하시오.(단, 지정수량의 $\dfrac{1}{10}$을 초과하는 위험물에 적용하는 경우이다).

구 분	제1류	제2류	제3류	제4류	제5류	제6류
제1류		×	×		×	
제2류			×		○	
제3류		×			×	
제4류		○	○		○	
제5류		○	×			
제6류		×	×		×	

해답

구 분	제1류	제2류	제3류	제4류	제5류	제6류
제1류		×	×	×	×	○
제2류	×		×	○	○	×
제3류	×	×		○	×	×
제4류	×	○	○		○	×
제5류	×	○	×	○		×
제6류	○	×	×	×	×	

상세해설
- 쉬운 암기법
  ↓1 + 6↑   2 + 4
  ↓2 + 5↑   5 + 4
  ↓3 + 4↑

10 다음은 위험물안전관리법령상 옥외저장탱크·옥내저장탱크 또는 지하저장탱크에 저장하는 아세트알데하이드 등 및 다이에틸에터 등(다이에틸에터 또는 이를 함유한 것)의 저장기준이다. ( )안에 알맞은 답을 쓰시오.

(1) 산화프로필렌 : 압력탱크 외의 탱크에 저장하는 경우 (①)℃ 이하로 유지할 것

(2) 다이에틸에터 등 : 압력탱크 외의 탱크에 저장하는 경우 (②)℃ 이하로 유지할 것

(3) 아세트알데하이드 : 압력탱크 외의 탱크에 저장하는 경우 (③)℃ 이하로 유지할 것

(4) 아세트알데하이드 등 : 압력탱크에 저장하는 경우 (④)℃ 이하로 유지할 것

(5) 다이에틸에터 등 : 압력탱크에 저장하는 경우 (⑤)℃ 이하로 유지할 것

해답 ① 30   ② 30   ③ 15   ④ 40   ⑤ 40

상세해설
- 옥외저장탱크·옥내저장탱크 또는 지하저장탱크의 저장 유지온도

구 분	압력탱크 외의 탱크	구 분	압력탱크
산화프로필렌과 이를 함유한 것 또는 다이에틸에터등	30℃ 이하	아세트알데하이드등 또는 다이에틸에터등	40℃ 이하
아세트알데하이드 또는 이를 함유한 것	15℃ 이하		

- 이동저장탱크의 저장 유지온도

구 분	보냉장치가 있는 경우	보냉장치가 없는 경우
아세트알데하이드등 또는 다이에틸에터등	비점 이하	40℃ 이하

제 3 부 최근 기출문제 – 실기

11 다음은 위험물의 저장, 취급의 공통기준이다. ( ) 안에 알맞은 답을 쓰시오.

(1) 제2류 위험물은 산화제와의 접촉·혼합이나 불티·불꽃·고온체와의 접근 또는 과열을 피하는 한편, (①) (②) (③) 및 이를 함유한 것에 있어서는 물이나 산과의 접촉을 피하고 인화성 고체에 있어서는 함부로 증기를 발생시키지 아니하여야 한다.
(2) 제3류 위험물 중 자연발화성물질에 있어서는 불티·불꽃 또는 고온체와의 접근·과열 또는 (④)와의 접촉을 피하고, 금수성물질에 있어서는 물과의 접촉을 피하여야 한다.
(3) (⑤) 위험물은 불티·불꽃·고온체와의 접근이나 과열·충격 또는 마찰을 피하여야 한다.

해답 ① 철분 ② 금속분 ③ 마그네슘 ④ 공기 ⑤ 제5류

상세해설 위험물의 유별 저장·취급의 공통기준(중요기준)
① 제1류 위험물은 **가연물과의 접촉·혼합**이나 **분해를 촉진하는 물품**과의 접근 또는 과열·충격·마찰 등을 피하는 한편, 알카리금속의 과산화물 및 이를 함유한 것에 있어서는 **물과의 접촉을 피하여야 한다**.
② 제2류 위험물은 산화제와의 접촉·혼합이나 **불티·불꽃·고온체**와의 접근 또는 과열을 피하는 한편, **철분·금속분·마그네슘** 및 이를 함유한 것에 있어서는 **물이나 산과의 접촉**을 피하고 **인화성 고체**에 있어서는 함부로 **증기**를 발생시키지 아니하여야 한다.
③ 제3류 위험물 중 **자연발화성물질**에 있어서는 **불티·불꽃 또는 고온체**와의 접근·과열 또는 공기와의 접촉을 피하고, **금수성물질**에 있어서는 **물과의 접촉**을 피하여야 한다.
④ 제4류 위험물은 **불티·불꽃·고온체**와의 접근 또는 과열을 피하고, 함부로 **증기**를 발생시키지 아니하여야 한다.
⑤ **제5류 위험물**은 **불티·불꽃·고온체**와의 접근이나 **과열·충격 또는 마찰**을 피하여야 한다.
⑥ **제6류 위험물**은 **가연물과의 접촉·혼합**이나 **분해**를 촉진하는 물품과의 접근 또는 과열을 피하여야 한다.

12 질산암모늄 800g이 완전 열분해 하는 경우 생성되는 기체의 부피(L)는 표준상태에서 전부 얼마가 되겠는가?

해답

(방법1)

① NH_4NO_3(질산암모늄)의 열분해 반응식(표준상태 : 0℃, 1기압)
② NH_4NO_3(질산암모늄)의 분자량 $= 14+(1\times 4)+14+(16\times 3) = 80$
③ $2NH_4NO_3 \rightarrow 2N_2 + O_2 + 4H_2O$
　　$2\times 80\text{g} \longrightarrow (2+1+4)7\text{몰} \times 22.4\text{L}$
　　$800\text{g} \longrightarrow X$
④ ∴ $X = \dfrac{800 \times 7 \times 22.4}{2 \times 80} = 784\text{L}$ (생성된 기체부피)

(방법2)

① 이상기체 상태방정식

$$PV = \dfrac{W}{M}RT = nRT$$

여기서, P : 압력(atm), V : 부피(L), $\dfrac{W}{M}$(n) : mol, W : 무게(g)

M : 분자량, R : 기체상수(0.082atm·L/mol·K)

T : 절대온도(273+t℃)K

② NH_4NO_3(질산암모늄)의 분자량 $= 14+(1\times 4)+14+(16\times 3) = 80$
③ NH_4NO_3(질산암모늄)의 열분해 반응식(표준상태 : 0℃, 1기압)

$$2NH_4NO_3 \rightarrow 2N_2 + O_2 + 4H_2O$$

④ $NH_4NO_3 \rightarrow N_2 + 0.5O_2 + 2H_2O$

- 이상기체상태방정식을 적용하려면
  반응식에서 열분해하는 물질의 몰수는 1몰을 기준으로 하여야 한다.

⑤ ∴ $V = \dfrac{WRT}{PM} \times$ 생성기체 몰 수 $= \dfrac{800 \times 0.082 \times (273+0)}{1 \times 80} \times 3.5$

$= 783.51\text{L}$

[답] 783.51L

상세해설

- 질산암모늄의 열분해 반응식

$$2NH_4NO_3 \rightarrow 2N_2 + O_2 + 4H_2O$$

13 98wt%인 질산(비중 1.51) 100mL를 68wt%(비중 1.41)로 만들기 위해 첨가하여야 하는 물의 양(g)은 얼마인지 계산하시오. (단, 물의 밀도는 $1g/cm^3$이다.

[계산과정]
① $wt\%(중량\%) = \dfrac{순수한\ 질산의\ 무게(X_1)}{질산의\ 무게(X_2) + 물의\ 무게(Y)} \times 100$

② $\dfrac{X_1}{X_2 + Y} \times 100 = 68\%$ $\dfrac{X_1}{X_2 + Y} = 0.68$

③ $X_1(순수한\ 질산의\ 무게) = 100mL \times 1.51 \times 0.98 = 147.98g$

④ $X_2(질산의\ 무게) = 100mL \times 1.51 = 151g$

⑤ $\dfrac{147.98}{151 + Y} = 0.68$

⑥ $0.68 \times (151 + Y) = 147.98$ $0.68Y = 147.98 - (0.68 \times 151)$
  $Y = 66.62g$

[답] 66.62g

14 다음 [보기]의 위험물에 대한 완전연소반응식을 쓰시오.

[보기] ① 오황화인, ② 마그네슘, ③ 알루미늄

① $2P_2S_5 + 15O_2 \rightarrow 2P_2O_5 + 10SO_2$
② $2Mg + O_2 \rightarrow 2MgO$
③ $4Al + 3O_2 \rightarrow 2Al_2O_3$

15 다음은 위험물안전관리법령에서 정한 액체위험물의 옥외저장탱크의 주입구 기준이다. 각 물음에 답하시오.

(①), (②) 그 밖에 정전기에 의한 재해가 발생할 우려가 있는 액체위험물의 옥외저장탱크의 주입구 부근에는 정전기를 유효하게 제거하기 위한 접지전극을 설치할 것

(1) ( )안의 번호에 알맞은 답을 쓰시오.
(2) 겨울철에 응고가 될 수 있고 인화점이 낮은 방향족탄화수소의 구조식을 쓰시오.

(1) ① 휘발유 ② 벤젠

(2)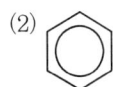

 액체위험물의 옥외저장탱크의 주입구 설치기준
① **휘발유, 벤젠** 그 밖에 정전기에 의한 재해가 발생할 우려가 있는 액체위험물의 옥외저장탱크의 주입구 부근에는 정전기를 유효하게 제거하기 위한 **접지전극**을 설치할 것
② **인화점이 21℃ 미만**인 위험물의 옥외저장탱크의 주입구에는 보기 쉬운 곳에 다음의 기준에 의한 게시판을 설치할 것.
  • 게시판은 **한 변이 0.3m 이상, 다른 한 변이 0.6m 이상**인 직사각형으로 할 것
  • 게시판에는 "옥외저장탱크 주입구"라고 표시하는 것외에 취급하는 **위험물의 유별, 품명 및 주의사항**을 표시할 것
③ 게시판은 **백색바탕에 흑색문자(주의사항은 적색문자)**로 할 것

---

16 제4류 위험물인 메틸알코올이 산화하는 경우 포름알데하이드와 물이 생성된다. 이때 메틸알코올 320g이 산화하는 경우 생성되는 포름알데하이드의 양(g)을 구하시오.

[계산과정] CH_3OH의 분자량 $= 12 + 1 \times 4 + 16 = 32$
$HCHO$의 분자량 $= 1 \times 2 + 12 + 16 = 30$
$2CH_3OH + O_2 \rightarrow 2HCHO + 2H_2O$
$2 \times 32g \longrightarrow 2 \times 30g$
$320g \longrightarrow X$
$X = \dfrac{320 \times 2 \times 30}{2 \times 32} = 300g$

[답] 300g

17 화재가 발생하는 경우 소화방법에 대한 다음 각 물음에 답하시오.

(1) 소화방법의 분류 중 대표적인 소화방법 4가지를 쓰시오.
(2) 증발잠열을 이용하여 소화하는 방법은 (1)의 소화방법 중 어느 것인지 쓰시오.
(3) 산소의 농도를 감소시켜 소화하는 방법은 (1)의 소화방법 중 어느 것인지 쓰시오.
(4) 원료를 공급하는 배관의 밸브를 폐쇄시켜 소화하는 방법은 (1)의 소화방법 중 어느 것인지 쓰시오.

해답 (1) 냉각소화, 질식소화, 억제(부촉매)소화, 제거소화, 희석소화
(2) 냉각소화
(3) 질식소화
(4) 제거소화

상세해설
- 소화원리
① 냉각소화 : 가연성 물질을 발화점 이하로 온도를 냉각
  - 물이 소화약제로 사용되는 이유
    - 물의 기화열(539kcal/kg)이 크기 때문
    - 물의 비열 (1kcal/kg℃)이 크기 때문
② 질식소화 : 산소농도를 21%에서 15% 이하로 감소
  - 질식소화 시 산소의 유지농도 : 10~15%
③ 억제소화 (부촉매소화, 화학적소화) : 연쇄반응을 억제
  - 부촉매 : 화학적 반응의 속도를 느리게 하는 것
  - 부촉매 효과 : 할로젠화합물 소화약제
    (할로젠족원소 : 불소(F), 염소(Cl), 브로민(Br), 아이오딘(I))
④ 제거소화 : 가연성물질을 제거시켜 소화
  - 산불이 발생하면 화재의 진행방향을 앞질러 벌목.
  - 화학반응기의 화재 시 원료공급관의 밸브를 폐쇄.
  - 유전화재 시 폭약으로 폭풍을 일으켜 화염을 제거.
  - 촛불을 입김으로 불어 화염을 제거.
⑤ 피복소화 : 가연물 주위를 공기와 차단
⑥ 희석소화 : 수용성인 인화성액체 화재 시 물을 방사하여 가연물의 연소농도를 희석

18 위험물안전관리법령에서 정한 지정과산화물을 저장. 취급하는 옥내저장소의 저장창고의 기준에 대하여 다음 각 물음에 답하시오.

(1) 유기과산화물의 위험등급을 쓰시오.
(2) 지정과산화물을 저장 또는 취급하는 저장창고는 몇 m² 이내마다 격벽으로 완전하게 구획하여야 하는지 쓰시오.
(3) 저장창고의 외벽을 철근콘크리트조로 하는 경우 두께는 몇 cm 이상으로 하여야 하는지 쓰시오.

해답
(1) Ⅰ등급
(2) 150m² 이내
(3) 20cm 이상

상세해설

1. **지정과산화물**
   제5류 위험물중 유기과산화물 또는 이를 함유하는 것으로서 **지정수량이 10kg인 것**

2. **지정과산화물을 저장 또는 취급하는 옥내저장소의 저장창고의 기준**
   (1) 저장창고는 **150m² 이내마다 격벽**으로 완전하게 **구획**할 것. 이 경우 당해 격벽은 두께 30cm 이상의 철근콘크리트조 또는 철골철근콘크리트조로 하거나 두께 40cm 이상의 보강콘크리트블록조로 하고, 당해 저장창고의 양측의 외벽으로부터 1m 이상, 상부의 지붕으로부터 50cm 이상 돌출하게 하여야 한다.
   (2) 저장창고의 **외벽은 두께 20cm 이상의 철근콘크리트조나 철골철근콘크리트조** 또는 두께 30cm 이상의 보강콘크리트블록조로 할 것
   (3) 저장창고의 지붕은 다음 각목의 1에 적합할 것
      ① 중도리 또는 서까래의 간격은 30cm 이하로 할 것
      ② 지붕의 아래쪽 면에는 한 변의 길이가 45cm 이하의 환강·경량형강 등으로 된 강제의 격자를 설치할 것
      ③ 지붕의 아래쪽 면에 철망을 쳐서 불연재료의 도리·보 또는 서까래에 단단히 결합할 것
      ④ **두께 5cm 이상, 너비 30cm 이상**의 목재로 만든 받침대를 설치할 것
   (4) 저장창고의 출입구에는 **60분+방화문 또는 60분방화문**을 설치할 것
   (5) 저장창고의 **창**은 바닥면으로부터 **2m 이상**의 높이에 두되, 하나의 벽면에 두는 창의 면적의 합계를 당해 벽면의 면적의 **80분의 1 이내**로 하고, 하나의 **창의 면적을 0.4m² 이내**로 할 것

19 덩어리 상태의 황 30,000kg을 지반면에 설치한 내부면적이 300m²인 옥외저장소에 저장하는 경우 다음 각 물음에 답하시오.

(1) 옥외저장소에 설치할 수 있는 경계표시는 몇 개인지 쓰시오.
(2) 경계표시와 경계표시 사이의 간격은 몇 m 이상으로 하여야 하는지 쓰시오.
(3) 제4류 위험물(인화점이 10℃ 이상)을 함께 저장할 수 있는지 유무를 쓰시오.

(1) $N = \dfrac{300\mathrm{m}^2}{100\mathrm{m}^2} = 3$개

[답] 3개

(2) 지정수량의 배수 $N = \dfrac{30{,}000\mathrm{kg}}{100\mathrm{kg}} = 300$배

※ 저장 또는 취급하는 위험물의 최대수량이 지정수량의 **200배 이상**인 경우에는 **10m 이상**

[답] 10m 이상

(3) 저장 불가능

옥외저장소 중 덩어리 상태의 황만을 지반면에 설치한 경계표시의 안쪽에서 저장 또는 취급하는 것의 위치 · 구조 및 설비의 기술기준
① 하나의 경계표시의 내부의 면적은 **100m² 이하**일 것
② 2 이상의 경계표시를 설치하는 경우에 있어서는 각각의 경계표시 내부의 면적을 **합산한 면적은 1,000m² 이하**로 하고, 인접하는 경계표시와 경계표시와의 간격을 규정에 의한 공지의 너비의 **2분의 1 이상**으로 할 것. 다만, 저장 또는 취급하는 위험물의 최대수량이 지정수량의 **200배 이상**인 경우에는 **10m 이상**으로 하여야 한다.
③ 경계표시는 불연재료로 만드는 동시에 황이 새지 아니하는 구조로 할 것
④ 경계표시의 **높이는 1.5m 이하**로 할 것
⑤ 경계표시에는 황이 넘치거나 비산하는 것을 방지하기 위한 천막 등을 고정하는 장치를 설치하되, 천막 등을 **고정하는 장치**는 경계표시의 길이 **2m마다 한 개 이상** 설치할 것
⑥ 황을 저장 또는 취급하는 장소의 주위에는 **배수구와 분리장치를 설치**할 것

20 다음은 위험물안전관리법령에서 정한 제조소등에서의 위험물의 저장 및 취급에 관한 중요기준이다. 맞는 것을 모두 골라 번호로 답하시오.

① 옥내저장소에서는 용기에 수납하여 저장하는 위험물의 온도가 45℃를 넘지 아니하도록 필요한 조치를 강구하여야 한다.
② 제3류 위험물 중 황린 그 밖에 물속에 저장하는 물품과 금수성물질은 동일한 저장소에 저장할 수 있다.
③ 컨테이너식 이동탱크저장소외의 이동탱크저장소에 있어서는 위험물을 저장한 상태로 이동저장탱크를 옮겨 싣지 아니하여야 한다.
④ 위험물을 이송하기 위한 배관·펌프 및 이에 부속한 설비의 안전을 확인하기 위한 순찰을 행하고, 위험물을 이송하는 중에는 이송하는 위험물의 온도 및 중량을 항상 감시할 것
⑤ 제조소등에서 규정에 의한 허가 및 신고와 관련되는 품명 외의 위험물 또는 이러한 허가 및 신고와 관련되는 수량 또는 지정수량의 배수를 초과하는 위험물을 저장 또는 취급하지 아니하여야 한다.

해답 ③, ⑤

① 옥내저장소에서는 용기에 수납하여 저장하는 위험물의 **온도가 55℃**를 넘지 아니하도록 필요한 조치를 강구하여야 한다.(중요기준)
② 제3류 위험물 중 황린 그 밖에 물속에 저장하는 물품과 금수성물질은 동일한 저장소에서 **저장하지 아니하여야 한다.**(중요기준)
③ 컨테이너식 이동탱크저장소외의 이동탱크저장소에 있어서는 위험물을 저장한 상태로 이동저장탱크를 옮겨 싣지 아니하여야 한다(중요기준).
④ 위험물을 이송하기 위한 배관·펌프 및 이에 부속한 설비의 안전을 확인하기 위한 순찰을 행하고, 위험물을 이송하는 중에는 이송하는 **위험물의 압력 및 유량**을 항상 감시할 것(중요기준)
⑤ 제조소등에서 규정에 의한 허가 및 신고와 관련되는 품명 외의 위험물 또는 이러한 허가 및 신고와 관련되는 수량 또는 지정수량의 배수를 초과하는 위험물을 저장 또는 취급하지 아니하여야 한다(중요기준)

위험물산업기사 실기

2021년 11월 14일 시행

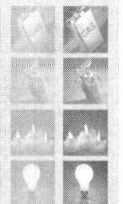

01 아래의 종별 분말소화약제의 주성분을 화학식으로 쓰시오.

① 제1종   ② 제2종   ③ 제3종

 ① $NaHCO_3$ ② $KHCO_3$ ③ $NH_4H_2PO_4$

• 분말약제의 종류

종별	약제명	화학식	착색	열분해 반응식	적응화재
제1종	탄산수소나트륨 중탄산나트륨 중조	$NaHCO_3$	백색	270℃ $2NaHCO_3$ → $Na_2CO_3+CO_2+H_2O$ 850℃ $2NaHCO_3$ → $Na_2O+2CO_2+H_2O$	B, C급
제2종	탄산수소칼륨 중탄산칼륨	$KHCO_3$	담회색	190℃ $2KHCO_3$ → $K_2CO_3+CO_2+H_2O$ 590℃ $2KHCO_3$ → $K_2O+2CO_2+H_2O$	B, C급
제3종	제1인산암모늄	$NH_4H_2PO_4$	담홍색	$NH_4H_2PO_4$ → $HPO_3+NH_3+H_2O$	A, B, C급
제4종	중탄산칼륨+요소	$KHCO_3+$ $(NH_2)_2CO$	회(백)색	$2KHCO_3+(NH_2)_2CO$ → $K_2CO_3+2NH_3+2CO_2$	B, C급

02 TNT(트라이나이트로톨루엔)를 제조하는 과정에 대한 화학 반응식을 쓰시오.

 $C_6H_5CH_3 + 3HNO_3 \xrightarrow{C-H_2SO_4} C_6H_2CH_3(NO_2)_3 + 3H_2O$

트라이나이트로톨루엔[$C_6H_2CH_3(NO_2)_3$] : 제5류 위험물 중 나이트로화합물
① 물에는 녹지 않고 알코올, 아세톤, 벤젠에 녹는다.
② 톨루엔과 질산을 반응시켜 얻는다.

$$C_6H_5CH_3 + 3HNO_3 \xrightarrow[\text{(탈수작용)}]{C-H_2SO_4} C_6H_2CH_3(NO_2)_3 + 3H_2O$$
(톨루엔)　　(질산)　　　　　　　(트라이나이트로톨루엔)　(물)

③ Tri Nitro Toluene의 약자로 TNT라고도 한다.
④ 담황색의 주상결정이며 햇빛에 다갈색으로 변색된다.
⑤ 강력한 폭약이며 급격한 타격에 폭발한다.

㉠ 트라이나이트로톨루엔의 구조식

(구조식: 톨루엔 고리에 CH₃ 및 3개의 NO₂ 기)

㉡ 트라이나이트로톨루엔의 열분해 반응식
$2C_6H_2CH_3(NO_2)_3 \rightarrow 2C + 3N_2\uparrow + 5H_2\uparrow + 12CO\uparrow$

⑥ 연소 시 연소속도가 너무 빠르므로 소화가 곤란하다.
⑦ 무기 및 다이나마이트, 질산폭약제 제조에 이용된다.

03 다음 [보기]의 물질 중 연소범위가 가장 큰 물질에 대한 각 물음에 답하시오.

[보기] 아세톤, 메틸에틸케톤, 메탄올, 다이에틸에터, 톨루엔

(1) 물질의 명칭을 쓰시오.
(2) 위험도를 구하시오.

해답
(1) 다이에틸에터
(2) $H = \dfrac{48 - 1.7}{1.7} = 27.24$

상세해설
• 물질별 연소범위

구 분	LFL(%)	UFL(%)
아세톤	2.5	12.8
메틸에틸케톤	1.4	11.4
메탄올	7.3	36
다이에틸에터	1.7	48
톨루엔	1.4	6.7

• 위험도 $H = \dfrac{UFL - LFL}{LFL}$ (여기서, UFL : 연소상한, LFL : 연소하한)

04 다음 물질이 물과 반응하는 경우 반응식을 쓰시오.

① 탄화칼슘　　　　　② 탄화알루미늄

해답 ① $CaC_2 + 2H_2O \rightarrow Ca(OH)_2 + C_2H_2$
② $Al_4C_3 + 12H_2O \rightarrow 4Al(OH)_3 + 3CH_4$

상세해설
- 탄화칼슘(CaC_2)-제3류 위험물-칼슘탄화물
  ① 물과 접촉 시 아세틸렌을 생성하고 열을 발생시킨다.
  $$CaC_2 + 2H_2O \rightarrow Ca(OH)_2(수산화칼슘) + C_2H_2 \uparrow (아세틸렌)$$
  ② 아세틸렌의 폭발범위는 2.5~81%로 대단히 넓어서 폭발위험성이 크다.
  ③ 장기 보관시 불활성기체(N_2 등)를 봉입하여 저장한다.
  ④ 별명은 카바이드, 탄화석회, 칼슘카바이드 등이다.
  ⑤ 고온(700℃)에서 질화되어 석회질소($CaCN_2$)가 생성된다.
  $$CaC_2 + N_2 \rightarrow CaCN_2(석회질소) + C(탄소)$$
  ⑥ 물 및 포 약제에 의한 소화는 절대 금하고 마른모래 등으로 피복 소화한다.

- 탄화알루미늄(Al_4C_3) : 제3류 위험물(금수성 물질)
  ① 물과 접촉 시 메탄가스를 생성하고 발열반응을 한다.
  $$Al_4C_3 + 12H_2O \rightarrow 4Al(OH)_3(수산화알루미늄) + 3CH_4(메탄)$$
  ② 황색 결정 또는 백색분말로 1400℃ 이상에서는 분해가 된다.
  ③ 물 및 포약제에 의한 소화는 절대 금하고 마른모래 등으로 피복 소화한다.

05 다음과 같은 원통형탱크의 용량은 몇 L인가? (단, 탱크의 공간용적은 5%로 한다.)

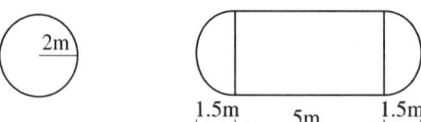

해답 [계산과정] (1) 탱크의 내용적 $V = \pi r^2 \left(l + \dfrac{l_1 + l_2}{3} \right)$

$= \pi \times 2^2 \times \left(5 + \dfrac{1.5 + 1.5}{3} \right) \times 1000$

$= 75398.22 L$

(2) 탱크의 공간용적 $V = 75398.22L \times 0.05 = 3769.91L$
(3) 탱크의 용적(용량) = 탱크의 내용적 − 탱크의 공간용적
$V = 75398.22 - 3769.91 = 71628.31L$

[답] 71628.31L

- 원통형 탱크의 내용적 − 횡으로 설치한 것

 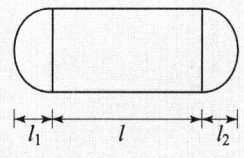

$$내용적 = \pi r^2 \left(l + \frac{l_1 + l_2}{3} \right)$$

- 탱크용적의 산출기준
  탱크의 내용적에서 공간용적을 뺀 용적

  탱크의 용적(용량) = 탱크의 내용적 − 탱크의 공간용적

- 탱크의 공간용적
  탱크용적의 $\frac{5}{100}$ 이상 $\frac{10}{100}$ 이하의 용적

06 위험물옥외저장소에 저장할 수 있는 제4류 위험물의 품명을 4가지만 쓰시오.

① 제1석유류(인화점이 0℃이상)
② 알코올류
③ 제2석유류
④ 제3석유류
⑤ 제4석유류
⑥ 동식물유류 중 4가지

옥외저장소에 저장할 수 있는 위험물
① 제2류 위험물 : 황, 인화성고체(인화점이 0℃이상)
② 제4류 위험물 : 제1석유류(인화점이 0℃이상), 제2석유류, 제3석유류, 제4석유류, 알코올류, 동식물유류
③ 제6류 위험물

07 위험물 옥외저장소 주위에 옥외소화전설비를 아래와 같이 설치할 경우 필요한 수원의 양(m^3)은 얼마인지 계산하시오.

[옥외소화전의 설치개수]   ① 3개
                                   ② 6개

 ① $Q = 3 \times 13.5 = 40.5 m^3$
② $Q = 4 \times 13.5 = 54 m^3$

위험물제조소등의 소화설비 설치기준

소화설비	수평거리	방사량	방사압력	수원의 양
옥내	25m 이하	260(L/min) 이상	350(kPa) 이상	$Q = N$(소화전개수 : 최대 5개) $\times 7.8 m^3$(260L/min × 30min)
옥외	40m 이하	450(L/min) 이상	350(kPa) 이상	$Q = N$(소화전개수 : 최대 4개) $\times 13.5 m^3$(450L/min × 30min)
스프링클러	1.7m 이하	80(L/min) 이상	100(kPa) 이상	$Q = N$(헤드수 : 최대 30개) $\times 2.4 m^3$(80L/min × 30min)
물분무		20 (L/m^2·min)	350(kPa) 이상	$Q = A$(바닥면적 m^2) $\times 0.6 m^3$(20L/m^2·min × 30min)

08 제3류 위험물인 금속나트륨에 대한 다음 각 물음에 답하시오.
(1) 지정수량을 쓰시오.
(2) 저장할 때 보호액 중 1가지만 쓰시오.
(3) 물과의 반응식을 쓰시오.

 (1) 10kg
(2) 파라핀, 등유, 경유
(3) $2Na + 2H_2O \rightarrow 2NaOH + H_2$

• 금속칼륨 및 금속나트륨 : 제3류 위험물(금수성)
① 물과 반응하여 수소기체 발생

$2Na + 2H_2O \rightarrow 2NaOH + H_2 \uparrow$ (수소발생)
$2K + 2H_2O \rightarrow 2KOH + H_2 \uparrow$ (수소발생)

② 파라핀, 경유, 등유 속에 저장

```
★★자주출제(필수정리) ★★
❶ 칼륨(K), 나트륨(Na)은 파라핀, 경유, 등유 속에 저장
❷ 2K + 2H₂O → 2KOH + H₂↑ (수소발생)
❸ 황린(3류) 및 이황화탄소(4류)는 물속에 저장
```

09 다음 [보기]에서 설명하는 위험물에 대하여 각 물음에 답하시오.

[보기]
- 제3류 위험물이며 지정수량은 300kg이다.
- 분자량은 약 64이며 비중은 2.2이다.
- 고온에서 질소와 반응하여 칼슘시아나이드(석회질소)가 생성된다.

(1) 해당 물질의 화학식을 쓰시오.
(2) 물과의 반응식을 쓰시오.
(3) 물과 반응하여 생성되는 기체의 완전연소반응식을 쓰시오.

해답
(1) CaC_2
(2) $CaC_2 + 2H_2O \rightarrow Ca(OH)_2 + C_2H_2$
(3) $2C_2H_2 + 5O_2 \rightarrow 4CO_2 + 2H_2O$

상세해설
- 탄화칼슘(CaC_2) : 제 3류 위험물 중 칼슘탄화물
  ① 물과 접촉 시 아세틸렌을 생성하고 열을 발생시킨다.

  $CaC_2 + 2H_2O \rightarrow Ca(OH)_2(수산화칼슘) + C_2H_2\uparrow(아세틸렌)$

  ② 아세틸렌의 폭발범위는 2.5~81%로 대단히 넓어서 폭발위험성이 크다.
  ③ 장기 보관 시 불활성기체(N_2 등)를 봉입하여 저장한다.
  ④ 별명은 카바이드, 탄화석회, 칼슘카바이드 등이다.
  ⑤ 고온(700℃)에서 질화되어 석회질소($CaCN_2$)가 생성된다.

  $CaC_2 + N_2 \rightarrow CaCN_2(석회질소) + C(탄소)$

  ⑥ 물 및 포약제에 의한 소화는 절대 금하고 마른모래 등으로 피복 소화한다.

10 다음 [보기]에서 설명하는 위험물에 대한 각 물음에 답하시오.

> [보기] • 제6류 위험물이다.
> • 저장용기는 직사광선을 피하고 찬 곳에 저장한다.
> • 실험실에서는 갈색 병에 넣어 햇빛을 차단시킨다.
> • 단백질과 크산토프로테인반응을 하여 노란색으로 변한다.

(1) 위험물의 화학식을 쓰시오.
(2) 위험등급을 쓰시오.
(3) 위험물이 되기 위한 조건을 쓰시오.(단 없으면 없음이라고 표기할 것)
(4) 빛에 의하여 분해되는 반응식을 쓰시오.

 (1) HNO_3
(2) Ⅰ등급
(3) 비중이 1.49 이상
(4) $4HNO_3 \rightarrow 2H_2O + 4NO_2 + O_2$

• 질산(HNO_3) : 제6류 위험물(산화성 액체)
  ① 무색의 발연성 액체이다.
  ② 빛에 의하여 일부 분해되어 생긴 NO_2 때문에 황갈색으로 된다.

  $$4HNO_3 \rightarrow 2H_2O + 4NO_2\uparrow(이산화질소) + O_2\uparrow(산소)$$

  ③ 질산을 오산화인(P_2O_5)과 작용시키면 오산화질소(N_2O_5)가 된다.
  ④ 저장용기는 직사광선을 피하고 찬 곳에 저장한다.
  ⑤ 실험실에서는 갈색 병에 넣어 햇빛을 차단시킨다.
  ⑥ 환원성물질과 혼합하면 발화 또는 폭발한다.

  • 크산토프로테인반응(xanthoprotenic reaction)
    단백질에 진한질산을 가하면 노란색으로 변하고 알칼리를 작용시키면 오렌지색으로 변하며, 단백질 검출에 이용된다.

  ⑦ 마른모래 및 CO_2로 소화한다.
  ⑧ 위급 시에는 다량의 물로 냉각 소화한다.

11 위험물을 취급하는 건축물 그 밖의 시설의 주위에는 그 취급하는 위험물의 최대수량에 따라 보유공지를 보유하여야 한다. 다음 취급 위험물의 최대수량에 따른 공지의 너비 기준을 쓰시오.

(1) 지정수량의 1배
(2) 지정수량의 5배
(3) 지정수량의 10배
(4) 지정수량의 20배
(5) 지정수량의 200배

(1) 3m 이상   (2) 3m 이상
(3) 3m 이상   (4) 5m 이상
(5) 5m 이상

제조소의 보유공지 ★★★

(1) 취급 위험물의 최대수량에 따른 너비의 공지

취급 위험물의 최대수량	공지의 너비
지정수량의 10배 이하	3m 이상
지정수량의 10배 초과	5m 이상

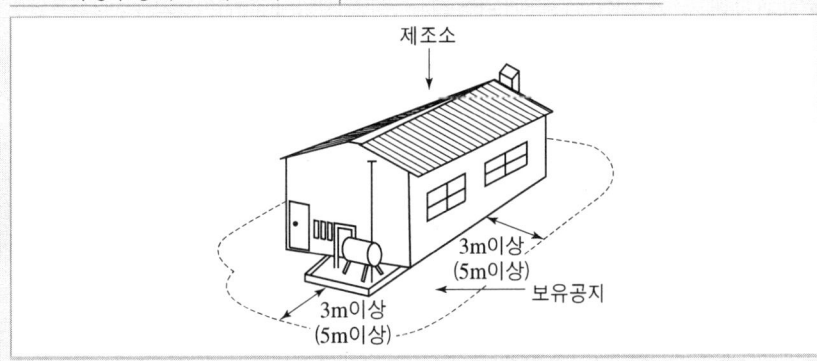

(2) 보유공지를 설치를 아니할 수 있는 격벽설치 기준
① 방화벽은 내화구조로 할 것. (제6류 위험물인 경우 불연재료)
② 방화벽에 설치하는 출입구 및 창 등의 개구부는 가능한 한 최소로 할 것
③ 출입구 및 창에는 자동폐쇄식의 60분+방화문 또는 60분방화문을 설치할 것
④ 방화벽의 양단 및 상단이 외벽 또는 지붕으로부터 50cm 이상 돌출하도록 할 것

12 다음 [보기]의 위험물 중 연소하는 경우 생성물질이 같은 위험물에 대한 연소반응식을 쓰시오.

[보기] 적린, 삼황화인, 오황화인, 철, 마그네슘, 황

해답 $P_4S_3 + 8O_2 \rightarrow 2P_2O_5 + 3SO_2$
$2P_2S_5 + 15O_2 \rightarrow 2P_2O_5 + 10SO_2$

13 다음 보기는 위험물의 일반적인 성질이다. 제1류 위험물의 성질로 옳은 것을 모두 선택하여 번호를 쓰시오.

〈보기〉 ① 무기화합물   ② 유기화합물   ③ 산화제
④ 인화점이 0℃ 이하   ⑤ 인화점이 0℃ 이상   ⑥ 고체

해답 ① ③ ⑥

상세해설 제1류 위험물의 공통적 성질
① 산화성 고체이며 대부분 수용성이다.
② 불연성이지만 다량의 산소를 함유하고 있다.
③ 분해 시 산소를 방출하여 남의 연소를 돕는다.(조연성)
④ 열·타격·충격, 마찰 및 다른 화학물질과 접촉 시 쉽게 분해된다.
⑤ 분해속도가 대단히 빠르고, 조해성이 있는 것도 포함한다.

무기과산화물
① 물에 의한 주수소화는 금한다.(산소발생)
② 물과 접촉 시 산소방출
③ 열분해 시 산소방출

14 제3류 위험물인 트라이에틸알루미늄에 대한 다음 각 물음에 답하시오.
(1) 물과의 반응식을 쓰시오.
(2) 물과 반응하여 생성되는 기체의 명칭을 쓰시오.

해답 (1) $(C_2H_5)_3Al + 3H_2O \rightarrow Al(OH)_3 + 3C_2H_6$
(2) 에탄

상세해설

- 알킬알루미늄[(C_nH_{2n+1})·Al] : 제3류 위험물(금수성 물질)
  ① 알킬기(C_nH_{2n+1})에 알루미늄(Al)이 결합된 화합물이다.
  ② $C_1 \sim C_4$는 자연발화의 위험성이 있다.
  ③ 물과 접촉 시 가연성 가스 발생하므로 주수소화는 절대 금지한다.
  ④ 트라이메틸알루미늄(TMA : Tri Methyl Aluminium)

  $$(CH_3)_3Al + 3H_2O \rightarrow Al(OH)_3(수산화알루미늄) + 3CH_4\uparrow(메탄)$$

  ⑤ 트라이에틸알루미늄(TEA : Tri Eethyl Aluminium)

  $$(C_2H_5)_3Al + 3CH_3OH \rightarrow Al(CH_3O)_3(트라이메톡시알루미늄) + 3C_2H_6\uparrow(에탄)$$
  $$(C_2H_5)_3Al + 3H_2O \rightarrow Al(OH)_3(수산화알루미늄) + 3C_2H_6\uparrow(에탄)$$

  ⑥ 저장용기에 불활성기체(N_2)를 봉입한다.
  ⑦ 피부접촉 시 화상을 입히고 연소 시 흰 연기가 발생한다.
  ⑧ 소화 시 주수소화는 절대 금하고 팽창질석, 팽창진주암 등으로 피복 소화한다.

15 제4류 위험물인 알코올류가 산화·환원되는 과정이다. 다음 각 물음에 답하시오.

- 메틸알코올 ↔ 포름알데하이드 ↔ (①)
- 에틸알코올 ↔ (②) ↔ 아세트산

(1) (①)에 해당하는 물질명 및 화학식을 쓰시오.
(2) (②)에 해당하는 물질명 및 화학식을 쓰시오.
(3) ①, ② 중에서 지정수량이 작은 물질의 연소반응식을 쓰시오.

 (1) 포름산(개미산, 의산), HCOOH
(2) 아세트알데하이드, CH_3CHO
(3) $2CH_3CHO + 5O_2 \rightarrow 4CO_2 + 4H_2O$

상세해설 알코올의 산화 시 생성물 ★★★

① 1차 알코올 → 알데하이드 → 카복실산

- C_2H_5OH(에틸알코올) $\xrightarrow[-H_2O]{CuO}$ CH_3CHO(아세트알데하이드) $\xrightarrow{+O}$ CH_3COOH(초산)

- CH_3OH(메틸알코올) $\xrightarrow[-H_2O]{+O}$ $HCHO$(포름알데하이드) $\xrightarrow{+O}$ $HCOOH$(포름산)

② 2차 알코올 → 케톤

- $CH_3-\underset{\underset{OH}{|}}{CH}-CH_3$(아이소프로필 알코올) $\xrightarrow{+O}$ $CH_3-CO-CH_3$(아세톤) + H_2O(물)

16 다음의 [보기]는 제조소등에서의 위험물에 대한 저장 및 취급에 관한 중요기준이다. [보기]의 설명을 보고 각 물음에 답하시오.

> [보기]
> - 불티 · 불꽃 · 고온체와의 접근이나 과열 · 충격 또는 마찰을 피하여야 한다.
> - 55℃ 이하의 온도에서 분해될 우려가 있는 것은 보냉 컨테이너에 수납하는 등 적정한 온도관리를 할 것

(1) [보기]에서 설명하는 유별과 혼재가 가능한 위험물의 유별을 모두 쓰시오. (단, 저장량이 지정수량의 1/10을 초과하는 경우이다.)
(2) [보기]에서 설명하는 유별의 운반용기의 외부에 수납하는 위험물에 따른 주의사항을 쓰시오.
(3) [보기]에서 설명하는 유별에서 지정수량이 가장 적은 것의 품명을 1가지만 쓰시오.

 (1) 제2류 위험물, 제4류 위험물
(2) 화기엄금 및 충격주의
(3) 유기과산화물, 질산에스터류

※ [보기]에서 설명하는 유별은 제5류 위험물이다.

위험물의 유별 저장 · 취급의 공통기준(중요기준)
① **제1류 위험물**은 **가연물과의 접촉 · 혼합**이나 **분해를 촉진하는 물품과의 접근** 또는 과열 · 충격 · 마찰 등을 피하는 한편, 알카리금속의 과산화물 및 이를 함유한 것에 있어서는 **물과의 접촉을 피하여야 한다.**
② **제2류 위험물**은 산화제와의 접촉 · 혼합이나 **불티 · 불꽃 · 고온체와의 접근** 또는 과열을 피하는 한편, **철분 · 금속분 · 마그네슘** 및 이를 함유한 것에 있어서는 **물이나 산과의 접촉**을 피하고 **인화성 고체**에 있어서는 함부로 **증기**를 발생시키지 아니하여야 한다.
③ **제3류 위험물** 중 **자연발화성물질**에 있어서는 **불티 · 불꽃 또는 고온체와의 접근 · 과열** 또는 **공기와의 접촉**을 피하고, **금수성물질**에 있어서는 **물과의 접촉**을 피하여야 한다.
④ **제4류 위험물**은 **불티 · 불꽃 · 고온체와의 접근** 또는 과열을 피하고, 함부로 **증기**를 발생시키지 아니하여야 한다.
⑤ **제5류 위험물**은 **불티 · 불꽃 · 고온체와의 접근**이나 **과열 · 충격 또는 마찰**을 피하여야 한다.
⑥ **제6류 위험물**은 **가연물과의 접촉 · 혼합**이나 **분해를 촉진하는 물품과의 접근** 또는 과열을 피하여야 한다.

17 다음은 지하탱크저장소에 대한 설치기준이다. (   )안에 알맞은 답을 쓰시오.

> ○ 탱크전용실은 지하의 가장 가까운 벽·피트·가스관 등의 시설물 및 대지경계선으로부터 (①)m 이상 떨어진 곳에 설치할 것.
> ○ 지하저장탱크의 윗부분은 지면으로부터 (②)m 이상 아래에 있어야 한다.
> ○ 지하저장탱크를 2 이상 인접해 설치하는 경우에는 그 상호간에 (③)m(당해 2 이상의 지하저장탱크의 용량의 합계가 지정수량의 100배 이하인 때에는 (④)m) 이상의 간격을 유지하여야 한다. 다만, 그 사이에 탱크전용실의 벽이나 두께 (⑤)cm 이상의 콘크리트 구조물이 있는 경우에는 그러하지 아니하다.

해답 ① 0.1   ② 0.6   ③ 1   ④ 0.5   ⑤ 20

상세해설

탱크전용실에 설치된 지하저장탱크

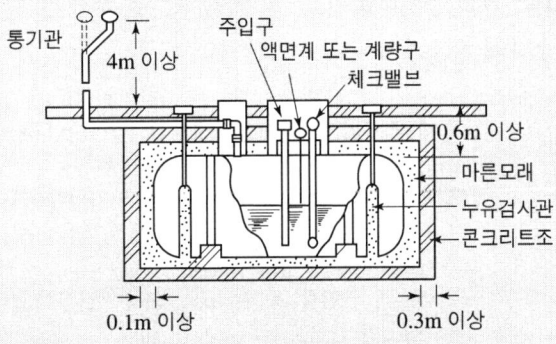

① 탱크전용실의 **벽**·바닥 및 뚜껑의 **두께는 0.3m 이상**일 것
② **통기관**의 끝부분은 지면으로부터 **4m 이상**의 높이로 설치 할 것.
③ 액체위험물의 **누설을 검사**하기 위한 관을 **4개소 이상** 적당한 위치에 설치 할 것.
④ 탱크주위에 마른모래 또는 습기 등에 의하여 응고되지 아니하는 **입자지름 5mm 이하의 마른 자갈분**을 채울 것
⑤ 지하저장탱크의 **윗부분**은 지면으로부터 **0.6m 이상 아래**에 있을 것
⑥ 지하탱크를 대지경계선으로 부터 **0.6m 이상** 떨어진 곳에 매설할 것
⑦ 탱크전용실은 대지경계선으로 부터 **0.1m 이상** 떨어진 곳에 설치 할 것.
⑧ 지하저장탱크와 탱크전용실의 안쪽과의 사이는 0.1m 이상의 간격을 유지하도록 할 것
⑨ 지하저장탱크를 2 이상 인접해 설치하는 경우에는 그 상호간에 1m(당해 2 이상의 지하저장탱크의 용량의 합계가 지정수량의 100배 이하인 때에는 0.5m) 이상의 간격을 유지할 것. 다만, 그 사이에 탱크전용실의 벽이나 두께 20cm 이상의 콘크리트 구조물이 있는 경우에는 그러하지 아니하다.

18 다음 [보기]의 위험물 중 위험등급이 II 등급에 해당하는 물질을 모두 고르고 지정수량 배수의 합을 계산하시오.

[보기] 황 : 100kg, 질산염류 : 600kg, 나트륨 : 100kg
등유 : 6000L, 철분 : 50kg

해답 (1) II 등급에 해당하는 물질 : 황, 질산염류

(2) 지정수량 배수의 합 : $N = \dfrac{100}{100} + \dfrac{600}{300} = 3$배

상세해설
① 황-제2류-II 등급
② 질산염류-제1류-II 등급
③ 나트륨-제3류-I 등급
④ 등유-제4류-제2석유류-III 등급
⑤ 철분-제2류-III 등급

위험물의 등급 분류 ★★★

위험등급	해당 위험물
위험등급 I	(1) 제1류 위험물 중 아염소산염류, 염소산염류, 과염소산염류, 무기과산화물 그 밖에 지정수량이 50kg인 위험물 (2) 제3류 위험물 중 칼륨, 나트륨, 알킬알루미늄, 알킬리튬, 황린 그 밖에 지정수량이 10kg 또는 20kg인 위험물 (3) 제4류 위험물 중 특수인화물 (4) 제5류 위험물 중 유기과산화물, 질산에스터류 그 밖에 지정수량이 10kg인 위험물 (5) 제6류 위험물
위험등급 II	(1) 제1류 위험물 중 브로민산염류, 질산염류, 아이오딘산염류 그 밖에 지정수량이 300kg인 위험물 (2) 제2류 위험물 중 황화인, 적린, 황 그 밖에 지정수량이 100kg인 위험물 (3) 제3류 위험물 중 알칼리금속(칼륨, 나트륨 제외) 및 알칼리토금속, 유기금속화합물(알킬알루미늄 및 알킬리튬은 제외) 그 밖에 지정수량이 50kg인 위험물 (4) 제4류 위험물 중 제1석유류, 알코올류 (5) 제5류 위험물 중 위험등급 I 위험물 외의 것
위험등급 III	위험등급 I, II 이외의 위험물

19 다음은 탱크전용실이 있는 건축물에 설치하는 옥내저장탱크의 펌프설비 기준이다. 각 물음에 답하시오.

(1) 펌프실은 상층이 있는 경우에 있어서는 상층의 바닥을 내화구조로 하고, 상층이 없는 경우에 있어서는 지붕을 어떤 재료로 하여야 하는가?
(2) 펌프실의 출입구에는 어떤 것을 설치하여야 하는지 쓰시오.
(3) 탱크전용실에 펌프설비를 설치하는 경우에는 견고한 기초 위에 고정한 다음 그 주위에는 불연재료로 된 턱을 몇 m 이상의 높이로 설치하여야 하는지 쓰시오.
(4) 지면은 콘크리트 등 위험물이 스며들지 아니하는 재료로 적당히 경사지게 하여 그 최저부에 무엇을 설치하여야 하는지 쓰시오.
(5) 펌프실의 창 또는 출입구에 유리를 이용하는 경우 어떤 유리를 사용하는지 쓰시오.

해답
(1) 불연재료
(2) 60분+방화문 또는 60분방화문
(3) 0.2m
(4) 집유설비
(5) 망입유리

상세해설
탱크전용실이 있는 건축물에 설치하는 옥내저장탱크의 펌프설비 설치기준
(1) 탱크전용실외의 장소에 설치하는 경우
 ① 펌프실은 벽·기둥·바닥 및 보를 내화구조로 할 것
 ② 펌프실은 상층이 있는 경우에 있어서는 상층의 바닥을 내화구조로 하고, 상층이 없는 경우에 있어서는 지붕을 **불연재료**로 하며, 천장을 설치하지 아니할 것
 ③ 펌프실에는 창을 설치하지 아니할 것. 다만, 제6류 위험물의 탱크전용실에 있어서는 60분+방화문·60분방화문 또는 30분방화문이 있는 창을 설치할 수 있다.
 ④ 펌프실의 출입구에는 **60분+방화문 또는 60분방화문**을 설치할 것. 다만, 제6류 위험물의 탱크전용실에 있어서는 30분방화문을 설치할 수 있다.
 ⑤ 펌프실의 환기 및 배출의 설비에는 방화상 유효한 댐퍼 등을 설치할 것
 ⑥ 지반면은 콘크리트 등 위험물이 스며들지 아니하는 재료로 적당히 경사지게 하여 그 최저부에는 **집유설비**를 할 것
 ⑦ 펌프실의 창 및 출입구에 유리를 이용하는 경우에는 **망입유리**로 할 것

20 다음은 이동저장탱크의 주입설비(주입호스의 끝부분에 개폐밸브를 설치한 것) 설치기준이다. ( )안에 알맞은 답을 쓰시오.

- 위험물이 샐 우려가 없고 화재예방상 안전한 구조로 할 것
- 주입호스는 내경이 (①)mm 이상이고, (②)MPa 이상의 압력에 견딜 수 있는 것으로 하며, 필요 이상으로 길게 하지 아니할 것
- 주입설비의 길이는 (③)m 이내로 하고, 그 끝부분에 축적되는 (④)를 유효하게 제거할 수 있는 장치를 할 것
- 분당 배출량은 (⑤)L 이하로 할 것

 ① 23 ② 0.3 ③ 50 ④ 정전기 ⑤ 200

1. 위험물안전관리에 관한 세부기준
   제108조(이동탱크저장소의 주유호스의 재질 등)
   주입호스는 내경이 23mm **이상**이고, **0.3MPa 이상**의 압력에 견딜 수 있는 것으로 하며, 필요 이상으로 길게 하지 아니할 것

2. 이동탱크저장소에 주입설비 설치기준
   ① 위험물이 샐 우려가 없고 화재예방상 안전한 구조로 할 것
   ② 주입설비의 길이는 50m **이내**로 하고, 그 끝부분에 축적되는 **정전기**를 유효하게 제거할 수 있는 장치를 할 것
   ③ 분당 배출량은 200L **이하**로 할 것

위험물산업기사 실기

2022년 5월 7일 시행

01 다음 [보기]의 각 위험물에 대한 증기비중을 구하시오.

[보기] ① 이황화탄소　② 아세트알데하이드　③ 벤젠

① 이황화탄소(CS_2)의 분자량 $M = 12 + 32 \times 2 = 76$

$S = \dfrac{76}{29} = 2.62$

② 아세트알데하이드(CH_3CHO)의 분자량 $M = 12 \times 2 + 1 \times 4 + 16 = 44$

$S = \dfrac{44}{29} = 1.52$

③ 벤젠(C_6H_6)의 분자량 $M = 12 \times 6 + 1 \times 6 = 78$

$S = \dfrac{78}{29} = 2.69$

- 증기비중 계산식

$S = \dfrac{M(\text{분자량})}{29(\text{공기평균분자량})}$

02 에틸렌과 산소를 $CuCl_2$의 촉매 하에 생성된 물질로 분자식이 C_2H_4O, 인화점이 −38℃, 비점이 21℃, 연소범위가 4~60%인 특수인화물에 대한 다음 각 물음에 답하시오.

(물음 1) 증기비중
(물음 2) 시성식
(물음 3) 보냉장치가 없는 이동저장탱크에 저장하는 경우 몇 ℃ 이하로 유지하여야 하는가?

해답 **(물음 1)** 아세트알데하이드(C_2H_4O)의 분자량 $M = 12 \times 2 + 1 \times 4 + 16 = 44$

$$S = \frac{44}{29} = 1.52$$

(물음 2) CH_3CHO

(물음 3) 40℃ 이하

상세해설

• 아세트알데하이드(CH_3CHO) : 제4류 위험물 중 특수인화물

화학식	분자량	비중	비점	인화점	착화점	연소범위
CH_3CHO	44	0.78	21℃	-38℃	185℃	4~60%

① 휘발성이 강하고 과일냄새가 있는 무색 액체이며 물, 에탄올에 잘 녹는다.
② 산화되어 초산(CH_3COOH)이 된다.

$$2CH_3CHO + O_2 \rightarrow 2CH_3COOH(초산)$$

③ 저장용기 사용 시 구리(Cu), 마그네슘(Mg), 은(Ag), 수은(Hg) 및 그 합금용기는 사용금지
④ 아세트알데하이드 등을 취급하는 설비에는 연소성 혼합기체의 생성에 의한 폭발을 방지하기 위한 불활성기체 또는 수증기를 봉입하는 장치를 갖출 것

• 옥외저장탱크 · 옥내저장탱크 또는 지하저장탱크의 저장 유지온도

구 분	압력탱크 외의 탱크	구 분	압력탱크
산화프로필렌과 이를 함유한 것 또는 다이에틸에터등	30℃ 이하	아세트알데하이드등 또는 다이에틸에터등	40℃ 이하
아세트알데하이드 또는 이를 함유한 것	15℃ 이하		

• 이동저장탱크의 저장 유지온도

구 분	보냉장치가 있는 경우	보냉장치가 없는 경우
아세트알데하이드등 또는 다이에틸에터등	비점 이하	40℃ 이하

03 분자량 39, 인화점 -11℃, 불꽃반응 시 보라색을 띠는 제3류 위험물과 물이 반응하여 생성된 과산화물로서 제1류 위험물에 해당하는 물질에 대한 다음 각 물음에 답하시오.

(물음 1) 물과의 반응식을 쓰시오.
(물음 2) 이산화탄소와의 반응식을 쓰시오.
(물음 3) 옥내저장소에 저장할 경우 바닥면적은 몇 m^2 이하로 하여야 하는지 쓰시오.

해답 (물음 1) $2K_2O_2 + 2H_2O \rightarrow 4KOH + O_2$
(물음 2) $2K_2O_2 + 2CO_2 \rightarrow 2K_2CO_3 + O_2$
(물음 3) $1000m^2$ 이하

상세해설
- 과산화칼륨(K_2O_2) : 제1류 위험물 중 무기과산화물
  ① 상온에서 물과 격렬히 반응하여 산소(O_2)를 방출하고 폭발하기도 한다.
  $$2K_2O_2 + 2H_2O \rightarrow 4KOH + O_2 \uparrow$$
  ② 공기 중 이산화탄소(CO_2)와 반응하여 산소(O_2)를 방출한다.
  $$2K_2O_2 + 2CO_2 \rightarrow 2K_2CO_3 + O_2 \uparrow$$
  ④ 산과 반응하여 과산화수소(H_2O_2)를 생성시킨다.
  $$K_2O_2 + 2CH_3COOH \rightarrow 2CH_3COOK + H_2O_2$$
  ⑤ 열분해시 산소(O_2)를 방출한다.
  $$2K_2O_2 \rightarrow 2K_2O + O_2 \uparrow$$
  ⑥ 주수소화는 금물이고 마른모래(건조사)등으로 소화한다.

- 옥내저장소의 저장창고 바닥면적 설치기준 ★★

위험물의 종류	바닥면적
• 제1류 위험물 중 아염소산염류, 염소산염류, 과염소산염류, **무기과산화물**, 그 밖에 지정수량 50kg인 위험물 • 제3류 위험물 중 칼륨, 나트륨, 알킬알루미늄, 알킬리튬, 그 밖에 지정수량이 10kg인 위험물 및 황린 • 제4류 위험물 중 특수인화물, 제1석유류 및 알코올류 • 제5류 위험물 중 유기과산화물, 질산에스테르류, 그 밖에 지정수량이 10kg인 위험물 • 제6류 위험물	$1000m^2$ 이하
• 위 이외의 위험물을 저장하는 창고	$2000m^2$ 이하
• 내화구조의 격벽으로 완전히 구획된 실에 각각 저장하는 창고	$1500m^2$ 이하

04 위험물안전관리법령에 따른 옥외저장소의 경계표시의 주위에는 그 저장 또는 취급하는 위험물의 최대수량에 따라 다음 표에 의한 너비의 공지를 보유하여야한다. 빈칸에 알맞은 답을 쓰시오.

저장 또는 취급하는 위험물의 최대수량	저장 또는 취급하는 위험물	공지의 너비
지정수량 10배 이하	제1석유류	(①)m 이상
	제2석유류	(②)m 이상
지정수량 20배 초과 50배 이하	제2석유류	(③)m 이상
	제3석유류	(④)m 이상
	제4석유류	(⑤)m 이상

 ① 3 ② 3 ③ 9 ④ 9 ⑤ 3

 ⑤ 지정수량 20배 초과 50배 이하의 제4석유류 $L = 9\text{m} \times \dfrac{1}{3} = 3\text{m}$ 이상

- **옥외저장소의 경계표시 주위의 공지의 너비**
  옥외저장소의 경계표시의 주위에는 그 저장 또는 취급하는 위험물의 최대수량에 따라 다음 표에 의한 너비의 공지를 보유할 것. 다만, 제4류 위험물 중 **제4석유류와 제6류 위험물**을 저장 또는 취급하는 옥외저장소의 보유공지는 다음 표에 의한 공지의 너비의 **3분의 1 이상**의 너비로 할 수 있다.

저장 또는 취급하는 위험물의 최대수량	공지의 너비
지정수량의 10배 이하	**3m 이상**
지정수량의 10배 초과 20배 이하	5m 이상
지정수량의 20배 초과 50배 이하	**9m 이상**
지정수량의 50배 초과 200배 이하	12m 이상
지정수량의 200배 초과	15m 이상

05 유별을 달리하는 위험물의 혼재기준 중 위험물의 저장량이 지정수량의 $\frac{1}{10}$ 을 초과하는 경우 빈칸에 알맞은 위험물의 유별을 모두 쓰시오. (4점)

유 별	혼재가 가능한 유별
제2류 위험물	
제3류 위험물	
제4류 위험물	

해답

유 별	혼재가 가능한 유별
제2류 위험물	제4류 위험물, 제5류 위험물
제3류 위험물	제4류 위험물
제4류 위험물	제2류 위험물, 제3류 위험물, 제5류 위험물

상세해설

- 유별을 달리하는 위험물의 혼재기준

구 분	제1류	제2류	제3류	제4류	제5류	제6류
제1류		×	×	×	×	○
제2류	×		×	○	○	×
제3류	×	×		○	×	×
제4류	×	○	○		○	×
제5류	×	○	×	○		×
제6류	○	×	×	×	×	

- 쉬운 암기법

  ↓1 + 6↑   2 + 4
  ↓2 + 5↑   5 + 4
  ↓3 + 4↑

06 다음 4류 위험물인 알코올에 대한 완전 연소반응식을 쓰시오.

(1) 메틸알코올(메탄올)
(2) 에틸알코올(에탄올)

해답

(1) $2CH_3OH + 3O_2 \rightarrow 2CO_2 + 4H_2O$
(2) $C_2H_5OH + 3O_2 \rightarrow 2CO_2 + 3H_2O$

07 다음 [보기] 중 위험물의 성질이 자연발화성 및 금수성물질인 것을 모두 고르시오. (단, 해당 없으면 "없음"이라고 쓰시오.)

[보기]
칼륨, 황린, 트라이나이트로페놀, 나이트로벤젠, 글리세린, 수소화나트륨

 칼륨, 수소화나트륨

① 칼륨-제3류(자연발화성 및 금수성)
② 황린-제3류(자연발화성)
③ 트라이나이트로페놀-제5류(자기반응성)
④ 나이트로벤젠-제4류-제3석유류(인화성액체)
⑤ 글리세린-제4류-제3석유류(인화성액체)
⑥ 수소화나트륨-제3류(자연발화성 및 금수성)

08 다음 [보기]의 반응에 대하여 생성되는 유독가스의 명칭을 쓰시오.
(단, 해당 없으면 "없음"이라고 쓰시오.)

[보기] (1) 황린의 완전연소
(2) 황린과 수산화칼륨수용액의 반응
(3) 아세트산의 완전연소
(4) 인화칼슘과 물의 반응
(5) 과산화바륨과 물의 반응

 (1) 오산화인(P_2O_5)
(2) 포스핀(PH_3)
(3) "없음"
(4) 포스핀(PH_3)
(5) "없음"

(1) 황린의 완전연소 : $P_4 + 5O_2 \rightarrow 2P_2O_5$
(2) 황린과 수산화칼륨수용액의 반응 : $P_4 + 3KOH + 3H_2O \rightarrow 3KH_2PO_2 + PH_3$
(3) 아세트산의 완전연소 : $CH_3COOH + 2O_2 \rightarrow 2CO_2 + 2H_2O$
(4) 인화칼슘과 물의 반응 : $Ca_3P_2 + 6H_2O \rightarrow 3Ca(OH)_2 + 2PH_3$
(5) 과산화바륨과 물의 반응 : $2BaO_2 + 2H_2O \rightarrow 2Ba(OH)_2 + O_2$

09 아래의 종별 분말소화약제의 주성분을 화학식으로 쓰시오.

(1) 제1종   (2) 제2종   (3) 제3종

 (1) $NaHCO_3$ (2) $KHCO_3$ (3) $NH_4H_2PO_4$

- 분말약제의 열분해

종별	약제명	착색	열분해 반응식
제1종	탄산수소나트륨 중탄산나트륨 중조	백색	270℃ $2NaHCO_3 \rightarrow Na_2CO_3 + CO_2 + H_2O$ 850℃ $2NaHCO_3 \rightarrow Na_2O + 2CO_2 + H_2O$
제2종	탄산수소칼륨 중탄산칼륨	담회색	190℃ $2KHCO_3 \rightarrow K_2CO_3 + CO_2 + H_2O$ 590℃ $2KHCO_3 \rightarrow K_2O + 2CO_2 + H_2O$
제3종	제1인산암모늄	담홍색	190℃ $NH_4H_2PO_4 \rightarrow NH_3 + H_3PO_4$(오르토인산) 215℃ $2H_3PO_4 \rightarrow H_2O + H_4P_2O_7$(피로인산) 300℃ $H_4P_2O_7 \rightarrow H_2O + 2HPO_3$(메타인산)
제4종	중탄산칼륨+요소	회(백)색	$2KHCO_3 + (NH_2)_2CO \rightarrow K_2CO_3 + 2NH_3 + 2CO_2$

10 다음 표의 [보기]를 보고 빈칸에 알맞은 답을 쓰시오.

[보기]

구 분	유 별	지정수량
황린	제3류	20kg
칼륨	①	⑥
질산	②	⑦
아조화합물	③	⑧
질산염류	④	⑨
피크린산	⑤	⑩

구 분	유 별	지정수량
칼륨	① 제3류	⑥ 10kg
질산	② 제6류	⑦ 300kg
아조화합물	③ 제5류	⑧ 100kg
질산염류	④ 제1류	⑨ 300kg
피크린산	⑤ 제5류	⑩ 10kg

11. 제3류 위험물 중 위험등급 I에 해당하는 위험물의 품명을 5가지만 쓰시오.

해답 ① 칼륨 ② 나트륨 ③ 알킬알루미늄 ④ 알킬리튬 ⑤ 황린

상세해설 제3류 위험물 및 지정수량

성 질	품 명	지정수량	위험등급
자연발화성 및 금수성물질	1. 칼륨, 나트륨, 알킬알루미늄, 알킬리튬	10kg	I
	2. 황린	20kg	
	3. 알칼리금속(칼륨 및 나트륨 제외) 및 알칼리토금속 유기금속화합물(알킬알루미늄 및 알킬리튬 제외)	50kg	II
	4. 금속의 수소화물, 금속의 인화물 칼슘 또는 알루미늄의 탄화물, 염소화규소화합물	300kg	III

12. 제2류 위험물인 마그네슘에 대한 다음 각 물음에 답하시오.

(1) 다음 ( )안에 공통적으로 들어가는 답을 쓰시오.

- ( )밀리미터의 체를 통과하지 아니하는 덩어리 상태의 것은 제외한다.
- 지름 ( )밀리미터 이상의 막대 모양의 것은 제외한다.

(2) 위험등급을 쓰시오.
(3) 염산과의 반응식을 쓰시오.
(4) 물과의 반응식을 쓰시오.

해답 (1) 2 (2) III등급
(3) $Mg + 2HCl \rightarrow MgCl_2 + H_2$ (4) $Mg + 2H_2O \rightarrow Mg(OH)_2 + H_2$

상세해설 마그네슘(Mg)-제2류 위험물
① 2mm체 통과 못하는 덩어리는 위험물에서 제외한다.
② 직경 2mm 이상 막대모양은 위험물에서 제외한다.
③ 은백색의 광택이 나는 가벼운 금속이다.
④ 수증기와 작용하여 수소를 발생시킨다.(주수소화금지)

$$Mg + 2H_2O \rightarrow Mg(OH)_2 + H_2 \uparrow$$

⑤ 이산화탄소 소화약제를 방사하면 폭발적으로 반응하기 때문에 위험하다.
⑥ 산과 작용하여 수소를 발생시킨다.

$$Mg + 2HCl \rightarrow MgCl_2 + H_2 \uparrow$$

⑦ 주수소화는 엄금이며 마른모래 등으로 피복 소화한다.

13 다음은 제4류 위험물에 대한 내용이다. 각 물음에 답하시오.

(물음 1) 아이오딘값의 정의를 쓰시오.
(물음 2) 동식물유류를 아이오딘값에 따라 분류하고 아이오딘값의 범위를 쓰시오.

구 분	아이오딘값

해답

(물음 1) 100g의 유지에 의해서 흡수되는 아이오딘의 g수

(물음 2)

구 분	아이오딘값
건성유	130 이상
반건성유	100~130
불건성유	100 이하

상세해설

- 동식물유류 : 제4류 위험물
  동물의 지육 또는 식물의 종자나 과육으로부터 추출한 것으로 1기압에서 인화점이 250℃ 미만인 것

[아이오딘값에 따른 동식물유류의 분류]

구 분	아이오딘값	종 류
건성유	130 이상	해바라기기름, 동유(오동기름), 정어리기름, 아마인유, 들기름
반건성유	100~130	채종유, 쌀겨기름, 참기름, 면실유(목화씨기름), 옥수수기름, 청어기름, 콩기름
불건성유	100 이하	야자유, 팜유, 올리브유, 피마자기름, 낙화생기름(땅콩기름), 돈지, 우지, 고래기름

- 아이오딘값
  옥소가(沃素價)라고도 하며 100g의 유지에 의해서 흡수되는 아이오딘의 g수
- 비누화값의 정의
  유지 1g을 비누화하는데 필요한 KOH mg수

14 지하저장탱크 2기를 인접하여 설치하는 경우에 탱크 상호간에 유지하여야 할 간격(m)은 얼마 이상인가?

(물음 1) 경유 20,000L와 휘발유 8,000L
(물음 2) 경유 8,000L와 휘발유 20,000L
(물음 3) 경유 20,000L와 휘발유 20,000L

해답 (물음 1) [계산과정]

- 경유탱크의 지정수량의 배수 $N = \dfrac{20,000}{1,000} = 20$배
- 휘발유탱크의 지정수량의 배수 $N = \dfrac{8,000}{200} = 40$배
- 지정수량의 배수 합계 $N_T = 20 + 40 = 60$배

(∴ 지정수량의 100배 이하)

[답] 0.5m 이상

(물음 2) [계산과정]

- 경유탱크의 지정수량의 배수 $N = \dfrac{8,000}{1,000} = 8$배
- 휘발유탱크의 지정수량의 배수 $N = \dfrac{20,000}{200} = 100$배
- 지정수량의 배수 합계 $N_T = 8 + 100 = 108$배

(∴ 지정수량의 100배 초과)

[답] 1m 이상

(물음 3) [계산과정]

- 경유탱크의 지정수량의 배수 $N = \dfrac{20,000}{1,000} = 20$배
- 휘발유탱크의 지정수량의 배수 $N = \dfrac{20,000}{200} = 100$배
- 지정수량의 배수 합계 $N_T = 20 + 100 = 120$배

(∴ 지정수량의 100배 초과)

[답] 1m 이상

상세해설 지하탱크저장소의 위치 · 구조 및 설비의 기준 ★★
① 지하탱크를 지하의 가장 가까운 벽, 피트, 가스관 등 시설물 및 **대지경계선으로부터 0.6m 이상** 떨어진 곳에 매설할 것 ★★★
② 탱크전용실은 지하의 가장 가까운 벽 · 피트 · 가스관 등의 시설물 및 **대지경계선**

으로 부터 0.1m 이상 떨어진 곳에 설치하고, 지하저장탱크와 탱크전용실의 안쪽과의 사이는 0.1m 이상의 간격을 유지하도록 하며, 당해 탱크의 주위에 마른 모래 또는 습기등에 의하여 응고되지 아니하는 입자지름 **5mm이하의 마른 자갈분**을 채울 것

③ 지하저장탱크의 윗 부분은 지면으로부터 0.6m 이상 아래에 있을 것.

④ **지하저장탱크를 2 이상 인접해 설치하는 경우**에는 그 상호간에 1m(당해 2 이상의 지하저장탱크의 용량의 합계가 지정수량의 100배 이하인 때에는 0.5m) 이상의 간격을 유지할 것.

[지하저장탱크를 2 이상 인접해 설치하는 경우]

2 이상의 지하저장탱크의 용량의 합계	지정수량의 100배 초과	지정수량의 100배 이하
탱크상호간 간격	1m 이상	0.5m 이상

⑤ 지하저장탱크의 재질은 **두께 3.2mm이상의 강철판**으로 하여 완전용입용접 또는 양면겹침 이음용접으로 틈이 없도록 만드는 동시에, **압력탱크(최대상용압력이 46.7kPa이상인 탱크)** 외의 탱크에 있어서는 **70kPa의 압력**으로, **압력탱크**에 있어서는 **최대상용압력의 1.5배의 압력**으로 각각 **10분간 수압시험**을 실시하여 새거나 변형되지 아니 할 것.

15

다음은 인화성액체위험물 옥외탱크저장소의 탱크 주위에 설치하는 방유제의 설치기준에 관한 것이다. 각 물음에 답하시오.

(물음 1) 방유제 내의 면적(m^2)은 얼마 이하로 하여야하는지 쓰시오.
(물음 2) 방유제내에 설치하는 옥외저장탱크의 수에 제한을 두지 않는 기준을 쓰시오.
(물음 3) 방유제내에 설치하는 모든 옥외저장탱크의 용량이 15만 리터이고 저장, 취급하는 위험물이 제1석유류인 경우 설치할 수 있는 탱크의 최대 개수를 쓰시오.

해답
(물음 1) 8만m^2 이하
(물음 2) 인화점이 200℃ 이상인 위험물을 저장 또는 취급하는 옥외저장탱크
(물음 3) 10개

상세해설
• 옥외탱크저장소(이황화탄소 제외)의 방유제
 (1) 방유제의 용량
  ① 탱크가 하나인 때 : 탱크 용량의 **110% 이상**
  ② 2기 이상인 때 : 탱크 중 용량이 최대인 것의 용량의 **110% 이상**

(2) 방유제는 높이 0.5m 이상 3m 이하, 두께 0.2m 이상, 지하매설깊이 1m 이상
(3) 방유제내의 면적은 8만m² 이하로 할 것
(4) 방유제내의 설치하는 **옥외저장탱크의 수는 10**(방유제내에 설치하는 모든 옥외저장탱크의 용량이 20만L 이하이고, 당해 옥외저장탱크에 저장 또는 취급하는 위험물의 **인화점이 70℃ 이상 200℃ 미만인 경우에는 20**) 이하로 할 것. 다만, **인화점이 200℃ 이상인 위험물**을 저장 또는 취급하는 옥외저장탱크에 있어서는 그러하지 아니하다.

16 위험물안전관리법령에 따른 주유취급소에 설치할 수 있는 탱크의 기준이다. 다음 ( )안에 알맞은 답을 쓰시오.

(1) 자동차 등에 주유하기 위한 고정주유설비에 직접 접속하는 전용탱크로서 (①)L 이하의 것
(2) 고정급유설비에 직접 접속하는 전용탱크로서 (②)L 이하의 것
(3) 보일러 등에 직접 접속하는 전용탱크로서 (③)L 이하의 것
(4) 자동차 등을 점검·정비하는 작업장 등에서 사용하는 폐유·윤활유 등의 위험물을 저장하는 탱크로서 용량이 (④)L 이하인 탱크

 ① 50,000 ② 50,000 ③ 10,000 ④ 2,000

- **주유취급소의 탱크**
  ① 자동차 등에 주유하기 위한 고정주유설비에 직접 접속하는 전용탱크 : 50,000L 이하
  ② 고정급유설비에 직접 접속하는 전용탱크 : 50,000L 이하
  ③ 보일러 등에 직접 접속하는 전용탱크 : 10,000L 이하
  ④ 폐유탱크로서 용량(2 이상 설치하는 경우에는 각 용량의 합계)이 2,000L 이하인 탱크
  ⑤ 고정주유설비 또는 고정급유설비에 직접 접속하는 3기 이하의 간이탱크

- **고속국도주유취급소의 특례**
  고속국도의 도로변에 설치된 주유취급소에 있어서는 탱크의 용량을 60,000L까지 할 수 있다.

17 다음 [보기]에서 설명하는 위험물에 대한 각 물음에 답하시오.

[보기] ① 제4류 위험물에 해당하며 비수용성이며 알코올, 아세톤, 에테르에는 용해한다.
② 외관이 무색투명하고 방향성을 갖는 휘발성이 강한 액체이다.
③ 증기는 마취성 및 독성이 강하다.
④ 분자량 78, 인화점 -11℃이다.

(물음 1) 위험물의 명칭을 쓰시오.
(물음 2) 구조식을 쓰시오.
(물음 3) 위험물을 취급하는 설비에 있어서는 당해 위험물이 직접 배수구에 유입하지 아니하도록 집유설비에 무엇을 설치하여야 하는지 쓰시오. (단, 해당이 없으면 "없음"이라 쓰시오)

해답 (물음 1) 벤젠

(물음 2)

(물음 3) 유분리장치

상세해설
• 벤젠(C_6H_6)

화학식	분자량	비중	비점	인화점	착화점	연소범위
C_6H_6	78	0.9	80℃	-11℃	562℃	1.4~8.0%

① 무색 투명한 휘발성 액체이다.
② 착화온도 : 562℃(이황화탄소의 착화온도 100℃)
③ 방향성이 있으며 증기는 마취성 및 독성이 강하다.
④ 물에는 용해되지 않고 아세톤, 알코올, 에테르 등 유기용제에 용해된다.
⑤ 취급 시 정전기에 유의해야 한다.
⑥ 소화는 다량 포 약제로 질식 및 냉각 소화한다.

18 위험물안전관리법령상 위험물의 운송시에 준수하여야 하는 사항에 대한 다음 각 물음에 답하시오.

(물음 1) 운송책임자의 감독 또는 지원 방법 중 옳은 것을 모두 골라 번호로 답하시오. (단, 해당사항이 없으면 "없음"이라고 쓰시오)

① 이동탱크저장소에 동승하여 운전자에게 필요한 감독 또는 지원을 하는 방법
② 별도의 사무실에 운송책임자가 대기하면서 안전확보에 대한 사항을 이행하는 방법
③ 부득이한 경우에는 GPS로 감독, 지원하는 방법
④ 다른 차량을 이용하여 따라 다니면서 감독, 지원

(물음 2) 위험물운송자는 장거리에 걸치는 운송을 하는 때에는 2명 이상의 운전자로 하여야 한다. 다만, 어떠한 경우에 해당하는 경우 그러하지 아니하여도 되는지 모두 골라 번호로 답하시오. (단, 해당사항이 없으면 "없음"이라고 쓰시오)

① 운송책임자를 동승 시킨 경우
② 운송하는 위험물이 제2류 위험물인 경우
③ 운송하는 위험물이 제4류 위험물 중 제1석유류인 경우
④ 운송도중에 2시간 이내마다 20분 이상씩 휴식하는 경우

(물음 3) 위험물(제4류 위험물에 있어서는 특수인화물 및 제1석유류에 한한다)을 운송하게 하는 자가 휴대 또는 비치해야하는 것을 모두 골라 번호로 답하시오. (단, 없으면 "해당 없음"이라고 쓰시오)

① 완공검사 합격확인증 ② 정기검사 합격확인증
③ 설치허가 확인증   ④ 위험물안전카드

(물음 1) ① ②
(물음 2) ① ② ③ ④
(물음 3) ① ④

- 위험물 운송책임자의 감독 또는 지원방법과 위험물의 운송시 준수사항
  1. 운송책임자의 감독 또는 지원의 방법
     (1) 운송책임자가 **이동탱크저장소에 동승**하여 운송 중인 위험물의 안전확보에 관하여 운전자에게 필요한 감독 또는 지원을 하는 방법
     (2) 운송의 감독 또는 지원을 위하여 마련한 **별도의 사무실**에 운송책임자가 대기하면서 다음의 사항을 이행하는 방법
        ① 운송경로를 미리 파악하고 관할소방관서 또는 관련업체에 대한 연락체계

를 갖추는 것
② 이동탱크저장소의 운전자에 대하여 **수시로 안전확보 상황을 확인**하는 것
③ 비상시의 응급처치에 관하여 **조언을 하는 것**
④ 그 밖에 위험물의 운송중 안전확보에 관하여 **필요한 정보를 제공**하고 감독 또는 지원하는 것

2. **이동탱크저장소에 의한 위험물의 운송시에 준수하여야 하는 기준**
   (1) 위험물운송자는 운송의 개시전에 이동저장탱크의 배출밸브 등의 밸브와 폐쇄장치, 맨홀 및 주입구의 뚜껑, 소화기 등의 점검을 충분히 실시할 것
   (2) 위험물운송자는 **장거리**(고속국도 340km 이상, 그 밖의 도로 200km 이상)에 걸치는 운송을 하는 때에는 **2명 이상의 운전자**로 할 것.
   다만, 다음에 해당하는 경우에는 그러하지 아니하다.
   ① **운송책임자를 동승**시킨 경우
   ② 운송하는 위험물이 **제2류 위험물·제3류 위험물**(칼슘 또는 알루미늄의 탄화물과 이것만을 함유한 것)또는 **제4류 위험물**(특수인화물을 제외)인 경우
   ③ 운송도중에 **2시간 이내마다 20분 이상씩 휴식**하는 경우
   (3) 위험물(제4류 위험물에 있어서는 **특수인화물 및 제1석유류**)을 운송하게 하는 자는 **위험물안전카드**를 위험물운송자로 하여금 휴대하게 할 것
   (4) **이동탱크저장소**에는 당해 이동탱크저장소의 **완공검사합격확인증** 및 **정기점검기록**을 비치하여야 한다.

19 제4류 위험물 중 인화점이 21℃ 이상 70℃ 미만이며 수용성인 위험물을 [보기]에서 선택하여 번호로 답하시오.

[보기]
① 메틸알코올 ② 아세트산 ③ 포름산 ④ 글리세린 ⑤ 나이트로벤젠

 해답 ②, ③

구 분	메틸알코올	아세트산(초산)	포름산	글리세린	나이트로벤젠
화학식	CH_3OH	CH_3COOH	$HCOOH$	$C_3H_5(OH)_3$	$C_6H_5NO_2$
유 별	제4류 알코올류	제4류 제2석유류	제4류 제2석유류	제4류 제3석유류	제4류 제3석유류
인화점(℃)	11	40	69	160	88

20 위험물안전관리법령상 그림과 같은 옥외저장탱크에 대하여 다음 물음에 알맞은 답을 쓰시오.

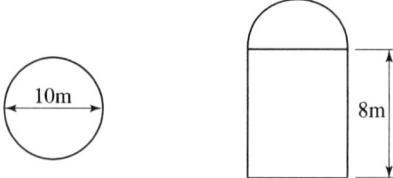

(물음 1) 탱크의 용량[L]을 구하시오.(단, 공간용적은 10/100 이다)
(물음 2) 기술검토를 받아야 하는지 쓰시오.
(물음 3) 완공검사를 받아야 하는지 쓰시오.
(물음 4) 정기검사를 받아야하는지 쓰시오.

해답 **(물음 1)** 탱크의 용량

[계산과정] $Q = \dfrac{\pi}{4} \times (10\text{m})^2 \times 8\text{m} \times 0.9 \times \dfrac{1000\text{L}}{1\text{m}^3} = 565,486.56\text{L}$

[답] 565,486.56L

(물음 2) 저장용량이 50만L 이상 ∴ 기술검토를 받아야 한다.
(물음 3) 저장용량이 50만L 이상 ∴ 완공검사를 받아야 한다.
(물음 4) 저장용량이 50만L 이상 ∴ 정기검사를 받아야 한다.

상세해설
(1) 탱크의 용량= 탱크의 내용적-공간용적
(2) 시·도지사는 제조소등의 설치허가 또는 변경허가 신청 내용이 다음 각 호의 기준에 적합하다고 인정하는 경우에는 허가를 하여야 한다.
① 제조소등의 위치·구조 및 설비가 기술기준에 적합할 것
② 제조소등에서의 위험물의 저장 또는 취급이 공공의 안전유지 또는 재해의 발생방지에 지장을 줄 우려가 없다고 인정될 것
③ 다음의 제조소등은 **한국소방산업기술원("기술원")의 기술검토**를 받고 그 결과가 행정안전부령으로 정하는 기준에 적합한 것으로 인정될 것
  ㉠ 지정수량의 1천배 이상의 위험물을 취급하는 **제조소 또는 일반취급소** : 구조·설비에 관한 사항
  ㉡ **옥외탱크저장소**(저장용량이 **50만L 이상**인 것만 해당) 또는 **암반탱크저장소** : 위험물탱크의 기초·지반, 탱크본체 및 소화설비에 관한 사항
(3) 시·도지사는 다음 각 호의 업무를 기술원에 위탁한다.
완공검사 중 다음 각 목의 **완공검사**
① 지정수량의 3천배 이상의 위험물을 취급하는 **제조소 또는 일반취급소**의 설치 또는 변경에 따른 **완공검사**

② **옥외탱크저장소**(저장용량이 50만L **이상**인 것만 해당) 또는 암반탱크저장소의 설치 또는 변경에 따른 **완공검사**
(4) 정기검사의 대상인 제조소등
  액체위험물을 저장 또는 취급하는 50만L 이상의 **옥외탱크저장소**

위험물산업기사 실기
2022년 7월 24일 시행

01 제3류 위험물인 트라이에틸알루미늄에 대한 다음 각 물음에 답하시오.

(물음 1) 트라이에틸알루미늄과 메탄올의 반응식을 쓰시오.
(물음 2) (물음 1)의 반응식에서 생성된 기체의 완전연소반응식을 쓰시오.

해답
(물음 1) $(C_2H_5)_3Al + 3CH_3OH \rightarrow Al(CH_3O)_3 + 3C_2H_6$
(물음 2) $2C_2H_6 + 7O_2 \rightarrow 4CO_2 + 6H_2O$

상세해설
- 알킬알루미늄$[(C_nH_{2n+1}) \cdot Al]$: 제3류 위험물(금수성 물질)
  ① 알킬기(C_nH_{2n+1})에 알루미늄(Al)이 결합된 화합물이다.
  ② $C_1 \sim C_4$는 자연발화의 위험성이 있다.
  ③ 물과 접촉 시 가연성 가스 발생하므로 주수소화는 절대 금지한다.
  ④ 트라이메틸알루미늄(TMA : Tri Methyl Aluminium)

  $(CH_3)_3Al + 3H_2O \rightarrow Al(OH)_3$(수산화알루미늄) $+ 3CH_4 \uparrow$(메탄)

  ⑤ 트라이에틸알루미늄(TEA : Tri Eethyl Aluminium)

  $(C_2H_5)_3Al + 3CH_3OH \rightarrow Al(CH_3O)_3$(트라이메톡시알루미늄) $+ 3C_2H_6 \uparrow$(에탄)
  $(C_2H_5)_3Al + 3H_2O \rightarrow Al(OH)_3$(수산화알루미늄) $+ 3C_2H_6 \uparrow$(에탄)

  ⑥ 저장용기에 불활성기체(N_2)를 봉입한다.
  ⑦ 피부접촉 시 화상을 입히고 연소 시 흰 연기가 발생한다.
  ⑧ 소화 시 주수소화는 절대 금하고 팽창질석, 팽창진주암 등으로 피복 소화한다.

02 제3류 위험물인 탄화알루미늄에 대한 다음 각 물음에 답하시오.

(물음 1) 탄화알루미늄과 물이 반응하는 경우 반응식을 쓰시오.
(물음 2) 탄화알루미늄과 염산이 반응하는 경우 반응식을 쓰시오.

해답
(물음 1) $Al_4C_3 + 12H_2O \rightarrow 4Al(OH)_3 + 3CH_4$
(물음 2) $Al_4C_3 + 12HCl \rightarrow 4AlCl_3 + 3CH_4$

상세해설

• 탄화알루미늄 : 제3류 위험물(금수성 물질)

화학식	분자량	융점	비중
Al_4C_3	143	2100℃	2.36

① 물과 접촉 시 수산화알루미늄과 메탄가스를 생성하고 발열반응을 한다.

$$Al_4C_3 + 12H_2O \rightarrow 4Al(OH)_3(수산화알루미늄) + 3CH_4(메탄)$$

② 황색 결정 또는 백색분말로 1400℃ 이상에서는 분해가 된다.
③ 물계통의 소화는 절대 금하고 마른모래 등으로 피복 소화한다.

---

03 다음은 위험물안전관리법령에 따른 소화설비의 능력단위에 대한 기준이다. 빈칸에 알맞은 답을 쓰시오.

소화설비	용량	능력단위
소화전용 물통	①	0.3
수조(소화전용 물통 3개 포함)	80L	②
수조(소화전용 물통 6개 포함)	190L	③
마른 모래(삽 1개 포함)	④	0.5
팽창질석 또는 팽창진주암(삽 1개 포함)	⑤	1.0

해답 ① 8L ② 1.5 ③ 2.5 ④ 50L ⑤ 160L

---

04 다음은 지정과산화물을 저장 또는 취급하는 옥내저장소에 대하여 강화되는 기준이다. 저장창고의 지붕에 대한 ( )안에 알맞은 답을 쓰시오.

• 중도리 또는 서까래의 간격은 (①)cm 이하로 할 것
• 지붕의 아래쪽 면에는 한 변의 길이가 (②)cm 이하의 환강·경량형강 등으로 된 강제의 격자를 설치할 것
• 지붕의 아래쪽 면에 (③)을 쳐서 불연재료의 도리·보 또는 서까래에 단단히 결합할 것
• 두께 (④)cm 이상, 너비 (⑤)cm 이상의 목재로 만든 받침대를 설치할 것

해답 ① 30 ② 45 ③ 철망 ④ 5 ⑤ 30

상세해설
- 옥내저장소의 저장창고의 지붕 설치기준
  ① 중도리 또는 서까래의 간격은 30cm 이하로 할 것
  ② 지붕의 아래쪽 면에는 한 변의 길이가 45cm 이하의 환강·경량형강 등으로 된 강제의 격자를 설치할 것
  ③ 지붕의 아래쪽 면에 철망을 쳐서 불연재료의 도리·보 또는 서까래에 단단히 결합할 것
  ④ 두께 5cm 이상, 너비 30cm 이상의 목재로 만든 받침대를 설치할 것

05 위험물안전관리법령에서 정한 다음 용어의 정의를 쓰시오.
(1) 인화성고체
(2) 철분
(3) 제2석유류

해답
(1) 고형알코올 그 밖에 1기압에서 인화점이 40℃ 미만인 고체
(2) 철의 분말로서 53μm의 표준체를 통과하는 것이 50중량% 미만인 것은 제외
(3) 등유, 경유 그 밖에 1기압에서 인화점이 21℃ 이상 70℃ 미만인 것

상세해설
- 위험물의 판단기준
  ① 황 : 순도가 **60중량% 이상**인 것을 말한다. 이 경우 순도측정에 있어서 불순물은 활석등 불연성물질과 수분에 한한다.
  ② **철분** : 철의 분말로서 53μm의 표준체를 통과하는 것이 **50중량% 미만**인 것은 **제외**
  ③ 금속분 : 알칼리금속·알칼리토금속·철 및 마그네슘 외의 금속의 분말을 말하고, 구리분·니켈분 및 150μm의 체를 통과하는 것이 **50중량% 미만**인 것은 **제외**
  ④ 마그네슘은 다음 각목의 1에 해당하는 것은 **제외**한다.
    ㉮ 2mm의 체를 통과하지 아니하는 덩어리 상태의 것
    ㉯ **직경 2mm 이상**의 막대 모양의 것
  ⑤ 인화성고체
    고형알코올 그 밖에 1기압에서 인화점이 **40℃ 미만**인 고체
  ⑥ 제6류 위험물의 판단기준

종 류	과산화수소	질산
기준	농도 36중량% 이상	비중 1.49 이상

- 용어의 정의
  ① **특수인화물**
     이황화탄소, 다이에틸에터 그 밖에 1기압에서 발화점이 100℃ 이하인 것 또는 인화점이 -20℃ 이하이고 비점이 40℃ 이하인 것
  ② **제1석유류**
     아세톤, 휘발유 그 밖에 1기압에서 인화점이 21℃ 미만인 것
  ③ **알코올류**
     1분자를 구성하는 탄소원자의 수가 1개부터 3개까지인 포화1가 알코올(변성알코올 포함)
  ④ **제2석유류**
     등유, 경유 그 밖에 1기압에서 인화점이 21℃ 이상 70℃ 미만인 것
  ⑤ **제3석유류**
     중유, 크레오소트유 그 밖에 1기압에서 인화점이 70℃ 이상 200℃ 미만인 것
  ⑥ **제4석유류**
     기어유, 실린더유 그 밖에 1기압에서 인화점이 200℃ 이상 250℃ 미만의 것
  ⑦ **동식물유류**
     동물의 지육 등 또는 식물의 종자나 과육으로부터 추출한 것으로서 1기압에서 인화점이 250℃ 미만인 것

---

06 제2류 위험물인 삼황화인과 오황화인이 연소하는 경우 공통적으로 생성되는 물질의 명칭을 모두 쓰시오.

해답 ① 오산화인 ② 이산화황

상세해설
- 연소반응식
  ① 삼황화인 $P_4S_3 + 8O_2 \rightarrow 2P_2O_5 + 3SO_2$
  ② 오황화인 $2P_2S_5 + 15O_2 \rightarrow 2P_2O_5 + 10SO_2$

---

07 불활성가스 소화설비의 기준 중 다음 보기의 소화약제에 대한 성분과 구성 비율을 쓰시오. (4점)

[보기] ① IG-55 ② IG-541

① IG-55 N_2 : 50%, Ar : 50%
② IG-541 N_2 : 52%, Ar : 40%, CO_2 : 8%

불활성가스소화설비의 기준
① 이산화탄소를 방사하는 분사헤드

구 분	고압식	저압식
헤드의 방사압력	2.1MPa 이상	1.05MPa 이상

② 소화약제의 성분과 구성 비율

약제명	구성성분과 비율
IG-01	Ar : 100%
IG-100	N_2 : 100%
IG-541	N_2 : 52%, Ar : 40%, CO_2 : 8%
IG-55	N_2 : 50%, Ar : 50%

08 다음 물질이 물과 반응하는 경우 생성되는 기체의 명칭을 쓰시오.
(단, 발생되는 기체가 없으면 "없음"이라고 쓰시오).

① 인화칼슘   ② 질산암모늄
③ 과산화칼륨   ④ 금속리튬
⑤ 염소산칼륨

① 포스핀(인화수소)
② 없음
③ 산소
④ 수소
⑤ 없음

① 인화칼슘 : $Ca_3P_2 + 6H_2O \rightarrow 3Ca(OH)_2 + 2PH_3$ (포스핀, 인화수소)
② 질산암모늄 : 물과 반응하지 않고 용해
③ 과산화칼륨 : $2K_2O_2 + 2H_2O \rightarrow 4KOH + O_2$ (산소)
④ 금속리튬 : $2Li + 2H_2O \rightarrow 2LiOH + H_2$ (수소)
⑤ 염소산칼륨 : 물과 반응하지 않고 용해

09 다음은 제1류 위험물 중 염소산칼륨에 대한 열분해 과정에 관한 사항이다. 다음 각 물음에 답하시오. (6점)

(물음 1) 염소산칼륨의 완전 열분해 반응식을 쓰시오.
(물음 2) 염소산칼륨 24.5kg이 열분해하는 경우 발생하는 산소의 부피(m^3)는 표준상태에서 얼마인가?(단, 칼륨의 원자량은 39, 염소의 원자량은 35.5이다)

해답 (물음 1) $2KClO_3 \rightarrow 2KCl + 3O_2$

(물음 2) [계산과정]
① 염소산칼륨($KClO_3$)의 분자량 = 39+35.5+16×3 = 122.5
② $KClO_3 \rightarrow KCl + 1.5O_2$(열분해물질 염소산칼륨 1몰 기준)
③ $V = \dfrac{WRT}{PM} \times$ (생성기체몰수), 표준상태 : 0℃, 1기압

$$= \dfrac{24.5 \times 0.082 \times (273+0)}{1 \times 122.5} \times 1.5 = 6.72 m^3$$

[답] $6.72 m^3$

상세해설
- 이상기체상태방정식으로 생성기체 부피계산
  ① 반응식에서 열분해하는 물질의 몰수는 항상 **1몰**을 기준으로 하여야 한다.
  ② 생성기체의 몰수를 곱하여야 한다.

$$V = \dfrac{WRT}{PM} \times (생성기체몰수)$$

여기서, P : 압력(atm), V : 부피(m^3), n : mol수, M : 분자량
W : 무게(kg), R : 기체상수(0.082 atm · m^3/mol · K)
T : 절대온도(273+t℃)K

- 염소산칼륨($KClO_3$) : 제1류 위험물(산화성고체) 중 염소산염류

화학식	분자량	물리적 상태	색상	분해온도
$KClO_3$	122.55	고체	무색	400℃

① 무색 또는 **백색분말**이며 산화력이 강하다.
② **이산화망가니즈(MnO_2)**과 접촉 시 **분해가 촉진**되어 산소를 방출한다.
③ 온수, 글리세린에 잘 녹으며 냉수, 알코올에는 용해하기 어렵다.
④ 완전 열 분해되어 **염화칼륨과 산소를 방출**

$$2KClO_3 \rightarrow 2KCl + 3O_2$$
(염소산칼륨) (염화칼륨) (산소)

10 위험물안전관리법령상 건축물 그 밖의 공작물 또는 위험물의 소요단위의 계산방법의 기준에 따라 소요단위를 계산하시오.

(물음 1) 외벽이 내화구조로 된 연면적 300m²인 제조소
(물음 2) 외벽이 내화구조가 아닌 것으로 된 연면적 300m²인 제조소
(물음 3) 외벽이 내화구조로 된 연면적 300m²인 저장소

해답

(물음 1) [계산과정] $N = 300\text{m}^2 \times \dfrac{1단위}{100\text{m}^2} = 3단위$

[답] 3단위

(물음 2) [계산과정] $N = 300\text{m}^2 \times \dfrac{1단위}{50\text{m}^2} = 6단위$

[답] 6단위

(물음 3) [계산과정] $N = 300\text{m}^2 \times \dfrac{1단위}{150\text{m}^2} = 2단위$

[답] 2단위

상세해설

소요단위의 계산방법

① 제조소 또는 취급소의 건축물

외벽이 내화구조인 것	외벽이 내화구조가 아닌 것
연면적 100m² : 1소요단위	연면적 50m² : 1소요단위

② 저장소의 건축물

외벽이 내화구조인 것	외벽이 내화구조가 아닌 것
연면적 150m² : 1소요단위	연면적 75m² : 1소요단위

③ 위험물은 지정수량의 10배를 1소요단위로 할 것

---

11 제5류 위험물인 나이트로셀룰로오스에 대한 다음 각 물음에 답하시오.

(물음 1) 나이트로셀룰로오스의 제조방법을 쓰시오.
(물음 2) 품명을 쓰시오.
(물음 3) 지정수량을 쓰시오.
(물음 4) 이 물질을 운반 시 운반용기 외부에 표시하여야 할 주의사항을 모두 쓰시오.

(물음 1) 셀룰로오스에 진한질산과 진한황산의 혼합액을 작용시켜 제조
(물음 2) 질산에스터류
(물음 3) 10kg
(물음 4) 화기엄금, 충격주의

상세해설

나이트로셀룰로오스(Nitro Cellulose) : NC[$(C_6H_7O_2(ONO_2)_3)_n$]-제5류-질산에스터류

화학식	비중	분해온도	인화점	착화점
$[C_6H_7O_2(ONO_2)_3]_n$	1.7	130℃	13℃	160℃

셀룰로오스(섬유소)에 진한 질산과 진한 황산의 혼합액을 작용시켜서 만든 것이다.
① 비수용성이며 초산에틸, 초산아밀, 아세톤에 잘 녹는다.
② 건조상태에서는 폭발위험이 크나 수분함유 시 폭발위험성이 없어 저장·운반이 용이하다.
③ 셀룰로이드, 콜로디온에 이용 시 질화면이라 한다.
④ 질소함유율(질화도)이 높을수록 폭발성이 크다.
⑤ 저장, 운반 시 물(20%) 또는 알코올(30%)을 첨가 습윤시킨다.

나이트로셀룰로오스의 열분해 반응식
$2C_{24}H_{29}O_9(ONO_2)_{11} \rightarrow 24CO_2\uparrow + 24CO\uparrow + 12H_2O + 17H_2 + 11N_2$

12 다음은 위험물안전관리법령에 따른 옥내저장소의 저장기준이다. ( )안에 알맞은 답을 쓰시오.

(1) 옥내저장소에서 동일 품명의 위험물이더라도 자연발화 할 우려가 있는 위험물 또는 재해가 현저하게 증대할 우려가 있는 위험물을 다량 저장하는 경우에는 지정수량의 (①)배 이하 마다 구분하여 상호간 (②)m 이상의 간격을 두어 저장하여야 한다.

(2) 옥내저장소에서 위험물을 저장하는 경우에는 다음 규정에 의한 높이를 초과하여 용기를 겹쳐 쌓지 아니하여야 한다.
① 기계에 의하여 하역하는 구조로 된 용기만을 겹쳐 쌓는 경우에 있어서는 (③)m
② 제4류 위험물 중 제3석유류, 제4석유류 및 동식물유류를 수납하는 용기만을 겹쳐 쌓는 경우에 있어서는 (④)m
③ 그 밖의 경우에 있어서는 (⑤)m

 ① 10　② 0.3　③ 6　④ 4　⑤ 3

13 제4류 위험물인 산화프로필렌에 대한 다음 각 물음에 답하시오.

(물음 1) 증기비중을 구하시오.
(물음 2) 위험등급을 쓰시오.
(물음 3) 보냉장치가 없는 이동탱크저장소에 저장할 경우 유지온도를 쓰시오.

해답 (물음 1) 산화프로필렌(CH_3CHCH_2O)의 분자량 $M = 12 \times 3 + 1 \times 6 + 16 = 58$

$$S = \frac{M}{29} = \frac{58}{29} = 2$$

(물음 2) I 등급
(물음 3) 40℃ 이하

상세해설
- 옥외저장탱크 · 옥내저장탱크 또는 지하저장탱크의 저장 유지온도

구 분	압력탱크 외의 탱크	구 분	압력탱크
산화프로필렌과 이를 함유한 것 또는 다이에틸에터등	30℃ 이하	아세트알데하이드등 또는 다이에틸에터등	40℃ 이하
아세트알데하이드 또는 이를 함유한 것	15℃ 이하		

- 이동저장탱크의 저장 유지온도

구 분	보냉장치가 있는 경우	보냉장치가 없는 경우
아세트알데하이드등 또는 다이에틸에터등	비점 이하	40℃ 이하

※ 아세트알데하이드등(아세트알데하이드, 산화프로필렌)

14 옥외에 있는 위험물취급탱크로서 제4류 위험물(이황화탄소 제외) 취급탱크가 100만L 1기, 50만L 2기, 10만L 3기 설치되어 있다. 설치된 취급탱크 중 50만L 1기를 다른 곳으로 옮겨 방유제를 설치하고 나머지 취급탱크에 하나의 방유제를 설치하는 경우 방유제 전체의 용량의 합계[L]를 구하시오.

해답 [계산과정]
① 100만L 1기, 50만L 1기, 10만L 3기가 설치된 옥외위험물 취급탱크 방유제의 용량
$Q = 100만L \times 0.5(50\%) + (50만L + 10만L \times 3) \times 0.1(10\%) = 58만L$

② 50만L 1기가 설치된 옥외위험물 취급탱크 방유제의 용량
$Q = 50만L \times 0.5(50\%) = 25만L$
③ 방유제 전체의 용량의 합계[L] = 58만L + 25만L = 83만L

[답] 83만L

상세해설

옥외 위험물취급탱크의 방유제 설치기준 ★★

구 분	방유제의 용량
하나의 탱크 주위에 설치하는 경우	탱크용량의 50% 이상
2 이상의 탱크 주위에 설치하는 경우	탱크 중 용량이 최대인 것의 50%+ 나머지 탱크용량 합계의 10% 이상

15 위험물안전관리법령상 위험물의 품명 및 지정수량에 대한 빈칸에 알맞은 답을 쓰시오.

제1류 위험물	산화성고체	질산염류		300kg
		아이오딘산염류		④
		과망가니즈산염류		1000kg
		②		
제2류 위험물	①	철분		500kg
		금속분		
		마그네슘		
		③		1000kg
제4류 위험물	인화성액체	제2석유류	비수용성	⑤
			수용성	2000L
		제3석유류	비수용성	2000L
			수용성	⑥

 ① 가연성고체   ② 다이크로뮴산염류   ③ 인화성고체
④ 300kg   ⑤ 1,000L   ⑥ 4,000L

16. 제3류 위험물인 칼륨과 보기의 위험물이 반응하는 경우 반응식을 쓰시오.

[보기] ① 이산화탄소 ② 에탄올

해답
① 이산화탄소 : $4K + 3CO_2 \rightarrow 2K_2CO_3 + C$
② 에탄올 : $2K + 2C_2H_5OH \rightarrow 2C_2H_5OK + H_2$

상세해설

- 금속칼륨 및 금속나트륨 : 제3류 위험물(금수성)
  ① 물과 반응하여 수소기체 발생
  $$2Na + 2H_2O \rightarrow 2NaOH(수산화나트륨) + H_2\uparrow (수소발생)$$
  $$2K + 2H_2O \rightarrow 2KOH(수산화칼륨) + H_2\uparrow (수소발생)$$

  ② 금속나트륨과 CO_2의 반응식
  $$4Na + 3CO_2 \rightarrow 2Na_2CO_3 + C$$
  (금속나트륨과 이산화탄소는 폭발적으로 반응하기 때문에 위험)

- 에틸알코올(C_2H_5OH) : 제4류 위험물 중 알코올류

화학식	분자량	비중	비점	인화점	착화점	연소범위
C_2H_5OH	46	0.8	78.3℃	13℃	423℃	4.3~19%

  ① 무색 투명한 액체이며 술 속에 포함되어 있어 주정이라고 한다.
  ② 물에 아주 잘 녹으며 유기용제이다.
  ③ 연소 시 주간에는 불꽃이 잘 보이지 않는다.
  $$C_2H_5OH + 3O_2 \rightarrow 2CO_2 + 3H_2O$$
  ④ 금속나트륨, 금속칼륨을 가하면 수소(H_2)가 발생한다.
  $$2C_2H_5OH + 2Na \rightarrow 2C_2H_5ONa + H_2\uparrow$$
  $$2C_2H_5OH + 2K \rightarrow 2C_2H_5OK + H_2\uparrow$$
  ⑤ 아이오딘포름 반응을 하므로 에탄올검출에 이용된다.

  에틸알코올의 반응식
  - 알칼리금속과 반응 $2Na + 2C_2H_5OH \rightarrow 2C_2H_5ONa + H_2\uparrow$
  - 산화, 환원반응식 $C_2H_5OH \underset{환원}{\overset{산화}{\rightleftarrows}} CH_3CHO \underset{환원}{\overset{산화}{\rightleftarrows}} CH_3COOH$

17 아세트알데하이드가 산화하는 경우 생성되는 제4류 위험물에 대한 각 물음에 답하시오.

(물음 1) 시성식을 쓰시오.
(물음 2) 완전연소반응식을 쓰시오.
(물음 3) 이 물질을 옥내저장소에 저장하는 경우 저장창고의 바닥면적 기준을 쓰시오.

해답
(물음 1) CH_3COOH
(물음 2) $CH_3COOH + 2O_2 \rightarrow 2CO_2 + 2H_2O$
(물음 3) 초산(아세트산)은 제2석유류이므로 $2000m^2$ 이하

상세해설

- 아세트알데하이드(CH_3CHO) : 제4류 위험물 중 특수인화물
  ① 휘발성이 강하고 과일냄새가 있는 무색 액체
  ② 물, 에탄올에 잘 녹는다.
  ③ 산화되어 초산(CH_3COOH)이 된다.

  $$CH_3CHO + \frac{1}{2}O_2 \rightarrow CH_3COOH(초산)$$

  ④ 연소범위는 약 4~60%이다.
  ⑤ 저장용기 사용 시 구리(Cu), 마그네슘(Mg), 은(Ag), 수은(Hg) 및 합금용기는 사용금지.(중합반응 때문)
  ⑥ 다량의 물로 주수 소화한다.
  ⑦ 아세트알데하이드 등을 취급하는 설비에는 연소성 혼합기체의 생성에 의한 폭발을 방지하기 위한 불활성기체 또는 수증기를 봉입하는 장치를 갖출 것

- 옥내저장소의 저장창고 바닥면적 설치기준 ★★

위험물의 종류	바닥면적
• 제1류 위험물 중 아염소산염류, 염소산염류, 과염소산염류, 무기과산화물, 그 밖에 지정수량 50kg인 위험물 • 제3류 위험물 중 칼륨, 나트륨, 알킬알루미늄, 알킬리튬, 그 밖에 지정수량이 10kg인 위험물 및 **황린** • 제4류 위험물 중 특수인화물, 제1석유류 및 알코올류 • 제5류 위험물 중 유기과산화물, 질산에스터류, 그 밖에 지정수량이 10kg인 위험물 • 제6류 위험물	$1000m^2$ 이하
• 위 이외의 위험물을 저장하는 창고	$2000m^2$ 이하
• 내화구조의 격벽으로 완전히 구획된 실에 각각 저장하는 창고	$1500m^2$ 이하

18 제1류 위험물 중 위험등급 I 에 해당하는 품명을 3가지만 쓰시오.

해답 아염소산염류, 염소산염류, 과염소산염류, 무기과산화물, 차아염소산염류

상세해설
• 제1류 위험물의 지정수량

성질	품 명	지정수량	위험등급
산화성 고체	1. 아염소산염류, 염소산염류, 과염소산염류, 무기과산화물	50kg	I
	2. 브로민산염류, **질산염류, 아이오딘산염류**	300kg	II
	3. **과망가니즈산염류**, 다이크로뮴산염류	1000kg	III
	4. 그밖에 행정안전 부령이 정하는 것 ① 과아이오딘산염류 ② 과아이오딘산 ③ 크로뮴, 납 또는 아이오딘의 산화물 ④ 아질산염류 ⑤ 염소화아이소시아눌산 ⑥ 퍼옥소이황산염류 ⑦ 퍼옥소붕산염류	300kg	II
	⑧ 차아염소산염류	50kg	I

19 다음 [보기]에서 설명하는 위험물에 대한 각 물음에 답하시오.

> [보기] • 무색의 액체로서 물과 혼합하면 다량의 열을 발생한다.
> • 분자량 100.5이며 비중은 1.76이다.
> • 염소산 중 가장 강한 산이다.

(물음 1) 시성식을 쓰시오.
(물음 2) 위험물의 유별을 쓰시오.
(물음 3) 이 물질을 취급하는 제조소와 병원과의 안전거리를 쓰시오.
  (해당이 없으면 "없음"이라고 쓰시오)
(물음 4) 이 물질 5,000kg을 취급하는 제조소의 공지의 너비를 쓰시오.

해답 (물음 1) $HClO_4$
(물음 2) 제6류
(물음 3) 없음
(물음 4) 지정수량의 배수 $N = \dfrac{5000\text{kg}}{300\text{kg}} = 17$배   ∴ 5m 이상

상세해설
• 과염소산($HClO_4$)–제6류 위험물
  ① 물과 혼합하면 다량의 열을 발생한다.

② 산화력이 강하여 종이, 나무조각 또는 유기물 등과 접촉 시 폭발한다.
③ 비중 1.768(22 ℃), 녹는점 -112 ℃, 끓는점 39℃(56mmHg)
④ 수용액도 부식력이 강하고, 유기물 등과 접촉하면 폭발하는 경우가 있다.
⑤ 산(酸) 중에서도 가장 강한 산이다.

- 산소산 중 산의 세기
  차아염소산(HClO) < 아염소산($HClO_2$) < 염소산($HClO_3$) < 과염소산($HClO_4$)

- 제조소의 안전거리(제6류 위험물을 취급하는 제조소 제외)

구 분	안전거리
• 사용전압이 7,000V 초과 35,000V 이하	3m 이상
• 사용전압이 35,000V를 초과	5m 이상
• 주거용	10m 이상
• 고압가스, 액화석유가스, 도시가스	20m 이상
• 학교 · 병원 · 극장 · 노유자시설	30m 이상
• 지정문화유산 및 천연기념물 등	50m 이상

- 제조소의 보유공지 ★★★
  취급 위험물의 최대수량에 따른 너비의 공지

취급 위험물의 최대수량	공지의 너비
지정수량의 10배 이하	3m 이상
지정수량의 10배 초과	5m 이상

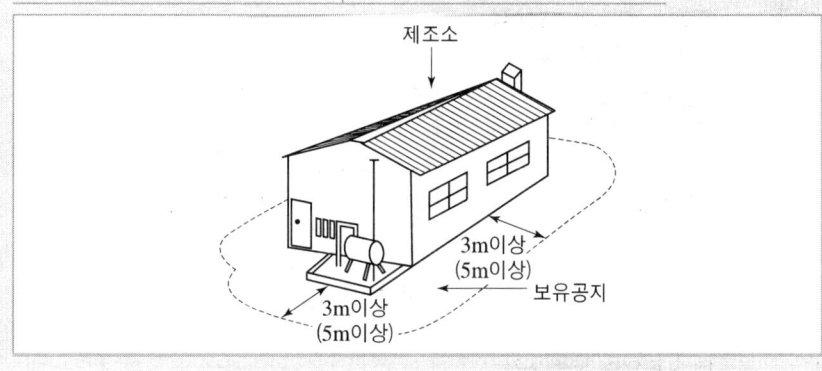

20 아래 그림과 같은 타원형 탱크에 위험물을 저장하는 경우 탱크 용량의 최댓값과 최솟값을 구하시오. (단, a=2m, b=1.5m, l=3m, l_1=0.3m이다)

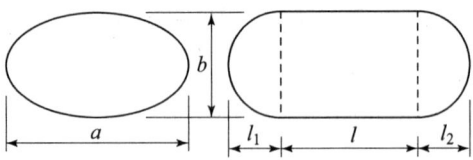

[계산과정] 탱크의 용량=탱크의 내용적−공간용적($\frac{5}{100}$ 이상 $\frac{10}{100}$ 이하)

최댓값 $Q_{\max} = \dfrac{\pi \times 2m \times 1.5m}{4} \times \left[3m + \left(\dfrac{0.3m + 0.3m}{3}\right)\right] \times 0.95$

$= 7.16 m^3$

최솟값 $Q_{\min} = \dfrac{\pi \times 2m \times 1.5m}{4} \times \left[3m + \left(\dfrac{0.3m + 0.3m}{3}\right)\right] \times 0.90$

$= 6.79 m^3$

[답] 최댓값 : $7.16 m^3$
최솟값 : $6.79 m^3$

- **타원형 탱크의 내용적**
  양쪽이 볼록한 것

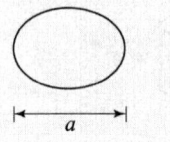 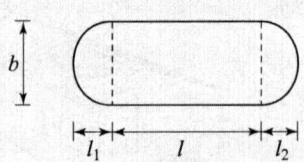

$$내용적 = \frac{\pi ab}{4}\left(l + \frac{l_1 + l_2}{3}\right)$$

- **탱크용적의 산출기준**
  탱크의 내용적에서 공간용적을 뺀 용적

  탱크의 용적 = 탱크의 내용적 − 탱크의 공간용적

- **탱크의 공간용적**
  탱크용적의 $\frac{5}{100}$ 이상 $\frac{10}{100}$ 이하의 용적

위험물산업기사 실기

2022년 11월 19일 시행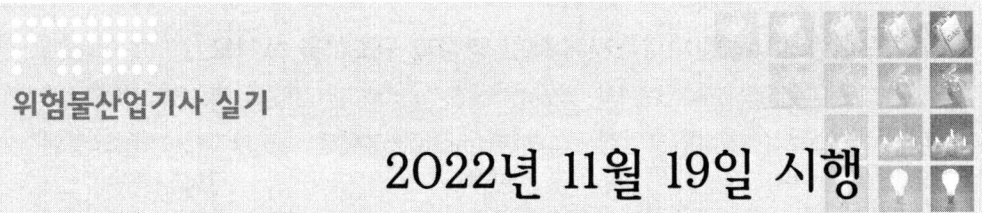

01 위험물안전관리법령에 따른 소화설비의 적응성에 관한 내용이다. 다음 소화설비의 적응성이 있는 경우 빈칸에 ○표를 하시오.

소화설비의 구분	건축물·그 밖의 공작물	전기설비	제1류 위험물 알칼리금속과산화물등	제1류 위험물 그 밖의 것	제2류 위험물 철분·마그네슘·금속분등	제2류 위험물 인화성고체	제2류 위험물 그 밖의 것	제3류 위험물 금수성물품	제3류 위험물 그 밖의 것	제4류 위험물	제5류 위험물	제6류 위험물
옥내소화전 또는 옥외소화전설비												
물분무소화설비												
포소화설비												
불활성가스소화설비												
할로젠화합물소화설비												

해답

소화설비의 구분	건축물·그 밖의 공작물	전기설비	제1류 위험물 알칼리금속과산화물등	제1류 위험물 그 밖의 것	제2류 위험물 철분·마그네슘·금속분등	제2류 위험물 인화성고체	제2류 위험물 그 밖의 것	제3류 위험물 금수성물품	제3류 위험물 그 밖의 것	제4류 위험물	제5류 위험물	제6류 위험물
옥내소화전 또는 옥외소화전설비	○			○		○	○		○		○	○
물분무소화설비	○	○		○		○	○		○	○	○	○
포소화설비	○			○		○	○		○	○	○	○
불활성가스소화설비		○				○				○		
할로젠화합물소화설비		○				○				○		

02 크실렌의 이성질체 3가지에 대한 명칭과 구조식을 쓰시오.

해답 ① 오르토(ortho)-크실렌   ② 메타(meta)-크실렌   ③ 파라(para)-크실렌

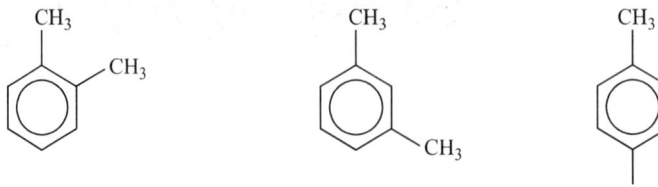

상세해설
- 크실렌(자이렌)($C_6H_4(CH_3)_2$)의 이성질체
  ① 오르토(ortho)-크실렌(인화점 : 32℃) : 제2석유류
  ② 메타(meta)-크실렌(인화점 : 27.5℃) : 제2석유류
  ③ 파라(para)-크실렌(인화점 : 27.2℃) : 제2석유류

03 제5류 위험물로서 담황색의 주상결정이며 분자량이 227, 융점이 81℃, 물에 녹지 않고 알콜, 벤젠, 아세톤에 녹는다. 이 물질에 대한 다음 각 물음에 답하시오.

(물음 1) 화학식을 쓰시오.
(물음 2) 제조하는 과정에 대한 화학 반응식을 쓰시오.
(물음 3) 지정수량을 쓰시오.

해답 (물음 1) $C_6H_2CH_3(NO_2)_3$

(물음 2) $C_6H_5CH_3 + 3HNO_3 \xrightarrow{C-H_2SO_4} C_6H_2CH_3(NO_2)_3 + 3H_2O$

(물음 3) 10kg

상세해설
- 트라이나이트로톨루엔[$C_6H_2CH_3(NO_2)_3$] : 제5류 위험물 중 나이트로화합물
  ① 물에는 녹지 않고 알코올, 아세톤, 벤젠에 녹는다.
  ② 톨루엔과 질산을 반응시켜 얻는다.

  $$\underset{(톨루엔)}{C_6H_5CH_3} + \underset{(질산)}{3HNO_3} \xrightarrow[\text{(탈수작용)}]{C-H_2SO_4} \underset{(트라이나이트로톨루엔)}{C_6H_2CH_3(NO_2)_3} + \underset{(물)}{3H_2O}$$

  ③ Tri Nitro Toluene의 약자로 TNT라고도 한다.
  ④ 담황색의 주상결정이며 햇빛에 다갈색으로 변색된다.
  ⑤ 강력한 폭약이며 급격한 타격에 폭발한다.

- 트라이나이트로톨루엔의 구조식

  ![트라이나이트로톨루엔 구조식]

- 트라이나이트로톨루엔의 열분해 반응식

  $2C_6H_2CH_3(NO_2)_3 \rightarrow 2C + 3N_2\uparrow + 5H_2\uparrow + 12CO\uparrow$

⑥ 연소 시 연소속도가 너무 빠르므로 소화가 곤란하다.
⑦ 무기 및 다이나마이트, 질산폭약제 제조에 이용된다.

• 제5류 위험물 및 지정수량

성질	품명	지정수량	위험등급
자기 반응성 물질	• 유기과산화물 • 질산에스터류 • 나이트로화합물 • 나이트로소화합물 • 아조화합물 • 다이아조화합물 • 하이드라진 유도체 • 하이드록실아민 • 하이드록실아민염류	1종 : 10kg 2종 : 100kg	1종 : Ⅰ 2종 : Ⅱ
종판단 완료	• 질산에스터류(대부분)(1종) • 셀룰로이드(2종) • 트라이나이트로톨루엔(1종) • 트라이나이트로페놀(1종) • 테트릴(1종) • 유기과산화물(대부분)(2종)		

04 다음의 보기 물질 중에서 인화점이 낮은 것부터 순서대로 나열하시오.

[보기] ① 이황화탄소 ② 클로로벤젠 ③ 글리세린 ④ 초산에틸

 ① 이황화탄소 – ④ 초산에틸 – ② 클로로벤젠 – ③ 글리세린

 제4류 위험물의 물성

품 명	이황화탄소	클로로벤젠	글리세린	초산에틸
화학식	CS_2	C_6H_5Cl	$C_3H_5(OH)_3$	$CH_3COOC_2H_5$
류 별	특수인화물	제2석유류	제3석유류	제1석유류
인화점	-30℃	32℃	160℃	-4℃

05 트라이에틸알루미늄과 물의 반응식을 쓰고 트라이에틸알루미늄 228g과 물이 반응할 때 발생하는 기체의 부피(L)를 계산하시오.(단, 알루미늄의 분자량은 27이다)

해답
(1) 물과 반응식 $(C_2H_5)_3Al + 3H_2O \rightarrow Al(OH)_3 + 3C_2H_6$
(2) 발생하는 기체의 부피
　(방법1)
　① $(C_2H_5)_3Al$(트라이에틸알루미늄)의 물과 반응식
　② $(C_2H_5)_3Al$(트라이에틸알루미늄)의 분자량 $= 12 \times 6 + 1 \times 15 + 27 = 114$
　　$(C_2H_5)_3Al + 3H_2O \rightarrow Al(OH)_3 + 3C_2H_6 \uparrow$
　　114g ─────────→ 3×22.4L
　　228g ─────────→ X
　　$\therefore X = \dfrac{228 \times 3 \times 22.4}{114} = 134.4$L　(생성된 에탄의 부피)

　(방법2)
　① $(C_2H_5)_3Al$(트라이에틸알루미늄)의 물과 반응식
　② $(C_2H_5)_3Al + 3H_2O \rightarrow Al(OH)_3 + 3C_2H_6 \uparrow$
　③ 이상기체 상태방정식

$$PV = \dfrac{W}{M}RT = nRT$$

　여기서, P : 압력(atm), V : 부피(L), $\dfrac{W}{M}(n)$: mol, W : 무게(g)
　　　　M : 분자량, R : 기체상수(0.082atm · L/mol · K)
　　　　T : 절대온도$(273+t\,℃)$K

(3) $\therefore V = \dfrac{WRT}{PM} \times$ 생성기체 몰 수 $= \dfrac{228 \times 0.082 \times (273+0)}{1 \times 114} \times 3 = 134.32$L

[답] 134.32L

상세해설
- 알킬알루미늄$[(C_nH_{2n+1}) \cdot Al]$: 제 3류 위험물(금수성 물질)
　① 알킬기(C_nH_{2n+1})에 알루미늄(Al)이 결합된 화합물이다.
　② $C_1 \sim C_4$는 자연발화의 위험성이 있다.
　③ 물과 접촉 시 가연성 가스 발생하므로 주수소화는 절대 금지한다.
　④ 트라이메틸알루미늄(TMA : Tri Methyl Aluminium)

　　$(CH_3)_3Al + 3H_2O \rightarrow Al(OH)_3$(수산화알루미늄)$ + 3CH_4 \uparrow$(메탄)

　⑤ 트라이에틸알루미늄(TEA : Tri Eethyl Aluminium)

　　• $(C_2H_5)_3Al + 3CH_3OH \rightarrow Al(CH_3O)_3$(트라이메톡시알루미늄)$ + 3C_2H_6$(에탄)
　　• $(C_2H_5)_3Al + 3H_2O \rightarrow Al(OH)_3$(수산화알루미늄)$ + 3C_2H_6 \uparrow$(에탄)

⑥ 저장용기에 불활성기체(N_2)를 봉입한다.
⑦ 피부접촉 시 화상을 입히고 연소 시 흰 연기가 발생한다.
⑧ 소화 시 주수소화는 절대 금하고 팽창질석, 팽창진주암 등으로 피복소화한다.

06 다음과 같은 원통형탱크의 용량은 몇 L인가? (단, 탱크의 공간용적은 5%로 한다.) (5점)

  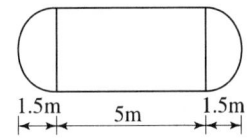

[계산과정] (1) 탱크의 내용적 $V = \pi r^2 \left(l + \dfrac{l_1 + l_2}{3} \right)$

$$= \pi \times 2^2 \times \left(5 + \dfrac{1.5 + 1.5}{3} \right) \times 1000$$

$$= 75398.22 L$$

(2) 탱크의 공간용적 $V = 75398.22 L \times 0.05 = 3769.91 L$

(3) 탱크의 용적(용량) = 탱크의 내용적 − 탱크의 공간용적
$V = 75398.22 - 3769.91 = 71628.31 L$

[답] 71628.31L

- 원통형 탱크의 내용적 − 횡으로 설치한 것

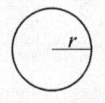 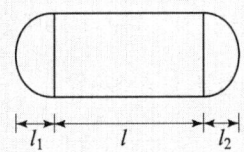

$$\text{내용적} = \pi r^2 \left(l + \dfrac{l_1 + l_2}{3} \right)$$

- 탱크용적의 산출기준
  탱크의 내용적에서 공간용적을 뺀 용적

  탱크의 용적(용량) = 탱크의 내용적 − 탱크의 공간용적

- 탱크의 공간용적
  탱크용적의 $\dfrac{5}{100}$ 이상 $\dfrac{10}{100}$ 이하의 용적

07 위험물안전관리법령에 따라 다음 각 물음에 대한 소요단위를 구하시오.

(물음 1) 다이에틸에터 2000L
(물음 2) 연면적이 1500m²이고 외벽이 내화구조가 아닌 저장소
(물음 3) 연면적이 1500m²이고 외벽이 내화구조인 제조소

해답

(물음 1) [계산과정] 다이에틸에터 : 제4류-특수인화물-50L

$$N = \frac{2000L}{50L \times 10} = 4단위$$

[답] 4단위

(물음 2) [계산과정] 내화구조가 아닌 저장소 : 75m², $N = \dfrac{1,500\text{m}^2}{75\text{m}^2} = 20$단위

[답] 20단위

(물음 3) [계산과정] 내화구조인 제조소 : 100m², $N = \dfrac{1,500\text{m}^2}{100\text{m}^2} = 15$단위

[답] 15단위

상세해설

- 소요단위의 계산방법
  ① 제조소 또는 취급소의 건축물

외벽이 내화구조인 것	외벽이 내화구조가 아닌 것
연면적 100m² : 1소요단위	연면적 50m² : 1소요단위

  ② 저장소의 건축물

외벽이 내화구조인 것	외벽이 내화구조가 아닌 것
연면적 150m² : 1소요단위	연면적 75m² : 1소요단위

  ③ 위험물은 지정수량의 10배를 1소요단위로 할 것

- 제4류 위험물 및 지정수량

유 별	성 질	품 명		지정수량
제4류	인화성액체	1. 특수인화물		50L
		2. 제1석유류	비수용성액체	200L
			수용성액체	400L
		3. 알코올류		400L
		4. 제2석유류	비수용성액체	1,000L
			수용성액체	2,000L
		5. 제3석유류	비수용성액체	2,000L
			수용성액체	4,000L
		6. 제4석유류		6,000L
		7. 동식물유류		10,000L

08 에탄올과 금속나트륨이 반응하는 경우 가연성기체를 생성한다. 다음 각 물음에 답하시오. (단, 해당사항이 없으면 "없음"이라고 쓰시오.)

(물음 1) 금속나트륨과 에탄올의 반응식을 쓰시오.
(물음 2) (물음 1)의 반응에서 생성되는 가연성기체의 위험도를 구하시오.

해답 (물음 1) $2C_2H_5OH + 2Na \rightarrow 2C_2H_5ONa + H_2$

(물음 2) [계산과정] 수소의 연소범위 : 4~75% $H = \dfrac{75-4}{4} = 17.75$

[답] 17.75

상세해설
- 금속칼륨 및 금속나트륨 : 제3류 위험물(금수성)
  ① 물과 반응하여 수소기체 발생
    $2Na + 2H_2O \rightarrow 2NaOH$(수산화나트륨) $+ H_2\uparrow$ (수소발생)
    $2K + 2H_2O \rightarrow 2KOH$(수산화칼륨) $+ H_2\uparrow$ (수소발생)
  ② 금속나트륨과 CO_2의 반응식
    $4Na + 3CO_2 \rightarrow 2Na_2CO_3 + C$
    (금속나트륨과 이산화탄소는 폭발적으로 반응하기 때문에 위험)

- 에틸알코올(C_2H_5OH) : 제4류 위험물 중 알코올류
  ① 술 속에 포함되어 있어 주성이라고 한다.
  ② 물에 아주 잘 녹으며 유기용제이다.
  ③ 연소 시 주간에는 불꽃이 잘 보이지 않는다.
    $C_2H_5OH + 3O_2 \rightarrow 2CO_2 + 3H_2O$
  ④ 금속나트륨, 금속칼륨을 가하면 수소(H_2)가 발생한다.
    $2C_2H_5OH + 2Na \rightarrow 2C_2H_5ONa + H_2\uparrow$
    $2C_2H_5OH + 2K \rightarrow 2C_2H_5OK + H_2\uparrow$
  ⑤ 아이오딘포름 반응을 하므로 에탄올검출에 이용된다.
    에탄올 $\xrightarrow{KOH+I_2}$ 아이오딘포름(CHI_3)(노란색)

09 제1류 위험물인 질산암모늄에 대한 다음 각 물음에 답하시오.

(물음 1) 질산암모늄의 폭발반응식을 쓰시오.
(물음 2) 질산암모늄 1몰이 0.9기압, 300℃에서 열분해하는 경우 생성되는 H_2O의 부피[L]를 구하시오.

해답 (물음 1) $2NH_4NO_3 \rightarrow 2N_2 + O_2 + 4H_2O$

(물음 2) [계산과정] $V = \dfrac{nRT}{P} \times (생성기체 \, mol수)$

$= \dfrac{1mol \times 0.082 \times (273+300)K}{0.9am} \times 2 = 104.41L$

[답] 104.41L

상세해설

① 이상기체 상태방정식

$$PV = \dfrac{W}{M}RT = nRT$$

여기서, P : 압력(atm), V : 부피(L), $\dfrac{W}{M}$(n) : mol, W : 무게(g)

M : 분자량, R : 기체상수(0.082atm · L/mol · K)

T : 절대온도(273+t℃)K

② NH_4NO_3(질산암모늄)의 분자량 = $14+(1\times4)+14+(16\times3) = 80$

③ NH_4NO_3(질산암모늄)의 폭발반응식(표준상태 : 0℃, 1기압)

$$2NH_4NO_3 \rightarrow 2N_2 + O_2 + 4H_2O$$

④ $NH_4NO_3 \rightarrow N_2 + 0.5O_2 + 2H_2O$

이상기체상태방정식을 적용하려면
반응식에서 열분해하는 물질의 몰수는 1몰을 기준으로 하여야 한다.

⑤ $V = \dfrac{nRT}{P} \times 생성기체 \, mol수$

---

10 다음 위험물에 대한 시성식을 쓰시오.

(1) 아세톤 (2) 의산(포름산, 개미산)
(3) 트라이나이트로페놀(피크르산) (4) 초산에틸(아세트산에틸)
(5) 아닐린

해답 (1) CH_3COCH_3 (2) $HCOOH$
(3) $C_6H_2OH(NO_2)_3$ (4) $CH_3COOC_2H_5$
(5) $C_6H_5NH_2$

11 위험물안전관리법령상 적재하는 위험물의 성질에 따른 조치사항으로서 차광성과 방수성이 모두 있는 피복으로 가려야하는 위험물을 보기에서 선택하여 번호로 답하시오. (단, 없으면 "없음"이라고 쓰시오.)

[보기] ① 제1류 위험물 중 알칼리금속의 과산화물
② 금속분
③ 제4류 위험물 중 특수인화물
④ 제5류 위험물
⑤ 제6류 위험물
⑥ 인화성고체

해답 ①

상세해설 적재하는 위험물의 성질에 따른 조치
① 차광성이 있는 피복으로 가려야하는 위험물
  ㉠ 제1류 위험물
  ㉡ 제3류 위험물 중 자연 발화성 물질
  ㉢ 제4류 위험물 중 특수인화물
  ㉣ 제5류 위험물
  ㉤ 제6류 위험물
② 방수성이 있는 피복으로 덮어야 하는 것
  ㉠ 제1류 위험물 중 알칼리금속의 과산화물
  ㉡ 제2류 위험물 중 철분·금속분·마그네슘 또는 이들 중 어느 하나 이상을 함유한 것
  ㉢ 제3류 위험물 중 금수성 물질

12 다음 [보기]의 위험물을 보고 각 물음에 알맞은 답을 쓰시오.

[보기] 질산나트륨, 과산화수소, 메틸에틸케톤, 염소산암모늄, 알루미늄분

(물음 1) [보기]에서 연소가 가능한 위험물을 모두 쓰시오.
(물음 2) (물음 1)의 위험물 중 완전연소반응식을 1가지만 쓰시오.

해답 (물음 1) 메틸에틸케톤, 알루미늄분
(물음 2) ① $2CH_3COC_2H_5 + 11O_2 \rightarrow 8CO_2 + 8H_2O$
② $4Al + 3O_2 \rightarrow 2Al_2O_3$

13 아래 조건을 참조하여 방화벽의 설치 높이(m)는 얼마인가?

[조건] ① 제조소등과 인근 건축물과의 거리 = 10m
② 인근건축물 높이 = 40m
③ 제조소등의 외벽의 높이 = 30m
④ 제조소등과 방화상 유효한 담과의 거리 = 5m
⑤ p(상수) = 0.15

해답 (1) $H \leq pD^2 + a$ 인 경우 $h = 2$ 식을 적용한다.
(2) $40 \leq 0.15 \times 10^2 + 30 = 45$ 이므로 $h = 2$m

상세해설
• 방화상 유효한 담의 높이

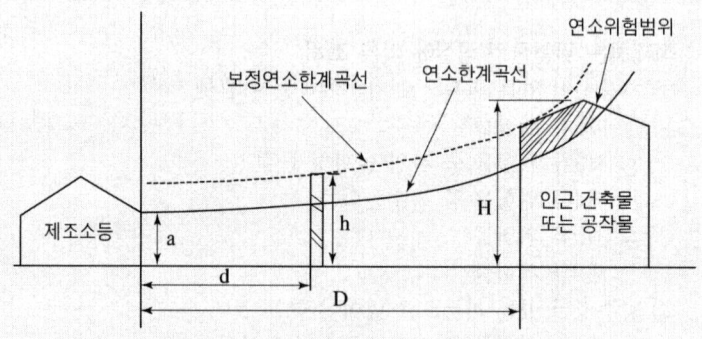

① $H \leq pD^2 + a$ 인 경우 $h = 2$
② $H > pD^2 + a$ 인 경우 $h = H - p(D^2 - d^2)$

여기서, D : 제조소등과 인근 건축물 또는 공작물과의 거리(m)
H : 인근 건축물 또는 공작물의 높이(m)
a : 제조소등의 외벽의 높이(m)
d : 제조소등과 방화상 유효한 담과의 거리(m)
h : 방화상 유효한 담의 높이(m)
p : 상수

14 제3류 위험물인 금속칼륨이 다음 물질과 반응하는 반응식을 쓰시오.
(단, 해당사항이 없으면 "없음"이라고 쓰시오.)

① 물
② 경유
③ 이산화탄소

해답
① $2K + 2H_2O \rightarrow 2KOH + H_2$
② 없음
③ $4K + 3CO_2 \rightarrow 2K_2CO_3 + C$

상세해설
• 금속칼륨 및 금속나트륨 : 제3류 위험물(금수성)
  ① 물과 반응하여 수소기체 발생

   $2Na + 2H_2O \rightarrow 2NaOH(수산화나트륨) + H_2\uparrow(수소발생)$
   $2K + 2H_2O \rightarrow 2KOH(수산화칼륨) + H_2\uparrow(수소발생)$

  ② 파라핀, 경유, 등유 속에 저장

   • 칼륨(K), 나트륨(Na)은 파라핀, 경유, 등유 속에 저장
   • 황린(3류) 및 이황화탄소(4류)는 물속에 저장

15 다음 [보기]의 설명을 보고 각 물음에 답하시오.

[보기] ① 분자량이 34이며 표백작용과 살균작용을 한다.
② 일정 농도 이상인 것에 한하여 위험물로 판단한다.
③ 운반용기 외부에 표시하여야 하는 주의 사항은 가연물접촉주의이다.

(물음 1) 해당 위험물의 명칭을 쓰시오.
(물음 2) 시성식을 쓰시오.
(물음 3) 분해반응식을 쓰시오.
(물음 4) 제조소의 표지판에 설치하여야하는 주의사항을 쓰시오.
        (단, 해당이 없으면 "없음"이라고 쓰시오.)

해답 (물음 1) 과산화수소
(물음 2) H_2O_2
(물음 3) $2H_2O_2 \rightarrow 2H_2O + O_2$
(물음 4) 없음

상세해설

- 과산화수소(H_2O_2) : 제6류 위험물-산화성액체

화학식	분자량	비중	비점	융점
H_2O_2	34	1.463	150.2℃(pure)	-0.43℃(pure)

① 물, 에탄올, 에테르에 잘 녹으며 벤젠에 녹지 않는다.
② 분해 시 산소(O_2)를 발생시킨다.

$$2H_2O_2 \xrightarrow{MnO_2(정촉매)} 2H_2O + O_2 \uparrow (산소)$$

③ 분해안정제로 인산(H_3PO_4) 또는 요산($C_5H_4N_4O_3$)을 첨가한다.
④ 저장용기는 밀폐하지 말고 **구멍**이 있는 **마개**를 사용한다.
⑤ 하이드라진($NH_2 \cdot NH_2$)과 접촉 시 분해 작용으로 폭발위험이 있다.

$$NH_2 \cdot NH_2 + 2H_2O_2 \rightarrow 4H_2O + N_2 \uparrow$$

- 위험물제조소의 표지 및 게시판
  ① 표지는 한 변의 길이가 0.3m 이상, 다른 한 변의 길이가 0.6m 이상인 직사각형으로 할 것
  ② 바탕은 백색, 문자는 흑색

- 게시판의 설치기준
  ① 한 변의 길이가 0.3m 이상, 다른 한 변의 길이가 0.6m 이상인 직사각형으로 할 것
  ② 위험물의 유별·품명 및 저장최대수량 또는 취급최대수량, 지정수량의 배수 및 안전 관리자의 성명 또는 직명을 기재할 것
  ③ 게시판의 바탕은 백색으로, 문자는 흑색으로 할 것
  ④ 저장 또는 취급하는 위험물에 따라 주의사항 게시판을 설치 할 것

위험물의 종류	주의사항 표시	게시판의 색
• 제1류(알칼리금속 과산화물) • 제3류(금수성 물질)	물기엄금	청색바탕에 백색문자
• 제2류(인화성 고체 제외)	화기주의	적색바탕에 백색문자
• 제2류(인화성 고체) • 제3류(자연발화성 물품) • 제4류 • 제5류	화기엄금	

16 위험물안전관리법령에 따른 위험물의 유별 저장·취급기준의 공통기준과 유별을 달리하는 위험물을 동일한 저장소에 저장 할 수 있는 경우이다. 다음 ( )안에 알맞은 답을 쓰시오.

- 위험물의 유별 저장·취급의 공통기준
  (1) (①) 위험물은 가연물과의 접촉·혼합이나 분해를 촉진하는 물품과의 접근 또는 과열을 피하여야 한다.
  (2) (②) 위험물은 불티·불꽃·고온체와의 접근 또는 과열을 피하고, 함부로 증기를 발생시키지 아니하여야 한다.
  (3) (③) 위험물은 불티·불꽃·고온체와의 접근이나 과열·충격 또는 마찰을 피하여야 한다.
- 유별을 달리하는 위험물은 동일한 저장소에 저장하지 아니하여야 한다. 다만, 옥내저장소 또는 옥외저장소에 있어서 다음의 규정에 의한 위험물을 저장하는 경우로서 위험물을 유별로 정리하여 저장하는 한편, 서로 1m 이상의 간격을 두는 경우에는 그러하지 아니하다.
  (1) 제1류 위험물과 (④) 위험물을 저장하는 경우
  (2) 제2류 위험물 중 인화성고체와 (⑤) 위험물을 저장하는 경우

① 제6류   ② 제4류   ③ 제5류   ④ 제6류   ⑤ 제4류

- 위험물의 유별 저장·취급의 공통기준(중요기준)
  ① **제1류 위험물**은 가연물과의 접촉·혼합이나 분해를 촉진하는 물품과의 접근 또는 과열·충격·마찰 등을 피하는 한편, **알카리금속의 과산화물** 및 이를 함유한 것에 있어서는 물과의 접촉을 피하여야 한다.
  ② **제2류 위험물**은 산화제와의 접촉·혼합이나 불티·불꽃·고온체와의 접근 또는 과열을 피하는 한편, **철분·금속분·마그네슘** 및 이를 함유한 것에 있어서는 물이나 산과의 접촉을 피하고 인화성 고체에 있어서는 함부로 증기를 발생시키지 아니하여야 한다.
  ③ **제3류 위험물** 중 자연발화성물질에 있어서는 불티·불꽃 또는 고온체와의 접근·과열 또는 공기와의 접촉을 피하고, 금수성물질에 있어서는 물과의 접촉을 피하여야 한다.
  ④ **제4류 위험물**은 불티·불꽃·고온체와의 접근 또는 과열을 피하고, 함부로 증기를 발생시키지 아니하여야 한다.
  ⑤ **제5류 위험물**은 불티·불꽃·고온체와의 접근이나 과열·충격 또는 마찰을 피하여야 한다.
  ⑥ **제6류 위험물**은 가연물과의 접촉·혼합이나 분해를 촉진하는 물품과의 접근 또는 과열을 피하여야 한다.

• 유별을 달리하는 위험물을 동일한 저장소에 저장할 수 있는 경우
  옥내저장소 또는 옥외저장소에 있어서 다음의 각목의 규정에 의한 위험물을 저장하는 경우로서 위험물을 유별로 정리하여 저장하는 한편, 서로 1m 이상의 간격을 두는 경우
  ① 제1류 위험물(알칼리금속의 과산화물 또는 이를 함유한 것을 제외한다)과 제5류 위험물을 저장하는 경우
  ② 제1류 위험물과 제6류 위험물을 저장하는 경우
  ③ 제1류 위험물과 제3류 위험물 중 자연발화성물질(황린 또는 이를 함유한 것에 한한다)을 저장하는 경우
  ④ 제2류 위험물 중 인화성고체와 제4류 위험물을 저장하는 경우
  ⑤ 제3류 위험물 중 알킬알루미늄등과 제4류 위험물(알킬알루미늄 또는 알킬리튬을 함유한 것에 한한다)을 저장하는 경우
  ⑥ 제4류 위험물 중 유기과산화물 또는 이를 함유하는 것과 제5류 위험물 중 유기과산화물 또는 이를 함유한 것을 저장하는 경우

17 위험물안전관리법령에 의하여 소방청장은 안전교육을 강습교육과 실무교육으로 구분하여 실시한다. 다음은 안전교육의 과정·기간과 그 밖의 교육의 실시에 관한 사항이다. ( )안에 알맞은 답을 쓰시오.

교육과정	교육대상자	교육시간
강습교육	(①)가 되려는 사람	24시간
	(②)가 되려는 사람	8시간
	(③)가 되려는 사람	16시간
실무교육	(①)	8시간 이내
	(②)	4시간
	(③)	8시간 이내
	(④)의 기술인력	8시간 이내

해답 ① 안전관리자 ② 위험물운반자 ③ 위험물운송자 ④ 탱크시험자

18 동영상에서는 제조소와 주택, 고압가스시설, 특고압가공전선(50,000V)을 보여주면서 제조소는 건축물의 외벽 또는 이에 상당하는 공작물의 외측으로부터 안전거리를 두어야 한다. 다음 각 물음에 답하시오.

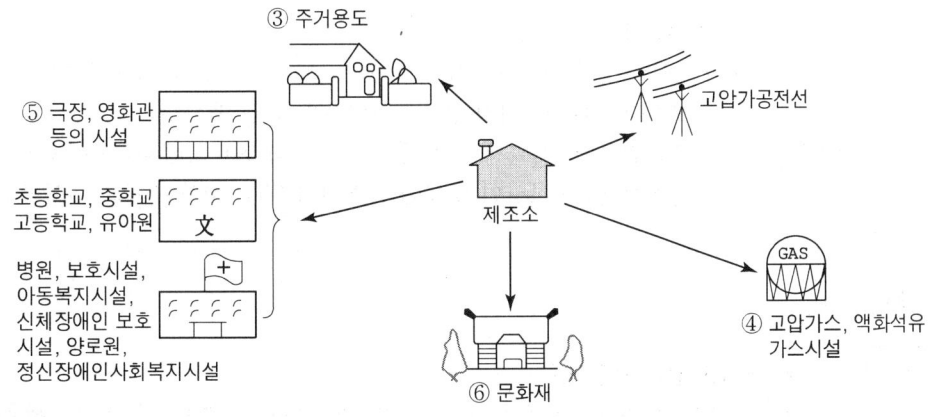

(물음 1) 제조소의 외벽으로 부터 주택의 외측까지의 안전거리(m)를 쓰시오.
(물음 2) 제조소와 특고압가공전선의 안전거리를 쓰시오.

해답
(물음 1) 10m 이상
(물음 2) 5m 이상

상세해설

제조소의 안전거리(제6류 위험물을 취급하는 제조소 제외)

구 분	안전거리
• 사용전압이 7,000V 초과 35,000V 이하	3m 이상
• 사용전압이 35,000V를 초과	5m 이상
• 주거용	10m 이상
• 고압가스, 액화석유가스, 도시가스	20m 이상
• 학교 · 병원 · 극장 · 노유자시설	30m 이상
• 지정문화유산 및 천연기념물 등	50m 이상

19 다음 [보기]의 설명을 보고 제2석유류에 해당하는 것을 모두 선택하여 번호로 답하시오.

[보기] ① 등유, 경유
② 중유, 크레오소트유
③ 1기압에서 인화점이 70℃ 이상 200℃ 미만인 것을 말한다.
④ 인화점이 200℃ 이상 250℃ 미만의 것을 말한다.
⑤ 도료류 그 밖의 물품에 있어서 가연성 액체량이 40중량% 이하이면서 인화점이 40℃ 이상인 동시에 연소점이 60℃ 이상인 것은 제외한다.

해답 ①, ⑤

상세해설
- 제4류 위험물의 판단기준
  ① "특수인화물"이라 함은 이황화탄소, 다이에틸에터 그 밖에 1기압에서 발화점이 섭씨 100도 이하인 것 또는 인화점이 섭씨 -20℃ 이하이고 비점이 40℃ 이하인 것을 말한다.
  ② "제1석유류"라 함은 아세톤, 휘발유 그 밖에 1기압에서 인화점이 21℃ 미만인 것을 말한다.
  ③ "알코올류"라 함은 1분자를 구성하는 탄소원자의 수가 1개부터 3개까지인 포화1가 알코올(변성알코올을 포함한다)을 말한다. 다만, 다음 각목의 1에 해당하는 것은 제외한다.
     가. 1분자를 구성하는 탄소원자의 수가 1개 내지 3개의 포화1가 알코올의 함유량이 60중량퍼센트 미만인 수용액
     나. 가연성액체량이 60중량퍼센트 미만이고 인화점 및 연소점(태그개방식인화점측정기에 의한 연소점)이 에틸알코올 60중량퍼센트 수용액의 인화점 및 연소점을 초과하는 것
  ④ "제2석유류"라 함은 등유, 경유 그 밖에 1기압에서 인화점이 21℃ 이상 70℃ 미만인 것을 말한다. 다만, 도료류 그 밖의 물품에 있어서 가연성 액체량이 40중량퍼센트 이하이면서 인화점이 섭씨 40도 이상인 동시에 연소점이 섭씨 60도 이상인 것은 제외한다.
  ⑤ "제3석유류"라 함은 중유, 크레오소트유 그 밖에 1기압에서 인화점이 70℃ 이상 200℃ 미만인 것을 말한다. 다만, 도료류 그 밖의 물품은 가연성 액체량이 40중량퍼센트 이하인 것은 제외한다.
  ⑥ "제4석유류"라 함은 기어유, 실린더유 그 밖에 1기압에서 인화점이 200℃ 이상 250℃ 미만의 것을 말한다. 다만 도료류 그 밖의 물품은 가연성 액체량이 40중량퍼센트 이하인 것은 제외한다.
  ⑦ "동식물유류"라 함은 동물의 지육 등 또는 식물의 종자나 과육으로부터 추출한 것으로서 1기압에서 인화점이 250℃ 미만인 것을 말한다.

20 다음 [보기]에서 설명하는 물질에 대한 각 물음에 답하시오.

[보기] ① 분자량이 78이고 착화온도가 562℃이다.
② 증기는 마취성 및 독성이 강하며 독특한 냄새가 난다.
③ 니켈의 촉매 하에 300℃에서 수소첨가반응으로 시클로헥산을 제조한다.

(물음 1) 화학식을 쓰시오.
(물음 2) 위험등급을 쓰시오.
(물음 3) 위험물안전카드의 휴대여부를 쓰시오.
(단, 보기의 조건으로 알 수 없으면 "없음"으로 답하시오.)
(물음 4) 장거리에 걸치는 운송을 하는 때에는 2명 이상의 운전자로 하여야 한다. 이에 해당하는지 여부를 쓰시오.
(단, 보기의 조건으로 알 수 없으면 "없음"으로 답하시오.)

해답 (물음 1) C_6H_6
(물음 2) Ⅱ등급
(물음 3) 제4류 제1석유류 ∴ 휴대하여야 한다.
(물음 4) 제4류 제1석유류 ∴ 해당되지 않는다.

상세해설
- 벤젠(Benzene : C_6H_6) : 제4류 위험물 중 제1석유류
  ① 제4류 위험물 중 1석유류
  ② 착화온도 : 562℃(이황화탄소의 착화온도 100℃)
  ③ 벤젠증기는 마취성 및 독성이 강하다.
  ④ 비수용성이며 알코올, 아세톤, 에테르에는 용해
  ⑤ 취급 시 정전기에 유의해야 한다.

- 이동탱크저장소에 의한 위험물의 운송시에 준수하여야 하는 기준
  (1) 위험물운송자는 **장거리(고속국도 340km 이상, 그 밖의 도로 200km 이상)**에 걸치는 운송을 하는 때에는 **2명 이상의 운전자**로 할 것.
  다만, 다음에 해당하는 경우에는 그러하지 아니하다.
  ① **운송책임자를 동승시킨 경우**
  ② 운송하는 위험물이 **제2류 위험물·제3류 위험물**(칼슘 또는 알루미늄의 탄화물과 이것만을 함유한 것)또는 **제4류 위험물**(특수인화물을 제외)인 경우
  ③ 운송도중에 **2시간 이내마다 20분 이상씩 휴식**하는 경우
  (2) 위험물(제4류 위험물에 있어서는 **특수인화물 및 제1석유류**)을 운송하게 하는 자는 **위험물안전카드**를 위험물운송자로 하여금 **휴대**하게 할 것

위험물산업기사 실기

2023년 4월 23일 시행

01 제6류 위험물인 과산화수소에 대한 각 물음에 답하시오.

(1) 저장 및 취급 시 분해를 방지하기 위하여 첨가하는 안정제를 1가지만 쓰시오.
(2) 분해 반응식을 쓰시오.
(3) 옥외저장소에 저장이 가능한지 여부를 쓰시오.

해답
(1) 인산 또는 요산
(2) $2H_2O_2 \rightarrow 2H_2O + O_2$
(3) 가능

상세해설
- 과산화수소(H_2O_2) : 제6류 위험물-산화성액체

화학식	분자량	비중	비점	융점
H_2O_2	34	1.463	150.2℃(pure)	-0.43℃(pure)

① 물, 에탄올, 에테르에 잘 녹으며 벤젠에 녹지 않는다.
② 분해 시 산소(O_2)를 발생시킨다.

$$2H_2O_2 \xrightarrow{MnO_2(정촉매)} 2H_2O + O_2 \uparrow (산소)$$

③ 분해안정제로 인산(H_3PO_4) 또는 요산($C_5H_4N_4O_3$)을 첨가한다.
④ 저장용기는 밀폐하지 말고 **구멍**이 있는 **마개**를 사용한다.
⑤ 하이드라진($NH_2 \cdot NH_2$)과 접촉 시 분해 작용으로 폭발위험이 있다.

$$NH_2 \cdot NH_2 + 2H_2O_2 \rightarrow 4H_2O + N_2 \uparrow$$

- 옥외저장소에 저장할 수 있는 위험물
① 제2류 위험물 : 황, 인화성고체(인화점이 0℃이상)
② 제4류 위험물 : 제1석유류(인화점이 0℃이상), 제2석유류, 제3석유류, 제4석유류, 알코올류, 동식물유류
③ 제6류 위험물

02 다음 위험물에 대한 완전연소반응식을 쓰시오.

① 아세트산 ② 메탄올
③ 메틸에틸케톤

해답
① $CH_3COOH + 2O_2 \rightarrow 2CO_2 + 2H_2O$
② $2CH_3OH + 3O_2 \rightarrow 2CO_2 + 4H_2O$
③ $2CH_3COC_2H_5 + 11O_2 \rightarrow 8CO_2 + 8H_2O$

03 제조소 등에 설치하는 배출설비에 대한 다음 각 물음에 답하시오.

(1) 배출장소 용적이 300m³이고 국소방식인 경우 배출설비의 1시간당 배출능력(m³/hr)을 계산하시오.
(2) 바닥면적이 100m²이고 경우 전역방식인 경우 배출설비의 1시간당 배출능력(m³/hr)을 계산하시오.

해답
(1) [계산과정] $Q = 300m^3 \times 20/hr = 6{,}000m^3/hr$
   [답] 6,000m³/hr 이상

(2) [계산과정] $Q = 100m^2 \times \dfrac{18m^3}{1m^2} = 1{,}800m^3/hr$
   [답] 1,800m³/hr 이상

상세해설

배출설비의 설치기준 ★★
① 배출설비는 **국소방식**으로 할 것
② 배출설비는 배풍기, 배출닥트, 후드 등을 이용한 **강제배출방식**으로 할 것
③ 배출능력은 **1시간당 배출장소 용적의 20배 이상**인 것으로 할 것
  (단, **전역방식**의 경우에는 바닥면적 **1m²당 18m³ 이상**으로 할 수 있다)
④ 배출설비의 급기구 및 배출구 설치 기준
  ㉮ **급기구**는 높은 곳에 설치하고, 가는 눈의 구리망 등으로 **인화방지망**을 설치
  ㉯ **배출구**는 **지상 2m 이상**으로서 연소의 우려가 없는 장소에 설치하고, 배출 닥트가 관통하는 벽부분의 바로 가까이에 화재시 자동으로 폐쇄되는 **방화댐퍼를 설치할 것**
⑤ 배풍기는 **강제배기방식**으로 하고, 옥내닥트의 내압이 대기압 이상이 되지 아니하는 위치에 설치할 것.

04 다음은 제4류 위험물에 대한 내용이다. 각 물음에 답하시오.

(1) 아이오딘값의 정의를 쓰시오.
(2) 동식물유류를 아이오딘값에 따라 분류하고 아이오딘값의 범위를 쓰시오.

구 분	아이오딘값

해답 (1) 100g의 유지에 의해서 흡수되는 아이오딘의 g수

(2)
구 분	아이오딘값
건 성 유	130 이상
반건성유	100~130
불건성유	100 이하

상세해설
- 동식물유류 : 제4류 위험물
  동물의 지육 또는 식물의 종자나 과육으로부터 추출한 것으로 1기압에서 인화점이 250℃ 미만인 것

[아이오딘값에 따른 동식물유류의 분류]

구 분	아이오딘값	종 류
건성유	130 이상	해바라기기름, 동유(오동기름), 정어리기름, 아마인유, 들기름
반건성유	100~130	채종유, 쌀겨기름, 참기름, 면실유(목화씨기름), 옥수수기름, 청어기름, 콩기름
불건성유	100 이하	야자유, 팜유, 올리브유, 피마자기름, 낙화생기름(땅콩기름), 돈지, 우지, 고래기름

- 아이오딘값
  옥소가(沃素價)라고도 하며 100g의 유지에 의해서 흡수되는 아이오딘의 g수
- 비누화값의 정의
  유지 1g을 비누화하는데 필요한 KOH mg수

05 제3류 위험물인 인화알루미늄 580g이 표준상태에서 물과 반응하여 생성되는 기체의 부피(L)를 계산하시오. (4점)

해답 (방법 1) ① 인화알루미늄(AlP)과 물의 반응식

$$AlP + 3H_2O \rightarrow Al(OH)_3(고체) + PH_3(기체)$$

② 생성되는 기체의 부피(표준상태 0℃, 1atm)

AlP의 분자량 = 27+31 = 58

$$AlP + 3H_2O \rightarrow Al(OH)_3 + PH_3$$

58g ──────────→ 1 × 22.4L
580g ─────────→ x

$$x = \frac{580g \times 1 \times 22.4L}{58g} = 224L$$

[답] 224L

(방법 2) ① 인화알루미늄(AlP)과 물의 반응식

$$AlP + 3H_2O \rightarrow Al(OH)_3(고체) + PH_3(기체)$$

② 생성되는 기체의 부피(표준상태 0℃, 1atm)

AlP의 분자량 = 27+31 = 58

$$V = \frac{nRT}{P} \times mol(PH_3) = \frac{\frac{W}{M}RT}{P} \times mol(PH_3)$$

$$= \frac{\frac{580}{58} \times 0.08205 \times (273+0)}{1} \times 1mol = 224L$$

[답] 224L

상세해설

- 인화알루미늄(AlP) – 제3류 위험물 – 금속의 인화합물
  ① 황색 또는 암회색 분말
  ② 물과 작용하여 포스핀(PH_3)의 유독성 가스를 발생

  $$AlP + 3H_2O \rightarrow Al(OH)_3(수산화알루미늄) + PH_3\uparrow (포스핀)$$

- 이상기체상태방정식

  $$PV = nRT = \frac{W}{M}RT$$

  여기서, P : 압력(atm), V : 부피(L), n : mol수, M : 분자량, W : 무게(g)
  R : 기체상수(0.082atm·L/mol·K), T : 절대온도(273+t℃)K

06 다음 [보기]의 위험물 중 지정수량 400L인 제4류 위험물과 제조소 등의 게시판에 설치하여야 할 주의사항 중 "화기엄금" 및 "물기엄금"에 해당하는 물질이 반응하는 화학반응식을 쓰시오. (단, 없으면 "없음"으로 쓰시오.)

[보기] 에틸알코올, 칼륨, 질산메틸, 톨루엔, 과산화나트륨

해답 지정수량 400L인 제4류 위험물 : 에틸알코올
반응식 : $2C_2H_5OH + 2K \rightarrow 2C_2H_5OK + H_2$

상세해설
- 지정수량 400L인 제4류 위험물 : 에틸알코올
- 게시판의 주의 사항 중 "화기엄금"과 "물기엄금"에 해당하는 물질 : 칼륨

07 다음 제2류 위험물에 대한 각 물음에 답하시오.

(1) 다음 빈칸에 알맞은 답을 쓰시오.

구 분	화학식	연소시 공통으로 생성되는 기체의 화학식
삼황화인	①	
오황화인	②	
칠황화인	③	

(2) 위의 위험물 중 1몰 당 산소 7.5몰을 필요로 하는 황화인의 종류를 선택하여 완전연소반응식을 쓰시오.
(3) 황화인을 수납 시 운반용기 외부에 표시하여야 할 주의사항을 쓰시오.

해답 (1)

구 분	화학식	연소시 공통으로 생성되는 기체의 화학식
삼황화인	① P_4S_3	
오황화인	② P_2S_5	P_2O_5, SO_2
칠황화인	③ P_4S_7	

(2) $2P_2S_5 + 15O_2 \rightarrow 2P_2O_5 + 10SO_2$
(3) 화기주의

상세해설
- 황화인의 완전연소 반응식
  ① 삼황화인 $P_4S_3 + 8O_2 \rightarrow 2P_2O_5 + 3SO_2$
  ② 오황화인 $2P_2S_5 + 15O_2 \rightarrow 2P_2O_5 + 10SO_2$
  ③ 칠황화인 $P_4S_7 + 12O_2 \rightarrow 2P_2O_5 + 7SO_2$

- 위험물 운반용기의 외부 표시 사항
  ① 위험물의 품명, 위험등급, 화학명 및 수용성(제4류 위험물의 수용성인 것에 한함)
  ② 위험물의 수량
  ③ 수납하는 위험물에 따른 주의사항

유 별	성질에 따른 구분	표시사항
제1류 위험물	알칼리금속의 과산화물	화기·충격주의, 물기엄금 및 가연물접촉주의
	그 밖의 것	화기·충격주의 및 가연물접촉주의
제2류 위험물	철분·금속분·마그네슘	화기주의 및 물기엄금
	인화성고체	화기엄금
	그 밖의 것	화기주의
제3류 위험물	자연발화성물질	화기엄금 및 공기접촉엄금
	금수성물질	물기엄금
제4류 위험물	인화성 액체	화기엄금
제5류 위험물	자기반응성 물질	화기엄금 및 충격주의
제6류 위험물	산화성 액체	가연물접촉주의

08 옥외저장소에 중유가 들어있는 드럼용기를 겹쳐 쌓는 경우 다음 각 물음에 답을 쓰시오. (6점)

(1) 기계에 의하여 하역하는 구조로 된 용기만을 겹쳐 쌓는 경우 저장높이는 몇 m를 초과할 수 없는가?
(2) 위험물을 수납한 용기를 선반에 저장하는 경우 저장높이는 몇 m를 초과할 수 없는가?
(3) 드럼용기만을 겹쳐 쌓는 경우 저장높이는 몇 m를 초과할 수 없는가?

 (1) 6m
(2) 6m
(3) 4m

- 옥외저장소에서 위험물을 저장하는 경우 높이 제한
  ① 기계에 의하여 하역하는 구조로 된 용기만을 겹쳐 쌓는 경우 : 6m
  ② 제4류 위험물 중 제3석유류, 제4석유류 및 동식물유류를 수납하는 용기만을 겹쳐 쌓는 경우 : 4m
  ③ 그 밖의 경우 : 3m
  ④ 위험물을 수납한 용기를 선반에 저장하는 경우 : 6m

09 제3류 위험물인 리튬 2몰이 물과 반응하는 경우 다음 각 물음에 답하시오.

(1) 반응식을 쓰시오.
(2) 반응 시 생성되는 기체의 부피(L)를 구하시오.(계산과정 포함)
    (단, 1atm, 25℃ 기준이다)

해답 (1) $2Li + 2H_2O \rightarrow 2LiOH + H_2$
(2) [계산과정] ① 반응물질 1몰 기준으로 생성기체(H_2)의 몰수
     : $Li + H_2O \rightarrow LiOH + 0.5H_2$
   ② $V = \dfrac{nRT}{P} \times (생성기체 mol수)$
     $= \dfrac{2mol \times 0.082 \times (273+25)K}{1am} \times 0.5mol$
     $= 24.44L$

[답] 24.44L

상세해설
리튬[lithium](Li)–제3류 위험물

화학식	비점	융점	비중	불꽃색상
Li	1336℃	180℃	0.543	적색

① 은백색의 가벼운 알칼리금속으로 칼륨(K), 나트륨(Na)과 성질이 비슷하다.
② 물과 극렬히 반응하여 수소(H_2)를 발생한다.

$$2Li + 2H_2O \rightarrow 2LiOH + H_2 \uparrow$$

③ 주기율표 1족에 속하는 알칼리금속원소
④ 2차 전지 생산의 원료로 사용

10 제1류 위험물인 과망가니즈산칼륨에 대한 각 물음에 답하시오.

(1) 지정수량을 쓰시오.
(2) 묽은 황산과 반응 또는 열분해 할 경우 공통적으로 생성되는 기체의 명칭을 쓰시오.
(3) 위험등급을 쓰시오.

해답 (1) 1000kg
(2) 산소
(3) Ⅲ등급

• 과망가니즈산칼륨(KMnO₄) : 제1류 위험물 중 과망가니즈산염류
① 흑자색의 주상결정으로 물에 녹아 진한보라색을 띠고 강한 산화력과 살균력이 있다.
② 염산과 반응 시 염소(Cl₂)를 발생시킨다.
③ 240℃에서 산소를 방출한다.

$$2KMnO_4 \rightarrow K_2MnO_4 + MnO_2 + O_2\uparrow$$
(망가니즈산칼륨)(이산화망가니즈) (산소)

④ 황산과 반응하여 황산칼륨, 황산망가니즈, 물, 산소를 생성한다.

$$4KMnO_4 + 6H_2SO_4 \rightarrow 2K_2SO_4 + 4MnSO_4 + 6H_2O + 5O_2$$
(과망가니즈산칼륨) (황산) (황산칼륨) (황산망가니즈) (물) (산소)

⑤ 알코올, 에테르, 글리세린, 황산과 접촉 시 폭발우려가 있다.
⑥ 주수소화 또는 마른모래로 피복소화한다.
⑦ 강알칼리와 반응하여 산소를 방출한다.

11 제2류 위험물인 적린이 완전 연소하는 경우 생성되는 기체에 대한 다음 각 물음에 답을 쓰시오.

(1) 기체의 명칭을 쓰시오.
(2) 기체의 명칭을 화학식으로 쓰시오.
(3) 기체의 색상을 쓰시오.

(1) 오산화인
(2) P₂O₅
(3) 백색

적린(P)
① 황린의 동소체이며 황린보다 안정하다.
② 공기 중에서 자연발화하지 않는다.(발화점 : 260℃, 승화점 : 460℃)
③ 황린을 공기차단상태에서 가열, 냉각 시 적린으로 변한다.

황린(P₄) —공기차단(260℃가열, 냉각)→ 적린(P)

④ 성냥, 불꽃놀이 등에 이용된다.
⑤ 연소 시 오산화인(P₂O₅)이 생성된다.

$$4P + 5O_2 \rightarrow 2P_2O_5(\text{오산화인})$$

⑥ 다량의 물을 주수하여 냉각 소화한다.

제 3 부 최근 기출문제 – 실기

12 제5류 위험물인 트라이나이트로톨루엔에 대하여 다음 각 물음에 답하시오.

(1) 트라이나이트로톨루엔의 제조과정을 재료 중심으로 설명하시오.
  (단, 나이트로화하여 제조한다)
(2) 구조식을 그리시오.

해답 (1) 톨루엔에 진한황산과 진한질산으로 나이트로화하여 제조

(2)

$$\text{O}_2\text{N}-\underset{\underset{\text{NO}_2}{|}}{\text{C}_6\text{H}_2}-\text{NO}_2 \text{ with } \text{CH}_3$$

상세해설 트라이나이트로톨루엔 [$C_6H_2CH_3(NO_2)_3$] (TNT : Tri Nitro Toluene) ★★★★★

화학식	분자량	비중	비점	융점	착화점
$C_6H_2CH_3(NO_2)_3$	227	1.7	280℃	81℃	300℃

① 물에는 녹지 않고 알코올, 아세톤, 벤젠에 녹는다.
② Tri Nitro Toluene의 약자로 TNT라고도 한다.
③ 담황색의 주상결정이며 햇빛에 다갈색으로 변색된다.
④ 톨루엔과 질산을 반응시켜 얻는다.

$$C_6H_5CH_3 + 3HNO_3 \xrightarrow[\text{(나이트로화)}]{C-H_2SO_4} C_6H_2CH_3(NO_2)_3 + 3H_2O$$
  (톨루엔) (질산)   (트라이나이트로톨루엔) (물)

⑤ 강력한 폭약이며 급격한 타격에 폭발한다.

$$2C_6H_2CH_3(NO_2)_3 \rightarrow 2C + 12CO\uparrow + 3N_2\uparrow + 5H_2\uparrow$$

⑥ 연소시 연소속도가 너무 빠르므로 소화가 곤란하다.
⑦ 무기 및 다이너마이트, 질산폭약제 제조에 이용된다.

13 다음 소화약제에 대한 각 물음에 대하여 답하시오.

(1) 제2종 분말 소화약제의 주성분을 화학식으로 쓰시오.
(2) 제3종 분말 소화약제의 주성분을 화학식으로 쓰시오.
(3) IG-55의 구성성분과 비율을 쓰시오.
(4) IG-541의 구성성분과 비율을 쓰시오.
(5) IG-100의 구성성분과 비율을 쓰시오.

해답
(1) $KHCO_3$
(2) $NH_4H_2PO_4$
(3) N_2 : 50%, Ar : 50%
(4) N_2 : 52%, Ar : 40%, CO_2 : 8%
(5) N_2 : 100%

상세해설

- 분말약제의 열분해

종별	약제명	착색	열분해 반응식
제1종	탄산수소나트륨 중탄산나트륨 중조	백색	270℃ $2NaHCO_3 \rightarrow Na_2CO_3 + CO_2 + H_2O$ 850℃ $2NaHCO_3 \rightarrow Na_2O + 2CO_2 + H_2O$
제2종	탄산수소칼륨 중탄산칼륨	담회색	190℃ $2KHCO_3 \rightarrow K_2CO_3 + CO_2 + H_2O$ 590℃ $2KHCO_3 \rightarrow K_2O + 2CO_2 + H_2O$
제3종	제1인산암모늄	담홍색	190℃ $NH_4H_2PO_4 \rightarrow NH_3 + H_3PO_4$(오르토인산) 215℃ $2H_3PO_4 \rightarrow H_2O + H_4P_2O_7$(피로인산) 300℃ $H_4P_2O_7 \rightarrow H_2O + 2HPO_3$(메타인산)
제4종	중탄산칼륨+요소	회(백)색	$2KHCO_3 + (NH_2)_2CO \rightarrow K_2CO_3 + 2NH_3 + 2CO_2$

- 불활성가스소화약제

약제명	구성성분과 비율
IG-100	N_2 : 100%
IG-55	N_2 : 50%, Ar : 50%
IG-541	N_2 : 52%, Ar : 40%, CO_2 : 8%

14 제3류 위험물인 탄화칼슘에 대한 다음 각 물음에 답하시오.

(1) 탄화칼슘과 물의 반응식을 쓰시오.
(2) 물음 (1)의 반응식에서 생성되는 기체와 구리의 반응식을 쓰시오.
(3) 물과 반응한 탄화칼슘을 구리용기에 저장하면 위험한 이유를 쓰시오.

(1) $CaC_2 + 2H_2O \rightarrow Ca(OH)_2 + C_2H_2$
(2) $C_2H_2 + 2Cu \rightarrow Cu_2C_2 + H_2$
(3) 아세틸렌은 금속(Cu, Ag, Hg 등)과 반응하여 폭발성인 금속아세틸리드를 생성하기 때문

상세해설

탄화칼슘(CaC_2) : 제3류 위험물 중 칼슘탄화물
① 물과 접촉 시 아세틸렌을 생성하고 열을 발생시킨다.

$$CaC_2 + 2H_2O \rightarrow Ca(OH)_2(수산화칼슘) + C_2H_2\uparrow(아세틸렌)$$

② 아세틸렌의 폭발범위는 2.5~81%로 대단히 넓어서 폭발위험성이 크다.
③ 장기 보관시 불활성기체(N_2 등)를 봉입하여 저장한다.
④ 별명은 카바이드, 탄화석회, 칼슘카바이드 등이다.
⑤ 고온(700℃)에서 질화되어 석회질소($CaCN_2$)가 생성된다.

$$CaC_2 + N_2 \rightarrow CaCN_2(석회질소) + C(탄소)$$

⑥ 물 및 포약제에 의한 소화는 절대 금하고 마른모래 등으로 피복소화한다.

15 다음은 위험물안전관리법령상 주유취급소에 관한 특례기준이다. 각 물음에 답하시오.

① 주유공지를 확보하지 않아도 된다.
② 지하저장탱크에서 직접 주유하는 경우 탱크용량에 제한을 두지 않아도 된다.
③ 고정주유설비 또는 고정급유설비의 주유관길이에 제한을 두지 않아도 된다.
④ 담 또는 벽을 설치하지 않아도 된다.
⑤ 캐노피를 설치하지 않아도 된다.

(1) 항공기주유취급소 특례기준에 해당하는 것을 모두 고르시오.
(2) 자가용주유취급소 특례기준에 해당하는 것을 모두 고르시오.
(3) 선박주유취급소 특례기준에 해당하는 것을 모두 고르시오.

(1) ① ② ③ ④ ⑤

(2) ①
(3) ① ② ③ ④

상세해설

(1) 항공기주유취급소 특례
① 주유공지 및 급유공지에관한 규정을 적용하지 아니한다.
② 탱크용량에 관한 규정을 적용하지 아니한다.
③ 주유관 길이에 관한 규정을 적용하지 아니한다.
④ 담 또는 벽에 관한 규정을 적용하지 아니한다.
⑤ 캐노피에 관한 규정을 적용하지 아니한다.

(2) 자가용주유취급소 특례
주유공지 및 급유공지 규정을 적용하지 아니한다.

(3) 선박주유취급소 특례
① 주유공지 및 급유공지 규정을 적용하지 아니한다.
② 탱크용량에 관한 규정을 적용하지 아니한다.
③ 주유관 길이에 관한 규정을 적용하지 아니한다.
④ 담 또는 벽에 관한 규정을 적용하지 아니한다.

16 위험물안전관리법령상 위험물의 저장 및 취급에 관한 기준이다. 다음 ( )안에 알맞은 답을 쓰시오.

- 옥외저장탱크 · 옥내저장탱크 또는 지하저장탱크 중 압력탱크 외의 탱크에 저장하는 다이에틸에터등 또는 아세트알데하이드등의 온도는 산화프로필렌과 이를 함유한 것 또는 다이에틸에터등에 있어서는 (①)℃ 이하로, 아세트알데하이드 또는 이를 함유한 것에 있어서는 (②)℃ 이하로 각각 유지할 것
- 옥외저장탱크 · 옥내저장탱크 또는 지하저장탱크 중 압력탱크에 저장하는 아세트알데하이드등 또는 다이에틸에터등의 온도는 (③)℃ 이하로 유지할 것
- 보냉장치가 있는 이동저장탱크에 저장하는 아세트알데하이드등 또는 다이에틸에터등의 온도는 당해 위험물의 (④) 이하로 유지할 것
- 보냉장치가 없는 이동저장탱크에 저장하는 아세트알데하이드등 또는 다이에틸에터등의 온도는 (⑤)℃ 이하로 유지할 것

 ① 30   ② 15   ③ 40   ④ 비점   ⑤ 40

상세해설
- 옥외저장탱크 · 옥내저장탱크 또는 지하저장탱크의 저장 유지온도

제 3 부 최근 기출문제 – 실기

구 분	압력탱크 외의 탱크	구 분	압력탱크
산화프로필렌과 이를 함유한 것 또는 다이에틸에터등	30℃ 이하	아세트알데하이드등 또는 다이에틸에터등	40℃ 이하
아세트알데하이드 또는 이를 함유한 것	15℃ 이하		

• 이동저장탱크의 저장 유지온도

구 분	보냉장치가 있는 경우	보냉장치가 없는 경우
아세트알데하이드등 또는 다이에틸에터등	비점 이하	40℃ 이하

17 다음 옥내저장소의 건축물에 대한 내용을 보고 각 물음에 답하시오.

[옥내저장소]
 – 외벽이 내화구조인 것
 – 연면적 150m²
 – 에탄올 1,000L, 등유 1,500L, 동식물유류 20,000L, 특수인화물 500L

(1) 옥내저장소의 소요단위를 구하시오.
(2) 위 위험물을 저장할 경우 소요단위를 구하시오.

 (1) 옥내저장소의 소요단위

[계산과정] $N = \dfrac{150\text{m}^2}{150\text{m}^2} = 1\,단위$

[답] 1단위

(2) 위험물을 저장할 경우 소요단위

[계산과정]

구 분	에탄올	등유	동식물유류	특수인화물
품 명	–	제2석유류	–	–
지정수량	400L	1,000L	10,000L	50L

$N = \dfrac{1{,}000\text{L}}{400\text{L} \times 10} + \dfrac{1{,}500\text{L}}{1{,}000\text{L} \times 10} + \dfrac{20{,}000\text{L}}{10{,}000\text{L} \times 10} + \dfrac{500\text{L}}{50\text{L} \times 10}$
$= 1.6$

[답] 2단위

상세해설 소요단위의 계산방법
① 제조소 또는 취급소의 건축물

716

외벽이 내화구조인 것	외벽이 내화구조가 아닌 것
연면적 100m² : 1소요단위	연면적 50m² : 1소요단위

② 저장소의 건축물

외벽이 내화구조인 것	외벽이 내화구조가 아닌 것
연면적 150m² : 1소요단위	연면적 75m² : 1소요단위

③ 위험물은 지정수량의 10배를 1소요단위로 할 것

18 다음 설명하는 위험물에 대하여 각 물음에 답하시오.

> 옥외저장탱크는 벽 및 바닥의 두께가 0.2m 이상이고 누수가 되지아니하는 철근콘크리트의 수조에 넣어 보관하여야 한다. 이 경우 보유공지, 통기관 및 자동계량장치는 생략할 수 있다.

(1) 설명하는 위험물의 연소반응식을 쓰시오.
(2) 품명을 쓰시오.
(3) 물음 (2)의 위험물과 다음 [보기]의 위험물 중 혼재가 가능한 위험물을 모두 고르시오. (단, 없으면 "없음"이라 쓰시오)

[보기] 과염소산, 과산화나트륨, 과망가니즈산칼륨, 삼불화브로민

(1) $CS_2 + 3O_2 \rightarrow CO_2 + 2SO_2$
(2) 특수인화물
(3) 없음

- 옥외탱크저장소의 위치·구조 및 설비의 기준
  Ⅵ. 옥외저장탱크의 외부구조 및 설비
  이황화탄소의 옥외저장탱크는 벽 및 바닥의 **두께가 0.2m 이상**이고 누수가 되지 아니하는 **철근콘크리트의 수조**에 넣어 보관하여야 한다. 이 경우 보유공지·통기관 및 자동계량장치는 생략할 수 있다.

- 제4류는 2류, 3류, 5류와 혼재할 수 있다.

- 이황화탄소(CS_2) : 제4류 위험물-특수인화물

화학식	분자량	비중	비점	인화점	착화점	연소범위
CS_2	76.1	1.26	46℃	-30℃	100℃	1.0~50%

  ① 무색투명한 액체이다.
  ② 물에는 녹지 않고 알코올, 에테르, 벤젠 등 유기용제에 녹는다.
  ③ 완전연소 시 이산화탄소(CO_2)와 이산화황(SO_2)을 생성한다.

  $$CS_2 + 3O_2 \rightarrow CO_2(\text{이산화탄소}) + 2SO_2(\text{이산화황}) + \text{푸른색 불꽃}$$

  ④ 저장 시 옥외저장탱크는 벽 및 바닥의 두께가 0.2m 이상이고 누수가 되지 아니하는 철근콘크리트의 수조에 넣어 보관하여야 한다.

19 다음은 제4류 위험물 중 알코올류에 관한 내용이다. 틀린 부분을 찾아 알맞게 수정하시오. (단, 없으면 "없음"이라고 쓰시오)

① 1분자를 구성하는 탄소원자의 수가 1개부터 3개까지인 포화1가 알코올(변성알코올을 포함)을 말한다.
② 1분자를 구성하는 탄소원자의 수가 1개 내지 3개의 포화1가 알코올의 함유량이 60부피퍼센트 미만인 수용액은 제외한다.
③ 지정수량이 400L이다.
④ 위험등급이 Ⅱ이다.
⑤ 옥내저장소에서 하나의 저장창고의 바닥면적은 1000m² 이하이다.

 ② 부피퍼센트 → 중량퍼센트

- 알코올류
  1분자를 구성하는 탄소원자의 수가 **1개부터 3개까지인 포화1가 알코올**(변성알코올을 포함한다)을 말한다. 다만, 다음 각목의 1에 해당하는 것은 제외한다.
  ① 1분자를 구성하는 탄소원자의 수가 1개 내지 3개의 포화1가 알코올의 함유량이 **60중량% 미만인 수용액**

② 가연성액체량이 **60중량%** **미만**이고 인화점 및 연소점(태그개방식인화점측정기에 의한 연소점)이 에틸알코올 **60중량%** 수용액의 인화점 및 연소점을 초과하는 것

- 알코올의 일반식 : $C_nH_{2n+1}OH$
  ① $n=1$일 때 CH_3OH [methyl alcohol(메틸알코올)]
  ② $n=2$일 때 C_2H_5OH [ethyl alcohol(에틸알코올)]
  ③ $n=3$일 때 C_3H_7OH [propyl alcohol(프로필알코올)]

20 위험물안전관리법령상 위험물의 성질에 따른 제조소의 특례기준이다. ( )안에 알맞은 답을 쓰시오.

(1) (①)등을 취급하는 제조소의 특례기준
- (①)등을 취급하는 설비의 주위에는 누설범위를 국한하기 위한 설비와 누설된 (①)등을 안전한 장소에 설치된 저장실에 유입시킬 수 있는 설비를 갖출 것
- (①)등을 취급하는 설비에는 불활성기체를 봉입하는 장치를 갖출 것

(2) (②)등을 취급하는 제조소의 특례기준
- (②)등을 취급하는 설비는 은·수은·동·마그네슘 또는 이들을 성분으로 하는 합금으로 만들지 아니할 것
- (②)등을 취급하는 설비에는 연소성 혼합기체의 생성에 의한 폭발을 방지하기 위한 불활성기체 또는 수증기를 봉입하는 장치를 갖출 것
- (②)등을 취급하는 탱크(옥외에 있는 탱크 또는 옥내에 있는 탱크로서 그 용량이 지정수량의 5분의 1 미만의 것을 제외한다)에는 냉각장치 또는 저온을 유지하기 위한 장치(이하 "보냉장치"라 한다) 및 연소성 혼합기체의 생성에 의한 폭발을 방지하기 위한 불활성기체를 봉입하는 장치를 갖출 것. 다만, 지하에 있는 탱크가 (②)등의 온도를 저온으로 유지할 수 있는 구조인 경우에는 냉각장치 및 보냉장치를 갖추지 아니할 수 있다.

(3) (③)등을 취급하는 제조소의 특례기준
- 지정수량 이상의 (③)등을 취급하는 제조소의 위치는 건축물의 벽 또는 이에 상당하는 공작물의 외측으로부터 해당 제조소의 외벽 또는 이에 상당하는 공작물의 외측까지의 사이에 다음 식에 의하여 요구되는 거리 이상의 안전거리를 둘 것
  $D = 51.1\sqrt[3]{N}$
  D : 거리(m)
  N : 해당 제조소에서 취급하는 하이드록실아민등의 지정수량의 배수

① 알킬알루미늄
② 아세트알데하이드
③ 하이드록실아민

위험물산업기사 실기

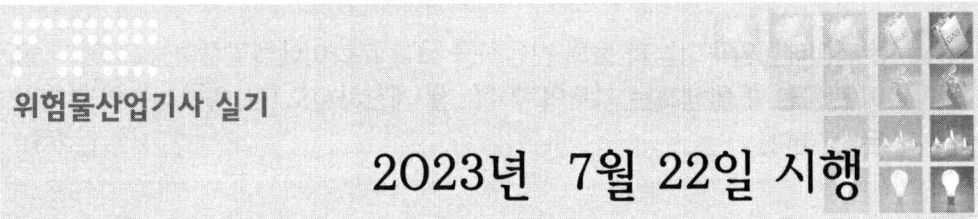

01 옥외탱크저장소의 방유제 안에 제4류 위험물인 인화성액체탱크(이황화탄소 제외)가 300,000L 3개와 200,000L 9개로 총 12개가 있다. 다음 각 물음에 알맞은 답을 쓰시오.

(1) 설치하여야 하는 방유제의 최소 개수를 쓰시오.
(2) 300,000L 2개와, 200,000L 2개가 하나의 방유제 내에 있을 경우 방유제의 용량을 구하시오.
(3) 해당 방유제에 인화성액체 대신 제6류 위험물인 질산을 저장할 경우 방유제의 개수를 쓰시오. (해당 없음이면 "해당 없음"으로 쓰시오)

 (1) 하나의 방유제 내에 설치하는 옥외저장탱크의 수는 10 이하
$N = \dfrac{12}{10} = 1.2$ (소수점 발생시 무조건 절상하여 정수로 표기)
∴ 2개
(2) $Q = 300,000 \times 1.1(110\%) = 330,000$L
(3) 2개

- 옥외탱크저장소(이황화탄소 제외)의 방유제
  (1) 방유제의 용량
    ① 탱크가 하나인 때 : 탱크 용량의 **110% 이상**
    ② 2기 이상인 때 : 탱크 중 용량이 최대인 것의 용량의 **110% 이상**
  (2) 방유제는 **높이 0.5m 이상 3m 이하, 두께 0.2m 이상, 지하매설깊이 1m 이상**
  (3) 방유제내의 면적은 **8만m^2 이하**로 할 것
  (4) 방유제내의 설치하는 **옥외저장탱크의 수는 10**(방유제내에 설치하는 모든 옥외저장탱크의 용량이 20만L 이하이고, 당해 옥외저장탱크에 저장 또는 취급하는 위험물의 **인화점이 70℃ 이상 200℃ 미만**인 경우에는 20) 이하로 할 것. 다만, **인화점이 200℃ 이상**인 위험물을 저장 또는 취급하는 옥외저장탱크에 있어서는 그러하지 아니하다.

02 트라이에틸알루미늄과 물의 반응식을 쓰고 트라이에틸알루미늄 228g과 물이 반응할 때 발생하는 기체의 부피(L)를 계산하시오.(단, 알루미늄의 분자량은 27이다) (6점)

해답
(1) 물과 반응식 $(C_2H_5)_3Al + 3H_2O \rightarrow Al(OH)_3 + 3C_2H_6$
(2) 발생하는 기체의 부피

(방법1)
① $(C_2H_5)_3Al$(트라이에틸알루미늄)의 물과 반응식
② $(C_2H_5)_3Al$(트라이에틸알루미늄)의 분자량 $= 12 \times 6 + 1 \times 15 + 27 = 114$

$(C_2H_5)_3Al + 3H_2O \rightarrow Al(OH)_3 + 3C_2H_6 \uparrow$
114g ────────→ 3×22.4L
228g ────────→ X

$\therefore X = \dfrac{228 \times 3 \times 22.4}{114} = 134.4$L (생성된 에탄의 부피)

(방법2)
① $(C_2H_5)_3Al$(트라이에틸알루미늄)의 물과 반응식
② $(C_2H_5)_3Al + 3H_2O \rightarrow Al(OH)_3 + 3C_2H_6 \uparrow$
③ 이상기체 상태방정식

$$PV = \dfrac{W}{M}RT = nRT$$

여기서, P : 압력(atm), V : 부피(L), $\dfrac{W}{M}(n)$: mol, W : 무게(g)
M : 분자량, R : 기체상수(0.082 atm · L/mol · K)
T : 절대온도$(273 + t\,℃)$K

(3) $\therefore V = \dfrac{WRT}{PM} \times$ 생성기체 몰 수 $= \dfrac{228 \times 0.082 \times (273 + 0)}{1 \times 114} \times 3 = 134.32$L

[답] 134.32L

상세해설
- 알킬알루미늄$[(C_nH_{2n+1}) \cdot Al]$: 제3류 위험물(금수성 물질)
  ① 알킬기(C_nH_{2n+1})에 알루미늄(Al)이 결합된 화합물이다.
  ② $C_1 \sim C_4$는 자연발화의 위험성이 있다.
  ③ 물과 접촉 시 가연성 가스 발생하므로 주수소화는 절대 금지한다.
  ④ 트라이메틸알루미늄(TMA : Tri Methyl Aluminium)

  $(CH_3)_3Al + 3H_2O \rightarrow Al(OH)_3$(수산화알루미늄) $+ 3CH_4 \uparrow$ (메탄)

  ⑤ 트라이에틸알루미늄(TEA : Tri Eethyl Aluminium)

  • $(C_2H_5)_3Al + 3CH_3OH \rightarrow Al(CH_3O)_3$(트라이메톡시알루미늄) $+ 3C_2H_6$(에탄)
  • $(C_2H_5)_3Al + 3H_2O \rightarrow Al(OH)_3$(수산화알루미늄) $+ 3C_2H_6 \uparrow$ (에탄)

⑥ 저장용기에 불활성기체(N_2)를 봉입한다.
⑦ 피부접촉 시 화상을 입히고 연소 시 흰 연기가 발생한다.
⑧ 소화 시 주수소화는 절대 금하고 팽창질석, 팽창진주암 등으로 피복소화한다.

03 다음 소화약제에 대한 화학식을 쓰시오.
(1) 제2종 분말약제   (2) 할론 1301
(3) IG-100

해답 (1) $KHCO_3$ (2) CF_3Br (3) N_2

상세해설

- 분말약제의 주성분 및 열분해

종별	약제명	화학식	착색	열분해 반응식
제1종	탄산수소나트륨 중탄산나트륨	$NaHCO_3$	백색	270℃ $2NaHCO_3 \rightarrow Na_2CO_3+CO_2+H_2O$ 850℃ $2NaHCO_3 \rightarrow Na_2O+2CO_2+H_2O$
제2종	탄산수소칼륨 중탄산칼륨	$KHCO_3$	담회색	190℃ $2KHCO_3 \rightarrow K_2CO_3+CO_2+H_2O$ 590℃ $2KHCO_3 \rightarrow K_2O+2CO_2+H_2O$
제3종	제1인산암모늄	$NH_4H_2PO_4$	담홍색	$NH_4H_2PO_4 \rightarrow HPO_3+NH_3+H_2O$
제4종	중탄산칼륨+요소	$KHCO_3$+$(NH_2)_2CO$	회(백)색	$2KHCO_3+(NH_2)_2CO \rightarrow K_2CO_3+2NH_3+2CO_2$

- 할로젠화합물 소화약제 명명법 : 할론 ⓐ ⓑ ⓒ ⓓ
  ⓐ : C 원자수   ⓑ : F 원자수   ⓒ : Cl 원자수   ⓓ : Br 원자수

- 할로젠화합물 소화약제

구분 \ 종류	할론 2402	할론 1211	할론1301	할론1011
화학식	$C_2F_4Br_2$	CF_2ClBr	CF_3Br	CH_2ClBr

- 불활성가스소화약제

약제명	구성성분과 비율
IG-100	N_2 : 100%
IG-55	N_2 : 50%, Ar : 50%
IG-541	N_2 : 52%, Ar : 40%, CO_2 : 8%

04. 위험물의 저장량이 지정수량의 $\frac{1}{10}$을 초과하는 경우 혼재하여서는 안 되는 위험물의 유별을 모두 쓰시오.

○ 제1류 :   ○ 제2류 :   ○ 제3류 :   ○ 제4류 :   ○ 제5류 :   ○ 제6류 :

해답
○ 제1류 : 제2류, 제3류, 제4류, 제5류
○ 제2류 : 제1류, 제3류, 제6류
○ 제3류 : 제1류, 제2류, 제5류, 제6류
○ 제4류 : 제1류, 제6류
○ 제5류 : 제1류, 제3류, 제6류
○ 제6류 : 제2류, 제3류, 제4류, 제5류

상세해설
쉬운 암기법(혼재가능)
↓1 + 6↑   2 + 4
↓2 + 5↑   5 + 4
↓3 + 4↑

05. 제4류 위험물인 클로로벤젠에 대한 다음에 답하시오.
① 화학식   ② 품명   ③ 지정수량

해답 ① C_6H_5Cl ② 제2석유류   ③ 1,000L

상세해설
• 클로로벤젠(C_6H_5Cl)-제4류-제2석유류

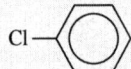

화학식	분자량	비중	인화점	착화점	연소범위
C_6H_5Cl	112.6	1.11	32℃	638℃	1.3~7.1%

① 무색의 액체로 물보다 무겁고 물에는 녹지 않고 유기용제에 녹는다.
② 철의 존재하에 벤젠을 염소화시켜 제조한다.
③ 벤젠치환제로 클로로벤졸이라고도 한다.
④ 살충제, DDT의 원료, 용제로 사용된다.

06 제1종 분말인 탄산수소나트륨에 대하여 다음 각 물음에 알맞은 답을 쓰시오.

(1) 탄산수소나트륨의 1차(270℃) 열분해 반응식을 쓰시오.
(2) 탄산수소나트륨 10kg이 열분해하는 경우 생성되는 이산화탄소의 부피(m³)는 표준상태에서 얼마가 되겠는가?

해답

(1) $2NaHCO_3 \rightarrow Na_2CO_3 + CO_2 + H_2O$

(2) [계산과정] ① 탄산수소나트륨($NaHCO_3$)의 분자량
$$M = 23 + 1 + 12 + 16 \times 3 = 84$$
② 반응물질 1몰이 열분해하는 반응식
$$NaHCO_3 \rightarrow 0.5Na_2CO_3 + 0.5CO_2 + 0.5H_2O$$
③ $V = \dfrac{nRT}{P} = \dfrac{\dfrac{W}{M} \times R \times T}{P} \times \text{mol}(\text{생성기체})$

$= \dfrac{\dfrac{10\text{kg}}{84} \times 0.08205 \times (273+0)}{1\text{atm}} \times 0.5$

$= 1.33\text{m}^3$

[답] 1.33m^3

상세해설

• 분말약제의 주성분 및 열분해

종 별	약제명	화학식	착색	열분해 반응식
제1종	탄산수소나트륨 중탄산나트륨	$NaHCO_3$	백색	270℃ $2NaHCO_3$ $\rightarrow Na_2CO_3+CO_2+H_2O$ 850℃ $2NaHCO_3$ $\rightarrow Na_2O+2CO_2+H_2O$
제2종	탄산수소칼륨 중탄산칼륨	$KHCO_3$	담회색	190℃ $2KHCO_3$ $\rightarrow K_2CO_3+CO_2+H_2O$ 590℃ $2KHCO_3$ $\rightarrow K_2O+2CO_2+H_2O$
제3종	제1인산암모늄	$NH_4H_2PO_4$	담홍색	$NH_4H_2PO_4 \rightarrow HPO_3+NH_3+H_2O$
제4종	중탄산칼륨+요소	$KHCO_3+$ $(NH_2)_2CO$	회(백)색	$2KHCO_3+(NH_2)_2CO$ $\rightarrow K_2CO_3+2NH_3+2CO_2$

07 20℃의 물 10kg이 100℃수증기로 변하는데 필요한 열량을 계산하시오.

(4점)

[계산과정] $Q = 10\text{kg} \times 1\text{kcal/kg} \cdot ℃ \times (100-20)℃ + 539\text{kcal/kg} \times 10\text{kg}$
$= 6190\text{kcal}$

[답] 6190kcal

- 필요한 열량

$$Q = mC\Delta t + rm$$

여기서, Q : 필요한 열량(kcal), m : 질량(kg), C : 비열(kcal/kg · ℃)
Δt : 온도차(℃), r : 기화잠열 (kcal/kg)

- 물의 기화열(539kcal/kg)   • 물의 비열 (1kcal/kg℃)

08 제4류 위험물인 톨루엔 1,000L, 스티렌 2,000L, 아닐린 4,000L, 실린더유 6,000L, 올리브유 20,000L가 저장되어 있을 경우 지정수량의 배수의 합을 계산하시오.

[계산과정] $N = \dfrac{1000}{200} + \dfrac{2,000}{1,000} + \dfrac{4,000}{2,000} + \dfrac{6,000}{6,000} + \dfrac{20,000}{10,000} = 12$배

[답] 12배

제4류 위험물의 지정수량

성질	품명		지정수량	위험등급
인화성액체	1. 특수인화물		50L	I
	2. 제1석유류	비수용성액체	200L	II
		수용성액체	400L	
	3. 알코올류		400L	
	4. 제2석유류	비수용성액체	1,000L	III
		수용성액체	2,000L	
	5. 제3석유류	비수용성액체	2,000L	
		수용성액체	4,000L	
	6. 제4석유류		6,000L	
	7. 동식물유류		10,000L	

물질명	품명	지정수량	물질명	품명	지정수량
톨루엔	제1석유류(비수용성)	200L	실린더유	제4석유류	6000L
스티렌	제2석유류(비수용성)	1000L	올리브유	동식물유류	10000L
아닐린	제3석유류(비수용성)	2000L			

09 다음 설명하는 제4류 위험물에 대하여 각 물음에 답하시오.

- 환원력이 강하다.
- 은거울반응과 펠링용액과 반응을 한다.
- 휘발성이 강하고 물, 에테르, 에틸알코올에 잘 녹는다.
- 산화되어 아세트산(초산)이 되기 쉽다.

(1) 명칭 (2) 화학식
(3) 지정수량 (4) 위험등급

 (1) 아세트알데하이드 (2) CH_3CHO
(3) 50L (4) Ⅰ등급

- 아세트알데하이드(CH_3CHO) : 제4류 위험물 중 특수인화물

화학식	분자량	비중	비점	인화점	착화점	연소범위
CH_3CHO	44	0.78	21℃	-38℃	185℃	4~60%

① 휘발성이 강하고 과일냄새가 있는 무색 액체이며 물, 에탄올에 잘 녹는다.
② 산화되어 초산(CH_3COOH)이 된다.

$$2CH_3CHO + O_2 \rightarrow 2CH_3COOH(초산)$$

③ 저장용기 사용 시 구리(Cu), 마그네슘(Mg), 은(Ag), 수은(Hg) 및 그 합금용기는 사용금지
④ 아세트알데하이드 등을 취급하는 설비에는 연소성 혼합기체의 생성에 의한 폭발을 방지하기 위한 불활성기체 또는 수증기를 봉입하는 장치를 갖출 것

- 증기비중
① $S = \dfrac{M(분자량)}{29(공기평균분자량)}$
② 아세트알데하이드(CH_3CHO)의 분자량 = $12 \times 2 + 1 \times 4 + 16 \times 1 = 44$

- 은거울반응
① 암모니아성 질산은 용액을 환원하여 은을 유리시키는 것

$$R-CHO + 2Ag(NH_3)_2OH \rightarrow RCOOH + 2Ag + 4NH_3 + H_2O$$
(알데하이드기) (암모니아성 질산은) (카복실기) (은) (암모니아) (물)

② 은거울반응을 하는 물질 : 알데하이드(aldehyde) R-CHO
 ㉠ 포름알데하이드 : HCHO ㉡ 아세트알데하이드 : CH_3CHO
③ 아세트알데하이드의 은거울반응
$CH_3CHO + 2Ag(NH_3)_2OH \rightarrow CH_3COOH + 2Ag + 4NH_3 + H_2O$

10 다음은 흑색화약의 원료로 사용되는 물질에 대한 표이다. 빈칸에 알맞은 답을 쓰시오. (단, 위험물이 아닌 경우 해당 없음으로 쓰시오)

번호	화학식	품명
(1)		
(2)		
(3)		

 해답

번호	화학식	품명
(1)	KNO_3	질산염류
(2)	S	황
(3)	C	해당 없음

상세해설
- 질산칼륨(KNO_3) : 제1류 위험물(산화성고체)

화학식	분자량	비중	융점	분해온도
KNO_3	101	2.1	336℃	400℃

① 질산칼륨에 숯가루, 황가루를 혼합하여 **흑색화약제조**에 사용한다.

> 흑색화약(Black Power)
> ㉠ 원료 : 질산칼륨, 숯, 황
> ㉡ 조성 : 75%KNO_3+15%C+10%S
> ㉢ 폭발반응식 : $38KNO_3+64C+16S \rightarrow 3K_2CO_3+16K_2S+19N_2+44CO_2+17CO$

② 열분해하여 산소를 방출한다.

$$2KNO_3 \rightarrow 2KNO_2 + O_2\uparrow$$

③ 물, 글리세린에는 잘 녹으나 알코올에는 잘 녹지 않는다.

11 인화성액체의 인화점 측정기를 3가지만 쓰시오.

 해답
① 태그밀폐식 인화점측정기
② 신속평형법 인화점측정기
③ 클리브랜드개방컵 인화점측정기

12 제5류 위험물로서 규조토에 흡수시켜 다이너마이트를 제조하는 물질에 대하여 다음 물음에 알맞은 답을 쓰시오.

(1) 구조식
(2) 품명 및 지정수량
(3) 이산화탄소, 수증기, 질소, 산소가 발생하는 완전열분해 반응식을 쓰시오.

해답 (1)
```
      H   H   H
      |   |   |
  H − C − C − C − H
      |   |   |
      O   O   O
      |   |   |
     NO₂ NO₂ NO₂
```

(2) 질산에스터류, 10kg
(3) $4C_3H_5(ONO_2)_3 \rightarrow 12CO_2 + 6N_2 + O_2 + 10H_2O$

상세해설 나이트로글리세린(Nitro Glycerine)[$C_3H_5(ONO_2)_3$]−제5류 위험물 중 질산에스터류

화학식	분자량	비중	융점	비점	착화점
$C_3H_5(ONO_2)_3$	227	1.6	13℃	160℃	210℃

① 상온에서는 액체이지만 겨울철에는 동결한다.
② 글리세린에 진한 질산과 진한 황산을 가하면 나이트로화 하여 나이트로글리세린으로 된다.

글리세린의 나이트로화반응
$C_3H_5(OH)_3 + 3HONO_2 \xrightarrow{H_2SO_4} C_3H_5(ONO_2)_3 + 3H_2O$
(글리세린)   (질산)   (나이트로글리세린) (물)

③ 비수용성이며 메탄올, 아세톤 등에 녹는다.
④ 가열, 마찰, 충격에 예민하여 대단히 위험하다.

나이트로글리세린의 열분해 반응식
$4C_3H_5(ONO_2)_3 \rightarrow 12CO_2\uparrow + 6N_2\uparrow + O_2\uparrow + 10H_2O$

⑤ 다이너마이트(규조토+나이트로글리세린), 무연화약 제조에 이용된다.

13 제3류 위험물인 탄화칼슘에 대한 다음 각 물음 답하시오.

(1) 탄화칼슘이 산화 반응을 하는 경우 산화칼슘과 이산화탄소를 생성하는 반응식을 쓰시오.
(2) 고온에서 질소와 반응하는 경우 생성되는 물질 2가지 쓰시오.

 (1) $2CaC_2 + 5O_2 \rightarrow 2CaO + 4CO_2$
(2) 석회질소($CaCN_2$)와 탄소(C)

탄화칼슘(CaC_2) : 제3류 위험물 중 칼슘탄화물
① 물과 접촉 시 아세틸렌을 생성하고 열을 발생시킨다.

$$CaC_2 + 2H_2O \rightarrow Ca(OH)_2(수산화칼슘) + C_2H_2 \uparrow (아세틸렌)$$

② 아세틸렌의 폭발범위는 2.5~81%로 대단히 넓어서 폭발위험성이 크다.
③ 장기 보관시 불활성기체(N_2 등)를 봉입하여 저장한다.
④ 별명은 카바이드, 탄화석회, 칼슘카바이드 등이다.
⑤ 고온(700℃)에서 질화되어 석회질소($CaCN_2$)가 생성된다.

$$CaC_2 + N_2 \rightarrow CaCN_2(석회질소) + C(탄소)$$

⑥ 물 및 포 약제에 의한 소화는 절대 금하고 마른모래 등으로 피복 소화한다.

14 과산화칼륨과 아세트산(초산)이 반응하는 경우 생성되는 물질 중 위험물에 해당하는 물질에 대한 다음 각 물음에 답하시오.

(1) 분해 시 산소가 생성되는 반응식을 쓰시오.
(2) 수납하는 운반용기의 외부 표시사항 중 주의사항을 쓰시오.
(3) 이 물질을 저장하는 장소와 학교와의 안전거리를 쓰시오.
  (단, 해당이 없으면 "해당 없음"이라 쓰시오.)

 (1) $2H_2O_2 \rightarrow 2H_2O + O_2$
(2) 생성되는 위험물은 과산화수소(6류)이므로 가연물접촉주의
(3) 생성되는 위험물은 과산화수소(6류)이므로 제조소의 안전거리 제외
  ∴ 해당 없음

• 과산화칼륨(K_2O_2) : 제1류 위험물 중 무기과산화물
  ① 상온에서 물과 격렬히 반응하여 산소(O_2)를 방출하고 폭발하기도 한다.

$$2K_2O_2 + 2H_2O \rightarrow 4KOH + O_2 \uparrow$$

② 공기 중 이산화탄소(CO_2)와 반응하여 산소(O_2)를 방출한다.

$$2K_2O_2 + 2CO_2 \rightarrow 2K_2CO_3 + O_2 \uparrow$$

④ 산과 반응하여 과산화수소(H_2O_2)를 생성시킨다.

$$K_2O_2 + 2CH_3COOH \rightarrow 2CH_3COOK + H_2O_2$$

⑤ 열분해시 산소(O_2)를 방출한다.

$$2K_2O_2 \rightarrow 2K_2O + O_2 \uparrow$$

⑥ 주수소화는 금물이고 마른모래(건조사)등으로 소화한다.

15 알칼리금속으로 은백색의 연한 경금속에 속하고 2차전지로 이용되며 비중 0.53, 융점 180℃, 비점은 1,336℃인 물질에 대한 다음 각 물음에 답하시오.

(1) 물과의 반응식을 쓰시오.
(2) 위험등급을 쓰시오.
(3) 물질 1000kg을 제조소에서 취급 시 공지의 너비를 쓰시오.

(1) $2Li + 2H_2O \rightarrow 2LiOH + H_2$
(2) Ⅱ등급
(3) 지정수량의 배수 $N = \dfrac{1000kg}{50kg(알칼리금속)} = 20$배

∴ 5m 이상

- 리튬[lithium](Li)-제3류 위험물

화학식	비점	융점	비중	불꽃색상
Li	1336℃	180℃	0.543	적색

① 은백색의 가벼운 알칼리금속으로 칼륨(K), 나트륨(Na)과 성질이 비슷하다.
② 물과 극렬히 반응하여 수소(H_2)를 발생한다.

$$2Li + 2H_2O \rightarrow 2LiOH + H_2 \uparrow$$

③ 주기율표 1족에 속하는 알칼리금속원소
④ 2차 전지 생산의 원료로 사용

- 제조소의 보유공지 ★★★
취급 위험물의 최대수량에 따른 너비의 공지

취급 위험물의 최대수량	공지의 너비
지정수량의 10배 이하	3m 이상
지정수량의 10배 초과	5m 이상

16 다음 [보기]위험물에 대하여 수납하는 위험물에 따른 운반용기 외부에 표시하여야 하는 주의사항을 모두 쓰시오.

[보기] ① 벤조일퍼옥사이드 ② 마그네슘 ③ 과산화나트륨
       ④ 인화성고체 ⑤ 기어유

해답
① 화기엄금, 충격주의
② 화기주의, 물기엄금
③ 화기주의, 충격주의, 물기엄금, 가연물접촉주의
④ 화기엄금
⑤ 화기엄금

상세해설
① 벤조일퍼옥사이드-제5류-유기과산화물(자기반응성물질)
② 마그네슘-제2류
③ 과산화나트륨-제1류-무기과산화물(금수성)
④ 인화성고체-제2류
⑤ 기어유-제4류-제4석유류(인화성액체)

위험물 운반용기의 외부 표시 사항
① 위험물의 품명, 위험등급, 화학명 및 수용성(제4류 위험물의 수용성인 것에 한함)
② 위험물의 수량
③ 수납하는 위험물에 따른 주의사항

유 별	성질에 따른 구분	표시사항
제1류 위험물	알칼리금속의 과산화물	화기·충격주의, 물기엄금 및 가연물접촉주의
	그 밖의 것	화기·충격주의 및 가연물접촉주의
제2류 위험물	철분·금속분·마그네슘	화기주의 및 물기엄금
	인화성고체	화기엄금
	그 밖의 것	화기주의
제3류 위험물	자연발화성물질	화기엄금 및 공기접촉엄금
	금수성물질	물기엄금
제4류 위험물	인화성 액체	화기엄금
제5류 위험물	자기반응성 물질	화기엄금 및 충격주의
제6류 위험물	산화성 액체	가연물접촉주의

17 다음은 제1류 위험물 중 염소산칼륨에 관한 사항이다. 다음 각 물음에 답하시오.

(1) 염소산칼륨의 완전 열분해 반응식을 쓰시오.
(2) 염소산칼륨 1kg이 열분해하는 경우 발생하는 산소의 부피(m^3)는 표준상태에서 얼마인가? (단, 염소산칼륨의 분자량은 123이다)

해답
(1) $2KClO_3 \rightarrow 2KCl + 3O_2$
(2) **[계산과정]** ① $KClO_3 \rightarrow KCl + 1.5O_2$ (염소산칼륨 1몰 기준)
② 표준상태(0℃, 1atm)

$$V = \frac{WRT}{PM} \times (생성기체\ 몰수) = \frac{1 \times 0.082 \times (273+0)}{1 \times 123} \times 1.5$$
$$= 0.27 m^3$$

[답] $0.27 m^3$

상세해설
• 이상기체상태방정식으로 생성기체 부피계산
 ① 반응식에서 열분해하는 물질의 몰수는 항상 **1몰을 기준**으로 하여야 한다.
 ② 생성기체의 몰수를 곱하여야 한다.

$$V = \frac{WRT}{PM} \times (생성기체몰수)$$

 여기서, P : 압력(atm), V : 부피(m^3), n : mol수, M : 분자량
  W : 무게(kg), R : 기체상수(0.082 atm · m^3/mol · K)
  T : 절대온도(273+t℃)K

• 염소산칼륨($KClO_3$) : 제1류 위험물(산화성고체) 중 염소산염류

화학식	분자량	물리적 상태	색상	분해온도
$KClO_3$	122.55	고체	무색	400℃

① 무색 또는 **백색분말**이며 산화력이 강하다.
② 이산화망가니즈(MnO_2)과 접촉 시 **분해가 촉진**되어 산소를 방출한다.
③ 온수, 글리세린에 잘 녹으며 냉수, 알코올에는 용해하기 어렵다.
④ 완전 열 분해되어 **염화칼륨과 산소를 방출**

$$2KClO_3 \rightarrow 2KCl + 3O_2$$
(염소산칼륨)　(염화칼륨)　(산소)

18 다음 [보기]의 설명을 보고 맞는 내용의 번호를 모두 골라 번호로 답하시오.

[보기]
① 제1류 위험물은 주수소화가 적응성이 있는 것과 적응성이 없는 것이 있다.
② 마그네슘 화재 시 물분무소화설비는 적응성이 없으며 이산화탄소소화기로 소화가 가능하다.
③ 제6류 위험물을 저장 또는 취급하는 장소로서 폭발의 위험이 없는 장소에 한하여 이산화탄소소화기는 적응성이 있다.
④ 건조사는 대상물 구분에서 모든 류별의 위험물에 적응성이 있다.
⑤ 에탄올은 물보다 비중이 높아 물로 소화 시 화재면이 확대되어 주수소화가 불가능하다.

해답 ①, ③, ④

위험물안전관리법령에 따른 소화설비의 적응성

소화설비의 구분			대상물 구분	건축물·그밖의 공작물	전기설비	제1류 위험물		제2류 위험물			제3류 위험물		제4류 위험물	제5류 위험물	제6류 위험물
						알칼리금속과산화물등	그 밖의 것	철분·마그네슘·금속분등	인화성고체	그 밖의 것	금수성물품	그 밖의 것			
옥내소화전 또는 옥외소화전설비				○			○		○	○		○		○	○
스프링클러설비				○			○		○	○		○	△	○	○
물분무등소화설비	물분무소화설비			○	○		○		○	○		○	○	○	○
	포소화설비			○			○		○	○		○	○	○	○
	불활성가스소화설비				○				○				○		
	할로젠화합물소화설비				○				○				○		
	분말소화설비	인산염류등		○	○		○		○	○			○		○
		탄산수소염류등			○	○		○	○		○		○		
		그 밖의 것				○		○			○				

19 위험물안전관리법령에서 정한 지하탱크저장소에 대한 내용이다. 다음 (   )안에 알맞은 답을 쓰시오.

(1) 지하저장탱크의 윗부분은 지면으로부터 (①)m 이상 아래에 있을 것.
(2) 지하저장탱크를 2 이상 인접해 설치하는 경우에는 그 상호간에 (②)m 이상의 간격을 유지할 것
(3) 지하탱크는 용량에 따라 기준에 적합하게 강철판 또는 동등 이상의 성능이 있는 금속재질로 (③)용접 또는 (④)용접으로 틈이 없도록 만드는 동시에, 압력탱크 외의 탱크에 있어서는 70kPa의 압력으로, 압력탱크에 있어서는 최대상용압력의 (⑤)의 압력으로 각 각 (⑥)간 수압시험을 실시하여 새거나 변형되지 아니할 것

해답 ① 0.6   ② 1   ③ 완전용입   ④ 양면겹침이음   ⑤ 1.5배   ⑥ 10분

상세해설 지하탱크저장소의 위치 · 구조 및 설비의 기준 ★★
① 지하탱크를 지하의 가장 가까운 벽, 피트, 가스관 등 시설물 및 **대지경계선으로부터 0.6m 이상** 떨어진 곳에 매설할 것 ★★★
② 탱크전용실은 지하의 가장 가까운 벽 · 피트 · 가스관 등의 시설물 및 **대지경계선으로 부터 0.1m 이상** 떨어진 곳에 설치하고, 지하저장탱크와 탱크전용실의 안쪽과의 사이는 0.1m 이상의 간격을 유지하도록 하며, 당해 탱크의 주위에 마른 모래 또는 습기등에 의하여 응고되지 아니하는 입자지름 **5mm이하의 마른 자갈분**을 채울 것
③ 지하저장탱크의 윗 부분은 지면으로부터 0.6m 이상 아래에 있을 것.
④ **지하저장탱크를 2 이상 인접해 설치하는 경우에는 그 상호간에 1m**(당해 2 이상의 지하저장탱크의 용량의 합계가 지정수량의 100배 이하인 때에는 0.5m) **이상의 간격을 유지할 것.**

[지하저장탱크를 2 이상 인접해 설치하는 경우]

2 이상의 지하저장탱크의 용량의 합계	지정수량의 100배 초과	지정수량의 100배 이하
탱크상호간 간격	1m 이상	0.5m 이상

⑤ 지하저장탱크의 재질은 **두께 3.2mm이상의 강철판**으로 하여 완전용입용접 또는 양면겹침 이음용접으로 틈이 없도록 만드는 동시에, **압력탱크**(최대상용압력이 **46.7kPa이상인 탱크**) 외의 탱크에 있어서는 70kPa의 압력으로, 압력탱크에 있어서는 **최대상용압력의 1.5배의 압력으로 각각 10분간 수압시험**을 실시하여 새거나 변형되지 아니 할 것.

20 다음은 위험물안전관리법령에 대한 내용이다. 각 물음에 답하시오.

(1) 위험물을 저장 또는 취급하는 탱크로서 허가를 받은 자가 변경공사를 하는 때에는 완공검사를 받기 전에 기술기준에 적합한지의 여부를 확인하기 위하여 시·도지사가 실시하는 어떤 검사를 받아야 하는가?

(2) 다음 제소소등의 완공검사신청 시기를 쓰시오.
 ① 지하탱크가 있는 제조소등의 경우
 ② 이동탱크저장소의 경우

(3) 시·도지사는 제조소등에 대하여 완공검사를 실시하고, 완공검사를 실시한 결과 당해 제조소등이 기술기준에 적합하다고 인정하는 때에는 무엇을 교부하여야 하는가?

해답
(1) 탱크안전성능검사
(2) ① 당해 지하탱크를 매설하기 전
    ② 이동저장탱크를 완공하고 상시설치장소를 확보한 후
(3) 완공검사합격확인증

상세해설
(1) 탱크안전성능검사
 위험물을 저장 또는 취급하는 탱크로서 허가를 받은 자가 변경공사를 하는 때에는 완공검사를 받기 전에 기술기준에 적합한지의 여부를 확인하기 위하여 시·도지사가 실시하는 **탱크안전성능검사**를 받아야 한다.

(2) 완공검사의 신청 등
 ① 제조소등에 대한 **완공검사**를 받고자 하는 자는 이를 **시·도지사에게 신청**하여야 한다.
 ② 시·도지사는 제조소등에 대하여 완공검사를 실시하고, 완공검사를 실시한 결과 당해 제조소등이 기술기준에 적합하다고 인정하는 때에는 **완공검사합격확인증**을 교부하여야 한다.

(3) 완공검사의 신청시기
 ① **지하탱크**가 있는 제조소등의 경우 : 당해 **지하탱크를 매설하기 전**
 ② **이동탱크저장소**의 경우 : 이동저장탱크를 **완공하고 상시설치장소를 확보한 후**
 ③ **이송취급소**의 경우 : 이송배관 공사의 전체 또는 일부를 **완료한 후**. 다만, 지하·하천 등에 매설하는 이송배관의 공사의 경우에는 이송배관을 매설하기 전

위험물산업기사 실기

2023년 11월 5일 시행

01 탄화칼슘 32g이 물과 반응하여 생성되는 기체가 완전연소하기 위한 산소의 부피(L)을 구하시오.

 [계산과정]

① 탄화칼슘 32g이 물과 반응하여 생성되는 아세틸렌의 부피를 계산

CaC_2 (탄화칼슘)의 물과 반응식

$CaC_2 + 2H_2O \rightarrow Ca(OH)_2 + C_2H_2 \uparrow$

64g ─────────→ 1 × 22.4L

32g ─────────→ X

$\therefore X = \dfrac{32 \times 1 \times 22.4}{64} = 11.2L$ (생성 아세틸렌부피)

② 아세틸렌의 완전연소 반응식

$2C_2H_2 + 5O_2 \rightarrow 4CO_2 + 2H_2O$

2 × 22.4 l ─────→ 5 × 22.4L

11.2 l ─────→ X

$\therefore X = \dfrac{11.2 \times 5 \times 22.4}{2 \times 22.4} = 28L$ (완전연소를 위한 산소의 부피)

[답] 28L

탄화칼슘(CaC_2) : 제3류 위험물 중 칼슘탄화물

① 물과 접촉 시 아세틸렌을 생성하고 열을 발생시킨다.

$CaC_2 + 2H_2O \rightarrow Ca(OH)_2$(수산화칼슘) $+ C_2H_2 \uparrow$ (아세틸렌)

② 아세틸렌의 폭발범위는 2.5~81%로 대단히 넓어서 폭발위험성이 크다.
③ 장기 보관시 불활성기체(N_2 등)를 봉입하여 저장한다.
④ 별명은 카바이드, 탄화석회, 칼슘카바이드 등이다.
⑤ 고온(700℃)에서 질화되어 석회질소($CaCN_2$)가 생성된다.

$CaC_2 + N_2 \rightarrow CaCN_2$(석회질소) $+ C$(탄소)

⑥ 물 및 포 약제에 의한 소화는 절대 금하고 마른모래 등으로 피복 소화한다.

02 유별을 달리하는 위험물은 동일한 저장소에 저장하지 아니하여야한다. 다만 옥내저장소 또는 옥외저장소에 있어서 적절한 조치를 한 경우에는 저장이 가능하다. 옥내저장소에서 동일한 실에 저장할 수 있는 유별을 바르게 연결한 것을 모두 고르시오. (4점)

[보기] ① 무기과산화물-유기과산화물 ② 질산염류-과염소산
③ 황린-제1류 위험물 ④ 인화성고체-제1석유류
⑤ 황-제4류 위험물

 ② ③ ④

① 무기과산화물(알칼리금속의 과산화물 포함) - 유기과산화물(제5류위험물) - **저장불가**
② 질산염류(제1류)-과염소산(제6류) - 저장가능
③ 황린(제3류)-제1류 위험물 - 저장가능
④ 인화성고체(제2류)-제1석유류 - 저장가능
⑤ 황(제2류)-제4류 위험물 - **저장불가**

• 유별을 달리하는 위험물을 동일한 저장소에 저장할 수 있는 경우
옥내저장소 또는 옥외저장소에 있어서 다음의 각목의 규정에 의한 위험물을 저장하는 경우로서 위험물을 유별로 정리하여 저장하는 한편, 서로 1m 이상의 간격을 두는 경우
① 제1류 위험물(알칼리금속의 과산화물 또는 이를 함유한 것을 제외한다)과 제5류 위험물을 저장하는 경우
② **제1류 위험물과 제6류 위험물을 저장하는 경우**
③ 제1류 위험물과 제3류 위험물 중 자연발화성물질(황린 또는 이를 함유한 것에 한한다)을 저장하는 경우
④ 제2류 위험물 중 인화성고체와 제4류 위험물을 저장하는 경우
⑤ 제3류 위험물 중 알킬알루미늄등과 제4류 위험물(알킬알루미늄 또는 알킬리튬을 함유한 것에 한한다)을 저장하는 경우
⑥ 제4류 위험물 중 유기과산화물 또는 이를 함유하는 것과 제5류 위험물 중 유기과산화물 또는 이를 함유한 것을 저장하는 경우

03 아래 보기의 동식물유류를 보고 아이오딘값에 따른 건성유, 반건성유, 불건성유로 분류하시오.

[보기] 아마인유, 야자유, 들기름, 쌀겨유, 목화씨유, 땅콩유

① 건성유 – 아마인유, 들기름
② 반건성유 – 목화씨유, 쌀겨유
③ 불건성유 – 야자유, 땅콩유

동식물유류 : 제4류 위험물
동물의 지육 또는 식물의 종자나 과육으로부터 추출한 것으로 1기압에서 인화점이 250℃ 미만인 것

[아이오딘값에 따른 동식물유류의 분류]

구 분	아이오딘값	종 류
건성유	130 이상	해바라기기름, 동유(오동기름), 정어리기름, **아마인유**, **들기름**
반건성유	100~130	채종유, **쌀겨기름**, 참기름, **면실유(목화씨기름)**, 옥수수기름, 청어기름, 콩기름
불건성유	100 이하	**야자유**, 팜유, 올리브유, 피마자기름, **낙화생기름(땅콩기름)**, 돈지, 우지, 고래기름

아이오딘값
옥소가(沃素價)라고도 하며 100g의 유지에 의해서 흡수되는 아이오딘의 g수

04 다음의 보기 물질 중에서 인화점이 낮은 것부터 순서대로 나열하시오.

[보기] ① 초산에틸, ② 메틸알콜, ③ 에틸렌글리콜, ④ 나이트로벤젠

① 초산에틸 – ② 메틸알콜 – ④ 나이트로벤젠 – ③ 에틸렌글리콜

• 제4류 위험물의 물성

품 명	초산에틸	메틸알콜	에틸렌글리콜	나이트로벤젠
유 별	제1석유류	알코올류	제3석유류	제3석유류
인화점	-4℃	11℃	111℃	88℃

05 에틸렌과 산소를 CuCl₂의 촉매 하에 생성된 물질로 분자식이 C_2H_4O, 인화점이 −38℃, 비점이 21℃, 연소범위가 4~60%인 특수인화물에 대한 다음 각 물음에 답하시오.

(1) 위의 물질이 산화되어 생성되는 물질의 명칭을 쓰시오.
(2) 물음 (1)에서 답한 물질의 완전연소반응식을 쓰시오.
(3) 아세트알데하이드가 환원되었을 때 생되는 물질의 명칭을 쓰시오.
(4) 물음 (3)에서 답한 물질의 완전연소반응식을 쓰시오.

해답
(1) 아세트산(초산)
(2) $CH_3COOH + 2O_2 \rightarrow 2CO_2 + 2H_2O$
(3) 에틸알코올
(4) $C_2H_5OH + 3O_2 \rightarrow 2CO_2 + 3H_2O$

상세해설

- 아세트알데하이드(CH_3CHO) : 제4류 위험물 중 특수인화물

화학식	분자량	비중	비점	인화점	착화점	연소범위
CH_3CHO	44	0.78	21℃	−38℃	185℃	4~60%

① 휘발성이 강하고 과일냄새가 있는 무색 액체이며 물, 에탄올에 잘 녹는다.
② 산화되어 초산(CH_3COOH)이 된다.

$$2CH_3CHO + O_2 \rightarrow 2CH_3COOH(초산)$$

③ 취급하는 설비는 은, 수은, 동, 마그네슘 또는 이들을 성분으로 하는 합금으로 만들지 아니할 것
④ 아세트알데하이드 등을 취급하는 설비에는 연소성 혼합기체의 생성에 의한 폭발을 방지하기 위한 불활성기체 또는 수증기를 봉입하는 장치를 갖출 것

에탄올의 산화

$$CH_3CH_2-OH \xrightarrow[-H_2]{산화} CH_3-CHO \xrightarrow[+O]{산화} CH_3-COOH$$

에탄올　　　　　아세트알데하이드　　　　아세트산
ethanol　　　　　acetaldehyde　　　　　acetic acid

06 위험물제조소에 옥내소화전설비를 아래와 같이 설치한다면 수원의 양(m^3)을 구하시오.

(1) 옥내소화전의 개수가 1층에 1개, 2층에 3개 설치하는 경우
(2) 옥내소화전의 개수가 1층에 1개, 2층에 6개 설치하는 경우

해답

(1) [계산과정] $Q = 3 \times 7.8 = 23.4 m^3$
 [답] $23.4 m^3$

(2) [계산과정] $Q = 5 \times 7.8 = 39 m^3$
 [답] $39 m^3$

상세해설

위험물제조소등의 소화설비 설치기준

소화설비	수평거리	방사량	방사압력	수원의 양
옥내	25m 이하	260(L/min) 이상	350(kPa) 이상	$Q = N$(소화전개수 : 최대 5개) $\times 7.8 m^3$(260L/min × 30min)
옥외	40m 이하	450(L/min) 이상	350(kPa) 이상	$Q = N$(소화전개수 : 최대 4개) $\times 13.5 m^3$(450L/min × 30min)
스프링클러	1.7m 이하	80(L/min) 이상	100(kPa) 이상	$Q = N$(헤드수 : 최대 30개) $\times 2.4 m^3$(80L/min × 30min)
물분무		20 (L/m²·min)	350(kPa) 이상	$Q = A$(바닥면적 m²) $\times 0.6 m^3$(20L/m²·min × 30min)

07 위험물안전관리법령에 따른 소화설비의 구분에 따른 적응성이 있는 위험물을 [보기]에서 골라 쓰시오.

[보기]
○ 제1류 위험물 중 알칼리금속의 과산화물
○ 제2류 위험물 중 인화성고체
○ 제3류 위험물(금수성물품 제외)
○ 제4류 위험물
○ 제5류 위험물
○ 제6류 위험물

(1) 불활성가스소화설비 :
(2) 옥외소화전설비 :
(3) 포소화설비 :

해답 (1) 불활성가스소화설비 : ○ 제2류 위험물 중 인화성고체
　　　　　　　　　　　　 ○ 제4류 위험물
　　　　(2) 옥외소화전설비 : ○ 제2류 위험물 중 인화성고체
　　　　　　　　　　　　　○ 제3류 위험물(금수성물품 제외)
　　　　　　　　　　　　　○ 제5류 위험물
　　　　　　　　　　　　　○ 제6류 위험물
　　　　(3) 포소화설비 : ○ 제2류 위험물 중 인화성고체
　　　　　　　　　　　 ○ 제3류 위험물(금수성물품 제외)
　　　　　　　　　　　 ○ 제4류 위험물
　　　　　　　　　　　 ○ 제5류 위험물
　　　　　　　　　　　 ○ 제6류 위험물

상세해설 소화설비의 적응성

소화설비의 구분			제1류 위험물		제2류 위험물			제3류 위험물		제4류 위험물	제5류 위험물	제6류 위험물
			과알칼리화금속등	그 밖의 것	철분·금속분·마그네슘등	인화성고체	그 밖의 것	금수성물품	그 밖의 것			
옥내소화전 또는 옥외소화전설비				○		○	○		○		○	○
스프링클러설비				○		○	○		○	△	○	○
물분무 등 소화 설비		물분무소화설비		○		○	○		○	○	○	○
		포소화설비		○		○	○		○	○	○	○
		불활성가스소화설비					○			○		
		할로젠화합물소화설비					○			○		
	분말 소화 설비	인산염류등		○		○	○			○		○
		탄산수소염류등			○	○		○		○		
		그 밖의 것			○	○		○				

08 다음 [보기]의 위험물에 대한 완전연소반응식을 쓰시오.

[보기] ① 오황화인,　② 마그네슘,　③ 알루미늄

 해답　① $2P_2S_5 + 15O_2 \rightarrow 2P_2O_5 + 10SO_2$
　　　② $2Mg + O_2 \rightarrow 2MgO$
　　　③ $4Al + 3O_2 \rightarrow 2Al_2O_3$

09 제4류 위험물인 하이드라진에 대한 다음 각 물음에 답하시오.

(1) 위험물의 품명을 쓰시오.
(2) 화학식을 쓰시오.
(3) 연소반응식을 쓰시오.

(1) 제2석유류
(2) N_2H_4
(3) $N_2H_4 + O_2 \rightarrow N_2 + 2H_2O$

• 하이드라진(Hydrazine, H_2N-NH_2)—수용성

화학식	분자량	비중	융점	인화점
N_2H_4	32	1.01	2℃	37.8℃

① 무색의 맹독성 발연성 액체이며 물에 잘 녹는다.
② 고압 보일러의 탈산소제로서 이용된다.
③ 물, 알코올에 잘 용해되고 에테르에는 용해되지 않는다.
④ 약알칼리성으로 180℃에서 암모니아와 질소로 분해된다.

$$2N_2H_4 \rightarrow 2NH_3 + N_2 + H_2$$
(하이드라진) (암모니아) (질소) (수소)

⑤ 과산화수소(H_2O_2)와 접촉 시 폭발 우려가 있다.

$$N_2H_4 + 2H_2O_2 \rightarrow 4H_2O + N_2\uparrow$$

⑥ 고농도의 과산화수소와 반응시켜 로켓의 추진제로 이용된다.

10 다음은 위험물 주유취급소의 캐노피 설치기준이다. ( )안에 알맞은 답을 쓰시오.

(1) 배관이 캐노피 내부를 통과할 경우에는 (①)를 설치할 것
(2) 캐노피 외부의 점검이 곤란한 장소에 배관을 설치하는 경우에는 (②)으로 할 것
(3) 캐노피 외부의 배관이 일광열의 영향을 받을 우려가 있는 경우에는 (③)로 피복할 것

① 1개 이상의 점검구   ② 용접이음   ③ 단열재

11 다음 [보기]의 물질이 열분해하여 산소를 발생시키는 반응식을 쓰시오.

[보기] ① 아염소산나트륨
② 염소산나트륨
③ 과염소산나트륨

해답
① $NaClO_2 \rightarrow NaCl + O_2$
② $2NaClO_3 \rightarrow 2NaCl + 3O_2$
③ $NaClO_4 \rightarrow NaCl + 2O_2$

12 할로젠화합물소화약제에 대한 다음 빈칸에 알맞은 답을 쓰시오.

구 분	$C_2F_4Br_2$	CF_2ClBr	CH_3I
할론번호			

해답

구 분	$C_2F_4Br_2$	CF_2ClBr	CH_3I
할론번호	2402	1211	10001

상세해설

- 할로젠화합물 소화약제 명명법 : 할론ⓐⓑⓒⓓⓔ
  ⓐ : C 원자수, ⓑ : F 원자수, ⓒ : Cl 원자수, ⓓ : Br 원자수, ⓔ : I 원자수
  (1) 제일 앞에 Halon이란 명칭을 쓴다.
  (2) 그 뒤에 구성 원소들의 개수를 C, F, Cl, Br, I의 순서대로 쓰되, 해당 원소가 없는 경우는 0으로 표시한다.
  (3) 맨 끝의 숫자가 0으로 끝나면 0을 생략한다. 즉, I의 경우는 없어도 0을 표시하지 않는다.
  [참고] 수소 원자의 개수=(첫번째 숫자×2)+2-나머지 숫자의 합

- 할로젠화합물소화약제

구 분	$C_2F_4Br_2$	CF_2ClBr	CF_3Br	CH_2ClBr	CH_3I
명명법	할론2402	할론1211	할론1301	할론1011	할론10001

13 제4류 위험물인 이황화탄소에 대한 다음 각 물음에 답하시오.

(1) 완전연소반응식을 쓰시오.
(2) 해당 품명을 쓰시오.
(3) 저장하는 철근콘크리트의 수조의 두께는 몇 m 이상인지 쓰시오.

해답
(1) $CS_2 + 3O_2 \rightarrow CO_2 + 2SO_2$
(2) 특수인화물
(3) 0.2m 이상

상세해설
- 이황화탄소(CS_2) : 제4류 위험물 중 특수인화물

화학식	분자량	비중	비점	인화점	착화점	연소범위
CS_2	76.1	1.26	46℃	-30℃	100℃	1.0~50%

① 무색투명한 액체이다.
② 물에는 녹지 않고 알코올, 에테르, 벤젠 등 유기용제에 녹는다.
③ 완전 연소 시 이산화탄소(CO_2)와 이산화황(SO_2)을 생성한다.

$$CS_2 + 3O_2 \rightarrow CO_2(\text{이산화탄소}) + 2SO_2(\text{이산화황}) + \text{푸른색 불꽃}$$

④ 저장 시 옥외저장탱크는 벽 및 바닥의 두께가 0.2m 이상이고 누수가 되지 아니하는 철근콘크리트의 수조에 넣어 보관하여야 한다.

---

14 다음 [보기]는 가연성 물질이다. 연소의 형태에 따른 종류 중 표면연소, 증발연소, 자기연소로 분류하시오. (6점)

[보기] ① 나트륨   ② 트라이나이트로톨루엔   ③ 에탄올
       ④ 금속분   ⑤ 다이에틸에터   ⑥ 피크르산

해답
표면연소 : 나트륨, 금속분
증발연소 : 에탄올, 다이에틸에터
자기연소 : 트라이나이트로톨루엔, 피크르산

상세해설
- 연소의 형태★★★ 자주출제(필수암기) ★★★
  ① 표면연소(surface reaction) : 숯, 코크스, 목탄, 금속분
  ② 증발 연소(evaporating combustion) : 파라핀(양초), 황, 나프탈렌, 왁스, 휘발유, 등유, 경유, 아세톤 등 제4류 위험물
  ③ 분해연소(decomposing combustion) : 석탄, 목재, 플라스틱, 종이, 합성수지

(고분자), 중유
④ 자기연소(내부연소) : 질화면(나이트로셀룰로오스), 셀룰로이드, 나이트로글리세린등 제5류 위험물
⑤ 확산연소(diffusive burning) : 아세틸렌, LPG, LNG 등 가연성 기체
⑥ 불꽃연소+표면연소 : 목재, 종이, 셀룰로오스, 열경화성 합성수지

15 다음 [보기]의 소화기구 중 나트륨 화재에 대하여 적응성이 있는 것을 모두 쓰시오.

[보기] 팽창질석, 마른모래, 포 소화기, 이산화탄소소화기, 인산염류 소화기

해답 팽창질석, 마른모래

상세해설
- 금속화재 적응소화약제
  ① 탄산수소염류 ② 마른모래 ③ 팽창질석 또는 팽창진주암
- 금속나트륨 : 제3류 위험물(금수성)
  ① 가열시 노란색 불꽃을 내면서 연소한다.
  ② 물과 반응하여 수소기체 발생한다.(금수성 물질)

  $$2Na + 2H_2O \rightarrow 2NaOH + H_2 \uparrow (수소발생)$$

  ③ 보호액으로 파라핀, 경유, 등유를 사용한다.
  ④ 피부와 접촉 시 화상을 입는다.
  ⑤ 마른모래 등으로 질식 소화한다.

  금속나트륨 화재 시 CO_2소화기 사용금지 이유
  금속나트륨과 이산화탄소는 폭발적으로 반응하기 때문에 위험
  $4Na + 3CO_2 \rightarrow 2Na_2CO_3 + C$

16 하이드록실아민 200kg을 취급하는 제조소의 안전거리를 구하시오.

해답 [계산과정] ① 지정수량의 배수 $= \dfrac{200\text{kg}}{100\text{kg}} = 2$

② $D = 51.1\sqrt[3]{2} = 64.38\text{m}$

[답] 64.38m

상세해설
- 하이드록실아민 등을 취급하는 제조소의 안전거리

$$D = 51.1\sqrt[3]{N}$$

여기서, D : 거리(m)
N : 해당 제조소에서 취급하는 하이드록실아민 등의 지정수량의 배수
★하이드록실아민(NH_2OH)의 지정수량 : 100kg

17 제4류 위험물인 아세톤에 대한 다음 각 물음에 답하시오. (6점)

(1) 시성식을 쓰시오.
(2) 품명 및 지정수량을 쓰시오.
(3) 증기비중을 계산하시오.

해답
(1) CH_3COCH_3
(2) 품명 : 제1석유류, 지정수량 : 400L
(3) [계산과정] ① 아세톤의(CH_3COCH_3) 분자량 = $12 \times 3 + 1 \times 6 + 16 = 58$

② 증기비중 = $\dfrac{M}{29} = \dfrac{58}{29} = 2$

[답] 2

상세해설
- 아세톤(CH_3COCH_3) : 제4류 1석유류–수용성
① 무색의 휘발성 액체이다.
② 물 및 유기용제에 잘 녹는다.
③ **아이오딘포름 반응을 한다.**
④ 아세틸렌을 잘 녹이므로 아세틸렌(용해가스) 저장시 아세톤에 용해시켜 저장한다.
⑤ 보관 중 황색으로 변색되며 햇빛에 분해가 된다.
⑥ 피부 접촉 시 탈지작용을 한다.
⑦ 다량의물 또는 알코올포로 소화한다.

- 아이오딘포름반응
  아세톤, 아세트알데하이드, 에틸알코올에 수산화칼륨(KOH)과 아이오딘를 반응시키면 노란색의 아이오딘포름(CHI_3)의 침전물이 생성된다.

  아세톤, 아세트알데하이드, 에틸알코올 $\xrightarrow{KOH+I_2}$ 아이오딘포름(CHI_3)(노란색)

- 아이오딘포름 반응식
  아세톤 : $CH_3COCH_3 + 3I_2 + 4NaOH \rightarrow CH_3COONa + 3NaI + CHI_3 \downarrow + 3H_2O$
  아세트알데하이드 : $CH_3CHO + 3I_2 + 4NaOH \rightarrow HCOONa + 3NaI + CHI_3 \downarrow + 3H_2O$
  에틸알코올 : $C_2H_5OH + 4I_2 + 6NaOH \rightarrow HCOONa + 5NaI + CHI_3 \downarrow + 5H_2O$

18 위험물의 저장량이 지정수량의 $\frac{1}{10}$을 초과하는 경우 혼재하여서는 안 되는 위험물의 유별을 모두 쓰시오. (5점)

○ 제1류 :   ○ 제2류 :   ○ 제3류 :   ○ 제4류 :   ○ 제5류 :   ○ 제6류 :

해답
- 제1류 : 제2류, 제3류, 제4류, 제5류
- 제2류 : 제1류, 제3류, 제6류
- 제3류 : 제1류, 제2류, 제5류, 제6류
- 제4류 : 제1류, 제6류
- 제5류 : 제1류, 제3류, 제6류
- 제6류 : 제2류, 제3류, 제4류, 제5류

상세해설
- 쉬운 암기법(혼재가능)
  - ↓1 + 6↑   2 + 4
  - ↓2 + 5↑   5 + 4
  - ↓3 + 4↑

---

19 위험물안전관리법령에서 정한 농도가 36중량% 미만인 경우 위험물에서 제외되는 제6류 위험물에 대한 다음 각 물음에 답하시오.

(1) 이 물질이 분해하는 경우 산소가 생성되는 반응식을 쓰시오.
(2) 이 물질을 운반하는 경우 수납하는 위험물에 따른 주의사항 중 표시사항을 쓰시오.
(3) 이 물질의 위험등급을 쓰시오.

해답
(1) $2H_2O_2 \rightarrow 2H_2O + O_2$
(2) 가연물접촉주의
(3) Ⅰ등급

상세해설
- 과산화수소(H_2O_2) : 제6류 위험물–산화성액체

화학식	분자량	비중	비점	융점
H_2O_2	34	1.463	150.2℃(pure)	−0.43℃(pure)

① 물, 에탄올, 에테르에 잘 녹으며 벤젠에 녹지 않는다.
② 분해 시 산소(O_2)를 발생시킨다.

$$2H_2O_2 \xrightarrow{MnO_2(정촉매)} 2H_2O + O_2\uparrow (산소)$$

③ 분해안정제로 인산(H_3PO_4) 또는 요산($C_5H_4N_4O_3$)을 첨가한다.
④ 저장용기는 밀폐하지 말고 **구멍**이 있는 **마개**를 사용한다.
⑤ 하이드라진($NH_2 \cdot NH_2$)과 접촉 시 분해 작용으로 폭발위험이 있다.

$$NH_2 \cdot NH_2 + 2H_2O_2 \rightarrow 4H_2O + N_2\uparrow$$

- 위험물 운반용기의 외부 표시 사항
  ① 위험물의 품명, 위험등급, 화학명 및 수용성(제4류 위험물의 수용성인 것에 한함)
  ② 위험물의 수량
  ③ 수납하는 위험물에 따른 주의사항

유 별	성질에 따른 구분	표시사항
제1류 위험물	알칼리금속의 과산화물	화기·충격주의, 물기엄금 및 가연물접촉주의
	그 밖의 것	화기·충격주의 및 가연물접촉주의
제2류 위험물	철분·금속분·마그네슘	화기주의 및 물기엄금
	인화성고체	화기엄금
	그 밖의 것	화기주의
제3류 위험물	자연발화성물질	화기엄금 및 공기접촉엄금
	금수성물질	물기엄금
제4류 위험물	인화성 액체	화기엄금
제5류 위험물	자기반응성 물질	화기엄금 및 충격주의
제6류 위험물	**산화성 액체**	**가연물접촉주의**

- 위험물의 등급 분류 ★★★

위험등급	해당 위험물
위험등급 I	(1) 제1류 위험물 중 아염소산염류, 염소산염류, 과염소산염류, 무기과산화물 그 밖에 지정수량이 50kg인 위험물 (2) 제3류 위험물 중 칼륨, 나트륨, 알킬알루미늄, 알킬리튬, 황린 그 밖에 지정수량이 10kg 또는 20kg인 위험물 (3) 제4류 위험물 중 특수인화물 (4) 제5류 위험물 중 유기과산화물, 질산에스터류 그 밖에 지정수량이 10kg인 위험물 (5) 제6류 위험물
위험등급 II	(1) 제1류 위험물 중 브로민산염류, 질산염류, 아이오딘산염류 그 밖에 지정수량이 300kg인 위험물 (2) 제2류 위험물 중 황화인, 적린, 황 그 밖에 지정수량이 100kg인 위험물 (3) 제3류 위험물 중 알칼리금속(칼륨, 나트륨 제외) 및 알칼리토금속, 유기금속화합물(알킬알루미늄 및 알킬리튬은 제외) 그 밖에 지정수량이 50kg인 위험물 (4) 제4류 위험물 중 제1석유류, 알코올류 (5) 제5류 위험물 중 위험등급 I 위험물 외의 것
위험등급 III	위험등급 I, II 이외의 위험물

20 위험물제조소 등의 설치 및 변경의 허가 시 한국소방산업기술원의 기술검토를 받아야 하는 사항을 3가지만 쓰시오.

해답
① 지정수량의 1천배 이상의 위험물을 취급하는 제조소 또는 일반취급소 : 구조·설비에 관한 사항
② 옥외탱크저장소(저장용량이 50만L 이상인 것만 해당) : 위험물탱크의 기초·지반, 탱크본체 및 소화설비에 관한 사항
③ 암반탱크저장소 : 위험물탱크의 기초·지반, 탱크본체 및 소화설비에 관한 사항

상세해설
- 위험물안전관리법 시행령 제6조(제조소등의 설치 및 변경의 허가)
 다음 각 목의 제조소등은 해당 목에서 정한 사항에 대하여 「소방산업의 진흥에 관한 법률」 제14조에 따른 **한국소방산업기술원**(이하 "기술원"이라 한다)**의 기술검토**를 받고 그 결과가 행정안전부령으로 정하는 기준에 적합한 것으로 인정될 것. 다만, 보수 등을 위한 부분적인 변경으로서 소방청장이 정하여 고시하는 사항에 대해서는 기술원의 기술검토를 받지 아니할 수 있으나 행정안전부령으로 정하는 기준에는 적합하여야 한다.
 가. **지정수량의 1천배 이상**의 위험물을 취급하는 제조소 또는 일반취급소 : 구조·설비에 관한 사항
 나. **옥외탱크저장소**(저장용량이 50만 리터 이상인 것만 해당한다) 또는 암반탱크저장소 : 위험물탱크의 기초·지반, 탱크본체 및 소화설비에 관한 사항

위험물산업기사 실기

2024년 4월 27일 시행

01 다음 [표]는 위험물안전관리법령에서 정한 자체소방대에 두는 화학소방자동차 및 인원에 관한 것이다. 빈칸에 알맞은 답을 쓰시오.

사업소의 구분	화학소방자동차	자체소방대원의 수
1. 제조소 또는 일반취급소에서 취급하는 제4류 위험물의 최대수량의 합이 지정수량의 (①)천배 이상 12만배 미만인 사업소	1대	5인
2. 제조소 또는 일반취급소에서 취급하는 제4류 위험물의 최대수량의 합이 지정수량의 12만배 이상 (②)만배 미만인 사업소	2대	10인
3. 제조소 또는 일반취급소에서 취급하는 제4류 위험물의 최대수량의 합이 지정수량의 (②)만배 이상 (③)만배 미만인 사업소	3대	15인
4. 제조소 또는 일반취급소에서 취급하는 제4류 위험물의 최대수량의 합이 지정수량의 (③)만배 이상인 사업소	4대	20인
5. 옥외탱크저장소에 저장하는 제4류 위험물의 최대수량이 지정수량의 50만배 이상인 사업소	(④)대	(⑤)인

 ① 3 ② 24 ③ 48 ④ 2 ⑤ 10

- 자체소방대에 두는 화학소방자동차 및 인원(제4류 위험물)

사업소의 구분	취급하는 최대수량의 합	화학소방자동차	자체소방대원의 수
제조소 또는 일반취급소	지정수량의 3천배 이상 12만배 미만	1대	5인
	지정수량의 12만배 이상 24만배 미만	2대	10인
	지정수량의 24만배 이상 48만배 미만	3대	15인
	지정수량의 48만배 이상인 사업소	4대	20인
옥외탱크저장소	지정수량의 50만배 이상	2대	10인

02 트라이에틸알루미늄에 대한 다음 각 물음에 답하시오.

(1) 물과 접촉하는 경우 반응식을 쓰시오.
(2) 연소 시 반응식을 쓰시오.

해답
(1) $(C_2H_5)_3Al + 3H_2O \rightarrow Al(OH)_3 + 3C_2H_6$
(2) $2(C_2H_5)_3Al + 21O_2 \rightarrow Al_2O_3 + 12CO_2 + 15H_2O$

상세해설
- 알킬알루미늄[$(C_nH_{2n+1}) \cdot Al$] : 제 3류 위험물(금수성 물질)
  ① 알킬기(C_nH_{2n+1})에 알루미늄(Al)이 결합된 화합물이다.
  ② $C_1 \sim C_4$는 자연발화의 위험성이 있다.
  ③ 물과 접촉 시 가연성 가스 발생하므로 주수소화는 절대 금지한다.
  ④ 트라이메틸알루미늄(TMA : Tri Methyl Aluminium)

  $(CH_3)_3Al + 3H_2O \rightarrow Al(OH)_3$(수산화알루미늄) $+ 3CH_4 \uparrow$(메탄)

  ⑤ 트라이에틸알루미늄(TEA : Tri Eethyl Aluminium)

  - $(C_2H_5)_3Al + 3CH_3OH \rightarrow Al(CH_3O)_3$(트라이메톡시알루미늄) $+ 3C_2H_6$(에탄)
  - $(C_2H_5)_3Al + 3H_2O \rightarrow Al(OH)_3$(수산화알루미늄) $+ 3C_2H_6 \uparrow$(에탄)

  ⑥ 저장용기에 불활성기체(N_2)를 봉입한다.
  ⑦ 피부접촉 시 화상을 입히고 연소 시 흰 연기가 발생한다.

  $2(C_2H_5)_3Al + 21O_2 \rightarrow Al_2O_3 + 12CO_2 + 15H_2O$

  ⑧ 소화 시 주수소화는 절대 금하고 팽창질석, 팽창진주암 등으로 피복소화한다.

03 제5류 위험물인 과산화벤조일에 대하여 다음 물음에 알맞은 답을 쓰시오.

(1) 구조식을 쓰시오.
(2) 옥내저장소에 저장할 경우 옥내저장소의 바닥면적은 몇 m^2 이하로 하여야 하는지 쓰시오.
(3) 위험등급을 쓰시오.

해답 (1) **구조식**

(2) **바닥면적** : $1,000m^2$ 이하
(3) **위험등급** : Ⅰ등급

상세해설

과산화벤조일(Benzoyl Peroxide, 벤조일퍼옥사이드, BPO)-제5류-유기과산화물

화학식	분자량	비중	융점	착화점
$(C_6H_5CO)_2O_2$	242	1.33	105℃	125℃

① 무색 무취의 백색분말 또는 결정이다.
② 물에 녹지 않고 알코올에 약간 녹으며 에터 등 유기용제에 잘 녹는다.
③ 저장용기에 희석제[프탈산다이메틸(DMP), 프탈산다이부틸(DBP)]를 넣어 폭발 위험성을 낮춘다.
④ 다량의 물 또는 포소화약제로 소화한다.

04 알루미늄에 대한 다음 각 물음에 답하시오.

(1) 알루미늄과 물의 반응식을 쓰시오.
(2) (1)의 반응에서 생성되는 기체의 완전연소반응식을 쓰시오.
(3) (1)의 반응에서 생성되는 기체의 위험도를 계산하시오

해답

(1) $2Al + 6H_2O \rightarrow 2Al(OH)_3 + 3H_2$
(2) $2H_2 + O_2 \rightarrow 2H_2O$
(3) 수소(H_2)의 연소범위 : 4~75%

위험도 $H = \dfrac{75-4}{4} = 17.75$

상세해설

(1) 알루미늄의 산화반응식
   $4Al(알루미늄) + 3O_2(산소) \rightarrow 2Al_2O_3(삼산화알루미늄)$
(2) 알루미늄과 염산의 반응식
   $2Al(알루미늄) + 6HCl(염산) \rightarrow 2AlCl_3(염화알루미늄) + 3H_2(수소)$
(3) 알루미늄분(Al) : 제2류 금속분
   ① 할로젠원소(F, Cl, Br, I)와 접촉 시 자연발화 위험이 있다.
   ② 분진폭발 위험성이 있다.
   ③ 가열된 알루미늄은 수증기와 반응하여 수소를 발생시킨다.(주수소화금지)

   $$2Al + 6H_2O \rightarrow 2Al(OH)_3 + 3H_2 \uparrow$$

   ④ 주수소화는 엄금이며 마른모래 등으로 피복 소화한다.

• 위험도 계산공식

$$H = \dfrac{U(연소상한) - L(연소하한)}{L(연소하한)}$$

05 제4류 위험물 중 특수인화물에 속하며 물속에 저장하는 위험물에 대한 다음 각 물음에 답하시오.

(1) 연소하는 경우 생성되는 유독성 물질을 화학식으로 쓰시오.
(2) 증기비중을 구하시오.
(3) 옥외저장탱크에 저장하는 경우 철근콘크리트 수조의 벽 두께는 몇 m 이상으로 하여야 하는지 쓰시오.

해답
(1) SO_2
(2) $S = \dfrac{76}{29} = 2.62$
(3) 0.2m 이상

상세해설

- 이황화탄소(CS_2) : 제4류 위험물 중 특수인화물

화학식	분자량	비중	비점	인화점	착화점	연소범위
CS_2	76.1	1.26	46℃	-30℃	100℃	1.0~50%

① 무색투명한 액체이다.
② 물에는 녹지 않고 알코올, 에테르, 벤젠 등 유기용제에 녹는다.
③ 완전 연소 시 이산화탄소(CO_2)와 이산화황(SO_2)을 생성한다.

$CS_2 + 3O_2 \rightarrow CO_2(이산화탄소) + 2SO_2(이산화황) + 푸른색 불꽃$

④ 저장 시 옥외저장탱크는 벽 및 바닥의 두께가 0.2m 이상이고 누수가 되지 아니하는 철근콘크리트의 수조에 넣어 보관하여야 한다.

---

06 다음 보기의 제조소등에서 위험물안전관리법령상 소화난이등급 Ⅰ에 해당하는 것을 골라 번호로 답하시오. (단, 해당사항이 없으면 없음으로 표기하시오.)

[보기] ① 지하탱크저장소
② 연면적 1000m^2 이상인 제조소
③ 처마높이 6m 이상인 옥내저장소(단층건물)
④ 제2종 판매취급소
⑤ 간이탱크저장소
⑥ 이송취급소
⑦ 이동탱크저장소

② ③ ⑥

 소화난이등급 I 에 해당하는 제조소등

제조소등의 구분	제조소등의 규모, 저장 또는 취급하는 위험물의 품명 및 최대수량 등
제조소 일반취급소	연면적 $1,000m^2$ 이상
	지정수량의 100배 이상인 것
	지반면으로부터 6m 이상의 높이에 위험물 취급설비가 있는 것
	일반취급소로 사용되는 부분 외의 부분을 갖는 건축물에 설치된 것
주유취급소	별표 13 Ⅴ제2호에 따른 면적의 합이 $500m^2$를 초과하는 것
옥내저장소	지정수량의 150배 이상인 것
	연면적 $150m^2$를 초과하는 것
	처마높이가 6m 이상인 단층건물의 것
	옥내저장소로 사용되는 부분 외의 부분이 있는 건축물에 설치된 것
옥외탱크 저장소	액표면적이 $40m^2$ 이상인 것
	지반면으로부터 탱크 옆판의 상단까지 높이가 6m 이상인 것
	지중탱크 또는 해상탱크로서 지정수량의 100배 이상인 것
	고체위험물을 저장하는 것으로서 지정수량의 100배 이상인 것
옥내탱크 저장소	액표면적이 $40m^2$ 이상인 것
	바닥면으로부터 탱크 옆판의 상단까지 높이가 6m 이상인 것
	탱크전용실이 단층건물 외의 건축물에 있는 것으로서 인화점 38℃ 이상 70℃ 미만의 위험물을 지정수량의 5배 이상 저장하는 것
옥외저장소	덩어리 상태의 황을 저장하는 것으로서 경계표시 내부의 면적이 $100m^2$ 이상인 것
	별표 11 Ⅲ의 위험물을 저장하는 것으로서 지정수량의 100배 이상인 것
암반탱크 저장소	액표면적이 $40m^2$ 이상인 것(제6류 위험물을 저장하는 것 및 고인화점위험물만을 100℃ 미만의 온도에서 저장하는 것은 제외)
	고체위험물만을 저장하는 것으로서 지정수량의 100배 이상인 것
이송취급소	모든 대상

07 다음 제1류 위험물에 대한 분해반응식을 쓰시오.

(1) 과염소산칼륨　　(2) 과산화칼슘　　(3) 아염소산나트륨

 (1) $KClO_4 \rightarrow KCl + 2O_2$
(2) $2CaO_2 \rightarrow 2CaO + O_2$
(3) $NaClO_2 \rightarrow NaCl + O_2$

08 다음 표에 혼재가 가능한 위험물은 ○, 혼재가 불가능한 위험물은 ×로 표시하시오.(단, 지정수량의 $\frac{1}{10}$을 초과하는 위험물에 적용하는 경우이다).

구 분	제1류	제2류	제3류	제4류	제5류	제6류
제1류		×	×		×	
제2류			×		○	
제3류		×			×	
제4류		○	○		○	
제5류		○	×			
제6류		×	×	×		

해답

구 분	제1류	제2류	제3류	제4류	제5류	제6류
제1류		×	×	×	×	○
제2류	×		×	○	○	×
제3류	×	×		○	×	×
제4류	×	○	○		○	×
제5류	×	○	×	○		×
제6류	○	×	×	×	×	

상세해설
- 쉬운 암기법
  ↓1 + 6↑   2 + 4
  ↓2 + 5↑   5 + 4
  ↓3 + 4↑

09 아래 보기의 동식물유류를 보고 아이오딘값에 따른 건성유, 반건성유, 불건성유로 분류하시오.

[보기] 아마인유, 야자유, 들기름, 쌀겨유, 목화씨유, 땅콩유

해답
① 건성유 – 아마인유, 들기름
② 반건성유 – 목화씨유, 쌀겨유
③ 불건성유 – 야자유, 땅콩유

동식물유류 : 제4류 위험물
동물의 지육 또는 식물의 종자나 과육으로부터 추출한 것으로 1기압에서 인화점이 250℃ 미만인 것

[아이오딘값에 따른 동식물유류의 분류]

구 분	아이오딘값	종 류
건성유	130 이상	해바라기기름, 동유(오동기름), 정어리기름, **아마인유**, **들기름**
반건성유	100~130	채종유, **쌀겨기름**, 참기름, **면실유(목화씨기름)**, 옥수수기름, 청어기름, 콩기름
불건성유	100 이하	**야자유**, 팜유, 올리브유, 피마자기름, **낙화생기름(땅콩기름)**, 돈지, 우지, 고래기름

아이오딘값
  옥소가(沃素價)라고도 하며 100g의 유지에 의해서 흡수되는 아이오딘의 g수

10
다음 [보기]의 위험물 중 염산과 반응하여 제6류 위험물을 생성하는 물질을 선택하여 물과의 반응식을 쓰시오.

[보기] 과염소산암모늄, 과산화나트륨, 과망가니즈산칼륨, 마그네슘

 $2Na_2O_2 + 2H_2O \rightarrow 4NaOH + O_2$

과산화나트륨(Na_2O_2) : 제1류위험물 중 무기과산화물(금수성)

화학식	분자량	비중	융점	분해온도
Na_2O_2	78	2.8	460℃	460℃

① 상온에서 물과 격렬히 반응하여 산소(O_2)를 방출하고 폭발하기도 한다.
$$2Na_2O_2 + 2H_2O \rightarrow 4NaOH + O_2\uparrow$$

② 공기 중 이산화탄소(CO_2)와 반응하여 산소(O_2)를 방출한다.
$$2Na_2O_2 + 2CO_2 \rightarrow 2Na_2CO_3 + O_2\uparrow$$

③ 산과 반응하여 과산화수소(H_2O_2)를 생성시킨다.
$$Na_2O_2 + 2HCl \rightarrow 2NaCl + H_2O_2$$

④ 열분해 시 산소(O_2)를 방출한다.
$$2Na_2O_2 \rightarrow 2Na_2O + O_2\uparrow$$

⑤ 주수소화는 금물이고 마른모래(건조사) 등으로 소화한다.

11 옥외탱크저장소에서 하나의 방유제안에 탱크용량이 50만L, 30만L, 20만L인 각각의 탱크에 톨루엔이 저장되어 있다. 방유제의 용량[m³]을 구하시오.

[계산과정] $Q = 500,000L \times 1.1(110\%) = 550000L = 550m^3$

[답] $550m^3$

- 옥외탱크저장소(이황화탄소 제외)의 방유제
  (1) 방유제의 용량
     ① 탱크가 하나인 때 : 탱크 용량의 **110% 이상**
     ② 2기 이상인 때 : 탱크 중 용량이 최대인 것의 용량의 **110% 이상**
  (2) 방유제는 **높이 0.5m 이상 3m 이하, 두께 0.2m 이상, 지하매설깊이 1m 이상**
  (3) 방유제내의 면적은 **8만m² 이하**로 할 것
  (4) 방유제내의 설치하는 **옥외저장탱크의 수는 10**(방유제내에 설치하는 모든 옥외저장탱크의 용량이 20만L 이하이고, 당해 옥외저장탱크에 저장 또는 취급하는 위험물의 **인화점이 70℃ 이상 200℃ 미만인 경우에는 20**) 이하로 할 것. 다만, **인화점이 200℃ 이상인 위험물**을 저장 또는 취급하는 옥외저장탱크에 있어서는 그러하지 아니하다.

12 다음 [보기]의 위험물 중에서 지정수량의 단위가 L인 위험물의 지정수량이 큰 것부터 작은 것 순서대로 쓰시오.

[보기]
다이나이트로아닐린, 하이드라진, 피리딘, 피크르산, 글리세린, 클로로벤젠

글리세린 – 하이드라진 – 클로로벤젠 – 피리딘

품명	화학식	유별	지정수량
다이나이트로아닐린	$C_6H_3(NO_2)_2NH_2$	제5류 나이트로화합물	종판단 필요
하이드라진	NH_2NH_2	제4류 2석유류(수용성)	2000L
피리딘	C_5H_5N	제4류 1석유류(수용성)	400L
피크르산(TNP)	$C_6H_2OH(NO_2)_3$	제5류 나이트로화합물	10kg
글리세린	$C_3H_5(ONO_2)_3$	제4류 3석유류(수용성)	4000L
클로로벤젠	C_6H_5Cl	제4류 2석유류	1000L

13 제3류 위험물인 탄화알루미늄이 물과 반응하여 생성되는 기체에 대한 다음 각 물음에 답하시오.

(1) 명칭을 쓰시오.
(2) 증기비중을 구하시오.
(3) 완전연소반응식을 쓰시오.

해답
(1) **명칭** : 메탄
(2) **증기비중** : $S = \dfrac{M}{29} = \dfrac{16}{29} = 0.55$
(3) **연소반응식** : $CH_4 + 2O_2 \rightarrow CO_2 + 2H_2O$

상세해설
- 탄화알루미늄 : 제3류 위험물(금수성 물질)

화학식	분자량	융점	비중
Al_4C_3	143	2100℃	2.36

① 물과 접촉 시 수산화알루미늄과 메탄가스를 생성하고 발열반응을 한다.

$Al_4C_3 + 12H_2O \rightarrow 4Al(OH)_3$(수산화알루미늄) $+ 3CH_4$(메탄)

② 황색 결정 또는 백색분말로 1400℃ 이상에서는 분해가 된다.
③ 물계통의 소화는 절대 금하고 마른모래 등으로 피복 소화한다.

14 다음 [보기]의 반응에 대하여 생성되는 유독가스의 명칭을 쓰시오.
(단, 해당 없으면 "해당없음"이라고 쓰시오.)

[보기]
(1) 염소산나트륨과 염산의 반응
(2) 염소산칼륨과 황산의 반응
(3) 과산화칼륨과 물의 반응
(4) 질산칼륨과 물의 반응
(5) 질산암모늄과 물의 반응

해답
(1) 이산화염소(ClO_2)
(2) 이산화염소(ClO_2)
(3) "해당없음"
(4) "해당없음"
(5) "해당없음"

상세해설
(1) 염소산나트륨과 염산의 반응 : $2NaClO_3 + 2HCl \rightarrow 2NaCl + 2ClO_2 + H_2O_2$
(2) 염소산칼륨과 황산의 반응 : $6KClO_3 + 3H_2SO_4 \rightarrow 2HClO_4 + 3K_2SO_4 + 4ClO_2 + 2H_2O$
(3) 과산화칼륨과 물의 반응 : $2Na_2O_2 + 2H_2O \rightarrow 4NaOH + O_2$
(4) 질산칼륨과 물의 반응 : $KNO_3 + H_2O \rightarrow$ 용해
(5) 질산암모늄과 물의 반응 : $NH_4NO_3 + H_2O \rightarrow$ 용해

15 다음 [표]는 지정수량 이상의 위험물을 제조, 저장, 취급하기 위한 장소의 구분에 관한 것이다. 각 물음에 답하시오.

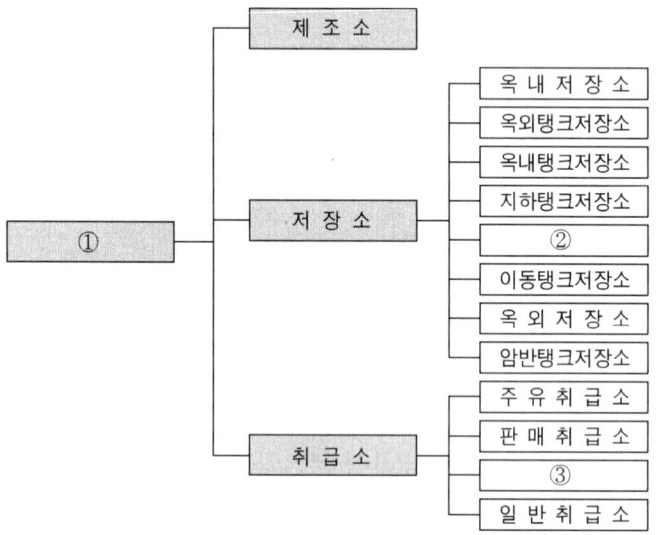

(1) 제조소 · 저장소 및 취급소를 모두 포함하는 ①의 명칭을 쓰시오.
(2) ②의 명칭을 쓰시오.
(3) ③의 명칭을 쓰시오.
(4) 위험물안전관리자를 선임하지 아니하여도 되는 저장소의 종류를 모두 쓰시오. (단, 없으면 없음으로 쓰시오)
(5) 일반취급소 중 액체위험물을 용기에 옮겨 담는 취급소의 명칭을 쓰시오.

해답 (1) 제조소 등
(2) 간이탱크저장소
(3) 이송취급소
(4) 이동탱크저장소
(5) 충전하는 일반취급소

16 다음 빈칸에 알맞은 답을 쓰시오.

명칭	화학식	지정수량
(①)	$C_6H_3(NO_2)_2CH_3$	(②) kg
과망가니즈산암모늄	(③)	1000 kg
인화아연	(④)	(⑤) kg

해답 ① 다이나이트로톨루엔 ② 종판단 필요 ③ NH_4MnO_4 ④ Zn_3P_2 ⑤ 300

17 아래 그림은 탱크전용실에 설치된 지하저장탱크에 대한 것이다. 다음 각 물음에 답하시오.

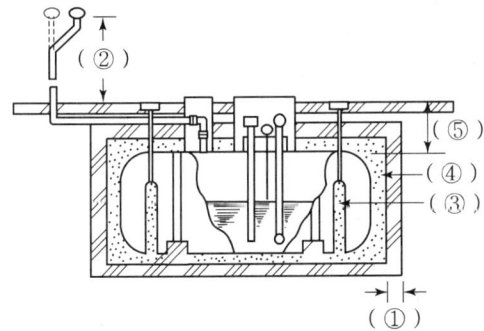

(1) (①) 탱크전용실의 벽의 두께는 몇 m 이상으로 하여야하는가?
(2) (②) 통기관의 끝부분은 지면으로부터 몇 m 이상의 높이로 설치하여야 하는가?
(3) (③) 액체위험물의 누설을 검사하기 위한 관은 몇 개소 이상 적당한 장소에 설치하여야하는가?
(4) (④) 탱크주위에는 어떤 물질로 채워야 하는가?
(5) (⑤) 지하저장탱크의 윗부분은 지면으로부터 몇 m 이상 아래에 있어야 하는가?

해답
(1) 0.3m
(2) 4m
(3) 4개소
(4) 마른모래 또는 입자지름 5mm 이하의 마른 자갈분
(5) 0.6m

상세해설 탱크전용실에 설치된 지하저장탱크

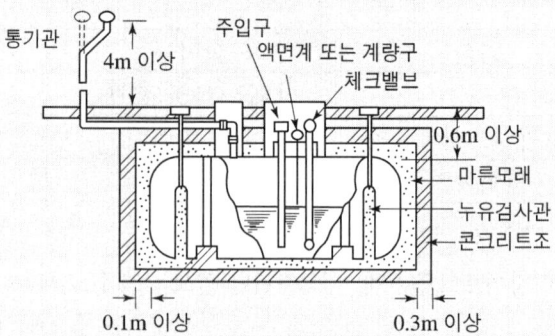

① 탱크전용실의 **벽·바닥 및 뚜껑의 두께는** 0.3m **이상**일 것
② **통기관**의 끝부분은 지면으로부터 4m **이상**의 높이로 설치 할 것,
③ 액체위험물의 **누설을 검사**하기 위한 관을 **4개소 이상** 적당한 위치에 설치 할 것.
④ 탱크주위에 마른모래 또는 습기 등에 의하여 응고되지 아니하는 **입자지름 5mm 이하의 마른 자갈분**을 채울 것
⑤ 지하저장탱크의 **윗부분**은 지면으로부터 0.6m **이상 아래**에 있을 것
⑥ 지하탱크를 대지경계선으로 부터 0.6m **이상** 떨어진 곳에 매설할 것
⑦ 탱크전용실은 대지경계선으로 부터 0.1m **이상** 떨어진 곳에 설치 할 것,
⑧ 지하저장탱크와 탱크전용실의 안쪽과의 사이는 0.1m 이상의 간격을 유지하도록 할 것
⑨ 지하저장탱크를 2 이상 인접해 설치하는 경우에는 그 상호간에 1m(당해 2 이상의 지하저장탱크의 용량의 합계가 지정수량의 100배 이하인 때에는 0.5m) 이상의 간격을 유지할 것.

18 다음 [보기]의 위험물을 인화점이 낮은 것부터 순서대로 나열하시오.
(단, 인화점이 없는 위험물은 제외하시오.)

[보기] 벤젠, 아세트알데하이드, 아세트산, 과염소산, 나이트로셀룰로오스

해답 아세트알데하이드 – 벤젠 – 나이트로셀룰로오스 – 아세트산

상세해설

품명	유별	인화점
아세트알데하이드	제4류 특수인화물	-38℃
벤젠	제4류 1석유류	-11℃
나이트로셀룰로오스	제5류 질산에스터류	13℃
아세트산(초산)	제4류 2석유류	40℃
과염소산	제6류	불연성

19 위험물안전관리법령상 지중탱크의 옥외탱크저장소에 대한 기준이다. 보기를 참조하여 다음 각 물음에 알맞은 답을 쓰시오.

> [보기]
> • 지중탱크 수평단면의 안지름 100m
> • 높이 20m
> • 인화점 10℃인 제4류 위험물

(1) 옥외탱크저장소가 보유하는 부지의 경계선에서 지중탱크의 지반면의 옆판까지 사이의 거리를 구하시오.
(2) 지중탱크 주위에 보유해야 할 보유공지 너비를 구하시오.

해답
(1) [계산과정] $100m \times 0.5 = 50m$
[답] 50m

(2) [계산과정] $100m \times 0.5 = 50m$
[답] 50m

상세해설
• 지중탱크에 관계된 옥외탱크저장소의 특례
  (1) 지중탱크의 옥외탱크저장소의 위치는 당해 옥외탱크저장소가 보유하는 부지의 경계선에서 지중탱크의 지반면의 옆판까지의 사이에, 당해 지중탱크 수평단면의 **안지름의 수치에 0.5를 곱하여 얻은 수치** 또는 50m(당해 지중탱크에 저장 또는 취급하는 위험물의 인화점이 21℃ **이상** 70℃ **미만**의 경우에 있어서는 **40m**, 70℃ **이상**의 경우에 있어서는 30m)중 큰 것과 동일한 거리 이상의 거리를 유지할 것
  (2) 지중탱크의 주위에는 당해 지중탱크 수평단면의 **안지름**의 수치에 **0.5를 곱하여** 얻은 수치 또는 지중탱크의 밑판표면에서 지반면까지 높이의 수치 중 큰 것과 동일한 거리 이상의 **너비의 공지를 보유할 것**

20 다음 보기에서 설명하는 위험물에 대한 각 물음에 알맞은 답을 쓰시오.

[보기]
- 담황색 주상결정
- 분자량 227
- 햇빛에 의해 다갈색으로 변한다.
- 물에 녹지 않고 알코올, 아세톤, 벤젠에 녹는다.

(1) 구조식을 쓰시오.
(2) 운반용기 외부에 표시하여야 할 주의사항을 모두 쓰시오.
(3) 제조소 게시판에 설치해야 할 주의사항을 모두 쓰시오.

해답 (1) 구조식

$$\underset{\underset{NO_2}{|}}{\underset{|}{O_2N}}\!\!\!-\!\!\!\underset{CH_3}{\bigcirc}\!\!\!-\!\!\!NO_2$$

(2) 운반용기 외부에 표시하여야 할 주의사항
   화기엄금 및 충격주의

(3) 제조소 게시판에 설치해야 할 주의사항
   화기엄금

상세해설

- 트라이나이트로톨루엔[$C_6H_2CH_3(NO_2)_3$](TNT : Tri Nitro Toluene) ★★★★★

화학식	분자량	비중	비점	융점	착화점
$C_6H_2CH_3(NO_2)_3$	227	1.7	280℃	81℃	300℃

① 물에는 녹지 않고 알코올, 아세톤, 벤젠에 녹는다.
② Tri Nitro Toluene의 약자로 TNT라고도 한다.
③ 담황색의 주상결정이며 햇빛에 다갈색으로 변색된다.
④ 톨루엔과 질산을 반응시켜 얻는다.

$$C_6H_5CH_3 + 3HNO_3 \xrightarrow[\text{(나이트로화)}]{C-H_2SO_4} C_6H_2CH_3(NO_2)_3 + 3H_2O$$
(톨루엔)   (질산)   (트라이나이트로톨루엔)   (물)

⑤ 강력한 폭약이며 급격한 타격에 폭발한다.

$$2C_6H_2CH_3(NO_2)_3 \rightarrow 2C + 12CO\uparrow + 3N_2\uparrow + 5H_2\uparrow$$

⑥ 연소시 연소속도가 너무 빠르므로 소화가 곤란하다.
⑦ 무기 및 다이너마이트, 질산폭약제 제조에 이용된다.

• 위험물 운반용기의 외부 표시 사항
① 위험물의 품명, 위험등급, 화학명 및 수용성(제4류 위험물의 수용성인 것에 한함)
② 위험물의 수량
③ 수납하는 위험물에 따른 주의사항

유 별	성질에 따른 구분	표시사항
제1류 위험물	**알칼리금속의 과산화물**	**화기·충격주의, 물기엄금 및 가연물접촉주의**
	그 밖의 것	화기·충격주의 및 가연물접촉주의
제2류 위험물	철분·금속분·마그네슘	화기주의 및 물기엄금
	인화성고체	화기엄금
	그 밖의 것	화기주의
제3류 위험물	**자연발화성물질**	**화기엄금 및 공기접촉엄금**
	금수성물질	물기엄금
제4류 위험물	인화성 액체	화기엄금
제5류 위험물	**자기반응성 물질**	**화기엄금 및 충격주의**
제6류 위험물	산화성 액체	가연물접촉주의

• 위험물제조소의 주의사항 게시판

위험물의 종류	주의사항 표시	게시판의 색
제1류(알칼리금속 과산화물) 제3류(금수성 물품)	물기 엄금	청색바탕에 백색문자
제2류(인화성 고체 제외)	화기 주의	적색바탕에 백색문자
제2류(인화성 고체) 제3류(자연발화성 물품) 제4류 제5류	화기 엄금	

위험물산업기사 실기
2024년 7월 28일 시행

01 다음 그림을 보고 다음 각 물음에 알맞은 답을 쓰시오.

(1) 원통형 탱크(횡으로 설치한 것)   (2) 원통형 탱크(종으로 설치한 것)

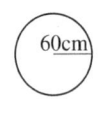 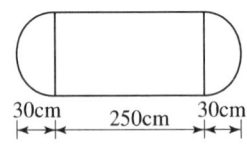   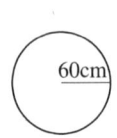 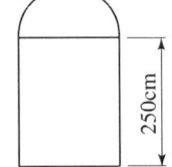

(1) 그림①의 탱크의 내용적을 구하시오.
(2) 그림②의 탱크의 내용적을 구하시오.

해답

(1) ①탱크의 내용적

[계산과정] $r = 60\text{cm} = 0.6\text{m}$, $l = 250\text{cm} = 2.5\text{m}$, $l_1, l_2 = 30\text{cm} = 0.3\text{m}$

내용적 $V = \pi r^2 \left(l + \dfrac{l_1 + l_2}{3} \right) = \pi \times 0.6^2 \times \left(2.5 + \dfrac{0.3 + 0.3}{3} \right)$

$= 3.05\text{m}^3$

[답] 3.05m^3

(2) ②탱크의 내용적

[계산과정] $r = 60\text{cm} = 0.6\text{m}$, $l = 250\text{cm} = 2.5\text{m}$

내용적 $V = \pi r^2 l = \pi \times 0.6^2 \times 2.5 = 2.83\text{m}^3$

[답] 2.83m^3

상세해설

① 탱크용적의 산출기준

탱크의 내용적에서 공간용적을 뺀 용적

탱크의 용적 = 탱크의 내용적 − 탱크의 공간용적

② 탱크의 공간용적

탱크용적의 $\dfrac{5}{100}$ 이상 $\dfrac{10}{100}$ 이하의 용적

③ 타원형 탱크의 내용적
㉠ 양쪽이 볼록한 것

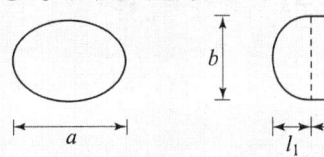

내용적 $= \dfrac{\pi ab}{4}\left(l + \dfrac{l_1 + l_2}{3}\right)$

㉡ 한쪽은 볼록하고 다른 한쪽은 오목한 것

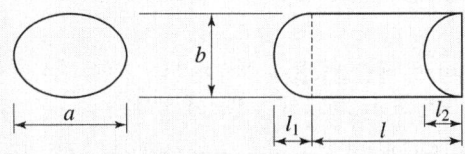

내용적 $= \dfrac{\pi ab}{4}\left(l + \dfrac{l_1 - l_2}{3}\right)$

④ 원통형 탱크의 내용적
㉠ 횡으로 설치한 것

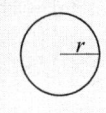 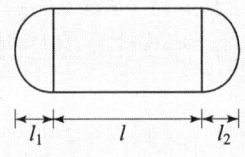

내용적 $= \pi r^2\left(l + \dfrac{l_1 + l_2}{3}\right)$

㉡ 종으로 설치한 것

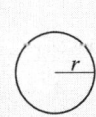 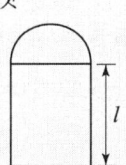

내용적 $= \pi r^2 l$

02 아이소프로필알코올을 산화시켜 만든 것으로 제4류 제1석유류 위험물이며 무색의 휘발성액체이고 아이오딘포름 반응을 하는 물질에 대한 다음 각 물음에 답하시오.

(1) 위에서 설명한 물질은 무엇인가?
(2) 아이오딘포름의 화학식을 쓰시오.
(3) 아이오딘포름의 색상을 쓰시오.

해답 (1) 아세톤
(2) CHI_3
(3) 노란색

- 아세톤(CH₃COCH₃) : 제4류 1석유류-수용성
  ① 무색의 휘발성 액체이며 물 및 유기용제에 잘 녹는다.
  ② **아이오딘포름 반응을 한다.**
  ③ 아세틸렌을 잘 녹이므로 아세틸렌(용해가스) 저장시 아세톤에 용해시켜 저장한다.
  ④ 보관 중 황색으로 변색되며 햇빛에 분해가 된다.
  ⑤ 피부 접촉 시 탈지작용을 한다.
  ⑥ 다량의물 또는 알코올포로 소화한다.

  > • 아이오딘포름 반응
  >   아세톤, 아세트알데하이드, 에틸알코올에 수산화칼륨(KOH)과 아이오딘를 반응시키면 노란색의 아이오딘포름(CHI₃)의 침전물이 생성된다.
  >   아세톤, 아세트알데하이드, 에틸알코올 $\xrightarrow{KOH+I_2}$ 아이오딘포름(CHI₃)(노란색)
  > • 아이오딘포름 반응식
  >   아세톤 : CH₃COCH₃+3I₂+4NaOH → CH₃COONa+3NaI+CHI₃↓+3H₂O
  >   아세트알데하이드 : CH₃CHO+3I₂+4NaOH → HCOONa+3NaI+CHI₃↓+3H₂O
  >   에틸알코올 : C₂H₅OH+4I₂+6NaOH → HCOONa+5NaI+CHI₃↓+5H₂O

03 제4류 위험물인 피리딘에 대한 각 물음에 답하시오.
  (1) 화학식을 쓰시오.
  (2) 증기비중을 구하시오.

(1) C₅H₅N
(2) 피리딘(C₅H₅N)의 분자량 $M = 12 \times 5 + 1 \times 5 + 14 = 79$
   증기비중 $S = \dfrac{M}{29} = \dfrac{79}{29} = 2.72$

• 피리딘(Pyridine)-제4류-제1석유류-수용성

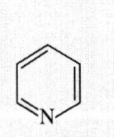

화학식	분자량	비중	비점	인화점	착화점	연소범위
C₅H₅N	79.1	0.98	115.5℃	20℃	482℃	1.8~12.4% 이상

① 물, 알코올, 에테르에 잘 녹는다.
② 약알칼리성을 나타낸다.
③ 순수한 것은 무색 투명액체이며 악취와 독성을 갖고 있다.
④ 흡습성이 강하다.

04 유별을 달리하는 위험물의 혼재기준 중 위험물의 저장량이 지정수량의 $\frac{1}{10}$ 을 초과하는 경우 빈칸에 알맞은 위험물의 유별을 모두 쓰시오.

유별	혼재가 불가능한 유별
제1류	
제3류	
제6류	

해답

유별	혼재가 불가능한 유별
제1류	제2류, 제3류, 제4류, 제5류
제3류	제1류, 제2류, 제5류, 제6류
제6류	제2류, 제3류, 제4류, 제5류

상세해설

• 유별을 달리하는 위험물의 혼재기준

구 분	제1류	제2류	제3류	제4류	제5류	제6류
제1류		×	×	×	×	○
제2류	×		×	○	○	×
제3류	×	×		○		×
제4류	×	○	○		○	×
제5류	×	○	×	○		×
제6류	○	×	×	×	×	

• 쉬운 암기법
 ↓1 + 6↑ 2 + 4
 ↓2 + 5↑ 5 + 4
 ↓3 + 4↑

05 위험물안전관리법령상 위험물을 취급함에 있어서 정전기가 발생할 우려가 있는 설비에는 법령에서 정하는 방법으로 정전기를 유효하게 제거할 수 있는 설비를 설치하여야 한다. 이에 해당하는 방법 3가지를 쓰시오.

해답
① 접지에 의한 방법
② 공기 중의 상대습도를 70% 이상으로 하는 방법
③ 공기를 이온화하는 방법

06

위험물안전관리법령에 따른 간이소화용구의 능력단위와 건축물 그 밖의 공작물 또는 위험물의 소요단위에 관한 내용이다. 각 물음에 알맞은 답을 쓰시오.

(1) 다음 소화설비의 능력단위에 대한 ( )안에 알맞은 답을 쓰시오.

소화설비	용량	능력단위
소화전용 물통	(①)	0.3
수조(소화전용 물통 3개 포함)	80L	(②)
수조(소화전용 물통 6개 포함)	(③)	2.5

(2) 연면적 200m²으로 내화구조의 벽으로 된 제조소의 소요단위를 구하시오.
(3) 과산화수소 6,000kg의 소요단위를 구하시오.

해답
(1) ① 8 ② 1.5 ③ 190

(2) 제조소(내화구조)의 소요단위 $N = \dfrac{200}{100} = 2$단위

(3) 위험물의 소요단위 $N = \dfrac{6000}{300 \times 10} = 2$단위

상세해설

• 간이소화용구의 능력단위

소화설비	용량	능력단위
• 소화 전용(전용) 물통	8L	0.3
• 수조(소화 전용 물통 3개 포함)	80L	1.5
• 수조(소화 전용 물통 6개 포함)	190L	2.5
• 마른 모래(삽 1개 포함)	50L	0.5
• 팽창질석 또는 팽창진주암(삽 1개 포함)	80L	0.5

• 소요단위의 계산방법
① 제조소 또는 취급소의 건축물

외벽이 내화구조인 것	외벽이 내화구조가 아닌 것
연면적 100m² : 1소요단위	연면적 50m² : 1소요단위

② 저장소의 건축물

외벽이 내화구조인 것	외벽이 내화구조가 아닌 것
연면적 150m² : 1소요단위	연면적 75m² : 1소요단위

③ 위험물은 지정수량의 10배를 1소요단위로 할 것

07 다음 [보기] 중 위험물 중 지정수량이 같은 것을 3가지만 골라 쓰시오.

[보기] 적린, 과염소산, 황화인, 황, 브로민산염류, 철분, 알칼리토금속, 황린

해답 (1) 황화인, 적린, 황

상세해설
① 적린 – 2류 – 100kg   ② 과염소산 – 6류 – 300kg
③ 황화인 – 2류 – 100kg   ④ 황 – 2류 – 100kg
⑤ 브로민산염류 – 1류 – 300kg   ⑥ 철분 – 2류 – 500kg
⑦ 알칼리토금속 – 3류 – 50kg   ⑧ 황린 – 3류 – 20kg

08 위험물안전관리법령에 따른 소화설비의 구분에 따른 적응성이 있는 위험물을 [보기]에서 골라 쓰시오.

[보기]
○ 제1류 위험물 중 알칼리금속의 과산화물
○ 제2류 위험물 중 인화성고체
○ 제3류 위험물(금수성물품 제외)
○ 제4류 위험물
○ 제5류 위험물
○ 제6류 위험물

(1) 불활성가스소화설비 :
(2) 옥외소화전설비 :
(3) 포소화설비 :

해답 (1) 불활성가스소화설비 : ○ 제2류 위험물 중 인화성고체
　　　　　　　　　　　　　　 ○ 제4류 위험물
(2) 옥외소화전설비 : ○ 제2류 위험물 중 인화성고체
　　　　　　　　　 ○ 제3류 위험물(금수성물품 제외)
　　　　　　　　　 ○ 제5류 위험물
　　　　　　　　　 ○ 제6류 위험물
(3) 포소화설비 : ○ 제2류 위험물 중 인화성고체
　　　　　　　 ○ 제3류 위험물(금수성물품 제외)
　　　　　　　 ○ 제4류 위험물
　　　　　　　 ○ 제5류 위험물
　　　　　　　 ○ 제6류 위험물

상세해설 소화설비의 적응성

소화설비의 구분		대상물 구분	제1류 위험물		제2류 위험물			제3류 위험물		제4류 위험물	제5류 위험물	제6류 위험물
			알칼리금속 과산화물등	그 밖의 것	철분·금속분·마그네슘등	인화성고체	그 밖의 것	금수성물품	그 밖의 것			
옥내소화전 또는 옥외소화전설비				○		○	○		○		○	○
스프링클러설비				○		○	○		○	△	○	○
물분무등 소화설비	물분무소화설비			○		○	○		○	○	○	○
	포소화설비			○		○	○		○	○	○	○
	불활성가스소화설비					○				○		
	할로젠화합물소화설비					○				○		
	분말소화설비	인산염류등		○		○	○			○		○
		탄산수소염류등	○		○	○		○		○		
		그 밖의 것	○		○			○				

09 위험물을 취급하는 건축물 그 밖의 시설의 주위에는 그 취급하는 위험물의 최대수량에 따라 보유공지를 보유하여야 한다. 다음 취급 위험물의 최대수량에 따른 공지의 너비 기준을 쓰시오.

구분	취급 위험물의 최대수량	공지의 너비
아세톤	400L	①
사이안화수소	100,000L	②
톨루엔	15,000L	③
메탄올	8,000L	④
클로로벤젠	15,000L	⑤

  ① 3m 이상 ② 5m 이상 ③ 5m 이상 ④ 5m 이상 ⑤ 5m 이상

상세해설
① 아세톤-제4류-1석유류-수용성-400L

지정수량의 배수 $N = \dfrac{400}{400} = 1$배   ∴ 3m 이상

② 사이안화수소-제4류-1석유류-수용성-400L

지정수량의 배수 $N = \dfrac{100,000}{400} = 250$배   ∴ 5m 이상

③ 톨루엔-제4류-1석유류-비수용성-200L

지정수량의 배수 $N=\dfrac{150{,}000}{200}=750$배 ∴ 5m 이상

④ 메탄올-제4류-알코올류-400L

지정수량의 배수 $N=\dfrac{8{,}000}{400}=20$배 ∴ 5m 이상

⑤ 클로로벤젠-제4류-2석유류-비수용성-1000L

지정수량의 배수 $N=\dfrac{150{,}000}{1{,}000}=150$배 ∴ 5m 이상

제조소의 보유공지 ★★★

(1) 취급 위험물의 최대수량에 따른 너비의 공지

취급 위험물의 최대수량	공지의 너비
지정수량의 10배 이하	3m 이상
지정수량의 10배 초과	5m 이상

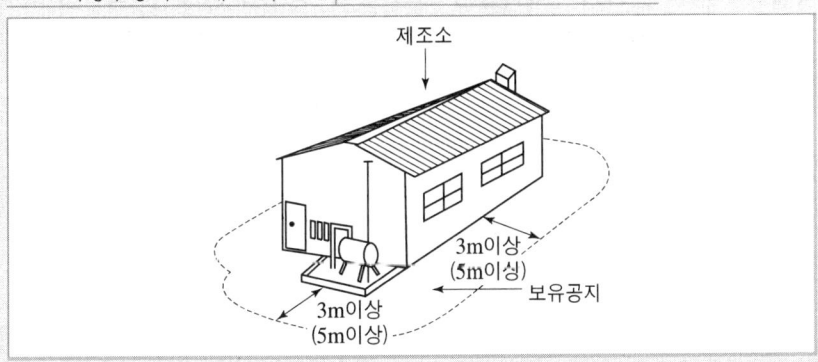

10
다음은 이동저장탱크의 주입설비(주입호스의 끝부분에 개폐밸브를 설치한 것) 설치기준이다. ( )안에 알맞은 답을 쓰시오.

- 위험물이 샐 우려가 없고 화재예방상 안전한 구조로 할 것
- 주입호스는 내경이 (①)mm 이상이고, (②)MPa 이상의 압력에 견딜 수 있는 것으로 하며, 필요 이상으로 길게 하지 아니할 것
- 주입설비의 길이는 (③)m 이내로 하고, 그 끝부분에 축적되는 (④)를 유효하게 제거할 수 있는 장치를 할 것
- 분당 배출량은 (⑤)L 이하로 할 것

해답 ① 23 ② 0.3 ③ 50 ④ 정전기 ⑤ 200

상세해설

1. 위험물안전관리에 관한 세부기준
   제108조(이동탱크저장소의 주유호스의 재질 등)
   주입호스는 내경이 23mm 이상이고, 0.3MPa 이상의 압력에 견딜 수 있는 것으로 하며, 필요 이상으로 길게 하지 아니할 것

2. 이동탱크저장소에 주입설비 설치기준
   ① 위험물이 샐 우려가 없고 화재예방상 안전한 구조로 할 것
   ② 주입설비의 길이는 50m 이내로 하고, 그 끝부분에 축적되는 **정전기**를 유효하게 제거할 수 있는 장치를 할 것
   ③ 분당 배출량은 200L 이하로 할 것

---

11 다음은 인화성액체위험물 옥외탱크저장소의 탱크 주위에 설치하는 방유제의 설치기준에 관한 것이다. (   )안에 알맞은 답을 쓰시오.

- 방유제의 용량은 방유제안에 설치된 탱크가 하나인 때에는 그 탱크 용량의 (①)% 이상, 2기 이상인 때에는 그 탱크 중 용량이 최대인 것의 용량의 (②)% 이상으로 할 것
- 방유제는 높이 0.5m 이상 (③)m 이하, 두께 (④)m 이상, 지하매설깊이 1m 이상으로 할 것
- 방유제 내의 면적은 (⑤)m^2 이하로 할 것

해답 ① 110 ② 110 ③ 3 ④ 0.2 ⑤ 8만

상세해설
- 옥외탱크저장소(이황화탄소 제외)의 방유제
  (1) 방유제의 용량
      ① 탱크가 하나인 때 : 탱크 용량의 110% 이상
      ② 2기 이상인 때 : 탱크 중 용량이 최대인 것의 용량의 110% 이상
  (2) 방유제는 높이 0.5m 이상 3m 이하, 두께 0.2m 이상, 지하매설깊이 1m 이상
  (3) 방유제내의 면적은 8만m^2 이하로 할 것
  (4) 방유제내의 설치하는 **옥외저장탱크의 수**는 10(방유제내에 설치하는 모든 옥외저장탱크의 용량이 20만L 이하이고, 당해 옥외저장탱크에 저장 또는 취급하는 위험물의 **인화점이 70℃ 이상 200℃ 미만인 경우에는 20**) 이하로 할 것. 다만, **인화점이 200℃ 이상인 위험물**을 저장 또는 취급하는 **옥외저장탱크**에 있어서는 그러하지 아니하다.

12 다음 보기의 위험물에 대한 운반용기 외부에 수납하는 위험물에 따른 주의사항을 쓰시오.

[보기] ① 제1류 위험물 중 알칼리금속의 과산화물
② 제3류 위험물 중 자연발화성물질
③ 제5류 위험물

해답 ① 화기주의, 충격주의, 물기엄금 및 가연물접촉주의
② 화기엄금 및 공기접촉엄금
③ 화기엄금 및 충격주의

상세해설 위험물 운반용기의 외부 표시 사항
① 위험물의 품명, 위험등급, 화학명 및 수용성(제4류 위험물의 수용성인 것에 한함)
② 위험물의 수량
③ 수납하는 위험물에 따른 주의사항

유 별	성질에 따른 구분	표시사항
제1류 위험물	알칼리금속의 과산화물	화기·충격주의, 물기엄금 및 가연물접촉주의
	그 밖의 것	화기·충격주의 및 가연물접촉주의
제2류 위험물	철분·금속분·마그네슘	화기주의 및 물기엄금
	인화성고체	화기엄금
	그 밖의 것	화기주의
제3류 위험물	자연발화성물질	화기엄금 및 공기접촉엄금
	금수성물질	물기엄금
제4류 위험물	인화성 액체	화기엄금
제5류 위험물	자기반응성 물질	화기엄금 및 충격주의
제6류 위험물	산화성 액체	가연물접촉주의

13 다음 위험물이 열분해하는 경우 산소가 발생하는 반응식을 쓰시오.
(단, 없으면 "해당없음"으로 쓰시오.)

(1) 과염소산칼륨 (2) 질산칼륨 (3) 과산화칼륨

(1) $KClO_4 \rightarrow KCl + 2O_2$
(2) $2KNO_3 \rightarrow 2KNO_2 + O_2$
(3) $2K_2O_2 \rightarrow 2K_2O + O_2$

14 제3류 위험물 중 물과 반응성이 없으며 공기 중에서 자연발화하여 흰 연기를 발생시키는 물질에 대한 다음 각 물음에 답하시오.

(1) 물질의 명칭을 쓰시오.
(2) 물음 (1)의 물질을 저장하는 옥내저장소의 바닥면적은 몇 m² 이하로 하여야 하는지 쓰시오.
(3) 물음 (1)의 물질에 수산화칼륨 또는 수산화나트륨과 같은 강알칼리성 용액과 반응하면 생성되는 맹독성의 기체를 화학식으로 쓰시오.

해답
(1) 황린
(2) 1000m²
(3) PH_3

상세해설

- 황린(P_4)[별명 : 백린] : 제 3류 위험물(자연발화성물질)
  ① 공기 중 약 40~50℃에서 자연 발화한다.
  ② 저장 시 자연 발화성이므로 반드시 물속에 저장한다.
  ③ 인화수소(PH_3)의 생성을 방지하기 위하여 물의 pH = 9(약알칼리)가 안전한계이다.
  ④ 연소 시 오산화인(P_2O_5)의 흰 연기가 발생한다.

  $$P_4 + 5O_2 \rightarrow 2P_2O_5(오산화인)$$

  ⑤ 강알칼리의 용액에서는 유독기체인 포스핀(PH_3)을 발생한다.

  $$P_4 + 3NaOH + 3H_2O \rightarrow 3NaH_2PO_2 + PH_3 \uparrow (인화수소 = 포스핀)$$

- 옥내저장소의 저장창고 바닥면적 설치기준 ★★

위험물의 종류	바닥면적
• 제1류 위험물 중 아염소산염류, 염소산염류, 과염소산염류, 무기과산화물, 그 밖에 지정수량 50kg인 위험물 • 제3류 위험물 중 칼륨, 나트륨, 알킬알루미늄, 알킬리튬, 그 밖에 지정수량이 10kg인 위험물 및 **황린** • 제4류 위험물 중 특수인화물, 제1석유류 및 알코올류 • 제5류 위험물 중 유기과산화물, 질산에스터류, 그 밖에 지정수량이 10kg인 위험물 • 제6류 위험물	1000m² 이하
• 위 이외의 위험물을 저장하는 창고	2000m² 이하
• 내화구조의 격벽으로 완전히 구획된 실에 각각 저장하는 창고	1500m² 이하

15 다음 보기를 보고 각 물음에 답하시오.

[보기] 나이트로글리세린, 트라이나이트로톨루엔, 트라이나이트로페놀, 과산화벤조일, 다이나이트로벤젠

(1) 질산에스터류에 속하는 물질을 모두 쓰시오.
(2) 상온에서는 액체이지만 겨울철에는 동결하는 물질의 열분해반응식을 쓰시오.

해답
(1) 나이트로글리세린
(2) $4C_3H_5(ONO_2)_3 \rightarrow 12CO_2 + 6N_2 + O_2 + 10H_2O$

상세해설
(1) 질산에스터류
  ① 질산메틸(CH_3ONO_2)
  ② 질산에틸($C_2H_5ONO_2$)
  ③ 나이트로글리세린($C_3H_5(ONO_2)_3$)
  ④ 나이트로셀룰로오스(Nitro Cellulose) : $[(C_6H_7O_2(ONO_2)_3]_n$

(2) 나이트로글리세린(Nitro Glycerine)($C_3H_5(ONO_2)_3$) −제5류−질산에스터류
  ① 상온에서는 액체이지만 겨울철에는 동결한다.
  ② 진한질산과 진한 황산을 가하면 나이트로화 하여 나이트로글리세린으로 된다.

  글리세린의 나이트로화반응
  $C_3H_5(OH)_3 + 3HONO_2 \xrightarrow{H_2SO_4} C_3H_5(ONO_2)_3 + 3H_2O$
  (글리세린)   (질산)   (나이트로글리세린)   (물)

  ③ 비수용성이며 메탄올, 아세톤 등에 녹는다.
  ④ 가열, 마찰, 충격에 예민하여 대단히 위험하다.

  나이트로글리세린의 열분해 반응식
  $4C_3H_5(ONO_2)_3 \rightarrow 12CO_2\uparrow + 6N_2\uparrow + O_2\uparrow + 10H_2O$

  ⑤ 다이나마이트(규조토+나이트로글리세린), 무연화약 제조에 이용된다.

16 다음 보기는 위험물의 성질에 대한 것이다. 제1류 위험물의 특성에 해당되는 것을 골라 번호로 답하시오.

[보기] ① 무기화합물 ② 유기화합물 ③ 산화제 ④ 인화점이 0℃ 이하
       ⑤ 인화점이 0℃ 이상 ⑥ 고체

① ③ ⑥

제1류 위험물의 일반적 성질
① 산화성 고체이며 대부분 수용성이다.
② 무기화합물이며 불연성이지만 다량의 산소를 함유하고 있다.
③ 분해 시 산소를 방출하여 남의 연소를 돕는다.(조연성)
④ 열·타격·충격, 마찰 및 다른 화학물질과 접촉 시 쉽게 분해된다.
⑤ 분해속도가 대단히 빠르고, 조해성이 있는 것도 포함한다.

17 제2류 위험물인 오황화인에 대한 다음 각 물음에 답하시오.

(1) 물과의 반응식을 쓰시오.
(2) (1)에서 생성되는 기체의 완전연소반응식을 쓰시오.

 (1) $P_2S_5 + 8H_2O \rightarrow 2H_3PO_4 + 5H_2S$
(2) $2H_2S + 3O_2 \rightarrow 2H_2O + 2SO_2$

- 황화인(제2류 위험물) : 황과 인의 화합물
  ① 삼황화인(P_4S_3)
    - 황색 결정으로 물, 염산, 황산에 녹지 않고 질산, 알칼리, 이황화탄소에 녹는다.
    - **연소하면 오산화인과 이산화황**이 생긴다.
    $$P_4S_3 + 8O_2 \rightarrow 2P_2O_5(\text{오산화인}) + 3SO_2(\text{이산화황})\uparrow$$
  ② 오황화인(P_2S_5)
    - 담황색 결정이고 조해성이 있다.
    - 수분을 흡수하면 분해된다.
    - 이황화탄소(CS_2)에 잘 녹는다.
    - 연소하면 오산화인과 이산화황이 생긴다.
    $$2P_2S_5 + 15O_2 \rightarrow 2P_2O_5 + 10SO_2\uparrow$$
    - 물, 알칼리와 반응하여 인산과 황화수소를 발생한다.
    $$P_2S_5 + 8H_2O \rightarrow 2H_3PO_4 + 5H_2S(\text{황화수소})\uparrow$$
  ③ 칠황화인(P_4S_7)
    - 담황색 결정이고 조해성이 있다.
    - 수분을 흡수하면 분해된다.
    - 이황화탄소(CS_2)에 약간 녹는다.
    - 냉수에는 서서히 분해가 되고 더운물에는 급격히 분해된다.
    $$P_4S_7 + 13H_2O \rightarrow H_3PO_4 + 7H_2S(\text{황화수소}) + 3H_3PO_3$$

18 인화칼슘에 대한 다음 각 물음에 답하시오.

(1) 몇 류 위험물인지 쓰시오.
(2) 지정수량을 쓰시오.
(3) 물과의 반응식을 쓰시오.
(4) 물과 반응 후 생성되는 가스의 명칭을 쓰시오.

해답
(1) 제3류 위험물
(2) 300kg
(3) $Ca_3P_2 + 6H_2O \rightarrow 3Ca(OH)_2 + 2PH_3$
(4) 포스핀(인화수소)

상세해설

- 제3류 위험물 및 지정수량

성 질	품 명	지정수량	위험등급
자연발화성 및 금수성 물질	칼륨, 나트륨, 알킬알루미늄, 알킬리튬	10kg	I
	황린	20kg	
	알칼리금속(칼륨 및 나트륨 제외)및 알칼리토금속, 유기금속화합물(알킬알루미늄 및 알킬리튬 제외)	50kg	II
	금속의 수소화물, 금속의 인화물, 칼슘 또는 알루미늄의 탄화물	300kg	III

- 인화칼슘(Ca_3P_2)[별명 : 인화석회] : 제3류 위험물(금수성 물질)
  ① 적갈색의 괴상고체
  ② 물 및 약산과 격렬히 반응, 분해하여 인화수소(포스핀)(PH_3)를 생성한다.
  - $Ca_3P_2 + 6H_2O \rightarrow 3Ca(OH)_2 + 2PH_3$(포스핀＝인화수소)
  - $Ca_3P_2 + 6HCl \rightarrow 3CaCl_2 + 2PH_3$(포스핀＝인화수소)
  ③ 포스핀은 맹독성 가스이므로 취급 시 방독마스크를 착용한다.
  ④ 물 및 포 약제에 의한 소화는 절대 금하고 마른모래 등으로 피복하여 자연 진화되도록 기다린다.

19 위험물안전관리법령상 항공기주유취급소에서의 취급기준이다. 다음 각 물음에 알맞은 답을 쓰시오.

(1) 항공기의 연료탱크에 직접 주유하기 위하여 주유설비를 갖춘 이동탱크저장소의 명칭을 쓰시오.
(2) 비행장에서 항공기, 비행장에 소속된 차량 등에 주유하는 주유취급소에 대하여는 특례 적용이 가능한지 여부를 쓰시오.
(3) 다음은 항공기주유취급소에서의 취급기준이다. 취급기준에 맞는 번호를 선택하여 쓰시오.
　① 고정주유설비에는 당해 주유설비에 접속한 전용탱크 또는 위험물을 저장 또는 취급하는 탱크의 배관외의 것을 통하여서는 위험물을 주입하지 아니할 것
　② 주유호스차 또는 주유탱크차에 의하여 주유하는 때에는 주유호스의 끝부분을 항공기의 연료탱크의 급유구에 긴밀히 결합할 것
　③ 주유호스차 또는 주유탱크차에서 주유하는 때에는 주유호스차의 호스기기 또는 주유탱크차의 주유설비를 항공기와 전기적으로 접속할 것

해답 (1) 주유탱크차
(2) 적용가능
(3) ① ② ③

상세해설

- **주유탱크차의 특례**
  항공기주유취급소에 있어서 항공기의 연료탱크에 직접 주유하기 위한 주유설비를 갖춘 이동탱크저장소("**주유탱크차**")에 대하여는 다음 각목의 기준에 적합하여야 한다.

- **항공기주유취급소에서의 취급기준**
  (1) 항공기에 주유하는 때에는 고정주유설비, 주유배관의 끝부분에 접속한 호스기기, 주유호스차 또는 **주유탱크차**를 사용하여 직접 주유할 것(중요기준)
  (2) **고정주유설비**에는 당해 주유설비에 접속한 전용탱크 또는 위험물을 저장 또는 취급하는 탱크의 **배관 외의 것을 통하여서는 위험물을 주입하지 아니할 것**
  (3) 주유호스차 또는 주유탱크차에 의하여 주유하는 때에는 주유호스의 끝부분을 항공기의 연료탱크의 **급유구에 긴밀히 결합할** 것. 다만, 주유탱크차에서 주유호스 끝부분에 수동개폐장치를 설치한 주유노즐에 의하여 주유하는 때에는 그러하지 아니하다.
  (4) **주유호스차** 또는 **주유탱크차**에서 주유하는 때에는 주유호스차의 호스기기 또는 주유탱크차의 주유설비를 **항공기와 전기적으로 접속할** 것

20 다음 [보기]의 물질 중에서 인화점이 낮은 순서대로 나열하시오.

[보기] 이황화탄소, 아세톤, 메탄올, 글리세린, 아닐린

해답 이황화탄소 – 아세톤 – 메탄올 – 아닐린 – 글리세린

상세해설
• 제4류 위험물의 물성

물질명	화학식	유 별	인화점(℃)
이황화탄소	CS_2	제4류 특수인화물	-30
아세톤	CH_3COCH_3	제4류 1석유류	-18
메탄올	CH_3OH	제4류 알코올류	11
글리세린	$C_3H_5(OH)_3$	제4류 3석유류	160
아닐린	$C_6H_6NH_2$	제4류 3석유류	75

위험물산업기사 실기

2024년 11월 2일 시행

01 다음 표에 혼재가 가능한 위험물은 ○, 혼재가 불가능한 위험물은 ×로 표시하시오.(단, 지정수량의 $\frac{1}{10}$을 초과하는 위험물에 적용하는 경우이다).

구 분	제1류	제2류	제3류	제4류	제5류	제6류
제1류		×	×		×	
제2류			×		○	
제3류		×			×	
제4류		○	○		○	
제5류		○	×			
제6류		×	×		×	

해답

구 분	제1류	제2류	제3류	제4류	제5류	제6류
제1류		×	×	×	×	○
제2류	×		×	○	○	×
제3류	×	×		○	×	×
제4류	×	○	○		○	×
제5류	×	○	×	○		×
제6류	○	×	×	×	×	

상세해설
- 쉬운 암기법
  ↓1 + 6↑   2 + 4
  ↓2 + 5↑   5 + 4
  ↓3 + 4↑

02 다음 [보기]의 위험물 중 인화점이 낮은 순서로 번호를 나열하시오.

[보기] ① C_6H_6 ② $C_6H_5CH_3$ ③ $C_6H_5CH=CH_2$ ④ $C_6H_5C_2H_5$

해답 ① - ② - ④ - ③

상세해설

구분	명칭	품명	인화점
① C_6H_6	벤젠	제1석유류	-11℃
② $C_6H_5CH_3$	톨루엔	제1석유류	4℃
③ $C_6H_5CH=CH_2$	스티렌	제2석유류	32℃
④ $C_6H_5C_2H_5$	에틸벤젠	제1석유류	15℃

03 다음 보기의 제6류 위험물에 대하여 위험물안전관리법령상 위험물이 되기 위한 농도 및 비중의 기준을 쓰시오.(단, 없으면 없음으로 쓰시오)

[보기] ① 과염소산 ② 과산화수소 ③ 질산

해답 ① 없음 ② 농도가 36중량 % 이상인 것 ③ 비중이 1.49 이상인 것

상세해설 위험물의 판단기준
① 황
  순도가 60중량% 이상인 것을 말한다. 이 경우 순도측정에 있어서 불순물은 활석 등 불연성물질과 수분에 한한다.
② 철분
  철의 분말로서 53μm의 표준체를 통과하는 것이 50중량% 미만인 것은 제외
③ 금속분
  알칼리금속·알칼리토금속·철 및 마그네슘 외의 금속의 분말을 말하고, 구리분·니켈분 및 150μm의 체를 통과하는 것이 50중량% 미만인 것은 제외
④ 마그네슘은 다음 각목의 1에 해당하는 것은 제외한다.
  ㉠ 2mm의 체를 통과하지 아니하는 덩어리 상태의 것
  ㉡ 직경 2mm 이상의 막대 모양의 것
⑤ 인화성고체
  고형알코올 그 밖에 1기압에서 인화점이 40℃ 미만인 고체
⑥ 위험물의 판단 기준

종 류	과산화수소	질산
기준	농도 36중량% 이상	비중 1.49 이상

04

다음 [보기]의 위험물 중에서 물과 반응하거나 열분해하여 공통적으로 산소가 발생하는 위험물에 대하여 각 물음에 알맞은 답을 쓰시오.
(단, 없으면 "해당없음"이라고 쓰시오.)

[보기]
과산화나트륨, 염소산칼륨, 질산암모늄, 브로민산칼륨, 아이오딘산칼륨

(1) 열분해반응식
(2) 물과의 반응식

(1) $2Na_2O_2 \rightarrow 2Na_2O + O_2$
(2) $2Na_2O_2 + 2H_2O \rightarrow 4NaOH + O_2$

과산화나트륨(Na_2O_2) : 제1류위험물 중 무기과산화물(금수성)
① 상온에서 물과 격렬히 반응하여 산소(O_2)를 방출하고 폭발하기도 한다.

$$2Na_2O_2 + 2H_2O \rightarrow 4NaOH + O_2\uparrow$$

② 공기 중 이산화탄소(CO_2)와 반응하여 산소(O_2)를 방출한다.

$$2Na_2O_2 + 2CO_2 \rightarrow 2Na_2CO_3 + O_2\uparrow$$

③ 산과 반응하여 과산화수소(H_2O_2)를 생성시킨다.

$$Na_2O_2 + 2CH_3COOH \rightarrow 2CH_3COONa + H_2O_2$$

④ 열분해 시 산소(O_2)를 방출한다.

$$2Na_2O_2 \rightarrow 2Na_2O + O_2\uparrow$$

⑤ 주수소화는 금물이고 마른모래(건조사), 팽창질석, 팽창진주암, 탄산수소염류 등으로 소화한다.

05

다음 [보기]의 위험물을 각 물음에 해당하는 품명에 알맞게 구분하여 쓰시오.
(단, 없으면 "해당없음"이라고 쓰시오.)

[보기] 나이트로에탄, 나이트로메탄, 다이나이트로벤젠, 벤조일퍼옥사이드, 나이트로글리콜, 나이트로글리세린, 나이트로셀룰로오스

(1) 유기과산화물   (2) 질산에스터류
(3) 나이트로화합물   (4) 아조화합물
(5) 하이드라진유도체

해답 (1) 유기과산화물 - 벤조일퍼옥사이드
(2) 질산에스터류 - 나이트로글리콜, 나이트로글리세린, 나이트로셀룰로오스
(3) 나이트로화합물 - 나이트로에탄, 나이트로메탄, 다이나이트로벤젠
(4) 해당없음
(5) 해당없음

06 제3류 위험물인 탄화알루미늄이 물과 반응하여 생성되는 기체에 대한 다음 각 물음에 답하시오.

(1) 기체의 완전연소반응식을 쓰시오.
(2) 기체의 연소범위를 쓰시오.
(3) 기체의 위험도를 계산하시오.

해답 (1) 기체의 완전연소반응식 : $CH_4 + 2O_2 \rightarrow CO_2 + 2H_2O$
(2) 기체의 연소범위 : 5~15%
(3) **[계산과정]** 기체의 위험도 $H = \dfrac{U-L}{L} = \dfrac{15-5}{5} = 2$
   [답] 2

- 탄화알루미늄 : 제3류 위험물(금수성 물질)

화학식	분자량	융점	비중
Al_4C_3	143	2100℃	2.36

① 물과 접촉 시 수산화알루미늄과 메탄가스를 생성하고 발열반응을 한다.

$$Al_4C_3 + 12H_2O \rightarrow 4Al(OH)_3(\text{수산화알루미늄}) + 3CH_4(\text{메탄})$$

② 황색 결정 또는 백색분말로 1400℃ 이상에서는 분해가 된다.
③ 물계통의 소화는 절대 금하고 마른모래 등으로 피복 소화한다.

- 위험도 계산공식

$$H = \dfrac{U(\text{연소상한}) - L(\text{연소하한})}{L(\text{연소하한})}$$

07 다음은 제1류 위험물 중 염소산칼륨에 대한 열분해 과정에 관한 사항이다. 다음 각 물음에 답하시오. (6점)

(1) 염소산칼륨의 완전 열분해 반응식을 쓰시오.
(2) 염소산칼륨 24.5kg이 열분해하는 경우 발생하는 산소의 부피(m^3)는 표준상태에서 얼마인가?(단, 칼륨의 원자량은 39, 염소의 원자량은 35.5이다)

해답
(1) $2KClO_3 \rightarrow 2KCl + 3O_2$
(2) [계산과정]
① 염소산칼륨($KClO_3$)의 분자량 = 39+35.5+16×3 = 122.5
② $KClO_3 \rightarrow KCl + 1.5O_2$ (열분해물질 염소산칼륨 1몰 기준)
③ $V = \dfrac{WRT}{PM} \times$ (생성기체몰수), 표준상태 : 0℃, 1기압

$$= \dfrac{24.5 \times 0.082 \times (273+0)}{1 \times 122.5} \times 1.5 = 6.72 m^3$$

[답] $6.72 m^3$

상세해설
- 이상기체상태방정식으로 생성기체 부피계산
  ① 반응식에서 열분해하는 물질의 몰수는 항상 **1몰을 기준**으로 하여야 한다.
  ② 생성기체의 몰수를 곱하여야 한다.

$$V = \dfrac{WRT}{PM} \times (생성기체몰수)$$

여기서, P : 압력(atm), V : 부피(m^3), n : mol수, M : 분자량
W : 무게(kg), R : 기체상수(0.082 atm·m^3/mol·K)
T : 절대온도(273+t℃)K

- **염소산칼륨**($KClO_3$) : 제1류 위험물(산화성고체) 중 염소산염류

화학식	분자량	물리적 상태	색상	분해온도
$KClO_3$	122.55	고체	무색	400℃

① 무색 또는 **백색분말**이며 산화력이 강하다.
② **이산화망가니즈**(MnO_2)과 **접촉 시 분해가 촉진**되어 산소를 방출한다.
③ 온수, 글리세린에 잘 녹으며 냉수, 알코올에는 용해하기 어렵다.
④ 완전 열 분해되어 **염화칼륨과 산소를 방출**

$$2KClO_3 \rightarrow 2KCl + 3O_2$$
(염소산칼륨)　(염화칼륨)　(산소)

08 다음은 위험물안전관법령에서 정한 안전관리자에 대한 내용이다. 각 물음에 답하시오.

(1) 안전관리자 선임의무가 있는 자를 보기에서 고르시오(단, 없으면 없음이라 표기하시오)
   ① 제조소등의 관계인   ② 제조소등의 설치자   ③ 소방서장
   ④ 소방청장   ⑤ 시, 도지사

(2) 안전관리자를 해임한 경우 해임한 날부터 몇 일 이내에 다시 안전관리자를 선임하여야 하는가? (제한이 없으면 없음이라 표기)

(3) 안전관리자가 퇴직한 경우 퇴직한 날부터 몇 일 이내에 다시 안전관리자를 선임하여야 하는가? (제한이 없으면 없음이라 표기)

(4) 안전관리자 선임한 경우 몇 일 이내에 신고하여야 하는가? (제한이 없으면 없음이라 표기)

(5) 안전관리자가 여행, 질병, 그 밖의 사유로 인하여 일시적으로 직무를 수행할 수 없을 경우 대리자가 직무를 대행하는 기간은 몇 일을 초과할 수 없는가? (제한이 없으면 없음이라 표기)

 해답
(1) ① 제조소등의 관계인   (2) 30일
(3) 30일   (4) 14일
(5) 30일

상세해설
위험물안전관리법 제15조(위험물안전관리자)
① 제조소등의 **관계인**은 위험물의 안전관리에 관한 직무를 수행하게 하기 위하여 제조소등마다 위험물취급자격자를 위험물안전관리자로 선임하여야 한다.
② 안전관리자를 선임한 제조소등의 **관계인**은 그 안전관리자를 **해임**하거나 안전관리자가 **퇴직**한 때에는 **해임하거나 퇴직한 날부터 30일 이내**에 다시 안전관리자를 **선임**하여야 한다.
③ 제조소등의 **관계인**은 안전관리자를 선임한 경우에는 **선임한 날부터 14일 이내**에 행정안전부령으로 정하는 바에 따라 **소방본부장 또는 소방서장에게 신고**하여야 한다.
④ 안전관리자를 선임한 제조소등의 **관계인**은 안전관리자가 여행·질병 그 밖의 사유로 인하여 일시적으로 직무를 수행할 수 없거나 안전관리자의 해임 또는 퇴직과 동시에 다른 안전관리자를 선임하지 못하는 경우에는 행정안전부령이 정하는 자를 대리자로 지정하여 그 직무를 대행하게 하여야 한다. 이 경우 대리자가 안전관리자의 **직무를 대행하는 기간은 30일을 초과할 수 없다**.

09 다음 분말소화기에 대하여 빈칸에 알맞은 답을 쓰시오.

종별	주성분	착색	적응화재
제1종	$NaHCO_3$	백색	①
제2종	②	③	B, C
제3종	④	담홍색	⑤

해답 ① B, C ② $KHCO_3$ ③ 담회색
④ $NH_4H_2PO_4$ ⑤ A, B, C

상세해설
- 분말약제의 종류

종별	약제명	화학식	착색	열분해 반응식	적응화재
제1종	탄산수소나트륨 중탄산나트륨 중조	$NaHCO_3$	백색	270℃ $2NaHCO_3$ $\rightarrow Na_2CO_3+CO_2+H_2O$ 850℃ $2NaHCO_3$ $\rightarrow Na_2O+2CO_2+H_2O$	B, C급
제2종	탄산수소칼륨 중탄산칼륨	$KHCO_3$	담회색	190℃ $2KHCO_3$ $\rightarrow K_2CO_3+CO_2+H_2O$ 590℃ $2KHCO_3$ $\rightarrow K_2O+2CO_2+H_2O$	B, C급
제3종	제1인산암모늄	$NH_4H_2PO_4$	담홍색	$NH_4H_2PO_4$ $\rightarrow HPO_3+NH_3+H_2O$	A, B, C급
제4종	중탄산칼륨+요소	$KHCO_3+$ $(NH_2)_2CO$	회(백)색	$2KHCO_3+(NH_2)_2CO$ $\rightarrow K_2CO_3+2NH_3+2CO_2$	B, C급

10 다음 [보기]에서 설명하는 위험물에 대한 각 물음에 답하시오.

[보기]
- 흡입 시 실명 또는 시신경 마비
- 인화점 11℃
- 지정수량 400L

(1) 해당 위험물의 연소반응식을 쓰시오.
(2) 해당 위험물을 옥내저장소에 저장할 경우 옥내저장소의 바닥면적[m^2] 기준을 쓰시오.
(3) 해당 위험물이 산화할 경우 최종적으로 생성되는 제2석유류에 해당하는 물질의 명칭을 쓰시오.

(1) $2CH_3OH + 3O_2 \rightarrow 2CO_2 + 4H_2O$
(2) $1,000m^2$ 이하
(3) 의산(개미산, 포름산)

상세해설

- 메틸알코올(CH_3OH_2)
  ① 무색, 투명한 술 냄새가 나는 휘발성 액체로 목정 또는 메탄올이라고도 한다.
  ② 물에 아주 잘 녹으며, 먹으면 실명 또는 사망할 수 있다.
  ③ 연소 시 주간에는 불꽃이 잘 보이지 않는다.
  ④ 공기 중에서 연소 시 연한 불꽃을 낸다.

  $$2CH_3OH + 3O_2 \rightarrow 2CO_2 + 4H_2O$$

  ⑤ 비중이 물보다 작다.
  ⑥ 연소범위 : 7.3~36%, 인화점 : 11℃

- 알코올의 산화 시 생성물
  ① 1차 알코올 → 알데하이드 → 카복실산

  - C_2H_5OH(에틸알코올) $\xrightarrow[-H_2]{CuO}$ CH_3CHO(아세트알데하이드) $\xrightarrow{+O}$ CH_3COOH(초산)
  - CH_3OH(메틸알코올) $\xrightarrow[-H_2]{+O}$ $HCHO$(포름알데하이드) $\xrightarrow{+O}$ $HCOOH$(포름산)

  ② 2차 알코올 → 케톤

  - $CH_3-CH-CH_3$(아이소프로필알코올) $\xrightarrow{+O}$ $CH_3-CO-CH_3$(아세톤) + H_2O(물)
    $\quad\quad\; |$
    $\quad\;\; OH$

11 옥내저장소에서 위험물을 저장하는 경우 기준에 의한 높이를 초과하여 용기를 겹쳐 쌓지 아니하여야 한다. 다음 (   )안에 알맞은 답을 쓰시오.

(1) 기계에 의하여 하역하는 구조로 된 용기만을 겹쳐 쌓는 경우 :
    (   )m 이하
(2) 제4류 위험물 중 제3석유류를 수납하는 용기만을 겹쳐 쌓는 경우 :
    (   )m 이하
(3) 제4류 위험물 중 동식물유류를 수납하는 용기만을 겹쳐 쌓는 경우 :
    (   )m 이하

 (1) 6   (2) 4   (3) 4

상세해설
- 옥내저장소에서 위험물을 저장하는 경우 높이 제한
  ① 기계에 의하여 하역하는 구조로 된 용기만을 겹쳐 쌓는 경우 : 6m
  ② 제4류 위험물 중 제3석유류, 제4석유류 및 동식물유류를 수납하는 용기만을 겹쳐 쌓는 경우 : 4m
  ③ 그 밖의 경우 : 3m

12 위험물안전관리법령에 따른 제조소등에서의 위험물의 저장 및 취급에 관한 기준에 관한 내용이다. 각 물음에 알맞은 답을 쓰시오.

(1) 휘발유, 벤젠 그 밖에 정전기에 의한 재해가 발생할 우려가 있는 액체위험물의 옥외저장탱크의 주입구 부근에는 정전기를 유효하게 제거하기위해 무엇을 설치하여야 하는지 쓰시오.
(2) 셀프용고정주유설비에서 휘발유의 1회 연속주유량은 몇 L 이하인지 쓰시오.
(3) 셀프용고정주유설비에서 휘발유의 1회 주유시간의 상한은 몇 분 이하인지 쓰시오.
(4) 이동저장탱크의 상부로부터 위험물을 주입할 때에는 위험물의 액표면이 주입관의 끝부분을 넘는 높이가 될 때까지 그 주입관의 유속을 몇 m/s 이하로 하여야 하는지 적으시오.
(5) 이동저장탱크의 밑부분으로부터 위험물을 주입할 때에는 위험물의 액표면이 주입관의 정상부분을 넘는 높이가 될 때까지 그 주입관 내의 유속을 몇 m/s 이하로 하여야 하는지 적으시오.

해답 (1) 접지전극   (2) 100L 이하
(3) 4분 이하   (4) 1m/s 이하
(5) 1m/s 이하

상세해설
- 액체위험물의 옥외저장탱크의 주입구 설치기준
  ① **휘발유, 벤젠** 그 밖에 정전기에 의한 재해가 발생할 우려가 있는 액체위험물의 옥외저장탱크의 주입구 부근에는 정전기를 유효하게 제거하기 위한 **접지전극**을 설치할 것
  ② **인화점이 21℃ 미만**인 위험물의 옥외저장탱크의 주입구에는 보기 쉬운 곳에 다음의 기준에 의한 게시판을 설치할 것
    • 게시판은 **한 변이 0.3m 이상, 다른 한 변이 0.6m 이상**인 직사각형으로 할 것
    • 게시판에는 "**옥외저장탱크 주입구**"라고 표시하는 것외에 취급하는 **위험물의**

유별, 품명 및 주의사항을 표시할 것
③ 게시판은 **백색바탕에 흑색문자**(주의사항은 **적색문자**)로 할 것

• **셀프용고정주유설비의 기준**
1회의 연속주유량 및 주유시간의 상한

구분	연속주유량의 상한	주유시간의 상한
휘발유	100L 이하	4분 이하
경유	600L 이하	12분 이하

휘발유를 저장하던 이동저장탱크에 등유나 경유를 주입할 때 또는 등유나 경유를 저장하던 이동저장탱크에 휘발유를 주입할 때에는 다음의 기준에 따라 정전기 등에 의한 재해를 방지하기 위한 조치를 할 것
① 이동저장탱크의 **상부로부터 위험물을 주입할 때**에는 위험물의 액표면이 주입관의 끝부분을 넘는 높이가 될 때까지 그 주입관내의 유속을 **초당 1m 이하**로 할 것
② 이동저장탱크의 **밑부분으로부터 위험물을 주입할 때**에는 위험물의 액표면이 주입관의 정상부분을 넘는 높이가 될 때까지 그 주입배관내의 유속을 **초당 1m 이하**로 할 것

13 제3류 위험물인 금속나트륨에 대한 다음 각 물음에 답하시오.

(1) 지정수량을 쓰시오.
(2) 저장할 때 보호액 중 1가지만 쓰시오.
(3) 물과의 반응식을 쓰시오.

해답
(1) 10kg
(2) 파라핀, 등유, 경유
(3) $2Na + 2H_2O \rightarrow 2NaOH + H_2$

상세해설
• **금속칼륨 및 금속나트륨 : 제3류 위험물(금수성)**
① 물과 반응하여 수소기체 발생

$$2Na + 2H_2O \rightarrow 2NaOH + H_2 \uparrow \text{(수소발생)}$$
$$2K + 2H_2O \rightarrow 2KOH + H_2 \uparrow \text{(수소발생)}$$

② 파라핀, 경유, 등유 속에 저장

★★자주출제(필수정리)★★
❶ 칼륨(K), 나트륨(Na)은 파라핀, 경유, 등유 속에 저장
❷ $2K + 2H_2O \rightarrow 2KOH + H_2 \uparrow$ (수소발생)
❸ 황린(3류) 및 이황화탄소(4류)는 물속에 저장

14 위험물안전관리법령상 옥외탱크저장소의 보유공지에 대한 내용이다. 다음 ( )안에 알맞은 답을 쓰시오.

취급하는 위험물의 최대수량	공지의 너비
지정수량의 500배 이상	3m 이상
지정수량의 500배 초과 1,000배 이하	(①)m 이상
지정수량의 1,000배 초과 2,000배 이하	9m 이상
지정수량의 2,000배 초과 3,000배 이하	(②)m 이상
지정수량의 3,000배 초과 (③)배 이하	15m 이상
지정수량의 (③)배 초과	당해 탱크의 수평단면의 최대지름(가로형인 경우에는 긴 변)과 높이 중 큰 것과 같은 거리 이상. 다만, (④)m 초과의 경우에는 30m 이상으로 할 수 있고, 15m 미만의 경우에는 (⑤)m 이상으로 하여야 한다.

해답 ① 5   ② 12   ③ 4,000   ④ 30   ⑤ 15

상세해설

- 옥외저장탱크의 보유공지

저장 또는 취급하는 위험물의 최대수량	공지의 너비
지정수량의 500배 이하	3m 이상
지정수량의 500배 초과 1000배 이하	5m 이상
지정수량의 1000배 초과 2000배 이하	9m 이상
지정수량의 2000배 초과 3000배 이하	12m 이상
지정수량의 3000배 초과 4000배 이하	15m 이상
지정수량의 4000배 초과	당해 탱크의 수평단면의 최대지름(횡형인 경우에는 긴변)과 높이 중 큰 것과 지정수량의 4,000배 초과 같은 거리 이상. 다만, 30m 초과의 경우에는 30m 이상으로 할 수 있고, 15m 미만의 경우에는 15m 이상으로 하여야 한다.

15 다음 할론소화약제 및 할로젠화합물소화약제의 화학식을 적으시오.

명칭	Halon 2402	Halon 1211	HFC-23	HFC-125	FK-5-1-12
화학식					

해답

명칭	Halon 2402	Halon 1211	HFC-23	HFC-125	FK-5-1-12
화학식	$C_2F_4Br_2$	CF_2ClBr	CHF_3	CHF_2CF_3	$CF_3CF_2C(O)CF(CF_3)_2$

상세해설

- 할론소화약제 명명법 : 할론ⓐⓑⓒⓓ
  ⓐ : C 원자수, ⓑ : F 원자수, ⓒ : Cl 원자수l, ⓓ : Br 원자수

- 할론소화약제

구분 \ 종류	할론2402	할론1211	할론1301	할론1011
분자식	$C_2F_4Br_2$	CF_2ClBr	CF_3Br	CH_2ClBr

- 할로겐화합물 및 불활성기체 소화약제의 종류

소화약제		화학식
할로젠화합물 소화약제	FC-3-1-10	C_4F_{10}
	HCFC BLEND A	HCFC-123($CHCl_2CF_3$) : 4.75% HCFC-22($CHClF_2$) : 82% HCFC-124($CHClFCF_3$) : 9.5% $C_{10}H_{16}$: 3.75%
	HCFC-124	$CHClFCF_3$
	HFC-125	CHF_2CF_3
	HFC-227ea	CF_3CHFCF_3
	HFC-23	CHF_3
	HFC-236fa	$CF_3CH_2CF_3$
	FIC-13I1	CF_3I
	FK-5-1-12	$CF_3CF_2C(O)CF(CF_3)_2$
불연성·불활성 기체혼합가스	IG-01	Ar
	IG-100	N_2
	IG-541	N_2 : 52%, Ar : 40%, CO_2 : 8%
	IG-55	N_2 : 50%, Ar : 50%

16 아래 그림과 같은 타원형 탱크에 위험물을 저장하는 경우 탱크 용량의 최댓값과 최솟값을 구하시오. (단, a=2m, b=1.5m, l=3m, l_1=0.3m이다)

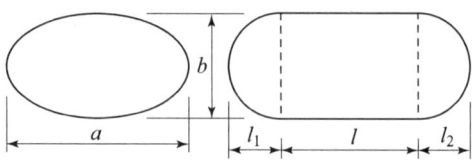

[계산과정] 탱크의 용량=탱크의 내용적−공간용적($\frac{5}{100}$ 이상 $\frac{10}{100}$ 이하)

최댓값 $Q_{\max} = \dfrac{\pi \times 2\text{m} \times 1.5\text{m}}{4} \times \left[3\text{m} + \left(\dfrac{0.3\text{m} + 0.3\text{m}}{3}\right)\right] \times 0.95$

$= 7.16\text{m}^3$

최솟값 $Q_{\min} = \dfrac{\pi \times 2\text{m} \times 1.5\text{m}}{4} \times \left[3\text{m} + \left(\dfrac{0.3\text{m} + 0.3\text{m}}{3}\right)\right] \times 0.90$

$= 6.79\text{m}^3$

[답] 최댓값 : 7.16m^3
최솟값 : 6.79m^3

- 타원형 탱크의 내용적
  양쪽이 볼록한 것

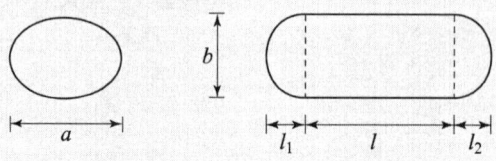

$$\text{내용적} = \frac{\pi ab}{4}\left(l + \frac{l_1 + l_2}{3}\right)$$

- 탱크용적의 산출기준
  탱크의 내용적에서 공간용적을 뺀 용적

  탱크의 용적 = 탱크의 내용적 − 탱크의 공간용적

- 탱크의 공간용적
  탱크용적의 $\frac{5}{100}$ 이상 $\frac{10}{100}$ 이하의 용적

17 다음 [보기]의 위험물을 참조하여 각 물음에 알맞은 답을 쓰시오.
(단, 없으면 "해당없음"이라고 쓰시오.)

> [보기] 부틸리튬, 인화알루미늄, 황린, 나트륨

(1) 이동저장탱크로부터 꺼낼 때에는 동시에 200kPa 이하의 압력으로 불활성기체를 봉입해야 하는 위험물을 쓰시오.
(2) 옥내저장소의 바닥면적 1,000m^2 이하로 저장해야 하는 위험물을 쓰시오.
(3) 물과 반응하는 경우 수소기체를 발생하는 위험물을 쓰시오.

해답
(1) 부틸리튬
(2) 부틸리튬, 황린, 나트륨
(3) 나트륨

상세해설
① 부틸리튬(C_4H_9Li)-제3류 알킬리튬-Ⅰ등급
② 인화알루미늄(AlP)-제3류 금속의 인화합물-Ⅲ등급
③ 황인(P_4)-제3류-Ⅰ등급
④ 나트륨(Na)-제3류-Ⅰ등급, $2Na + 2H_2O \rightarrow 2NaOH + H_2$

• 제조소등에서의 위험물의 저장 및 취급에 관한 기준
  ① 알킬알루미늄등의 이동탱크저장소에 있어서 이동저장탱크로부터 알킬알루미늄등을 꺼낼 때에는 동시에 **200kPa** 이하의 압력으로 불활성의 기체를 봉입할 것
  ③ 아세트알데하이드등의 이동탱크저장소에 있어서 이동저장탱크로부터 아세트알데하이드등을 꺼낼 때에는 동시에 **100kPa** 이하의 압력으로 불활성의 기체를 봉입할 것

• 옥내저장소의 저장창고 바닥면적 설치기준 ★★

위험물의 종류	바닥면적
• 제1류 위험물 중 아염소산염류, 염소산염류, 과염소산염류, 무기과산화물, 그 밖에 지정수량 50kg인 위험물 • 제3류 위험물 중 칼륨, 나트륨, 알킬알루미늄, 알킬리튬, 그 밖에 지정수량이 10kg인 위험물 및 **황인** • 제4류 위험물 중 특수인화물, 제1석유류 및 알코올류 • 제5류 위험물 중 유기과산화물, 질산에스터류, 그 밖에 지정수량이 10kg인 위험물 • 제6류 위험물	1000m^2 이하
• 위 이외의 위험물을 저장하는 창고	2000m^2 이하
• 내화구조의 격벽으로 완전히 구획된 실에 각각 저장하는 창고	1500m^2 이하

18 제4류 위험물인 에틸알코올에 대한 각 물음에 알맞은 답을 쓰시오.

(1) 에틸알코올과 나트륨이 반응하여 생성되는 기체의 명칭을 쓰시오.
(2) 에틸알코올에 진한 황산을 가하여 축합반응 후 생성되는 제4류 위험물의 명칭을 쓰시오.
(3) 에틸알코올이 산화할 경우 생성되는 특수인화물의 명칭을 쓰시오.

해답
(1) 수소(H_2)
(2) 다이에틸에터($C_2H_5OC_2H_5$)
(3) 아세트알데하이드(CH_3CHO)

상세해설

- 에틸알코올(C_2H_5OH) : 제4류 위험물 중 알코올류

화학식	분자량	비중	비점	인화점	착화점	연소범위
C_2H_5OH	46	0.8	78.3℃	13℃	423℃	4.3~19%

① 무색 투명한 액체이며 술 속에 포함되어 있어 주정이라고 한다.
② 물에 아주 잘 녹으며 유기용제이다.
③ 연소 시 주간에는 불꽃이 잘 보이지 않는다.

$$C_2H_5OH + 3O_2 \rightarrow 2CO_2 + 3H_2O$$

④ 금속나트륨, 금속칼륨을 가하면 수소(H_2)가 발생한다.

$$2C_2H_5OH + 2Na \rightarrow 2C_2H_5ONa + H_2 \uparrow$$
$$2C_2H_5OH + 2K \rightarrow 2C_2H_5OK + H_2 \uparrow$$

⑤ 아이오딘포름 반응을 하므로 에탄올검출에 이용된다.

에틸알코올의 반응식
- 알칼리금속과 반응 $2Na + 2C_2H_5OH \rightarrow 2C_2H_5ONa + H_2 \uparrow$
- 산화, 환원반응식 $C_2H_5OH \xrightarrow[\text{환원}]{\text{산화}} CH_3CHO \xrightarrow[\text{환원}]{\text{산화}} CH_3COOH$

- 다이에틸에터($C_2H_5OC_2H_5$) : 제4류 위험물 중 특수인화물
① 에탄올에 진한 황산을 가하여 제조한다.(탈수 및 축합반응)

다이에틸에터 제조방법
$$C_2H_5OH + C_2H_5OH \xrightarrow{C-H_2SO_4} C_2H_5OC_2H_5 + H_2O$$

② 직사광선에 장시간 노출 시 과산화물 생성

과산화물 생성 확인방법
다이에틸에터 + KI용액(10%) → 황색변화(1분 이내)

③ 용기에는 5% 이상 10% 이하의 안전공간을 확보할 것
④ 용기는 갈색 병을 사용하며 냉암소에 보관
⑤ 정전기 방지를 위하여 약간의 $CaCl_2$를 넣어준다.
⑥ 폭발성의 과산화물 생성방지를 위해 용기 내에 40mesh 구리 망을 넣어준다.

19 위험물안전관리법령에 따른 제4류 위험물의 기준이다. 다음 ( )안에 알맞은 답을 쓰시오.

① "제1석유류"라 함은 아세톤, 휘발유 그 밖에 1기압에서 인화점이 섭씨 (①)도 미만인 것을 말한다.
② "제2석유류"라 함은 등유, 경유 그 밖에 1기압에서 인화점이 섭씨 (①)도 이상 (②)도 미만인 것을 말한다. 다만, 도료류 그 밖의 물품에 있어서 가연성 액체량이 (③)중량퍼센트 이하이면서 인화점이 섭씨 40도 이상인 동시에 연소점이 섭씨 60도 이상인 것은 제외한다.
③ "제3석유류"란 중유, 크레오소트유, 그 밖에 1기압에서 인화점이 섭씨 (②)도 이상 섭씨 (④)도 미만인 것을 말한다. 다만, 도료류 그 밖의 물품은 가연성 액체량이 (③)중량퍼센트 이하인 것은 제외한다.
④ "제4석유류"라 함은 기어유, 실린더유 그 밖에 1기압에서 인화점이 섭씨 (④)도 이상 섭씨 (⑤)도 미만의 것을 말한다. 다만 도료류 그 밖의 물품은 가연성 액체량이 (③)중량퍼센트 이하인 것은 제외한다.

해답 ① 21 ② 70 ③ 40 ④ 200 ⑤ 250

상세해설
- 제4류 위험물의 판단기준
    ① "특수인화물"이라 함은 이황화탄소, 다이에틸에터 그 밖에 1기압에서 발화점이 섭씨 100도 이하인 것 또는 인화점이 섭씨 -20℃이하이고 비점이 40℃이하인 것을 말한다.
    ② "제1석유류"라 함은 아세톤, 휘발유 그 밖에 1기압에서 인화점이 21℃미만인 것을 말한다.
    ③ "알코올류"라 함은 1분자를 구성하는 탄소원자의 수가 1개부터 3개까지인 포화1가 알코올(변성알코올을 포함한다)을 말한다. 다만, 다음 각목의 1에 해당하는 것은 제외한다.
        가. 1분자를 구성하는 탄소원자의 수가 1개 내지 3개의 포화1가 알코올의 함유량이 60중량퍼센트 미만인 수용액
        나. 가연성액체량이 60중량퍼센트 미만이고 인화점 및 연소점(태그개방식인화점측정기에 의한 연소점)이 에틸알코올 60중량퍼센트 수용액의 인화점 및 연소점을 초과하는 것
    ④ "제2석유류"라 함은 등유, 경유 그 밖에 1기압에서 인화점이 21℃이상 70℃미만인 것을 말한다. 다만, 도료류 그 밖의 물품에 있어서 가연성 액체량이 40중량퍼센트 이하이면서 인화점이 섭씨 40도 이상인 동시에 연소점이 섭씨 60도 이상인 것은 제외한다.
    ⑤ "제3석유류"라 함은 중유, 크레오소트유 그 밖에 1기압에서 인화점이 70℃이상 200℃미만인 것을 말한다. 다만, 도료류 그 밖의 물품은 가연성 액체량이 40중

량퍼센트 이하인 것은 제외한다.
⑥ "제4석유류"라 함은 기어유, 실린더유 그 밖에 1기압에서 인화점이 200℃이상 250℃미만의 것을 말한다. 다만 도료류 그 밖의 물품은 가연성 액체량이 40중량퍼센트 이하인 것은 제외한다.
⑦ "동식물유류"라 함은 동물의 지육 등 또는 식물의 종자나 과육으로부터 추출한 것으로서 1기압에서 인화점이 250℃미만인 것을 말한다.

20 다음 제4류 위험물의 품명을 쓰시오.

① t-부탄올   ② 아이소프로필알코올
③ n-부탄올   ④ 아이소부틸알코올
⑤ 1-프로판올

① 제1석유류   ② 알코올류
③ 제2석유류   ④ 제2석유류
⑤ 알코올류

상세해설

① t-부탄올(tert-부틸알코올)

```
      CH₃
       |
CH₃ — C — OH
       |
      CH₃
```

② 아이소프로필알코올

```
       OH
       |
  H₃C     CH₃
```

③ n-부탄올

```
   H  H  H  H
   |  |  |  |
H—C—C—C—C—OH
   |  |  |  |
   H  H  H  H
```

④ 아이소부틸알코올

```
        CH₃
        |
HO     CH₃
```

⑤ 1-프로판올

```
   H  H  H
   |  |  |
H—C—C—C—O—H
   |  |  |
   H  H  H
```

물질명	화학식	품명
t-부탄올(tert-부탄올)	$(CH_3)_3COH$	제1석유류(수용성)
아이소프로필알코올	$(CH_3)_2CHOH$	알코올류
n-부탄올	$CH_3(CH_2)_3OH$	제2석유류(비수용성)
아이소부틸알코올	$(CH_3)_2CHCH_2OH$	제2석유류(비수용성)
1-프로판올	$CH_3CH_2CH_2OH$	알코올류

[저자소개]

강석민 교수
- 서영대 소방안전과 겸임교수
- ㈜태경소방 대표이사
- 서울과학기술대학원 안전공학과
- 세진북스 소방 및 위험물분야 저자
  소방시설관리사/소방설비기사/위험물기능장
  /위험물산업기사/위험물기능사

정진홍 교수
- ㈜ 태경소방(현)
- 소방학교 외래교수(현)
- ㈜주경야독 소방 및 위험물분야 전임교수(현)
- ㈜OCI DAS(동양화학계열사) 인천공장 환경안전팀 23년근무(전)
- 세진북스 소방 및 위험물분야 저자
  소방시설관리사/소방설비기사/위험물기능장
  /위험물산업기사/위험물기능사

위험물산업기사 필기+실기

초판 발행	2011년 3월 25일
개정2판 발행	2015년 2월 5일
개정3판 발행	2016년 2월 15일
개정4판 발행	2017년 1월 20일
개정5판 발행	2018년 1월 25일
개정6판 발행	2019년 1월 15일
개정7판 발행	2020년 1월 10일
개정8판 발행	2021년 1월 20일
개정9판 발행	2022년 1월 10일
개정10판 발행	2023년 2월 20일
개정11판 발행	2024년 2월 20일
개정12판 발행	2025년 1월 20일

우수회원인증
닉네임
신청일

필히 (**파랑, 빨강**)볼펜 / 화이트 사용 금지

지은이 ▪ 강석민 · 정진홍
펴낸이 ▪ 홍세진
펴낸곳 ▪ 세진북스

주소 ▪ (우)10207 경기도 고양시 일산서구 산율길 56(구산동 145-1)
전화 ▪ 031-924-3092
팩스 ▪ 031-924-3093
홈페이지 ▪ http://www.sejinbooks.kr

출판등록 ▪ 제 315-2008-042호(2008.12.9)
ISBN ▪ 979-11-5745-693-2 13530

값 ▪ 35,000원

▪ 이 책의 출판권은 도서출판 세진북스가 가지고 있습니다.
▪ 이 책의 일부 또는 전체에 대한 무단 복제와 전재를 금합니다.

 세진북스에는 당신과 나
그리고 우리의 미래가 있습니다.